Günther Sterba · Aquarienkunde

Dr. sc. Dr. hc. Günther Sterba

em. Professor mit Lehrstuhl für Zoologie und Tierphysiologie
der Karl-Marx-Universität zu Leipzig

AQUARIENKUNDE

Mit 515 Farbfotos und 176 Zeichnungen

Urania-Verlag Leipzig · Jena · Berlin

Dr. sc. nat. Helmut Mühlberg
bearbeitete die Abschnitte:

»Biologie der Wasserpflanzen«
»Morphologie und Anatomie der Wasserpflanzen«
»Vermehrung der Wasserpflanzen«
»Wasserpflanzen für das Aquarium«

Sterba, Günther:
Aquarienkunde / Günther Sterba
[Zeichn.: Gerhard Raschpichler...]
– 1. Aufl. – Leipzig; Jena; Berlin:
Urania-Verlag, 1988.–
487 S.: 692 Ill. (z.T. farb.) ISBN 3-332-00211-2

ISBN 3-332-00211-2

1. Auflage 1988

Verlag für populärwissenschaftliche Literatur,
Leipzig 1988
VLN 212-475/48/88 · LSV 136 9
Lektor: Annette Bromma
Zeichnungen: Gerhard Raschpichler,
Traudl Schneehagen, Heinz Weber
Buchgestaltung: Horst Adler
Printed in the German Democratic Republic
Gesamtherstellung: Grafische Werke Zwickau
Best.-Nr.: 654 212 0

06500

Inhaltsverzeichnis

Vorwort

Die Aquaristik hat in den letzten Jahren einen unerwartet starken Zulauf zu verzeichnen. Etwa 130 Millionen Menschen widmen sich heute dieser Liebhaberei. Der Trend läßt sich letztlich auf die wachsende Verantwortung für unsere natürliche Umwelt und das damit zunehmende Interesse an Tieren und Pflanzen zurückführen. In einer Funk- und Fernsehwelt bewahrt uns das Aquarium die Faszination der selbständigen Naturbeobachtung, des selbständigen Entdeckens von Lebensvorgängen in einer Form, die sich dem Alltag einfügen und den Wohnverhältnissen anpassen läßt. Für viele Erwachsene ist die aquaristische Betätigung erholsamer Ausgleich und damit Entspannung, für viele Jugendliche der erste eigenverantwortliche Umgang mit Tieren. Die Zahnheilkunde und Humanmedizin nutzen seit Jahren die beruhigende, Ängste abbauende Wirkung beleuchteter Aquarien in ihren Wartezimmern und Kliniken. John D. Bernal, der große Wissenschaftshistoriker und Streiter für eine friedliche Welt, schrieb mir einmal sinngemäß: »Es können sich gar nicht genug Menschen mit Tieren beschäftigen, es ist die beste Methode, zu lernen, daß Leben Achtung, Liebe und Vorsicht verdient.«

Bei den Aquarianern findet diese Mahnung seit langem ein offenes Ohr, und die zahlreichen Bemühungen um die Nachzucht solcher Arten, die von der Ausrottung bedroht sind, können dafür als lebendiges Zeugnis gelten. Aber dies allein darf nicht der Beitrag der Aquaristik zur Erhaltung unserer Biosphäre sein. Vielmehr sollte sich jeder Aquarianer aufgerufen fühlen, die regionalen Gesetzgebungen für den Natur-, Arten- und Landschaftsschutz beispielgebend mit Leben zu erfüllen und an ihrer Verbesserung mitzuwirken. Diese Aufgabe schließt die strikte Beachtung internationaler Vereinbarungen, wie des Washingtoner Artenschutzabkommens, ein.

Der 1. Band der Aquarienkunde erschien 1954, der 2. Band folgte 1955. In den späteren, zum Teil wesentlich überarbeiteten Auflagen wurde aus verschiedenen Gründen die Veröffentlichung in zwei Bänden beibehalten. Bei der Vorbereitung der vorliegenden Auflage entschlossen sich Verlag und Autor nicht nur zu einer grundsätzlichen Überarbeitung, sondern auch zu einer Vereinigung der beiden Bände, wobei auf den Teil »Korallenfische« verzichtet werden sollte. Da zwischenzeitlich zahlreiche Bücher zu diesem Interessengebiet der Aquaristik publiziert wurden, schien uns ein solcher Verzicht sachlich gerechtfertigt. Auch bei der neuen Auflage stand die Absicht im Vordergrund, die Aquaristik als Teilgebiet der Biologie darzustellen, spezielle aquaristische Fragen in allgemeine biologische Sachverhalte einzuordnen. Konservativ bleibt das Buch hinsichtlich der Nomenklatur. Die Gründe dafür sind auf Seite 170 angegeben. Bei der Behandlung der Aquarientechnik und -chemie wurde das Notwendige, aber nicht der manchmal propagierte Luxus herausgestellt. Keine noch so ausgeklügelte Technik und Chemie können das Fingerspitzengefühl ersetzen, das die erfolgreiche Pflege von Tieren und Pflanzen erfordert.

Abschließend danke ich vor allem allen Lesern, die der Aquarienkunde Interesse entgegenbringen. Ich habe mich auch bei der Bearbeitung der vorliegenden Fassung bemüht, dem Vertrauen gerecht zu werden. Mein Dank gilt weiterhin Herrn Dr. rer. nat. Helmut Mühlberg für die Bearbeitung der im Impressum ausgewiesenen Wasserpflanzenkapitel, den Graphikern Traudl Schneehagen, Gerhard Raschpichler, Ruth Weber und Heinz Weber, den zahlreichen Bildautoren, der verantwortlichen Lektorin Frau Annette Bromma, dem Gestalter Herrn Horst Adler, meinem Sohn Dr. rer. nat. Thomas Sterba und vielen hier nicht genannten Personen, die mich direkt oder indirekt unterstützt haben.

Leipzig, im Herbst 1987

Aquarientypen und ihre Anfertigung

Geklebte Aquarien

Geklebte Aquarien wirken leichter, lebendiger und technisch vollkommener als die traditionellen Rahmenaquarien oder Vollglasbecken. Allerdings ist wegen der stoßempfindlichen Ecken besondere Sorgfalt beim Aufstellen und Hantieren erforderlich. Um plötzliche Erschütterungen zu dämpfen, sollte man Klebebecken auf Styropor- bzw. Styrodurplatten, Neoprenstreifen oder eine andere elastische Unterlage stellen.

Der Fachhandel bietet geklebte Aquarien in jeder Größe und Form an oder nimmt Bestellungen für Becken nach Maß entgegen. Für den normalen Gebrauch sind die Abmessungen 40 × 20 × 25 cm, 50 × 25 × 30 cm, 60 × 30 × 35 cm, 75 × 35 × 40 cm und 90 × 40 × 45 cm (Länge × Höhe × Breite) besonders geeignet.

Tabelle 1 Erforderliche Glasdicke (in mm) der langen Seitenscheiben bei Aquarien ohne Randversteifung. Aquarien, die höher als 100 cm sind, sollten als Rahmenaquarien ausgeführt werden. (Nach WENDT, 1982)
Die angegebenen Werte berücksichtigen hinsichtlich der Sicherheit die aquaristischen Bedingungen, jedoch kann in der Praxis das Risiko nicht klein genug sein. Es wird deshalb empfohlen, die einzelnen Werte bei Scheibenlängen von 60 bis 100 cm mit dem Faktor 1,3, bei Scheibenlängen von 100 bis 150 cm mit dem Faktor 1,4, bei Scheibenlängen über 150 cm mit dem Faktor 1,6 zu multiplizieren und den erhaltenen Wert für die Glasdicke auf handelsübliche Standardmaße abzurunden.

Aquarienhöhe in cm	Aquarienlänge in cm 30	40	50	60	80	100	120	150	200	300
30	3,5	4,0	4,5	5,0	5,5	6,0	6,5	6,5	7,0	
40		5,0	5,5	6,0	6,5	7,0	8,0	8,0	8,5	
50			6,5	7,0	7,5	8,5	9,0	9,5	10,0	11,0
60				7,5	8,5	9,0	10,0	11,0	12,0	13,0
80					10,0	11,0	12,0	13,0	14,0	15,0
100						12,0	13,0	14,0	16,0	17,0
150								17,0	18,0	22,0
200									22,0	24,0

Bei der Selbstanfertigung sind folgende Faktoren zu berücksichtigen:
- Das verwendete Glas muß einwandfrei sein, das heißt, es darf keine mit freiem Auge erkennbaren Einschlüsse in Form weißlicher Körnchen oder Sternchen aufweisen. Am besten eignet sich Spiegel-Floatglas.
- Die Dicke des Glases muß den Aquarienabmessungen entsprechen bzw. umgekehrt, mit einem Glas bestimmter Dicke kann man nur Aquarien mit bestimmten Abmessungen anfertigen. Nach WENDT (1982) bestehen dabei die in Tabelle 1 angeführten Abhängigkeiten.

Für die Berechnung der Bodenscheibe sind vor allem die Höhe und Breite des Aquariums maßgebend. Nur wenn die Beckenbreite mehr als ein Drittel der Beckenlänge beträgt, muß auch die Länge in die Berechnung einbezogen werden. Als Faustregel kann gelten, daß in Aquarien, deren Länge, Höhe und Breite sich etwa wie 2 : 1 : 1 verhalten, die Bodenscheibe nicht dicker sein muß als die Seitenscheiben. Bei sehr langen und breiten Becken (> 3,5 : 1 : > 1,5) muß die Bodenscheibe etwa 1,5- bis 2mal so dick sein wie die langen Seitenscheiben.

Durch zusätzliche Randversteifungen, Zugbänder und Bodenversteifungen (Abb. 2) ist vor allem bei großen Becken auch die Verwendung von Scheiben möglich, deren Dicke nicht die erforderlichen Werte hat. Als Randversteifungen eignen sich nach WENDT Glasstreifen, die etwas unterhalb der Seitenscheibenoberkante eingeklebt werden. Sie sollen so dick wie

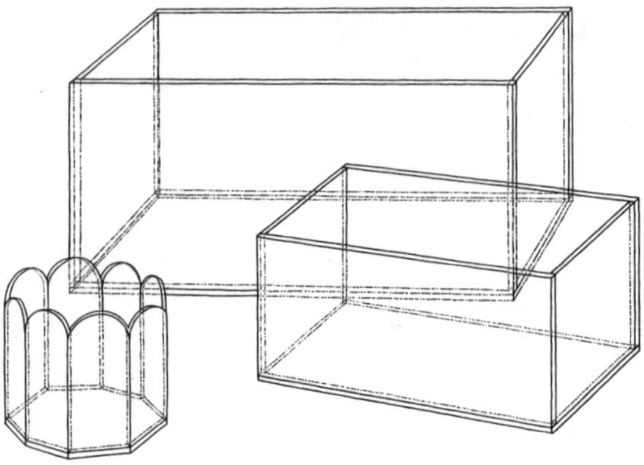

Abb. 1 Durch die Klebetechnik lassen sich Aquarien fast in jeder Form relativ einfach anfertigen.

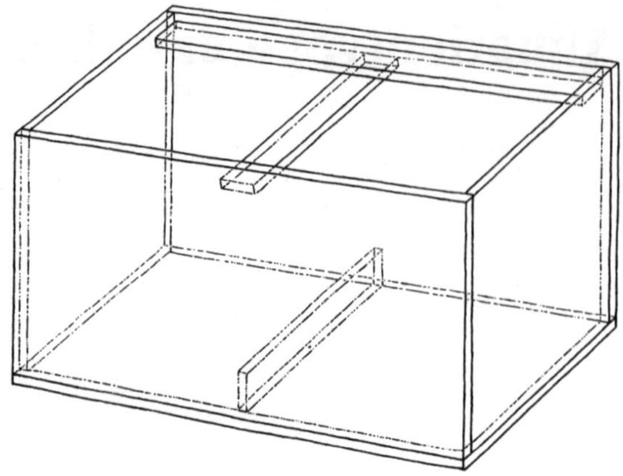

Abb. 2 Geklebtes Aquarium mit Rand-, Zug- und Bodenversteifung (nach WENDT, umgezeichnet)

die Seitenscheiben sein, eine Breite haben, die mindestens das Siebenfache der Dicke beträgt, und in der Länge so genau passen, daß sie auch an die kleinen Seitenscheiben angeklebt werden können. Die erforderliche Dicke der Seitenscheiben mit zusätzlicher Randversteifung ist in der Tabelle 2 angegeben.

Noch wesentlich günstiger wird die Situation beim Einkleben von Zugbändern und Bodenversteifungen (Maße siehe Abb. 2). Zum Beispiel kann mit 6 mm dickem Glas durch das Anbringen von Randversteifungen an den langen Seitenscheiben und eine Bodenversteifung in der Mitte ein Glaskubus von 80 × 50 × 50 cm angefertigt werden. Wer besonders große Sicherheit anstrebt, sollte diese Maße etwas reduzieren und sich mit 80 × 40 × 40 cm begnügen. Weitere Einzelheiten siehe bei WENDT (1982).

– Scheiben für geklebte Aquarien müssen absolut rechtwinklig geschnitten sein und gerade Schnittkanten haben. Am besten bestellt man in einer Glaserei Scheiben nach Maß mit gerade angeschliffenen, aber nicht polierten Kanten. Alle Scheiben müssen völlig sauber und fettfrei sein, notfalls reinigt man die Klebeflächen mit Aceton.

– Mit Hilfe von Klebstreifen werden die Scheiben zunächst genau zusammengefügt und die Klebefugen durch dünne Abstandsstifte (etwa 1 mm dick) offengehalten. Die Seitenscheiben stehen auf der Bodenscheibe, die kleinen Seitenscheiben zwischen den großen. Die Verklebung erfolgt von innen her. Dazu schiebt man die Spitze der Klebstofftube in den Innenwinkeln entlang, drückt gleichmäßig Klebstoff aus und achtet darauf, daß dieser in die Klebefugen eindringt. Sofort nach dem Ausfüllen der Klebefugen sind die Stifte zu entfernen. Die Aushärtung des Klebstoffes dauert 24 Stunden, er ist dann völlig ungiftig für Tiere und Pflanzen und auch seewasserfest.

– Als Klebstoff eignet sich farbloses dauerelastisches Material, wie Silikonkautschuk oder Thioplaste, Verbindungen, die im Fachhandel unter verschiedenen Bezeichnungen angeboten werden. Vorgesehene Rand- und Bodenversteifungen oder Zugbänder sind erst nach der Aushärtung des Grundkörpers einzukleben.

– Das fertige Aquarium wird bis zum Rand für zwei Mal zwölf Stunden mit Wasser gefüllt, um eventuell vorhandene lösliche Klebstoffspuren zu entfernen. Undichte Stellen können nach dem Entleeren mit Klebstoff nachgebessert werden.

Auch aus organischem Glas (Kunstglas, z. B. Piacryl, Plexiglas) lassen sich Vollglasaquarien anfertigen. Sie sind weniger stoßempfindlich, haben jedoch den Nachteil, daß auf Grund der geringen Oberflä-

Tabelle 2 Erforderliche Glasdicke (in mm) der langen Seitenscheiben bei Aquarien mit Randversteifung. Aquarien, höher als 100 cm, sollten als Rahmenaquarien ausgeführt werden. (Nach WENDT, 1982). Siehe auch Text zu Tabelle 1

Aquarienhöhe in cm	Aquarienlänge in cm 30	40	50	60	80	100	120	150	200	300
30	3,5	3,5	4,0	4,0	4,5	4,5	4,5	4,5	4,5	4,5
40		4,5	5,0	5,0	5,5	6,0	6,0	6,0	6,0	6,0
50			6,0	6,0	7,0	7,0	7,5	7,5	8,0	8,0
60				7,0	8,0	8,0	8,5	9,0	9,0	9,0
80					9,0	10,0	11,0	11,0	12,0	12,0
100						12,0	12,0	13,0	14,0	14,0
150								16,0	17,0	19,0
200									20,0	22,0

chenhärte des Kunstglases sehr bald störende Kratzer auf den Scheiben entstehen. Außerdem ist Kunstglas sehr teuer. Verschiedene Produkte dieser Art lassen sich mit Chloroform kleben.

Rahmenaquarien

Für sehr große Becken werden auch heute noch Rahmenaquarien bevorzugt. In der Regel handelt es sich um Konstruktionen für besondere Zwecke, zum Beispiel Schaubecken. Bei der Anfertigung sind folgende Gesichtspunkte zu berücksichtigen:

- Der Aquarienrahmen sollte möglichst stabil sein, bei sehr langen Aquarien sind die Winkeleisen der Längskanten noch durch Bandeisen zu verbinden (Abb. 3).
- Die einzelnen Rahmenteile müssen absolut rechtwinklig zusammengeschweißt, die Schweißnähte innen und außen abgeschliffen werden.
- Rahmen, die aus Winkeleisen bestehen, sind mit einem möglichst dauerhaften Schutzanstrich zu versehen. Statt der früher üblichen Rostschutzlacke verwendet man heute bei Raumtemperatur polymerisierende Isoliermittel (Epoxidharze). Die dickflüssigen, gerade noch streichfähigen Harze (denen man evtl. auch Farbpasten zusetzen kann) ergeben auf Eisen sehr gut haftende Überzüge von emailleartiger Konsistenz. Sie sind nach der Aushärtung ungiftig und auch im Seewasser von guter Haltbarkeit. Jedoch sollte man die vorgegebenen Aushärtungszeiten mindestens verdoppeln. Der Erstanstrich kann nach völliger Aushärtung wiederholt werden.

Vorweggenommen sei an dieser Stelle, daß sich in ähnlicher Weise auch Gegenstände isolieren lassen, die im Aquarium untergebracht werden sollen, zum Beispiel Holzstücke, Kunststeine aus Beton, Terrazzo u. a. Bei Rahmenkonstruktionen aus Edelstahl ist keine Isolierung notwendig.

- Die Scheibenmaße sind so zu berechnen, daß die langen Seiten auf der Bodenscheibe und die kürzeren Seitenscheiben zwischen den längeren stehen. Dabei sollten die Scheiben etwas Spiel haben und die Kittfugen berücksichtigt werden.
- Die in den Tabellen 1 und 2 für die Dicke der Scheiben angegebenen Werte gelten auch für Rahmenaquarien. Zumindest für die Frontscheibe sollte Spiegelglas verwendet werden. In einer Glaserei kann man die Scheiben nach Maß anfertigen und die Schnittkanten etwas brechen lassen.
- Die Scheiben werden in folgender Reihenfolge eingekittet: Bodenscheibe, lange Seitenscheibe, kurze Seitenscheibe. Dazu bringt man zunächst einen gleichmäßigen Kittwulst in die Winkel des Metallrahmens. Anschließend wird die Scheibe eingelegt und dann möglichst fest angedrückt. Eine gleichmäßige, luftblasenfreie Haftung zwischen Kitt und Scheibe erreicht man durch kreisende Bewegungen entlang des Scheibenrandes, wobei gleichzeitig ein schwacher Druck auf die Scheibe auszuüben ist. Die Kittfuge soll etwa 5 mm dick sein.

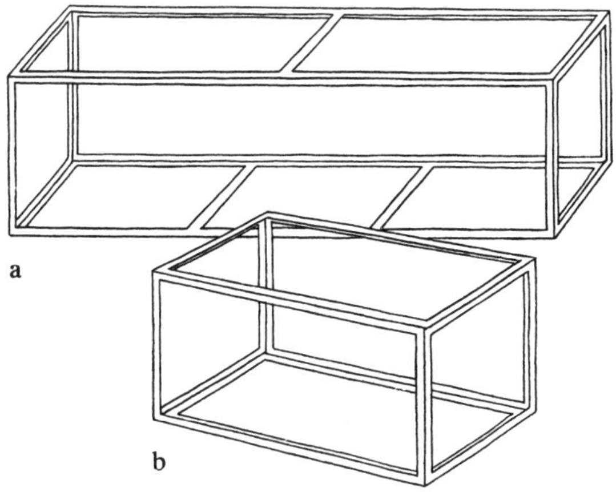

Abb. 3 Rahmenaquarien. a) mit Zugbändern; b) normal

- Außer den herkömmlichen Spezialkitten für Aquarien werden heute zunehmend Silikonkautschuk- und Thioplastepräparate verwendet. Man verarbeite diese entsprechend den Gebrauchsanweisungen.
- Kittverglaste Rahmenaquarien sind zunächst mit Wasser zu füllen und langsam auf etwa 25°C zu erwärmen. Der Wasserdruck preßt die Scheiben fest in ihr Kittbett, das heißt in ihre endgültige Lage. Dabei zeigt sich, ob das Aquarium dicht und damit gebrauchsfähig ist. Nach 2 bis 3 Tagen wird das probeweise eingefüllte Wasser abgelassen. Bei sehr großen Aquarien sind dabei die großen Seitenscheiben durch Holzlatten gegeneinander abzustützen. Nur so kann verhindert werden, daß sich diese durch ihr Eigengewicht aus dem Kittbett lösen.
- Das fertige Aquarium wird an seinen endgültigen Standort gebracht und die absolut waagerechte Lage mit einer Wasserwaage überprüft.

Betonbecken

Die großen Schaubecken in öffentlichen Aquarien sind zumeist Betonkonstruktionen. Beim Bau von Betonbecken wird man sich vor allem auf die Berechnungen technischer Fachkräfte verlassen. Die notwendigen Dicken der Scheiben können der Tabelle 2 entnommen werden, jedoch sollte man bei Schaubecken aus Sicherheitsgründen die dort angegebenen Werte mit 1,5 multiplizieren.

Besonders wichtig ist die Auswässerung des Betons. Dann läßt man die Becken gut austrocknen und isoliert die Betonflächen mit Chlorkautschuklacken, wie sie für Schwimmbecken verwendet werden, oder mit Epoxidharzen (s. oben). Besser als jeder Isolierungsanstrich sind das Auskleiden der Becken mit Glasfaserlagen und anschließendes Versiegeln mit Epoxidharz, eine Technik, die bei Freilandschwimmbecken oder -teichen ohne Betonfundament angewendet wird. In die Glasfaser-Kunstharz-Auskleidung ist auch der Falz für die Sichtscheibe einzubeziehen. So präparierte Betonbecken sind praktisch unbegrenzt haltbar.

Man vergesse bei großen Betonbecken nicht, leicht zu bedienende Abflußmöglichkeiten im Boden vorzusehen.

Deckscheiben

Grundsätzlich sollten Deckscheiben nicht dem oberen Aquarienrand aufliegen, sondern in den lichten Ausschnitt passen. Weil das Abheben einer einzigen großen Deckscheibe für die täglichen Handgriffe recht umständlich sein kann, ist es günstiger, mehrere kleine, dicht nebeneinanderliegende Deckscheiben vorzusehen, die sich einzeln abnehmen lassen. Diese sollten leicht geneigt sein, damit das Schwitzwasser gut abtropfen kann – eine Forderung, die durch eine geringe Höhendifferenz (2 mm) zwischen den Deckscheibenhaltern beider Seiten zu erreichen ist. Praktische Deckscheibenhalter sind kleine abnehmbare Platten aus Kunststoff, z. B. PVC oder organischem Glas (Abb. 4). Um das Anheben der Deckscheiben

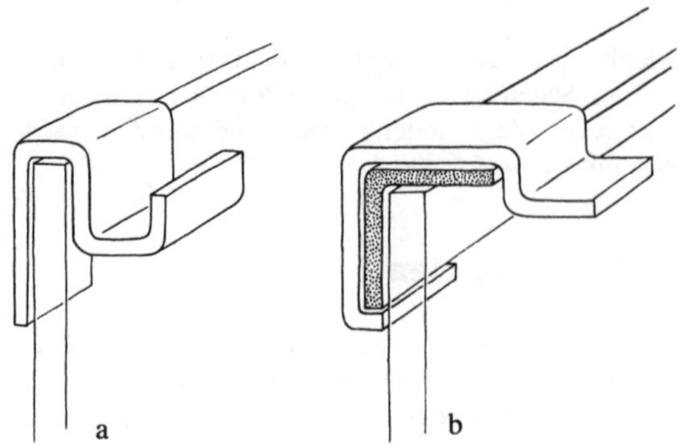

Abb. 4 Deckscheibenhalterungen. a) für geklebte Aquarien; b) für Rahmenaquarien

zu erleichtern, klebt man kleine Glasrechtecke mit Silikongummi als Griffe an.

Neuerdings wird gelegentlich empfohlen, auf Deckscheiben ganz zu verzichten. Die damit verbundenen Risiken und Gefahren beschreibt LUDEMANN (Aquarienmagazin **16**, 654–656, 1982).

Einrichten des Aquariums

Für die Einrichtung eines Aquariums sind die biologischen Bedürfnisse der Organismen maßgebend, die gepflegt werden sollen. Sie bestimmen den Rahmen, in dem das in Gedanken entworfene Unterwasserbiotop verwirklicht werden kann.

Der Bodengrund

Die Einrichtung des Aquariums beginnt mit dem Einbringen und der Gestaltung des Bodengrundes. Anschließend werden die Wasserpflanzen eingesetzt, und erst zuletzt wird das Wasser eingefüllt. Der Bodengrund als natürlicher Abschluß des Lebensraumes im Aquarium muß den Ansprüchen der Tiere und Pflanzen gerecht werden. Die Fische sind vor allem von physikalischen Eigenschaften des Bodengrundes, in erster Linie von seiner Reflexion, abhängig. So läßt sich leicht beobachten, daß die meisten Fischarten über dunklem, wenig reflektierendem Bodengrund natürliches Verhalten und intensive Färbung zeigen, über hellem Bodengrund dagegen unruhig und schreckhaft sind und nur fahle Farben haben. Für Fischarten, die auf, im oder unmittelbar über dem Bodengrund leben oder ihre Nahrung im Bodengrund suchen, können zusätzlich auch das Material, aus dem sich der Bodengrund zusammensetzt, und die Gestaltung des Bodengrundes von Bedeutung sein. So bevorzugen manche Fischarten steinigen, andere sandigen und dritte schließlich schlammigen Bodengrund. Viele Grundfische verbergen sich mit Vorliebe in Steinhöhlen oder in hohlem Wurzelwerk und beherrschen von hier aus ein kleines Revier, das sie gegen Eindringlinge verteidigen. Sehr weichen, feinsandigen Bodengrund benötigen alle Arten, die sich zeitweise in den Bodengrund einbuddeln und so vorzüglich vor ihren Feinden geschützt sind oder, so getarnt, auf Beute lauern.

Für die Wasserpflanzen kann die Qualität, das heißt der Mineralstoffgehalt des Bodengrundes, von großer Bedeutung sein. Allerdings sind nur wenige Wasserpflanzen in dieser Hinsicht so an den Bodengrund gebunden wie die Landpflanzen. Während diese mit den Blättern durch kleine spaltförmige Öffnungen (Spaltöffnungen) vorwiegend ihren Gasstoffwechsel tätigen und die lebensnotwendigen Mineralsalze in gelöster Form mit den Wurzeln dem Erdboden entziehen, können viele Wasserpflanzen die Mineralsalze auch mit den Blättern aufnehmen. Die Aus- und Eintrittspforten des Gas- und Mineralstoffwechsels sind bei der Landpflanze an verschiedene Organe gebunden, bei der Wasserpflanze dagegen weitgehend auf ein Organ, das Blattwerk, konzentriert. Die Wurzeln der Wasserpflanzen sind vielfach nur Haftorgane, die die Pflanze im Bodengrund verankern müssen.

Ganz allgemein kann man sagen, daß alle Wasserpflanzen mit feingegliederten, zarten Blättern die lebensnotwendigen Mineralstoffe mit den Blättern dem Wasser entnehmen können und daß die Wurzeln dieser Pflanzen nur der Verankerung im Bodengrund dienen. In diese Gruppe gehören aber auch die Schwimmpflanzen. Ihre sogenannten feinen Wurzeln sind meist keine echten Wurzeln, sondern wurzelähnliche Wasserblätter, mit deren Hilfe dem Wasser Mineralsalze entzogen werden.

Als Beispiele sind für diese Gruppe folgende Pflanzen zu nennen: *Myriophyllum*-Arten (Tausendblatt), *Elodea*-Arten (Wasserpest), *Cabomba*-Arten (Haarnixe), *Limnophila*-Arten (Sumpffreund) und alle Schwimmpflanzen. Im Gegensatz dazu verhalten sich alle echten Sumpfpflanzen, wie zum Beispiel die *Cryptocoryne*-Arten, fast alle *Echinodorus*-Arten, die meisten *Aponogeton*-Arten und die Seerosengewächse, wie Landpflanzen, das heißt, diese Pflanzen decken ihren Mineralstoffbedarf vor allem aus dem Bodengrund. Die Wurzeln sind daher nicht nur Haftorgane, sondern auch Organe, die im Dienst der Nahrungsaufnahme stehen.

Zwischen beiden Extremen gibt es zahlreiche Übergänge. Hierher gehören jene Wasserpflanzen, die sowohl mit den Wurzeln als auch mit dem Blattwerk Mineralsalz aufnehmen können; vielfach bestimmt der Standort die eine oder andere Art der Ernährung. So wird diese Funktion bei den Ludwigien, wenn sie untergetaucht (submers) wachsen, hauptsächlich von den Blättern, wenn sie auf Sumpfboden (emers) wachsen, von den Wurzeln übernommen.

Um den beschriebenen Ansprüchen der Fische und Wasserpflanzen gerecht zu werden, wählt man in der

Aquarienpraxis einen Mittelweg und verwendet einen Bodengrund, der den meisten Anforderungen genügt. Am besten eignet sich dunkler, nicht zu feiner Flußsand, der durchaus mit größeren Kieseln durchsetzt sein kann. Dagegen ist der vom Fachhandel häufig angebotene helle Seesand oder scharfe Quarzsand nur bedingt geeignet, da er zu stark reflektiert und meist auch keinerlei Nährstoffe enthält. Der Flußsand wird in zwei Schichten eingebracht. Als Grundschicht dient ungewaschener, als Oberschicht gewaschener Flußsand. Der Bodengrund soll insgesamt mindestens 4 bis 5 cm hoch sein. Durch Mischung von gewaschenem Sand und Basaltsplitt läßt sich eine besonders dunkle Oberschicht erzielen. Der ungewaschene Sand der Grundschicht kann, wenn er zu rein ist (z.B. gekaufter Aquariensand), mit etwas verwittertem Lehm versetzt werden. Erde, frischer Teichschlamm und Dungstoffe eignen sich dagegen als Zusätze nicht. Solche Materialien führen leicht zur Massenvermehrung von Bakterien und Infusorien und damit zur Wasserverschlechterung und -trübung.

Mit Ausnahme von Bodengrundfiltern und Heizkabeln verlege man technische Einrichtungen, wie Luftleitungen oder Filterrohre, nicht im Bodengrund, da diese Art des Einbaues jede spätere Kontrolle und Änderung sehr erschwert. In besonders großen Aquarien mit hoher Bodengrundschicht kann die Wasserzirkulation im Bodengrund so stark behindert sein, daß es zur Bildung von schwarzen, übelriechenden Faulschlammherden kommt. Diesem Übelstand kann durch Drainagesysteme, die an eine Bodengrundfilterung angeschlossen sind, vorgebeugt werden (Abb.5).

Abb. 5 Prinzip einer Bodengrunddrainage. Als Wasserzuführung kann auch der Rücklauf aus einem Außenfilter dienen.

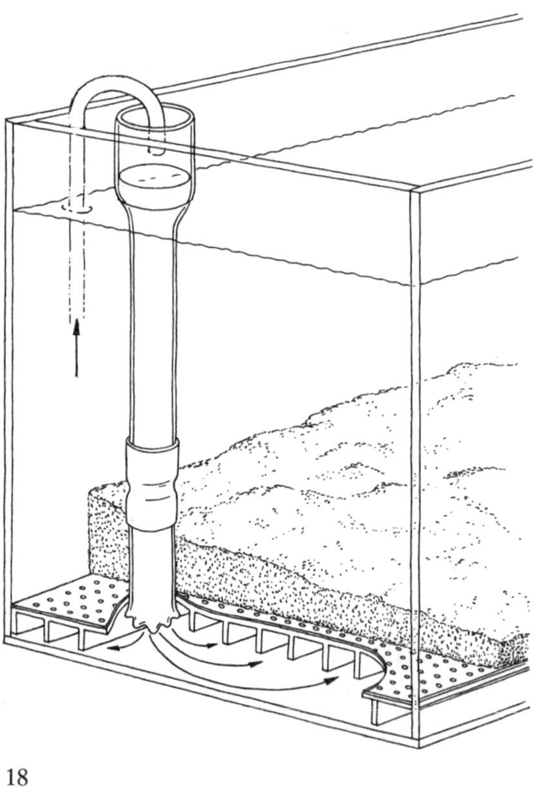

Die Oberfläche des Bodengrundes läßt sich vor allem mit Steinen, Wurzelwerk, in der Längsrichtung halbierten Blumentöpfen, Tonröhren oder Kokosnußschalen abwechslungsreich gestalten. Besonders geeignet für das Aquarium sind Eruptivgesteine, wie Granit und Basalt, und metamorphe Gesteine, wie Gneis und Glimmerschiefer. Diese Gesteine geben zum Teil Spurenelemente ab, die die Lebensgemeinschaft im Aquarium günstig beeinflussen können. Weiterhin sind harte Buntsandsteine und Quarzkiesel brauchbar. Ungeeignet sind dagegen fast alle Erze, zum Beispiel Eisen- und Kupfererze oder manganhaltige Mineralien, Kalksteine und Kalktuffe. Erstere können lösliche Metallverbindungen in schädlicher Menge abgeben, letztere bedingen eine Erhöhung der Wasserhärte.

Das für die Aquarienpraxis brauchbare Wurzelwerk muß in jedem Fall ausgefault sein. Am besten eignen sich Wurzelstöcke von Eichen oder Buchen, die jahrzehntelang im Wasser oder im Moor gelegen haben. Aber auch ausgefaulte Kiefern- oder Weidenwurzeln sind durchaus brauchbar. Grundsätzlich beachte man, daß sich unausgefaultes Wurzelwerk auch dann nicht eignet, wenn es jahrelang trocken gelegen hat und mehrmals ausgekocht wurde. Es bleibt hier nur die Möglichkeit, in Freilandgewässern oder Hochmooren nach alten Wurzelstöcken zu suchen, diese dann gründlich zu reinigen und durch Kochen zu sterilisieren. Blumentöpfe, Tonröhren und Kokosnußschalen behandelt man in der gleichen Weise.

Wie nun die einzelnen Bestandteile des Bodengrundes gruppiert werden, bleibt ganz der individuellen Phantasie überlassen. Man achte jedoch stets darauf, daß die Oberfläche in ihrer Gesamtheit etwas nach vorn geneigt ist, damit sich der Bodenmulm an einer oder an mehreren Stellen sammelt und von dort leicht abgesaugt werden kann. Die Rückwand des Aquariums läßt sich außen dunkel streichen. Schöner und für viele Fischarten auch biologisch wertvoller ist eine innenseitige Verkleidung der Rückwand. Besonders Fische, die in freier Natur die Uferzone bewohnen, zeigen unter diesen Bedingungen gesteigertes Wohlbefinden. Am einfachsten ist eine Verkleidung aus gepreßten Torfplatten. Dazu werden verschieden starke Torfplattenstücke mit Silikonkleber an einer dunklen Kunststoffplatte fixiert, die etwa der Größe der Rückwand entspricht. Die Platte wird anschließend mehrere Tage gründlich gewässert und kann dann in das Aquarium eingestellt werden. Sie läßt sich leicht und ohne großen Arbeitsaufwand ausbessern oder ersetzen. Wesentlich schwieriger ist der Einbau einer Rückwand aus Steinen. Schieferplatten können ähnlich wie Torfplatten angebracht werden, andere Steine lassen sich ohne Bindemittel nur schwer zu einer Rückwand aufschichten. Grundsätzlich strebe man jedoch in normalen Aquarien keinen festen Einbau von Rückwänden an. Nur in sehr großen Betonbecken können die Wände von vornherein mit

Steinen natürlicher gestaltet werden. Wie alle Zementbestandteile muß man auch zementierte Rückwände lange wässern. Anschließend sind nach völligem Austrocknen die Zementfugen mit Chlorkautschuklacken oder auch mit Epoxidharzen zu isolieren.

Einsetzen der Wasserpflanzen

Auch die Wasserpflanzen stellen an ihre Umwelt verschiedenartige Anforderungen. Deshalb lassen sich auch nicht alle Aquarienpflanzen wahllos miteinander vergesellschaften, und die im Aquarium gegebenen Bedingungen müssen mit den Anforderungen der dafür ausgewählten Wasserpflanzen übereinstimmen.

Wasserpflanzen sind entweder kalkfreundlich oder kalkfeindlich. Die kalkfreundlichen Arten beanspruchen hartes, neutrales bis schwach alkalisches Wasser, schwach alkalische Böden und zumeist viel Licht. Die kalkfeindlichen Arten zeigen dagegen das beste Wachstum in weichem, schwach saurem Wasser sowie in schwach sauren Böden; die meisten Arten dieser Gruppe sind lichtgenügsam. Zu den kalkfreundlichen Aquarienpflanzen gehören viele Vertreter der Gattungen *Vallisneria, Elodea, Sagittaria, Myriophyllum* u. a. Dagegen sind zum Beispiel die Vertreter der Gattungen *Cryptocoryne, Cabomba, Limnophila, Echinodorus* und *Marsilea* in der Regel kalkfeindlich. Zwar können sich viele Arten sehr stark anpassen, und eine *Vallisneria* kann auch einmal in weichem, eine *Cryptocoryne* in hartem Wasser gedeihen, aber maximales Wachstum wird jede Pflanze, wenn alle übrigen Bedingungen erfüllt sind, nur in dem Biotop zeigen, das ihren Bedürfnissen entspricht. In der Aquarienliteratur wird oft berichtet, daß Vallisnerien und Sagittarien im *Cryptocoryne*-Becken nicht recht gedeihen wollen. Die Ursache dafür dürfte nach den voranstehenden Ausführungen nicht mehr unklar sein, zumal bekannt ist, daß die Cryptocorynenwurzeln den Bodengrund etwas säuern. Weiterhin soll hier angedeutet werden, daß sich auch einzelne Arten mit ähnlichen Ansprüchen untereinander im Wachstum hemmen können. Aus der Praxis ist bekannt, daß eine besonders stark wuchernde Pflanze andere Pflanzen langsam verdrängt.

Vor dem Einsetzen sind von den Pflanzen alle alten Blätter vorsichtig zu entfernen und die Wurzelspitzen abzuschneiden. Das Stutzen des Wurzelwerkes soll vor allem die Bildung neuer Wurzeln anregen und damit das Anwachsen beschleunigen. Der Wurzelstock wird jetzt zusammengelegt und senkrecht in ein Pflanzloch gesteckt, das man vorher mit dem Finger oder einem Pflock in den Bodengrund gebohrt hat. Anschließend ist der Boden ringsum anzudrücken und eventuell mit kleinen Steinen zu beschweren. Dabei muß darauf geachtet werden, daß der blättertragende Sproß nicht im Bodengrund, sondern unmittelbar darüber liegt (Abb. 6). Stecklinge von Pflanzen, die nur Haftwurzeln bilden, werden, wie oben angegeben, 3 bis 4 cm tief eingepflanzt oder waagerecht auf den Bodengrund gelegt und mit Steinen beschwert. Sie verankern sich dann selbst im Bodengrund. Wertvolle Pflanzen, die besondere Böden beanspruchen, setzt man am besten in kleine Blumentöpfe. Diese können entweder auf den Bodengrund gestellt oder im Bodengrund versenkt werden.

Bei der Gruppierung der Pflanzen beachte man folgende Regeln: Der vordere, dem Beschauer zugewandte Teil des Aquariums bleibt als Schwimmraum für die Fische pflanzenfrei. Die einzelnen Pflanzenarten werden in Gruppen, nicht wirr durcheinander gepflanzt. Schnell wachsende Arten (Sagittarien, Vallisnerien) dürfen nicht zu eng gepflanzt werden.

Einbringen des Wassers

Grundsätzlich muß das Wasser sofort nach dem Einsetzen der Pflanzen eingefüllt werden, da die zarten Blätter der Wasserpflanzen leicht welken. Alle Vorbereitungen, wie Anwärmen des Wassers auf 18 bis 20°C oder Enthärtung des Wassers, sind vor dem Bepflanzen zu erledigen. Ganz allgemein ist man bestrebt, das Wasser ohne Trübung einzubringen; dies kann durch zwei Vorsichtsmaßnahmen erreicht werden. Zunächst werden mit einem Schwamm alle Was-

Abb. 6 Einsetzen der Wasserpflanzen

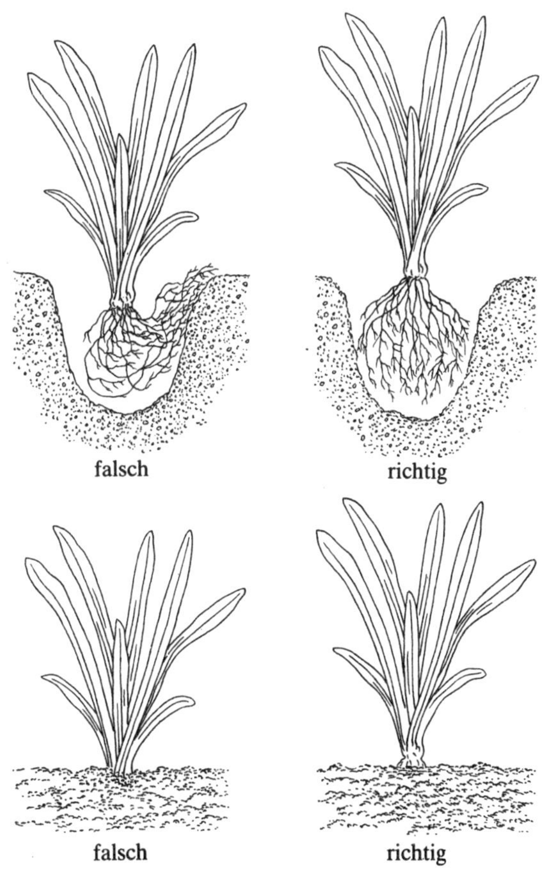

seransammlungen auf dem Bodengrund restlos aufgesaugt, bis auch an den tiefsten Stellen der Oberfläche der Sand nur noch feucht ist. Dann breitet man einen Bogen Zeitungspapier über dem Bodengrund aus und gießt das Wasser vorsichtig ein. Noch besser eignet sich dazu ein Schlauch, mit dem das Wasser gleichmäßig eingeleitet wird. Das Papier verhindert das Aufwirbeln des Bodengrundes und damit die Trübung des Wassers. Sobald das Aquarium gefüllt ist, entfernt man das Papier, richtet mit einem Stäbchen die Pflanzen auf und setzt Heizung und Durchlüftung in Gang. Nach 2 bis 4 Tagen wird das zunächst ganz leicht milchige Wasser kristallklar. Die Pflanzen haben sich in dieser Zeit nach der Oberfläche ausgerichtet. Jetzt können ohne Bedenken Fische eingesetzt werden.

Das Wasser und seine biologische Bedeutung

Für alle Organismen ist das Wasser als Körperbestandteil und als Grundstoff aller chemischen Umsetzungen des Körpers unentbehrlich, zahllosen Lebewesen ist es Lebensraum.

Im Aquarium wie im Teich oder Ozean ist der Lebensraum Wasser nicht nur Bewegungsraum und Nahrungsquelle, sondern vor allem auch der Faktor, der auf alle in diesem Raum lebenden Organismen am unmittelbarsten einwirkt, der Faktor, mit dem sich die Organismen in ständiger Wechselwirkung befinden, der Faktor, der in alle Lebensprozesse fördernd oder hemmend eingreifen kann. Der Lebensraum Wasser ist auf unserer Erde fast unvorstellbar groß und vielgestaltig. Ließen sich alle Tiefen und Höhen der Erdrinde ausgleichen, so würde ein 3000 m tiefer einheitlicher Wassermantel die Erde umgeben. Der flächenhafte Lebensraum Land bleibt demgegenüber ein recht kleines Areal. Zieht man weiterhin in Betracht, daß diese Wassermassen schon als Urozean im Erdaltertum vorhanden waren, so wird verständlich, warum gerade im Wasser die größte Artenfülle, die größte Vielgestaltigkeit der Formen und die primitivsten Vertreter der einzelnen Tiergruppen zu finden sind, ja, aus einzelnen Tierstämmen, wie den Stachelhäutern oder Nesseltieren, hat bis heute kein einziger Vertreter den Weg auf das Land finden können. In den letzten Jahrzehnten ist auch in der Aquaristik die biologische Bedeutung des Wassers immer mehr erkannt worden. Das Aquarienwasser wird heute nicht mehr als der Lebensraum der Fische und Wasserpflanzen schlechthin betrachtet, sondern als der Faktorenkomplex angesehen, der in erster Linie die verschiedenen Lebensvorgänge im Aquarium bestimmt.

Wasser ist eine Verbindung der Grundstoffe (Elemente) Wasserstoff und Sauerstoff, und zwar sind 2 Wasserstoffatome mit 1 Sauerstoffatom zu einer Einheit (H_2O) fest verknüpft. Mehrere solcher Moleküle (4 oder 8) vereinigen sich in Abhängigkeit von der Temperatur zu größeren Komplexen.

Die große Bedeutung des Wassers für alle Organismen ist ursächlich mit den besonderen Eigenschaften dieser Flüssigkeit verbunden: Wasser ist ein hervorragendes Lösungsmittel für zahlreiche Stoffe des pflanzlichen oder tierischen Körpers. Die thermischen Eigenschaften des Wassers regulieren vorzüglich die Temperaturschwankungen des lebenden Organismus und seines Lebensraumes.

Das in der Natur vorkommende Wasser ist niemals ganz rein, sondern enthält außer gelösten Gasen stets chemische Verbindungen verschiedener Art. Das sind vor allem Salze (Elektrolyte), die im Wasser in kleinere Bausteine, die positiv oder negativ geladenen Ionen, zerfallen (dissoziieren), zum Beispiel:

Kochsalz NaCl in		Na^+	-Ionen
	und	Cl^-	-Ionen
Calciumhydrogenkarbonat $Ca(HCO_3)_2$ in		Ca^{++}	-Ionen
	und	HCO_3^-	-Ionen

Im elektrischen Feld wandern die positiv geladenen Ionen (Kationen) zur Kathode, die negativ geladenen (Anionen) zur Anode. Die im Wasser gelösten Gase und chemischen Verbindungen bedingen die speziellen Eigenschaften des Wassers, so zum Beispiel die Wasserhärte, das Ionenmuster, den pH-Wert, die Färbung, die Durchsichtigkeit. Jede dieser Eigenschaften beeinflußt direkt oder indirekt auch die Lebensvorgänge im Aquarium.

Die Härte des Wassers

Die Feststellung, daß die Hände beim Waschen mit Seife einmal trotz geringen Seifenverbrauchs weich und schlüpfrig werden, das andere Mal trotz großen Seifenverbrauchs hart und spröde bleiben, hat ursprünglich zu der Bezeichnung weiches und hartes Wasser geführt. Diese verschiedenartigen Erscheinungen sind durch die Menge der im Wasser gelösten Calcium- und Magnesiumverbindungen bedingt. Das weiche Wasser ist arm, das harte Wasser reich an solchen Bestandteilen. Im wesentlichen lassen sich diese als Salze vorliegenden Verbindungen in zwei Gruppen unterteilen: Härtebildner, die sich durch Kochen ausfällen lassen, und Härtebildner, die sich durch Kochen nicht ausfällen lassen.

Die Härtebildner der ersten Gruppe bedingen die Karbonathärte oder Temporäre Härte, die Härtebildner der zweiten Gruppe die Nichtkarbonathärte oder Permanente Härte, beide zusammen die Gesamthärte.

Karbonat- oder Temporäre Härte

Dieser Härteanteil ist durch Calcium- und Magnesiumhydrogenkarbonat bedingt.

Calcium (Ca) und Magnesium (Mg) sind Erdalkalimetalle, die mit Kohlensäure Karbonate bilden (Calcium-, Magnesiumkarbonat) und sich in Form von Kalkstein, Dolomit und anderen Mineralen am Aufbau der festen Erdrinde beteiligen. Sie sind nur gering wasserlöslich, gehen jedoch bei Anwesenheit von Kohlensäure als Calcium- bzw. Magnesiumhydrogenkarbonat in Lösung, das heißt, aus den schwer löslichen Karbonaten entstehen bei Kohlensäureüberschuß gut lösliche Hydrogenkarbonate:

$CaCO_3$	+ H_2CO_3	→	$Ca(HCO_3)_2$
Karbonat	+ Kohlensäure	→	Hydrogenkarbonat
$MgCO_3$	+ H_2CO_3	→	$Mg(HCO_3)_2$

Die Hydrogenkarbonate haben im Wasser eine für alle Lebewesen sehr wichtige Funktion. Sie können saure und alkalische Einflüsse ausgleichen, das heißt, sie halten als Puffersystem den pH-Wert des Wassers auf einem biologisch günstigen Niveau um den Neutralpunkt (siehe auch S. 30).

In der Natur bildet sich hydrogenkarbonathaltiges Wasser auf folgende Weise: Das Regenwasser kommt beim Herabrieseln und vor allem beim Einsickern in den Bodengrund mit Kohlendioxid in Berührung. Insbesondere ist die Bodenluft der Humusschicht durch die Atmung der Pflanzenwurzeln und der hier in ungeheuren Massen lebenden Mikroorganismen kohlendioxidreich. Das Kohlendioxid der Luft geht mit dem Wasser eine Bindung ein, es entsteht eine schwache Säure, die Kohlensäure:

CO_2	+ H_2O	→	H_2CO_3
Kohlendioxid	+ Wasser	→	Kohlensäure

Das kohlensäurereiche Wasser trifft beim Versickern in tieferen Lagen auf kalkhaltige Gesteinsschichten. Dieses an und für sich nur wenig lösliche Calciumkarbonat geht durch die Anwesenheit der Kohlensäure als Calciumhydrogenkarbonat in Lösung: Das Wasser wird hart. Die gesammelten Rinnsale treten als Quelle zutage.

Zusammenfassend läßt sich feststellen, daß die Karbonathärte des Quellwassers von zwei Faktoren abhängig ist, erstens von dem Kohlendioxidgehalt der vom Regenwasser durchdrungenen Luftschichten, vor allem der Bodenluft, und zweitens vom Kalkgehalt des durchsickerten Untergrundes. Es läßt sich deshalb bereits aus der Zusammensetzung des Bodengrundes ungefähr feststellen, ob die hier zutage tretenden Quellen weiches oder hartes Wasser bringen. So führen Quellen, deren Einzugsgebiete im Urgestein liegen, zumeist sehr weiches Wasser, Quellen mit Einzugsgebieten in Sandsteingegenden je nach dem Kalkgehalt des Sandsteins weiches bis mittelhartes Wasser und Quellen in Kalkgebieten hartes Wasser. Es sei betont, daß, wie bereits angedeutet, stets die Lage des Einzugsgebietes maßgebend ist, nicht etwa der Ort der Wasserentnahme, wie die Wasserleitung oder ein Bach. So kann zum Beispiel eine in einem Kalkgebiet liegende Stadt über weiches Wasser verfügen, wenn ihre Wasserleitung aus Quellen im Urgesteinsgebiet versorgt wird.

Das Verhältnis von Calcium- und Magnesiumhydrogenkarbonat bewegt sich in natürlichen Gewässern zwischen 10 : 1 und 10 : 3. Sehr wesentlich ist folgende Tatsache: Hydrogenkarbonate sind im Wasser nur bei Kohlensäureüberschuß beständig. Wird dieser Überschuß verringert, so zerfallen die Hydrogenkarbonate wieder in Karbonate und Kohlensäure, das heißt, der Prozeß der Hydrogenkarbonatbildung ist rückläufig.

$Ca(HCO_3)_2$	→ $CaCO_3$	+	H_2CO_3
Hydrogenkarbonat	→ Karbonat	+	Kohlensäure
$Mg(HCO_3)_2$	→ $MgCO_3$	+	H_2CO_3

Dieser Vorgang ist besonders deutlich beim Kochen des Wassers zu beobachten. Durch die starke Erwärmung wird alle freie und hydrogenkarbonatbildende Kohlensäure in Kohlendioxid zurückverwandelt und ausgetrieben, und die entstehenden schwer löslichen Karbonate setzen sich als Kesselstein ab: Das Wasser wird weich. Läßt man das Wasser im gleichen Topf bei Gegenwart von Kalkstein abkühlen, so verläuft der Prozeß sehr langsam umgekehrt. Das Wasser nimmt aus der Luft Kohlendioxid auf, es entstehen wieder Hydrogenkarbonate: Das Wasser wird härter.

Nichtkarbonat- oder Permanente Härte

Die Wasserhärte ist aber nicht nur durch solche Härtebildner bedingt, die sich durch Kochen ausfällen lassen, sondern auch von Salzen abhängig, die beim Kochen nicht ausfallen. Dieser als Permanente Härte, Nichtkarbonathärte oder auch Bleibende Härte bezeichnete Härteanteil wird hauptsächlich durch Gips, das Calciumsalz der Schwefelsäure (Calciumsulfat $CaSO_4 \cdot 2\,H_2O$) bedingt. Außerdem können folgende Verbindungen an der Nichtkarbonathärte beteiligt sein:

Salze der Schwefelsäure	Magnesiumsulfat (Bittersalz)
Salze der Salzsäure	Calciumchlorid, Magnesiumchlorid
Salze der Salpetersäure	Calciumnitrat (Kalksalpeter), Magnesiumnitrat

Diese Verbindungen sind jedoch in so geringen Mengen vorhanden, daß sie sich vernachlässigen lassen.

Gesamthärte

Die in den voranstehenden Kapiteln beschriebene Karbonathärte und Nichtkarbonathärte bedingen zusammen die Gesamthärte des Wassers. Die Härte wird bei uns in deutschen Härtegraden (°dGH) angegeben, und zwar entsprechen in Form von Karbonat, Sulfat oder anderen löslichen Calcium- und Magnesiumverbindungen einem deutschen Härtegrad (1 °dGH) 10 mg Calciumoxid (CaO) oder 7,14 mg Magnesiumoxid (MgO) in 1 l Wasser.

Man bezeichnet im allgemeinen Wasser von
0 bis 5 °dGH als sehr weich,
5 bis 10 °dGH als weich,
10 bis 20 °dGH als mittelhart,
20 bis 30 °dGH als hart,
über 30 °dGH als sehr hart.

Einfache Methoden der Härtebestimmung

Leitfähigkeitsmessung zur Groborientierung

Mit der Leitfähigkeit wird der Widerstand gemessen, den ein Medium dem Stromfluß zwischen den beiden Polen einer Stromquelle entgegensetzt. Absolut reines Wasser verhindert den Stromfluß, seine Leitfähigkeit ist Null. Allerdings kommt solches Wasser in der Natur nicht vor und kann auch im Laboratorium nur mit größerem Aufwand hergestellt werden. Alle natürlichen Gewässer enthalten Verbindungen, vorwiegend Salze, die in elektrisch geladene Teilchen, sogenannte Ionen, dissoziieren. Je mehr Ionen ein Wasser enthält, um so größer ist seine Leitfähigkeit. Für die Aquarienpraxis ist es wichtig zu wissen, daß die Leitfähigkeit nicht nur von den Härtebildnern, richtiger den Ionen der Härtebildner, sondern von den Ionen aller Wasserinhaltsstoffe abhängig ist. Da aber in natürlichen, nicht verunreinigten Binnengewässern mit wenigen Ausnahmen die Ionen der Härtebildner stark dominieren, kann man die Leitfähigkeitsmessung als Groborientierung über die Wasserhärte betrachten. Die Geräte zur Leitfähigkeitsbestimmung sind einfach zu bedienende Instrumente, die den elektrischen Widerstand messen, ihn aber nicht in seinen Einheiten (Ohm), sondern in daraus resultierenden Kehrwerten, in »Mikrosiemens« μS, angeben. Speziell für aquaristische Zwecke wurden verschiedene Geräte entwickelt.

In der Praxis beachte man bei Leitfähigkeitsmessungen folgende Gesichtspunkte und Faustregeln:
- Gebrauchsanleitung des Gerätes genau beachten!
- Der auf der Skala des Gerätes ablesbare μS-Wert gilt in der Regel für Messungen bei 20 °C. In der Literatur findet man deshalb häufig die Angabe μS_{20}. Messungen bei anderen Temperaturen erfordern Korrekturen. Die erhaltenen Werte sind dabei mit folgenden Faktoren zu multiplizieren:

Wassertemperatur in °C	Korrekturfaktor
10	1,28
15	1,13
20	1,00
25	0,90
30	0,75

- Die Elektroden des Gerätes stets sauber, vor allem fettfrei halten. Nicht mit der Hand abwischen!
- Immer berücksichtigen, daß die Leitfähigkeit aus allen Ionen resultiert und deshalb nur bedingt als Korrelat der Wasserhärte angesehen werden darf. Aquarienwasser unter 200 μS_{20} sind meist sehr weich und sauber, solche bis 400 μS_{20} sehr weich und verunreinigt oder weich und gering verunreinigt, höhere Werte deuten höhere Anteile von Härtebildnern und eventuell von anderen Verbindungen an.
- Leitfähigkeitsmessung von Zeit zu Zeit durch eine Bestimmung der Gesamthärte ergänzen. Erst die Kombination beider Methoden erlaubt eine korrekte Einschätzung der Wasserqualität im Aquarium. Besonders gilt dies für Wasser mit höheren μS-Werten.

Chemische Methoden der Härtebestimmung

Heute bietet der aquaristische Fachhandel in vielen Ländern einfache Bestecke zur chemischen Härtebestimmung an, die bei exakter Berücksichtigung der Gebrauchsanleitungen zuverlässig und schnell arbeiten. Für die Aquaristik sind diese Bestecke die idealen Arbeitsmittel.

Dort, wo die Bestecke nicht zur Verfügung stehen, können Härtebestimmungen (Gesamthärte und Karbonathärte) mit den nachfolgend beschriebenen Methoden durchgeführt werden. Die Nichtkarbonathärte läßt sich errechnen: Gesamthärte – Karbonathärte = Nichtkarbonathärte.

Seifenmethoden (Gesamthärte)

Die Seifenmethoden nutzen die Eigenschaft der Seifen, mit Calcium und Magnesium unlösliche Verbindungen zu bilden. Erst nachdem Calcium und Magnesium auf diese Weise vollständig verbraucht sind, entsteht ein bleibender Seifenschaum. Aus der bis zur Bildung eines bleibenden Seifenschaumes verbrauchten Menge an Seifenlösung kann die Gesamthärte einfach ermittelt werden.

Für aquaristische Zwecke eignet sich die Seifenmethode nach Clark am besten.

Zubehör:
1 Vorratsflasche destilliertes Wasser
1 Vorratsflasche Clarksche Seifenlösung (in Apotheken erhältlich, gut verschließen! Rezept s. S. 24)
1 Kindermilchflasche mit ml-Einteilung
1 Bürette mit ml-Einteilung in Holzfuß oder ein 20-ml-Meßzylinder aus Glas

Die Bürette (oder den Meßzylinder) füllt man bis zur obersten Marke mit Clarkscher Lösung und die Kindermilchflasche mit genau 100 ml des zu prüfenden Wassers. Jetzt tropft man die Clarksche Lösung langsam in das zu untersuchende Wasser und schüttelt dieses dabei kräftig. Nach einiger Zeit entsteht auf der Untersuchungsflüssigkeit eine Seifenschaumschicht. Die Untersuchung wird jetzt unterbrochen und die Flasche an das Ohr gebracht. Sich rückbildender Seifenschaum knistert, bleibender Seifenschaum ist völlig geräuschlos. Nun wird so lange weitere Seifenlösung zugefügt, geschüttelt und mit dem Ohr geprüft, bis sich der Seifenschaum nicht mehr verändert, also ein Knistern nicht mehr zu hören ist. Zur Kontrolle kann die Flasche nun abgesetzt und nach fünf Minuten erneut geprüft werden, ob sich der Seifenschaum tatsächlich nicht verändert hat. Ist dies der Fall, so wird die Gesamthärte folgendermaßen ermittelt:

Auf der ml-Einteilung der Bürette wird festgestellt, wieviel Milliliter Clarksche Lösung verbraucht worden sind. Wir nehmen zum Beispiel an, bis zur Bildung einer bleibenden Seifenschaumschicht seien 13 ml Clarksche Lösung verbraucht worden. In der rechten Spalte der nachstehenden Teiltabelle I wird jetzt die Zahl 13 aufgesucht, die gleiche Zeile der linken Spalte gibt die Härtegrade an. Unser Wasser hat demnach 3 °dGH.

Teiltabelle I: für normales, unverdünntes Wasser bis zu 12 °dGH		Teiltabelle II: für Wasser, das mit 2 Teilen dest. Wasser verdünnt ist Härtegrade über 12	
dGH	Verbrauch von Clarkscher Lösung in ml	dGH	Verbrauch von Clarkscher Lösung in ml
1	5	12	17
2	9	15	21
3	13	18	24,5
4	17	21	28
5	21	24	31,5
6	24,5	27	35
7	28	30	38,5
8	31,5	33	42
9	35	36	45
10	38,5		
11	42		
12	45		

Sind auf diese Weise 45 ml Clarksche Lösung ohne Erfolg verbraucht worden, so ist damit ein sicherer Nachweis gegeben, daß das zu untersuchende Wasser mehr als 12 °dGH hat, also mindestens mittelhart ist. Da sich mit Clarkscher Lösung höchstens 12 Härtegrade genau bestimmen lassen, ist ein weiteres Hinzufügen von Seifenlösung nicht angebracht. Die Bestimmungsmethoden sind für härtere Wässer zu ändern. Die Kindermilchflasche wird geleert, gut mit dem zu prüfenden Wasser ausgespült und anschließend nur mit 50 ml Rohwasser gefüllt. Diese 50 ml sind nun mit 100 ml destilliertem Wasser zu versetzen. Nach gutem Durchmischen gießt man 50 ml ab, so daß sich insgesamt nur noch 100 ml Mischwasser in der Flasche befinden. Diese werden, wie oben angegeben, mit Clarkscher Lösung so lange versetzt, bis eine bleibende Schaumschicht zu beobachten ist. Die jetzt verbrauchte Menge Seifenlösung wird in der Teiltabelle II rechts aufgesucht, die entsprechenden Härtegrade werden links abgelesen.

Herstellung der Seifenlösung: 20 g Kaliseife werden in 1 l 56 %igem Äthanol gelöst und anschließend mit Bariumnitratlösung eingestellt. Dazu löst man 0,559 g bei 100 °C getrocknetes Bariumnitrat $Ba(NO_3)_2$ in 1 l H_2O dest., bringt davon genau 100 ml in eine Glasflasche und fügt so lange von der obengenannten Seifenlösung hinzu, bis beim Schütteln ein nicht mehr knisternder, bleibender Seifenschaum entsteht. Die Seifenlösung ist richtig eingestellt, wenn davon bis zur Entstehung des bleibenden Seifenschaumes genau 45 ml benötigt werden. In der Regel ist die Seifenlösung zunächst zu konzentriert, das heißt, der bleibende Seifenschaum entsteht schon bei Zugabe von wesentlich weniger Seifenlösung. Um auf die notwendigen 45 ml zu kommen, muß die Seifenlösung weiter mit 56 %igem Äthanol verdünnt werden, wobei man sich durch schrittweise Verdünnung und Testung dem Zielwert 45 ml Seifenlösung/100 ml Bariumlösung langsam nähert. Erst die so verdünnte und damit eingestellte Seifenlösung ist für die Bestimmung der Wasserhärte geeignet.

Titrationsmethoden mit Komplexonen (Gesamthärte)

Neuerdings werden in der Aquaristik zur Schnellbestimmung der Gesamthärte vor allem Titrationsmethoden mit komplexbildenden Substanzen (Komplexonen) in Verbindung mit Indikatoren eingesetzt. Die einfache Technik besteht im Prinzip aus folgenden Schritten: 100 ml Rohwasser werden mit einem Mischindikator versetzt, das Wasser färbt sich dadurch rot. Anschließend läßt man aus einer Bürette mit ml-Einteilung Komplexonlösung so lange zutropfen, bis der Farbton über Grau nach Grün umschlägt. Für weiches Wasser verwendet man Chelaplex II bzw. Trilon BS, Titriplex B oder Komplexon II und erwärmt das Untersuchungswasser auf etwa 40 °C. Jeder Milliliter des bis zum Farbumschlag verbrauchten Komplexbildners entspricht 1 °dGH. Mittelhartes bis hartes Wasser titriert man ohne Erwärmung mit Chelaplex I bzw. Trilon A, Titriplex A oder Komplexon I. Jedem verbrauchten Milliliter dieser Lösung entsprechen 5,6 °dGH, das heißt, die Anzahl der verbrauchten Milliliter muß mit 5,6 multipliziert werden.

Die notwendigen Gefäße, Lösungen und Substanzen werden im Handel meist als Einheit, als sogenanntes Bestimmungsbesteck, angeboten. Die Gebrauchsanleitungen müssen dabei exakt berücksichtigt werden.

Sowohl die Bestimmungsmethode mit Clarkscher Seifenlösung als auch die Titrationsmethoden mit Komplexbildnern arbeiten vor allem bei härterem Wasser nicht sehr genau. Außerdem können bestimmte Wasserinhaltsstoffe, vor allem Eisenverbindungen, das Ergebnis etwas verfälschen. Für die

Aquarienpraxis sind diese Fehler jedoch ohne Bedeutung. Wer sehr genau sein will, versetze das Rohwasser noch vor jeder Prüfung 1 : 1 mit destilliertem oder vollentsalztem Wasser und multipliziere die erhaltenen Werte mit 2.

Titrationsmethode mit Salzsäure (Karbonathärte)

Zubehör:
1 Erlenmeyerkolben 250 ml
1 Tropfflasche mit 30 bis 50 ml 0,1 %iger Methylorangelösung
1 Bürette mit Glashahn, an einem Stativ montiert (Abb. 7)
1 Flasche 0,1 N Salzsäure

Zunächst ist die Bürette bis zur Nullmarke mit 0,1 N Salzsäure zu füllen. Anschließend werden 100 ml des Rohwassers in den sauberen Erlenmeyerkolben geschüttet und mit 1 bis 3 Tropfen Methylorangelösung versetzt. Die Probe wird dadurch gelb. Aus der Bürette läßt man nun langsam Salzsäure in die Probe tröpfeln und schwenkt den Erlenmeyerkolben nach jedem Tropfen vorsichtig. Die Zugabe von Salzsäure wird so lange fortgesetzt, bis der gelbe Farbton in einen gelbbraunen umzuschlagen beginnt. Diese kritische Phase erkennt man am besten über weißem Untergrund. Es ist deshalb ratsam, die Bürette vor Beginn der Untersuchung auf einen Bogen weißes Papier zu stellen. Nach dem Farbumschlag ist die Menge der verbrauchten Salzsäure in Millilitern mit einer Dezimalen abzulesen und mit 2,8 zu multiplizieren. Der so erhaltene Wert entspricht der Karbonathärte in deutschen Härtegraden. Zum Beispiel: 3,6 ml verbrauchte Salzsäure × 2,8 = 10,08° Karbonathärte.

Einfache Methoden der Wasserenthärtung

Für aquaristische Zwecke, vor allem die Zucht der meisten Zierfische, ist das Leitungswasser (Rohwasser) vielerorts ungeeignet und muß deshalb aufbereitet werden. Abgesehen von einer eventuell notwendigen Austreibung von Chlor durch eine ein- bis zweitägige Durchlüftung, richtet sich die Art der Aufbereitung nach den Bedürfnissen der Fische, die gepflegt werden sollen. Zuerst ist der Gehalt an Härtebildnern entsprechend zu korrigieren, danach können weitere Maßnahmen folgen, zum Beispiel Zusatz von Torfextraktstoffen oder Kochsalz. Die Korrektur der Wasserhärte hat in der Regel die Verminderung, nur sehr selten die Vermehrung der Härtebildner zum Ziel.

Eine Zugabe von Härtebildnern ist nur dann erforderlich, wenn in Gegenden mit sehr weichem Wasser Fische gehältert und gezüchtet werden sollen, die aus harten, salzreichen Gewässern stammen. Am besten läßt man dazu das Rohwasser längere Zeit über Kalkstein- oder Marmorsplitt stehen. Wesentlich schneller verläuft die Aufhärtung, wenn das Wasser während dieser Zeit mit Kohlendioxid aus einer Kohlensäurebombe feinperlig durchlüftet oder ein Kohlendioxid-Diffusionsgerät eingehängt wird.

Eine Verringerung der Härtebildner läßt sich ohne großen Aufwand durch eine Filterung über Torf erreichen. Die im Hochmoortorf enthaltenen Huminsäuren (siehe S. 31) haben unter anderem die Eigenschaft, nach dem Prinzip der Ionenaustauscher Härtebildner zu binden. Allerdings funktioniert diese Methode nur dann, wenn das zur Verfügung stehende Rohwasser höchstens 6 bis 8 °dGH hat, das heißt, durch Torffilterung läßt sich nur »weiches« Wasser zu »sehr weichem« Wasser enthärten. Ein weiterer Nachteil ist der langsame Verlauf des Enthärtungsprozesses. Es dauert mehrere Tage, bis ein mit Torf beschickter Außenfilter die Wasserhärte reduziert. Im allgemeinen kann man davon ausgehen, daß mit 1 l Torfsubstanz die Härte von 100 l Wasser um 2 bis 3 Härtegrade gesenkt werden kann.

An Härtebildnern freies (teilentsalztes) oder völlig salzfreies (vollentsalztes) Wasser kann man auf verschiedene Weise herstellen. Für aquaristische

Abb. 7 Bürette mit Stativ

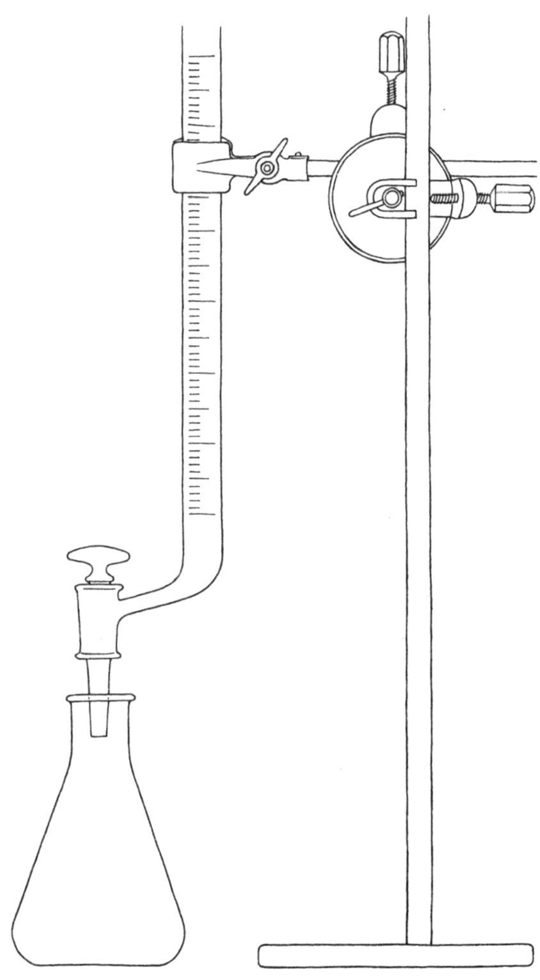

Zwecke eignen sich vor allem die Ionenaustauscherverfahren und in Großanlagen mit sehr hohem Wasserbedarf auch die Umkehr-Osmose-Verfahren. Dagegen sind die Wasserdestillation und die Teilentsalzung mit Oxalsäure, Trinatriumphosphat oder Kalksoda für die Aquarienpraxis aus verschiedenen Gründen nicht geeignet.

Das in der Aquaristik durch technische Verfahren vollenthärtete oder vollentsalzte Wasser ist vor seiner Verwendung mit Rohwasser zu verschneiden. Erst damit werden die für Tiere und Pflanzen lebensnotwendigen Ionen zugemischt. Dabei kommt der Aquaristik der Umstand zugute, daß fast in jedem Rohwasser aus der Wasserleitung die Wasserinhaltsstoffe in einer biologisch günstigen oder vertretbaren Relation zueinander vorliegen. Auch bei starker Verdünnung bleiben die Schwankungen des pH-Wertes in dem Mischwasser gering.

Ionenaustauscherverfahren

Ionenaustauscher sind meist wasserunlösliche, gekörnte Kunstharze, die aus Flüssigkeiten Fremdionen aufnehmen und dafür Eigenionen in die Flüssigkeit abgeben. Man unterscheidet Kationen- und Anionenaustauscher. In der Aquaristik werden folgende Ionenaustauscherverfahren praktiziert: Neutralaustausch, Kationenaustausch und kombinierter Kationen- und Anionenaustausch. Unabhängig von dem jeweils angewendeten Verfahren muß das teil- oder vollentsalzte Wasser mit Rohwasser verschnitten werden. Das Mischungsverhältnis richtet sich dabei nach der Härte des Rohwassers und dem angestrebten Gehalt an Härtebildnern. So ergeben zum Beispiel 9 l entsalztes Wasser, versetzt mit 1 l Rohwasser von 10°dGH, 10 l Wasser mit einer dGH von etwa 1°. Das Mischwasser sollte man zunächst 1 bis 2 Tage kräftig durchlüften, dann den pH-Wert prüfen und, wenn nötig, korrigieren (siehe S. 30).

Neutralaustausch

Bei diesem auch als »Kationenaustausch in Na-Form« bezeichneten Verfahren werden die Calcium- und Magnesiumionen des Ausgangswassers gegen Natriumionen ausgetauscht, das heißt, das Wasser wird enthärtet, jedoch nicht entsalzt (Abb. 8). Es enthält nach dem Austausch statt der Härtebildner eine entsprechende Menge gut löslicher Natriumverbindungen. In der Technik wird der Neutralaustausch deshalb überall dort eingesetzt, wo es nur auf die Entfernung der Härtebildner ankommt, zum Beispiel in Wäschereien und Färbereien.

In der Aquaristik ist der Neutralaustausch umstritten. Die unterschiedliche Beurteilung hängt vermutlich mit der regional verschiedenen Qualität des Rohwassers zusammen. Bei Rohwasser unter 10°dGH und geringem Gehalt an Verbindungen, die an der Härte nicht beteiligt sind, kann man dieses Verfahren durchaus empfehlen. Allerdings sollte beim Verschneiden des enthärteten Wassers mit Rohwasser stets eine Wasserhärte von mindestens 3°dGH angestrebt werden. Bei geringerer Härte des Mischwassers ist die Relation der zweiwertigen Calcium- und Magnesiumionen zu den einwertigen Natriumionen so ungünstig, daß bei Zuchten Störungen vorkommen können. Der große Vorteil des Neutralaustausches besteht darin, daß zur Regeneration Kochsalzlösung verwendet wird und das Hantieren mit so gefährlichen Verbindungen wie Salzsäure und Natronlauge entfällt (siehe S. 28).

Kationenaustausch in H-Form

Bei diesem Verfahren werden die Kationen des Rohwassers gegen Wasserstoffkationen (H-Ionen) ausgetauscht. Dadurch entstehen aus den Salzen die entsprechenden Säuren (Abb. 8).

Karbonate	→ Kohlensäure
Hydrogenkarbonate	→ Kohlensäure
Sulfate	→ Schwefelsäure
Chloride	→ Salzsäure
Nitrate	→ Salpetersäure

In Abhängigkeit von den im Rohwasser gelösten Salzen wird das Wasser sauer, das heißt, bei anteilig hoher Nichtkarbonathärte sinkt der pH-Wert stark, bei anteilig sehr geringer Nichtkarbonathärte mäßig ab. Korrekturen des pH-Wertes sind oft auch nach der Verschneidung mit 5 bis 10% Rohwasser erforderlich, denn das mit dem zugemischten Rohwasser eingebrachte Puffersystem reicht nicht aus, den pH-Wert genügend anzuheben. Es wird deshalb empfohlen, dieses Verfahren in der Aquaristik nur dann anzuwenden, wenn die Gesamthärte des Rohwassers fast ausschließlich durch Karbonathärte bedingt ist.

Kombinierter Kationen- und Anionenaustausch

Dieses Verfahren ist die ideale Form der Wasseraufbereitung für die Aquarienpraxis. Es wird überall dort angewendet, wo der Gesamtsalzgehalt sehr hoch ist, der Anteil der Nichtkarbonathärte an der Gesamthärte hoch ist oder die Qualität des Leitungswassers starke Schwankungen aufweist, wie dies in den Großstädten durch unterschiedliche Zumischung in den Wasserwerken vorkommen kann.

Bei dem Verfahren wird das nach der voranstehenden Methode behandelte Wasser anschließend durch einen Anionenaustauscher geleitet. In dieser zweiten Stufe werden die Anionen (Säurerestionen) zurückgehalten und durch Hydroxylanionen (OH-Ionen) ersetzt, die sich mit den Wasserstoffkationen (H-Ionen) der ersten Stufe zu Wasser (H_2O) vereinigen. Das auf diese Weise gewonnene Wasser ist völlig salzfrei, es übertrifft hinsichtlich seiner Salzfreiheit sogar destilliertes Wasser und hat einen pH-Wert um den Neutralwert oder etwas darunter (Abb. 8, 9).

Von den Anionenaustauschern gibt es schwach- bis mittelbasische und starkbasische Chargen. Für aquaristische Zwecke sind vor allem schwach- bis mittel-

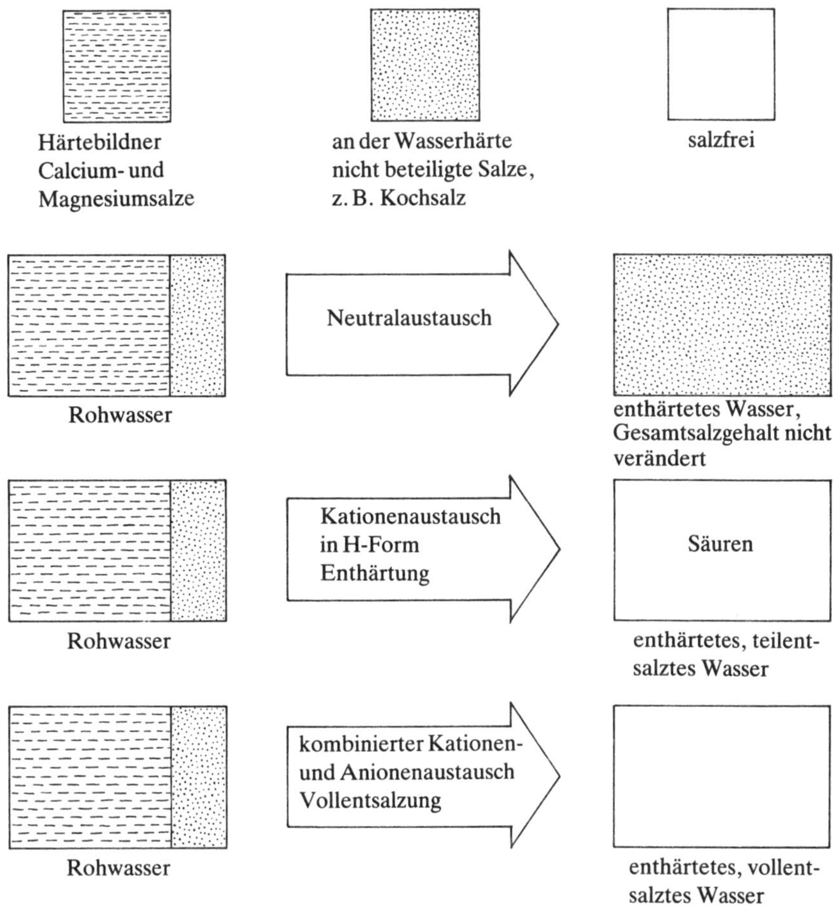

Abb. 8 In der Aquaristik verbreitete Methoden der Wasseraufbereitung mit Hilfe von Austauscherharzen. Links: Rohwasser mit Härtebildnern und an der Wasserhärte nicht beteiligten Salzen (Elektrolyten). Mitte: Arten des Austausches. Rechts: Ergebnisse

basische Anionenaustauscher geeignet. Natürlich muß auch vollentsalztes Wasser mit Rohwasser verschnitten werden (siehe S. 26).

Austauschergeräte und ihre Bedienung

Im Fachhandel werden heute verschiedene Austauscheranlagen, meist Vollentsalzungsanlagen mit hohem Bedienungskomfort, angeboten. Die Hersteller übernehmen vielfach auch das Regenerieren der erschöpften Geräte oder den Austausch verbrauchter Austauscherpatronen gegen regenerierte. Nur bedingt geeignet sind solche Austauscheranlagen, die das Aquarienwasser im Umlauf entsalzen. Wenn diese Geräte den Wasserdurchsatz bei einem einstellbaren Härtelimit nicht automatisch abstellen, besteht immer die Gefahr einer absoluten Entsalzung, eine Situation, die die meisten Fische nur kurzzeitig überleben.

Die von einer Austauscheranlage lieferbare voll- oder teilentsalzte Wassermenge wird vor allem durch folgende Faktoren bestimmt:

Abb. 9 Prinzip einer Anlage zur Wasservollentsalzung (kombinierter Kationen- und Anionenaustausch). Das Gefäß mit dem Kationenaustauscher (K) ist mit einem Entlüfter versehen. In den Abfluß des Anionenaustauschers (A) wird meist ein Leitfähigkeitsmesser eingeschaltet. Während des Betriebes sind die unteren Schlauchklemmen geschlossen. Zur Regeneration werden nach dem Schließen des Wasserzuflusses und der oberen Schlauchklemmen die beiden Gefäße getrennt. Die Entleerung und Auffüllung mit Regenerationslösungen sollte bei abgeschraubtem Deckel über den unteren Abfluß erfolgen. Auch für das Ablassen der Regenerationslösungen und das erste Grobspülen nutzt man am besten den unteren Abfluß. Bei der Endmontage müssen die Flaschen randvoll mit Wasser gefüllt sein.

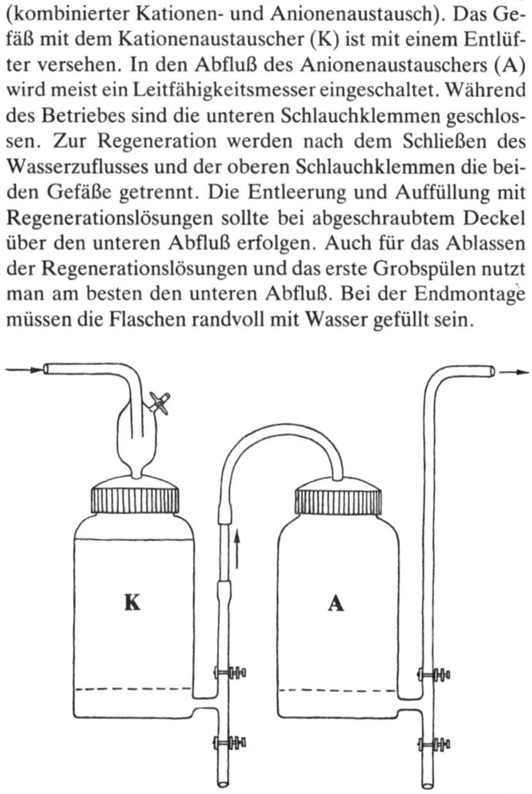

– Leistung der Austauscherharze,
– Menge der Austauschersubstanz,
– Salzgehalt des Rohwassers.

Bei handelsüblichen Geräten findet man Angaben zur Leistungsfähigkeit in der Regel in den Gebrauchsanleitungen. Bei selbstgebastelten Anlagen muß man sich im Chemiefachhandel über die am besten geeigneten Austauscher und ihre Leistungsfähigkeit informieren.

Im praktischen Umgang mit Austauscheranlagen ist vor allem das rechtzeitige Erkennen der beginnenden Erschöpfung wichtig. Bei handelsüblichen Geräten wird dies meist durch einen in den Abfluß eingebauten elektrischen Leitfähigkeitsmesser gewährleistet. Eine andere Möglichkeit zum Erkennen der kritischen Grenze ist bei einigen Austauscherharzen durch die Änderung ihrer Eigenfarbe beim Erreichen des Erschöpfungszustandes gegeben. Im Normalfall wird man aber durch wiederholte Prüfung der Härte und des pH-Wertes die Leistungsgrenze erkunden müssen. Nach einigen Durchläufen erübrigt sich die aufwendige Analyse, man weiß dann, wieviel Wasser entnommen werden kann, und regeneriert jeweils vor dem Erreichen der kritischen Grenze.

Wenn die Regeneration der Austauscher selbst durchgeführt werden muß, sind kleine Austauscheranlagen vorteilhafter als große, weil das Hantieren mit großen Mengen von Regenerationslösungen (Salzsäure, Natronlauge) eine Gefahrenquelle darstellt.

Salzsäure und Natronlauge erhält man in Fachdrogerien. Zum Transport eignen sich am besten Flaschen oder Kanister aus Plast mit gut schließendem Schraubverschluß. Nach Möglichkeit erwerbe man 8- bis 10%ige Salzsäure bzw. 3%ige Natronlauge. Wenn dies nicht möglich ist, muß auf die handelsübliche rauchende Salzsäure (30–40%ig) und konzentrierte Natronlauge (50–60%ig) zurückgegriffen werden.

Die notwendigen Verdünnungen stellt man wie folgt her:
– 8- bis 10%ige Salzsäure: In eine 3-l-Flasche werden zunächst 1600 ml Leitungswasser eingefüllt und anschließend über einen Glas- oder Kunststofftrichter sehr langsam (!) mit 400 ml Salzsäure versetzt. Mit den so angesetzten 2 l 8- bis 10%iger Salzsäure läßt sich etwa 1 l Austauscherharz regenerieren.
– 3%ige Natronlauge: In eine 3-l-Flasche füllt man 1900 ml Leitungswasser und versetzt dieses über einen Trichter langsam mit 100 ml konzentrierter Lauge. Statt der konzentrierten Natronlauge kann man auch Ätznatron als Ausgangssubstanz verwenden. Man besorge sich dazu reines Ätznatron in Schuppen oder Plätzchen. Zur Herstellung einer 3%igen Natronlauge sind 30 bis 33 g Ätznatron in 1 l Wasser zu lösen. Man bringt dazu zunächst das Wasser und dann das abgewogene Ätznatron in eine Flasche. Ätznatron ist in Pulverflaschen mit paraffiniertem Korken oder Plastgefäßen aufzubewahren. Die Substanz darf nicht mit den Fingern berührt werden!

Beim Verdünnen der Säure oder Lauge und auch während des Regenerierens der Austauscheranlage sind eine Augenschutzbrille, Gummihandschuhe, Gummischürze und Gummistiefel zu tragen. Salzsäurespritzer auf der Hand oder Kleidung müssen mit fließendem Wasser lange gespült und anschließend eventuell mit Speisesoda (Natriumhydrogenkarbonat, Natriumbikarbonat) bestreut werden. Laugenspritzer sind gleichfalls stark zu wässern und eventuell mit Zitronensaft zu neutralisieren. Säuren und Laugen sind gefährliche Flüssigkeiten, die gut verschlossen, beschriftet, als Gift gekennzeichnet und vor Kindern geschützt aufbewahrt werden müssen.

Umkehr-Osmose-Verfahren

Die Bezeichnung Umkehr-Osmose-Verfahren ist irreführend. Im Prinzip handelt es sich bei dieser Technik der Wasserentsalzung um eine Art Siebvorgang, bei dem mit hohem Druck Wasser durch eine Spezialmembran gepreßt wird. Die sehr feinen Poren der Membran lassen nur Wasser hindurch, Ionen und Moleküle können die Membran wegen ihrer größeren Durchmesser nicht passieren. Die Geräte sind für die normale Heimaquaristik zu teuer, für große Zuchtanlagen mit hohem Tagesbedarf an fast salzfreiem Wasser dagegen sehr rentabel. Sie müssen kontinuierlich betrieben werden und liefern in den kleinsten Ausführungen etwa 500 l Wasser/Tag. Bei mehrtägiger Abschaltung der Geräte bilden sich auf den Membranen Bakterienrasen, die Membranen müssen dann erneuert oder mit Formalin gereinigt werden. Bei kontinuierlichem Betrieb ist ein Membranaustausch nur in Abständen von 2 bis 3 Jahren erforderlich. Durch das Verfahren werden alle Keime, Eiweiße und etwa 95 % der gelösten Salze zurückgehalten. Für die Zucht vieler Fischarten muß das beim Umkehr-Osmose-Verfahren anfallende Wasser mit etwas Rohwasser verschnitten werden.

Wasserinhaltsstoffe, die keine Härtebildner sind

Die nicht an der Härte beteiligten Wasserinhaltsstoffe sind im sauberen Süßwasser nur in sehr geringen Mengen enthalten. Abgesehen von den gelösten Gasen, handelt es sich dabei um anorganische Natrium-, Kalium-, Schwefel-, Chlor-, Stickstoff- und Phosphorverbindungen sowie um organische Stoffe. Regional können einzelne dieser Inhaltsstoffe anteilig stark vermehrt sein (z. B. hoher Eisengehalt). Für die Aquaristik sind von den nicht an der Härte beteiligten Inhaltsstoffen vor allem die Schwefel- und Stickstoffverbindungen interessant. Sie können sich im Aquarium in schädlicher Konzentration anreichern und unter bestimmten Bedingungen die Lebensgemeinschaft gefährden.

Organische Abfallstoffe, Schwefelwasserstoff, Ammonium-Ammoniak

Durch die Fütterung werden der Lebensgemeinschaft im Aquarium ständig Eiweiße, Fette und Kohlenhydrate zugeführt, die, stofflich verändert, als Ausscheidungen wieder in das Wasser gelangen. Die Ausscheidungsprodukte tragen zusammen mit Futterresten und anderen Faulstoffen zur Wasserverschmutzung bei. Alle Abfallstoffe dieser Art sind ideale Nährböden vor allem für Bakterien. Sie verwandeln die organischen Substanzen in anorganische und verbrauchen dabei Sauerstoff. Besonders nach zu reichlichen Futtergaben kann die einsetzende bakterielle Zersetzung der Futterreste zu einem sprunghaften Anstieg des Sauerstoffbedarfs führen. In der Folge kommt es nicht selten zu akutem Sauerstoffmangel und schließlich zum Erstickungstod der Fische und aller anderen Wassertiere (siehe auch S. 352).

Im Aquarium liegt auch unter günstigen Bedingungen oft ein geringes Sauerstoffdefizit vor, weil das Gleichgewicht zwischen den Oxidationsmitteln und den korrespondierenden Reduktionsmitteln, das sogenannte Redoxpotential, meist verschoben ist.

Der akute, durch Wasserverschmutzung bedingte Sauerstoffmangel führt häufig zur Anreicherung von giftigem Schwefelwasserstoff (Geruch nach faulenden Eiern). Schwefelwasserstoff entsteht beim Abbau schwefelhaltiger Eiweiße und wird in Gegenwart von Sauerstoff zu ungiftigem Sulfat oxidiert. Sauerstoffmangel bedingt aber nicht nur, daß diese Oxidation unterbleibt, sondern ermöglicht auch die Rückverwandlung von Sulfat in Schwefelwasserstoff durch spezialisierte Bakterien. Zum Beispiel findet im Bereich der bekannten Faulstellen im Bodengrund eine solche Reduktion statt. Schwefelwasserstoff ist ein starkes Gift für Fische und Pflanzen, das schon in Spuren schädigend wirkt.

Im Gegensatz dazu führen geringe Wasserverunreinigungen zwar nicht zu akutem Sauerstoffmangel, bedingen aber in längeren Zeiträumen eine zunehmende, gleichsam schleichende Wasserverschlechterung durch Anreicherung von Stickstoffverbindungen. Auch Stickstoff ist ein charakteristischer Bestandteil von Eiweißen. Die von den Fischen mit der Nahrung aufgenommene Stickstoffmenge ist jedoch wesentlich größer als der Stickstoffbedarf für den eigenen Stoffwechsel. Der Überschuß wird bei den Knochenfischen durch die Kiemen und die Nieren in Form von Stickstoffexkreten ausgeschieden. Aber auch beim bakteriellen Abbau von Futterresten, Kot und Schleimstoffen sowie abgestorbenen Pflanzenteilen entstehen stickstoffhaltige Abbauprodukte. Im Gegensatz zu den ziemlich unschädlichen Endstufen des Abbaues, den Nitriten und Nitraten, ist das Zwischenprodukt Ammoniak ein starkes Fischgift (siehe S. 370). Allerdings besteht die Gefahr einer Ammoniakvergiftung nur dann, wenn der pH-Wert (siehe S. 30) durch eine gesteigerte Assimilationstätigkeit der Pflanzen oder eine Beimischung von stark alkalischem Wasser aus dem Normalbereich auf 8,5 bis 9 angehoben wird. Bei einem pH-Wert um 7 liegt aller Ammoniak in Form ungiftiger Ammoniumverbindungen vor. Andererseits verhindern pH-Werte um 7 und etwas darunter nicht nur die Entstehung des giftigen Ammoniaks, sondern verzögern auch den Abbau der Stickstoffverbindungen bis zu den ungiftigen Endstufen. Der Ammoniumgehalt steigt dadurch ständig an.

Die Belastung des Wassers mit organischen Abfallstoffen läßt sich mit Kaliumpermanganat bestimmen. Die Prozedur ist jedoch relativ aufwendig und in der normalen Aquarienpraxis nur ausnahmsweise realisierbar. Gleiches gilt für die Messung und Beurteilung des Redoxpotentials. Dagegen kann man Schwefelwasserstoff relativ leicht durch den charakteristischen Geruch und Ammonium einfach durch Meßbestecke oder wie folgt nachweisen:

Zubehör:
1 Mokkatasse aus weißem Porzellan
1 Meßzylinder aus Glas, 10 ml
1 Pipette
25 %ige Natronlauge (Vorsicht, stark ätzend!)
50 %ige Seignettesalzlösung
Nesslers Reagens

In die Mokkatasse bringt man unmittelbar nacheinander 5 Tropfen 50 %iger Seignettesalzlösung, 10 ml des zu untersuchenden Wassers, 6 Tropfen Nesslers Reagens, 6 Tropfen 25 %iger Natronlauge und schwenkt leicht um. Die Lösung verändert sich nach dieser Prozedur entweder nicht oder zeigt eine gelbliche bis bräunliche Verfärbung, die wiederum sofort oder erst nach 2 bis 3 Minuten eintritt. Die einzelnen Zustände entsprechen folgenden Ammoniakwerten:

wasserklar nach 3 Minuten	weniger als 0,15 mg Ammoniak/l
leicht gelblich nach 3 Minuten	0,15–0,25 mg Ammoniak/l
leicht gelblich sofort	0,50–1,00 mg Ammoniak/l
bräunlich sofort	mehr als 3,0 mg Ammoniak/l

Durch die Zugabe der Natronlauge wird alles Ammonium in Ammoniak überführt. Man darf daraus nicht schließen, daß das untersuchte Wasser soviel Ammoniak enthält. Vielmehr ist dort bei neutralem oder leicht saurem pH-Wert kein Ammoniak, sondern, wie oben betont, nur nahezu ungiftiges Ammonium vorhanden. Die Probe gibt demnach an, wieviel Ammoniak pro Liter entstehen könnte, wenn der pH-Wert im Aquarium stark ansteigt. Für Fische können 1 bis 2 mg Ammoniak/Liter tödlich wirken (siehe dazu auch S. 370).

Grundsätzlich gilt jedoch auch für die Aquaristik »Vorbeugen ist besser als korrigieren«. Durch geeignete Maßnahmen lassen sich Wasserverschmutzungen und deren Folgeerscheinungen, wie Sauerstoffmangel, Bildung von Schwefelwasserstoff und Anreicherung von Stickstoffverbindungen, vollkommen vermeiden. Die wichtigsten Vorbeugemaßnahmen sind folgende: gute Bepflanzung des Aquariums, nicht zu dichte Besetzung mit Fischen, sparsame Fütterung, regelmäßiges Absaugen von Futterresten und periodische Teilerneuerung des Wassers.

Der pH-Wert des Wassers

Der Begriff pH-Wert bringt zum Ausdruck, ob eine Flüssigkeit sauer, neutral oder alkalisch ist. Der saure, neutrale oder alkalische Zustand wird durch das Mengenverhältnis der Wasserstoffionen (H^+) und Hydroxylionen (OH^-) bestimmt (siehe S.21). So herrscht Neutralität, wenn Wasserstoffionen und Hydroxylionen in gleicher Menge vorhanden sind, zum Beispiel in ganz reinem Wasser. Das Wasser ist dagegen sauer, wenn die Wasserstoffionen überwiegen, alkalisch, wenn die Hydroxylionen überwiegen. Da bei Vermehrung der einen Ionenart die andere um den gleichen Betrag abnimmt, bleibt das Ionenprodukt stets konstant.

Diesen Ionenverhältnissen dient als Meßwert die Masse der Wasserstoffionen in 1 l Flüssigkeit, deshalb auch die Bezeichnung pH, die als Abkürzung von pondus Hydrogenii (Gewicht des Wasserstoffs) zu verstehen ist.

Die Masse der Wasserstoffionen beträgt in 1 l ganz reinen Wassers bei 20°C 1/10000000 g. Der Mathematiker schreibt kürzer 10^{-7} g oder verwendet den negativen dekadischen Logarithmus 7. Da unter den genannten Bedingungen aber auch die gleiche Masse Hydroxylionen vorhanden ist, wird dieser Zustand als neutral bezeichnet.

Werden nun zum Beispiel die Wasserstoffionen vermehrt, so daß ihre Masse in 1 l Wasser 1/100 g beträgt, so haben wir pH 2, denn 1/100 g = 10^{-2} g, negativer dekadischer Logarithmus davon ist 2. Nimmt im umgekehrten Fall die Konzentration und damit die Masse der Wasserstoffionen so weit ab, daß in 1 l Wasser nur 1/100000000 g = 10^{-8} g vorhanden sind, so haben wir pH 8, das heißt, es überwiegen die Hydroxylionen, das Wasser ist alkalisch.

Während in unseren Breiten viele Gewässer neutral oder schwach alkalisch reagieren (Ausnahmen: Moor- und Sumpfgewässer), sind tropische Gewässer oft schwach sauer, seltener stärker sauer. So finden wir auf den Inseln des Malaiischen Archipels gelegentlich pH-Werte von 5 bis 6, im Amazonas- und Zaïrestromgebiet pH-Werte von 6 bis 7.

Der pH-Wert der natürlichen Gewässer ist abhängig von den in diesen Gewässern gelösten Verbindungen. Kalkreiche, harte Gewässer sind in der Regel neutral bis schwach alkalisch, kalkarme, sehr weiche Gewässer schwach sauer. Diese Verhältnisse sind in erster Linie durch die Pufferwirkung der Hydrogenkarbonate, vorwiegend des Calciumhydrogenkarbonats, bedingt. Die Hydrogenkarbonate vermögen saure und alkalische Einflüsse abzufangen und auszugleichen, das heißt aber, der pH-Wert wird um den Neutralpunkt konstant erhalten. Diese Pufferwirkung schützt in den Binnengewässern und natürlich auch im Aquarium alle Organismen vor schädlichen Extremen des pH-Wertes. In der Teichwirtschaft werden sehr kalkarme Gewässer aus diesem Grunde gekalkt. Für die Aquaristik ergibt sich aus der Einsicht in diese Verhältnisse die Empfehlung: Für die Hälterung von Aquarienfischen ist weiches Wasser von 6 bis 8°dGH besser geeignet als sehr weiches Wasser. Über die Abhängigkeit der im Wasser lebenden Organismen vom pH-Wert siehe S. 21 und S. 32.

Bestimmung und Korrektur des pH-Wertes

Der pH-Wert kann in der Aquarienpraxis schnell, einfach und ausreichend genau mit den folgenden Methoden bestimmt werden:

– Bestimmung mit Universal-Indikatorpapier oder Universal-Indikatorstäbchen:
Die streifenförmigen Indikatoren haben etwa in der Mitte eine Testzone, darüber und darunter verschiedenfarbige Vergleichszonen mit pH-Wert-Angaben. Man taucht sie in das zu untersuchende Wasser und vergleicht die entstehende Farbe der Testzone mit den Farben der Vergleichszonen. Über Besonderheiten der einzelnen Fabrikate geben die Gebrauchsanleitungen Auskunft.

– Bestimmung mit flüssigen Universal-Indikatoren:
Dabei wird eine bestimmte Menge Untersuchungswasser mit einer vorgeschriebenen Tropfenanzahl Indikatorlösung versetzt und der entstehende Farbton mit einer Farbskala, die gleichzeitig die pH-Werte angibt, verglichen. Am besten erkennt man den Farbton der Probe, wenn als Prüfgefäße flache Porzellanschälchen oder Porzellantassen verwendet werden.

Die gelegentlich empfohlene elektrometrische Messung des pH-Wertes liefert zwar die genauesten Werte, bietet jedoch für die Aquarienpraxis keine Vorteile.

Sehr weiches Aquarienwasser kann man durch Filterung über Torf ansäuern. Bei weichem bis mittelhartem Wasser ist die Ansäuerung komplizierter. Man verwendet dazu 3%ige Phosphorsäure oder 1%ige Salzsäure. Die Säuren werden in kleinsten Portionen (tropfenweise) dem Wasser zugesetzt und mit einem Glasstab oder einer kräftigen Durchlüftung verteilt. Nach jeder Zugabe muß der pH-Wert geprüft werden. Man beachte:

1. Je geringer die Wasserhärte ist, um so weniger Säure wird zur Erniedrigung des pH-Wertes benötigt.

2. Der pH-Wert ändert sich nicht kontinuierlich, sondern in der Regel sprunghaft, das heißt, man beobachtet besonders bei Wasser mit höherem Gehalt an Härtebildnern zunächst trotz wiederholter Säurezugabe keine Änderung des pH-Wertes, kommt dann aber zu einer Phase, in der der pH-Wert sehr schnell absinkt. Diese kritische Phase muß durch ständige Kontrolle des pH-Wertes »ertastet« werden.

Übersäuerte oder von Natur aus zu saure Wasser lassen sich mit Speisesoda (Natriumhydrogenkarbonat, Natriumbikarbonat) korrigieren. Allerdings sollte man diese Korrektur erst dann vornehmen, wenn durch eine eintägige kräftige Belüftung oder durch längeres Abstehen des Wassers keine Erhöhung des pH-Wertes erreicht werden konnte. Dabei ist mit der gleichen Vorsicht zu verfahren wie beim Ansäuern.

Torfextraktstoffe

Die Verwendung von Torfextraktstoffen ist nur bei der Pflege und Zucht solcher Fischgruppen oder Arten anzuraten, die aus typischen Schwarzwassergebieten stammen. Der generelle Einsatz von Torfextraktstoffen, wie er in den letzten Jahrzehnten empfohlen wurde, hat sich nur bedingt bewährt.

Die wichtigsten Torfextraktstoffe sind die Huminsäuren, hochmolekulare organische Verbindungen von dunkelbrauner Farbe. Sie werden im Gartenbau als Pflanzenschutzmittel, Wachstumsstimulatoren und Düngemittel verwendet, aber auch in der Medizin und Industrie eingesetzt. Für die Aquaristik ist die Eigenschaft der Huminsäuren bedeutsam, hemmend auf die Vermehrung von Bakterien und Pilzen zu wirken. Huminsäurehaltige Gewässer sind deshalb meist bakterienarm, die dort ablaufenden Fäulnisprozesse verlangsamt. Sie beteiligen sich an der Stabilisierung des pH-Wertes im schwach sauren Bereich und binden nach dem Prinzip der Ionenaustauscher Härtebildner (siehe S. 25). Als milde Gerbstoffe verdichten die Huminsäuren die Schleimschicht auf der Oberfläche der Fischhaut und schützen diese vor einer Besiedlung mit Bakterien; ähnliches gilt für abgelegte Fischeier.

In der freien Natur wie im Aquarium sind die biologisch günstigen Wirkungen der Huminsäuren nur bei relativ niedriger Konzentration zu beobachten. Bei stärkerer Anreicherung können sie Lebensprozesse hemmend oder sogar schädigend beeinflussen.

Für die Aquarienpraxis ist bei der Verwendung von Huminsäuren folgendes zu beachten:

– Durch einen mit Torf beschickten Außenfilter lassen sich dem Aquarienwasser kontinuierlich Huminsäuren zuführen. Im allgemeinen rechnet man auf 100 l Wasser 1 l Torf. Dieser ist etwa alle 3 bis 4 Monate zu erneuern. Bei sehr weichem bis weichem Aquarienwasser muß berücksichtigt werden, daß die Huminsäuren des Torfs Härtebildner binden und damit die Wasserhärte verringern. Bei regelmäßiger Teilerneuerung des Wassers mit weichem bis mittelhartem Wasser wird dieser Verlust an Härtebildnern kompensiert.

– Torf ist ein unter Luftabschluß entstandenes Abbauprodukt von pflanzlichem Material. Für die Aquaristik ist nur Torf aus alten mächtigen Mooren mit hohem Anteil zersetzter Torfmoose (*Sphagnum*-Arten) geeignet. Im Handel wird solcher Torf als Moostorf oder Hochmoortorf bezeichnet. Er enthält außer Huminsäuren andere Huminstoffe sowie Harze, Wachse und manchmal auch Spuren von Steroidhormonen.

Beim Kauf von Torf achte man darauf, daß dieser nicht mit Düngemitteln versetzt ist.

– Die richtige Huminsäurekonzentration ist erreicht, wenn das Aquarienwasser einen ganz schwach gelblichen Farbton hat. Auf keinen Fall darf es gelbbraun oder braun sein. Zu hohe Konzentrationen an Huminsäuren lassen sich durch Filterung über Aktivkohle verringern. Einfacher ist es, das Wasser mit Frischwasser zu versetzen.

– In huminsäurehaltigem Wasser zeigen vor allem solche Fischarten Wohlbefinden, die aus tropischen Schwarzwassergebieten stammen (viele Salmler und Eierlegende Zahnkarpfen sowie einige Gruppen der Karpfenfische, Welse und Buntbarsche). Dagegen sind zum Beispiel die meisten Lebendgebärenden Zahnkarpfen empfindlich gegen Huminsäuren. Man muß sich deshalb zunächst über die Bedürfnisse der zu pflegenden Arten orientieren.

– Ein guter Torfersatz ist schwefelarme Braunkohle. Diese wird zerkleinert, und der Staub und die feinen Partikeln werden ausgespült. Den gereinigten Braunkohlensplitt mischt man schließlich unter den Sand des Bodengrundes.

Abschließende Bemerkungen zur Wasserchemie

Die Berücksichtigung der Wasserchemie hat in den letzten Jahrzehnten in der Aquarienpraxis zu großen Erfolgen in der Pflege und vor allem in der Zucht von Aquarienfischen geführt. Allerdings sind die Erfolge nur in den seltensten Fällen das Ergebnis wissenschaftlichen Vorgehens, sondern vielmehr darauf zurückzuführen, daß die bewährte Methode des Probierens durch Angaben über die Wasserhärte und den pH-Wert und andere relativ globale Hinweise in bestimmte Richtungen gelenkt werden konnte.

Die Binnengewässer unserer Erde sind im Gegensatz zu den Meeren hinsichtlich ihrer physikalischen und chemischen Eigenschaften außerordentlich verschiedenartig. Die Fische haben fast überall diese unterschiedlichen örtlichen Wasseransammlungen durch indirekte Anpassung und Spezialisierung besiedelt. Wir kennen Kaltwasser- und Warmwasserfische, kalkfreundliche und kalkfeindliche Fische, sauerstoffhungrige und sauerstoffgenügsame Formen, lichtflüchtende und lichtsuchende Arten usw. Die Fische sind selten an die verschiedenen Umweltbedingungen so eng gebunden, daß sie nur dann leben können, wenn diese Bedingungen erfüllt sind. Vielmehr ist die Plastizität der meisten Arten so groß, daß sie sich auch ähnlichen oder sogar stark veränderten Bedingungen anpassen können.

Es ist deshalb für die Aquarienpraxis nicht erforderlich, die natürlichen, zudem meist relativ ungenau bekannten Lebensräume nachzuahmen. Statt dessen sollte man bestrebt sein, eine Hälterung zu gewährleisten, die die wichtigsten biologischen Bedürfnisse und die Anpassungsfähigkeit der Fische berücksichtigt. Gefangenschaft bedeutet für jedes Tier Einschränkung der natürlichen Lebensbedingungen. Auch der beste zoologische Garten kann den Tieren nur ein Minimum der Bedingungen ihrer natürlichen Areale bieten, trotzdem sind dort zahlreiche biologisch wertvolle Beobachtungen möglich.

Andere Voraussetzungen sind gegeben, wenn die Lebensgemeinschaft von Tieren und Pflanzen eines bestimmten Biotops demonstriert werden soll. In diesen Fällen ist die Nachahmung der natürlichen Gegebenheiten das wichtigste Anliegen überhaupt. Allerdings sollte die Aquaristik dann auch konsequent sein und die Biotope nicht als prächtige Unterwassergärten gestalten. Die meisten natürlichen Fischbiotope sind relativ monoton.

Diese Hinweise sollen nicht als Vereinfachung, sondern vielmehr als Besinnung auf das Grundsätzliche in der Fischpflege verstanden werden. In der Aquarienliteratur wird oft geschrieben, daß die Nachahmung der natürlichen Bedingungen notwendig ist, und dann geschildert, daß pH-Wert und Härte entsprechend eingerichtet wurden, als ob zu den natürlichen Bedingungen nicht auch die Jahresrhythmik der Gewässer gehört, die in Gefangenschaft nicht vollkommen nachgeahmt werden kann, so zum Beispiel Trockenperioden und Hochwasserzeiten, jahreszyklischer Futterwechsel, jahreszyklische Temperaturschwankungen, weiter Bewegungsraum, Regen, Wind, Sonneneinstrahlung und andere Faktoren mehr.

Wesentlich andere Voraussetzungen gelten für die Zucht der Fische. Die Entwicklungsphase im Ei ist bei vielen Arten sehr viel stärker an spezielle Bedingungen gebunden und die Anpassungsmöglichkeit wesentlich geringer als beim besonders anpassungsfähigen Jungfisch. Die Besamung des Eies im freien Wasser und die Eientwicklung sind weitgehend abhängig von den im Wasser gelösten Stoffen und der Temperatur. Hier können die Härtebildner und der pH-Wert sowie Huminstoffe und andere Verbindungen entscheidende Bedeutung erlangen. Die Frage nach dem Einfluß, den diese Faktoren auf die Samen- und Eizellen nehmen, ist heute noch nicht befriedigend zu beantworten.

Im allgemeinen nimmt man an, daß die Besamungsfähigkeit der Samenfäden im freien Wasser in erster Linie vom pH-Wert beeinflußt wird und die optimale Beweglichkeit der Samenfäden nur in einem engen Bereich des pH-Wertes gegeben ist. Dieser Bereich kann je nach Fischart um den Neutralpunkt als auch etwas darunter liegen. Je mehr der optimale Bereich über- bzw. unterschritten wird, um so geringer wird der Prozentsatz der Befruchtung.

Die Eizelle der Fische ist wie die Eizellen anderer Tiere von Schutzhüllen umgeben. Gelangt sie beim Laichakt ins Wasser, so werden die Hüllen durch die im Wasser gelösten Stoffe, vorwiegend die Calciumverbindungen, chemisch umgebildet. Allerdings ist die Einwirkung von Calciumionen nur bei solchen Eizellen nachgewiesen, die sich natürlicherweise in mittelhartem bis hartem Wasser entwickeln. Bei kalkempfindlichen Eizellen liegen vermutlich andere Mechanismen vor.

In der Kleinstwasseransammlung »Aquarium« finden sehr ausgeprägte tageszyklische Veränderungen statt, die in erster Linie auf die Tätigkeit der Pflanzen zurückzuführen sind. So erhöht sich bei Beleuchtung durch die Assimilationstätigkeit der Sauerstoffspiegel, dagegen sinkt der Kohlensäuregehalt, nachts verläuft dieser Prozeß umgekehrt. Die tageszyklische Schwankung der freien, für die Erhaltung der Hydrogenkarbonate notwendigen Kohlensäure bedingt ihrerseits eine Schwankung der Karbonathärte. Dieser Härteanteil kann durch den Kohlensäurebedarf der Pflanzen bei lang andauernder Beleuchtung sogar völlig abgebaut werden, wodurch das Wasser nicht nur weich, sondern auch alkalisch wird. Nachts läuft der Prozeß umgekehrt, denn durch die Atmung der Tiere und Pflanzen steigt der Kohlensäuregehalt: Es bilden sich erneut Hydrogenkarbonate. Die tageszyklischen Schwankungen der Wasserhärte führen zu anderen rhythmischen Veränderungen.

Neben den kurzzeitigen, von der Tag-Nacht-Periodizität ausgelösten Rhythmen sind langzeitige Veränderungen zu beobachten, so zum Beispiel die Steigerung der Härtebildner durch Lösung von Kalk aus den Steinen und dem Bodengrund, die Steigerung der gelösten Abbauprodukte des Stickstoff-Stoffwechsels und die Verringerung bestimmter Elemente, z.B. des Phosphors, durch organische Bindung.

Der Lebensraum Aquarium stellt demnach kein konstantes Gefüge dar, sondern ist sehr starken kurz- und langfristigen rhythmischen und fortschreitenden Veränderungen unterworfen.

Das Wissen um diese Veränderungen darf den Aquarianer jedoch nicht zu dem Glauben verleiten, daß er ohne dauernde Korrektur des Wassers, ohne Düngung der Pflanzen, ohne Vitamine, Hormone und Antibiotika nicht mehr auskommt. Die beste Wasserchemie kann nun einmal nicht das Fingerspitzengefühl ersetzen, das zur erfolgreichen Hälterung von Tieren und Pflanzen erforderlich ist.

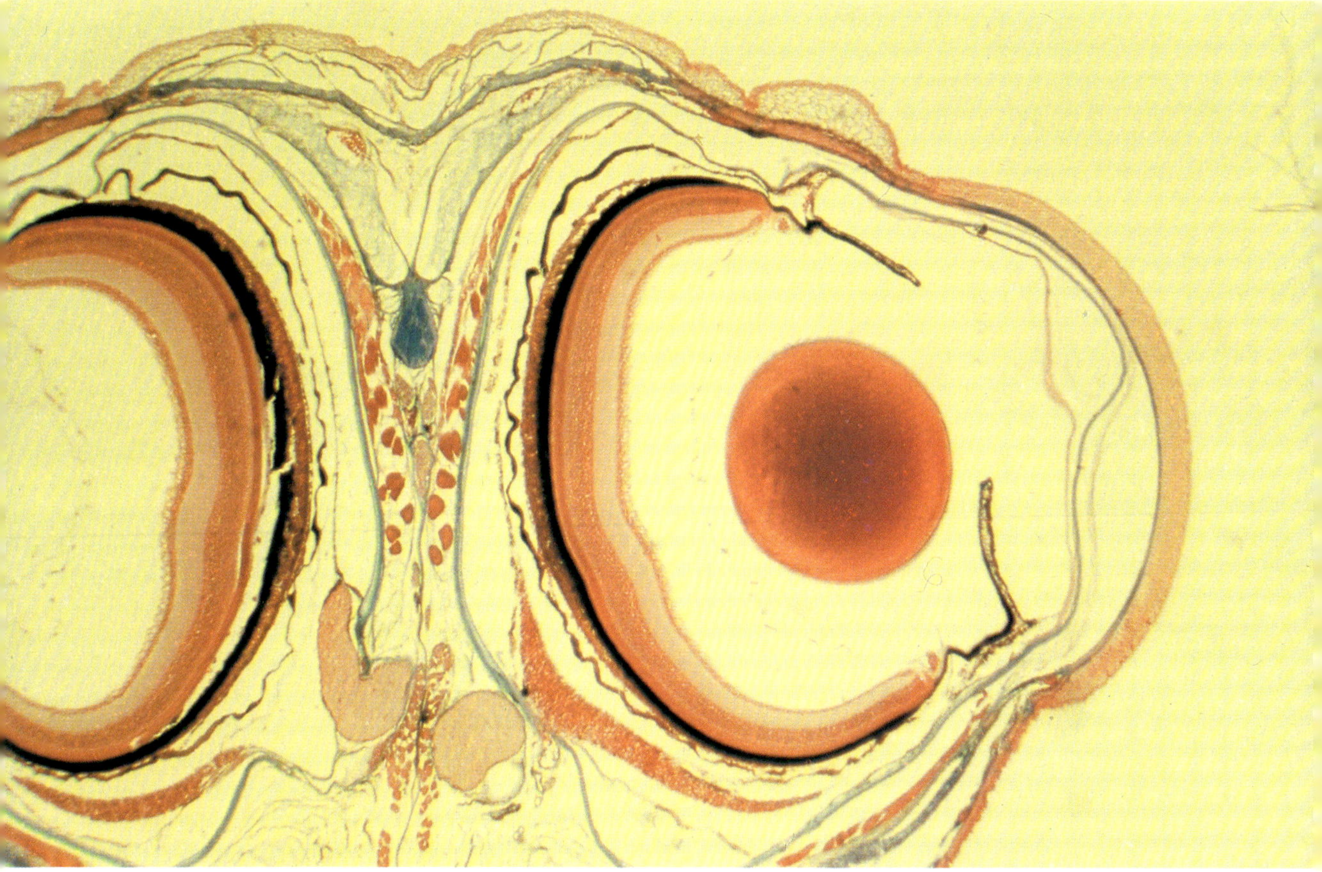

Tafel 1, Foto 1–3 Oben: Pigmentzellen in der Fischhaut · Histologischer Schnitt durch die Kiemen des Neontetra, die übereinander liegenden Kiemenblätter sind dicht mit Kiemenblättchen besetzt. Unten: Histologischer Schnitt durch die Augen eines Fisches. (Alle Präparate gefärbt)

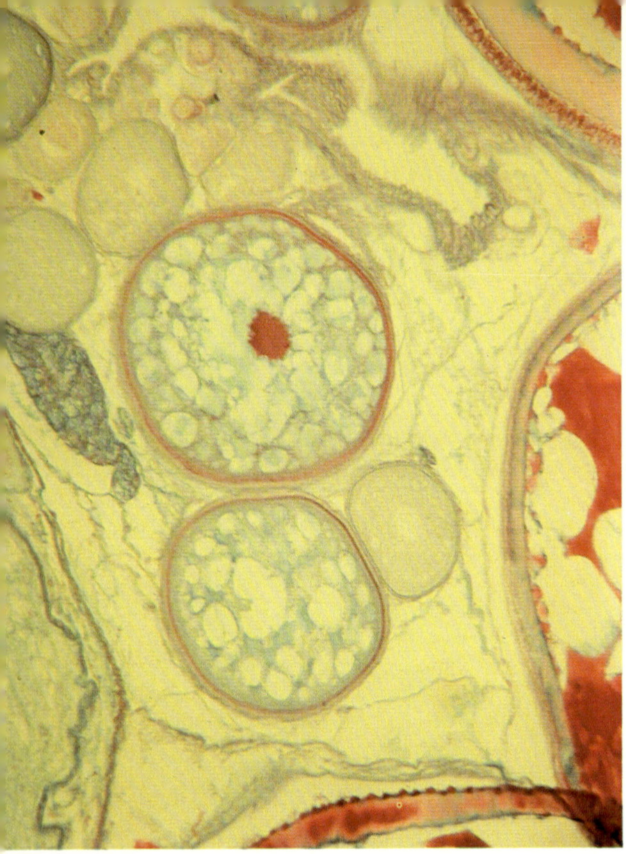

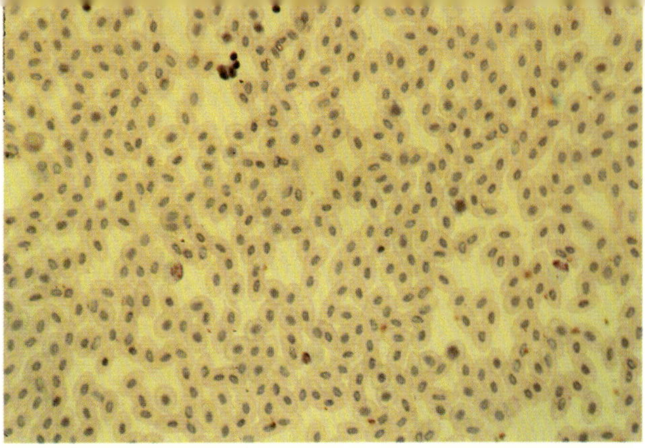

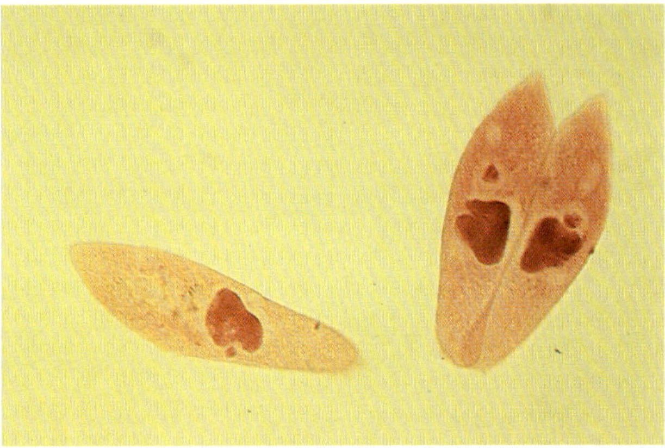

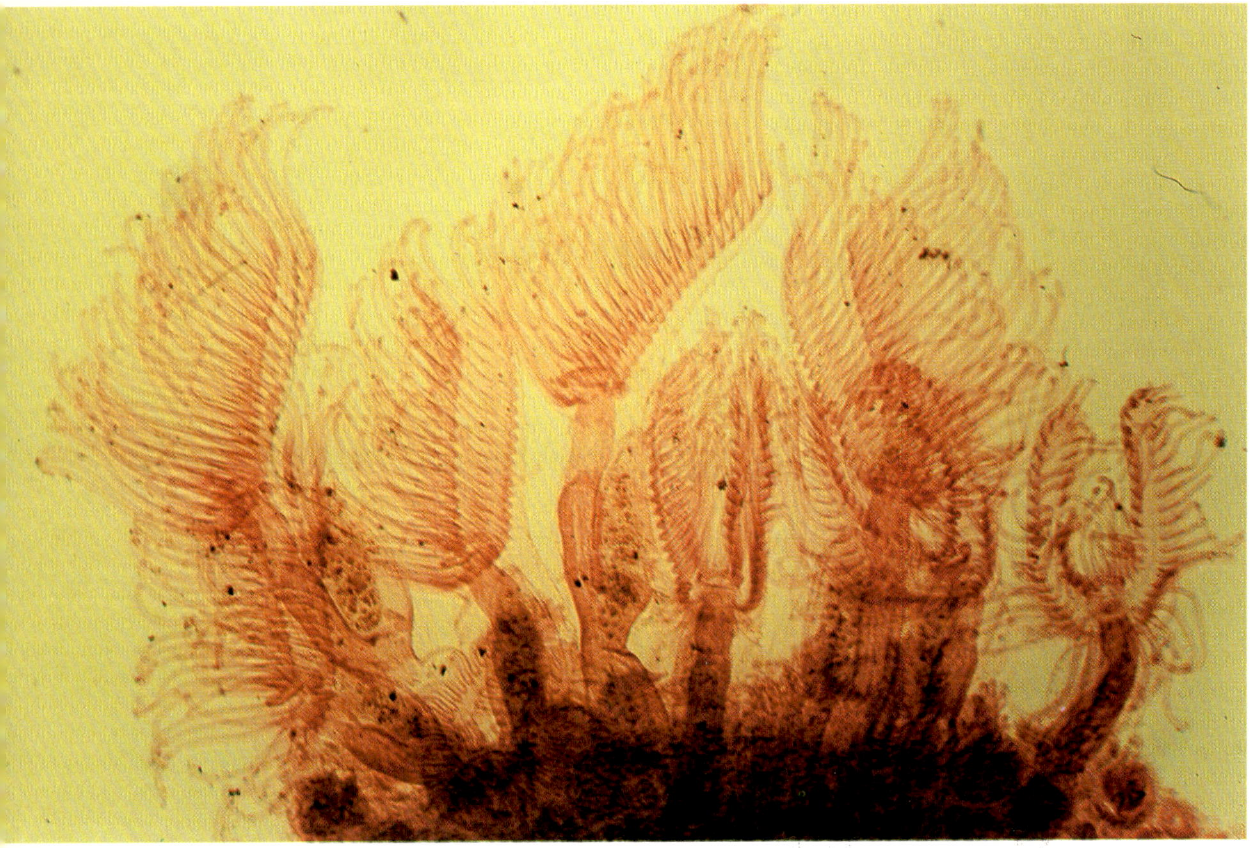

Tafel 2, Foto 4–7 Oben: Ovar eines Zahnkarpfen, Kerne und Eihüllen rot · Fischblut im Ausstrich. Darunter: Pantoffeltierchen einzeln und in Konjugation (geschlechtliche Fortpflanzung). Unten: Kolonie des Moostierchens *Cristatella mucedo*. (Alle Präparate gefärbt)

Tafel 3, Foto 8–11 Oben: Eier normal und Eier verpilzt · Süßwasserpolyp an Wasserpest sitzend. Unten: Apfel- oder Kugelschnecken der Art *Ampullaria gigas* mit ihrem schnorchelartigen Atemsipho

Tafel 4, Foto 12–13 Holzverkleidete Aquarien als Blickfang in stilvoll gestalteten Wohnräumen
Tafel 5, Foto 14 Ausschnitt aus einem Aquarium mit dekorativem Pflanzenwuchs

Tafel 6, Foto 15–18 Oben: Bachsaibling *(Salvelinus fontinalis)*, einer der farbigsten einheimischen Fische. Mitte: Gemeiner Knochenhecht *(Lepisosteus osseus)*. Unten: Gemeiner Hecht *(Esox lucius)*, Jungtier, etwa 20 cm (Unterwasserfoto) · Europäischer Aal *(Anguilla anguilla)* auf Nahrungssuche (Unterwasserfoto)

Tafel 7, Foto 19–22 Oben: Schmetterlingsfisch *(Pantodon buchholzi)* · Einer der bekanntesten Nilhechte mit Kinnfortsatz *(Gnathonemus petersii)*. Mitte: Jungfisch des Knochenzünglers *Osteoglossum bicirrhosum*. Unten: Flösselhecht *(Polypterus weeksii)*, halberwachsen

Tafel 8, Foto 23–24 Oben: Indischer Fähnchenmesserfisch *(Notopterus chitala)*. Unten: Afrikanischer Messerfisch *(Xenomystus nigri)*. Beide Arten werden relativ häufig importiert.
Tafel 9, Foto 25–27 Bekannte Kopfsteher aus der Familie Anostomidae. Von oben nach unten: Prachtkopfsteher *(Anostomus anostomus)*, Dreipunktkopfsteher *(Anostomus trimaculatus)*, Brachsensalmler *(Abramites hypselonotus)*

Tafel 10, Foto 28–31 Oben: Rotflossensalmler *(Aphyocharax anisitsi)* · Laubensalmler *(Aphyocharax alburnus)*. Mitte: Arnolds Rotaugensalmler *(Arnoldichthys spilopterus)*. Unten: Blinder Höhlensalmler, eine Form des auch in oberirdischen Gewässern lebenden *Astyanax fasciatus mexicanus*

Tafel 11, Foto 32–37 Oben: Zwergdrachenflosser *(Corynopoma riisei)* · Kleinschuppensalmler *(Coelurichthys microlepis)*. Mitte: Roter Neon *(Cheirodon axelrodi)* · Neontetra *(Paracheirodon innesi)*. Unten: Blauer Neon *(Hyphessobrycon simulans)* · Bodensalmler *(Characidium fasciatum)*

Tafel 12, Foto 38–39 Oben: Lusosso Geradsalmler *(Distichodus lusosso)*, einer der farbigsten Vertreter der Citharinidae. Unten: Langflossensalmler *(Brycinus longipinnis)*, die schwimmaktive, scheue Art benötigt große Becken.
Tafel 13, Foto 40 Wimpelpiranha *(Catoprion mento)*. Der Schwarmfisch gehört zwar in die Verwandtschaft der Piranhas, ist aber völlig harmlos und relativ leicht zu pflegen.

Tafel 14, Foto 41–46 Oben: Gemeiner Silberbeilbauchfisch *(Gasteropelecus sternicla)* · Marmorierter Beilbauchfisch *(Carnegiella strigata)*. Mitte: Glühlichtsalmler *(Hemigrammus erythrozonus)* · Perusalmler *(Hyphessobrycon peruvianus)*. Unten: Violetter Salmler *(Boehlkea fredcochui)* · Kupfersalmler *(Hasemania nana)*
Tafel 15, Foto 47 Der Punktierte Kopfsteher *(Chilodus punctatus)* gehört in der Aquaristik seit 1912 zu den Besonderheiten. Leider ist die Zucht nicht ganz einfach.

Tafel 16, Foto 48–49 Oben: Gefleckter Hechtsalmler *(Boulengerella maculata)*. Unten: Silberner Hechtsalmler *(Ctenolucius hujeta)*. Beide Arten sind Besonderheiten, die eine sachkundige Pflege im Artbecken erfordern.

Durchlüftung, Filterung, Heizung und Beleuchtung des Aquariums

Durchlüftung

Tiere und Pflanzen benötigen zur Atmung Sauerstoff. Dieses lebenswichtige Gas ist nicht nur ein Bestandteil der Luft, sondern in gelöster Form auch im Wasser enthalten. Die Menge des im Wasser gelösten Sauerstoffs ist bei normalem Luftdruck vor allem abhängig von der Temperatur.

So enthält 1 l Wasser bei völliger Sättigung und einem atmosphärischen Druck von 1 at

bei 0 °C 10,24 ml Sauerstoff,
bei 10 °C 7,96 ml Sauerstoff,
bei 20 °C 6,50 ml Sauerstoff,
bei 30 °C 5,48 ml Sauerstoff.

Im Aquarium wird der Sauerstoff vorwiegend von den Pflanzen geliefert.

Ist ein Becken gut bepflanzt und nicht übermäßig mit Fischen besetzt, so wird im allgemeinen die Sauerstoffproduktion der Pflanzen für die Atmung der Tiere ausreichen. In Becken aber, die bei mäßigem Pflanzenwuchs zahlreiche Fische beherbergen, genügt die produzierte Sauerstoffmenge oft nicht, es kommt zu einem Sauerstoffdefizit.

In solchen Fällen ist eine künstliche Sauerstoffzufuhr notwendig. Wir erreichen dies mit einer einfachen Durchlüftung oder einer geeigneten Wasserbewegung.

Eine Durchlüftungsanlage besteht aus einer Luftpumpe, aus Luftleitungen und einem Ausströmersystem.

Im Fachhandel werden verschiedene Pumpensysteme für aquaristische Zwecke angeboten. Für ein einzelnes Aquarium oder kleinere Anlagen eignen sich am besten Membranpumpen. Sie funktionieren nach dem Prinzip einer Wechselstromklingel. Der mit der Stromfrequenz schwingende Anker bewegt eine Membran, die als Bestandteil einer Pumpenkammer Außenluft ansaugt und in die Luftleitungen drückt. Die Leistung der Geräte kann normalerweise mit einer Stellschraube dem Bedarf angepaßt werden. Leider arbeiten die fast unverwüstlichen Systeme nicht geräuschfrei. Bei einigen neueren Konstruktionen konnte dieser Nachteil weitgehend beseitigt werden.

Für große Anlagen benötigt man leistungsfähigere Pumpen, zum Beispiel Kompressoren mit nachgeschaltetem Druckluftkessel, der den diskontinuierlichen Luftausstoß ausgleicht.

Bei jedem Pumpensystem ist darauf zu achten, daß die Ansaugluft keine Schadstoffe, zum Beispiel Abgase oder Tabakrauch, enthält.

Für die Luftleitungen außerhalb des Aquariums verwende man PVC-Schläuche, im Aquarium besser starre Plaste- oder Glasrohre, und nur für die Bögen PVC-Schlauch. Um ein Aufschwimmen der Luftleitungen zu verhindern, beschwert man die waagerechten Teile mit größeren Steinen. Eine Verlegung von Luftleitungen im Bodengrund ist nicht zu empfehlen. Als Ausströmer werden im Fachhandel Kieselgursteine (Abb. 10), Filzscheiben oder andere feinporige Materialien angeboten. Grundsätzlich genügt für ein Aquarium ein Ausströmer. Er sollte unmittelbar über dem Bodengrund in einer der hinteren Ecken des Aquariums angebracht werden. Für die Regulierung des Luftaustritts verwendet man Klemmschrau-

Abb. 10 Zubehör für das Durchlüftungssystem. a) und b) Kieselgur-Durchlüftersteine; c) und d) Schlauchklemmen; e) regulierbarer Verteiler; f und g) einfache Verteiler

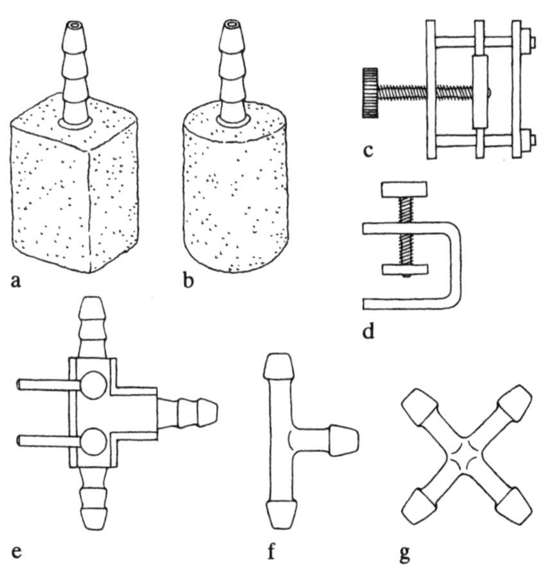

ben oder kleine Lufthähne (Abb. 10). Da diese oft nachgestellt werden müssen, sollten sie leicht zugängig installiert sein. Der Luftaustritt ist möglichst feinperlig einzustellen. Am besten gelingt dies bei Ausströmern aus Lindenholz, allerdings erfordern diese einen relativ hohen Luftdruck im Zuleitungssystem, wie er mit Membranpumpen kaum zu erreichen ist. Alle Ausströmer versetzen sich mit der Zeit und müssen deshalb ab und zu ausgewechselt werden.

Eine Durchlüftung kann entfallen, wenn das Aquarienwasser mit Hilfe einer Kreiselpumpe bodennah abgesaugt und über mehrere Düsen an der Oberfläche wieder eingesprudelt wird (siehe S. 54).

Mit der Durchlüftung wird der Sauerstoffgehalt des Wassers etwa um den temperaturabhängigen Normwert gehalten. Gleiches gilt für das Kohlendioxid (siehe S. 22). Die Durchlüftung nivelliert die natürliche, durch die Assimilation der Pflanzen bedingte Tag-Nacht-Rhythmik des Sauerstoff- und Kohlendioxidgehalts. Bei sehr stark sauerstoffzehrenden Fäulnisprozessen, wie sie meist nach zu reichlichen Futtergaben einsetzen (siehe S. 29), reicht die Durchlüftung zur Kompensation des schnell entstehenden Sauerstoffdefizits nicht aus. Man erkennt solche Katastrophen in der Regel an der Wassertrübung und den krampfhaft nach Luft schnappenden Fischen. In solchen Fällen ist sofort ein Teil des Wassers zu wechseln oder, wie HÜCKSTEDT empfiehlt, das Wasser mit Wasserstoffperoxid zu versetzen. (1 ml 15 %iges Wasserstoffperoxid auf 20 l Wasser).

Zur Kohlendioxiddüngung siehe S. 414.

Abb. 11 Einfache Mulmfalle in Form eines umgestülpten Blumentopfkörbchens. Mit Hilfe eines Hebers kann der angereicherte Mulm leicht entfernt werden.

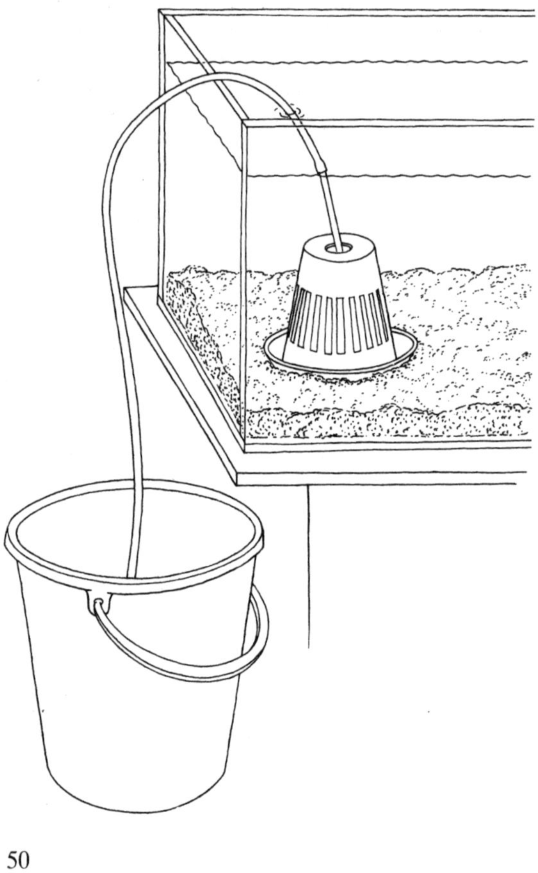

Filterung

Abfallstoffe, wie Mulm und Detritus, lassen sich relativ einfach mit einem Glas- oder Plasterohr, an das ein längerer Schlauch angeschlossen ist, abhebern. Da sich diese Stoffe bevorzugt an den tiefen oder ruhigen Stellen des Aquariums anreichern, können sie auf diese einfache Art zum großen Teil entfernt werden. Mit einem durchbrochenen Blumenkörbchen aus Kunststoff läßt sich die Anreicherung von Mulm auf bestimmte Stellen des Aquariums konzentrieren. Das Körbchen wird an einer möglichst ruhigen Stelle umgekehrt in einen Blumenuntersetzer gestellt und der sich darunter sammelnde Mulm über ein Loch im Boden des Körbchens ein- bis zweimal wöchentlich abgehebert (Abb. 11). Ersetzt man das gleichzeitig entfernte Wasser durch Frischwasser, so ist damit auch eine Verbesserung der Wasserqualität verbunden.

Bei der Filterung des Aquarienwassers müssen von den Konstrukteuren und Herstellern der Filtersysteme in erster Linie die komplizierten biochemischen und physikalisch-chemischen Umsetzungen berücksichtigt werden. Der Aquarianer ist im allgemeinen daran interessiert, ein funktionstüchtiges System zu erwerben oder einen geeigneten Filter selbst zu basteln. In letzter Zeit bietet der Fachhandel immer neue Filtersysteme an, und der Aquarianer wird mit Fachartikeln zur Filterung überschwemmt, so daß es ihm oft schwergemacht wird, das Wesentliche für seinen Bedarf zu erkennen. Oft entschließt er sich letztlich für den Erwerb komplizierter und damit teurer Systeme, obzwar einfache, billige Geräte für sein Anliegen genügen würden.

Abgesehen von Spezialfiltern (siehe S. 54), kann man zwei Grundtypen von Filtern unterscheiden: Siebfilter und Biofilter. Siebfilter dienen der Entfernung von Schwebeteilchen, Biofilter der Verbesserung der Wasserqualität. Jeder Siebfilter wird bei längerem ungestörtem Betrieb durch Besiedlung mit Bakterien, Pilzen und Einzellern zum Biofilter, jeder Biofilter ist in den ersten Betriebstagen ein Siebfilter. Die biogene Wirkung der Biofilter beruht auf der Fähigkeit der im Filter angesiedelten Mikroorganismen, die im Aquarium anfallenden Abprodukte durch Oxidation in ungiftige anorganische Verbindungen umzuwandeln, das heißt, Biofilter beschleunigen die im Aquarium stattfindenden Abbauprozesse.

Siebfilter sind regelmäßig, mindestens einmal wöchentlich, zu reinigen, Biofilter kann man viele Monate betreiben. Allerdings darf der Wasserdurchtritt nicht unterbrochen werden, da schon bei einem Stillstand von 10 bis 15 Stunden, manchmal sogar schneller, die Mikroflora abstirbt und die entstehenden

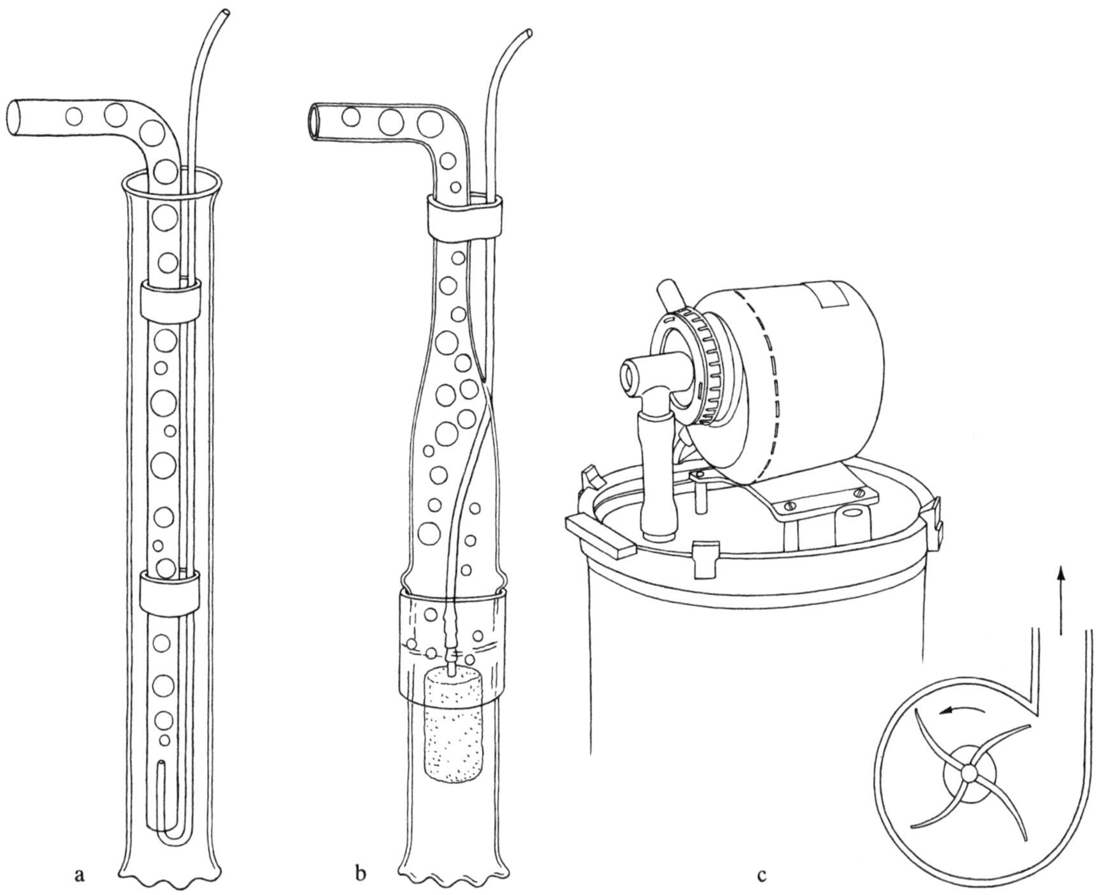

Abb. 12 Für Aquarienanlagen geeignete Wasserpumpensysteme. a) und b) mit Luft betriebene Pumpen; c) elektrische Kreiselpumpe und Prinzip des Wasserantriebes

Schadstoffe bei erneuter Inbetriebnahme des Filters in das Aquarium gelangen. Das Filtermaterial der Biofilter muß deshalb nach Stillstandszeiten erneuert oder gründlich ausgespült werden.

Für den Wasserdurchsatz im Filter verwendet man Filterpumpen. Im einfachsten Fall ist dies ein dickeres Glas- oder Plasterohr, in dem das Wasser durch hochperlende Luft über den Wasserspiegel angehoben wird. Die Luft kann dabei von einer Düse oder einem Ausströmer eingeleitet werden (Abb. 12). Der Wasserdurchsatz ist bei diesem Pumpensystem relativ gering und langsam. Einen wesentlich höheren Wasserdurchsatz erreicht man mit elektrisch betriebenen Kreiselpumpen (Abb. 12). Sowohl der langsame als auch der schnelle Wasserdurchsatz haben Vor- und Nachteile. Für Aquarien mit mehr als 250 l Inhalt wird man Kreiselpumpen bevorzugen, für kleinere Aquarien genügen Ausströmerpumpen. Geschlossene Filtersysteme lassen sich nur mit Kreiselpumpen betreiben.

Auch das beste Filtersystem muß in irgendeiner Form gewartet werden. Je regelmäßiger in einem normal besetzten Aquarium (siehe S. 60) ein Teil des Wassers gegen Frischwasser ausgetauscht wird, je sorgfältiger man füttert sowie Futterreste und Mulm abhebert, um so weniger Aufmerksamkeit erfordert die Filterung. Dies gilt auch für Aquarien, in denen stark gründelnde und damit Mulm aufwirbelnde Fische gepflegt werden.

Abb. 13 Einfache Innenfilter. a) Schwammfilter, abziehbarer Schwammkörper zur Verdeutlichung des Innenteiles aufgeschnitten. Filter dieser Art arbeiten als Siebfilter, sie lassen sich leicht reinigen; b) Topffilter im Schnitt. Sie sind bei längerem Betrieb gute Biofilter.

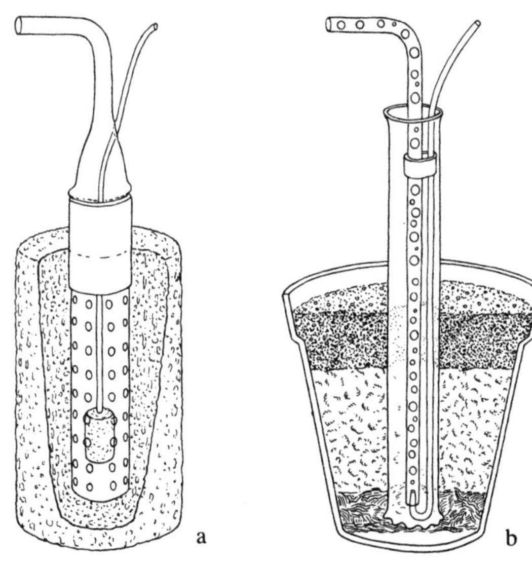

Bewährte Filtertypen

Die einfachsten Filter sind Schwammfilter oder Topffilter (Abb. 13). Beide Typen werden als Innenfilter betrieben und an die Luftleitung angeschlossen. Bei der Montage achte man darauf, daß sich der Filterausfluß unter oder unmittelbar über dem Wasserspiegel befindet. Die Reinigung ist vor allem bei Schwammfiltern einfach. Der Filtermantel läßt sich abziehen und in fließendem Wasser auswaschen. Topffilter reinigt man am besten durch Gegenspülung mit fließendem Wasser. Beide Filter sind erstaunlich leistungsfähig. Schwammfilter eignen sich bei regelmäßiger Reinigung vorwiegend für Gesellschaftsaquarien, Topffilter für kleinere Zuchtbekken. Letztere können über längere Zeit betrieben werden, sie funktionieren dann als Biofilter.

Etwas komplizierter sind die bekannten Kastenfilter (Abb. 14, 15). Sie werden für größere Aquarien eingesetzt und in der Regel als Außenfilter betrieben. Für den Wasserumlauf genügen meist Ausströmerpumpen, nur bei sehr großen Filtern sollte man Kreiselpumpen verwenden. Bei käuflichen Systemen werden die Montage- und Wartungsanleitungen oft mitgeliefert, beim Eigenbau sind folgende Hinweise zu beachten:
- Filter sollten immer abnehmbar montiert werden.
- Der Filterkasten muß oben mit dem Rand des Aquariums abschließen.
- Das Überlaufrohr sollte einen Innendurchmesser von mindestens 15 mm haben und im Aquarium über dem Bodengrund mit einem perforierten Aussaugstutzen beginnen. Es muß so weit in den Filter hineinragen, daß sich der Ausfluß auch bei Senkung des Wasserspiegels um 3 bis 4 cm noch im Wasser befindet. Ein luftdicht verschließbarer Ansaugstutzen im obersten Abschnitt des Überlaufrohres erleichtert das Ingangsetzen des Überlaufs (Abb. 16).
- Der innere Durchmesser des Rücklaufrohres muß kleiner sein als der innere Durchmesser des Zulaufrohres, 8 bis 10 mm genügen.
- Filterpumpe möglichst so anordnen, daß das Filtermaterial leicht ausgewechselt werden kann. Bei traditionellen Filterausführungen ist dies meist nicht möglich, jedoch erlaubt die Klebetechnik von Kunststoffen oder Glas (siehe S. 13) die Konstruktion von Kastenfiltern mit einem herausnehmbaren Filterteil (Abb. 15). Die Regeneration des Filters wird dadurch einfacher.

Abb. 14 Prinzip eines Außenfilters (Kastenfilter). Zur Verdeutlichung der Wasserpumpe sind die Filterschichten im vorderen Teil des Filterkastens weggelassen. Außenfilter dieser Art sind bei längerem Betrieb gute Biofilter.

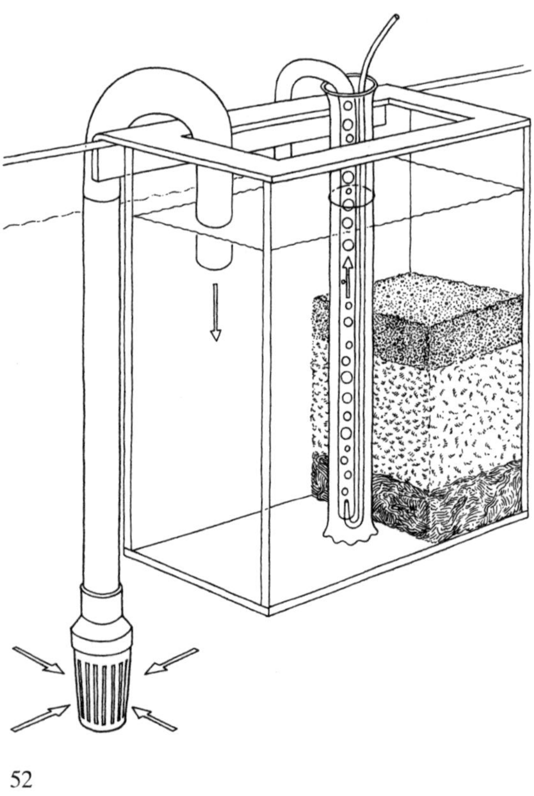

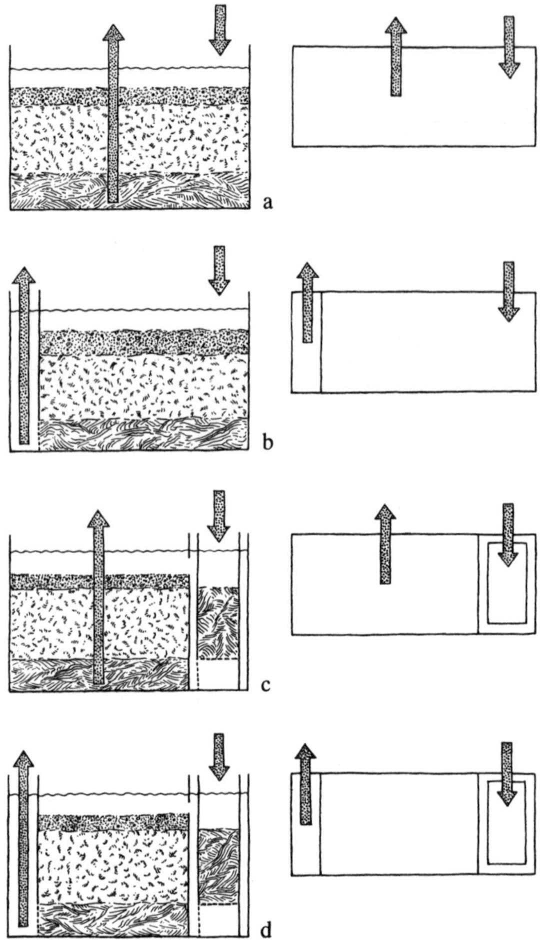

Abb. 15 Schematische Darstellung verschiedener Außenfiltertypen. Linke Reihe: Seitenansichten. Rechte Reihe: Aufsichten. a) einfacher Kastenfilter; b) Kastenfilter mit separater Kammer für die Wasserpumpe, die dadurch leicht eingesetzt und entfernt werden kann; c) Kastenfilter mit vorgeschalteter Siebfilterkammer. Diese läßt sich leicht herausnehmen und reinigen. Die Hauptkammer wird so vor Verschmutzung geschützt; d) Kombination von b) und c)

– Bei der Wahl der Filtersubstrate beachte man folgende Aspekte:

Quarzkies: Am besten eignet sich Kies von 1,5 bis 2,0 mm Korngröße. Das Zusammensacken des Kiesbettes kann durch Beimischung von Kies gröberer Körnung (3–4 mm) oder besser von ausgekochtem Torf im Verhältnis 1 : 10 verhindert werden. Der Filterkies ist vor seiner Verwendung gut zu spülen. Kiesfilter sind für alle aquaristischen Belange geeignet und leicht zu regenerieren.

Basaltsplitt: Reinen Basaltsplitt verwende man nur bei mittelhartem bis hartem Aquarienwasser. Bei der Filterung von sehr weichem Wasser mische man dem Basaltsplitt etwa ein Drittel Marmorsplitt bei. Basalt gibt Spurenelemente ab, die sich auf das Pflanzenwachstum meist günstig auswirken. Eine Wiederverwendung dieses Filtersubstrats wird nicht empfohlen.

Torf: Geeignet ist feinflockiger Hochmoortorf. Frischer Torf muß gut gespült und mindestens 30 Minuten ausgekocht werden. Nur wenn man Fische aus huminsäurehaltigen Gewässern pflegt, kann das Auskochen unterbleiben (siehe S. 31). Hohe Torfschichten sind oft ziemlich wasserundurchlässig, auch bilden sich leicht bevorzugte Sickerstraßen. Durch Zwischenschichten aus Kunstfasergespinsten kann man diese Nachteile verhindern. Bei der Regeneration des Filters ist neuer Torf zu verwenden.

Filterkohle: Die meist körnigen Aktivkohlen werden aus Knochen, Holz oder anderen Materialien gewonnen. Sie besitzen durch ihren porösen Feinbau eine große Oberfläche, die hochmolekulare Verbin-

Abb. 16 a) Einfache Siebfiltereinrichtung, die den Kastenfilter vor Verschmutzung schützt. Durch Öffnung der Klemmschraube kann der abgesetzte Mulm denkbar einfach regelmäßig abgelassen werden; b) Aufsicht von a); c) Überlaufrohr mit Rohrstutzen. Über einen angesetzten Schlauch läßt sich bei geöffnetem Hahn das Überlaufrohr leicht blasenfrei füllen.

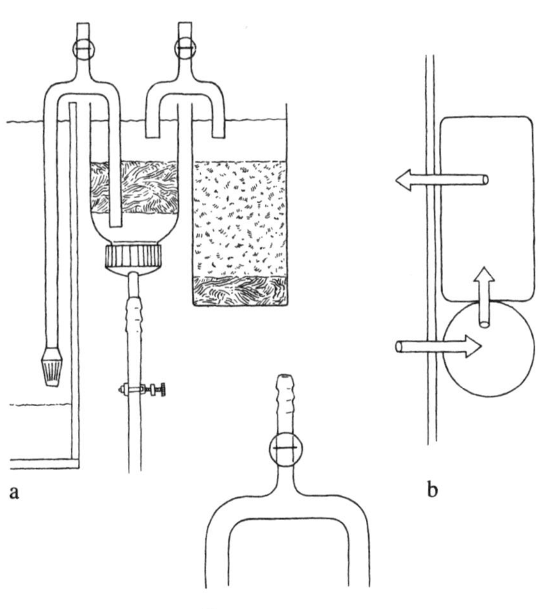

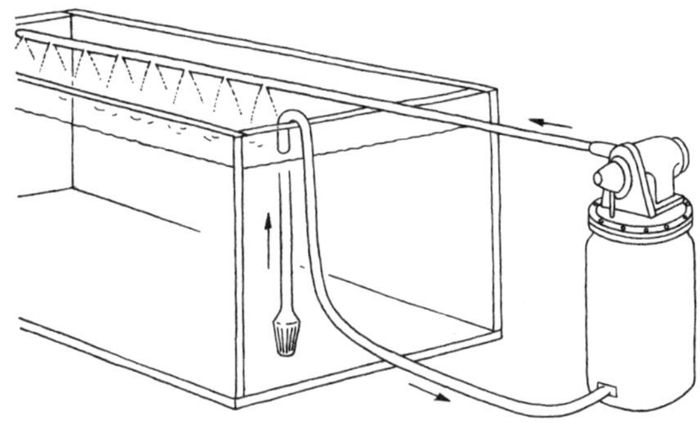

Abb. 17 Geschlossener Kreiselpumpenfilter. Wasserrückführung als Sprühstab über der Wasseroberfläche montiert

dungen anlagert (adsorbiert). Nach Hückstedt werden auch Eiweiße denaturiert. Die Qualität der im Handel angebotenen Filterkohlen kann sehr unterschiedlich sein. Den feinen Kohlenstaub spüle man vor Verwendung aus. Die meisten Medikamente lassen sich mit Filterkohle schnell entfernen. Verbrauchte Filterkohle kann nicht regeneriert werden.

Granulat und Gespinste aus Kunststoff: Manche dieser vielseitig einsetzbaren Materialien müssen vor Gebrauch mit heißem Salzwasser gespült werden. Die Gebrauchsanweisungen enthalten meist entsprechende Angaben. Filterwatte verfilzt oft stark und ist deshalb vor ihrer Wiederverwendung aufzulokkern.

Außer den genannten Filtersubstraten werden gelegentlich auch andere verwendet, so zum Beispiel abgestorbenes Torfmoos, Braunkohlengranulat, Splitt aus Klinkersteinen oder Splitt aus Blumentopfscherben. Die Besiedlung dieser Substrate mit Mikroorganismen ist sehr gut, jedoch kann das Material nur einmal verwendet werden.

Alle Kastenfilter wird man unabhängig von dem verwendeten Filtersubstrat für längere Betriebszeiten vorsehen. Sie entwickeln sich durch Besiedlung mit Mikroorganismen zu Biofiltern (siehe S. 50). Allerdings sind sie als solche empfindlich gegen starke Verschmutzung. Man sollte deshalb in Aquarien mit starkem Anfall von Schwebeteilchen neben dem Kastenfilter einen einfachen Schwammfilter betreiben, den man regelmäßig auswäscht (siehe S. 52), oder im Kastenfilter das Filtersubstrat mit einem passenden Filtervlies abdecken. Das Vlies kann einfach ausgewechselt oder gereinigt werden. Man kann auch Außenfilter mit Vorkammern konstruieren, in denen ein leicht herausnehmbarer Siebfiltereinsatz untergebracht ist (Abb. 15). Die besten Erfolge erzielt man jedoch mit einer dem Außenfilter vorgeschalteten Mulmfangflasche nach dem in Abb. 16 dargestellten Prinzip. Der sich im unteren Teil der Fangflasche sammelnde Mulm kann einfach durch Öffnen des Hahnes über den Abflußschlauch abgelassen werden.

Geschlossene Filtersysteme lassen sich sowohl neben als auch unter dem Aquarium aufstellen. Beim Erwerb achte man vor allem darauf, wie der Filter regeneriert werden kann und wie preiswert die Regeneration ist. Das aus einem geschlossenen Filtersystem zurückgeführte Wasser kann über dem Wasserspiegel versprüht werden und ersetzt dann weitgehend die Durchlüftung (Abb. 17). In den Gebrauchsanleitungen wird fast immer die hohe Förderleistung gepriesen, ein Faktor, der für das Normalaquarium Nachteile haben kann. Auch die biologischen Abbauprozesse in einem Aquarienfilter verlaufen nur optimal, wenn die Wasserbewegung im Filter nicht zu schnell ist, es sei denn, der Filter arbeitet ausschließlich oder vorwiegend als Siebfilter.

Chemische Filter

Als chemische Filter werden Systeme bezeichnet, in denen die Umsetzung organischer Substanzen in anorganische mit Hilfe von Ozon stark beschleunigt abläuft. In den siebziger Jahren wurde in der Aquarienpraxis häufig Ozon verwendet und manchmal als eine Art Wundermittel beschrieben. Für die Meerwasseraquaristik hat Ozon heute zweifellos zentrale Bedeutung. Für das Süßwasseraquarium deuten die vorliegenden Erfahrungen an, daß der Einsatz von Ozon wertvoll, jedoch nicht erforderlich ist.

Ozon ist mit zusätzlicher Energie beladener Sauerstoff, der bei elektrischen Entladungen und bei UV-Strahlung aus normalem Sauerstoff entsteht. Ozon zerfällt in stabilen (normalen) und atomaren Sauerstoff ($O_3 \rightarrow O_2 + O$).

Abb. 18 Einfache Ozonisierungsanlage für Süßwasseraquarien. Mit der ozonhaltigen Luft wird eine Wasserpumpe betrieben, die Wasser in einen Kastenfilter transportiert. Die Filterschicht besteht aus Filterkohle, die von Filterwatteschichten begrenzt ist. Das Wasser gelangt über die Bodendrainage in die Seitenkammer und von da durch ein Rückflußrohr in das Aquarium. Das rückfließende Wasser ist ozonfrei. Unten der Ozonisator

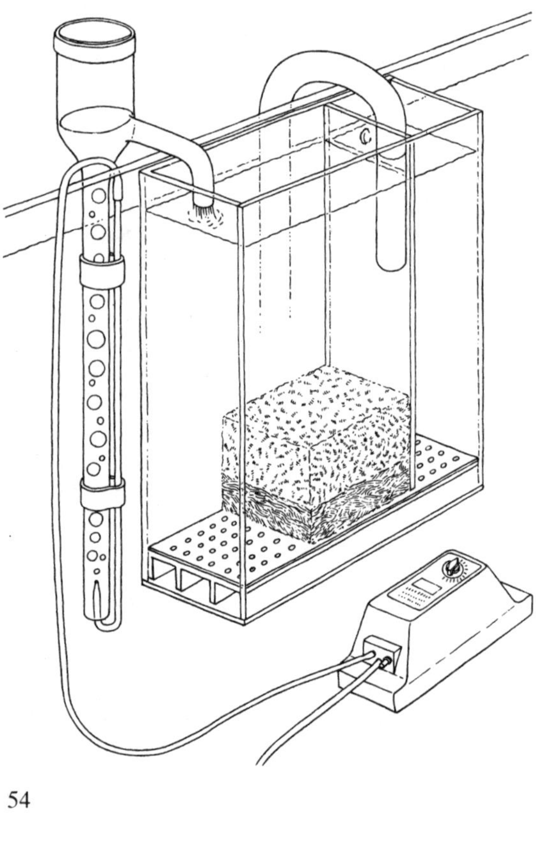

Atomarer Sauerstoff ist ein sehr starkes Oxidationsmittel, das in vielfältiger Weise biologische Prozesse beeinflussen kann. Höhere Konzentrationen von Ozon in der Atemluft können zu Lungenschädigungen führen. Durch Ozonisierung des Wassers sollen vor allem folgende Wirkungen erzielt werden:
- Erhöhung des Redoxpotentials und damit Beschleunigung der oxidativen Abbauprozesse, insbesondere des Eiweißabbaues (siehe S. 29),
- Herabsetzung der Bakteriendichte,
- Verbesserung der Eiweißabschäumung in Seewasserbecken.

Zur Erzeugung von Ozon werden in der Aquaristik kleine Ozonisatoren verwendet, die je nach Größe 10 bis 50 mg Ozon pro Stunde liefern. Die Geräte sind an die Luftleitung anzuschließen, die hindurchströmende Luft belädt sich mit Ozon. Schlauchleitungen, die ozonhaltige Luft führen, müssen aus Silikonkautschuk bestehen, Gummischlauch wird in kurzer Zeit zersetzt.

Ein Ozonfilter besteht nach HÜCKSTEDT aus einem Reaktorrohr, in dem das aus dem Aquarium kommende Wasser von ozonhaltiger Luft durchperlt wird. In den Abfluß ist eine dünne Schicht Aktivkohle eingeschaltet, die das Rückflußwasser ozonfrei macht. Eine relativ dicke Schicht aus Kunststoffwatte verhindert das Aufwirbeln der Aktivkohle. Dabei ist besonders darauf zu achten, daß sich keine Kohleteilchen oberhalb der Watteschicht befinden, da sie die Wirkung des Ozons aufheben (Abb. 18).

Anstatt einer speziellen Anlage kann man als Provisorium auch jeden Außenfilter verwenden. Die ozonhaltige Luft wird dann einfach in die obere Wasserschicht des Filters eingeleitet, die jedoch in diesem Falle relativ hoch sein sollte. Auch muß der Filter wenigstens eine 2 bis 3 cm dicke Aktivkohleschicht enthalten, durch die das Wasser von Ozon befreit wird. Die Filter verschmutzen bei einer Ozonisierung des einströmenden Wassers wesentlich langsamer.

Ein direktes Einleiten ozonhaltiger Luft in das Aquarium ist nicht oder höchstens für kurze Zeit zu empfehlen. Außerdem sollte die Methode der Ozonisierung nur in größeren Aquarien (etwa ab 100 l Inhalt) Verwendung finden und auch nicht bei neueingerichteten Becken eingesetzt werden.

Als Faustregel für die Einstellung kann gelten: Wasserzuführung so regeln, daß bei Verwendung von etwa 10 mg Ozon pro Stunde im Reaktorrohr keine Verschmutzung zustande kommt oder eine leichte Verschmutzung in 24 Stunden verschwindet. Besonders betont sei, daß auch bei Ozonfilterung ein regelmäßiger teilweiser Wasserwechsel notwendig ist und der pH-Wert nicht über 7,5 ansteigen oder unter 5,0 absinken darf. Den charakteristischen Ozongeruch kann man noch wahrnehmen, wenn sich in 500 000 Raumteilen Luft 1 Raumteil Ozon befindet. Bei starkem Ozongeruch Anlage abschalten! Räume, in denen mit Ozon gearbeitet wird, gut lüften!

Der Vorteil der chemischen Filter ist durch die nahezu vollständige Beseitigung der Eiweißkolloide, des Mulms und durch die Herabsetzung der Bakteriendichte gegeben. Manche Hauterkrankungen der Fische sollen sich nach kurzzeitiger Ozonisierung sichtbar bessern. Darüber hinaus ist das ganze System nahezu wartungsfrei.

Heizung des Warmwasseraquariums

Jeder Organismus hat in einem bestimmten Temperaturbereich sein Lebensoptimum. Je weiter die Temperatur von dieser Vorzugstemperatur nach unten oder oben abweicht, desto mehr sind die Lebensvorgänge eingeschränkt, bis schließlich Grenzen erreicht werden, die die Lebensprozesse unmöglich machen. Alle Fische sind wechselwarme Tiere, ihre Körpertemperatur ändert sich mit der Temperatur des umgebenden Wassers. Diese Temperaturangleichung ist jedoch nicht unbegrenzt möglich, sondern auf einige Grade unter und über die Vorzugstemperatur beschränkt. Werden diese Grenzen überschritten, so verendet das Tier. Die Vorzugstemperaturen der einzelnen Arten können recht unterschiedlich sein. Liegen sie unter 20°C, so spricht man von Kaltwasserfischen, über 20°C von Warmwasserfischen. Aber auch der lebengewährende Temperaturbereich ist bei den einzelnen Arten sehr unterschiedlich. Zum Beispiel reicht die Vorzugstemperatur von *Gambusia affinis affinis* von 16 bis 24°C, der lebengewährende Temperaturbereich von 4 bis 35°C. *Pterophyllum scalare* hat wesentlich weniger Spielraum: Vorzugstemperatur 24 bis 28°C, lebengewährender Temperaturbereich 15 bis 33°C. Darüber hinaus können in den Heimatgebieten der einzelnen Arten die Temperaturen des Wassers sowohl jahres- als auch tagesrhythmisch mehr oder weniger stark schwanken. Besonders die jahreszyklischen Temperaturänderungen bedingen vielfach die Laichperioden der Fische.

Aus dieser Einsicht ergeben sich für die Aquarienpraxis wichtige Gebote. Tropische und subtropische Warmwasserfische pflege man bei 19 bis 25°C. Fast alle Arten zeigen bei 24 bis 25°C Wohlbefinden. Im Winter und vor Zuchtversuchen halte man Warmwasserfische etwas kühler, das heißt bei 22 bis 23°C. Das Laichgeschäft läßt sich in der Regel durch Temperaturerhöhung um 2 bis 3°C, oft nur bei gleichzeitigem Frischwasserangebot, anregen. Temperaturen von 32 bis 33°C sollen nicht überschritten werden. Bei zu starker Abkühlung oder Erwärmung des Wassers darf die Temperatur nur ganz langsam auf den Normalbereich eingespielt werden. Jeder plötzliche Temperaturwechsel ist zu vermeiden. Unterkühlungen von Warmwasserfischen führen zum Verblassen der Färbung, zur Verminderung der Bewegungen, der Freßlust und zu Schädigungen bzw. Krankheiten. Bei zu hohen Temperaturen sind die Fische meist unruhig und zeigen Schreckfärbungen.

Einheimische und fremdländische Kaltwasserfische vertragen im allgemeinen tiefere Temperaturen, allerdings sollen 4°C nicht unterschritten werden. Die Vorzugstemperatur der Kaltwasserfische liegt in der Regel zwischen 14 und 18°C. Die Anpassungsfähigkeit an höhere Temperaturen ist bei normalem Sauerstoffangebot (Durchlüftung) gut, nach Möglichkeit vermeide man jedoch Erwärmungen über 24°C. Die Vorzugstemperaturen für die einzelnen Fischarten sind im systematischen Teil angegeben.

In größeren Anlagen wird die notwendige Wassertemperatur in der Regel durch die Raumtemperatur gewährleistet. Über dem Raumniveau liegende Temperaturansprüche in einzelnen Aquarien lassen sich leicht durch schwache Zusatzheizung absichern.

Heute werden Aquarien fast ausschließlich elektrisch beheizt. Der Fachhandel bietet dafür Stabheizer und Heizkabel an.

Stabheizer sind stab-, seltener U-förmige Glasröhrchen bzw. emaillierte Metall- oder Edelstahlrohre mit eingezogenen Heizspiralen oder Heizstäben. Zur besseren Wärmeverteilung können die Geräte mit geglühtem Seesand gefüllt sein. Alle Stabheizer werden in das Aquarium eingehängt. Es wird nachdrücklich empfohlen, bei allen einschlägigen Geräten die Montageanleitungen zu beachten. Stets

Abb. 19 a) Bimetallregler für elektrische Aquarienheizer; b) Stabheizer; c) Heizkabel

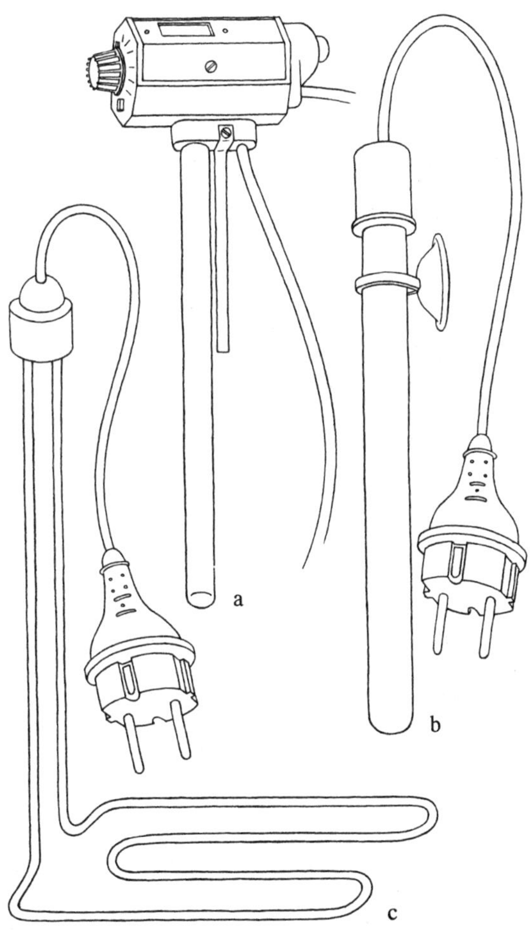

vermeide man jeden direkten Kontakt zwischen einem Heizer und den Aquarienscheiben. Mit Hilfe eines oder mehrerer Sauggummis aus Silikonkautschuk lassen sich Stabheizer gut fixieren (Abb. 19).

Die sehr biegsamen Heizkabel (Abb. 19) sind für eine Verlegung im Bodengrund vorgesehen, das heißt, sie sollten bei der Einrichtung des Bodengrundes eingebaut werden. Dabei ist darauf zu achten, daß die vom Heizkabel durchzogenen Bodenareale nicht mit großen flächigen Steinen abgedeckt werden.

Die notwendige Leistung eines Heizgerätes richtet sich nach dem Wasservolumen. Dabei sind die Werte lt. Tabelle 3 zu beachten:

Da im Fachhandel nur Heizer mit bestimmten Leistungen angeboten werden, sind die Angaben so aufgerundet, daß der Sollwert erreicht werden kann. Die Angaben sind Richtwerte, die sich bei sehr zugigem Stand des Aquariums als zu niedrig, bei umkleideten Aquarien als zu hoch erweisen können. Besonders bei kleinen Aquarien, die sich schnell aufheizen und abkühlen, muß deshalb regelmäßig kontrolliert und auch reguliert werden.

Die Nachteile lassen sich mit sogenannten Stufenheizern, die nach dem Heizkissenprinzip arbeiten, vor allem aber mit vollautomatischen Heizungssystemen vermeiden.

Folgende vollautomatische Regelsysteme werden im Handel angeboten:
- Bimetallregler,
- Relaisschaltungen in Verbindung mit Kontaktthermometern,
- elektronische Regler mit Meßfühlern.

Bimetallregler sind die idealen Geräte für Heizer mit Leistungen bis etwa 100 Watt (Abb. 19). Bei Kombinationen von Bimetallreglern mit stärkeren Heizelementen werden die Kontakte durch den Öffnungsfunken mitunter angegriffen und verkleben dann leicht. Der Heizer arbeitet in diesem Fall im Dauerbetrieb. Zur Regulierung von Heizelementen über 100 Watt verwendet man besser Kontaktthermometer in Verbindung mit einem Relais. Die Kontaktthermometer müssen im Aquarium bruchsicher, zum Beispiel geschützt durch ein perforiertes Plastrohr, montiert werden. Defekte treten nur sehr selten auf. Elektronische Regler sind äußerst zuverlässig, jedoch teuer. Der winzige Meßfühler kann praktisch unsichtbar im Aquarium untergebracht werden.

Grundsätzlich wähle man auch bei vollautomatischer Steuerung der Temperatur nur Heizelemente, die in ihrer Heizstärke etwa dem Wärmebedarf entsprechen. Bei Pannen im Sinne einer Dauerbeheizung treten dann nur selten Fischverluste auf.

Bei der Verwendung elektrischer Heizgeräte sind die allgemein bekannten Sicherheitsbestimmungen einzuhalten. So sollte man elektrische Aquarienheizer niemals selbst basteln oder reparieren, Heizer nicht außerhalb des Wassers betreiben, Aquarien schutzerden und Anschlußkabel und Stecker vor Nässe schützen. Außerdem bestehen in verschiedenen Ländern Sonderbestimmungen. So zum Beispiel

Volumen	Übertemperatur des Wassers in °C						
in Litern	+2	+4	+6	+8	+10	+12	+14
10	5	5	10	10	20	20	20
20	5	10	20	20	30	30	40
40	10	20	20	30	40	50	50
60	10	20	30	40	50	60	60
80	20	30	40	50	60	70	80
100	20	30	40	60	70	80	100
150	30	40	60	70	100	120	120
200	40	50	70	100	120	150	150
250	50	60	80	120	150	150	200
500	80	100	150	200	300	300	350

Tabelle 3 Notwendige Leistungen von Aquarienheizern in Watt

dürfen Heizer über 100 W Leistung vielerorts nicht im Aquarium selbst montiert werden, sondern müssen außen am Becken hängen und nach dem Prinzip eines Durchlauferhitzers konstruiert sein.

Seit einigen Jahren werden im Handel auch Niedervolt-Heizgeräte und geschlossene Filtersysteme (siehe S. 53) mit eingebautem Regelheizer angeboten. Bei der Verwendung dieser Geräte achte man genau auf die Gebrauchsanleitung.

Zur Temperaturkontrolle werden Steck- und Schwimmthermometer verwendet. Letztere fixiert man mit einem Sauggummi (Abb. 25).

Beleuchtung

Zu den großen Fortschritten der modernen Aquaristik gehört die Optimierung der Beleuchtung mit Hilfe leicht regelbarer künstlicher Lichtquellen. Erst die Unabhängigkeit von den jahreszeitlich bedingten Schwankungen des Tageslichtes bietet der Aquaristik die Möglichkeit, vor allem das Pflanzenwachstum gezielt zu beeinflussen. Die Beleuchtung in den Abend-

Abb. 20 Für die Photosynthese und die Bildung des dazu notwendigen Chlorophylls (Chlorophyllsynthese) nutzen die Pflanzen vor allem blaue und hellrote Anteile des sichtbaren Spektrums. Dagegen hat das menschliche Auge die größte Empfindlichkeit im Bereich Grüngelb.

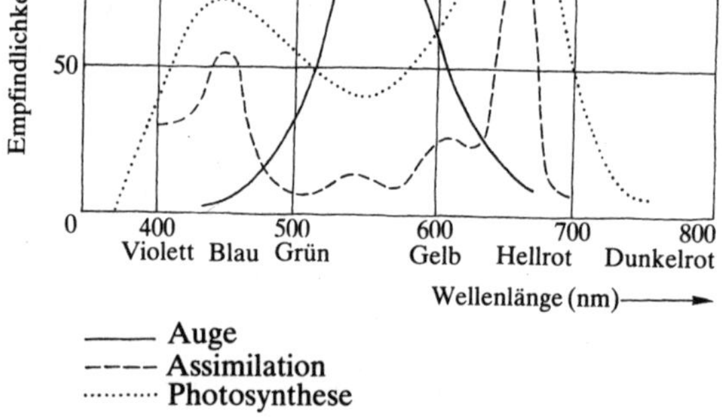

stunden spielt dagegen nur noch eine untergeordnete Rolle. Die folgenden Ausführungen berücksichtigen vorwiegend die Beleuchtung als Biofaktor.

An eine künstliche Lichtquelle, die das natürliche Tageslicht ersetzen soll, sind folgende Forderungen zu stellen:

- Sie muß ein gutes Pflanzenwachstum gewährleisten. Diese Forderung ist abhängig von der Art und Menge des zugeführten Lichtes. Versuche haben gezeigt, daß für das Pflanzenwachstum das ganze Lichtspektrum notwendig ist, aber einzelne Wellenlängenbereiche des sichtbaren Spektrums das Pflanzenwachstum besonders günstig beeinflussen (Abb. 20). So fördert der rote Lichtanteil besonders die Assimilation und Bildung des Chlorophylls, der blaue Anteil die Zellteilung, das Dickenwachstum und die Blütenbildung. Bei Rotlicht allein vergeilen die Pflanzen, bei Blaulicht stockt das Längenwachstum. Für die Aquarienpraxis sind deshalb künstliche Lichtquellen, die das ganze sichtbare Spektrum umfassen und verstärkte Rot- und Blauanteile aufweisen, besonders geeignet.
- Die künstliche Beleuchtung soll die Algenentwicklung nicht begünstigen. Diese Forderung kann durch richtige Dosierung der Lichtmenge und gleichmäßige Verteilung des Lichtes erfüllt werden.
- Schließlich ist von einer künstlichen Beleuchtung auch eine natürliche Farbwiedergabe zu fordern, eine Erwartung, die mehr oder weniger von allen Lichtquellen erfüllt wird, die ein dem Tageslicht ähnliches Spektrum liefern.

Als Teil- oder Vollersatz für natürliches Licht wurde früher ausschließlich Glühlampenlicht verwendet. Vorteile der Glühlampen sind ein wachstumförderndes Spektrum, eine gute Farbwiedergabe und eine einfache Betriebsweise. Außerdem lassen sich Glühlampen mit Hilfe eines einfachen Regelwiderstandes langsam anschalten und löschen. Nachteile ergeben sich aus der punktförmigen Lichtabstrahlung, der schlechten Lichtausbeute und der starken Wärmeentwicklung. Die Glühlampe verwandelt nur etwa 5 % der zugeführten elektrischen Energie in Licht, dagegen aber 95 % in Wärme. Um dem Aquarium die notwendige und ausreichende Lichtmenge zuzuführen, sind große Glühlampenleistungen notwendig.

In der Aquarienpraxis werden in der Regel mehrere Glühlampen geringerer Leistung (Nähmaschinenlampen oder Kerzenlampen) waagerecht in einen kastenförmigen Reflektor eingebaut, der etwa der Aquarienlänge entspricht (Abb. 21). Diese Beleuchtungsform genügt nur für kleine Becken von geringer Höhe (30–35 cm). Wegen der starken Wärmeentwicklung setze man die Leuchten nicht direkt auf die Deckscheiben, sondern bringe sie so an, daß sie auf den seitlichen Scheiben oder Rahmenteilen ruhen und zwischen Reflektor und Deckscheibe ein Abzugsspalt bleibt. So kann verhindert werden, daß bei einem Springen der Deckscheiben die ganze Beleuchtungseinrichtung in das Becken rutscht.

Für sehr kleine Aquarien eignen sich auch sogenannte Unterwasserleuchten. Sie bestehen aus einer einseitig verspiegelten, mit Gummikappen wasserdicht verschlossenen Glasröhre, in die Nähmaschinenlampen oder Soffitten eingesetzt sind (Abb. 22). Man kann die Leuchte in einem Beckenwinkel unterbringen, durch die entstehende Wärme wird das Wasser gleichzeitig aufgeheizt. Viele Fische gewöhnen sich an die seitliche Beleuchtung. Für den Betrachter bleibt sie allerdings immer unnatürlich.

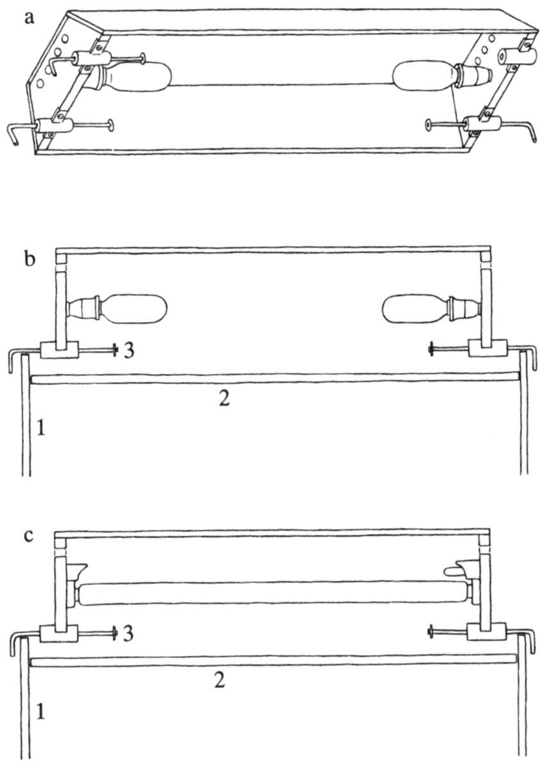

Abb. 21 a) Beleuchtungskasten mit Glühlampen, Ansicht von unten. Die rechte vordere Schiene zum Aufsetzen der Einrichtung auf den seitlichen Aquarienrand wurde aus Gründen der Übersichtlichkeit nicht eingezeichnet; b) kombinierter Schnitt von a); c) Beleuchtungskasten mit Leuchtstofflampe im Schnitt. 1 Seitenscheibe des Aquariums, 2 Deckscheibe, 3 Schiene zum Aufsetzen des Beleuchtungskastens

Große Aquarien lassen sich in der Regel nur mit speziellen, in Tiefstrahlern montierten Glühlampen ausleuchten. Man hängt diese frei über das Aquarium. Die Lichtkegel sollten sich, an der Wasseroberfläche beginnend, überlappen.

Besonders wertvoll für die Aquaristik sind Leuchtstofflampen; sie strahlen 20 % der zugeführten Energie in Form von Licht ab, das heißt, sie haben eine hohe Lichtausbeute und erreichen eine sehr lange Brenndauer. Leuchtstofflampen sind Gasentladungslampen, die eine starke ultraviolette Strahlung erzeugen. Diese wird von einem an der Innenseite des Glasrohres aufgetragenen Leuchtstoff in sichtbares Licht umgewandelt. Zum Betrieb sind ein kleiner Zünder und eine Drosselspule erforderlich. Der Zünder wird meist in eine der Lampenfassungen einge-

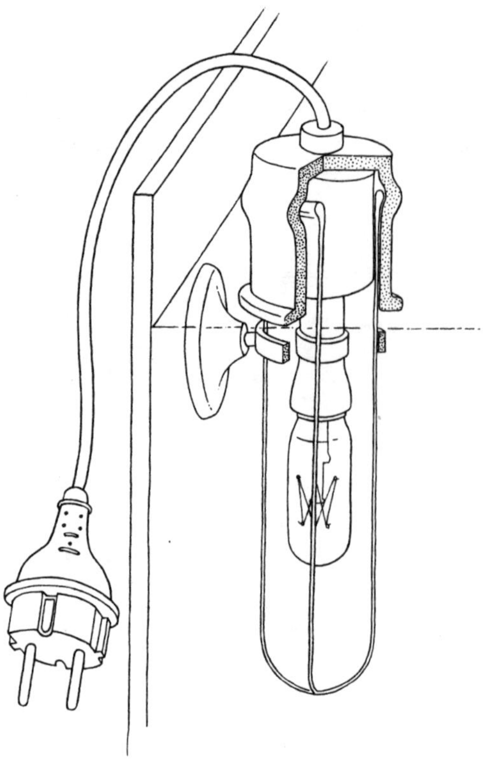

Abb. 22 Unterwasserleuchte. Zur Darstellung des wasserdichten Verschlusses sind die Gummikappe und der Glaszylinder angeschnitten gezeichnet.

setzt, die Drosselspule kann an jeder Stelle der Zuleitung installiert werden, darf allerdings nicht zu weit von der Röhre entfernt sein.

Von den im Handel unter verschiedenen Firmenbezeichnungen angebotenen Leuchtstofflampen sind für die Aquaristik vor allem die Warmton- und Floratypen geeignet. Warmtonlampen erkennt man an dem etwas gelblichen Licht. Ihr Spektrum enthält hohe Rot- und Blauanteile und ist dem Sonnenlichtspektrum ähnlich. Im Aquarium erscheinen die Farben bei Verwendung dieser Lampen fast natürlich, im Vergleich zu Glühlampenlicht etwas gedämpft. Floralampen strahlen ein violettes Licht ab. Sie wurden speziell für die Pflanzenzucht entwickelt und haben ebenfalls einen sehr hohen Rot- und Blauanteil. Als Aquarienbeleuchtung ergeben sie bengalische Effekte. Die roten Farben der Fische treten sehr kräftig hervor. Im Gegensatz zu den Warmton- und Floralampen sind die sogenannten Tageslicht-Leuchtstofflampen für aquaristische Zwecke ungeeignet. Die meisten Farben der Fische erscheinen im Licht dieser Lampen flau, den Zeichnungen fehlt der Kontrast.

Kleine Aquarienleuchten mit Anschlüssen für eine Lampe wird man aus den genannten Gründen mit einer Warmton-Leuchtstofflampe ausstatten. In größeren Leuchten sollten 1 bis 3 Warmtonlampen mit einer Floralampe kombiniert werden.

Der Fachhandel bietet Leuchtstofflampen in fast allen Abmessungen an. Auch U-förmige Lampen sind im Sortiment. Die Leistung ist von der Länge der Lampen abhängig. Für die verschiedenen Lampenlängen sind verschiedene Drosselspulen erforderlich.

Schwierig zu beantworten ist die Frage nach der notwendigen Anzahl von Leuchtstofflampen über einem Aquarium. Zahlreiche Faktoren spielen dabei eine Rolle, so zum Beispiel die Beckenhöhe bzw. Wasserschicht, die Art der zu pflegenden Pflanzen, die Verteilung der Pflanzen, die Färbung des Wassers, die Art der Reflektorschicht in der Leuchte, die Wärmestauung in der Leuchte und andere. Unter der Voraussetzung, daß die Länge der Leuchtstofflampen etwa der Länge des Aquariums entspricht, kann man sich an die Angaben in der Tabelle 4 halten.

Leuchtstofflampen lassen sich in relativ niedrige, innen mit Alufolie ausgelegte Lampenkästen einbauen. Die Lampenfassungen und die im Lampenkasten untergebrachten Drosselspulen müssen vor Feuchtigkeit geschützt sein. Die Betriebswärme darf sich nicht stauen, und die Fußbügel sollen nicht auf den Deckscheiben, sondern auf den Seitenscheiben bzw. seitlichen Rahmenteilen aufsitzen. Die im Fachhandel in großer Vielfalt angebotenen Leuchten berücksichtigen die genannten Aspekte, zum Beispiel durch verstellbare Fußbügel. Für genormte Aquarientypen wurden außerdem Leuchtstofflampen-Leuchten konstruiert, die gleichzeitig als Aquarienabdeckung dienen, so daß sich Deckscheiben erübrigen.

Beim Einbau von Leuchtstofflampen in umkleidete Aquarien (siehe S. 65) beachte man folgende Empfehlungen (Abb. 23):

- Lampenfassungen nicht direkt an der Innenseite des Deckels anbringen, sondern im Abstand von 2 bis 3 cm zunächst eine Platte ansetzen und erst dort die Fassungen verankern. Verwerfungen des Deckels werden so vermieden,
- Deckelinnenseite überall mit Alufolie ausschlagen,
- Wärmeabzug durch mehrere Löcher (mindestens 3 cm Durchmesser) in der rechten und linken Verkleidungswand sichern,
- alle Verkabelungen und Anschlüsse nur als Feuchtrauminstallationen ausführen,
- Beleuchtung schutzerden.

Wasserpflanzen passen sich der künstlichen Beleuchtung durch Glühlampen oder Leuchtstofflampen meist gut an, dagegen ist die Anpassung im künstlichen Licht gewachsener Pflanzen an natürliches Licht oft mit Wachstumshemmungen verbun-

Tabelle 4 Notwendige Anzahl von Leuchtstofflampen

Höhe des Aquariums in cm	Breite des Aquariums in cm 40	50	60	70	80
bis 50	2	3	3	4	4
50–70	3	3	4	4	5
75–100	3	4	4	5	6

den. Bei Aquarien, die nur Kunstlicht erhalten, muß die tägliche Beleuchtungsdauer mindestens 12 Stunden betragen. Mit einer Schaltuhr kann man einen entsprechenden Hell-Dunkel-Rhythmus automatisch sichern.

Der durch das An- und Ausschalten einer jeden Beleuchtung bedingte plötzliche Dunkel-Hell- bzw. Hell-Dunkel-Wechsel wird von den meisten Fischen nach einiger Zeit toleriert. Einige Arten bleiben jedoch schreckhaft. Bei Glühlampenleuchten kann man das Problem, wie bereits angedeutet, mit einem einfachen Regelwiderstand lösen. Bei Leuchtstofflampen-Leuchten ist die Helligkeitsregelung etwas schwieriger zu bewerkstelligen. Es wird deshalb empfohlen, bei sehr schreckhaften Fischen eine kleine Pilotlampe rund um die Uhr zu betreiben.

Die Einführung künstlicher Lichtquellen in die Aquarienpraxis bedeutet zweifelsohne eine wertvolle technische Bereicherung. Trotzdem darf darüber nicht vergessen werden, daß die billigste Beleuchtung die Nutzung des natürlichen Lichtes ist. In alten Aquarienbüchern lauten die Regeln für die Beleuchtung: Man stelle das Aquarium an einem Ost- oder Westfenster so auf, daß eine Schmalseite zum Fenster zeigt. Je größer und damit heller das Fenster ist, um so weiter kann das Becken vom Fenster entfernt stehen. Jedes Aquarium soll möglichst 1 bis 2 Stunden am Tage Sonnenlicht erhalten.

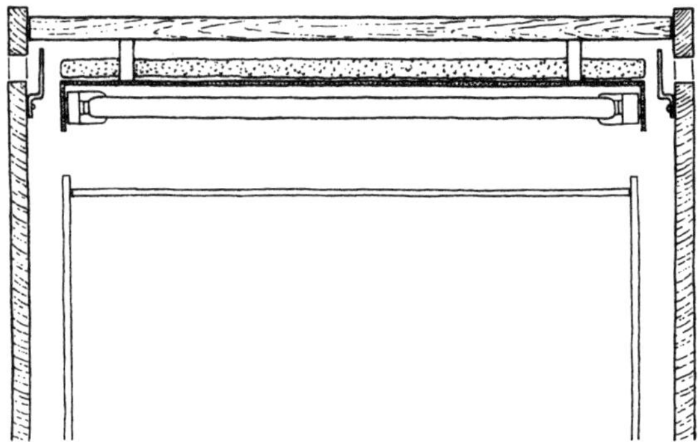

Abb. 23 Beleuchtungseinrichtungen in holzumkleideten Aquarien werden nicht direkt am Holzdeckel montiert, sondern an einer Platte befestigt, die vom Deckel durch eine Schicht aus wärmedämmendem Material und eine Luftschicht getrennt ist. Außerdem sind Abzugslöcher mit Blendschutz in den Seitenteilen vorzusehen.

Besetzung und Pflege des Aquariums

Fischbesatz

Ein neueingerichtetes Aquarium sollte nicht sofort, sondern erst nach 2 bis 4 Tagen mit Fischen besetzt werden. In diesem Zeitraum hat sich bei guter Durchlüftung und funktionierender Beheizung das Wasser geklärt und der von der Temperatur abhängige Gasgehalt des Wassers eingepegelt.

Bei der Einrichtung eines Aquariums sind in erster Linie die Ansprüche der Fische, die man pflegen will, zu berücksichtigen. Die Vergesellschaftung verschiedener Fischarten soll nicht wahllos, sondern nach bestimmten Gesichtspunkten erfolgen. Grundsätzlich vergesellschafte man nur Tiere miteinander, die ähnliche Ansprüche an ihre Umwelt stellen und die sich in ihrem natürlichen Verhalten nicht gegenseitig stören, zum Beispiel Friedfische mit Friedfischen, Schwarmfische mit anderen Schwarmfischen, dagegen aber nicht große Raubfische mit kleinen Friedfischen oder Kaltwasserfische mit Warmwasserfischen. Sinnvoll ist weiterhin die Vergesellschaftung friedlicher Schwarmfische mit Oberflächen- und Bodengrundfischen. Bei der Zusammenstellung der Fischgesellschaft orientiere man sich deshalb in der Literatur über die Eigenschaften der zu pflegenden Arten. Anfänger lassen sich zudem am besten von erfahrenen Liebhabern oder dem Fachhandel beraten.

Grundsätzlich beachte man weiterhin, daß ein neueingerichtetes Becken zunächst kein idealer Lebensraum ist, sondern erst nach einiger Zeit ein Biosystem darstellt. Trotz Beachtung aller Hinweise können sich nach Tagen oder wenigen Wochen überraschend Mängel zeigen. Es ist deshalb ratsam, neueingerichtete Becken zunächst mit billigen, unempfindlichen Fischen zu besetzen und erst im Laufe der Zeit den Bestand mit wertvolleren Tieren zu ergänzen.

Regeln für den Kauf und das Einsetzen von Fischen:
– Temperatur und Durchlüftung des Beckens müssen einreguliert werden.
– Beim Einkauf von Fischen darauf achten, daß diese gerundete Bäuche und ganzrandige klare Flossen ohne körnchenartige weißliche Stellen haben. Fische, die beim Händler in gelbgrünem oder blauem Wasser schwimmen, sind krank.
– Niemals Einzeltiere, sondern von einer Art möglichst einen kleinen Schwarm oder zumindest ein Paar erwerben.
– Dafür Sorge tragen, daß sich das Wasser auf dem Weg vom Händler nach Hause nicht abkühlen kann. Für den Transport eignen sich am besten Thermosgefäße oder Styroporbehälter.
– Temperatur im Transportgefäß mit der Temperatur im Becken vergleichen. Betragen die Unterschiede mehr als 3 °C, so ist ein langsames Angleichen der Temperaturen notwendig. Dazu wird das Transportgefäß in das Aquarium gehängt oder das Wasser des Transportgefäßes ganz langsam mit Aquariumwasser versetzt.
– Fische langsam in das Aquarium bringen, am besten wird das Transportgefäß untergetaucht und vorsichtig schräg aus dem Wasser gehoben.
– Wie viele Fische in einem Aquarium eingesetzt werden, ist abhängig von der Beckengröße und der Größe der erwachsenen Tiere. Im allgemeinen kann man sich bei gut bepflanzten Becken und bei guter Durchlüftung nach folgenden Leitzahlen richten:

Arten von 2 bis 3 cm Gesamtlänge benötigen 1 bis 2 l,
Arten von 3 bis 5 cm Gesamtlänge 2 bis 3 l,
Arten von 5 bis 8 cm Gesamtlänge 3 bis 6 l und
Arten über 8 cm Gesamtlänge benötigen über 6 l Wasser je Tier.

Weiterhin beachte man, daß sehr schwimmaktive Arten mehr Raum benötigen als ruhige Formen.
– Anfängliche Verluste sind vielfach darauf zurückzuführen, daß die erworbenen Tiere aus speziellen Wasserverhältnissen, zum Beispiel extrem weichem, saurem Wasser, kommen und härterem Wasser nicht angepaßt wurden. Man sollte sich deshalb beim Händler oder Züchter informieren, unter welchen Bedingungen die Fische bisher gehältert wurden.

Pflege des Aquariums

Ein eingerichtetes Becken kann jahrelang ohne vollständige Erneuerung stehenbleiben, ja, es wird in der Regel um so schöner, je länger es sich ohne tiefgreifende Veränderungen entwickeln kann. Freilich darf man sich als Schönheitsideal nicht ein Becken mit blütenweißem Sand, mit Pflanzen ohne faulende Blätter und ohne geringsten Mulm vorstellen. Das Besondere, das Anziehende eines Aquariums ist ja gerade das Wissen oder Ahnen um die biologischen Veränderungen innerhalb der Glasscheiben. Wie das Wachstum ist auch der Zerfall eine Ausdrucksform dieses biologischen Geschehens. Die Pflege muß sich deshalb auf solche Eingriffe beschränken, die die natürliche Entwicklung fördern.

Regeln für die Pflege eines Fischbeckens:

– Kontrolliere jeden Tag die Temperatur des Wassers und die Durchlüftung!

Bei Warmwasserfischen kann die Temperatur im Sommer um 25 °C, im Winter um 23 °C schwanken. Temperaturen um 20 °C sollten nicht, Temperaturen um 17 °C dürfen nicht unterschritten werden. Die tägliche Temperaturkontrolle ist auch bei Verwendung vollautomatischer Temperaturregler notwendig, da immer mit Schäden in den Anlagen gerechnet werden muß.

Kaltwasserfische sind vor stärkerer Erwärmung zu schützen. Im allgemeinen liegt ihr Temperaturoptimum zwischen 14 und 18 °C. Stärkere Erwärmungen werden von verschiedenen Arten bei guter Durchlüftung wenigstens vorübergehend vertragen.

– Beobachte ständig die Fische und prüfe:

Verhalten sie sich normal, und zeigen sie kräftige Färbung? Ungewöhnliche Lebendigkeit bzw. abnorme Schreckhaftigkeit oder eingeschränkte Aktivität bzw. völlige Reaktionslosigkeit sind in Verbindung mit veränderten, meist blassen Farben Hinweise auf Vergiftungen oder einen zu niedrigen pH-Wert (siehe S. 368). Ein krampfhaftes Luftschnappen, bei dem die Tiere gleichsam an der Oberfläche hängen, ist fast immer durch Sauerstoffmangel bedingt. Abhilfe: Auf 20 l Wasser 1 ml 15 %iges Wasserstoffperoxid zusetzen und die Zugabe eventuell wiederholen;

Werden durch Kampfhandlungen (Rangordnungskämpfe oder Revierabgrenzung) oder durch andere Ursachen einzelne Fische zu stark unterdrückt oder gar verletzt, sind solche Tiere zu isolieren.

Sind die Flossen der Fische ganzrandig und durchsichtig, und werden sie normal gespreizt? Ausgefranste, weißlich verfärbte und dann auch meist verklemmte Flossen sind Krankheitssymptome. Auch milchige Beläge, Trübungen der Augen, eingefallene bzw. ungewöhnlich aufgetriebene Bauchpartien, Schuppensträube und abgespreizte Kiemendeckel deuten Krankheiten an. Bei Erkrankung mehrerer Tiere ist sofort eine Behandlung einzuleiten (siehe S. 401). Wenn die Krankheitssymptome nur an einem Tier auftreten (meist Geschwüre oder Schuppensträube), ist dieses zu entfernen und mit kochendem Wasser abzutöten.

Wird das verabreichte Futter gierig gefressen oder nur zögernd bzw. gar nicht angenommen? Freßunlust ist oft das erste Anzeichen einer Überfütterung. In solchen Fällen sollte man die Tiere einige Tage hungern lassen und dann mit einem anderen Futter versorgen. Grundsätzlich müssen Fische regelmäßig und abwechslungsreich gefüttert werden.

– Beobachte ständig die Pflanzen und prüfe:

Wachsen sie und treiben frische Blätter, oder kümmern sie? Ein mangelhafter Pflanzenwuchs kann durch ungenügende Lichtverhältnisse oder Nährstoffmangel bedingt sein. Wenn in regelmäßigen Abständen ein Teil des Aquarienwassers durch Frischwasser ersetzt wird, ist schlechter Pflanzenwuchs meist eine Folge ungenügender Lichtzufuhr (siehe S. 57). In alteingerichteten, nicht mit Frischwasser versorgten Becken muß man dagegen mit einer einseitigen Kombination der Nährstoffe rechnen. Abhilfe: 50 % des Wassers durch Frischwasser ersetzen.

Bleiben die Blätter blank und frisch, oder zeigt sich ein brauner bis dunkelblaugrüner Belag, sterben sie schließlich ab? Solche Beläge sind Algen. Gründe für die Algenbildung und Abhilfe siehe S. 468.

Befühle bei neu eingerichteten Aquarien ab und zu die Oberfläche der Pflanzenblätter. Ist sie rauh und sandig, so war das verwendete Wasser zu hart. Abhilfe: 50 % des Wassers durch entsalztes Wasser ersetzen (siehe S. 25).

– Kontrolliere ab und zu das Wasser im Aquarium und stelle fest:

Ist die Wasserhärte über den Normalbereich gestiegen (siehe S. 23)? Abhilfe: einen Teil des Wassers durch entsalztes Wasser ersetzen.

Liegt der pH-Wert um den Neutralwert (siehe S. 30)? Zur Korrektur eines zu niedrigen oder zu hohen pH-Wertes beachte Seite 30.

Trübt sich das Wasser, oder ist es grün verfärbt? Wassertrübungen sind meist durch eine Anreicherung von fäulnisfähigen Stoffen, zum Beispiel in Form von Futterresten, bedingt. Auch in neueingerichteten Aquarien kann es durch starke Bakterien- oder Infusorienvermehrung zu einer Wassertrübung kommen. Der dabei vielfach auftretende Sauerstoffmangel kann den Fischen gefährlich werden. Abhilfe: Man ersetzt 50 % des Wassers durch Frischwasser oder fügt, wenn dies nicht hilft, dem Wasser Chloramin zu (1 g je 100 l Wasser bei Härtegraden über 10 °dH; 0,5 g je 100 l bei Härtegraden darunter; eventuell nach einigen Tagen wiederholen), oder man bestrahlt den Wasserkörper mit UV-Lampen. Fische und Pflanzen können bei guter Durchlüftung im Aquarium verbleiben. Nach dem Absterben der Bakterien oder Infusorien ist ein teilweiser Wasserwechsel angezeigt. Bei akutem Sauerstoffmangel versetzt man das Wasser mit 15 %igem Wasserstoffperoxid (1 ml auf 20 l Wasser, eventuell nach einer Stunde wiederholen).

Eine grüne Verfärbung des Wassers kommt durch die Massenvermehrung von Schwebealgen zustande. Das sogenannte grüne Wasser ist zwar nicht schön, aber meist ungefährlich für Fische und Pflanzen. Abhilfe: mehrtägiges Abdunkeln des Aquariums oder Bestrahlung mit UV-Lampen. Sowohl die Wassertrübung als auch das »grüne Wasser« lassen sich oft auch mit einer Siebfilterung beseitigen (siehe S. 50). Am sichersten arbeiten Diatom-Filter.

– Achte sorgsam darauf, daß auf dem Bodengrund keine Ansammlungen toter Futtertiere entstehen. Sie beginnen zu verwesen, wobei Sauerstoffmangel eintreten kann. Abhilfe: Absaugen der Futterreste oder, bei bereits begonnener Verwesung (Trübung des Wassers), teilweiser, in kleinen Becken vollständiger Wasserwechsel.

– Vermeide jede Beunruhigung der Fische. Schreckhafte Arten sind mit großer Vorsicht zu behandeln. Sie schwimmen leicht gegen die Scheiben und verletzen sich oder springen aus dem Becken.

– Achte ständig darauf, daß sich im Aquarium keine Schädlinge entwickeln. Hydren, Planarien und andere Kleinlebewesen können sich sehr stark vermehren und müssen rechtzeitig bekämpft werden (siehe S. 157, 158).

– Beschränke die Arbeiten im Aquarium auf ein Mindestmaß. Pflanzen möglichst wenig umsetzen, zu dichte Pflanzenbestände lichten.

Verdunstetes Wasser durch entsalztes Wasser ersetzen, kein Leitungswasser nachgießen! Da nur das Wasser, aber nicht die darin gelösten Salze verdunsten, würde durch ein dauerndes Nachfüllen von Leitungswasser das Wasser im Aquarium sehr bald zu viele gelöste Verbindungen enthalten. Kann bei regelmäßiger Teilerneuerung des Wassers entfallen.

Kranke oder tote Fische möglichst schnell entfernen.

Futterreste und Mulm regelmäßig mit einem Mulmheber (Abb. 25), Mulmsauger oder einem Glasrohr mit Schlauch entfernen.

Veralgte Frontscheiben mit einem Scheibenreiniger (Abb. 25) oder einem grobfasrigen Tuch säubern.

Filtersubstrate von Siebfiltern in regelmäßigen Abständen reinigen.

Schichten auf der Wasseroberfläche (Kahmhaut) mit Zeitungspapier entfernen. Dazu werden passend zurechtgeschnittene Zeitungspapierbogen auf die Wasseroberfläche gelegt und von einer Seite her vorsichtig abgehoben, die Oberflächenschicht bleibt an dem Papier haften.

– Achte bei Verwendung elektrischer Beleuchtungs- und Heizgeräte stets auf gute Betriebssicherheit. Es wird empfohlen, Aquarien erden zu lassen. Bei jeder Reparatur an beschädigten Geräten muß zunächst der Anschlußstecker herausgezogen werden.

Spezialaquarien, Gerätschaften und Fotografieren

Heimataquarium

Für das Heimataquarium eignen sich vor allem die folgenden einheimischen Fische: Bartgrundeln, Bitterlinge, junge Döbel, Elritzen, junge Flußbarsche, Junghechte, Karauschen, Kaulbarsche, Moderlieschen, junge Rotfedern, Schlammpeitzger, junge Schleien, Stichlinge und Ukelei. Dagegen ist zum Beispiel die Pflege der Forelle oder ihrer Verwandten sehr schwierig und nur unter besonderen Voraussetzungen möglich.

Die Einrichtung eines Heimataquariums bereitet kaum Schwierigkeiten. Kiesiger Bodengrund, eventuell mit Steinen abwechslungsreich gestaltet, und einige gut ausgefaulte Wurzelstücke als Versteckplätze sind die wesentlichsten Voraussetzungen. Besonders natürlich wirken weiterhin in den Kies gesteckte Schilfstengel oder einhängende, aus einer Weidenrute herauswachsende Wurzeln, die allerdings außerhalb des Aquariums angetrieben werden müssen.

Folgende Pflanzen gedeihen im Heimataquarium und sind das ganze Jahr über grün:

Fontinalis antipyretica (Gewöhnliches Quellmoos). Besonders geeignet sind Pflanzen aus stehenden Gewässern, die zusammen mit der Unterlage eingebracht werden müssen.

Isoëtes lacustris (Seebrachsenkraut). Die Art gedeiht am besten bei mäßigem Lichteinfall, Blätter sehr brüchig.

Pilularia globulifera (Pillenfarn), rasenbildende Pflanze, die sich nicht leicht eingewöhnen läßt.

Lysimachia nummularia (Pfennigkraut). Die schöne, gelbblühende Landpflanze kommt auch als Unterwasserpflanze vor und gedeiht in hell stehenden Aquarien gut.

Elodea nuttallii (Nuttalls Wasserpest). Stark wuchernde, flutend als auch wurzelnd gedeihende Pflanze.

Elatine macropoda (Großwurzeliger Tännel). Schöne Art, die dichte, hellgrüne Rasen bildet.

Wesentlich größer ist die Zahl der vom Frühjahr bis zum Herbst grünenden einheimischen Wasserpflanzen. Einige von ihnen bilden Winterknospen, die sich vom zerfallenden Pflanzenkörper lösen, auf den Boden fallen und im Frühjahr neu austreiben. Alle sommergrünen Wasserpflanzen benötigen sehr viel Licht. Folgende sind für das Heimataquarium besonders geeignet:

Riccia fluitans (Flutendes Sternlebermoos). Die Art kann als Schwimmpflanze und als Landpflanze auf feuchtem Boden kultiviert werden.

Azolla caroliniana (Karolina-Moosfarn). Dieser aus Amerika stammende, in Europa vielerorts eingebürgerte Schwimmfarn bildet schöne dichte Polster.

Hydrocharis morsus-ranae (Europäischer Froschbiß). Pflanze mit glänzenden rundlichen Schwimmblättern.

Lemna minor (Kleine Wasserlinse).

Lemna trisulca (Untergetauchte Wasserlinse). Die Art schwimmt unter der Wasseroberfläche und bleibt im Aquarium manchmal auch den Winter über in Vegetation.

Ceratophyllum demersum (Gemeines Hornblatt). Die Art kann im Boden verankert oder frei schwimmend kultiviert werden. Sie bildet lockere Polster an der Wasseroberfläche, unter denen sich die Fische gern aufhalten. Im Winter geht das Hornkraut stark zurück.

Myriophyllum spicatum, M. alterniflorum, M. verticillatum (Tausendblatt). Die schönen europäischen Tausendblattarten ziehen im Winter ein und bilden Winterknospen. Gelegentlich bleiben im Aquarium einzelne Pflanzen, besonders dann, wenn sie durch Köpfung des Haupttriebs zu verzweigtem Wuchs gezwungen wurden, auch im Winter in Vegetation.

Utricularia vulgaris (Gemeiner Wasserschlauch). Diese schöne Wasserpflanze kann an den Blattenden Fangblasen ausbilden, mit deren Hilfe kleinste Wassertiere erbeutet werden, siehe S. 428.

Viele der genannten Arten sind im Kapitel »Wasserpflanzen« ausführlich beschrieben. In Heimataquarien, die im Freien aufgestellt sind, oder gar in größeren Freilandbecken können darüber hinaus zahlreiche weitere einheimische Wasser- und Sumpfpflanzen erfolgreich gepflegt werden, so zum Beispiel Fadenalgen, die mit ihren lichtgrünen Polstern den natürlichen Charakter des Heimataquariums unterstreichen.

Die meisten einheimischen Fische sind recht anpassungsfähig und zeigen nach der Eingewöhnung bei guter Wartung durchaus Wohlbefinden. Einzelne Arten kommen in Gefangenschaft sogar zur Fortpflanzung. Voraussetzung dafür ist eine kühle Überwinterung bei 4 bis 6 °C. Höhere Sommertemperaturen werden in der Regel bei guter Durchlüftung vertragen, als oberste Grenze sollten jedoch 22 bis 24 °C nicht überschritten werden. Auch für das Heimataquarium sind eine Filterung des Wassers und vor allem eine periodische Zugabe von Frischwasser notwendig. Die Ernährung der Tiere bereitet keine Schwierigkeiten. Außer allen bekannten Futtertieren wird vor allem von den einheimischen Karpfenfischen auch Trockenfutter angenommen. Leicht lassen sich Stichlinge und Bitterlinge im Heimataquarium züchten. Die Besonderheiten verschiedener Arten sind im Kapitel »Aquaristisch interessante Fischfamilien und -arten« zu finden.

Mit den Fischen lassen sich zahlreiche andere einheimische Wassertiere, vor allem Schnecken, Insektenlarven, Wasserkäfer, Wasserspinnen, aber auch Schwanzlurche, vergesellschaften. Vielfach ergeben sich aus solchen Lebensgemeinschaften interessante Beobachtungsmöglichkeiten. Eine besonders attraktive Variante des Heimataquariums ist das Uferaquarium (Paludarium). Durch geschickte Befestigung mit Steinen läßt sich an den Wasserbereich eine Uferzone anschließen, in der Sumpfpflanzen angesiedelt werden können.

Bei der Beschaffung einheimischer Tiere und Pflanzen müssen stets die geltenden Naturschutzgesetze beachtet werden.

Biotopaquarium

Als Biotopaquarien werden Becken bezeichnet, deren Einrichtung den speziellen Verhältnissen eines bestimmten Lebensraumes entspricht, das heißt, die Bepflanzung, die Wasserqualität, die Temperatur und andere Umweltfaktoren sind weitgehend den Bedingungen in den Heimatgebieten, aus denen die gehälterten Fische stammen, nachgeahmt. Obwohl sich nicht alle Faktoren in der Gefangenschaft naturgetreu kopieren lassen, hat eine solche Anlage einen hohen Bildungswert. Allerdings darf daraus nicht abgeleitet werden, daß das Biotopaquarium der Idealfall der Fischpflege ist. Die Pflege in der Gefangenschaft ist stets ein Experiment, das die Anpassungsfähigkeit des Lebewesens ausnutzt, um dadurch zu neuen Erkenntnissen zu kommen. Biologisch besteht keine Notwendigkeit, Fische bestimmter Verbreitungsgebiete nur mit den Pflanzen der entsprechenden Areale zu vergesellschaften. Es ist zum Beispiel gleichgültig, ob sich ein afrikanischer Fisch in afrikanische, asiatische oder südamerikanische Pflanzen zurückziehen kann, dem Tier ist nicht die Pflanzenart, sondern nur der Schutz in den Pflanzen wichtig. Auch Arten, die an Pflanzenblättern ablaichen, sind mit ganz wenigen Ausnahmen nicht an bestimmte Pflanzenarten, sondern nur an bestimmte Blattformen gebunden. Und selbst die Pflanzenfresser unter den Fischen sind fast nie, wie etwa viele Schmetterlingsraupen, von einer bestimmten Pflanzenart abhängig, sondern können sich von ganz verschiedenen Wassergewächsen ernähren.

Das Biotopaquarium ist somit ein Spezialfall, nicht etwa ein Idealfall der Aquarienpraxis. Es erhält dort besondere Bedeutung, wo natürliche Gewässertypen als Demonstrationsobjekt gezeigt werden sollen, zum Beispiel in öffentlichen Schauanlagen.

Sogenannte hygienische Aquarien

Die ungeeignete Bezeichnung hygienisches Aquarium hat eine für die wissenschaftliche Entwicklung der Aquaristik wertvolle Form der Fischpflege in Mißkredit gebracht. Das hygienische Aquarium ist für den Wissenschaftler die Form der Fischpflege, die eine Analyse der einzelnen Umweltfaktoren am besten gewährleistet, es ist gleichsam die Zuchtschale des Experimentators. Eine solche Anlage läßt die Vollkommenheit eines natürlichen Milieus außer acht und widmet den lebenswichtigen Faktoren des Wassers besondere Aufmerksamkeit. So wird hier auf den Bodengrund ganz verzichtet, die Pflanzen kommen in kleine Tonschalen oder werden durch Gebilde aus Kunststoffen ersetzt. Durch spezielle Filter und Durchlüftungen wird die Wasserqualität besonders günstig gestaltet. Diese Form der Aquarienpflege ist seit langem Vorbedingung für kontinuierlichen züchterischen Erfolg.

Grundsätzlich ist jedoch auch hier zu betonen, daß diese Art der Hälterung einen Spezialfall darstellt, der keinesfalls der einzige Weg zum Erfolg ist.

Verkleidete Aquarien

Der Wunsch, das Aquarium möglichst harmonisch in den Wohnraum einzupassen, hat zur Herstellung holzverkleideter Becken geführt. Die in Schränke, Bücherregale oder andere Möbelstücke eingebauten Aquarien sind nicht nur formschön, sondern auch heiztechnisch wirtschaftlich. Durch die Holzverkleidung, die nur die Frontseite frei läßt, wird eine starke Wärmeabstrahlung verhindert. Bei der Konstruktion verkleideter Aquarien beachte man folgende Hinweise (Abb. 24):

Beckenraum: Der das Aquarium umfassende Verkleidungsraum muß so groß sein, daß allseitig genügend Platz zum bequemen Hantieren bleibt.

Beckenunterlage: Da beim Undichtwerden eingebauter Becken die Holzverkleidung stark beschädigt werden kann, wird zum Schutz eine wasserdichte schalenartige Unterlage mit einer Schlauchableitung unter das Becken gesetzt.

Isolierung der Holzverkleidung: Besonders groß ist die Gefahr, daß sich die Holzverkleidung durch die warme, feuchte Luft verzieht. Man verwendet die besten Holzisolierlacke.

Beleuchtung: Da sich die Holzverkleidung an der Oberseite nicht immer fensterartig aussparen läßt, zudem die Aufstellung des Möbelstückes in Fensternähe oft nicht möglich ist, wird man in den meisten Fällen auf künstliche Lichtquellen zurückgreifen müssen (siehe S. 57).

Die Lampen sind vorn über dem Aquarium oder rechts und links davon in den oberen vorderen Ecken des Verkleidungsraumes anzubringen. Mit Reflektoren sollte man das Licht so orientieren, daß der Wasserkörper schräg von vorn-oben nach hinten-unten durchstrahlt wird. Nur bei sehr tiefen Becken ist auch im hinteren Teil eine zusätzliche Lichtquelle anzubringen.

Ähnliche Regeln müssen beim Einbau von Aquarien in gemauerte Wände beachtet werden.

Abb. 24 a) Eingebautes Aquarium; b) Horizontalschnitt durch a), der Raum um das Aquarium sollte so groß sein, daß ein bequemes Hantieren möglich ist. Rechts vom Aquarium der Filter; c) einige andere Möglichkeiten der Holzumkleidung von Aquarien

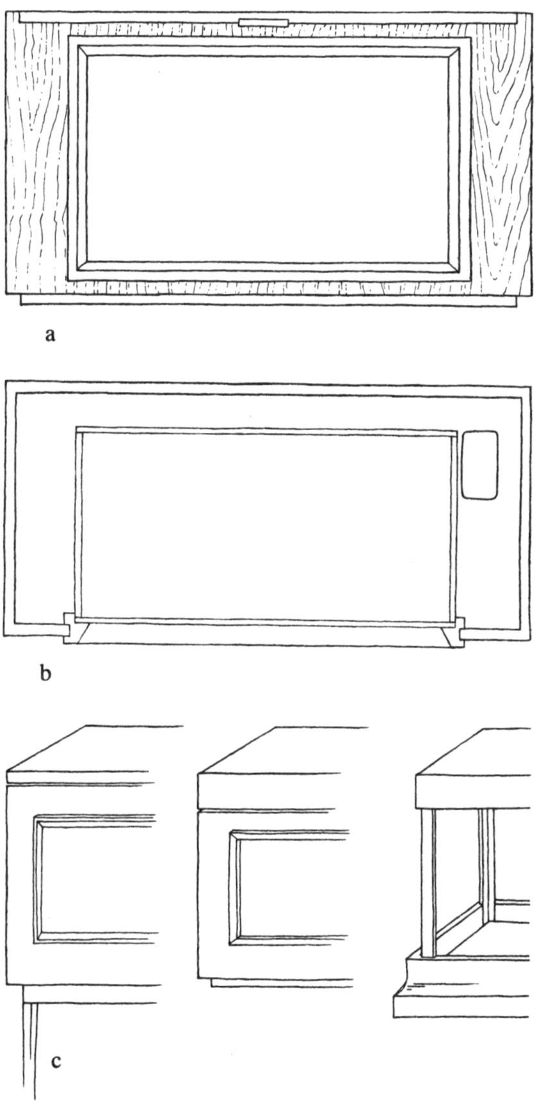

Geräte der Aquarienpraxis

Außer den an anderer Stelle erwähnten Spezialgeräten wird in der täglichen Aquarienpraxis eine Reihe von einfachen Arbeitsgeräten benötigt. Die wichtigsten sind in Abb. 25 zusammengestellt. Der Fachhandel bietet solche Geräte in zahlreichen Ausführungen an.

Fangnetze: Zum Herausfangen einzelner Fische eignen sich rechteckige oder dreieckige Netze aus Perlongewebe mit 2 bis 3 mm Maschenweite. Runde Netze sind ungeeignet, da sie das Ausfischen der Aquariumecken unmöglich machen. Der Netzbeutel sollte nicht zu tief sein und hinter dem Bügel zunehmend enger werden. Als Netzbügel verwende man stabile rostfreie oder rostgeschützte Drähte.

In großen Aquarien kreise man den zu fangenden Fisch mit zwei Netzen ein, die so gegeneinander zu führen sind, daß der vor dem einen Netz flüchtende Fisch in das andere schwimmt.

Fangglocken: Kleine Fische lassen sich schonend mit Fangglocken herausheben. Man hält diese mit dem gefangenen Fisch zunächst gegen die Scheibe und schiebt dann ein Netz vor die Öffnung.

Futterfangnetze und -siebe siehe S. 120.

Thermometer: Im Fachhandel sind Schwimm- und Steckthermometer sowie Thermometer zum Anheften an die Scheiben zu beziehen. Jedes Thermometer sollte möglichst weit von der Heizung entfernt angebracht werden.

Futtertrichter und *Futterringe:* Kleine Würmer (Enchyträen, Tubifex) verabreicht man am besten in schwimmenden Futtertrichtern. Da die Würmer die Trichter nur einzeln verlassen können, wird die Fütterungsphase verlängert und damit ein größerer Anteil des Futters von den Fischen gefressen. Futterringe verhindern das Ausbreiten von Trocken- oder Flockenfutter über die ganze Wasseroberfläche.

Mulmheber: Ein sehr einfaches Gerät ist in Abb. 25 dargestellt. Man hält mit einem Finger die obere Öffnung zu, führt das Gerät mit der Ansaugöffnung an den Mulm und gibt nun langsam die obere Öffnung frei. Das eindringende Wasser reißt den Mulm mit sich. Die gleiche Wirkung kann mit einem Überlaufsystem, bestehend aus einem stärkeren Glasrohr und einem daran angeschlossenen Schlauch, erzielt werden. Der Absaugvorgang ist zudem durch manuelles Zusammendrücken des Schlauches regelbar. Wer das Ansaugen mit dem Mund scheut, kann den Schlauch vorher mit Wasser füllen. Etwas komplizierter sind die Mulmsauger. Sie arbeiten, an die Luftleitung angeschlossen, nach dem Staubsaugerprinzip. Der Mulm wird in einem Mulmbeutel zurückgehalten, das gefilterte Wasser wieder in das Becken zurückgeführt.

Scheibenreiniger: Die Reinigung der Sichtscheiben von Algenbelägen erreicht man am sichersten mit Rasierklingen. Diese werden in Halter eingesetzt, deren Stiellänge etwa der Beckenhöhe entsprechen sollte. Fast alle anderen Gerätschaften zur Scheibenreinigung sind nicht nur teurer, sondern erweisen

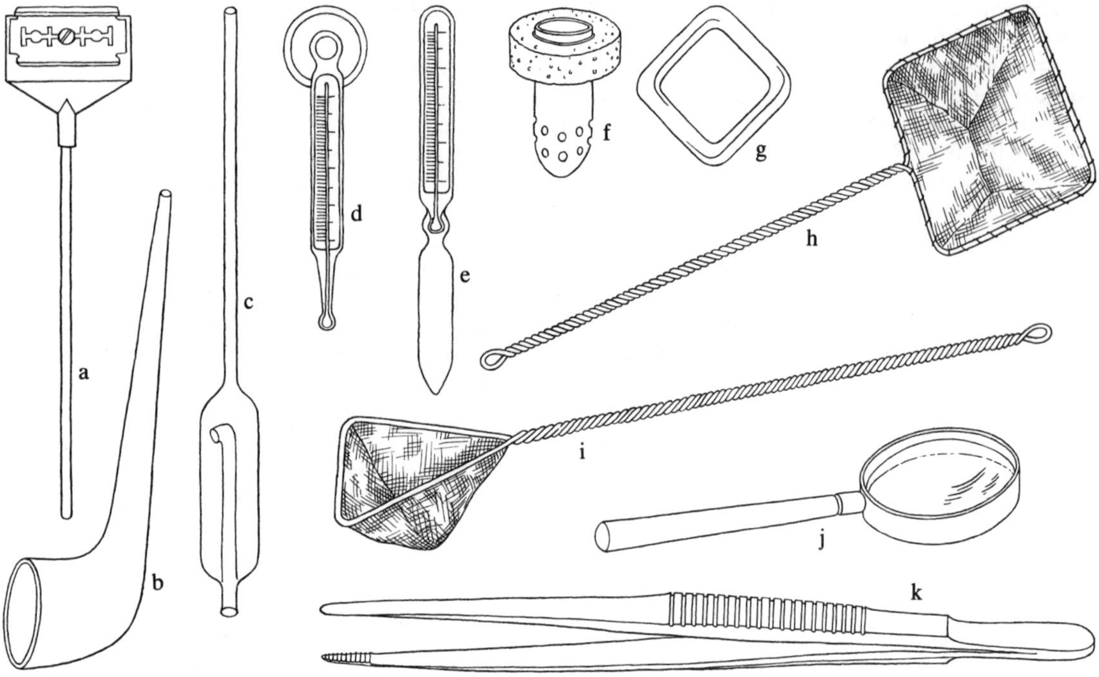

Abb. 25 Wichtige Gerätschaften der Aquaristik. a) Scheibenreiniger; b) Fischfangglocke; c) Mulmheber; d) Haftthermometer; e) Steckthermometer; f) Futtertrichter; g) Futterring; h) und i) Handnetze; j) Lupe; k) Pinzette

sich bei längerem Gebrauch vielfach auch als nachteilig.

Pinzetten und *Lupe*: Diese vielseitig verwendbaren Geräte sollten niemals fehlen. Mit langen Pinzetten kann man im Aquarium verschiedene Manipulationen oft besser ausführen als mit der Hand. Bei vielen Beobachtungen erweist sich die Lupe als unverzichtbar.

Reservematerial: Grundsätzlich halte man von verschiedenem Zubehör stets eine kleine Reserve bereit, so vor allem Schläuche und Glas- bzw. Plasterohre in den erforderlichen Durchmessern, Verteilerstücke, Ausströmer, Klemmschrauben für Schläuche, Filtermaterial, Thermometer sowie Gläser mit dicht schließendem Schraubverschluß.

Fotografieren von Fischen

Durch die Fortschritte in der Fototechnik ist das Fotografieren von Aquarienfischen heute relativ einfach und erlaubt jedem, sich auf diesem Gebiet zu versuchen. Meisterschaft erlangt man jedoch auch hier nur durch Sachkenntnis und Erfahrung. Die folgenden Hinweise sind für den Laien gedacht. Wer sich in der Fischfotografie ernsthaft weiterbilden will, sei auf das Buch von W. Sommer: Fische vor der Kamera (Reihe: Kosmos Vivarium, Stuttgart) verwiesen.

Fische fotografieren sollte stets heißen: Fischkörper und Fischleben einfangen. Grundsätzlich versuche man, gut eingewöhnte, natürlich gefärbte Tiere aus dem Art- oder Gesellschaftsbecken zu fotografieren. Erst wenn diese Möglichkeit nicht zum Ziele führt, verwende man spezielle Fotografieraquarien, und nur ausnahmsweise schränke man die Bewegungsfreiheit der Fische mit einer Trennscheibe ein. Für die Wiedergabe der Tiere selbst, insbesondere der vielfach glasklaren Flossen, ist die Wahl des Hintergrundes von Bedeutung. Vor dunklem Hintergrund wirken die Fische in der Regel plastischer, die Flossen sind meist gut zu erkennen. Heller Hintergrund dagegen betont vielfach das Besondere des Lebensraumes, das Natürliche. Wie das Auge beim schwimmenden Fisch die zarten Flossen oft nicht erfaßt, verschluckt der helle Hintergrund Einzelheiten dieser Organe, so daß sie auf solchen Aufnahmen vielfach nur schemenhaft zart angedeutet sind. Hinsichtlich der Motivwahl, die auch die Gruppierung der Pflanzen einschließt, lassen sich keine generellen Hinweise geben. Das Empfinden des einzelnen muß hier zwischen Objekt und Beiwerk eine günstige Harmonie schaffen, in die bei der Farbfotografie zusätzlich die Harmonie der Farben einzubeziehen ist. Rein aquaristische Abbildungen sollen die Tiere in einer natürlichen Umgebung zeigen. Bei wissenschaftlichen Aufnahmen zur Darstellung einer Fischart verzichtet man auf die Umgebung oder drängt diese zugunsten der Tiere stark zurück.

Sehr einfach lassen sich Übersichtsaufnahmen von ganzen Aquarien anfertigen. Der innere Beckenraum muß dabei allerdings mit starken Lampen erhellt werden. Die besten Abbildungen erhält man durch eine Doppelbelichtung, die in den Abendstunden bei künstlicher Beleuchtung durchgeführt wird. Die auf ein Stativ montierte Kamera wird zunächst auf das Aquarium oder den Aquarienschrank scharf eingestellt, anschließend alles Licht gelöscht und der Verschluß geöffnet. Nun schaltet man für 2 bis 4 Sekunden die Aquarieninnenbeleuchtung an und anschließend 2 bis 4 Sekunden die normale Raumbeleuchtung. Dann schließt man den Verschluß der Kamera. Durch verschiedene Kombination der Belichtungszeiten läßt sich so eine gute Wiedergabe eines erleuchteten Beckens erzielen (Taf. 4).

Bei Fischaufnahmen handelt es sich meist um Detailaufnahmen, um kleine Ausschnitte aus dem Aquarium, in denen Fische und Pflanzen scharf abgebildet werden sollen. Solche Aufnahmen erfordern einen größeren Abbildungsmaßstab.

Für den Zweck der Detailaufnahme eignet sich am besten die einäugige Spiegelreflexkamera mit Zwischenringen oder Makroobjektiv. Schwierig ist meist die Scharfeinstellung der in der Regel sehr beweglichen Tiere. Man verwendet dafür fast ausschließlich mit der Kamera gekoppelte Elektronenblitzgeräte. Eine gleichmäßige Ausleuchtung läßt sich mit mehreren synchron arbeitenden Blitzleuchten erreichen.

Hat man nur eine Blitzquelle zur Verfügung, so belichtet man schräg von vorn. Bei zwei Blitzquellen ist eine von schräg vorn, die zweite aber von oben auf das Aquarium zu richten (Abb. 26).

Als sehr brauchbar erweisen sich bei der Fischfotografie Pilotlampen, kleine, mit Taschenlampenbatterien betriebene Soffitten, die neben der Blitzröhre im Reflektor montiert sind. Sie ermöglichen, den Reflektor so einzustellen, daß Glanzzonen und charakteristische Färbungen besonders gut aufleuchten.

Für Schwarzweißaufnahmen eignen sich alle Feinkornfilme, die man allerdings mit Ausgleichsentwicklern weiterbehandeln sollte. Für Farbaufnahmen mit Elektronenblitzgeräten sind nur Color-Tageslichtfilme zu verwenden.

Große Aufmerksamkeit erfordert das Wasser. Aufgewirbelter Bodengrund, ja, selbst kleinste Schwebeteilchen leuchten im Blitzlicht vielfach auf und stören in der Aufnahme als weiße Tupfen und Punkte den Gesamteindruck. Auch Kratzer oder Verunreinigungen der Sichtscheibe können sich in

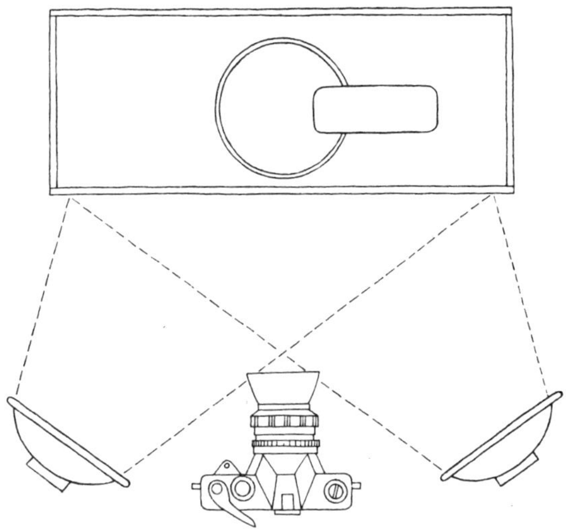

Abb. 26 Mögliche Anordnung von Blitzleuchten bei Aquarienaufnahmen. Von den neben dem Fotoapparat befindlichen Leuchten wird nur die rechte oder linke benötigt.

ähnlicher Weise abbilden. Bei kontinuierlichen fotografischen Arbeiten wird man diesen Schwierigkeiten am besten mit einem speziellen Fotografieraquarium begegnen, das mit einer Sichtscheibe aus einwandfreiem Glas und einer Filteranlage ausgerüstet ist.

Handgriffe bei Fischaufnahmen:

– Einschrauben entsprechender Vorsatzringe in die Kamera bzw. Anbringen der Vorsatzlinse und des Blendschutzes,

– Apparat mit dem Blitzgerät koppeln und fest auf ein Stativ montieren,

– Scharfstellen auf das Blatt einer Wasserpflanze oder einen anderen fest stehenden Gegenstand mit weit geöffneter Blende,

– Blende auf 11 oder 16 schließen; Verschlußzeiten auf Elektronenblitzverschluß stellen,

– Abwarten, bis der abzubildende Fisch in der Ebene des scharf eingestellten Bildausschnittes schwimmt, und den Verschluß auslösen.

Anatomie und Physiologie der Fische

Fast alle Aquarienfische sind Knochenfische, es soll hier deshalb nur der Bauplan der Knochenfische, nicht jedoch der Bauplan der Knorpelfische (Haie und Rochen) besprochen werden. Der Körper der Fische ist meist torpedoförmig gestaltet und so dem Leben im Wasser besonders gut angepaßt. In der Regel lassen sich mehrere Körperregionen (Körperabschnitte) gut voneinander abgrenzen. Auf eine deutliche Kopfregion folgen die Kiemenregion, die Rumpf- und schließlich die Schwanzregion (Abb. 27). Zur näheren Orientierung auf dem Fischkörper, zum Beispiel bei der Beschreibung der Färbung, haben sich folgende Bezeichnungen eingebürgert: Kehle (Kopfunterseite), Wangen (seitliche Kopfgegend unter und hinter den Augen), Brust (Gegend unterhalb der Brustflossen), Bauch (Körperunterseite zwischen den Brustflossen und der Afterflosse), Rücken (Körperoberseite vom Kopf bis zur Schwanzflosse), Nacken (vorderster Teil des Rückens), Körperseiten (die Seitenflächen zwischen den Kiemendeckeln und der Schwanzflossenwurzel), Schwanzstiel (Region zwischen Afteröffnung und Schwanzflosse), Schwanzflossenwurzel (Basis der Schwanzflosse).

Als Fortbewegungs- und Steuerorgane dienen die Flossen. Diese lassen sich in paarige Flossen (Brust- und Bauchflossen) und unpaarige Flossen (Rücken-, Schwanz- und Afterflosse) einteilen. Bei manchen Arten sind zwei Rückenflossen vorhanden (z. B. bei Barschen), der Flösselhecht hat sogar zahlreiche kleine Rückenflossen. Die Lachsfische, viele Salmler und Welse besitzen zwischen der Rücken- und Schwanzflosse eine kleine Fettflosse, die im Gegensatz zu allen anderen Flossen oft nicht von Flossenstrahlen gestützt wird. Als Antriebsorgan für die Fortbewegung dient vor allem die Schwanzregion mit der Schwanzflosse. Durch kräftige seitliche Schläge wird der Körper im Wasser nach vorn gedrückt. Rükken- und Afterflosse verbreitern das Antriebsorgan und haben außerdem Kielfunktion. Die Steuerung der Fortbewegungsrichtung ist Aufgabe der Brust- und Bauchflossen. Die Flossen werden durch knöcherne Flossenstrahlen gestützt. Man unterscheidet zwei Grundtypen (Abb. 28):

Abb. 27 Flossen und Körperregionen des Fisches am Beispiel des Flußbarsches. 1 1. Rückenflosse (Dorsale I), 2 2. Rückenflosse (Dorsale II), 3 Seitenlinie, 4 Brustflosse (Pectorale), 5 Bauchflosse (Ventrale), 6 Afterflosse (Anale), 7 Schwanzflosse (Caudale)

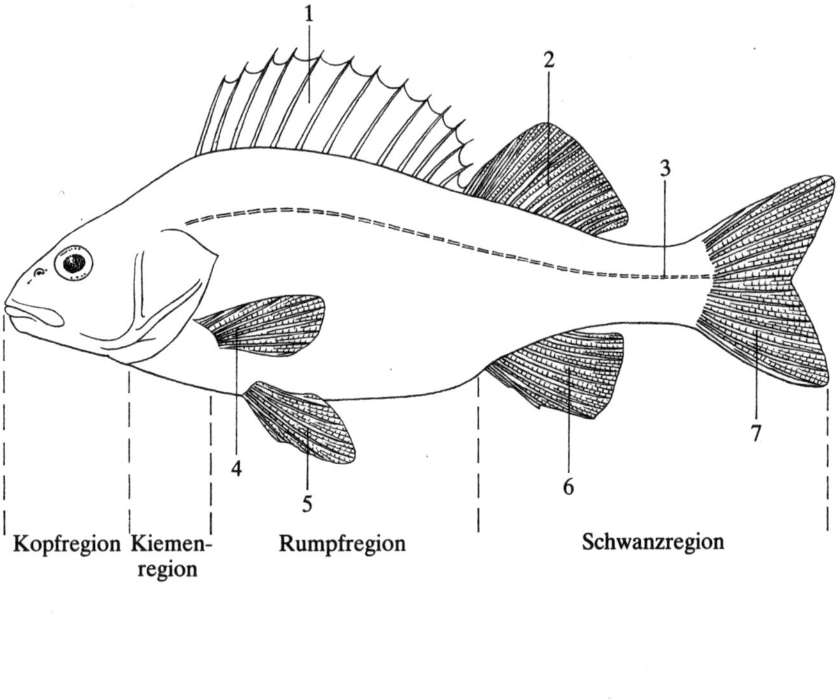

a) gegliederte, im Außenteil fächerförmig verzweigte Weichstrahlen,
b) ungegliederte und unverzweigte Hartstrahlen.

Weichstrahlen entstehen embryonal immer aus einer rechten und linken Anlage, die im Laufe der Entwicklung miteinander mehr oder weniger verwachsen. Dagegen bilden sich Hartstrahlen stets als unpaarige Knochenstäbe. Oft sind die ersten Weichstrahlen einer Flosse ungegliedert und stachelartig. Trotzdem läßt sich auch an der Basis dieser Strahlen die paarige Anlage noch erkennen. Bei den Männchen und Weibchen einiger Fischgruppen sind die Flossenformen der Rücken- und Afterflosse unterschiedlich, also geschlechtsspezifische Merkmale. Echte Hartstrahlen kommen nur bei den Stachelflossern vor, siehe S. 176. Die Begriffe selbst darf man nicht wörtlich verstehen, sie sagen nichts über die tatsächliche Konsistenz der Flossenstrahlen aus. Viele Weichstrahlen sind stachelartig hart, viele Hartstrahlen weich und biegsam. Fast alle Flossenstrahlen können durch eine hochspezialisierte Muskulatur bewegt werden.

Die Anzahl und Anordnung der Flossenstrahlen in einer Flosse gelten als wichtige arttypische Merkmale. Sie werden bei Artbeschreibungen als Flossenformel angegeben. Man trennt dabei durch einen senkrechten oder schrägen Strich die unverzweigten Strahlen von den verzweigten. Außerdem werden in der Regel Weichstrahlen mit arabischen, Hartstrahlen mit römischen Zahlen gekennzeichnet. Vor der Zahlenangabe steht stets der Anfangsbuchstabe der lateinischen Flossenbezeichnung.

Rückenflosse
– Pinna dorsalis, kurz: **D**orsale
Brustflosse
– Pinna pectoralis, kurz: **P**ectorale
Bauchflosse
– Pinna ventralis, kurz: **V**entrale
Afterflosse
– Pinna analis, kurz: **A**nale
Schwanzflosse
– Pinna caudalis, kurz: **C**audale
(pinna – Feder, Flosse; dorsum – Rücken; pectus – Brust; venter – Bauch; anus – After; cauda – Schwanz)

Zum Beispiel wird die Flossenformel der Rückenflosse des Ungarischen Hundsfisches, die 3 stachelartige und 12 bis 14 geteilte Weichstrahlen besitzt, wie folgt geschrieben:
D 3/12–14. Lesen wir beim Zebrabärbling A 15–16, so heißt dies, die Anale (Afterflosse) hat 15 bis 16 geteilte Weichstrahlen. Dagegen bedeutet D XII/22–23 bei einem Cichliden, die Rückenflosse wird von 12 Hartstrahlen und 22 bis 23 Weichstrahlen gestützt. Bei Arten mit zwei Rückenflossen wird die erste mit D_1, die zweite mit D_2 bezeichnet.

Die Körperbedeckung der Fische, die Haut, besteht aus zwei deutlich getrennten Schichten: einer äußeren Oberhaut (Epidermis) und einer inneren Unterhaut (Corium), Abb. 29. In der Oberhaut sind

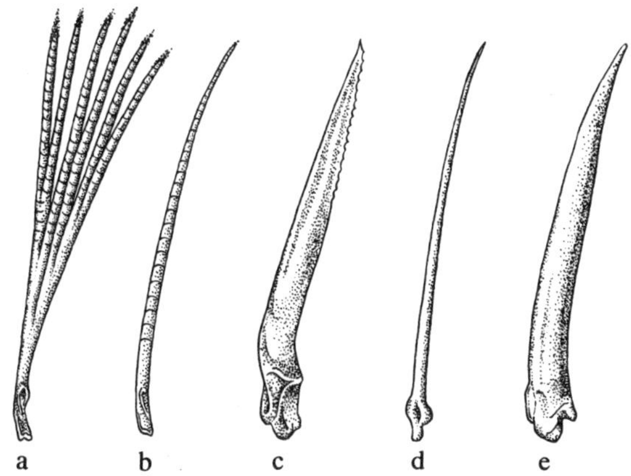

Abb. 28 Flossenstrahlentypen. a) fächerartig geteilter gegliederter Weichstrahl; b) ungeteilter gegliederter Weichstrahl; c) stachelartiger Weichstrahl; d) dünner biegsamer Hartstrahl; e) stachelartiger Hartstrahl

mehrere Lagen von Zellen übereinander angeordnet. Alle Lagen werden von der untersten Zellage (Basalzellschicht) gebildet. Zwischen den normalen Epidermiszellen liegen zahlreiche Drüsenzellen, die ihr schleimiges Sekret auf die Oberfläche der Epidermis ergießen und die Fischhaut glatt und schlüpfrig machen. Die Schleimschicht wird ständig erneuert und damit eine Ansiedlung von Bakterien und Pilzen auf der Haut verhindert. Auch wirkt der Schleim bakteriostatisch. So hat man früher zum Beispiel den Hautschleim der Schleie als entzündungshemmendes Mittel in der Medizin verwendet. Einzelne Schleimdrüsen sind bei manchen Fischen zu Giftdrüsen umgebildet. Bei vielen Schwarmfischen bilden Epidermisdrüsen Schreckstoffe, die bei Hautverletzung in das Wasser gelangen und Artgenossen warnen.

Die feste Unterhaut dient in erster Linie dem Schutz vor Verletzungen. Bei den meisten Fischen sind in der Unterhaut kleine Knochenplatten, die Schuppen, ausgebildet (Abb. 29). Sie stellen in ihrer Gesamtheit einen beweglichen Panzer dar, der sich manchmal bis auf die Basis der unpaarigen Flossen erstreckt, aber den Kopf meist frei läßt. Die Schuppen werden in linsenförmigen Schuppentaschen gebildet, sind durchsichtig, biegsam und zeigen auf ihrer Oberseite eine charakteristische Feinstruktur in

Abb. 29 Schichten der Fischhaut. Die Epidermis (1) und das Corium (2) mit den in Taschen liegenden Schuppen bilden die eigentliche Haut (Cutis). Auf diese folgt nach innen das Unterhautbindegewebe (3), auch Subcutis bezeichnet, und schließlich die Körpermuskulatur (4).

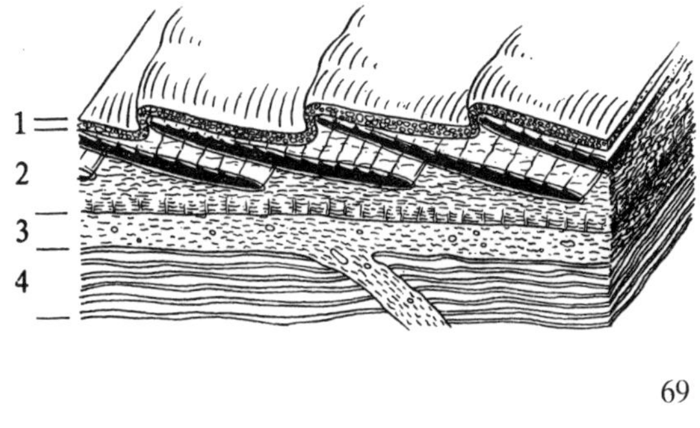

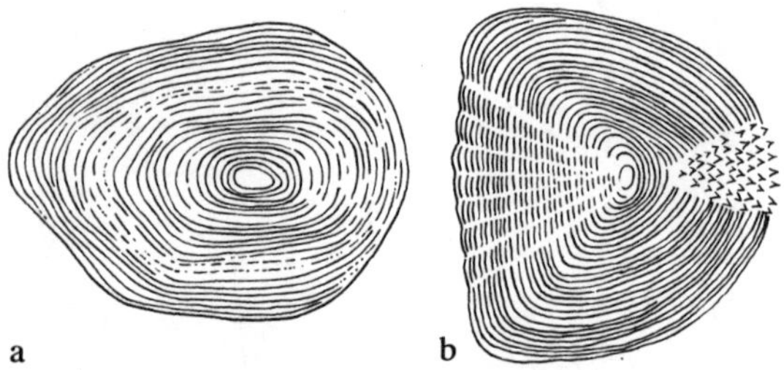

Abb. 30 a) Rund- oder Cycloidschuppe; b) Kamm- oder Ctenoidschuppe

Form zirkulär angeordneter Leisten und radiärer, vom Zentrum ausgehender Rinnen (Abb. 30). Bei einigen Fischen kann man aus den Abständen der Ringleisten das Alter bestimmen. Da die Leisten in den Wachstumsphasen eines Jahres größere Abstände als in den Zwischenzeiten aufweisen, entsteht ein analysierbares Muster. Die Schuppen kommen in zwei Grundtypen vor:

a) runde oder ovale Schuppen ohne Zähne, sogenannte Rund- oder Cycloidschuppen,

b) runde oder ovale Schuppen, die an einer Seite bezahnt sind, sogenannte Kamm- oder Ctenoidschuppen (Abb. 30).

Meist haben Fische mit weichstrahligen Flossen Cycloidschuppen, Fische mit hartstrahligen Flossen Kammschuppen. Allerdings gibt es von dieser Grundregel viele Ausnahmen. Bei einigen Fischen kommen beide Schuppentypen nebeneinander vor. Zuweilen bleiben die Schuppen sehr klein, so daß sie äußerlich nicht sichtbar sind und der Fisch schuppenlos erscheint (z. B. Aal). Nicht selten fehlen die Schuppen ganz (z. B. Lederkarpfen, zahlreiche Welse). Bei manchen Fischen sind in der Unterhaut statt typischer Schuppen panzerartige Knochenplatten ausgebildet (manche Welse, Kofferfische u. a.). Nur für die ursprünglichen Knorpel- und Knochenganoiden ist ein Schuppentyp charakteristisch, der von den Knochenschuppen abweicht. Diese Schuppen (Ganoidschuppen) haben rhombische Form und außerdem eine Auflage aus glänzendem Schuppenschmelz, der dem Schmelz unserer Zähne weitgehend entspricht. Die Vertreter dieser Gruppen werden deshalb gelegentlich als Schmelzschupper bezeichnet. Nur bei wenigen Knochenfischen kommen vereinzelt Schuppen mit kleinen aufsitzenden Zähnchen vor, wie sie für die Knorpelfische charakteristisch sind (Placoidschuppen).

Die Schuppen sind auf dem Fischkörper in Reihen so angeordnet, daß sie sich von vorn nach hinten dachziegelartig überlappen. Man unterscheidet Schuppenlängs- und -querreihen (Abb. 31). Die Zahl der in einer Längs- oder einer Querreihe stehenden Schuppen ist ein wichtiges Artmerkmal, das bei der Artbestimmung herangezogen wird. Zur Auszählung wählt man eine mittlere Längsreihe und eine Querreihe im Bereich der größten Körperhöhe (Abb. 31).

Bei fast allen Fischen verläuft über die Körperseiten eine mehr oder weniger gut sichtbare feine Längslinie, die sogenannte Seitenlinie (Abb. 27). Die Seitenlinie ist ein Sinnesorgan, mit dem die Fische vor allem feinste Wasserbewegungen wahrnehmen können. Es besteht in der Regel aus einem unter der Haut verlaufenden Längskanal, in dem hintereinander Sinneszellgruppen (Sinnesknospen) liegen. Die Verbindung zu dem umgebenden Wasser wird durch feine seitlich abzweigende Kanälchen hergestellt. Bei beschuppten Fischen durchbohrt je ein Seitenkanälchen eine Schuppe. Vielfach kann man schon mit bloßem Auge die durchbohrten Schuppen über der Seitenlinie erkennen.

Die Form der Seitenlinie kann ein sehr wichtiges Bestimmungsmerkmal sein. So gibt es Fische mit kurzen, langen, geraden, gebogenen oder zweigeteilten Seitenlinien. Aber auch die Zahl der durchbohrten Seitenlinienschuppen ist vielfach artcharakteristisch.

Außer dem Seitenlinienorgan auf dem Körper kommen bei verschiedenen Fischgruppen Seitenlinienorgane in Form von freien oder in Rinnen bzw. Kanälen versenkten Sinnesknospen auf dem Kopf vor (Abb. 32), siehe auch S. 77.

Abb. 31 Schema zum Bestimmen der Schuppenzahlen. In Längsrichtung wird eine Schuppenreihe in der Körpermitte, oft die Seitenlinienschuppenreihe, gezählt. Für die Bestimmung der Schuppen in einer Querreihe wählt man in der Regel die Region der größten Körperhöhe. Im vorliegenden Fall stehen 60 Schuppen in der Längsreihe, in der gewählten Querreihe liegen 7 Schuppen über, 15 unter der Seitenlinienreihe.

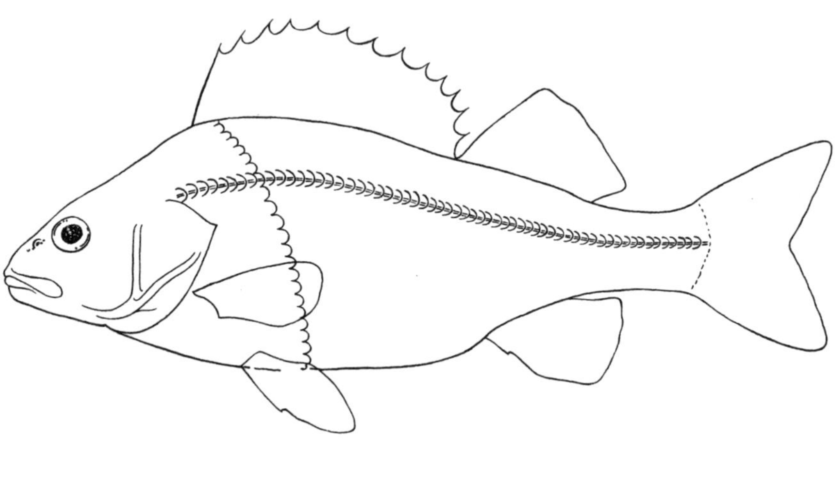

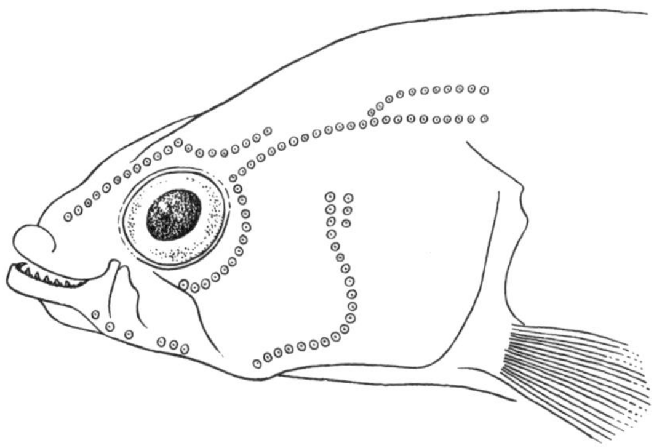

Abb. 32 Sinnesknospen des Seitenlinienorgans auf dem Kopf eines Eierlegenden Zahnkarpfen der Gattung *Austrofundulus*, sogenannte Kopfseitenlinienorgane

Für die Färbung und Zeichnung der Fische sind vor allem spezialisierte, in der Unterhaut liegende Zellen, sogenannte Pigmentzellen, verantwortlich. Man unterscheidet Pigmentzellen mit Pigmentkörnchen und Zellen mit feinen Kristallen. Die Zellen mit Pigmentkörnchen sind häufig flach und mit zahlreichen Fortsätzen versehen (Taf. 1). Die feinen Pigmentkörnchen können sich in der ganzen Zelle ausbreiten oder an einer Stelle ansammeln. Diese Bewegung der Pigmentkörnchen kann durch Nervenimpulse oder Hormone ausgelöst werden und bedingt den Wechsel der Färbung und Zeichnung. Zum Beispiel werden die Querbinden des Segelflossers *(Pterophyllum scalare)* dunkel, wenn sich die Pigmentkörnchen in den Pigmentzellen dieser Bereiche ausbreiten, dagegen verschwinden die Binden, wenn die Körnchen an einer Stelle der Pigmentzellen konzentriert werden (Abb. 33). Es gibt Pigmentzellen mit braunen, gelben und roten Pigmentkörnchen (Melanophoren, Xanthophoren, Erythrophoren). Die Pigmentzellen mit feinen Kristallen (Guanophoren) sind etwas anders gebaut. Sie wirken als Spiegel und bedingen den Silberglanz. Die winzigen Kristalle bestehen aus Guanin, einem Stoffwechselendprodukt des Stickstoff-Stoffwechsels, das in der Haut abgelagert wird.

Durch Kombination der verschiedenen Farbzellen entstehen fast alle Farben der Fische. Zum Beispiel wird irisierendes Rot durch eine Unterlagerung von Erythrophoren mit Guanophoren, die als Rückstrahler wirken, erreicht. Nur manche Schillerfarben beruhen auf Oberflächenstrukturen, die das weiße Licht nach Art der Seifenblasenhaut in seine Farbkomponenten zerlegen und nur bestimmte Farben reflektieren (Iridophoren).

Farbwechsel und Veränderung der Zeichnung sind bei vielen Fischarten stark ausgeprägt. Sie haben Signalwert, das heißt, sie dienen der Signalgebung an Artgenossen, an eigene Jungfische oder zur Abschreckung anderer Arten. Auch bestehen hinsichtlich der Färbung und Zeichnung vielfach charakteristische Unterschiede zwischen den Geschlechtern. Viele Arten haben typische Nachtfärbungen (z. B. *Nannostomus*).

Der Körper der Knochenfische wird durch ein knö-

Abb. 33 Prinzip des Aufhellens und Verdunkelns brauner bis schwarzer Zeichnungen am Beispiel des Segelflossers. Die in die Fische eingezeichneten Kreise sind unten vergrößert dargestellt. Links: Die Pigmentkörnchen der Melanophoren sind in den Zentren der Zellen konzentriert, das Querband erscheint deshalb hell. Rechts: Die Pigmentkörnchen sind in den sternförmigen Melanophoren ausgebreitet, das Querband tritt deshalb kräftiger hervor.

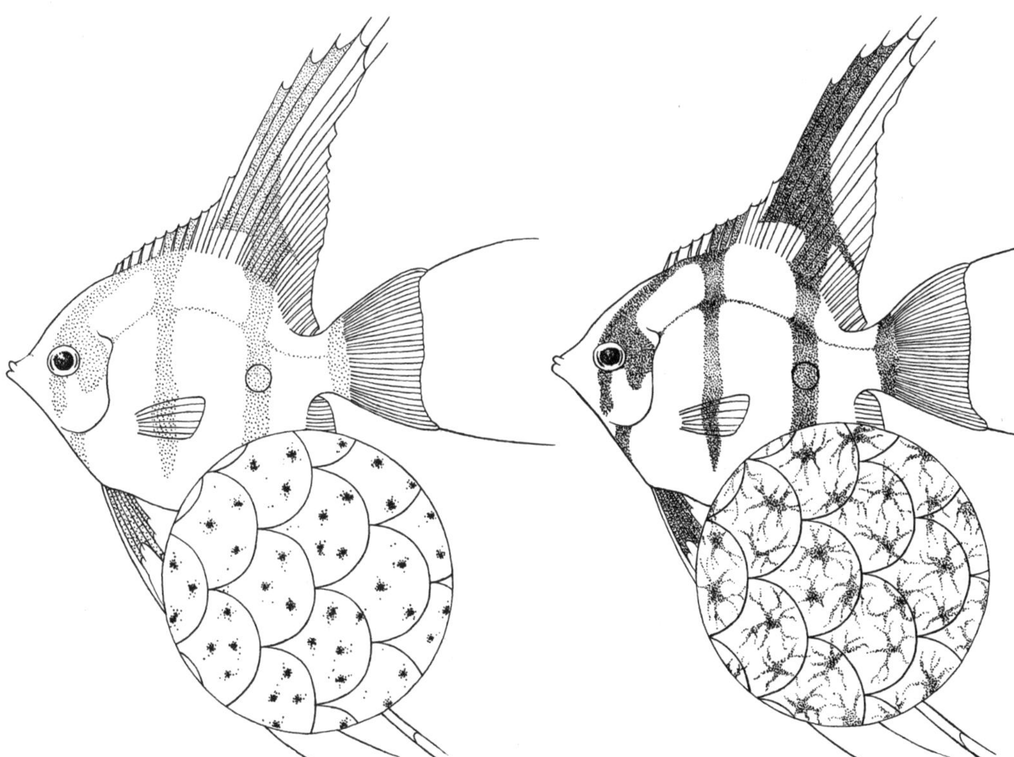

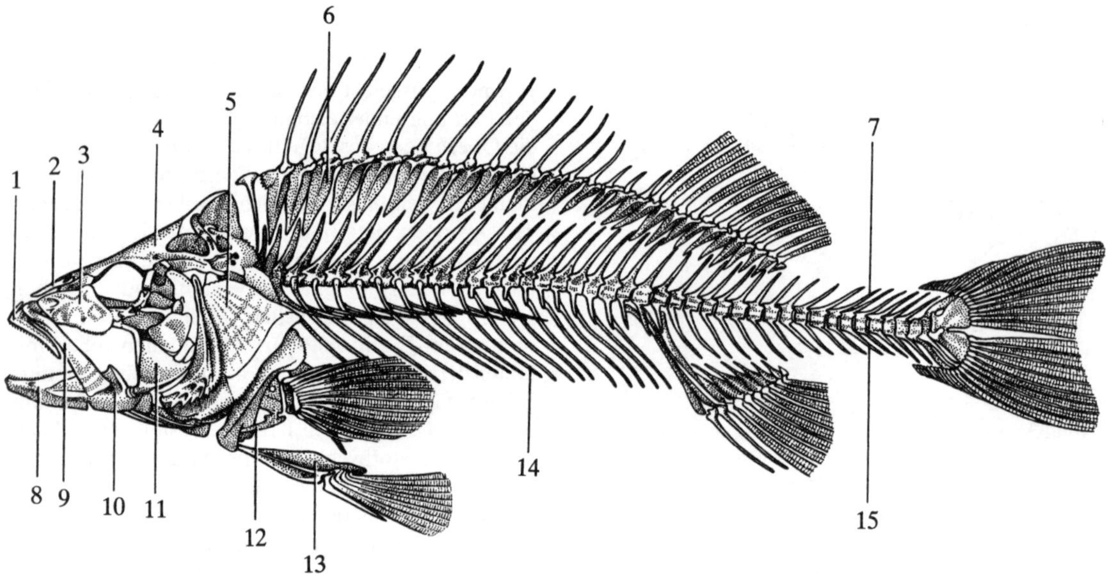

Abb. 34 Fischskelett am Beispiel des Flußbarsches *(Perca fluviatilis)*. Die Abbildung geht auf CUVIER zurück. 1 Zwischenkieferbein, 2 Nasenbein, 3 Tränenbein, 4 Scheitelbein, 5 Kiemendeckelknochen, 6 Flossenstrahlenträger, 7 obere Dornfortsätze der Schwanzwirbelkörper, 8 Unterkieferbein, 9 Oberkieferbein, 10 Articulare, 11 Quadratum, 12 Schultergürtel, 13 Beckengürtel, 14 Rippen, 15 untere Dornfortsätze der Schwanzwirbelkörper

chernes Skelett gestützt, das gleichzeitig der starken Muskulatur als Ursprung und Ansatz dient (Abb. 34). Die Skelettachse bildet die Wirbelsäule, mit der vorn der Kopf fest und unbeweglich verbunden ist.

Das hintere Ende der Wirbelsäule erstreckt sich bei vielen primitiven Fischen bis in den oberen Flossenlappen der Schwanzflosse, der obere Flossenlappen ist dann meist größer und kräftiger, zum Beispiel bei den Haien. Bei den Knochenfischen ist dieser Zustand nicht mehr so deutlich ausgeprägt. Äußerlich erscheinen beide Schwanzflossenlappen meist gleich groß (Abb. 35).

Die einzelnen Wirbelkörper haben die Form einer

Abb. 35 Schwanzflossenformen und Hinterende der Wirbelsäule. a) Bei Haifischen erstreckt sich das Wirbelsäulenende in den vergrößerten oberen Schwanzflossenlappen, heterozerker Zustand; b) und c) Die Schwanzflosse der meisten Knochenfische ist äußerlich symmetrisch, das Wirbelsäulenende geht allerdings auch hier in den oberen Teil der Flosse, homozerker Zustand.

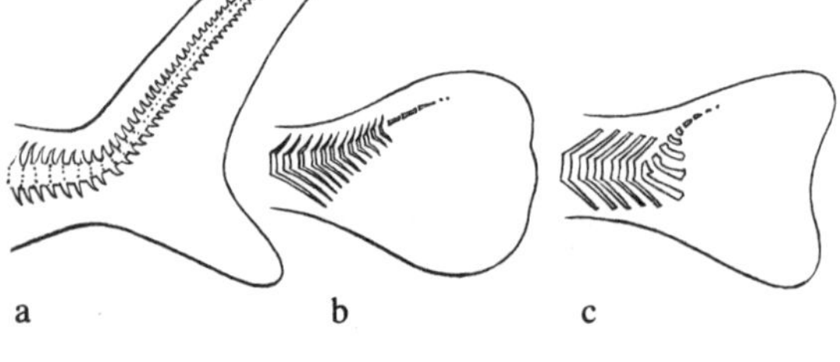

kleinen Walze mit trichterartig eingesenkter Vorder- und Hinterfläche (amphicoele Wirbel). Durch den Wirbelkörper zieht ein feiner Kanal (Abb. 36). Reiht man mehrere solcher Wirbel aneinander, so entstehen durch die besondere Form der Vorder- und Hinterflächen Hohlräume, die beim lebenden Tier von der Rückensaite (Chorda dorsalis) ausgefüllt sind (Abb. 36). Die Rückensaite selbst, das namengebende Achsenorgan der Chordatiere (Tierstamm Chordata), ist ein ungegliederter elastischer Stab, der bei den Schädellosen (Unterstamm Acrania) den ganzen fischähnlichen Körper durchzieht (Abb. 37). Die Kiefertiere (Unterstamm Gnathostomata), zu denen auch die Knorpel- und Knochenfische gehören, haben zusätzlich zu der Rückensaite eine Wirbelsäule. Die einzelnen Wirbelkörper entstehen hülsenartig um die Rückensaite und schnüren diese im Laufe des weiteren Wachstums immer mehr ein. Je kräftiger in den einzelnen Klassen der Kiefertiere die Wirbel ausgeprägt sind, um so eingeschnürter und zusammengedrängter ist die Rückensaite. Bei den Fischen sehen wir deutlich, daß im Bereich der Wirbelkörper die Einschnürung bis auf einen kleinen zentralen Kanal fortschreitet, zwischen den Wirbelkörpern jedoch noch normale Chordaabschnitte liegen. Beim Menschen ist die Rückensaite aus den Wirbelkörpern völlig verdrängt und nur in den Zwischenwirbelscheiben als kleiner Rest erhalten.

Mit dem eigentlichen Wirbelkörper sind mehrere knöcherne Fortsätze fest verwachsen (Abb. 36). Besonders hervorzuheben sind die beiden langen, rückenwärts gerichteten Neuralbögen, die getrennt auf dem Wirbelkörper entspringen, das Rückenmark schützend umfassen, sich über diesem vereinigen und in einen langen Fortsatz, den Dornfortsatz, auslaufen. Entsprechende Fortsätze (Hämalbögen) erstrekken sich auch bauchwärts, jedoch vereinigen sich diese nur im Bereich der Schwanzregion spitzbogenartig zu einem langen Fortsatz, bleiben aber im Bereich der Leibeshöhle kurz und voneinander getrennt. Dagegen sind hier als zusätzliche Skelettelemente Rippen ausgebildet (Abb. 34).

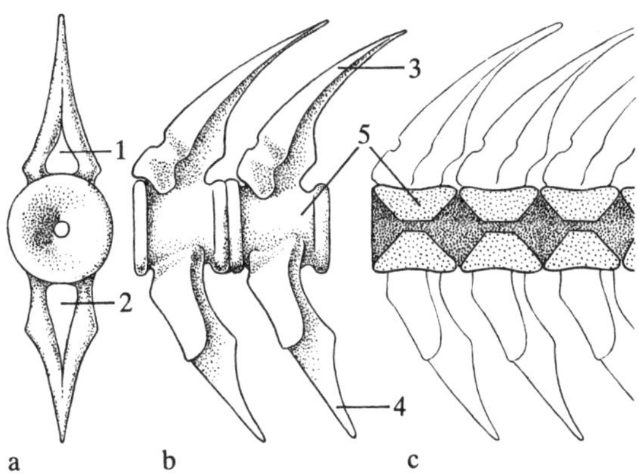

Abb. 36 Wirbelform und Wirbelanordnung bei Fischen. a) Vorderansicht, an dem sanduhrförmigen Wirbelkörper sitzen oben die Neuralbögen, unten die Hämalbögen; b) Seitenansicht von zwei aufeinanderfolgenden Wirbeln; c) Wirbelreihe im Schnitt, die Zwischenräume werden von der Rückensaite (Chorda, dicht punktiert) ausgefüllt. 1 Kanal für das Rückenmark, 2 Kanal für die großen Körpergefäße (Aorta und zwei Hauptvenen), 3 Dornfortsatz der Neuralbögen, 4 Dornfortsatz der Hämalbögen, 5 sanduhrförmiger Wirbelkörper

Das knöcherne Skelett des Fischschädels ist sehr kompliziert gebaut (Abb. 34). Von einem das Gehirn und die großen Sinnesorgane (Geruchs-, Lichtsinnes- und Gleichgewichtsorgane) umfassenden Hirnschädel (Neurocranium) läßt sich ein den Mund, die Mundhöhle und den Kiemendarm umgebender Kiefer- und Kiemenschädel (Visceralcranium) deutlich abgrenzen. Während der Hirnschädel eine mehr oder weniger geschlossene Kapsel darstellt, ist der Kiefer- und Kiemenschädel im wesentlichen ein Skelett aus locker miteinander verbundenen Knochenspangen und -bögen. Die Knochen des Ober- und Unterkiefers, aber auch diejenigen des Munddaches und des Schlundes tragen oft dicht stehende Zahnreihen. Anordnung und Form der Zähne sind wichtige systematische Merkmale. Die meisten oberflächlichen Schädelknochen stellen umgebildete Hautverknöcherungen dar.

Die paarigen Flossen der Fische sind wie die paarigen Gliedmaßen aller Landwirbeltiere an einem Schultergürtel bzw. am Beckengürtel aufgehängt (Abb. 34). Während jedoch bei Landwirbeltieren

Abb. 37 Lanzettfischchen, Grundtyp der Chordatiere. Die Chorda (Rückensaite) durchzieht als einziges Skelettelement den Körper vom Vorder- zum Hinterende. 1 Rükkensaite, 2 Rückenmark, 3 von Zirren umgebener Mund, 4 Kiemendarm, 5 Darm, 6 After

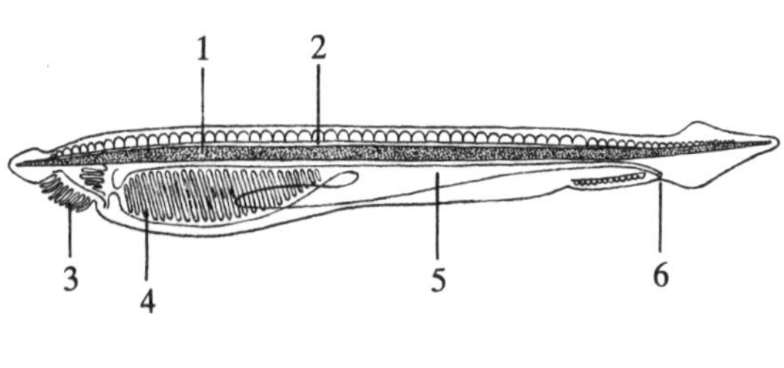

diese Gürtel knöchern oder zumindest durch Muskelzüge und Bänder mit dem Achsenskelett verbunden sind, fehlen bei den Knochenfischen solche Verbindungen. Die Unterschiede sind funktionsbedingt. Die Gliedmaßen der höheren Wirbeltiere tragen den ganzen Körper, die paarigen Flossen der Fische dienen als Steuerorgane. Der Schultergürtel der Knochenfische ist ein rechter und linker knöcherner Halbbogen, der an seinem oberen Ende mit dem Schädelskelett verbunden sein kann. Der Beckengürtel besteht nur aus zwei kleinen Knochenspangen.

Die paarigen Flossen besitzen außer den Flossenstrahlen auch ein Flossenskelett, das der Flossenmuskulatur als Ansatz dient. Diese Flossenmuskulatur ermöglicht die komplizierte Steuerfunktion der paarigen Flossen. Aber auch die unpaarigen Flossen haben eine eigene Muskulatur. Die Flossenstrahlen der Rücken- und Afterflosse stehen mit dem Achsenskelett nicht in Verbindung, sie sitzen auf Knochenspangen (sogenannte Flossenträger), die zwischen der Fischmuskulatur verankert sind (Abb. 34). Die Flossenstrahlen der Schwanzflosse sind meist mit dem hinteren, etwas verbreiterten Ende der Wirbelsäule verbunden oder in der Muskulatur befestigt.

Die Körpermuskulatur der Fische ist in zahlreiche tütenartig ineinandergreifende Muskelsegmente gegliedert (Abb. 38). Man erkennt diese gut beim Essen von Koch- oder Bratfisch. Jedes Segment besteht aus einer sehr großen Zahl von längsorientierten Muskelfasern, von denen die äußeren meist wesentlich stärker durchblutet sind und deshalb rot erscheinen. Beim langsamen Dauerschwimmen arbeiten die roten, beim schnellen Spurten die weißen Muskelfasern. Spezialisierte Muskelzüge gewährleisten die Bewegungen der Kiefer, der Kiemendeckel, der Flossen oder einzelner Flossenstrahlen und anderer Organe. Bei kleinen Fischen mit fast fehlenden Pigmentzellen in der Haut kann die Muskulatur glasartig durchsichtig sein (Glasbarsche, Glaswelse).

Bei manchen Fischgruppen sind bestimmte Muskelzüge zu elektrischen Organen umgebildet. Diese

Abb. 38 Körpermuskulatur der Fische. a) äußerlich sichtbare Grenzlinien zwischen aufeinanderfolgenden Muskelsegmenten; b) einzelnes Muskelsegment, die punktierten Teile liegen spitztütenartig unter den benachbarten Muskelsegmenten.

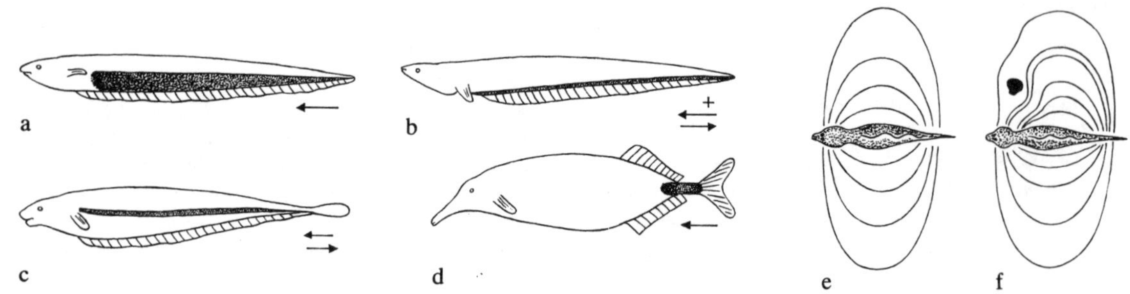

Abb. 39 Elektrische Organe bei Fischen, Stromfluß in Richtung der Pfeile. a) *Electrophorus electricus*; b) *Gymnotus carapo*; c) *Sternarchus* spec.; d) *Gnathonemus* spec.; e) und f) Verzerrungen des elektrischen Feldes durch Objekte geringer Leitfähigkeit. Manche Süßwasserfische nutzen diese Erscheinung zur elektrischen Ortung. (Nach BULLOCK, LISSMANN und MACHIN, verändert)

bestehen im wesentlichen aus zahlreichen dünnen Platten, die durch Gallertschichten voneinander isoliert werden. Jede Platte hat wie die Zellen einer Autobatterie eine positiv und eine negativ geladene Fläche. Bei der Entladung wirken alle Platten zusammen. Man unterscheidet starke und schwache elektrische Organe. Erstere dienen zum Nahrungserwerb oder der Verteidigung, letztere der Arterkennung, Revierabgrenzung und vor allem der Orientierung (Abb. 39).

Das Gehirn der Fische ist relativ klein und füllt die Schädelhöhle nicht aus. Wie bei allen Wirbeltieren kann man fünf Abschnitte unterscheiden (Abb. 40). Das kleine Vorderhirn mit den oft sehr langen Riechnerven ist bei den Fischen vorwiegend Zentrum für den Geruchssinn, das Zwischenhirn Schaltstation zwischen dem Vorderhirn und den nachfolgenden Hirnteilen sowie Mittler zwischen dem Zentralnervensystem und dem Hormonsystem. Im Dach des relativ großen Mittelhirns befindet sich das Sehzentrum, und in dem dahinterliegenden, gleichfalls gut ausgebildeten Kleinhirn werden die Bewegungen in Abhängigkeit von den Sinneswahrnehmungen koordiniert. Das langgestreckte Nachhirn hat verschiedene Zentren, die an der Regulation des Kreislaufes, der Atmung, der Darmtätigkeit und verschiedener anderer vegetativer Funktionen beteiligt sind. An seinem hinteren Ende geht es ohne deutliche Grenze in das gut entwickelte Rückenmark über.

Abb. 40 Gehirn der Knochenfische, das Mittelhirn (Sehzentrum) und das Kleinhirn (Zentrum für die Koordinierung der Bewegung) sind meist besonders stark entwickelt. 1 Riechknoten, 2 Riechnerv, 3 Riechlappen, 4 Sehnervenkreuzung, 5 Hirnanhangsdrüse (Hypophyse), 6 Zwischenhirn, 7 Hirnnerven, 8 Kleinhirn

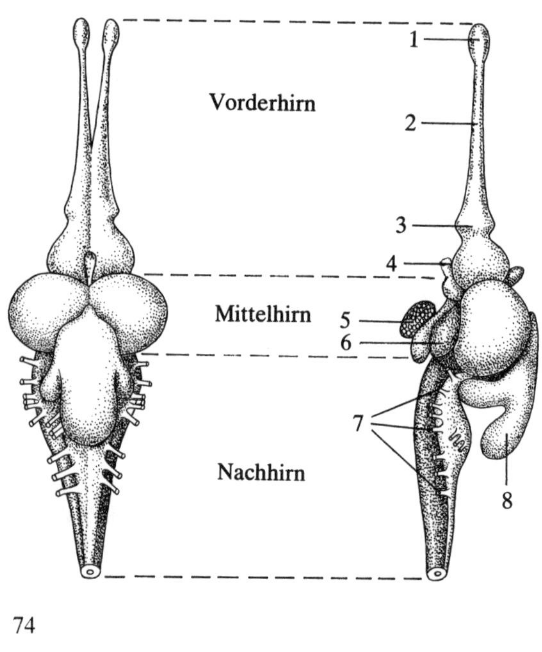

Wie alle mehrzelligen Tiere empfangen die Fische mit Sinnesorganen chemische und physikalische Signale aus ihrer Umwelt. Die Zahl ihrer Sinne ist sogar größer als die des Menschen. Außer den uns bekannten Sinnesempfindungen können sie schwache Strömungen und Vibrationen des Wassers sowie elektrische Felder wahrnehmen (Tab. 5).

Chemische Sinnesorgane (Geruchs- und Geschmacksinn): Die Riechsinneszellen der Fische liegen im Schnauzenbereich in einer rechten und linken Riechgrube. Meist haben die Riechgruben eine vordere Ein- und hintere Ausströmöffnung. Die Geschmacksinneszellen sind in einzeln stehenden Geschmacksknospen gruppiert, die in der Haut des ganzen Körpers, konzentriert am Kopf, auf den Barteln und auf verlängerten Flossenstrahlen vorkommen. Das Riechen und Schmecken dient dem Aufspüren von Nahrungsquellen, dem Erkennen von Artgenossen, Geschlechtspartnern und Feinden sowie der Orientierung und dem Wiederauffinden von Laicharealen. Die Riech- und Geschmacksleistungen sind meist gut, bei einzelnen Arten fast unvorstellbar gut entwickelt. Zum Beispiel kann der Aal Phenylalkohol noch wahrnehmen, wenn sich 1 bis 2 Moleküle dieser Verbindung in einer seiner Geruchsgruben befinden. Von der Elritze ist bekannt, daß sie nicht nur Fische anderer Arten, sondern sogar Einzelindividuen durch Riechen unterscheidet. Der blinde mexikanische Höhlensalmler schmeckt salzig, süß und sauer etwa 2000- bis 4000mal, bitter etwa 350mal besser als der Mensch.

Die Lichtsinnesorgane (Augen) der Fische stehen meist seitlich am Kopf, bei manchen Bodenfischen rücken sie auf die Kopfoberseite, und bei den Larven einzelner Tiefseefische sitzen sie am Ende sehr langer Augenstiele (Abb. 55). Nur wenige Fischarten haben stark rückgebildete Augen, etwa 40 Höhlenbewoh-

Chemische Sinnesorgane	
Nase in Form von Riechgruben	Geruchssinn
einzelne Geschmacksknospen in der Haut	Geschmackssinn
Lichtsinnesorgane	
Augen	Bildsehen, Farbsehen
Pinealorgan	Hell-Dunkel-Wahrnehmung
Seitenlinie (bei Neunaugen)	Hell-Dunkel-Wahrnehmung
Mechanische Sinnesorgane	
freie Nervenenden in der Haut	Nah-Tastsinn
Seitenlinie	Fern-Tastsinn
Schwimmblasenwandung	Drucksinn
Bogengänge des häutigen Labyrinths	Drehsinn
Utriculus des häutigen Labyrinths	Schweresinn
Sacculus des häutigen Labyrinths	Hörsinn
vermutlich freie Nervenenden in der Haut	Temperatursinn
Sinnesorgane zur Wahrnehmung elektrischer Felder	
Sinnesknospen in eingesenkten Hautkanälen	Elektrosinn

Tabelle 5 Sinnesorgane, die Fischen Informationen aus ihrer Umwelt vermitteln

ner aus verschiedenen Familien sind blind. Das Auge ist in der Regel kuglig mit abgeflachter Außenseite (Taf. 1, Abb. 41), seltener zylindrisch (Teleskopaugen). Eine breite, oft farbige Regenbogenhaut (Iris) umschließt die meist runde Pupille, in die die Linse hineinragt. Im Gegensatz zu der relativ einheitlichen Form können die optischen und lichtwahrnehmenden Funktionen der Fischaugen außerordentlich verschiedenartig sein. Einige Gruppen haben ganz erstaunliche Anpassungen entwickelt, so zum Beispiel farbige Linsen zur besseren Erkennung bestimmter Wellenlängen oder auf Rotlicht spezialisierte Enttarnungssysteme. Die harte, kugelige, stark lichtbrechende Linse des Fischauges ist aus optischer Sicht ein Wunderwerk. Im Gegensatz zur Glaskugel liefert sie eine fast verzerrungsfreie, scharfe Abbildung ohne Farbränder. Da die Fischlinse im Gegensatz zur Linse der Säugetiere und des Menschen nicht verformbar ist, wird die Scharfstellung, ähnlich wie in einem Fotoobjektiv mit sogenannter Gummilinse, durch Verschiebung der Linse zur Bildebene erreicht. Feine Muskelfäden ziehen die Linse zur Retina, der Innendruck der Augenflüssigkeit schiebt sie beim Nachlassen des Muskelzuges wieder nach außen. Das Grundprinzip ist allerdings nur bei wenigen Fischen realisiert, zum Beispiel beim Goldfisch. Bei den meisten Arten wird die Linse durch Muskelzug seitlich in Richtung des Schwanzes verlagert. Dadurch entsteht eine Art Panoramabild, das weit vor dem schwimmenden Fisch auftauchende Objekte scharf, seitlich von ihm befindliche Objekte etwas verschwommen und hinter ihm liegende unscharf abbildet. Aktiv jagende Raubfische haben deshalb die größte Chance, wenn sie sich der Beute von hinten nähern.

Die Aufnahme der Lichtreize erfolgt in der Netzhaut (Retina) mit Hilfe von Lichtsinneszellen. Fische können Farben sehen, allerdings entspricht das Farbbild von einem Objekt nicht dem Farbbild, das unser Auge von dem gleichen Objekt wahrnimmt. Zum Beispiel haben die meisten Tiefseefische und viele Arten aus trüben Flachwassergebieten keine Lichtsinneszellen für die Wellenlänge »Rot«.

Das Fischauge kann wie ein waagerechter oder senkrechter Kippschalter bewegt werden, nur bei einigen Gruppen kommen auch Rollbewegungen vor. Im Gegensatz zu den landlebenden Wirbeltieren erfolgt die Regelung des Lichteinfalles in das Auge meist nicht durch Erweiterung oder Verengung der Pupille. Ausnahmen sind vom Aal und von den Harnischwelsen bekannt. Bei letzteren schwillt ein in die Pupille hineinhängendes Läppchen in Abhängigkeit von der Lichtintensität an oder ab.

Fische können auch mit dem Pinealorgan, einer

Abb. 41 Bau des Fischauges. 1 Haut, 2 Hornhaut, 3 kugelige Linse, 4 Regenbogenhaut, 5 Linsenrückziehmuskel, 6 Sklera, 7 Pigmentepithel, 8 Netzhaut, 9 Augennerv. Das Aufhängesystem der Linse ist nicht berücksichtigt.

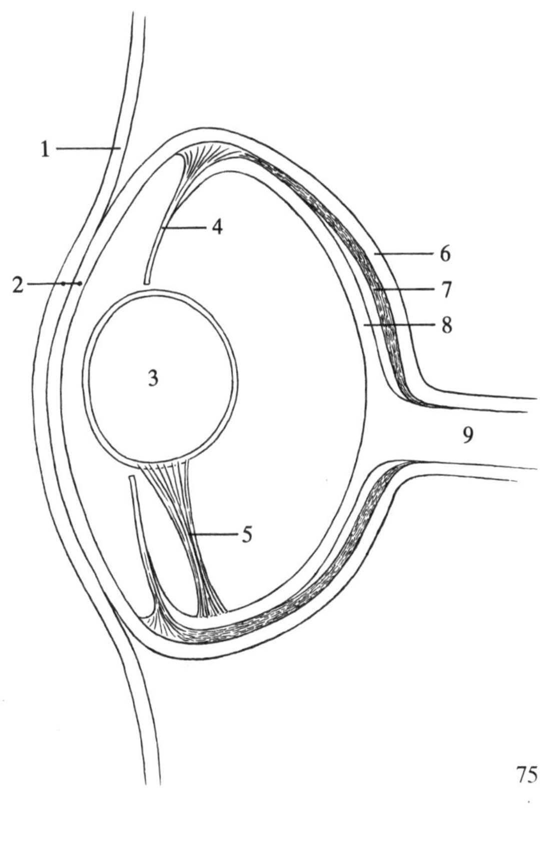

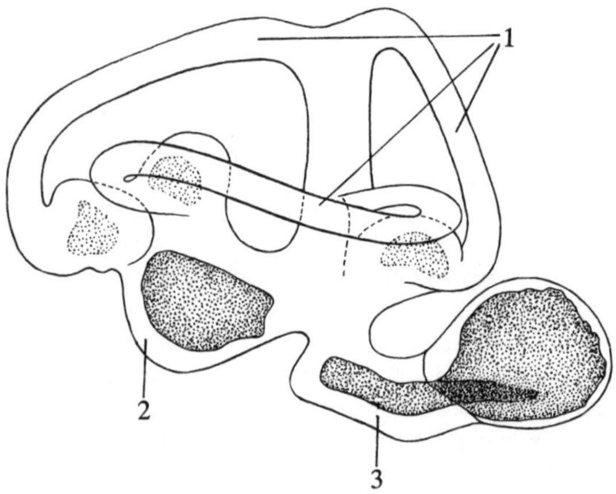

Abb. 42 Dreh-, Gleichgewichts- und Gehörorgan (häutiges Labyrinth) der Knochenfische. Dicht punktiert die Hörsteine. 1 Bogengänge (Drehsinn), 2 Utriculus (Gleichgewichtssinn), 3 Sacculus (Hörsinn)

Ausstülpung des Zwischenhirndaches, Licht wahrnehmen. Bei Neunaugen sind sogar die Sinneszellen der Seitenlinie Lichtsensoren.

Zu den mechanischen Sinnesorganen der Fische gehören das Gleichgewichtsorgan und das Seitenliniensystem. Beide werden als Akustiko-lateralis-System zusammengefaßt. Das in die Knochen des hinteren Schädelbereiches eingebettete Gleichgewichtsorgan ist wie bei allen Wirbeltieren ein äußerst kompliziertes, häutig begrenztes Hohlraumsystem (häutiges Labyrinth), das von einer Flüssigkeit, der Endolymphe, ausgefüllt wird. Es besteht aus drei Abschnitten, dem kammerartigen Utriculus, den davon ausgehenden schlauchartigen Bogengängen und einer zweiten Kammer, dem Sacculus, der mit dem Utriculus kommuniziert (Abb. 42). Das ganze System schwimmt gleichsam in einer Knochenkapsel, deren Flüssigkeit, die Perilymphe, vollständig von der Endolymphe getrennt ist. Die mit Fortsätzen ausgestatteten Sinneszellen des häutigen Labyrinths sind in Gruppen angeordnet. Über den Sinneszellgruppen der Bogengänge liegen Gallertkörper, auf denjenigen des Utriculus und Sacculus Kalkkörper, die sogenannten Hörsteine oder Otolithen. Bei Lageveränderungen oder durch Schalldruckwellen verrutschen bzw. vibrieren die aufliegenden Körper, verbiegen dabei die Fortsätze der Sinneszellen und versetzen sie damit in Erregung.

Mit den Bogengängen kann der Fisch vor allem Drehbewegungen in jeder Richtung wahrnehmen (Drehsinn). Die Sinneszellgruppen des rechten und linken Utriculus vermitteln ihm Lageveränderungen des Körpers gegenüber dem Schwerefeld der Erde (Schweresinn). Bei veränderter Normallage werden zur Korrektur vielfach auch die Augen eingesetzt. Die Sinneszellen des Sacculus dienen der Wahrnehmung von Schallwellen (Hörsinn). Allerdings unterscheiden sich die Mechanismen der Schallwellenübertragung auf den Sacculus wesentlich von denen der Landwirbeltiere. Für diese ist der Übertragungsapparat durch das System »Außenwelt → Trommelfell → Innenohr mit Gehörknöchelchen → Perilymphe → Endolymphe« charakterisiert. Die dafür bei Fischen entwickelten Mechanismen weichen hinsichtlich Bau und Funktion stark voneinander ab. Allen ist gemeinsam, daß sie Luftkammern, meist die Schwimmblase, als Resonanzorgan bzw. Druckwellenwandler nutzen. Zum Beispiel verursacht bei den Welsen und Karpfenfischen eine durch den Fischkörper schwingende Schallwelle Volumenveränderungen der Schwimmblase. Diese werden durch eine in der Schwimmblasenwandung verankerte Reihe von Knöchelchen (Weberscher Apparat) auf die Perilymphe und von da auf die Endolymphe übertragen. Dort bedingt die Schwingung eine Bewegung der Hörsteine und damit die Erregung der Sinneszellen. Bei den Heringen reichen schlauchförmige Ausstülpungen der Schwimmblase direkt an den perilymphatischen Raum, bei den Nilhechten isolieren sich diese Ausstülpungen im Laufe der Embryonalentwicklung von der Schwimmblase, bei den Labyrinthfischen hat die Labyrinthkammer Kontakt mit der Perilymphe.

Die Hörleistungen der Fische sind sehr unterschiedlich, aber stets wesentlich schlechter als die Hörleistungen des Menschen, der im mittleren Alter meist Töne von 16 000 bis 20 000 Hz bei einer mittleren Lautstärke um 50 Phon gut, um 20 Phon gerade noch hört (1 Hz = 1 Hertz = 1 Schwingung/s). Das beste Hörvermögen haben vermutlich Katzenwelse und einige Karpfenfische. Sie können Töne von 7 000 bis 8 000 Hz wahrnehmen und Töne um 700 Hz am besten hören. Die meisten Fische hören jedoch nur Töne bis 2 000 Hz oder weit darunter, wobei die größte Empfindlichkeit in der Regel um den Ton »a« (440 Hz) schwankt.

Nur wenige Fische mit relativ gutem Hörsinn haben auch Einrichtungen zur Lauterzeugung, zum Beispiel Umberfische. Lautgebung und Hören stehen bei solchen Gruppen im Dienste der Kommunikation. Wesentlich unklarer ist die Bedeutung des Hörvermögens bei Arten ohne lautgebende Organe.

Abb. 43 Schema zur Funktion des Seitenliniensystems bei Fischen. Ein auf das Wasser gefallenes Insekt erzeugt durch Flügelschlag Druckwellen, die die Sinnesknospen des Seitenliniensystems (kleine Kreise) mit zeitlichem Intervall erreichen. Die Verrechnung der Intervalle ermöglicht dem Fisch die Ortung der Druckwellenquelle.

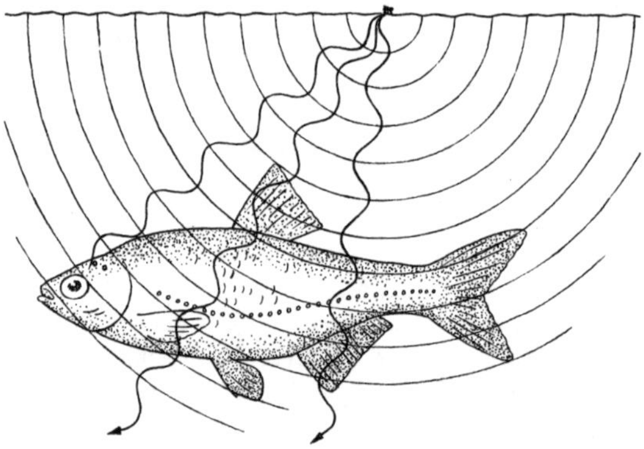

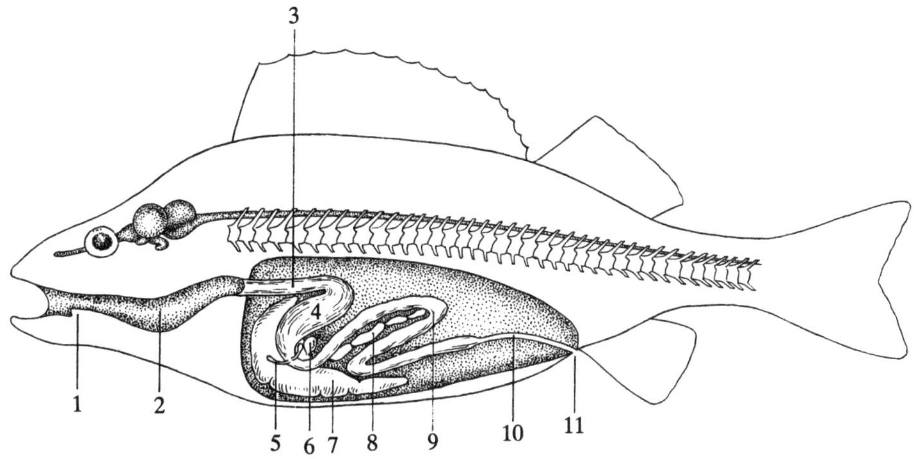

Abb. 44 Darmkanal der Fische am Beispiel des Flußbarsches *(Perca fluviatilis)*. 1 Zunge, 2 Mundhöhle und Kiemendarm, 3 Speiseröhre, 4 Magen, 5 Drüsenschläuche, 6 Gallenblase, 7 Leber, 8 Bauchspeicheldrüse, 9 Schlinge des Mitteldarmes, 10 Enddarm, 11 After

Man vermutet, daß der Hörsinn hier unter anderem dem Beutefang dient. So ist vom Hering ziemlich sicher bekannt, daß er Geräusche wahrnimmt, die von Futtertierkonzentrationen, vor allem von Kleinkrebsen, erzeugt werden.

Das Seitenliniensystem wurde bereits auf S. 70 erwähnt. Die lineare Anordnung der Sinneszellknospen in der Längsrichtung, aber zum Teil auch in Querreihen ermöglicht vielen Fischen, sehr langsame Wasserströmungen wahrzunehmen sowie den Staudruck zu registrieren, der beim Anschwimmen von Hindernissen entsteht. Am besten bekannt ist jedoch die Funktion des Seitenliniensystems als Ferntastsinnesorgan. Objekte, die Druckwellen unter 200 Hz erzeugen, zum Beispiel ein auf die Wasseroberfläche fallendes Insekt oder eine im Wasser zappelnde Mückenlarve, werden auch in trübem Wasser oder bei Dunkelheit mit den Sinnesknospen des Seitenliniensystems geortet (Abb. 43). Dabei ist es völlig gleichgültig, ob sich das Objekt vor, hinter, seitlich, über oder unter dem Fisch befindet. Er kann sich außerdem mit Hilfe dieses Sinnesorgans der Quelle der Druckwellen zielgerichtet nähern und dann, von den Augen oder Geruchsorganen genauer über Qualität und Quantität informiert, zuschnappen. Im 200-Hz-Bereich sind Überschneidungen mit dem Hörsinn möglich.

Viele Fische, auch solche ohne elektrische Organe (siehe S. 73), haben einen Elektrosinn, das heißt Sinnesorgane, mit denen sie elektrische Felder wahrnehmen können. Man kennt zwei Grundtypen von Elektrorezeptoren: solche, die auf Gleichspannungsfelder ansprechen (tonische Elektrorezeptoren), und andere, die hochfrequente Entladungen wahrnehmen (phasische Elektrorezeptoren). Die tonischen Rezeptoren erlauben auf Grund ihrer hohen Empfindlichkeit das Aufspüren von kleinen elektrischen Feldern, wie sie zum Beispiel von vielen im Bodengrund verborgenen Beutetieren ausgehen. Manche Fische können sich mit diesen Rezeptoren sogar am geomagnetischen Feld der Erde orientieren. Die phasischen Rezeptoren kommen nur bei Fischen vor, die auch elektrische Organe besitzen. Sie dienen der Naherkundung und der Kommunikation mit Artgenossen.

Fast alle Fische können Temperaturerhöhungen und -senkungen registrieren (Temperatursinn) und auch gezielt Temperaturbereiche aufsuchen, die dem artspezifischen Optimum entsprechen. Goldfische sollen sogar noch auf Temperaturunterschiede von 0,05 °C reagieren. Spezielle Temperaturrezeptoren sind allerdings bislang nicht bekannt. Vermutlich werden Temperaturänderungen von den freien Enden jener Hautnerven wahrgenommen, die den Fischkörper über Berührungen informieren. Zum Drucksinn siehe S. 81.

Der Darmkanal der Fische läßt sich in folgende Abschnitte gliedern: Kopfdarm (Mundhöhle, Kiemendarm), Vorderdarm (Speiseröhre, Magen), Mitteldarm und Enddarm (Abb. 44).

Mundhöhle und Kiemendarm bilden zusammen einen langgestreckten Raum, der vorn durch die Kiefer begrenzt wird und hinten stark verengt in die Speiseröhre übergeht. Am Mundhöhlenboden befindet sich ein Längswulst, die unbewegliche Zunge. Das Dach der Mundhöhle wird im wesentlichen von Knochen der Schädelbasis gebildet. Der nach hinten trichterartig enger werdende Kiemendarm hat bei den Knochenfischen beidseitig meist fünf, seltener weniger schlitzförmige Kiemenspalten. Die dazwischenstehenden Kiemenbögen tragen die eigentlichen Kiemen (siehe unten). An der Innenseite der Kiemenbögen sind bei Planktonfressern häufig kammförmig angeordnete Fortsätze entwickelt, die in ihrer Gesamtheit als Reuse wirken, das heißt Nahrungspartikeln aus dem Wasser sieben. Auch sogenannte Schlundzähne kommen gelegentlich an der Innenseite der Kiemenbögen vor.

Der Vorderdarm ist in der Regel in eine kurze Speiseröhre und einen größeren Magen gegliedert. Einigen Fischgruppen, zum Beispiel den Karpfenfischen, fehlt ein echter Magen. Unmittelbar hinter dem Magenausgang befinden sich bei den meisten Fischen kurze Drüsenschläuche (Pylorusanhänge), die in den Mitteldarm münden. Ihre Anzahl ist artspezifisch und kann ein bis mehrere hundert Paare betragen. Fleischfresser haben im allgemeinen einen kürzeren

Mitteldarm als Pflanzenfresser. Die Länge nimmt oft mit dem Alter zu. Meist ist nur eine langgezogene Mitteldarmschlinge vorhanden. Reine Pflanzenfresser, zum Beispiel viele Harnischwelse, haben oft mehrere Mitteldarmschlingen oder sogar einen spiralig angeordneten Mitteldarm.

Zum Mitteldarm gehören die Leber und die Bauchspeicheldrüse (Abb. 44). Erstere ist häufig in mehrere Lappen gegliedert und, abhängig vom Fettgehalt, karminrot bis ockerfarben. Viele Fischlebern sind sehr vitaminreich. Ihre Ausführungsgänge vereinigen sich zum Lebergang, der in eine grünliche bis gelbliche Gallenblase mündet. Dort wird das für die Fettverdauung wichtige Gallensekret eingedickt und schließlich über den Gallengang in den Mitteldarm entleert. Beim toten Fisch läßt sich die Entleerung gut demonstrieren. Man drückt dazu die Gallenblase vorsichtig zwischen zwei Fingern aus. Die Bauchspeicheldrüse liegt in Form zart rosafarbener Läppchen im Fettgewebe der Mitteldarmschlinge. Auch ihr Ausführungsgang mündet in den Mitteldarm. Sie fehlt bei einigen Arten.

Der kurze Enddarm ist meist deutlich vom Mitteldarm abgesetzt. Er dient der Eindickung der unverdaulichen Nahrungsreste. Die Afteröffnung liegt bei den meisten Fischarten am Ende der Bauchhöhle vor der Afterflosse, selten weiter vorn in Höhe der Brustflossen oder der Kehle.

Die aus den Drüsen der Magen- und Mitteldarmwandung sowie der Pylorusanhänge, der Leber und Bauchspeicheldrüse freigesetzten Sekrete sind vorwiegend Enzyme, mit deren Hilfe die Nahrung verdaut, das heißt in ihre einfachen Bausteine zerlegt wird. Die Aufnahme der Bausteine in den Körper erfolgt im Mitteldarm, die unverdaulichen Reste werden als Kot ausgeschieden.

Die charakteristischen Atmungsorgane der Fische

Abb. 45 Schema einer Fischkieme. a) im Querschnitt; b) in Seitenansicht. 1 Kiemenbogenskelett, 2 Kiemenblätter

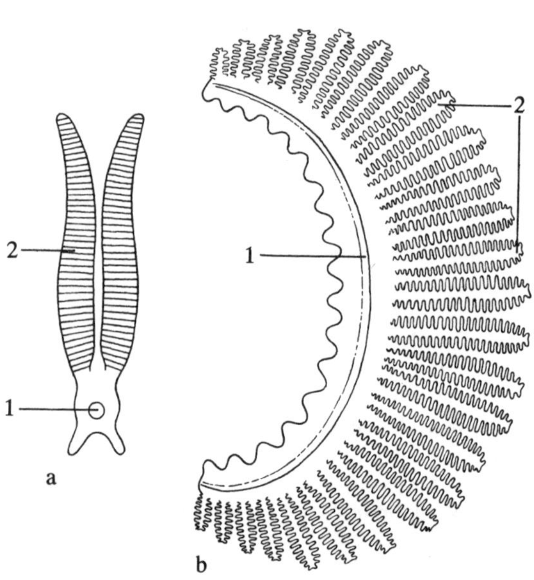

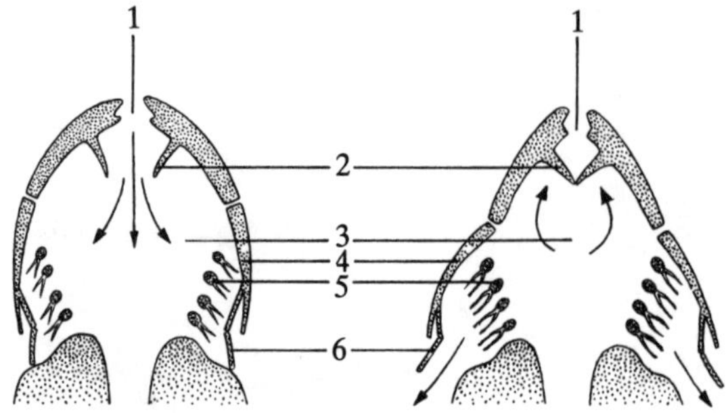

Abb. 46 Schema der Saug-Druck-Atmung bei Fischen. Links: Durch Erweiterung der Mundhöhle (3) entsteht ein Unterdruck, der die Kiemendeckel (4) und Kiemendeckelfalten (6) an den Körper zieht und zur Öffnung der Gaumenfalten (2) führt. Wasser strömt nun durch das Maul (1) ein. Rechts: Bei der nachfolgenden Verengung der Mundhöhle werden umgekehrt durch den Überdruck die Gaumenfalten geschlossen und die Kiemendeckelfalten geöffnet. Das Wasser kann an den Kiemen vorbei (5) abfließen.

sind die Kiemen. Wie alle tierischen Atmungsorgane haben sie bei einem geringen Volumen eine sehr große Oberfläche. Das Blutgefäßsystem bildet in den Kiemen dichte Kapillarnetze, Atemwasser und Blut sind nur durch extrem dünne Gewebeschichten getrennt, über die Sauerstoff aus dem Wasser in das Blut und Kohlendioxid aus dem Blut in das Wasser diffundieren. Die Diffusion kann jedoch nur stattfinden, wenn der Sauerstoffgehalt des Atemwassers höher und der Kohlendioxidgehalt niedriger ist als die Konzentration dieser Gase im Kiemenblut.

Die Kiemen selbst sind weidenblattförmige, nach außen gerichtete Fortsätze der Kiemenbögen. An jedem Kiemenbogen sitzen zwei Reihen solcher Kiemenblätter (Abb. 50), von denen jedes an seiner Ober- und Unterseite zahlreiche hohe Querfalten, die Kiemenblättchen, trägt (Taf. 1, Abb. 45).

Über die Kiemen legt sich bei den Knochenfischen von vorn her der Kiemendeckel. Die Kiemen sind deshalb bei Betrachtung eines Fisches von der Seite verdeckt. Nur wenn man schräg von hinten in den Spalt zwischen Kiemendeckel und Körper hineinsieht, kann man die rötlichen Kiemen erkennen.

Bei der Beobachtung eines lebenden Fisches läßt sich leicht feststellen, daß die Kiemendeckel und das Maul sich abwechselnd öffnen und schließen. Diese Bewegungen gehören zum Atmungsmechanismus der Fische. Die Aufnahme des Atemwassers wird durch eine Erweiterung der Mundhöhle eingeleitet. Dadurch entsteht ein Sog, der nach allen Seiten wirkt und ventilartige Hautfalten am Hinterrand der Kiemendeckel an den Körper zieht. Der Wasserzutritt ist damit von dieser Seite gesperrt und nur vom sich öffnenden Maul her möglich. Danach wird die Mundhöhle mit Muskelkraft verengt. Durch den so erhöhten Druck legen sich vorn zwei Gaumenfalten innen vor die Maulöffnung, gleichzeitig werden hinten die Kiemendeckelfalten geöffnet. Das Wasser kann nun durch die Kiemenspalten abfließen. Diese Saug-Druck-Atmung gewährleistet die kontinuierliche

Umspülung der Kiemen mit Frischwasser und damit den Gasaustausch (Abb. 46).

Die Kiemen sind jedoch nicht nur Atmungsorgane, sondern dienen auch der Ausscheidung von Stoffen. Über die Kiemen wird bei Süßwasserfischen vor allem Stickstoff, bei Meeresfischen zusätzlich Kochsalz abgegeben (siehe dazu weiter unten).

Bei einigen Fischgruppen wird die Kiemenatmung durch Luftatmung ergänzt (Abb. 47). Die stammesgeschichtlich ältesten Luftatmungsorgane sind die Lungen, paarige Ausstülpungen des hinteren Kiemendarmes. Sie liegen bauchseitig, rückenseitig oder seitlich vom Darm und bleiben mit diesem durch die Luftröhre verbunden. Die Lungen der landlebenden Wirbeltiere haben sich aus den Lungen devonischer

Abb. 47 Aus der Kiemenhöhle und von den Kiemenbögen entwickelte zusätzliche Luftatmungsorgane. a) Labyrinthorgan der Kletterfische; b) Büschelorgan der Büschelwelse; c) schlauchförmige Verlängerung der Kiemenhöhle bei Kiemensackwelsen; d) Septen in der stark erweiterten Kiemenhöhle bei Schlangenköpfen

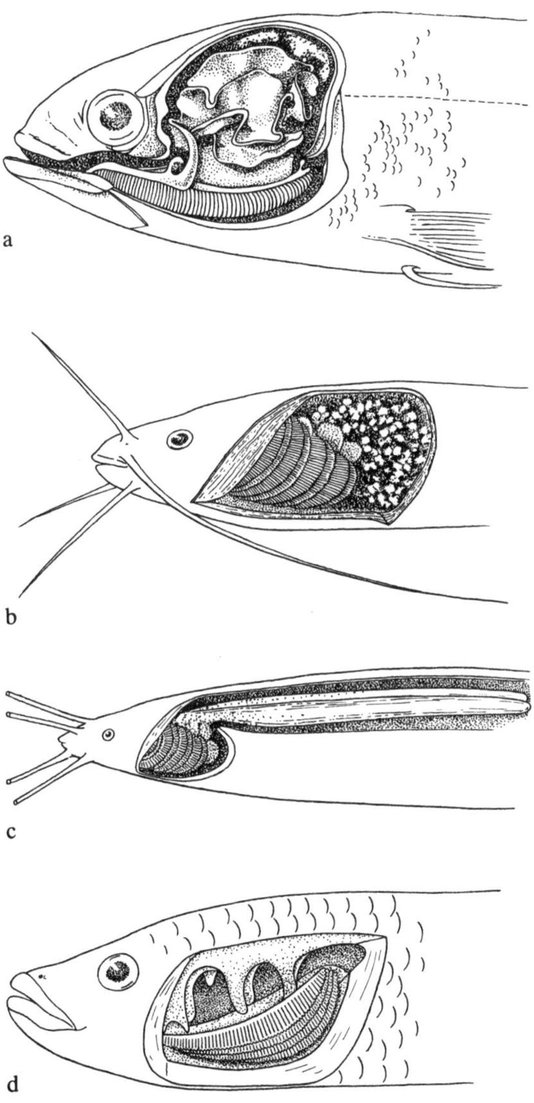

Lungenfische entwickelt. Verschiedene ursprüngliche Gruppen der Knochenfische nutzen die Schwimmblase als Luftatmungsorgan, so zum Beispiel die Flössel- und Knochenhechte, die Schmetterlings- und Hundsfische sowie einige Salmler. Die Wandung der Schwimmblase ist in diesen Fällen mehr oder weniger gefaltet und gut durchblutet. Bei vielen anderen Fischen dienen die Mundhöhle oder Ausbuchtungen des Kiemendarmes der zusätzlichen Luftatmung. Letztere liegen oberhalb der Kiemenbögen und werden von blatt- oder büschelförmigen Fortsätzen der Kiemenbögen mehr oder weniger dicht durchsetzt (Labyrinthfische, Kiemensackwelse) oder dehnen sich in Form zweier Blindschläuche beidseitig der Wirbelsäule bis in die Schwanzregion aus (Kiemenschlauchwelse). Viele Schmerlen und Panzerwelse schlucken Luft. Der Gasaustausch findet meist in stark kapillarisierten Abschnitten des hinteren Mitteldarmes oder Enddarmes statt.

Alle Formen der zusätzlichen Luftatmung erhöhen die Überlebenschancen. Arten mit Luftatmungsorganen kommen deshalb häufig in Gewässern vor, die zeitweise fast austrocknen oder sehr schlammig sind. Lungenfische können, im Bodengrund vergraben, sogar Trockenzeiten überleben.

Das Blutgefäßsystem der Fische gewährleistet den Stofftransport im Körper (Abb. 48). In der Kehlregion, unmittelbar hinter den Kiemen, liegt das Herz. Es wird von einem Herzbeutel umgeben und besteht aus dem Vorraum (Sinus venosus), in dem sich das venöse Blut sammelt, der nachfolgenden dünnwandigen Vorkammer, der muskelstarken Hauptkammer und dem Arterienstutzen (Bulbus arteriosus). Die Hauptkammer saugt das Blut aus der Vorkammer an und pumpt dieses rhythmisch in die Kiemenarterie, wobei der Arterienstutzen als Windkessel wirkt, das heißt die Rhythmik des Blutausstoßes abschwächt (Abb. 48).

Die Kiemenarterie verzweigt sich in Höhe der Kiemen so, daß jeder Kiemenbogen ein Gefäß, eine Kiemenbogenarterie, erhält. Durch weitere Verästelungen entstehen in den Kiemenblättchen Haargefäßnetze, die eigentlichen Stellen des Gasaustausches. Das sauerstoffreiche (arterielle) Blut wird wieder in größeren Gefäßen gesammelt und schließlich durch Kiemenbogenvenen rückenwärts weitergeleitet. Es ist in diesem Zusammenhang darauf hinzuweisen, daß sich die Bezeichnungen Arterie oder Vene nicht auf die Qualität des Blutes (arteriell oder venös) beziehen, sondern auf den Verlauf eines Gefäßes hinweisen. Alle vom Herzen kommenden Gefäße eines Organs werden als Arterien, alle zum Herzen hinlaufenden als Venen bezeichnet.

Die Kiemenbogenvenen werden rechts und links von zwei großen Gefäßen gesammelt, die nach vorn die Kopfarterien abgeben und sich hinter der Kiemenregion zur Körperschlagader vereinigen. Diese versorgt alle Organe der Bauchhöhle sowie alle anderen Körperteile mit sauerstoffreichem Blut. Der Blutrücklauf zum Herzen beginnt in den Organen mit kleinen Venen, die sich zu größeren vereinigen und

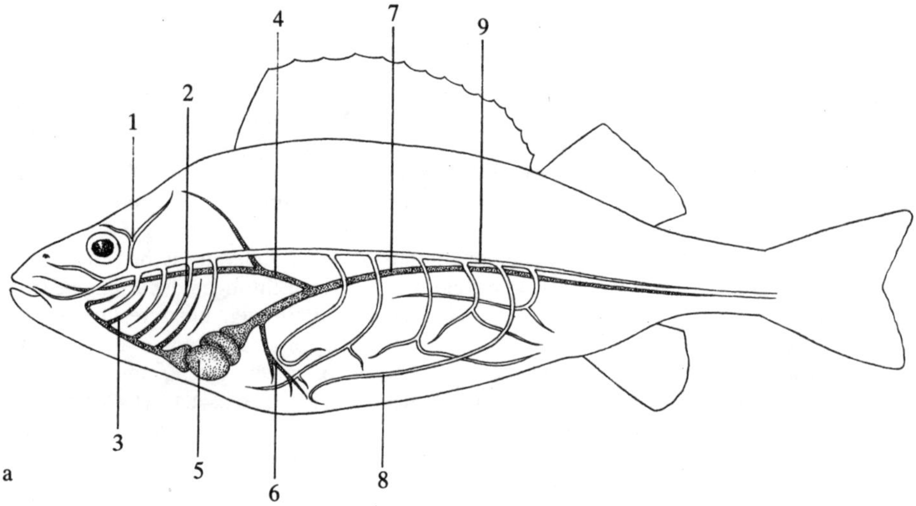

a

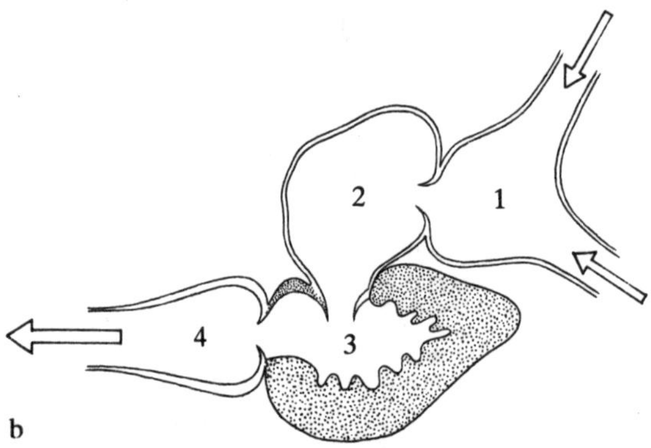

b

Abb. 48 a) Gefäßsystem der Knochenfische. Hell: Gefäße, die sauerstoffreiches Blut führen, punktiert: Gefäße, die sauerstoffarmes Blut führen. 1 Kopf- und Gehirnarterie, 2 Kiemenbogenvene, 3 Kiemenbogenarterie, 4 vordere Hauptvene, 5 Herz, 6 Pfortader, 7 hintere Hauptvene, 8 Bauchflossenarterie, 9 Aorta oder Körperschlagader. b) Fischherz. 1 Sammelraum mit den einmündenden großen Venen, 2 Vorkammer, 3 Hauptkammer, 4 Arterienstutzen

Abb. 49 Schwimmblase (dicht punktiert) und Darm (locker punktiert) bei den physostomen Fischen (oben) und physoklysten Fischen (unten)

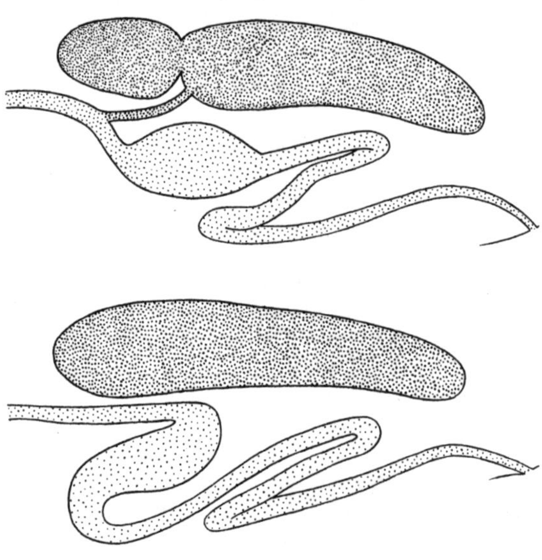

schließlich in Venenstämme einmünden. Diese transportieren das Blut in den Sinus venosus, ein Teil davon passiert vorher die Leber.

Bei den Lungenfischen ist in den einfachen Körperkreislauf ein Lungenkreislauf eingeschaltet.

Das Fischblut besteht wie das Blut aller Wirbeltiere aus Blutserum und Blutzellen. Ein Kubikmillimeter ($1\ mm^3 = 1$ Mikroliter, μl) Blut der Süßwasserfische enthält etwa

1 000 000 bis 3 000 000 rote Blutkörperchen,
10 000 bis 100 000 weiße Blutkörperchen,
3 000 000 bis 5 000 000 Thrombozyten.

Die roten Blutkörperchen sind in Aufsicht längsoval und haben einen Kern (Taf. 2). Die farbgebende Verbindung, das Hämoglobin, ist jener Eiweißkörper, der Sauerstoff in den Kiemen anlagert und in den Geweben abgibt. Nur ganz wenige unter extrem sauerstoffreichen Bedingungen lebende Fische haben kein Hämoglobin (Chaenichthyidae in der Antarktis). Von den weißen Blutkörperchen kommen verschiedene Typen vor. Für die Bildung von Antikörpern sind die Lymphozyten verantwortlich. Die Thrombozyten gewährleisten die schnelle Gerinnung des Blutes.

Die Schwimmblase ist, von wenigen Ausnahmen abgesehen, ein unpaariges Hohlorgan. Sie liegt meist direkt unter der Wirbelsäule und besteht aus einer einfachen Kammer oder aus zwei, seltener drei kammerartigen Abschnitten. Ihre Wandung ist in der Regel elastisch, bei einigen Fischgruppen durch Verknöcherung teilweise oder insgesamt starr. Keine Schwimmblase haben alle Knorpelfische und einige Gruppen der Knochenfische, zum Beispiel die Sumpfaalartigen und Schollenartigen.

Stammesgeschichtlich hat sich die Schwimmblase vermutlich aus lungenähnlichen Luftatmungsorganen entwickelt. Embryonal entsteht sie als Ausstülpung des Vorderdarmes. Nach dem Schlüpfen wird die Schwimmblasenanlage über den Darm mit atmosphärischer Luft gefüllt. Die Verbindung zum Vorderdarm bleibt als Schwimmblasengang (Ductus pneumaticus) zeitlebens erhalten oder wird zurückgebildet (Abb. 49). Fische mit Schwimmblasengang

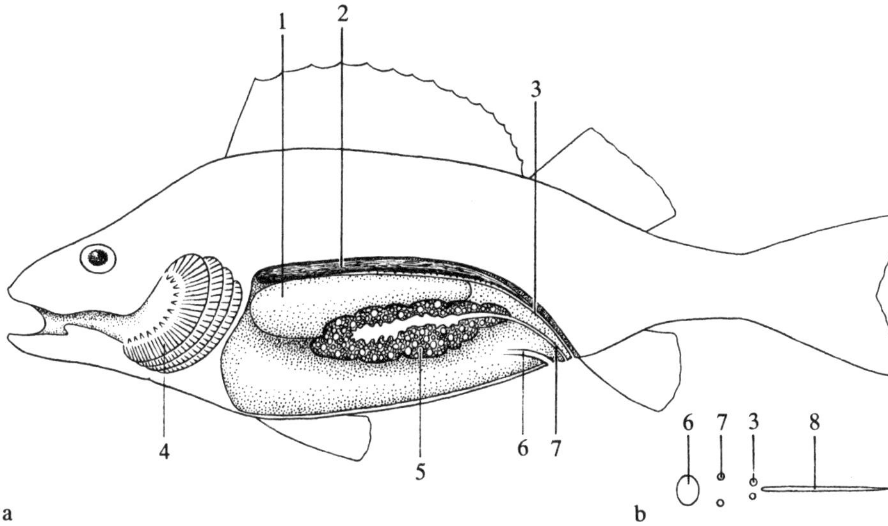

Abb. 50 a) Lage der Niere, Schwimmblase und der Gonaden bei Fischen. 1 Schwimmblase, 2 Niere, 3 Harnleiter, 4 Kiemen, 5 Eierstock mit Eierstockhöhle, 6 Enddarm und After, 7 Eileiter
b) Lage von After (6), Ei- oder Samenleiter (7) und Harnleiter (3) vor der Afterflosse (8)

bezeichnet man als physostome Fische (Physostomi), solche ohne Schwimmblasengang als physoklyste Fische (Physoclisti). Das Schwimmblasengas setzt sich aus Sauerstoff, Stickstoff und Kohlendioxid zusammen. Allerdings entsprechen die Anteile nicht denen der atmosphärischen Luft, auch ist das Gemisch von Art zu Art verschieden. Als Faustregel kann gelten: Schwimmblasen von Süßwasserfischen enthalten viel Stickstoff, solche von Meeresfischen viel Sauerstoff.

Die Schwimmblase ist ein hydrostatisches Organ, das den Fischen das Schweben im Wasser erleichtert. Die mit dem Auf- und Abtauchen verbundenen Änderungen des hydrostatischen Druckes müssen durch Verringerung oder Vermehrung des Schwimmblasengases kompensiert werden. Zum Beispiel muß ein Fisch beim Abtauchen um 10 m den Gasgehalt seiner Schwimmblase etwa verdoppeln und beim Auftauchen um 10 m etwa halbieren. Die Regulation setzt die Fähigkeit voraus, Druckdifferenzen messen zu können. Viele Arten nehmen bereits Druckänderungen wahr, die im Wasser einer Tiefendifferenz von 5 bis 10 cm entsprechen. Auf diesem Drucksinn beruht letztlich auch die Beobachtung, daß manche Arten als »Wetterfisch« Änderungen des Luftdrucks durch Verhaltensänderungen anzeigen.

Die Schwimmblasengase werden von Gasdrüsen erzeugt, die durch komplizierte Mechanismen Gase aus dem Blut freisetzen. Die Verringerung des Gasgehaltes kann bei den Physostomi über den Schwimmblasengang erfolgen. Das überschüssige Schwimmblasengas perlt bei ihnen aus dem Maul oder aus den Kiemenspalten, beim Hering auch aus einer in Afternähe liegenden zweiten Schwimmblasenöffnung. Bei den Physoclisti ist im hinteren Teil der Schwimmblase eine gasabsorbierende Drüse, das Oval, entwickelt.

Neben den hydrostatischen und druckwahrnehmenden Funktionen kann die Schwimmblase als Luftatmungsorgan (siehe S. 79) und als Resonanzorgan bzw. Druckwellenwandler beim Hören (siehe S. 76) dienen. Manche Fische erzeugen mit Hilfe der Schwimmblase Töne.

Die langgestreckten, blaurot gefärbten Nieren liegen hinter der Leibeshöhle unmittelbar unter der Wirbelsäule. Ihre Ausführungsgänge, die Harnleiter, bleiben getrennt oder münden gemeinsam hinter den Öffnungen der Ei- oder Samenleiter nach außen (Abb. 50).

Die Nieren gewährleisten die Wasser- und Salzbalance im Körper (Osmoregulation) und entfernen lösliche Endprodukte vor allem des Eiweißstoffwechsels aus dem Körper (Exkretion). Bei den Fischen teilen sie sich diese Funktionen mit den Kiemen.

Im Körper der Süßwasserfische ist die Salzkonzentration größer, bei Meeresfischen geringer als die Salzkonzentration des umgebenden Wassers. Unterschiedliche Salzkonzentrationen benachbarter Lösungen gleichen sich jedoch auf Grund physikalischer Gesetzmäßigkeiten immer einander an, wobei Wasser aus der geringer konzentrierten Lösung in die höher konzentrierte Lösung diffundiert. Süßwasserfische sind deshalb einem ständigen Wassereinstrom ausgesetzt und müssen das Überschußwasser aus ihrem Körper entfernen. Meeresfische verlieren ständig Wasser und sind deshalb gezwungen, den Wasserbestand unter anderem durch Trinken zu ergänzen. Beides, die Entfernung von Wasser wie auch das Trinken von salzreichem Meerwasser, erfordert unterschiedliche Regulationen der Wasser- und Salzbalance. Die Exkretion wird dabei gleichsam mit erledigt.

Regulationsprinzip der Süßwasserfische: Die Endprodukte des Eiweißstoffwechsels werden in Form von Ammonium und Harnstoff vorwiegend über die Kiemen ausgeschieden, die Nieren beseitigen das Überschußwasser durch die Abgabe großer Mengen salzarmen Harns. Der dabei auftretende Salzverlust wird durch die Nahrung und Salzgewinnungsprozesse in den Kiemen kompensiert.

Regulationsprinzip der Meeresfische: Die Endprodukte des Eiweißstoffwechsels werden gleichfalls von den Kiemen, aber auch von den Nieren ausgeschieden. Die Nieren halten Wasser zurück und geben nur wenig salzreichen Harn ab. Zusätzliche salzausscheidende Mechanismen in den Kiemen beteiligen sich an der Entsalzung.

Die Geschlechtsdrüsen, Eierstöcke und Hoden (Ovarien und Testes, Rogen und Milch), der Knochenfische liegen als paarige strangförmige Säcke neben der Schwimmblase (Abb. 50). Ihr Umfang nimmt in der Vorlaichzeit enorm zu, die Eierstöcke können in dieser Zeit bis vier Fünftel der Leibeshöhle ausfüllen. Im Gegensatz zu den Knorpelfischen und landlebenden Wirbeltieren sind die Samenleiter nicht mit dem Nierensystem verbunden, die Eileiter entsprechen nicht den Müllerschen Gängen. Bei den meisten Knochenfischen münden die Samengänge zwischen dem After und den Harnleitern mit einer Genitalpapille nach außen, bei einigen verbinden sie sich mit den Harnleitern, selten liegen die Ausmündungen im After. Die Eileiter bleiben stets von den Harnleitern und dem After getrennt. Bei manchen Fischen schwellen die Genitalpapillen während der Laichzeit an und sind dann zipfelartig verlängert.

Die meisten Knochenfische sind getrenntgeschlechtlich, nur wenige zwittrig. Bei letzteren reifen in der Regel zunächst die Hoden und nach deren Rückbildung die Eierstöcke, das heißt, die Arten sind vormännlich (protandrisch). Von ganz wenigen Knochenfischarten sind nur Weibchen bekannt. Sie paaren sich mit Männchen nahverwandter Arten, jedoch kommt es nicht zur Befruchtung der Eizellen (siehe S. 86).

Geschlechtszellen, Befruchtung, Embryonalentwicklung

Eier und Samenfäden

Aus der befruchteten Eizelle geht ein neues Individuum hervor. Während dieser Entwicklung vom Ei zum Jungfisch ist eine Nahrungsaufnahme nicht möglich, da Mund, Zähne, Darm und Verdauungsdrüsen erst gebildet werden müssen. Der Fisch entwickelt sich deshalb zunächst auf Kosten der Dottersubstanzen im Ei. Die Phase, in der die Nährstoffe in die Eizelle eingelagert werden, nennt man Eibildung.

Die Eibildung findet im Eierstock statt. Die zunächst sehr kleinen Ureizellen nehmen aus dem mütterlichen Organismus Nährstoffe auf und speichern diese in Form von Eidotter oder Öl. Sie vergrößern sich dabei gewaltig (Taf. 2). Die Periode der Eibildung läßt sich äußerlich gut an dem zunehmenden Körperumfang erkennen, die Weibchen setzen Laich an. In der Regel reifen die Eizellen schubweise in mehreren Laichperioden. Nur bei manchen Gruppen, zum Beispiel den Neunaugen, reifen alle Eizellen gleichzeitig und werden dann auch in einer Laichperiode ausgestoßen.

Mit der Eireifung geht die Ausbildung der Eihüllen

Abb. 51 Verschiedene Fischeier, Eihülle (Kortikalmembran) punktiert. a) Sinkei ohne Fortsätze; b) Schwebeei mit Ölkugeln in der Eizelle; c) Sinkei mit stark aufgequollener Eihülle; d) Sinkei mit dichten bürstensaumartigen Fortsätzen auf der Eihülle; e) Schwebeei mit langen, allseitig angeordneten Fortsätzen; f) regional entspringende Fortsätze, die einen Eistiel bilden, häufig bei Substratlaichern; g) regional entspringende lange Fortsätze, die einen Schopf bilden, häufig bei Pflanzenlaichern; h) Öffnung (1) in der Eihülle (2), sogenannte Mikropyle, die den Samenfäden das Vordringen zur Eizelle (3) ermöglicht; Eihülle hier mit Bürstensaum gezeichnet

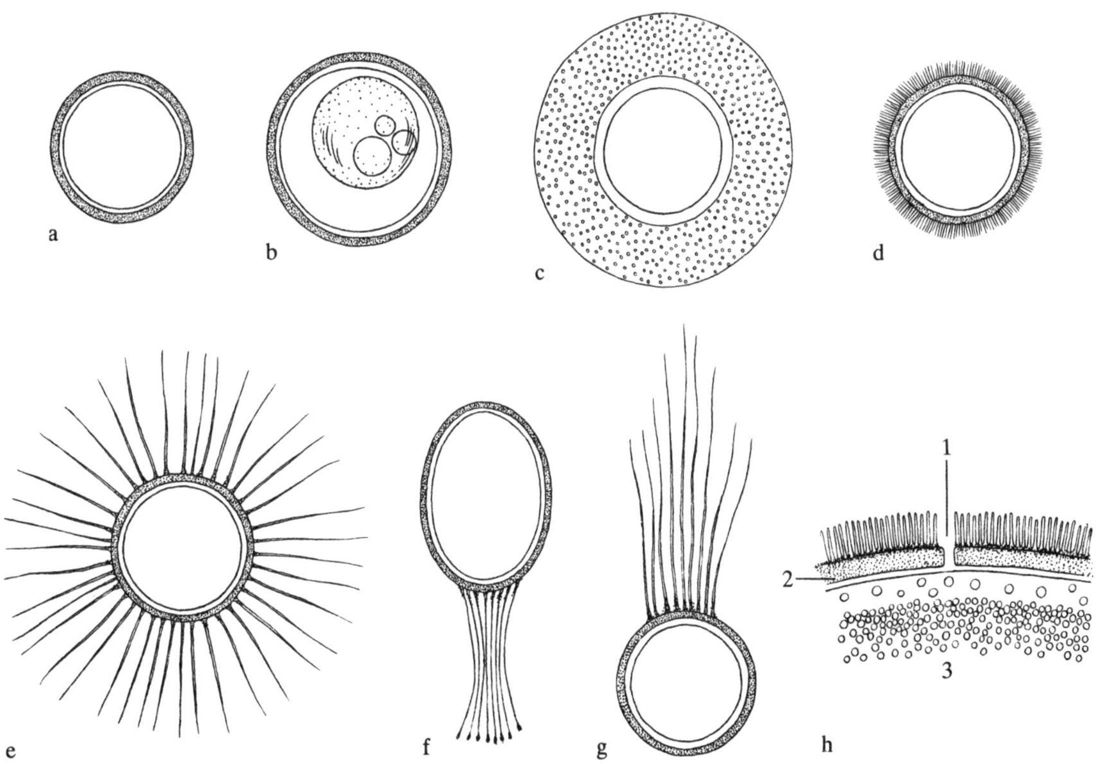

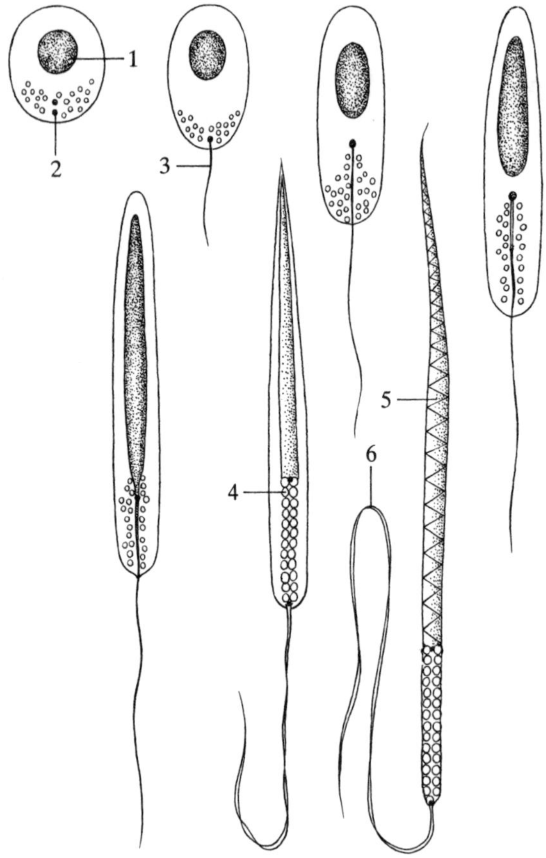

Abb. 52 Entwicklung des Samenfadens aus der kugeligen Spermiozyte beim Hecht *(Esox lucius)*. 1 Zellkern der Spermiozyte, 2 Zentralkörperchen der Spermiozyte, 3 auswachsender Schwanzfaden, 4 Zellorganellen (Mitochondrien), die sich im Mittelstück regelmäßig einordnen, 5 Kopf des Samenfadens, 6 Schwanzfaden

einher. Sie schützen das sich entwickelnde Ei nach seiner Abgabe und gewährleisten den Gasaustausch zwischen Eizelle und Wasser. Die charakteristische Hülle des Fischeies ist die Kortikalmembran (Taf. 2, Abb. 51). Sie quillt nach der Eiablage häufig auf und ist bei den Eiern mancher Fischarten besonders dick und hart. Solche spezialisierten Eihüllen gewährleisten sogar ein Überleben der Eier in feuchter Umgebung, zum Beispiel im Schlamm von Gewässern, die regelmäßig austrocknen (viele Cyprinodontiden). Zahlreiche Eihüllen haben bürstensaumartig angeordnete klebrige Fortsätze, viele andere lange Fadenbüschel (Abb. 51). Alle Strukturen dieser Art dienen der Eiverankerung an, auf oder in Laichsubstraten. Für den Durchtritt des Samenfadens ist in der Eihülle eine feine Öffnung, die Mikropyle, ausgespart (Abb. 51).

Die Eier der Knorpelfische sind mit Ausnahme mancher lebendgebärender Arten in hornige Kapseln eingeschlossen.

Fischeier können sehr verschieden groß und gefärbt sein. Die meisten Knochenfische haben Eier von 1 bis 2 mm Durchmesser. Bei den Lungenfischen und einigen anderen Gruppen erreichen sie Erbsengröße, bei vielen Knorpelfischen Kirschgröße, in Einzelfällen sogar Tennisballgröße. Den Rekord hält ein Riesenhai mit 21 cm Eidurchmesser (Eizelle und Hülle).

Bei den meisten Süßwasserfischen sind die Eier schwerer als Wasser und sinken deshalb zu Boden (Sinkeier). Dagegen haben viele Meeresfische Eier, die im Wasser schweben oder an der Wasseroberfläche schwimmen (Schwebe- und Schwimmeier).

Die Anzahl der von den einzelnen Fischarten in einer Laichperiode produzierten Eier ist sehr unterschiedlich. Zum Beispiel legen die Weibchen des Dorsches einige Millionen, die Weibchen der Stichlinge nur etwa hundert Eier.

Auch die Samenfäden entwickeln sich im Hoden aus Stammzellen. Aus dem Zellkern entsteht der Kopf, aus Strukturen des Zellplasmas das Mittelstück und der Schwanzfaden (Abb. 52). Die Samenfäden haben nur die Aufgabe, väterliches Erbmaterial in

Abb. 53 Besamung und Befruchtung des Fischeies. a) Eindringen des Samenfadens durch die Mikropyle der Eihülle; b) Verschmelzen des Kopfes und Mittelstückes mit der Eizelle, gleichzeitig entsteht zwischen Eihülle und Eizelle ein Spaltraum; c) Der Kopf des Samenfadens bildet den männlichen Vorkern, männlicher und weiblicher Vorkern nähern sich einander; d) verschmolzener männlicher und weiblicher Vorkern (Synkaryon); e) erste normale Zellteilung (Mitose) des neuen Individuums. Die drei Punkte innerhalb der Eihülle sind die sogenannten abortiven Eizellen, Geschwisterzellen der Eizelle, die kein Dottermaterial besitzen und absterben.

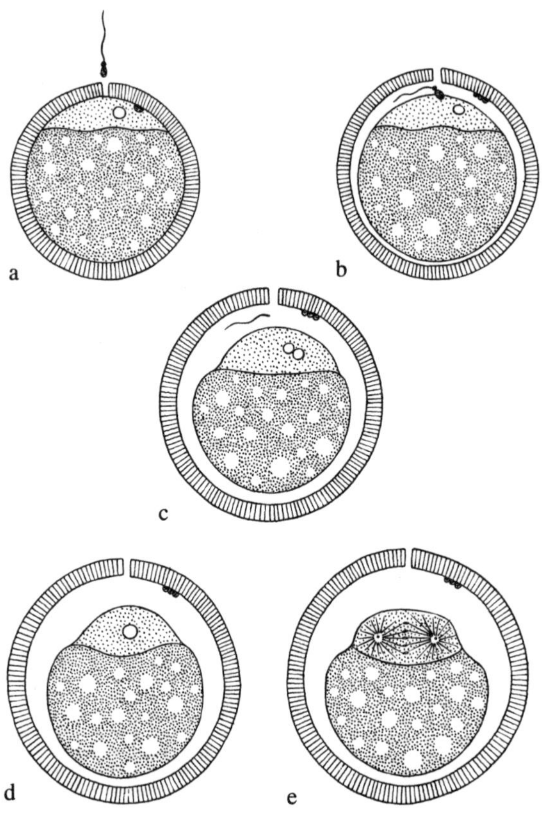

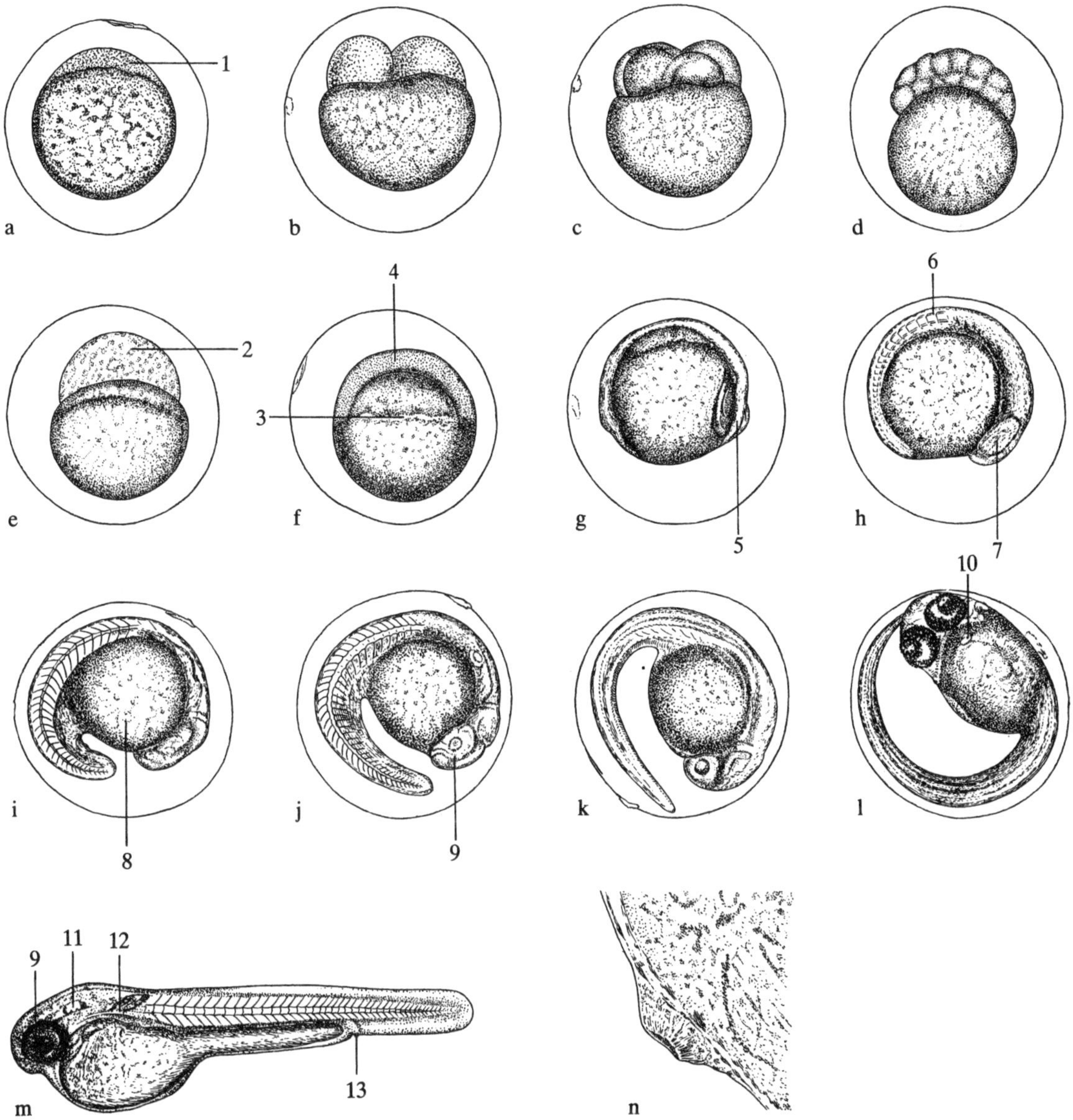

Abb. 54 Entwicklung des Fischeies. a) Eizelle mit dem Keimplasma (1); b) 2-Zellenstadium; c) 4-Zellenstadium; d) Vielzellenstadium; e) vielzellige Keimscheibe (2); f) Ausbreitung des Embryonalschildes über die Dotterkugel (3) und Bildung der Anlage des Embryos in Form eines Längswulstes (4); g) Längsstreckung des Embryos, vorn die Kopfanlage (5); h) Anlage der Körpersegmente (6) und der Augen (7); i) Dotter (8) vollkommen umwachsen; j und k) Der Embryo wächst mit dem Schwanzteil weit über die Dotterkugel hinaus, im Auge bildet sich die Linse (9); l) In den Augen tritt Pigment auf, das Herz (10) pulsiert, der Embryo bewegt sich in der Eihülle; m) frischgeschlüpfter Embryo, hinter dem großen pigmentreichen Auge (9) die Anlage des Gleichgewichtsorganes (11) und der Brustflosse (12), Anlage des Afters (13); n) Haftpapille des Embryos, mit der sich dieser an Pflanzen oder anderen Substraten anhängen oder anheften kann

die Zelle einzuschleusen, sie tragen nicht zur Ernährung des Embryos bei. Deshalb fehlt hier die Entwicklungsphase, die der Eibildung entspricht.

Im Hoden sind die Samenfäden unbeweglich. Erst nach ihrer Ausstoßung schwimmen sie mit Hilfe des Schwanzfadens. Die Lebenszeit ausgestoßener Samenfäden ist begrenzt.

Zur Reifung des Erbmaterials in den Ei- und Samenzellen siehe S. 88.

Befruchtung

Mit der Vereinigung des Vorkerns der Eizelle mit dem Vorkern des Samenfadens beginnt die Entwicklung des neuen Organismus. Das Vereinigungsprodukt bezeichnet man als Zygote (siehe S. 85). Im einzelnen lassen sich bei diesem Vorgang folgende Phasen beobachten (Abb. 53):

Die Samenfäden nähern sich der Eizelle und erreichen die Oberfläche der Eihülle. Mehrere Samenfäden dringen in dem dafür vorgesehenen feinen Kanal der Eihülle (Mikropyle) weiter gegen die Eizelle vor.

Sobald ein Samenfaden Kontakt mit der Eizelle hat, löst er mit Hilfe von Enzymen die Eizellmembran auf. Sein Kopf und Mittelstück verschmelzen mit der Eizelle, der Schwanzfaden wird abgestoßen. Die Verschmelzung des Samenfadens mit der Eizelle nennt man Besamung.

Aus dem Kopf des Samenfadens entsteht der männliche Vorkern. Das Mittelstück bringt verschiedene Zellorganellen in die Eizelle. Männlicher Vorkern und weiblicher Vorkern nähern sich und verschmelzen schließlich miteinander. Diese Vereinigung der beiden Vorkerne bezeichnet man als Befruchtung.

Durch die Verschmelzung der beiden Vorkerne wird die im männlichen Vorkern enthaltene Chromosomengarnitur mit der Chromosomengarnitur des Kernes der Eizelle vereinigt. Der Kern der Zygote ist damit diploid (siehe S. 88). Nach der Befruchtung macht die Eizelle eine normale Zellteilung durch (Abb. 53, 54).

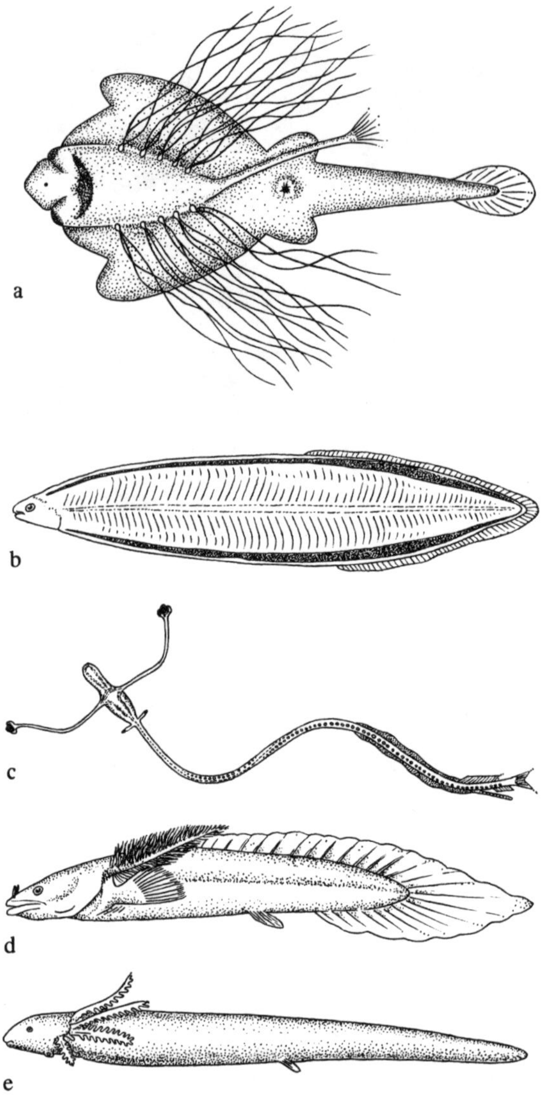

Abb. 55 Typische Fischlarven. a) Rochenembryo mit äußeren Kiemen und Nabelschnur; b) Aallarve (Leptocephalus); c) Larve des Tiefseefisches *Indiacanthus fasciola*, die langgestielten Augen werden bei der Umwandlung in den Kopf verlagert; d) Flösselhechtlarve mit äußeren Kiemen; e) Lungenfischlarve mit äußeren Kiemen

Embryonalentwicklung

Aus dem befruchteten Ei entsteht allmählich das neue Individuum. Diese Entwicklung ist vorerst nur eine Vermehrung der Zellzahl (Furchung), verbunden mit einer geordneten Verlagerung der Nährstoffe des Eies in bestimmte dieser Zellen, später eine Anordnung der sich weiterhin dauernd vermehrenden Zellen zu Organanlagen und schließlich die Bildung der Organe selbst (Organogenese). Diese Vorgänge werden genetisch gesteuert.

Die erste Phase der Eientwicklung, die Furchung, ist vor allem abhängig von dem Dottergehalt und von der Verteilung des Dotters im Ei. Die Eier der Fische sind immer dotterreich, nur am oberen, animalen Pol bleibt ein kleiner Bezirk, das sogenannte Keimplasma, dotterfrei.

Die Furchung und die folgenden Phasen der Embryonalentwicklung beschränken sich auf das Keimplasma. Zunächst entstehen hier zahlreiche Zellen, die sich zu einer gleichsam auf der Dotterkugel schwimmenden Keimscheibe gruppieren (Abb. 54, 1–5). Vom Rand der Keimscheibe aus bildet sich in Form eines verdickten Wulstes der Embryo. Gleichzeitig wachsen die an der Embryoanlage nicht beteiligten Ränder der Keimscheibe allseitig über die Dotterkugel und schließen sich bauchseitig zum Dottersack (Abb. 54, 6–7). In dem zunehmend länger werdenden Embryo entstehen zunächst Gehirn und Rükkenmark sowie die Körpersegmente. Kurz danach werden die Anlagen der Augen sichtbar, die blasenartig am vorderen Zipfel der Anlage vorstehen, sie sind zu dieser Zeit noch ohne Pigment. Auch die Anlage des Geruchs- und Gleichgewichtsorgans läßt nicht lange auf sich warten (Abb. 54, 7–10). In Höhe des Hinterhirns entsteht die erste Kiemenspalte, hinter der bald die folgenden sichtbar werden. Der Embryo ist während dieser Prozesse weiter gewachsen, der Kopf und vor allem der Schwanz ragen weit über den Dottersack hinaus. Die paarigen Flossen bilden sich in der Nähe des Herzens, das zu dieser Zeit bereits heftig pulsiert. Große Blutgefäße an der Oberfläche des Dottersackes führen dem Embryo Nährmaterial aus dem Dotter zu, die Dottermasse schrumpft dadurch zusammen. Mund, Darmkanal und After entstehen, das Muskelsystem kräftigt sich, der Embryo versucht seine ersten Bewegungen in der Eihülle (Abb. 54, 11) und sprengt diese schließlich. Nach dem Schlüpfen wird der wachsende Embryo noch einige Tage, bei vielen Arten mehrere Wochen, durch den Dottersack ernährt, bis dieser schließlich völlig aufgebraucht ist. Jetzt erst beginnt der Embryo mit der Nahrungsaufnahme.

Frisch geschlüpfte Knochenfischembryonen werden oft als Larven bezeichnet. Echte Larven sind jedoch frühe Entwicklungsstadien (Freßstadien) mit typischen Larvenorganen, die sich in einer Umwandlungsperiode (Metamorphose) in die Erscheinungsform der geschlechtsreifen Tiere umwandeln, zum Beispiel Kaulquappe–Frosch. In diesem Sinne haben die meisten Fische keine Larven. Bekannte Ausnahmen sind die Neunaugen, einige Rochen, die Flösselhechte, die Aal- und Schollenartigen, die Lungenfische und einige andere Gruppen (Abb. 55).

Bei den meisten Arten wird die Geschlechtsreife durch allmähliche Annäherung erreicht. Der geschlüpfte Jungfisch wird dem typischen Erscheinungsbild der Art immer ähnlicher. Dabei treten oft Jugendfärbungen und Jugendformen auf, jedoch sind die Übergänge stets fließend.

Vererbung

Die Nachkommen sind den Eltern ähnlich, ihre Merkmale stimmen mit denen der Eltern überein. Den Nachkommen wird die Fähigkeit vererbt, sich so zu entwickeln, daß sie den Eltern ähnlich sind. Es werden demnach nicht Merkmale, sondern Fähigkeiten zur Ausbildung von Merkmalen vererbt. Zum Beispiel zeigt die befruchtete Eizelle des Stichlings keinerlei Ähnlichkeit mit einem Stichling, sie enthält aber die Information zur Ausbildung eines Stichlings. Durch die Information ist die Entwicklung des Stichlingeies so programmiert, daß aus dieser Eizelle nur ein Stichling hervorgehen kann. Vererbung ist demnach die Übertragung von gespeicherten Informationen von einer auf die nächste Generation.

Ort der Informationsspeicherung sind vor allem besondere Strukturen im Zellkern (Kernschleifen). Die für die Ausbildung der Merkmale zuständigen Einheiten der gespeicherten Information sind die Gene. Häufig ist für ein Merkmal ein Gen zuständig. Die Speicherung selbst wird mit Hilfe von vier chemischen Verbindungen erreicht, die in riesiger Anzahl, aber in unterschiedlicher Reihenfolge linear angeordnet sind. Das Prinzip ist dem des Morsealphabets ähnlich. Durch die drei in linearer Folge verschiedenartig gruppierten Zeichen des Morsealphabetes – Punkt, Strich, Zwischenraum – läßt sich alles sagen, läßt sich jede Information übermitteln. Die lebende Materie benutzt vier Zeichen, vier chemische Verbindungen in linearer Anordnung, um bei allen Organismen, beginnend bei den Viren bis hin zum Menschen, die Vererbung zu realisieren, das heißt, Informationen von einer Generation auf die nächste Generation zu übertragen.

Die Individualität eines Lebewesens beginnt mit der Vereinigung von Eizelle und Samenfaden. Das Vereinigungsprodukt heißt Zygote (siehe S. 85).

Sowohl die Eizelle als auch der Samenfaden enthalten gespeicherte Information. Bei der Befruchtung vereinigen sich demnach beide Informationen. Da die in der Eizelle und im Samenfaden gespeicherten Informationen so gut wie identisch sind, enthält die Zygote praktisch zweimal die gleiche Information. Es wurde oben bereits gesagt, daß die Information vorwiegend in besonderen Strukturen des Zellkerns gespeichert wird. Diese schleifen-, stab- oder kugelförmigen Strukturen lassen sich in histologischen Präparaten mit basischen Farbstoffen relativ leicht darstellen und wurden deshalb als Kernschleifen oder Chromosomen (Farbkörper) bezeichnet. Grundsätzlich ist die Zahl der Chromosomen im Zellkern bei allen Individuen einer Art gleich, die Chromosomenzahl ist artspezifisch, ein Merkmal der Art.

Bei fast allen mehrzelligen Tieren ist die Zahl der Chromosomen durch 2 teilbar (Mensch 46, Barsch 44, Karpfen 104, Karausche 94, Lachs 60). Diese Teilbarkeit durch 2 geht auf die geschilderte Tatsache zurück, daß bei der Befruchtung der Vorkern der Eizelle mit dem Vorkern der Samenzelle verschmilzt. Beide Kerne enthalten, wie bereits erwähnt, die gleiche Anzahl von Chromosomen. Es wird praktisch die Chromosomengarnitur der Eizelle (mütterliche Chromosomen) mit der Chromosomengarnitur des Samenfadens (väterliche Chromosomen) zu einem Chromosomensatz vereinigt (z. B. Mensch 23 + 23, Barsch 22 + 22, Karpfen 52 + 52).

Chromosomensätze, in denen auf Grund dieser Vorgänge zwei gleiche Garnituren vorhanden sind, das heißt jedes Chromosom doppelt vorliegt, nennt man diploid. Die reife Eizelle und der befruchtungsfähige Samenfaden enthalten dagegen nur eine Garnitur, jedes Chromosom ist nur einmal vorhanden, sie sind haploid.

Jeder diploide Organismus muß nun durch eine ganz bestimmte Folge von Chromosomen- und Zellteilungen (Meiose) dafür Sorge tragen, daß aus seinen diploiden Urgeschlechtszellen haploide Geschlechtszellen werden. Nur so kann verhindert werden, daß sich die Zahl der Chromosomen von Generation zu Generation verdoppelt.

Durch die Meiose entstehen aus diploiden Ureizellen haploide Eizellen und aus diploiden Ursamenzellen haploide Samenfäden (vgl. auch S. 84). Die haploide Eizelle vereinigt sich mit der haploiden Samenzelle zur diploiden Zygote, aus der durch normale Zellteilung (Mitose) alle diploiden Zellen des Körpers, auch die Urgeschlechtszellen, hervorgehen (Abb. 56). Diese werden durch die Meiose wieder zu haploiden Geschlechtszellen. Diploid heißt auch, die Information ist doppelt gespeichert, haploid dagegen, die Information ist nur einmal vorhanden.

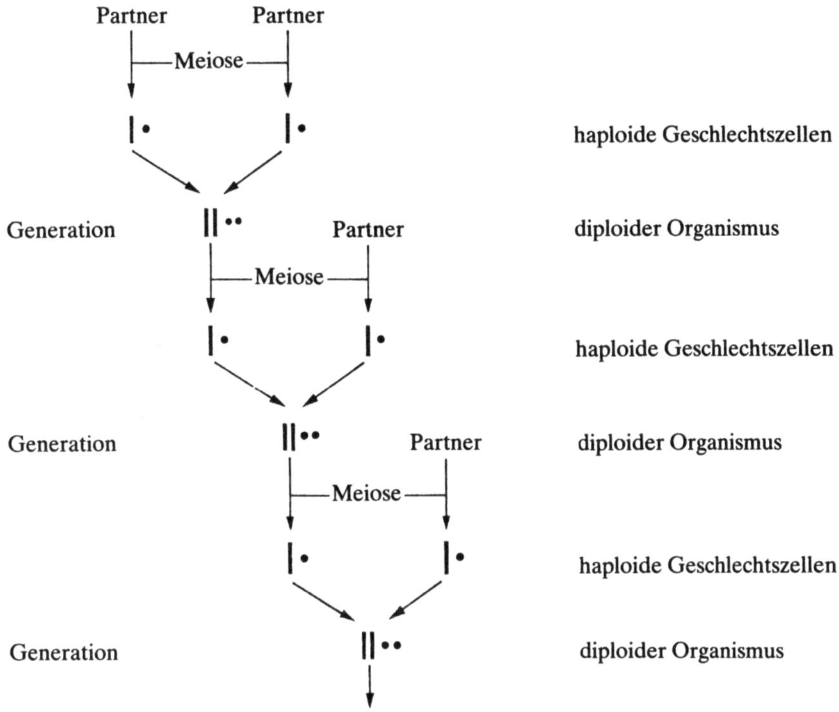

Abb. 56 Schema zur Verdeutlichung des von Generation zu Generation konstant bleibenden Chromosomensatzes. Jedes Individuum (Organismus) ist diploid, d. h., es hat zwei identische Chromosomengarnituren (hier durch 2 Stäbchen und 2 Kugeln symbolisiert). Während der Reifung der Geschlechtszellen wird durch eine besondere Teilungsfolge der Chromosomensatz auf eine Garnitur reduziert, die reifen Geschlechtszellen sind deshalb haploid (hier durch 1 Stäbchen und 1 Kugel symbolisiert). Die Vereinigung einer haploiden Eizelle mit einem haploiden Samenfaden ergibt in dem neuen Organismus wieder den diploiden Zustand.

Zum Verständnis der nachfolgend behandelten Mendel- oder Kreuzungsgesetze ist es erforderlich, sich noch mit einigen anderen Aspekten der Genetik und Züchtung vertraut zu machen.

Da im diploiden Chromosomensatz jedes Chromosom doppelt vorliegt, sind auch die in den Chromosomen angeordneten Gene doppelt vorhanden (Abb. 57). Das Chromosom A und das homologe Chromosom A' haben die gleiche Abfolge (Sequenz) von Genen, das heißt, jedem einzelnen Gen im Chromosom A entspricht ein Gen im Chromosom A'. Solche sich in ihrer Lage entsprechenden Gene bezeichnet man als allele Gene oder kurz als »Allele«. In Abb. 57 sind 9 Allele eingezeichnet. Allele Gene können die Ausbildung eines Merkmals, zum Beispiel die Farbe des Auges, gleichartig oder ungleichartig regulieren, sie sind homozygot oder heterozygot. Der ganze Organismus ist damit in bezug auf dieses Merkmal reinerbig oder mischerbig.

Heterozygote Allele entstehen durch spontane Veränderungen einzelner Gene, sogenannte Genmutationen. Eine Genmutation ist in der Regel ein einmaliges zufälliges Ereignis im Erbgut eines einzelnen Organismus. Jedoch kann das mutierte Gen durch die Fortpflanzung auf viele Nachkommen übertragen werden. Andere Einzelindividuen streuen andere Genmutationen. In einer Population von Organismen entstehen so ständig neue Varianten des Erbgefüges und damit der Merkmale. Alle neuen Merk-

Abb. 57 Schema zur Verdeutlichung des Begriffes »allele Gene«. Das linke und rechte Chromosom entsprechen sich, sind homolog. Jedem Gen (Kreis) des einen Chromosoms entspricht ein Gen in dem anderen Chromosom, z. B. AA'. Sich entsprechende Gene bezeichnet man als Allele. Die Zustandsform eines Allels kann gleich oder ungleich sein.

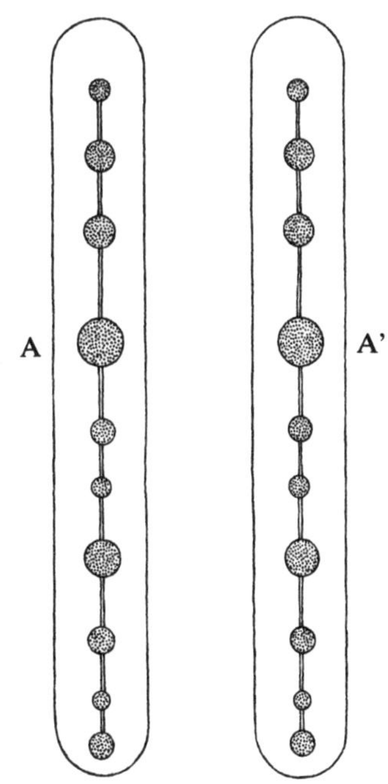

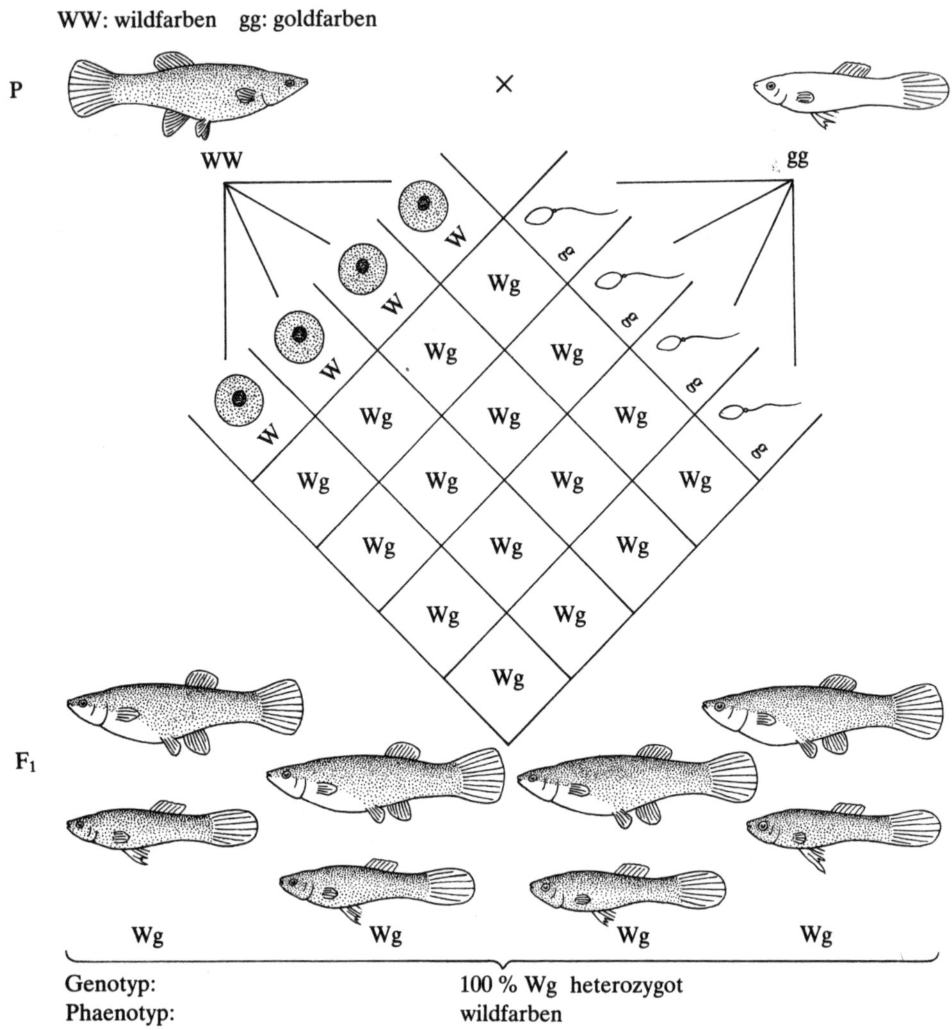

Abb. 58 Beispiel für das 1. Mendelgesetz (Uniformitätsgesetz). Die beiden oben dargestellten Guppies sind reinerbig, das ♀ hat zwei allele Gene, die Wildfarbigkeit bedingen (WW), das ♂ stattdessen zwei Gene, die Goldfarbigkeit bedingen (gg). Die W-Gene sind dominant, die g-Gene rezessiv. Durch die Meiose entstehen W-Eier bzw. g-Samenfäden. Bei Kreuzungen ergeben alle Kombinationen die Gruppierung Wg, alle Nachkommen sind hinsichtlich dieses Merkmals mischerbig. Da jedoch W über g dominiert, färben alle Nachkommen wildfarben aus, das Erscheinungsbild (Phaenotyp) ist einheitlich wildfarben.

male müssen sich in der Umwelt der Population bewähren, die Umwelt der Population stabilisiert Erbänderungen, die das Überleben fördern, und eliminiert solche, die Überlebenschancen reduzieren. Populationen einer Art können sich dabei in ihrem Erbgefüge so weit voneinander entfernen, daß sie den Status von Tochterarten annehmen, das heißt, bei Kreuzungen nur noch unfruchtbare Nachkommen produzieren.

Hauptsächlich auf der Basis dieser Mechanismen (Mutation und natürliche Auslese) hat sich im Laufe der Erdgeschichte aus Urformen die fast unüberschaubare Vielfalt der Lebewesen entwickelt.

Bei der Züchtung von Tieren und Pflanzen wird das Prinzip einseitig verändert. Die Züchtung nutzt die Unterschiede im Erbgefüge, ja versucht sogar, Unterschiede experimentell zu erzeugen. Jedoch überläßt sie diese nicht der natürlichen Auslese, sondern selektiert nach Zuchtzielen. Bei Nutzfischen können dabei zum Beispiel die Wüchsigkeit, die Beschuppung, der Grätenreichtum, bei Aquarienfischen die Farbigkeit, die Beflossung, die Körperform im Vordergrund stehen.

In der Aquaristik werden Zuchtziele meist durch Linienzucht verfolgt. Dabei verfährt man nach folgendem Schema:

- Festlegung des Zuchtzieles,
- Auswahl eines Zuchtpaares, bei dem das Zuchtziel bereits möglichst gut angedeutet ist,
- Inzucht über viele Generationen, wobei aus jeder Nachzuchtgeneration nur solche Nachzuchttiere verpaart werden, die das Zuchtziel-Merkmal am deutlichsten zeigen,
- Abbruch des Experiments, wenn in mehreren aufeinanderfolgenden Generationen alle Nachzuchttiere dem Zuchtziel entsprechen, also das Zuchtziel bei allen Nachzuchttieren gleichartig ausgeprägt ist.

Bei Linienzuchten spontan auftretende neue Merkmale, zum Beispiel Langflossigkeit, können in gesonderten Linien weiter verfolgt werden. Nicht alle Linienzuchten führen zum Erfolg. Oft bringt die ständige Inzucht unkalkulierbare Nachteile mit sich, die zum Abbruch des Experiments zwingen, zum Beispiel Kleinwüchsigkeit, Anfälligkeit gegen Krankheiten, hohe Mißbildungsrate.

Andererseits sind die Nachkommen gelungener Linienzuchten weitgehend reinerbig, das heißt, fast alle allelen Gene sind homozygot. Erst solche reinerbigen Rassen lassen sich untereinander oder mit natürlichen Populationen nach bestimmten Programmen kreuzen. Dabei zeigt sich letztlich auch, ob tatsächlich Reinerbigkeit vorliegt. Das Kreuzungsexperiment war bis vor wenigen Jahren die einzige Möglichkeit, Merkmale verschiedener Rassen zu kombinieren und damit neue Rassen zu züchten. Erst in letzter Zeit wurde die Züchtung durch Methoden der Gentechnologie bereichert. Sie ermöglichen die Übertragung von Genen zwischen Arten.

Mendelgesetze (Kreuzungsgesetze)

Bislang sind nur wenige Fischgruppen hinsichtlich ihrer Vererbung eingehend analysiert worden. Dazu gehören vor allem die Gattungen *Xiphophorus, Poecilia* und *Oryzias* der Zahnkarpfen sowie die Gattungen *Cyprinus* und *Carassius* der Karpfenfische. Auch

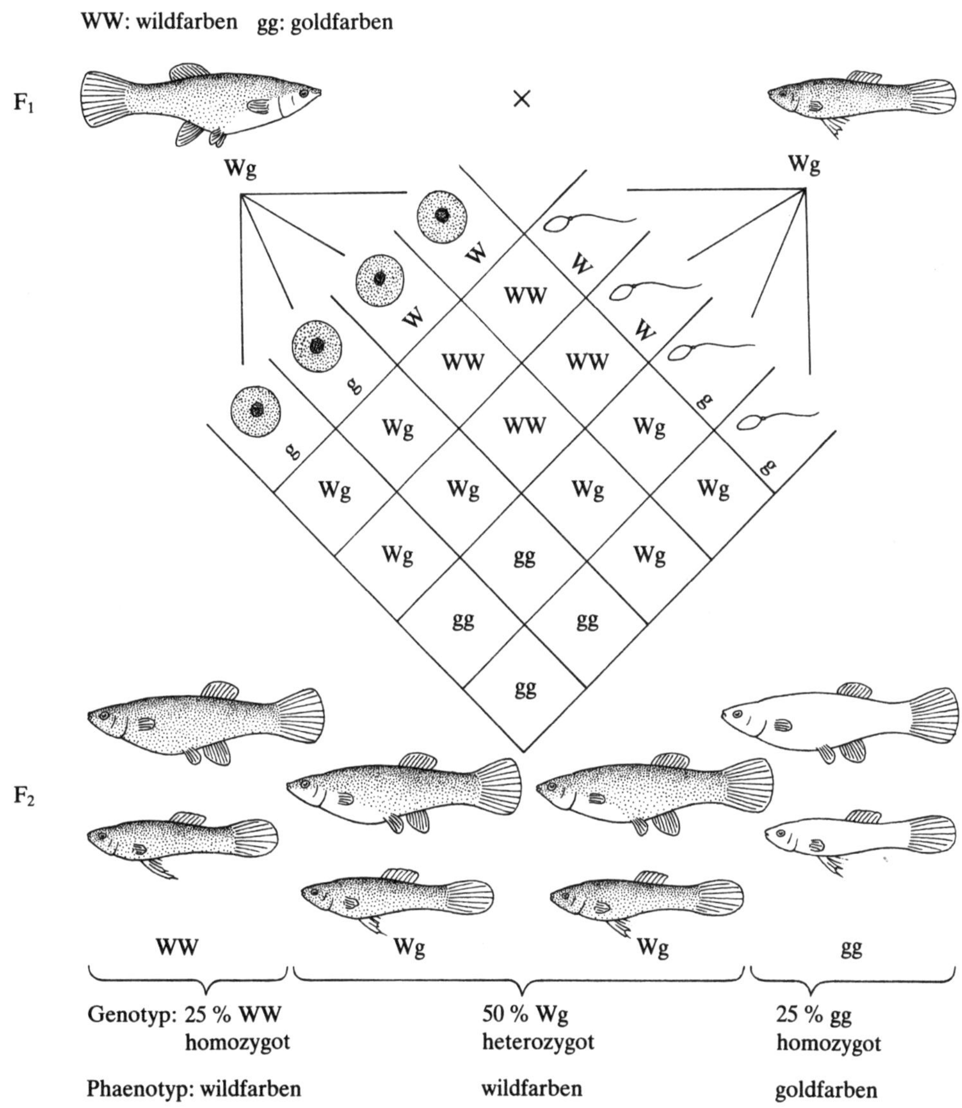

Abb. 59 Beispiel für das 2. Mendelgesetz (Spaltungsgesetz). Die beiden oben dargestellten Guppies sind Nachkommen (F_1-Generation) der in Abb. 58 dargestellten Elterngeneration (P) und beide nach dem 1. Mendelgesetz mischerbig (Wg). Durch die Meiose entstehen W-Eier und g-Eier bzw. W-Samenfäden und g-Samenfäden. Das Diagramm zeigt die daraus resultierenden Kombinationen in der F_2-Generation. Die prozentuale Verteilung der Kombinationen ist unten angegeben. Da W jedoch über g dominiert, sind 75% wildfarben und nur 25% goldfarben. Die heterozygoten Tiere der F_2-Generation kann man wieder untereinander kreuzen und erhält die gleiche Aufspaltung.

bei der Kreuzung von Fischen haben die Mendelgesetze Gültigkeit.

Erstes Mendelgesetz: *Kreuzt man reinrassige Eltern (P-Generation), die sich in einem oder mehreren Merkmalen unterscheiden, so sind die Nachkommen (F_1-Generation) untereinander gleich.*

Abb. 60 Beispiel für das 3. Mendelgesetz (Neukombination der Gene). Die beiden Schwertträger der Elterngeneration P unterscheiden sich in zwei Merkmalen. Alle Tiere der F_1-Generation sind nach dem 1. Mendelgesetz einheitlich mischerbig, haben die Kombination WwRr. Kreuzt man diese untereinander, so ergeben sich neue Genkombinationen, die im einzelnen auf den Folgeseiten dargestellt werden. Die drei dickumrandeten Kombinationen sind blutrot, jedoch ist davon nur die Kombination wwRR reinerbig.

Wenn wir zum Beispiel einen wildfarbigen Guppy mit einem Goldguppy verpaaren, so sind alle Nachkommen einheitlich wildfarben (Abb. 58). Der Chromosomensatz des ♀ enthält in diesem Fall gleichwertige allele Gene für die Ausbildung der Wildfarbe (WW), der Satz des ♂ gleichwertige allele Gene für die Ausbildung der Goldfarbe (gg). Bei den Nachkommen sind beide gemischt (Wg), jedoch tritt die eine Farbgebung so stark hervor, daß die andere nicht zur Geltung kommt. Bei den Bastarden dominiert die Wildfarbe, sie ist dominant gegenüber der Goldfarbe. Die Goldfarbe dagegen wird zurückgedrängt, sie ist rezessiv gegenüber der Wildfarbe. Stünden die Nachkommen hinsichtlich ihrer Färbung zwischen den Eltern, so würde man diese als intermediär bezeichnen.

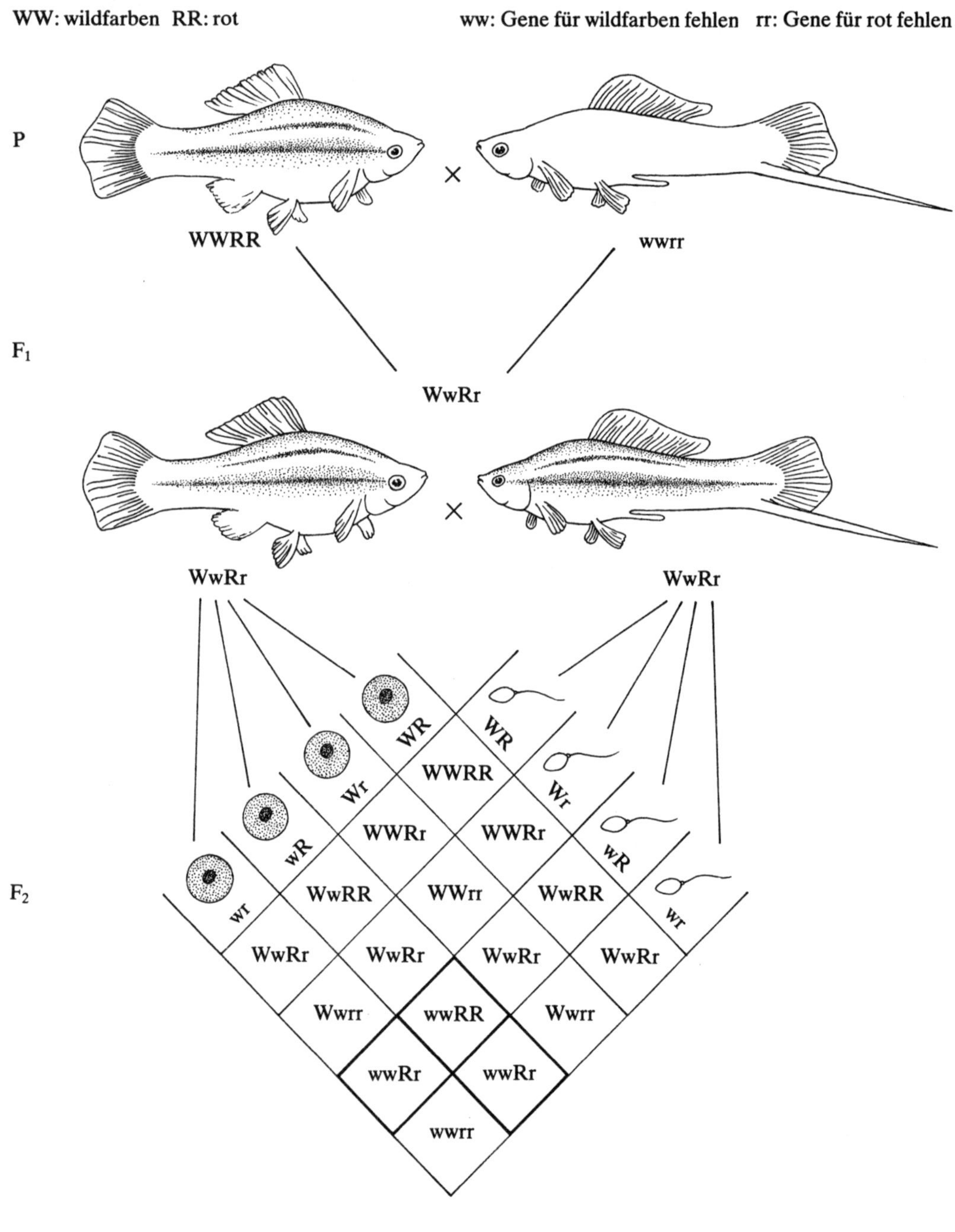

Dominante Gene werden mit einem Großbuchstaben, rezessive Gene mit einem Kleinbuchstaben gekennzeichnet.

Zusammenfassend läßt sich feststellen: Die F_1-Generation ist hinsichtlich ihrer Erbanlage (Genotypus) mischerbig, hinsichtlich ihres Aussehens (Phaenotypus) entspricht oder ähnelt sie einem Elternteil (dominanter Phaenotypus) oder steht zwischen beiden Eltern (intermediärer Phaenotypus).

Zweites Mendelgesetz: *Kreuzt man die Bastarde der F_1-Generation untereinander, so sind die Nachkommen (F_2-Generation) nicht mehr gleich, sondern spalten im Verhältnis 25% : 50% : 25% auf. Die zweite Mendelsche Regel gilt nur unter der Voraussetzung, daß sich die Eltern (P) der F_1-Generation nur in einem Merkmal unterscheiden.*

Kreuzen wir zum Beispiel unsere Guppybastarde untereinander, so ergeben sich 25% reinrassig wildfarbene, 50% Mischlinge, die jedoch, da wildfarbig über goldfarbig dominiert, auch wildfarbig wären, und 25% reinrassige Goldguppys (Abb. 59). Die Bastarde der F_2-Generation könnten wir wieder untereinander kreuzen und würden in der F_3-Generation die gleiche Aufspaltung erhalten.

Der Erbgang der zweiten Regel zeigt deutlich, daß es sich bei den Vertretern der F_1-Generation um Bastarde handelt, die beide Gene enthalten. Die Gene werden in der F_2-Generation zum Teil entmischt.

Drittes Mendelgesetz: *Kreuzt man Individuen, die sich in mehr als einem Merkmal unterscheiden, so treten in der F_2-Generation Neukombinationen auf (Neukombination der Gene).*

Wir kreuzen zur Demonstration dieses Erbganges einen normal blaßroten Schwertträger *(Xiphophorus)* mit einem gelben, schwarzäugigen Schwertträger. Der blaßrote Schwertträger hat die dominanten Allele für wildfarbig und rot (WWRR), das gelbe Tier rezessive Allele für diese Merkmale (wwrr).

Die F_1-Generation ist uniform, alle Tiere enthalten die Kombination WwRr. Kreuzt man diese untereinander, so treten neue Kombinationen auf (Abb. 60). Besonders bemerkenswert sind dabei die Kombinationen wwRR und wwRr. Die rote Farbe tritt auf Grund der rezessiven Wildfarben-Gene leuchtend hervor. Gruppiert man alle Kombinationen, so ergibt sich (RE = reinerbig, ME = mischerbig):

Kombination	Anteil in %	Zustand	Phaenotypus in Anteilen	
WWRR	6,25	RE	blaßrot	9
WwRR	12,50	ME		
WWRr	12,50	ME		
WwRr	25,00	ME		
wwRR	6,25	RE	blutrot	3
wwRr	12,50	ME		
WWrr	6,25	RE	wildfarbig	3
Wwrr	12,50	ME		
wwrr	6,25	RE	gelb	1

Unter den 9 Kombinationen sind 4 reinerbig und 5 mischerbig. Dem Aussehen nach, also phaenotypisch, tritt eine Aufspaltung 9 : 3 : 3 : 1 ein. Allerdings muß man dabei stets berücksichtigen, daß die 9 gleichartig aussehenden, blaßroten Schwertträger hinsichtlich ihres Erbgutes nicht einheitlich sind, sondern die Einheitlichkeit nur dadurch vorgetäuscht wird, daß in allen Fällen zumindest je ein dominantes Gen für Rot (R) und Wildfarbe (W) vorhanden ist. Beide halten sich die Waage und bedingen die blaßrote bis kupferrote Ausfärbung.

Rückkreuzungen

Rückkreuzungen sind für die praktische Züchtungsarbeit häufig besonders wichtig. Der Züchter kann mit Rückkreuzungen verschiedene Ziele verfolgen. So läßt sich zum Beispiel damit die Erbreinheit des Ausgangsmaterials prüfen.

Rückkreuzungen werden zwischen der F_1- und der P-Generation durchgeführt. Nehmen wir zum Beispiel wieder die Bastarde der Kreuzung wildfarbiger Guppy × Goldguppy (siehe S. 92) und kreuzen diese mit dem einen oder dem anderen Elternteil, so erhalten wir unter der Voraussetzung, daß die P-Generation in bezug auf das verfolgte Merkmal reinerbig war, 50% reinerbige und 50% mischerbige Nachkommen (Abb. 61).

Allerdings muß man bei dominanter Vererbung eines Merkmals mit beiden Eltern rückkreuzen, da, wie unser Beispiel zeigt, bei der Rückkreuzung WW × Wg auf Grund der Dominanz des Gens W alle Nachkommen wildfarbig sind, das heißt, daß der Prozentsatz nicht feststellbar ist.

Komplizierter sind Rückkreuzungen, wenn sich die Eltern in mehr als einem Merkmal unterscheiden (dihybride bis polyhybride Rückkreuzungen). Hier soll nur auf das Beispiel des roten Schwertträgers eingegangen werden (Abb. 62).

Nehmen wir die Bastarde der F_1-Generation (WwRr) und kreuzen diese mit dem Elternteil (wwrr) zurück, so ergibt sich (RE = reinerbig, ME = mischerbig):

Kombination	Anteil in %	Zustand	Phaenotypus	Anteil in %
WwRr	25	ME	blaßrot	25
Wwrr	25	ME	wildfarbig	25
Rrww	25	ME	blutrot	25
rrww	25	RE	gelb	25

Wie oben auf dieser Seite gezeigt, ergeben sich blutrote Schwertträger bei der Paarung der F_1-Generation untereinander (3. Mendelgesetz). Das voranstehende Beispiel macht deutlich, daß man auch durch Rückkreuzung zu blutroten Schwertträgern kommen kann. Ja, der erfahrene Züchter weiß, daß er durch Rückkreuzung oft schneller das Ziel erreicht.

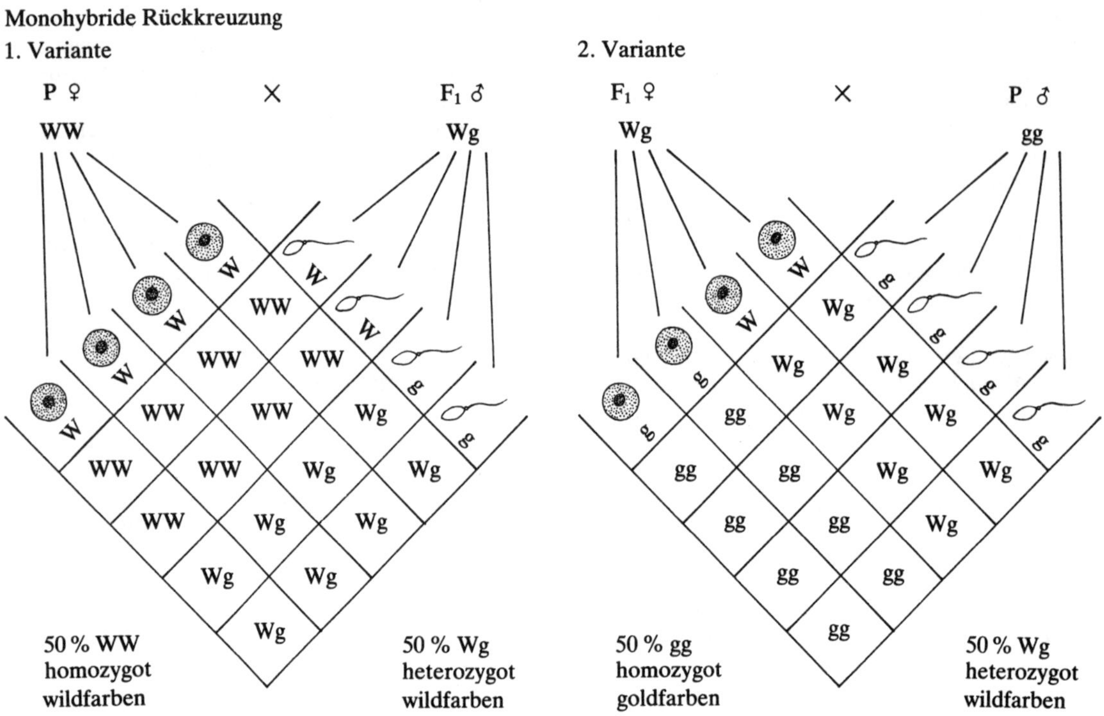

Abb. 61 Rückkreuzungsdiagramme für Erbgänge, bei denen sich die Ausgangstiere (Elterngeneration) in einem Merkmal unterscheiden (monohybride Rückkreuzung). Bezug Abb. 58. Links: Das P-♀ WW mit einem F_1-♂ Wg gekreuzt, ergibt 50% reinerbige Nachkommen WW und 50% mischerbige Nachkommen Wg. Da W jedoch über g dominiert, sind alle Tiere wildfarben, d. h., die reinerbigen lassen sich von den mischerbigen nicht unterscheiden.
Rechts: Ein F_1-♀ Wg mit dem P-♂ gg gekreuzt, ergibt 50% reinerbige Nachkommen gg und 50% mischerbige Nachkommen Wg. In diesem Fall lassen sich jedoch die rein- und mischerbigen Fische auch in ihrem Erscheinungsbild (Phaenotypus) deutlich unterscheiden.

Besondere Aspekte der Vererbung

Geschlechtsgebundene Vererbung

Unter geschlechtsgebundener Vererbung versteht man die Erscheinung, daß bestimmte Merkmale an ein bestimmtes Geschlecht gebunden sind und nur bei diesem auftreten. Zum Beispiel sind bestimmte Farbmerkmale nur beim Guppymännchen vorhanden. Auch die schwarze Tüpfelung an den Körperseiten von *Xiphophorus variatus* ist nur beim ♂ zu finden. Diese Kopplung von Geschlecht und Merkmal ist durch die Lokalisation der Anlage für beide Merkmale in den Geschlechtschromosomen bedingt. Als Geschlechtschromosomen bezeichnet man spezielle Chromosomen, die geschlechtsbestimmende Gene enthalten. Im diploiden Satz sind in der Regel zwei Geschlechtschromosomen vorhanden, sie werden mit X und Y bezeichnet. Beim Menschen hat die Frau zwei X-Chromosomen (XX), der Mann ein X- und ein Y-Chromosom (XY). Kommen bei der Befruchtung zwei X-Chromosomen zusammen, so entwickelt sich aus der Eizelle ein weibliches, bei Vereinigung von X und Y dagegen ein männliches Individuum.

Ähnliche Verhältnisse treffen wir bei manchen Fischen an. So kommen zum Beispiel bei den Zahnkarpfen folgende Gruppierungen der Geschlechtschromosomen vor:

Art	♂	♀
Poecilia nigrofasciata	XY	XX
Poecilia reticulata	XY	XX
Xiphophorus xiphidium	XY	XX
Xiphophorus variatus	XY	XX
Xiphophorus helleri keine Geschlechtschromosomen		

Liegt nun beispielsweise ein Farbgen im Y-Chromosom, so wird das Merkmal, das heißt die entsprechende Farbe, nur bei dem Geschlecht auftreten, das ein Y-Chromosom besitzt. Bei *Xiphophorus variatus* haben wir so einen Fall. Dort liegt das Gen für die schwarze Fleckung an den Seiten im Y-Chromosom, das Merkmal findet man deshalb nur beim ♂.

Viele Fischarten haben keine Geschlechtschromosomen. Bei diesen Arten liegen die geschlechtsbestimmenden Gene in normalen Chromosomen (z. B. *Xiphophorus helleri*). Die Mechanismen der Geschlechtsbestimmung sind in diesen Fällen oft schwerer zu analysieren und zu übersehen.

Bei der Ausprägung des genetisch festgelegten Geschlechts sind Geschlechtshormone beteiligt. Experimentell läßt sich bei einigen Arten mit weiblichen Geschlechtshormonen aus einem genetischen Männchen ein Weibchen erzeugen.

Die geschlechtsgebundene Vererbung ist bei Fischen sehr verbreitet und bedingt den deutlichen Geschlechtsdimorphismus vieler Arten.

Gekoppelte Erbanlagen

Die geschlechtsgebundene Vererbung ist nur ein spezieller Fall der viel allgemeineren Tatsache, daß manche Merkmale stets gemeinsam, das heißt gekoppelt, auftreten. Diese Verhältnisse sind letztlich dadurch bedingt, daß die Zahl der Merkmalsanlagen (Gene) unendlich viel größer ist als die Zahl der Chromosomen. Jedes Chromosom enthält viele Tausend Gene. Da aber andererseits bei der Meiose und Mitose nur ganze Chromosomen geteilt und verlagert werden, bleibt praktisch die Gengruppierung im Chromosom unverändert. Wie in einem beladenen Güterzug die verschiedenartige Aneinanderkopplung der Wagen nichts an ihrem Inhalt ändert, so ändert die Chromosomenteilung nichts an der Gengruppierung. Bis heute konnte besonders bei Zahnkarpfen eine sehr große Anzahl von Genkopplungen analysiert werden.

Genaustausch

Durch besondere Vorgänge kann es während der Meiose (siehe S. 88) zum Austausch von Chromosomenabschnitten zwischen homologen Chromosomen kommen. Bekannt ist bei Zahnkarpfen unter anderem Genaustausch zwischen dem X- und Y-Chromosom. Die mit Genaustausch verbundenen komplizierten Erbgänge lassen sich allerdings meist nur durch langjährige Forschungsarbeit befriedigend klären.

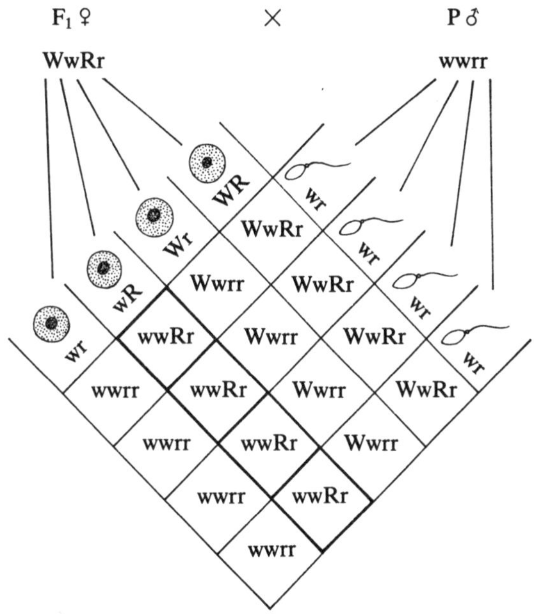

25 % WwRr heterozygot
25 % Wwrr heterozygot
25 % wwRr heterozygot
25 % wwrr homozygot

Abb. 62 Rückkreuzungsdiagramm für Erbgänge, bei denen sich die Ausgangstiere in zwei Merkmalen unterscheiden (dihybride Rückkreuzung). Bezug Abb. 60. Die dickumrandeten Kombinationen sind blutrot, jedoch ist keine dieser blutroten Kombinationen reinerbig.

Mutationen

Mutationen sind plötzlich auftretende Erbsprünge, die zur Veränderung einzelner oder mehrerer Merkmale führen können. Auf S. 89 wurden bereits die Genmutation und ihre Bedeutung für die stammesgeschichtliche Entwicklung erwähnt. Genmutationen

Tabelle 6 Färbung von Fischen bei erblichem Pigmentmangel (nach Schröder)

Farbe des Pigments	Chromatophorentyp	Stoffklasse	Färbung bei erblich bedingtem Mangel
schwarz oder braun	Melanophoren	Melanin	Albinismus: rot oder gelblich bis weiß mit roten Augen Xanthorismus: blond (gelb) oder bronzefarben (goldgelb) mit dunklen Augen
rot	Erythrophoren	Pterin, z. B. Drosopterin, Erythropterin	gelb, blau, weißlich
gelb und orange	Xanthophoren	Carotinoide, z. B. Lutein, Taraxanthin	rot, blau
rot, gelb und orange	Xanthoerythrophoren	Pterin und Carotinoide	blau (Alampie)
silbrig, verschiedenfarbig	Guanophoren = Iridozyten = Leukophoren	Guanin	verschiedene Farben

treten in der Gefangenschaft besonders häufig auf. So lassen sich die superlangflossigen Trauermantelsalmler, Zebrabärblinge, Kardinalfische und Segelflosser sowie die Zuchtformen des Goldfisches auf Genmutationen zurückführen. Daneben sind für die Aquaristik vor allem Mutanten interessant, die erblichen Pigmentmangel bedingen. Einen guten Überblick dazu gibt J. H. SCHRÖDER, ATZ **16**, 272–274 (1969). Diesem Artikel ist auch die Tabelle 6 entnommen.

Durch züchterische Kombination verschiedener Farbmangelmutanten konnte zum Beispiel beim Farbkarpfen die fast unüberschaubare Vielfalt an Farbschattierungen und Farbmustern erzielt werden. Ähnliche Erfolge sind vom Goldfisch, aber auch von Guppy, Platy, der Sumatrabarbe sowie dem Segelflosser, Diskus und anderen Buntbarschen bekannt.

In der freien Natur auftretende Farbmangelmutanten werden in der Regel aus den Populationen schnell eliminiert.

Tafel 17, Foto 50–52 Oben: Rautenflecksalmler *(Hemigrammus caudovittatus)* · Talerfisch *(Ctenobrycon spilurus)*. Unten: Trauermantelsalmler *(Gymnocorymbus ternetzi)*. Alle drei Schwarmfische eignen sich für den Anfänger.

Tafel 18, Foto 53–58 Oben: Karfunkelsalmler *(Hemigrammus pulcher)* · Rotkopfsalmler *(Petitella georgiae)*. Mitte: Schmucksalmler *(Hyphessobrycon bentosi bentosi)* · Rosensalmler *(Hyphessobrycon bentosi rosaceus)*. Unten: Blutsalmler *(Hyphessobrycon callistus)* · Dreibandsalmler *(Hyphessobrycon heterorhabdus)*

Tafel 19, Foto 59 Rotmaulsalmler *(Hemigrammus bleheri)*, eine Art, deren Zucht erst seit den letzten Jahren in größerem Umfang gelingt

Tafel 20, Foto 60–62 Oben: Laternensalmler *(Hemigrammus ocellifer)*. Mitte: Sternflecksalmler *(Pristella maxillaris)*. Unten: Zitronensalmler *(Hyphessobrycon pulchripinnis)*. Alle drei Arten sind Schwarmfische, von denen man 15–20 Stück pflegen sollte.
Tafel 21, Foto 63 Kirschflecksalmler *(Hyphessobrycon erythrostigma)*. Im Gegensatz zu den meist kleinen Vertretern der Gattung kann die Art eine Gesamtlänge von 9 cm erreichen.

Tafel 22, Foto 64–69 Rivalisierende ♂♂, Balz und Paarung des Roten Phantomsalmlers *(Megalamphodus sweglesi)*
Tafel 23, Foto 70–74 Oben: Schwarzer Phantomsalmler *(Megalamphodus megalopterus)*, ♂, das ♀ ist kurzflossig, aber farbiger. Mitte: Roter von Rio *(Hyphessobrycon flammeus)* · Schwarzer Flaggensalmler *(Hyphessobrycon herbertaxelrodi)*. Unten: Brillantsalmler *(Moenkhausia pittieri)* · Rotaugen-Moenkhausia *(Moenkhausia sanctaefilomenae)*

Tafel 24, Foto 75–77 Oben: Kaisertetra *(Nematobrycon palmeri)*. Mitte: Rotaugen-Kaisertetra *(Nematobrycon lacortei)*. Unten: Blauer Kaisertetra *(Inpaichthys kerri)*. Diese Arten haben bei schrägem Lichteinfall stark irisierende Körperseiten.
Tafel 25, Foto 78–83 Oben: Längsbandziersalmler *(Nannostomus beckfordi)*, Aripiranga-Farbform · Balkenziersalmler *(Nannostomus espei)*. Mitte: Zwergziersalmler *(Nannostomus marginatus)* · Dreibindenziersalmler *(Nannostomus trifasciatus)*. Unten: Goldbindenziersalmler *(Nannostomus harrisoni)* · Einbindenziersalmler *(Nannostomus unifasciatus)*

Tafel 26, Foto 84–89 Oben: Spitzmaulziersalmler *(Nannostomus eques)* · Forellensalmler *(Copeina guttata)*. Mitte: Spritzsalmler *(Copella arnoldi)*, ♂ · Schuppenflecksalmler *(Pyrrhulina brevis)*. Unten: Augenstrichsalmler *(Pyrrhulina rachoviana)* · Schrägschwimmer *(Thayeria boehlkei)*

Tafel 27, Foto 90–92 Oben: Zweitupfen-Raubsalmler *(Exodon paradoxus)*, die Farbigkeit verblaßt bei älteren Tieren. Mitte: Vierbinden-Keulensalmler *(Hemiodopsis quadrimaculatus)*. Unten: Gebänderter Leporinus *(Leporinus fasciatus)*, Jungfisch, mit zunehmendem Alter trennen sich die drei Bindenpaare.

Tafel 28, Foto 93–94 Oben: Gefleckter Scheibensalmler *(Metynnis maculatus)*, bei älteren Tieren wird die Fleckung undeutlicher, die Afterflosse orangerot. Unten: Mühlsteinsalmler *(Mylossoma duriventre)*, Jungfisch
Tafel 29, Foto 95 Rotsichelmyleus *(Metynnis rubropinnis)*, ♂. Während der Laichzeit ändert sich die Färbung angeblich vollständig. Die Tiere sollen dann zahlreiche goldrote Flecken an den Körperseiten aufweisen.

Tafel 30, Foto 96–97 Oben: Kongosalmler *(Phenacogrammus interruptus)*, ♂ mit stark verlängerten Flossenstrahlen. Unten: Sägesalmler der Gattung *Serrasalmus*, vermutlich *Serrasalmus piraya*. Alle gefährlichen Arten haben einen bulligen Kopf und ein wulstiges Kinn.
Tafel 31, Foto 98–101 Oben: Schwarzer Messerfisch *(Apteronotus albifrons)*, eine Art mit schwach elektrischem Organ. Mitte: Haibarbe *(Balantiocheilus melanopterus)*. Unten: Grüner Neolebias *(Neolebias ansorgii)*, einer der kleinsten afrikanischen Salmler · Tigerbarbe *(Barbus fasciolatus)*

Tafel 32, Foto 102–104 Oben: Afrikanische Einstreifenbarbe *(Barbus ablabes)* · Prachtglanzbarbe *(Barbus arulius)*, ältere ♂♂ haben stark verlängerte Rückenflossenstrahlen. Unten: Prachtbarbe *(Barbus conchonius)*, die bereits 1903 eingeführte Art läßt sich besonders leicht züchten.

Verhalten

Einführung

Die Verhaltensweisen einer Tierart sind artspezifisch und stellen damit einen wichtigen Merkmalskomplex der Art dar. Wie bei morphologischen Merkmalen kann man aus Ähnlichkeiten von Verhaltensmerkmalen auf verwandtschaftliche Beziehungen schließen. Die Verhaltensweisen der einzelnen Arten einer Verwandtschaftsgruppe sind nur Varianten eines für die ganze Gruppe charakteristischen Verhaltensinventars.

Die meisten Verhaltensweisen der Tiere sind angeboren, das heißt Instinkthandlungen. Die Lehre vom Verhalten wird als Ethologie bezeichnet, sie hat allgemeine und spezielle Arbeitsrichtungen. Die allgemeine Ethologie beschäftigt sich vor allem mit den Gesetzmäßigkeiten und Interpretationen von Verhaltensweisen. Das Hauptanliegen der speziellen Ethologie ist auf die Inventarisierung von Verhaltensweisen, also die Aufstellung von Verhaltensmonographien (Ethogrammen) orientiert. Die Aquaristik hat vor allem wertvolle Beiträge zur speziellen Ethologie der Fische geliefert.

Zum Verhaltensinventar eines Tieres gehören alle Verhaltensweisen, so zum Beispiel Instinkthandlungen aus den Funktionskreisen Fortbewegung, Suche-Abgrenzung-Sicherung von Revieren, soziale Kontakte, Nahrungssuche und Nahrungserwerb, Ruhe und Schlaf, Angriff und Verteidigung, Fortpflanzung, Brutpflege, Spielverhalten. Für jeden dieser Funktionskreise sind bestimmte Verhaltensmuster charakteristisch. Allerdings laufen diese nicht automatisch ab, sondern werden durch Schlüsselreize ausgelöst und in Form von Einzelhandlungen in bestimmte Richtungen gelenkt. Man kann sich den Prozeß als Perlenkette vorstellen, die an einer Stelle reißt und deren Perlen nur nacheinander, aber nicht gleichzeitig von der Schnur rutschen können. Die Abfolge der Einzelhandlungen eines bestimmten Verhaltensmusters ist festgelegt, jede Einzelhandlung kann nur stattfinden, wenn die vorhergehende zumindest andeutungsweise realisiert wurde.

Das relativ einfache Grundprinzip wird allerdings durch zahlreiche Faktoren zusätzlich beeinflußt, so vor allem durch den Handlungsdrang. Dieser kann schwach oder stark sein. Bei einem ausgehungerten Fisch wird das Verhaltensmuster von Nahrungssuche und Nahrungserwerb intensiver ablaufen als bei einem gut im Futter stehenden Fisch, ein in der Laichzeit isoliert gehaltenes Männchen wird bei der Begegnung mit laichbereiten Weibchen intensiver balzen als ein Männchen, das ständig von Weibchen umgeben ist. Komplizierter ist die Situation, wenn mehrere Verhaltensmuster gleichzeitig ausgelöst werden oder in ein ablaufendes Muster ein Schlüsselreiz fällt, der ein anderes Muster anstößt. Bei der Fortpflanzung sind die Paarungsmuster der beiden Partner verschieden, aber nicht unabhängig. Jede Einzelhandlung des Männchens löst eine bestimmte Einzelhandlung des Weibchens aus, die ihrerseits die nächste Einzelhandlung des Männchens zur Folge hat. Die Balz- und Paarungsmuster der Männchen und Weibchen sind erbkoordiniert.

Die zu einem Funktionskreis gehörenden Instinkthandlungen werden nicht von gleichwertigen Zentren des Gehirns gesteuert, sondern zwischen den Zentren besteht ein Wertigkeitsgefälle. Diese »Instinkthierarchie« ist die notwendige Voraussetzung für das geordnete Zusammenspiel der einzelnen Schritte einer Instinkthandlung.

Fortpflanzungsverhalten

In der Aquaristik richtet sich das Hauptinteresse vor allem auf das Fortpflanzungsverhalten. Die Fortpflanzung selbst ist bei Fischen immer eine geschlechtliche und immer mit einer Vermehrung der Individuenzahl verbunden. Sie dient der Erhaltung der Art.

Unter natürlichen Bedingungen ist die Fortpflanzung mit ganz wenigen Ausnahmen auf bestimmte Jahreszeiten beschränkt, das heißt, die Laichzeiten der einzelnen Arten sind direkt von jahreszyklischen klimatischen Bedingungen abhängig. So werden zum Beispiel in unseren Breiten die Laichzeiten vielfach durch den Anstieg der Wassertemperatur oder der Lichteinstrahlung im Frühjahr, in den Tropen durch den Beginn der Regenzeit ausgelöst. Diese Einflüsse des Großklimas regen im Fisch bestimmte Hormondrüsen an, deren Tätigkeit das Tier in Fortpflanzungsbereitschaft versetzt. Diese Bereitschaft zur Fortpflanzung zeigt sich nicht nur in den Keimdrüsen, wo die Entwicklung der Ei- bzw. Samenzellen abgeschlossen wird, sondern vielfach auch in der Farbgebung, in der Körperform und im Verhalten, Erscheinungen, die treffend mit den Bezeichnungen Hochzeitskleid, Laichansatz, Hochzeitsstimmung charakterisiert werden. Hochzeitskleider oder Prachtkleider zeigen meist die Männchen solcher Fischarten, die sich hauptsächlich mit den Augen orientieren. Ein typisches Beispiel liefert das Männchen des Dreistacheligen Stichlings *(Gasterosteus aculeatus)*, das in der Fortpflanzungsperiode eine leuchtendrote Bauchseite und ein blaugrün irisierendes Auge aufweist (Taf. 89). Charakteristische Hochzeitskleider treten weiterhin bei Cichliden, bei Barben und anderen Fischgruppen auf. Arten mit fehlendem oder schwach entwickeltem Hochzeitskleid bilden in der Fortpflanzungsperiode vielfach charakteristische Knötchen in der Haut, sogenannten Laichausschlag (z. B. viele einheimische Karpfenfische).

Bei den Weibchen sind die Farbänderungen in der Fortpflanzungsperiode meist weniger deutlich. Wo solche auftreten, handelt es sich fast immer um brutpflegende Arten (s. weiter unten). Dagegen zeigen die Weibchen in der Regel eine starke Zunahme des Leibesumfanges, das heißt eine Veränderung der Körperform, die durch die Vergrößerung der Ovarien bedingt ist (Laichansatz).

Mit dem Hochzeitskleid oder dem Laichansatz wird den Artgenossen die eigene Fortpflanzungsbereitschaft signalisiert. Die Signale sind die Schlüsselreize, die bei anderen fortpflanzungsbereiten Artgenossen charakteristische Instinkthandlungen auslösen.

Besonders gut sind die Instinkthandlungen brutpflegender Fischgruppen (Stichlinge, Buntbarsche, Labyrinthfische) untersucht. Dagegen liegen von Gruppen ohne Brutpflege nur vereinzelte Beobachtungen vor. Diese einseitige Orientierung auf brutpflegende Arten ist durch die Tatsache bedingt, daß bei diesen die Instinkthandlungen viel mannigfaltiger sind und die einzelnen Phasen wesentlich klarer abgegrenzt werden können.

Im allgemeinen beginnen die Instinkthandlungen des Funktionskreises »Fortpflanzung« mit der Gründung eines Laichreviers. Reviergründer sind fast immer die Männchen. Jedes Revier hat ein Revierzentrum, meist einen Stein, eine Höhle, eine Grube oder ein Blatt. Das Revierzentrum ist der spätere Ablaichort, zum Beispiel legt der Dreistachelige Stichling das Nest im Revierzentrum an. Der Besitz eines Reviers kann den Artgenossen auf verschiedene Art und Weise demonstriert werden. So legt der Revierbesitzer meist eine besondere Färbung an (z. B. Buntbarsche, Stichlinge), oder er gibt besondere Töne von sich (z. B. Dorngrundeln) oder sendet elektrische Signale in Form eines konzentrischen Feldes aus (z. B. Nilhechte). Durch die Signale werden auch mehr oder weniger die Reviergrenzen angezeigt.

Der Revierbesitzer verteidigt sein Revier, wobei seine Kampfbereitschaft vom Zentrum bis zur Reviergrenze abnimmt. Bei manchen Arten sind die Reviere sehr stabile, lange Zeit besetzte Areale, andere Arten wechseln die Reviere häufig. Auch können junge Tiere labile, ältere dagegen sehr stabile Reviere gründen. Jedes fortpflanzungsbereite Männchen der gleichen Art, das sich dem Revier nähert oder in das Revier eindringt, wird bekämpft. Die Kämpfe sind ritualisiert, das heißt, sie laufen nicht willkürlich ab, sondern sind art- oder gruppenspezifische, phasenartig ablaufende Instinkthandlungen, die in der freien Natur in der Regel nicht zu Verletzungen führen. Sie beginnen meist mit Imponierhandlungen, durch die der Gegner eingeschüchtert werden soll. Die Gegner umschwimmen sich in engen Kreisen, wobei die Flossen maximal gespreizt werden und besonders kräftige Farben hervortreten. Anschließend folgen gegen den Rivalen gerichtete Schwanzschläge und erst dann Stöße und Bisse, bei den Buntbarschen häufig in Form des bekannten Maulzerrens. In der Regel gibt der Eindringling spätestens in diesem Stadium den Kampf auf und flüchtet aus dem Revier. Seine Unterlegenheit wird durch Verblassen der Farben, durch Anlegen der Flossen und häufig auch durch besondere Körperhaltungen (Demutsverhalten) signalisiert. Meist verfolgt der Revierbesitzer in freier Natur den Rivalen nicht über die Reviergrenzen hinaus. Junge, nicht geschlechtsreife Männchen werden bei vielen Arten auf Grund ihrer Färbung und Zeichnung als geschlechtlich neutral angesehen und nicht beachtet, andere Arten vertreiben sie gleichfalls aus dem Revier. Bei einzelnen Buntbarschen können sich junge Männchen in die Reviere älterer einschwindeln, indem sie Weibchentracht anlegen. Bei nebeneinanderliegenden Revieren kommt es an den Reviergrenzen oft zu Kommentkämpfen, die einen anderen Ablauf zeigen können.

Auch die laichbereiten Weibchen müssen sich bei manchen Arten zunächst eine leichte Bekämpfung gefallen lassen, werden dann aber im Regelfall schnell als Weibchen erkannt, das Kampfverhalten geht unmittelbar in Balzverhalten über. Andere Arten balzen die Weibchen schon an der Reviergrenze an (z. B. Maulbrüter). Die Balz und die Rolle einzelner Signale während der Balz können sehr unterschiedlich sein und sollen hier am Beispiel des Dreistacheligen Stichlings dargestellt werden.

Auch das fortpflanzungsbereite, bauchseitig rote Stichlingsmännchen greift in seinem Revier nicht blindlings alle anderen Stichlinge oder Fische an, sondern lediglich solche mit roter Bauchseite. Unter fischähnlichen Attrappen mit und ohne roter Unterseite werden nur diejenigen mit roter Unterseite angegriffen. Das heißt, das laichbereite Stichlingsmännchen reagiert auf »Unterseite rot« mit Kampf, »Unterseite rot« löst bei dieser Art Kampfverhalten aus. Nichtfortpflanzungsbereite, normalfarbige Männchen werden nicht beachtet.

Andererseits wirkt das optische Signal »aufgetriebener, scharf gegen den Schwanzstiel abgesetzter Leib«, also die Körperform des fortpflanzungsbereiten Weibchens, balzauslösend. Auch dies läßt sich experimentell durch Attrappen bestätigen. Das laichbereite Weibchen schließlich folgt nur einem rotbäuchigen Männchen zum Nest und dringt nur in dieses ein, wenn ihm das blaugrüne Auge des Männchens den Eingang weist. Das blaugrüne Auge des Männchens löst beim laichwilligen Weibchen alle Instinkthandlungen für das Aufsuchen des Nestes aus, eine Reaktionsfolge, die auch dann abläuft, wenn als Männchen nur eine Attrappe verwendet wird und gar kein Nest vorhanden ist.

Anschließend wird das Weibchen verjagt und ein anderes angebalzt. Wenn genügend Eier im Nest sind, beginnt das Männchen allein mit der Brutpflege. Demgegenüber verteidigen bei vielen Buntbarschen beide Partner das Revier, reinigen gemeinsam den Laichplatz, betreuen gemeinsam die Brut, wobei die Beziehungen zwischen Jungfischen und Elterntieren wiederum durch Zeichnungs- und Bewegungssignale geregelt werden, oder es tritt nach dem Ablaichen eine Arbeitsteilung ein, in der dem Weibchen die Betreuung der Brut, dem Männchen die Reviververteidigung obliegt. Andere Buntbarsche haben nur kurzzeitig Reviere und eine stark verkürzte Balz (Maulbrüter). Besonders interessant ist die Situation bei einigen *Apistogramma*-Arten. Dort werden in einem Männchenrevier mehrere Weibchen aufgenommen, die eigene Reviere bilden. Jedes Weibchen verteidigt sein Revier gegen andere Weibchen, das Männchen aber hat zu jedem Weibchenrevier Zutritt. Im allgemeinen werden die Reviere nach dem Schlüpfen der Jungfische langsam aufgelöst. Revier ist dann der Bereich, in dem sich der Jungfischschwarm aufhält.

Natürlich werden die Teilhandlungen vielfach zusätzlich variiert. So kann sich die Qualität der Schlüsselreize verändern oder der Handlungsdrang im Laufe eines Tages verstärken oder abschwächen. Jeder Züchter weiß, daß manche Arten nur in den Morgenstunden, andere nur in der Dämmerung laichen. Auch im Experiment läßt sich zeigen, daß die Reaktion eines revierverteidigenden Stichlingsmännchens um so stärker ist, je vollkommener die rotbäuchige Attrappe ein anderes Männchen nachahmt.

Schließlich ist darauf hinzuweisen, daß die unter Gefangenschaftsbedingungen beobachteten Verhaltensweisen nicht immer ganz den natürlichen entsprechen müssen. Unter den engen räumlichen Verhältnissen des Aquariums können Konfliktsituationen eine Rolle spielen, die in freier Natur nicht vorkommen.

Brutpflege

Die meisten Fische stoßen ihre Eier während der Paarung in das Wasser aus, wo sie von den Samenfäden befruchtet werden und von nun an ihrem eigenen Schicksal überlassen sind, häufig sogar von den eigenen Eltern gesucht und gefressen werden.

Zahlreiche Arten sind von diesem Freilaichen zu einer echten Brutpflege übergegangen, die vom Weibchen, Männchen oder von beiden Geschlechtspartnern betrieben werden kann. Man spricht deshalb von Mutter-, Vater- oder Elternfamilien. Bei letzteren können beide Geschlechter gleichrangig beteiligt sein, oder es kann ein Partner dominieren.

Zwischen der Intensität der Brutpflege und der Anzahl der produzierten Nachkommenschaft besteht häufig folgende Abhängigkeit: Je intensiver die Brutpflege, um so geringer ist die Zahl der Nachkommen.

Die Form der Brutpflege selbst kann sehr unterschiedlich sein. Im allgemeinen zeigen nahverwandte Arten eine ähnliche Brutpflege, gelegentlich tritt Brutpflege nur bei einzelnen Arten oder sogar nur bei einer Art innerhalb einer Verwandtschaftsgruppe auf. Stets ist jedoch das Verhalten während der Brutpflege erblich fixiert und unterliegt den im voranstehenden Abschnitt angedeuteten Gesetzmäßigkeiten.

In der Regel wird ein Laichplatz gesucht und gereinigt und nach dem Laichen das Gelege mit Frischwasser befächelt. Bei verschiedenen Fischgruppen lesen die brutpflegenden Elterntiere absterbende Eier aus und kauen die schlupfreifen Embryonen aus den Eihüllen. Die Jungfische werden bis zum Erreichen der Schwimmfähigkeit mehrfach umgebettet und dann von den Eltern oder einem Partner im Schwarm zusammengehalten und geführt. Bei einzelnen Buntbarschen liefern die Elterntiere das erste Jungfischfutter selbst. Besondere Hautdrüsen scheiden dazu Sekrete ab, die von den Jungfischen abgesaugt werden, zum Beispiel beim Diskus.

Eine besonders interessante Form der Brutpflege zeigen die sogenannten Maulbrüter. Die in der Aquaristik bekanntesten Vertreter dieser Brutpflege sind die Cichliden der Gattungen *Haplochromis, Cyrtocara, Astatotilapia* und *Oreochromis*. Die Weibchen, selten die Männchen dieser Arten nehmen die Eier sofort nach der Ablage in die Maulhöhle oder einen Kehlsack auf, wo sie ihre Entwicklung durchmachen. Erst die schwimmfähigen Jungfische werden aus dem Maul entlassen. Eine Zeitlang dient das Maul jedoch noch als Zufluchtsort. Die Jungen zeigen eine angeborene Bereitschaft, auf bestimmte Signale des brutpflegenden Elterntieres dessen Maul aufzusuchen oder sich schnappen zu lassen.

Neben den Formen der Brutpflege, die sich auf die Betreuung der abgelegten, befruchteten Eier und Jungfische orientiert, hat sich bei verschiedenen, voneinander unabhängigen Arten im Laufe der Stammesgeschichte eine andere, höhere Form der Brutpflege, die innere Befruchtung, entwickelt. Die Befruchtung der reifen Eier im mütterlichen Organismus erfordert verschiedene Anpassungen. So müssen die Samenfäden in die weiblichen Eileiter durch Begattung eingebracht werden. Bei Fischen übernimmt in den meisten Fällen die männliche Afterflosse diese Funktion. Sie wird dazu zum Gonopodium umgebildet (Abb. 63).

Als Sonderfall muß die innere Befruchtung bei den Tomeurinae betrachtet werden. Die Männchen die-

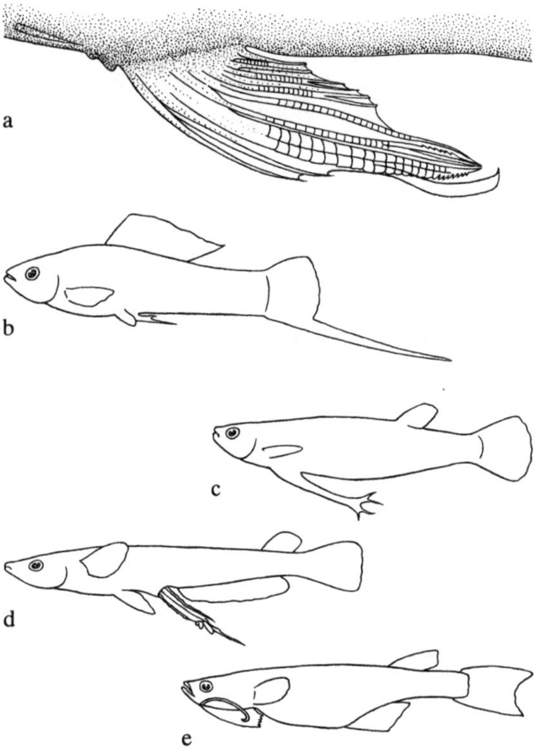

Abb. 63 Lage, Form und Größe des Gonopodiums. a) *Poecilia*; b) *Xiphophorus*; c) *Tomeurus*; d) *Horaichthys*; e) *Neostethus*

ser Fischgruppe besitzen wohl ein Gonopodium, jedoch findet keine Begattung statt, vielmehr kleben die Männchen in der Nähe der weiblichen Geschlechtsöffnung ein Samenfadenpaket an, aus dem die Samenfäden selbständig in den Eileiter des Weibchens eindringen. Eigenartig ist auch die innere Befruchtung einiger Salmler der Unterfamilie Glandulocaudinae. Trotz der inneren Befruchtung ist hier die lang ausgezogene männliche Afterflosse scheinbar unverändert. Mikroskopisch kann man jedoch zahlreiche feine Häkchen erkennen, mit denen sich die Männchen bei der Paarung an die weibliche Afterflosse anheften, sich so einen Augenblick festhalten und ein Samenfadenpaket in den weiblichen Eileiter abstoßen. Dieser Samenvorrat erlaubt dem Weibchen, über mehrere Monate oder sogar das ganze Leben lang befruchtete Eier abzulegen, ohne daß die Gegenwart eines Männchens erforderlich ist. Die innere Befruchtung hat demnach zur Folge, daß keine unbesamten Eier in das Wasser abgegeben werden, sondern die Besamung kurz vor dem Ausstoßen der Eier stattfindet, so daß bereits befruchtete Eier ins Wasser gelangen.

Das Ausstoßen von unbefruchteten Eiern wird als Oviparität, die Abgabe von befruchteten Eiern als Ovoviparität bezeichnet. Die Begattung und der Laichvorgang können unmittelbar nacheinander oder in großem zeitlichem Abstand stattfinden.

Auf der Basis der inneren Befruchtung entstand die höchste Stufe der Brutfürsorge, die Entwicklung der Eier im Mutterleib. Die Arten, bei denen eine Entwicklung der Jungfische im Mutterleib stattfindet, sind als lebendgebärende Arten bekannt. Man bezeichnet sie auch als vivipare Arten, die Geburt von lebenden Jungen als Viviparität. Lebendgebärende Arten kommen bei den Poeciliidae, Goodeidae, Anablepidae, Jenynsiidae u. a. vor. Die Samenfäden dringen bei diesen Formen eileiteraufwärts und befruchten die Eier in der Ovarialhöhle oder im Ovar selbst.

Die Embryonalentwicklung im mütterlichen Organismus wird bei den lebendgebärenden Fischgruppen recht unterschiedlich gesichert. In Abhängigkeit von dem Dottervorrat der Eier erhält der sich entwikkelnde Embryo von der Mutter mehr oder weniger Nährstoffe. Für die Übermittlung der Nährstoffe können verschiedenartige Organe gebildet werden, die eine dem Mutterkuchen (Plazenta) der Säugetiere ähnliche Funktion haben. So entwickeln sich die dotterreichen Eier der Poeciliidae im Follikel, der Embryo erhält nur wenige Nährstoffe über den Perikardialsack. Auch die dotterärmeren Eier der Anablepidae entwickeln sich im Follikel, jedoch sprossen aus der Follikelwand Fortsätze, die zusammen mit dem Perikardialsack des Embryos eine Pseudoplazenta bilden. Die Eier der Jenynsiidae und Goodeidae entwickeln sich dagegen in der Ovarialhöhle. Bei den Jenynsiidae bildet die Wandung der Ovarialhöhle Fortsätze, die den Embryonen ins Maul wachsen, bei den Goodeidae entstehen in der Aftergegend der Embryonen bandförmige Fortsätze (Trophotaenien), die mit den Falten der Wandung der Ovarialhöhle in engen Kontakt treten. In beiden Fällen erhält der Embryo über diese Bildungen die Nährstoffe, die er zur Vollendung seiner Entwicklung benötigt.

Die Jungen werden in den meisten Fällen so weit entwickelt geboren, daß sie selbst auf Nahrungsjagd gehen können und flink genug sind, sich den Gefahren des Gefressenwerdens zu entziehen. Extrem weit geht die Viviparität bei den Embiotocidae. Ihre Trächtigkeitsdauer beträgt 5 bis 6 Monate. Die Jungfische sind bei der Geburt über 40 mm lang und die männlichen Nachkommen bereits geschlechtsreif.

Auch eines der kleinsten Wirbeltiere, *Heterandria formosa*, ist eine lebendgebärende Art, bei der die Viviparität so eingerichtet ist, daß im Brutraum der Weibchen immer Embryonen verschiedener Größe und verschiedenen Alters vorhanden sind, die nacheinander in einer dreiwöchigen Geburtsperiode ausgestoßen werden.

Zucht der Aquarienfische

Die Zucht der Aquarienfische ist kein Privileg der Berufszüchter, sondern wird auch von Liebhabern mit besonderer Sorgfalt betrieben, zeigt ihnen doch die Paarungswilligkeit ihrer Tiere deutlicher als jede andere Lebensäußerung, daß die gewählten Pflegebedingungen günstig sind.

Die Fortpflanzung gehört zu den wichtigsten Lebensfunktionen. Sie ordnet sich, von Wirkstoffen reguliert, meist periodisch in den Lebensablauf der Organismen ein. Nur tiefgreifende schädigende Einflüsse können die Fortpflanzungsperiodik stören oder ganz ausschalten. In der Gefangenschaft treten durch die veränderten Lebensbedingungen solche Schädigungen häufig auf.

Relativ einfach ist die Zucht der meisten lebendgebärenden Fische. Die Entwicklungsbedingungen sind im mütterlichen Organismus optimal und nur indirekt abhängig von den chemischen und physikalischen Faktoren der Umwelt. Wichtig sind dabei meist die richtige Ernährung der Weibchen, die Beachtung des Temperaturoptimums der Art und die Vermeidung von Störungen um den Geburtstermin. Die Jungfische mancher Arten sind empfindlich und wählerisch hinsichtlich des Futters.

Bei den eierlegenden Arten sind die Schwierigkeiten bei der Zucht in der Regel größer. Besonders die farbenprächtigen Arten aus den tropischen Gebieten Südamerikas, Afrikas und Südostasiens lassen sich zum Teil nur schwer züchten. Dies gilt vor allem für Vertreter aus extrem salzarmen, schwach sauren oder extrem salzreichen Gewässern (siehe auch S. 31).

Jedem Zuchtversuch sollte deshalb ein gründliches Studium der zu züchtenden Fischart vorausgehen, das heißt, man orientiere sich zunächst so umfassend wie möglich über die Umweltbedingungen in den Heimatgebieten der betreffenden Art sowie ihre Fortpflanzungsbiologie. Unter Umweltbedingungen versteht man dabei alle physikalischen, chemischen und biologischen Faktoren, mit denen die Art in Wechselwirkung tritt, also Größe und Art der Heimatgewässer, Wasserqualität, Wassertemperatur, Lichtverhältnisse, Bewuchs, jahreszyklische Veränderungen dieser Faktoren durch Klimaeinflüsse und anderes mehr.

Im Gegensatz zur allgemeinen Pflege, bei der die Wasserqualität auf Grund der Anpassungsfähigkeit der Tiere um Mittelwerte schwanken kann, muß sie bei der Zucht weitgehend der Wasserqualität in den natürlichen Verbreitungsgebieten entsprechen (siehe auch S. 32).

Die Temperatur spielt oft eine größere Rolle, als ihr zuerkannt wird. Sie soll nach Möglichkeit den heimatlichen Verhältnissen entsprechen. Leider sind die Angaben darüber, zumindest für die natürlichen Fortpflanzungsperioden, spärlich. Salmler aus dem oberen und mittleren Amazonas, zum Beispiel der Neontetra, haben Laichtemperaturen zwischen 21 und 24 °C, Bärblinge von der Halbinsel Malakka solche von 26 bis 28 °C.

Von einigen Fischen müssen die Eier eine Zeitlang luftfeucht liegen, bekannt dafür sind die bodenlaichenden Zahnkarpfen Südamerikas. Die Eier vieler Arten, die unter natürlichen Bedingungen in dichten Pflanzenbeständen, unter Uferüberhängen, bodennah oder in der Dämmerung ablaichen, sind lichtempfindlich und müssen deshalb abgedunkelt werden.

Weitere sehr entscheidende Faktoren sind die Hälterung und die Auslese der Zuchtpaare. Es ist selbstverständlich, daß Zuchttiere eine ausreichende, abwechslungsreiche Nahrung erhalten müssen. Besonders eine lang andauernde ausschließliche Enchyträenfütterung sollte vermieden werden. Manche Zuchtaussichten sind schon von vornherein durch die Störung des Biostatus der Zuchttiere ungünstig.

Oft hört man Aquarianer von Zuchtgeheimnissen sprechen und stellt sich darunter eine allgemeingültige Regel vor, die die mit Zuchterfolgen Begünstigten beherrschen und geheimhalten. Solche allgemeingültige Zuchtregeln gibt es nicht. Nicht jeder wird auch bei noch so großem Eifer ein guter Koch sein, nicht jeder ein Fischzüchter. Auch zu dieser Tätigkeit ist eine bestimmte Begabung erforderlich, die, durch Erfahrung geschult, Erfolge erzielt. Sie zeichnet sich vor allem durch die Fähigkeit aus, exakt zu beobachten und für die Zucht Einzelheiten richtig zu kombinieren. Ich denke hier vor allem an jene Züchter, die durch mühevolle Kleinarbeit unser Wissen immer mehr erweitern und uns so die gezielte Vermehrung fast aller Arten möglich machen. Ihrer Tätigkeit verdanken wir die Hinweise, daß für die Zucht des Neontetras das Wasser und die relativ niedrige Temperatur, für die Keilfleckbarbenzucht die Wahl der Zuchtpaare und das Wasser, für die rationelle Skalarezucht die Wasserbewegung neben den sich entwickelnden Eiern, bei der Schrägschwimmerzucht der Wechsel des Wassers nach der Eiablage, bei der Glasbarschzucht die Naupliennahrung der Jungfische usw. wichtig sind. Es ist selbstverständlich, daß dabei jede Regel einen gewissen Spielraum läßt, das heißt in engeren oder weiteren Grenzen mehrere Wege zum Ziel führen können.

Im Prinzip kann man in der Praxis der Fischzucht drei Abschnitte unterscheiden:
- Auslösung der Paarung,
- Betreuung des Laiches,
- Aufzucht der Jungfische.

In jedem der genannten Abschnitte muß der Züchter unterschiedliche Fachkenntnisse beherrschen und die Züchtungsarbeit entsprechend einrichten. Es wird empfohlen, folgende Gesichtspunkte bei Zuchtversuchen zu beachten:
- Die größte Aufmerksamkeit erfordern die Vorbereitung des Zuchtbeckens und die Zusammenstellung des Zuchtwassers.

Die Zuchtbecken sind peinlichst zu säubern. Über die Qualität des Zuchtwassers orientiere man sich im Kapitel »Aquaristisch interessante Fischfamilien und -arten«, über die Wasseraufbereitung auf den Seiten 25ff. Frisches Leitungs- oder Quellwasser oder frisch zubereitetes Wasser können nicht sofort verwendet werden, sondern müssen bei guter Durchlüftung erst einige Tage stehen. Auf eine Durchlüftung und Filterung kann man im Zuchtbecken meist verzichten. Um die auf den Bodengrund fallenden Eier vor dem Zugriff räuberischer Eltern zu schützen, kann man diesen mit schlehengroßen ausgekochten Kieseln, Glasperlen oder Gittern aus Kunststoff bzw. Glas abdecken. Bodengrund in Form von Torf benötigen nur einige Bodenlaicher (Eierlegende Zahnkarpfen), Sandboden nur einige Salmler und Barben, Blumentöpfe oder Kokosnußschalen mit Eingangsloch nur Höhlenbrüter, Tonröhren einige Welse, flache Steine oder große Blätter Substratlaicher.
- Ablaichpflanzen für Freilaicher sind vor dem Einbringen in das Zuchtbecken kräftig mit Frischwasser zu spülen. Am besten eignen sich *Myriophyllum*-Büschel, Javamoos, *Riccia*-Polster oder auch einhängende bzw. locker ausgebreitete Kunstfasergespinste. Für die Verankerung verwende man Glasstäbe oder U-förmige Glasklemmen, notfalls Steine. Je größere Laichräuber die Eltern sind, um so dichter müssen die Pflanzenbündel sein. Die Weibchen Lebendgebärender Zahnkarpfen werden vor dem Gebärtermin häufig in kleine Kunststoffkäfige gesetzt, aus denen die neugeborenen Jungfische herausfallen oder flüchten können.
- Zur Zucht wählt man am besten Partner, die schon im Gesellschaftsbecken füreinander Interesse zeigen und hinsichtlich der Gestalt und Farbe vorbildlich sind. Die Weibchen müssen Laichansatz, also vergrößerten Leibesumfang, zeigen. Nur wenn die Eizellen im Ovar vollständig ausgereift sind, können die Tiere ablaichen. Bei manchen sehr kleinen, durchscheinenden Arten kann man bei Gegenlicht die reifen Eizellen im Eileiter erkennen.

Bei vielen Arten werden die Partner gleichzeitig eingesetzt, bei Barben häufig erst die Weibchen. Die Paarung kann bald nach dem Einsetzen oder erst nach Tagen erfolgen. In solchen Fällen gehen der Paarung meist mehrere Scheinpaarungen voraus. Die Zuchtpaare sind laufend zu beobachten, sollen jedoch möglichst wenig gestört werden.
- Die Fütterung während der Laichperiode soll nicht mit Kleinkrebsen, sondern nur mit Enchyträen, kleinen Fliegenmaden oder Tubifex erfolgen. Kleinkrebse fallen oft die abgelegten Eier an.
- Nach der Eiablage, die manchmal mehrere Tage dauert, sind die Elterntiere kannibalischer Arten möglichst rasch zu entfernen. Bei vielen brutpflegenden Arten ist das Verbleiben eines Partners notwendig (Buntbarsche, Labyrinthfische).

Fischeier sind oft sehr schwer zu sehen, am besten erkennt man sie im Gegenlicht!
- Die Behandlung des Fischlaiches erfordert Erfahrung. Bei empfindlichen Freilaichern wird der Laich vorsichtig aus dem Zuchtbecken herausgestochen, das heißt, die einzelnen Laichkörner werden mit einer weiten Pipette oder einem Stechrohr angesaugt und in ein anderes Becken mit entsprechendem Wasser und gleicher Temperatur übertragen. Auf diese Weise lassen sich auch die locker in den Wasserpflanzen hängenden Eier umsetzen. Die Methode liefert Hinweise auf den Umfang des Geleges. Wer weniger neugierig ist, kann das Wasser des Zuchtbeckens langsam durch gleichwertiges Wasser ersetzen. Sauberes Zuchtwasser läßt sich für andere Paare der gleichen Art sofort wieder verwenden. Es enthält häufig Wirkstoffe, die das Ablaichen anregen.

Bei brutpflegenden Arten kann man die Eier den Elterntieren belassen, zur rationellen Zucht ist allerdings auch hier eine Isolierung des Geleges angezeigt.
- Der Laich ist dunkel zu halten und dauernd zu beobachten. Jedes abgestorbene Ei ist möglichst schnell zu entfernen. Man verwendet dazu eine lange Pipette oder ein Stechrohr.

Gesunde Fischeier sind in der Regel klar und ganzrandig, stark geschädigte milchig trüb, tote deformiert und unscharf begrenzt. Eier mit einer Strahlenzone (Taf. 3) sind verpilzt.

Das Absterben von Fischeiern ist selten eine Folge ungenügender Befruchtung, sondern meist durch grobe Zuchtfehler bedingt, die die Eier schädigen, zum Beispiel ungeeignetes Wasser, Unvorsichtigkeiten beim Übertragen der Laichkörner, ungeeignete Temperaturen, zu helle Lagerung des Laiches.

Vorgeschädigte Eizellen werden zunächst von Bakterien besiedelt. Die aufblühende Bakterienflora leitet eine Massenvermehrung der Infusorien ein, die mit besonderer Vorliebe auf den Bakterienrasen der Eier weiden. Diese werden dadurch zusätzlich in ihrer Entwicklung gehemmt und sterben schließlich ab. Spätestens in diesem Stadium wachsen die Pilze auf den Eiern und bilden schließlich den charakteristischen Strahlenkranz (Taf. 3).

Viele Züchter setzen deshalb dem Zuchtwasser Bakteriostatika zu (Huminsäuren, Atebrin).

– Die frisch geschlüpften Jungfische, auch als »Larven« bezeichnet (siehe S. 87), sind oft so klein und durchsichtig, daß sie leicht übersehen werden können. Sie hängen während der ersten Lebenstage an den Scheiben oder Pflanzen des Zuchtbeckens (Salmler, Barben) oder liegen am Grund des Zuchtglases (Cichliden). In beiden Fällen sollte man sie möglichst wenig stören; eine schwache Durchlüftung ist oft angebracht. Die Fütterung mit feinsten Futtertieren (Nauplien, Rädertierchen) darf erst dann erfolgen, wenn der Dottersack ganz aufgezehrt ist und die Tiere frei schwimmend im Zuchtbecken nach Futter suchen.

Die Fütterung der Fischbrut erfordert viel Aufmerksamkeit und Sorgfalt. Das peinlichst ausgesiebte Feinfutter wird am besten in kleinen Portionen gegeben. Es ist ausreichend, jedoch nicht zuviel zu füttern. Dabei muß genau beobachtet werden, ob die Tiere das angebotene Futter fressen. Jungfische müssen immer einen auffallend großen, runden Bauch haben. Es ist oft vorteilhaft, das Jungfischbecken nachts mit einer schwachen Lampe zu erhellen, damit die Tiere auch während dieser Zeit fressen können. Besonders bei Barben und Salmlern ist das Wasser im Aufzuchtbecken häufig zu erneuern, um Flossen- und Körperverkrüppelungen zu vermeiden.

Fast jede gelungene Zucht bringt außer zahlreichen Normaltieren einzelne Krüppel. Solche Einzelverkrüppelungen können durch Verletzungen des sich entwickelnden Keimes, durch Hemmungen beim Schlüpfen aus der Eihülle oder aus anderen Ursachen entstehen. Gelegentlich ist die ganze Nachzucht verkrüppelt. In solchen Fällen handelt es sich meist um grobe Zuchtfehler, vorwiegend um ungeeignete Zuchttemperaturen oder Wasserverhältnisse, seltener um Erbfehler.

– Die Jungfische verschiedener Fischarten wachsen nicht gleichmäßig und müssen deshalb sortiert werden. Besonders langsam wachsende Nachzügler sollte man vernichten. Mit der Größe nimmt auch die Widerstandsfähigkeit zu, das Immunsystem wird immer leistungsfähiger. Man sollte deshalb bei der Abgabe an Dritte besser große als zu kleine Jungfische auswählen.

– Spätestens nach dem Ablegen der Jugendfärbung kann mit der Abhärtung begonnen werden. Man versteht darunter das allmähliche Anpassen an Mittelwerte chemischer und physikalischer Umweltfaktoren. Besonders wichtig ist die Anpassung dort, wo für die Zucht extreme Faktorenkombinationen notwendig waren, zum Beispiel sehr weiches, schwach saures Wasser und hohe Temperaturen.

Natürlich können in diesem Rahmen nur wenige allgemeine Hinweise gegeben werden. Anfänger sollten sich durch anfängliche Mißerfolge nicht abschrekken lassen, auch die Fischzucht fordert Lehrgeld.

In neuerer Zeit wird in der Zierfischzucht gelegentlich mit Hormonen gearbeitet. Die aus der Fischereiwirtschaft, vor allem der Karpfenzucht, übernommene Technik (Hypophysierung) eignet sich allerdings nur für größere Aquarienfische. Man isoliert dazu Hirnanhangsdrüsen (Hypophysen) großer laichbereiter Nutzfische und stellt davon Acetontrokkenpulver her. Dazu werden die Schädel frisch getöteter Spenderfische (z. B. Bleie) oben in Längsrichtung aufgesägt und so aufgebrochen, daß die beiden Schädelhälften etwa waagerecht liegen. Von dem dadurch freiliegenden Gehirn entnimmt man mit einer feinen Pinzette die Hirnanhangdrüse und überträgt diese in gekühltes Aceton von etwa −20 °C. Die gesammelten Hypophysen kommen mit dem 10fachen Aceton-Volumen in einen Messerhomogenisator (2 bis 3 Minuten bei −20 °C homogenisieren). Danach abzentrifugieren, Überstand abpipettieren und Niederschlag mit frischem, gekühltem Aceton aufwirbeln. Anschließend die Suspension über einen Büchnertrichter scharf absaugen, den im Trichter verbleibenden Brei bei Raumtemperatur im Vakuum trocknen, fein zu Pulver zermörsern und in einem Exsikkator bei 4 °C aufbewahren. Zur Injektion suspendiert man etwa 1 Teil Pulver in 5 bis 10 Teilen Ringerlösung für Kaltblüter. Injiziert wird in die Rükkenmuskulatur oder unter die Rückenhaut (Nadel schräg einführen). Wieviel man injiziert, ist von der Empfängerart abhängig und muß getestet werden.

Die im Trockenpulver enthaltenen Hypophysenhormone stimulieren im Empfängertier die Schlußphasen der Eientwicklung und die Auslösung der Paarung. Verschiedene Aquarienfische lassen sich nur mit dieser Technik zur Fortpflanzung bringen. Da die Hypophysierung leicht zur Tierquälerei ausartet, sollte sie nur von Sachkundigen angewendet werden.

Futtermittel und Futtertiere

Allgemeine Fütterungslehre

Die Fütterung gehört zu den wichtigsten Aufgaben in der Fischpflege. Sie dient nicht nur der Ernährung der Fische, sondern beeinflußt direkt oder indirekt die ganze Lebensgemeinschaft in einem Aquarium. Sie erfordert deshalb nicht nur Sachkenntnisse,sondern auch verantwortliches Handeln.

Ein sich selbst überlassener Freilandteich kann auf Grund der Futterproduktion nur eine bestimmte Anzahl von Fischen ernähren, im Aquarium sollen dagegen so viele Fische gedeihen, wie wir einsetzen. Der Futterbedarf ist viel höher als die Futterproduktion, das Ungleichgewicht kann nur durch Fütterung kompensiert werden.

Wie alle Tiere und der Mensch benötigen Fische für ihre Ernährung Eiweiße, Kohlenhydrate, Fette und Vitamine. Im Gegensatz zu vielen anderen Tieren müssen sie jedoch nicht täglich fressen, sondern können relativ lange Hungerperioden ohne Schaden überleben. Viele Fische der gemäßigten Klimate stellen ihre Nahrungsaufnahme in den Wintermonaten sogar ganz ein und fressen erst wieder, wenn die Wassertemperatur im Frühjahr ansteigt. Eiweiße sind für die Fische die wichtigsten Nährstoffe, Kohlenhydrate und Fette führen leicht zur Verfettung, wenn der Anteil in der Nahrung 5 bis 10% übersteigt. Außer Nährstoffen benötigen Fische Ballaststoffe, der Anteil beträgt bei manchen Arten 70 bis 90% der Gesamtmasse der aufgenommenen Nahrung (Trockensubstanzen). Diese unverdaulichen Substanzen, zum Beispiel Chitin, Zellulose, Sand und Erde, verdünnen gleichsam das Nährstoffkonzentrat im Darm und regen die Darmtätigkeit an.

Mit der Fütterung sollte den Fischen möglichst eine Nahrung zugeführt werden, in der Eiweiße, Kohlenhydrate, Fette, Vitamine und Ballaststoffe in Anteilen vertreten sind, die dem natürlichen Bedarf entsprechen. Dieser Forderung kann man in der Aquarienpraxis am besten durch abwechslungsreiche Fütterung mit nährstoffarmen und nährstoffreichen Futtermitteln nachkommen. Dabei sollte auch berücksichtigt werden, ob es sich bei den gepflegten Arten um Allesfresser, Fleischfresser, Pflanzenfresser oder Nahrungsspezialisten handelt.

Die zur Verfügung stehenden Futtermittel lassen sich folgenden Gruppen zuordnen:
- Lebendfutter,
- Gefrierfutter (Frostfutter),
- Ersatzfutter,
- Trockenfutter,
- pflanzliches Futter.

Lebendfutter

Für die meisten Aquarienfische ist Lebendfutter das wertvollste Futter. Die Fischbrut fast aller Arten läßt sich nur mit Lebendfutter aufziehen. Die wichtigsten Futtertiere sind Wasserflöhe, Hüpferlinge, Tubifexwürmer und Mückenlarven. Allerdings wird die Beschaffung dieser Futtertiere vor allem in den Großstadträumen immer schwieriger, der Ankauf im Fachhandel immer teurer. Außerdem besteht bei den genannten und anderen freilebenden Futtertieren zunehmend die Gefahr, daß sie chemische Verbindungen in angereicherter Form enthalten, die in der Landwirtschaft zur Schädlings- und Unkrautbekämpfung eingesetzt werden, aber für Fische giftig sind. Die Situation bedingt letztlich eine allmähliche Umstellung der Fütterung auf Kunst- und Gefrierfutter bzw. gefriergetrocknetes Futter sowie eine stärkere Verwendung solcher Futtertiere, die sich einfach züchten lassen.

Lebendfutter wird mit Stocknetzen gefangen. Ausnahmen sind bei der Behandlung der Futtertiere berücksichtigt. Stocknetze kann man sich mit einfachen Mitteln selbst basteln. Zum Beispiel leistet ein abgeschnittener, an einem Zinkdrahtbügel befestigter Damenstrumpf gute Dienste. Zum fachgemäßen Futterfang gehört allerdings besonderes Handwerkszeug. Schon die unterschiedliche Größe der Futtertiere erfordert eine Anpassung der Maschenweite des Netzstoffes.

Heute werden als Netzgewebe nur noch Gazen aus Kunstfasern verwendet. Sie haben den Vorteil, haltbarer und bei gleicher Maschenweite durchlässiger zu sein als die früher übliche Müllergaze aus fest gedrehten Baumwoll- und Seidenfäden. Der Fachhandel bietet Kunststoffgazen in genormten Maschenweiten und Festigkeiten an.

Futterart	notwendige Maschenweite in mm	Ersatzgewebe
Infusorien	0,12	
Rotatorien	0,18 bis 0,2	Seidenstoff
Nauplien	0,18 bis 0,2	
kleine Cyclops	0,3 bis 0,5	Damenstrümpfe
kleine Daphnien	0,3 bis 0,5	
Kleinkrebse	0,5 bis 0,8	Vorhangstoff
Mückenlarven	1,0 bis 1,5	

Tabelle 7 Kunststoffgaze

Wer nur erwachsene Kleinkrebse und Mückenlarven fangen will, kommt mit einem weitmaschigen Netz aus. Dagegen benötigen Züchter mehrere Netze mit unterschiedlichen Maschenweiten. Besondere Bedeutung erhält die Maschenweite beim Aussieben des Futters, das heißt, wenn der Züchter das mit einem feinmaschigen Netz gefangene Futter in Staub-, Klein- und Grobfutter trennen will oder das Futter stark verunreinigt ist. Am besten verwendet man dafür einen Satz aus Kunststoff- oder Metallsieben (Abb. 64). Durch mehrere übereinandergestellte Siebe, von denen die oberen mit grober, die mittleren mit feiner und die unteren mit feinster Gaze bezogen sind, läßt sich eine sehr gute Trennung der einzelnen Futtergrößen erreichen.

Netzstoff kann genäht oder geklebt werden. Das Kleben ist einfacher und schont das Gewebe, man nimmt schnell trocknende, wasserunlösliche Klebstoffe.

Netzbügel und Netzstock können als Ganzes oder zerlegbar angefertigt werden. Das zerlegbare Fanggerät läßt sich bequemer transportieren. Der Netzbügel soll aus nichtrostendem biegefestem Metall bestehen und sich mit einer Schraub- oder Bajonettverbindung an den Stock montieren lassen. Den Netzbeutel befestige man nicht direkt am Bügel, sondern mit beweglich angebrachten Klammern oder Klammerringen aus Kunststoff (Abb. 64), damit er jederzeit abgenommen werden kann.

Im Wasser lebende Futtertiere sollen nach Möglichkeit nur in solchen Teichen gefangen werden, die nicht mit Fischen besetzt sind. Die Einschleppung von fischpathogenen Krankheitserregern und Fischparasiten mit dem Futter wird so verhindert. Leider läßt sich diese Vorsichtsmaßnahme nicht immer berücksichtigen, da einerseits in vielen Gegenden alle Freilandgewässer fischereiwirtschaftlich genutzt werden, andererseits die Futterknappheit im Winter oft keine Wahl gestattet. Grundsätzlich muß überall dort der Futterfang vermieden werden, wo auf der Wasseroberfläche treibende tote Fische Krankheiten oder Vergiftungen anzeigen.

Zum Futterfang im Winter werden oft zugefrorene Gewässer aufgehackt. Solche Eislöcher müssen beim Verlassen abgedeckt und deutlich markiert werden.

Gefrierfutter (Frostfutter)

Zu den wertvollsten neueren Errungenschaften der Aquaristik gehört die Nutzung der Gefriertechnik zur lebensfrischen Konservierung von Futtertieren verschiedener Art.

Gefrierfutter hat für die Fütterungspraxis folgende Vorteile:

- Tiefgefrorene Futtertiere sind fast unbegrenzt haltbar.
- Auf kleinem Raum kann sehr viel Futter aufbewahrt werden.
- Man kann mehrere Futtertierarten gleichzeitig lagern und damit abwechslungsreich füttern.
- Das Futter wird als kleiner Eisblock in das Aquarium gebracht, schmilzt dort ab und gibt die Futtertiere langsam frei.
- Das Futter behält seine natürlichen Geschmacksstoffe und wird deshalb von den meisten Fischen gern gefressen.
- Man ist weitgehend unabhängig vom Futterangebot des Fachhandels oder der regionalen Gewässer.

Praktisch läßt sich jedes Futter einfrieren. Lebende frische Kleinkrebse, Kleinwürmer oder Mückenlarven gießt man in ein Sieb und bringt dann den Futterballen auf eine wassersaugende Unterlage (Löschpapier, Filtrierpapier, Schwammtuch). Das so etwas entwässerte Futter wird in kleinen Portionen, zum Beispiel abgepackt in Klarsichtfolie, im Tiefkühlfach eines

Abb. 64 Geräte zum Futterfang, zur Futterkontrolle und zum Futtertransport. a) Stechrohr; b) Pipette; c) Netzstock mit auswechselbarem Netzbügel; d) Lupe (8 × bis 10 ×); e) Transportbehälter; f) Netz mit Netzbügel; g) und h) Futterrähmchen und -siebe; i) Proberöhrchen

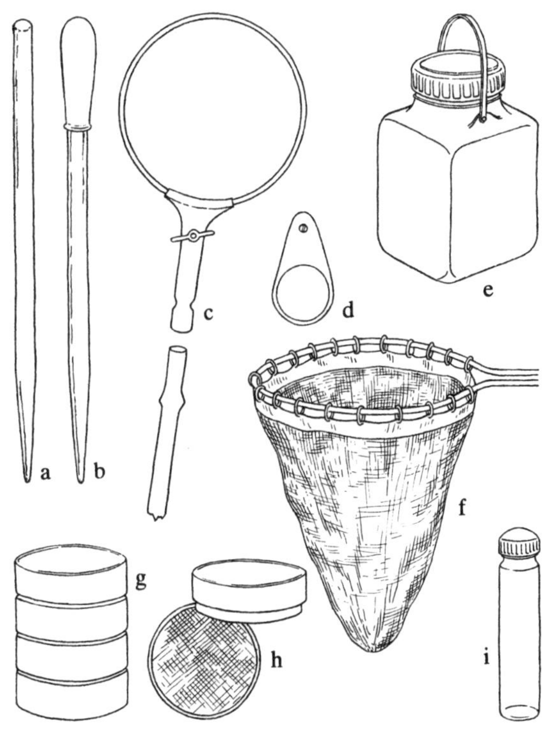

Kühlschrankes oder in einer Tiefkühltruhe schnell eingefroren. Manche Firmen bieten gefriergetrocknetes, vakuumverpacktes Futter an. Die Präparate erreichen nicht die Qualität des Gefrierfutters. Sie können jedoch bei Zimmertemperatur aufbewahrt werden.

Ersatzfutter

Wer große Fische pflegt, braucht sehr viel Futter. Fisch-, Garnelen- und Muschelfleisch, frischer Fischrogen, Säugerleber, aber auch Rinderherz und Hühnerfleisch werden von manchen Fischen gern gefressen. Die erstgenannten Nahrungsmittel können roh oder kurz angekocht gefüttert werden. Rinderherz und Hühnerfleisch muß man weichdünsten. Alle Ersatzfutter sind, den zu fütternden Fischen entsprechend, zu zerkleinern.

Auch manche Fischbrut frißt Ersatzfutter, vor allem gekochte und zerbröselte Leber oder hartgekochtes, durch ein feines Sieb gedrücktes Eigelb.

Welches Ersatzfutter die einzelnen Fische fressen, muß von Fall zu Fall ausprobiert werden.

Trockenfutter

Unter Trockenfutter verstand man früher luftgetrocknete Kleintiere, zum Beispiel Wasserflöhe und Bachflohkrebse oder luftgetrocknetes und geschrotetes Garnelenfleisch. Trockenfutter dieser Art wird von wenigen Fischen gefressen, man kann es nur als Aushilfsfutter bewerten. Der Nährwert ist bei Wasserflöhen am geringsten, bei Garnelenschrot am höchsten.

Heute ist Trockenfutter aus verschiedenen Bestandteilen zusammengesetzt, es wird im Fachhandel in Flocken- oder Granulatform, seltener als Futtertabletten angeboten. Futterflocken breiten sich auf der Wasseroberfläche aus und sinken erst nach einiger Zeit langsam ab, Futtergranulat und Futtertabletten fallen gleich auf den Bodengrund. Trockenfutter dieser Art enthält außer Stärke als Bindemittel und anderen Kohlenhydraten meist Eiweiße aus Fisch-, Krebs- oder Muschelfleisch sowie Fette, Vitamine, Ballaststoffe, Geschmackstoffe und oft auch pflanzliches Grünfutter. Bei der Zusammenstellung werden die modernen Erkenntnisse der Fischernährung berücksichtigt.

Viele Fischarten nehmen solche Trockenfutter auch über lange Zeiträume willig an. Die meisten oberflächenorientierten Fische bevorzugen Flockenfutter, Grundfische Futtergranulat. Auch die Brut verschiedener Arten läßt sich an zerbröseltes Flokkenfutter gewöhnen.

Alle Trockenfutterreste gehen sehr schnell in Fäulnis über. Aus diesem Grunde füttere man Trockenfutter immer nur in kleinen Portionen. Trockenfutter ist nur begrenzt haltbar. Verschimmeltes Trockenfutter muß vernichtet werden (siehe S. 370).

Pflanzliche Futtermittel

Viele Fische fressen unter natürlichen Bedingungen mit ihrer Hauptnahrung oder zusätzlich zu dieser pflanzliche Stoffe (fakultative Pflanzenfresser). Nur wenige Arten sind reine Pflanzenfresser, die Algenbeläge abraspeln oder abschaben oder höhere Pflanzen abweiden (obligatorische Pflanzenfresser). Die Vertreter der ersten Gruppe benötigen ab und zu, die der zweiten Gruppe regelmäßig Pflanzennahrung. Geeignet sind vor allem Spinat, Kopfsalat, Chinakohl, Brennesselspitzen und etwa 4 cm lange Weizensaat. Einige Arten kann man auch mit eingeweichten Haferflocken füttern. Alle grünen pflanzlichen Fischnahrungsmittel müssen kurz überbrüht werden. Sie lassen sich gut teilentwässern, konzentrieren und einfrosten.

Grundsätzlich ist es besser, zuwenig, als zuviel zu füttern. Überschüssiges Lebendfutter wird von den Fischen meist nur getötet, nicht gefressen. Alle Futterreste verwesen sehr schnell, der Verwesungsprozeß selbst führt zur Sauerstoffverarmung des Wassers und zur Anreicherung von Giftstoffen. Futterreste müssen deshalb, bevor sie in Fäulnis übergehen, abgesaugt werden. Bei hochgradiger Wasserverunreinigung, die meist mit einer Wassertrübung einhergeht, hängen die Fische auch bei guter Durchlüftung an der Wasseroberfläche. In solchen Fällen ist ein sofortiger Wasserwechsel oder die Zugabe von Wasserstoffperoxid dringend anzuraten (siehe dazu S. 50).

Biologie, Fang und Zucht von Futtertieren

Die einzelnen Futtertiere sind aus biologischer Sicht hochinteressante Organismen, die dem aufmerksamen Beobachter die Möglichkeit bieten, durch eigene Studien neue Lebensformen und Lebensprozesse kennenzulernen.

Der glasartig durchsichtige Körper der Büschelmückenlarve zum Beispiel erlaubt unter dem Mikroskop eine direkte Beobachtung der Herz- und Darmtätigkeit, des feinsten Muskelspiels und anderer Einzelheiten. Das Mikroskop zeigt aber auch den ganzen wunderbaren Feinbau der Rädertiere, angefangen von dem komplizierten Kauapparat bis zu den schon im Mutterleib beweglichen Embryonen, ganz abgesehen von der Vielfalt der Formen, die erst bei mikroskopischer Beobachtung offenbar wird. Aber auch die Verpuppung der Mückenlarven, die Teilung, Bewegung und Ernährung der Pantoffeltierchen und vieles andere mehr sind Erlebnisse besonderer Art. Darüber hinaus lassen sich mit diesen Formen hochinteressante Versuche anstellen. So wird zum Beispiel durch Tuschefütterung der Pantoffeltierchen die Art der Nahrungsaufnahme und des Nahrungstransports deutlich. Auch Wasserflöhe lassen sich ohne Beeinträchtigung ihrer Lebensfähigkeit mit

Farbstoffen, die dem Wasser zugesetzt werden, so spezifisch anfärben, daß bestimmte Organe deutlich hervortreten.

Wimpertierchen (Ciliata)

Die Wimpertierchen, auch Infusorien oder Ciliaten genannt, sind ein artenreicher Tierstamm der Einzeller. Das namengebende Merkmal, die Wimpern oder Cilien, dienen der Fortbewegung und Nahrungsaufnahme. Es handelt sich dabei um haarfeine Fortsätze der Zelloberfläche, die den Zellkörper entweder allseitig oder konzentriert auf bestimmte Felder bedekken. Sie können alle die gleiche Form haben oder in ihrer Länge, Dicke und Beweglichkeit deutliche Unterschiede aufweisen. Die Wimpertierchen sind die höchstentwickelten einzelligen Tiere. Ein System aufeinander abgestimmter Zellorganellen vollbringt hier Leistungen, die denjenigen der Organe höherer Tiere nicht nachstehen. Die Beobachtung der Infusorien ist nur mit dem Mikroskop möglich.

Als Futter für die junge Fischbrut wird fast ausschließlich das Pantoffeltierchen *(Paramecium)* verwendet. Das Futter ist nicht besonders wertvoll, jedoch für sehr kleine Jungfische unentbehrlich, wenn Rädertiere fehlen. Da die Pantoffeltierchen die charakteristischen Eigenschaften der Infusorien zeigen, soll hier etwas näher auf ihre Organisation eingegangen werden (Abb. 65).

Auf der ganzen Zelloberfläche, dem Zellhäutchen (Pellicula), stehen in dichten Reihen gleichartige kurze Cilien, deren Bewegung so schnell ist, daß sie sich auch im Mikroskop nicht einzeln erkennen lassen. Seitlich führt eine tiefe Bucht in den Zellmund. Der Wimperschlag in dieser Bucht, auch Mundfeld genannt, treibt zahlreiche Schwebeteilchen, zum Beispiel Bakterien, direkt in den Zellmund, wo sie zusammengeballt und in Nahrungsvakuolen eingeschlossen werden. In diesen findet die Verdauung statt. Zwei pulsierende Vakuolen sorgen für die Konstanthaltung der Salzkonzentration im Zellkörper. Unter der Pellicula befinden sich zahlreiche Abwehrorganellen, Trichocysten, die bei Gefahr harpunenartig ausgeschleudert werden können. Der Zellkern des Pantoffeltierchens ist unterteilt in einen großen Stoffwechselkern und einen kleinen Geschlechtskern. Beide sind im lebenden Tier nur schwer zu erkennen. Die normale Fortpflanzung ist eine ungeschlechtliche Querteilung des Tieres, der eine Teilung der beiden Kerne vorausgeht (Abb. 65).

Im Freiland werden Massenvorkommen von Pantoffeltierchen nur selten und außerdem nur in organisch belasteten Gewässern beobachtet. Für die Aquaristik besteht deshalb nur die Möglichkeit, dieses Erstfutter zu züchten. Meist wird eine der folgenden Methoden angewendet:

1. Methode: Ein 2-Liter-Einweckglas oder ein hohes zylinderförmiges Glas anderer Art wird bis über die Hälfte mit Stroh (Halme bündeln und auf die richtige Länge kürzen) und anschließend bis fast an den Rand mit Wasser gefüllt. Ein Stein verhindert das

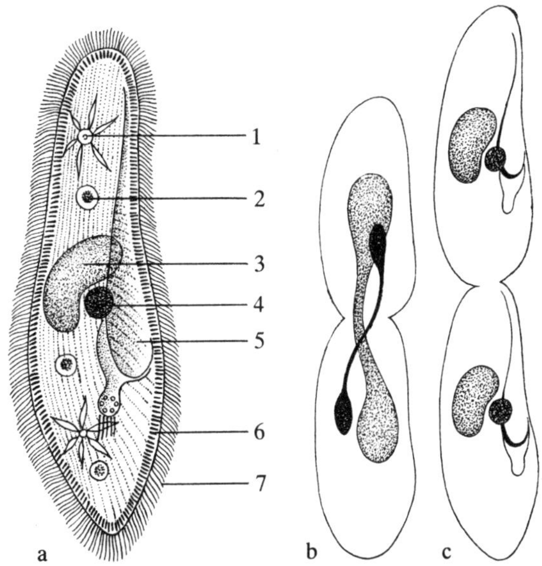

Abb. 65 Pantoffeltierchen *(Paramecium)*, natürliche Größe 0,1 bis 0,35 mm. a) Bauplan: 1 pulsierende Vakuole, 2 Nahrungsvakuole, 3 Großkern, 4 Kleinkern, 5 Mundfeld und Zellmund, 6 Trichocysten (Abwehrorgane), 7 Wimpern; b) Teilung des Groß- und Kleinkerns als erste Phase der ungeschlechtlichen Vermehrung; c) Teilung des Muttertieres in zwei Tochtertiere

Hochsteigen des Strohes. Dieser Ansatz wird aus einer bestehenden Zucht beimpft. Ist die Möglichkeit der Beimpfung nicht gegeben, so setzt man Tümpelwasser und etwas oberflächigen Tümpelschlamm zu. Eventuell müssen solche Zusätze wiederholt werden, wobei die Proben aus verschiedenen Gewässern stammen sollen. Die so angesetzte Zucht wird warm (20–23 °C) und hell gestellt, aber vor direktem Sonnenlicht geschützt. Wegen des sich schnell entwikkelnden schlechten Geruches deckt man das Glas zu. Das Wasser wird sehr bald durch starke Bakterienentwicklung trüb und bis auf die oberste Schicht fast sauerstofffrei. Durch die Sauerstoffverarmung gehen die meisten Infusorien ein, nur das direkt unter dem Oberflächenhäutchen lebende Pantoffeltierchen kann unter diesen Bedingungen existieren und sich stark vermehren. Nach etwa 2 bis 3 Wochen wird man unter der Oberfläche eine bis zu einem Zentimeter dicke, milchige Schicht erkennen, die sich aus Millionen von Pantoffeltierchen zusammensetzt. Nach einer zwei- bis dreiwöchigen Blüteperiode nimmt die Dichte der Pantoffeltierchen wieder ab, der Zuchtansatz verjaucht. Beim Ansetzen neuer Kulturen versetzt man das Wasser mit etwas Bodenschlamm aus einer alten Kultur.

2. Methode: Die oben angeführten Gefäße werden mit Wasser gefüllt und nach mehrtägigem Abstehen mit Pantoffeltierchen aus einer Zucht beimpft. Zur Fütterung bringt man etwa jeden zweiten Tag 1 bis 2 Tropfen Milch (nicht mehr!) in die Kultur. Die Milch bedingt eine Massenentwicklung von Bakterien, die wiederum den Pantoffeltierchen als Nahrung dienen.

Gleichgültig, welcher Methode man sich bedient,

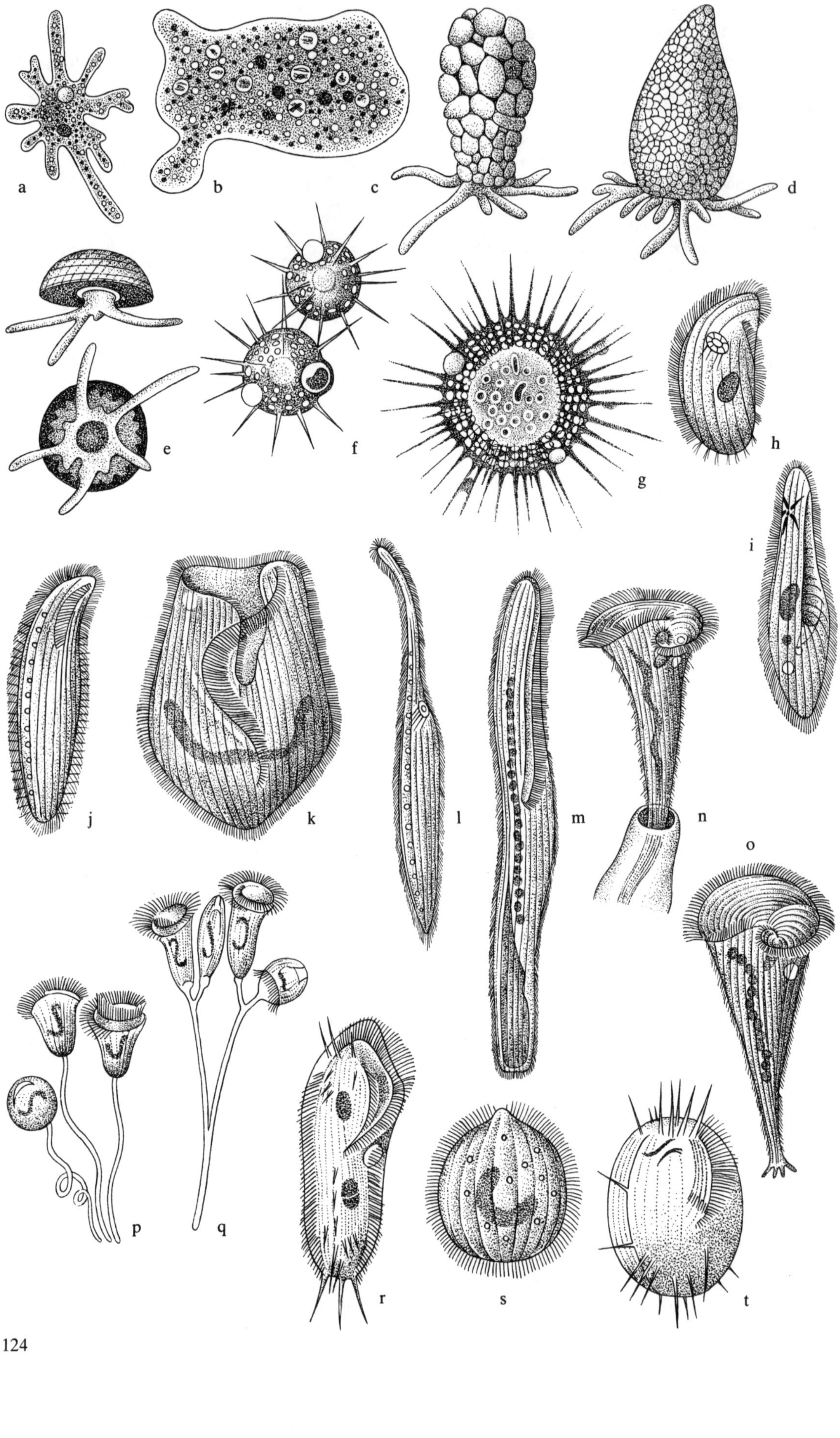
a
b
c
d
e
f
g
h
i
j
k
l
m
n
o
p
q
r
s
t

stets sollten, da keineswegs alle Ansätze angehen, mehrere Kulturen gleichzeitig angesetzt werden.

Die Pantoffeltierchen sind vor dem Verfüttern an die Fischbrut zu reinigen. Dazu verwendet man ein langes, dünnes Glasrohr, das auf einer Seite verschlossen ist und in einem Fuß steht. In dieses Rohr überträgt man mit Hilfe einer Pipette Flüssigkeit aus der obersten Schicht des Zuchtansatzes. Nach 10 bis 15 Stunden haben sich alle Pantoffeltierchen im obersten Abschnitt des Rohres konzentriert und können nun mit einer Pipette leicht entnommen und an die Fischbrut verfüttert werden.

Es muß in diesem Zusammenhang auch erwähnt werden, daß die allgemein empfohlenen Zuchtmethoden, Kulturen mit getrockneten Salatblättern, Bananenschalen oder Heu anzusetzen, wesentlich seltener zu Erfolgen führen.

Zum Fang von Infusorien in Freilandteichen ist feinste Gaze unerläßlich. Größere Futtertiere lassen sich mit gröberen Geweben aussieben. Die Tiere sollen möglichst kühl transportiert werden. Die Gefahr, beim Fang von Infusorien parasitische Formen mitzufangen, ist gering. Die Abbildung 66 vermittelt einen Einblick in die Welt der Einzeller.

Rädertierchen (Rotatoria)

Die Rädertierchen sind eine relativ isoliert stehende Tiergruppe, die im System als Klasse oft dem Stamm der Schlauchwürmer (Nemathelminthes) zugeordnet wird. Es handelt sich um winzige vielzellige Organismen, die in der Aquaristik als Futter für die Fischbrut verwendet werden und für diesen Zweck fast unentbehrlich sind. Einzelheiten ihrer Organisation lassen sich nur mit dem Mikroskop beobachten (Abb. 67).

Die verschiedenen Arten sind durchschnittlich 0,1 bis 0,2 mm groß und haben bis auf wenige Ausnahmen am Körpervorderende einen radförmigen Fangapparat, der mit zahlreichen beweglichen (selten starren) Wimpern ausgestattet ist. Die Bewegung der einzelnen Wimpern ist so aufeinander abgestimmt, daß erstens eine Wirbelströmung entsteht, durch die zahlreiche im Wasser schwebende Nahrungsteilchen

Abb. 66 Verschiedene Einzeller des Süßwassers
Amöben ohne und mit Schalen: a) *Amoeba proteus*, bis 0,5 mm; b) *Pelomyxa palustris*, bis 3 mm; c) und d) Vertreter der Gattung *Difflugia*, bis 0,3 mm; e) *Arcella* spec., Seitenansicht und von unten, bis 0,15 mm
Sonnentierchen: f) *Actinophrys sol*, bis 0,05 mm; g) *Actinosphaerium eichhorni*, bis 1 mm
Wimpertierchen: h) *Chilodonella cucullulus*, bis 0,2 mm; i) *Paramecium caudatum* (Pantoffeltierchen), bis 0,35 mm; j) *Loxodes rostrum*, bis 0,6 mm; k) *Bursaria truncatella*, bis 1,5 mm; l) *Dileptus anser*, bis 1 mm; m) *Spirostomum ambiguum*, bis 3 mm; n) *Stentor roeseli* (Trompetentierchen), bis 1 mm; o) *Stentor coeruleus* (Blaues Trompetentierchen), bis 1,2 mm; p) *Vorticella* spec. (Glockentierchen), Einzeltiere bis 0,08 mm; q) *Epistylis* spec. (Glockentierchen), Einzeltiere bis 0,08 mm; r) *Stylonychia mytilus*, bis 0,4 mm; s) *Ichthyophthirius multifiliis*, 0,5 mm; t) *Euplotes charon*, bis 0,08 mm

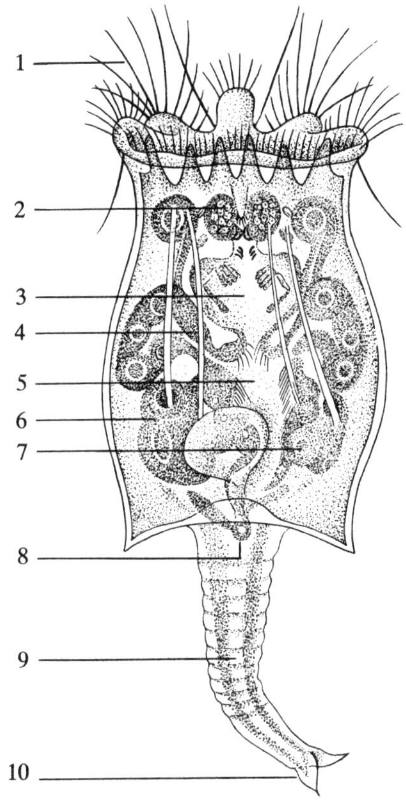

Abb. 67 Bauplan eines Rädertierchens. 1 Räderorgan, 2 Gehirn, 3 Kaumagen, 4 Magendrüsen, 5 Mitteldarm, 6 Dotterstock, 7 Eierstock, 8 After, 9 Fuß, 10 Zehen

in die Mundöffnung gedrückt werden, und zweitens eine Schraubenwirkung erzielt wird, durch die sich das Tier schwimmend fortbewegt. Das Körperhinterende ist bei den meisten Formen schwanzartig verlängert und endet oft mit zwei finger- oder dolchförmigen Anhängen, den Zehen. Da sich die Tiere mit diesen Zehen festsetzen können, wird das Hinterende auch als Fuß bezeichnet. Im Augenblick des Anheftens scheiden die Zehen ein Klebeeiweiß aus. Die Körperoberfläche ist durch eine feste, manchmal panzerartig verstärkte Kutikula geschützt. Bei Gefahr zucken die Rädertierchen zusammen, das heißt, sie ziehen Räderorgan und Fuß in den Körperpanzer ein.

Auch die innere Anatomie läßt sich bei den durchsichtigen Tieren gut erkennen (Abb. 67). Der Mund liegt am Vorderende oder auf der Bauchseite. Von ihm aus gelangt die Nahrung in den muskulösen Schlundkopf, Mastax genannt, der mit Chitinleisten austapeziert ist und sich dauernd pulsierend bewegt. Hinter dem geräumigen Magen liegen je ein Eierstock und Dottersack. Viele Rädertierchen sind lebendgebärend, das heißt, die Eier entwickeln sich in dem Muttertier zu Jungtieren, die geboren werden. Es ist besonders reizvoll, die verschieden weit entwickelten Embryonen im mütterlichen Körper zu beobachten. Andere Arten legen Eier, die ähnlich wie bei den Hüpferlingen am Muttertier angeheftet sein können. Die Fortpflanzung der Rädertierchen ist meist ein

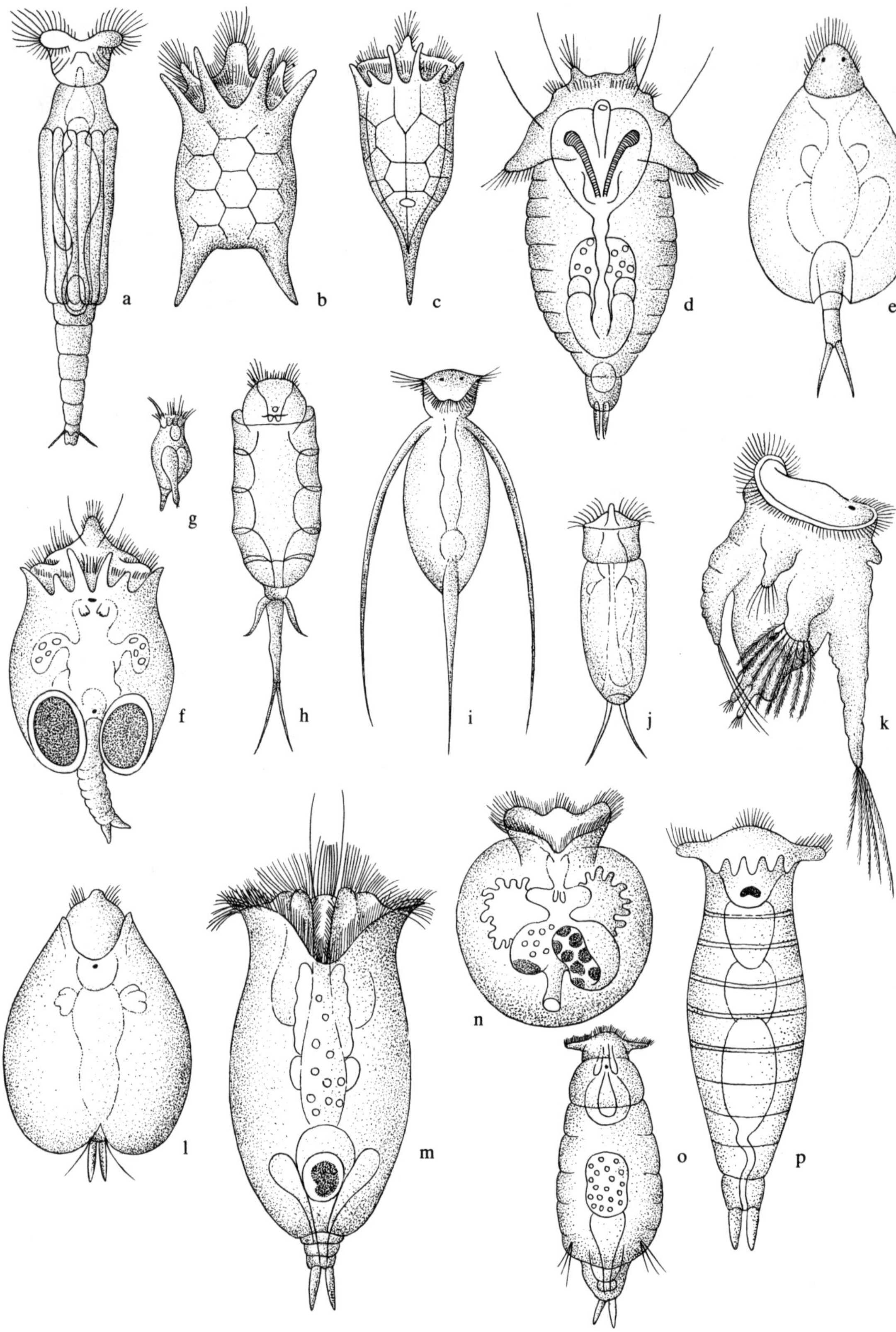

Abb. 68 Verschiedene Rädertiere, natürliche Größen bis 0,5 mm, in der Regel kleiner: a) *Philodina* spec.; b) *Keratella quadrata*; c) *Keratella cochlearis*; d) *Synchaeta* spec.; e) *Lepadella* spec.; f) *Brachionus* spec., ♀; g) *Brachionus* spec., Zwergmännchen; h) *Dinocharis* spec.; i) *Filina* spec.; j) *Cephalodella* spec.; k) *Pedalion* spec.; l) *Euchlanis dilatata*, ♀; m) *Euchlanis dilatata*, ♂; n) *Pterodina* spec.; o) *Copeus* spec., ♀; p) *Copeus* spec., ♂

periodischer Wechsel zwischen Individuen, die aus befruchteten Dauereiern entstehen, und Individuen, die sich aus unbefruchteten Eiern, das heißt durch Jungfernzeugung, entwickeln (siehe S. 148). Im ersten Fall findet man Männchen und Weibchen, die sich meist hinsichtlich der Morphologie, mindestens aber in der Größe unterscheiden. In der Periode der Jungfernzeugung kommen nur Weibchen vor. Näheres über diese eigenartige Form der Fortpflanzung ist aus dem Abschnitt »Daphnien« zu ersehen.

Die Rädertierchen treten periodisch massenhaft auf. Manche Arten vermehren sich in einem Jahr nur einmal sehr stark, andere Arten haben zwei bis drei Vermehrungsphasen. Manche sind dauernd festsitzend und gehäusebauend, andere bilden frei schwimmende Kolonien. Den Artenreichtum der Rädertierchen läßt Abbildung 68 erahnen.

Rädertiere werden mit einem Netz aus feinster Gaze gefangen, Beifang und Verunreinigungen siebt man aus. Zur Prüfung, ob Rädertiere im Teichwasser enthalten sind, bringt man einen Probefang in ein Tablettenröhrchen aus Glas und betrachtet dieses im Gegenlicht. Rädertiere verraten sich durch ihre ruhig dahingleitende Bewegung. Sicherheit bringt jedoch erst eine stärkere Lupe.

Rädertiere können nur im Wasser, also in Gläsern oder Kannen, transportiert werden. Für die Hälterung eignen sich kühl stehende flache Schalen oder Holzbottiche; abgestandenes Wasser verwenden und auf Temperaturausgleich achten! Ihre Überlebenszeit beträgt auch bei günstigen Hälterungsbedingungen nur wenige Tage. Die meisten Arten lassen sich gut einfrosten.

Würmer als Fischfutter

Die als Fischfutter in Frage kommenden Würmer gehören fast alle zu den Wenigborstern (Oligochaeta), einer artenreichen Klasse des Tierstammes Ringel- oder Gliederwürmer (Annelida). Eine Ausnahme machen lediglich die als Mikrofutter bekannten winzigen Fadenwürmer.

Mikrofutter

Alle Mikrofutterwürmchen (mehrere Arten) gehören zur Klasse Fadenwürmer (Nematoda) des Tierstammes Schlauchwürmer (Nemathelminthes). Die Klasse umfaßt freilebende Boden- und Wassertiere sowie Pflanzen- und Tierparasiten. Alle freilebenden Arten sind winzige Organismen, die sich an der Humus- bzw. Schlammbildung beteiligen (Abb. 69).

Verschiedene freilebende Arten lassen sich einfach in Massen züchten. Bekannt ist das von norwegischen Züchtern eingeführte Plectuswürmchen *(Panagrillus silusiae)*. Für die Zucht verwendet man am besten Einweckgläser mit nach innen aufgewölbtem Boden und gut schließendem Deckel. Der Boden wird seitlich mit Haferflocken bestreut und anschließend gerade so viel Milch zugegossen, daß die mittlere Bodenaufwölbung unbedeckt bleibt. Die so vorbereitete Kultur muß beimpft werden. Man verwendet dazu käufliche Ansätze oder, wenn diese nicht zu bekommen sind, die säuerlich riechenden Futterrückstände aus einer Enchyträenkiste. Danach ist das Glas mit dem Deckel, jedoch ohne dazwischenliegenden Einweckring zu verschließen und bei etwa 20 bis 24°C zu verwahren. Die 2 bis 3 mm langen Würmchen vermehren sich sehr schnell und beginnen nach einigen Tagen auf die Bodenwölbung und an den Innenwänden des Glases in breiten Bahnen hochzukriechen (Abb. 69). Von hier kann man sie leicht mit einem weichen, feuchten Pinsel oder Leinenläppchen entnehmen und direkt in das Zuchtaquarium übertragen. Die Vermehrung ist meist so stark, daß viele Tage lang Mikrofutter zur Verfügung steht. Nach einiger Zeit kommt die Kultur durch Übersäuerung zum Stillstand. Beim Ansetzen neuer Kulturen impft man diese mit Resten der alten.

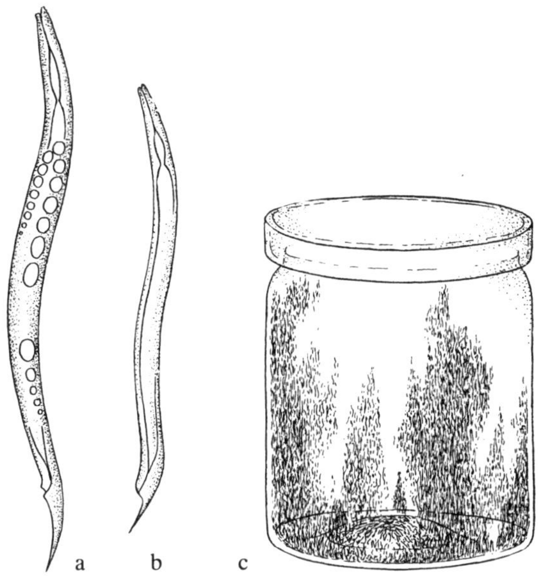

Abb. 69 a) ♀ eines freilebenden Kleinnematoden. Im Körper sind die Eizellen und Entwicklungsstadien sichtbar; b) ♂; c) Zuchtglas für Mikrofutter

Mikrowürmchen lassen sich einfacher als Pantoffeltierchen züchten und sind nahrhafter als diese. Leider nehmen nicht alle Jungfische Mikrofutter. Neben dem Plectuswürmchen sind verschiedene andere Arten in Kultur.

Enchyträen

Die weißen, bis 25 mm langen, besonders in faulenden Pflanzenresten lebenden Würmer gehören wie die Tubifex- und Regenwürmer zu den Wenigborstern (Oligochaeta), einer Klasse des Tierstammes Ringelwürmer (Annelida).

Schon mit einer einfachen Lupe ist deutlich zu erkennen, daß der langgestreckte Körper der Tiere in viele gleichartige Abschnitte, die sogenannten Segmente, gegliedert ist (Abb. 70). Erst mit dem Mikroskop sind die Borsten wie auch die Bewegungen des Darmes und der Weg der Nahrung gut zu verfolgen.

Enchyträen lassen sich leicht züchten und gehören schon seit langer Zeit zu den Standardfuttertieren in der Aquaristik. Sie haben einen hohen Eiweiß-, Kohlenhydrat- und Fettanteil und dürfen deshalb an erwachsene Tiere nur ab und zu verabreicht werden. Dagegen kann man wachsenden Jungfischen Enchyträen längere Zeit als Mastfutter anbieten. Eine zu reichliche oder gar ausschließliche Fütterung mit Enchyträen führt bei geschlechtsreifen Tieren meist zur Verfettung der Leber und der Gonaden und damit zu Stoffwechselschäden und Fortpflanzungsstörungen (siehe auch S. 369).

Zur Zucht der Enchyträen verwendet man flache Holzkisten, die mit feuchter Erde gefüllt sind. Kisten von 30 × 20 cm Grundfläche und 8 cm Höhe sind handlich und trocknen nicht zu leicht aus. Man verwendet ausschließlich lockere, gedämpfte, an Humusstoffen reiche Erde, zum Beispiel Erde aus hohlen Weidenstümpfen, Komposterde oder Blumentopferde.

Die Zucht beginnt man mit einem Ansatz, das heißt, einer ungefähr walnußgroßen Portion Enchyträen, die beim Händler oder bei Züchtern zu erhalten ist. Den Ansatz verteilt man in einer flachen Erdrinne und bedeckt die Würmer mit einer dünnen Schicht Enchyträenfutter. Schließlich wird etwas Erde vom Rand her über die Rinne gezogen und mit einer postkartengroßen Scheibe die Zuchtstelle abgedeckt. Die mit einem Deckel verschlossene Zuchtkiste ist in einem warmen Raum mit hoher Luftfeuchtigkeit unterzubringen.

Regeln für die Zucht der Enchyträen: Die Würmer nur mit kleinen Futterportionen versorgen. Erst das alte Futter auffressen lassen, dann neu füttern. Sauer riechende, schmierige Nahrungsreste entfernen. Die Zucht feucht und dunkel halten.

In funktionierenden Zuchten haben sich die Würmer nach 6 bis 8 Wochen stark vermehrt. Jetzt erst sollen Enchyträen für Futterzwecke entnommen werden. Eine Enchyträenzucht ist jedoch kein dauernder Futterlieferant, sondern bald erschöpft. Man legt deshalb am besten mehrere Zuchten an und verwendet nur eine für Fütterungszwecke. Bei Enchyträenkisten, die gerade als Futterlieferant dienen, deckt man die Enchyträen und deren Futter nicht mit einer Erdschicht zu, sondern legt die Glasscheibe unmittelbar auf das Futter. Die Würmer sammeln sich dann direkt unter der Glasscheibe und können so leicht mit der Pinzette abgelesen werden.

Häufig treten in der Enchyträenzucht kugelförmige Milben auf. Es empfiehlt sich dann, die Futterrinne zu vertiefen und das Futter mit einer dickeren Erdschicht zu überdecken. Nach SCHNIRPEL lassen sich Milben vermeiden oder vertreiben, wenn in eine Ecke der Enchyträenkiste ein Beutel Mottenmittel oder eine Mottenkugel eingelegt wird.

Acarizide (Milbenvertilgungsmittel) sollten in Enchyträenzuchten nur mit größter Vorsicht verwendet werden. Die Gifte reichern sich zum Teil in den Würmern an und können dann zu Fischvergiftungen führen.

Enchyträen können, zerrieben oder zerquetscht, aushilfsweise auch für die Fischbrut verwendet werden. Allerdings ist dann für eine gute Durchlüftung und Filterung des Zuchtbeckens zu sorgen, da auch bei noch so vorsichtiger Fütterung im Wasser Fäulnisprodukte entstehen.

Neben der gewöhnlichen Enchyträe, *Enchytraeus albidus*, sind in den letzten Jahren weitere Arten isoliert und gezüchtet worden, so vor allem das sogenannte Grindalwürmchen, *Enchytraeus buchholtzi*, das sowohl in Südamerika als auch in Mitteleuropa vorkommt. Diese Art ist wesentlich kleiner und dünner und deshalb besonders für kleine Jungfische geeignet.

Zur Zucht bringt man einen Ansatz in halbfeuchten, ausgekochten Torf und füttert mit aufgekochten, durchgeschlagenen Haferflocken. Anlage und Betreuung der Zucht, wie oben angegeben.

Tubifexwürmer

Die Gattung *Tubifex* der Wenigborster (Oligochaeta) ist sehr weit verbreitet, jedoch nicht immer so häufig, daß sich der Fang für Futterzwecke lohnt. In schlammigen Gräben, besonders aber in Abwässern von Molkereien und Brauereien, ist der Boden oft von Tausenden und aber Tausenden kleinen, roten Würmern bedeckt, die, aus dem Boden hervorragend, mit ihrem schlanken, fadenförmigen Körper ständig schwingende Bewegungen ausführen. Oft hat man den Eindruck, als ob ein rötlicher Schwingrasen den Schlammgrund bedeckt. Schon bei geringer Störung ziehen sich die Tiere blitzschnell in ihre Schlammröhren zurück. Der Teil des Wurmes, den wir in pendelnder Bewegung im Wasser beobachten, ist das Hinterende, das Vorderteil steckt immer in der Schlammröhre (Abb. 70). Die eigenartigen Bewegungen des Hinterendes dienen der Herbeiführung von Frischwasser zur Atmung.

Tubifex fängt man mit Schlammsieben. Die obere Schlammschicht wird in ein feinmaschiges Sieb gebracht und so lange mit Frischwasser gespült, bis nur noch die roten Würmer den Siebboden bedecken. In feuchte Tücher oder feuchtes Papier verpackt, lassen sich die Tiere gut transportieren.

Auch der Fachhandel bietet in der Regel Tubifex an. Die aus Abwässergräben kommenden Würmer verfüttere man grundsätzlich nicht sofort, sondern spüle sie bis zur vollkommenen Entleerung ihres Darmes unter fließendem Wasser. Die Tiere ballen sich dabei auf dem Boden des Behälters zusammen, die Kotreste sammeln sich im Inneren der Ballen. Sie müssen deshalb öfters auseinandergerührt werden. Nach dem Absetzen der Würmer lassen sich die schwebenden Kotreste gut abschütten.

Gereinigte Tubifex können in größeren Mengen lange Zeit gehältert werden. Man bringt sie dazu in flache Schalen und läßt ständig fadenstark Wasser zufließen oder wechselt das Wasser täglich. Der Wasserstand sollte nur 2 bis 3 cm betragen, auch müssen die Schalen kühl stehen.

Tafel 33, Foto 105–107 Oben: Fünfgürtelbarbe *(Barbus pentazona pentazona)* · Zuchtform der Sumatrabarbe, sogenannte »Moosgrüne Sumatrabarbe«. Unten: Sumatrabarbe *(Barbus tetrazona tetrazona)*, von dieser Art sind mehrere Farbformen und auch Albinos bekannt.

Tafel 34, Foto 108–110 Oben: Messingbarbe *(Barbus semifasciolatus)*. Unten: Pigmentmangelmutante der Messingbarbe, sogenannte »Barbus schuberti«, das fehlende schwarze Pigment bedingt das kräftige Orange · Purpurkopfbarbe *(Barbus nigrofasciatus)*, ♂ in Laichtracht.

Tafel 35, Foto 111–115 Links: Bitterlingsbarbe *(Barbus titteya)*, ♂ · Schwarzfleckbarbe *(Barbus filamentosus)*, umfärbender Jungfisch · Eilandbarbe *(Barbus oligolepis)*, ♂. Rechts: ♀ und ♂ der sogenannten »Odessabarbe« oder »Feuerstreifenbarbe«, einer bislang nicht exakt definierten Art

Tafel 36, Foto 116–120 Oben: Zebrabärbling *(Brachydanio rerio)*, Normalform · Leoparddanio oder sogenannter »Brachydanio frankei«. Mitte: Malaiischer Flugbärbling *(Esomus malayensis)* · Devariobärbling *(Danio devario)*. Unten: Malabarbärbling *(Danio malabaricus)*, goldgelbe Längslinien hier z. T. durch Tüpfel ersetzt

Tafel 37, Foto 121–122 Oben: Langflossige Mutante des Zebrabärblings *(Brachydanio rerio)*, Normalform siehe Taf. 36. Unten: Schillerbärbling *(Brachydanio albolineatus)*, bei schrägem Lichteinfall einer der farbigsten Karpfenfische

Tafel 38, Foto 123–124 Zuchtformen des Goldfisches *(Carassius auratus auratus)*. Der Goldfisch und seine Zuchtformen haben im Gegensatz zu den Farbkarpfen keine Barteln.
Tafel 39, Foto 125–126 Oben und unten: Farbkarpfen, Buntkarpfen oder Kois. Aufnahmen von Musterfischen aus dem Zuchtzentrum Niigata, Japan

Tafel 40, Foto 127–129 Oben: Feuerschwanz-Fransenlipper *(Labeo bicolor)*. Mitte: Grüner Fransenlipper *(Labeo frenatus)*, von der Art sind auch Albinos im Handel. Unten: Schönflossenbarbe *(Epalzeorhynchus kallopterus)*, ein vorzüglicher Algenraspler

Tafel 41, Foto 130–135 Laichserie von *Rasbora hengeli*, einer dem Keilfleckbärbling *(Rasbora heteromorpha)* nahe verwandten Art. Reihenfolge: Oben, Mitte, unten. Das untere Foto links zeigt zur Verdeutlichung des Übergreifens das Paar von der anderen Seite.

Tafel 42, Foto 136–138 Oben: Zwergbärbling *(Rasbora maculata)* · Schwanzfleckbärbling *(Rasbora urophthalma)*, ♀ und ♂. Beide Arten gehören zu den kleinsten Vertretern der Cyprinidae. Unten: Zweibindenbärbling *(Rasbora cephalotaenia)*
Tafel 43, Foto 139–143 Oben: Schönflossenbärbling *(Rasbora kalochroma)* · Rotstreifenbärbling *(Rasbora pauciperforata)*. Mitte: Perlmuttbärbling *(Rasbora vaterifloris)* · Kardinalfisch *(Tanichthys albonubes)*, langflossige Mutante. Unten: Siamesische Saugschmerle *(Gyrinocheilus aymonieri)*, ein vorzüglicher Algenraspler

Tafel 44, Foto 144–146 Oben: Zwergschmerle *(Botia sidthimunki)*, schwimmaktiver Schwarmfisch, Einzeltiere kümmern. Mitte: Zebraschmerle *(Botia striata)*, eine der schönsten Schmerlenimporte der letzten Jahre. Unten: Netzschmerle *(Botia lohachata)*
Tafel 45, Foto 147–148 Oben: Prachtschmerle *(Botia macracantha)*. Unten: Blaue Prachtschmerle *(Botia modesta)*. Beide Arten müssen im Schwarm gepflegt werden und zahlreiche Verstecke und Unterstände vorfinden.

Tafel 46, Foto 149–151 Unterwasserfotos von drei einheimischen Süßwasserfischen. Oben: Steinbeißer *(Cobitis taenia)*. Mitte: Elritze *(Phoxinus phoxinus)*. Unten: Zwergwels *(Ictalurus nebulosus)*. Alle drei Arten eignen sich für das Kaltwasseraquarium.
Tafel 47, Foto 152–154 Oben: Schwalbenschwanz-Glaswels *(Eutropiellus buffei)*, ein schwimmaktiver Schwarmfisch · Indischer Glaswels *(Kryptopterus bicirrhis)*, die Art niemals einzeln pflegen. Unten: Jungfisch des in Afrika weit verbreiteten Silberwelses *(Schilbe mystus)*

Tafel 48, Foto 155–157 Oben: Zwergstachelwels *(Mystus mica)* aus dem mittleren Amur, früher als *Leiocassis brashnikowi* bekannt. Mitte: Haiwels *(Pangasius sutchi)*, eine sehr schwimmaktive Art. Unten: Kiemensackwels *(Heteropneustes fossilis)*, ein zählebiger, nachtaktiver, sehr gefräßiger Wels

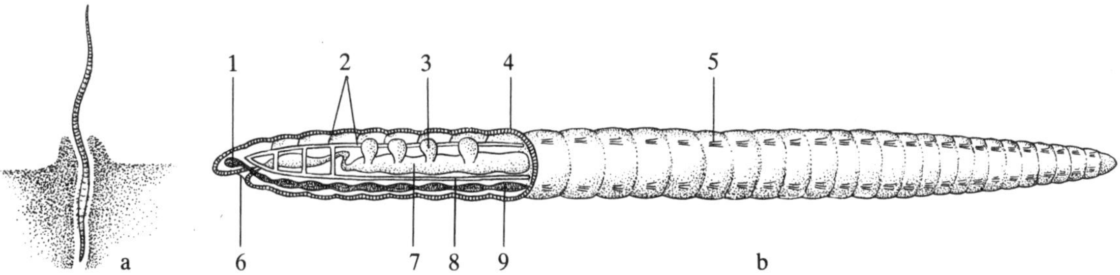

Abb. 70 a) Tubifex in der Schlammröhre; b) Bauplan eines Wenigborsters (Enchyträe). 1 Gehirnganglion, 2 Septen zwischen den Segmenten, 3 Darmdrüsen, 4 Hautmuskelschlauch, 5 Borsten, 6 Mund, 7 Darm, 8 wichtigstes Blutgefäß, 9 Strickleiternervensystem

Drei Monate und länger können Tubifex unter folgenden Bedingungen gehältert werden: Man bringt die vorgereinigten Würmer in kleinere Frischhaltedosen, überschichtet sie 1 bis 2 cm hoch mit Wasser und stellt die Dosen in den Kühlschrank. In der ersten Zeit muß das Wasser alle 2 bis 4 Tage erneuert werden, später genügt ein Wasserwechsel in immer größeren Abständen. Nach zwei Monaten sind die Tubifex wesentlich kleiner und relativ bewegungsarm. Sie werden in diesem Zustand von den Fischen besonders gern gefressen. Selbstredend kann man Tubifex auch einfrosten (siehe S. 121).

Um das Ansiedeln der nicht gefressenen Tiere im Aquarienboden zu vermeiden, empfiehlt es sich, die Tubifiziden in schwimmende Futtertrichter zu geben (Abb. 25), aus denen sich die Fische die Nahrung heraussaugen, oder auf den Bodengrund mit Würmern gefüllte Blumentopfuntersetzer zu stellen. Starke Ansammlungen von Tubifiziden im Bodengrund des Aquariums sollen die Bildung von Fäulnisherden begünstigen.

Regenwürmer

Auch die Regenwürmer gehören, wie die Enchyträen und Tubifexwürmer, zu den Wenigborstern (Oligochaeta). Sie sind für größere Raubfische ausgezeichnete Futtertiere. Am besten eignen sich die kleinen dunkelroten Regenwürmer, die in der Mistbeeterde oder im verrotteten Bodenlaub vorkommen (*Allolobophora* und *Eisenia*). Sie können ganz oder in Stücke zerschnitten verfüttert werden. Regenwürmer sind nicht nur leicht zu beschaffen, sondern lassen sich auch monatelang gut aufbewahren, außerdem entsprechen sie weitgehend der Nahrung vieler Fische in ihren Heimatgewässern. Besonders Cichlidenpflegern wird empfohlen, im Herbst eine Regenwurmkiste einzurichten, aus der in futterknappen Wintertagen jederzeit Lebendfutter entnommen werden kann. Als Regenwurmkiste eignet sich jeder mit dickerer Kunststoffolie ausgekleidete Behälter. Der Boden wird mit Herbstlaub (kein Eichenlaub!) oder Heu 5 bis 8 cm hoch bedeckt und mit einer dreimal so hohen Erdlage überschichtet. Die gesammelten Regenwürmer werden in die so vorbereitete Kiste gebracht und können hier mehrere Monate (wenn man gekochte Gemüseabfälle gelegentlich unter die Erde mischt, sogar 1 bis 2 Jahre) gehältert werden. Als einzige Wartung ist es notwendig, die Erde feucht zu halten.

Vor der Fütterung setzt man die Würmer zur Entleerung des Darmes in gut abgedeckte Schalen, deren Boden mit feuchtem Lösch- oder Filtrierpapier bedeckt ist.

Man kann Regenwürmer auch einfrosten, sollte sie vorher jedoch entkoten.

Krebstiere (Crustacea) als Fischfutter

Krebstiere sind die Hauptnahrung der meisten Meeres- und Süßwasserfische. Die Masse der Krebstiere auf der Erde ist um ein Vielfaches größer als die Masse aller anderen tierischen Organismengruppen zusammen. Im System des Tierstammes Gliederfüßler (Arthropoda) haben die Krebstiere meist den Rang einer Klasse.

Die in der Aquaristik als Lebendfutter allgemein bekannten Zyklops und Wasserflöhe sind kleine Krebstiere, die oft massenhaft in stehenden Gewässern vorkommen. Sie stellen während des ganzen Jahres das Hauptfuttermittel für die Fischpflege und Fischzucht dar. Selbst in strengen Wintern sind in manchen Teichen unter dem Eis Kleinkrebse zu finden. Massenhaft treten sie meist nur in den Frühjahrs-, Sommer- und Herbstmonaten auf.

Charakteristisch für alle Kleinkrebse ist ihre periodische Massenvermehrung, das heißt, in ein und demselben Teich können während eines Jahres mehrere Vermehrungsmaxima vorkommen. In der Regel herrschen in Dorfteichen im Frühjahr die Hüpferlinge, im Sommer die Wasserflöhe vor. Da jedoch die angeführte Periodizität der Massenvermehrung in unmittelbar benachbarten Gewässern oft verschieden ist, wird es, wenn man die Mühe nicht scheut, mehrere Teiche ständig zu kontrollieren, immer möglich sein, Kleinkrebse zu fangen. Die Massenvermehrungen werden durch das Zusammenwirken günstiger Umwelt- und Stoffwechselfaktoren angestoßen.

Die Qualität und Haltbarkeit der Kleinkrebse können sehr verschieden sein. Ganz allgemein ist rötliches bis rotes Krebsfutter wertvoller und haltbarer als grünliches Krebsfutter. Von den beiden genannten Krebsgruppen sind für die Fischhaltung besonders die unter dem Namen »Zyklops« vereinigten Kleinkrebse wertvoll.

Kleinkrebse lassen sich in Gartenteichen oder sehr großen Bottichen züchten. Das Wasser wird dazu mit etwas Enten- oder Gänsemist versetzt (auf 500 l etwa eine Handvoll) und nach 10 bis 14 Tagen mit Wasserflöhen oder Hüpferlingen besetzt. Zur Fütterung eignet sich Blut (100 ml auf 500 l Wasser) oder Bäckerhefe (50–80 g auf 500 l Wasser, Hefe erst aufschwemmen!). Die Krebse ernähren sich vor allem von den massenhaft entstehenden Bakterien und Kleinstalgen. Mist und Futter erst dann erneut zuführen, wenn das zunächst trübe Wasser klar geworden ist. Bei Blutfütterung kann auf die Vordüngung mit Mist verzichtet werden.

In den letzten Jahren werden in zunehmendem Maße auch eingefrostete Hüpferlinge, Nauplien und Wasserflöhe als Fischfutter verwendet, siehe dazu S. 121. Zur Fütterung kommt eine entsprechend große Portion direkt in das Becken. Die beim Auftauen einzeln zu Boden sinkenden Futtertiere werden von fast allen Fischen gefressen.

Zyklops (Hüpferlinge)

Die Bezeichnung »Zyklops« wird in der Aquaristik als Sammelname für eine ganze Reihe nahverwandter Kleinkrebse verwendet. Sie gehören alle zur Unterklasse der Hüpferlinge (Copepoda) und zeichnen sich meist durch eine ruckartig schnellende, hüpfende Schwimmweise aus.

Abb. 71 Bauplan eines Hüpferlingweibchens. 1 unpaares Auge, 2 kurze 1. Antenne, 3 lange 2. Antenne, 4 Magen, 5 Eierstock, 6 Eileiter, 7 Speicherblase für die Samenfäden, 8 Eisäckchen

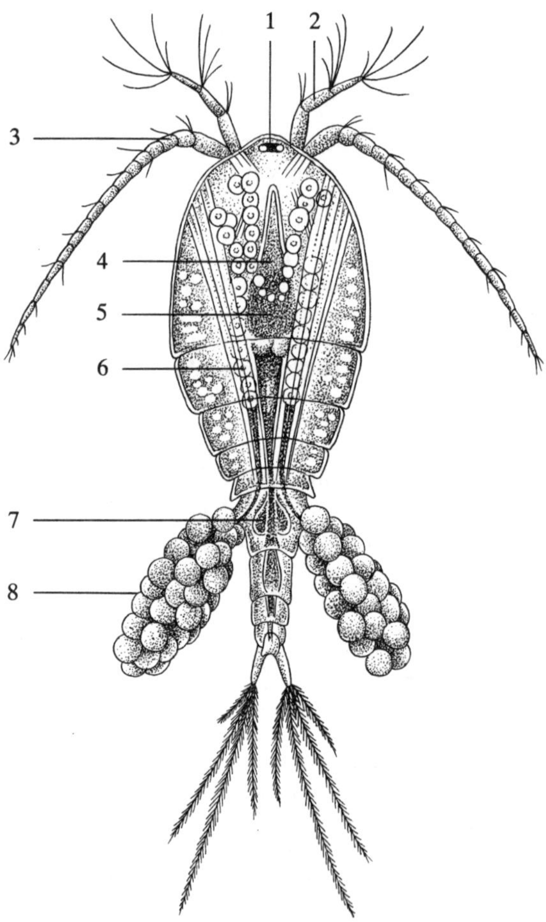

In der Systematik ist der Name *Cyclops* ein Gattungsname, das heißt, er kommt nur einer verhältnismäßig kleinen Gruppe der Hüpferlinge zu. Der bekannteste Vertreter, *Cyclops albidus*, ist ein bis 3 mm großes Krebschen, das aus einem dicken Vorderkörper, der Kopf und Brustabschnitt einschließt, und einem schlanken Hinterkörper besteht. Der Hinterkörper läuft in zwei lange, gefiederte Fortsätze aus, die dem Tier zusammen mit den abgespreizten Antennen das Schweben im Wasser erleichtern (Abb. 71). Das Hauptantriebsorgan des Hüpferlings sind seine beiden langen, geißelartigen Antennen, die ruckartig aus der abgespreizten Haltung an den Körper geschlagen werden und diesen so nach vorn treiben. Das ruckartige Rudern der Antennen wird durch ein ruckartiges Nachhintenschlagen der kurzen, verbreiterten Beine sowie durch den Hinterleib unterstützt. Da die Bewegungen der Antennen, der Beine und des Hinterleibes gleichzeitig erfolgen und zwischen diesen Bewegungen Ruhepausen liegen, wird die Fortbewegung zum Hüpfen. Am Vorderende des Körpers sitzt ein unpaares, meist als dunkler Fleck erkennbares Auge. Die Einäugigkeit hat der Tiergruppe den Namen gegeben: Sie sind nach den einäugigen Riesen der griechischen Sage, den Zyklopen, benannt.

Bei der Fortpflanzung versuchen die Männchen, Samenfadenpakete in der Nähe der weiblichen Eileiteröffnung anzuheften. Sie klammern sich dazu mit ihren zangenartigen Antennen am Hinterkörper der Weibchen fest. Die Samenfäden werden schließlich in eine Speicherblase verlagert und befruchten die Eier im Augenblick der Eiablage.

Die Eisackhüllen sind erstarrte Drüsensekrete, die mit den Eiern ausgeschieden werden. Die Embryonalentwicklung der Hüpferlinge beginnt unmittelbar nach der Eiablage. Mit dem Mikroskop kann man die Entwicklung gut verfolgen. Allerdings müssen dazu die Weibchen zwischen einem Objektträger und Deckglas festgeklemmt werden.

Aus den Eiern schlüpft bald ein Nauplius, die Larve des Hüpferlings. Nauplien (Abb. 72) sind neben Rädertieren das beste Jungfischfutter. Zu bestimmten Zeiten ist die Vermehrung der Hüpferlinge so stark, daß das Wasser durch Nauplien getrübt wird. An dem kurzen, noch nicht in Kopfbrust- und Hinterleibsabschnitt gegliederten Körper des Nauplius sind deutlich drei abgespreizte Extremitätenpaare zu erkennen, von denen das erste im Laufe der weiteren Entwicklung zum ersten, das zweite zum zweiten Antennenpaar und das dritte zu Mundwerkzeugen umgebildet wird. Die abgespreizte Haltung der Beinpaare soll der Larve das Schweben im Wasser erleichtern. Der Nauplius wandelt sich schrittweise in einen typischen Hüpferling um.

Die Hüpferlinge fressen winzige tierische und pflanzliche Organismen. Die Art der Nahrung bestimmt in der Regel ihre Körperfarbe.

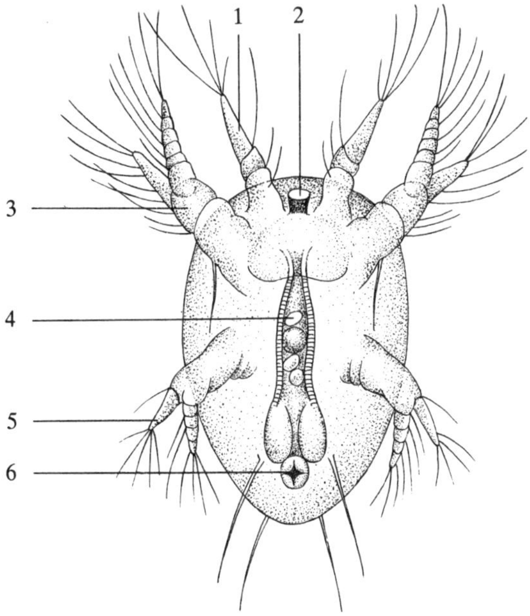

Abb. 72 Bauplan eines Nauplius, des 1. Larvenstadiums der Hüpferlinge und anderer Krebstiere. 1 Anlage der 1. Antenne, 2 Naupliusauge, 3 Anlage der 2. Antenne, 4 Darmanlage mit Ölkugeln aus dem Dottervorrat des Eies, 5 Anlage der vorderen Mundwerkzeuge, 6 After

Am besten fängt man die Tiere mit feinmaschigen Stocknetzen. Zum Transport eignen sich außer Gläsern und Kannen besonders Futterrähmchen, kleine, mit feinmaschigen Gazen bespannte Holzrähmchen, die sich, übereinandergeschichtet und in feuchte Tücher eingeschlagen, gut transportieren lassen. Die Kleinkrebse werden aus dem Netz in das Rähmchen gebracht und hier gleichmäßig ausgebreitet. Am besten setzt man dazu das Rähmchen kurz auf die Wasseroberfläche. Die Schicht soll nicht höher als 3 mm sein.

Zur Hälterung eignen sich flache, kühl stehende Schalen mit abgestandenem Wasser.

Die Bestimmung der einzelnen Arten ist schwierig, einige häufig vorkommende Vertreter zeigt Abb. 73. Als Fischfutter sind alle geeignet. Den höchsten Nährwert haben die oft orangerot gefärbten *Diaptomus*-Arten. Mitunter sind die Hüpferlinge mit einem weißlichen Flaum bedeckt. Die mikroskopische Untersuchung zeigt, daß sich zahlreiche Glockentierchen auf ihnen angesiedelt haben, die hier besonders gute Lebensbedingungen finden. Auch solche Hüpferlinge können ohne Gefahr verfüttert werden.

Da halberwachsene und erwachsene Hüpferlinge mit Vorliebe die Fischbrut anfressen, muß das Aussieben von Nauplien mit besonderer Sorgfalt erfolgen. Zur Zucht von Hüpferlingen siehe S. 145.

Daphnien (Wasserflöhe)

Ähnlich wie bei den Hüpferlingen verbirgt sich auch hinter dem Sammelbegriff Daphnien eine ganze Reihe nahverwandter Kleinkrebse, die alle zu der großen Unterklasse der Blattfußkrebse (Phyllopoda) gehören. Ihre Fortbewegung ist ein zuckendes, langsames Dahintorkeln, als ob sich die Tiere gewaltsam gegen das Absinken wehren wollten. Sie können ziemlich groß werden. So sind Wasserflöhe von 4 mm Länge keine Seltenheit.

Als Fischfutter sind sie unentbehrlich, wenn auch nicht so wertvoll wie die Hüpferlinge. Besonders kleine Fische können die plumpen Futtertiere oft nicht bewältigen, größere Arten töten die Beute häufig nur, ohne sie zu verschlingen.

Der Körper der gedrungenen, von der Seite betrachtet blattförmigen Tiere wird bis auf den Kopf von einer zweiklappigen Schale umhüllt, aus der lediglich das spitze Ende des nach vorn umgeschlagenen Hinterleibes hervorragen kann (Abb. 74). Die kurzen, weichen, sich dauernd bewegenden Beine tragen sackförmige Anhänge, die Atemorgane (Kiemen). Durch die Beinbewegungen werden Frischwasser zu den Kiemen und Nahrungspartikeln zum Mund geführt. Der große Kopf trägt zwei auffallend lange, gegabelte Antennen, die als Ruderantennen die einzigen Fortbewegungsorgane der Tiere darstellen. Zwischen den Antennen fällt ein großes, unpaares, sich dauernd zittrig bewegendes Komplexauge auf, unter dem ein winziges Nebenauge liegt. Gut läßt sich mit einem Mikroskop das schnell pulsie-

Abb. 73 Häufige Hüpferlinge des mitteleuropäischen Teich- und Seeplanktons. a) *Cyclops strenuus*; b) *Cyclops fuscus*; c) *Heterocope* spec.; d) *Diaptomus* spec.

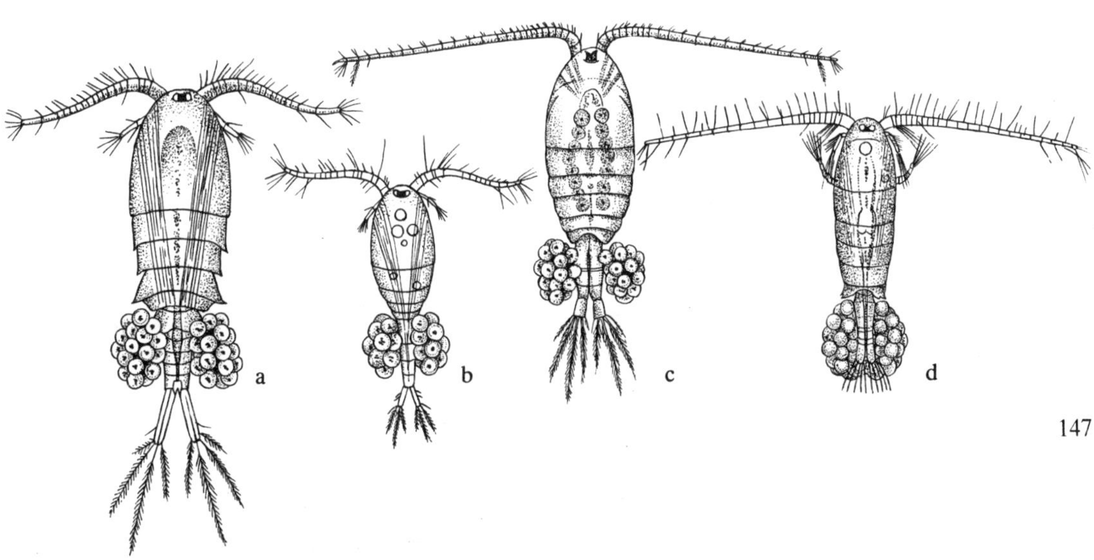

rende, an der Rückenseite gelegene Herz beobachten. Der Rückenteil des hinteren Schalenabschnittes ist zum Brutraum ausgebildet. Er enthält meist Eier in verschieden weit fortgeschrittenen Entwicklungsstadien (Abb. 74).

Wasserflöhe können sich durch unbefruchtete, weichschalige Sommereier und befruchtete, hartschalige Winter- oder Dauereier fortpflanzen. Die Entwicklung unbefruchteter Eier ist im Tierreich weit verbreitet und dient der schnelleren Vermehrung. Diese besondere Art der geschlechtlichen Fortpflanzung wird als Jungfernzeugung bezeichnet. Im Frühjahr und Sommer findet man in den verschiedenen Gewässern nur Wasserflohweibchen, die Männchen fehlen. Die Eierstöcke dieser Weibchen produzieren dotter- und ölreiche zartschalige Eier, die schubweise in den Brutraum ausgestoßen werden und sich hier ohne Befruchtung schnell zu kleinen Daphnien entwickeln. Diese verlassen schließlich den Brutraum und wachsen zu Weibchen heran, die sich wieder durch Jungfernzeugung vermehren. Auf diese Weise entstehen in unseren Teichen schnell die riesigen Wasserflohpopulationen.

Mit der schlechten Witterung im Herbst erscheinen plötzlich eingeschlechtlich (jungfräulich) entstandene Männchen. In den Eierstöcken der Weibchen werden jetzt nicht mehr zartschalige Sommereier, sondern dickschalige Wintereier gebildet, die zunächst auch in den Brutraum verlagert werden, sich jedoch ohne Befruchtung nicht entwickeln können. Nach der Befruchtung der besonders dotterreichen Wintereier werden diese in eine lufthaltige Hülse, das Ephippium, eingeschlossen, das bei der nächsten Häutung des Wasserflohes in der abgestoßenen Haut verbleibt und nun dem Winterei als Schwimmapparat dient. In den Herbstmonaten findet man häufig Teiche, auf deren Oberfläche Millionen der dunklen Wintereier treiben. Im Frühjahr schlüpfen aus den Wintereiern junge weibliche Wasserflöhe, die in der warmen Jahresperiode wieder Sommereier bilden. Dieser Wechsel der Fortpflanzungsart stellt eine Anpassung an den in unseren geographischen Breiten ausgeprägten Jahreszyklus dar.

Abb. 74 Bauplan eines Wasserflohweibchens der Gattung *Daphnia*. 1 Komplexauge, 2 Gehirn, 3 winzige 1. Antenne, 4 Ausscheidungsorgan, 5 Schale, die den Körper links und rechts bedeckt, 6 Kiemensäckchen an den Brustbeinen, 7 kammartig angeordnete Filterborsten an den Brustbeinen, 8 Hinterleib mit Enddarm und After, 9 große Ruderantenne (2. Antenne), 10 Darm, 11 Herz, 12 Eierstock, 13 Embryonen im Brutraum

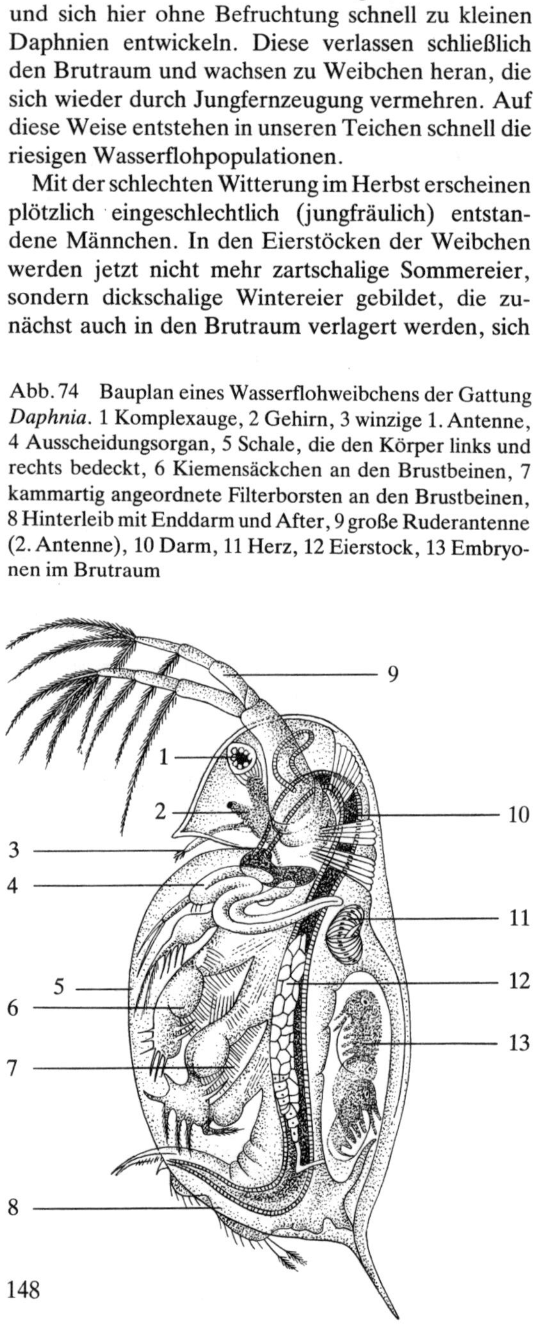

Daphnien fängt man am besten mit grobmaschigen Netzen. Zum Transport eignen sich Wasserbehälter oder Futterrähmchen (siehe S. 147). Bei heftigen Gewittern sterben gefangene Daphnien meist schon auf dem Transport. Die Hälterung ist nur in großen, kühl stehenden Reservebehältern möglich, jedoch ist auch dort ihre Überlebenszeit begrenzt. Sie sollten deshalb möglichst schnell verfüttert werden. Stets in kleinen Portionen füttern! Tote Daphnien gehen im Aquarium schnell in Fäulnis über und müssen dann abgehebert werden.

Daphnien eignen sich sehr gut zum Einfrosten. Man kann sich in den Sommermonaten auf diese Weise den ganzen Winterbedarf sichern. Eingefrostete Daphnien müssen noch sparsamer gefüttert werden als lebende. Zur Zucht siehe S. 145.

Die bekanntesten Arten sind: *Daphnia magna, Daphnia pulex, Daphnia longispina, Bosmina longirostris.* Außer diesen Arten gibt es noch eine Reihe anderer Blattfußkrebse, die gelegentlich mit gefangen werden. Allerdings spielen sie als Fischfutter nur eine untergeordnete Rolle. Einige häufiger vorkommende Arten sind in Abb. 75 zusammengestellt.

Häufig werden Muschelkrebse als Daphnien angesehen. Diese bis 2 mm großen Kleinkrebse können sich ganz in ihre muschelähnliche Schale zurückziehen, dadurch lassen sie sich gut von den Wasserflöhen unterscheiden (Abb. 90). Ihre Bewegung ist ein ruhiges Gleiten. Mit Vorliebe kriechen sie an den Scheiben des Transportglases hoch. Sie eignen sich als Futtertiere nicht, da ihre harte Schale von kleinen Fischen nicht zerdrückt werden kann.

Nauplien des Salinenkrebschens

Ein ausgezeichnetes Jungfischfutter sind die Nauplien des Salinenkrebschens *(Artemia salina)*, Abb. 76. Die Art aus der Unterklasse der Kiemenfußkrebse (Anostraca) kommt in vielen salzhaltigen Binnengewässern in riesigen Schwärmen vor.

Abb. 75 Verschiedene Wasserfloharten. a) *Daphnia longispina*; b) *Daphnia cucullata*; c) *Daphnia pulex*; d) *Simocephalus vetulus*; e) *Bosmina longirostris*; f) *Chydorus sphaericus*; g) *Camptocercus rectirostris*; h) *Rhynchotalona* spec.; i) *Scapholeberis mucronata*; j) *Sida cristallina*; k) *Euricercus lamellatus*; l) *Leptodora kindtii*

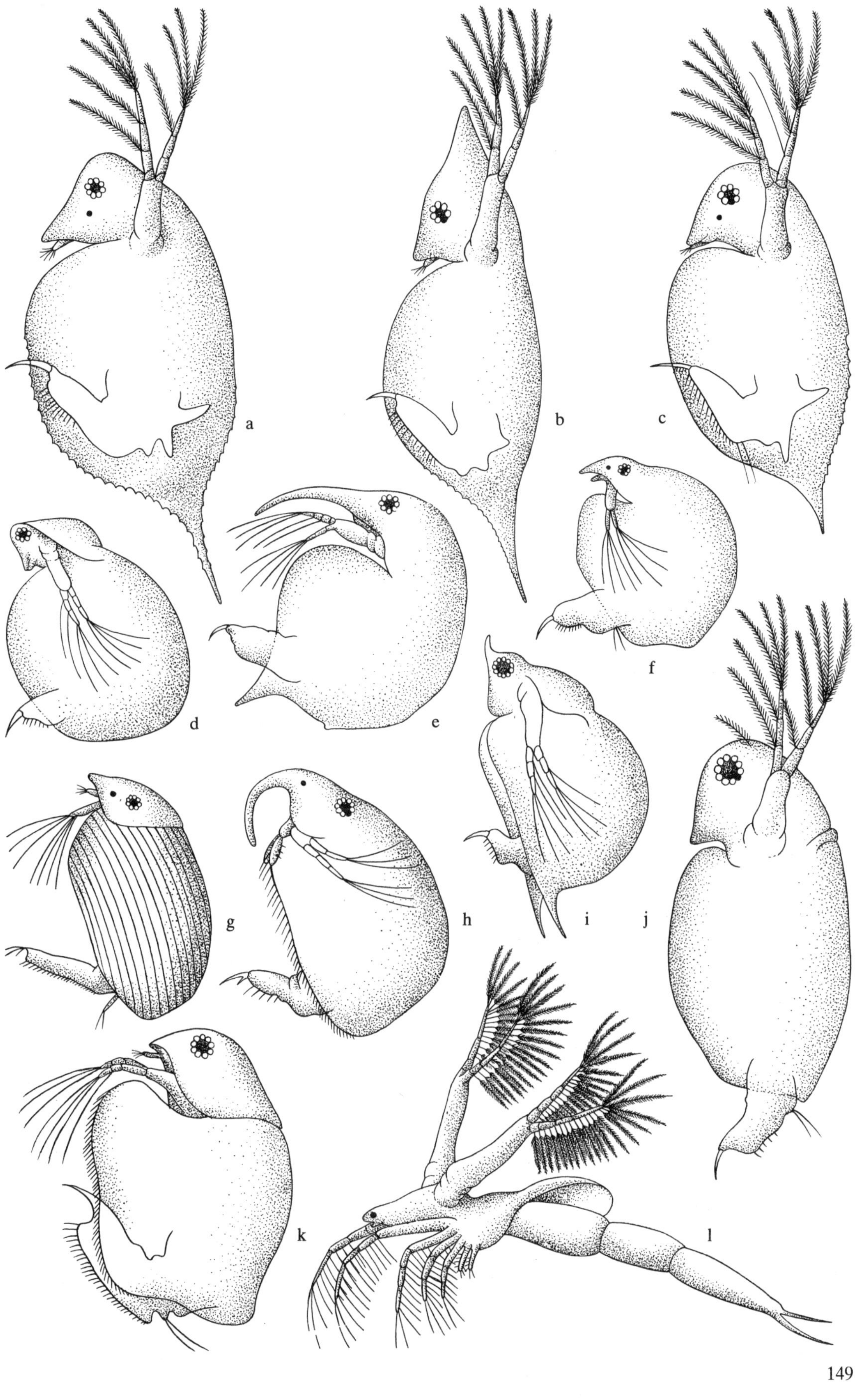
a
b
c
d
e
f
g
h
i
j
k
l

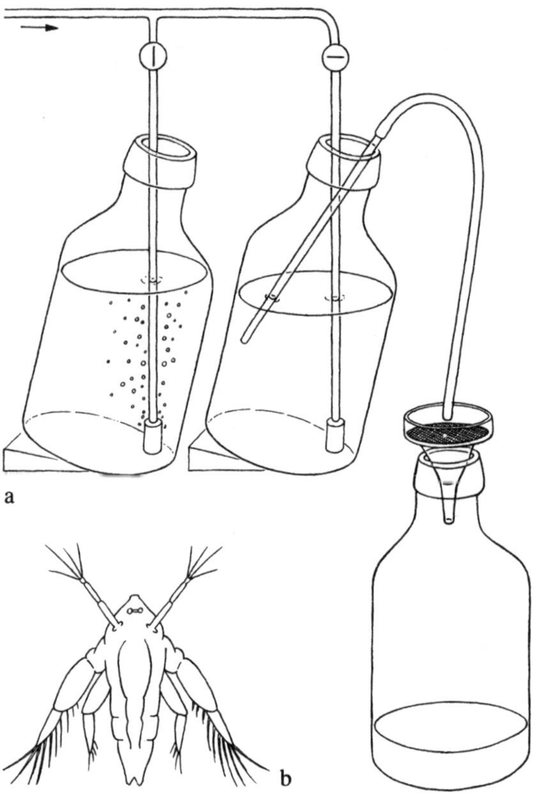

Abb. 76 a) Zuchtgläser für *Artemia*-Nauplien. Rechts: Abhebern und Aussieben der Nauplien; b) Nauplius des Salinenkrebschens *(Artemia salina)*

Das Futter ist für die Brut der meisten Fischarten geeignet, nur einige besonders winzige Jungfische müssen vorher mit Paramecien, Rädertierchen oder Zyklopsnauplien angefüttert werden. Artemianauplien lassen sich für bestimmte Tage züchten, das heißt, man kann die Zucht der Fische und die Zucht des Erstfutters für die Brut zeitlich gut aufeinander abstimmen.

Die Eier des Salinenkrebschens bietet der Fachhandel in Groß- und Kleinportionen an. Die Qualitäten sind leider sehr unterschiedlich. Besonders wertvoll sind sehr kleine, möglichst frisch gesammelte Eier.

Zur Zucht verwendet man am besten Glasbehälter, als Zuchtmedium Salz- oder Seewasser (15–20 g Kochsalz bzw. Seesalz auf 1 l Wasser). Mit einer Durchlüftung muß das Wasser ständig in wallender Bewegung gehalten werden. Die Eier schüttet man auf die Oberfläche, die ersten Nauplien schlüpfen bei 23 bis 25 °C (nicht weniger!) nach etwa 24 Stunden, der Schlüpfprozeß hält mehrere Tage an.

Zur Entnahme von Nauplien wird die Durchlüftung abgeklemmt und gewartet, bis sich die Eier und leeren Eihüllen abgesetzt haben. Anschließend kann der Überstand mit den Nauplien durch ein feinmaschiges Netz abgehebert oder abgegossen werden. Die im Netz zurückbleibenden Nauplien lassen sich direkt verfüttern, das Wasser kommt in das Kulturgefäß zurück. Da die Nauplien photopositiv sind, das heißt dem Licht zuschwimmen, kann man sie nach dem Abklemmen der Durchlüftung auch mit einer starken Lichtquelle im Kulturgefäß konzentrieren und dann mit einem Netz abfischen. Ein Umschütten erübrigt sich in diesem Fall.

Nach der Isolierung der Nauplien wird die Durchlüftung wieder in Gang gesetzt. Nach 24 bis 36 Stunden sind meist zahlreiche weitere Nauplien geschlüpft, und es kann erneut Futter entnommen werden. Wenn mehrere Behälter nebeneinander oder im Abstand von 1 bis 2 Tagen angesetzt werden (Abb. 76), stehen praktisch ständig größere Mengen an wertvollem Futter für die Fischbrut zur Verfügung.

Die Nauplien überleben ohne Fütterung einige Tage. Die Aufzucht zu geschlechtsreifen Krebstieren gelingt bei Fütterung mit zerbröseltem Trockenfutter. Der biologisch interessante Prozeß lohnt sich für die Aquarienpraxis nur, wenn keine anderen Futtertiere zur Verfügung stehen.

Bachflohkrebse

Die Flohkrebse (Amphipoda) sind eine weltweit verbreitete Ordnung der Krebstiere mit zahlreichen Arten in den Meeren und Binnengewässern. In Mitteleuropa kommen sie vor allem in Bächen, Flüssen und Seen vor. Die Tiere erreichen meist eine Länge von 5 bis 10 mm, sind seitlich stark abgeflacht und durch einen festen Chitinpanzer geschützt (Abb. 77). Die bekannteste Art, der Bachflohkrebs *(Rivulogammarus pulex)*, lebt vorwiegend in klaren Fließgewässern und hält sich hier oft in Massen in oder unter Pflanzenpolstern auf. Zum Fang schiebt man gegen die Strömungsrichtung des Wassers ein gröberes Netz vorsichtig unter die Pflanzenbüschel und schlägt kräftig auf die Wasseroberfläche. Die Bachflohkrebse versuchen nach unten zu entkommen und geraten dabei in das Netz.

Bachflohkrebse lassen sich längere Zeit bei sehr niedrigem Wasserstand hältern. Man kann sie lebend verfüttern, muß allerdings in Kauf nehmen, daß sich die meisten sehr schnell unter Steine flüchten. Es ist deshalb günstiger, die Tiere vorher kurz mit heißem Wasser zu überbrühen und damit abzutöten. Bachflohkrebse lassen sich außerdem gut einfrosten. Manche Trockenfutter enthalten unter anderem vermah-

Abb. 77 Bachflohkrebs *(Rivulogammarus pulex)*

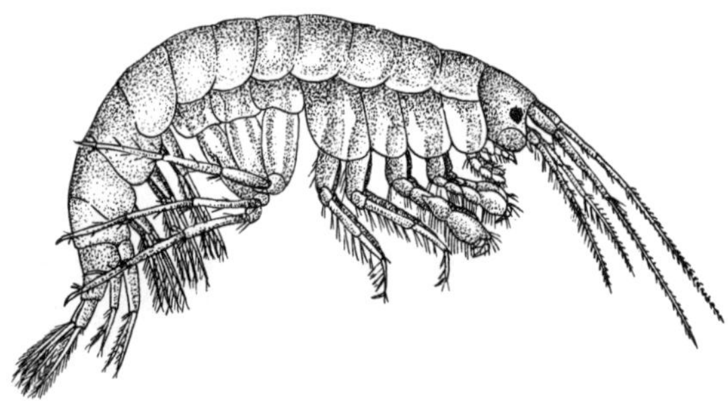

lene Bachflohkrebse, auch geschrotete Bachflohkrebse werden gelegentlich angeboten.

Viele größere Fische nehmen Bachflohkrebse willig an, andere lassen sich nicht an dieses Futter gewöhnen.

Insekten und Insektenlarven als Fischfutter

Viele Fischarten ernähren sich in ihren Heimatgebieten von Insekten, die auf die Wasseroberfläche fallen. Solche Anflugnahrungfresser haben oft ein nach oben gerichtetes Maul, hochstehende, große Augen, gut entwickelte Seitenlinienorgane und ein ziemlich gerades Rückenprofil. Viele andere Fische sind hinsichtlich ihrer Ernährung auf schwimmende oder im Bodengrund lebende Insektenlarven spezialisiert. Aber auch Fische, die ihren Nahrungsbedarf vorwiegend mit Kleinkrebsen oder Bodenwürmern decken, zeigen vielfach eine besondere Vorliebe für Anflugnahrung und Insektenlarven. Bei einzelnen Fischarten läßt sich Laichbereitschaft nur mit Insektennahrung erreichen.

In der Aquaristik werden von den Insekten vor allem Mückenlarven als Fischfutter verwendet. Sie sind neben den Kleinkrebsen und Kleinwürmern das wichtigste Lebendfutter. Die Eiweiß-, Kohlenhydrat- und Fettanteile im Körper der Mückenlarven entsprechen weitgehend dem Bedarf der Fische (siehe auch S. 120). Mückenlarven lassen sich in bestimmten Jahreszeiten in großen Mengen fangen und leicht hältern. Außerdem kann man Mückenlarven gut einfrosten. Als Fischfutter kommen im wesentlichen drei Gruppen von Mückenlarven in Frage: Glasmückenlarven, Rote und Schwarze Mückenlarven.

Glasmückenlarven

Die Glasmückenlarven, auch als Weiße Mückenlarven bekannt, sind die Larven der Büschelmücken (Gattung *Chaoborus*; Abb. 78), die ihren Namen der sehr feinen Fiederung ihrer Fühler verdanken. Die bis 16 mm langen, glasklaren Larven sind ein vorzügliches Fischfutter. Den waagerecht im Wasser schwebenden Larven traut man kaum viel Beweglichkeit zu, und doch können sie blitzschnell durch das Wasser schießen, weit schneller, als es von anderen Mückenlarven bekannt ist. Sie entziehen sich so dem räuberischen Zugriff ihrer Feinde. Im Aquarium werden die Fische durch diese Eigenart der Larven immer wieder zum Jagen und Fressen angeregt.

Die Glasmückenlarven sind selbst Räuber und erfassen mit ihren schnabelartig angeordneten Mundwerkzeugen Kleinstkrebse. Schon mit freiem Auge kann man am Kopf die beiden großen schwarzen Komplexaugen erkennen (Abb. 78). Eigenartig sind zwei Paar silbrigschwarz schimmernde Luftblasen, von denen eines hinter dem Kopf, das andere im Körperhinterende liegt. Diese Tracheenblasen ermöglichen der Larve das Schweben im Wasser. Am Körperende steht, fächerförmig angeordnet, eine Anzahl langer Borsten, die in ihrer Gesamtheit bei der Bewegung als Antriebsruder dienen. Mitunter ist auch der Darm als gerader, gelblicher Schlauch zu erkennen.

Die aus den Larven entstehenden Mückenpuppen sind gelblichbraun und schweben aufrecht meist nahe der Oberfläche im Wasser (Abb. 78). Wie die Puppen der Stechmücken können sie sich purzelbaumschlagend fortbewegen. Ihre Form ist durch einen eiförmigen Kopf-Brust-Abschnitt und einen schlanken Hinterleibsabschnitt charakterisiert. Mit Hilfe der Hörnchen auf dem Kopf-Brust-Abschnitt und flossenartigen Anhängen am Körperende können sich die Puppen im Wasser aufrecht halten. Sie steigen zum Atmen nicht an die Wasseroberfläche, wie es von den Puppen der Stechmücken bekannt ist, sondern nehmen Sauerstoff über die mit dünnem Chitin bedeckte Haut auf. Die Mücken selbst stechen nicht.

Die Glasmückenlarven bevorzugen klare, pflanzenfreie Stellen der Teiche. Massenhaft treten sie oft in Gebirgsseen auf. Im Flachland kommen sie zumeist nur in den Wintermonaten vor und bevorzugen von Laubbäumen (vor allem Birken) umstandene Teiche und Weiher.

Ab und zu findet man Glasmückenlarven, in deren Körper große, weißliche Kugeln zu erkennen sind. Diese enthalten Millionen eingekapselter, parasitischer Sporentierchen. Eine Übertragung der Parasiten auf Fische ist nicht möglich, auch infizierte Larven können verfüttert werden.

Abb. 78 Büschelmücke (Gattung *Chaoborus*) und ihre Entwicklung. a) Männchen; b) Weibchen; c) Gelege; d) Larve, sogenannte Glasmückenlarve; e) Puppe

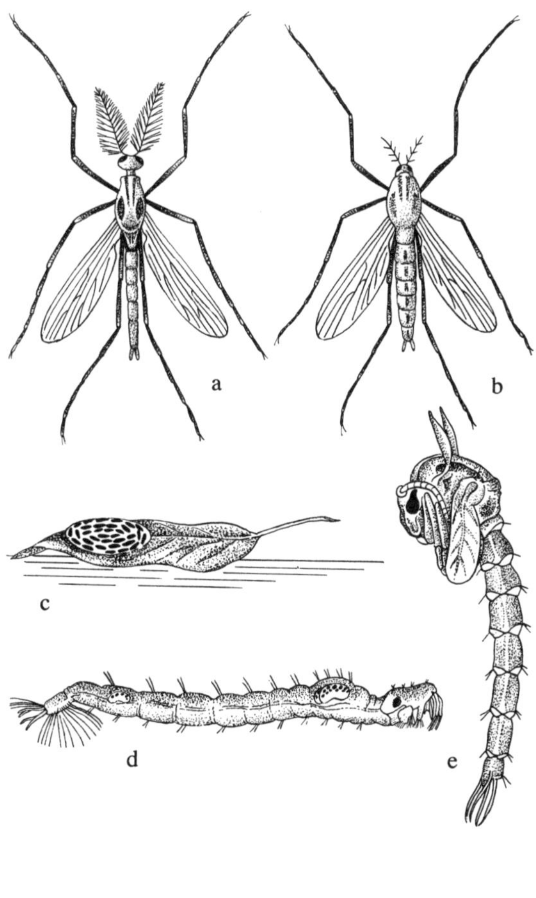

Glasmückenlarven werden am besten mit weitmaschigen Stocknetzen gefangen und in einem Wasserbehälter transportiert. Sie halten sich in kaltem Wasser viele Wochen. Angemessen füttern! Überschüssige Larven werden nur getötet, nicht gefressen. Zerpreßt oder zerrieben, können sie auch zur Aufzucht von Jungfischen verwendet werden.

Rote Mückenlarven

Die ungefähr 15 mm langen Roten Mückenlarven sind die Larven der Zuckmücken (Gattung *Chironomus*; Abb. 79). Die meist blutrot gefärbten, deutlich in zwölf Abschnitte (Segmente) gegliederten, wurmförmigen Larven leben oft in riesigen Mengen im Schlamm pflanzenbewachsener Tümpel und Bäche. Sie bauen sich dort kleine Röhren, indem sie die umgebenden Schlammteilchen mit Spinnfäden verbinden. Am Vorderende des Körpers sitzt ein kleiner Kopf, der zwei nur mit der Lupe sichtbare Augen trägt. Am Körperhinterende sind an der Bauchseite mehrere schlauchförmige Kiemen, am Rücken Borstenbüschel zu erkennen. Die Larve kriecht mit Hilfe von zwei Paar Stummelfüßen, von denen sich eines direkt hinter dem Kopf, eines am Körperhinterende befindet. Die Beine der Mücke entstehen nicht aus diesen Stummelfüßen. Kurze Strecken kann sich die Larve auch schwimmend fortbewegen, sie rollt sich dabei abwechselnd nach links und rechts ein. Die rote Farbe der Larven ist durch einen dem menschlichen Blutfarbstoff ähnlichen Farbstoff, Erythrocruorin, bedingt. Die Bezeichnung »Rote Mückenlarve« ist ein Sammelbegriff für eine ganze Anzahl sehr ähnlicher Larven verschiedener Zuckmückenarten. Auch die rotbraunen Puppen dieser Arten sind sich ähnlich und im wesentlichen so gebaut wie die Puppen der Büschelmücke (Abb. 79). Sie leben meist im Schlamm verborgen und atmen durch röhrenartige oder büschelförmige, am Kopf-Brust-Teil sitzende Atmungsorgane. Die Puppen vieler anderer Gattungen schwimmen unter der Wasseroberfläche.

Abb. 79 Zuckmücke (Gattung *Chironomus*) und ihre Entwicklung. a) Männchen; b) Weibchen; c) Gelege; d) Larve, sogenannte Rote Mückenlarve; e) Puppe

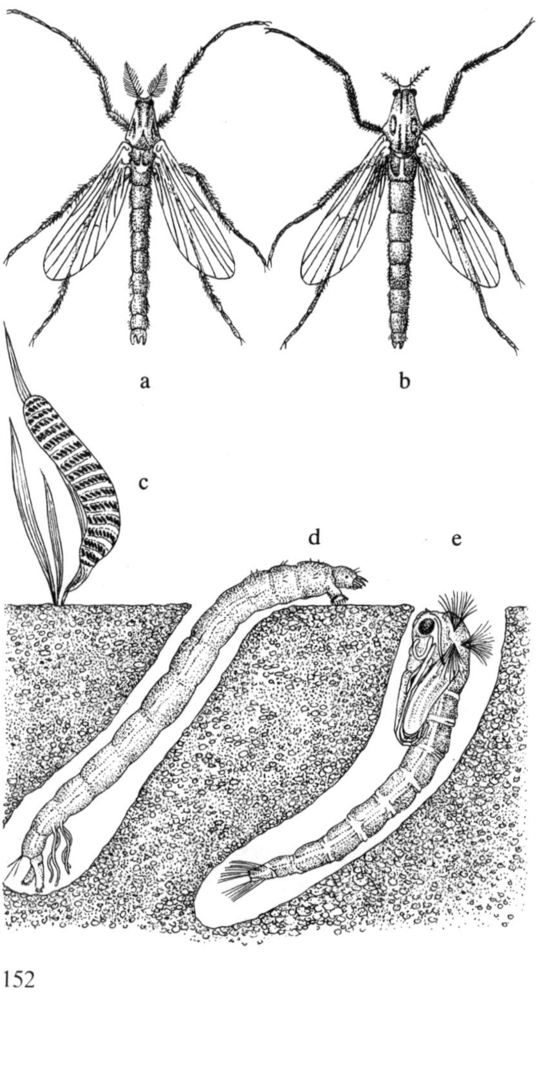

Die Zuckmücken haben einen langen Entwicklungszyklus. Die im Sommer und Herbst aus den Eiern schlüpfenden Larven verpuppen sich erst im Frühjahr. Rote Mückenlarven kann man deshalb fast nur im Winterhalbjahr fangen.

Die nur wenige Millimeter großen Mücken vereinigen sich zu Schwärmen, die an warmen Sommerabenden Rauchsäulen gleich über der Erde oder über Bäumen schweben. Sie sind völlig harmlos, sie stechen nicht. Sitzende Zuckmücken erkennt man leicht an den hochgestreckten, ständig zuckenden Vordcrbeinen.

Rote Mückenlarven sind ein gutes Fischfutter. Ganze Larven sollen nur mit Maß verfüttert werden, da die an kaltes Wasser gewöhnten Tiere im Aquarium leicht absterben oder, wenn sie die Erwärmung überstehen, sich im Bodengrund verkriechen. Für kleine Fische kann man Rote Mückenlarven zerkleinern, für die Fischbrut aushilfsweise einen Brei herstellen.

An Stellen, wo Rote Mückenlarven massenhaft vorkommen, ist der Fang einfach. Man bedient sich dazu am besten großer Mehlsiebe (Maschenweite ungefähr 0,6 mm). In das Sieb wird die obere Schlammschicht gebracht und so lange im Wasser geschwenkt, bis aller Schlamm ausgewaschen ist. Meistens bedeckt dann eine ganze Mückenlarvenschicht den Siebboden. Die Tiere lassen sich feucht transportieren. Zur Aufbewahrung eignen sich am besten gut verschließbare Schalen. Die Larven werden auf dem Gefäßboden in dünner Schicht ausgebreitet, das Gefäß wird gut abgedeckt und kühl aufbewahrt. Durch tägliches Besprengen kann eine gleichmäßige Feuchtigkeit erzielt werden. Es ist besonders vor zu starkem Befeuchten oder einer Aufbewahrung im Wasser zu warnen. Unter solchen Bedingungen sterben die Tiere schnell ab.

Häufig parasitiert in den Roten Mückenlarven ein bis 5 mm langer, feiner, weißer Wurm. Wenn Fische infizierte Mückenlarven fressen, wird der Wurm frei und schlängelt sich dann manchmal aus einer Kiemenspalte nach außen. Es handelt sich dabei um das Jugendstadium von *Gordius*, eines frei im Wasser lebenden Verwandten der Fadenwürmer (Nematoda). Die Larve verursacht keine Fischkrankheiten.

Sehr selten parasitiert in Roten Mückenlarven das Jugendstadium von *Paramermis crassa*, eines in der Erde und im Wasser lebenden Fadenwurmes. Dieser ist weit kleiner als die genannte *Gordius*-Larve, jedoch nicht so harmlos. Gelangt das Tier unversehrt in den Darmkanal des Fisches, so bohrt es sich durch die Darm- und Leibeshöhlenwand nach außen. Der befallene Fisch soll dadurch eingehen.

Schwarze Mückenlarven

Schwarze Mückenlarven sind die Larven der Stechmücken (verschiedene Gattungen). Zu ihnen gehören einige Arten, die Überträger gefährlicher Krankheiten, zum Beispiel des Malariafiebers, sind. Die Weibchen aller Arten können nur Eier produzieren, wenn sie vorher Blut saugen. Ihre Mundwerkzeuge sind dazu als Stech-Saug-Apparat ausgebildet. Die Männchen haben keine Stechwerkzeuge. Die bei uns

Abb. 80 Stechmücke (Gattung *Culex*) und ihre Entwicklung. a) Männchen; b) Weibchen; c) Gelege; d) Puppe; e) Larve, sogenannte Schwarze Mückenlarve

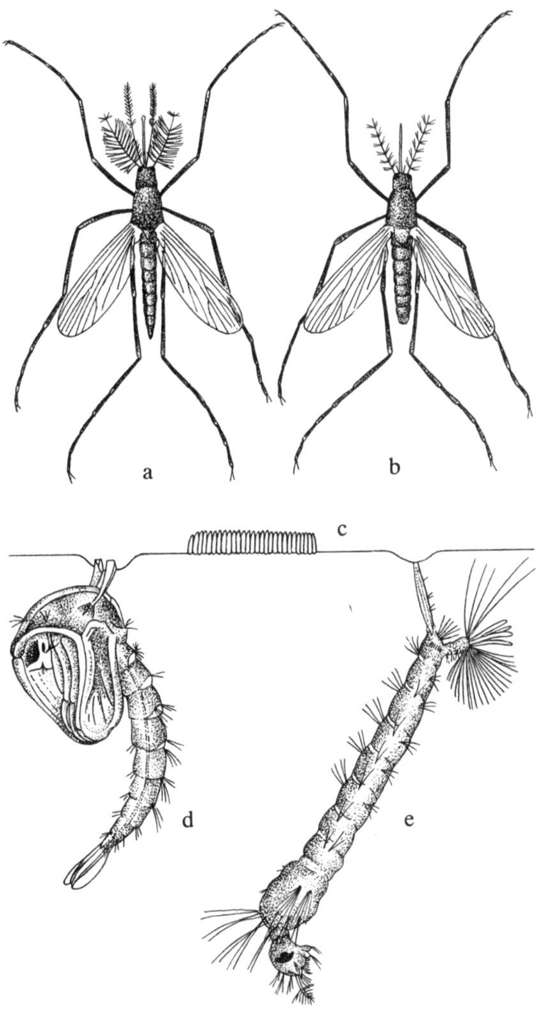

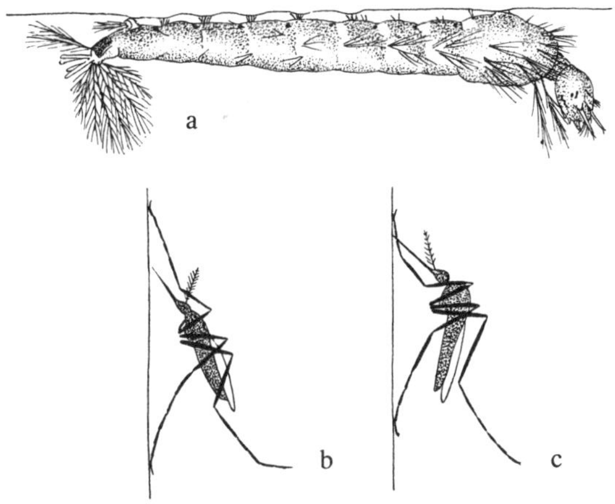

Abb. 81 a) Larve der Anophelesmücke; b) und c) charakteristische Sitzstellung der Anophelesmücke (b) und der Stechmücke (c) an einer senkrechten Wand

häufigste Art ist die Gemeine Hausmücke (*Culex pipiens*; Abb. 80), sie überträgt keine Krankheiten.

Die Larven sind in fast allen stehenden Wasseransammlungen, wie Teichen, Tümpeln, Pfützen, selbst Wasserbehältern und Regentonnen, zu finden. Sie bevorzugen verunreinigtes Wasser und hängen hier an der Wasseroberfläche. Charakteristisch ist die Bewegung der Larven. Bei Störungen kugeln sie purzelbaumschlagend nach allen Seiten auseinander und versuchen, sich am Grunde zu verbergen. Bald darauf erscheinen sie wieder und streben mit langsamen, seitlichen Schlägen des Körpers, das Hinterende voran, an die Oberfläche.

Auf den beweglichen Kopf der Larve folgen ein knotenförmig verdickter Abschnitt, aus dem sich die Brust der Mücke entwickelt, und dann der gegliederte Hinterleib. Alle Körperabschnitte tragen lange Borsten. Besonders auffallend ist ein ungefähr 1 mm langes Röhrchen, das am achten Hinterleibssegment rückenwärts vorsteht. Mit diesem Rohr hängen sich die Larven an die Wasseroberfläche, um zu atmen. Auch die Puppen (Abb. 80) nehmen Atemluft von der Wasseroberfläche auf. Sie haben dazu an der Rückenseite des Kopf-Brust-Abschnittes zwei ohrenförmige Röhrchen. Zusammengerollt hängen die Puppen an der Oberfläche und kugeln ähnlich wie die Larven bei jeder Störung in die Tiefe.

Schwarze Mückenlarven sind ein ausgezeichnetes Fischfutter. Besonders Zahnkarpfen können große Mengen Schwarzer Mückenlarven vertilgen. Man hat deshalb einige lebendgebärende Arten in malariaverseuchten Gebieten der Erde ausgesetzt und so die Mückenplage bekämpft. Leider erfolgt die Umwandlung der Larve in die Puppe sehr schnell, so daß Larven, die dem Gefressenwerden im Aquarium entgehen, in der Wohnung häufig zur Plage werden.

Oft kommen gemeinsam mit *Culex*-Larven die Larven der Gattung *Anopheles* vor. Die *Anopheles*-Mücken übertragen in den Tropen und Subtropen, jedoch nicht in den gemäßigten Breiten die Erreger des Malariafiebers. Die Larven und Mücken beider

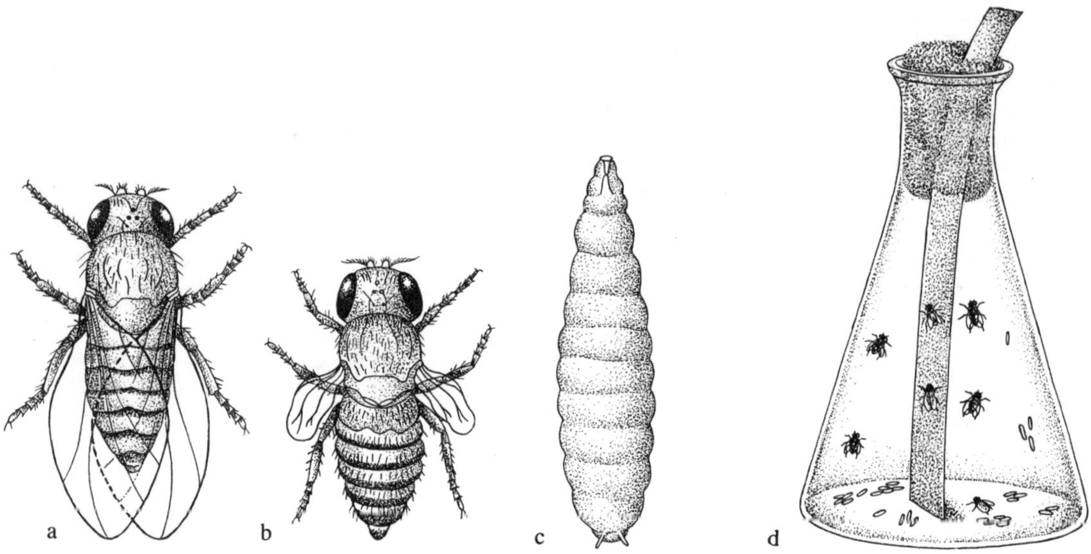

Abb. 82 Fruchtfliegen, natürliche Größe etwa 3 mm. a) Wildform; b) stummelflügelige Form; c) Larve; d) Zuchtglas für Fruchtfliegen

Gattungen unterscheiden sich vor allem durch folgende Besonderheiten (Abb. 81): *Culex*-Larven hängen mit dem Kopf nach unten an der Wasseroberfläche, *Anopheles*-Larven schwimmen parallel zur Wasseroberfläche, außerdem fehlt ihnen das Atemrohr. *Culex*-Mücken halten ihren Hinterleib beim Sitzen immer zur Sitzfläche, *Anopheles*-Mücken stets von der Sitzfläche weg.

Eine Fütterung mit Schwarzen Mückenlarven sollte dort unterbleiben, wo Familienangehörige oder Mitbewohner malariakrank sind.

Schwarze Mückenlarven kann man in Regentonnen züchten. Um Mückenweibchen anzulocken, versetzt man das Wasser mit Hühnermist.

Andere Insektenlarven und Insekten

Außer den Mückenlarven kann man viele andere im Wasser lebende Insektenlarven als Fischfutter verwenden. Kleinere Fische nehmen sehr gern die gelegentlich massenhaft auftretenden Larven der Eintagsfliegen (Abb. 92), größere Fische Libellen- und Wasserkäferlarven. Auch die Larven vieler terrestrischer Insekten eignen sich als Fischfutter. Bekannt sind die leicht zu züchtenden und vom Fachhandel fast regelmäßig angebotenen Mehlwürmer, Larven des Mehlkäfers *Tenebrio molitor*. Sie werden allerdings nicht von allen Fischen angenommen, auch sollte man sie auf Grund ihres Fettreichtums nur ab und zu verfüttern. Regional hat man verschiedene Mehlwürmer kleinerer Käferarten mit Erfolg ausprobiert. Ein ausgezeichnetes Fischfutter sind weiterhin die Raupen der Mehlmotte (*Ephestia kuehniella* und Verwandte). Bei der Zucht dieser Nahrungsmittelschädlinge ist peinlichst darauf zu achten, daß sich die Motten nicht ausbreiten können. Auch macht die Entfernung der Raupengespinste meist etwas Mühe.

Leicht kann man dagegen, zumindest in der warmen Jahreszeit, Fliegenmaden züchten oder Pilzmaden sammeln. Bei letzteren beschränkt man sich auf eßbare Pilze, zerkleinert diese und übergießt sie mit Wasser. Die Maden können dann vom Boden des Gefäßes über ein Netz abgehebert werden. Viele Fische fressen auch Obstmaden.

Von den adulten Insekten eignen sich fast alle als Fischfutter, die einen relativ weichen Chitinpanzer haben, so zum Beispiel die winzigen flügellosen Springschwänze, die manchmal massenhaft unter Blumentöpfen vorkommen, Eintagsfliegen und Florfliegen, Schaben und Heimchen, manche Blattläuse und viele andere mehr.

Besondere Bedeutung haben als Fischfutter die Fruchtfliegen der Gattung *Drosophila*. Diese auch als Essig- oder Taufliegen bekannten kleinen Zweiflügler (Diptera) treten vor allem im Herbst massenhaft auf, lassen sich aber unter geeigneten Bedingungen das ganze Jahr über züchten. Für die Aquaristik sind vor allem die Mutanten mit Stummelflügeln interessant (Abb. 82). Sie können beim Öffnen der Zuchtgefäße nicht so leicht entkommen und lassen sich besser verfüttern.

Zur Zucht überschichtet man den Boden eines Erlenmeyerkolbens oder eines Einweckglases 2 bis 3 cm hoch mit einem Haferflockenbrei. Die Haferflocken werden mit Wasser und einer Prise Salz aufgekocht, die Masse muß nach dem Erkalten steif sein. Vor dem Einbringen des noch lauwarmen Breies rührt man etwas Bäckerhefe (1 Messerspitze auf ¼ l Brei) darunter. Jedes Glas wird mit 20 bis 40 Fruchtfliegen besetzt, mit einem Wattebausch oder feiner Gaze verschlossen und bei 22 bis 26 °C aufbewahrt. Beim Verschließen kann man einen Filtrierpapierstreifen oder einen Holzspan einklemmen, an dem die Fliegen nach dem Schlüpfen hochkrabbeln können (Abb. 82). Schon nach 12 bis 14 Tagen schlüpft die erste, nach etwa 4 Wochen die zweite Fliegengeneration. Dann ist der Ansatz zumeist erschöpft. Nicht jede Zucht ist gleich ergiebig, trotzdem wird man über die Unmenge an Taufliegen erstaunt sein, die ein Ansatz liefert. Die Fliegen werden aus den Gläsern direkt auf die Wasseroberfläche geklopft.

Die für den Ansatz erforderlichen Fruchtfliegen mit Stummelflügeln kann man nur in einer Fischzüchterei oder bei Liebhabern erhalten, die diese Futtertiere selbst züchten.

Fische als Fischfutter

Sehr viele Fische ernähren sich in freier Natur zum Teil von Jungfischen, von kleineren Fischarten oder von schwächeren Artgenossen. Einzelne Arten sind zumeist als geschlechtsreife Tiere reine Fischräuber (z. B. Hechtkärpfling, Blattfisch). Solche Nahrungsspezialisten müssen auch im Aquarium vorwiegend mit lebenden Fischen ernährt werden. Obwohl sich viele Arten als Futterfische eignen, wird für solche Zwecke fast ausschließlich der Guppy verwendet. Seine leichte Züchtbarkeit, schnelle Vermehrung und sein rasches Wachstum gewährleisten am besten einen ständigen Futternachschub. Allerdings muß bei der Pflege von Raubfischen, die Fische fressen, stets berücksichtigt werden, daß deren Nahrungsbedarf sehr groß ist. Außerdem nehmen viele Arten nur lebende Futterfische. Niemals verwende man kranke Fische als Futtertiere. Für Großfische in zoologischen Gärten eignen sich als Futterfische vor allem Moderlieschen, Karauschen, Rotfedern und Schleien.

Wirbellose Wassertiere als Aquariengäste und Studienobjekte

Beim Fang von Futtertieren kommen nicht selten verschiedene Wassertiere ins Netz, von denen die größeren meist gleich auffallen, die kleineren aber zunächst übersehen und erst im Aquarium entdeckt werden. Auch mit Warm- und Kaltwasserpflanzen gelangen viele Tiere in das Aquarium, besonders solche, die schwebende Eier oder Dauerkeime bilden oder ihre Eier fest an Pflanzen verankern. Viele finden im Aquarium gute Lebensbedingungen, einige sind Indikatoren für die Wasserqualität, nur wenige werden Fischen gefährlich, und manche vermehren sich so stark, daß sie einen Teil des Fischfutters wegfressen oder sich in anderer Hinsicht negativ bemerkbar machen.

Alle Süßwassertiere sind hochinteressante Studienobjekte, die sich in sehr kleinen Spezialaquarien gut pflegen und beobachten lassen. Mit den folgenden Ausführungen sollen deshalb nicht nur Hinweise gegeben werden, wie man in Aquarien massenweise auftretende Tiergäste vernichten kann, vielmehr steht die Absicht im Vordergrund, durch biologische Angaben das Wissen um die wirbellosen Wassertiere unserer Binnengewässer zu vertiefen und zu einigen Beobachtungen im Freiland und Aquarium anzuregen.

Nesseltiere (Cnidaria)

Die Hydra, auch als Süßwasserpolyp bekannt (Taf. 3, Abb. 83), gehört zu den wenigen Nesseltieren, die im Süßwasser leben. Die meisten ihrer Verwandten sind Meeresbewohner und als Polypen, Quallen, Anemonen und Korallen bekannt.

Im Normalfall gehören zum Lebenszyklus der Nesseltiere eine Polypen- und eine Medusengeneration. Die festsitzenden Polypen pflanzen sich ungeschlechtlich durch Knospenbildung fort. Die Knospen selbst sind entweder Tochterpolypen, die mit dem Muttertier verbunden bleiben (Koloniebildung), oder Medusen, die sich vom Mutterpolypen lösen und frei schwimmend zu Weibchen oder Männchen heranwachsen. Aus den befruchteten Eiern entwikkeln sich Larven, die nach Anheftung an ein Substrat Polypen bilden. Der normale Generationswechsel ist in den einzelnen Klassen der Nesseltiere zugunsten der Polypen- oder der Medusengeneration verändert.

Alle Nesseltiere besitzen hochspezialisierte Nesselzellen. Besonders zahlreich sind damit die langen, beweglichen und dehnbaren, den Mund umstehenden Fangarme, die Tentakel, ausgerüstet. Jede Nesselzelle enthält eine kleine Harpune, die Nesselkapsel (Abb. 83). Wird die winzige, aus der Haut hervorstehende Spitze von einem Kleinkrebs, Fisch oder irgendeinem anderen Tier gestreift, so explodiert die Nesselzelle. Dabei wird ein langer Nesselfaden ausgeschleudert, der in das Tier eindringt und hier ein lähmendes Gift absondert. Das sich wehrende Beutetier berührt immer mehr Nesselzellen, wird dadurch weiter harpuniert und schließlich von den langen Tentakeln erfaßt und langsam in den Mund hineingedrückt. Außer dem beschriebenen Nesselkapseltyp kommen auch solche vor, die ihre Beute mit Lassos oder Klebeleinen fangen. Alle Nesselzellen bilden sich außerhalb von Hautzellen, wandern dann in diese ein und gruppieren sich hier zu Nesselbatterien (Abb. 83).

Die Hydra kann nur sehr kleinen Tieren gefährlich werden, schon etwa 20 mm lange Fische retten sich bei Berührung der Tentakel ohne Schwierigkeiten aus der Gefahrenzone. Ihre Verwandten im Meer sind zum Teil wesentlich gefährlicher. Zum Beispiel können Kontakte mit der Portugiesischen Galeere *(Physalia physalis)* oder einigen Würfelquallen (Familie Cubomedusae) beim Menschen zu Atemlähmung und Herzstillstand führen.

Die Hydra pflanzt sich in der Regel ungeschlechtlich fort. Bei guter Fütterung bilden sich am Körper des Tieres in schneller Folge knospenartige Ausbuchtungen, die zu kleinen Polypen heranwachsen und sich vom Muttertier lösen. Nur in ungünstigen Lebensperioden werden auch Ei- und Samenzellen gebildet, aus deren Vereinigungsprodukten wieder Hydren entstehen, die Medusengeneration fehlt bei dieser Art ganz. In unseren stehenden und fließenden Gewässern sind mehrere Arten beheimatet, so die kleine Grüne Hydra *(Chlorohydra viridissima)*, die große Graugelbe Hydra *(Hydra vulgaris attenuata)* und andere mehr.

Sehr selten ist eine kleine, unscheinbare Art, die

Abb. 83 Hydra und ihre Nesselzellen. a) Polyp mit Tochterpolypen; b) Hautzelle mit vier eingewanderten Nesselzellen; c) Nesselzelle mit Nesselkapsel; d) Nesselkapsel zu Beginn der Explosion, Nesselfaden noch nicht ausgestülpt; e) Nesselkapsel mit ausgestülptem Nesselfaden

keine Tentakel besitzt, aber neben den Polypenknospen auch solche bilden kann, aus denen kleine Süßwasserquallen (Medusen) entstehen. Jeder glückliche Entdecker dieser *Craspedacusta* sollte ein zoologisches Institut benachrichtigen (Abb. 84).

In den Aquarien sind die Lebensbedingungen für Hydren meist günstig. Durch die regelmäßige Fütterung können sich die Tiere in kurzer Zeit stark vermehren. Eine solche Massenvermehrung hat mehrere Nachteile. Erstens wandert ein nicht unerheblicher Teil des Fischfutters in den Magen der Hydren, zweitens kommt es leicht zur Wasserverschlechterung, da die Tiere bei reichlichem Angebot mehr Kleinkrebse töten als fressen. Hydren müssen deshalb rechtzeitig bekämpft werden. Leider sind alle Methoden nicht ganz ungefährlich für Fische. Darüber hinaus ist der Wirkungsgrad der Bekämpfungsmittel vielfach von der Bepflanzung und der Wasserqualität abhängig. Es wird deshalb empfohlen, bei der Hydrabekämpfung die Fische auszuquartieren. Aussicht auf Erfolg bieten die beiden nachfolgenden Methoden.

Bekämpfung mit metallischem Kupfer: Dazu werden im einfachsten Fall zwei postkartengroße Kupferbleche so in das Aquarium eingebracht, daß sie sich möglichst weit voneinander entfernt gegenüberstehen. Die Kupfereinsätze bleiben so lange im Bekken, bis die Hydren sich zusammengezogen haben und teilweise zerfallen, je nach Beckengröße 12 bis 48 Stunden. Da die gelösten Verbindungen des Kupfers gleichzeitig starke Fischgifte sind, ist anschließend das Wasser zu wechseln. Bei großen Becken kann das gelöste Kupfer auch durch Zugabe von Gerbsäure gebunden werden. Man verwendet dazu 0,1 g Tannin auf 100 l Wasser, löst jedoch das Tannin vorher durch kurzes Aufkochen in etwa 1 l Wasser. Erst 3 bis 4 Tage nach der Gerbstoffzugabe und nach reichlicher Durchlüftung dürfen Fische erneut vorsichtig eingesetzt werden. Am besten ist es jedoch, die Tannin-Kupfer-Verbindungen mit Hilfe eines Aktivkohlefilters zu entfernen.

Noch prompter als metallisches Kupfer wirkt Kupfersulfat. Allerdings ist diese Methode für Fische

Abb. 84 Süßwassernesseltier *(Craspedacusta sowerbii)*. a) Meduse, Schirmdurchmesser meist 4–8 mm, selten bis 25 mm; b) Polyp mit dem charakteristischen Tentakelschopf und einer Medusenknospe, meist nur um 1 mm groß

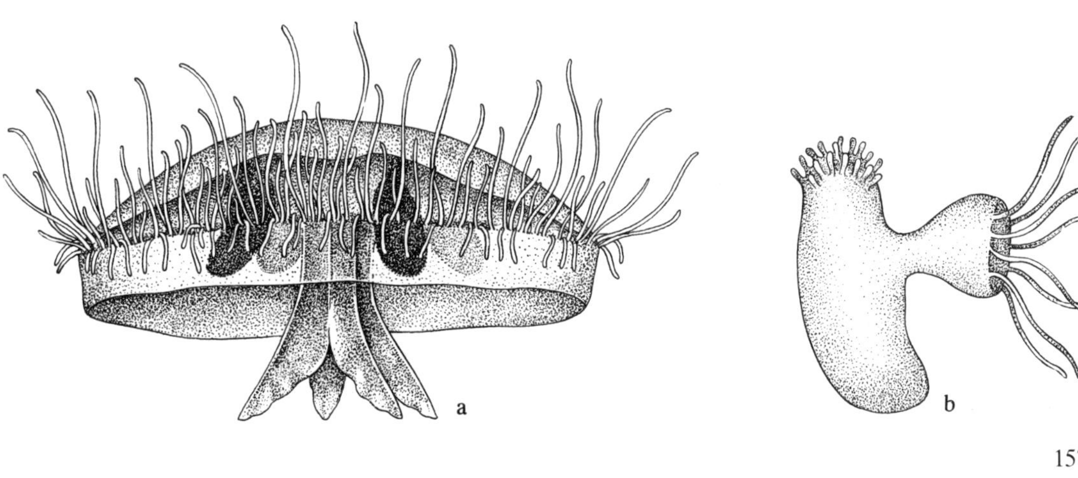

noch gefährlicher und erfordert stets deren Ausquartierung. Man verwendet 0,03 bis 0,04 g Kupfersulfat auf 100 l Wasser, bei hartem Wasser muß die Zugabe nach 3 bis 4 Tagen wiederholt werden. Das Wasser ist anschließend zu wechseln (!).

Bekämpfung mit Ammoniumnitrat: Man benötigt dazu 0,6 bis 0,8 g auf 100 l Wasser und löst die Kristalle zunächst in einer kleinen Wassermenge auf, die dann im Beckenwasser mit Hilfe einer guten Durchlüftung schnell verteilt wird. Diese Konzentration wirkt in der Regel auf Fische nicht giftig. Lediglich wenn der pH-Wert über 7,5 liegt, können Vergiftungen auftreten. Es wird deshalb empfohlen, vor der Anwendung von Ammoniumnitrat den pH-Wert zu prüfen und eventuell zu korrigieren (siehe S. 30). Stellt sich kein Erfolg ein, so ist die Zugabe nach 3 bis 4 Tagen zu wiederholen. Wer ganz sichergehen will, wird auch bei dieser Methode die Fische ausquartieren. Auf alle Fälle ist nach dieser Behandlung das Wasser teilweise zu wechseln (!).

Der Pflanzenwuchs wird durch die genannten Methoden meist nicht beeinträchtigt. Ammoniumnitrat ist sogar ein ausgezeichnetes Düngemittel.

Strudelwürmer (Turbellaria)

Die Strudelwürmer (Klasse Turbellaria) gehören zu den Plattwürmern (Plathelminthes). Im Gegensatz zu den meist parasitischen Vertretern dieses Tierstammes sind die Strudelwürmer jedoch freilebende Organismen, die sowohl im Meer- und Süßwasser als auch in terrestrischen Feuchtraumbiotopen vorkommen. Die marinen Arten haben oft kräftige Farben, die terrestrischen Formen vereinzelt mehrere Meter Länge.

Abb. 85 Im Aquarium relativ häufig vorkommende Kleinststrudelwürmer (0,5 bis 4 mm). a) *Macrostomum hystrix*; b) *Microstomum lineare*; c) *Catenula lemna*; d) *Mesostoma ehrenbergii.*

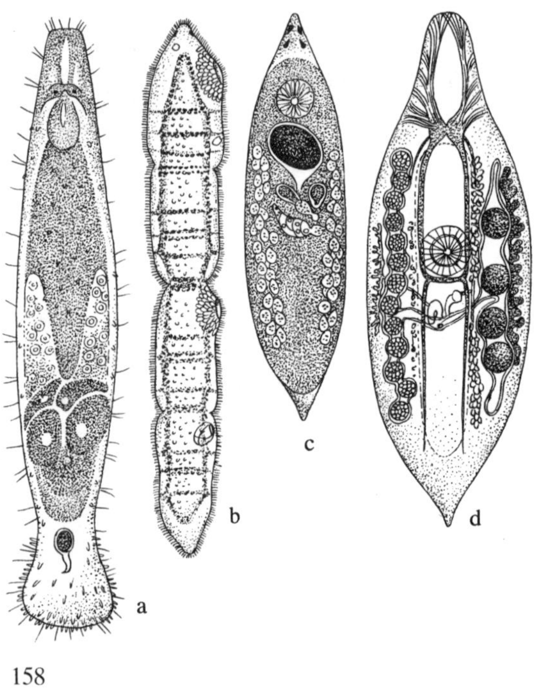

Strudelwürmer werden mit dem Fischfutter oder mit Wasserpflanzen in das Aquarium eingeschleppt und können sich hier sehr stark vermehren. Die meisten Arten sind sehr klein und völlig harmlos und werden meist nur zufällig beim Betrachten veralgter Scheiben mit der Lupe entdeckt. Dagegen kann man sie regelmäßig bei einer mikroskopischen Untersuchung von faulenden Wasserpflanzenblättern und von Mulmproben finden. Sie haben meist eine zylindrische, kaum abgeflachte Körperform und erinnern zunächst etwas an sehr große Infusorien. Die Oberfläche ist mit einem dichten Wimpernkleid bedeckt, das den Tieren eine gleichmäßig ruhige Fortbewegung ermöglicht. Viele Arten haben winzige Augenpunkte am Vorderende und einen geraden, ungegliederten Darm. Einige häufige Vertreter sind in Abb. 85 zusammengestellt.

Wesentlich mehr Aufmerksamkeit erfordern die größeren Strudelwürmer der Ordnung Planarien (Tricladida). Das charakteristische Merkmal dieser Tiergruppen ist der in drei Hauptäste gegabelte Darm. Er beginnt mit einem bauchseitig meist in der Körpermitte liegenden vorstreckbaren Rüssel und verzweigt sich in einen nach vorn und zwei nach hinten gerichtete Äste. Die im Süßwasser lebenden Arten haben eine relativ einheitliche Körperform (Abb. 86). Das Vorderende des flachen und langgestreckten Körpers ist häufig dreieckig verbreitert und wird als Kopf bezeichnet. Die ganze Körperoberfläche bedeckt ein dichtes Wimpernkleid, das, von der Muskulatur etwas unterstützt, die gleitende Fortbewegung gewährleistet. Die tierische Nahrung wird teilweise außerhalb des Körpers verdaut. Die Planarien bespritzen dazu die Beute, wie Kleinkrebse, kleine Insektenlarven, aber auch Fischeier oder Kadaver, mit Verdauungssäften und saugen dann den entstehenden Nahrungsbrei auf. Die Fortpflanzung ist meist geschlechtlich. Die relativ großen Eier werden in feste Hüllen (Kokons) eingeschlossen und an verschiedenen Substraten abgelegt. Sehr groß ist das Regenerationsvermögen der Planarien. So kann ein abgetrennter Kopf einen Körper oder der Körper einen fehlenden Kopf ersetzen.

Planarien werden als Eier oder erwachsene Tiere eingeschleppt. Auch gelangen immer wieder einige Süßwasserarten aus den Tropen mit Importpflanzen in die Aquarien. Eine solche tropische Art, *Planaria maculata*, ist heute sehr stark verbreitet. Man erkennt sie leicht an der grau-weißen oder grau-gelblichen Marmorierung. Die Tiere führen eine versteckte nächtliche Lebensweise und bleiben deshalb lange Zeit verborgen. Ihre bevorzugten Schlupfwinkel sind die Unterseiten von Steinen, dort kann man sie auch im Freiland am leichtesten finden.

Planarien sind sehr zählebig und deshalb schwer zu bekämpfen, am besten werden sie geködert. Dazu näht man geschabtes Rindfleisch in kleine Gazebeutel ein und hängt diese abends zwischen die Pflanzen oder unmittelbar über dem Bodengrund in das Bekken ein. Durch ihr sehr gut entwickeltes Geruchsvermögen können die Planarien die Köder leicht finden, und sie sammeln sich, sobald es dunkel ist, auf den Beuteln an. Nach einigen Stunden werden diese vorsichtig herausgenommen – am besten hält man dabei einen Kescher darunter – und in kochendes Wasser getaucht. Das Ködern muß, da auch die aus den Eiern schlüpfenden Tiere erfaßt werden sollen, mehrere Tage wiederholt werden.

Einige Planarienarten sind gegen höhere Temperaturen empfindlich und lassen sich deshalb durch mehrtägige Temperatursteigerung auf 28 bis 30 °C vernichten. Allerdings trifft dies gerade für die sehr häufig vorkommende tropische *Planaria maculata* nicht zu. Vielfach ist es auch gelungen, Planarien durch Fische zu dezimieren. Bekannte Planarienvertilger sind ausgehungerte Makropoden. Gelegentlich wurden auch Erfolge mit Ammoniumnitrat erzielt. Bei solchen Versuchen kann man sich nach den Angaben richten, die zur Hydrabekämpfung auf Seite 157, 158 gemacht werden.

Ringel- oder Gliederwürmer (Annelida)

Zu dem Tierstamm der Ringel- oder Gliederwürmer (Annelida) gehören die marinen Vielborster (Klasse Polychaeta), die vorwiegend im Süßwasser und im Erdreich lebenden Wenigborster (Klasse Oligochaeta), die fast ausschließlich im Süßwasser vorkommenden Egel (Hirudinea) sowie einige kleinere Tiergruppen.

Von den Wenigborstern wurden bereits einige Vertreter beschrieben, die in der Aquaristik als Fischfutter eine wichtige Rolle spielen (siehe S. 127). Neben diesen Arten können verschiedene kleine Wenigborster mit Futtertieren oder Pflanzen eingeschleppt werden. Die 2 mm bis höchstens 20 mm langen, meist glasklaren Würmer erkennt man leicht an dem segmentierten Körper und den Einzelborsten oder Borstenbüscheln (Abb. 87). Die Zahl der Körpersegmente variiert von Art zu Art. Am häufigsten trifft man in Aquarien Vertreter der Gattung *Aeolosoma* an. Sie haben im Körper orangefarbene oder grüne Öltropfen, sind höchstens 5 mm lang und kriechen oft an veralgten Scheiben entlang. Die kleinen Wenigborster eignen sich besonders gut als mikroskopische Studienobjekte. Alle Arten sind völlig harmlos. Ihr Gedeihen im Aquarium kann sogar als Indikator dafür gelten, daß das Biotop ausgewogen und gesund ist.

Im Gegensatz zu den Wenigborstern besteht der Körper aller Egel aus 33 Segmenten, die sich äußerlich jedoch nicht abgrenzen lassen, da der ganze Körper eine sekundäre Ringelung zeigt. Auch fehlen den Egeln mit einer Ausnahme die Borsten.

Von den zahlreichen Arten ist für die Aquaristik vor allem der Fischegel *(Piscicola geometra)* interessant. Er wird gelegentlich mit dem Futter eingeschleppt und saugt an Aquarienfischen, siehe dazu S. 383 und Abb. 143. Nicht selten trifft man beim Futterfang auf den 10 bis 15 cm langen Pferdeegel (*Haemopis sanguisuga*, Abb. 88). Die Art ernährt sich von kleinen Wassertieren, saugt jedoch kein Blut. Trotzdem erschrickt man, wenn sich mehrere dieser Tiere an den Beinen festsetzen. Der blutsaugende, bis 20 cm lange Medizinische Blutegel (*Hirudo medicinalis*, Abb. 88) ist dagegen in Mitteleuropa nur an wenigen Stellen verbreitet. Am häufigsten kommen beim Fang von roten Mückenlarven der 1 bis 6 cm lange Große Schneckenegel (*Glossosiphonia complanata*, Abb. 88) und der 1 bis 2 cm lange Kleine

Abb. 86 Planarien mitteleuropäischer Süßgewässer. a) *Dendrocoelum lacteum*; b) *Crenobia alpina*; c) *Euplanaria lugubris*; d) *Euplanaria gonocephala*; e) *Planaria torva*; f) *Polycelis nigra*; g) *Polycelis cornuta*

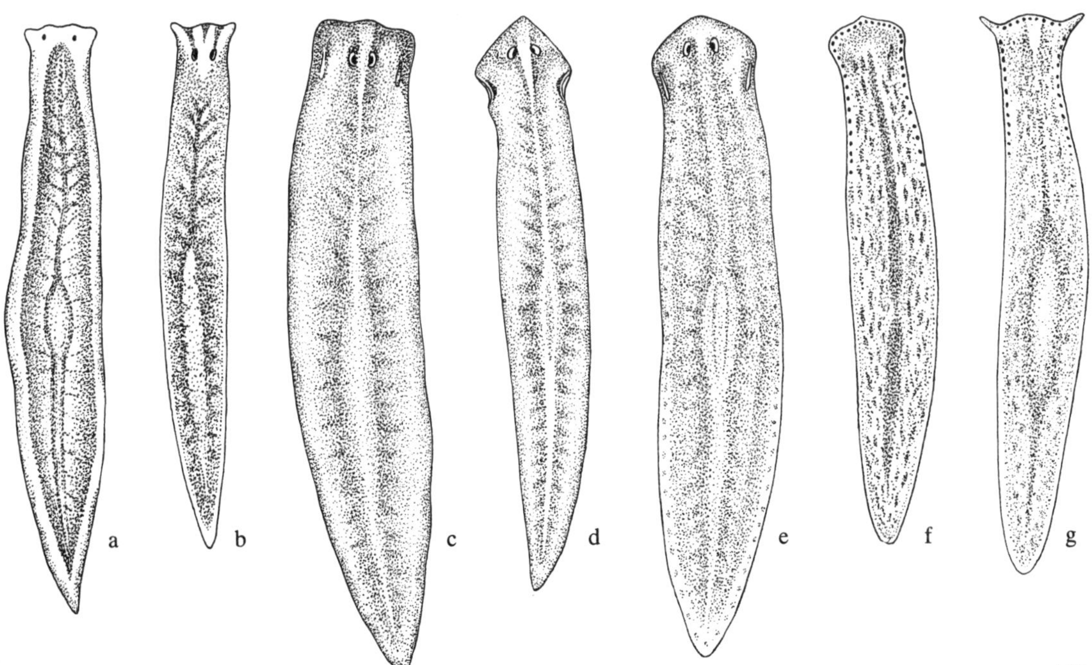

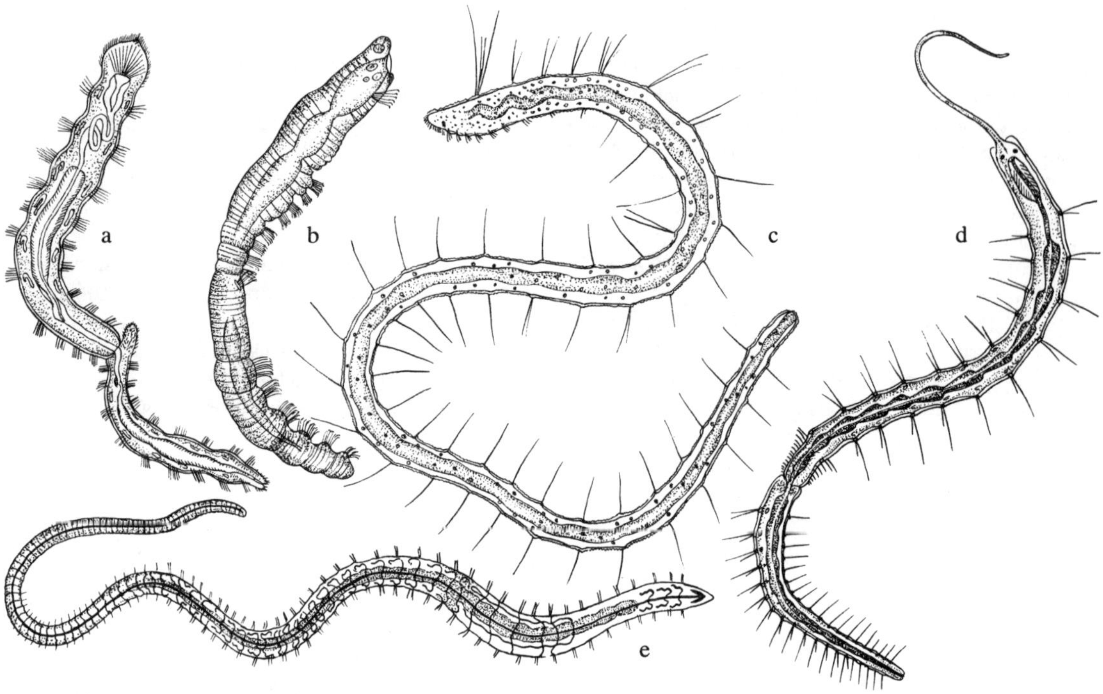

Abb. 87 Im Aquarium häufig vorkommende Kleinstringelwürmer. a) *Aeolosoma variegatum*; b) *Chaetogaster limnaei*; c) *Nais* spec.; d) *Stylaria lacustris*; e) *Tubifex tubifex*

Abb. 88 In Mitteleuropa verbreitete, zum Teil häufig vorkommende Egel. a) Pferdeegel *(Haemopis sanguisuga)*; b) Gemeiner oder Medizinischer Blutegel *(Hirudo medicinalis)*; c) Kleiner Schneckenegel *(Glossosiphonia heteroclita)*; d) Großer Schneckenegel *(Glossosiphonia complanata)*
a) und b) etwa natürliche Größe, c) und d) stark vergrößert

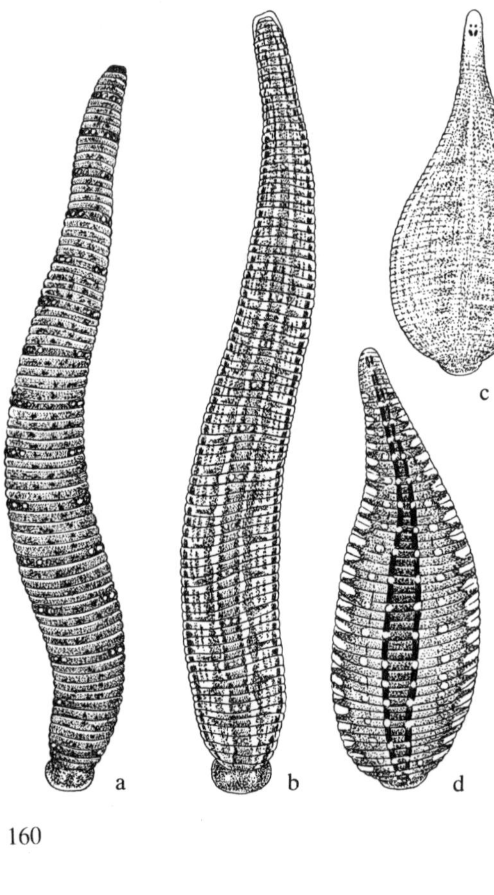

Schneckenegel (*Glossosiphonia heteroclita*, Abb. 88) ins Sieb. Oft entdeckt man die Tiere erst im Aquarium. Die Arten haben ein relativ spitzes Vorder- und ein breites Hinterende und unterscheiden sich damit deutlich vom Fischegel. Sie saugen vorwiegend an Schnecken, niemals an Fischen oder gar am Menschen.

Moostierchen (Bryozoa)

Die Klasse der Moostierchen gehört zum Tierstamm der Kranzfühler (Tentaculata). Es handelt sich um etwa 1 bis 5 mm große, zarte Organismen, deren Kolonien manchmal an feine Moose erinnern (Taf. 2). Die Einzeltiere haben fast immer einen hufeisenförmigen Kranz aus Tentakeln, mit dem sie Mikronahrung aus dem Wasser gewinnen (Abb. 89). Die Zahl der Arten ist sowohl im Meer als auch im Süßwasser groß. Viele Moostierchen mit Kalkgehäusen sind am Aufbau der Korallenriffe beteiligt.

Sie werden fast immer als Dauerkeime mit dem Fischfutter eingeschleppt und siedeln sich vor allem auf Pflanzen und Steinen, manchmal auch an den Scheiben an. Mit der Zeit entstehen kleinere Kolonien, die Ähnlichkeit mit einem Pilzbelag haben können. Sie sind nicht nur völlig harmlos, sondern auch ein wichtiger Indikator für stickstoffarmes Wasser. Wer die Möglichkeit hat, Moostierchen mit einem binokularen Präpariermikroskop zu beobachten, sollte sich dieses Erlebnis nicht entgehen lassen.

Gliederfüßer (Arthropoda)

Der große Tierstamm der Gliederfüßer (Arthropoden) wird vor allem durch die Klassen Krebstiere (Crustacea), Spinnentiere (Arachnida), Hundertfüßer (Chilopoda), Tausendfüßer (Diplopoda) und Insekten (Insecta) repräsentiert.

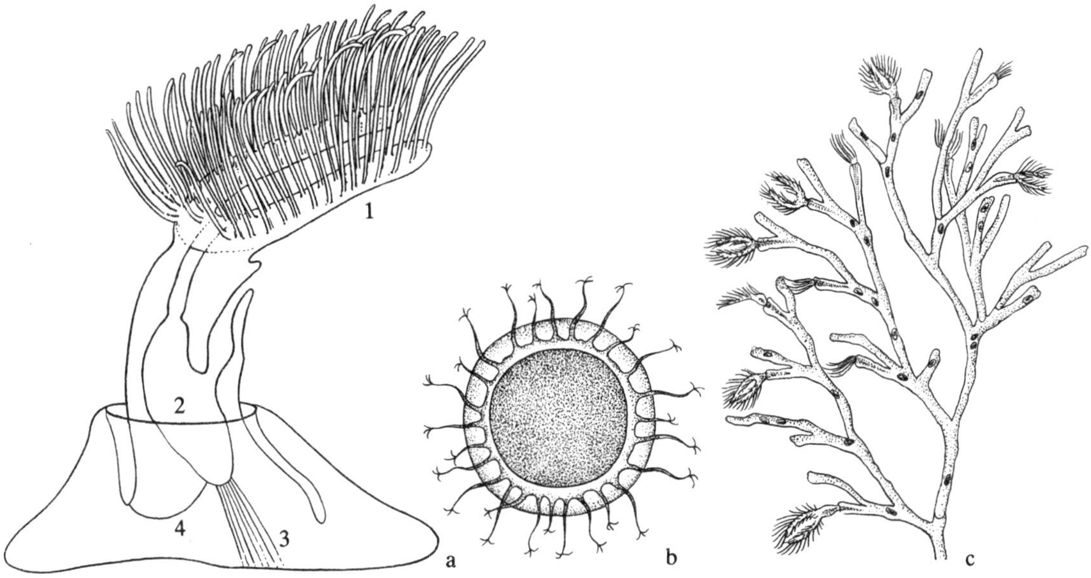

Abb. 89 a) Bauplan eines Moostierchens. 1 Lophophor, 2 Magen, 3 Muskel, mit dem der hervorstehende Körperteil in den Fußteil zurückgezogen werden kann, 4 Strang, an dem die Dauerkeime entstehen; b) Dauerkeim von *Cristatella mucedo*; c) Kolonie von *Plumatella fruticosa*

Krebstiere (Crustacea)

Mit den auf den Seiten 145f. beschriebenen Futterkrebsen gelangen gelegentlich Arten in das Aquarium, die Fischparasiten sind oder sich als harmlose Mitbewohner stark vermehren. Zu ersteren gehören vor allem die Karpfenläuse (siehe S. 384), zu letzteren die Muschelkrebse. In der Klasse der Krebstiere wird den Muschelkrebsen (Ostracoda) der Rang einer Unterklasse eingeräumt. Die meist nur 0,5 bis 3 mm großen Tiere kommen mit zahlreichen Arten im Meer- und Süßwasser, vereinzelt auch in terrestrischen Feuchtraumbiotopen vor. Sie haben eine derbe, dicht schließende, manchmal verkalkte, zweiklappige Schale, in die sie sich vollkommen zurückziehen können (Abb. 90). Die Schale schützt die Tiere nicht nur vor Feinden, sondern verhindert auch ihre Austrocknung bei vorübergehendem Wassermangel. Muschelkrebse werden von Fischen kaum gefressen und vermehren sich deshalb im Aquarium oft stark. Man kann sie leicht an ihrer Form und ruhig gleitenden Fortbewegung erkennen, zumal sie sich gern an den Scheiben aufhalten. Bei Beunruhigungen schließen sie die Schalen und sinken zu Boden. Massenvorkommen im Aquarium lassen sich nur durch eine völlige Erneuerung des Beckens beseitigen.

Ganz selten kann der Aquarianer beim Futterfang im zeitigen Frühjahr in temporären Mischwaldtümpeln die Kiemenfüße *Siphonophanes grubei* (Abb. 90) und *Lepidurus apus* (Abb. 90) beobachten. Ersterer wird 2 bis 3 cm lang, hat Ähnlichkeit mit Artemiakrebsen und schwimmt, mit den Beinen sehr schnell schlagend, auf dem Rücken, letzterer kann mit den Schwanzfortsätzen 5 cm lang werden, schwimmt torkelnd und erinnert mit seiner Körperform an Urweltkrebse. *Siphonophanes* wurde früher in manchen Gegenden massenhaft für Futterzwecke gefangen. Heute gehören die beiden genannten und einige verwandte Arten zu den großen Seltenheiten, die vom Aussterben bedroht sind.

Abschließend sei erwähnt, daß auch der relativ seltene Edelkrebs *(Astacus astacus)* und der aus Nordamerika eingebürgerte Flußkrebs *(Oronectes limosus)* interessante Pflegeobjekte sind.

Spinnentiere (Arachnida)

Aus der großen Klasse der Spinnentiere haben vor allem viele Milben sekundär den Lebensraum Wasser besiedelt (Abb. 91). Sie kommen sowohl in fließen-

Abb. 90 Verschiedene Kleinkrebse des Süßwassers. a) Kiemenfußkrebs *(Siphonophanes grubei)*; b) Muschelkrebs (*Cypris* spec.); c) Kiemenfußkrebs *(Lepidurus apus)*

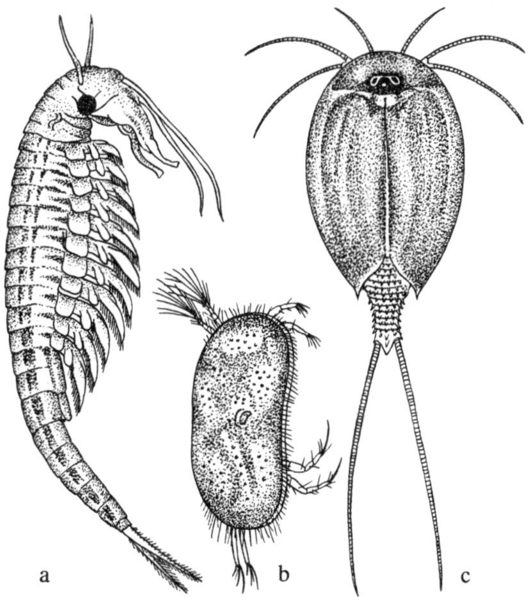

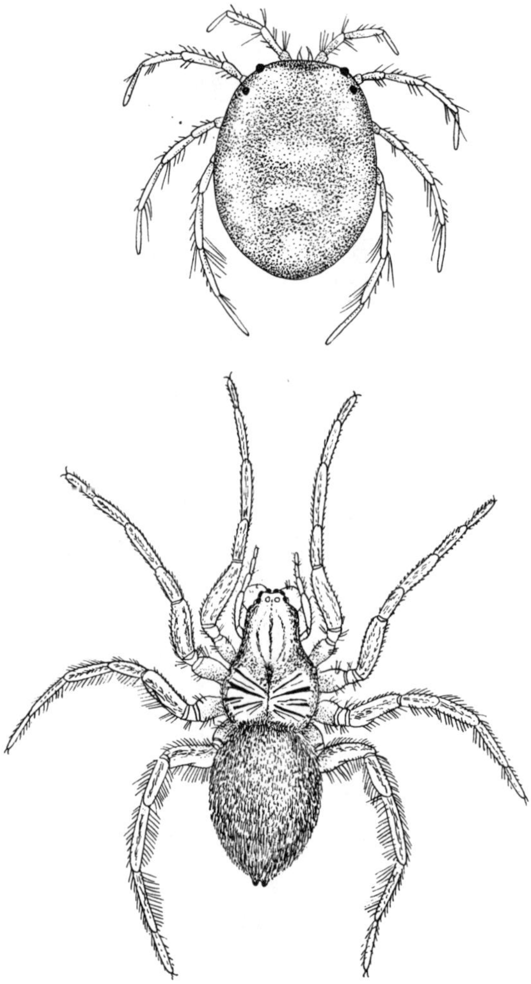

Abb. 91 Oben: Typ einer Süßwassermilbe. Unten: Wasserspinne *(Argyroneta aquatica)*

den als auch in stehenden Gewässern vor. Manche bewegen sich im Bodenschlamm oder auf Substraten wie Steinen oder Pflanzen, andere schwimmen aktiv im freien Wasser. Von den zahlreichen, meist 1 bis 2 mm großen Arten sind die meisten auffällig gefärbt und gezeichnet. Einzeltiere werden häufig mit Kleinkrebsen gefangen, sie fallen im Aquarium durch ihre rote oder grüne Farbe sofort auf. Sie rudern beim Schwimmen mit den langen Beinen oder krabbeln langsam an Pflanzen und Scheiben entlang. Wassermilben saugen die Körpersäfte von Kleinkrebsen und Insektenlarven, Fischen werden sie niemals gefährlich. Schon mit einer Lupe kann man erkennen, daß sie, wie alle Spinnentiere, vier Paar Beine haben. Der Kopf ist in den kugeligen Körper einbezogen, äußere Atmungsorgane fehlen. Der Darm endet blind, Enddarm und Afteröffnung fehlen. Massenentwicklungen im Aquarium wurden noch nicht beobachtet. Einzeltiere kann man mit einem Stechrohr oder einer langen Pipette entfernen.

Bei den Spinnentieren kann die einheimische Wasserspinne (*Argyroneta aquatica*, Abb. 91) nicht unerwähnt bleiben. Die zu den Trichterspinnen (Familie Agelenidae) gehörende, biologisch hochinteressante Art lebt ständig im Wasser, atmet jedoch atmosphärische Luft. Ihren Luftvorrat schleppt sie in ihrem Haarpelz am Hinterkörper und an der Bauchseite mit sich und legt außerdem zwischen Pflanzenteilen Luftreservoire in Form von Glockennetzen an. Die 8 bis 9 mm langen Weibchen leben meist im Bereich einer Luftglocke, legen hier auch ihre Eier ab und betreuen die Brut bis zur vierten Häutung. Die bis 15 mm langen, schlankeren Männchen vagabundieren, ihre Luftglocken sind meist nur Behelfsbauten.

Insekten (Insecta)

Die Klasse der Insekten ist nicht nur die artenreichste Tiergruppe, sondern die artenreichste Organismengruppe überhaupt. Bislang sind etwa 850000 Arten bekannt, von denen allein in Mitteleuropa 35000 bis 36000 vorkommen.

Auf den Seiten 151ff. wurden bereits die als Futtertiere für Fische geeigneten Insektenlarven beschrieben. Hier sollen aus der großen Vielfalt aquatiler Insektenlarven und Insekten nur solche im Bild vorgestellt werden, die beim Futterfang relativ häufig zu beobachten sind. Eine Ausnahme machen der Kolbenwasserkäfer und seine Larve, die auf Grund ihrer Seltenheit unbedingt geschützt werden müssen und deshalb hier aufgenommen wurden (Abb. 92).

Große Insektenlarven sortiert oder siebt man meist schon beim Futterfang aus und setzt sie in das Wasser zurück. Kleine Larvenstadien werden aber oft übersehen und dadurch in das Aquarium eingeschleppt. Dies gilt besonders für die sehr häufigen Rückenschwimmer (Abb. 92). Für größere Fische sind Insektenlarven und Wasserinsekten im allgemeinen nicht nur ungefährlich, sondern sogar ein gutes Futter, kleine Fischarten oder Jungfische werden dagegen gelegentlich angefallen. Fischfeinde sind vor allem die Rückenschwimmer, die Wasserzikaden und die Larven großer Wasserkäfer. Manche Insektenlarven übertragen Fischparasiten. Grundsätzlich sollte man

Abb. 92 Wasserinsekten und ihre Larventypen. a) Stein- oder Uferfliegen (Plecoptera): Charakteristisch für die Larven sind die beiden langen Schwanzfäden.
b, c) Eintagsfliegen (Ephemeroptera): Charakteristisch für die Larven sind die drei (selten zwei) gegliederten, mehr oder weniger beborsteten Schwanzfäden und die Kiemenblättchen an den Segmenten des Hinterleibes.
d–g) Libellen (Odonata): Charakteristisch für die Larven sind die zu einer vorklappbaren Fangmaske umgebildeten Mundwerkzeuge. d) Larventyp der Segellibellen (Libellulidae); e) Larventyp der Edellibellen (Aeschnidae); f) Larventyp der Schlanklibellen (Coenagrionidae); g) Larventyp der Teichjungfern (Lestidae)
h) Köcherfliegen (Trichoptera): Charakteristisch für die Larven sind ihre Gehäuse aus unterschiedlichen Substraten.
i–n) Wanzen (Heteroptera): i) Stabwanze *(Renatra linearis)*; j) Teichläufer *(Hydrometra stagnorum)*; k) Typ eines Wasserläufers (Gerridae); l) Rückenschwimmer oder Wasserbiene *(Notonecta glauca)*; m) Ruderwanze oder Wasserzikade *(Corixa punctata)*; n) *Nepa rubra* (Wasserskorpion)

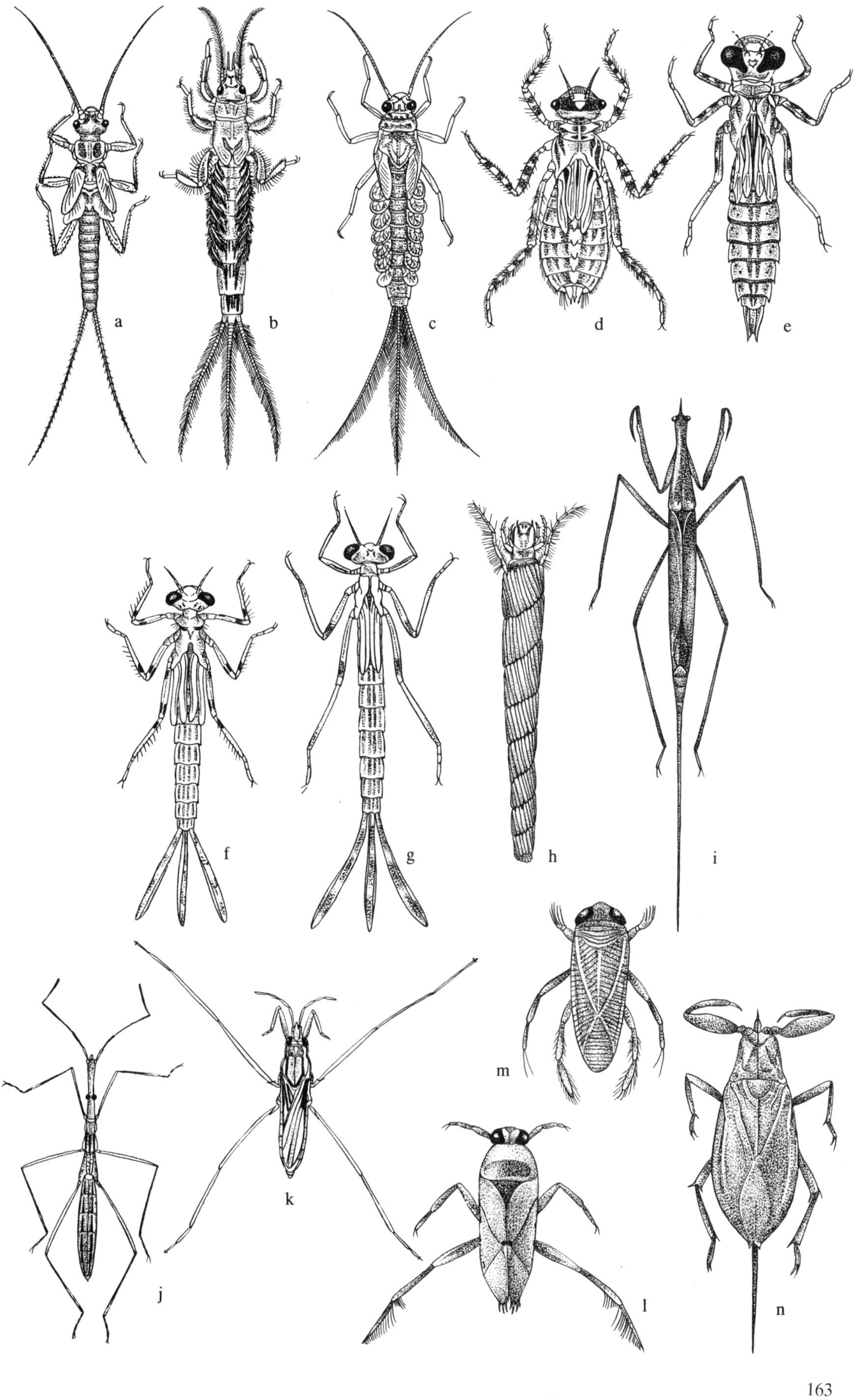
a
b
c
d
e
f
g
h
i
j
k
l
m
n

deshalb mit Ausnahme von Mücken- und Eintagsfliegenlarven alle im Aquarium auftauchenden Insektenlarven und Insekten mit einem kleinen Netz entfernen.

In der Abb. 92 sind häufige Larventypen der Steinfliegen, Eintagsfliegen, Libellen und Köcherfliegen sowie häufige Wasserwanzen und schließlich einige Wasserkäfer mit ihren Larven dargestellt. Die Artbestimmung ist bei vielen Larven schwierig und oft nur dem Spezialisten möglich.

Weichtiere (Mollusca)

Mit etwa 180 000 Arten sind die Weichtiere der zweitgrößte Tierstamm des Tierreiches. Außer kleinen, weniger bekannten Gruppen gehören hierher die Schnecken (Klasse Gastropoda), die Muscheln (Klasse Bivalvia) und die Kopffüßer oder Tintenfische (Klasse Cephalopoda). Die Schnecken kommen sowohl im Meer- und Süßwasser als auch auf dem Lande vor. Viele Landschnecken haben sich sekundär wieder dem Leben im Wasser angepaßt. Die Muscheln sind Meeres- und Süßwasserbewohner, die Kopffüßer leben ausschließlich im Meer.

Schnecken (Gastropoda)

Schon seit den Anfängen der Aquaristik gehören neben den Fischen und Wasserpflanzen die Schnecken zum organismischen Grundbestand der Aquaristik. Diese Tatsache rechtfertigt eine etwas ausführlichere Darstellung der interessanten und sehr formenreichen Tiergruppe.

Die moderne Systematik untergliedert die Schnekken in die Kreuzstrangschnecken (Unterklasse Streptoneura) mit gekreuzten Nervensträngen und vor dem Herzen liegenden Kiemen und die Ringstrangschnecken (Unterklasse Euthyneura) mit ungekreuzten Nervensträngen und rechts vom Herzen liegender Kieme oder Lunge. Erstere werden in der älteren Systematik auch als Vorderkiemer, letztere als Hinterkiemer und Lungenschnecken bezeichnet. Die meisten Aquarienschnecken sind Ringstrangschnecken, die meisten bunten Schneckengehäuse der Cochiliensammler stammen von Kreuzstrangschnecken.

Der Schneckenkörper besteht aus dem Kopf und dem in Kriechfuß und Eingeweidesack gegliederten Rumpf. Der meist spiralige Eingeweidesack wird kapuzenförmig vom Mantel bedeckt, die Ränder des Mantelepithels produzieren das Kalkgehäuse. In der zwischen den überstehenden Rändern des Mantels

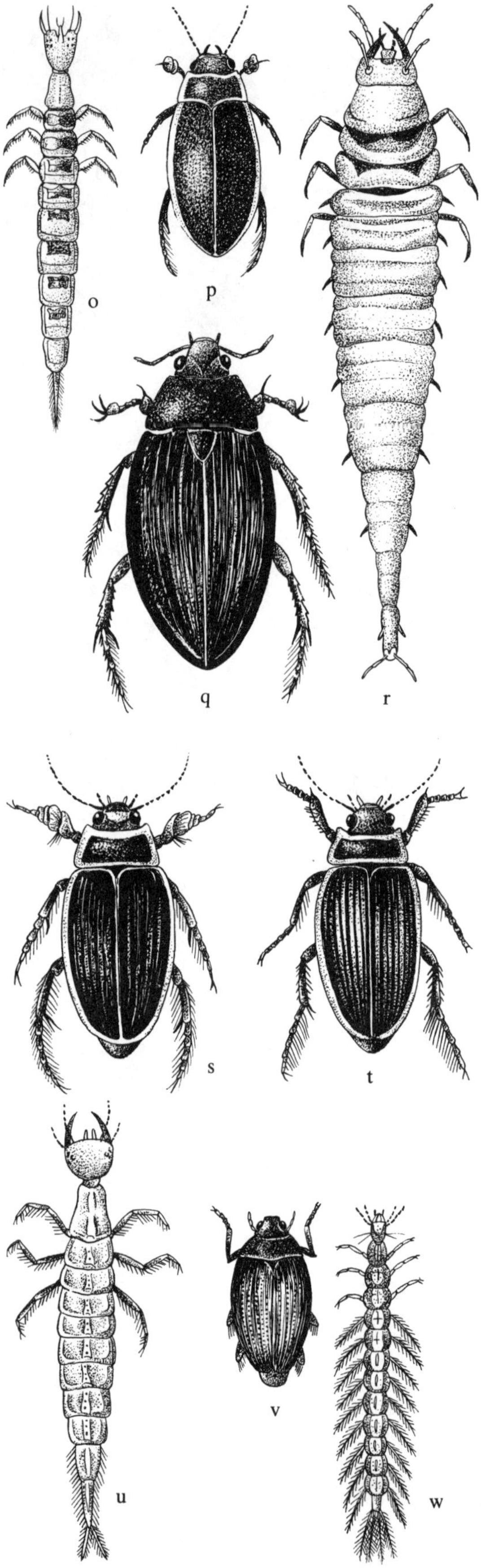

Abb. 92 (Fortsetzung)
o–v) Käfer (Coleoptera), Arten, die als Larve und Käfer im Wasser leben: o, p) Gaukler *(Cybister laterimarginalis)*, Käfer 30–35 mm; q, r) Großer Kolbenwasserkäfer *(Hydrous piceus)*, mit 35–50 mm größter einheimischer Wasserkäfer, relativ selten; s, t, u) Gelbrand *(Dytiscus marginalis)*, Käfer 30–35 mm, links ♂; v, w) Taumelkäfer (*Gyrinus* spec.), Käfer 5–7 mm, Vertreter dieser Gattung kreiseln bei Sonnenschein oft auf der Wasseroberfläche.

und dem Eingeweidesack liegenden Mantelhöhle befinden sich die Kiemen. Die Lungenschnecken haben statt der Kiemen eine stark kapillarisierte Mantelhöhlenwandung. Die meisten Schnecken sind Zwitter. Die Eier werden meist in Ballen abgelegt, die bei Wasserschnecken oft die Form von kurzen Gallertwülsten haben. Sehr charakteristisch ist die Art der Nahrungsgewinnung mit Hilfe einer zahnbesetzten, raspelartigen Zunge (Radula), die nach dem Prinzip eines Fräsers die Nahrung abträgt und dabei zerkleinert. Schnecken ernähren sich vorwiegend von Algenrasen, faulenden Pflanzenteilen, Kadavern, Detritus und darin enthaltenen Mikroorganismen sowie kleineren Wassertieren und ihren Gelegen.

Alle Schnecken sind biologisch interessante Pflegeobjekte. Zum Beispiel ist die mikroskopische Beobachtung der Eientwicklung ein Erlebnis besonderer Art.

Einheimische Wasserschnecken

Fast alle im temperierten Aquarium gepflegten Süßwasserschnecken stammen aus den Tropen und Subtropen. Unsere einheimischen Arten entwickeln sich dagegen am besten im Kaltwasseraquarium.

Die wichtigsten einheimischen Kreuzstrangschnecken sind die Sumpfdeckelschnecken (Familie Viviparidae) und die Federkiemenschnecken (Familie Valvatidae). Die getrenntgeschlechtliche, lebendgebärende Große Sumpfdeckelschnecke (*Viviparus contectus*, Abb. 93a) erreicht einen Durchmesser von

Abb. 93 In Mitteleuropa häufige Wasserschnecken und Muscheln. a) Sumpfdeckelschnecke *(Viviparus contectus)*; b) Plötzenschnecke *(Valvata piscinalis)*; c) Posthornschnecke *(Planorbarius corneus)*; d) Gekielte Tellerschnecke *(Planorbis carinatus)* von der Mündungsseite. e) Gekielte bzw. Gerandete Tellerschnecke, die beiden Arten sind in Aufsicht praktisch gleich; f) Gerandete Tellerschnecke *(Planorbis planorbis)* von der Mündungsseite; g und h) Scharfe Tellerschnecke *(Anisius vortex)*, Mündungsseite und Aufsicht. Spitze Blasenschnecke *(Physa acuta)*; j und k) Teichnapfschnecke *(Acrolux lacustris)*, Aufsicht und Seitenansicht; l) Spitzhornschlammschnecke *(Lymnaea stagnalis)*; m) Kleine Sumpfschnecke *(Galba truncatula)*; n) Malermuschel *(Unio pictorum)*; o) Teichmuschel *(Anodonta cygnea)*

5 cm. Die Weibchen halten die Eier bis zum Schlüpfen der Jungtiere im Eileiter zurück. Bei Gefahr und in Trockenzeiten verschließen sie ihr Gehäuse mit dem Deckel und sind so vor Feinden bzw. vor Austrocknung geschützt. Ähnlich gestaltet, jedoch mit 7,5 mm wesentlich kleiner ist die Plötzenschnecke (*Valvata piscinalis piscinalis*, Abb. 93b). Ihr massenweises Auftreten am Grund der Gewässer macht sie für viele gründelnde Fische zur Hauptnahrungsquelle.

Alle Ringstrangschnecken unserer einheimischen Süßwasserfauna gehören zu der großen, weltweit verbreiteten Ordnung der Wasserlungenschnecken (Basommatophora). Neben der Lungenatmung haben alle Vertreter als zweites, besonders charakteristisches Merkmal Augen, die nicht an der Spitze, sondern an der Basis der Fühler liegen. Zur Atmung kommen sie an die Wasseroberfläche, öffnen hier das Atemloch und wechseln die Luft der Mantelhöhle. Im Winter oder in sehr sauerstoffreichem Wasser wird die Lungenatmung durch Hautatmung ersetzt, wobei die stark durchbluteten Fühler eine wichtige Rolle spielen. Zahlreiche Arten kriechen zeitweise mit Hilfe eines Schleimbandes an der Unterseite des Wasserspiegels entlang und schlürfen dabei Mikroorganismen ein.

Von den einheimischen Arten eignen sich für das Kaltwasser- oder Heimataquarium vor allem verschiedene Vertreter der Tellerschnecken (Familie Planorbidae), Blasenschnecken (Familie Physidae) und Mützenschnecken (Familie Ancylidae), dagegen nur bedingt solche der Schlammschnecken (Familie Lymnaeidae).

Die Gehäuse der Tellerschnecken sind stets in einer Ebene eingerollt. Man findet sie in Tümpeln, Teichen und Seen. Da ihr Blut einen roten Farbstoff (Hämoglobin) enthält, erscheinen pigmentarme Mutanten häufig blutrot. Bei drohender Trockenheit ziehen sie sich vollständig in ihre Gehäuse zurück und verschließen diese mit einer pergamentartigen Schleimschicht. Besonders häufig werden rote Mutanten der Posthornschnecke (*Planorbarius corneus*, Abb. 93c) gepflegt. Die dicken Gehäuse erreichen Durchmesser von 3,5 cm. Die kleineren Arten von 1,5 bis 2 cm Durchmesser haben gekielte Gehäuse, wie die Gekielte Tellerschnecke (*Planorbis carinatus*, Abb. 93d) und die Gerandete Tellerschnecke (*Planorbis planorbis*, Abb. 93e, f). Zu den sehr kleinen, aber nicht weniger interessanten Arten gehört zum Beispiel die Scharfe Tellerschnecke (*Anisus vortex*, Abb. 93g, h).

Die Blasenschnecken sind in allen Erdteilen in pflanzenreichen, stehenden oder wenig bewegten Gewässern vertreten. Sie haben ein linksgewundenes Gehäuse und werden etwa 1,5 cm lang. Von den drei einheimischen Arten zeigt die Quellblasenschnecke (*Physa fontinalis*, Abb. 93i) einen erstaunlichen Abwehrreflex. Bei Berührung wirft sie ihr Gehäuse von einer Seite auf die andere und schüttelt so ihren vermeintlichen Gegner ab. Größere Bedeutung für die Aquaristik hat die Spitze Blasenschnecke (*Physa acuta*). Sie kann sich höheren Temperaturen anpassen und findet deshalb in Warmwasseraquarien gute Lebensbedingungen.

Die Mützenschnecken unterscheiden sich deutlich von allen anderen Lungenschnecken. Ihre Gehäuse haben die Form einer Haube, die oft in eine gebogene Spitze ausläuft. Von den beiden mitteleuropäischen Arten eignet sich nur die in klaren Teichen vorkommende Teichnapfschnecke (*Acrolux lacustris*, Abb. 93j, k) für die Pflege im Kaltwasseraquarium.

Schlammschnecken haben ein spitztütenförmiges oder eiförmiges Gehäuse. Sie kommen in allen verschlammten Gewässern vor. Die größte einheimische Art, die bis 6 cm lange Spitzhornschlammschnecke (*Lymnaea stagnalis*, Abb. 93l), zeigt unter verschiedenen ökologischen Bedingungen recht unterschiedliche Gehäuseformen. Die Kleine Sumpfschnecke (*Galba truncatula*, Abb. 93 m) ist Zwischenwirt des Großen Leberegels, eines der gefährlichsten Parasiten der Schafe und anderer Haustiere.

Tropische Wasserschnecken

Im Warmwasseraquarium trifft man heute fast nur noch tropische Schneckenarten an. Sie wurden gezielt importiert oder zufällig mit Importpflanzen eingeschleppt. Nur wenige Wasserschnecken der Tropen oder Subtropen fressen nicht an den weichen Herzblättern höherer Wasserpflanzen, deshalb fanden aus der riesigen Artenfülle nur auffallend wenige Vertreter Verbreitung in der Aquaristik.

Im Gegensatz zu den Fischen und Wasserpflanzen müssen Schnecken im Warmwasseraquarium kaum gewartet werden. Ihre Vorliebe für Algenrasen, Mikroorganismen und Futterreste macht sie zu nützlichen Mitbewohnern, die das Algenwachstum in Grenzen halten und oft auch eine zu starke Entwicklung von Fäulnisbakterien durch Vertilgung von Futterresten verhindern. Manche Algenbeläge werden durch Schnecken besser beseitigt als durch algenfressende Saugschmerlen oder Harnischwelse. Das Verhalten einiger Schneckenarten liefert Hinweise auf die Bodenbeschaffenheit oder die Wasserqualität. Trotz dieser Vorteile sollte bei der Hälterung von Schnecken auf folgende möglichen Nachteile geachtet werden:

1. Schnecken kriechen häufig in die Überlaufrohre von Filteranlagen und versetzen diese. Durch feinmaschige Stutzen, die man auf die Ansaugöffnung der Überlaufrohre steckt, lassen sich solche Pannen vermeiden.

2. Bei günstigen Lebensbedingungen können sich Wasserschnecken sehr schnell vermehren. Solche Massenentwicklungen sind aus biologischer Sicht keine Katastrophen, können aber die ästhetischen Erwartungen an das Biotop »Aquarium« erheblich stören. Man sollte deshalb durch regelmäßiges Absammeln größerer Tiere die Schneckenpopulation in Grenzen halten. Arten, die im Bodengrund leben, können in der Regel nur nachts abgelesen werden.

3. Die Methode des Absammelns läßt sich bei Müt-

zenschnecken nicht praktizieren. Gegen ihre Massenvermehrung hilft nur eine starke Reduktion der Fischfütterung (keine Futterreste für Schnecken!). Gelegentlich wurden Erfolge durch Köderung erzielt. Man hängt dazu rohe Kartoffelscheiben an einem Faden in das Aquarium und entfernt den Köder, wenn sich mehrere Schnecken darauf angesammelt haben. Die Durchlüftung oder Filterung sollte während des Köderns abgeklemmt werden. Bei Vergiftungsversuchen mit Ammoniumnitrat richte man sich nach den Angaben zur Hydrabekämpfung (siehe S. 157), bei Verwendung handelsüblicher Vertilgungspräparate für Wasserschnecken beachte man exakt die Gebrauchsanleitungen. In der Regel hilft bei einer zu starken Vermehrung von Mützenschnekken jedoch nur eine vollständige Erneuerung des Beckens.

Einige Fische sind auf Schneckennahrung spezialisiert, so zum Beispiel einige Kugelfische und Buntbarsche.

Folgende tropische Schneckenarten sind im Warmwasseraquarium häufig anzutreffen:

Helisoma nigricans (Abb. 94a, b)
Kleine Posthornschnecke

Brasilien; bis 1,8 cm Durchmesser.

Von dieser Tellerschnecke sind vor allem pigmentarme rote Mutanten verbreitet. Die verwandten Arten *Helisoma trivolvis* aus dem südlichen Nordamerika und *Helisoma tumidum* aus Mittelamerika konnten sich in der Aquaristik nicht durchsetzen. Vertreter der Gattung *Helisoma* sind in den tropischen und subtropischen Ländern häufig Zwischenwirte für den Erreger der gefährlichen Bilharziose. *H. nigricans* war früher als *H. lugubris* bekannt.

Physastra proteus (Abb. 94c)
Spitzhornschnecke

Südaustralien; bis 2 cm.

Die Art ist mit unseren einheimischen Blasenschnecken verwandt und hat wie diese ein linksgewundenes, breitkonisches Gehäuse von graugrüner

Abb. 94 Fremdländische Süßwasserschnecken, die sich im Aquarium eingebürgert haben. a) und b) Kleine Posthornschnecke *(Helisoma nigricans)*; c) Spitzhornschnecke *(Physastra proteus)*; d) Süßwasserturmdeckelschnecke *(Melanoides tuberculata)*

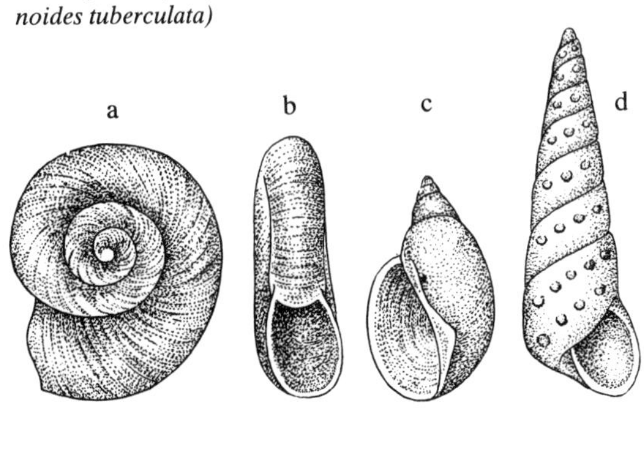

Farbe. Auch pigmentarme rote Mutanten sind im Handel. Sie bleibt im Aquarium meist wesentlich kleiner und neigt zur Massenentwicklung, deshalb regelmäßig absammeln!

Melanoides tuberculata (Abb. 94d)
Süßwasserturmdeckelschnecke

Ägypten bis Indonesien; bis 2,5 cm.

Gehäuse spitzkonisch mit winzigen Noppen, oliv- bis gelbgrün und violett gebändert. Tagsüber zieht sich diese Art in den Bodengrund zurück und ist dort vorzüglich getarnt. Bei Dunkelheit durchpflügt sie die Bodenoberfläche und lockert diese auf. Bei starken Fäulnisprozessen im Bodengrund sind die Tiere auch tagsüber in den oberen Wasserschichten zu finden. Manchmal, besonders aber bei fehlender Durchlüftung, kriechen sie nachts an den Scheiben hoch. Sehr empfindlich gegen Abkühlungen unter 18 °C. Neigt zur Massenvermehrung, Durchlüftung abends abklemmen und nachts absammeln.

Ferrissia wauteri
Flache Mützenschnecke

Südliches Nordamerika und Mittelamerika; bis 5 mm.

Die Art ist mit unseren einheimischen Mützenschnecken verwandt und erst nach dem zweiten Weltkrieg in Europa eingeschleppt worden. Sie breitet sich nicht nur in den Aquarien, sondern auch im Freiland immer stärker aus. Gehäuse haubenförmig, hell- bis dunkelgrau, Körper gelblich oder weißlich. *Ferrissia* haftet mit dem Kriechfuß fest an Pflanzenteilen, Steinen oder Beckenscheiben und bewegt sich nur sehr langsam. Bei guten Wasserverhältnissen vermehrt sie sich ziemlich schnell und wird dann manchmal zur Plage.

Auch eine Mützenschnecke der Gattung *Gundlachia* wurde in den letzten Jahren in Aquarien beobachtet. Sie stammt gleichfalls aus dem südlichen Nordamerika.

Ampullaria australis
La-Plata-Apfelschnecke

Südamerika, vor allem im Gebiet des Rio de la Plata; bis 6,5 cm.

Die interessante Art ist mit unserer Sumpfdeckelschnecke verwandt und hat wie diese einen Deckel, mit dem die große runde Gehäuseöffnung verschlossen werden kann. Bei allen Vertretern der in Amerika und Südasien verbreiteten Gattung ist die Mantelhöhle in eine rechte Kiemenhöhle und eine linke Lungenhöhle unterteilt. Letztere mündet in einen langen, sehr dehnbaren Atmungssipho, der wie ein Schnorchel die Verbindung zur Wasseroberfläche herstellen kann. Auf Grund dieser Besonderheit ist es den Tieren möglich, in sehr sauerstoffarmen Gewässern oder sogar auf dem Lande zu leben.

Gehäuse breit, hornfarbig und mit dunklen Bändern. Der Körper selbst ist dunkelgrau bis graublau und oft goldglitzernd. Die Eier werden in rosa- bis orangefarbenen Ballen außerhalb des Wassers abgelegt. Die Jungschnecken schlüpfen nach 4 bis 6 Wochen und wachsen sehr schnell.

Apfelschnecken fressen höhere Aquarienpflanzen nur bei Nahrungsmangel an. Sie sollten wenigstens einmal wöchentlich Kopfsalat oder Chinakohl als Zusatznahrung erhalten.

Inzwischen wurden mehrere Arten der Gattung importiert, so auch die Kugelschnecke (*Ampullaria gigas*, Taf. 3).

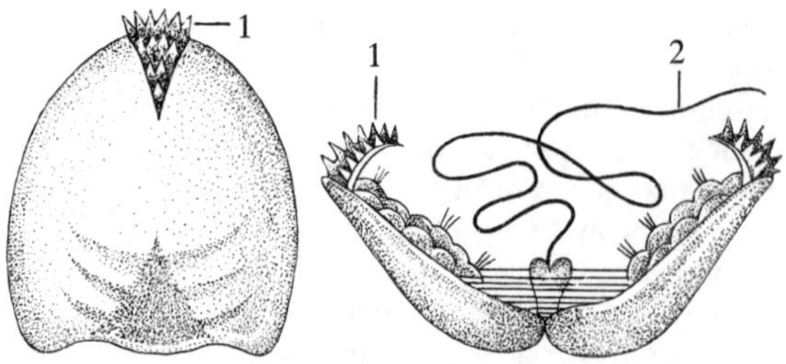

Abb. 95 Larven der Teichmuschel, sogenannte Glochidien (stark vergrößert). Links: von der Seite. Rechts: mit geöffneten Schalen. 1 Schalenhaken, 2 Haftfaden

Muscheln (Bivalvia)

Im Gegensatz zu den Schnecken eignen sich Muscheln nicht für das mit Fischen besetzte Süßwasseraquarium. Abgesehen davon, daß größere Tiere dauernd den Boden umpflügen und dabei Pflanzen entwurzeln, können einige Arten durch die Besonderheit ihrer Entwicklung Schäden verursachen. Aus den zahlreichen Eiern unserer Teich- und Flußmuscheln (Familie Unionidae, Abb. 93n, o) entstehen noch im Körper der Muttertiere Larven, sogenannte Glochidien. Diese besitzen eine zweiklappige, meist mit einem großen Zahn versehene Schale (Abb. 95). Die von den Muttertieren ausgestoßenen Larven schwärmen frei im Wasser und versuchen, einen Fischwirt zu finden. Hier heften sie sich fest, werden von dem Epithel der Haut oder der Kiemen überwuchert und ernähren sich überwiegend von Zellsäften des Wirtes. Nach einiger Zeit durchbrechen sie die Hauthülle und siedeln sich im Bodengrund an. In den raumbeschränkten Verhältnissen des Aquariums kann der Glochidienbefall so dicht sein, daß die Fische zu stark geschwächt werden und verenden.

Nur bei der Zucht von Bitterlingen kann man auf Muscheln nicht verzichten. Die Art legt ihre Eier nicht nur in Muscheln ab (siehe S. 221), sondern ist auch hinsichtlich der Balzauslösung von Muscheln abhängig. Ohne den Schlüsselreiz »Lebende Muschel« legt das Männchen kein Hochzeitskleid an und bildet das Weibchen keine Legeröhre aus. Die Muschel ist sogar wichtiger als der Geschlechtspartner. Mit einer Muschel einzeln gehaltene Weibchen legen manchmal Eier in die Muschel, einzeln gehaltene Männchen entwickeln bei Anwesenheit einer Muschel ein Hochzeitskleid und stoßen gelegentlich Samenfäden über der Muschel aus.

Artbegriff, Nomenklatur, System

Die Art ist die real existierende Grundkategorie der biologischen Systematik. Alle höheren Kategorien, wie Gattungen, Familien, Ordnungen, Klassen usw., sind lediglich Begriffe, mit deren Hilfe die Vielfalt der Arten nach Verwandtschaftskriterien geordnet werden kann.

Zur Charakterisierung einer Art (Species) wurden ursprünglich ausschließlich solche Merkmale herangezogen, die sich äußerlich leicht feststellen lassen, die bei allen Individuen gleichartig ausgebildet sind und die den Unterschied zu anderen Arten verdeutlichen. Diese rein morphologischen Artkriterien ermöglichten Artdiagnosen an Einzelexemplaren und waren damit für die Aufarbeitung großer Sammlungen besonders geeignet. Die sogenannte »Morphospecies« ist noch heute die unverzichtbare Basis zoologischer und botanischer Bestimmungsarbeit.

Dies gilt besonders für jene Arten, deren Individuen stets und überall, das heißt in allen Populationen, gleich sind, sogenannte »monotypische Arten«. Wesentlich schwieriger ist die Situation jedoch bei solchen Arten, die in verschiedenen Erscheinungsformen vorkommen, »polytypische Arten«. In solchen Fällen läßt sich mit morphologischen Methoden oft nicht entscheiden, ob die abweichenden Populationen noch zu der Art gehören, z.B. eine Unterart darstellen, oder bereits eine eigene Art repräsentieren. Andere Schwierigkeiten ergeben sich vielfach aus der Tatsache, daß zunächst nur eine Population bekannt ist, im Laufe der Zeit aber weitere Populationen entdeckt werden, die mehr oder weniger von der ursprünglich bekannten Population abweichen. Die zunächst klare Vorstellung von der Art kann dadurch unübersichtlich werden und schließlich eine Revision erfordern.

Diese und verschiedene andere Erfahrungen und Gesichtspunkte haben zu zahlreichen Versuchen geführt, für die Art als systematische Grundeinheit biologische Kriterien zu finden. Aus den verschiedenen Bemühungen, vor allem des Zoologen Ernst Mayr, ist schließlich das heute verbindliche Artkonzept entstanden. Danach ist die Art eine Individuengemeinschaft, die sich stammesgeschichtlich auf eine Wurzel zurückführen läßt und deren Vertreter sich untereinander fruchtbar fortpflanzen oder zumindest die Potenz zur fruchtbaren Fortpflanzung haben. Zum Beispiel ist der in den Südstaaten der USA beheimatete Koboldkärpfling *(Gambusia affinis)* zur Mückenbekämpfung in vielen wärmeren Klimaten der Erde ausgesetzt worden und hat regional große, aber isolierte Populationen gebildet. In manchen Populationen treten Veränderungen der Körperform, in anderen Schwarzfleckungen beim ♂ auf. Natürlicherweise haben die Vertreter der einzelnen Populationen keinen wechselseitigen Zugang zueinander und damit keine Chance zur Verpaarung, die Fortpflanzung findet nur innerhalb der Population statt. Bringt man jedoch Tiere aus verschiedenen Populationen experimentell zusammen, so verpaaren sie sich untereinander fruchtbar, erzeugen fruchtbare Nachkommen. Damit ist aber bewiesen, daß die Individuen aller Populationen noch eine Fortpflanzungsgemeinschaft sind und damit einer Art angehören.

Die meisten Fischarten werden heute noch als Morphospecies beschrieben, nur in wenigen Fällen erlauben besonders günstige Umstände Analysen entsprechend dem biologischen Artkonzept. Dazu gehören vor allem die Untersuchungen an der Cichlidenfauna in den großen ostafrikanischen Seen und die zytomorphologischen Untersuchungen an Eierlegenden Zahnkarpfen.

Zu jeder Art gehört ein Name. Neue Arten werden nur dann akzeptiert, wenn mit der exakten Beschreibung auch der Name vorgelegt wird. Bei neuen Pflanzenarten muß die Beschreibung sogar in lateinischer Sprache abgefaßt sein. Die Neubeschreibung orientiert sich vorwiegend auf den Holotypus, das heißt ein besonders charakteristisches Bezugsexemplar der neuen Art, das, auch wenn die Art eingezogen oder umbenannt wird, für alle Zeit den Namen behält und deshalb nach Möglichkeit in einem zoologischen oder botanischen Museum aufbewahrt werden sollte. Wenn mehrere Exemplare der neuen Art zur Verfügung stehen, können diese als Paratypen zusammen mit dem Holotypus oder an anderer Stelle deponiert werden. Die neue Art läßt sich aber auch als Mittelwert aus allen zur Verfügung stehenden Exemplaren beschreiben. Die Belegexemplare sind dann alle gleichwertig, sogenannte Syntypen. Der Fundort des Holotypus oder der Syntypen ist die Terra typica.

Für die wissenschaftliche Benennung (Namensgebung, Bezeichnung) einer Art sind internationale Regeln verbindlich. Das Prinzip der Benennung wurde von dem schwedischen Naturforscher und Begründer der Königl. Schwedischen Akademie der Wissenschaften zu Stockholm, CARL VON LINNÉ (ursprünglich Carolus Linnaeus, 1707–1778), eingeführt und seitdem als »binäre Nomenklatur« weiter ausgebaut. Jede Artbenennung besteht danach aus zwei lateinischen Worten. Das erste, groß geschriebene Wort ist der Gattungsname, das zweite, kleingeschriebene, der Artname. Bei allen Vertretern einer Gattung ist deshalb der erste Name gleich, der zweite verschieden. Zum Beispiel:

Hyphessobrycon pulchripinnis
Hyphessobrycon heterorhabdus
Hyphessobrycon flammeus

Bei Tieren können der Gattungs- und Artname gleich sein (z. B. *Barbus barbus*), bei Pflanzen müssen beide Namen in allen Fällen verschieden sein. Im fortlaufenden Text einer gedruckten Schrift werden beide Namen kursiv gesetzt und dadurch vom übrigen Text abgehoben. Dies gilt auch, wenn nur der Gattungsname allein genannt wird. In Überschriften, die nur die Artbenennung enthalten, ist die Hervorhebung durch gerade und kursive Schrifttypen möglich. Zur Artbezeichnung gehört auch der Familienname des Erstbeschreibers der Art, bei Tierarten mit, bei Pflanzenarten ohne Jahreszahl. Der Familienname des Erstbeschreibers kann bei Tiernamen frei oder in Klammern stehen. Klammern machen darauf aufmerksam, daß der Erstbeschreiber der Art diese in eine andere Gattung einordnete, also der Gattungsname zwischenzeitlich geändert wurde. Wer die Umstellung veranlaßte, ist bei wissenschaftlichen Tiernamen nicht zu erkennen. Bei wissenschaftlichen Pflanzennamen nennt man dagegen den für die aktuelle Gattungszuordnung verantwortlichen Autor. Zum Beispiel bedeutet die Angabe

Nymphaea lutea (LINNAEUS) SMITH,

daß LINNAEUS die Art (Teichrose) zuerst beschrieben hat, aber SMITH sie in die Gattung *Nymphaea* einordnete.

Um Mehrfachbenennungen zu verhindern, ist verbindlich festgelegt, daß für jede Tierart der in Linnés Werk »Systema naturae, X. Auflage (1758)«, für jede Pflanzenart der in Linnés Werk »Species plantarum (1753)« angegebene Artname oder bei Arten, die damals noch nicht bekannt waren, der zuerst publizierte Artname gültig ist. Alle späteren Artnamen sind als Synonyme einzuziehen. Durch diese Festlegung und den laufenden Fortschritt der wissenschaftlichen Systematik ergeben sich immer wieder Namensänderungen, die vor allem bei ungenügend bekannten Organismengruppen gehäuft auftreten können. Die Knochenfische sind eine solche Gruppe.

Unterarten werden bei Tieren durch einen dritten, direkt angefügten lateinischen Namen, Untergattungen durch die Einfügung eines zweiten Gattungsnamens in Klammern charakterisiert. Für offensichtliche Mutanten und Varianten unsicherer Art hängt man der Artbenennung häufig den Hinweis »forma« an, zum Beispiel »forma aurata«, »forma longifolia«, »forma asiatica« u. a.

Hier weiter auf die zum Teil sehr komplizierten Nomenklaturregeln einzugehen würde zu weit führen. Es sei lediglich darauf hingewiesen, daß die zur Zeit international gültigen Regeln für die zoologische Nomenklatur vom XV. Internationalen Kongreß für Zoologie in London (1958) beschlossen wurden. Die deutschsprachige Fassung dieser Regeln hat die Senckenbergische Naturforschende Gesellschaft 1962 herausgegeben.

Im Gegensatz zu der Benennung der Arten sind die höheren Kategorien (Taxa) tierischer und pflanzlicher Systeme nur einfach benannt, Ausnahmen: Eukaryota animalia für Tierreich und Eukaryota plantae für Pflanzenreich. In zoologischen Systemen werden meist folgende Kategorien verwendet:

Tierreich (Eukaryota animalia oder Regnum animale)
Stamm (Phylum)
Klasse (Classis)
Unterklasse (Subclassis)
Überordnung, Legion (Superordo, Legio)
Ordnung (Ordo)
Unterordnung (Subordo)
Überfamilie (Superfamilia)
Familie (Familia)
Unterfamilie (Subfamilia)
Gattung (Genus)
Untergattung (Subgenus)
Art (Species)
Unterart (Subspecies)
Einzelwesen (Individuum)

Gelegentlich sind weitere Kategorien notwendig, so wird in dem hier verwendeten System der Begriff »Kohorte« zwischen die Unterklasse und Überordnung eingeschoben.

Abschließend soll kurz erwähnt werden, daß in der Aquaristik die Bestimmung oder gar Neubeschreibung von Arten manchmal zu großzügig erfolgt. Dadurch werden viele falsche Bezeichnungen verbreitet, die sich einbürgern und häufig erst nach langer Zeit im Zuge wissenschaftlicher Nachuntersuchungen bereinigt werden können. Besonders in den letzten Jahren kommen fast täglich neue Arten lebend nach Europa, die Fischsystematiker können bei bestem Willen diese Flut von Importen nicht bewältigen, da jede exakte Artbestimmung nicht nur eingehende Literaturstudien erfordert, sondern, zumindest in schwierigen Fällen, den Vergleich mit den Typen verwandter Arten notwendig macht. Diese müssen aber erst beschafft, das heißt von ihrem Aufbewahrungsort, einem Museum oder Institut, bestellt werden. Es ist deshalb notwendig, in der Aquaristik, vor allem aber im Zierfischhandel, alle systematischen Unsicherheiten als solche darzustellen und auf die Einführung fragwürdiger Bezeichnungen zu verzichten. Gute Ansätze dazu gibt es genügend, es sei nur daran erinnert, daß unbekannte Prachtbarsche lange Zeit mit U 1, U 2 usw. bezeichnet wurden. Das Durcheinander entstand erst, als neue Namen auftauchten.

Auch wäre die Aquaristik gut beraten, wenn sie auf die ständige Umbenennung von Arten mit größerer Gelassenheit reagieren würde und nicht jeden neuen Namen für die letzte Weisheit oder gar für Aktualität halten würde. Jede Umbenennung ist aus wissenschaftlicher Sicht zunächst ein Vorschlag, der von der Fachwelt geprüft werden muß und dabei entweder anerkannt oder abgelehnt wird. Da der Artname in der Aquaristik nur zur Verständigung dient, ist es oft besser, einen allgemein bekannten Namen vorerst beizubehalten und abzuwarten, bis in der betreffenden Gattung die Umgruppierungen weitgehend abgeschlossen sind. Nicht selten ist nach zahlreichen Umbenennungen doch wieder die alte Artbezeichnung gültig. Beispiele dafür liefern die Gattungen *Nannostomus, Barbus, Haplochromis* und andere. Aus diesem Grunde werden in der vorliegenden Aquarienkunde bei Fischgruppen, die zur Zeit Gegenstand intensiver wissenschaftlicher Bemühungen sind, meist die alten, in der Aquaristik bekannten Gattungs- und Artnamen verwendet.

Die internationale Kommission für Zoologische Nomenklatur hat in ihre Regeln auch einen Abschnitt »Ehrenpflicht« eingefügt, um deren Beachtung die Kommission bei der Veröffentlichung neuer Namen bittet. Punkt 6 dieser Ehrenpflicht lautet:

»Bei Diskussionen im Zusammenhang mit der Zoologischen Nomenklatur soll es nicht zu ausfallender Ausdrucksweise kommen; solche Fragen sollen auf höfliche und freundliche Art behandelt werden. Schwierige Fragen werden am besten und schnellsten durch Beachtung höflicher Umgangsformen bei der Diskussion der Meinung anderer gelöst.«

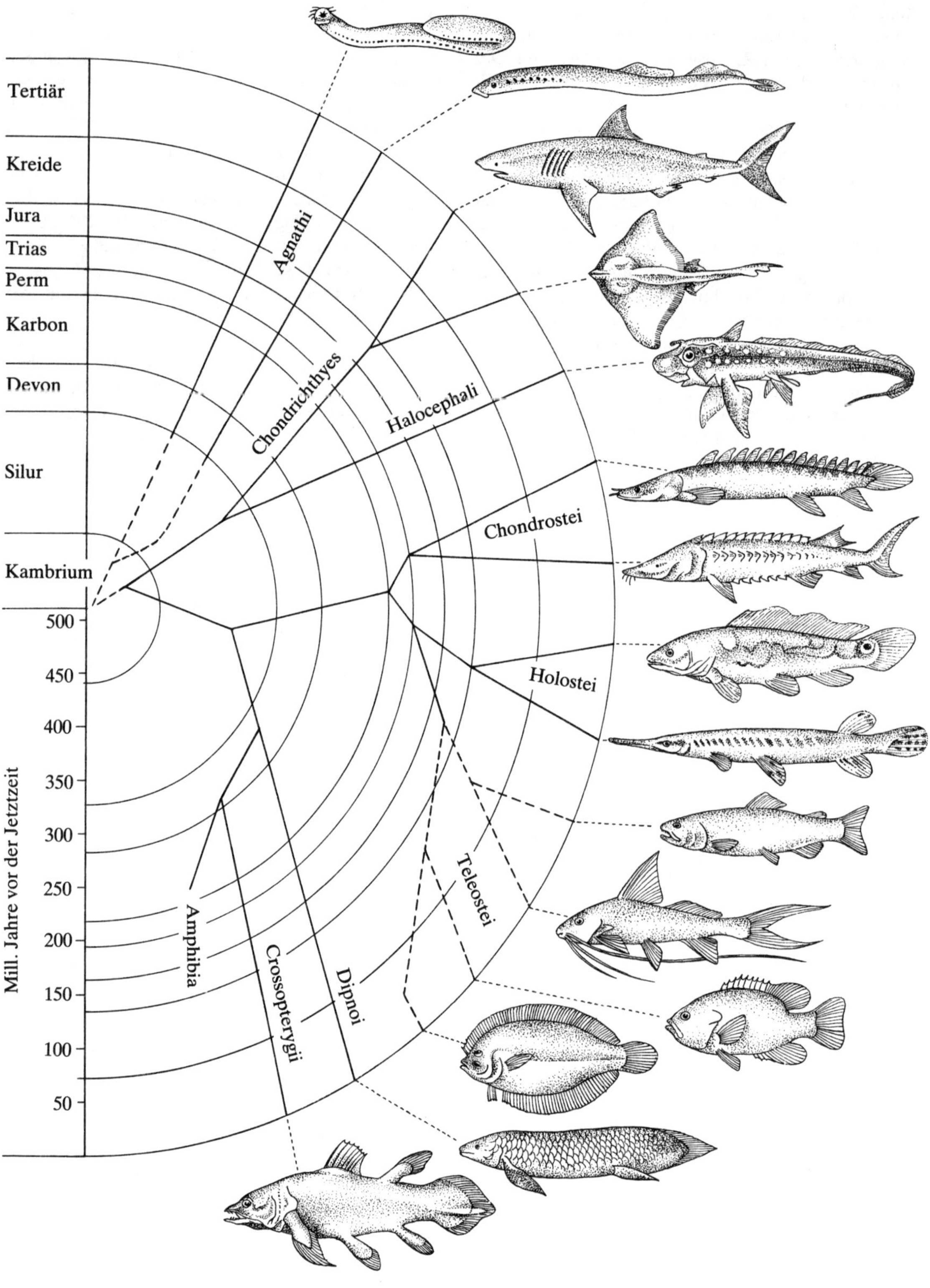

Abb. 96 Stammbaum der Kieferlosen, Knorpelfische und Knochenfische. Aus der angedeuteten Entwicklungslinie Amphibia gehen letztlich die Reptilien und Vögel sowie Säugetiere hervor.

System und Stammbaum der Fische

Der Begriff »Fische« wird heute nicht mehr für eine stammesgeschichtlich einheitliche Gruppe, sondern vielmehr als Sammelbegriff für fischähnlich gestaltete Wirbeltiere, das heißt im Sinne von »Fischartige«, verwendet. Aus taxonomischer Sicht ist es am besten, auf den Begriff Fische ganz zu verzichten und dafür exakter von Knorpelfischen (Chondrichthyes) und Knochenfischen (Osteichthyes) zu sprechen. Beide Klassen gehören zu dem Tierstamm der Chordatiere (Chordata), der heute im allgemeinen in folgende Unterstämme und Klassen gegliedert wird:

1. Unterstamm:	Tunicata	(Manteltiere)
2. Unterstamm:	Acrania	(Schädellose)
3. Unterstamm:	Agnatha	(Kieferlose)
4. Unterstamm:	Gnathostomata	(Kiefertiere)
Klasse:	Chondrichthyes	(Knorpelfische)
Klasse:	Osteichthyes	(Knochenfische)
Klasse:	Amphibia	(Lurche)
Klasse:	Reptilia	(Kriechtiere)
Klasse:	Aves	(Vögel)
Klasse:	Mammalia	(Säugetiere)

Die Feingliederung der Klasse Osteichthyes (Knochenfische) ist auf den nachfolgenden Seiten dargestellt. Mit Ausnahme der Unterklassen (UKl), Kohorten (KOH) und Überordnungen (ÜO), die individuelle Bezeichnungen haben, sind die systematischen Kategorien durch einheitliche Endsilben charakterisiert, und zwar enden die Ordnungen (O) auf -formes, die Unterordnungen (UO) auf -oidei, die Familien (F) auf -idae und die Unterfamilien (UF) auf -inae. Entsprechend ist auch versucht worden, die deutschen Bezeichnungen zu vereinheitlichen. Allerdings war dies nur für die Überordnungen, Ordnungen und Unterordnungen möglich, und zwar enden die Trivialnamen der Überordnungen mit -ähnliche, die der Ordnungen (O) mit -artige und die der Unterordnungen (OU) mit -verwandte. Zusätzlich werden jedoch oft auch die bekannten Trivialnamen vermerkt.

Die vorgestellte Klassifizierung der Knochenfische folgt den Vorschlägen von P. H. Greenwood, D. E. Rosen, St. H. Weitzman und G. S. Myers (Phyletic Studies of teleostean fishes, with a provisional classification of living forms; Bull. Amer. Mus. of Nat. Hist. *131*, 1966). Dieses System berücksichtigt stärker als ältere, rein typologisch aufgebaute Systeme Aspekte der natürlichen Verwandtschaft. Allerdings können auch diese Versuche nur als ein Anfang auf dem Weg zu einem natürlichen System betrachtet werden. Noch sind vor allem hinsichtlich der stammesgeschichtlichen Entwicklung der Knochenfische zu viele Fragen offen, als daß endgültige Festlegungen möglich wären. Diese Situation spiegelt sich auch in dem in Abb. 96 vorgestellten Stammbaumschema wider. Lediglich erwähnt sei an dieser Stelle, daß in der Ichthyologie neuerdings auch das von J. S. Nelson (Fishes of the world, 2nd ed., 1984) vorgeschlagene System zunehmend Beachtung findet.

System der Knochenfische (Osteichthyes)

Aquaristisch und fischereiwirtschaftlich interessante Familien sind durch besondere, der Familienangabe nachgestellte Symbole gekennzeichnet. Diese haben folgende Bedeutung:

- • Vertreter der Familie eignen sich für das normale Süßwasseraquarium,
- o Vertreter der Familie eignen sich für das normale Seewasseraquarium,
- ▪ Vertreter der Familie haben zumindest regional größere wirtschaftliche Bedeutung.

Abkürzungen: UKl = Unterklasse, KOH = Kohorte, ÜO = Überordnung, O = Ordnung, UO = Unterordnung, F = Familie

---

Kl	Osteichthyes	Knochenfische
UKl	Actinopterygia	Strahlenflosser
KOH	Chondrostei	Knorpelganoiden

O	Polypteriformes	Flösselhechtartige			
F	Polypteridae	Flösselhechte	●		
O	Acipenseriformes	Störartige			
F	Acipenseridae	Störe			■
F	Polyodontidae	Löffelstöre			
KOH	Holostei	Knochenganoiden			
O	Amiiformes	Schlammfischartige			
F	Amiidae	Schlammfische, Kahlhechte	●		
O	Lepisosteiformes	Knochenhechtartige			
F	Lepisosteidae	Knochenhechte	●		■
KOH	Teleostei	Höhere Knochenfische			
ÜO	Elopomorpha	Tarpunähnliche			
O	Elopiformes	Tarpunartige			
F	Elopidae	Tarpune			■
F	Megalopidae	Tarpune			■
F	Albulidae	Frauenfische			■
O	Anguilliformes	Aalartige			
UO	Anguilloidei	Aalverwandte			
F	Anguillidae	Echte Aale	●	○	■
F	Moringuidae	Wurmaale			
F	Muraenidae	Muränen		○	■
F	Congridae	Meeraale			■
F	Ophichthidae	Schlangenaale			
F	Synaphobranchidae	Tiefseeaale			
F	Serrivomeridae	Tiefseeaale			
F	Nemichthyidae	Schnepfenaale			
UO	Saccopharyngoidei	Pelikanaalverwandte			
O	Notacanthiformes	Tiefseedornaalartige			
ÜO	Clupeomorpha	Heringsähnliche			
O	Clupeiformes	Heringsartige			
F	Denticipitidae	Süßwasserheringe	●		
F	Clupeidae	Heringe			■
F	Engraulidae	Sardellen, Anchovis			■
F	Chirocentridae	Wolfsheringe			
ÜO	Osteoglossomorpha	Knochenzünglerähnliche			
O	Osteoglossiformes	Knochenzünglerartige			
F	Osteoglossidae	Knochenzüngler	●		■
F	Pantodontidae	Schmetterlingsfische	●		
F	Hiodontidae	Mondaugen			
F	Notopteridae	Messerfische	●		■
O	Mormyriformes	Nilhechtartige			
F	Mormyridae	Nilhechte	●		
F	Gymnarchidae	Nilaale			
ÜO	Protacanthopterygii	Lachsfischähnliche			
O	Salmoniformes	Lachsfischartige			
UO	Salmonoidei	Lachsfischverwandte			
F	Salmonidae	Lachsfische			■
F	Osmeridae	Stinte			■
UO	Galaxioidei	Hechtlingsverwandte			
F	Galaxidae	Hechtlinge			
UO	Esocoidei	Hechtverwandte			
F	Esocidae	Hechte	●		■
F	Umbridae	Hundsfische	●		
UO	Stomiatoidei	Tiefseebartelfischverwandte			
F	Gonostomatidae	Borstenmäuler			
F	Sternoptychidae	Tiefseebeilfische			
UO	Myctophoidei	Laternenträgerverwandte, Leuchtsardinen			
F	Synodontidae	Eidechsenfische			
F	Bathypteroidae	Spinnenfische			
F	Myctophidae	Laternenträger			
O	Cetomimiformes	Walfischartige			

F	Cetomimidae	Walfische			
F	Giganturidae	Teleskopfische			
O	Gonorhynchiformes	Sandfischartige			
F	Gonorhynchidae	Sandfische			
F	Chanidae	Milchfische			■
F	Kneriidae	Schlankfische	●		
F	Phractolaemidae	Afrikanische Schlammfische	●		
ÜO	Ostariophysi	Karpfenfischähnliche			
O	Cypriniformes	Karpfenfischartige			
UO	Characoidei	Salmlerverwandte			
F	Characidae	Echte Salmler	●		
F	Serrasalmidae	Sägesalmler	●		
F	Gasteropelecidae	Beilbauchfische	●		
F	Erythrinidae	Raubsalmler	●		
F	Ctenoluciidae	Hechtsalmler	●		
F	Chalceidae	Glanzsalmler	●		
F	Crenuchidae	Prachtsalmler	●		
F	Characidiidae	Bodensalmler	●		
F	Lebiasinidae	Schlanksalmler	●		
F	Anostomidae	Engmaulsalmler	●		■
F	Hemiodidae	Keulensalmler	●		
F	Curimatidae	Barbensalmler	●		■
F	Citharinidae	Geradsalmler	●		■
UO	Gymnotoidei	Messeraalverwandte			
F	Gymnotidae	Messeraale	●		
F	Electrophoridae	Elektrische Aale, Zitteraale	●		
F	Rhamphichthyidae	Amerikanische Messerfische	●		
F	Apteronotidae	Amerikanische Messerfische	●		
UO	Cyprinoidei	Karpfenfischverwandte			
F	Cyprinidae	Karpfenfische	●		■
F	Catostomidae	Sauger			■
F	Gyrinocheilidae	Algenfresser	●		
F	Homalopteridae	Flossensauger	●		
F	Cobitidae	Schmerlen	●		
O	Siluriformes	Welsartige			
F	Ictaluridae	Katzenwelse	●		■
F	Bagridae	Stachelwelse	●		■
F	Siluridae	Echte Welse			■
F	Schilbeidae	Glaswelse	●		■
F	Pangasiidae	Schlankwelse	●		■
F	Amphiliidae	Kaulquappenwelse	●		
F	Clariidae	Kiemensackwelse	●		■
F	Chacidae	Großmaulwelse	●		
F	Malapteruridae	Elektrische Welse			■
F	Mochocidae	Fiederbartwelse	●		■
F	Ariidae	Kreuzwelse			■
F	Doradidae	Dornwelse	●		
F	Auchenipteridae	Falsche Dornwelse	●		
F	Aspredinidae	Bratpfannen-, Banjowelse	●		
F	Plotosidae	Korallenwelse		○	■
F	Pimelodidae	Antennenwelse	●		
F	Helogenidae	Fähnchenwelse	●		
F	Trichomycteridae	Schmerlenwelse			
F	Callichthyidae	Schwielenwelse	●		
F	Loricariidae	Harnischwelse	●		■
ÜO	Paracanthopterygii	Stachelflosserähnliche			
O	Percopsiformes	Barschlachsartige			
F	Amblyopsidae	Nordamerikanische Höhlenfische	●		
F	Aphredoderidae	Piratenbarsche			
F	Percopsidae	Barschlachse			
O	Batrachoidiformes	Froschfischartige			

F	Batrachoididae	Froschfische		○	
O	Gobiesociformes	Schildbauchartige, Ansaugerartige			
F	Gobiesocidae	Schildbäuche, Ansauger		○	
O	Lophiiformes	Seeteufelartige, Armflosser			
F	Lophiidae	Seeteufel		○	■
F	Antennariidae	Fühlerfische, Anglerfische		○	
F	Ogcocephalidae	Seefledermäuse		○	
UO	Ceratioidei	Tiefseeanglerverwandte			
O	Gadiformes	Dorschartige			
F	Muraenolepididae	Aaldorsche			
F	Gadidae	Dorsche			■
F	Ophidiidae	Bartmännchen			■
F	Carapidae	Eingeweidefische, Nadelfische			
F	Zoarcidae	Aalmuttern		○	■
F	Macrouridae	Grenadierfische, Tiefseelangschwänze			
ÜO	Atherinomorpha	Ährenfischähnliche			
O	Atheriniformes	Ährenfischartige			
UO	Exocoetoidei	Flugfischverwandte			
F	Exocoetidae	Fliegende Fische			
F	Belonidae	Hornhechte			■
F	Scomberesocidae	Makrelenhechte			■
UO	Cyprinodontoidei	Zahnkarpfenverwandte			
F	Adrianichthyidae	Schaufelkärpflinge	●		
F	Cyprinodontidae	Eierlegende Zahnkarpfen	●		
F	Goodeidae	Hochlandkärpflinge	●		
F	Anablepidae	Vieraugen	●		
F	Jenynsiidae	Linienkärpflinge	●		
F	Poeciliidae	Lebendgebärende Zahnkarpfen	●		
UO	Atherinoidei	Ährenfischverwandte			
F	Melanotaeniidae	Regenbogenfische	●		
F	Atherinidae	Ährenfische	●		■
F	Phallostethidae	Kehlphallusfische	●		
ÜO	Acanthopterygii	Stachelflosser			
O	Beryciformes	Schleimkopfartige			
F	Berycidae	Schleimköpfe			■
F	Monocentridae	Tannenzapfenfische		○	
F	Anomalopidae	Laternenfische			
F	Holocentridae	Soldatenfische		○	■
O	Zeiformes	Petersfischartige			
F	Zeidae	Petersfische			■
F	Caproidae	Eberfische			
O	Lampridiformes	Glanzfischartige			
F	Lampridae	Glanzfische			
F	Trachipteridae	Sensenfische			
F	Regalecidae	Riemenfische, Bandfische			
O	Gasterosteiformes	Stichlingsartige			
UO	Gasterosteoidei	Stichlingsverwandte			
F	Gastrosteidae	Stichlinge	●	○	
F	Aulorhynchidae	Pazifische Stichlinge			
UO	Aulostomoidei	Trompetenfischverwandte			
F	Aulostomidae	Trompetenfische		○	
F	Fistulariidae	Flötenmäuler			
F	Macrorhamphosidae	Schnepfenfische		○	
F	Centriscidae	Schnepfenmesserfische			
UO	Syngnathoidei	Seenadelverwandte			
F	Solenostomidae	Röhrenmäuler		○	
F	Syngnathidae	Seenadeln, Seepferdchen		○	■
O	Channiformes	Schlangenkopfartige			
F	Channidae	Schlangenköpfe	●		■
O	Synbranchiformes	Sumpfaalartige			
F	Synbranchidae	Sumpfaale	●		

F	Amphipnoidae	Kiemenschlitzaale	•		
O	Scorpaeniformes	Drachenkopf-, Scorpionfischartige			
UO	Scorpaenoidei	Drachenkopfverwandte			
F	Scorpaenidae	Drachenköpfe, Scorpionfische		○	■
F	Triglidae	Knurrhähne		○	■
F	Caracanthidae	Pelzgroppen			
F	Synancejidae	Steinfische		○	
UO	Cottoidei	Groppenverwandte			
F	Cottidae	Groppen		○	■
F	Agonidae	Panzergroppen		○	
F	Cyclopteridae	Seehasen		○	■
O	Dactylopteriformes	Flughahnartige, Flatterfische			
F	Dactylopteridae	Flughähne			
O	Pegasiformes	Pegasusfischartige			
F	Pegasidae	Pegasusfische			
O	Perciformes	Barschartige			
UO	Percoidei	Barschverwandte			
F	Centropomidae	Glasbarsche	•		■
F	Serranidae	Zackenbarsche		○	■
F	Theraponidae	Tigerfische		○	■
F	Kuhliidae	Kuhlien		○	■
F	Centrarchidae	Sonnenbarsche, Sonnenfische	•		■
F	Priacanthidae	Großaugenbarsche			■
F	Apogonidae	Kardinalfische		○	
F	Percidae	Echte Barsche	•		■
F	Pomatomidae	Blaubarsche			■
F	Escheneidae	Schiffshalter			
F	Carangidae	Stachelmakrelen		○	■
F	Coryphaenidae	Goldmakrelen			■
F	Leiognathidae	Schlupfmäuler		○	■
F	Lutjanidae	Schnapper		○	■
F	Lobotidae	Dreischwanzbarsche	•	○	■
F	Gerridae	Mojarras		○	■
F	Pomadasyidae	Süßlippen		○	■
F	Sparidae	Meerbrassen		○	■
F	Sciaenidae	Umberfische		○	■
F	Mullidae	Meerbarben		○	■
F	Monodactylidae	Flossenblätter	•	○	
F	Toxotidae	Schützenfische	•		
F	Kyphosidae	Steuerbarsche			
F	Ephippidae	Spatenfische			
F	Scatophagidae	Argusfische	•	○	
F	Chaetodontidae	Borstenzähner		○	■
F	Nandidae	Nanderbarsche	•		
F	Embiotocidae	Brandungsbarsche		○	■
F	Cichlidae	Buntbarsche	•		■
F	Pomacentridae	Korallenbarsche		○	
F	Cirrhitidae	Büschelbarsche		○	
UO	Mugiloidei	Meeräschenverwandte			
F	Mugilidae	Meeräschen		○	■
UO	Sphyraenoidei	Barrakudaverwandte			
F	Sphyraenidae	Barrakudas			■
UO	Polynemoidei	Federflossenverwandte			■
UO	Labroidei	Lippfischverwandte			
F	Labridae	Lippfische		○	■
F	Scaridae	Papageifische		○	■
UO	Trachinoidei	Drachenfischverwandte			
F	Trichodontidae	Sandfische			■
F	Opistognathidae	Kieferfische		○	
F	Trachinidae	Drachenfische			■
F	Trichonotidae	Sandtaucher			

F	Dactyloscopidae	Sternengucker			
F	Uranoscopidae	Himmelsgucker		○	
UO	Notothenioidei	Antarktisfischverwandte			
F	Channichthyidae	Eisfische			
UO	Blennioidei	Schleimfischverwandte			
F	Blenniidae	Schuppenlose Schleimfische		○	
F	Anarhichadidae	Seewölfe			■
F	Clinidae	Beschuppte Schleimfische		○	
F	Stichaeidae	Stachelrücken			
F	Pholididae	Butterfische		○	
UO	Ammodytoidei	Sandaalverwandte			
F	Ammodytidae	Sandaale		○	
UO	Callionymoidei	Leierfischverwandte, Spinnenbarsche			
F	Callionymidae	Leierfische		○	
UO	Gobioidei	Grundelverwandte			
F	Gobiidae	Grundeln	●	○	
F	Gobioididae	Aalgrundeln			
UO	Acanthuroidei	Doktorfischverwandte			
F	Acanthuridae	Doktorfische		○	■
F	Siganidae	Kaninchenfische		○	
UO	Scombroidei	Makrelenverwandte			
F	Gempylidae	Schlangenmakrelen			
F	Trichiuridae	Haarschwänze			
F	Scombridae	Makrelen			■
F	Xiphiidae	Schwertfische			■
F	Istiophoridae	Fächerfische			■
UO	Stromateoidei	Erntefischverwandte, Quallenfische			
UO	Anabantoidei	Kletterfischverwandte			
F	Anabantidae	Kletterfische	●		■
F	Belontiidae	Bettas	●		
F	Helostomatidae	Buckelmäuler	●		
F	Osphronemidae	Fadenfische	●		■
UO	Luciocephaloidei	Hechtkopfverwandte			
F	Luciocephalidae	Hechtköpfe	●		
UO	Mastacembeloidei	Stachelaalverwandte			
F	Mastacembelidae	Stachelaale	●		
O	Pleuronectiformes	Schollenartige, Plattfische			
F	Bothidae	Butten		○	■
F	Pleuronectidae	Schollen		○	■
F	Soleidae	Zungen	●	○	■
F	Cynoglossidae	Hundszungen			
O	Tetraodontiformes	Kugelfischartige			
F	Triacanthidae	Dreistachler		○	
F	Balistidae	Drückerfische, Feilenfische		○	
F	Ostraciontidae	Kofferfische		○	
F	Tetraodontidae	Kugelfische	●	○	■
F	Triodontidae	Bauchsackkugelfische		○	
F	Diodontidae	Igelfische		○	
F	Molidae	Klumpfische			
UKl	Sarcopterygia	Muskelflosser			
ÜO	Dipnoi	Lungenfische			
O	Ceratodiformes	Lurchfischartige			
F	Ceratodidae	Australische Lurchfische	●		
F	Protopteridae	Afrikanische Lungenfische	●		■
F	Lepidosirenidae	Molchfische	●		
ÜO	Crossopterygii	Quastenflosser			
O	Coelacanthiformes	Hohlstachlerartige			
F	Coelacanthidae	Hohlstachler			

Aquaristisch interessante Fischfamilien und -arten

Familie Polypteridae
Flösselhechte

Molchähnliche, selten aalförmige Fische des tropischen Afrika, die ihre Bezeichnung den zahlreichen spitzsegelförmigen Rückenflossen, den »Flösseln«, verdanken und viele ursprüngliche Besonderheiten des Körperbaues aufweisen. Die gestielten, fächerförmigen Brustflossen unterstützen rudernd die schlängelnde Fortbewegungsweise oder dienen zum Abstützen vom Bodengrund. Die Schwimmblase liegt unter dem Darm und funktioniert als zusätzliches lebenswichtiges Luftatmungsorgan (Abb. 98). Die Jungfische sind Larven mit äußeren Kiemen (Abb. 55).

Mehrere Arten der Flösselhechte wurden in den letzten Jahren in großer Anzahl importiert und mit Erfolg gepflegt. Als Dämmerungstiere beanspruchen sie Versteckmöglichkeiten unter Steinen oder zwischen Wurzelwerk. Je nach Größe füttert man Tubifex, Enchyträen, Mückenlarven, Regenwürmer oder Mehlwürmer. Nach Molchart schleichen sich die Flösselhechte an die Nahrung an. 22 bis 28 °C. Sie sind untereinander oft bissig, gegen größere Arten anderer Familien in der Regel friedlich. Die meisten Arten werden in Liebhaberbecken nicht größer als 25 cm. Über die Fortpflanzung der interessanten Familie bestehen noch viele Unklarheiten. Zucht vereinzelt gelungen. *Polypterus weeksii* siehe Taf. 7.

Familie Acipenseridae
Störe

Die in der nördlichen gemäßigten Zone Eurasiens und Amerikas verbreiteten Störe sind eine sehr ursprüngliche Familie, die schon seit etwa 200 Millionen Jahren existiert. Das Skelett verknöchert nur unvollständig. In die Haut sind in der Regel 5 Reihen großer Knochenplatten eingebettet. Die Schnauze dehnt sich spitz nach vorn aus, das rüsselartig vorstreckbare Maul liegt dadurch an der Kopfunterseite (Abb. 97). Kaltwassergrundfische, die sich nur als

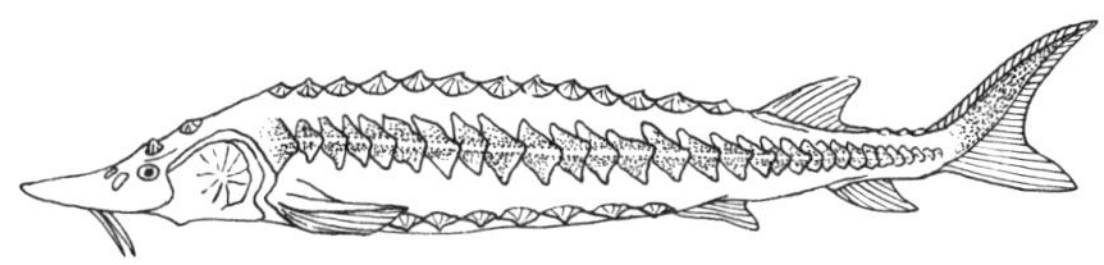

Abb. 97 Typus eines Störs

Jungtiere für das Liebhaberbecken eignen. Den eigenartigen, stets ruhelos umherziehenden Tieren biete man feinen Sand als Bodengrund und weiten Raum zur Bewegung. In der Jugend werden Würmer, Nacktschnecken und Bachflohkrebse gern gefressen, ältere Tiere sind Fisch- und Fischlaichräuber, nehmen aber auch anderes Futter. Die bekannteste Art ist der Sterlet *(Acipenser ruthenus)*. Fischereiwirtschaftlich spielen die Störe unter anderem als Kaviarlieferanten eine wichtige Rolle.

Familie Lepisosteidae
Knochenhechte

Nord- und mittelamerikanische Großfische von langgestreckter, hechtförmiger Gestalt. Kopf in eine spitze Schnauze auslaufend, Maul tief gespalten und stark bezahnt. Alle Vertreter sind Reliktformen einer großen Familie des Erdmittelalters. Die zu einem festen Panzer gefügten rhombischen Schuppen haben eine harte, glänzende Oberschicht, »Ganoin« oder auch »Schmelz« genannt, weshalb die Tiere auch als Schmelzschupper bezeichnet werden. Die Schwimmblase dient als Hilfsatmungsorgan. Alle Arten sind

Abb. 98 Zweilappige unsymmetrische Lunge der Flösselhechte, Ansicht von der Bauchseite. Lunge und Vorderdarm sind durch eine ovale Öffnung verbunden.

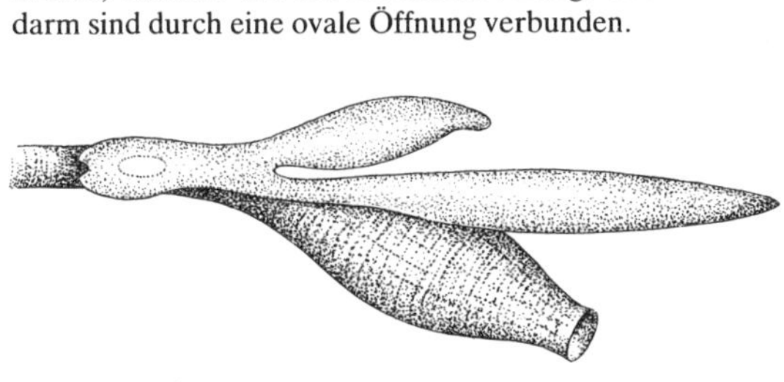

prächtige Schauobjekte in Großaquarien. Der bekannteste Vertreter, der Gemeine Knochenhecht *(Lepisosteus osseus)*, wird 150 cm lang (Taf. 6).

Familie Anguillidae
Echte Aale

Die Familie umfaßt Meeresfische, von denen einzelne bestimmte Lebensabschnitte im Süßwasser verbringen. Allen Aalen fehlen die Bauchflossen. Der vorn am Rücken beginnende Flossensaum zieht ohne Unterbrechung um die Schwanzspitze und von da bauchwärts nach vorn bis zum After. Die Schuppen sind als Reste tief in der schleimigen Haut verborgen oder fehlen vollkommen.

Der in Europa und Nordafrika vorkommende Europäische Aal, *Anguilla anguilla* (LINNAEUS, 1758, Taf. 6), wird im weiblichen Geschlecht maximal 150 cm lang und unterarmdick. Besonders interessant ist der Lebenszyklus des Aales. Die in den verschiedensten Gewässern des Binnenlandes heranwachsenden und dabei vor allem Fett speichernden Aale stellen nach einigen Jahren die Nahrungsaufnahme ein und beginnen flußabwärts zu wandern. Bei den Weibchen wird dieses Stadium nach 7 bis 12 Jahren erreicht. Mit kleinen Unterbrechungen ziehen die Tiere Nacht für Nacht 10 bis 15 km flußabwärts. Der Kopf wird in dieser Phase spitzer, der Bauch silberweiß (Blankaal). In den Unterläufen der Flüsse schließen sich die ♂♂ dem Zug an, der nun an die Küsten und von hier quer über den Atlantischen Ozean bis zur Sargassosee führt. Dort laichen die Aale in großen Tiefen. Die weidenblattförmigen, glasartig durchsichtigen Aallarven, Leptozephalen genannt (Abb. 55, 99), werden mit dem Golfstrom im Verlaufe von drei Jahren

Abb. 99 Entwicklungsstadien des Europäischen Aales. Von oben nach unten: junger Leptozephalus, ausgewachsener Leptozephalus, Umwandlungsstadium, Umwandlung fast abgeschlossen, Glasaal, Jungaal

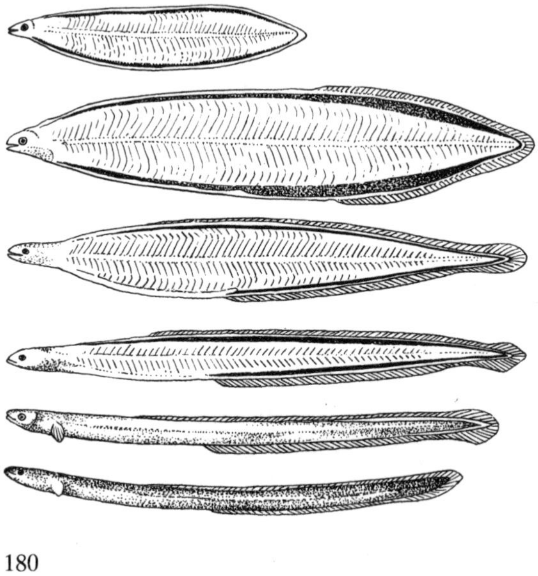

wieder an die europäischen Küsten gebracht, verwandeln sich hier in den Glasaal und beginnen als Jungaal die Flüsse aufwärts zu wandern.

Aale lassen sich im Kaltwasseraquarium gut hältern. Sie sind äußerst zäh, können Jahrzehnte ausdauern und nehmen fast jedes Futter an. Manchmal verbergen sie sich tagelang im Bodengrund, und man hat Mühe, den herausragenden Kopf zu entdecken. Aquarien sehr gut abdecken!

Familie Osteoglossidae
Knochenzüngler

Großfische, die in Australien, im indoaustralischen Archipel, in Afrika und in Südamerika beheimatet und durch zahlreiche stammesgeschichtlich ursprüngliche Merkmale ausgezeichnet sind. Der 4. Kiemenbogen trägt ein Hilfsatmungsorgan zur Luftatmung. Am Kinn sitzen oft zwei abspreizbare Fortsätze, die großen Schuppen sind aus einzelnen Stükken zusammengefügt. Zu dieser Familie gehört der größte Süßwasserfisch, *Arapaima gigas*, der 300 cm lang und 160 kg schwer wird. Die bekannteste Art ist der Südamerikanische Gabelbart (*Osteoglossum bicirrhosum*, Taf. 7), ein interessanter Maulbrüter. Für das Liebhaberaquarium eignen sich nur Jungfische, die mit Wurmfutter, Insektenlarven und Kleinkrebsen zu versorgen sind.

Familie Pantodontidae
Schmetterlingsfische

Der Schmetterlingsfisch (*Pantodon buchholzi* PETERS, 1876, Taf. 7) ist der einzige Vertreter dieser Familie. Er kommt im tropischen Westafrika in Nigeria, Kamerun und Zaïre vor und wird bis 10 cm lang. Körper bootförmig, oben abgeflacht, Maul tief gespalten, aufwärtsgerichtet. Brustflossen groß, flügelartig, Bauchflossen mit vier stark verlängerten Flossenstrahlen. Graugrün bis bräunlichsilbern mit dunkelbrauner Strich- und Fleckenzeichnung. Alle Flossenstrahlen abwechselnd weiß und dunkel geringelt. Die ♀♀ haben ganzrandige, die ♂♂ tief eingeschnittene Afterflossen.

Der Oberflächenfisch ernährt sich von Insekten, die auf die Wasseroberfläche fallen, und von anderen Fischen. Die Art soll im flachen Bogen aus dem Wasser springen können und dabei die Brustflossen flügelartig spreizen. In großflächigen, sorgfältig abgedeckten Aquarien läßt sich der Schmetterlingsfisch gut hältern und sogar zur Fortpflanzung bringen. Weiches, leicht torfiges Wasser und Temperaturen von 26 bis 30 °C sagen den Tieren am besten zu. Man füttere kleine Schaben, Heimchen, Heuschrecken, Mehlwürmer und Ameisenpuppen. Das Laichgeschäft wird mit zahlreichen Scheinpaarungen eingeleitet, wobei das ♂ auf dem ♀ reitet und sich mit den Bauchflossen festhält. Bei der eigentlichen Paarung drehen sich die Tiere umeinander. Die Eier schwimmen an der Wasseroberfläche. Die nach 2 bis 3 Tagen schlüpfenden Jungfische sind mit feinsten Blattläusen und Springschwänzen oder Zyklopsnauplien zu füttern, die man kurze Zeit antrocknen läßt, damit sie auf der Wasseroberfläche schwimmen.

Familie Notopteridae
Messerfische

Die afroasiatischen Messerfische haben mit den amerikanischen Messerfischen lediglich die Körperform gemein, im System steht jede der beiden Gruppen an anderer Stelle. Die Ähnlichkeit der Körperform mit einer Messerklinge wird durch die langgestreckte, mit der kleinen Schwanzflosse vereinigte Afterflosse erhöht. Im Gegensatz zu anderen Fischen schwimmen die Notopteriden mit Hilfe ihrer Afterflosse. Durch wellenförmige Bewegungen der Afterflosse kann der Körper vorwärts, aber ebensogut auch rückwärts gleiten. Ohne zu wenden, können die Tiere auf diese Weise vor Gefahren flüchten. Die Rückenflosse fehlt, wie bei *Xenomystus*, oder ist als kurzes Steuerfähnchen ausgebildet. Die Bauchflossen sind in der Regel sehr klein. Als Dämmerungstiere halten sich die Messerfische tagsüber gern zwischen Pflanzenwerk oder hinter Steinen verborgen. Jungtiere nehmen Lebendfutter aller Art, ältere Exemplare sind Raubfische und lassen sich mit Kleinfischen, Mehlwürmern und großen Insektenlarven ernähren. Sehr häufig wird *Xenomystus nigri* (GÜNTHER, 1868), der bis 20 cm lang werdende Afrikanische Messerfisch, importiert (Taf. 8). Als Seltenheit wird in Großaquarien *Notopterus chitala* (HAMILTON-BUCHANAN, 1822), der bis 80 cm lange Indische Fähnchenmesserfisch, gepflegt (Taf. 8). Alle Messerfische haben ein zusätzliches Luftatmungsorgan. Die Eier werden auf festen Unterlagen abgesetzt und von einem der Partner befächelt (briefl. Mitteilung von W. WICKLER).

Familie Mormyridae
Nilhechte

Die nur in Afrika vorkommenden Nilhechte haben mit ihren oft sehr eigenartigen Kopfformen (Abb. 100) bereits vor 3000 bis 4000 Jahren die Beachtung der Ägypter gefunden, einige Arten wurden sogar als heilige Tiere verehrt. Formen mit sehr stark verlängertem, rüsselförmig herabgebogenem Maul oder Kinnanhängen haben Anlaß für charakteristische volkstümliche Bezeichnungen gegeben. So wird von Elefantenfischen, Kinnbartfischen, Tapirrüsselfischen usw. gesprochen. Wissenschaftlich ist besonders das große Gehirn der Nilhechte bemerkenswert. Das relative Gehirngewicht, das heißt der Gewichtsanteil des Gehirns am Gesamtgewicht, ist bei einigen Arten größer als das relative Gehirngewicht des Menschen. Manche Vertreter der Familie haben schwache elektrische Organe im Bereich des Schwanzstieles, die vorwiegend der Revierabgrenzung und Orientierung dienen. Die Fortpflanzung der meisten Arten ist unbekannt. Einige bauen Schwimmnester aus Pflanzenteilen. Die kleineren Arten lassen sich im Aquarium gut pflegen. Versteckmöglichkeiten und weicher Bodengrund sind für das Wohlbefinden maßgebend. Mit dem kleinen, sehr engen Maul kann nur kleines Lebendfutter, besonders Würmer und Insektenlarven, bewältigt werden. Das verlängerte Maul und die Kinnanhänge dienen vielfach dazu, den Bodengrund nach Freßbarem zu durchwühlen. Sehr interessante Tiere, die bei 23 bis 25 °C gepflegt werden sollen. Eine öfter importierte Art ist auf Tafel 7 abgebildet.

Familie Salmonidae
Lachsfische

Die Jungtiere unserer einheimischen Lachsfische lassen sich im Kaltwasseraquarium unter bestimmten Bedingungen pflegen. Am besten gewöhnen sich Setzlinge der Regenbogenforelle *(Salmo gaidneri)*, der Bachforelle *(Salmo trutta fario)* und des Bachsaiblings *(Salvelinus fontinalis*, Taf. 6) ein. Zu den Vorbedingungen gehören kühles, klares, ungechlortes Quell- oder Brunnenwasser, das ständig zu- und abfließt oder zumindest öfter teilweise gewechselt wird, sowie eine starke Durchlüftung. Die Temperatur darf auch im Sommer nicht viel über 18 °C klettern. Bei der Einrichtung des Aquariums kann man sich vom Biotop Gebirgs- oder Wiesenbach leiten lassen. Gefressen werden alle Wasserinsektenlarven, Würmer, feingehacktes Rinderherz und anderes Lebendfutter; größere Exemplare nehmen gern lebende Futterfische. Becken gewissenhaft abdecken, alle Lachsfische können gut springen!

Abb. 100 Kopfformen bei Nilhechten. a) *Mormyrus caballus*; b) *Gnathonemus petersii*; c) *Gnathonemus numenius*; d) *Gnathonemus leopoldianus*

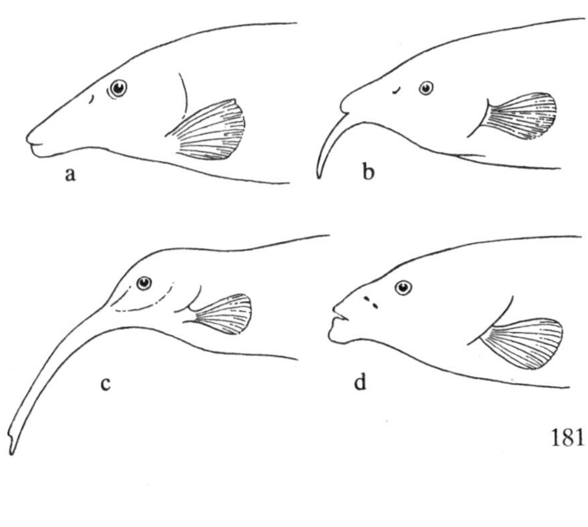

Familie Esocidae
Hechte

Unser einheimischer Hecht (*Esox lucius* LINNAEUS, 1758, Taf. 6) ist als Jungfisch ein interessantes Pflegeobjekt für das Kaltwasserbecken. Bei guter Durchlüftung und regelmäßiger Fütterung mit Kleinfischen wächst der Junghecht buchstäblich aus dem Aquarium heraus. Die anfängliche Scheu frisch gefangener Tiere läßt bald nach, wenn sie die Möglichkeit haben, sich in lockeres Pflanzenwerk zurückzuziehen. Alle Vertreter der nur in der nördlichen gemäßigten Zone verbreiteten Familie sind typische Raubfische und gute Speisefische.

Unterordnung Characoidei
Salmlerverwandte, Salmler

Die Salmler sind hauptsächlich in Süd- und Mittelamerika und im tropischen Afrika beheimatet. Einige kommen im südlichen Nordamerika vor. Die meisten Salmler haben barbenähnliche Gestalt, einige sind hochrückig und scheibenförmig, andere sehr langgestreckt und schlank. Ein gut sichtbares, charakteristisches Merkmal ist die kleine Fettflosse, die nur selten fehlt. Die Kiefer sind in der Regel bezahnt, die Zähne häufig zu einem scharfen, kräftigen Gebiß formiert (Abb. 101). Die meisten Arten bleiben klein und leben gesellig in Schwärmen oder kleineren Schulen. Größere Arten sind vielfach Raubfische, die in Schwärmen Beutetiere anfallen oder nach Hechtart einzeln jagen. Einige Arten ernähren sich hauptsächlich von Pflanzen.

Auf Grund ihrer Lebendigkeit, ihres Schwarmverhaltens und ihrer vielfach prächtigen Färbung gehören viele kleine Arten zu den beliebtesten Pflegeobjekten.

Die Ansprüche der meisten Salmler sind hinsichtlich ihrer Pflege in der Gefangenschaft ähnlich. Normalerweise genügen mittelgroße Becken von 40 bis 80 l Inhalt und Wassertemperaturen von 23 bis 25 °C. Die Ausgestaltung der Becken soll möglichst auf eine gut bewachsene Unterwasserlandschaft mit dunklem, sandigem oder steinigem Bodengrund abzielen. Das Zentrum oder die Sichtseite des Aquariums kann als Schwimmraum pflanzenfrei bleiben. Einzelne gut ausgefaulte Wurzelstöcke sind als Zufluchtsstätten biologisch wertvoll. Das Wohlbefinden und damit die Färbung und Gesundheit der Tiere werden weitgehend von der Wasserqualität bestimmt. Für geschlechtsreife Salmler ist in der Regel weiches, Torfextraktstoffe enthaltendes, neutrales bis schwach saures Wasser besonders günstig (siehe S. 31). Regelmäßig sollte ein Teil des Wassers durch Frischwasser ersetzt werden. Ganz abgesehen davon, daß manche Salmler sich nur schwer an Trockenfutter gewöhnen lassen, sollten alle Arten regelmäßig mit Lebendfutter versorgt werden. Hüpferlinge, Wasserflöhe, Enchyträen und Mückenlarven sind für diese Fischgruppe ideale Futtertiere. Alle kleineren Arten lassen sich vergesellschaften.

Fast alle Salmler sind Freilaicher, Brutpflege kommt sehr selten vor. Die meisten Arten fressen unter den Bedingungen der Gefangenschaft mit Vorliebe ihre eigenen, an den Pflanzen hängenden oder am Boden liegenden Eier. Die Zucht ist bei manchen Arten einfach, bei vielen erfordert sie Vorkenntnisse und Erfahrung, einige wenige konnten in Gefangenschaft noch nicht vermehrt werden. Im allgemeinen halte man sich bei Zuchtversuchen an folgende Regel: In ein Zuchtbecken von 6 bis 10 l Inhalt kommt reines, weiches Wasser. Für die meisten Salmler kann die dGH 4 bis 8° betragen, nur bei wenigen muß es sehr weich sein (über die Zubereitung von weichem Wasser siehe S. 25). Das Becken stellt man auf dunklen Untergrund und bringt bei afrikanischen Salmlern eventuell etwas gut ausgekochten, grobflockigen Torf ein, der locker den Bodengrund bedecken soll. In das auf 23 bis 25 °C erwärmte, gut abgedeckte Aquarium setzt man jetzt einige durch Glasspangen oder gesäuberte Steine befestigte *Myriophyllum*-Stengel und läßt das Ganze stehen. Nach 3 bis 4 Tagen wird die Temperatur auf 26 bis 28 °C gesteigert und abends ein Pärchen eingesetzt, das durch sein Verhalten im Gesellschaftsbecken bereits Laichbereitschaft gezeigt hat, zumindest muß das ♀ durch seine Leibesfülle Laichansatz ausweisen. Oft laicht

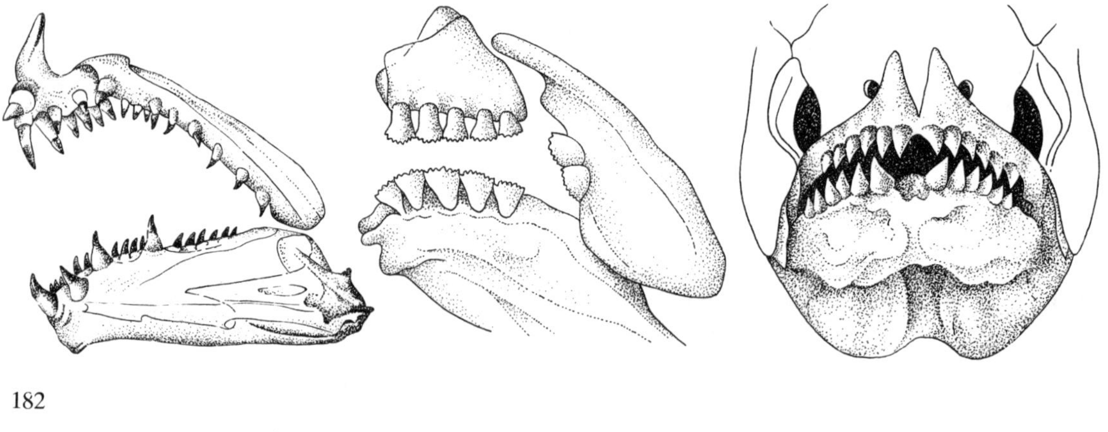

Abb. 101 Gebißformen von Salmlern. Von links nach rechts: *Exodon, Cheirodon, Serrasalmus* (z.T. nach GÉRY)

dieses Paar, wenn es nicht gestört wird, schon am nächsten Morgen.

Das Paarungsverhalten der meisten freilaichenden Salmler ist ähnlich und wurde vor allem von STALLKNECHT beschrieben (Aquar. Terr. 8, 259–260, 1961; 9, 260–261, 1962). Er unterscheidet folgende Phasen: Umspielen der Partner mit gespreizten Flossen in parallelen Schwimmlinien oder in Schwimmkreisen. Anschließend Beginn der eigentlichen Balz durch Rammstöße, die vom ♂ oder ♀ ausgeführt werden können. Dann folgt der durch flatternde Bewegungen ausgezeichnete Locktanz des ♂. Das laichbereite ♀ folgt dem flatternden ♂ zunächst ruckweise, überholt dieses schließlich und wird dann vom ♂ von unten her ergriffen und in eine Drehbewegung um eine gedachte senkrechte (z. B. *Hyphessobrycon flammeus*) oder waagerechte (z. B. *Hemigrammus erythrozonus*) Achse geführt. Dabei greifen die Bauchflossen ineinander. Ei- und Samenzellen werden ausgestoßen. Die Zeitdauer der einzelnen Phasen und auch die Art ihrer Ausführung können von Gattung zu Gattung und oft auch innerhalb der Gattung variieren. Nach STALLKNECHT kann die Drehung nach links oder rechts erfolgen. Er erbrachte Hinweise dafür, daß die Richtung der Drehbewegung von der Entwicklung des Ovars abhängt. Gedreht wird in die dem stärker entwickelten Ovar entgegengesetzte Richtung. Die ♂♂ können auf eine Drehrichtung spezialisiert sein.

Die Zahl der bei einem einzelnen Laichgang ausgestoßenen Eier schwankt je nach Art, wie auch die Gesamtzahl der abgegebenen Eier art- und altersgebunden ist. So bringt zum Beispiel ein Paar des Neontetra in der Regel nur 100 bis 150 Eier, ein Schmucksalmlerpaar kann dagegen 500 und mehr Eier zeitigen. Die absinkenden, oft glasklaren, manchmal aber auch farbigen Eier kleben zumeist an den Pflanzen fest. Jedoch beobachtet man auch bezüglich der Haftfähigkeit der Eier große Artunterschiede. So kleben zum Beispiel die Eier der Scheibensalmler kaum. Nach Beendigung des Laichgeschäftes sind die Elterntiere zu entfernen. Wird dieser Zeitpunkt verpaßt, so fällt meist ein Großteil des Laiches den Elterntieren zum Opfer. Tiere, die am ersten Tage nicht ablaichen, sind mit Enchyträen zu füttern (keine Hüpferlinge oder Wasserflöhe!). Ein guter Beobachter wird bald feststellen, ob sich die beiden angesetzten Partner gegenseitig zum Ablaichen ermuntern oder der Versuch abgebrochen werden sollte.

Die Embryonen schlüpfen bei 25 bis 28 °C nach etwa 24 Stunden und hängen sich mit einem kurzen Schleimfaden an die Pflanzen und Seitenscheiben oder auch an die Wasseroberfläche. Nach weiteren 3 bis 4 Tagen beginnen sie frei herumzuschwimmen und sind dann mit feinsten Zyklops- oder Artemianauplien oder mit Rädertierchen zu füttern, aushilfsweise können auch Mikrowürmchen gegeben werden. Wachstum im allgemeinen schnell. Häufige Teilerneuerung des Wassers ist angezeigt. Nach 1 bis 2 Wochen wird man den Schwarm vorsichtig in größere Aufzuchtbecken übertragen.

Auch die Salmler haben ihre Laichzeiten, in denen sie sehr willig zur Fortpflanzung schreiten. So ist das Frühjahr vielfach besonders günstig. Bei Zuchtversuchen beachte man stets außer diesen Hinweisen die auf S. 117 angegebenen Richtlinien.

Über die Systematik der Salmler bestehen verschiedene Auffassungen. GÉRY, der zur Zeit beste Kenner dieser Fischgruppe, hat die Characoidei in 2 Überfamilien unterteilt:

Characidoidea (Salmler mit langer Afterflosse)

Erythrinidoidea (Salmler mit kurzer Afterflosse einschließlich einiger Familien, die auf Grund anderer Merkmale hierher gehören).

In der Überfamilie Characidoidea sind einige sehr bekannte Familien vereinigt, so die Characidae (Echte Salmler), Gasteropelecidae (Beilbauchfische) und Serrasalmidae (Sägesalmler). Zu den Erythrinidoidea gehören unter anderem die Anostomidae (Engmaulsalmler), Citharinidae (Geradsalmler), Erythrinidae (Raubsalmler), Hemiodidae (Keulensalmler), Lebiasinidae (Schlanksalmler).

Auf eine Beschreibung der einzelnen Familien wird hier absichtlich verzichtet. Die aquaristisch wichtigen Arten der Unterordnung sind alphabetisch angeordnet. Dabei muß in Kauf genommen werden, daß nahverwandte Arten häufig weit voneinander entfernt stehen. Auf verwandtschaftlich wichtige Aspekte wird hingewiesen.

Abramites hypselonotus (Taf. 9)
(GÜNTHER, 1868)
Brachsensalmler

Amazonas und Einzugsgebiet des Orinoco; bis 13 cm.

Torpedoförmig gestreckt, seitlich abgeflacht, Kopf klein, in eine spitze Schnauze auslaufend, Kopfsteher. Die gelben Farben können je nach Herkunft schwächer oder kräftiger hervortreten. Sie verblassen bei älteren Tieren. Geschlechtsunterschiede sind nicht bekannt.

Dieser in seiner Heimat seltene und deshalb auch nur vereinzelt eingeführte Kopfsteher gleicht in seinem Verhalten etwa dem Punktierten Kopfsteher *(Chilodus punctatus)* und ist wie dieser zu pflegen (siehe S. 186). Die Tiere weiden Algenrasen ab und fressen auch Triebspitzen. Größere *Abramites* sind Einzelgänger und aggressiv untereinander (Kämpfe im Rahmen der Rangordnung). Auch bekannt als *A. microcephalus*.

Anostomus anostomus (Taf. 9)
(LINNAEUS, 1758)
Prachtkopfsteher

Amazonas von der Mündung des Rio Negro aufwärts, Venezuela, Westguayana; bis 18 cm.

Körper spindelförmig, Maulspalte klein, nach oben gerichtet (Abb. 102), Kopfsteher. Als jüngerer Fisch einer der prächtigsten südamerikanischen Salmler. Bei älteren Tieren verschwinden die roten Farbtöne, die Binden verlieren sich in einer insge-

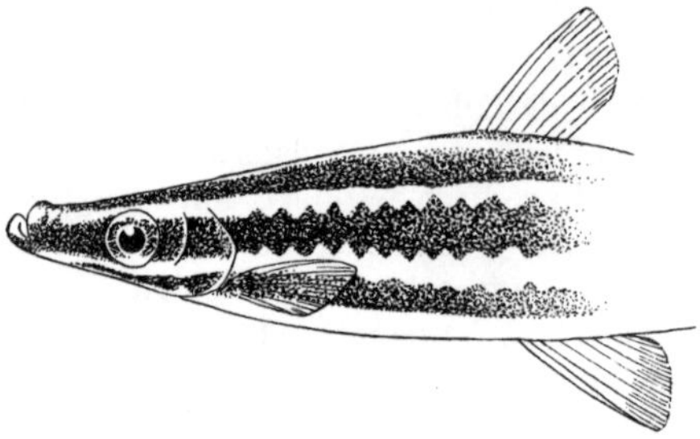

Abb. 102 Nach oben gerichtete (oberständige) Maulspalte des Prachtkopfstehers *(Anostomus anostomus)*

samt graubraunen Färbung. ♂ meist etwas kleiner und mit stärkerer Rotfärbung in der After- und Schwanzflosse.

Pflege siehe S. 183. Bei der Futteraufnahme vom Bodengrund drehen sich die Tiere vielfach auf den Rücken, sie können so mit dem oberständigen Maul die Nahrung besser fassen. Im Aquarium sollte man stets mehrere Tiere gleichzeitig hältern, da nur dann das Schwarmverhalten vorherrscht. 2 bis 3 Tiere sind ständig in Kämpfe um die Rangordnung verwickelt. Stellt sich gern in Felsspalten. Zusätzliche Pflanzennahrung. Zucht bereits gelungen. Leicht mit *A. ternetzi* zu verwechseln.

Eine andere Art, *A. trimaculatus* (Taf. 9), ist ein friedlicher Schwarmfisch.

Aphyocharax anisitsi (Taf. 10)
EIGENMANN und KENNEDY, 1903
Rotflossensalmler

Paranágebiet, Argentinien; bis 5,5 cm.

Schlanker, friedlicher Schwarmfisch mit starkem bläulichem Silberglanz. Außer den Brustflossen und dem oberen Schwanzflossenlappen sind alle Flossen blutrot. ♂♂ mit Häkchen an der Afterflosse, sie bleiben deshalb leicht im Netz hängen. Netz eintauchen und die Tiere sich selbst befreien lassen. ♀ in der Regel etwas kräftiger.

Pflege und Zucht leicht und fast in jedem Wasser möglich. Freilaicher, die den eigenen Eiern sehr nachstellen. Die Larven schlüpfen nach 24 bis 30 Stunden, Jungfische sehr schnellwüchsig.

Etwas weniger Rot zeigt der nahverwandte Laubensalmler *(A. alburnus)*, Taf. 10.

Arnoldichthys spilopterus (Taf. 10)
(BOULENGER, 1909)
Arnolds Rotaugensalmler

Tropisches Westafrika, von Lagos bis zur Nigermündung; bis 7 cm.

Körper spindelförmig, seitlich abgeflacht, Fettflosse vorhanden, Schwanzflosse tief eingeschnitten, Schuppen groß. ♂ Afterflosse konvex, schwarz-rot-gelb gestreift, ♀ Afterflosse mit geradem Rand und schwarzem Fleck.

Den schönen, gegen Krankheiten anfälligen Schwarmfisch pflege und züchte man in großen Aquarien. Im Prinzip gelten dafür die bei *Phenacogrammus interruptus* angeführten Hinweise (siehe S. 210). Vor allem beunruhige man die Tiere möglichst wenig und vermeide eine zu helle Beleuchtung. Die Zucht ist nicht einfach. Eier groß und zahlreich. Die Jungfische schlüpfen bei 25 °C nach 30 bis 36 Stunden.

Astyanax fasciatus mexicanus (Taf. 10)
(FILIPPI, 1853)

Texas, Mexiko bis Panama; bis 9 cm.

Dieser weißfischähnliche, silbern- bis leicht messingglänzende Salmler kommt in zahlreichen oberirdischen Gewässern vor. In der Provinz San Luís Potosí in Mexiko ist *A. fasciatus* jedoch in die dort zahlreichen unterirdischen Bäche und Höhlengewässer vorgedrungen und hat sich hier zu einer pigmentarmen, blinden Höhlenform entwickelt, die als *Anoptichthys jordani* und *Anoptichthys hubbsi* beschrieben wurde. Die Höhlenform fand als Blinder Höhlensalmler in der Aquaristik weite Verbreitung (Taf. 10).

Die Tiere sind keulenförmig gestaltet, seitlich abgeflacht und insgesamt fleischfarbig mit Silberglanz. Sie orientieren sich im lichtlosen Raum vor allem durch ihren Geruchs- und Tastsinn. Die Jungfische besitzen noch kleine, jedoch in ihrer Funktion mehr oder weniger eingeschränkte Augen, die später von der Haut überwachsen werden.

Zur Pflege der stets futtersuchend umherschwimmenden Tiere eignen sich mittelgroße Aquarien mit steinigem Bodengrund. Auf eine Bepflanzung sollte verzichtet werden. Zimmertemperatur 18 bis 23 °C. Jedes Futter wird gierig angenommen. Bei der Paarung schießen die Tiere zur Oberfläche, schwimmen hier eng aneinandergeschmiegt eine Spirale von 2 bis 3 Umgängen und stoßen dabei die Geschlechtsprodukte aus. Aufzucht der Jungfische nicht schwierig.

Boehlkea fredcochui (Taf. 14)
(GÉRY, 1966)
Violetter Salmler

Marañon zwischen Leticia und Iquitos; bis 5 cm.

Körper gestreckt, seitlich abgeflacht. Je nach Lichteinfall blau bis violett schimmernd. ♀ kräftiger.

Pflege der prächtigen, etwas empfindlichen Art, wie auf S. 182 angegeben. Bei der Zucht beachte man, daß die Tiere eine innere Befruchtung haben. Die ♀♀ setzen nach der Paarung die Eier ohne ♂♂ an den Pflanzen ab. Aufzucht nicht schwierig.

Boulengerella maculata (Taf. 16)
(CUVIER und VALENCIENNES, 1849)
Gefleckter Hechtsalmler

Amazonasstromgebiet; bis 40 cm.

Hechtförmig langgestreckt mit spitzer Schnauze und Schnauzenkopf. Hell mit brauner Längsbinde und braunen Flecken.

Zu den besonders interessanten Salmlerverwandten gehören die Hechtsalmler (Ctenoluciidae), von denen gelegentlich einzelne Exemplare importiert werden. Sie sind meist scheu und anfällig. Vergesellschaftung mit größeren, ruhigen Fischen ist möglich. Lebendfutter, vor allem Insekten. Siehe auch bei *Ctenolucius hujeta*, S. 187.

Brycinus longipinnis (Taf. 12)
(GÜNTHER, 1864)
Langflossensalmler

Tropisches Westafrika, Sierra Leone bis zum Kongogebiet; bis 13 cm.

Schlanke, sehr schwimmgewandte Art mit großen, oben roten Augen. Rückenflossenstrahlen der erwachsenen ♂♂ verlängert.

Die stets etwas scheue Art soll in möglichst großen, gut bepflanzten, sehr gut abgedeckten Becken gepflegt werden, siehe dazu S. 182 und bei *Phenacogrammus interruptus*. Zucht relativ einfach. Auch bekannt als *Alestes longipinnis*.

Carnegiella strigata (Taf. 14)
(GÜNTHER, 1864)
Marmorierter Beilbauchfisch

Amazonasstromgebiet und Guayana, in kleinen Waldbächen; bis 4,5 cm.

Carnegiella ist ein typischer Vertreter der Gasteropelecidae (Beilbauchfische), deren Verbreitungsgebiet sich von Panama bis zum La-Plata-Gebiet im mittleren Südamerika erstreckt. Der hohe, seitlich stark zusammengedrückte Körper der Beilbauchfische hat durch die gerade Rückenlinie und die stark ausgebuchtete scharfkantige Brust- und Bauchlinie beilförmige Gestalt. In der Ausbuchtung der Brustgegend liegen der vergrößerte Schultergürtel und die mächtige Muskulatur der großen Brustflossen. Einzelne Arten können durch schnelles Schlagen der Brustflossen aus dem Wasser herausschießen und 3 bis 5 m weit über den Wasserspiegel schwirren. Schwarmfische. Zwei Unterarten, die sich vor allem durch die schrägen schwarzen Binden unterscheiden sollen (Abb. 103).

Abb. 103 Unterschiede in der Bänderzeichnung von *Carnegiella strigata fasciata* (oben) und *Carnegiella strigata strigata* (nach GÉRY)

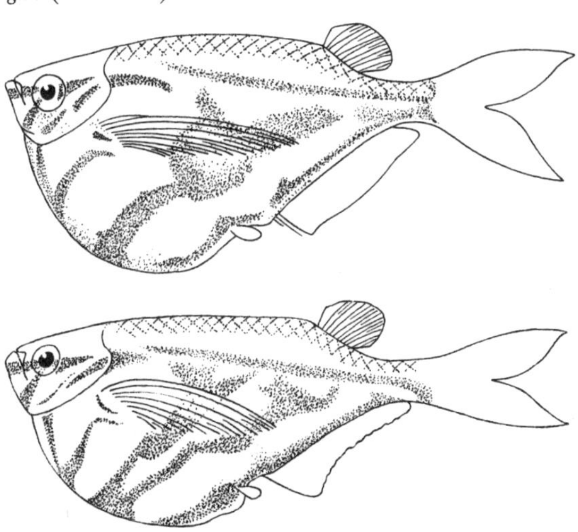

Zur Pflege eignen sich langgestreckte, gut abgedeckte Aquarien, weiches, schwach saures, torfiges Wasser und dunkler Bodengrund. Der Pflanzenbestand kann gering sein, man verzichte jedoch nicht auf einige Schwimmpflanzen oder auf einhängendes Wurzelwerk. Temperaturen 23 bis 30 °C. Lebendfutter, besonders Mückenlarven, Essigfliegen, kleine Schaben, aber auch Enchyträen und Kleinkrebse. Zur Vergesellschaftung eignen sich friedliche Arten, die die unteren Wasserschichten bevorzugen. Geschlechtsunterschiede sind nicht sicher bekannt, jedoch lassen sich die Eier im Weibchen vielfach gut erkennen (Gegenlicht!). Zucht nicht einfach, die Tiere laichen zwischen feinfiedrigen Wasserpflanzen, die Eier kleben stark.

Catoprion mento (Taf. 13)
(CUVIER, 1819)
Wimpelpiranha

Guayana, Amazonasstromgebiet; bis 14 cm.

Körper scheibenförmig, Rücken- und Afterflosse vorn wimpelartig verlängert. Grünsilbern mit orangerotem Fleck auf dem Kiemendeckel.

Friedlicher, anspruchsloser Schwarmfisch, der nach den bei *Metynnis maculatus* angegebenen Regeln zu pflegen ist, siehe S. 192.

Characidium fasciatum (Taf. 11)
REINHARDT, 1866
Gebänderter Bodensalmler

In Südamerika weit verbreitet, vom Orinocogebiet bis zum La-Plata-Bassin; bis 10 cm.

Körper langgestreckt, seitlich abgeflacht. Entsprechend dem großen Verbreitungsgebiet sehr variabel hinsichtlich der Zeichnung und Färbung. ♀ kräftiger, ohne Zeichnung in der Rückenflosse.

Dieser lebhafte, friedliche, durch seine ruckartigen Bewegungen auffällige Grundfisch dauert in der Gefangenschaft gut aus. Weicher, teilweise auch kiesiger Bodengrund, klares, nicht zu altes Wasser und gute Versteckmöglichkeiten. Nicht sehr wärmebedürftig, 18 bis 22 °C. Lebendes Futter aller Art, besonders Würmer. Zucht nicht schwierig. Die winzigen Eier werden nach heftigem Treiben wahllos zwischen Pflanzen ausgestoßen und fallen meist auf den Bodengrund. Die nach 30 bis 40 Stunden schlüpfenden Jungfische schwimmen nach etwa 3 bis 4 Tagen frei.

Cheirodon axelrodi (Taf. 11)
SCHULTZ, 1956
Roter Neon

Linke Zuflüsse des Rio Negro, einige Zuflüsse des Orinoco; bis 4 cm.

Hinsichtlich der Körperform und Färbung dem bekannten Neontetra ähnlich, insgesamt jedoch etwas schlanker und vor allem wesentlich kräftiger rot gefärbt. Während beim gewöhnlichen Neontetra die leuchtend rote Binde unter dem blaugrünen irisierenden Längsband von der Schwanzwurzel nur bis zur Körpermitte reicht, dehnt sie sich beim Roten Neon bis zur Schnauzenspitze aus und greift auf den Bauch und die Kehle über.

Geschlechtsunterschiede und Pflege, wie bei *Paracheirodon innesi* angegeben (siehe S. 210). Bezüglich der Zucht bestehen charakteristische Unterschiede. So laicht der Rote Neon während der Dämmerung bei Temperaturen um 25°C. Typischer Vertreter der Characidae (Echte Salmler). WEITZMAN und FINK (1983) stellten die Art in die Gattung *Paracheirodon.*

Chilodus punctatus (Taf. 15)
MÜLLER und TROSCHEL, 1845
Punktierter Kopfsteher

Im Nordosten Südamerikas weit verbreitet, jedoch auch im Loreto-Gebiet in Peru; bis 7 cm.

Typischer Vertreter der Curimatidae (Barbensalmler). Körper mäßig langgestreckt, Rücken erhöht, Maul klein, etwas nach oben gerichtet, mit dikker Oberlippe, Kopfsteher. ♀ zur Laichzeit wesentlich kräftiger.

Zur Pflege siehe S. 182. Pflanzliche Zusatznahrung in Form von Kopfsalat oder Gefrierspinat ist bei dieser Art angezeigt. Die Zucht gelingt nur in größeren Becken. Zum Ablaichen bringt man auf den Bodengrund flach ausgebreitetes Javamoos, Nitellabüschel oder Kunststoffgespinst, über denen die nicht klebenden, bräunlichen Eier ausgestoßen werden; stark quellende Eihüllen. Nach FEIGS zeigen die Tiere in der Laichperiode eine ganz bestimmte Färbung: Das dunkle Längsband sowie die dunkle Zeichnung der Rückenflosse treten zurück, dafür werden zwei erbsengroße Flecke hinter dem Kiemendeckel sichtbar. Die Jungtiere schlüpfen nach 3 bis 4 Tagen und müssen nach H. J. FRANKE zum Teil aus den Eihüllen präpariert werden. Sie schwimmen unter natürlichen Bedingungen sofort frei und können gleich mit Nauplien, Artemianauplien oder Rädertierchen angefüttert werden. *Chilodus*-Jungfische stehen von Anfang an steil mit dem Kopf nach unten im Wasser, halten sich im Schwarm und wachsen oft etwas unterschiedlich. Mit der Zufütterung pflanzlicher Stoffe beginne man spätestens bei 15 mm langen Tieren.

Coelurichthys microlepis (Taf. 11)
(STEINDACHNER, 1876)
Kleinschuppensalmler

Brasilien von Rio de Janeiro bis zum Rio Itapoca; bis 7 cm.

Körper langgestreckt, seitlich stark abgeflacht, gelblichbraun, bei auffallendem Licht bläulich schimmernd. Über die Körperseiten zieht ein sehr breites, nach hinten schmaler werdendes Band, das sich auf dem Schwanzstiel tief blauschwarz hervorhebt und bis auf die mittleren Flossenstrahlen der Schwanzflosse fortsetzt. ♀ Afterflosse ohne weißen Saum, Schwanzflossenlappen gleichgroß. ♂ Afterflosse mit weißgrünem Saum, unterer Schwanzflossenlappen breiter.

Pflege, wie auf S. 182 angegeben. 19 bis 23 °C. Die Art hat eine innere Befruchtung. Balz in Form von Flattertänzen, bei denen die Samenübertragung mehrfach versucht wird. Während der außerordentlich kurzen Paarung legt sich das ♂ ringförmig um das ♀ und stößt ein Samenfadenpaket aus, das in den Eileiter gelangt, dort gespeichert wird und es dem ♀ ermöglicht, auch ohne Anwesenheit eines ♂ befruchtete Eier abzulegen. ♀♀ nach der Paarung isolieren. Die Eiablage kann einige Stunden, aber auch erst Tage oder Wochen nach der Paarung erfolgen. Das ♀ klebt dabei die Eier mit Vorliebe an die Unterseite kleinerer Wasserpflanzenblätter. Die Jungen schlüpfen nach 24 bis 30 Stunden und sind nicht schwer aufzuziehen.

Nahe verwandt mit *Corynopoma riisei*. Früher bekannt als *Mimagoniates microlepis*.

Copeina guttata (Taf. 26)
(STEINDACHNER, 1875)
Forellensalmler

Mittlerer Amazonasstrom und Nebenflüsse; bis 15 cm, mit 6 bis 7 cm zuchtfähig.

Körper gestreckt, seitlich wenig abgeflacht. Flossen auch beim ♂ mit Ausnahme des oberen Schwanzflossenlappens kaum verlängert. ♀ im allgemeinen blasser, Rückenflossenfleck deutlicher.

Pflege und Zucht der robusten, anspruchslosen Art, wie auf S. 182 angegeben. Die Tiere laichen in Sandgruben, sehr produktiv. Die Eier entwickeln sich auch in mittelhartem Wasser. Die Gattung *Copeina* ist mit den Gattungen *Copella* und *Pyrrhulina* nahe verwandt.

Copella arnoldi (Taf. 26)
(REGAN, 1912)
Spritzsalmler

Unterer Amazonas, Rio Pará; ♂ bis 8 cm, ♀ bis 6 cm.

Körper spindelförmig, Maulspalte breit, waagerecht stehend. Schwanzflosse mit verlängertem oberem Lappen. Gelbbraun, dunkel genetzt, Flossen sehr farbig. ♀ Flossen geringer entwickelt. ♂ alle Flossen spitz auslaufend, intensiver gefärbt.

Über die Pflege siehe Beschreibung der Unterordnung S. 182. Die Tiere laichen am liebsten außerhalb des Wassers an der Deckscheibe oder an überhängenden Blättern. Nach heftigem Treiben legt sich das Paar Seite an Seite, steigt an einer vorher ausgewählten Stelle langsam unter den Wasserspiegel, schnellt, immer noch Seite an Seite liegend, so aus dem Wasser heraus, daß die Tiere mit dem Bauch an die Deckscheibe gelangen, verharren dort einen Augenblick und fallen dann einzeln in das Wasser zurück. Nach einer Reihe von derartigen Vorübungen kommt es zur Eiablage. Bei jedem Sprung werden dann 5 bis 12 Eier abgesetzt, insgesamt 50 bis 200. Nach dem Laichgeschäft bespritzt das ♂, unter der Wasseroberfläche stehend, mit seiner Schwanzflosse das Gelege. Die Jungen kommen nach 27 bis 36 Stunden aus, fallen ins Wasser und sind mit feinstem Futter aufzuziehen.

Die Gattung *Copella* ist mit den Gattungen *Copeina* und *Pyrrhulina* nahe verwandt. *Copella arnoldi* wurde lange Zeit als *Copeina arnoldi* bezeichnet.

Corynopoma riisei (Taf. 11)
GILL, 1858
Zwergdrachenflosser

Trinidad und nördliches Venezuela; bis 7 cm.

Der schlanke, seitlich stark abgeflachte, durchscheinende Fisch zeigt als Besonderheit im männlichen Geschlecht am Kiemendeckel einen langen, fadenartigen Anhang, der in einer Verdickung endet. Außerdem sind beim ♂ die Rückenflosse und der untere Schwanzflossenlappen stark verlängert. Bei auffallendem Licht zart grünlich, Flossen in der Regel farblos.

Die anspruchslose Art pflege man in gut durchsonnten, reichbepflanzten Becken bei 22 bis 28°C. Lebendfutter aller Art. Besonders interessant ist die Fortpflanzungsbiologie der Zwergdrachenflosser, da hier Paarung und Laichabgabe nicht gleichzeitig erfolgen, sondern zeitlich weit getrennt sein können.

Die Paarung wird mit einem eigenartigen Werbeverhalten eingeleitet. Das ♂ streckt dem ♀ immer wieder die Kiemendeckelanhänge entgegen, deren Enden in Erregung lackschwarz gefärbt sind. Dem ♀ müssen diese schwarzen, leicht zitternden Punkte als Nahrungsobjekte erscheinen, denn es schießt blitzschnell darauf zu. Diesen Augenblick benutzt das Männchen, um an die Seite der Partnerin zu gelangen. Die Samenfäden werden nicht einzeln abgegeben, sondern noch im männlichen Körper in eine Kapsel eingeschlossen, die in den Eileiter des ♀ eingeführt und dort bis zur Eiablage aufbewahrt wird. Ein einmal begattetes ♀ kann deshalb mehrere Male laichen, ohne daß ein männliches Tier anwesend sein muß. Das Samenfadenpaket reicht in den meisten Fällen für die ganze Lebenszeit aus. Bei der Eiabgabe treten jeweils einige Samenfäden aus dem Reservebehälter aus und befruchten die Eier noch im Eileiter.

Die Jungtiere schlüpfen nach 20 bis 36 Stunden und lassen sich ohne Schwierigkeit aufziehen. Die Art wurde eine Zeitlang als *Stevardia riisei* bezeichnet.

Ctenobrycon spilurus (Taf. 17)
(CUVIER und VALENCIENNES, 1848)
Talerfisch, Hochrückensalmler

Nördliches Südamerika in küstennahen Binnengewässern; bis 8 cm.

Körper hoch, seitlich stark zusammengedrückt. Olivgrün. Seiten und Bauch mit starkem bläulichem Silberglanz. ♀ Bauchkiel etwas stärker gewölbt, im allgemeinen blasser gefärbt.

Die sehr temperaturharte Art kann sogar im ungeheizten Zimmeraquarium gepflegt werden (15 bis 18°C). Große Becken mit gutem Pflanzenwuchs und freien Bewegungsmöglichkeiten. Gieriger Allesfresser. Zucht leicht. Die Eier werden nach heftigem Treiben zwischen den Pflanzen abgesetzt. Die Jungen schlüpfen bei einer Temperatur von 26°C nach 24 Stunden und wachsen sehr schnell. Sehr produktive Art.

C. spilurus ist ein typischer Vertreter der Characidae (Echte Salmler).

Ctenolucius hujeta (Taf. 16)
(CUVIER und VALENCIENNES, 1849)
Silberner Hechtsalmler

Im nördlichen Südamerika weit verbreitet; bis 70 cm, bleibt im Aquarium wesentlich kleiner.

Hechtförmig langgestreckt mit spitzem Kopf, Kinn etwas löffelartig verbreitert, dahinter beidseitig ein kleiner Tentakel. Gelblich mit großem schwarzem Fleck auf der Schwanzflossenwurzel.

Pflege in geräumigen Becken mit Versteckmöglichkeiten zwischen Pflanzen. Nicht empfindlich, oft jedoch schreckhaft. Etwa 25°C. Lebendfutter. In Gefangenschaft bereits mehrfach gezüchtet, siehe dazu FRANKE (Aquar. Terr., **28**, 342–348, 1981). Verletzungen der spitzen Schnauze verpilzen leicht. Vertreter der Ctenoluciidae.

Distichodus lusosso (Taf. 12)
SCHILTHUIS, 1891
Lusosso Geradsalmler

Oberer und mittlerer Kongo, Pool Malebo; bis 40 cm.

Körper hoch, seitlich stark zusammengedrückt. Schnauze konisch ausgezogen. Als Jungfisch einer der prächtigsten Salmler. Geschlechtsunterschiede in der Färbung sind nicht bekannt.

D. lusosso ist in Aquarien relativ selten anzutreffen, jedoch wird die Art hier als typischer Vertreter einer ganzen Familie, der Citharinidae (Geradsalmler), erwähnt. Die nur in Afrika vorkommenden Citharinidae haben als Speisefische vielerorts große Bedeutung. Die deutsche Bezeichnung Geradsalmler wurde von der Seitenlinie abgeleitet, die bei allen Vertretern dieser Familie geradlinig verläuft.

Die friedlichen *Distichodus*-Arten pflege man nur in geräumigen Aquarien. Eine Bepflanzung ist nicht zu empfehlen, da viele Vertreter mit Vorliebe die feinen Blätter und Triebe anfressen. Durch einhängendes Wurzel- oder Astwerk kann das Aquarium auch bei fehlendem Pflanzenwuchs natürlich gestaltet und damit die Schreckhaftigkeit der Tiere vermindert werden. Nicht zu hartes Wasser. Vorzugstemperaturen 24 bis 27°C. Lebend-, Pflanzen- und Trockenfutter in großen Mengen. Noch nicht gezüchtet.

Exodon paradoxus (Taf. 27)
MÜLLER und TROSCHEL, 1844
Zweitupfen-Raubsalmler

Amazonasgebiet und Guayana; bis 15 cm.

Körper gestreckt und robust, Fettflosse vorhanden. Jüngere Tiere gelblich mit zwei großen runden Seitenflecken, Flossen rot. ♀ während der Laichzeit wesentlich kräftiger.

Pflege der sehr schwimmaktiven Art in großen Aquarien mit lockerer Bepflanzung. Weiches, leicht torfiges Wasser, 23 bis 28 °C. Lebendfutter aller Art, auch kleine Fische. Die Eier werden zwischen Wasserpflanzen abgesetzt, die nach 25 bis 30 Stunden schlüpfenden Larven sind empfindlich.

Gasteropelecus sternicla (Taf. 14)
(LINNAEUS, 1758)
Gemeiner Silberbeilbauchfisch

Mittleres Amazonasstromgebiet, Guayana; bis 6,5 cm.

Brust-Bauch-Linie sehr stark ausgebuchtet. Fettflosse vorhanden. Bei auffallendem Licht silberglänzend, oft mit bläulichem oder grünlichem Schimmer, Rückenflosse gelegentlich mit dunkler Vorderkante.

Die Art gehört zu den Gasteropelecidae (Beilbauchfischen) und ist wie *Carnegiella strigata* zu pflegen (siehe S. 185).

Gymnocorymbus ternetzi (Taf. 17)
(BOULENGER, 1895)
Trauermantelsalmler

Rio Paraguay im Mato-Grosso-Gebiet, Rio Negro; bis 5,5 cm.

Körper hoch, Rücken- und Afterflosse sehr groß. Grau, hintere Körperhälfte schwarz. ♀ etwas größer, Leibeshöhle hinten abgerundet (bei durchscheinendem Licht zu beobachten!). ♂ Leibeshöhle hinten spitz auslaufend. Schwanzflosse mit weißen Spitzen.

Pflege und Zucht, wie auf S. 182 angegeben. Zucht leicht. Typischer Vertreter der Characidae (Echte Salmler).

Hasemania nana (Taf. 14)
(REINHARDT in LÜTKEN, 1874)
Kupfersalmler

Brasilien, Rio São Francisco; bis 4 cm.

Der in der Aquaristik als *Hasemania marginata* bekannte Kupfersalmler ist erst in den letzten Jahren von GÉRY nachuntersucht und richtig eingruppiert worden.

Körper mäßig langgestreckt, seitlich stark zusammengedrückt, beigefarben, manchmal mit bläulichem Schimmer. Schuppen dunkel gerandet. ♀ Körper mehr gedrungen, etwas blasser gefärbt. ♂ schlanker, zur Laichzeit prächtig kupferfarben.

Pflege und Zucht, wie auf S. 182 angegeben. Die sehr schöne, lebendige Art zeigt ihre prächtige Färbung meist erst nach längerer Eingewöhnung. Die Tiere laichen zwischen Pflanzen, Laichräuber. Eier bräunlich.

Hemigrammus bleheri (Taf. 19)
GÉRY und MAHNERT, 1986
Rotmaulsalmler

Unterer Amazonas; bis 4 cm.

Schlanker, gestreckter Salmler. Kopfregion und Augen bei Wohlbefinden blutrot, ansonsten silbrig mit dunklen Längsbinden auf Schwanzstiel und Schwanzflosse. ♀ gedrungener und kräftiger.

Pflege und Zucht, wie S. 182 angegeben, etwas empfindliche Art. Die Zucht gelang bisher nur in mäßigem Umfange. Nach NIEUWENHUIZEN (DATZ 1961, S. 132) laichen die Tiere im Schwarm ab.

Früher in der Aquaristik als *H. rhodostomus* bekannt. Diese Art wurde nach GÉRY und MAHNERT bislang jedoch kaum gepflegt. Von *H. bleheri* läßt sich *Petitella georgiae* GÉRY und BOUTIÈRE, 1964, fast nicht unterscheiden.

Hemigrammus caudovittatus (Taf. 17)
AHL, 1923
Rautenflecksalmler

La-Plata-Stromgebiet; bis 7 cm.

Körper gestreckt, ziemlich hochrückig. Silberglänzend mit blauschwarzem Längsstreifen und ziegelroten Flossen. ♀ Körperform mehr rundlich, Flossen höchstens zartrosa. ♂ schlanker, Flossen kräftig rot.

Pflege und Zucht, wie S. 182 angegeben. Anspruchslos, gefräßig und unempfindlich gegen Temperaturschwankungen. Zur Zucht 24 °C. Leicht zu züchten, sehr produktiv. Von dieser Art sind verschiedene Farbspielarten bekannt.

Hemigrammus erythrozonus (Taf. 14)
DURBIN, 1909
Glühlichtsalmler

Guayana; bis 4,5 cm.

Ähnlich gestaltet wie der Neontetra. Vom Kiemendeckel bis in die Schwanzflossenwurzel erstreckt sich ein breiter, rubinfarben leuchtender Längsstreifen, der sich auf der Schwanzflossenwurzel zu einem ebenso leuchtenden Fleck erweitert. Bei künstlichem Licht tritt aus der roten Längsbinde eine goldschimmernde Linie hervor. ♀ etwas größer und gedrungener. ♂ meist mit etwas eingefallener Bauchpartie.

Pflege und Zucht, wie S. 182 angegeben. Neben dem Neontetra einer der schönsten Salmler. Zucht etwas schwierig, Temperatur 26 bis 28 °C, weiches, schwach saures Wasser.

Hemigrammus hyanuary
DURBIN in EIGENMANN, 1918
Neon costello

See Hyanuary bei Manaus am Rio Negro; bis 4 cm.

Ähnlich gestaltet wie der Neontetra mit irisierendem gelbgrünem Längsstreifen auf grau- bis gelbgrünem Grund. Flossen farblos. ♀ etwas kräftiger.

Die auch als »Grüner Neon« bezeichnete Art wurde erst vor einigen Jahren von J. GÉRY als *H. hyanuary* erkannt. Die Art pflege man wie andere Salmler, Zucht nicht ganz einfach. Weiches, schwach saures Wasser ist Voraussetzung. Die Tiere laichen in den späten Nachmittagsstunden oder abends bei Kunstlicht (Dämmerungslaicher).

Hemigrammus ocellifer (Taf. 20)
(STEINDACHNER, 1883)
Laternensalmler

Stromgebiet des Amazonas und Guayana; bis 4,5 cm.

Körper mäßig hoch. Braun- bis grüngelb mit dunklem Kreuz auf der Schwanzflossenwurzel, in den Winkeln des Kreuzes kräftig goldgelb irisierende Flecke. ♀ kräftiger, Schwimmblase im durchfallenden Licht teilweise verdeckt. ♂ Schwimmblase im durchfallenden Licht gut sichtbar.

Pflege und Zucht des Schwarmfisches, wie S. 182 angegeben, sehr produktiv. Alle bislang gepflegten Tiere gehören nach MEINKEN der Unterart *H. ocellifer falsus* an.

Hemigrammus pulcher (Taf. 18)
LADIGES, 1938
Karfunkelsalmler

Gebiet des mittleren Amazonas; bis 6 cm.

Die prächtige Art ist kurz und hochrückig. Je nach Beleuchtungswinkel erscheinen die Tiere zart graugrün bis kupferfarben. Das auffälligste Merkmal ist ein länglicher, stark goldglänzender Fleck auf dem Schwanzstiel, der unten von einer keilförmigen blauschwarzen Zone begleitet wird. ♀ etwas größer und kräftiger, Schwimmblase im durchfallenden Licht nur teilweise sichtbar. ♂ Schwimmblase im durchfallenden Licht gut und vollständig sichtbar.

Pflege und Zucht, wie S. 182 angegeben. Temperatur 25 bis 28 °C, Zusammenstellung geeigneter Partner schwierig. Bei Fehlschlägen versuche man stets, die ♂♂ auszutauschen. Laichzeit vorwiegend im Frühjahr.

Hemiodopsis quadrimaculatus (Taf. 27)
(PELLEGRIN, 1908)
Vierbinden-Keulensalmler

Oberer Amazonas, Guayana, Suriname; bis 13 cm (?).

Typischer Vertreter der Hemiodidae (Keulensalmler). Körper ebenmäßig schlank, seitlich zusammengedrückt. Schwanzflosse groß, tief eingeschnitten. Insgesamt stark silbrig mit prächtig grünlichem bis stahlblauem Schimmer und charakteristischen Querbinden. Vermutlich keine Geschlechtsunterschiede in der Färbung.

Die sehr eleganten, außerordentlich schnellen und wendigen Schwarmfische der Gattung *Hemiodopsis* kommen nur in Großaquarien zur Geltung. Die Arten sind nicht empfindlich. Verschiedenes Lebendfutter, vor allem auch pflanzliche Stoffe (Salat), sehr gefräßig. Vorzugstemperatur um 23 °C. In den letzten Jahren wurden mehrfach auch andere Arten der Gattung importiert.

Hyphessobrycon bentosi bentosi (Taf. 18, Abb. 104)
DURBIN, 1908
Schmucksalmler

Unteres und mittleres Amazonasbecken; bis 6 cm.

Namengebende Unterart der »Bentosi-Gruppe«. Die hier zusammengefaßten Arten der Gattung sind relativ hochrückig und zeigen einen deutlichen Geschlechtsdimorphismus in der Form und Färbung der Rückenflosse; bei den Männchen meist wimpelartig lang, bei den Weibchen oft farbiger. Die Grundfärbung reicht vom Graurosa bis zum kräftigen Rot. Nur selten ist ein Schulterfleck angedeutet.

Bekannt sind aus dieser Gruppe vor allem folgende Vertreter:
Hyphessobrycon bentosi rosaceus (Taf. 18)
Hyphessobrycon erythrostigma (Taf. 21)

Pflege und Zucht, wie S. 182 angegeben. Nicht sehr einfach, ♂ oft steril, Eier braunrot. *H. bentosi bentosi* war in der Aquaristik früher als *H. ornatus* bekannt.

Abb. 104 *Hyphessobrycon*-Arten ohne Schulterfleck, sogenannte »Bentosi-Gruppe«, jedoch mit deutlichem Geschlechtsdimorphismus. ♂ mit großer wimpelartiger Rükkenflosse, ♀ meist farbiger, Rückenflosse wesentlich kleiner. Links: ♂ und ♀ des Schmucksalmlers *(H. bentosi bentosi)*. Rechts: ♂ und ♀ des Sichelsalmlers, der als *H. robertsi* weite Verbreitung gefunden hat.

Hyphessobrycon callistus (Taf. 18, Abb. 105)
(BOULENGER, 1900)
Blutsalmler

Paraguay-Becken; bis 4 cm.

Namengebende Art der sogenannten »Callistus-Gruppe«, zu der Vertreter der Gattung mit mehr oder weniger deutlichem schwarzem Schulterfleck, rosa bis blutroter Grundfärbung und schwarzem Fleck in der Rückenflosse gehören. Im Gegensatz zur »Bentosi-Gruppe« ist der Geschlechtsdimorphismus in der Rückenflosse gering oder fehlt ganz. Zu dieser Gruppe gehört auch der Serpasalmler (*Hyphessobrycon serpae* DURBIN, 1908) aus dem Rio Guaporé. Jedoch sind, wie GÉRY zeigen konnte, fast alle in der Aquaristik als Serpasalmler bezeichneten Tiere Blutsalmler der Art *H. callistus* oder Kreuzungen beider Arten. Der echte Serpasalmler (Abb. 105) ist relativ farblos.

Zur Pflege und Zucht von *H. callistus* siehe S. 182.

Hyphessobrycon erythrostigma (Taf. 21)
(FOWLER, 1943)
Kirschflecksalmler, Tetra-Perez

Oberer Amazonas um Leticia, in Brasilien, Peru und Kolumbien; bis 9 cm.

Ähnlich gestaltet wie der Schmucksalmler, jedoch insgesamt kräftiger. Charakteristisch ist vor allem der runde rote Fleck auf der Seitenmitte. Geschlechtsdimorphismus deutlich.

Pflege und Zucht, wie S. 182 angegeben. Zucht schwierig, da nur wenige Partner miteinander ablaichen.

Hyphessobrycon flammeus (Taf. 23)
(MYERS, 1924)
Roter von Rio

Umgebung von Rio de Janeiro; bis 4,5 cm.

Charakteristisch für die Art sind die zwei parallelen querstehenden Schulterflecke und die ziegelrote

Abb. 105 *Hyphessobrycon*-Arten mit rötlicher Grundfärbung und meist deutlichem Schulterfleck, Geschlechtsunterschiede fehlen oder sind gering entwickelt, sogenannte »Callistus-Gruppe«. Oben: Blutsalmler *(H. callistus)*. Unten: Serpasalmler *(H. serpae)*

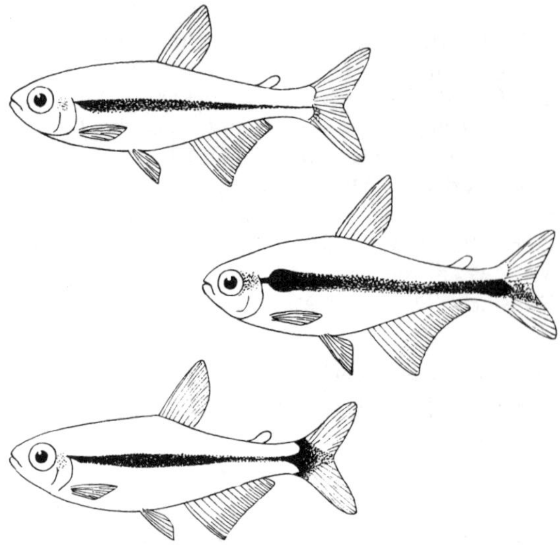

Abb. 106 *Hyphessobrycon*-Arten mit deutlicher dunkler Längsbinde entlang der Seitenmitte, sogenannte »Heterorhabdus-Gruppe«. Von oben nach unten: Dreibandsalmler *(H. heterorhabdus)*, Schwarzer Flaggensalmler *(H. herbertaxelrodi)*, Schwarzbandsalmler *(H. scholzei)*

Grundfärbung. ♀ Bauch- und Afterflosse rötlich ohne schwarzen Saum. ♂ Bauch- und Afterflosse blutrot, letztere schwarz gesäumt.

Pflege und Zucht der beliebten Art, wie S. 182 angegeben. Anspruchslos, Zucht auch in mittelhartem Wasser leicht, sehr produktiv. *H. flammeus* war einer der ersten importierten Salmler. Leider ist die sehr ansprechende Färbung durch ständige Inzucht verlorengegangen. Sehr ähnlich, jedoch etwas blasser und insgesamt mehr ziegelrot gefärbt, ist *Hyphessobrycon griemi* HOEDEMAN, 1957.

Hyphessobrycon herbertaxelrodi (Taf. 23)
GÉRY, 1961
Schwarzer Flaggensalmler, Schwarzer Neon

Rio Taquary bei Coxim; bis 3,5 cm.

Ähnlich gestaltet wie die nachfolgend beschriebene bekannte Art. Die schlanken Tiere zeigen eine kräftig gras- bis gelbgrün irisierende Längsbinde, die unten von einem sehr auffallenden schwarzen, unten unscharf begrenzten Streifen begleitet wird. ♀ kräftiger.

Bezüglich der Pflege halte man sich an die Angaben auf S. 182. Die Art schwimmt vorwiegend in den oberen Wasserschichten. Die Zucht ist nicht ganz einfach. Siehe auch Abb. 106.

Hyphessobrycon heterorhabdus (Taf. 18, Abb. 106)
ULREY, 1895
Dreibandsalmler, Flaggensalmler

Unterer Amazonas, Rio Tocantins; bis 5 cm.

Körper gestreckt, Schnauze ziemlich stumpf. Körperseiten mit auffallender 3farbiger Längsbinde. Namengebende Art der sogenannten »Heterorhabdus-Gruppe«, in der Vertreter der Gattung mit dunkler

Längsbinde zusammengefaßt werden (Abb. 106). ♀ kräftiger und größer.

Pflege und Zucht, wie S. 182 angegeben. Die Art ist etwas empfindlich und nicht leicht in größeren Stückzahlen zu züchten.

Hyphessobrycon peruvianus (Taf. 14)
LADIGES, 1938
Perusalmler

Bei Iquitos im peruanischen Teil des Amazonas; bis 4 cm.

Ähnlich gestaltet wie der Neontetra. Vom Augenhinterrand bis in die Schwanzflossenbasis zieht eine schmale, grüngelbe bis kupferrote, leuchtende Linie, die unten durch eine breite, bis zum weißlichen Bauch reichende, tief blauschwarze Zone begrenzt wird. ♀ kräftiger, Schwimmblase im durchscheinenden Licht nur teilweise sichtbar. ♂ Schwimmblase im durchscheinenden Licht vollständig sichtbar.

Pflege und Zucht, wie S. 182 angegeben. Zucht in größeren Stückzahlen nicht einfach.

Hyphessobrycon pulchripinnis (Taf. 20)
AHL, 1937
Zitronensalmler, Schönflossensalmler

Zuflüsse des Rio Tocantins; bis 5 cm.

Körper hochrückig, gläsern durchsichtig, gelblich angehaucht. Besonders charakteristisch sind die großen, leuchtend blutroten Augen. ♀ Afterflosse unten nicht oder nur ganz zart schwarz gesäumt. ♂ Afterflosse mit breitem, schwarzem Saum.

Pflege und Zucht, wie S. 182 angegeben. Die Zucht ist nicht ganz einfach, die Weibchen setzen oft schwer Laich an.

Hyphessobrycon scholzei (Abb. 106)
AHL, 1935
Schwarzbandsalmler

Ostbrasilien, südlich bis Paraguay; bis 5 cm.

Körper gestreckt, bläulich-silbern mit deutlichem schwarzem Längsstreifen an den Körperseiten. ♀ mehr gedrungen, größer. ♂ Schwanzflosse tiefer gegabelt.

Pflege und Zucht, wie S. 182 angegeben. Leicht zu züchten.

Hyphessobrycon simulans (Taf. 11)
GÉRY, 1963
Blauer Neon

Rio Jufari; bis 4 cm.

Dem bekannten Neontetra in Form und Färbung ähnlich. ♀ kräftiger.

Pflege und Zucht, wie auf S. 182 angegeben. Schwarmlaicher, unproduktiv.
WEITZMAN und FINK (1983) haben die drei Neon-Arten *(Hyphessobrycon simulans, Cheirodon axelrodi, Paracheirodon innesi)* in die Gattung *Paracheirodon* gestellt.

Inpaichthys kerri (Taf. 24)
GÉRY und JUNK, 1977
Blauer Kaisertetra, Inpasalmler

Nördliches Mato-Grosso-Gebiet; bis 5 cm.

Körper gestreckt, im Seitenlicht himmelblau bis blauviolett. Von der Schnauze bis zur Schwanzflosse eine breite schwarze Binde, Auge gelb. ♀ kleiner und schlichter gefärbt.

Pflege und Zucht siehe S. 182, Zuchttemperatur um 25 °C. Eier etwas gelblich. Einen ausführlichen Zuchtbericht gibt FRANKE (Aquar. Terr., **26**, 240 bis 245, 1979).

Leporinus fasciatus (Taf. 27)
(BLOCH, 1794)
Gebänderter Leporinus

Von Guayana und dem Orinoco-Gebiet bis zum La Plata; bis 30 cm.

Körper spindelförmig, Maul klein, hasenschnutenförmig gestaltet. Mehrere Unterarten, die sich in der Färbung und Zeichnung unterscheiden. Hell- bis goldgelb mit 9 bis 10 tiefschwarzen Querbinden. Geschlechtsunterschiede unbekannt.

Pflege, wie S. 182 angegeben. Pflanzliche Zusatzkost in Form von Kopfsalat oder Gefrierspinat. Friedliche Art, die vor allem in Großaquarien gut zur Geltung kommt.

Die *Leporinus*-Arten gehören zu den Anostomidae (Engmaulsalmler).

Megalamphodus megalopterus (Taf. 23)
EIGENMANN, 1915
Schwarzer Phantomsalmler

Rio Guaporé; bis 4,5 cm.

Ähnlich gestaltet wie der bekannte Schmucksalmler, jedoch mit sehr großer, fahnenartiger Rückenflosse und stark verbreiterter Afterflosse. ♀ schöner gefärbt. Körper rötlich bis zart schwarzrot, mit großem tiefschwarzem, vorn und hinten durch eine Perlmuttzone begrenztem Schulterfleck. Brust-, After- und Fettflosse blutrot, randwärts oft schwarzrot. Rücken- und Schwanzflosse grau, bei Erregung schwarz. Iris golden. ♂ insgesamt mehr grau.

Pflege und Zucht, wie S. 182 angegeben, nicht schwierig.

Megalamphodus sweglesi (Taf. 22)
GÉRY, 1961
Roter Phantomsalmler

Rio Muco und oberer Rio Meta; bis 4 cm.

Etwas zierlicher als die bekannte voranstehende Art. Insgesamt zart rostrot, Schulterfleck groß, tiefschwarz und von einer leicht goldfarbenen Zone umgeben. Die große, wimpelartige Rückenflosse der ♂♂ oft mit dunklerem Mittelfeld. ♀♀ mit abgerundeter, jedoch sehr farbiger Rückenflosse. Auf eine orangefarbene bis rote Basis folgt eine tiefschwarze

Mittelzone und schließlich ein leuchtend weißer Saum.

Pflege, wie auf S. 182 angegeben. Zucht nicht besonders schwierig.

Metynnis maculatus (Taf. 28)
(KNER, 1859)
Gefleckter Scheibensalmler

Rio Madeira, Rio Araguaia, Rio Xingu, mittleres Amazonasgebiet; bis 12 cm.

Körper scheibenförmig. Bauchkiel gezähnt. Silbern glänzend mit zahlreichen, mehr oder weniger deutlich hervortretenden braunen bis schwärzlichen runden Flecken. ♀ Afterflosse am freien Rand kräftig orangerot, äußerer Rand bis auf die ersten Flossenstrahlen gerade. ♂ zur Laichzeit Schwanzflosse und Afterflosse mit kräftig rotem Innensaum, erstere mit schwarzem Rand. Der freie Rand der Afterflosse ist vorn halbkreisförmig ausgebuchtet.

Die Scheibensalmler gehören zu der Familie Serrasalmidae (Sägesalmler). Es handelt sich um schreckhafte Schwarmfische, die vor allem Bewegungsspielraum, dunklen Bodengrund, gedämpften Lichteinfall, Versteckmöglichkeiten zwischen Wurzelwerk, tierische Nahrung und pflanzliche Beikost in Form von Kopfsalat oder gebrühtem bzw. Gefrierspinat benötigen. Im Scheibensalmleraquarium wird man deshalb keine kostbaren Pflanzen unterbringen. Temperatur 27 bis 30 °C. In Gefangenschaft wurden bislang vor allem die Arten *M. maculatus* und *M. hypsauchen* gezüchtet.

Moenkhausia pittieri (Taf. 23)
EIGENMANN, 1920
Brillantsalmler

Venezuela (See Valencia); bis 6 cm.

Körper ziemlich hoch, in Seitenansicht fast längsoval. Rückenflosse besonders bei den Männchen fahnenartig ausgezogen. Körperseiten zart violett und mit zahlreichen grünblitzenden Punkten übersät. Senkrechte Flossen milchig violett, Spitzen weiß. ♀ insgesamt etwas blasser gefärbt, Flossen kleiner und gerundet.

Der prächtige, sehr lebhafte Schwarmfisch kommt nur in größeren Becken zur Geltung. Pflege und Zucht, wie auf S. 182 angegeben.

Moenkhausia sanctaefilomenae (Taf. 23)
(STEINDACHNER, 1907)
Rotaugen-Moenkhausia

Flußgebiet des Paraguay und Paranahybabeckens; bis 6 cm.

Körper relativ hoch, stark silberglänzend. Schwanzwurzel mit breitem tiefschwarzem Querband. Iris im oberen Teil blutrot. Die ♀♀ sind nur an der stärkeren Ausbiegung der Bauchlinie zu erkennen.

Pflege und Zucht des schönen Schwarmfisches, wie auf S. 182 angegeben.

Myleus rubripinnis (Taf. 29)
(MÜLLER und TROSCHEL, 1844)
Rotsichelmyleus

Guayana, Suriname; bis 20 cm.

Ähnlich gestaltet wie die *Metynnis*-Arten, jedoch mit großer sichelförmiger, rotschwarzer Afterflosse. Pflege siehe bei *Metynnis maculatus*.

Mylossoma duriventre (Taf. 28)
(CUVIER, 1818)
Mühlsteinsalmler

Amazonasstromgebiet, Orinoco-Becken; bis 25 cm.

Die Mühlsteinsalmler sind mit den Scheibensalmlern verwandt und wie diese gestaltet. Stark silberglänzend, Afterflosse kräftig rot, schwarz gesäumt. Geschlechtsunterschiede sind nicht bekannt.

Zur Pflege siehe bei *Metynnis maculatus*.

Nannostomus beckfordi (Taf. 25)
GÜNTHER, 1872
Längsbandziersalmler

Guayana, Paraná, Rio Negro, mittlerer und unterer Amazonas; bis 4,5 cm.

Körper schlank, Maul spitz. Fettflosse vorhanden.

Anomalus-Form: Oberseits graugrün bis gelbbraun. Körperseiten zart lehmfarben, unterseits weißlich. Alle Schuppen mit dunklem Rand. Ein dunkles, von der Schnauzenspitze bis in die Schwanzwurzel und von da oft auf die mittleren Flossenstrahlen reichendes Band wird oben von einem goldfarbenen Strich begleitet, der bei schönen Tieren von einer feinen roten Linie begrenzt sein kann. Nachts fahl, mit zwei breiten dunklen Querbinden. ♀ Flossen farblos. ♂ Afterflosse und unterer Schwanzflossenlappen karminrot, in Erregung blutrot. Bauchflossen ohne bläuliche Spitzen.

Aripiranga-Form: Diese Form kommt auf der Insel Aripiranga im unteren Amazonas vor. Roter Strich über der goldfarbenen Längsbinde durchgehend und kräftig. Von der Ansatzstelle der Brustflossen zieht bis zur Afterflosse eine feine rote Linie. Bauchflossen blutrot mit bläulichen Spitzen. Zur Laichzeit ist der ganze Schwanzstiel der ♂♂ blutrot. ♀ mit zartem rotem Fleck in der Rückenflosse.

Die *Nannostomus*-Arten sind zusammen mit den *Copeina*-, *Copella*- und *Pyrrhulina*-Arten die bekanntesten Vertreter der Lebiasinidae (Schlanksalmler). Zur Pflege sind kleinere, gut bepflanzte Aquarien mit dunklem Bodengrund, ab und zu etwas Sonneneinstrahlung und weichem torfigem Wasser geeignet. Als Bewohner der oberflächennahen Wasserschichten suchen fast alle Arten die Oberfläche nach Futtertieren ab, nehmen allerdings auch frei schwimmende Nahrung, wie Wasserflöhe und Hüpferlinge. Das kleine Maul beschränkt die Futterwahl auf kleine und kleinste Nahrungstiere. Fast alle *Nannostomus*-Arten zeigen eine artcharakteristische Nachtfärbung in Form von Querbinden.

Tafel 49, Foto 158 Alberts Fiederbartwels *(Synodontis alberti)*, ein Vertreter der Gattung *Synodontis* mit extrem langen Oberkieferbarteln und langgefiederten Unterkiefer- und Kinnbarteln

Tafel 50, Foto 159–161 Drei charakteristische Vertreter der Gattung *Synodontis*. Von oben nach unten: Perlhuhnwels *(Synodontis angelicus)* · Brichards Fiederbartwels *(Synodontis brichardi)* · Rückenschwimmender Kongowels *(Synodontis nigriventris)*
Tafel 51, Foto 162 Bratpfannenwels der Gattung *Bunocephalus*, vermutlich *Bunocephalus coracoideus*. Kopf siehe folgende Seite

Tafel 52, Foto 163–164 Kopfansichten von Welsen. Oben: Vorderansicht eines Bratpfannenwelses, zwischen den Oberkieferbarteln stehen die röhrenförmigen Nasenöffnungen. Unten: Kopfprofil des Liniendornwelses, man beachte die Einfügung des 1. Rückenflossenstachels in das Nackenschild.
Tafel 53, Foto 165 Den Liniendornwels *(Platydoras costatus)* erwähnt schon der große schwedische Naturforscher Linnaeus 1766, aber erst in den letzten Jahren hat die Art in der Aquaristik Verbreitung gefunden. Leider verschwindet bei älteren Tieren der Farbkontrast.

Tafel 54, Foto 166–168 Oben: Kammdornwels *(Agamyxis albomaculatus)*. Mitte: Engelantennenwels *(Pimelodus pictus)*. Unten: Fleckenantennenwels *(Pimelodus maculatus)*. Bei allen drei Arten verblaßt der Farbkontrast mit dem Erreichen der Geschlechtsreife.
Tafel 55, Foto 169–172 Oben: Schwielenwels *(Callichthys callichthys)*, wie die nachfolgende Art ein Schaumnestbauer. Mitte: Schwanzstreifen-Schwielenwels *(Dianema urostriata)*. Unten: Iherings Hummelwels *(Microglanis iheringi)* · Smaragdpanzerwels *(Brochis splendens)*, das metallische Grün leuchtet vor allem im Schräglicht auf.

Tafel 56, Foto 173–178 Oben: Bänderpanzerwels *(Corydoras schwartzi)* · Metallpanzerwels *(Corydoras aeneus)*. Mitte: Orangefleckenpanzerwels *(Corydoras sterbai)* · Schwarzbindenpanzerwels *(Corydoras melanistius)*. Unten: Dreistreifenpanzerwels *(Corydoras trilineatus)* · Netzpanzerwels *(Corydoras reticulatus)*

Tafel 57, Foto 179–184 Oben: Sichelfleckpanzerwels *(Corydoras hastatus)* · Koboldpanzerwels *(Corydoras habrosus)*. Mitte: Metallpanzerwels *(Corydoras aeneus)* · Punktierter Panzerwels *(Corydoras paleatus)*. Unten: Schwarzrückenpanzerwels *(Corydoras metae)* · Stromlinienpanzerwels *(Corydoras arcuatus)*

Tafel 58, Foto 185–187 Oben: Gemalter Schwielenwels *(Hoplosternum thoracatum)*, ein Schaumnestbauer. Mitte: Vertreter der Gattung *Ancistrus*, vermutlich *Ancistrus dolichopterus*. Unten: Vertreter der Gattung *Hypostomus*, vermutlich *Hypostomus watwata*

Tafel 59, Foto 188–190 Oben: Hexenwels *(Dasyloricaria filamentosa)*, Kopf siehe auch Tafel 64. Mitte: Vertreter der Schnabelwelse (Gattung *Farlowella*). Unten: ♂ und ♀ des Störwelses *(Sturisoma nigrirostrum)*

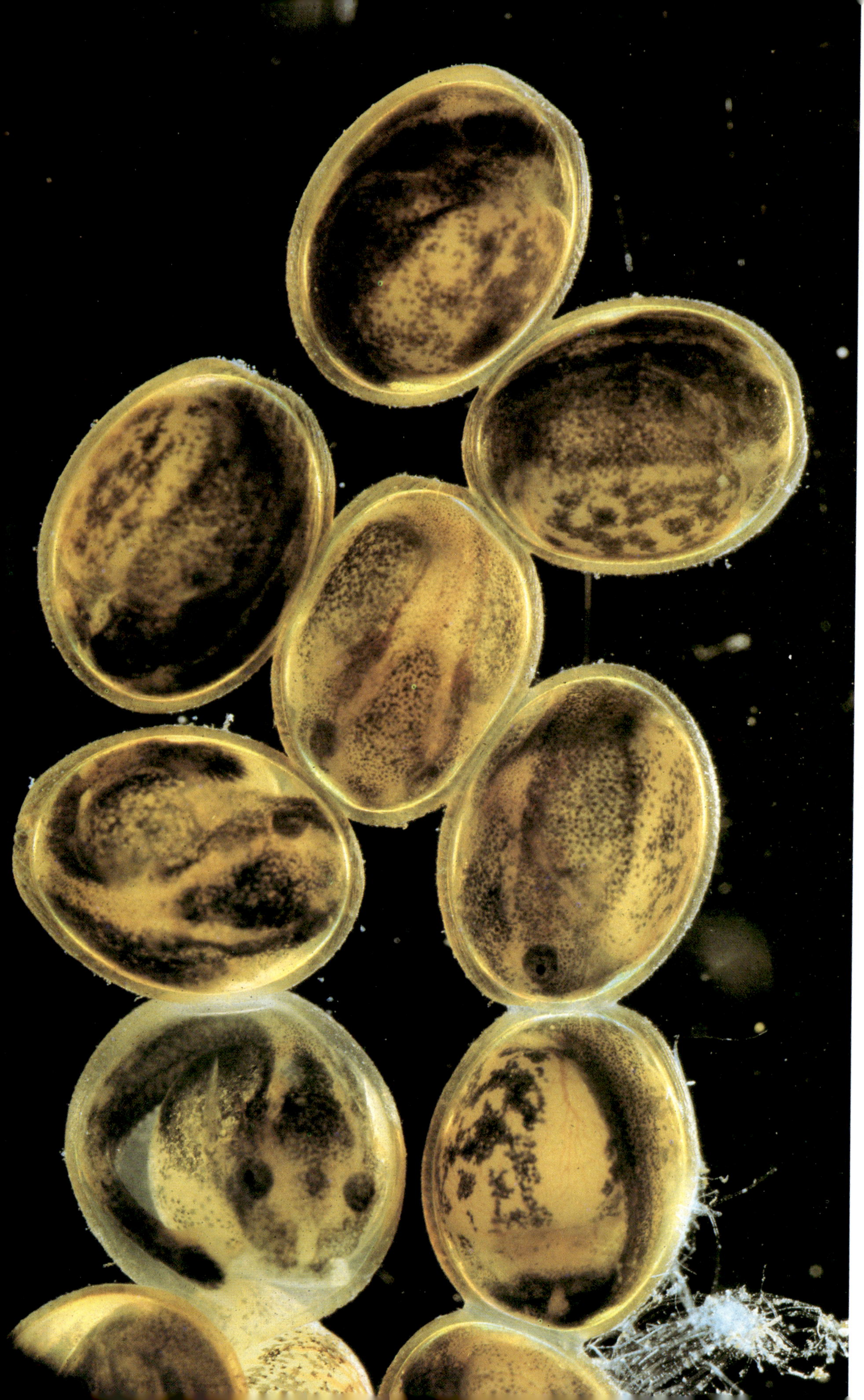

Tafel 60, Foto 191 Schlupfreife Eier eines Schnabelwelses (Gattung *Farlowella*). Die Embryonen sind zum Teil deutlich zu erkennen.
Tafel 61, Foto 192 Männchen des Segelflossen-Störwelses *(Sturisoma panamense)* über einem frischen Gelege an der Aquarienscheibe

Tafel 62, Foto 193–194 Oben: Segelflossen-Störwels *(Sturisoma panamense)*. Unten: Störwels *(Sturisoma nigrirostrum)*, ♂ das Gelege pflegend, die weißlichen Eier sind unbefruchtet. Die Zucht beider Arten gelang in den letzten Jahren mehrfach.

Tafel 63, Foto 195–196 Oben: Prachtpeckoltia *(Peckoltia pulcher)*. Unten: Blauaugen-Harnischwels *(Panaque suttoni)*. Beide Arten wurden erst in den letzten Jahren importiert und gelten als Besonderheiten. Über gelungene Zuchten ist nichts bekannt.

Tafel 64, Foto 197–202 Oben: Kopfansichten von Harnischwelsen. *Dasyloricaria filamentosa* · *Rineloricaria heteroptera*. Mitte: Vertreter der Gattung *Farlowella* · Vertreter der Gattung *Ancistrus*. Unten: *Loricaria nickeriensis* · Gestreifter Ohrgitterharnischwels *(Otocinclus affinis)*

Zur Zucht verwende man kleine Becken (4–6 l) und sehr weiches, gut abgestandenes Wasser, das kurzfristig über Torf gefiltert wurde und in dem 3 bis 4 Wochen Tausendblatt- oder Javamoospolster gelegen haben. *Nannostomus beckfordi* und *N. marginatus* laichen zwischen feinfiedrigen Pflanzen und sind große Laichräuber. Für die genannten Arten ist deshalb das Zuchtbecken dicht mit *Myriophyllum* zu besetzen und nicht zu hell zu stellen. *N. trifasciatus* laicht gern bei Sonnenschein zwischen *Riccia* oder zwischen den Wasserblättern von *Salvinia*, ohne den Eiern besonders nachzustellen. Dagegen laicht *Nannostomus eques* an breitblättrigen Pflanzen, mit Vorliebe an *Hygrophila*. Die Paare werden abends eingesetzt und laichen vielfach nach zahlreichen Scheinpaarungen bereits am nächsten Vormittag. Bei jeder Einzelpaarung, bei der sich die Tiere unter leichtem Erzittern mit den Körperseiten fest aneinanderschmiegen, werden 1 bis 3 Eier ausgestoßen, insgesamt selten mehr als 80 bis 100 Stück. Die Paare können bei kräftiger Fütterung (Enchyträen) nach 2 bis 4 Tagen wieder angesetzt werden. Die Jungfische schlüpfen bei 26 bis 28 °C nach 18 bis 26 Stunden, liegen zunächst auf dem Bodengrund, hängen sich später senkrecht an die Wasserpflanzen oder Glasscheiben und schwimmen nach 4 bis 5 Tagen frei. Mit feinsten Nauplien oder Rädertierchen anfüttern. Wachstum relativ langsam.

Nannostomus eques (Taf. 26)
STEINDACHNER, 1876
Spitzmaulziersalmler

Peruanischer Amazonas, Rio Negro (?); bis 5 cm.

Kopf spitz, unterer Schwanzflossenlappen deutlich vergrößert, Fettflosse sehr klein oder ganz fehlend. Die Art schwimmt in Ruhe sehr schräg, oft fast senkrecht, Kopf nach oben. Hellgraubraun bis schmutzigsilbern mit 5 dunklen Fleckenlängsreihen oder Längsbinden auf dem Rücken. Eine weitere sehr auffällige, vorn schwarze, hinten dunkelweinrote Längsbinde zieht von der Schnauze über das Auge bis in den unteren Schwanzflossenlappen, den sie ganz ausfüllt. Schwanzflosse: oberer Lappen glasklar, unterer Lappen an der Basis weinrot, außen schwarz. Bauchflossen bei schönen ♂♂ mit blauweißen Spitzen. Nachtfärbung: 2 breite, etwas schräg verlaufende Querbinden. ♂ wesentlich schlanker, Bauchlinie fast gerade. ♀ kräftiger, meist nicht so farbig.

Pflege und Zucht siehe bei *N. beckfordi* (oben). Die Art laicht mit Vorliebe an *Hygrophila*- oder *Ludwigia*-Blättern. Früher bekannt als *Poecilobrycon eques*.

Nannostomus espei (Taf. 25)
(MEINKEN, 1956)
Balkenziersalmler

Rio Mazaruni und Nebenflüsse, Guayana; bis 3,5 cm.

Körper spindelförmig, zart bräunlich. Vier auffallende dunkle Schrägbinden auf der unteren Körperhälfte, ein dunkler Fleck auf dem Schwanzstiel. ♀ im geschlechtsreifen Alter kräftiger.

Pflege und Zucht dieser sehr ansprechenden Art, wie bei *N. beckfordi* angegeben. Nachts erscheint zwischen den beiden vorderen Schrägbinden ein zusätzliches Querband, das von der Rückenflosse bis an die Bauchkante reicht. Die Art steht ganz leicht schräg mit dem Kopf nach oben.

Nannostomus marginatus (Taf. 25)
EIGENMANN, 1909
Zwergziersalmler

Suriname, Guayana; bis 4 cm.

Körper gedrungener als bei den anderen *Nannostomus*-Arten. Eine Fettflosse fehlt. Einer der schönsten Vertreter der Gattung. Drei dunkelbraune bis schwarze Längsbinden, die mittlere und gleichzeitig breiteste wird in der Seitenmitte oben von einem leuchtend roten Strich begleitet. Nachtfärbung: ein großer dunkler Fleck unter der Rückenflosse, ein kleiner dunkler Tupfen auf dem Kiemendeckel. ♀ Afterflosse hinten gerade abgeschnitten, spitz. Die Eier sind während der Laichzeit in dem Eileiter deutlich sichtbar (Gegenlicht!). ♂ Afterflosse hinten abgerundet, schwarze Umrandung vollständig.

Über Pflege und Zucht siehe bei *N. beckfordi*. Die Elterntiere stellen den abgelegten Eiern sehr nach. Die Eihüllen quellen in schwach saurem Wasser stark auf. Rationelle Zucht schwierig.

Nannostomus trifasciatus (Taf. 25)
STEINDACHNER, 1876
Dreibindenziersalmler

Stromgebiet des Amazonas, unterer Rio Negro, Guayana; bis 6 cm.

Körper sehr schlank. Die Fettflosse kann deutlich ausgebildet sein oder auch fehlen. Schönster Vertreter der Gattung. Zeichnungsmuster und Färbung ähnlich wie bei *N. marginatus*. Nachtfärbung gelbgrau mit 3 breiten dunklen Querbinden. ♀ Körperform mehr rundlich, Farben etwas blasser.

Über Pflege und Zucht siehe bei *N. beckfordi*. Zur Zucht am besten Wasser aus Waldtümpeln, schwierig.

Nannostomus unifasciatus (Taf. 25)
(STEINDACHNER, 1876)
Einbindenziersalmler

Mittlerer und unterer Amazonas und Nebenflüsse, Rio Negro, Guayana; bis 6,5 cm.

Gestreckteste Art der Gattung, Fettflosse vorhanden, schwimmt meist in Bodennähe ganz wenig schräg. Charakteristisch sind der schwarze Längsstrich und die Färbung des unteren Lappens der Schwanzflosse. Nachtfärbung fahl, 3 dunkle Querbinden. Afterflosse beim ♀ außen gerade, beim ♂ außen gerundet.

Eine bislang als *Poecilobrycon ocellatus* bezeichnete Form (Unterart?) schwimmt in Ruhe schräg, Körper und Bodengrund schließen etwa einen Winkel von 30° ein. Die dunkle Längsbinde wird unten hell begrenzt und erstreckt sich in die unteren Schwanzflossenlappen, wo sie sich mit weißen und roten Farben zu einem großen Pfauenaugenfleck formiert. Besonders charakteristisch ist ein kleiner dunkler, weiß umrahmter Strich in der Schwanzflosse (Taf. 25).

Über Pflege siehe bei *N. beckfordi*. Zucht schwierig. Früher bekannt als *Poecilobrycon unifasciatus*. Neben den genannten Arten der Gattung wurden auch andere importiert, so vor allem der Goldbindenziersalmler *(Nannostomus harrisoni)*, Taf. 25.

Nematobrycon lacortei (Taf. 24)
WEITZMAN und FINK, 1971
Rotaugen-Kaisertetra

Rio Calima im Einzugsgebiet des Rio San Juan, in Waldtümpeln; bis 5 cm.

Unterscheidet sich von der bekannteren nachfolgenden Art vor allem durch den geringeren Grünglanz und das rote Auge.

Pflege und Zucht siehe *N. palmeri*.

Nematobrycon palmeri (Taf. 24)
EIGENMANN, 1911
Kaisertetra

Rio San Juan und Nebenflüsse, Kolumbien; bis 5,5 cm.

Körper keulenförmig gestreckt, Schwanzflosse mit verlängerten Mittelstrahlen, Afterflosse sehr lang. ♂ bei geeignetem Lichteinfall besonders in den vorderen oberen Partien sehr stark grasgrün bis blaugrün irisierend, Auge leuchtend blaugrün, entlang der Seitenmitte eine dunkle Längsbinde. ♀ kleiner. Mittelstrahlen der Schwanzflosse kaum verlängert. Zeichnung und Färbung schwächer als beim ♂.

Die schöne Art ist relativ anspruchslos und hart. Vorzugstemperatur 24 bis 26 °C. Der Kaisertetra ist kein typischer Schwarmfisch. Für die Zucht ist die Zusammenstellung geeigneter Partner wichtig. Sehr weiches, schwach saures Wasser, Laichtemperatur 26 bis 28 °C. Die Männchen balzen sehr intensiv. Die Eier werden einzeln zwischen Wasserpflanzen ausgestoßen. Nicht sehr produktiv. Man beachte auch die Zuchthinweise auf S. 182.

Neolebias ansorgii (Taf. 31)
BOULENGER, 1912
Grüner Neolebias, Roter von Kamerun

Zentralafrika; bis 3,5 cm.

Körper relativ kurz, Maul klein, keine Fettflosse. Zart grasgrün bis grünlichblau, oft mit leichtem violettem Anflug und breitem dunklem Längsband. ♀ kräftiger, Bauchlinie gerundet. Zu Beginn der Laichzeit sind die Eier in der Leibeshöhle deutlich sichtbar (Gegenlicht!). ♂ Bauchlinie flach, zur Laichzeit intensiv rot mit blutroten Flossen.

Pflege und Zucht, wie auf S. 182 angegeben. Die Art bevorzugt die bodennahen Wasserschichten und kommt am besten bei paarweiser Einzelhaltung zur Geltung. Gegen Hartwasser und Wasserwechsel empfindlich. Über das interessante Fortpflanzungsverhalten berichtet SCHAPITZ (DATZ **11**, 291–294, 1958). Die Laichbereitschaft wird durch Morgensonne gesteigert. Die Jungen schlüpfen bei 25 °C nach 26 bis 30 Stunden. Aufzucht nicht schwierig.

Paracheirodon innesi (Taf. 11)
(MYERS, 1936)
Neontetra, Neon

Oberlauf des Amazonas von São Paulo de Olivença bis Iquitos, hauptsächlich im Putumayo; bis 4 cm.

Körper gestreckt, seitlich mäßig abgeflacht, Schnauze stumpf. Vom Vorderrand des Auges über den oberen Augenbogen bis etwa in die Höhe der Fettflosse erstreckt sich ein hinten spitz auslaufendes, intensiv grün bis blau irisierendes Band, darunter, vor der Körpermitte beginnend, ein intensiv rotes Band. Iris des Auges leuchtend blaugrün. ♀ kräftiger, Bauchlinie gerundet. ♂ schlanker, Bauchlinie fast gerade.

Die farbenprächtige Art ist ein idealer Aquarienfisch, der in jedem gut eingerichteten Becken gepflegt werden kann und sich mit allen etwa gleichgroßen Friedfischen vergesellschaften läßt. Zu dem ökologischen Standardbedarf gehören: dunkler Bodengrund, etwas Sonneneinstrahlung, lockere Bepflanzung, Temperaturen zwischen 21 und 24 °C, kleines Lebendfutter aller Art, gelegentlich Trockenfutter. Erkrankt leicht an Plistophora, siehe S. 377.

Zucht im wesentlichen eine Wasserfrage. Am besten eignen sich peinlichst gesäuberte, kleinere, mit *Myriophyllum*-Bündeln besetzte Aquarien (8–10 l) und sehr weiche, schwach saure Quellwässer (1 bis 2 °dGH, pH 5,5–6). Angesetzt werden am besten junge Paare, sobald die ♀♀ Laichansatz zeigen. Temperatur nicht über 24 °C! Die zwischen Pflanzen abgesetzten Eier sind glasklar und nicht sehr haftfähig. Elterntiere nach dem Ablaichen entfernen, Zuchtbecken abdunkeln. Die Jungen schlüpfen nach 22 bis 26 Stunden und schwimmen etwa am 5. Tag frei, sie sind in den ersten Tagen etwas empfindlich. Wasser jetzt mehrmals wechseln, am besten in zunehmend härteres Wasser umsetzen. Eine Zucht bringt bis 150 Jungtiere. Der in den letzten Jahren importierte sogenannte Neon costello oder Grüne Neon und der Schwarze Neon sind mit dem Echten Neon nicht direkt verwandt. Bezüglich des Roten und Blauen Neons siehe S. 185 und S. 191.

Phenacogrammus interruptus (Taf. 30)
(BOULENGER, 1899)
Kongosalmler

Stromgebiet des Kongo (Zaïre); bis 8 cm, ♀ kleiner.

Gestreckter, seitlich stark abgeflachter Schwarmfisch. Schuppen groß, Mittelteil der Schwanzflosse erwachsener ♂♂ zipfelartig verlängert. Prächtige Art, die je nach Beleuchtungsrichtung in allen Regenbogenfarben, vor allem aber grün und golden schillert. Flossen rauchgrau, zum Teil weiß gesäumt. ♀ kleiner, ohne verlängerte Schwanzflossenmittelstrahlen.

Die schwimmfreudige Art ist in größeren, locker bepflanzten Aquarien mit dunklem Bodengrund zu pflegen. Weiches, an Torfextraktstoffen reiches Wasser, häufiger teilweiser Wasserwechsel, Temperaturen um 25 °C, Lebendfutter aller Art, vor allem Insekten und Insektenlarven. *Phenacogrammus* laicht bei Morgensonne über torfigem Bodengrund. Die nach starkem Treiben ausgestoßenen nichtklebenden Eier sind ziemlich groß und bräunlich. Die Jungen schlüpfen erst nach 6 Tagen und können gleich mit Rädertierchen oder Nauplien angefüttert werden. Die im Handel befindlichen Tiere sind oft durch Inzucht degeneriert. Früher bekannt als *Micralestes interruptus*.

Pristella maxillaris (Taf. 20)
(ULREY, 1894)
Sternflecksalmler

Unterer Amazonas, Guayana; bis 4,5 cm.

Körper relativ hoch. Insgesamt zart gelbgrün mit deutlichem Schulterfleck. Rücken- und Afterflosse zitronengelb mit einem großen, tiefschwarzen Fleck, Schwanzflosse rötlich. ♀ wesentlich kräftiger. ♂ schlanker und in der Regel kleiner.

Die Pflege und Zucht dieses beliebten Schwarmfisches bereitet keine Schwierigkeiten (siehe S. 183). Die Zusammenstellung der Paare erfordert etwas Fingerspitzengefühl. Eine Zucht kann 300 und mehr Jungtiere bringen. Früher bekannt als *Pristella riddlei*.

Pyrrhulina brevis (Taf. 26)
STEINDACHNER, 1875
Schuppenflecksalmler

Amazonas, Rio Negro; bis 9 cm.

Gestreckte, niedrige Art, im Grundton gelblich bis bronzefarben und mit einer dunklen Zügelbinde, 4 rote Punktreihen an den Körperseiten. ♀ Flossen gelblich. ♂ Flossen rot, zum Teil schwarz gesäumt.

Die oft etwas schreckhaften *Pyrrhulina*-Arten gehören zur Familie der Lebiasinidae (Schlanksalmler) und sind mit den *Copeina*- und *Copella*-Arten nahe verwandt. Man pflege sie in gut bepflanzten, hell stehenden Becken mit dunklem Bodengrund, schwach saurem, weichem Wasser und füttere abwechslungsreich mit Lebendfutter, besonders Essigfliegen und Mückenlarven. Vorzugstemperaturen 26 bis 28 °C.

Die einzelnen Arten laichen in der Regel auf großen Blättern, die vorher vom ♂ gesäubert werden. Das ♂ balzt mit schmetterlingsartigen Bewegungen und treibt das ♀ schließlich zum Laichplatz. Die abgesetzten Eier haften nicht sehr fest und werden deshalb von dem das Gelege betreuenden ♂ oft herabgewedelt. Manche Arten bringen ihre Eier in Bodengruben unter. Die sehr kleinen Jungfische schlüpfen meist nach 24 Stunden. Bei der Aufzucht ist das Wasser öfter teilweise zu wechseln.

Pyrrhulina rachoviana (Taf. 26)
MYERS, 1926
Augenstrichsalmler

Unterer Paraná und La Plata; bis 5 cm.

Gestreckte, niedrige Art. Besonders charakteristisch sind 2 Reihen großer roter Punkte im vorderen Bereich der Körperseiten sowie der große schwarze Fleck in der Rückenflosse. ♀ schlichter gefärbt.

Pflege und Zucht siehe vorhergehende Art. Laicht auf Blättern oder in Bodenmulden.

Serrasalmus piraya (Taf. 30)
CUVIER, 1819
Sägesalmler, Piraya

Rio São Francisco; bis 35 cm.

Körper hoch, scheibenförmig, Bauchkiel mit Zähnen besetzt, Kopf gerundet, Kinn wulstig vorspringend, Maul mit sehr scharfem Gebiß. Grünlichsilbern mit zahlreichen metallisch glitzernden, winzigen Pünktchen. Kehle, Bauch, Brust- und Bauchflossen sowie der Anfangsteil der Afterflosse orange bis zinnoberrot. Rücken- und Schwanzflosse dunkel.

Die *Serrasalmus*-Arten Südamerikas (Familie Ser-

Abb. 107 Veränderung der Körperform mit dem Wachstum bei den Piranhas (Gattung *Serrasalmus*). Die abgebildeten Altersstadien haben folgende Körperlängen (von oben nach unten): 55 mm, 155 mm, 240 mm, 395 mm (nach GÉRY)

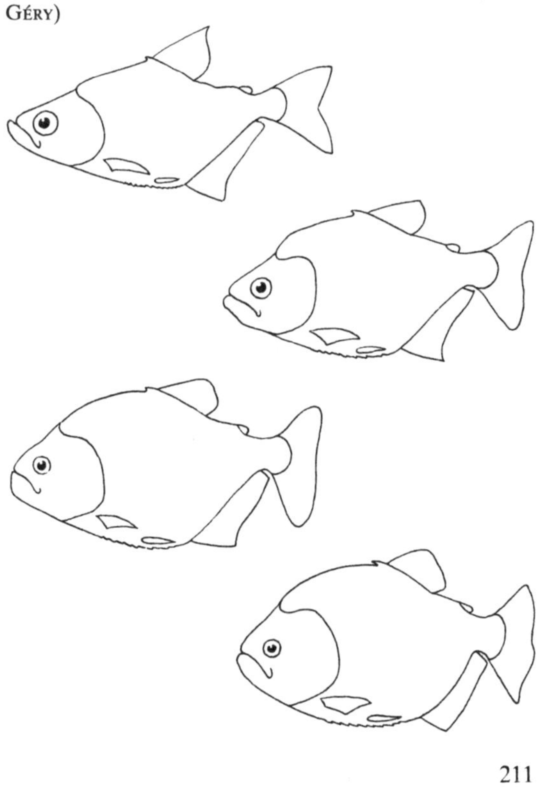

rasalmidae) sind als Piranhas oder Pirayas allgemein bekannt. Das außerordentlich kräftige und sehr scharfe Gebiß (Abb. 101) ermöglicht den räuberischen, in Schwärmen auftretenden Fischen, große und größte Beutetiere, ja selbst Menschen zu überwältigen und in kürzester Zeit zu skelettieren. Im allgemeinen stellen diese Tiere die Gesundheitspolizei der Gewässer dar, denn gefressen wird alles erkrankte, ertrunkene oder verletzte Getier. Auch muß man zwischen sehr gefährlichen (z. B. *Serrasalmus nattereri, S. piraya*) und weniger angriffslustigen Arten unterscheiden. Die für den Menschen gefährlichen Arten kann man schon äußerlich an dem wulstigen, stark vorspringenden Kinn und der starken Rundung der Kopf-Nacken-Linie erkennen. Die ungefährlichen Sägesalmler sind als erwachsene Tiere etwas mehr gestreckt und haben meist ein nur wenig vorspringendes Kinn. Allerdings muß in diesem Zusammenhang auch gesagt werden, daß sich die Körperform mit dem Alter stark verändert (Abb. 107). In einigen Gebieten Brasiliens ist die Pirayagefahr ein ernstes Problem. Die Tatsachenberichte über Angriffe auf Menschen sind sehr widersprechend. Im allgemeinen soll für den Menschen nur dann Gefahr bestehen, wenn er mit blutenden Wunden ins Wasser geht. Indianer baden durchaus in Gewässern, die von Pirayas besiedelt sind, auch kann man solche Gewässer unbeschadet durchwaten. Ob es sich dabei um Angaben handelt, die aus Gebieten stammen, in denen weniger räuberische Arten vorkommen, läßt sich nicht entscheiden. In bestimmten, stärker besiedelten Gebieten sind Schutzzonen für Badende eingerichtet.

Die Gattung umfaßt etwa 16 Arten. Die in der Aquaristik bislang gepflegten Sägesalmler wurden meist nicht eindeutig bestimmt.

Zur Pflege in großen Zimmeraquarien eignen sich nur junge Tiere, dagegen sind ältere Exemplare interessante Objekte großer Schauaquarien. Die Pflege ist keineswegs so einfach, wie aus dem robusten Aussehen der Tiere geschlossen werden könnte. Die meisten Schwierigkeiten bereitet ihre Unverträglichkeit. Jeder nur etwas schwächliche Artgenosse wird überfallen. Ansonsten sind eingewöhnte Tiere recht widerstandsfähig. Fütterung mit rohem Fleisch und Fischen. Eine Vergesellschaftung mit gesunden Fischen anderer Arten ist möglich. Temperatur 24 bis 27 °C. Vereinzelt in Gefangenschaft bereits gezüchtet.

Thayeria boehlkei (Taf. 26, Abb. 108)
WEITZMAN, 1957
Schrägschwimmer

Amazonasstromgebiet; bis 8 cm.

Körper gestreckt, seitlich zusammengedrückt, unterer Schwanzflossenlappen etwas größer. Die Tiere stehen, in der Regel mit den Flossen wippend, etwas schräg, Kopf nach oben, im Wasser. Silberfarben, vom hinteren Kiemendeckelrand zur Schwanzwurzel und von da in den unteren Schwanzflossenlappen

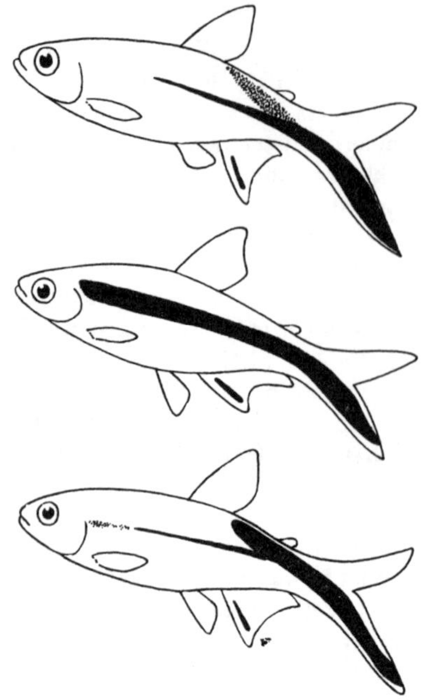

Abb. 108 Ausdehnung der schwarzen Längsbinde bei verschiedenen Arten der Gattung *Thayeria* (nach GÉRY). Von oben nach unten: Schrägschwimmer *(T. obliqua)*, Böhlkes Schrägschwimmer *(T. boehlkei)*, Sancta-Maria Schrägschwimmer *(T. sanctaemariae)*

zieht ein breites tiefschwarzes Band, das unten durch eine goldglänzende Linie begrenzt wird. ♀ kräftiger und etwas größer.

Pflege und Zucht, wie S. 182 angegeben. Nach der Eiablage Wasser teilweise durch gleichwertiges ersetzen. Eier braun, die Jungen schlüpfen oft schon nach 12 bis 15 Stunden. Eine Zucht kann 1000 und mehr Nachkommen bringen.

Bei anderen, weniger verbreiteten Arten *(T. obliqua, T. sanctaemariae)* beginnt das dunkle Band weiter hinten (Abb. 108).

Unterordnung Gymnotoidei Messeraalverwandte

Messerklingen- oder aalförmige Fische Mittel- und Südamerikas, die 4 Familien zugeordnet werden. Der bekannteste Vertreter, der Zitteraal (*Electrophorus electricus* [LINNAEUS, 1766]), ist der einzige Vertreter der Electrophoridae. Der aalförmige Fisch, dem eine Rückenflosse sowie die Bauchflossen fehlen, wird bis 230 cm lang. Er kann elektrische Schläge bis zu 600 Volt austeilen. Sein elektrisches Hauptorgan besteht aus mehreren tausend hintereinandergeschalteten Einzelelementen. Die elektrischen Schläge können Großtiere töten, der Mensch wird im allgemeinen nur betäubt. Die dunkelbraunen Tiere haben eine orangefarbene Kopfunterseite und Kehle sowie kleine, leuchtend seegrüne Augen. Mit Hilfe ihrer langen, wellenförmig schlagenden Afterflosse können sich die Zitteraale völlig unbemerkt an die Beute anschleichen und diese durch elektrische Schläge töten oder direkt mit dem Maul ergreifen. Während der Fortbewegung senden sie mit zusätzlichen Organen schwache elektrische Impulse in einer Frequenz von etwa 50 Hz aus, die der Orientierung dienen.

Die anderen Familien (Gymnotidae, Rhamphichthyidae, Apteronotidae) werden auch als Amerikanische Messerfische bezeichnet. Die Ähnlichkeit der Körperform mit einer Messerklinge wird durch die lange, dem Antrieb des Körpers dienende Afterflosse betont. Die Afteröffnung liegt sehr weit vorn im Bereich der Kehle. Öfters eingeführt wurden die Arten *Eigenmannia virescens* (Grüner Messerfisch) und *Apteronotus albifrons* (Schwarzer Messerfisch, Taf. 31). Beide Arten werden gut 45 cm lang und sind, wie der Zitteraal, interessante Sehenswürdigkeiten öffentlicher Großaquarien.

Familie Cyprinidae
Karpfenfische

Zu der in den Binnengewässern der Erde weit verbreiteten artenreichen Familie Cyprinidae gehören nicht nur viele wertvolle Speisefische, sondern auch zahlreiche sehr farbige Aquarienfische. Der Körper der Karpfenfische zeigt in der Regel die ideale Fischgestalt. Das Maul ist mehr oder weniger vorstreckbar, die Kiefer sind stets unbezahnt. Dafür sitzen auf den Schlundknochen Zahnreihen, die gegen ein horniges Polster am Gaumen (sogenannter Mahlstein) bewegt werden können und dabei die Nahrung zerreiben (Abb. 109). Keine oder 1 bis 2 Paar kurze Barteln in den Maulwinkeln. Körper beschuppt, Kopf unbeschuppt. Die größte Art der Familie wird 250 cm lang. Zahlreiche Vertreter der Familie gehören unserer einheimischen Fischfauna an.

Balantiocheilus melanopterus (Taf. 31)
(Bleeker, 1850)
Haibarbe

Thailand, Kalimantan, Sumatra, in Gräben und Fließgewässern; bis 35 cm.

Körper schlank und elegant gestreckt, Maul etwas

Abb. 109 Schlundzähne des Karpfens *(Cyprinus carpio)*

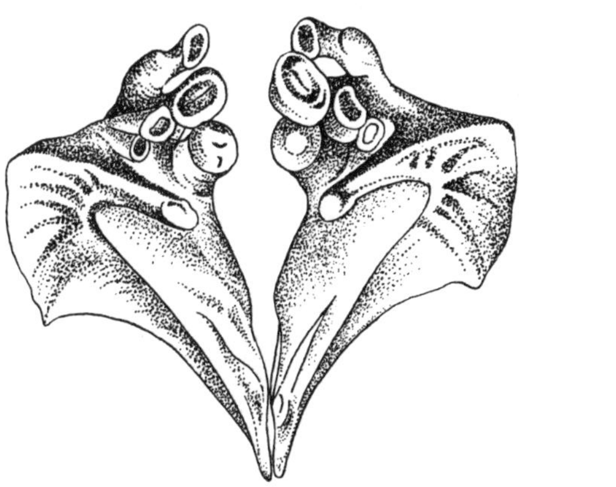

unterständig, Oberlippe dick, granuliert, keine Barteln, Seitenlinie vollständig. Silbrig oder gelblichsilbern, unterseits heller. Flossen gelb mit breiten tiefschwarzen Säumen.

Geschlechtsunterschiede sind bislang nicht beschrieben worden. Für das Zimmeraquarium eignen sich nur Jungtiere, große Exemplare sind prächtige Schaustücke. Die Art ist recht widerstandsfähig und nimmt neben Lebendfutter aller Art auch Trockenfutter. Es wird empfohlen, den Tieren zeitweise pflanzliche Nahrung anzubieten. Über die Fortpflanzung ist kaum etwas bekannt. Temperatur 23 bis 26 °C. Die Art erzeugt kurze, harte Töne.

Barbus ablabes (Taf. 32)
(Bleeker, 1863)
Afrikanische Einstreifenbarbe

Tropisches Westafrika; bis 10 cm.

Körper gestreckt, 2 Paar kurze Oberkieferbarteln. Charakteristisch für die Art ist der durchgehende, scharf begrenzte, schwarze Seitenstreifen. ♀ kräftiger, Rückenflosse oben abgerundet. ♂ Rückenflosse spitz.

Pflege und Zucht leicht, siehe bei *Barbus conchonius*. Lebhafter Schwarmfisch. Sehr ähnlich ist *Barbus holotaenia* gezeichnet und gefärbt.

Barbus arulius (Taf. 32)
(Jerdon, 1849)
Prachtglanzbarbe

Südöstliches Vorderindien, Tiruvatankur, Kaveri; bis 12 cm.

Von typischer Barbengestalt. 1 Paar Oberkieferbarteln. Silbrig mit rötlichem Schimmer, besonders die Schuppen über der Seitenlinie mit zahlreichen winzigen grünen Flittern. An den Körperseiten unregelmäßige, große dunkle Flecken. Schwanzflosse gelblich mit kräftig roten Spitzen. ♀ Rückenflosse auch im geschlechtsreifen Alter ganzrandig. ♂ Rükkenflosse mit stark verlängerten Flossenstrahlen, schwärzlich bis dunkelrot.

Pflege und Zucht, wie bei *Barbus conchonius* angegeben. Nicht sehr produktiv.

Barbus conchonius (Taf. 32)
(Hamilton-Buchanan, 1822)
Prachtbarbe

Nördliches Vorderindien, Bengalen, Assam; bis 14 cm, bleibt im Aquarium kleiner. Mit 6 cm zuchtfähig.

Von typischer Barbengestalt. Rücken olivgrün, Körperseiten und Bauch auf silberfarbenem Grund rötlich, zur Laichzeit leuchtend tintenrot, auf dem Schwanzstiel ein erbsengroßer, tiefschwarzer Fleck. ♀ Flossen farblos, Rückenflossenspitze nur mit dunklem Anflug. ♂ schlanker, Flossen rosa, Rückenflosse mit tiefschwarzer Spitze.

Einer der anspruchslosesten und schönsten tropischen Fische. Die meisten Vertreter der Gattung

Barbus sind sehr lebendig und ständig in Bewegung. Sie sollten deshalb nur in größeren Aquarien gepflegt werden. Viele Arten entwickeln sich bei feinsandigem, dunklem Bodengrund und einer lockeren Schwimmpflanzendecke besonders gut. Sie zeigen dann intensive Farben und natürliches Verhalten, das allerdings oft auch ein ständiges Gründeln einschließt. Die Bodengrundbepflanzung sollte nicht zu dicht sein, das heißt, die Bewegungsmöglichkeit über dem Bodengrund nicht zu sehr einschränken, denn fast alle Barben sind zum Bodengrund orientiert. An die Qualität des Wassers werden in der Regel auch bei der Zucht keine besonderen Ansprüche gestellt. Altwasser wird bevorzugt, das jedoch von Zeit zu Zeit mit Frischwasser zu versetzen ist. Fast alle Arten haben eine Vorzugstemperatur zwischen 22 und 25 °C, ohne gegen Abkühlungen bis etwa 17 °C empfindlich zu sein. Alle Barben sind Friedfische, die sich gut mit anderen, gleichermaßen lebhaften Fischen vergesellschaften lassen. Auch die Futterversorgung ist einfach. Zwar bevorzugen alle Barben Lebendfutter, vor allem Wurmfutter, Mückenlarven und Kleinkrebse, jedoch nehmen sie auch Trockenfutter und suchen sich die notwendigen Zusatzstoffe, wie Algen, selbst im Bodengrund. Halbwüchsige Tiere halten sich gern im Schwarm.

Zucht im allgemeinen nicht schwierig, bei einigen Arten sogar sehr einfach. Die meisten Barben laichen auch in größeren Zuchtaquarien ohne Bodengrund, nur einige brauchen auch für das Laichgeschäft gut eingerichtete Becken. Als Ablaichsubstrat, das nicht zu dicht sein soll, eignen sich alle feinblättrigen Pflanzen. Fast alle Arten bevorzugen zum Ablaichen weiches Altwasser (4–8 °dH; pH-Wert um 7); Frischwasserzusatz und Temperaturanhebungen um 2 bis 3 °C erhöhen oft die Laichwilligkeit. Die Elterntiere werden abends in das Zuchtbecken eingesetzt und laichen meist schon am nächsten Morgen. Der Standort des Zuchtbeckens sollte nach Möglichkeit so gewählt werden, daß die ersten Sonnenstrahlen in das Becken fallen. Nach heftigem Treiben, wobei das ♀ oft der beginnende Partner ist, pressen sich die Tiere in den Pflanzenbüscheln aneinander. Das ♂ schiebt seinen Schwanzstiel, manchmal auch nur die Schwanzflosse hinter der Dorsalen des ♀ über den Rücken der Partnerin. Bei manchen Arten wird diese Umfassung von der Rückenflosse unterstützt. Das ♂ steht durch diese Umfassung immer mehr oder weniger schräg (Kopf abwärts) neben dem ♀. Die Eier und Samenfäden werden unter heftigem Erzittern ausgestoßen. Die befruchteten Eier haften an den Pflanzen oder fallen zu Boden. Der Ablaichvorgang wiederholt sich viele Male hintereinander. Die Jungen schlüpfen meist schon nach 24 bis 36 Stunden, liegen 1 bis 2 Tage am Bodengrund und hängen sich dann an die Scheiben und Wasserpflanzen. Die Elterntiere sind Laichräuber und deshalb sofort nach dem Ablaichen zu entfernen. Da die Jungen von Zyklops und Muschelkrebsen leicht angefallen werden, sollte man das Zuchtpaar im Zuchtbecken nicht mit Krebstieren füttern. Aufzucht nicht schwer. Die Jungfische wachsen schnell und sind in größeren Becken nach 9 bis 12 Monaten laichreif. Eine Zucht kann viele hundert Nachkommen bringen. Die Zuchttiere laichen bei guter Fütterung mehrere Male im Jahr.

Barbus fasciolatus (Taf. 31)
GÜNTHER, 1868
Tigerbarbe

Sambia, Angola, Süd-Zaïre, Sambesi; bis 5 cm.

Körper gestreckt, hellorange bis rostfarben mit 12 bis 16 dunklen Querstreifen. ♀ kräftiger.

Pflege und Zucht, wie bei *Barbus conchonius* angegeben. Schwimmaktive, aber auch schreckhafte Art. Dunkler Bodengrund erforderlich. Früher bekannt als *B. bariloides*.

Barbus filamentosus (Taf. 35)
(CUVIER und VALENCIENNES, 1842)
Schwarzfleckbarbe

Westliches Südindien, Sri Lanka; bis etwa 15 cm, bleibt im Aquarium kleiner.

Im geschlechtsreifen Alter von typischer Barbengestalt, Jungtiere ziemlich schlank. Rückenflosse erwachsener ♂♂ mit verlängerten Flossenstrahlen. Die Färbung ist in den einzelnen Altersstadien sehr unterschiedlich. Erwachsene Tiere sind insgesamt grünlichsilbern mit Regenbogenschimmer, oberseits olivfarben. Über der Afterflosse ein großer dunkler Fleck. Rückenflosse zum Teil mit dunkelvioletten Flossenstrahlen.

Jungtiere mit breiten, tiefschwarzen Querbinden und orangeroten bis ziegelroten Flossen. Schwanzflosse halbwüchsiger Tiere rötlich mit schwarzem Fleck in jedem Lappen, Spitzen weißlich. ♀ im geschlechtsreifen Alter deutlich kräftiger. Rückenflosse ohne verlängerte Flossenstrahlen.

Pflege und Zucht, wie bei *Barbus conchonius* angegeben. Sehr produktiv.

Barbus gelius
(HAMILTON-BUCHANAN, 1822)
Fleckenbarbe

Bengalen und Zentralindien, in ruhigen Gewässern; bis 4 cm.

Von typischer Barbengestalt, ohne Barteln. Durchscheinend grausilbern, bei auffallendem Licht golden schimmernd. Schöne Tiere mit einem kupferroten Längsstrich auf dem Schwanzstiel. Unregelmäßige Flecke und Strichzeichnungen von dunkler bis tiefschwarzer Farbe an den Körperseiten. Schwanzflosse zart rötlich. Iris hellgrün. ♂ schlanker.

Idealer Aquarienfisch. Sehr genügsam und anspruchslos. Temperatur etwa 20 °C. Über Pflege und Zucht siehe bei *Barbus conchonius*. Zur Zucht 21 bis 22 °C (nicht mehr!). Zum Überwintern genügen 16 bis 18 °C. *Barbus gelius* ist kein Laichräuber, trotzdem sollte das Zuchtpaar nach dem Ablaichen entfernt werden.

Barbus nigrofasciatus (Taf. 34)
GÜNTHER, 1868
Purpurkopfbarbe

Südliches Sri Lanka in seichten, ruhigen Fließgewässern; bis 5 cm.

Körper etwas höher als bei den meisten Vertretern der Gattung. Außerhalb der Laichzeit gelblichgrau mit 3 bis 4 keilförmigen schwärzlichen Querbinden, die beim Weibchen oft nur als Flecken hervortreten. Kopf bei beiden Geschlechtern purpurrot. Die silberfarbenen Ränder der Schuppen vermitteln den Eindruck von glitzernden Tüpfellängsreihen. Während beim ♀ nur die körpernahen Teile der senkrechten Flossen dunkel gefärbt sind, zeigen die ♂♂ eine tiefschwarze Rückenflosse, eine schwarzrote Afterflosse und rötliche Bauchflossen. Zur Laichzeit ist der ganze vordere Körper des ♂ purpurrot. Pflege in größeren Becken möglichst mit flächigen Schwimmpflanzen und etwas Sonneneinstrahlung. Zur Zucht 25 bis 28 °C. Die Art laicht bei Morgensonne. Sehr produktiv (zwischendurch mit Enchyträen füttern). Weitere Einzelheiten siehe bei *Barbus conchonius*.

Barbus oligolepis (Taf. 35)
(BLEEKER, 1853)
Eilandbarbe

Sumatra; bis 5 cm.

Körper von typischer Barbengestalt, zart rotbraun bis lehmgelb und mit sehr deutlichen schwarzen Schuppenrändern. ♀ unpaare Flossen gelblich. ♂ unpaare Flossen rötlich bis ziegelrot und schwarz gesäumt.

Pflege und Zucht, wie bei *Barbus conchonius* angegeben.

Barbus pentazona pentazona (Taf. 33, Abb. 110)
BOULENGER, 1894
Fünfgürtelbarbe

Halbinsel Malakka, Singapur, Kalimantan, Sumatra; bis 5 cm.

Von typischer Barbengestalt. Zart rotbraun, 6 blauschwarze Querbinden, deren Anordnung am besten aus der Abb. 110 zu ersehen ist. Schuppen in diesen Binden mit grünglitzernden Rändern. Flossen an der Basis dunkelrot. Außenteile fast farblos. ♂ schlanker, Rotfärbung kräftiger.

Pflege und Zucht, wie bei *Barbus conchonius* angegeben. Die Zucht der schönen Art ist nicht einfach.

Barbus semifasciolatus (Taf. 34)
GÜNTHER, 1868
Messingbarbe

Südöstliches China, Vietnam; bis 7 cm.

Von typischer Barbengestalt, alte Tiere relativ hochrückig. Insgesamt messingfarben mit dunkel gerandeten Schuppen und 5 bis 7 mehr oder weniger hervortretenden dunklen Querstrichen. Rücken-, After- und Schwanzflosse zart braunrot bis ziegelrot. ♀ insgesamt unscheinbarer gefärbt. In der Laichperiode sehr plump.

Eine xanthoristische Form der Messingbarbe ist seit langer Zeit als »Barbus schuberti« (Brokatbarbe, Taf. 34) im Handel.

Pflege und Zucht, wie bei *Barbus conchonius* angegeben. Die Art ist sehr sauerstoffgenügsam und verträgt vorübergehende Abkühlungen gut. Das ♂ lockt das ♀ durch tänzelnde Bewegungen zur Paarung. Eier gelb.

Barbus spec. (Taf. 35)
Odessabarbe, Feuerstreifenbarbe

Auf dem Zierfischmarkt in Odessa erstmalig aufgetretene Barbe, die vermutlich mit *Barbus phutunio* verwandt ist. ♂ wesentlich farbiger als das ♀.

Pflege und Zucht einfach, siehe dazu *Barbus conchonius*.

Abb. 110 Anordnung der Querbinden bei den bekanntesten Gürtelbarben (in Anlehnung an KLAUSEWITZ und ALFRED). Von oben nach unten: Teilgürtelbarbe *(Barbus tetrazona partipentazona)*, Sumatrabarbe *(B. tetrazona tetrazona)*, Fünfgürtelbarbe *(B. pentazona pentazona)*

Barbus tetrazona partipentazona (Abb. 110)
Fowler, 1934
Teilgürtelbarbe

Südöstliches Thailand, Kampuchea (?); bis 6 cm.

Körper etwas gedrungen, hoch. Silbrig, mit 5 tiefschwarzen Querbinden, deren Anordnung aus der Abb. 110 zu ersehen ist. Alle Flossen hellrot bis kräftig ziegelrot. ♀ deutlich umfangreicher, in der Regel etwas blasser gefärbt.

Eine der farbigsten Barben. Anspruchslos, verträglich, nicht mit langflossigen Tieren vergesellschaften, die Teilgürtelbarbe zupft gern an den Flossenenden anderer Fische.

Pflege und Zucht, wie bei *Barbus conchonius* angegeben. Das ♂ verblaßt während des Treibens. Sehr produktiv, 600 bis 1000 Eier.

Barbus tetrazona tetrazona (Taf. 33, Abb. 110)
(Bleeker, 1855)
Sumatrabarbe, Viergürtelbarbe

Sumatra, Kalimantan; bis 7 cm.

Etwas höher als die voranstehende Unterart. Einschließlich des Augenstriches vier schwarze Querbinden, deren Anordnung aus Abb. 110 zu ersehen ist. Rücken- und Afterflosse blutrot, die übrigen Flossen rötlich.

Geschlechtsunterschiede, Pflege und Zucht siehe vorhergehende Unterart.

Von *B. tetrazona tetrazona* sind mehrere Farbspielarten im Handel, von denen die »Moosgrüne Sumatrabarbe« besonders schön gefärbt ist (Taf. 33).

Barbus titteya (Taf. 35)
(Deraniyagala, 1929)
Bitterlingsbarbe

Sri Lanka, in schattigen Bächen; bis 5 cm.

Körper gestreckt, Rücken vor der Rückenflosse ziemlich hoch, ein Paar Barteln. Auf silbrigem Grund mehr oder weniger rötlich mit dunklem Zügelstreifen von der Schnauze bis in die Schwanzflosse. Darunter häufig eine Doppelreihe schwarzer Punkte. Iris goldrot. Flossen, besonders die Afterflosse, mohn- bis schwärzlichrot mit feinem dunklem Rande. ♂ Färbung intensiver, zur Laichzeit insgesamt rot.

Pflege und Zucht, wie bei *Barbus conchonius* angegeben. In der Regel nicht sehr produktiv. Die ♂♂ der etwas scheuen, schattenliebenden Art rivalisieren stark. In neuerer Zeit wurden mehrfach kräftig rote Rassen importiert.

Brachydanio albolineatus (Taf. 37)
(Blyth, 1860)
Schillerbärbling

Hinterindien, Sumatra in Fließgewässern; bis 5,5 cm.

Schlank, seitlich mäßig zusammengedrückt. Maul etwas nach oben gerichtet. Körper in Abhängigkeit von der Beleuchtungsrichtung himmelblau bis violett schimmernd, bei Sonnenschein grasgrün. ♀ größer, weniger intensiv gefärbt.

Die *Danio-* und *Brachydanio-*Arten sind lebhafte Schwarmfische, die in langgestreckten Becken mit gutem Pflanzenwuchs, aber auch freiem Schwimmraum am besten zur Geltung kommen. Temperatur 22 bis 24 °C, im Winter 18 bis 21 °C. Sehr genügsame und friedliche Allesfresser, auch Trockenfutter. Zur Zucht eignen sich gestreckte Aquarien mit abgestandenem Frischwasser. Die Härte des Wassers und der pH-Wert sind von geringer Bedeutung. In die dunklen Ecken des Ablaichbeckens bringt man dichte Bündel *Nitella* oder Javamoos; manche Arten, zum Beispiel der Zebrabärbling, laichen auch ohne Pflanzeneinsatz über kiesigem Bodengrund.

Die Tiere kann man entweder paarweise ansetzen oder im Schwarm ablaichen lassen. Bei paarweisem Zuchtansatz kommt zuerst das ♀ in das Ablaichbecken, nach 1 bis 2 Tagen setzt man abends 1 bis 2 ♂♂ dazu. Ähnlich geht man beim Ansetzen eines kleinen Schwarmes vor. Die Paarung selbst ist unkompliziert. Zahlreiche Eier werden auf einmal ausgestoßen. Die Elterntiere sind Laichräuber und deshalb während des Laichens mit Enchyträen zu füttern. Die Jungen schlüpfen nach 20 bis 24 Stunden, hängen zunächst an Pflanzen und Scheiben und sind nach Aufzehrung des Dottersackes mit feinstem Lebendfutter oder Kunstfutter zu versorgen. Die Zuchtpaare können nach 3 bis 4 Wochen wieder angesetzt werden. Wachstum schnell. Sehr produktiv.

»Brachydanio frankei« (Taf. 36)
Meinken, 1963
Leoparddanio

Vorkommen unbekannt; bis 5 cm.

Ähnlich gestaltet wie der bekannte Zebrabärbling (*Brachydanio rerio*). Beim ♂ sind in eine bronze- bis goldfarbene Grundtönung zahlreiche kleine, unregelmäßige, meist runde bis längliche, dunkle Flecken eingestreut, die insgesamt eine Leopardzeichnung ergeben. Flossen zum Teil dunkel getüpfelt. ♀ kräftiger, insgesamt heller gefärbt.

Es wird vermutet, daß es sich bei *B. frankei* um eine Mutante von *B. rerio* handelt.

Pflege und Zucht, wie bei *Brachydanio albolineatus* angegeben. Zucht sehr einfach.

Brachydanio rerio (Taf. 36, 37)
(Hamilton-Buchanan, 1822)
Zebrabärbling

Östlicher Teil Vorderindiens; bis 4,5 cm.

Schlank, 2 Paar Barteln. Körperseiten goldglänzend mit 4 preußischblauen Längsbinden. Afterflosse ähnlich gestreift. ♀ kräftiger, insgesamt mehr silbrig.

Die Art ist außerordentlich genügsam und zählebig und so für den Anfänger ganz besonders geeignet. Pflege und Zucht, wie bei *Brachydanio albolineatus* angegeben. Seit einigen Jahren ist von *B. rerio* auch eine langflossige Mutante bekannt (Taf. 37).

Carassius auratus auratus
(LINNAEUS, 1758)
Goldfisch, King-Yo

Der Goldfisch ist eine Unterart der Silberkarausche. Eine zweite Unterart, der Giebel (*Carassius auratus gibelio* [BLOCH, 1783]), ist von Ostasien bis Mitteleuropa verbreitet. Die Neigung der silbergrauen Wildformen des Goldfisches, Silber- und Goldvarietäten zu bilden, ist von den Chinesen durch Linienzucht verstärkt und fixiert worden. Die heute neben dem normalen Goldfisch verbreiteten Zuchtformen gehen auf Mutationen zurück, die gezielt weitergezüchtet und kombiniert wurden. In der Geschichte Chinas taucht der Goldfisch während der Song-Dynastie um 970 auf. Schon im 12. Jahrhundert gab es goldgelbe, silberweiße und schwarzweiße Goldfische und einige monströse Formspielarten. Die Wertschätzung, die diesem Tier und seinen Varietäten entgegengebracht wird, spiegelt sich von nun an in der Dichtkunst, der Malerei, der Porzellandekoration und sogar der Philosophie wider. Um 1650 brachten Engländer den Goldfisch nach Europa, 1728 wurde er in Holland erstmalig gezüchtet.

Schöne Exemplare sind am Rücken rotgold, an den Seiten golden und am Bauch messinggelb gefärbt, Flossen rotgold bis gelblich. Neben einwandfreien Tieren ergibt jede Zucht auch weiß-rotgoldene und schwarz-rotgoldene Schecken, häufig auch Tiere, die nur blaßrosa gefärbt sind. Letztere gelangen unter dem Namen »Silberfische« in den Handel.

Goldfische gedeihen am besten in großen Aquarien mit lockerem Pflanzenbestand oder in Gartenteichen. In den letzten Jahren wird die Hälterung in Kugelgläsern, sogenannten Goldfischgläsern, wieder modern, eine Entwicklung, die sich den Vorwurf »Tierquälerei« gefallen lassen muß. Allesfresser, auch pflanzliche Nahrung. Eine Überwinterung im Freien ist in unseren Breiten nicht möglich. In Amerika, Südfrankreich, Portugal und auf der Insel Mauritius kommt der Goldfisch als verwilderter Fisch vor und belebt oft zu Tausenden die Teiche und Flüsse.

Am besten bewährt sich bei uns folgende Zuchtmethode: Die Tiere hältert man bei 22 bis 23 °C in großen Becken und füttert gut. Sobald sie mit der Balz beginnen, können Rogen und Milch abgestreift werden. Man hält dazu das ♀ mit einem feuchten Tuch so in der linken Hand, daß Kopf und Rücken in die Hohlhand zeigen, der Bauch und die Aftergegend aber freiliegen. Nun streicht man vorsichtig mit dem rechten Daumen vom Kiemendeckel zur Afteröffnung, wobei die übrigen Finger einen leichten Gegendruck ausüben. Diese Bewegung wiederholt man so lange (5- bis 8mal), bis keine Eier mehr austreten. Als Auffanggefäß für die Eier eignet sich jeder tiefe Teller. Er muß feucht sein, darf aber kein Wasser enthalten. Sofort nach dem ♀ wird das ♂ abgestreift, die weiße Milch soll direkt auf die Eier tropfen. Anschließend werden mit einem abgeschmolzenen Glasrohr oder einer Feder Milch und Rogen vorsichtig durchmischt und mit Wasser versetzt. Die befruchteten Eier bringt man am besten in größeren Aquarien unter, nur neutrales kristallklares Altwasser verwenden. Nach einiger Übung gelingt es auch, ♀ und ♂ gleichzeitig abzustreifen. Dabei liegt in jeder Hand ein Fisch. Auf diese Weise kann man Zuchten bis zu 10 000 und mehr erzielen. Die Jungen schlüpfen nach 5 bis 7 Tagen und hängen zunächst an den Scheiben und Pflanzen. Nach der Aufzehrung des Dottersakkes werden sie mit feinem Lebendfutter, notfalls auch mit Eigelb und zerriebenen Salatblättern, gefüttert. Sie sind einfarbig graugrün und färben sich erst nach einem Jahr, manchmal erst nach zwei Jahren um. Alle Spielarten des Goldfisches lassen sich in der gleichen Weise vermehren, ihre Hälterung ist aufwendiger, vor allem benötigen sie Temperaturen von mindestens 15 °C. Eine sehr gute Bearbeitung des Goldfisches stammt von PIECHOCKI (Die Neue Brehm-Bücherei, Nr. 460, 1973).

Bekannt sind vor allem folgende Spielarten: Normaler, roter, gelber oder gefleckter Goldfisch, Londoner und Bristol-Shubunkin, Schleierschwanz, Schwarzer Teleskop-Schleierschwanz, Fächer- und Kometenschwanz. Alle Spielarten werden nach internationalen Standards bewertet (Taf. 38).

Carassius carassius
(LINNAEUS, 1758)
Karausche, Moorkarpfen

Mit Ausnahme von Spanien, Irland, Nordschottland, Nordfinnland und der Schweiz in ganz Europa verbreitet, östlich bis zur Lena; meist 20 bis 25 cm.

Körper karpfenähnlich, bei älteren Tieren hoch und gedrungen. Rückenflosse kürzer als beim Karpfen, Schwanzflosse nur wenig eingebuchtet, keine Barteln. Oberseite dunkel, Körperseiten bräunlich- bis gelbgrün, meist mit Messingglanz. Jüngere Tiere häufig mit einem quergestellten dunklen Fleck auf der Schwanzflossenwurzel. Paarige Flossen und Afterflosse vor allem bei Jungtieren mehr oder weniger schmutzig-gelbrot bis rot. ♀ im geschlechtsreifen Alter kräftiger und mit stärkerem Leibesumfang.

Bodengrundfisch, der hauptsächlich in flachen, verkrauteten Teichen aber auch in Seen und sogar in stark verschmutzten Gewässern vorkommt. Allesfresser. Laichzeit von Mai bis Juni, die Eier werden an Wasserpflanzen abgesetzt. Sehr fruchtbar, ältere ♀♀ können bis 300 000 Eier in einer Laichperiode produzieren. Die äußerst widerstandsfähige, genügsame Art eignet sich vor allem als Jungfisch vorzüglich für das Heimataquarium (siehe S. 63). Mit der Karausche ist der Giebel *(Carassius auratus gibelio)* verwandt, der vor allem in Sibirien und Osteuropa beheimatet ist. In den westlichen Verbreitungsgebieten kommen reine Weibchenpopulationen vor, die sich für die Fortpflanzung ♂♂ anderer Arten, in erster Linie ♂♂ der Karausche oder des Karpfens, ausleihen. Die Samenfäden der artfremden ♂♂ dringen zwar in die Eizellen ein (Besamung), jedoch kommt es nicht zur Vereinigung des Eizellkerns mit dem Kern des Samenfadens (Befruchtung), das heißt, die artfremden Samenfäden dienen nur zur Entwicklungsanregung. Aus den so besamten Eiern entstehen nur ♀♀. Die Entwicklung läßt sich auch künstlich mit einer feinen Glasnadel auslösen.

Cyprinus carpio (Taf. 39)
LINNAEUS, 1758
Karpfen

Ursprüngliche Heimat Japan, China, Mittelasien; meist bis 40 cm. Kleine Karpfen eignen sich gut für das Heimataquarium (siehe S. 63).

Für die Aquaristik sind jedoch vor allem die sogenannten Farbkarpfen, Buntkarpfen oder Kois interessant. Sie stammen aus der Umgebung von Niigata in Japan, sind heute aber weltweit verbreitet. Die Zahl der Zuchtformen ist fast unüberschaubar. Im Gegensatz zum Goldfisch, bei dem neben Farbschlägen vor allem monströse Formveränderungen gezüchtet werden, stehen beim Farbkarpfen feinste Farbnuancen, Farbmuster und Beschuppungsmuster im Vordergrund der Zucht. Farbkarpfen können wie Goldfische gehältert werden. Am besten kommen sie in größeren, tiefen Teichen zur Geltung. Überwinterung im Freien in Mitteleuropa nicht möglich.

Danio devario (Taf. 36)
(HAMILTON-BUCHANAN, 1822)
Devariobärbling

Indische Nordwestprovinzen, Orissa, Bengalen, Assam; bis 10 cm.

Ähnlich gestaltet wie die nachfolgende Art, jedoch ist die Bauchlinie stärker ausgebuchtet und der Körper dadurch etwas höher. Barteln fehlen. Grünlichsilbern mit bläulichem Schimmer, Schulterpartie leuchtend blau mit mehreren senkrechten gelben Streifen. Bauch- und Afterflosse meist etwas rötlichbraun. ♂ schlanker, kräftiger gefärbt.

Pflege und Zucht, wie bei *Brachydanio albolineatus* angegeben (siehe S. 216).

Danio malabaricus (Taf. 36)
(JERDON, 1849)
Malabarbärbling

Westküste Vorderindiens und Sri Lanka in klaren Fließgewässern; bis 12 cm, mit 6 bis 7 cm geschlechtsreif.

Körper gestreckt, seitlich stark zusammengedrückt, Kopf spitz, Maul nach oben gerichtet, 1 Paar Barteln. 3 bis 4 stahlblaue, durch goldfarbene Linien getrennte Längsstreifen. Kiemendeckel mit einem goldfarbenen bis grünlichen Fleck. Flossen zart bläulich bis rosa, an der Basis gelegentlich rötlich. ♀ matter gefärbt, der mittlere blaue Streifen biegt am Grunde der Schwanzflosse nach oben. ♂ wie oben angegeben gefärbt, mittlerer Streifen gerade.

Pflege und Zucht, wie bei *Brachydanio albolineatus* angegeben (siehe S. 216). Zuchtbecken mindestens 60 × 25 × 30 cm, Temperatur 25 bis 28 °C.

Epalzeorhynchus kallopterus (Taf. 40)
(BLEEKER, 1850)
Schönflossenbarbe

Sumatra, Kalimantan; nicht häufig; bis 14 cm, im Aquarium höchstens 10 cm.

Körper langgestreckt, schlank, seitlich wenig abgeflacht, Kopf spitz, die Schnauze überragt das Maul, zwei Paar Barteln. Rosenholzfarben mit goldener Längslinie, die unten von einem breiten schwarzen Band begleitet wird. Rückenflosse mit schwarzem Außenteil. Geschlechtsunterschiede nicht sicher bekannt.

Pflege in großen Becken mit regional dichter Pflanzung, Astwerk und weichem Bodengrund. Temperatur 23 bis 26 °C, weiches Wasser, Lebendfutter. Die anspruchslose Art hält sich vorwiegend in Bodennähe oder in hohlem Holzwerk auf. Die mit fransenartigen Fortsätzen ausgestattete Oberlippe eignet sich vorzüglich zum Abweiden von Algenrasen. Planarienvertilger. Anderen Fischen gegenüber friedlich, untereinander oft sehr unverträglich (Revier- und Rangordnungskämpfe). Fortpflanzung unbekannt.

Esomus malayensis (Taf. 36)
(MANDÉE, 1909)
Malaiischer Flugbärbling

Halbinsel Malakka und südliches Vietnam; bis 8 cm.

Körper schlank, seitlich stark abgeflacht, Kopf spitz. Maul nach oben gerichtet, zwei Paar Barteln, von denen die Oberkieferbarteln mindestens bis zu den segelförmig vergrößerten Brustflossen reichen. Silberglänzend, bei schrägem Lichteinfall messingfarben. Entlang der Seitenmitte ein undeutliches dunkles Längsband, das auf der Schwanzflossenwurzel in einen runden bis viereckigen, tiefschwarzen, goldumrandeten Fleck übergeht. Kiemendeckel mit goldenem Glanzfleck. ♀ Bauchprofil stärker ausgebuchtet, größer.

Pflege in großen, langgestreckten Becken mit gruppierter Bepflanzung und freiem Schwimmraum. Die Tiere stehen meist unter der Wasseroberfläche und lauern auf Anflugnahrung. Temperatur 23 bis 25 °C, Lebendfutter, zur Zucht besonders Mückenlarven, Tubifex und Enchyträen. Zuchtbecken mit *Nitella*, Algenbündeln oder Javamoos reichlich besetzen. Pflanzen fest verankern! Abgestandenes, weiches bis mittelhartes Frischwasser verwenden. Wenn ein sonniger Tag zu erwarten ist, setzt man am Morgen vorher das ♀ und am Abend das ♂ ein. Die Tiere laichen meist in einer Beckenecke, bis 700 Eier. Laichräuber! Die Jungen kommen bei 24 bis 26 °C schon nach 16 bis 20 Stunden aus und hängen zunächst an den Pflanzen und Scheiben, schwimmen jedoch schon nach 2 bis 3 Tagen frei. Mit feinsten Nauplien oder Rädertierchen anfüttern. Wachstum schnell.

Außer der genannten Art wurden vereinzelt auch andere Flugbärblinge importiert und gezüchtet.

Labeo bicolor (Taf. 40)
SMITH, 1931
Feuerschwanz-Fransenlipper

Thailand, in Bächen bei Bangkok; bis 12 cm.

Körper gestreckt, Rückenflosse fahnenartig hochstehend, 2 Paar Barteln. Samtschwarz mit scharf abgesetzter, orangeroter bis blutroter Schwanzflosse. ♀ im geschlechtsreifen Alter deutlich kräftiger.

Diese prächtige Art ist in weichem, leicht torfigem, regelmäßig teilerneuertem Wasser zu pflegen. Das Becken darf nicht zu hell stehen und soll den sehr flinken, etwas scheuen Tieren Versteckmöglichkeiten bieten. Frißt außer Lebendfutter aller Art auch Algenbeläge, Spinat und Salat. Bei 24 bis 27 °C recht widerstandsfähig und lebhaft. Leider sind die Tiere untereinander unverträglich (Revier- und Rangordnungskämpfe). Über die Zucht berichtet unter anderen NOSHNOW (Aquar. Terr. **29**, 199–201, 1982). Sehr produktiv.

Labeo frenatus (Taf. 40)
FOWLER, 1934
Grüner Fransenlipper

Nordthailand; bis 8 cm.

Der voranstehenden Art ähnlich, jedoch mit dunkler Zügelbinde und mehr graugrünem Körper. Alle Flossen rot.

Pflege, wie bei *Labeo bicolor* angegeben. Revier- und Rangordnungsverhalten nicht so stark ausgeprägt. Vorzügliche Algenvertilger. Vereinzelt mit Erfolg nachgezogen. *Labeo erythrurus* ist vermutlich ein Synonym.

Leucaspius delineatus
(HECKEL, 1843)
Moderlieschen, Sonnenfischchen

In Ost-, Nord- und Mitteleuropa weit verbreitet; bis 10 cm, meist kleiner.

Körper schlank. Maul etwas nach oben gerichtet, klein. Bauch zwischen Bauchflosse und After scharfkantig. Silberglänzend, im hinteren Körperdrittel eine stahlblaue Längsbinde. Flossen farblos, glasig. Die ♀♀ mit stärker ausgebogener Bauchlinie.

Schwarmfisch kleiner stehender oder langsam fließender, verkrauteter Gewässer. Die Art frißt hauptsächlich Anflugnahrung, jedoch auch kleine Wassertiere, abgestorbene Pflanzenteile und Algen. Das interessante Laichgeschäft fällt in die Monate April und Mai. Die Eier werden dabei in Reihen oder ringförmig an Pflanzenstengeln abgelegt, vom ♂ bewacht und durch Anstoßen des Stengels bewegt.

Für Kaltwasseraquarien gut geeignet. Die Art schreitet nach kalter Überwinterung zumindest in größeren Aquarien willig zur Fortpflanzung. Aus den Schuppen wurde früher Perlessenz gewonnen, eine silbrige Substanz, die man für die Herstellung verspiegelter Glaskugeln, künstlicher Perlen, echtem Fischlack und verschiedenen Kosmetika verwendete.

Phoxinus phoxinus (Taf. 46)
(LINNAEUS, 1758)
Elritze, Pfrille

Fast ganz Europa außer Südspanien, Mittel- und Süditalien, Griechenland und Island, östlich bis zum Amur; bis 14 cm.

Körper gestreckt, seitlich bis auf den Schwanzstiel wenig abgeflacht, Maul nach vorn gerichtet, klein, Schuppen klein, Seitenlinie unvollständig. Färbung veränderlich. Meist metallisch gelbgrün mit goldglänzendem Längsstrich und undeutlichen Sattelbinden. Flossen zum Teil mit roter Basis und weißem Mittelfeld. Zur Laichzeit haben beide Geschlechter Laichausschlag in Form weißlicher Höcker in der Nackenregion, Bauchseite der ♂♂ dann blutrot. Außerhalb der Laichzeit sind die Geschlechter kaum zu unterscheiden.

Die Elritze ist ein Schwarmfisch, der hauptsächlich die oberen Wasserschichten klarer Gewässer bewohnt. Als Nahrung dienen Anfluginsekten und Kleinkrebse. Fortpflanzungszeit April bis Juni, Schwarmlaicher, Laichplätze im Flachwasser an Steinen.

Für das Kaltwasserbecken vorzüglich geeignet. Becken mit kiesigem Bodengrund und Frischwasser, Durchlüftung unerläßlich. Die Art frißt mit Vorliebe Rote Mückenlarven und andere Insekten. Zucht in Gefangenschaft nicht schwierig. Die Jungen schlüpfen nach 6 Tagen und sind mit Nauplien zu füttern. Sie wachsen sehr langsam und sind erst nach 3 bis 4 Jahren geschlechtsreif. Die Elritze hat einen gut entwickelten Hör- und Geschmackssinn, Merkmale, die vielfach wissenschaftlich untersucht wurden.

Rasbora borapetensis
SMITH, 1934
Glanzlinienbärbling

Thailand (Bung Borat); bis 5 cm.

Körper gestreckt, die Rückenflosse entspringt dicht hinter der Bauchflosse. Insgesamt zart grünlich bis gelblich. Vom Kiemendeckel bis in die Schwanzflossenwurzel ein schwarzer Längsstrich, der oben von einer Glanzlinie begleitet wird. Schwanzflossenbasis rot. ♀ kräftiger.

Pflege und Zucht, wie bei *Rasbora heteromorpha* angegeben. Nicht sehr produktiv.

Rasbora cephalotaenia (Taf. 42)
(BLEEKER, 1852)
Zweibindenbärbling

Westkalimantan, Ostsumatra, Bangka, Belitung; bis 12 cm.

Robust, langgestreckt. Mehr oder weniger gelbbraun mit schwarzer, oben von einer Glanzlinie begrenzter Seitenbinde. Besonders charakteristisch für die Art ist eine zweite Längsbinde zwischen Brustflossen- und Afterflossenansatz. ♀ Bauchlinie stärker ausgebuchtet.

Pflege und Zucht siehe bei *Rasbora heteromorpha*. Die Art steht häufig wippend unter Schwimmpflanzen und lauert so auf Anflugnahrung. Sie wird neuerdings in die Gattung *Parluciosoma* gestellt.

Rasbora dorsiocellata
DUNCKER, 1904
Augenfleckbärbling

Halbinsel Malakka, Sumatra; bis 6,5 cm.

Körper gestreckt. Zart gelbsilbern mit bläulichem oder violettem Schimmer und zwei Längslinien. Rükkenflosse mit großem schwarzem Fleck. ♀ wesentlich kräftiger, Schwanzflosse zartgelb. ♂ schlanker, Schwanzflosse rötlich.

Pflege und Zucht, wie bei der nachfolgenden Art angegeben. Zucht nicht schwierig, sehr produktiv. Die Unterart *Rasbora dorsiocellata macrophthalma* hat größere Augen, die dunklen Längsstriche fehlen.

Rasbora heteromorpha (Taf. 5)
DUNCKER, 1904
Keilfleckbärbling

Halbinsel Malakka, Thailand, Ostsumatra; bis 4,5 cm.

Körper relativ kurz und hoch. Körper mit mohnrotem bis violettem Mattglanz. Auf der hinteren Körperhälfte ein keilförmiger, blauschwarzer Fleck. ♀ Bauchlinie stärker ausgebuchtet, die untere vordere Ecke des Keiles liegt über der Bauchflossenbasis und ist oft etwas verschwommen. ♂ schlanker, die untere vordere Kante des Keiles ist ausgezogen und reicht meist bis zur Bauchmittellinie.
Eine in den letzten Jahren importierte Art, *Rasbora hengeli* MEINKEN, 1956, ist ähnlich gezeichnet, jedoch nicht ganz so brillant gefärbt (Taf. 41).

Die in ganz Südostasien einschließlich des indoaustralischen Inselgebietes beheimateten *Rasbora*-Arten (Bärblinge) sind Schwarmfische, die in größeren Schulen die oberen Wasserschichten fließender und stehender Gewässer bewohnen und zum Teil auch im Schwarm ablaichen. Einige Arten, wie *Rasbora heteromorpha* und *R. maculata*, kommen nur in weichen, schwach sauren, oft torfigen Gewässern vor.

Die meisten *Rasbora*-Arten sind sehr schlank und niedrig, wenige, wie *R. heteromorpha* oder *R. vaterifloris*, relativ kurz und hoch. Pflege im allgemeinen nicht schwierig. Den schwimmaktiven Tieren biete man freien, pflanzengesäumten Schwimmraum, nach Möglichkeit weiches, torfgefiltertes Wasser und Temperaturen um 24 bis 25 °C. Alle *Rasbora*-Arten sind friedlich und können deshalb mit anderen Friedfischen vergesellschaftet werden. Sie fressen Lebendfutter aller Art, besonders aber verschiedene Kleinkrebse und Mückenlarven.

Viele Arten, wie *R. dorsiocellata* und *R. urophthalma*, lassen sich in weichem, neutralem bis schwach saurem, gut abgestandenem Frischwasser leicht vermehren. Wesentlich mehr Aufmerksamkeit erfordern *R. heteromorpha, R. maculata, R. vaterifloris, R. pauciperforata* u. a. Neben der Wasserqualität spielt hier besonders die Auswahl der Paare eine entscheidende Rolle. Das Zuchtwasser soll sehr weich, schwach sauer sein (1,5–2,5 °dGH, pH 6,3–6,7) und Torfextraktstoffe enthalten. Vielfach laichen die Tiere erst einige Tage nach dem Ansetzen (z. B. *R. maculata*). Für größere Arten sind große, langgestreckte Zuchtbecken erforderlich. Bei den meisten Bärblingen wird das Laichgeschäft durch Sonneneinfall angeregt. WICKLER empfiehlt für alle Arten dunklen Bodengrund. Die Paarung erfolgt nach mehr oder weniger heftigem Treiben und meist erst nach zahlreichen Scheinpaarungen zwischen oder über feinfiedrigen oder feinblättrigen Pflanzen. *Rasbora heteromorpha* und *R. hengeli* laichen an der Unterseite größerer Blätter (Taf. 41), *Rasbora dorsiocellata* auf der Oberseite von Blättern. Die Eier einiger Arten haben nur geringe Klebkraft und fallen deshalb meist zu Boden. Das Balzverhalten ist bei den meisten Arten ähnlich. Das ♂ lockt das ♀ zum Laichplatz. Dort schmiegen sich die Partner in normaler Körperlage seitlich eng aneinander und stoßen die Geschlechtsprodukte aus. *Rasbora heteromorpha* und *R. hengeli* machen eine Ausnahme. Das ♀ dreht sich unter einem Blatt in Rückenlage, das ♂ rutscht daneben und schlingt den Schwanzstiel um den Rücken des ♀. In dieser Körperstellung werden Eier und Samenzellen ausgestoßen (Taf. 41). Die Paarung wird häufig wiederholt.

Die Eizahl kann groß sein, die sehr kleinen Jungfische schlüpfen nach 24 bis 30 Stunden, hängen sich zunächst an Wasserpflanzen und schwimmen nach 3 bis 5 Tagen frei. Die Elterntiere betreiben keine Brutpflege, sind sogar teilweise Laichräuber. Sie werden am besten nach dem Ablaichen entfernt. Auch hat es sich häufig als vorteilhaft erwiesen, den Wasserstand nach dem Ablaichen auf 10 bis 12 cm zu senken. Die Jungfische wachsen bei ausreichender Versorgung mit Lebendfutter schnell (zunächst Rädertierchen und Nauplien). Es ist notwendig, dem Aufzuchtbecken möglichst häufig Frischwasser zuzusetzen.

Rasbora kalochroma (Taf. 43)
(BLEEKER, 1850)
Schönflossenbärbling

Halbinsel Malakka, Sumatra, Kalimantan; bis 5 cm.

Körper mäßig gestreckt. Insgesamt mehr oder weniger weinrot mit zwei dunklen bis schwarzen Flekken an den Körperseiten. ♀ weniger intensiv gefärbt und insgesamt kräftiger.

Diese Art zeigt ihre schöne Färbung nur, wenn ein kleiner Trupp gepflegt wird. Weitere Hinweise siehe bei der voranstehenden Art.

Rasbora maculata (Taf. 42)
DUNCKER, 1904
Zwergbärbling

Südliche Halbinsel Malakka, Sumatra, in Gräben und Teichen; bis 2,5 cm.

Körper und Flossen der zierlichen Art mehr oder weniger rot mit schwarzen Flecken, Kanten und Spitzen. ♀ mehr gelblich. Bauchlinie gerundet. ♂ kirschrot, schlanker.

Pflege und Zucht, wie bei *Rasbora heteromorpha* angegeben. Die für kleinste Aquarien geeignete Art zeigt bei dunklem Bodengrund die schönsten Farben. Zur Zucht über Torf gefiltertes weiches Wasser. Die Geschlechter halte man zunächst getrennt und füttere kräftig. Laichwillige Paare bringen bis 200 Eier.

Rasbora pauciperforata (Taf. 43)
WEBER und DE BEAUFORT, 1916
Rotstreifenbärbling

Halbinsel Malakka, Sumatra, Belitung; bis 7 cm.

Eine der schönsten schlanken *Rasbora*-Arten. Besonders charakteristisch ist eine mohn- bis kupferrote Längsbinde, die von der Schnauzenspitze bis in die Schwanzflossenwurzel zieht. ♀ Bauchlinie stärker ausgebuchtet.

Pflege, wie bei *Rasbora heteromorpha* angegeben.

Rasbora urophthalma (Taf. 42)
AHL, 1922
Schwanzfleckbärbling

Sumatra; bis 2,5 cm.

Eine der kleinsten schlanken *Rasbora*-Arten. Zart bräunlich mit stahlblauer Längsbinde, die unterhalb der Rückenflosse am breitesten ist und oben von einer goldroten Glanzlinie begleitet wird. Vorderkante der Rücken- und Afterflosse sowie oberer und unterer Rand der Schwanzflosse schwärzlich. ♀ größer, insgesamt farbloser. ♂ Rückenflosse mit weißlichem Fleck an der Basis. Wesentlich schlanker.

Pflege und Zucht, wie bei *Rasbora heteromorpha* angegeben. Die Zucht dieses Fischzwerges ist nicht schwierig. Die Eier werden in Algenbüscheln oder an der Blattunterseite kleinblättriger Wasserpflanzen abgelegt. Die Tiere laichen mehrere Tage hintereinander. Temperatur 26 bis 28 °C.

Rasbora vaterifloris (Taf. 43)
DERANIYAGALA, 1930
Perlmuttbärbling

Sri Lanka, in Gebirgsgewässern; bis 4 cm.

Körper relativ kurz und hoch, ähnlich gestaltet wie der bekannte Keilfleckbärbling. Zart graugrün mit violettem Perlmuttglanz. Bauchseite, Schwanzstiel und Flossen mehr oder weniger orange. ♀ Flossen gelblich. ♂ meist kleiner, die ersten Flossenstrahlen der Afterflossen verlängert.

Pflege und Zucht, wie bei *Rasbora heteromorpha* angegeben. Man sollte *Rasbora vaterifloris* stets in größeren Schwärmen pflegen, nur so zeigen die Tiere ihre schöne, etwas eigenartige Färbung. Einzeltiere kümmern. Eine dieser Art nahe verwandte, mehr kupfrige bis geranienrote Form ist 1957 von MEINKEN als *Rasbora nigromarginata* beschrieben worden.

Rhodeus sericeus
(PALLAS, 1776)
Bitterling, Schneiderkarpfen

Mittel- und Osteuropa, Kleinasien; maximal 9 cm.

Karpfenähnlich gestaltet, jedoch seitlich stark zusammengedrückt, Maul klein, nach vorn gerichtet. Einer der interessantesten einheimischen Karpfenfische. Für das Kaltwasseraquarium vorzüglich geeignet und hinsichtlich seiner Farbenpracht zur Laichzeit nur von wenigen Exoten übertroffen. Außerhalb der Laichzeit sind beide Geschlechter grausilbern bis graugrün, auf dem Schwanzstiel ein seegrüner Glanzstreifen. Rückenflosse schwärzlich, die übrigen Flossen zart gelblich.

♂ zur Laichzeit Nacken und Rücken oliv- bis grasgrün. Körperseiten in allen Regenbogenfarben schillernd, wobei Violett und Stahlblau besonders hervortreten. Kehle und Bauch orange- bis blutrot. Rücken- und Afterflosse hochrot und schwarz gesäumt. Schwanzflosse am Grunde grünlich, außen gelb. Über der Oberlippe und den Augen große weißliche Warzen (Laichausschlag).

♀ zur Laichzeit gelblich. Vor der Afterflosse stülpt sich eine 45 bis 50 mm lange blaßrote Legeröhre aus.

Pflege in gut bepflanzten Becken mit Mulmschicht ohne Durchlüftung. Temperaturen bis 22 °C. Allesfresser, mit Vorliebe Enchyträen und Mückenlarven. Die Tiere laichen nach kühler Überwinterung im April. Zur Eiablage benötigen die Bitterlinge lebende Muscheln (Maler- oder Teichmuscheln). Das ♂ wählt zunächst eine Muschel, umschwimmt diese häufig, stellt sich schräg mit dem Kopf über die Muschel, scheuert sich an ihr, betupft sie mit dem Maul und verteidigt sie schließlich als Laichrevier. Das ♀ mit der inzwischen langen Legeröhre wird jetzt zur Muschel gebalzt. Immer wieder schießt das ♂ dem ♀ entgegen, verharrt zitternd vor ihm und schwimmt dann langsam auf die Muschel zu. Schließlich folgt das ♀ und legt 2 bis 4 Eier in die Kiemen der Muschel ab. Dazu hockt es sich gleichsam auf die Ausströmöffnung der Muschel und führt in diese den körpernahen Teil der Legeröhre ein. Der äußere Teil ist abgeknickt und hängt zunächst nach außen. Nun werden durch Urindruck 2 bis 3 Eier in die Legeröhre gepreßt, die Röhre versteift sich dabei, das heraushängende Ende wird dadurch automatisch in die Muschel gezogen. Sofort nach der Eiabgabe – der ganze Vorgang dauert nicht ganz eine Sekunde – verläßt das ♀ die Muschel. Das ♂ stößt jetzt über der Muschel Samenfäden aus, die mit dem Atemwasser über die Einströmöffnung zu den Eiern gelangen.

Insgesamt legt ein Bitterlingsweibchen bis 80 hellgelbe, 3 mm große Eier, die in der Regel in mehreren Muscheln untergebracht werden. Die Jungen verlassen nach 4 bis 5 Wochen die Wirtsmuscheln und müssen jetzt mit feinstem Futter aufgezogen werden. Muscheln nun entfernen. Nach dem Ablaichen verkürzt sich die Legeröhre schnell, die intensive Färbung der ♂♂ verblaßt. In Mitteleuropa ist vor allem die Unterart *Rhodeus sericeus amarus* verbreitet.

Tanichthys albonubes (Taf. 43)
LIN, 1932
Kardinalfisch

VR China, bei Kanton in den Schluchten der Weißen Wolkenberge, Umgebung von Hongkong; bis 4 cm.

Körper gestreckt, schlank, seitlich etwas zusammengedrückt, Maul klein, nach oben gerichtet. Olivbraun bis hellbraun, entlang der Körperseiten eine leicht nach oben durchgebogene goldene, bei Jungtieren seegrüne Glanzbinde, die unten von einem dunklen Strich begleitet wird. Unpaarige Flossen gelb und rot. ♀ kräftiger, zur Laichzeit deutlich umfangreicher.

Kardinalfische pflege man in sonnig aufgestellten, gut bepflanzten Aquarien. Weiches bis mittelhartes, öfters teilerneuertes Wasser; nicht über Torf filtern! Allesfresser, auch Trockenfutter. Vorzugstemperatur 19 bis 21 °C. Zucht leicht, keine hohen Temperaturen! Die Tiere laichen viele Tage hintereinander, die Eier werden wahllos zwischen Pflanzen abgesetzt und von den Eltern bei ausreichendem Futterangebot kaum beachtet. Die Jungfische schlüpfen nach etwa 48 Stunden, Aufzucht leicht. Halbwüchsige Tiere erinnern an junge Neontetra. Seit einigen Jahren ist eine langflossige Mutante im Handel (Taf. 43).

Familie Gyrinocheilidae
Algenfresser

Hochinteressante Familie mit 3 Arten, die ausschließlich in Südostasien beheimatet ist.

Gyrinocheilus aymonieri (Taf. 43)
(TIRANT, 1883)
Siamesische Saugschmerle

Laos, Thailand, in Bächen; bis 25 cm, bleibt im Aquarium wesentlich kleiner.

Körper gestreckt, niedrig, Bauchseite flach. Das unterständige Maul ist von breiten, mit Raspelfalten besetzten Lippen umgeben, die zum Abweiden von Algenrasen dienen und in ihrer Gesamtheit eine Saugscheibe bilden. Da im angesaugten Zustand mit dem Maul kein Atemwasser aufgenommen werden kann, atmen die Tiere gleichsam hintenherum (nach WICKLER), das heißt, sie saugen Wasser am oberen Ende der Kiemendeckelspalte ein und geben dieses im unteren Bereich wieder ab. Zeichnung und Färbung sehr variabel. Grau- bis gelbbraun mit unregelmäßigen dunklen Flecken oder zeitweilig auch einer Längsbinde.

Die anspruchslose Art ist ein vorzüglicher Algenvertilger, der höhere Pflanzen unbeschädigt läßt. 1 bis 2 Tiere können in kürzester Zeit ein veralgtes Aquarium reinigen. In kleineren Aquarien pflege man die Tiere einzeln, in größeren Becken nur so viele, daß jedes ein genügend großes Revier haben kann.

Familie Cobitidae
Schmerlen, Dorngrundeln

Die in ganz Eurasien verbreiteten Dorngrundeln sind mit den Karpfenfischen verwandte Grundfische. Der Name Dorngrundeln bezieht sich auf den bei manchen Arten aufrichtbaren ein- oder zweispitzigen Dorn unter dem Auge (Abb. 111). Körper relativ hoch oder langgestreckt bis wurmförmig, Maul von mehreren Barteln umgeben. Zahlreiche Dorngrundeln wühlen sich zeitweise in den Bodengrund ein. Die kleinen bis sehr kleinen Schuppen sind tief in der dicken Haut verborgen. Ein Teil der Schwimmblase dient in Verbindung mit einigen Knöchelchen als Schallüberträger auf das Innenohr (Weberscher Apparat). Manche Arten haben zusätzliche Darmatmung, das heißt, atmosphärische Luft wird von der Wasseroberfläche aufgenommen und durch den Darm gedrückt, der Gasaustausch findet im Enddarm statt. Die Dorngrundeln kommen sowohl in klaren Fließgewässern als auch Teichen und Tümpeln vor. Über die Fortpflanzung ist wenig bekannt. Viele Arten sind prächtig gefärbt.

Acanthophthalmus semicinctus (Abb. 112)
FRASER-BRUNNER, 1940
Keilbinden-Dornauge

Halbinsel Malakka; bis 8 cm.

Körper wurmförmig, seitlich etwas abgeflacht, 3 Paar kurze Barteln. Gelblich bis zart lachsfarben mit 12 bis 16 dunklen Keilbinden, die vom Rücken höchstens bis zur Seitenmitte reichen (Ausnahmen: Kopfbinden und Binde auf der Schwanzflossenwurzel). ♀ kleiner. ♂ zweiter Flossenstrahl der Brustflosse verdickt.

Die ausdauernde Art kann in jedem gut eingerichteten Aquarium mit weichem, sandigem Bodengrund und Versteckmöglichkeit gepflegt werden. Sie verbirgt sich gern und erscheint oft nur bei der Fütterung. Als Nahrung nimmt das Dornauge Tubifex, Enchyträen, aber auch Futterreste und Trockenfut-

Abb. 111 Augendorn (Pfeil) des Steinbeißers *(Cobitis taenia)*

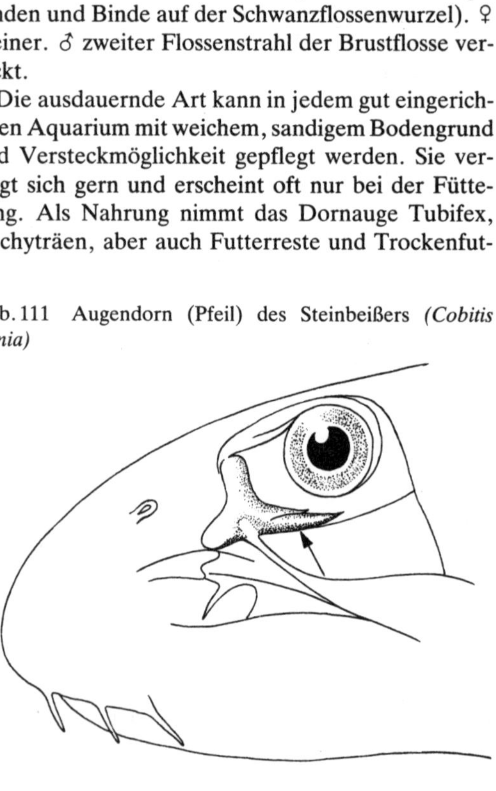

Abb. 112 Bekannte Dornaugen der Gattung *Acanthophthalmus.* Von oben nach unten: Kuhli-Dornauge *(A. kuhli kuhli)*, Keilbinden-Dornauge *(A. semicinctus)*, Gitter-Dornauge *(A. shelfordi)*

ter. Temperatur 24 bis 28 °C. Die Zucht läßt sich nur mit Hypophysierung planen. Auch spontanes Ablaichen wurde beobachtet. Aus den sich widersprechenden Berichten ist die Angabe, daß das Paar mehr oder weniger umschlungen durch die oberen Wasserschichten wirbelt und dabei zwischen den Pflanzen Eier ausstößt, am wahrscheinlichsten. Neben *Acanthophthalmus semicinctus* sind mehrere andere Dornaugen importiert worden. Sie unterscheiden sich unter anderem durch die Art der Bindenzeichnung (siehe Abb. 112).

Alle Arten stellen hinsichtlich der Pflege und Zucht die gleichen Anforderungen.

Botia lohachata (Taf. 44)
CHAUDHURI, 1912
Netzschmerle

Bangladesh, Pakistan; im Aquarium bis 10 cm.

Körper schlank, Bauchseite flach. 4 Paar Barteln. Auf silbergrauem bis goldglänzendem Grund treten sehr variable dunkle Gitterbalken hervor. Flossen zum Teil mit dunklen Flecken und Binden. Geschlechtsunterschiede unbekannt.

Bei gleichzeitiger Hälterung mehrerer Tiere legen diese ihre anfängliche Scheu meist ab. Pflege, wie bei der nachfolgenden Art angegeben.

Botia macracantha (Taf. 45)
(BLEEKER, 1852)
Prachtschmerle

Sumatra, Kalimantan; bis 30 cm, bleibt im Aquarium wesentlich kleiner.

Körper gestreckt, seitlich abgeflacht. Bauchlinie fast gerade, 4 Paar Barteln. Prächtige Art, die mit ihrer Färbung und Zeichnung an manche Korallenfische erinnert. Orangerot mit 3 keilförmigen samtschwarzen Querbinden. Alle Flossen blutrot. Keine deutlichen Geschlechtsunterschiede.

Die Pflege der ungewöhnlich flinken *Botia*-Arten muß vor allem auf das scheue Wesen der Tiere Rücksicht nehmen. Das Wohlbefinden ist weitgehend von den Lichtverhältnissen und den Versteckmöglichkeiten abhängig. Man halte das Schmerlenbecken relativ dunkel und stelle es in Augenhöhe auf, damit die Tiere durch vorübergehende Personen nicht ständig beunruhigt werden. Weicher, sandiger Bodengrund, umgestülpte Blumentopfteile oder Kokosnußschalen und dem Beschauer verborgene Schlupfwinkel beschleunigen die Eingewöhnung. Man pflege stets einen kleinen Trupp. Die Tiere sind, mit ihresgleichen vergesellschaftet, weniger scheu. Mäßige Bepflanzung, weiches bis mittelhartes, ab und zu teilweise erneuertes, gut durchlüftetes Wasser. Neben Kleinkrebsen, Tubifex, Enchyträen und Mückenlarven werden auch Futterreste oder Trockenfutter angenommen. Pflanzliche Beikost ist für manche Arten lebensnotwendig. Temperatur im allgemeinen um 24 °C. Die meisten Arten werden sehr alt (6–15 Jahre) Einige Botien können mit den Kiefern knakkende Töne erzeugen.

Beim Fangen verwende man nur grobmaschige Netze, da sich die Kopfdornen leicht festhaken. Die Zucht einiger *Botia*-Arten ist bereits gelungen.

Botia modesta (Taf. 45)
BLEEKER, 1864
Blaue Prachtschmerle

Laos, Thailand, Kampuchea; bis 25 cm.

Körper ziemlich hochrückig, seitlich stark abgeflacht. Graugrün bis bläulich mit roten bis orangefarbenen Flossen. Keine deutlichen Geschlechtsunterschiede.

Pflege und Zucht siehe voranstehende Art.

Botia sidthimunki (Taf. 44)
KLAUSEWITZ, 1959
Zwergschmerle

Laos und nördliches Thailand; bis 3,5 cm.

Zierliche, gestreckte Art. Gelbsilbern, oberseits goldbraun mit dunkelbraunen bis tiefschwarzen Längsbinden und Flecken, die bei älteren Tieren verblassen.

Pflege siehe bei *Botia macracantha.* Die Zwergschmerle ist sehr lebhaft und schwimmt sehr viel in den mittleren Wasserschichten. Allerdings zeigt sie dieses Verhalten nur im kleineren Schwarm, Einzeltiere sind sehr scheu. Zucht bereits mehrfach gelungen.

Botia striata (Taf. 44)
RAO, 1920
Zebraschmerle

Südindien, Tunga-Flußsystem; bis 7 cm.

Körper gestreckt, seitlich stark zusammengedrückt. Gelblich bis rötlich mit zahlreichen dunklen Schrägbinden. Keine deutlichen Geschlechtsunterschiede.

Pflege siehe bei *Botia macracantha.*

Cobitis taenia (Taf. 46)
LINNAEUS, 1758
Steinbeißer, Dorngrundel

Marokko und von Spanien bis Sibirien. Mehrere Unterarten; bis 12 cm.

Körper bandförmig, seitlich stark zusammengedrückt, Maul unterständig von 3 Paar sehr kurzen Barteln umgeben. Augendorn aufrichtbar, zweispitzig. Grau bis graugelb mit dunklen Tüpfellängsreihen über und unter der Seitenmittellinie. Rücken und Seiten außerdem fein punktiert. ♀ Brustflossen ohne große Deckschuppe. ♂ auf der Oberseite der Brustflosse eine sehr große, die Flosse zum Teil bedekkende Schuppe.

Die Steinbeißer leben stationär in klaren Bächen und Seen. Sie lassen sich gut in größeren, reichlich bepflanzten Kaltwasserbecken mit ganz feinem Sand als Bodengrund pflegen. Durchlüftung unerläßlich, Temperatur nicht über 20°C. Die Tiere buddeln sich tagsüber bis auf den Kopf oder die Augenpartie in den Sand ein. Die deutsche Bezeichnung »Steinbeißer« spielt auf die eigenartige Nahrungssuche an. Die Tiere nehmen dazu mit dem kleinen Maul Sand auf, kauen diesen durch und stoßen ihn ruckartig aus dem Kiemendeckelspalt aus. Allesfresser, auch Detritus und feine Pflanzen.

Die Laichzeit reicht von April bis Mai, nach kühler Überwinterung ist auch eine Zucht im Aquarium möglich. Die Eier werden an frei hängenden Wurzeln, aber auch über Sand und Steinen abgesetzt, Laichräuber. Die Jungen schlüpfen bei 14 bis 16°C in 4 Tagen. Aufzucht leicht, da die Jungtiere ihre Nahrung vorwiegend dem Mulm entnehmen.

Noemacheilus barbatulus
(LINNAEUS, 1758)
Bartgrundel, Schmerle

Ganz Europa mit Ausnahme der nördlichsten und südlichsten Teile, Sibirien, Korea, in Bächen und Klarwasserseen. Mehrere zum Teil geographisch isolierte Unterarten; bis 12 cm.

Körper gestreckt, vorn walzenförmig, hinten leicht zusammengedrückt, Maul unterständig, 3 Paar Barteln, kein Augendorn. Färbung recht verschiedenartig. In Mitteleuropa meist zart gelbbraun, unterseits gelblich bis gelbgrünlich. Am ganzen Körper große und kleine, meist regellos verstreute oder in Längsreihen angeordnete dunkle Flecken. Flossen farblos bis gelblich (besonders Afterflosse), Rücken- und Schwanzflosse oft mit dunklen Tüpfeln. Geschlechter schwer zu unterscheiden. Die ♂♂ sind kräftiger gefärbt, schlanker und kleiner und haben größere Brustflossen, deren 2. Flossenstrahl deutlich verdickt ist. Brustflossen der ♀♀ abgerundet, 2. Flossenstrahl nicht verdickt.

Die Schmerle ist in großen, mäßig bepflanzten Kaltwasserbecken mit Kiesgrund und großen Steinen zu pflegen. Allesfresser. Zucht im Aquarium bereits gelungen, die etwa 1 mm großen Eier werden bei der nächtlichen Paarung wahllos ausgestreut und kleben stark. Die Jungen schlüpfen bei 14°C nach etwa 12 bis 16 Tagen.

Familie Ictaluridae
Katzenwelse

Nordamerikanische Welse mit großem, breitem Kopf und seitlich stark zusammengedrückter Schwanzregion. Körper nackt, Maul groß, vier Paar halblange Barteln. Rückenflosse hoch, mit kräftigem stachelartigem 1. Flossenstrahl, Fettflosse verschieden groß, Afterflosse lang und breit. Eine Art, der Zwerg- oder Katzenwels (*Ictalurus nebulosus* [LESUEUR, 1819]), ist um die Jahrhundertwende in Europa eingebürgert worden und hat sich hier stark verbreitet (Taf. 46). Die Art ist dunkelbraun, bei auffallendem Licht leicht bronzefarben. Auch eine marmorierte Spielart ist bekannt.

Der bei uns heimisch gewordene Zwergwels ist ein ausgesprochenes Dämmerungstier, das erst abends auf Nahrungssuche geht. Man findet die Tiere in Teichen, Flüssen und Abzugsgräben. Die Laichzeit fällt in die Monate März bis Mai. An flachen, von der Frühlingssonne durchwärmten Stellen, meist unter überhängendem Ufer, wedeln ♂ und ♀ eine flache Grube. Die Eier werden in Ballen abgelegt und kleben auf dem Bodengrund fest. Die schwarzen Jungwelse schlüpfen nach etwa 8 Tagen, das ♂ betreibt Brutpflege. Wirtschaftlich bei uns wertlos.

Kleinere Katzenwelse sind interessante Pflegeobjekte, die zudem kaum Ansprüche stellen. Größere Becken mit weichem, sandigem, stellenweise kiesigem Bodengrund, Bepflanzung nicht erforderlich, wenn mäßig durchlüftet wird und Versteckmöglichkeiten zwischen Wurzelwerk und Steinen gegeben sind. Lebendes Futter aller Art, auch Pferdefleisch. Die Art wird häufig als Versuchstier verwendet. Hörsinn sehr gut entwickelt.

Familie Bagridae
Stachelwelse

Von Afrika bis Ostasien und auf der Halbinsel Malakka verbreitete Welse von gedrungener bis gestreckter Körperform und meist etwas unterständigem, quergestelltem Maul. Ober- und Unterkiefer, oft auch das Gaumenbein, bezahnt, 3 bis 4 Paar Barteln, Rückenflosse mit großem stachligem erstem Flossenstrahl, Haut nackt. In öffentlichen Schauaquarien sieht man aus dieser Familie gelegentlich *Auchenoglanis occidentalis* (CUVIER und VALENCIENNES, 1840), einen bis 50 cm langen, großfleckig gemusterten afrikanischen Wels. In der Aquaristik werden vor allem kleinere Arten der Gattungen *Chrysichthys, Leiocassis* und *Mystus* gepflegt. In den letzten Jahren hat vor allem der Zwergstachelwels (*Mystus mica*

Tafel 65, Foto 203–208 Oben: Celebes-Halbschnäbler *(Nomorhamphus celebensis)*, rechts beim Gebären. Mitte: Kubabachling *(Rivulus cylindraceus)* · Arnolds Prachtkärpfling *(Aphyosemion arnoldi)*. Unten: Gebänderter Prachtkärpfling *(Aphyosemion bivittatum)* von Funge · Kongoprachtkärpfling *(Aphyosemion christyi)*

Tafel 66, Foto 209–214 Oben: Roter Prachtkärpfling *(Aphyosemion cognatum)* · Rotgelber Prachtkärpfling *(A. rectogoense)*. Mitte: Gardners Prachtkärpfling *(A. gardneri)* · Himmelblauer Prachtkärpfling *(A. coeleste)*. Unten: Schulterfleck-Prachtkärpfling *(A. ocellatum)* · Walkers Prachtkärpfling *(A. walkeri)*

Tafel 67, Foto 215–218 Oben: Gestreifter Prachtkärpfling *(Aphyosemion striatum)* · Mafia-Prachtgrundkärpfling *(Nothobranchius korthausae)*. Mitte: Blauer Prachtkärpfling *(Aphyosemion sjoestedti)*. Unten: Goldfasan-Prachtkärpfling *(Roloffia occidentalis)*

Tafel 68, Foto 219–222 Oben: Rivalisierende ♂♂ des Vielfarbigen Prachtkärpflings *(Aphyosemion bitaeniatum)*. Mitte: Nackenfleckkärpfling *(Aplocheilichthys spilauchen)*, ♂. Unten: Japankärpfling *(Oryzias latipes)*, xanthoristische Rasse, ♀ mit Eitraube · Glänzender Leuchtaugenfisch *(Aplocheilichthys pumilus)*, ♀ und ♂
Tafel 69, Foto 223–224 Oben: Stahlblauer Spaltenlaicher *(Procatopus similis)*. Unten: Tanganjika-Leuchtauge *(Lamprichthys tanganicanus)*. Beide Arten bringen ihre Eier in Spalten und Ritzen unter.

Tafel 70, Foto 225–227 Oben: Streifenhechtling *(Aplocheilus lineatus)*, junges ♂. Mitte: Gemeiner Hechtling *(Aplocheilus panchax)*, ♂. Unten: Tüpfelhechtling *(Pachypanchax playfairii)*, ♀ über dem ♂. Alle drei Arten sind vorwiegend Oberflächenfische.

Tafel 71, Foto 228–233 Oben: Ringelhechtling *(Pseudepiplatys annulatus)*, ♂ · Ghanahechtling *(Epiplatys chaperi)*. Mitte: Querbandhechtling *(Epiplatys dageti monroviae)*, ♀ über dem ♂ · Blauer Fächerfisch *(Cynolebias bellottii)*, ♂. Unten: Gestreifter Schleierkärpfling *(Pterolebias zonatus)* · Perlmuttfächerfisch *(Cynolebias whitei)*

Tafel 72, Foto 234–236 Oben: Spanienkärpfling *(Aphanius iberus)*, rivalisierende ♂♂ · Edelsteinkärpfling *(Cyprinodon variegatus)*, ♂. Unten: Rotschwanzkärpfling *(Lucania goodei)*, ♂ über dem ♀. Alle drei Arten können im Sommer in Gartenteichen gehältert werden.
Tafel 73, Foto 237–242 Ablaichserie von Patrizis Prachtgrundkärpfling *(Nothobranchius patrizii)*. Oben links rivalisierende ♂♂. Reihenfolge links – rechts

Tafel 74, Foto 243–244 Oben: Rachows Prachtgrundkärpfling *(Nothobranchius rachovii)*, einer der farbigsten Vertreter der Gattung. Neben der rötlich-blauen Farbspielart ist eine vorwiegend blaue Spielart bekannt. Unten: Jubbs Prachtgrundkärpfling *(Nothobranchius jubbi)*, ♀ über dem ♂

Tafel 75, Foto 245–246 Oben: Roter Prachtgrundkärpfling *(Nothobranchius melanospilus)*, ♂. Unten: Günthers Prachtgrundkärpfling *(Nothobranchius guentheri)*, ♂

Tafel 76, Foto 247–248 Oben: Floridakärpfling *(Jordanella floridae)*, ♂. Unten: Hechtkärpfling *(Belonesox belizanus)*, ♀ über dem ♂
Tafel 77, Foto 249–250 Oben: Guatemalakärpfling *(Phallichthys amates)*. Unten: Koboldkärpfling *(Gambusia affinis)*, eine Art, die vielerorts zur Mückenbekämpfung ausgesetzt wurde.

.Tafel 78, Foto 251–254 Oben: Kaudi *(Phalloceros caudimaculatus)* · Zwergkärpfling *(Heterandria formosa)*, eine Art mit Superfoetation. Unten: Metallkärpfling *(Girardinus metallicus)*, ♂ über dem ♀ · Schwarzbandkärpfling *(Poecilia nigrofasciata)*, junges ♂ über dem ♀

Tafel 79, Foto 255–257 Oben: Crescent Black Molly, ♂, Kreuzung aus *Poecilia sphenops* × *Poecilia latipinna* · Dreifarbiger Jamaikakärpfling *(Poecilia melanogaster)*, ♂. Unten: Segelkärpfling *(Poecilia velifera)*, Hochzuchtform

Tafel 80, Foto 258–263 Zuchtformen des Guppy *(Poecilia reticulata)*. Bei einigen der abgebildeten Rassen haben auch die ♀♀ einzelne Farbmerkmale.

GROMOW, 1970) weite Verbreitung gefunden. Die aus dem Mittellauf des Amur stammende, bis 6 cm lange Art zeigt auf grauem bis ockerfarbenem Grund dunkle Längs- und Querbinden (Taf. 48). Pflege leicht, die Tiere sind friedlich, weniger scheu als viele andere Welse und sehr genügsam. Temperatur 15 bis 24 °C, Allesfresser. Die Art wurde zuerst als *Leiocassis brashnikowi* beschrieben.

Familie Siluridae
Echte Welse

Die Echten Welse sind nur in Eurasien und Afrika beheimatet. Haut völlig nackt, 1 bis 6 Paar lange bis sehr lange Barteln. Die Rückenflosse ist in der Regel klein oder vollständig zurückgebildet. Afterflosse sehr lang, oft mit der Schwanzflosse verwachsen. Augen meist klein. Die einzige in Mitteleuropa ursprünglich beheimatete Welsart gehört dieser Familie an. Es handelt sich dabei um *Silurus glanis* LINNAEUS, 1758 (Wels, Waller), eine Art, die meist um 1 m lang wird. Die größten gefangenen Exemplare hatten eine Gesamtlänge von 2,5 m. Kopf groß mit breiter Maulspalte, Rückenflosse sehr klein, Afterflosse lang, insgesamt düster gefärbt und dunkel gesprenkelt. Die sehr gefräßigen Tiere sind der nächtlichen Lebensweise angepaßt und ruhen tagsüber verborgen in Uferlöchern, unter Baumstümpfen und in anderen Verstecken. Die Jungwelse fressen allerlei Kleingetier, größere Exemplare sind Raubfische, die auch Wassergeflügel und schwimmende Kleinsäuger erbeuten. Laichzeit Mai bis Juni. Die Eier werden in flachen, von Pflanzenteilen umgebenen Gruben abgelegt und angeblich vom ♂ bewacht (Eizahl bis 100 000). Die schwarzen, kaulquappenähnlichen Jungwelse lassen sich im Kaltwasseraquarium gut pflegen. Sie nehmen fast jedes Futter, sind schnellwüchsig und relativ widerstandsfähig.

Kryptopterus bicirrhis (Taf. 47)
(CUVIER und VALENCIENNES, 1839)
Indischer Glaswels

Hinterindien, Große Sundainseln; bis 10 cm.

Körper langgestreckt, seitlich stark abgeflacht, 1 Paar lange Oberkieferbarteln, Schwanzstiel nach unten hängend. Rückenflosse bis auf einen Flossenstrahl reduziert. Glasartig durchsichtig mit sehr feinen Pigmentpunkten, im auffallenden Licht blau bis violett schimmernd. ♂ mit Genitalpapille.

Schwarmfisch, Einzeltiere kümmern. Pflege in gut bepflanzten und mit Wurzelwerk ausgestatteten Aquarien. 20 bis 25 °C, dunkler Bodengrund. Lebendfutter aller Art, vor allem Mückenlarven und Daphnien. Zucht schwierig. Die Tiere stehen meist mit der Schwanzflosse wedelnd etwas schräg zwischen den Pflanzen.

In verschiedenen Gegenden Mitteleuropas gelten die Glaswelse als sehr empfindliche Pfleglinge.

Familie Schilbeidae
Glaswelse

Die den Siluridae in manchen Merkmalen ähnlichen Schilbeidae sind in Afrika und Asien verbreitet. Körper gestreckt, meist seitlich abgeflacht. Rückenflosse kurz mit kräftigem 1. Flossenstrahl; die Fettflosse kann fehlen. Afterflosse sehr lang. Brustflosse mit Stachel. Verwandt mit den Pangasiidae.

Eutropiellus buffei (Taf. 47)
GRAS, 1960
Schwalbenschwanz-Glaswels

Nigeria, Nigerdelta; bis 8 cm.

Körper gestreckt, im Bereich des Schwanzstieles seitlich stark abgeflacht, drei Paar kurze Barteln, Fettflosse vorhanden. Stark durchscheinend mit silbrigweißer Kehle und Bauchpartie. Zwei stahl- bis schwarzblaue, scharf abgegrenzte Längsstreifen. Jeder Schwanzflossenlappen mit einem dunklen Fleck. Die ♀♀ zeigen eine hellere Längsstreifenzeichnung.

Lebhafter Schwarmfisch, der ruhelos durch das Wasser streift. Einzeltiere kümmern. Ähnlich dem Indischen Glaswels schwimmen die Tiere etwas schräg, gleichsam mit hängender Schwanzflosse im Wasser und wedeln dabei ständig mit dem Schwanzstiel.

Lebendfutter, vorwiegend Kleinkrebse, Enchyträen, Tubifex u. a. Zucht noch nicht gelungen. Beim Herausfangen bleiben die Tiere leicht im Netz hängen. In der Aquaristik unter dem Synonym *E. vandeweyeri* bekannt.

Schilbe mystus (Taf. 47)
(LINNAEUS, 1758)
Silberwels

Nil, Victoriasee, Tschadsee, vom Senegal bis zum Sambesi; bis 25 cm.

Körper gestreckt, Afterflosse sehr lang, vier Paar relativ kurze Barteln. Durchscheinend silbergrau mit dunklem Fleck hinter dem Kiemendeckel und mehreren bräunlichen Längsstreifen. ♂ mit deutlicher Genitalpapille.

Schwimmaktive Art, die in kleinen Trupps lebt und sich immer wieder in Verstecke zurückzieht. 22 bis 26 °C, Lebendfutter aller Art. Für das Zimmeraquarium nur als Jungfisch geeignet. Erschreckte Tiere liegen manchmal bewegungslos auf dem Boden.

Familie Clariidae
Büschelwelse, Kiemensackwelse

Die in Afrika, in Süd- und in Ostasien beheimateten Büschelwelse sind von langgestreckter oder aalförmiger Gestalt. Kopf breit und flach, 4 Paar in der Regel lange Barteln, Rücken- und Afterflosse lang, Haut nackt. Besonders charakteristisch ist ein zusätzliches Luftatmungsorgan, das in der erweiterten Kiemenhöhle liegt und dann blumenkohlartig gestaltet ist oder sich als sackartige Ausstülpung der Kiemenhöhle neben der Wirbelsäule weit nach hinten erstreckt (Abb. 47). Mit diesem Organ können die Büschelwelse auch in sauerstoffarmen Gewässern leben. Viele Arten halten, im Schlamm vergraben, eine Art Trockenzeitschlaf.

In Gefangenschaft erweisen sich die gefräßigen Raubfische als zählebig. Allesfresser, Temperatur 24 bis 26 °C. Für das Zimmeraquarium eignen sich nur Jungtiere.

Die nachfolgend beschriebene Art wird oft als eigene Familie betrachtet (Kiemenschlauchwelse).

Heteropneustes fossilis (Taf. 48)
(Bloch, 1792)
Kiemensackwels, Kiemenschlauchwels

Sri Lanka, Indien, Burma, südliches Vietnam; meist um 20 cm.

Körper gestreckt, seitlich abgeflacht, Rückenflosse klein und kurz. Einheitlich graubraun bis dunkelbraun, an den Körperseiten zwei helle Längslinien und zahlreiche schwarze Punkte, Flossen oft rehbraun, Augen gelb. ♀ gedrungener, zur Laichzeit dick.

Pflege, wie in der Familienbeschreibung angegeben. In Gefangenschaft bereits nachgezüchtet. Nach Fränkel saugt sich das ♀ an der männlichen Geschlechtsöffnung an. Die hirsekorngroßen, gelblichen Eier werden ballenweise in selbstgefächelten Gruben abgelegt und bewacht. Auch nach dem Schlüpfen betreuen die Elterntiere die Brut noch längere Zeit.

Familie Mochocidae Fiederbartwelse

Die ausschließlich in Afrika beheimateten Fiederbartwelse erinnern in ihrer Gestalt an gestreckte Panzerwelse. 3 Paar Barteln, von denen die Oberkieferbarteln besonders lang, die Unterkieferbarteln oft gefiedert sind (Taf. 49). Die Fiederbartwelse sind Nachttiere, die, zu großen Trupps vereinigt, langsamfließende Gewässer, vorwiegend Lagunen, bewohnen. Einzelne Arten sind Rückenschwimmer. In der Gefangenschaft dauern die Fiederbartwelse gut aus. Obwohl es sich um typische Dämmerungstiere handelt, zeigen sie vielfach auch tagsüber ihr lebendiges, gleichsam neugieriges Wesen, indem sie unruhig alle Ecken des Behälters durchstöbern. Große Aquarien mit gedämpftem Oberlicht und dunklem, weichem Bodengrund sagen diesen Welsen am besten zu. Temperatur 22 bis 26 °C. Lebendfutter, aber auch pflanzliche Zusatznahrung (Spinat, Salat). Die *Synodontis*-Arten sind zwar recht friedlich, beunruhigen aber andere Tiere vielfach durch ihre ständig tastenden Barteln.

Synodontis angelicus (Taf. 50)
Schilthuis, 1891
Perlhuhnwels

Flußgebiet des Kongo (Zaïre); bis 25 cm, bleibt im Aquarium kleiner.

Oberkieferbarteln etwas länger als der Kopf, Brustflossenstachel an beiden Seiten kräftig gezähnt. Färbung größerer Tiere (9–20 cm) grau bis dunkelviolett mit zahlreichen rötlichgelben bis dunkelbraunroten, oft violett gesäumten, großen, runden Flecken. Flossen dunkelviolett mit bräunlichen Flecken und Querbinden. Junge Tiere (4 bis 9 cm) dunkelviolett bis blauschwarz mit runden, weißen Tupfen. Geschlechtsunterschiede nicht bekannt.

Pflege, wie in der Familienbeschreibung angegeben.

Synodontis brichardi (Taf. 50)
Poll, 1959
Brichards Fiederbartwels

Stromschnellen im Unterlauf des Kongo (Zaïre); bis 15 cm.

Langgestreckte, schlanke Art mit sichelförmig verlängerten Schwanzflossenlappen und unregelmäßigen hellen Querbinden und Flecken.

Pflege, wie in der Familienbeschreibung angegeben.

Synodontis nigriventris (Taf. 50)
David, 1936
Rückenschwimmender Kongowels

Zentrales Kongobecken; bis 10 cm.

Körperform siehe Familienbeschreibung. Hellgrau bis cremefarben mit dunkelbraunen bis schwarzen Flecken. Bauchpartie einheitlich schwarz. Flossen dunkel getüpfelt. Die Geschlechter sind unschwer an der größeren Körperfülle der ♀♀ zu erkennen.

Pflege, wie in der Familienbeschreibung angegeben. Die Tiere schwimmen mit dem Bauch nach oben, auch die Futteraufnahme erfolgt in dieser Körperlage.

Familie Doradidae Dornwelse

Die in Südamerika verbreiteten Dornwelse sind von gedrungener, kaulquappenähnlicher Gestalt. Der große breite Kopf ist sehr stark verknöchert. 3 Paar ziemlich lange Barteln. Körperseiten nackt oder mit dornenbewehrten Knochenplattenreihen versehen. Rücken- und Brustflossen mit sehr kräftigem, oft gezähneltem stachelartigem Flossenstrahl. Fettflosse vorhanden.

Dornwelse sind Dämmerungstiere, die sich tagsüber meist verbergen, einige Arten buddeln sich in den Bodengrund ein. Dunkle Aquarien mit weichem

Sandgrund, Wurzelwerk und zahlreichen Versteckmöglichkeiten sagen den anspruchslosen Tieren am besten zu. Manche Arten gründeln gern. Gefressen werden außer Würmern und Insektenlarven auch Futterreste und Trockenfutter. Temperatur 20 bis 26 °C. Hart gegen vorübergehende Abkühlung. Manche Dornwelse erzeugen beim Herausfangen durch Bewegungen der Brustflossenstacheln Töne. Über die Fortpflanzung ist wenig bekannt, einige Arten sollen Nester bauen. Dornwelse werden sehr alt.

Agamyxis albomaculatus (Taf. 54)
(Peters, 1877)
Kammdornwels

Peruanischer Amazonas, Orinoco; bis 11 cm.

Körperform familientypisch, Knochenplatten vor allem im Schwanzbereich mit kräftigen Dornen. Dunkelbraun bis blauschwarz mit zahlreichen hellen, runden Tupfen. Keine deutlichen Geschlechtsunterschiede.

Pflege, wie in der Familienbeschreibung angegeben. Zucht vereinzelt gelungen. Früher bekannt als *Agamyxis pectinifrons*.

Platydoras costatus (Taf. 52, 53)
(Linnaeus, 1766)
Liniendornwels

Im mittleren und nördlichen Südamerika weit verbreitet; bis 22 cm.

Körperform familientypisch. Junge Tiere mit 3 cremefarbigen Längsbinden auf dunklem Grund, ältere Tiere insgesamt düster gefärbt. Keine deutlichen Geschlechtsunterschiede.

Pflege, wie in der Familienbeschreibung angegeben. Die Art erzeugt beim Herausfangen quakende Laute.

Familie Aspredinidae
Banjo- und Bratpfannenwelse

Die im mittleren und nördlichen Südamerika weit verbreiteten Welse erhielten ihre deutsche Bezeichnung auf Grund der eigenartigen Körperform (Taf. 51, 52). In der Aquaristik ist vor allem die Unterfamilie Bunocephalinae (Bratpfannenwelse) bekannt. Körper flach, kurz und breit, Schwanzstiel sehr lang, schlank, seitlich etwas zusammengedrückt. Eine Fettflosse fehlt, Haut nackt, mit großen Warzen besetzt. Die importierten Vertreter der Unterfamilie wurden vielfach nicht exakt bestimmt. Relativ häufig kam *Bunocephalus coracoideus* (Cope, 1878) nach Europa (Taf. 51). Die Art wurde auch als *B. bicolor* bezeichnet.

Die Bratpfannenwelse sind typische Dämmerungstiere, die sich tagsüber meist nach Flundernart in den Bodengrund einbuddeln. Pflege in größeren Aquarien mit weichem Bodengrund, Astwerk und Steinen. Bepflanzung nicht erforderlich. Zählebige Allesfresser, die Temperaturen zwischen 20 und 25 °C bevorzugen. Über die Fortpflanzung ist nur wenig bekannt. Die Eier werden in flachen Gruben abgesetzt.

Familie Pimelodidae
Antennenwelse

Das Verbreitungsgebiet der artenreichen Familie reicht vom südlichen Mexiko über ganz Mittelamerika bis Südamerika. Körper im allgemeinen gestreckt, seitlich zusammengedrückt, drei Paar lange bis sehr lange Barteln, Fettflosse vorhanden, Haut ohne Schuppen und Knochenschilder.

Microglanis iheringi (Taf. 55)
Gomes, 1946
Iherings Hummelwels

Kolumbien und Venezuela; bis 6 cm.

Im Vergleich zu anderen Arten der Familie etwas plump, vorn oberseits, hinten seitlich abgeflacht, Barteln kurz. Braun bis leicht orangefarben mit unregelmäßigen dunklen Querbinden.

Pflege der anspruchslosen Dämmerungstiere in gut bepflanzten, an Verstecken reichen Aquarien. Allesfresser. Zucht bereits gelungen.

Pimelodus maculatus (Taf. 54)
Lacépède, 1803
Fleckenantennenwels

Mittleres Brasilien bis Nordargentinien; bis 25 cm.

Körper familientypisch, Oberkieferbarteln sehr lang. Auf silbrigem Grund braun gefleckt.

Pflege der nachtaktiven, revierbildenden Tiere in großen Aquarien mit weichem, dunklem Bodengrund, hohlen Holzstücken, unterhöhlten Steinen oder dichten Pflanzenecken. Temperatur 20 bis 26 °C. Allesfresser, bevorzugt wird Wurmfutter. Erwachsene Tiere sind prächtige Schaustücke in öffentlichen Großaquarien. Die Art ist nahe verwandt mit *Pimelodus blochi* oder mit diesem identisch. Auch der als Jungtier besonders schöne Engelantennenwels *(Pimelodus pictus)* wurde gelegentlich importiert (Taf. 54).

Familie Callichthyidae
Schwielenwelse, Panzerwelse

Im tropischen Südamerika und auf Trinidad weit verbreitete Welse, die auf jeder Körperseite durch eine Doppelreihe sich dachziegelartig überdeckender Knochenschilder ausgezeichnet sind. Körper gestreckt bis gedrungen, seitlich etwas zusammengedrückt, Bauchseite flach, meist zwei Paar Barteln, Augen groß, gut beweglich. Der Enddarm kann als zusätzliches Luftatmungsorgan ausgebildet sein. Dazu wird Luft geschluckt und schnell bis in den Enddarm gedrückt. Manche Arten können bei hoher Luftfeuchtigkeit kurze Strecken auf feuchtem Land zurücklegen.

In der Aquaristik sind vor allem die Vertreter der Gattung *Corydoras* (Panzerwelse) bekannt. Sie leben meist gesellig in seichten Gewässern. In der Gefangenschaft erweisen sich fast alle Panzerwelse als hart und genügsam. Ihr eigenartiges, oft neugieriges und zutrauliches Verhalten gewinnt diesen Tieren, die sich in geringer Zahl auch im Gesellschaftsaquarium unterbringen lassen, immer neue Freunde. Allesfresser, die auch Futterreste aus dem Bodenmulm gründeln. Bei Futtermangel, fehlender Mulmschicht und ständiger Beunruhigung buddeln manche Arten stark. Die ♀♀ sind fast immer größer und in der Bauchpartie stärker.

Größere Trupps pflege man im Artbecken mit kiesigem Untergrund. Temperatur je nach Art 15 bis 30°C. Viele Panzerwelse sind hart gegen starke Abkühlung. Die Wasserqualität spielt in der Regel nur bei der Fortpflanzung eine Rolle. Bevorzugt wird biologisch gut durchgearbeitetes, klares Wasser, dem ab und zu etwas abgestandenes Frischwasser zugesetzt wird.

Zahlreiche Arten der Schwielen- und Panzerwelse konnten bereits gezüchtet werden. Die Zuchtbecken sollen großflächig sein; niedriger Wasserstand (15 bis 20 cm), dunkler Kiesgrund und einzelne dichte Pflanzenbüschel. Das Laichgeschäft läßt sich durch vorübergehend erniedrigte Temperaturen und Frischwasserzugaben stimulieren. Bei den Panzerwelsen setze man zu einem laichreifen ♀ mehrere ♂♂. Bei der nach stürmischen Vorspielen beginnenden Paarung ergreift nach Knaack das ♂ mit einer Brustflosse die Barteln des ♀ und drückt diese gegen seine Bauchseite. Das ♀ stößt einige Eier aus und fängt diese in einer von den Bauchflossen gebildeten Tasche auf. Mit den Eiern schwimmt es nun durch die von dem ♂ abgegebene Spermawolke zu einer geeigneten Stelle, putzt diese kurz und heftet dort die Eier an. Die ♂♂ beginnen sofort danach, das ♀ erneut anzubalzen. Gesamtzahl der Eier bis 250 Stück. In ein Jahr können mehrere Laichperioden fallen, viele Arten laichen mehrere Tage hintereinander. Während des Laichgeschäftes halten die Tiere öfters Freßpause und sind, da sie den Eiern nachstellen, mit Enchyträen zu füttern. Elterntiere nach dem Laichgeschäft entfernen. Die Jungwelse schlüpfen bei 20 bis 23°C nach durchschnittlich 5 bis 8 Tagen und wachsen bei guter Fütterung schnell. Bei anderen Vertretern der Familie kann die Fortpflanzung erheblich abweichen, siehe bei *Callichthys* und *Hoplosternum*.

Brochis splendens (Taf. 55)
(De Castelnau, 1855)
Smaragdpanzerwels

Im oberen Amazonasgebiet weit verbreitet; bis 9 cm.

Körper wie bei den *Corydoras*-Arten kurz und hoch, Rückenflosse länger. Bei seitlichem Lichteinfall kräftig grün schimmernd, Bauchseite ockergelb.

Pflege und Zucht des Schwarmfisches siehe Familienbeschreibung. Bislang als *Brochis coeruleus* bekannt.

Callichthys callichthys (Taf. 55)
(Linnaeus, 1758)
Schwielenwels

Östliches Brasilien bis zum La Plata; bis 18 cm.

Gestreckt, bei fast gleichbleibender Körperhöhe nimmt die Körperbreite nach hinten zu ab. Kopf breit, oben abgeflacht, zwei Paar Oberkieferbarteln, Augen klein. Auf grünlichem Grund gesprenkelt, Flossen bei schönen Tieren orange bis rötlich gesäumt. ♂♂ mit stärkerem Brustflossenstachel.

Dämmerungstier, das hauptsächlich nachts auf Nahrungssuche geht. Das Laichgeschäft dieser Art zeigt viele Besonderheiten. Unter breiten Schwimmblättern, aber auch unter *Riccia* wird ein Schaumnest gebaut, in das die Eier abgelegt werden (Eizahl bis 120). Die Betreuung des Nestes übernimmt das ♂, das in dieser Zeit ab und zu grunzende Laute von sich gibt. Die Jungfische schlüpfen nach 4 bis 5 Tagen und sind wie junge *Corydoras* zu behandeln.

Corydoras aeneus (Taf. 56, 57)
(Gill, 1858)
Metallpanzerwels

Venezuela, Trinidad, nach Süden bis zum La-Plata-Becken; bis 7 cm.

Gelb bis rötlichbraun mit grünlichem oder kupferrotem, bei Sonnenschein goldenem, metallischem Schimmer. Färbung in der Mitte der Körperseiten wesentlich dunkler.

Pflege und Zucht siehe Familienbeschreibung. Leicht zu züchten. Die Art wurde lange Zeit als *C. schultzei* bezeichnet.

Corydoras arcuatus (Taf. 57)
Elwin, 1939
Stromlinienpanzerwels

Amazonasstromgebiet bei der Stadt Tefé; bis 5 cm.

Graugelblich bis zart graugrün, Unterseits reinweiß. Vom Maulwinkel über das Auge und bogenförmig dem Rückenfirst folgend, zieht bis in den Schwanzstiel eine breite dunkle Längsbinde, die hier plötzlich abknickt und dem unteren Rand der Schwanzflosse folgt.

Pflege und Zucht siehe Familienbeschreibung.

Corydoras eques
Steindachner, 1877
Dreieckpanzerwels

Amazonas, Nähe von Tefé und Cudajas; bis 5,5 cm.

Gelblich bis ockerfarben, Körperseiten dunkel mit blaugrünem Schimmer. Ähnlich wie bei *C. aeneus* zieht beiderseits des Rückenfirstes eine goldgelbe Glanzbinde bis fast zur Schwanzflosse.

Pflege und Zucht siehe Familienbeschreibung. Sehr fruchtbare Art, die sich leicht züchten läßt.

Corydoras habrosus (Taf. 57)
WEITZMAN, 1960
Koboldpanzerwels

Gebiet des mittleren Amazonas; bis 2,5 cm.

Zierliche Art mit relativ stumpfer Schnauze. Entlang der Seitenmitte eine oft aus Flecken zusammengesetzte dunkle Binde, Bauch gelblich.

Pflege und Zucht siehe Familienbeschreibung, Besonderheiten bei *Corydoras hastatus*. Neben *C. cochui, C. hastatus* und *C. pygmaeus* einer der kleinsten Vertreter der Gattung. Wird häufig als identisch mit *C. cochui* betrachtet.

Corydoras hastatus (Taf. 57)
EIGENMANN und EIGENMANN, 1888
Sichelfleckpanzerwels

Rio Guaporé bei Villa Bela; bis 3 cm.

Graugrün bis goldgelb mit einem großen schwarzen Schwanzwurzelfleck, der oben und unten weiß bis gelblich begrenzt ist.

Pflege und Zucht siehe Familienbeschreibung. Zierliche, häufig frei schwimmende Art, die sich gern im Schwarm aufhält. Zur Zucht verwende man große Becken. Eine sehr ähnliche, oft als *C. hastatus australe* oder *C. australe* bezeichnete Art wurde von KNAACK als *Corydoras pygmaeus* beschrieben.

Corydoras melanistius (Taf. 56)
REGAN, 1912
Schwarzbindenpanzerwels

Nördliches Südamerika (Essequibo); bis 6 cm.

Auf hellem Grund zahlreiche kleine braune Tüpfel, vom Nacken über das Auge und die Wange eine keilförmige schwarze Binde, vorderer Winkel der Rückenflosse und Zone darunter schwarz.

Pflege und Zucht siehe Familienbeschreibung.

Corydoras metae (Taf. 57)
EIGENMANN, 1914
Schwarzrückenpanzerwels

Rio Meta in Kolumbien; bis 5,5 cm.

Hellgelb bis ockerfarben mit schwarzer Augenbinde, oft schwarzer Rückenflosse und einer davon ausgehenden breiten Bogenbinde zur Schwanzflossenwurzel.

Pflege und Zucht siehe Familienbeschreibung.

Corydoras paleatus (Taf. 57)
(JENYNS, 1842)
Punktierter Panzerwels

Südostbrasilien und La-Plata-Stromgebiet; bis 7 cm.

Rücken und Körperseiten mit unregelmäßigen, großen dunklen Flecken und zahlreichen Punkten.

Pflege und Zucht siehe Familienbeschreibung. Zucht leicht, erstmalig bereits 1878 von CABONNIER in Paris gezüchtet.

Corydoras reticulatus (Taf. 56)
FRASER-BRUNNER, 1938
Netzpanzerwels

Unterer und oberer Amazonas; bis 7 cm.

Kopf, Rücken und Körperseiten auf hellem, manchmal grünlichem oder rötlichem Grund gitterwerkartig dunkelbraun genetzt. Rückenflosse mit dunkelbraunen bis schwarzen Tüpfeln, bei Jungtieren mit großem, schwarzem, weiß umrandetem Fleck. ♀♀ Netzzeichnung meist weniger dicht.

Pflege und Zucht siehe Familienbeschreibung.

Corydoras schwartzi (Taf. 56)
RÖSSEL, 1963
Bänderpanzerwels

Brasilien, Umgebung von Manaus; bis 4 cm.

Silbergrau mit schwarzem Augenband und 2 bis 3 aus Flecken zusammengesetzten oder durchgehenden Längsstreifen.

Pflege und Zucht siehe Familienbeschreibung.

Corydoras sterbai (Taf. 56)
KNAACK, 1962
Orangefleckenpanzerwels

Oberer Rio Guaporé; bis 8 cm.

Auf bläulich-silbrigem Grund vor allem im vorderen Körperbereich dicht dunkel genetzt. Auf dem Schwanzstiel dunkle Längslinien.

Pflege und Zucht siehe Familienbeschreibung.

Corydoras trilineatus (Taf. 56)
COPE, 1872
Dreistreifenpanzerwels

Mittellauf des Amazonas, Umgebung von Iquitos und Pebas; bis 7 cm.

Entlang der Seitenmitte eine dunkle, hell flankierte Längslinie, Kopf und Rücken mit dichten Wurmlinien, äußerer Teil der Rückenflosse schwarz.

Pflege und Zucht siehe Familienbeschreibung.

Dianema urostriata (Taf. 55)
DE MIRANDA-RIBEIRO, 1912
Schwanzstreifen-Schwielenwels

In Zentralbrasilien weit verbreitet; bis 15 cm.

Körper spindelförmig, 2 Paar relativ lange Barteln. Insgesamt hellgrau mit kleinen dunklen Tüpfeln. Schwanzflosse in Längsrichtung schwarz-weiß gebändert. ♀ kräftiger.

Pflege der schwimmaktiven Art in größeren Aquarien, ausdauernd und hart, vorwiegend Lebendfutter. Fortpflanzung, wie bei der nachfolgenden Art angegeben. Die Jungfische schlüpfen bei 22 bis 24 °C nach 4 bis 6 Tagen. Aufzucht nicht schwierig.

Hoplosternum thoracatum (Taf. 58)
(CUVIER und VALENCIENNES, 1840)
Gemalter Schwielenwels

Von Panama bis Paraguay; bis 18 cm.

Körper gestreckt, walzenförmig, 2 Paar relativ lange Barteln, Schwanzflosse fast gerade abgeschnitten. Auf hell- bis schmutzigbraunem Grund dicht dunkel gesprenkelt. ♀ meist kleiner.

Pflege der Dämmerungstiere einfach. Zur Zucht eignen sich größere Aquarien mit Höhlen und Schwimmblattpflanzen. Vom ♂ wird unter einer umgestülpten Schale bzw. der Unterseite größerer Blätter ein Schaumnest gebaut. Paarung ähnlich wie bei den *Corydoras*-Arten. Das ♀ wird vom ♂ mit einer Brustflosse festgeklemmt und die Bauchflossen des ♀ zu einer Tasche gefaltet, die zum Auffangen und Transport der Eier dient. Diese werden anschließend im Schaumnest an die Blattunterseite bzw. obere Höhlenbegrenzung geklebt (insgesamt bis 800 Eier). Bei 23 bis 24 °C schlüpfen die Jungfische nach etwa 4 Tagen. Das ♂ betreibt Brutpflege (Gelege und Jungfische). ♀ nach dem Ablaichen entfernen. Die Jungfische sind schwarz-gelb gestreift.

Familie Loricariidae
Harnischwelse

Die in Südamerika verbreiteten Harnischwelse sind Bodenfische mit einer starken Hautpanzerung, die bei manchen Gattungen vollständig ist, bei anderen die Bauchseite frei läßt und nur bei wenigen fehlt. Der Körper ist gestreckt und flach, der Schwanzstiel schlank bis sehr schlank. Das von breiten, mit Hornpapillen besetzten Lippen umgebene Saugmaul liegt an der Kopfunterseite. Es dient den Tieren in erster Linie zum Abraspeln von Algenrasen, der Hauptnahrung der Harnischwelse. Zusätzlich vermögen sich die Harnischwelse mit dem Maul festzusaugen und sich so in den oft reißenden Gewässern ihrer Heimatgebiete vor dem Abtreiben zu schützen. Bis auf die Schwanzflosse zeigen alle Flossen einen stachelähnlichen Flossenstrahl. Harnischwelse regulieren den Lichteinfall in das Auge durch einen Zapfen, der von oben in die Pupille hineinragt und sich ausdehnen und zusammenziehen kann (Taf. 64). Die Männchen mancher Arten haben lange, tentakelähnliche Kopffortsätze oder dichte Borstenbüschel, die an Backenbärte erinnern (Taf. 64).

Fast alle Harnischwelse lassen sich in bepflanzten Aquarien gut pflegen. Viele Arten, wie *Otocinclus* und *Hypostomus*, erweisen sich sogar als außerordentlich nützlich, da sie starke Algenrasen an Steinen, Pflanzen und Scheiben in kürzester Zeit abweiden. Die höheren Pflanzen werden dabei im allgemeinen nicht beschädigt. Fast alle Arten sind hinsichtlich der Temperatur anspruchslos. 21 bis 25 °C. Vorübergehende Abkühlungen fördern sogar das Wohlbefinden und vielfach auch die Laichwilligkeit. Außer tierischer Nahrung benötigen fast alle Harnischwelse pflanzliches Futter (Salat, Spinat, Algen); Trockenfutter wird von den meisten Arten gefressen. Viele Vertreter wurden in Gefangenschaft bereits erfolgreich vermehrt. Die meisten bevorzugen als Laichplätze Ton- oder Bambusrohrstücke von 3 bis 4 cm Durchmesser oder Steinnischen. Die ♂♂ betreuen das Gelege und oft auch die nach 7 bis 9 Tagen schlüpfenden Embryonen. Diese bevorzugen tierisches und pflanzliches Feinstfutter, das sich auf dem Boden absetzt (Mikrofutter, tote Nauplien). Bei allen Arten kann die Fortpflanzung durch pflanzenreiche Nahrung, klares Frischwasser und Temperatursenkung um 3 bis 4 °C, für mehrere Tage, angeregt werden. Eingespielte Paare vieler Arten laichen mehrmals im Jahr. Die großen Eier sind meist grünlich, seltener gelb. Viele in der Aquaristik gepflegten Harnischwelse sind nicht exakt bestimmt.

Ancistrus dolichopterus (Taf. 58)
(KNER, 1854)
Blauer Antennenwels

Amazonasstrom und Guayana; bis 13 cm.

Körper niedrig, vorn breit, nur im Bereich des Schwanzstieles seitlich abgeflacht. Am Schnauzenrand tentakelförmige Fortsätze. Dunkel bis blauschwarz, Rücken- und Afterflosse mit hellen Punkten und weißlichem Saum. Jüngere Tiere intensiver blau mit zahlreichen weißen Punkten und leuchtend weißen Flossensäumen. ♀ Tentakel am Schnauzenrand einreihig, kurz und dünn. ♂ Tentakel am Schnauzenrand und auf der Stirn kräftig, lang und zum Teil gegabelt (Taf. 64).

Pflege, wie in der Familienbeschreibung angegeben, bereits mehrfach gezüchtet. Die Tiere laichen in Höhlen oder unter Wurzelwerk. Das ♂ betreibt Brutpflege. Die Jungfische kommen nach 6 bis 7 Tagen aus. Sie fressen vorwiegend Pflanzennahrung (Algen, Brennesselmehl, gebrühten Spinat, Salat und auch Futtertabletten).

Dasyloricaria filamentosa (Taf. 59)
(STEINDACHNER, 1878)
Hexenwels

Rio Magdalena; bis 25 cm, meist kleiner.

Körper langgestreckt und schlank, Kopf mit relativ spitzer Schnauze, oberster Flossenstrahl der Schwanzflosse fadenartig verlängert. Hellgrau mit zahlreichen dunkelbraunen Flecken, bauchseitig gelblich. ♂ mit Backenbart (Taf. 64).

Pflege und Zucht, wie in der Familienbeschreibung angegeben. Die brutpflegenden ♂♂ verteidigen die Laichreviere. Siehe auch *Rineloricaria parva*. Aufzucht der Jungwelse nicht einfach, zusätzliche feinste Pflanzennahrung unbedingt erforderlich.

Farlowella acus (Taf. 59)
KNER, 1853
Schnabelwels

Mittleres und südliches Brasilien, La-Plata-Stromgebiet; bis 20 cm.

Alle *Farlowella*-Arten sind extrem schlank und haben eine stark verlängerte, etwas aufgebogene Schnauze (Rostrum), Taf. 64. Gelbbraun mit unregelmäßigem dunklem Seitenstreifen. Kein deutlicher Geschlechtsdimorphismus.

Pflege siehe Familienbeschreibung. Zucht bislang nur ausnahmsweise gelungen (Taf. 60). Die gepflegten Arten wurden fast nie exakt bestimmt.

Hypostomus punctatus
VALENCIENNES, 1840
Punktierter Schilderwels

Südliches und südöstliches Brasilien; bis 30 cm, bleibt im Aquarium wesentlich kleiner.

Körper gestreckt, Unterseite abgeflacht und breit, bei erwachsenen Tieren mit winzigen Knochenplättchen bedeckt, keine tentakelartigen Fortsätze am Kopf. Hellbraun mit dunklen Punkten und Flecken und fünf mehr oder weniger ausgeprägten dunklen Querbinden. Flossen bräunlich mit runden Flecken. Keine deutlichen Geschlechtsunterschiede.

Alle *Hypostomus*-Arten sind eifrige Algenvertilger, die höhere Pflanzen nicht beschädigen. Außerdem fressen sie Futterreste, Trockenfutter, Spinat und Salat. Als dämmerungsaktive Tiere benötigen sie tagsüber Versteckmöglichkeiten.

Pflege und Zucht siehe Familienbeschreibung. Eier orangefarben. Früher als *Plecostomus punctatus* bekannt. Die meisten in der Aquaristik verbreiteten *Hypostomus*-Arten wurden nicht exakt bestimmt. Auf Taf. 58 ist eine nahverwandte Art abgebildet.

Otocinclus affinis (Taf. 64)
STEINDACHNER, 1877
Gestreifter Ohrgitterharnischwels

Südostbrasilien, Umgebung von Rio de Janeiro; bis 4 cm.

Körper gestreckt, Bauchseite flach. Graugrün bis lehmgelb mit scharf begrenztem, dunklem Seitenband. Rückenflosse ohne Tüpfel. ♀ am stärkeren Leibesumfang meist gut zu erkennen.

Alle *Otocinclus*-Arten lassen sich im bepflanzten Gesellschaftsbecken pflegen. Wie viele Harnischwelse bevorzugen sie Algennahrung und weiden mit ihrem Saugmaul Algenrasen ab. Bei Nahrungsmangel werden oft auch die feinen Herzblätter höherer Pflanzen angegriffen. Zusätzlich fressen sie Futterreste und kleine Würmer.

Die kleinen Eier werden einzeln an Pflanzenteile, Glasscheiben und andere Gegenstände angeheftet, die Jungwelse schlüpfen nach etwa 2 bis 3 Tagen, heften sich zunächst senkrecht an und gehen schließlich nach weiteren 2 bis 3 Tagen auf Nahrungssuche. Man füttere sie in veralgten Aquarien mit feinsten Nauplien und pulverisiertem Trockenfutter an. Siehe auch Familienbeschreibung.

Panaque suttoni (Taf. 63)
SCHULTZ, 1944
Blauaugen-Harnischwels

Rio Negro, Maracaibo-Becken; bis 35 cm.

Die Art erinnert in der Körperform an die bekannten *Hypostomus*-Arten. Insgesamt blauschwarz bis schwarz mit hellblauen Augen.

Pflege in großen Aquarien ohne Pflanzen. Die Art ernährt sich vorwiegend vegetarisch. Fortpflanzung unbekannt. Größere Tiere sind prächtige Schauobjekte für öffentliche Anlagen.

Peckoltia pulcher (Taf. 63)
(STEINDACHNER, 1915)
Prachtpeckoltia

Mündungsgebiet des Rio Negro; bis 10 cm.

Körper relativ gedrungen, Schwanzstiel hoch und mit beborsteten Knochenplatten, unterer Schwanzflossenlappen etwas größer. Graubraun mit schmalen gelben Binden und gelbem Maskenornament auf und hinter dem Kopf. Keine deutlichen Geschlechtsunterschiede.

Pflege, wie in der Familienbeschreibung angegeben. Bevorzugt Röhrenverstecke. Tierische und pflanzliche Nahrung.

Rineloricaria parva
(BOULENGER, 1895)
Zwergharnischwels

Südliches Brasilien, Paraguay; bis 12 cm.

Körper gestreckt, Schwanzstiel schlank, oberer und unterer Flossenstrahl der Schwanzflosse häufig verlängert. Grau bis graugelb mit unregelmäßigen, dunklen, oft zu Querbinden vereinigten Flecken. ♂ mit deutlichem Backenbart, ♀ zur Laichzeit wesentlich kräftiger.

Pflege und Zucht siehe Familienbeschreibung. Früher bekannt als *Loricaria parva*. Unter diesem Namen wurden in der Aquaristik allerdings verschiedene ähnliche, nicht näher bestimmte Arten beschrieben. ISBRÜCKER und NIJSSEN haben in den letzten Jahren die Gruppe neu bearbeitet und die unübersichtliche Gattung *Loricaria* in die Gattungen *Dasyloricaria, Rineloricaria, Loricaria* u. a. aufgegliedert (siehe dazu H. J. FRANKE: Handbuch der Welskunde, Urania-Verlag, 1985). Einige in diesen Gattungskomplex gehörende Arten sind sehr farbig, zum Beispiel *Rineloricaria fallax* (STEINDACHNER, 1915) und *Loricaria nickeriensis* ISBRÜCKER, 1979 (Taf. 64).

Leider sind viele Arten für den Nichtfachmann nur sehr schwer zu bestimmen. Die Importtiere erhalten deshalb oft Phantasienamen, unter denen sie in der Aquaristik bekannt werden.

Sturisoma nigrirostrum (Taf. 59, 62)
Fowler, 1940
Störwels

Peruanischer Amazonas, Rio Ucayali; bis 25 cm.

Körper langgestreckt, Schwanzstiel lang und schlank, Kopf mit etwas verlängertem, spitzem Rostrum. Oberer und unterer Flossenstrahl der Schwanzflosse stark verlängert. Hellbraun mit durchgehendem dunklem Seitenband, aus dem helle Dornen hervorstehen. ♂ 1. stachelartiger Brustflossenstrahl stärker gemustert.

Pflege und Zucht siehe Familienbeschreibung. Die interessante Art wurde mehrfach gezüchtet. Das ♀ wählt und reinigt den Laichplatz, das ♂ betreibt Brutpflege. Eier groß (Taf. 62). Die Jungfische schlüpfen bei 25 bis 28 °C nach etwa 5 Tagen, sie nehmen als Erstfutter Nauplien und Rädertierchen. Wachstum schnell. Auch *Sturisoma panamense* (Eigenmann und Eigenmann, 1889) wurde öfters gezüchtet (Taf. 61, 62).

Familie Exocoetidae
Fliegende Fische

In dieser Familie haben Greenwood, Rosen, Weitzman und Myers in ihrem Vorschlag zur Neuordnung des Systems der Knochenfische die Familien Exocoetidae und Hemirhamphidae vereinigt. Die meisten Vertreter leben im Meer, wenige im Brackwasser und nur einzelne im Süßwasser. Besonders unter den Vertretern der ehemals selbständigen Familie Hemirhamphidae (Halbschnabelhechte), jetzt eine Unterfamilie, kommen solche Brack- und Süßwasserformen vor.

Dermogenys pusillus
van Hasselt, 1823
Hechtköpfiger Halbschnäbler

Thailand, Halbinsel Malakka, Große und Kleine Sundainseln, im Süß- und Brackwasser; ♂ bis 6 cm, ♀ bis 7 cm.

Körper langgestreckt, seitlich nur wenig abgeflacht. Unterkiefer fast doppelt so lang wie der bewegliche Oberkiefer, zwischen beiden ein erweiterungsfähiger Maulsack. Lebendgebärend, der vordere, niedrige Teil der männlichen Afterflosse stellt ein einfaches Begattungsorgan dar. Entsprechend dem großen Verbreitungsgebiet recht unterschiedlich gefärbt. Silberglänzend, bei auffallendem Licht bläulich. Unterkieferrand mit einem schwarzen und oft auch mit einem feinen roten Längsstrich. Flossen gelblich bis kräftig zitronengelb, Rückenflosse der ♂♂ mit rotem Fleck, Vorderkante der Afterflosse gelegentlich schwarz. Auge leuchtend grünlich. ♀ ohne Rot in der Rückenflosse.

Der lebhafte Oberflächenfisch ist in größeren Bekken mit lockerer Schwimmpflanzendecke zu pflegen. Abwechslungsreiches Lebendfutter, vor allem kleine Insekten aller Art. Temperatur 20 bis 22 °C. ♂♂ stark rivalisierend. Balz sehr interessant. Die Zuchttiere müssen mit Insekten (z. B. Taufliegen) gefüttert werden. Zur Zucht keine hohen Temperaturen. Leider gebären die ♀♀ in Gefangenschaft häufig nur tote Jungfische (Frühgeburten). Trächtigkeitsdauer etwa 6 bis 8 Wochen, ein Wurf umfaßt höchstens 12 bis 20 Jungfische.

Nomorhamphus celebensis (Taf. 65)
Weber und De Beaufort, 1922
Celebes-Halbschnäbler

Sulawesi (Celebes); bis 9 cm.

In der Körperform der bekannten voranstehenden Art ähnlich, jedoch ist das vordere Ende des verlängerten Unterkiefers zipfelartig nach unten abgebogen. Insgesamt silbrig mit mehr oder weniger rötlichen, zum Teil schwarz gesäumten Flossen. ♂ farbiger, an der Afterflosse leicht zu erkennen.

Pflege und Zucht siehe voranstehende Art. Trächtigkeitsdauer 5 bis 8 Wochen, nur 8 bis 12 bereits etwa 18 mm lange Jungfische je Wurf.

Abb. 113 Lebenszyklus annueller Arten der Eierlegenden Zahnkarpfen. a) Laichperiode am Ende der Regenzeit oder Anfang der Trockenzeit; b) Während der Trockenzeit ruhen die Eier mehr oder weniger weit entwickelt im Bodenschlamm; c) Mit Beginn der neuen Regenzeit schlüpfen die Jungfische.

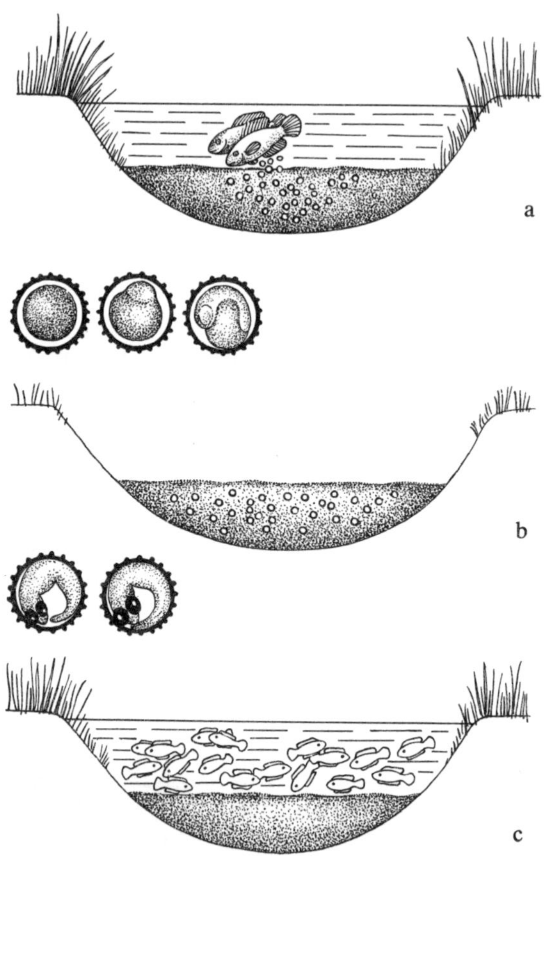

Familie Cyprinodontidae
Eierlegende Zahnkarpfen

Zahnkarpfen kommen mit Ausnahme von Australien auf allen Kontinenten vor, allerdings werden stets die wärmeren Gebiete bevorzugt. Die Familie umfaßt kleine bis kleinste Arten mit zum Teil sehr prächtiger Färbung. Im Gegensatz zu den Karpfenfischen sind hier die Kiefer bezahnt. Oberer Maulrand vorstreckbar, Barteln sowie eine Fettflosse fehlen.

Biologisch kann man zwei Formen unterscheiden:

Eierlegende Zahnkarpfen, die mehrere Jahreszyklen als Fische überleben: »nichtannuelle Arten«.

Eierlegende Zahnkarpfen, die einen Teil des Jahres im Embryonalstadium, eingebettet in den Bodengrund der ausgetrockneten Gewässer, überleben: »annuelle Arten« (Abb. 113).

Zur ersten Gruppe gehören zum Beispiel die *Aphanius-*, *Aphyosemion-*, *Aplocheilus-*, *Epiplatys-* und *Rivulus*-Arten. Annuelle Zahnkarpfen sind dagegen die *Cynolebias-*, *Cynopoecilus-*, *Pterolebias-* und *Nothobranchius*-Arten. Die annuellen Arten können durch ihre vorzügliche Anpassung an die Jahreszyklen auch solche Gewässer besiedeln, die in der Trockenzeit kein Wasser führen. Die nichtannuellen Arten legen ihre Eier in der Regel an Pflanzen ab, das heißt, sie sind Haftlaicher, die annuellen Arten dagegen Bodenlaicher.

Aphanius iberus (Taf. 72)
(CUVIER und VALENCIENNES, 1846)
Spanienkärpfling

Küstengebiete des westlichen Mittelmeeres; bis 5 cm.

Körper gedrungen, seitlich mäßig zusammengedrückt. ♂ silbergrau mit hellblauen Punkten und Querlinien, senkrechte Flossen mit schwarzen und hellblauen Bandmustern. ♀ schmutzig-silbern, mit braunen Strichen und Flecken, Flossen farblos.

Pflege in hell stehenden Aquarien, hartes Wasser, im Winter um 10 °C, im Sommer bis 35 °C. Lebend- und Trockenfutter sowie Spinat oder Chinakohl. Die ♂♂ rivalisieren stark. Zur Zucht ein ♂ mit mehreren ♀♀ ansetzen. Die Jungen schlüpfen nach 6 bis 8 Tagen und sind schnellwüchsig.

Aphyosemion arnoldi (Taf. 65)
(BOULENGER, 1908)
Arnolds Prachtkärpfling

Westafrika von Nigeria bis Kamerun; bis 6 cm.

Körper spindelförmig, Flossen groß. Grün- bis violettblau mit roten Tüpfelgruppen und roten Marginalbändern in der Schwanzflosse. ♀ meist farblos.

Die *Aphyosemion*-Arten und die nahestehenden *Roloffia*-Arten kommen nur im Artbecken richtig zur Geltung. Da die ♂♂ vielfach stark rivalisieren, muß man viele Arten paarweise einzeln pflegen oder ein ♂ mit zwei ♀♀ kombinieren. Weiches, an Torfextraktstoffen reiches, schwach saures Wasser ist Vorbedingung für das Wohlbefinden (bis 10 °dGH, pH 6–6,5). Als Bodengrund eignet sich vor allem mehrfach ausgekochter Torfmull oder bei größeren Arten feiner dunkler Sand. Feinblättrige Wasserpflanzen oder Schwimmpflanzen mit feinen Wasserblättern, Temperatur 23 bis 28 °C. Lebendfutter, vor allem Essigfliegen, Schwarze Mückenlarven, Enchyträen, Hüpferlinge. Wachstum schnell, Lebensdauer in der Regel 15 bis 24 Monate. Unter den angeführten Bedingungen schreiten die Tiere bei Einzelhaltung spontan zur Fortpflanzung. Durch Temperaturerhöhung und Frischwasserzugaben kann das Laichgeschäft angeregt werden. Als Ablaichsubstrat verwende man je nach Fortpflanzungstyp Javamoos-Büschel bzw. Kunstfasergespinste oder Torfmull. Innerhalb der mehrere Wochen dauernden Laichzeit können die Tiere bei guter Fütterung alle 3 bis 5 Tage zur Zucht angesetzt werden oder kontinuierlich im Becken verbleiben. Hinsichtlich des Laichverhaltens unterscheidet man nichtannuelle und annuelle Arten. Einige Vertreter nehmen eine Mittelstellung ein (semiannuelle Arten). Die nichtannuellen Arten sind meist Haftlaicher, sie setzen ihre klebrigen Eier an feinfiedrigen Pflanzen ab. Die annuellen und semiannuellen Arten sind dagegen meist Bodenlaicher. Viele Haftlaicher fressen ihre Eier. Diese müssen deshalb abgesammelt und bis zum Schlüpfen in einer Schale aufbewahrt werden. Die Eier sind hartschalig (bei annuellen und semiannuellen Arten sehr hartschalig) und benötigen bei nichtannuellen Vertretern 2 bis 3 Wochen bis zur Zeitigung der Jungfische, bei semiannuellen und annuellen Arten 6 bis 12 Wochen und mehr. Auch müssen die Eier annueller Arten wenigstens 4 bis 5 Wochen außerhalb des Wassers in feuchtem, ausgekochtem Torfmull untergebracht werden. Man schüttet dazu den Aquarieninhalt in ein Sieb. Der zurückbleibende Bodengrund (Torf) wird auf Zeitungspapier an der Luft so weit getrocknet, daß er sich nur noch feucht anfühlt, und dann in einem Glas oder Plastebeutel aufbewahrt. Die Eier lassen sich, in feuchtem Torfmull oder in Kunstfasergespinst eingebettet, verschicken. Die feucht gelagerten Eier werden nach Ablauf der Zeitigungsdauer mit deutlich kühlerem Frischwasser aufgegossen, die Jungfische schlüpfen dann nach einigen Stunden. Das Schlüpfen kann durch Zugabe von etwas Trockenfutter oder Zucker bei gleichzeitiger Wasserbewegung beschleunigt werden. Wachstum der Jungfische bei Fütterung mit Nauplien oder Rädertierchen sehr schnell. Später größeres Lebendfutter.

Die Entwicklung der Eier annueller Zahnkarpfen verläuft nicht kontinuierlich. Vielmehr werden in Abhängigkeit von inneren und äußeren Faktoren Entwicklungspausen (Diapausen) eingelegt.

Um ein Verpilzen der Eioberflächen während der langen Entwicklungszeiten zu verhindern, kann dem Wasser eine Spur Atebrin zugesetzt werden. Siehe dazu auch Seite 349.

A. arnoldi ist eine semiannuelle Art, die am Torfsubstrat ablaicht. Die Zeitigungsdauer beträgt 1 bis 3 Monate.

Aphyosemion bitaeniatum (Taf. 68)
(AHL, 1924)
Vielfarbiger Prachtkärpfling

Benin, Nigeria in Küstennähe; bis 4,5 cm.

♂ graublau bis violett mit zwei nur gelegentlich deutlichen Längsbinden. Unpaare Flossen sehr groß und wimpelartig verlängert, zum Teil dunkelrot getüpfelt, zum Teil mit dunkelrotem Marginalband und bläulichem Saum. ♀ zwei dunkle Längsbinden auf bräunlichem Grund.

Pflege und Zucht einfach, siehe bei *A. arnoldi*. Nichtannuelle Art, Pflanzenlaicher. Die Jungfische schlüpfen nach 12 bis 14 Tagen und sind zu isolieren.

Aphyosemion bivittatum (Taf. 65)
(LÖNNBERG, 1895)
Gebänderter Prachtkärpfling

Südostnigeria bis Südwestkamerun in Urwäldern; bis 6 cm.

Die Art kommt in zahlreichen Farb- und Zeichnungsspielarten vor. Charakteristisch sind zwei dunkle Längsbinden, die auch bei den sonst nicht so farbigen ♀♀ deutlich hervortreten. Sie können beim ♂ zeitweise fehlen. Flossen zum Teil wimpelartig ausgezogen, sehr bunt.

Pflege und Zucht der nichtannuellen schwimmaktiven Art, wie bei *A. arnoldi* angegeben, relativ einfach. Haftlaicher, Laichplätze meist in Bodennähe, aber niemals am Boden selbst. Eier zuerst glashell, später gelblich. Die Jungen schlüpfen nach 12 bis 16 Tagen. Laich absammeln!

Aphyosemion christyi (Taf. 65)
(BOULENGER, 1915)
Kongoprachtkärpfling

Zaïrebecken; bis 5 cm.

♂ insgesamt bräunlichgelb mit roten, in kurzen Längsreihen angeordneten Punkten. Schwanzflosse oben und unten mit rotem Saum, dem sich ein gelbes Marginalband anschließt. ♀ bräunlich, Schuppenränder rötlich.

Pflege und Zucht siehe bei *A. arnoldi*. Nichtannuelle Art, die Elterntiere stellen den Eiern nicht nach, die nach 2 bis 3 Wochen auskommenden Jungfische sollten jedoch gesondert aufgezogen werden.

Aphyosemion coeleste (Taf. 66)
HUBER und RADDA, 1977
Himmelblauer Prachtkärpfling

Gabun, Kongo; bis 5 cm.

♂ himmelblau, hinter dem Kiemendeckel gelblich mit kurzen roten Längsstrichen. Flossen mit breitem gelbem Saum, roten Längsbändern und blauer Basis. ♀ bräunlich, Schuppenränder dunkel.

Pflege und Zucht siehe bei *A. arnoldi*. Nichtannuelle Art, die an Pflanzen oder Torf ablaicht. Die Elterntiere kümmern sich nicht um die abgesetzten Eier. Zeitigungsdauer 14 bis 21 Tage, Jungfische getrennt aufziehen!

Aphyosemion cognatum (Taf. 66)
MEINKEN, 1951
Roter Prachtkärpfling

Zaïre, Umgebung von Pool Malebo und Kinshasa; bis 5 cm.

♂ bräunlich mit zahlreichen, zu kurzen Längs- und Querreihen gruppierten roten Punkten auf dem Körper und in den Flossen. Letztere zum Teil mit rotem Marginalband und hellblauem Saum.

Pflege und Zucht siehe bei *Aphyosemion arnoldi*. Nichtannuelle Art, Pflanzenlaicher. Eier groß. Zeitigungsdauer 12 bis 16 Tage. Eier ablesen! In die gleiche Artengruppe gehört *Aphyosemion rectogoense* (Taf. 66).

Aphyosemion gardneri (Taf. 66)
(BOULENGER, 1911)
Gardners Prachtkärpfling

Nigeria, Südwestkamerun; bis 6,5 cm.

♂ Körper mit roten Punkten auf blauem bis grünem Grund. Flossenfärbung in den einzelnen Populationen sehr unterschiedlich, grünlich mit roten Punkten oder mit rotem Marginalband und breitem hellgelbem Saum. ♀ graubraun mit kleinen roten Punkten.

Pflege und Zucht siehe bei *A. arnoldi*. Semiannuelle Art, die an liegenden Laichsubstraten (Pflanzen, Torf, Kunstfasergespinste) ablaicht. Ein ♂ mit zwei ♀♀ verpaaren. Zeitigungsdauer im Wasser 2 bis 4 Wochen. Aufzucht der Jungfische einfach.

Aphyosemion sjoestedti (Taf. 67)
(LÖNNBERG, 1895)
Blauer Prachtkärpfling

Südostnigeria, Westkamerun; bis 12 cm.

Robuste, spindelförmige Art. ♂ auf braunrotem Grund mit dichten roten Tüpfeln, die auf dem Schwanzstiel zu Querlinien zusammenfließen. Kehle blaugrün. Flossen vorwiegend grün bis blau mit roten Punkten oder Strichen. ♀ auf bräunlichem Grund kleine rote Punkte.

Pflege und Zucht siehe bei *A. arnoldi*. Semiannuelle Art, die am Boden (Pflanzen, Torf, feiner Sand) laicht. Ein ♂ mit zwei ♀♀ verpaaren. Zeitigungsdauer der Eier im Wasser 3 Wochen, bei Aufbewahrung in feuchtem Torf 6 bis 8 Wochen. Aufzucht der Jungfische einfach. Früher bekannt als *A. coeruleum* und *Fundulus gularis*.

Aphyosemion striatum (Taf. 67)
(BOULENGER, 1911)
Gestreifter Prachtkärpfling

Nordwestgabun, südliches Äquatorial-Guinea; bis 6 cm.

♂ kräftig grünblau bis violett mit durchgehenden karminroten Tüpfellängsreihen. Flossen sehr farbig, zum Teil mit breitem gelbem Rand. ♀ graubraun mit feinen roten Punkten in den unpaaren Flossen.

Pflege und Zucht siehe bei *A. arnoldi*. Nichtannuelle Art, Pflanzenlaicher, die Jungfische schlüpfen nach 12 bis 14 Tagen, Aufzucht leicht.

Aphyosemion walkeri (Taf. 66)
(BOULENGER, 1911)
Walkers Prachtkärpfling

Westghana, Elfenbeinküste; bis 7 cm.

♂ bräunlich, grünlich oder zart violett mit braunroten Tüpfellängsreihen und Tüpfelquerlinien auf dem Schwanzstiel. Flossen vorwiegend orange mit dunkelroten Marginalbändern. ♀ hellbraun, Flossen zum Teil mit roten Punkten.

Pflege und Zucht siehe *A. arnoldi*. Semiannuelle Art, die im Torf laicht. Ein ♂ mit zwei ♀♀ verpaaren, Eier mindestens 4 Wochen bis mehrere Monate in feuchtem Torf aufbewahren. Aufzucht nicht schwierig.

Aplocheilichthys macrophthalmus
MEINKEN, 1932
Roter Leuchtaugenfisch

Togo, Benin, Nigeria, Kamerun; bis 4 cm.

Körper gestreckt, schlank, Auge groß, stark glänzend. Durchscheinend gelbgrün mit roter Rückenmittellinie und zwei grün irisierenden Seitenlängsstreifen. Flossen gelblich. Schwanzflosse abgerundet mit orangefarbener oder roter Zeichnung. ♀ weniger intensiv gefärbt.

Die *Aplocheilichthys*-Arten sind Oberflächenfische, die in nicht zu hell stehenden, kleineren Artbecken mit dunklem Bodengrund und feinfiedrigen Pflanzen zu hältern sind. Pflege in hartem, Zucht in weichem, schwach saurem, über Torf gefiltertem Wasser. Kleineres Lebendfutter aller Art. Eine Laichperiode dauert meist mehrere Wochen, Paarungsritual sehr interessant. Nichtannuelle Haftlaicher. Die Einrichtung eines besonderen Zuchtbekkens ist nicht notwendig. Da die Tiere die an feinblättrigen Pflanzen abgesetzten Eier fast nicht beachten, kann man auch zur Zucht einen ganzen Schwarm halten. Das Laichsubstrat ist von Zeit zu Zeit in das Aufzuchtbecken zu übertragen. Die Jungfische schlüpfen nach 10 bis 14 Tagen und sind mit feinstem Lebendfutter zu versorgen. Wachstum zunächst langsam, später schnell. Die Jungen schwimmen ständig schlängelnd und stellen sich gern in eine leichte Wasserströmung.

Aplocheilichthys pumilus (Taf. 68)
(BOULENGER, 1906)
Glänzender Leuchtaugenfisch

Tanganjikasee und dessen Einzugsgebiet; bis 4,5 cm.

Gelbbraun, bauchseitig grün glänzend mit dunklem Längsband. Flossen gelblich, geringe Flossenzeichnung. ♀ meist kleiner.

Pflege und Zucht siehe voranstehende Art. Anfällig gegen Krankheiten.

Aplocheilichthys spilauchen (Taf. 68)
(DUMÉRIL, 1859)
Nackenfleckkärpfling

Westafrika von Senegal bis Angola; bis 7 cm.

Bläulichsilbern mit schmalen dunkleren Querstrichen, vor allem auf dem Schwanzstiel. Oberer Augenrand orange, Flossen gelb, zum Teil mit rötlicher Zeichnung. ♀ grau mit blauem Schimmer, Flossen farblos.

Pflege und Zucht siehe bei *A. macrophthalmus*. 26 bis 30 °C, Seesalzzusatz (etwa 1 g/l), Lebendfutter, vor allem Insekten. Nichtannueller Pflanzenlaicher.

Aplocheilus lineatus (Taf. 70)
(CUVIER und VALENCIENNES, 1846)
Streifenhechtling

Indien; bis 10 cm.

Kräftige, robuste Art mit hechtförmigem Körper. ♂ helloliv mit grüngoldenen Glanztüpfeln und dunklen Querstreifen in der Schwanzregion. Flossen sehr farbig, Flossenstrahlen zum Teil rotbraun. ♀ etwas blasser gefärbt, jedoch mit kräftigeren dunklen Querlinien.

Die *Aplocheilus*-Arten pflege man in geräumigen Becken mit dichten Pflanzengruppen und nicht zu hohem Wasserstand. Wärmebedürftig, 24 bis 28 °C. Lebendfutter, besonders Insekten (Essigfliegen, Mükkenlarven) und große Kleinkrebse. Gern werden auch manche Blattläuse angenommen, die man auf die Wasseroberfläche streut. Zur Zucht weiches, etwas über Torf gefiltertes Wasser. Die Tiere laichen nach interessanten Balztänzen, wobei das ♂ das ♀ unter eigenartigen Nick- und Tanzbewegungen umkreist, an feinblättrigen Pflanzen oder den Wurzeln von Schwimmpflanzen. Eine Laichperiode kann sich über 1 bis 3 Wochen ausdehnen. Eier groß, zunächst hell, später schwarz. Die Jungtiere schlüpfen nach 12 bis 14 Tagen und sind mit feinstem Lebendfutter aufzuziehen, Wachstum langsam. Die Elterntiere stellen den Eiern nicht nach, dagegen werden Jungfische gefressen. Zur rationellen Zucht überträgt man mit Eiern besetzte Ablaichpflanzen in das Aufzuchtbecken und bringt neues Laichsubstrat ein.

Aplocheilus-Arten lassen sich auch in Gesellschaftsaquarien pflegen und halten sich dort vorwiegend unter der Oberfläche auf.

Aplocheilus panchax (Taf. 70)
(HAMILTON-BUCHANAN, 1822)
Gemeiner Hechtling

Von Vorderindien bis Indonesien; bis 8 cm.

Aus dem großen Verbreitungsgebiet sind zahlreiche Farbspielarten bekannt. Graugelb bis graublau mit rötlichen Tüpfelreihen. Flossen blau, rötlich oder gelb mit und ohne Zeichnung. Rückenflosse vorn mit schwarzem Fleck. ♀ weniger kräftig gefärbt, Flossen kürzer.

Pflege und Zucht wie bei der voranstehenden Art angegeben. Sehr robuste und langlebige Art.

Cynolebias bellottii (Taf. 71)
STEINDACHNER, 1881
Blauer Fächerfisch

Argentinien und Uruguay in zeitweilig austrocknenden Wasseransammlungen; ♂ bis 7 cm.

Körper hoch, seitlich zusammengedrückt. Die Rücken- und Afterflosse haben beim ♂ mehr Flossenstrahlen als beim ♀. ♂ dunkel- oder graublau. Kopf, Körper und basale Teile der senkrechten Flossen mit weißlichen bis hellblauen irisierenden Tupfen. Vom Nacken ausgehend eine dunkle Augenbinde. ♀ gelbgrau, meist dunkel marmoriert.

Die *Cynolebias*- und *Pterolebias*-Arten gehören zu den annuellen Zahnkarpfen Südamerikas. In Anpassung an die klimatischen Verhältnisse ihrer Verbreitungsgebiete bringen diese Fische ihre Eier im Bodengrund der Gewässer unter. Besonders die *Cynolebias*-Arten leben in kleinen und kleinsten Pfützen, die nur während der Regenzeit Wasser führen. Zu Beginn dieser Periode schlüpfen aus den im Boden halbfeucht eingebetteten dickschaligen Eiern die Jungfische, die in wenigen Wochen heranwachsen, wobei alle schwächlichen den stärkeren zum Opfer fallen, laichen schließlich und gehen bei der Austrocknung der Tümpel zugrunde. Die Eier legen Entwicklungspausen ein und überleben so, eingebettet im Bodengrund, die Trockenperiode.

Die Pflege der südamerikanischen Bodenlaicher ist nicht schwierig, wenn die Tiere in Artbecken untergebracht sind. Die sehr stark rivalisierenden ♂♂ halte man möglichst getrennt oder richte zahlreiche Versteckmöglichkeiten ein. 20 bis 24 °C, kräftig mit Lebendfutter versorgen. Zur Zucht bringe man die Tiere in kleinen Becken unter, deren Boden mit Torfmull bedeckt wird. Weiches bis mittelhartes, über Torf gefiltertes Wasser. Zwei ♀♀ mit einem ♂ verpaaren. Laichreife Tiere beginnen sofort mit dem Ablaichen. Nach sehr charakteristischer, artspezifischer Balz pressen sich beide Tiere an den Bodengrund oder dringen, wenn dieser sehr weich ist, in den Bodengrund ein. In der Regel legt das ♂ seine Rükkenflosse bei der Paarung über das ♀ und fixiert dieses so für einen Augenblick. Die Afterflosse des ♀ bildet eine Art Spitztüte, durch die die ausgestoßenen Eier in Richtung Bodengrund abgeleitet und in diesen gleichsam eingepflügt werden. Ein Schwanzflossenschlag sorgt für ihre Bedeckung. Das Laichgeschäft hält bis zum Absterben an. Die Eier werden weitere 2 bis 3 Wochen im Wasser belassen, dann in feuchtem Torf untergebracht und mindestens 3 bis 6 Monate bei 18 bis 20 °C aufbewahrt. Nach dieser Zeit kommen sie mitsamt dem Torf in abgestandenes, weiches Frischwasser, wo nach kurzer Zeit die Jungfische schlüpfen, die gleich mit Staubfutter zu versehen sind. Wachstum schnell. Auch die Eier dieser Bodenlaicher lassen sich in feuchtem Torfmull gut verschikken. Siehe auch S. 249.

Cynolebias whitei (Taf. 71)
MYERS, 1942
Perlmuttfächerfisch

Umgebung von Rio de Janeiro; bis 8 cm.

Körper gestreckt. ♂ rotbraun mit blaugrünen Glanztüpfeln auf dem Kopf, dem Körper und in den senkrechten Flossen. ♀ auf hellbraunem Grund dunkel marmoriert. Gelegentlich zwei runde Seitenflekken.

Pflege und Zucht siehe voranstehende Art, 22 bis 24 °C. ♂ mit kammförmigen Kontaktorganen auf den Brustflossen. Zeitigungsdauer der Eier 2 bis 5 Monate. Wachstum der Jungfische sehr schnell.

Cyprinodon variegatus (Taf. 72)
LACÉPÈDE, 1803
Edelsteinkärpfling

Oststaaten der USA bis Texas und Venezuela, größere Inseln des karibischen Raumes, im Meer-, Brack- und Süßwasser; bis 8 cm.

Körper kurz, seitlich wenig abgeflacht, im Alter sehr hoch. ♂ silbergrau mit stahlblauen Glanzzonen. Mehrere meist undeutliche Querbinden, Flossen grau bis gelblich, zum Teil mit schwarzen Säumen. Vorderkörper in Laichstimmung orange. ♀ blasser gefärbt, mit deutlichen unregelmäßigen Querbinden.

Die scheue, kurzlebige Art ist bei wechselnder Temperatur zu pflegen; Seesalzzusatz (2 Eßlöffel auf 10 l Wasser) angezeigt. Zur Vergesellschaftung mit anderen Fischen nicht geeignet, gefräßige Allesfresser, pflanzliche Zusatznahrung erforderlich. Zucht einfach. Die Art laicht an Pflanzen oder auch am Bodengrund, manchmal sogar an den Scheiben. Stets mehrere ♀♀ mit einem ♂ verpaaren. Arge Laichräuber. Das Zuchtpaar ist nach dem Ablaichen zu entfernen und kann bei guter Fütterung schon in den nächsten Tagen wieder angesetzt werden. Die Jungfische schlüpfen nach 8 bis 10 Tagen. *C. variegatus* läßt sich den Sommer über in Gartenteichen hältern.

Epiplatys chaperi (Taf. 71)
(SAUVAGE, 1882)
Ghanahechtling

Südwestghana, Südostelfenbeinküste; bis 7 cm.

Körper hechtartig gestreckt. Insgesamt hell gelbbraun mit rotbraunen Tüpfellängsreihen und vier kurzen schwarzen Querbinden in der Schwanzregion. Flossen zum Teil mit schwarzen Marginalstreifen und bläulichem Saum. ♀ Flossen abgerundet und weniger farbig.

Pflege und Zucht siehe nachfolgende Art.

Epiplatys dageti (Taf. 71)
POLL, 1953
Querbandhechtling

Elfenbeinküste, Westghana, Liberia, in Sümpfen; bis 5,5 cm.

Körper spindelförmig, Maul nach oben gerichtet, breit. ♂ gelblich mit 5 bis 7 (meist 6) schmalen dunklen, etwas schrägen Querbinden. Die letzte Binde setzt sich bis in die Unterkante der Schwanzflosse fort. Unterkieferrand schwarz. Die Unterart *E. dageti monroviae* zusätzlich mit roter Kehle. ♀ nicht so kräftig gefärbt, ohne unteren Schwanzflossenzipfel.

Die *Epiplatys*-Arten sind Oberflächenfische, die in ihrer afrikanischen Heimat nach Hechtart auf Beute lauern. Pflege in größeren Aquarien mit einigen Schwimmpflanzen, die Verstecke bieten. 24 bis 28 °C, Lebendfutter, besonders Insekten (Taufliegen) und Insektenlarven. Viele Arten eignen sich für das Gesellschaftsaquarium. Zur Zucht weiches bis mittelhartes, über Torf gefiltertes Wasser, 26 bis 28 °C. Die ♂♂ treiben oft sehr stark. Während der 2 bis 3 Wochen anhaltenden Laichperiode werden fast täglich hartschalige Eier an feinblättrigen Schwimmpflanzen abgesetzt. Am besten legt man dazu Javamoosbüschel oder Gespinste aus Kunstfasern ein. Die mit Eiern besetzten Pflanzen werden von Zeit zu Zeit in das Aufzuchtbecken übertragen und durch neue ersetzt. Zeitigungsdauer 14 bis 18 Tage. Da die Jungfische untereinander kannibalisch sind, ist eine Sortierung nach Größenklassen notwendig. Wachstum bei guter Fütterung mit Nauplien und Rädertierchen schnell, allerdings erst nach etwa 10 Monaten geschlechtsreif. Die Eier lassen sich, in feuchtem Torfmull verpackt, versenden. Ähnliche Zuchtbedingungen gelten für die *Pachypanchax*-Arten Ostafrikas.

Die Unterart *E. dageti monroviae* wurde früher fälschlich als *E. chaperi* bezeichnet.

Jordanella floridae (Taf. 76)
GOODE und BEAN, 1879
Floridakärpfling

Südflorida; bis 7 cm.

Körper gedrungen, hochrückig, seitlich abgeflacht. Färbung sehr veränderlich. ♂ hellolivgrün mit einem großen Seitenfleck und zusätzlichen wolkigen Flecken sowie zahlreichen roten Tüpfellängsreihen. Rückenflosse dicht rot gepunktet. ♀ einfach gefärbt mit schwarzem Seitenfleck und schachbrettartig angeordneten Zusatzflecken. Im hinteren Zipfel der Rückenflosse ein deutlicher dunkler Fleck.

Gut bepflanzte Aquarien, dunkler Bodengrund, gelegentlich etwas Morgensonne, Temperaturen 17 bis 25 °C. Allesfresser, vor allem Algen und andere weiche Pflanzenteile. Laichen nach stürmischer Balz meist an Pflanzen oder in Bodennähe. Auf begrenztem Raum werden bis 300 Eier abgesetzt und am ersten Tag gelegentlich vom ♂ befächelt. ♀ nach dem Ablaichen entfernen. Die Jungfische schlüpfen nach 5 bis 6 Tagen und sind nach 14 Tagen in ein veralgtes Becken umzusetzen. Pflanzliche Zusatznahrung, zum Beispiel Brennesselpulver, unbedingt erforderlich. Halbwüchsige Tiere haben Weibchentracht.

Lamprichthys tanganicanus (Taf. 69)
(BOULENGER, 1898)
Tanganjika-Leuchtauge

Tanganjikasee; bis 14 cm.

Langgestreckt, insgesamt zart grünlichgelb mit hellblauen bis grünlichen Glanztüpfeln in Längsreihen. Flossen bläulich mit gelben Tüpfelreihen. ♀ Färbung einfacher.

Pflege und Zucht schwierig. Große Aquarien mit hartem, gut durchlüftetem, schwach alkalischem Wasser. Seesalzzusatz 1 g/l, Wasser regelmäßig wechseln. Gruppenlaicher, die ihre großen gelbbraunen Eier in Spalten absetzen. Als Laichsubstrat eignen sich mit Silikonklebern dicht nebeneinander befestigte Kork- oder Preßtorfplatten. Die Jungfische schlüpfen nach 3 bis 6 Wochen. Aufzucht leicht. Die Nachzuchttiere sind meist ziemlich farblos.

Lucania goodei (Taf. 72)
JORDAN, 1879
Rotschwanzkärpfling

USA in Georgia und Florida; bis 6 cm.

Körper gestreckt, seitlich wenig abgeflacht. ♂ zart graugrün bis graugelb mit durchgehendem dunklem Zickzackband. Senkrechte Flossen sehr bunt, in den Grundtönen Schwarz, Blau, Rot und Gelb. ♀ Flossen farblos.

Pflege und Zucht des schönen Schwarmfisches in bepflanzten Aquarien, Temperatur 18 bis 25 °C, etwas Seesalzzusatz, Lebendfutter, besonders Schwarze Mückenlarven. Die Art soll kühl überwintert werden (10 bis 18 °C). Gruppenlaicher, die Eier werden einzeln oder in kleinen Ballen an Pflanzen abgesetzt. Laichräuber, Eier sofort in ein Aufzuchtbekken übertragen. Eine Laichperiode kann mehrere Wochen dauern, während dieser Zeit kräftig füttern. Die Jungen schlüpfen nach 10 bis 12 Tagen und fressen vom ersten Tage an feinstes Staubfutter. Eine stärkere Verbreitung ist sehr zu empfehlen.

Diese Art kann im Sommer in Gartenteichen gehältert werden. Früher als *Chriopeops goodei* bekannt.

Nothobranchius guentheri (Taf. 75)
(PFEFFER, 1893)
Günthers Prachtgrundkärpfling

Tansania, nur Insel Sansibar; bis 5 cm.

Körper gestreckt, mit großen senkrechten Flossen. ♂ mit Blauschimmer auf den Körperseiten, Rückenflosse mit dunklem Innen- und weißem Außensaum, Schwanzflosse leuchtend ziegelrot und hinten breit schwarz gesäumt. ♀ unauffällig graubraun.

Pflege und Zucht siehe bei *N. patrizii.* Ähnlichkeit

mit *N. guentheri* haben die Arten *N. melanospilus* (Taf. 75) und *N. foerschi*. Ein Synonym der letztgenannten Art ist *N. palmqvisti*.

Nothobranchius jubbi (Taf. 74)
WILDEKAMP und BERKENKAMP, 1979
Jubbs Prachtgrundkärpfling

Südsomalia und Südostkenia; bis 6 cm.

Relativ robuste Art. ♂ insgesamt hell graublau mit feiner rötlicher Netzzeichnung. Rückenflosse dunkel, Afterflosse hellblau, Schwanzflosse rot, hinten blaugrau, Saum weiß. ♀ hellbraun mit etwas dunklerer Netzzeichnung.

Pflege und Zucht siehe bei *N. patrizii*.

Nothobranchius korthausae (Taf. 67)
MEINKEN, 1973
Mafia-Prachtgrundkärpfling

Tansania, Insel Mafia; bis 5 cm.

♂ insgesamt gelbbraun bis gelb mit rotbrauner Netzzeichnung und dunklerem Querlinienmuster im hinteren Körperbereich einschließlich der unpaaren Flossen, letztere zusätzlich hellblau oder weiß gesäumt. ♀ einfarbig hellbraun.

Pflege und Zucht siehe bei der nachfolgenden Art.

Nothobranchius patrizii (Taf. 73)
(VINCIGUERRA, 1927)
Patrizis Prachtgrundkärpfling

Südsomalia und Ostkenia; bis 4,5 cm.

Gattungstypisch gestaltet, Rücken- und Afterflosse sehr groß. ♂ blau mit kräftiger braunroter Netzzeichnung. Rückenflosse graublau, weiß gesäumt, Afterflosse blau, Schwanzflosse einheitlich rot. ♀ graubraun mit dunklen Querstrichen.

Die farbenprächtigen *Nothobranchius*-Arten sind sehr schnellwüchsig, aber auch kurzlebig. Man pflege sie im bepflanzten Artbecken, überzählige ♂♂ eventuell im Gesellschaftsbecken. Sie benötigen mittelhartes, oft teilerneuertes Wasser, geringen Seesalzzusatz, zwischen 22 und 26 °C pendelnde Temperaturen und Lebendfutter, vor allem Insektenlarven. Alle Arten sind annuelle Bodenlaicher. Zur Zucht verpaare man zwei ♀♀ mit einem ♂. Ausgekochter, 3 cm hoch liegender Fasertorf als Laichsubstrat. Bei der Balz überschwimmt das ♂ zunächst das ♀ und betupft mit der Kehle dessen Nacken. Sobald sich das ♀ zum Bodengrund wendet, schnellt das ♂ daneben und schlägt seine Rückenflosse über das ♀. Beide Partner krümmen sich, erzittern und stoßen dabei Geschlechtsprodukte aus, die das ♀ mit seiner trichterartig verformten Afterflosse in den Bodengrund leitet. Die Laichphase dauert viele Tage. Man ersetzt deshalb von Zeit zu Zeit das alte Laichsubstrat durch neuen Torf. Die Eier müssen darin 2 bis 3 Monate feucht liegen, das Laichsubstrat ist dazu, wie auf S. 249 beschrieben, zu behandeln. Nach dieser Ruhepause kontrolliert man mit der Lupe die Eier und gießt, wenn die dunklen Augen der Embryonen zu sehen sind, kühleres Wasser auf (etwa 6–8 cm hoch). Die geschlüpften Jungfische können sofort mit Nauplien oder Rädertierchen angefüttert werden. Wachstum sehr schnell, die Geschlechtsreife wird schon nach 2 bis 3 Monaten erreicht. Alle *Nothobranchius*-Arten sind anfällig für Hautparasiten.

Nothobranchius rachovii (Taf. 74)
AHL, 1926
Rachows Prachtgrundkärpfling

Moçambique bis Südafrika; bis 5 cm.

♂ blau mit rotem bis dunklem Gittermuster, Kopf und Kehle orange. Rückenflosse türkis, Afterflosse blau, beide getüpfelt. Schwanzflosse von der Basis nach außen blau, orange, schwarz. ♀ hellbraun.

Pflege und Zucht siehe voranstehende Art. Die Eier benötigen eine Trockenperiode von mindestens 5 Monaten.

Oryzias latipes (Taf. 68)
(TEMMINCK und SCHLEGEL, 1850)
Japankärpfling

Japan, China, Korea, Taiwan; bis 5 cm.

Körper gestreckt, schlank. Durchscheinend grau mit blauem Schimmer, Auge türkis, Flossen bei einigen Populationen zum Teil gelb gesäumt. ♀ in der Färbung vom ♂ nicht zu unterscheiden, meist kräftiger.

Die *Oryzias*-Arten, auch als Reiskärpflinge bekannt, sind Schwarmfische. Man pflege sie in größeren, flachen, möglichst hell stehenden Becken. Mittelhartes Wasser, eventuell etwas Seesalzzusatz, 18 bis 30 °C, Lebend- und Trockenfutter. Schwarmlaicher der frühen Morgenstunden. Die Laichperiode dauert viele Wochen. Die abgegebenen Eier bleiben zunächst an der Genitalöffnung der ♀♀ als Eitraube hängen und werden meist erst kurz vor dem Schlüpfen der Jungfische an Pflanzen abgestreift. Zeitigungsdauer 10 bis 18 Tage. Die winzigen Jungfische schwimmen wie diejenigen der *Aplocheilichthys*- und *Procatopus*-Arten schlängelnd. Mit Pantoffeltierchen und Rädertierchen anfüttern. Wachstum langsam. Die *Oryzias*-Arten werden im System häufig als eigene Familie (Oryziatidae) eingeordnet.

Pachypanchax playfairii (Taf. 70)
(GÜNTHER, 1866)
Tüpfelhechtling

Seychellen, Sansibar; bis 10 cm.

Körperform hechtartig, robust. ♂ gelbgrün mit unregelmäßigen Reihen roter Tüpfel. Flossen gelb, zum Teil getüpfelt und dunkel gesäumt. ♀ weniger intensiv gefärbt. An der Basis der Rückenflossen ein deutlicher schwarzer Fleck.

Schöner, manchmal unverträglicher Zahnkarpfen. Pflege und Zucht nicht schwierig. Die Tiere laichen bei guter Bepflanzung sogar im Gesellschaftsaquarium ab. Zucht, wie bei *Epiplatys dageti* angegeben (siehe S. 253). Allerdings ist die vorliegende Art noch unempfindlicher hinsichtlich der Wasserqualität. Die Eier sind relativ groß und hartschalig. Die Jungfische schlüpfen nach etwa 10 bis 12 Tagen. Bei den ♂♂ stehen im Rückenbereich die Schuppen etwas ab.

Procatopus similis (Taf. 69)
AHL, 1927
Stahlblauer Spaltenlaicher

Südnigeria und Südwestkamerun; bis 7 cm.

Körper gestreckt, seitlich abgeflacht. ♂ mit intensivem Blauschimmer an den Körperseiten, Rückenfirst rotbraun. Flossen gelb, teilweise orangerot. ♀ weniger intensiv gefärbt, Flossen abgerundet.

Pflege und Zucht, wie bei *Aplocheilichthys macrophthalmus* angegeben, siehe S. 251. Spaltenlaicher, die ihre Eier gern in den Ritzen von Korkeichenrinde unterbringen. Die Jungfische schwimmen schlängelnd und wachsen langsam.

Pseudepiplatys annulatus (Taf. 71)
(BOULENGER, 1915)
Ringelhechtling

Guinea, Sierra Leone, Liberia; bis 5 cm.

Körper wie bei den *Epiplatys*-Arten langgestreckt, Mittelteil der Schwanzflosse zipfelartig verlängert. ♂ hell ockerfarben mit 4 breiten dunkelbraunen Ringelbändern. Schwanzflosse sehr farbig, rot, orange und hellblau längsgestreift. ♀ Körper ähnlich gefärbt, Flossen jedoch glasig und abgerundet.

Pflege und Zucht im Prinzip, wie bei *Epiplatys dageti* angegeben (siehe S. 253), jedoch ziemlich schwierig. Eier sehr klein, Zeitigungsdauer 9 bis 11 Tage. Die winzigen Jungfische mit Pantoffeltierchen anfüttern. Wachstum sehr langsam. Die einzelnen Populationen der Art zeigen zum Teil recht unterschiedliche Flossenfärbungen. Früher bekannt als *Epiplatys annulatus*.

Pterolebias longipinnis
GARMAN, 1895
Schleierkärpfling

Brasilien, Norduruguay, Nordargentinien; bis 12 cm.

Körper gestreckt. ♂ After- und Schwanzflosse fahnenartig vergrößert, letztere ausgefranst. Rot- bis dunkelbraun, seltener graublau mit kleinen Glanztüpfeln an den Körperseiten. Besonders charakteristisch ist ein rot-lackschwarzer Mosaikfleck über den Brustflossen. Flossen braun, an der Basis zum Teil gelb. ♀ kleiner, unscheinbarer, kein Mosaikfleck.

Die *Pterolebias*-Arten sind mit den *Cynolebias*-Arten verwandt und wie diese zu pflegen und zu züchten (siehe bei *Cynolebias bellottii*, S. 252). Zeitigungsdauer der Eier 4 bis 7 Monate.

Leider sieht man im Fachhandel nur noch sehr selten die prächtigen Tiere, wie sie in den fünfziger Jahren vielfach verbreitet waren.

Pterolebias zonatus (Taf. 71)
MYERS, 1935
Gestreifter Schleierkärpfling

Venezuela und Kolumbien; bis 10 cm.

Körper gestreckt, Schwanzflosse spatelförmig. ♂ zart bläulich bis grünlich mit zahlreichen rehbraunen Querstreifen. Flossen rehbraun gemustert. ♀ ähnlich gefärbt, braune Musterung jedoch nicht so dicht.

Pflege und Zucht siehe voranstehende Art und bei *Cynolebias bellottii*, S. 252. Zeitigungsdauer der Eier 7 bis 8 Monate.

Rivulus cylindraceus (Taf. 65)
POEY, 1861
Kubabachling

Kuba; bis 6 cm.

Körper gestreckt, seitlich nur in der Schwanzstielregion abgeflacht. ♂ grauoliv, unterhalb der unregelmäßigen dunklen Längsbinde gelblich. Oberhalb der Brustflossen ein grüner Glanzfleck, auf dem Körper verstreut rote Tüpfel. Flossen zum Teil mit dunklem Saum. ♀ weniger intensiv gefärbt, manchmal vorn an der Rückenflossenbasis mit schwarzem Fleck.

Rivulus-Arten pflege man etwa wie nichtannuelle *Aphyosemion*-Arten, siehe bei *A. arnoldi*, S. 249. Allesfresser, die sich auch für nicht zu dicht besetzte Gesellschaftsbecken eignen. Haftlaicher, Eier groß, hartschalig, Zeitigungsdauer im Wasser 2 bis 3 Wochen, Aufbewahrung in feuchtem Torf für 1 bis 2 Monate möglich. Bei Zuchttemperaturen unter 25 °C ist in den Nachzuchten der Anteil der ♂♂ sehr hoch.

Roloffia liberiensis
(BOULENGER, 1908)
Liberia-Prachtkärpfling

Westliberia in küstennahen Tümpeln; bis 6 cm.

Körper schlank, langgestreckt. ♂ blaugrün mit verstreuten, zum Teil in kurzen Längsreihen angeordneten roten Tüpfeln. Rücken-, After- und Schwanzflosse mit rotem Marginalband, letztere außerdem mit gelber Ober- und Unterkante. ♀ braungrün mit unregelmäßigem Muster an den Körperseiten.

Pflege und Zucht siehe bei *Aphyosemion arnoldi*, S. 249. Semiannuelle Art, die an Pflanzen in Bodennähe oder am Bodensubstrat laicht. Zeitigungsdauer im Wasser etwa 20 Tage. Eier weich und deshalb empfindlich. Aufzucht der Jungfische einfach. Da der Gattungsname *Roloffia* zugunsten von *Aphyosemion* verworfen wurde, muß die Art in Zukunft *Aphyosemion liberiense*, die folgende Art *A. occidentale* heißen.

Roloffia occidentalis (Taf. 67)
(CLAUSEN, 1966)
Goldfasan-Prachtkärpfling

Sierra Leone; bis 8 cm.

Robuste, spindelförmige Art. ♂ eine goldglänzende Längszone hinter dem Kiemendeckel, darüber gelbbraun, darunter kräftig rotbraun, Kehle grün. Flossen bei den einzelnen Populationen sehr unterschiedlich. Meist gelb und hellblau mit breiten roten Marginalbändern. ♀ hell rotbraun, manchmal mit Quer- und Längszeichnung an den Körperseiten.

Pflege und Zucht, wie bei *Aphyosemion arnoldi* angegeben, S. 249. Annuelle, wärmeliebende Art (26 bis 28 °C), Bodenlaicher, Torf oder feiner Sand als Laichsubstrat. Zeitigungsdauer der Eier in feuchtem Torfmull 5 bis 6 Monate. Aufzucht der Jungfische einfach. Früher fälschlich als *Aphyosemion sjoestedti* bezeichnet.

Familie Poeciliidae
Lebendgebärende Zahnkarpfen

Die Lebendgebärenden Zahnkarpfen sind vermutlich im Laufe der Stammesgeschichte aus verschiedenen eierlegenden Gruppen hervorgegangen.

Ihr Verbreitungsgebiet erstreckt sich vom südlichen Nordamerika über Mittelamerika bis Argentinien. Die meisten Arten sind friedliche Oberflächenfische, die vorwiegend die verkrauteten Uferzonen stehender oder langsam fließender Gewässer besiedeln und sich von Insekten, Insektenlarven und Pflanzenteilen ernähren. Verschiedene Arten haben als Vertilger von Mückenlarven Bedeutung erlangt und sind zu diesem Zweck in verschiedenen warmen Gebieten der Erde ausgesetzt worden. Im bepflanzten, hell stehenden Aquarium sind die meisten Arten genügsam und ausdauernd. Temperatur 20 bis 24 °C. Lebendfutter aller Art, aber auch Trockenfutter. Viele Arten benötigen zusätzliche Pflanzenkost in Form von gebrühtem oder tiefgefrorenem Kopfsalat, Chinakohl, Spinat oder Brennesselspitzen.

Die Eier werden im Mutterleib befruchtet und entwickeln sich in der Eierstockhöhle oder sogar im Eierstock selbst. Die Embryonen ernähren sich vom Dottervorrat der Eier, in einzelnen Fällen erhalten sie auf verschiedenen Wegen zusätzliche Nährstoffe von der Mutter (siehe S. 116).

Die meist kleineren ♂♂ übertragen die in Ballen, sogenannten Spermozeugmen, vereinigten Samenfäden mit einem sehr beweglichen Begattungsorgan (Gonopodium), das sich aus Teilen der Afterflosse differenziert (Abb. 63). Der vom ♀ aufgenommene Samenvorrat wird gespeichert und genügt in der Regel für mehrere Schwangerschaften. Trächtige ♀♀ sind meist an einem dunklen Fleck (Trächtigkeitsfleck) vor der Afteröffnung und am größeren Leibesumfang zu erkennen. Vielfach lassen sich sogar die dunklen Augen der Embryonen durch die gespannte mütterliche Leibeswand erkennen. Die die Embryonen umgebenden dünnen Eihüllen platzen bei der Ausstoßung. Die weit entwickelt geborenen Jungfische sind relativ groß und können gleich gefüttert werden. Eine Schwangerschaft dauert je nach Art 4 bis 6 Wochen, die Geburt läßt sich oft durch Frischwasser anregen. Zur produktiven Zucht setzt man hochträchtige ♀♀ einzeln unter umgestülpte durchbrochene Blumentopfkörbchen aus Kunststoff oder schwimmende Absetzkäfige. Die geborenen Jungfische können durch die Spalten entschlüpfen und sind so vor dem Zugriff der Mutter geschützt.

Belonesox belizanus (Taf. 76)
KNER, 1860
Hechtkärpfling

Östliches Zentralamerika; ♂ bis 10 cm, ♀ bis 20 cm.

Größter Lebendgebärender Zahnkarpfen. Körper spindelförmig, seitlich etwas zusammengedrückt, Schnauze lang und spitz, das tief gespaltene Maul mit spitzen Zähnen besetzt, Auge groß. ♂ graugelb, bei auffallendem Licht wie Bronze schimmernd. An den Seiten zahlreiche, mehr oder weniger deutliche Punktreihen. Auf der Schwanzflossenwurzel ein runder, dunkler Fleck. ♀ größer, Afterflossenbasis rötlich.

Der räuberische Oberflächenfisch ist am besten in großen, gut bepflanzten, heizbaren Freilandanlagen zu hältern. Fütterung nicht einfach, da geschlechtsreife Tiere oft wählerisch sind und vielfach nur Fische annehmen. Hechtkärpflinge von 12 bis 18 cm können ohne Schwierigkeiten erwachsene Platy- oder Guppyweibchen bewältigen, gelegentlich fressen die ♀♀ die eigenen ♂♂. Temperatur 25 bis 30 °C. Produktiv, Wurfzahl bis 100. Die Jungfische sind bei der Geburt 15 bis 25 mm lang und können gleich kleine Daphnien und Enchyträen fressen. Sehr interessante Art, die schon oft gezüchtet wurde, aber aus Gründen der schwierigen Futterbeschaffung immer wieder aus den Aquarien verschwindet.

Gambusia affinis affinis (Taf. 77)
(BAIRD und GIRARD 1854)
Koboldkärpfling, Texaskärpfling

Ursprünglich nur Flußsysteme des San Antonio und Guadalupe in Texas, heute weltweit verbreitet; ♂ bis 3,5 cm, ♀ bis 6 cm.

♂ durchscheinend grau mit bläulichem Schimmer, durch das Auge eine schwarze Querbinde. Auf dem Körper gelegentlich einige schwarze Punkte. Flossen farblos bis gelblich, zum Teil mit schwarzen Punkten. Gonopodium etwa so lang wie der Kopf. ♀ größer, den bekannten Guppyweibchen ähnlich, jedoch mit Punkten in der Schwanzflosse.

Im Südosten der USA und in Nordmexiko wird die Art durch die Unterart *Gambusia affinis holbrooki* vertreten. Die ♂♂ letzterer sind locker schwarz gescheckt. Von dieser Unterart ausgehend, wurden verschiedene Spielarten gezüchtet. Beide Unterarten vertragen Temperaturen von 2 bis 30 °C. Sie ernähren sich hauptsächlich von den Larven der Stechmücken und sind deshalb in aller Welt zur Mückenbekämpfung ausgesetzt worden. Für das Gesellschaftsaquarium sind die angriffslustigen *G. affinis* und einige andere Arten der Gattung nur bedingt geeignet. Man hältert sie im Sommer am besten in Gartenteichen.

Tafel 81, Foto 264–266 Oben: Schwertträger *(Xiphophorus helleri)*, ♂ der Unterart *X. helleri helleri*. Mitte: Schwertträger *(Xiphophorus helleri)*, Zuchtform »Rot«. Unten: Montezuma-Schwertträger (*Xiphophorus* spec. aff. *montezumae*)

Tafel 82, Foto 267 Männchen und Weibchen des Getüpfelten Schwertträgers *(Xiphophorus helleri)*, Wildform aus dem Rio Belize

Tafel 83, Foto 268–273 Oben und Mitte links: Zuchtformen des Spiegelkärpflings *(Xiphophorus maculatus)*, Roter Platy, Roter Wagtail-Platy, Platy halbschwarz mit Blauspiegel. Mitte rechts und unten: Zuchtformen des Veränderlichen Spiegelkärpflings *(Xiphophorus variatus)*, Gelber Platy, Blauer Platy, Delta Hochflosser

Tafel 84, Foto 274–275 Oben: Lachsroter Regenbogenfisch *(Glossolepis incisus)*, nur das im Schwarm dominierende ♂ zeigt die kräftig rote Farbe. Unten: Gebänderter Regenbogenfisch *(Melanotaenia trifasciata)*
Tafel 85, Foto 276–277 Oben: Rotstreifenregenbogenfisch *(Melanotaenia splendida rubrostriata)*. Unten: Boesemans Regenbogenfisch *(Melanotaenia boesemani)*, einer der schönsten Vertreter der Gattung

Tafel 86, Foto 278–280 Kleiner Regenbogenfisch *(Melanotaenia maccullochi)*. Oben: Tiere aus der Umgebung von Cairns in Nordostaustralien. Mitte: Tiere aus dem südlichen Papua-Neuguinea und von der Nordspitze der Kap-York-Halbinsel. Unten: Großer Regenbogenfisch *(Melanotaenia splendida fluviatilis)*

Tafel 87, Foto 281–282 Oben: Popondetta-Regenbogenfisch *(Popondichthys connieae)*. Unten: Schmetterlings-Regenbogenfisch *(Pseudomugil signifer)*. Beide Arten sind Schwarmfische und im Artbecken zu pflegen.

Tafel 88, Foto 283–284 Oben: Rotgeschwänzter Ährenfisch *(Bedotia geayi)*. Unten: Celebes-Segelfisch *(Telmatherina ladigesi)*, eine Art mit deutlichem Geschlechtsdimorphismus. Die ♂♂ können die verlängerten Flossenstrahlen der Rücken- und Afterflosse einzeln abspreizen.
Tafel 89, Foto 285–286 Oben: Dreistacheliger Stichling *(Gasterosteus aculeatus)*, ♂ in Laichtracht, die Art eignet sich gut für das Heimataquarium. Unten: Jungfisch des Dunkelbäuchigen Schlangenkopfes *(Parachanna obscura)*

Tafel 90, Foto 287–288 Oben: Indischer Glasbarsch *(Chanda ranga)*, ♂. Unten: Blaubarsch (*Badis badis*, Unterart *Badis badis burmanicus*), ♂
Tafel 91, Foto 289–290 Oben: Scheibenbarsch *(Enneacanthus chaetodon)*, die bekannteste Art für das fremdländische Kaltwasseraquarium. Unten: Südamerikanischer Vielstachler *(Polycentrus schomburgki)*, ♂ in Laichtracht

Tafel 92, Foto 291–292 Oben: Unterwasserfoto des Flußbarsches *(Perca fluviatilis)*, Jungtiere eignen sich gut für das Heimataquarium. Unten: Gemeiner Sonnenbarsch *(Lepomis gibbosus)*, die aus Nordamerika stammende Art wurde in Europa vielerorts eingebürgert.
Tafel 93, Foto 293 Der Blattfisch *(Monocirrhus polyacanthus)* imitiert mit seiner Körperform und Zeichnung nicht nur Blätter, sondern ahmt durch Körperhaltung und Schwimmbewegung auch treibende Blätter nach.

Tafel 94, Foto 294–296 Oben: Silberflossenblatt *(Monodactylus argenteus)* · Schützenfisch *(Toxotes jaculatrix)*. Unten: Gemeiner Argusfisch *(Scatophagus argus)*. Alle drei Arten leben als Jungtiere im Süß- und Brackwasser, ziehen sich aber mit zunehmender Größe weiter in das Meer zurück.
Tafel 95, Foto 297–302 Ablaichserie des Rotbrustbuntbarsches *(Aequidens dorsigerus)*. Putzen des Laichplatzes, Balz, Ablaichen, Brutpflege. Das ♀ ist während der Laichzeit dunkler. Reihenfolge: links – rechts von oben nach unten

Tafel 96, Foto 303–305 Oben: Streifenbuntbarsch *(Aequidens portalegrensis)*. Unten: Tüpfelbuntbarsch *(Aequidens curviceps)*, ♀ über dem Gelege · Blaupunktbuntbarsch *(Aequidens pulcher)*

Girardinus metallicus (Taf. 78)
Poey, 1854
Metallkärpfling

Kuba; ♂ bis 5 cm, ♀ bis 9 cm.

♂ Gonopodium sehr lang, Ende mit zwei hornartig gebogenen Anhängseln. Gelbbraun mit einer auffallenden Längsreihe silbriger Winkelmale. ♀ größer, ähnlich gefärbt.

Pflege und Zucht siehe Familienbeschreibung. Tierische und pflanzliche Nahrung sowie Trockenfutter. Wurfzahl bis 60, Wurfabstand 4 bis 5 Wochen. Weibchen zum Werfen isolieren, Jungfische getrennt aufziehen.

Heterandria formosa (Taf. 78)
Agassiz, 1853
Zwergkärpfling

Südkarolina bis Florida; ♂ bis 2 cm, ♀ bis 4,5 cm.

♂ gelblich bis rötlichbraun, bei auffallendem Licht perlmuttglänzend. Von der Schnauzenspitze zur Schwanzwurzel ein unregelmäßig breites Band, das von 8 bis 12 dunklen Querbinden unterbrochen wird. Bei Wohlbefinden ist der ganze Körper dunkel gefleckt und marmoriert. An der Basis der Rücken- und Afterflosse je ein tiefschwarzer Fleck, Rückenflossenfleck außerdem orange gesäumt. ♀ größer, ähnlich gefärbt.

Die lebendige Art ist ein dankbares Pflegeobjekt. Zur Hälterung sind kleinste Aquarien geeignet. Die zierlichen Tiere halten sich mit Vorliebe zwischen feinfiedrigen Pflanzen auf, von denen sie Kleinstorganismen abzupfen. Fütterung mit Hüpferlingen und Trockenfutter, Temperaturen 20 bis 24°C. In einer Geburtsperiode von 6 bis 10 Tagen werden täglich 2 bis 3 Tiere geboren. Siehe dazu auch S. 256. Die Elterntiere stellen den Neugeborenen nur in seltenen Fällen nach.

Phallichthys amates (Taf. 77)
(Miller, 1907)
Guatemalakärpfling

Atlantische Abdachung von Guatemala; ♂ bis 4 cm, ♀ bis 7 cm.

Erinnert hinsichtlich seiner Gestalt etwas an weibliche Schwertträger. ♂ Gonopodium sehr lang. Zart gelbgrünlich und durchscheinend, bei auffallendem Licht mit bläulichem Schimmer an den Körperseiten. Durch das Auge ein kräftiger schwarzer Querstrich. Oft mit 10 bis 12 feinen dunklen Querlinien, Flossen gelblich, Rückenflosse an der Basis kräftig gelb mit bogiger schwarzer Binde und schwarzem Rand. ♀ größer, ohne Querlinien.

Pflege und Zucht, wie auf S. 256 angegeben. Temperatur 22 bis 24°C, tierische und pflanzliche Nahrung sowie Trockenfutter. Wurfzahl bei großen ♀♀ bis 40. Die Eltern stellen den Jungtieren sehr nach. Sonst ist die Art friedlich und eignet sich in kleinen Schulen gut für das Gesellschaftsbecken.

Phalloceros caudimaculatus (Taf. 78)
(Hensel, 1868)
Kaudi, Einfleckkärpfling

Von Rio de Janeiro bis Uruguay und Paraguay; ♂ bis 2,5 cm, ♀ bis 6 cm.

♂ Gonopodium lang und am Ende gegabelt. Färbung der Wildtiere: ♂ Seiten lebhaft gelb. Auf dem Schwanzstiel unterhalb der Rückenflosse ein quergestellter, kommaförmiger, schwarzer Fleck, der von einer silbrigen bis goldfarbenen Zone umgeben ist. Flossen gelblich. Rückenflosse mit schwarzem Saum. ♀ ähnlich gefärbt.

Pflege und Zucht, wie auf S. 256 angegeben. Friedliche und genügsame Art. Verträgt niedrige Temperaturen und kann im ungeheizten Zimmeraquarium gepflegt werden. Lebend- und Trockenfutter. Wurfzahl großer ♀♀ etwa 80. Vor allem in der Umgebung von Rio de Janeiro kommt eine schwarzgescheckte Unterart vor, die als Scheckenkärpfling (*Phalloceros caudimaculatus reticulatus* Köhler) in der Aquaristik weite Verbreitung gefunden hat (Taf. 78). Auch eine Goldform des Scheckenkärpflings ist bekannt.

Poecilia latipinna
(Lesueur, 1821)
Breitflossenkärpfling

Östliche Staaten der USA, von Nordkarolina bis Texas, Mexiko, im Süß- und Brackwasser; bis 12 cm, im Aquarium 9 cm.

Körper mäßig gestreckt. ♂ Rückenflosse segelartig vergrößert, Körperseiten perlmuttern changierend und wie die Rückenflosse mit farbigen, vor allem hellblauen Tüpfeln. Einige schwärzliche Querbinden treten kaum hervor. Schwanzflosse unten blau, Mittelfeld bläulichgrau, oben orangerot punktiert oder perlmuttglänzend. ♀ wesentlich blasser in der Färbung, Rückenflosse klein.

Pflege und Zucht, wie auf S. 256 angegeben. Wärmebedürftig, Temperatur 24 bis 28°C. Große, reich bepflanzte, sonnige Aquarien. In der Regel wird das Wohlbefinden durch Kochsalz- oder besser Seesalzzusatz (1 Teelöffel auf 10 l Wasser) erheblich gesteigert. Neben verschiedenen tierischen Futterarten benötigen die Tiere pflanzliche Zusatzkost, wie Algen, gebrühten Spinat, Salat oder Chinakohl. Bei mangelnder Pflanzenkost bleiben besonders die ♂♂ klein und unscheinbar. *Poecilia*-Arten mit großen segelförmigen Rückenflossen *(P. latipinna, P. velifera)* werden am schönsten, wenn man sie in geheizten, großräumigen Freilandanlagen hältert, allerdings entwikkeln sich auch unter günstigen Bedingungen die segelartigen Rückenflossen erst im zweiten Jahr. Große ♀♀ können bei einem Wurf bis 120 Jungfische bringen.

Von der Art sind einige schwarzgescheckte und schwarze Varietäten verbreitet, die zum Teil besondere Namen haben und wie die Stammform zu háltern und zu züchten sind. Früher auch als *Mollienesia latipinna* bekannt.

Poecilia melanogaster (Taf. 79)
GÜNTHER, 1866
Dreifarbiger Jamaikakärpfling

Jamaika und Haïti; ♂ bis 4 cm, ♀ bis 6,5 cm.

Körper gestreckt, seitlich wenig abgeflacht. Seiten bei erwachsenen Tieren stahlblau mit schwarzen Querstrichen. Auf der Schwanzwurzel ein tiefschwarzer, meist dreieckiger Fleck. Kehle und Bauch dunkelorangefarben, bei jungen ♂♂ lebhaft grünblau. Flossen gelblich, Rückenflosse und oft auch die Schwanzflosse mit tiefschwarzem Saum. ♀ Querstriche sehr deutlich.

Die Bezeichnung »melanogaster« (Schwarzbauch) bezieht sich auf den hier außerordentlich großen, auch nach dem Gebären sich erhaltenden Trächtigkeitsfleck, der meist die Hälfte des Bauches einnimmt. Pflege und Zucht, wie auf S. 256 angegeben. Wärmebedürftig und sonneliebend. Die Art zeigt ihre schöne Färbung nur in gut bepflanzten, alteingerichteten Bekken. Produktiv, Wurfzahl großer ♀♀ bis 80. Die Art wird heute wieder in die Gattung *Limia* gestellt.

Poecilia nigrofasciata (Taf. 78)
(REGAN, 1913)
Schwarzbandkärpfling

Haïti; ♂ bis 4,5 cm, ♀ bis 7 cm.

Die ♂♂ werden mit zunehmendem Alter immer höher und flachen sich seitlich stärker ab, ihre Rükkenflosse vergrößert sich stark. Seiten alter ♂♂ gelb, oft metallisch gelbgrün glänzend. Brust und Bauch einschließlich der Bauchflossen und des Gonopodiums tiefschwarz. Auf den Körperseiten mehrere schmale, bis auf den Rückenfirst reichende schwarze Querbinden. Junge ♂♂ olivgrün bis gelblich, Querbinden undeutlich. ♀ braun bis olivfarben, Querbinden deutlich.

Pflege und Zucht, wie auf S. 256 angegeben, nicht ganz einfach. Die Art ist etwas empfindlich. Besonders bei Wasserwechsel oder beim Umsetzen älterer Tiere ist große Vorsicht geboten. Friedlich. Temperaturen 22 bis 25 °C. Lebendfutter, hauptsächlich Insektenlarven, aber auch pflanzliche Beikost und Trockenfutter. Die ♀♀ verwerfen leicht, Wurfzahl bis 30, bei Geburt bereits 10 bis 12 mm groß. Die Art wird heute wieder in die Gattung *Limia* gestellt.

Poecilia reticulata (Taf. 80)
(PETERS, 1859)
Guppy, Millionenfisch

Venezuela, Barbados, Trinidad, regional bis Nordbrasilien und Guayana; ♂ bis 3 cm, ♀ bis 6 cm.

In dem großen Verbreitungsgebiet kommen zahlreiche Farb- und Formspielarten vor, die in der Gefangenschaft immer wieder gekreuzt wurden.

♂ an den Körperseiten große schwarze Augenflecken. Die dazwischenliegenden Felder schimmern in allen Regenbogenfarben. Bei einigen ist das Rot, bei anderen das Blau oder Grün vorherrschend. Besonders schön sind die Farbvarietäten bei Tieren von den Westindischen Inseln. Flossen vielfältig geformt und gefärbt. ♀ unscheinbar, gelblich bis grünlichgelb, bei auffallendem Licht glänzen einige Seitenschuppenreihen bläulich. Flossen grau, einige Zuchtformen mit Farbflecken in der Schwanzflosse.

Pflege und Zucht, wie auf S. 256 angegeben. Verträgt zwar vorübergehend Temperaturen um 15 °C, die Vorzugstemperatur liegt jedoch bei 22 bis 24 °C. Lebend- und Trockenfutter. Sehr produktiv. Die ♀♀ gebären alle 4 bis 5 Wochen. Trotz seiner großen Genügsamkeit soll auch der Guppy unter günstigen Lebensbedingungen gehältert und vor allem abwechslungsreich gefüttert werden.

Nach dem zweiten Weltkrieg hat sich, angeregt durch die Zuchterfolge von PAUL HÄHNEL, die Guppyzucht stark entwickelt. Viele aquaristisch interessierte Arbeitsgruppen beschäftigen sich heute fast ausschließlich mit diesem Spezialgebiet. Durch geeignete Linienzucht und Kreuzungen konnten zahlreiche nahezu erbfeste Stämme entwickelt werden, die sich durch kräftigen Wuchs, interessante Flossenformen und vor allem prächtige Farbkombinationen auszeichnen. Für die Bewertung wurden Standards festgelegt, nach denen auf nationalen und internationalen Guppyausstellungen die züchterischen Leistungen eingeschätzt werden (Abb. 114). Neuerdings ist es sogar gelungen, Farbmerkmale der ♂♂ bei den ♀♀ genetisch zu verankern. Alle Hochzuchtformen beanspruchen wesentlich mehr Aufmerksamkeit bei der Pflege als die üblichen Guppys. So benötigen sie vor allem mehr Schwimmraum, abwechslungsreiches Lebendfutter, etwas höhere Temperaturen und ein sehr sauberes, ständig gefiltertes Wasser.

Der in seiner Heimat sehr zahlreich auftretende Guppy (Millionenfisch) macht sich dort durch Vertilgen der Moskitobrut nützlich. Aquarianer haben Guppys in aller Welt ausgesetzt, so daß man heute Populationen auf allen Kontinenten, mit Ausnahme der Antarktis, findet. Früher bekannt als *Lebistes reticulatus*.

Poecilia sphenops
CUVIER und VALENCIENNES, 1846
Spitzmaulkärpfling

Texas und Mexiko bis Venezuela und Kolumbien, im Süß- und Brackwasser; ♂ bis 8 cm, ♀ bis 12 cm.

Von dieser Art interessieren vor allem die schwarzen und gefleckten Farbvarietäten, die als »Black Molly« seit langem bekannt sind und in der Aquaristik große Bedeutung erlangt haben. Durch Linienzucht und Kreuzungen mit verwandten Arten konnten einige besonders schöne Hochzuchtformen erzielt werden. Bekannt sind vor allem folgende:
– Black Molly. Samtschwarz mit fahnenartiger, fast eckiger Rückenflosse. Nachkommen zum Teil gescheckt.
– Liberty Black Molly. Tiefschwarz, Schuppen metallisch glänzend, Rückenflosse hoch und abgerundet. ♀♀ meist gescheckt.

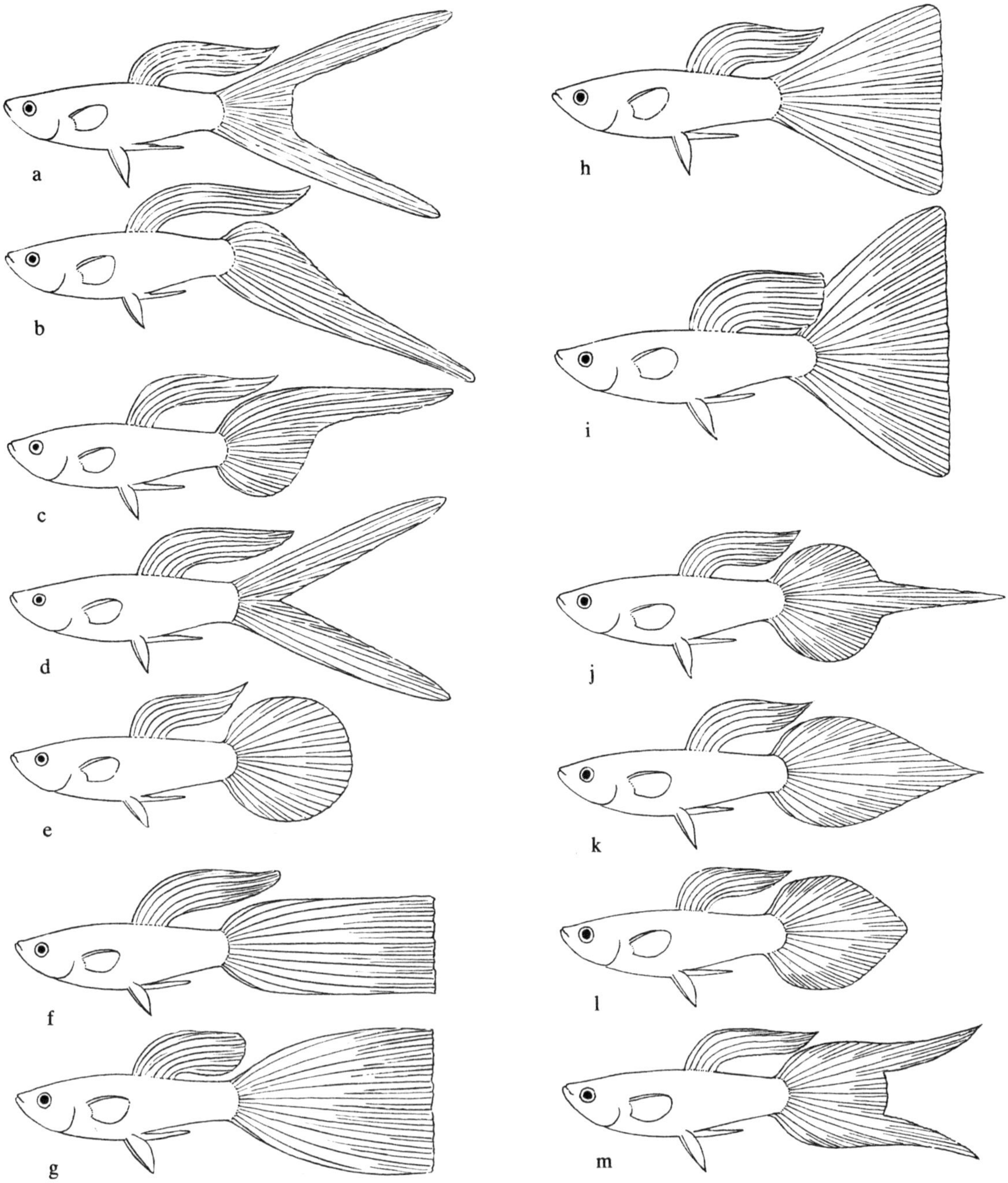

Abb. 114 Standards für die Beflossung der ♂♂ bei Guppy-Hochzuchtformen (nach JACOBS). a) Doppelschwert; b) Untenschwert; c) Obenschwert; d) Scherenschwanz; e) Rundschwanz; f) Fahnenschwanz; g) Schleierschwanz; h) Fächerschwanz; i) Triangel; j) Nadelschwanz; k) Speerschwanz; l) Spatenschwanz; m) Leierschwanz

– Crescenty Black Molly. Samt- bis blauschwarz, mit einer stark vergrößerten Rückenflosse (Erbteil von *Poecilia latipinna*), Rückenflosse außerdem orangerot gesäumt (Taf. 79).

– Schwarzer Fahnen-Molly. Samtschwarz mit fahnenartig verlängerter, oben und unten in Spitzen auslaufender Schwanzflosse (sogenannter Leierschwanz).

Poecilia velifera (Taf. 79)
(REGAN, 1914)
Segelkärpfling

Küstenzone von Yucatán und in den Flußmündungen; bis 12 cm.

Einer der farbigsten Vertreter der Lebendgebärenden Zahnkarpfen. Die Art erinnert insgesamt etwas an *P. latipinna*.

♂ Rückenflosse sehr groß. Körper zart blaugrün, über und über mit grünsilbern bis hellblau irisierenden Tüpfeln bedeckt. Kehle und Bauch bläulich bis grünlich oder orangefarben. Wurzel der Rücken- und Schwanzflosse bläulich, weiter außen bläulich bis grau mit prächtig perlmuttern glänzenden Punkt- und

Strichzeichnungen, Säume dieser Flossen orange oder orange und schwarz. ♀ Rückenflosse groß, jedoch stets kleiner als beim ♂, bläulichgrau mit dunklen Punktreihen.

Pflege, Zucht und Besonderheiten, wie bei *P. latipinna* angegeben. Sehr gute Springer, Aquarien abdecken! Auch von dieser Art gibt es zahlreiche Farb- und Formspielarten. Früher bekannt als *Mollienesia velifera*.

Xiphophorus helleri (Taf. 81, 82)
HECKEL, 1848
Schwertträger

Atlantische Abdachung des südlichen Mexiko, Guatemala; ♂ ohne Schwert bis 8 cm, ♀ bis 12 cm.

♂ untere Strahlen der Schwanzflosse sehr stark verlängert. Grüngelblich, zart genetzt, bei auffallendem Licht grünlich bis bläulich schimmernd. Von der Schnauzenspitze über das Auge bis in die Schwanzwurzel verläuft ein dunkelviolettes oder purpur- bis zinnoberrotes Zickzackband, das oben und unten von einer schmalen, grünlichen Zone eingefaßt wird, die wiederum von einer mehr oder weniger deutlichen karminroten Linie begrenzt ist. Flossen zum Teil mit feiner roter bis bräunlicher Strich- und Fleckzeichnung. Schwertfortsatz orangegelb, oben und unten schwarz umsäumt, der untere Saum reicht auf dem Schwanzstiel weit nach vorn. ♀ ähnlich gefärbt, jedoch ohne Schwert.

Besonders interessant ist die sogenannte Geschlechtsumkehr beim Schwertträger. Man bezeichnet damit die Umwandlung von Tieren mit weiblichem Aussehen in ♂♂. Dabei entsteht aus der weiblichen Afterflosse ein Gonopodium, aus der Schwanzflosse wächst der Schwertfortsatz aus, der Körper wird insgesamt schlanker. Nach PETERS sind alle Jungfische des Schwertträgers weiblich. Erst aus diesem vorweiblichen Stadium entwickeln sich entsprechend der genetischen Konstitution (siehe S. 94) ♂♂ oder ♀♀. Die Entwicklung zu ♂♂ kann gleich erfolgen, dabei entstehen die kleinen, sehr schlanken Frühmännchen, oder die zukünftigen ♂♂ durchlaufen zunächst ein Weibchenstadium und werden erst dann zu großen, nicht ganz so schlanken Spätmännchen. Gelegentlich wurde auch bei anderen Lebendgebärenden Zahnkarpfen Geschlechtsumkehr beobachtet.

Von *X. helleri* sind vier Unterarten bekannt, die inzwischen zum Teil wieder eingezogen, zum Teil als selbständige Arten etabliert wurden. Pflege und Zucht, wie auf S. 256 angegeben. Sehr ausdauernde, friedliche und lebendige Art, zwischen mehreren ♂♂ entwickelt sich stets eine Rangfolge. Temperatur 22 bis 25 °C, vorübergehend auch weniger, Allesfresser, Wurfzahl großer ♀♀ bis 180. Für das Balzverhalten sind Schaukelbewegungen des ♂ charakteristisch.

Die Art ist variabel und läßt sich leicht kreuzen. Durch züchterische Kombination verschiedener Faktoren konnten prächtige Farb- und Formspielarten entwickelt werden. In neuerer Zeit sind besonders die Simpsonschwertträger mit den segelartig verlängerten Rückenflossen in allen Farbschattierungen beliebt. Insgesamt unterscheidet man mehr als 50 Zuchtformen.

Xiphophorus maculatus (Taf. 83)
(GÜNTHER, 1866)
Spiegelkärpfling, Platy

Atlantische Abdachung von Mexiko und Guatemala; ♂ bis 4 cm, ♀ bis 6 cm.

Ähnlich gestaltet wie die vorhergehende Art, jedoch haben auch die ♂♂ eine abgerundete Schwanzflosse. Stammform: ♂ oberseits dunkel, Seiten bei auffallendem Licht bläulich bis blau schimmernd. Auf der Schwanzflossenwurzel zwei runde schwarze Flecke. Flossen fast farblos, durchsichtig. Brustflosse mit bläulichen Spitzen, Schwanz- und Afterflosse mit bläulichem bis grünlichem Band. ♀ alle Flossen farblos.

Pflege und Zucht, wie auf S. 256 angegeben. Sehr genügsam und ausdauernd. Temperatur 20 bis 25 °C. Wurfzahl bis 100. Die Jungfische werden oft in den frühen Morgenstunden abgesetzt.

Diese Art ist außerordentlich variabel. So kommen schon in ihrer Heimat schwarze, gescheckte und rote Formen vor. Durch geeignete Zuchtwahl lassen sich noch viele andere Variationen erzielen. Besonders beliebt ist der Rote Platy oder Goldplaty, der wiederum in den Farben Orange bis Blutrot bekannt ist (Taf. 83). Besonders geschätzt sind Tiere mit elfenbeinweißen Flossenspitzen. Eine andere Züchtung ist der Wagtail-Platy (schwarzflossiger Platy). Durch Kreuzung des Wildplatys mit dem Goldplaty gelang es GORDON, diesen schönen Stamm zu züchten (Taf. 83). Der Körper des Wagtail-Platys ist orangegelb oder rot, die Rücken- und Schwanzflossen sind tiefschwarz. Auch reingelbe, blaue und schwarze Platys sind bekannt. Insgesamt ergab die Platyzucht bis heute mehr als 60 Zuchtformen.

Xiphophorus montezumae (Taf. 81)
JORDAN und SNYDER, 1900
Montezumaschwertträger

San Luis Potosí, Mexiko; ♂ bis 5,5 cm, ♀ bis 7 cm.

Körper gedrungener als bei *X. helleri*. Schwertfortsatz mittellang. ♂ hell, olivbraun bis grünlich mit dunklen, kettenartigen Längsstrichen sowie mehreren Querstrichen, zahlreiche dunkle Tüpfel. Rückenflosse groß, mit bräunlichen Flecken und Strichen, Schwanzflosse hellgelb, Schwert gelb bis seegrün, dunkel eingefaßt. ♀ ähnlich gefärbt, Schwanzflosse ohne Schwert.

Pflege und Zucht, wie auf S. 256 angegeben, siehe auch bei *Xiphophorus helleri*. Für das Gesellschaftsaquarium geeignet. Nach SEEGERS unterscheiden sich die oben beschriebenen, in der Aquaristik gepflegten Tiere deutlich von den Tieren, die er im typischen Verbreitungsgebiet fangen konnte.

Xiphophorus variatus (Taf. 83)
(MEEK, 1904)
Veränderlicher Spiegelkärpfling

Mexiko, nördlich des Verbreitungsgebietes von *X. maculatus*; ♂ bis 5,5 cm, ♀ bis 7 cm.

Auch diese Art ist hinsichtlich ihrer Körperform und Färbung sehr variabel. In Mitteleuropa ist folgende Form am häufigsten anzutreffen: ♂ Rücken braungelb, Kiemendeckel und vorderer Teil der Körperseiten gelblichgrün, hintere Körperhälfte bläulich, Kehl- und Bauchgegend orangefarben. Zahlreiche unregelmäßige dunkle Tüpfel, über den Brustflossen meist 3 bis 4 undeutliche Querbinden, Schwanzwurzel manchmal mit zwei tiefschwarzen Flecken. Besonders hervorzuheben ist, daß bei dieser Art auch die ♂♂ eine Art Trächtigkeitsfleck besitzen, der allerdings mit der Fortpflanzung nichts zu tun hat und hinter dem Begattungsorgan liegt. Rükkenflosse rot und gelb, dunkel gezeichnet. ♀ olivbraun mit zwei rötlichen Zickzacklinien an den Körperseiten.

Pflege und Zucht sowie Besonderheiten, wie bei *X. maculatus* angegeben. Auch von *X. variatus* gibt es zahlreiche Rassen, die zum Teil sehr farbig sind (Taf. 83).

Familie Goodeidae
Hochlandkärpflinge

Die auf das Hochland von Mexiko und Zentralamerika beschränkte artenarme Familie steht den Poeciliidae nahe. Alle Vertreter sind lebendgebärend. Das Gonopodium bildet sich aus dem vorderen, durch einen Einschnitt abgegrenzten Teil der Afterflosse. Die sich aus relativ dotterarmen Eiern entwickelnden Embryonen werden vom mütterlichen Organismus bis zur Geburt ernährt. Die Nährstoffübertragung erfolgt durch strangförmige Embryonalanhänge. Die Goodeiden bewohnen hauptsächlich Hochlandseen und -bäche.

In den letzten Jahren wurden verschiedene Arten importiert und gezüchtet, z. B. *Xenotoca eiseni*.

Bei der Pflege und Zucht richte man sich nach den Angaben der Familienbeschreibung Poeciliidae (siehe S. 256), hältere die Tiere jedoch etwas kühler. Meist Allesfresser, pflanzliche Zusatznahrung bei verschiedenen Arten erforderlich. ♀♀ zum Absetzen der Jungfische isolieren.

Unterordnung Atherinoidei
Ährenfischverwandte

GREENWOOD und Mitarbeiter (1966), deren System der Knochenfische hier zugrunde gelegt wird (siehe S. 173), haben wahrscheinlich gemacht, daß die Atherinoidei zusammen mit den Cyprinodontoidei (Zahnkarpfenverwandten) und den Exocoetoidei (Flugfischverwandten) eine stammesgeschichtliche Einheit bilden.

Zu der Unterordnung Atherinoidei gehören vor allem die Atherinidae (Ährenfische) und die Melanotaeniidae (Regenbogenfische) sowie die kleine Familie der Phallostethidae (Kehlphallusfische), deren verwandtschaftliche Zuordnung bislang viele Rätsel aufgab. In älteren Systemen werden die Atherinidae und Melanotaeniidae häufig nicht als getrennte Familien behandelt.

Die Vertreter beider Familien sind gestreckte, seitlich abgeflachte Fische mit zwei Rückenflossen und weit hinten, etwa in der Mitte zwischen Kopf und Schwanzflosse, ansetzenden Bauchflossen. Die erste Rückenflosse wird von stachelartigen Weichstrahlen gestützt. Fast alle Atherinidae leben als Schwarmfische im Meer, verschiedene Arten haben fischereiwirtschaftliche Bedeutung. Die Melanotaeniidae dagegen sind Süß- und Brackwasserformen, die zur charakteristischen Fauna Australiens und Neuguineas gehören.

Bedotia geayi (Taf. 88)
PELLEGRIN, 1907
Rotgeschwänzter Ährenfisch

Madagaskar im Süßwasser; bis 15 cm.

Körper sehr schlank, seitlich wenig abgeflacht, Kopf spitz, Maul oberständig, zweite Rückenflosse und die Afterflosse langgestreckt. Gelblich bis hell gelbbraun, von der Schnauzenspitze bis in die Basis der Schwanzflosse ein dunkles bis lackschwarzes, hinten verbreitertes Band mit einzelnen grüngoldenen Glanzschuppen. Unpaare Flossen, mit Ausnahme der ersten Rückenflosse, sehr farbig, Flossensäume rot bis rostrot. ♀ etwas kleiner, gelblich, unpaare Flossen weniger kontrastreich.

Anspruchslose, friedliche Art, die in jedem größeren Aquarium gepflegt werden kann. Vorzugstemperatur 23 bis 25 °C. Außer Lebendfutter aller Art wird auch Trockenfutter angenommen. Die Tiere bevorzugen Futter, das auf der Oberfläche schwimmt (Anflugnahrung, Futterflocken). Vom Bodengrund nehmen sie kaum Nahrung auf. Auch während der Fortpflanzung unabhängig von der Wasserhärte. Dauerlaicher. Die Eier werden zwischen feinfiedrigen Pflanzen ausgestoßen, die Eltern stellen dem Laich nicht nach. Zeitigungsdauer bei 25 °C 4 bis 5 Tage. Die geschlüpften Jungfische schwimmen frei im Wasser mit dem Kopf schräg nach oben. Erst nach etwa zwei Tagen nehmen sie normale Schwimmlage ein. Aufzucht leicht, mehrfacher Wasserwechsel notwendig, eventuell dem Wasser etwas Seesalz beifügen.

Glossolepis incisus (Taf. 84)
WEBER, 1908
Lachsroter Regenbogenfisch

Nördliches Papua-Neuguinea; bis 15 cm.

Familientypisch gestaltet, ziemlich hochrückig.

Dominierende ♂♂ insgesamt lachsrot mit einzelnen Silberschuppen und oft auch einigen unregelmäßigen roten Querlinien. Untergeordnete ♂♂ wie die ♀♀ gelboliv mit kurzen Querlinien.

Pflege und Zucht siehe bei *Melanotaenia maccullochi.*

Melanotaenia boesemani (Taf. 85)
ALLEN und CROSS, 1980
Boesemans Regenbogenfisch

Papua-Neuguinea; bis 10 cm.

Relativ hochrückige Art. ♂ insgesamt kräftig dottergelb, auf dem Kopf und Vorderkörper graublaue bis schwärzliche unregelmäßige Querbänder. Senkrechte Flossen orange, zum Teil hellblau und weiß gesäumt. ♀ schlanker, mehr graugelb.

Pflege und Zucht siehe bei *Melanotaenia maccullochi.*

Melanotaenia maccullochi (Taf. 86)
OGILBY, 1915
Kleiner Regenbogenfisch

Südliches Papua-Neuguinea, Kap-York-Halbinsel, Umgebung von Cairns; bis 7 cm.

Körper gestreckt, seitlich abgeflacht. Zwei geographische Rassen (Unterarten?). Bekannt sind vor allem die Tiere aus der Umgebung von Cairns (Nordostaustralien). Grausilbern mit bläulichem Schimmer. Über die Körperseiten ziehen parallel zu den Schuppenreihen sieben mehr oder weniger deutliche, rot- bis dunkelbraune Längslinien, zwischen denen sich die leuchtenden Mittelfelder der einzelnen dazwischenliegenden Schuppen wie Perlenreihen abheben. Kiemendeckel mit leuchtend rotem, goldgrün umsäumtem Fleck. Senkrechte Flossen gelb, rot und braunrot. Die zweite Rasse von der Nordspitze der Kap-York-Halbinsel und dem südlichen Papua-Neuguinea ist heller, Längslinien sehr deutlich, Rücken- und Afterflosse mit breitem schwarzem Innensaum (Taf. 86). ♀ besonders in den Flossen weniger farbig.

Die *Melanotaenia*-Arten sind friedliche, schwimmaktive Schwarmfische der oberen Wasserschichten. Pflege in geräumigen, mäßig bepflanzten und hell stehenden Aquarien mit sehr lockerer Schwimmpflanzendecke. Sie eignen sich im Schwarm gut für das Gesellschaftsaquarium. Mittelhartes, auch hartes Wasser, Temperaturen 22 bis 25 °C. Lebendfutter aller Art, auch Trockenfutter, Insektennahrung wird bevorzugt. Zucht leicht. Dauerlaicher, die ihre mit langen Fortsätzen versehenen Eier an den Pflanzen absetzen. Die Jungfische schlüpfen bei 25 °C nach 7 bis 10 Tagen. Sie sind bei vielen Arten dunkel gefärbt, hängen zunächst an Scheiben und Pflanzen und schwimmen erst nach einigen Tagen frei unter der Wasseroberfläche. Mit Staubfutter anfüttern, später auch Trockenfutter. Die Elterntiere können bis zum Schlüpfen im Zuchtbecken belassen werden. Die Zahl der abgesetzten, lichtempfindlichen Eier kann 150 bis 200 betragen.

Melanotaenia splendida fluviatilis (Taf. 86)
(CASTELNAU, 1878)
Großer Regenbogenfisch

Südöstliches Australien; bis 10 cm.

♂ Seiten je nach Beleuchtung grasgrün bis blaugrün, Schwanzstiel immer grasgrün, deutlich genetzt, rote Längslinien vor allem in der Schwanzregion kräftig hervortretend. Kiemendeckel mit blutrotem Fleck. Rücken- und Afterflosse sehr farbig, breit schwarz gesäumt. ♀ schlichter gefärbt, Rücken- und Afterflosse kleiner, ohne schwarzen Rand.

Pflege und Zucht, wie bei der vorhergehenden Art angegeben. Verträgt Zimmertemperatur, 18 bis 22 °C, zur Zucht 24 bis 26 °C. Früher bekannt als *Melanotaenia fluviatilis*. Neben dieser Unterart sind mehrere andere in den letzten Jahren importiert worden. Die bekannteste wird nachfolgend beschrieben.

Melanotaenia splendida rubrostriata (Taf. 85)
(RAMSEY und OGILBY, 1886)
Rotstreifenregenbogenfisch

Südliches Papua-Neuguinea; bis 14 cm.

♂ bläulichsilbern mit kräftig roten, bei älteren Tieren mehr braunen Längslinien. Senkrechte Flossen dunkelrot-bläulich gestreift, zum Teil gelb getüpfelt. ♀ schlanker, Flossen nicht so farbig.

Pflege und Zucht siehe bei *Melanotaenia maccullochi.*

Melanotaenia trifasciata (Taf. 84)
(RENDAHL, 1922)
Gebänderter Regenbogenfisch

Nördliches Australien, Kap-York-Halbinsel; bis 12 cm.

Relativ hochrückig. ♂ grünlich- bis bläulichsilbern mit breitem dunkelblauem Seitenband und parallel dazu einem Bauchband. Kiemendeckel mit rotem Fleck. Senkrechte Flossen gelblich mit roten Tüpfeln. ♀ Körper niedriger, nicht so farbig.

Pflege und Zucht siehe bei *Melanotaenia maccullochi.*

Popondichthys connieae (Taf. 87)
(ALLEN, 1981)
Popondetta-Regenbogenfisch

Umgebung von Popondetta auf Papua-Neuguinea; bis 6 cm.

Körper gestreckt, seitlich zusammengedrückt. ♂ durchscheinend gelblich mit blauem Schimmer. Unpaare Flossen auffallend schwarz und zitronengelb gefärbt. ♀ kleiner, 1. Rückenflosse niedriger.

Pflege und Zucht siehe bei *Melanotaenia maccullochi.* Die Jungfische schlüpfen bei 25 bis 28 °C erst nach 15 bis 20 Tagen. Am besten pflegt man die lebhaften Tiere im Artbecken.

Die Art wurde als *Popondetta connieae* beschrieben und aquaristisch eingeführt.

Pseudomugil signifer (Taf. 87)
KNER, 1864
Schmetterlings-Regenbogenfisch

Ostküste Australiens und vorgelagerte Inseln; bis 4,5 cm.

Körper gestreckt, zierlich, Rückenflossen und Afterflossen beim ♂ segelartig verlängert. Durchscheinend mit gelbem bis bläulichem Schimmer, manchmal mit undeutlicher Längsbinde. Auge blaugrün. Flossen sehr farbig, gelb, schwarz, zum Teil mit hellblauen Säumen, während der Laichzeit kommen vor allem in der Afterflosse rote Farbtöne hinzu. ♀ Flossen nicht verlängert.

Zierlicher, lebhafter Schwarmfisch, der etwa wie andere Regenbogenfische zu pflegen ist, siehe bei *Melanotaenia maccullochi*. Zucht in hartem Wasser einfach. Eier groß, die Jungfische schlüpfen bei 23 bis 28 °C nach 14 bis 18 Tagen. Sie können bei Hälterung der Tiere im Artbecken dort heranwachsen. Die Eltern stellen ihnen nicht nach.

Telmatherina ladigesi (Taf. 88)
AHL, 1936
Celebes-Segelfisch

Sulawesi, Hinterland von Makassar; bis 7 cm.

Körper gestreckt, Rücken- und Bauchlinie gleichmäßig ausgebogen, seitlich abgeflacht, 2. Rückenflosse wesentlich größer, beim erwachsenen ♂ mit stark verlängerten Flossenstrahlen und gleichsam zerschlissenen Flossenhäuten. Ähnlich ist die Afterflosse gestaltet. Durchscheinend mit bläulichem und gelblichem Schimmer und einer grünen bis blauen Glanzbinde in der Schwanzregion. Flossen mit kräftig gelben Flossenstrahlen, zum Teil schwarz strukturiert. ♀ matter gefärbt, Flossenstrahlen der 2. Rükken- und der Afterflosse nicht verlängert.

Die Art pflege man in größeren Becken mit mäßigem Pflanzenwuchs. Temperatur 23 bis 28 °C. Lebendfutter. Regelmäßiger Zusatz von Frischwasser sowie Filterung erhöhen das Wohlbefinden. Mittelhartes bis hartes Wasser mit geringem Seesalzzusatz (1 Teelöffel auf 10 l). Die Becken sollen möglichst Morgensonne erhalten. Die Tiere laichen nach heftiger, eigenartiger Balz an feinblättrigen Wasserpflanzen oder Wurzeln von Schwimmpflanzen. Die Laichperiode erstreckt sich über viele Monate. Eier gelb, mäßige Laichräuber. Die nach 8 bis 11 Tagen auskommenden Jungen halten sich zuerst unter der Wasseroberfläche auf und müssen mit Staubfutter versorgt werden. Sie sind bereits nach sieben Monaten geschlechtsreif.

Familie Gasterosteidae
Stichlinge

Die Stichlinge sind in den Randmeeren, Küstengewässern und Binnengewässern der nördlichen gemäßigten Zone beheimatet. Körper torpedoförmig. Schwanzstiel sehr schlank. Kopf in der Regel spitz. Die nackte Haut kann mit quergestellten Knochenplatten besetzt sein. Vor der Rückenflosse stehen drei oder mehrere aufrichtbare Stacheln. Auch die Bauchflossen haben einen abspreizbaren Stachel. Viele Arten bauen zur Laichzeit Nester aus Pflanzenmaterial.

Gasterosteus aculeatus (Taf. 89)
LINNAEUS, 1758
Dreistacheliger Stichling, Rotzbarsch

Sehr weit verbreitet in Europa mit Ausnahme des Wolgagebietes, in Algerien, Nordasien, Nordamerika, auch im Brackwasser häufig; bis 10 cm.

Vor der weichstrahligen Rückenflosse stehen drei einzelne Stacheln. Körperseiten mit oder ohne quergestellte Knochenplatten. Grünlich bis bräunlich, oft marmoriert, selten blauschwarz. Über eine mehr oder weniger gelbliche Zone geht die Färbung der Oberseite in die silbrige Unterseite über. Zur Laichzeit sind die Unterseite der ♂♂ orangerot, die Oberseite seegrün, die Iris des Auges leuchtend blaugrün. ♀ Bauch zur Laichzeit silbrig, Auge silbrig mit feinem grünem Schimmer, manchmal etwas rot.

Der Stichling ist ein sehr zu empfehlendes Pflegeobjekt für das gut bepflanzte, sonnig stehende Kaltwasserbecken (siehe S. 63). Temperatur auch im Sommer möglichst nicht viel über 22 °C, kühl überwintern. Lebendfutter aller Art. Laichzeit April bis Juni. Zu einem ♂ setzt man am besten mehrere ♀♀. Das ♂ beginnt sehr bald mit dem Nestbau, indem es auf dem Bodengrund zwischen Pflanzenstengeln Algen und Pflanzenteile ansammelt und mit einem Stoff, der aus der Niere abgeschieden wird, zu einem tonnenförmigen Nest verkittet. Nach Fertigstellung des Nestes versucht das ♂, ein ♀ in das Nest zu lokken. Dieses schlüpft, geleitet von dem seegrün irisierenden Auge des ♂, schließlich so in das Nest, daß der Schwanz noch im Eingang, der Kopf aber bereits im Ausgang sichtbar ist. Das ♂ pufft jetzt mit der Schnauze das ♀ in den Hinterleib und regt dieses zur Eiablage an. Danach verläßt das ♀ das Nest durch den Ausgang, das ♂ dringt durch den Eingang ein und stößt seinen Samen über den Eiern aus. Der Vorgang kann mit mehreren anderen ♀♀ wiederholt werden. Alle ♀♀ nach dem Ablaichen herausfangen. Das ♂ treibt Brutpflege. Auch die nach 10 bis 14 Tagen auskommenden Jungfische werden noch eine Zeitlang vom Vater betreut. Zum Balzverhalten der Art siehe auch S. 114.

Die zweite einheimische Stichlingsart, der Neunstachelige oder Zwergstichling *Pungitius pungitius* (LINNAEUS, 1758), baut sein Nest zwischen Pflanzenstengeln. Die ♂♂ zeigen zur Laichzeit eine samtschwarze Kehle und Brust. Vor der Rückenflosse stehen bei dieser Art 9 freie, aufrichtbare Stacheln. Die Zucht ist nicht ganz einfach.

Leider wurden auch die Stichlinge vielerorts durch Wasserverunreinigungen und Trockenlegung von Tümpeln ausgerottet.

Familie Syngnathidae
Seepferdchen, Seenadeln

Auch von den weltweit verbreiteten Seenadeln kommen einige im Brack- und Süßwasser vor. In den letzten Jahren sind aus dem Kongogebiet mehrfach die Kleine Süßwassernadel (*Syngnathus pulchellus* Boulenger, 1915) und die Große Süßwassernadel (*Microphis smithi* Duméril, 1870) importiert worden. Beide Arten lassen sich in hartem Wasser, dem man auf 10 Liter 2 bis 3 Teelöffel Salz zufügt, lange Zeit pflegen. Lebendfutter, vor allem Kleinkrebse.

Familie Channidae
Schlangenköpfe

Die in Afrika und Asien beheimateten Schlangenköpfe sind langgestreckte, robuste Raubfische mit großem, weit dehnbarem Maul. Die vorderen Nasenöffnungen sind röhrchenartig nach außen verlängert, Rücken- und Afterflosse lang ohne stachelartige Flossenstrahlen. Alle Arten besitzen ein einfaches zusätzliches Atmungsorgan in Form einer Kiemenhöhlenausstülpung. Die meisten Arten werden sehr groß und sind zum Teil regional von wirtschaftlicher Bedeutung.

Für Zimmeraquarien sind nur Jungtiere geeignet, die allerdings am besten einzeln gehältert werden. Die sehr widerstandsfähigen, gefräßigen Raubfische nehmen vorwiegend Regen- und Mehlwürmer, manchmal Krebs-, Fisch- oder Muschelfleisch. Große Exemplare sind prächtige Schaustücke in zoologischen Gärten. In den letzten Jahren wurde aus Afrika häufig *Parachanna obscura* (Günther, 1861) importiert, eine Art, die etwa 35 cm lang wird und auf gelblichem Grund große, unregelmäßige, dunkle Flecken zeigt (Taf. 89).

Die afrikanischen Arten wurden kürzlich als Gattung *Parachanna* von den asiatischen abgetrennt.

Familie Cottidae
Groppen

Auch die in der Regel nur im Meere vorkommenden Groppen stellen einzelne Süßwasserfische. So gehört zum Beispiel als fast einzige einheimische Süßwasserform die Mühlkoppe (*Cottus gobio* Linnaeus, 1758) zu dieser Familie. Der kleine, in Europa weit verbreitete Fisch lebt in Bächen und verbirgt sich hier unter Steinen oder unter Holzwerk. Körper gestreckt, Kopf groß und flach, Maul von dicken Lippen umgeben. Die im Frühjahr in Ballen abgesetzten großen Eier werden vom ♂ bewacht. Die Jungen schlüpfen erst nach 4 bis 6 Wochen. Die Mühlkoppe frißt vor allem Bachflohkrebse, Wasserasseln, Insektenlarven, aber auch Fischlaich.

Familie Centropomidae
Glasbarsche

Nur einige kleine, glasartig durchsichtige Vertreter haben der Familie die deutsche Bezeichnung eingebracht. Viele große Arten sind undurchsichtig. Die Centropomidae leben vorwiegend in den küstennahen See- und Brackwassergebieten, nur einige wenige Arten kommen im Süßwasser vor. Körper der Süßwasserarten in der Regel kurz, hoch und seitlich stark zusammengedrückt. Zwei Rückenflossen, die meist durch einen niedrigen Abschnitt verbunden sind.

Chanda ranga (Taf. 90)
(Hamilton-Buchanan, 1822)
Indischer Glasbarsch

Indien, Burma, Thailand, im Süß- und Brackwasser; bis 7 cm, bleibt in Gefangenschaft wesentlich kleiner.

Körper gedrungen, hoch, seitlich stark abgeflacht, glasartig durchsichtig. ♂ im Durchlicht gelblich, im auffallenden Licht goldglänzend bis kupfrig schimmernd, Seiten mit fünf mehr oder weniger deutlichen, schwarzen Querlinien. Flossen gelblich bis zart rostrot. Rücken- und Afterflosse mit schwarzen Flossenstrahlen, hellblau gesäumt. ♀ insgesamt gelblich.

Alteingerichtete, sonnig stehende Becken mit dichtem Pflanzenwuchs, dunklem Bodengrund und nicht zu frischem Wasser. Temperatur 18 bis 25 °C. Das Wohlbefinden wird durch Seesalzzusatz (1–2 Teelöffel auf 10 l Wasser) gefördert. Nicht zu grobes Lebendfutter, besonders Kleinkrebse. Die Paare laichen nach Frischwasserzusatz an feinfiedrigen Wasserpflanzen. Die kleinen, glasklaren Eier werden von den Eltern nicht beachtet. Die nach 24 Stunden auskommenden, sehr kleinen Jungfische schwimmen nach 3 bis 4 Tagen frei. Aufzucht schwierig, da meistens zunächst nur feinste rote Zyklopsnauplien angenommen werden. Oft füttern und das Futter durch eine leichte Durchlüftung bewegen. Die Jungfische fressen nur, was ihnen vor das Maul wirbelt. Auch sollte durch eine schwache Beleuchtung dafür Sorge getragen werden, daß die Brut nachts fressen kann.

Familie Centrarchidae
Sonnenbarsche, Sonnenfische

Die nordamerikanischen Sonnenbarsche kommen hauptsächlich in klaren, bewachsenen Gewässern vor. Die meisten Arten sind hoch und seitlich stark abgeflacht. Weich- und hartstrahliger Teil der Rükkenflosse normalerweise vereinigt. Geschlechter meist nicht einfach zu erkennen. Die Brillanz der Färbung nimmt mit dem Alter ab. Einige Arten sind in europäischen Gewässern ausgesetzt worden und haben sich hier stark vermehrt.

Sonnenbarsche pflege man in gut bepflanzten Freilandbecken oder ungeheizten Zimmeraquarien. Viele Arten sind winterhart, allerdings soll ein Zufrieren der Anlage verhindert werden. Eine kühle Überwinterung fördert stets die Laichbereitschaft im kommenden Frühjahr. Lebendfutter aller Art, besonders Mückenlarven und Würmer. Hartes Wasser, das oft durch Frischwasserzugaben teilweise erneuert wird. Alle Arten sind empfindlich gegen plötzliche Änderungen der Wasserqualität und -temperatur und anfällig gegen Medikamente. Eine gute Durchlüftung ist angezeigt. Zur Vergesellschaftung eignen sich vor allem große Oberflächenfische. Manche Arten lassen sich im Zimmeraquarium, andere nur im Freiland züchten. Die ♂♂ fächeln im Schutze von Pflanzen flache Gruben und befestigen diese zum Teil mit Kieseln oder Pflanzenteilen. Beim Laichakt ist das ♀ in der Regel schöner gefärbt. Die sandfarbenen Eier verkleben mit dem Sand zu Laichklumpen, die vom ♂ befächelt und beschützt werden, die ♀♀ sind zu entfernen. Die Jungen schlüpfen nach 3 bis 6 Tagen und werden vom ♂ betreut. Zur rationellen Zucht entfernt man auch das ♂. Die Jungfische sind mit Nauplien und Rädertierchen zu versorgen. Bei guter Fütterung laichen die Paare nach 6 bis 8 Wochen erneut. Bis 1000 Nachkommen je Zucht.

Elassoma evergladei
Jordan, 1884
Zwergbarsch, Schwarzbarsch

Von Nordkarolina bis Florida; bis 3,5 cm.

Körper länglich, seitlich etwas zusammengedrückt. Lehmfarben bis graugrün mit einzelnen silbrigen Schuppen und schwarzen Tüpfeln, gelegentlich mit unregelmäßigen dunklen Querbinden. ♂ zur Laichzeit einschließlich der Flossen samtschwarz mit zahlreichen, einzeln stehenden, grünglänzenden Schuppen. ♀ Flossen in der Regel farblos, Bauch gelegentlich rötlich. Körper im Alter höher als beim ♂.

Pflege einfach. Dicht bepflanzte oder stark veralgte Becken sagen dieser Art gut zu, am besten geeignet sind Freilandbecken. Paare, die man dort im Frühjahr aussetzt, können mit zahlreichen Nachkommen im Herbst wieder abgefischt werden, ohne daß man regelmäßig füttern müßte. Für die Hälterung in Zimmeraquarien gelten die Angaben in der Familienbeschreibung. Widerstandsfähig gegen starke Temperaturschwankungen, 4 bis 30 °C. Die Eier werden nach interessanter Balz wahllos, meist jedoch dicht beieinander, an Pflanzen abgesetzt. Die Jungen schlüpfen nach 2 bis 3 Tagen, die Elterntiere beachten ihre Nachkommen kaum.

Enneacanthus chaetodon (Taf. 91)
(Baird, 1854)
Scheibenbarsch

New Jersey bis Maryland, in stehenden und langsam fließenden Gewässern; bis 10 cm, im Aquarium bereits mit 5 cm geschlechtsreif.

Körper kurz und hoch, seitlich stark zusammengedrückt. Graugelb mit mehr oder weniger deutlichen dunkelbraunen bis schwarzen, unregelmäßig begrenzten, breiten Querbinden und braunen Flecken. Flossen farblos mit dunklen Strich- und Punktzeichnungen auf den Flossenstrahlen. Die beiden ersten Flossenstrahlen der Rückenflosse tiefschwarz, die beiden folgenden orange. Bauchflossen ähnlich gefärbt. Geschlechter schwer zu unterscheiden. In der Laichzeit sind die Farben der ♀♀ kräftiger.

Pflege und Zucht der beliebten Art, wie in der Familienbeschreibung angegeben. Vor allem für das Kaltwasseraquarium geeignet. Früher bekannt als *Mesogonistius chaetodon*.

Lepomis gibbosus (Taf. 92)
(Linnaeus, 1758)
Gemeiner Sonnenbarsch

USA, von den Großen Seen bis Texas und Florida; 20 cm, bleibt im Aquarium wesentlich kleiner und ist mit 10 bis 12 cm besonders schön gefärbt.

Körper gedrungen, hoch, seitlich kräftig zusammengedrückt. Färbung 4 bis 8 cm langer Tiere: einförmig graugrün mit 5 bis 8 perlmuttern schimmernden Querbinden. Färbung älterer Tiere grünsilbern mit braunroten, in Wurmlinien angeordneten Tüpfeln. Kiemendeckel grünglänzend mit dunkelroten Linien und Punkten. Anhang des Kiemendeckels (sog. Ohr) tiefschwarz, im hinteren Teil mit ziegelrotem Fleck. Kehle und Bauch orangerot. Die ♀♀ erkennt man an der weniger brillanten Färbung.

Pflege siehe Familienbeschreibung. Die Zucht ist bereits 1887 im Freiland gelungen. Der Gemeine Sonnenbarsch wurde in Mitteleuropa an einigen Stellen ausgesetzt und hat sich gut eingebürgert.

Familie Percidae
Echte Barsche

Die Barsche sind Bewohner der Binnengewässer und Brackwasserzonen der nördlichen gemäßigten Breiten. Von den sechs einheimischen Barscharten eignen sich vor allem junge Flußbarsche für das Kaltwasseraquarium.

Perca fluviatilis (Taf. 92)
Linnaeus, 1758
Flußbarsch

Körper mäßig gestreckt, hoch, seitlich abgeflacht, Maul groß, Kiemendeckel nach hinten zugespitzt, zwei Rückenflossen. Einer der schönsten einheimischen Fische. Färbung in den einzelnen Verbreitungsgebieten und in Abhängigkeit vom Bodengrund sehr unterschiedlich. Grüngelblich, etwas messingglänzend mit 6 bis 10 dunklen Querstreifen, die vor allem bei jungen Tieren und in Erregung deutlich hervortreten. Erste Rückenflosse mit lackschwarzem Fleck im hinteren Teil, Schwanzflosse meist schmutziggelbgrün, untere Kante ziegelrot, Bauch- und Afterflosse orange bis ziegelrot. Geschlechter gleichartig gefärbt.

Der Flußbarsch hält sich hauptsächlich in den pflanzenbestandenen Uferregionen fließender und stehender Gewässer auf, stellenweise dringt er in das Brackwasser vor. Jungbarsche sind Schwarmfische, alte Barsche einzeln jagende Fischräuber. Laichzeit März bis Juni. Der zu netzförmig durchbrochenen Bändern vereinigte Laich wird an Steinen, Holzteilen oder Wasserpflanzen abgesetzt. Die Jungfische schlüpfen nach 8 bis 10 Tagen. Ein ♀ bringt bis 200000 Eier. Für das gut durchlüftete Kaltwasseraquarium eignen sich vor allem Jungbarsche. Lebendfutter aller Art. Beachte auch S. 63. Vielerorts ist der Flußbarsch ein wichtiger Nutzfisch.

Familie Monodactylidae
Flossenblätter

Die Flossenblätter sind charakteristische Schwarmfische der küstennahen Meer- und Brackwassergebiete Afrikas, Südostasiens und Australiens. Ihr Körper ist sehr hoch und seitlich stark abgeflacht, in Seitenansicht mehr oder weniger scheibenförmig. Die sehr feine Beschuppung erstreckt sich auch auf die körpernahen Teile der Rücken- und Afterflosse. Die Jungfische dringen über die Flußmündungen bis in das reine Süßwasser vor. Sie bilden hier große Schwärme und fressen hauptsächlich Kleinkrebse und Anflugnahrung. Mit zunehmendem Alter ziehen sie sich immer weiter in das Meer zurück.

Monodactylus argenteus (Taf. 94)
(Linnaeus, 1758)
Silberflossenblatt

Weit verbreitet, von den Küsten der Halbinsel Malakka bis Ostafrika, auch im Roten Meer häufig; bis 23 cm, bleibt in Gefangenschaft wesentlich kleiner.

Die Körperform erinnert an den bekannten Segelflosser, jedoch sind die Rücken- und Afterflosse niedriger. Insgesamt stark silberglänzend mit gelbgrünem Rücken. Zwei dunkle bis tiefschwarze Binden, von denen die erste, vom Nacken kommend, bogenförmig über das Auge zur Wange, die zweite, meist undeutliche, von der Rückenflossenvorderkante zur Afterflossenvorderkante verläuft. Rücken- und Afterflosse gelb bis orange, Spitzen rußig, Schwanzflosse gelblich. Ältere Tiere einfarbig silbrig. ♂♂ und ♀♀ kaum zu unterscheiden.

Junge Tiere lassen sich im Süßwasser, ältere im Brackwasser pflegen (4–6 Teelöffel Seesalz auf 10 l Wasser). Die Silberflossenblätter benötigen als lebhafte Schwarmfische (Einzeltiere kümmern) freien Schwimmraum. Wie viele scheibenförmige Fische bleiben sie in Gefangenschaft schreckhaft und sollten nicht zu hell stehen. 24 bis 28 °C, Lebendfutter aller Art, sehr gefräßig.

Abb. 115 Der Schützenfisch *(Toxotes jaculatrix)* spuckt einen Wasserstrahl nach seinen Beutetieren außerhalb des Wassers.

Familie Toxotidae
Schützenfische

Die in den Küstenregionen Südostasiens beheimateten Schützenfische sind Bewohner der Mangrovenzonen, wie sie vor den Mündungsgebieten der großen Flüsse (Ästuarien) anzutreffen sind. Die gedrungenen, hohen, seitlich abgeflachten Tiere verdanken ihren Namen der Kunst, einen Wasserstrahl aus dem Wasser auf Beutetiere, meist Insekten, schießen zu können. Der Wasserstrahl wird mit dem Maul geformt und kann zielsicher etwa 150 cm weit gespuckt werden (Abb. 115). Das Spucken erlernen sie schon als Jungtiere. Die bekannte Art *Toxotes jaculatrix* (Pallas, 1766) läßt sich in größeren Aquarien gut pflegen (Taf. 94). Die silbrigen, oberseits gelboliven Tiere zeigen 4 bis 6 breite schwarze Sattelbinden. Maul tief gespalten, schräg nach oben gerichtet, Auge sehr groß. Außer Insekten werden auch andere Futtertiere angenommen. Zucht in Gefangenschaft noch nicht gelungen.

Familie Scatophagidae
Argusfische

Die in den Küstengewässern Süd- und Südostasiens beheimateten Argusfische bevorzugen wie die Schützenfische die Mischwassergebiete vor den Mündungen der großen Flüsse. Die hohen, scheibenförmigen, seitlich stark abgeflachten Tiere sind Allesfresser, die neben tierischen Stoffen vor allem Algen und weiche Pflanzenteile, aber auch Fäkalien oder Faulstoffe vertilgen. Die Laichgebiete der Argusfische liegen vermutlich an den Korallenriffen. Die Larven dagegen (Tholichthys-Stadium) suchen stärker ausgesüßte Regionen auf. Die bekannteste Art, *Scatophagus argus* (GMELIN, 1788) läßt sich sowohl im Süß- als auch im Seewasser pflegen (Taf. 94). Für das Wohlbefinden ist es besonders günstig, im Süßwasser gehälterte Jungfische durch Seesalzzugaben im Laufe von Monaten in brackiges Wasser zu überführen. Lebendfutter und Pflanzennahrung, vor allem Kopfsalat. Die friedliche Art hat in Gefangenschaft bereits abgelaicht. Die Aufzucht der Embryonen ist schwierig. Temperatur 20 bis 28 °C, gute Durchlüftung und Filterung notwendig. Durch die intensive Verdauung der Tiere kann sich das Wasser schnell trüben. Die Art wird 30 cm lang, bleibt aber im Aquarium wesentlich kleiner.

Familie Nandidae
Nanderbarsche

Die in Südamerika, Afrika und Südostasien vorkommenden Nanderbarsche sind die letzten lebenden Vertreter einer uralten Fischfamilie. Die meist hohen, seitlich stark abgeflachten, robusten Tiere haben ein großes, tief gespaltenes und weit vorstreckbares Maul. Der hart- und der weichstrahlige Teil der Rückenflosse sind miteinander verbunden. Geschlechter meist schwer zu unterscheiden.

Fast alle Arten sind Raubfische, die nur mit gleichgroßen Arten vergesellschaftet werden können. Dunkel stehende Aquarien mit guten Versteckmöglichkeiten zwischen Wurzelwerk und Pflanzengruppen sagen den Tieren am besten zu. Einige Arten laichen in Höhlen oder auf Substraten nach Cichlidenart. Die ♂♂, seltener die ♀♀, treiben Brutpflege. Die Jungtiere sind untereinander kannibalisch. Die Nanderbarsche nehmen nur lebendes Futter, die meisten Arten am liebsten kleine Fische.

Die nachfolgende Art macht in vieler Hinsicht eine Ausnahme.

Badis badis (Taf. 90)
(HAMILTON-BUCHANAN), 1822)
Blaubarsch

In stehenden Gewässern Indiens weit verbreitet; bis 8 cm.

Körper gestreckt, relativ niedrig, seitlich wenig zusammengedrückt. Maul klein. Von allen Nanderbarschen ist der Blaubarsch am farbigsten. Färbung selbst kurzfristig stark wechselnd. Lehmgelb mit bläulichem Schimmer, Bauch grünblau. Jungtiere oft mit 6 bis 10 dunklen Querbinden und dunklem Nakken-Auge-Maulstrich. Schöne ♂♂ zeigen an den Körperseiten grünliche, gelbliche, rote und lackschwarze Schuppen in mosaikartiger Anordnung. Flossen gelbgrün, bläulich oder dunkelblau. Rückenflossen oft mit roten oder grünen Längsstreifen, vorderer Teil gelegentlich rostrot gerandet. ♀ schlichter gefärbt. Bauchprofillinie stark nach unten gewölbt. In den letzten Jahrzehnten wurde vorwiegend eine mehr braunrote Unterart *(Badis badis burmanicus)* mit einem großen schwarzen Schwanzstielfleck gepflegt.

Pflege und Zucht, wie in der Familienbeschreibung angegeben. Im Gegensatz zu anderen Nanderbarschen ist *Badis badis* friedlich, im Gesellschaftsbekken auch gegen Artgenossen. Temperatur 26 bis 28 °C. Lebendfutter aller Art. Das Wohlbefinden ist weitgehend von Versteckmöglichkeiten in Steinhöhlen, liegenden Blumentöpfen und Wurzelwerk abhängig. Der Laich wird in der Regel am Boden von Höhlen abgesetzt. Die Jungfische schwimmen sofort nach oben und hängen sich an das Dach der Höhle. Das ♂ treibt Brutpflege. Nicht sehr produktiv. Die Jungfische sind anfangs etwas empfindlich.

Monocirrhus polyacanthus (Abb. 93)
HECKEL, 1840
Blattfisch

Stromgebiet des Amazonas und Rio Negro, Guayana; bis 8 cm.

Körper hoch, seitlich sehr stark abgeflacht, eiförmig, Kopf nach vorn spitz ausgezogen, an der Unterlippe ein kurzes bartelförmiges Läppchen, das bei Erregung abgespreizt wird. Färbung stark wechselnd. Zwischen Pflanzen grüngelb marmoriert, im freien Wasser meist lehmgelb bis bräunlich. Vom Auge aus je eine dunkle Linie zum Nacken, zur Schwanzwurzel und zur Bauchkante. Weichstrahlige Teile der Rükken- und Afterflosse sowie die Schwanzflosse glasklar durchsichtig. Geschlechtsunterschiede gering, Bauchlinie geschlechtsreifer ♀♀ etwas stärker gebogen.

Sehr interessante, aber auch räuberische Art. Die Tiere stehen im Wasser schräg mit dem Kopf nach unten, am liebsten zwischen Pflanzen. Sie täuschen so im Wasser treibende alte Blätter vor. Größere alteingerichtete Becken mit dichtem Pflanzenbestand. Temperatur 22 bis 25 °C. Da diese Art fast ausschließlich Fische frißt, ist ihre Pflege nicht einfach. Weiches, schwach saures Wasser (2–4 °dH, pH 6–6,5). Der Blattfisch laicht meist an der Unterseite großer Pflanzenblätter, an Holzstücken, Steinen oder auch an den Aquarienscheiben ab. Die Balz ist einfach, das Paar geht gleichsam unvermittelt ans Laichgeschäft. Die Eier werden vom ♂ bewacht und befächelt, das ♀ ist zu entfernen. Die Jungtiere kommen nach 3 bis 4 Tagen aus. Größere Jungfische sind untereinander kannibalisch, wachsen sehr unregelmäßig und müssen deshalb nach Größenklassen sortiert bzw. aufgezogen werden.

Der Blattfisch liefert eines der besten Beispiele von Tarnung durch Nachahmung.

Polycentrus schomburgki (Taf. 91)
MÜLLER und TROSCHEL, 1848
Südamerikanischer Vielstachler

Nordöstliches Südamerika und Trinidad; bis 10 cm, bleibt in Gefangenschaft kleiner.

Körper gedrungen, hoch, seitlich stark abgeflacht. Maul sehr groß, Hinterrand des Kiemendeckels mit einem Dorn. Weicher Teil der Rücken- und Afterflosse fähnchenartig über den harten Teil vorstehend. Färbung variabel, in erster Linie abhängig von der Temperatur und dem Erregungszustand. Hellgrau bis tiefschwarz mit dunklen und silberglänzenden Tüpfeln. Vom Auge ausgehend drei dunkelbraune, keilförmige Binden zur Nase, zum Nacken und zum unteren Rand des Kiemendeckels. Stachliger Teil der Rücken- und Afterflosse bläulichweiß gesäumt und mit großen, hell eingefaßten Flecken an der Basis. Der weichstrahlige Teil beider Flossen sowie die Schwanzflosse und die Brustflossen glasartig durchsichtig. ♀ mehr braun, zur Laichzeit sehr hell. ♂ zur Laichzeit samtschwarz mit silbrigblauen oder türkisfarbenen Flecken und Tüpfeln. Zu dieser Zeit sind auch die hinteren Teile der Rücken- und Afterflosse sowie die Schwanzflosse schwarz.

Pflege und Zucht siehe Familienbeschreibung.

Familie Cichlidae
Buntbarsche

Mit über 1000 Arten größte Familie der Ordnung Perciformes. Zu den vorwiegend in Zentralamerika, Südamerika und Afrika beheimateten Buntbarschen gehören Raubfische, die außer verschiedenem Kleingetier vor allem Jungfische erbeuten, Allesfresser, Pflanzenfresser und Nahrungsspezialisten. Der in der Regel robuste, mäßig gestreckte Körper kann bei mehr oder minder stark seitlicher Abflachung hoch bis sehr hoch, ja sogar scheibenförmig sein. Die hart- und weichstrahlige Rückenflosse gehen kontinuierlich ineinander über, die After- und Rückenflosse sind beim ♂ vielfach stark verlängert. Schwanzflosse im allgemeinen abgerundet oder gerade abgeschnitten. Die Seitenlinie besteht meist aus zwei abgesetzten Teilen. Die Buntbarsche halten sich in ihren Heimatgebieten vorwiegend in der Uferregion auf. Viele Arten sind wertvolle Speisefische.

Geschlechtsreife Buntbarsche gründen Fortpflanzungsreviere, die sie verteidigen. Diese Eigenschaft macht die Pflege, zumindest größerer Arten, etwas schwierig. Die engen Verhältnisse des Aquariums gestatten meist nur die Bildung eines Reviers, das von dem kräftigsten Tier beherrscht wird. Alle anderen werden ständig bekämpft. Es bilden sich Rangfolgen heraus. Diese Verhältnisse bedingen die sogenannte Unverträglichkeit der Buntbarsche. Dazu kommt, daß manche Arten beim Bau der Laichgruben den Bodengrund umschichten und dabei Pflanzen abbeißen und entwurzeln.

Bei der Einrichtung eines Cichlidenbeckens müssen diese Verhältnisse berücksichtigt werden. Grundsätzlich biete man durch entsprechende Gruppierung von Steinen, Wurzeln, umgestülpten Blumentöpfen oder Kokosnußschalen zahlreiche Versteckmöglichkeiten. Bei der Pflege großer Arten verzichte man auf eine Bepflanzung der Aquarien (Ausnahmen: Segelflosser, Diskus und einige andere) oder stelle Pflanzenschalen auf den Bodengrund. Bei kleineren Arten (Zwergcichliden) ist dagegen eine gute Bepflanzung anzuraten. Viele der afrikanischen Cichliden müssen unter ganz besonderen Verhältnissen gepflegt werden, siehe dazu bei den einzelnen Arten. Temperatur in der Regel 22 bis 26 °C. Lebendfutter aller Art, große Buntbarsche nehmen auch Regenwürmer, Schaben, Heimchen, Mehlwürmer und manchmal auch Krebs-, Muschel- oder Fischfleisch, gelegentlich auch Rinderherz. Einige Arten benötigen zusätzlich Pflanzennahrung, wie gebrühten oder gefrosteten Spinat, Kopfsalat, Chinakohl oder Brennesselspitzen. Nur wenige Vertreter lassen sich an Trockenfutter gewöhnen.

Die Fortpflanzung beginnt stets mit einer Reviergründung, dieser folgen die Balz, das Ablaichen und die Brutpflege. Grundsätzlich legen nahezu alle Buntbarsche ihre Eier auf irgendwelche Unterlagen ab (Substratlaicher), Freilaicher kommen kaum vor. Die Gelege können offen, auf einem Stein oder einem Blatt angeheftet (Taf. 95) oder in einem Versteck (Höhle, Maul) untergebracht werden. Man unterscheidet deshalb:

– Offenbrüter (z. B. *Cichlasoma-, Aequidens-, Pterophyllum*-Arten),
– Versteckbrüter
a) Höhlenbrüter (z. B. *Apistogramma-, Pelmatochromis*-Arten),
b) Maulbrüter (z. B. *Haplochromis-, Oreochromis*-Arten).

Bei den Offenbrütern sind in der Regel ♂ und ♀ sehr ähnlich, oft kaum zu unterscheiden, sie bilden feste Paare, beide Partner beteiligen sich an der Brutpflege. Die Gelege werden beschützt, befächelt, die Jungfische vielfach aus den Eihüllen gekaut, in Gruben umgebettet und nach dem Freischwimmen geführt und manchmal auch gefüttert.

Bei Versteckbrütern sind die Geschlechtsunterschiede meist hinsichtlich Körpergröße, Beflossung, Färbung und Zeichnung sehr ausgeprägt. In der Brutpflege tritt eine Arbeitsteilung ein. Die ♂♂ verteidigen vorwiegend das Revier, die ♀♀ betreuen das Gelege und die Jungfische. Bei Maulbrütern sind die Revierbildung und die Balz verkürzt, die Eier meist groß und farbig. Im Regelfall nimmt das ♀ die Eier sofort nach der Ablage ins Maul und behält sie hier bis zum Schlüpfen (je nach Art etwa 8–35 Tage). Die Jungfische können noch einige Tage im Maul Zuflucht finden. Seltener wechseln sich ♀ und ♂ in der Maulbrutpflege ab, oder die ♂♂ betreiben allein Maulbrutpflege. Bei manchen Arten laicht das ♂ nur mit einem ♀, bei anderen mit mehreren ♀♀ (monogame und polygame Maulbrüter). Verschiedene Vertreter nehmen die Eier vor der Besamung ins Maul. In diesen Fällen haben die ♂♂ Afterflossen mit auffälligen Zeichnungen, die Eizellen imitieren, sogenannte Eiattrappen (Taf. 106, 109). Sie stellen dem ♀ die Afterflosse zur Schau, dieses schnappt nach den Attrappen und nimmt dabei die vom ♂ ausgestoßene Samenfadenwolke auf. Die so in die Maulhöhle gelangenden Samenfäden besamen und befruchten die dort eingelagerten Eier. In seltenen Fällen übernehmen verlängerte Genitalpapillen die Funktion der Eiattrappen (Taf. 120).

Hinsichtlich der Beteiligung der Elterntiere an der Brutpflege unterscheidet man mehrere Familientypen:

- Elternfamilie. Beide Partner beteiligen sich an den verschiedenen Brutpflegehandlungen, nur die Revierverteidigung ist vorwiegend Aufgabe des ♂.
- Vater-Mutter-Familie. Bis zum Freischwimmen der Brut besteht Arbeitsteilung zwischen den Partnern, das ♀ pflegt die Brut, das ♂ verteidigt das Revier. An der Fütterung des Jungfischschwarmes können sich beide Partner beteiligen.
- Mutterfamilie. Die Brut wird nur vom ♀ betreut, das dabei auch häufig ein kleines Revier verteidigt. Norm bei Maulbrütern.
- Vaterfamilie. Alle Brutpflegehandlungen übernimmt das ♂. Sehr selten.
- Großfamilie. Ein ♂ verteidigt ein Großrevier, in dem mehrere kleine ♀-Reviere liegen. Jedes ♀ sorgt allein für seine Brut.

Stets bietet die Brutpflege hochinteressante Möglichkeiten der Beobachtung (siehe auch S. 115). Im allgemeinen wird der Liebhaber dies nutzen und das Gelege den Elterntieren belassen. Der Berufszüchter kann das Gelege isolieren und damit manches Risiko umgehen. Dazu gehört vor allem die Gefahr, daß Eier oder Jungfische von den Eltern gefressen werden. Unter natürlichen Aufzuchtverhältnissen passiert dies öfter, jedoch wird dann meist ein Gelege um so aufmerksamer aufgezogen. Sobald die Brutpflege nachläßt, müssen die Jungfische von den Eltern getrennt werden.

Bei isolierter Hälterung der Buntbarsche im Artaquarium ist die Einrichtung eines Zuchtbeckens nicht erforderlich. Den Jungfischen biete man nach dem Aufzehren des Dottersackes feinstes Lebendfutter (Nauplien, Rädertierchen). Wachstum im allgemeinen schnell, Besonderheiten entnehme man den Artbeschreibungen.

Die Zeichnung und Färbung der Buntbarsche kann sich in Abhängigkeit vom Wohlbefinden und der Fortpflanzungssituation in arttypischer Weise stark verändern, außerdem können die einzelnen Altersstadien stark voneinander abweichende Zeichnungs- und Färbungsmuster zeigen.

Bis zur Mitte dieses Jahrhunderts wurden vorwiegend südamerikanische Arten gepflegt. Nach dem Import der ersten afrikanischen Cichliden aus den großen Seen des ostafrikanischen Grabenbruches begeisterten sich viele Aquarianer für diese oft farbenprächtigen und an Korallenfische erinnernden Buntbarsche. Die Pflege von Cichliden rückte dadurch als spezielles Interessengebiet fast an die erste Stelle. Diese Entwicklung förderte auch die wissenschaftliche Verhaltensforschung und lieferte zahlreiche neue Einsichten. Noch wichtiger für die Biologie waren jedoch die Untersuchungen über den Artbildungsprozeß der Cichliden in den großen ostafrikanischen Seen. Hier haben die Cichliden letztlich dazu beigetragen, unsere Vorstellungen über die Mechanismen der Evolution zu erweitern.

Aequidens curviceps (Taf. 96)
(Ahl, 1924)
Tüpfelbuntbarsch

Amazonasgebiet; bis 8 cm.

Gestreckt, seitlich abgeflacht, Schnauze kurz und abgerundet. Vom Rücken bis zur Seitenmitte vorn gelbbraun-rot, hinten gelbbraun, unter der Seitenmitte blaugrün. Seitenband bis zu einem großen Fleck in der Körpermitte deutlich. Maul und Wangen mit seegrünen Tüpfeln. Flossen grünlich, zum Teil mit hellblauen Punktreihen. Rückenflosse mit großem schwarzem Basisfleck. ♀ meist kleiner, während der Brutpflege ziemlich dunkel.

Pflege und Zucht siehe Familienbeschreibung. Offenbrüter, Elternfamilie, Gelege meist auf Steinen. Bis 300 oft zartrosa Eier. Friedlich, für das Gesellschaftsaquarium geeignet. Kullander hat diese Art 1986 zu der Gattung *Laetacara* gestellt.

Aequidens dorsigerus (Taf. 95)
(Heckel, 1840)
Rotbrustbuntbarsch

Brasilien, Bolivien; bis 8 cm.

Ähnlich gestaltet wie die voranstehende Art. Außerhalb der Laichzeit hell ockerfarben mit roter Kehle und Brust sowie einer sehr unregelmäßigen, bis zu einem schwarzen Seitenfleck deutlichen Längsbinde. Vor allem in der Schwanzstielregion grünblaue Tüpfel. Flossen zum Teil mit roten Säumen. Während der Balz und Brutpflege zunehmend dunkler und farbiger (Taf. 95). ♀ meist kleiner, Flossen weniger spitz ausgezogen.

Pflege und Zucht siehe Familienbeschreibung. Offenbrüter, Elternfamilie, laicht meist auf Steinen, bis 400 Eier. Benötigt zusätzlich Pflanzennahrung. Für das Gesellschaftsaquarium geeignet. Kullander hat diese Art 1986 zu der Gattung *Laetacara* gestellt.

Aequidens maronii
(Steindachner, 1882)
Maroni-Buntbarsch

Guayana-Länder; bis 10 cm.

Körper hoch, seitlich zusammengedrückt, kurz, Stirn stark gerundet. Färbung veränderlich. Gelblich bis hellbraun, gelegentlich schokoladenbraun. An den Körperseiten 12 bis 13 dunkle Punktreihen. Vom Vorderende der Rückenflosse zieht eine schwärzliche Binde, oben von einem hellen Strich begleitet, im

Bogen zum Auge und von hier, immer breiter werdend, zum unteren hinteren Kopfende. Unter den drei letzten Rückenflossenstacheln ein dunkler, hell eingefaßter Fleck, der sich nach unten in eine breite Querbinde fortsetzt. Längsbinde meist nur undeutlich ausgeprägt. Flossen bräunlich bis grüngelb, zum Teil hellgrün getüpfelt und weiß gesäumt. Geschlechter nicht leicht zu unterscheiden. Die Rücken- und Afterflosse der ♀♀ ist meist nicht so lang ausgezogen wie diejenige der ♂♂.

Pflege und Zucht, wie in der Familienbeschreibung angegeben. Einer der friedlichen Cichliden. Typischer Offenbrüter, Elternfamilie, bis 400 Eier. Die Jungen können über ein halbes Jahr bei dem ♀ verbleiben. Für das Gesellschaftsaquarium geeignet.

Aequidens portalegrensis (Taf. 96)
(HENSEL, 1870)
Streifenbuntbarsch

Südbrasilien, Bolivien; bis 25 cm, bleibt im Aquarium wesentlich kleiner.

Körper gestreckt, seitlich abgeflacht, Kopf konisch. Auf gelbbraunem bis silbrigem Grund mit oder ohne dunkle Querbinden. Vom roten Auge bis zu einem Fleck an der Oberkante der Schwanzflossenwurzel eine Längsbinde, in die auf der Seitenmitte ein großer runder Fleck eingeschlossen ist. Bauch gelegentlich fast schwarz. Flossen gelblich, bläulich und braunrot. ♀ meist kleiner, Flossen kürzer.

Pflege und Zucht siehe Familienbeschreibung. Offenbrüter, Elternfamilie, bis 700 Eier. Anspruchslos, im Winter auch Temperaturen von 16 bis 20 °C, wühlt während der Laichzeit stark. Die Art wird neuerdings in die Gattung *Cichlasoma* gestellt.

Aequidens pulcher (Taf. 96)
(GILL, 1858)
Blaupunktbuntbarsch

Trinidad, Panama, nördliches Venezuela und Kolumbien; bis 15 cm.

Körper hoch, besonders im Bereich des Schwanzstiels stark zusammengedrückt, Stirn sehr breit. Gelb- bis graubraun mit bläulichem Schimmer. Auf den Körperseiten 5 bis 8 unregelmäßige schwarze Querbinden, auf der vierten Querbinde ein schwarzer Seitenfleck. Jede Körperschuppe mit einem großen hellblauen Tüpfel, Kiemendeckel mit blaugrünen Glanzlinien und -punkten. Flossen farbig mit Glanztüpfelreihen, zum Teil rot gesäumt. Geschlechter nur schwer zu unterscheiden. Die Beflossung der ♀♀ ist meist kürzer. Beim ♂ reichen die verlängerten Strahlen der Rücken- und Afterflosse oft bogenförmig um die Schwanzflosse herum.

Pflege und Zucht, wie in der Familienbeschreibung angegeben. Typischer Offenbrüter, Elternfamilie, bis 400 Eier. Laicht mehrmals im Jahr. Häufiger Wasserwechsel erforderlich. Wühlt nur gelegentlich, Pflanzenbestand meist nicht gefährdet. Die farbenprächtige Art war früher als *A. latifrons* bekannt.

Anomalochromis thomasi (Taf. 97)
(BOULENGER, 1915)
Afrikanischer Schmetterlingsbuntbarsch

Sierra Leone, Guinea, Liberia; bis 7 cm.

Hochrückige Art mit kurzer Schnauze. Gelblichgrau mit zahlreichen Reihen hellblauer Glanztüpfel. Je ein dunkler Fleck auf der Körpermitte und vor der Schwanzflosse, während der Brutpflege auch dunkle Querbinden. Rückenflosse mit rotem Saum und weißer Marginallinie. ♀ meist kleiner, keine Unterschiede in der Färbung, zur Laichzeit kräftiger.

Pflege und Zucht siehe Familienbeschreibung. Offenbrüter, Elternfamilie, bis 500 kleine, bernsteinfarbige Eier auf Steinen oder großen Blättern. Für das Gesellschaftsaquarium geeignet. Früher als *Pelmatochromis thomasi* bekannt.

Apistogramma agassizii (Taf. 98)
(STEINDACHNER, 1875)
Zwergbuntbarsch

Amazonasgebiet, fehlt wahrscheinlich im Rio Negro und Rio Madeira; bis 7,5 cm, ♂ oft etwas größer.

Körper gestreckt, seitlich zusammengedrückt, Rückenflosse sehr lang. Mehrere Farbspielarten in den Grundfarben Orange-Blausilbern-Dunkelgrau und Gelb-Blausilbern. ♂ Kopf und Kiemendeckel mit wurmförmigen Glanzlinien. Vom Auge aus drei Strahlenbinden, von denen eine über den ganzen Körper bis zur Schwanzflosse zieht. Diese ist spatelförmig und hat mehrere, meist kontrastreiche Längsbänder. Rückenflosse vorwiegend gelb, rot gesäumt. Afterflosse bei den einzelnen Rassen sehr unterschiedlich gefärbt. ♀ kleiner, Rücken- und Afterflosse abgerundet oder nur wenig zugespitzt, niemals in Fäden ausgezogen, zitronengelb mit unregelmäßiger Längsbinde.

Die Zwergbuntbarsche sind in der Pflege etwas anspruchsvoller als ihre großen Verwandten, siehe Familienbeschreibung. Gut bepflanzte, an Verstecken reiche Aquarien, weiches, über Torf gefiltertes Wasser und abwechslungsreiche tierische Nahrung sind Vorbedingungen für eine erfolgreiche Pflege und Zucht. Temperatur 24 bis 28 °C, im Winter etwas weniger. Die Tiere läßt man am besten im Artbecken laichen, das heißt, man richtet kein besonderes Zuchtbecken ein. Manche Arten laichen aber auch im Gesellschaftsaquarium. Höhlenbrüter, verschiedene Arten bilden Großfamilien, das heißt, in einem ♂-Revier können mehrere ♀♀-Reviere gebildet werden. Jedes ♀ verteidigt sein Revier, das ♂ hat zu allen ♀♀-Revieren Zutritt und verteidigt das Großrevier.

Die großen, ovalen, bei *A. agassizii* zum Beispiel kirschroten Eier (Taf. 3) werden mit Vorliebe an der Innenseite liegender Blumentöpfe oder an der Unterseite hohl liegender Steine abgesetzt. Nur die ♀♀ betreuen die Gelege und später die Brut. Die Jungfische schlüpfen nach 3 bis 5 Tagen und schwimmen nach weiteren 4 bis 6 Tagen frei. Bis dahin bringt das ♀ die Jungfische meist in Bodengruben unter, später wird die Schar vom ♀ geführt. Mit kleinstem Lebendfutter, wie Nauplien und Rädertierchen, anfüttern. Die Paare laichen mehrmals im Jahr. In den Nachzuchten überwiegen meist die ♂♂. WELLNER macht dafür zu niedrige Temperaturen verantwortlich. Bei 28 bis 30 °C Zuchttemperatur soll das Geschlechterverhältnis ausgewogen sein.

Apistogramma borellii (Taf. 99)
(REGAN, 1906)
Gelber Zwergbuntbarsch

Südliches Brasilien, Rio Paraguay; bis 7 cm.

Körper nicht so stark gestreckt wie bei dem bekannten *A. agassizii*, seitlich kräftig zusammengedrückt. ♂ Körperseiten und die breite Rückenflosse bläulich bis kräftig blau. Kiemendeckel, Kehle und Brust hell- bis dottergelb. Um das Auge und auf dem Kiemendeckel grünliche Glanzlinien und -tüpfel. Schwanz- und Afterflosse gelblich. Bei Erregung zusätzlich dunkle Querbinden. ♀ kleiner und meist dunkler, zur Laichzeit kräftig gelb mit dunklen Zeichnungen.

Pflege und Zucht siehe voranstehende Art. Höhlenbrüter, Großfamilie. Bei dieser Art dehnen die ♀♀ die Brutpflege häufig auf größere Wasserflöhe aus, die sie wie einen Jungfischschwarm zusammenhalten und gegen Angreifer verteidigen. Früher bekannt als *A. reitzigi*.

Apistogramma cacatuoides (Taf. 98)
HOEDEMAN, 1951
Kakadu-Zwergbuntbarsch

Peruanischer Amazonas, Kolumbien; bis 7,5 cm.

Körper gestreckt, Schnauzenregion kurz und gerundet. ♂ Rückenflosse vorn und hinten mit verlängerten Flossenstrahlen, Schwanzflossenober- und -unterkante in einen kurzen Zipfel auslaufend. Hell ockerfarben mit Blauschimmer. Längsbinden sowie je eine Nacken- und Wangenbinde nicht immer deutlich. Schwanzflosse meist mit drei, seltener mit zahlreichen ziegelroten Tüpfeln im oberen Bereich. Ähnliche Tüpfel manchmal vereinzelt in der Rückenflosse. ♀ kleiner, zur Brutzeit oft mit dunklen Längsbinden.

Zur Pflege und Zucht der robusten Art siehe Familienbeschreibung und bei *A. agassizii*. Höhlenbrüter, Großfamilie. Junge ♂♂ verpaaren sich häufig innerhalb eines Großreviers mit einem ♀. Sie legen dabei keine Laichtracht an und werden deshalb von dem polygamen Besitzer des Großreviers nicht erkannt.

Apistogramma trifasciata (Taf. 99)
(EIGENMANN und KENNEDY, 1903)
Dreistreifenzwergbuntbarsch

Oberer Rio Guaporé und brasilianischer Rio Paraguay; bis 6 cm.

Gestreckt, Schnauzen-Stirn-Profil fast senkrecht ansteigend. ♂ mit hoher Rückenflosse und stark verlängerten Flossenstrahlen. Gelblich bis blausilbern mit schmaler, nicht immer deutlicher Längsbinde. Färbung der Flossen variabel, Rückenflosse grün bis blau und mit orangefarbenen Spitzen oder vorn feuerrot, hinten blau und grün, dazu schwarze Flossenstrahlen. ♀ Flossen ohne verlängerte Strahlen, gelblich, mit Längsbinde, zur Laichzeit zitronengelb ohne Zeichnung.

Pflege und Zucht siehe Familienbeschreibung und bei *A. agassizii*. Höhlenbrüter, Großfamilie. Bislang als *A. trifasciata haraldschultzi* bekannt.

Astatotilapia burtoni (Taf. 106)
(GÜNTHER, 1893)
Burtons Maulbrüter

Ost- und Zentralafrika, Tanganjikasee, Kivusee; bis 12 cm.

Robuste, gestreckte Art. ♂ hell graugelb mit violettem und blauem Schimmer, wolkigen dunklen Querbinden, drei Stirnbinden und blauer Kehle. Hinter dem Kiemendeckel mehr oder weniger orangefarben. Afterflosse mit 5 bis 7 großen, schwarz umrahmten, orangefarbenen Eiflecken. ♀ kleiner und wesentlich einfacher gefärbt.

Pflege und Zucht siehe Familienbeschreibung. Maulbrüter, Mutterfamilie. ♂ polygam, mit 3 bis 4 ♀♀ zur Zucht ansetzen. Die Eier werden in Gruben abgelegt und vom ♀ im Maul erbrütet. Die Jungfische verlassen das Maul zum ersten Mal nach 5 bis 6 Tagen. Bislang bekannt als *Haplochromis burtoni*.

Astronotus ocellatus (Taf. 102)
(AGASSIZ, 1831)
Pfauenaugenbuntbarsch

Amazonas, Rio Negro, Paraná, Rio Paraguay; bis 30 cm.

Einer der schönsten Buntbarsche. Färbung sehr variabel. Für das Zimmeraquarium eignen sich vorwiegend jüngere Exemplare. Körper hoch, in Seitenansicht längsoval, seitlich mäßig zusammengedrückt. Tiere von 8 bis 10 cm Länge dunkelolivgrün bis schokoladenbraun mit elfenbeinfarbenen bis gelblichen Mäanderbändern. Flossen olivgrün mit mehr oder weniger deutlich ausgeprägter schwarzer und gelber Strich- und Tüpfelzeichnung. Ältere Tiere graugrün mit Elfenbeinflecken und orangeroten Feldern sowie einem schwarzen, rot eingefaßten Pfauenaugenfleck im oberen Teil der Schwanzflossenwurzel. Geschlechter manchmal an der Färbung zu erkennen. Beim ♂ sind an der Basis des hartstrahligen Rückenflossenabschnittes oft drei Augenflecke ausgebildet.

Pflege und Zucht, wie in der Familienbeschreibung angegeben. Trotz seiner Größe verhältnismäßig friedlich. Mit 10 bis 12 cm Länge geschlechtsreif. Typischer Offenbrüter, Elternfamilie. Die Jungfische heften sich gelegentlich an die Körperseiten der Eltern. Eine rote Farbspielart hat in den letzten Jahren als »Roter Oskar« starke Verbreitung gefunden.

Aulonocara nyassae (Taf. 106)
(REGAN, 1921)
Kaiserbuntbarsch

Malawisee, Übergang zwischen Fels- und Sandlitoral; bis 18 cm.

Gestreckt, seitlich abgeflacht. ♂ Kopf und Körperseiten meist kräftig blau, unterseits ockerfarben bis rot, manchmal mit dunkleren Querbinden. Rücken- und Afterflosse blau, erstere mit breitem hellblauem Saum, letztere mit orangefarbenen Eiflecken im hinteren Teil. Iris goldfarben. ♀ an den Körperseiten mehr gelbbraun, im hinteren Teil der Rücken- und Afterflosse einige runde gelbe Flecken.

Pflege und Zucht siehe Familienbeschreibung. Maulbrüter, Mutterfamilie. Die Art laicht in flachen Gruben, etwa 60 Eier, Jungfische mit Querstreifen. Gut zur Vergesellschaftung mit anderen Malawi-Buntbarschen geeignet. Die auf Taf. 106 abgebildete Art steht *A. nyassae* sehr nahe, läßt sich jedoch nach dem Foto nicht exakt bestimmen *(A. stuartgranti?)*.

Chalinochromis brichardi (Taf. 107)
POLL, 1974
Zügelbuntbarsch

Tanganjikasee im Felslitoral; bis 12 cm.

Langgestreckt und schlank, seitlich abgeflacht. Insgesamt gelboliv bis ockergelb mit Kopfmaske aus tiefschwarzen schmalen Binden. Flossen zum Teil mit hellblauem Marginalband und orangefarbenem Saum. Im hinteren Teil der Rückenflosse ein großer schwarzer Fleck. Jungtiere mit zwei schwarzen Längsstreifen. ♀ ähnlich gefärbt, Flossen manchmal deutlich kürzer.

Pflege und Zucht siehe Familienbeschreibung, S. 284. Höhlenbrüter, Elternfamilie, bis 160 Eier, die geschlüpften Jungfische halten sich nicht im Schwarm, bleiben aber im Brutrevier.

Cichlasoma cyanoguttatum carpinte (Taf. 100)
(JORDAN und SNYDER, 1899)
Perlcichlide

Nördliches Mexiko, Texas; bis 30 cm, bleibt in Gefangenschaft wesentlich kleiner, mit 8 bis 10 cm geschlechtsreif.

Körper hoch, in Seitenansicht fast eiförmig, seitlich stark zusammengedrückt. Während Jungtiere auf lehmfarbigem Grund lediglich einige dunkle Querbinden sowie je einen dunklen Seiten- und Schwanzwurzelfleck zeigen, gehören erwachsene Tiere zu den farbenprächtigsten Cichliden überhaupt. Insgesamt auf blaugrauem bis rehbraunem Grund mit himmelblauen bis seegrünen Glanztüpfeln und -strichen dicht besetzt. ♀ weniger intensiv gefärbt und oft kleiner.

Pflege und Zucht, wie in der Familienbeschreibung angegeben, S. 284. Offenbrüter, Elternfamilie. Revierbildend, paarweise einzeln hältern, aggressiv gegen andere Arten. Wühlt stark, besonders zur Laichzeit, keine Pflanzen. Empfindlich gegen Altwasser. Der Laich wird auf Steinen abgesetzt, bis 500 Eier. Meist verwechselt mit *Cichlasoma* bzw. *Herichthys cyanoguttatus cyanoguttatus*.

Cichlasoma festivum (Taf. 102)
(HECKEL, 1840)
Flaggenbuntbarsch

Westguayana und Amazonasgebiet; bis 15 cm.

Körper in Seitenansicht buchenblattförmig, Rükken-, After- und Bauchflossen stark ausgezogen, Färbung sehr veränderlich. Vom Maul bis in das hintere Ende der Rückenflosse ein deutliches Schrägband. Körper darüber dunkel oder marmoriert, darunter gelbbraun mit angedeuteten Querbinden. Halbwüchsige Tiere oben und unten gelb. Im oberen Teil der Schwanzwurzel ein schwarzer Fleck, Auge geschlechtsreifer Tiere rot. Geschlechter außerhalb der Laichzeit nur schwer zu unterscheiden. Das ♂ ist meist größer und manchmal etwas kräftiger gezeichnet. Genitalpapille des ♀ konisch stumpf, des ♂ kurz und spitz.

Pflege und Zucht siehe Familienbeschreibung, S. 284. Der Flaggenbuntbarsch ist ein sehr ruhiger und meist auch etwas scheuer Cichlide, der ähnliche Anforderungen wie der Segelflosser stellt. Nur wenn Wurzelwerk oder dichte Pflanzenbestände Versteckplätze bieten, werden die Tiere zutraulich, verlieren jedoch ihre Schreckhaftigkeit nie ganz. Ruhiges Hantieren in der Nähe des Beckens ist immer angebracht. Offenbrüter, Elternfamilie, bis zu 500 Eier werden auf Steinen abgesetzt. Zusammenstellung eines geeigneten Paares nicht immer einfach. Die Art ist sauerstoffbedürftig und wärmeliebend. Zur rationellen Zucht bringt man das Gelege in flache Schalen, die gut durchlüftet werden müssen. Nicht mit sehr kleinen Fischen vergesellschaften. Auch bekannt als *Mesonauta festiva*.

Cichlasoma meeki (Taf. 103)
(BRIND, 1918)
Feuermaulbuntbarsch

Guatemala und Yucatán, auch in unterirdischen Verbindungen zwischen Naturbrunnen; bis 15 cm, mit 8 cm zuchtfähig.

Körper hoch, seitlich kräftig zusammengedrückt, obere Profillinie wesentlich stärker ausgebogen als die untere. Eine der schönsten *Cichlasoma*-Arten. Bläulichgrau mit violettem Schimmer, Rücken dunkler, Bauch gelboliv bis orangefarben, Kehle und Unterkiefer prächtig ziegelrot. An den Körperseiten 5 bis 7 mehr oder weniger deutliche Querbinden und eine meist in Flecken aufgelöste Längsbinde. Flossen farbig, Flossenhäute zum Teil blaugrün. Rückenflosse bläulich. Afterflosse schwarz gesäumt. ♀ nicht so kräftig gefärbt, Rücken- und Afterflosse hinten nicht ausgezogen.

Pflege und Zucht siehe Familienbeschreibung, S. 284. Die Art ist oft recht friedlich und beschädigt

Tafel 97, Foto 306–307 Oben: Afrikanischer Schmetterlingsbuntbarsch *(Anomalochromis thomasi)*, ♀ über dem Gelege. Unten: Goldsaumbuntbarsch, ein typischer Vertreter der Gattung *Aequidens (Aequidens rivulatus)*. Hinsichtlich der Artdiagnose bestanden lange Zeit Unsicherheiten.

Tafel 98, Foto 308–310 Oben und Mitte: Zwergbuntbarsch *(Apistogramma agassizii)*, ♂♂ der normalen und rotgelben Farbspielart. Unten: Kakadu-Zwergbuntbarsch *(Apistogramma cacatuoides)*, ♂
Tafel 99, Foto 311–312 Oben: Gelber Zwergbuntbarsch *(Apistogramma borellii)*, ♂. Unten: Dreistreifenzwergbuntbarsch *(Apistogramma trifasciata)*, ♂. Beide Arten gehören in der Aquaristik zu den bekanntesten Vertretern der Gattung.

Tafel 100, Foto 313 Perlcichlide *(Cichlasoma cyanoguttatum carpinte)*. Die Unterart wurde früher als *Cichlasoma* bzw. *Herichthys cyanoguttatus* gepflegt.

Tafel 101, Foto 314 Augenfleckbuntbarsch *(Cichlasoma severum)*, die besonders als ausgewachsene Tiere sehr farbigen Buntbarsche sind in der Wahl ihrer Partner sehr eigenwillig.

Tafel 102, Foto 315–316 Oben: Flaggenbuntbarsch *(Cichlasoma festivum)*. Unten: Pfauenaugenbuntbarsch *(Astronotus ocellatus)*. Beide Fotos stellen Jungtiere mit charakteristischer Jugendtracht dar, die vor allem bei *Astronotus* vollkommen von der Färbung der geschlechtsreifen Tiere abweicht.
Tafel 103, Foto 317–318 Oben: Feuermaulbuntbarsch *(Cichlasoma meeki)*, ♂ brutpflegend. Unten: Sajica-Buntbarsch *(Cichlasoma sajica)*. Beide Arten gehören zu den besonders farbigen Vertretern der Gattung.

Tafel 104, Foto 319–320 Oben: Feuerkopf-Buntbarsch *(Cichlasoma synspilum)*, eine trotz ihrer Farbigkeit relativ selten gepflegte Art. Unten: Grünflossenbuntbarsch *(Cichlasoma nigrofasciatum)*, ♂ bei der Brutpflege
Tafel 105, Foto 321–322 Oben: Salvins Buntbarsch *(Cichlasoma salvini)*, eine wegen ihrer dottergelben Färbung auch außerhalb der Laichzeit auffällige Art. Unten: Punktierter oder Indischer Buntbarsch *(Etroplus maculatus)* bei der Brutpflege

Tafel 106, Foto 323–325 Oben: Kaiserbuntbarsch (*Aulonocara* cf. *stuartgranti*), junges ♂. Mitte: Burtons Maulbrüter (*Astatotilapia burtoni*), ♂, im Hintergrund der Abbildung das wesentlich schlichter gefärbte ♀. Unten: Tanganjika-Clown (*Eretmodus cyanostictus*)
Tafel 107, Foto 326–327 Oben: Zügelbuntbarsch (*Chalinochromis brichardi*). Unten: Zitronenschwanz (*Cyprichromis leptosoma*), das Foto zeigt oben ein Tier mit gelber, unten mit violetter Schwanzflosse.

Tafel 108, Foto 328–330 Oben: Tanganjika-Beulenkopf *(Cyphotilapia frontosa)*, nördliche Rasse mit zusätzlichem Schwarz auf den Wangen. Mitte: Schläferbuntbarsch *(Cyrtocara livingstonii)*, ♀. Unten: Wulstlippenbuntbarsch *(Cyrtocara labrosa)*, halbwüchsiges Tier

Tafel 109, Foto 331–333 Oben: Vielfarbiger Maulbrüter (*Cyrtocara* spec. aff. *obliquidens*), ♂, man beachte die hier besonders deutlichen Eiflecken. Mitte: Beulenkopfmaulbrüter *(Cyrtocara moorii)*, bei älteren ♂♂ kann der Stirnwulst wesentlich größer sein. Unten: Ahls Maulbrüter *(Cyrtocara ahli)*

Tafel 110, Foto 334–335 Oben: Fünffleckenbuntbarsch *(Hemichromis elongatus)*. Unten: Roter Buntbarsch *(Hemichromis lifalili)*, brutpflegend. Beide Arten sind Offenbrüter, die die Brut noch lange nach dem Schlüpfen betreuen.
Tafel 111, Foto 336–338 Oben: Gestreckter Schabemundbarsch *(Labeotropheus trewavasae)*, ♂. Mitte: Schabemundbarsch *(Labeotropheus fuelleborni)*, ♂. Unten: Getüpfelter Tanganjikabarsch *(Neolamprologus calvus)*

Tafel 112, Foto 339–341 Oben: Feenbuntbarsch *(Neolamprologus brichardi)*, einer der bekanntesten Tanganjika-Buntbarsche. Mitte: Tanganjika-Goldbuntbarsch *(Neolamprologus leleupi longior)*, von dieser Art sind mehrere Unterarten bekannt. Unten: Tanganjika-Fünfstreifenbuntbarsch *(Neolamprologus tretocephalus)*

zumindest derbe Pflanzen außerhalb der Laichzeit nicht. Mitunter kommen aber auch Exemplare vor, die sich durch besondere Bissigkeit und Agressivität auszeichnen. Paarweise pflegen, zur Zucht gesonderte Becken mit grobem Kies und größeren Steinen. Offenbrüter, Elternfamilie, eingespielte Paare laichen willig und treiben eine intensive Brutpflege, bis 500 Eier. Die Art ist relativ unempfindlich gegen Temperaturen knapp unter 20 °C.

Cichlasoma nigrofasciatum (Taf. 104)
(Günther, 1869)
Grünflossenbuntbarsch

Guatemala, Seen Atitlan und Amatitlan; bis 10 cm.

Von typischer Cichlidengestalt. ♂ hell blaugrau, manchmal mit violettem Schimmer, 8 bis 9 mehr oder weniger hervortretende Querbinden, die auf dem Rückenfirst beginnen und fast bis auf die Bauchmitte reichen. Die vordersten, im Nacken und auf dem Kopf beginnenden Binden sind etwas schräggestellt. Auf dem oberen Teil des Kiemendeckels und auf der Schwanzflossenwurzel ein mehr oder weniger deutlicher schwarzer Fleck. Flossen grünblau, zum Teil rot gesäumt. Zur Laichzeit sind die Binden oft undeutlich. ♀ weniger intensiv gefärbt, ohne Bänderzeichnung in der Rückenflosse, zur Laichzeit oft tiefschwarz.

Pflege und Zucht siehe Familienbeschreibung, S. 284. Aggressiv und bissig, pflanzliche Zusatznahrung unbedingt erforderlich. Offenbrüter, Vater-Mutter-Familie, intensive Brutpflege. Bei einer albinotischen Rasse sind die ♂♂ zart rosa, die ♀♀ haben einen orangefarbenen Bauch.

Cichlasoma sajica (Taf. 103)
Bussing, 1974
Sajica-Buntbarsch

Südliches Kostarika; bis 9 cm.

Hochrückig, Stirnlinie steil ansteigend. Insgesamt braun mit gold- und violettblauen Glanzfeldern und gelegentlich hervortretenden dunkleren Querbinden. Auge auffallend hell, Flossen braun mit roten und blauen Zeichnungen. Ausgezogene Hinterenden der Rücken- und Afterflossen oft rot. ♀ kleiner, ähnlich gefärbt, in der hinteren Körperregion mehr gelb.

Pflege und Zucht siehe Familienbeschreibung, S. 284. Meist friedlich, vergreift sich nicht an den Pflanzen. Zur Zucht in ein Becken mit Kiesboden umsetzen, wühlt während der Laichzeit. Höhlenbrüter, Elternfamilie, laicht am liebsten unter großen halbierten Blumentöpfen. Bis 350 Eier. Aufzucht der Jungfische nicht einfach.

Cichlasoma salvini (Taf. 105)
(Günther, 1862)
Salvins Buntbarsch

Südliches Mexiko, Guatemala, Honduras; bis 15 cm.

Mittelhohe *Cichlasoma*-Art, seitlich abgeflacht. Insgesamt kräftig dottergelb mit schwarzer Kopfmaske und zwei unregelmäßigen schwarzen Längsbinden. Flossen sehr farbig, rot und hellblau. ♀ oft farbiger, Flossen kürzer.

Pflege und Zucht siehe Familienbeschreibung, S. 284. Revierbildende, aggressive Art, die paarweise gepflegt werden sollte. Die Bepflanzung wird nicht angegriffen, sucht gern Unterschlupf. Höhlenbrüter, Elternfamilie, intensive Brutpflege.

Cichlasoma severum (Taf. 101)
(Heckel, 1840)
Augenfleckbuntbarsch

Nördliches Amazonasgebiet und Guayana, in Südnevada eingebürgert; bis 20 cm.

Hochrückig, in Seitenansicht fast oval, seitlich stark abgeflacht. Insgesamt gelbgrün mit zahlreichen feinen Tüpfeln und Wurmlinien. Auge rot. Zwischen den weichstrahligen Teilen der Rücken- und Afterflosse eine oder mehrere dunkle Querbinden. ♀ Wurmlinien am Kopf oft geringer ausgebildet, Genitalpapille stumpf.

Pflege und Zucht siehe Familienbeschreibung, S. 284. Ruhige, friedliche Art, die paarweise auch im Gesellschaftsaquarium gepflegt werden kann. Offenbrüter, Elternfamilie, bis 1000 Eier. Zucht in pflanzenfreien Becken mit zahlreichen Höhlen, am besten große halbierte Blumentöpfe. Auswahl der Zuchtpaare schwierig, eingespielte Partner pflanzen sich regelmäßig fort, halbwüchsige Tiere zebraartig gestreift. Die Art wird heute in die Gattung *Heros* gestellt.

Cichlasoma synspilum (Taf. 104)
Hubbs, 1935
Feuerkopf-Buntbarsch

Mittelamerika, Guatemala; bis 30 cm.

Hochrückig, in Seitenansicht fast oval, Stirnprofil sehr steil, ♂ im Alter mit Stirnwulst. Färbung sehr variabel. Kopf und Vorderkörper tomaten- bis weinrot, dahinter ockerfarben mit schwarzen Tüpfeln, die unter der Rückenflosse und am Bauch besonders dicht gruppiert sind. Flossen sehr farbig, orange, gelb, blaugrün, schwarz. ♀ sehr schwer zu erkennen.

Pflege und Zucht siehe Familienbeschreibung, S. 284. Revierbildend, gegen andere Fische friedlich, untereinander aggressiv, keine Bepflanzung. Allesfresser, sehr gefräßig. Offenbrüter, Elternfamilie, bis 1000 Eier. Die Zuchtpaare sollen sich aus einem größeren Schwarm selbst finden. ♂ und ♀ müssen etwa gleichgroß sein.

Crenicichla dorsocellata (Taf. 115)
Haseman, 1911
Fleckenkammbarsch

Mittleres Amazonasgebiet und Rio Parahyba; bis 20 cm.

Schlank, spindelförmig, Kopf breit, Rückenflosse sehr lang. Hell- bis grünblau mit zahlreichen Sattelbinden, die besonders bei halbwüchsigen Tieren hervortreten. Rückenflosse mit großem, tiefschwarzem, rot und weiß eingefaßtem Fleck. Saum der Flosse weiß.

Die *Crenicichla*-Arten sind Räuber, die vorwiegend Fische fressen. Große Aquarien mit zahlreichen geräumigen Versteckmöglichkeiten unter Steinen und Wurzelwerk. Bepflanzung und Vergesellschaftung mit anderen Großcichliden möglich. Zeigt Territorialverhalten, untereinander sehr aggressiv. Großes Lebendfutter, ab und zu auch Fische. Höhlenlaicher, Vater-Mutter-Familie. Die Eier, meist um 1000, werden an der Höhlendecke abgesetzt. Die Aufzucht der Jungfische ist in erster Linie ein Futterproblem. Die Jungfische sind nach Größenklassen zu sortieren.

Cyphotilapia frontosa (Taf. 108)
(BOULENGER, 1906)
Tanganjika-Beulenkopf

Tanganjikasee, über steinigem Grund; bis 35 cm.

Ältere Tiere hochrückig und mit Stirnwulst, Maul groß. Hell cremefarben mit breiten dunkelbraunen bis schwarzen Querbinden. Rückenflosse ockerfarben und blau gesäumt, alle übrigen Flossen bläulich bis blauweiß. ♀ Stirnwulst meist kleiner.

Pflege und Zucht siehe Familienbeschreibung, S. 284. Revierbildende, relativ ruhige Art, die den Pflanzenwuchs nicht stört und sich mit Vorliebe in Höhlen zurückzieht. Maulbrüter, Mutterfamilie, etwa 50 Eier, das ♀ betreut die Brut 6 bis 7 Wochen. *C. frontosa* ist in seiner Heimat ein geschätzter Speisefisch.

Cyprichromis leptosoma (Taf. 107)
(BOULENGER, 1898)
Zitronenschwanz

Tanganjikasee in Nähe des Felslitorals; bis 11 cm.

Körper langgestreckt, Rückenflosse sehr lang. ♂ gelbbraun, Kehle und Bauch gelb. Schwanzflosse intensiv gelb oder violettblau. Rücken- und Afterflosse mehr oder weniger blau, oft mit hellen Säumen. ♀ unscheinbar grausilbern.

Friedlicher Schwarmfisch, der freien Schwimmraum benötigt, stets mehrere Fische pflegen. Vor allem Krebsfutter und Mückenlarven, frißt auch Flokkenfutter. Maulbrüter, Mutterfamilie, Fortpflanzung jedoch von der Norm abweichend. Die Tiere laichen unter der Wasseroberfläche (Freilaicher), das ♀ nimmt die großen Eier (3–4 mm Durchmesser) sofort ins Maul, auch die Befruchtung erfolgt im Maul, Eizahl 10 bis 15. Nach etwa drei Wochen entläßt das ♀ die Jungfische, die sich dann unter der Wasseroberfläche aufhalten und von den erwachsenen Tieren nicht beachtet werden. Sie sind mit *Cyclops*- oder *Artemia*-Nauplien anzufüttern. Die Art eignet sich für das Gesellschaftsaquarium.

Cyrtocara ahli (Taf. 109)
(TREWAVAS, 1935)
Ahls Maulbrüter

Malawisee in Ufernähe; bis 20 cm.

Gestreckte Art mit relativ kleinem Kopf. ♂ im geschlechtsreifen Alter stahlblau mit milchblauen Zonen. Rückenflosse mit milchigem, Afterflosse mit orangefarbenem Saum. ♀ silberfarben mit dunklen Flecken.

Die Gattung *Cyrtocara* ist aus der großen Gattung *Haplochromis* (über 300 Arten) als eigenständiges Taxon abgetrennt worden. Man pflege die Tiere je nach Art über sandigem oder Geröllbodengrund mit zahlreichen Verstecken. Viele Arten vergreifen sich nicht an robusten Wasserpflanzen, andere fressen, wenn keine zusätzliche Pflanzennahrung verabreicht wird, an den Blättern, einige sind Nahrungsspezialisten. Mehrere Arten lassen sich gut vergesellschaften, andere sind aggressiv und besser im Artbecken zu pflegen. Hartes Wasser mit Seesalzzusatz, Temperaturen 25 bis 28 °C. Alle *Haplochromis*- und *Cyrtocara*-Arten sind Maulbrüter mit typischer Mutterfamilie und häufig polygamen ♂♂. Man verpaart deshalb mehrere ♀♀ mit einem ♂. Sie laichen in flachen Gruben oder auf Steinen, die großen Eier werden vom ♀ ins Maul genommen und schlüpfen dort nach 2 bis 3 Wochen. Aufzucht in der Regel leicht. Viele Arten sind Nutzfische. Siehe auch bei *Labeotropheus fuelleborni*, S. 309.

C. ahli war früher als *Haplochromis jacksoni* bekannt.

Cyrtocara labrosa (Taf. 108)
(TREWAVAS, 1935)
Wulstlippenbuntbarsch

Malawisee im Felslitoral; bis 14 cm.

Robust, gestreckt, Lippen wulstartig vergrößert. Insgesamt dunkelbraun oder mit schmalen hellen Querbinden. Flossen braun, rot und blau, zum Teil hell gesäumt. Geschlechtsreife Tiere haben oft eine orangefarbene Kehle und orangerote Eiflecken in der Afterflosse. ♀ Eiflecken fehlen.

Pflege und Zucht siehe voranstehende Art. Früher bekannt als *Melanochromis labrosus* und *Haplochromis labrosus*.

Cyrtocara livingstonii (Taf. 108)
GÜNTHER, 1893
Schläferbuntbarsch

Malawisee im Sandlitoral; bis 20 cm.

Robust, gestreckt, Unterkiefer vorspringend. Auf hellem Grund große braune, unregelmäßige Flecken. Rückenflosse mit rostrotem Saum. Kopfregion geschlechtsreifer ♂♂ bläulich, gelbbraune Afterflosse mit Eiflecken. ♀ etwas farbloser. Bei den ♂♂ verschwinden zur Laichzeit die braunen Flecken.

Pflege und Zucht siehe bei *Cyrtocara ahli*. Die deutsche Bezeichnung »Schläferbuntbarsch« deutet die Eigenart der Tiere an, sich gleichsam schlafend auf eine Körperseite zu legen. Sie lauern in dieser Stellung auf kleine Beutefische, die sich dem vermeintlichen Kadaver nähern. Früher bekannt als *Haplochromis livingstonii.*

Cyrtocara moorii (Taf. 109)
(BOULENGER, 1902)
Beulenkopfmaulbrüter

Malawisee im Sandlitoral; bis 20 cm.

Hochrückig, seitlich stark abgeflacht, ♂ und ♀ im Alter mit Stirnwulst. Geschlechtsreife Tiere insgesamt himmelblau, zeitweise mit zwei dunklen Flekken an den Körperseiten. Jungfische silbergrau mit dunklen Querbinden und zwei Flecken. ♀ kleiner, oft dunkler.

Pflege und Zucht siehe bei *Cyrtocara ahli*. Revierbildend, bis 90 Eier, Zeitigungsdauer etwa 3 Wochen. *H. moorii* hält sich in freier Natur häufig in der Nähe stark wühlender Arten auf und erbeutet dabei vermutlich Bodengrundtiere. Früher bekannt als *Haplochromis moorii.*

Eretmodus cyanostictus (Taf. 106)
BOULENGER, 1898
Tanganjika-Clown

Tanganjikasee im flachen Geröll-Litoral; bis 9 cm.

Weidenblattförmig gestreckt, seitlich abgeflacht, Maul unterständig, Rückenflosse sehr lang. Braun mit gleichmäßig verteilten, meist durchgehenden gelblichen Querbinden. Kopf, Kiemendeckel und Nacken mit hellblauen Glanztüpfeln, Maul und Mundboden blau. ♀ Bauchflossen meist kürzer.

Pflege in größeren Aquarien mit zahlreichen Unterschlupfmöglichkeiten. Revierbildend, paarweise hältern. Wasser gut belüften, sehr sauber halten und oft teilerneuern. Temperatur 25 bis 27 °C. Lebendfutter und pflanzliche Zusatznahrung. Maulbrüter, Elternfamilie(!), ♀ und ♂ wechseln sich in der Maulbrutpflege ab, das ♀ erbrütet die Eier, nach etwa 12 Tagen übernimmt das ♂ die Larven. Eier groß. ♂ monogam. Aufzucht der Jungfische nicht einfach.

Etroplus maculatus (Taf. 105)
(BLOCH, 1795)
Punktierter Buntbarsch, Indischer Buntbarsch

Vorderindien und Sri Lanka, im Süß- und Brackwasser; bis 9 cm.

Körper erwachsener Tiere in Seitenansicht scheibenförmig, seitlich stark zusammengedrückt. Zur Laichzeit Körperseiten hellorange bis goldgelb mit einem deutlichen runden, schwarzen Seitenfleck. Bauch und unterer Schwanzstiel schwarz. Zahlreiche leuchtend rote Punktlängsreihen. Rückenflosse orange, Afterflosse und Schwanzflosse gelb, erstere vorn tiefschwarz, Bauchflossen schwarz. Auge dunkel, darunter einige blaue Glanzschuppen. Außerhalb der Laichzeit weniger kontrastreich gefärbt. Unterscheidung der Geschlechter schwierig, die ♀♀ sind meist etwas schlichter gefärbt.

Pflege und Zucht siehe Familienbeschreibung, S. 284. Friedlicher, nicht wühlender Cichlide, der sich in Aquarien mit lockeren Pflanzenbeständen und vor allem morschen Holzstücken wohlfühlt. Die Art ist im allgemeinen empfindlich gegen Wasserwechsel und Frischwasser. Etwas Seesalzzusatz (1–2 Teelöffel auf 10 l Wasser) soll die Widerstandsfähigkeit erhöhen. Temperaturen nicht unter 20 °C, zur Zucht 25 bis 26 °C. Offenbrüter, Elternfamilie, laicht mit Vorliebe an Steinen oder in hohlen Holzstücken. Die Eier hängen an kurzen Stielen. Zur rationellen Zucht wird empfohlen, das Gelege kurz vor dem Schlüpfen zu isolieren und etwa so aufzuziehen, wie es für den Segelflosser beschrieben wird (siehe S. 313). Jungtiere kräftig und abwechslungsreich füttern, sie pikken gelegentlich an den Körperseiten der Eltern und fressen vielleicht Hautsekret.

Geophagus brasiliensis (Taf. 115)
(QUOY und GAIMARD, 1824)
Brasilperlmutterfisch

Östliches Brasilien, in Küstenflüssen, stehenden Gewässern und im Brackwasser; bis 28 cm.

Körper, besonders bei alten Tieren, hoch und seitlich zusammengedrückt, Kopf in der Jugend zugespitzt, im Alter beim ♂ mit vorspringender Stirn, Färbung stark wechselnd. Graugelb bis lehmgelb mit Perlmuttertüpfeln auf dem Kopf, dem Körper und in den Flossen. Bei jüngeren Tieren 5 bis 7 dunkle Querbänder, bei älteren ein verwaschener Fleck auf der Seitenmitte. Zur Laichzeit sind alle Farben intensiver. ♀ nur an der stumpferen Genitalpapille sicher zu erkennen, gelegentlich farbiger.

Die *Geophagus*-Arten (geophagus = Erdfresser) sind Standortfische, die Uferlöcher bewohnen und von hier aus ihre Reviere beherrschen. Ihre Neigung zur Aggressivität und zum Wühlen kann durch fachgerechte Pflege verringert werden. Grobkiesiger Bodengrund, Höhlen unter Steinen oder Wurzelwerk und genügende Bewegungsfreiheit sind Faktoren, die beachtet werden sollten. Lebendfutter und vor allem pflanzliche Beikost in Form von Kopfsalat, Spinat oder Chinakohl. Temperatur 22 bis 25 °C, Abkühlung auf 15 °C wird gut vertragen. Offenbrüter, Elternfamilie (Vater-Mutter-Familie). Zusammenstellung der Paare schwierig. Die Tiere laichen an oder zwischen Steinen ab. Siehe auch Familienbeschreibung, S. 284.

Geophagus jurupari
HECKEL, 1840
Teufelsangel

Nordöstliches Südamerika, Guayana; bis 25 cm.

Körper gestreckt, seitlich zusammengedrückt, Rückenlinie wesentlich stärker ausgebogen, Kopf sehr groß und spitz. Körperseiten mit perlmuttglänzenden Tüpfelreihen auf gelblichem oder grünlichem

Grund. Kopf mit Glanzfeldern und gelben bis dunklen Wurmlinien vom Oberkiefer in Richtung Auge und Kopfoberseite. Flossen grünlich, zum Teil mit hellblauen und grünlichen Tüpfelreihen und Strichen. Jungfische mit dunklen Querbinden und einer Längsbinde entlang der Seitenmitte. ♀ nur an der stumpferen Genitalpapille zu erkennen.

Trotz ihres räuberischen Aussehens ist diese Art relativ friedlich. Wie fast alle *Geophagus*-Arten gründeln die Tiere oft im sandigen Bodengrund, allerdings ohne kräftige Pflanzen zu beeinträchtigen. Sie ziehen sich gern in Versteckplätze unter Steinen und Wurzelwerk zurück. 25 bis 27 °C, regelmäßige Teilerneuerung des Wassers und Filterung wird empfohlen. Lebendfutter, vor allem Würmer. Besonders interessant ist die Fortpflanzung von *G. jurupari*. Die Ähnlichkeit der Geschlechter deutet bereits an, daß es sich um Offenbrüter handelt. Auch hinsichtlich der Bildung fester Paare und der Eiablage auf Substraten entsprechen die Tiere ganz dem Offenbrütertyp. Nachdem jedoch etwa 24 Stunden lang das Gelege befächelt wurde, nehmen beide Partner die Eier ins Maul, das heißt, sie führen die Brutpflege als Maulbrüter weiter. Auch die Jungfische finden nachts noch Schutz im Maul des ♀ und des ♂. Die Art wird heute in die Gattung *Satanoperca* gestellt.

Haplochromis obliquidens (Taf. 109)
HILGENDORF, 1888
Vielfarbiger Maulbrüter

Victoriasee und Victorianil über sandigem und felsigem Grund; bis 13 cm.

Gestreckt, mäßig hochrückig, seitlich stark abgeflacht. ♂ gelb mit schwarzer Streifenmaske auf dem Kopf und mehr oder weniger deutlichen dunklen Querbinden. Flossen sehr farbig, gelb, blau, rostrot und schwarz. Afterflosse mit 3 bis 4 orangegelben, schwarz begrenzten Eiflecken auf hellblauem Grund. ♀ gelblich mit 8 bis 9 dunklen Querbinden.

Pflege und Zucht siehe bei *Cyrtocara ahli* (S. 306) und Familienbeschreibung, S. 284.

H. obliquidens ist ein Algenaufwuchsfresser, der in Gefangenschaft neben Pflanzennahrung auch Lebendfutter und Trockenfutter annimmt.

Hemichromis elongatus (Taf. 110)
(GUICHENOT, 1861)
Fünffleckenbuntbarsch

Westafrika von Liberia und Togo bis Angola; bis 20 cm (?), bleibt im Aquarium wesentlich kleiner.

Gestreckte, robuste Art, seitlich abgeflacht, Maul oberständig, gelboliv mit schwarzer Maul-Auge-Nackenbinde, einem rot begrenzten Kiemendeckelfleck und 4 bis 5 großen Seitenflecken. Mehrere feine rote Punktlängsreihen. ♀ kleiner, Färbung sehr ähnlich.

Pflege und Zucht siehe nachfolgende Art. Die Jungfische werden bis zu einer Größe von 20 bis 25 mm betreut.

Hemichromis lifalili (Taf. 110)
LOISELLE, 1979
Roter Buntbarsch

Kongobecken; bis 10 cm.

Gestreckt, seitlich mäßig abgeflacht. Außerhalb der Laichzeit olivbraun bis violett mit dunklem Kiemendeckel- und kleinem Seitenfleck. Außerdem blaue Glanztüpfel auf dem Kopf, Körper und in den Flossen. Zur Laichzeit ♂ dunkellila, das kleinere ♀ leuchtend ziegelrot.

Pflege und Zucht siehe Familienbeschreibung, S. 284. Offenbrüter, Elternfamilie, intensive Brutpflege, bis 500 Eier. Revierbildend, vor allem in der Laichzeit aggressiv, wühlt dann auch stark. Lebendfutter, manchmal auch Trockenfutter.

Von den roten *Hemichromis*-Arten wird am meisten der ähnliche, etwas größere *H. guttatus* GÜNTHER, 1862, aus Ghana, Togo und Kamerun gehalten. Die Art wurde früher fälschlich als *H. bimaculatus* gepflegt.

Herotilapia multispinosa (Taf. 123)
(GÜNTHER, 1869)
Regenbogenbuntbarsch

Nikaragua, Kostarika, Panama; bis 13 cm.

Relativ hochrückig, seitlich zusammengedrückt. Insgesamt gelb mit unregelmäßiger schwarzer, hinten oft in Flecken aufgelöster Seitenbinde. Rückenflosse hellblau gesäumt. ♀ meist kleiner, Rückenflosse hinten weniger ausgezogen.

Pflege und Zucht siehe Familienbeschreibung, S. 284. Die Art wühlt wenig und ist relativ friedlich. Offenbrüter, Elternfamilie. Die Eier, meist 600 bis 800, werden oft auf Steinen abgesetzt. Lebendfutter und pflanzliche Zusatznahrung, vor allem gebrühter oder gefrosteter Spinat.

Julidochromis marlieri (Taf. 116)
POLL, 1956
Schachbrett-Schlankbuntbarsch

Nordwestlicher Tanganjikasee im Geröll- und Felslitoral; bis 13 cm.

Spindelförmig gestreckt, Rücken-, Schwanz- und Afterflosse bilden einen fast einheitlichen Flossensaum. Olivgelb mit schwarzem Muster aus Längs- und breiten Querbinden. Flossen dunkel, zum Teil mit schwarz abgesetztem, weißem Saum. ♀ schwer zu unterscheiden, meist größer.

Pflege und Zucht siehe Familienbeschreibung, S. 284, und bei der nachfolgenden Art, mit der sich *J. marlieri* kreuzen läßt.

Julidochromis ornatus (Taf. 116)
BOULENGER, 1898
Gestreifter Schlankbuntbarsch

Tanganjikasee, Geröll- und Felslitoral; bis 8,5 cm.

Körper spindelförmig, Kopf spitz. Insgesamt kräftig gelb bis goldfarben mit drei dunkelbraunen Längsbinden vom Kopf bis in die Schwanzflossenwurzel. Flossen goldgelb bis bräunlich, unpaare Flossen mit dunklem Saum und schmaler hellblauer Saumbinde. ♀ ähnlich gefärbt, meist größer.

Die *Julidochromis*-Arten sind in hartem, leicht alkalischem Wasser bei 23 bis 28 °C zu pflegen. Auch biete man ihnen zahlreiche Versteckmöglichkeiten. *J. ornatus* läßt sich relativ leicht züchten. Die Tiere laichen als typische Versteckbrüter mit Vorliebe im Deckenbereich liegender Blumentöpfe, bis 60 Eier. Die Jungfische werden meist nicht mehr betreut. Eingespielte Paare können bei guter Fütterung in Abständen von 4 bis 5 Wochen zur Zucht angesetzt werden. Siehe auch Familienbeschreibung, S. 284.

Labeotropheus fuelleborni (Taf. 111)
Ahl, 1927
Schabemundbarsch

Malawisee im Felslitoral; bis 15 cm.

Körper gestreckt, besonders charakteristisch sind die vergrößerte überhängende Oberlippe und das unterständige, quergestellte Maul, Anpassungen, die in Verbindung mit den spatelförmigen Zähnen das Abschaben und Einschlürfen von Algenbelägen ermöglichen. ♂ variabel, meist hellblau, 10 bis 12 Querbinden, die sich auf dem Kopf zu einer Gesichtsmaske formieren. Flossen zum Teil hell gesäumt, Afterflosse mit 2 bis 3 gelben Eiflecken. ♀ graublau mit dunkelblauen Flossen, Afterflosse oft mit orangefarbenen Flecken. Daneben kommen, wenn auch seltener, gesprenkelte ♀♀ vor. Ihr orangefarbener oder nußbrauner Körper ist einschließlich der Flossen von roten, schwarzen und gelegentlich auch blauen Tüpfeln übersät.

Neben *Labeotropheus fuelleborni* ist der etwas schlankere *Labeotropheus trewavasae* Fryer, 1956 (Gestreckter Schabemundbarsch, Taf. 111) verbreitet. Die ♂♂ dieser Art sind oft etwas heller und leuchtender blau. Auch ist hier der vordere Teil der Rückenflosse orange, und die Afterflosse ist meist orange gesäumt. Bei den ♀♀ kommen blaue und gescheckte Farbformen etwa gleich häufig vor. *Labeotropheus fuelleborni* und *Labeotropheus trewavasae* lassen sich kreuzen.

Fast alle Fische aus dem Malawisee, die sogenannten Malawi-Cichliden, stellen im Prinzip gleiche oder ähnliche Ansprüche. Die Vertreter vieler Gattungen erinnern mit ihren prächtigen kontrastreichen Farben an Korallenfische, nahezu alle sind Maulbrüter. Man pflege sie in größeren bis großen Aquarien mit felsigem Untergrund, zahlreichen Versteckplätzen und kleinen Sandstrecken. Sie fressen in Gefangenschaft jede Art Lebendfutter, sollten aber in Abständen mit gebrühtem bzw. gefrostetem Salat oder Spinat versorgt werden. Alle Arten bilden Fortpflanzungsreviere, viele sind in den engen Verhältnissen eines Aquariums ständig in Rangordnungskämpfe verwickelt. Es ist am günstigsten, die Paare einzeln oder mehrere ♀♀ mit einem ♂ zu pflegen. Dort, wo diese Möglichkeit nicht besteht, vergesellschafte man am besten mehrere Arten und formiere die Steine zu offenen Abteilungen, die eine natürliche Absonderung einzelner Paare ohne ständige Belästigung ermöglichen. Das Wasser sollte mittelhart bis hart und schwach alkalisch sein (pH um 7,5). Auch sorge man für eine gute Durchlüftung und Filterung sowie eine regelmäßige Teilerneuerung des Wassers.

Die *Labeotropheus*-Arten sind Maulbrüter. Die ♀♀ schnappen sofort nach den großen (3,5–4 mm Durchmesser) Eiern und dann nach den Eiflecken in der Afterflosse des ♂, die dieses dem ♀ darbietet. Mit dem Schnappen nach den Eiflecken werden die vom ♂ abgegebenen Samenfäden eingeschlürft und befruchten die im Kehlsack untergebrachten Eier. Bei jeder Paarung werden 1 bis 3 Eier gezeitigt, insgesamt meist 15 bis 25. Die Jungfische kommen erst nach 3 bis 4 Wochen aus und sind zunächst schwarz. Sie müssen zur Aufzucht isoliert werden. Wachstum schnell.

Lamprologus werneri (Taf. 114)
Poll, 1952
Werners Grundbuntbarsch

Stromschnellen des Kongo (Zaïre) bei Kinshasa; bis 12 cm.

Langgestreckt, niedrig, Kopf spitz, wulstige Lippen. Hellviolett bis hellblau mit Längsreihen weißer Punkte, gelegentlich mit sechs dunklen Querbinden. ♀ schwer zu erkennen, oft kleiner.

Die Art pflege man bei niedrigem Wasserstand über Kiesgrund mit Steingruppierung, kräftig durchlüften, 22 bis 25 °C. Revierbildend, aggressiv gegenüber Artgenossen, aber auch anderen Fischen. Höhlenbrüter, Großfamilie, stets mehrere ♀♀ mit einem ♂ verpaaren. Zucht nicht einfach.

Melanochromis auratus
(Boulenger, 1897)
Türkisgoldbuntbarsch

Malawisee im Felslitoral; 11 cm.

Körper gestreckt, seitlich wenig zusammengedrückt, Kopf stumpf. Geschlechtsdimorphismus sehr deutlich. ♂ insgesamt schwarzbraun mit zwei türkisfarbenen Längsbinden. Rückenflosse gelblich, Afterflosse mit 1 bis 2 gelben Eiflecken. ♀ farbiger, insgesamt goldgelb mit zwei schwarzen Längsbinden. Rückenflosse gelb mit breiter schwarzer Basis, Afterflosse bläulich, meist mit Eifleck am Hinterrand.

Pflege und Zucht siehe Familienbeschreibung, S. 284, und bei *Labeotropheus fuelleborni*. Verstecke durch Steinaufbauten. Revierbildend, untereinander sehr, in Gesellschaft mit anderen Malawicichliden weniger aggressiv, wühlt nicht, frißt keine Pflanzen. Maulbrüter, Mutterfamilie, ♂ polygam. Stets mehrere ♀♀ mit einem ♂ verpaaren, bis 30 Eier, Zeitigungsdauer 3 bis 4 Wochen. Jungfische isolieren, Aufzucht leicht. Früher bekannt als *Pseudotropheus auratus*.

Melanochromis johanni (Taf. 114)
(ECCLES, 1973)
Kobaltorangebarsch

Malawisee im Felslitoral; bis 12 cm.

Wie die bekannte voranstehende Art gestaltet. ♂ schwarz mit zwei unregelmäßigen blauen Längsbinden und zwei blauen Stirnlinien. Flossen zum Teil weißlich gesäumt, Afterflosse mit 3 bis 4 gelben, dunkel begrenzten Eiflecken. ♀ farbiger, gelborange, gelegentlich mit zwei ockerfarbenen Längsbinden.

Pflege und Zucht siehe *Melanochromis auratus*. Bis 60 Eier. Bislang bekannt als *Pseudotropheus johanni*.

Nannacara anomala (Taf. 115)
REGAN, 1905
Gestreifter Zwergbuntbarsch

Guayana; bis 8 cm.

Körper mäßig gestreckt, seitlich zusammengedrückt, Rückenflosse breit und lang. Färbung veränderlich. ♂ oberseits olivbraun, Seiten je nach Belichtung metallisch grün bis olivgrün, gold- oder tief kupferfarben. Auge orange. Bei Erregung treten auf den Körperseiten zwei dunkle Längsbinden und manchmal auch Querbinden hervor. Flossen farbig, zum Teil weiß und orange gesäumt. ♀ kleiner, lehmgelb, je nach Erregung ohne oder mit zwei dunklen Längsbinden und Querbinden an den Körperseiten.

Pflege und Zucht siehe Familienbeschreibung, S. 284. Friedlich, für das Gesellschaftsbecken geeignet, wühlt auch während der Laichzeit nicht. Höhlenbrüter, gelegentlich Offenbrüter, nach dem Ablaichen reine Mutterfamilie, ♂ herausfangen! Bis 300 Eier, Zeitigungsdauer 2 bis 3 Tage. Nach dem Schlüpfen sammelt das ♀ die Jungen in einer Grube, vom 5. Tag an beginnen sie frei zu schwimmen, jetzt mit Nauplien anfüttern.

Nanochromis nudiceps (Taf. 116)
(BOULENGER, 1899)
Blauer Kongocichlide

Kongo (Zaïre), vor allem bei Pool Malebo; bis 8 cm.

Langgestreckt, niedrig, Rückenflosse lang und breit. ♂ ockerfarben mit smaragdgrüner Bauchpartie. Flossen farbig, Schwanzflosse oben gelb und braun längsgestreift, untere Hälfte wie die Afterflosse fein purpurrot getüpfelt. ♀ kleiner, die smaragdgrüne Bauchregion leuchtender, zur Laichzeit sehr dick.

Pflege und Zucht siehe Familienbeschreibung, S. 284. Hälterung im Artbecken, revierbildend, ♂♂ untereinander aggressiv, wühlt etwas, stört jedoch das Pflanzenwachstum nicht. Zur Zucht weiches, schwach saures Wasser, laicht am liebsten in umgestülpten Blumentöpfen mit seitlichem Zugangsloch (Nistkastenprinzip). Höhlenbrüter, Vater-Mutter-Familie, ♂ monogam, bis 120 Eier, Zeitigungsdauer 3 Tage. Aufzucht nicht ganz einfach.

Neolamprologus brichardi (Taf. 112)
(POLL, 1974)
Feenbuntbarsch

Tanganjikasee im Geröll- und Felslitoral; bis 9 cm.

Gestreckt, seitlich abgeflacht, fast alle Flossen in Spitzen auslaufend. Grün bis rehbraun mit dunkler Zügelbinde und dunklem Kiemendeckelfleck. Flossen rötlich und weiß gesäumt. ♀ meist an der weniger verlängerten Rückenflosse zu erkennen.

Pflege und Zucht siehe Familienbeschreibung, S. 284. Schwimmaktiver Schwarmfisch, der sich gern in Höhlen zurückzieht. Höhlenbrüter, 200 bis 300 Eier, das ♀ betreut das Gelege, das ♂ sichert manchmal das Revier (Elternfamilie mit Einschränkungen zur Mutterfamilie). Die Jungfische werden von den erwachsenen Tieren und größeren Geschwistern kaum beachtet, gelegentlich helfen letztere sogar bei der Aufzucht. Das Schwarmverhalten und die relativ leichte Zucht empfehlen die Art für Anfänger. Früher bekannt als *Lamprologus brichardi*.

Neolamprologus calvus (Taf. 111)
(POLL, 1978)
Getüpfelter Tanganjikabarsch

Südwestlicher Tanganjikasee im Felslitoral; bis 13 cm.

Robuste, hochrückige Art, Maul tief gespalten. Hell blaugrau bis dunkelviolettgrau mit dunklen Querbinden und hellen, regelmäßigen Tüpfellängsreihen. ♀ kleiner, Flossen meist etwas kürzer.

Pflege und Zucht siehe Familienbeschreibung, S. 284. Räuberische, aber ruhige Art, die sich gern in Verstecken aufhält. Lebendfutter. Angeblich empfindlich gegen Frischwasser. Höhlen- und Spaltenbrüter, Elternfamilie, bis 300 graugelbe bis grünliche Eier. Neuerdings wurde die Art in das Taxon *Altolamprologus* gestellt.

Neolamprologus leleupi (Taf. 112)
(POLL, 1956)
Tanganjika-Goldbuntbarsch

Südlicher Tanganjikasee im Felslitoral; bis 10 cm.

Gestreckt, Kopf ziemlich spitz. Mehrere Unterarten. *N. leleupi leleupi* ist insgesamt gelb bis dottergelb, *N. leleupi longior* dunkelorange bis orangebraun. Beide haben dunkle Augen. ♀ kaum zu erkennen, die ♂♂ haben manchmal einen flachen Stirnwulst.

Pflege und Zucht siehe Familienbeschreibung, S. 284. Friedliche, nicht wühlende Art. Höhlenbrüter, zunächst Eltern-, später Vater-Mutter-Familie, bis 150 Eier. Früher bekannt als *Lamprologus leleupi*.

Neolamprologus multifasciatus (Taf. 113)
(BOULENGER, 1906)
Vielstreifenschneckenbarsch

Tanganjikasee im Sandlitoral; bis 5 cm.

Gestreckt, seitlich abgeflacht. Silbergrau mit zahlreichen feinen Querstreifen, Auge grünblau. Rükken- und Afterflosse mit rotbraunem, hell unterlegtem Saum. ♀ kleiner.

Pflege und Zucht siehe bei der nachfolgenden Art, laicht wie diese in Schneckengehäusen.

Neolamprologus ocellatus (Taf. 113)
(STEINDACHNER, 1909)
Schneckenbarsch

Tanganjikasee im Sandlitoral; bis 6 cm.

Gestreckt, Rücken- und Afterflosse sehr lang. Insgesamt hell- bis dunkelbraun mit blauen Glanzfeldern und gelegentlich deutlichen hellen Querstrichen. Rückenflosse orange gesäumt. ♀ meist kleiner.

Pflege und Zucht siehe Familienbeschreibung, S. 284. Höhlenbrüter, Elternfamilie. Die Art laicht in leeren Schneckengehäusen der Gattung *Neothauma*, die sie oft so in den Sand verbuddelt, daß nur die Mündung freiliegt. Im Aquarium können auch andere Schneckengehäuse angeboten werden. Vergesellschaftung mit anderen *Neolamprologus*- sowie *Julidochromis*- und *Tropheus*-Arten möglich. Nach POLL (1986) gehört die Art in die Gattung *Lamprologus*.

Neolamprologus tretocephalus (Taf. 112)
(BOULENGER, 1899)
Tanganjika-Fünfstreifenbuntbarsch

Tanganjikasee, Felslitoral; bis 14 cm.

Mäßig gestreckt, Schnauze kurz. Gelblich mit breiten, tiefschwarzen Querbinden und hellblauen Flossen. ♀ schwer zu erkennen. Rücken- und Afterflosse hinten weniger spitz.

Pflege und Zucht siehe Familienbeschreibung, S. 284. Höhlenbrüter, Elternfamilie, ♂ monogam, Laichrevier sehr groß, bis 400 Eier.

Oreochromis karomo (Taf. 120)
(POLL, 1948)
Karomobuntbarsch

Tansania, Melagarasidelta; bis 30 cm.

Robust, Körper gestreckt, seitlich abgeflacht. ♂ Genitalpapille in der Laichzeit als zweigeteilter, mit gelben Knötchen besetzter Anhang ausgestülpt. Grausilbern mit schwarzen Tüpfeln, Bauch und Flossen schwarz, letztere zum Teil mit rotem Saum. ♀ heller, Bauch zur Laichzeit sehr dick.

Pflege und Zucht siehe nachfolgende Art. Maulbrüter, Mutterfamilie. Die Genitalanhänge der ♂♂ dienen als Eiattrappen.

Oreochromis mossambicus (Taf. 120)
(PETERS, 1852)
Weißkehlbuntbarsch

Südostafrika, auch im Brackwasser; 36 cm, bleibt in Gefangenschaft wesentlich kleiner.

Robust, Körper gestreckt, mäßig hoch, seitlich zusammengedrückt, Maul sehr groß mit wulstigen Lippen. Außerhalb der Laichzeit ziemlich unscheinbar grau mit grünlichem Schimmer, Kehle gelblich. Kiemendeckel mit einem kräftig schwarzen Fleck. Rükken- und Schwanzflosse rötlich gesäumt. ♂ zur Laichzeit tiefschwarz, Kehle und Kiemendeckel kreideweiß, Oberlippe blau. After- und Rückenflosse mit gelben Flecken, Schwanz- und Rückenflosse rostrot gesäumt. ♀ außerhalb und in der Laichzeit silbrig, zeitweise mit dunklen Querbinden.

Die *Oreochromis*-Arten Afrikas pflege man in möglichst großen Aquarien mit kiesigem Bodengrund und einigen Steinbrocken. Pflanzen werden von manchen Arten vollständig abgefressen. In kleinen Becken mit fehlenden Verstecken sind alle Arten untereinander sehr aggressiv. Alle Vertreter der Gattung benötigen neben tierischer Nahrung Pflanzenkost, vor allem Kopfsalat, gebrühten Spinat oder Haferflocken. Viele Arten sind sehr temperaturhart und können vorübergehend 17 °C vertragen.

Zucht in der Regel einfach, Maulbrüter. Die in flachen Gruben abgesetzten großen Eier werden meist vom ♀ ins Maul genommen und hier bis zum Schlüpfen erbrütet, ♂ jetzt entfernen. In den darauffolgenden Tagen suchen die Jungfische nur noch zur Nachtzeit und bei Gefahr das mütterliche Maul auf. In einzelnen Fällen treibt das ♂ Maulbrutpflege.

Bei *Oreochromis mossambicus* buddelt das ♂ flache Gruben, das ♀ nimmt die befruchteten Eier ins Maul, insgesamt bis 300. Die Art gehört zu den wichtigsten Speisefischen in Afrika und wurde als Nutzfisch auch in anderen Kontinenten ausgesetzt. Früher bekannt als *Tilapia mossambica* bzw. *Sarotherodon mossambicus*.

Papiliochromis ramirezi (Taf. 115)
(MYERS und HARRY, 1948)
Schmetterlingsbuntbarsch

Nördlich des Orinoco in Venezuela und Kolumbien; bis 7 cm.

Hochrückig, seitlich abgeflacht, Rückenflosse breit. ♂ 2. Strahl der Rückenflosse sehr lang. Ockerfarben bis rosa mit Regenbogenfarben-Reflexzonen sowie hellblauen Linien und Tüpfeln auf dem Kopf und in den farbigen Flossen. ♀ schwer zu erkennen, oft etwas weniger farbig.

Pflege und Zucht siehe Familienbeschreibung, S. 284. Am besten im gut bepflanzten Artbecken pflegen. Zur Zucht weiches, schwach saures Wasser, 26 bis 28 °C. Laicht auf beschatteten Steinen, seltener in Gruben. Offenbrüter, Elternfamilie, bis 400 Eier, Zeitigungsdauer 2 bis 3 Tage. Die Art ist empfindlich gegen Wasserwechsel und Fischtuberkulose. Die oben angegebene Maximalgröße wird in der Gefangenschaft fast nie erreicht. Bei der Hälterung im Gesellschaftsbecken achte man darauf, daß sich die Tiere in ruhige Areale zurückziehen können. Sie werden meist nur 2 bis 3 Jahre alt. Früher bekannt als *Apistogramma* bzw. *Microgeophagus ramirezi*.

Pelvicachromis pulcher (Taf. 116)
(BOULENGER, 1901)
Purpurprachtbarsch

Die aus verschiedenen Gebieten des tropischen Westafrika importierten Prachtbuntbarsche der Gattung *Pelvicachromis* (früher *Pelmatochromis*) haben in der Aquaristik unter den Artnamen *kribensis, klugei, kribensis klugei, camerunensis, aureocephalus* Eingang gefunden. Durch zusätzlich bekanntgewordene lokale Farbvarietäten, willkürliche Namensfestsetzungen und -änderungen sowie vermutlich auch durch Kreuzungen ist ein fast unentwirrbares Durcheinander entstanden. Heute scheint sicher zu sein, daß die importierten Fische dieser Gruppe typische und atypische Formen von *Pelvicachromis pulcher* (BOULENGER, 1901), *Pelvicachromis taeniatus* (BOULENGER 1901), und vielleicht auch *Pelvicachromis subocellatus* (GÜNTHER, 1871) darstellen.

Zu *Pelvicachromis pulcher* gehört der nachfolgend beschriebene Aquarien-Kribensis sowie *»P. aureocephalus«* und vermutlich *»P. camerunensis«*. Dagegen *sind Pelmatochromis kribensis klugei* MEINKEN, 1965, und *Pelmatochromis klugei* MEINKEN, 1960, Synonyme von *Pelvicachromis taeniatus* (BOULENGER, 1901). Südöstliches Nigeria; bis 10 cm.

Körper gestreckt, seitlich mäßig abgeflacht, Schwanzflosse mehr oder weniger spatelförmig. Sehr variabel in der Färbung. Gemeinsames Merkmal aller Rassen: Bauch rötlich bis kräftig rot, Kiemendekkel hinten mit schwarzem Fleck, Flossen bunt, Schwanzflosse einfarbig mit andersfarbigem Saum und/oder mit 1 bis 5 runden Augenflecken, Afterflosse einfarbig mit dunklem Saum. ♀ meist kleiner, Flossen kürzer, Rot des Bauches kräftiger.

Die *Pelvicachromis*-Arten bewohnen die Mündungsgebiete und Unterläufe größerer afrikanischer Flüsse sowie kleinere Binnengewässer. Sie halten sich dort vorwiegend in den Pflanzenregionen auf. Für die Pflege eignen sich gut bepflanzte Aquarien mit Versteckmöglichkeiten und biologisch ausgeglichenem Wasser. *P. pulcher* laicht gern in umgestülpten Blumentöpfen (Höhlenbrüter), die einen kleinen Zugang haben. Eier rotbraun, das ♀ betreut die Eier in der Höhle, beim Ausführen der Brut beteiligt sich das ♂. Zur rationellen Zucht überträgt man das Gelege in ein gesondertes Becken und durchlüftet leicht. Die Jungen schlüpfen nach 2 bis 3 Tagen und schwimmen nach weiteren 4 bis 5 Tagen frei. Aufzucht nicht besonders schwierig. Siehe auch Familienbeschreibung, S. 284. Früher vor allem bekannt als *Pelmatochromis kribensis*.

Pelvicachromis taeniatus (Taf. 116)
(BOULENGER, 1901)
Streifenprachtbarsch

Südliches Nigeria und Kamerun; bis 9 cm.

Ähnlich gestaltet wie die voranstehende Art, Schwanzflosse meist abgerundet. Zahlreiche Rassen. Charakteristische Merkmale: Insgesamt gelblich bis ockerfarben, Bauchpartie gelegentlich zart blau bis grün, niemals rötlich. Flossen bunt, zum Teil rot getüpfelt und schwarz gesäumt. Oberer Teil der Schwanzflosse gelb mit schwarzen Augenflecken und Linien. ♀ kleiner, zur Laichzeit mit stark aufgetriebener Bauchregion.

Pflege, Zucht und Systematik siehe voranstehende Art. Früher vor allem bekannt als *Pelmatochromis klugei* bzw. *P. kribensis klugei*.

Pseudocrenilabrus philander dispersus (Taf. 114)
(TREWAVAS, 1936)
Messingmaulbrüter

Im südlichen Afrika weit verbreitet; bis 11 cm.

Körper gestreckt, seitlich im hinteren Körperbereich stark abgeflacht. Zahlreiche Rassen. Insgesamt ockerfarben bis gelb, gelegentlich mit undeutlichen Querbinden. Flossen sehr farbig, zum Teil mit hellblauen Tüpfeln und Linien. Afterflosse mit leuchtend rotem Tupfen am Hinterende (Äquivalent eines Eifleckes). ♀ wesentlich kleiner und unscheinbarer gefärbt.

Pflege und Zucht siehe Familienbeschreibung, S. 284. Revierbildend, aggressiv, während der Laichzeit stark wühlend. Maulbrüter, Mutterfamilie, bis 100 Eier, sie werden erst befruchtet und dann vom ♀ ins Maul genommen. Die Jungen schlüpfen nach etwa 10 Tagen und werden von nun an zunächst zeitweilig aus dem Maul entlassen. Erst jetzt beginnt das ♀ wieder zu fressen, auch die Jungen müssen möglichst schon bei ihrem ersten Ausflug feinstes Staubfutter vorfinden. Etwa eine Woche lang suchen die Jungfische bei Gefahr und zur Nachtzeit noch Schutz im Maul der Mutter, dann machen sie sich selbständig und sollten jetzt vom ♀ isoliert werden. Es ist besonders interessant zu beobachten, wie die Jungtiere in den ersten Tagen auf ganz bestimmte Signale der Mutter in das aufgesperrte Maul flüchten. Früher bekannt als *Haplochromis philander dispersus*.

Pseudotropheus elongatus (Taf. 117)
FRYER, 1956
Schmalbarsch

Malawisee im Geröll- und Felslitoral; bis 12 cm.

Langgestreckt, relativ niedrig, seitlich mäßig abgeflacht. ♂ insgesamt dunkel mit wasserblauen bis violetten Querbinden, Schwanzstiel hellblau bis violett. Flossen schwarz, zum Teil mit hellblauen Säumen, Afterflossen mit 2 bis 3 einfachen gelben Eiflecken. ♀ insgesamt violettbraun mit undeutlichen Querbinden. Afterflosse gelegentlich mit Eiflecken.

Pflege und Zucht siehe Familienbeschreibung, S. 284, und bei *Labeotropheus fuelleborni*. Revierbildend, sehr aggressiv. Kiesiger Grund, zahlreiche Versteckmöglichkeiten, nur derbe Pflanzen. Zusätzliche Pflanzennahrung. Maulbrüter, Mutterfamilie, ♂ polygam, stets mehrere ♀♀ mit einem ♂ verpaaren, bis 20 Eier, Zeitigungsdauer zwischen 3 und 4 Wochen.

Pseudotropheus lombardoi (Taf. 117)
BURGESS, 1977
Dotterbuntbarsch

Malawisee im Felslitoral; bis 15 cm.

Gestreckt, relativ hochrückig, seitlich abgeflacht. ♂ insgesamt dottergelb, gelegentlich mit angedeuteten Querbinden. Afterflosse mit 1 bis 2 großen Eiflecken. ♀ und halbwüchsige Tiere hellblau mit schwarzen, keilförmigen Querbinden. Selten sind auch die ♀♀ gelb.

Pflege und Zucht siehe voranstehende Art.

Pseudotropheus tropheops (Taf. 118)
REGAN, 1921
Gelber Maulbrüter

Malawisee im Felslitoral; bis 15 cm.

Gestreckt, relativ hochrückig, Schnauze ziemlich kurz. ♂ gelbbraun bis metallisch blau schimmernd, oft mit dunklen Querbinden. Flossen zum Teil gelb bis orange gesäumt, Rücken- und Afterflosse mit breitem schwarzem Marginalband. ♀ meist kleiner, vorwiegend gelbbetonte Grundfärbung.

Pflege und Zucht, wie bei *P. elongatus* angegeben.

Pseudotropheus zebra (Taf. 118)
(BOULENGER, 1899)
Blauer Malawibuntbarsch

Malawisee im Felslitoral; bis 12 cm.

Robust, Körper ziemlich hochrückig, seitlich abgeflacht. ♂ Färbung stark wechselnd. Meist insgesamt leuchtend hellblau mit zahlreichen dunkelblauen bis schwarzen Querbinden, die sich auf dem Kopf zu einer Gesichtsmaske formieren. Unpaare Flossen hellblau, paarige Flossen schwarzblau. Afterflosse mit mehreren gelben, dunkel umrandeten Eiflecken, ähnliche Flecken manchmal auch im hinteren Teil der Rückenflosse. Gelegentlich sind die Tiere an der Unterseite dunkelblau bis schwarz. Aber auch insgesamt hellblaue bis fast weiße ♂♂ ohne Querbinden kommen vor. Wie bei anderen Malawicichliden gibt es bei den ♀♀ zwei Farbvarianten: dunkel gescheckt und gelb. Die Eiflecke sind bei den ♀♀ schwächer entwickelt oder fehlen ganz.

Pflege und Zucht siehe Familienbeschreibung, S. 284, und bei *P. elongatus*. Revierbildende, aggressive Art. Maulbrüter, Mutterfamilie, ♂ polygam.

Pterophyllum scalare (Taf. 124)
(LICHTENSTEIN, 1823)
Segelflosser, Skalar

Amazonas, Tapajós und andere Nebenflüsse; mit Flossen 15 cm lang und bis 26 cm hoch.

Körper scheibenförmig, ohne Flossen deutlich niedriger als lang, Rücken- und Afterflosse segelartig vergrößert, über der Schnauzen-Stirn-Linie höchstens geringfügig sattelförmig eingezogen, alte Tiere häufig mit breiter, buckelförmiger Stirn. Oberseits braungelb, Seiten silbrig mit bläulichem Schimmer und mehr oder weniger hervortretenden schwarzen Querbinden, von denen einzelne oft nur angedeutet sind. Die Körperzeichnung setzt sich in die Rücken- und Afterflosse fort. Weichstrahliger Teil dieser Flossen und Schwanzflosse gebändert, Bauchflossen lang ausgezogen. Auge alter Tiere rot. Keine sicheren Geschlechtsunterschiede. Genitalpapille beim ♀ und ♂ abgerundet.

Segelflosser beanspruchen größere, vor allem relativ hohe Becken mit lockerer Bepflanzung. Die Tiere sind sehr friedlich und können deshalb mit Friedfischen vergesellschaftet werden. Temperatur 25 bis 26 °C, bei zu kühler Hälterung treten Hornhauttrübungen und Verpilzungen auf. Abwechslungsreiches Lebendfutter, aber auch Flockenfutter, dazu ab und zu gebrühte oder gefrostete Pflanzennahrung. Offenbrüter, Elternfamilie. Zur Zucht weiches, schwach saures Wasser. Die Tiere laichen am liebsten an breitblättrigen Unterwasserpflanzen, die vorher von Algen gesäubert werden, oder an Glasscheiben. Den Laich pflegen beide Partner. Die Elterntiere kauen nach 24 bis 36 Stunden die schlüpfenden Jungfische aus den Eihüllen und spucken sie auf Blätter, wo sie zunächst an kurzen Fäden hängenbleiben. Später werden sie in flachen Gruben untergebracht. Nach 4 bis 5 Tagen führen die Eltern die Brut (Taf. 124). Aufzucht nicht schwer. Gute Zuchten bringen 600 bis 1000 Junge. Zur rationellen Zucht stellt man in das Becken ein Schusterpalmenblatt, auf dem die Tiere mit Vorliebe ablaichen. Blatt und Gelege nach etwa 20 Stunden in ein Zuchtbecken mit gleichwertigem Wasser übertragen und hier einen Durchlüfter so einbauen, daß das Gelege ständig in einem langsamen Wasserstrom steht (kein Bodengrund und keine Pflanzen!). Rivalisierende und balzende Männchen geben laute, knarrende Töne von sich, die mit den Kiefern erzeugt werden.

In Europa wird meist die sogenannte Eimekei-Form gepflegt. Sie bleibt etwas kleiner und galt früher als eigene Art. Außerdem sind zahlreiche auf Mutationen zurückführbare Spielarten sowie Züchtungen im Handel, so zum Beispiel Marmorskalar (Taf. 123), Schleierskalar, Schwarzer Schleierskalar, Goldskalar und andere.

Steatocranus casuarius (Taf. 119)
POLL, 1939
Löwenkopfcichlide

Unterer und mittlerer Kongo (Zaïre) im Bereich von Stromschnellen; bis 9 cm.

Körper gestreckt, niedrig, Rückenflosse lang, Stirn und Nacken geschlechtsreifer ♂♂ mit großem bukkel- bis helmförmigem Fettpolster. Insgesamt graubraun bis grauoliv, mit mehr oder weniger deutlichen unregelmäßigen Querstreifen oder hellen Flecken. Iris leuchtend smaragdgrün. ♀ kleiner, Stirnbuckel geringer entwickelt.

Pflege und Zucht nicht schwierig. Die anspruchslose, friedliche, revierbildende Art lebt vorwiegend unter Steinen. Im Aquarium werden Blumentöpfe mit engem Zugang oder Kokosnußschalen bevorzugt. Wühlt kaum, 24 bis 26 °C, Allesfresser. Höhlenbrüter, Vater-Mutter-Familie, ♂ monogam, Paarbildung auf Lebenszeit. Bis 150 Eier, Brutpflege sehr intensiv.

Symphysodon aequifasciata
PELLEGRIN, 1903
Streifendiskus

Amazonasgebiet; bis 25 cm.

Körper scheibenförmig, seitlich stark abgeflacht, Maul klein, Rücken- und Afterflosse etwa gleich lang und breit, Bauchflossen verlängert, schmal. Färbung und Zeichnung sehr variabel. Insgesamt gelb- bis rehbraun, vielfach mit grünlichem Schimmer. Hellblaue Glanzlinien und -tüpfel mehr oder weniger dicht auf dem ganzen Körper verteilt oder nur regional ausgebildet. Mehrere, meist in gleicher Intensität hervortretende Querbinden. In dem letztgenannten Merkmal unterscheidet sich die Art von dem Diskus *(Symphysodon discus)*, bei dem die Binde auf der Körpermitte in der Regel kräftig betont ist (Taf. 125).

L. P. SCHULTZ hat die verschiedenen Populationen des Streifendiskus vier Unterarten zugeordnet, die noch heute Grundlage aller Beschreibungen sind. Allerdings wurde durch zahlreiche Kreuzungen zwischen den Unterarten, aber auch mit *Symphysodon discus*, eine große Vielfalt von Spielarten gezüchtet, die sich nur noch schematisch den Unterarten zuordnen läßt.

Die von SCHULTZ beschriebenen Unterarten sind durch folgende Farb- und Zeichnungsmerkmale charakterisiert:

Symphysodon aequifasciata aequifasciata (Taf. 126)
Grüner Streifendiskus

Vorwiegend mittlerer Amazonas zwischen Teffé und Santarém.

Auf hell- bis dunkelolivbraunem, gelegentlich mehr moosgrünem Grund treten an den Körperseiten neun dunkle Querbinden hervor, die, mit Ausnahme der letzten, etwa gleich intensiv ausgebildet sind, letzte Binde wesentlich dunkler. Basis der Rükken- und Afterflosse dunkel, äußerer Teil hell olivgrün. Schwanzflosse durchsichtig mit einzelnen hellen Tupfen. Auf dem Kopf, dem Kiemendeckel, im Rückenbereich sowie an der Basis der Rücken- und Afterflosse waagerechte, hellblaue bis türkisfarbene Glanzlinien. Die Mitte der Körperseiten stets frei von solchen Linien. Bauchflossen dunkelgrün mit hellblauen Randstrahlen und brauner Spitze. Iris rotbraun. Sichere Geschlechtsunterschiede sind nicht bekannt.

Pflege und Zucht siehe nachfolgende Unterart.

Symphysodon aequifasciata axelrodi (Taf. 126)
Rehbrauner Streifendiskus

Vorwiegend im Mündungsdelta des Amazonas bei Belém.

Hellgelbbraun bis rehbraun. Von den neun dunklen Querbinden treten die erste und letzte meist kräftig hervor. Weicher Teil der Rücken- und Afterflosse basal mit breitem dunkelrotbraunem bis schwärzlichem Band. Außenteile der genannten Flossen sowie die Bauchflossen rostrot. Auf der Stirn, dem Nacken, dem Kiemendeckel sowie im Bereich des dunklen Bandes der Rücken- und Afterflosse blau irisierende Linien und Tupfen, Körper immer frei von solchen Linien. Iris rot. ♂ Die blauen Tupfen und Striche der Afterflosse reichen von der Flossenmitte bis an die Basis. Genitalpapille zur Laichzeit spitz. ♀ Die blauen Striche der Afterflosse beschränken sich auf das dunkle Band. Die Genitalpapille zur Laichzeit stumpf.

Große Aquarien mit lockerem Pflanzenbestand, einigen großen Steinbrocken oder sehr gut ausgefaulten Wurzelstöcken und dunklem Bodengrund. Vor allem für die Zucht sehr weiches, schwach saures Wasser, das über Torf gefiltert und von Zeit zu Zeit teilweise durch gleichartiges Frischwasser ersetzt wird. Temperatur 25 bis 30 °C. Abwechslungsreiches Lebendfutter, besonders Schwarze und Weiße Mükkenlarven, Enchyträen, Tubifex, Wasserflöhe, Eintagsfliegenlarven u. a.

Offenbrüter, Elternfamilie. Die erst mit 2 Jahren geschlechtsreifen Tiere laichen an Steinen oder großen Pflanzenblättern, die vorher von beiden Partnern peinlichst gesäubert werden. Die Jungfische schlüpfen nach etwa 50 Stunden und werden dann auf Blätter übertragen, wo sie sich mit kurzen Fäden anhängen. Beide Eltern befächeln während dieser Zeit abwechselnd die Brut. Nach weiteren 60 Stunden schwimmen die Jungfische frei und heften sich nun zeitweise an die Flossen und Körperseiten der Eltern, bevorzugt an das ♀. In der Pflege wechseln sich die Elterntiere ab, die Jungen schwirren, nachdem sie von einem Partner durch kräftiges Bewegen der Flossen abgeschüttelt wurden, zum anderen Partner. Von der Haut im Bereiche der oberen Körperseiten und der Basis der Rücken- und Afterflosse wird ein weißliches Sekret abgeschieden, das den Jungen als erste Nahrung dient, sie weiden gleichsam das Hautsekret der Eltern ab. Diese Art der Ernährung läßt sich durch keine andere ersetzen. Nach einigen Tagen machen sich die Jungfische selbständig und sind jetzt mit Nauplien zu füttern. Ihre zunächst gestreckte Gestalt wird zusehends höher, nach etwa 3 Monaten ist die typische Form erreicht. Die charakteristische Färbung wird erst im Alter von 5 bis 7 Monaten entwickelt, bei jüngeren Tieren dominieren die Querstreifen.

Symphysodon aequifasciata haraldi
Blauer Streifendiskus

Vorwiegend oberer Amazonas bei Letícia.

Bräunlich mit Purpurschimmer. Von den Querbinden sind die Augen- und Schwanzwurzelbinde meist am deutlichsten. Kopf und Körper einschließlich der Rücken- und Afterflosse mit vorwiegend längsorientierten hellblauen Glanzlinien überzogen. Frei bleiben nur die Brust, auf der Seitenmitte sind die Glanzlinien oft weniger brillant. Iris rot.

Pflege und Zucht siehe voranstehende Unterart.

Symphysodon discus (Taf. 125)
HECKEL, 1840
Diskus, Echter Diskus

Mittlerer Amazonas, Rio Negro, Rio Xingu und andere Nebenflüsse; bis 20 cm.

Der voranstehenden Art in der Körperform sehr ähnlich. Rehbraun bis grünlich oder sogar bläulich. Von den 9 dunkelblauen bis schwärzlichen Querbinden treten die 1., 5. und 9. kräftiger als die anderen hervor. Hellblaue Glanzlinien als Gesichtsmaske auf dem Kopf und als Wellenlinienmuster auf dem ganzen Körper einschließlich der Rücken- und Afterflosse. Iris dunkel braunrot.

Pflege und Zucht, wie bei der voranstehenden Art angegeben.

Teleogramma brichardi (Taf. 119)
POLL, 1959
Quappenbuntbarsch

Unterer Kongo (Zaïre) im Bereich von Stromschnellen; bis 12 cm.

Körper langgestreckt und niedrig, seitlich kaum abgeflacht. ♂ insgesamt braun bis schwarz, bei Beunruhigung heller mit breiten dunklen Querbinden. Rückenflosse mit schmalem weißem Saum. ♀ Saum der Rückenflosse breiter, oberer Teil der Schwanzflosse weiß. Mittlerer Körperbereich zur Laichzeit dunkel weinrot.

Pflege in großflächigen, niedrigen Becken mit zahlreichen Versteckmöglichkeiten. Die Art wühlt nicht, bildet jedoch große Wohnreviere, aus denen jeder Eindringling verbissen wird. Kräftig durchlüften, Lebend- und auch Trockenfutter. Höhlenbrüter, Vater-Mutter-Familie, bis 50 Eier, Zeitigungsdauer 11 bis 13 Tage, die Jungfische werden nicht mehr betreut, sie sind untereinander kannibalisch und müssen deshalb nach Größenklassen sortiert werden.

Telmatochromis bifrenatus (Taf. 116)
MYERS, 1936
Zweibandbuntbarsch

Ostküste des Tanganjikasees im Felslitoral; bis 9 cm.

Körper langgestreckt, seitlich wenig abgeflacht. Kopf relativ spitz. ♂ Bauchflossen verlängert, insgesamt gelboliv mit zwei schwarzen Längsbinden und zum Teil schwarzen Flossensäumen. ♀ Flossen kürzer, meist kräftiger.

Pflege und Zucht siehe Familienbeschreibung, S. 284. Revierbildende, friedliche Art, die nicht wühlt und keine Pflanzen frißt. Höhlenbrüter, Vater-Mutter-Familie, bis 80 gelbliche Eier, Zeitigungsdauer 8 bis 10 Tage.

Tilapia mariae (Taf. 122)
BOULENGER, 1899
Fünffleckttilapia

In Westafrika weit verbreitet; bis 15 cm.

Körper relativ hoch, seitlich stark abgeflacht. Insgesamt zitronen- bis hellgelb mit 5 bis 6 großen schwarzen Seitenflecken, schrägem Augenstrich und dunklem Kiemendeckelfleck. Auge rot. Bauchseite mehr oder weniger rot. ♀ kleiner, ohne Tüpfel in der Rücken- und Schwanzflosse.

Pflege und Zucht siehe Familienbeschreibung, S. 284. Revierbildend, oft aggressiv gegen Artgenossen und andere Fische, wühlt stark, Pflanzenfresser, pflanzliche Zusatzkost (Salat, Chinakohl, Spinat) unbedingt erforderlich. Offenbrüter bis Versteckbrüter, Elternfamilie, bis 2000 Eier. ♂ und ♀ pflücken nach 2 Tagen die Eier und bringen sie in einer Grube unter. Die geschlüpfte Brut wird intensiv betreut. Aufzucht der Jungfische leicht. Halbwüchsige Tiere quergestreift. Die *Tilapia*-Arten sind mit den *Oreochromis*-Arten nahe verwandt.

Trematocranus jacobfreibergi (Taf. 119)
JOHNSON, 1974
Feenbarsch

Südlicher Malawisee im Felslitoral; bis 12 cm.

Körper gestreckt, seitlich abgeflacht. ♂ hellblau bis braungelb, zeitweise mit dunklen Querbinden. Flossen sehr farbig, gelb, orange, hellblau und schwarz. ♀ graubraun mit dunklen Querbinden, Rückenflosse mit rotem Saum, Afterflosse gelblich.

Pflege und Zucht siehe Familienbeschreibung, S. 284, und bei *Labeotropheus fuelleborni*. Maulbrüter, Mutterfamilie, etwa 50 Eier, Befruchtung im Maul. *T. jacobfreibergi* lebt in Schulen, in denen jeweils nur ein ♂ völlig ausgefärbt ist. Die Art wird heute in die Gattung *Aulonocara* gestellt.

Tropheus moorii (Taf. 121)
BOULENGER, 1898
Brabantbuntbarsch

Tanganjikasee im Felslitoral; bis 12 cm.

Körper mäßig gestreckt, seitlich abgeflacht. Kopf groß mit steil ansteigender Stirn-Nacken-Linie, Maul breit, unterständig. Zahlreiche Farbspielarten in den Grundfarben Grünblau, Violettbraun, Gelbbraun, Dunkelbraun oder Schwarz. Bei den dunklen Spielarten kommen zusätzlich folgende Farben vor (Namen der entsprechenden Spielarten in Klammern):

– rote Gürtelbinde in der Körpermitte (Brabant)

– schmale helle Querbinden und Rot in den Flossen (Unterart *T. m. kasabae*), Taf. 121
– roter Streifen über der Afterflosse und Rot in den Flossen (Schwanzstreifen)
– orangefarbener Fleck in der Körpermitte (Orangefleck)
– breite gelbe Zone zwischen Bauch- und Afterflosse (Kaiser), Taf. 121
– Brust rot, Körperseiten grünglänzend (Regenbogen)
Bei manchen Farbspielarten können in der Afterflosse einzelne andersfarbige Punkte auftreten. ♀ kaum zu erkennen, Bauchflossen etwas kürzer.

Pflege und Zucht siehe Familienbeschreibung, S. 284. Lebhafte, revierbildende Art, der Schwimmraum und zahlreiche Verstecke zu bieten sind. Untereinander aggressiv, gegenüber anderen Fischen friedlich. Pflanzliche Zusatznahrung erforderlich (Algenaufwuchsfresser). Typische Maulbrüter, die allerdings wie die Offenbrüter zunächst Steine putzen und flache Laichgruben ausheben. Die sehr großen Eier (Durchmesser 7 mm) werden vom ♀ sofort ins Maul genommen, insgesamt nicht mehr als etwa 15 Stück. Die schwarzen Jungfische schlüpfen bei 24 °C erst nach 5 bis 6 Wochen und sind dann bereits 12 bis 14 mm lang. Sie werden noch 8 bis 10 Tage vom ♀ betreut. Mit Nauplien und zerriebenem Spinat oder Brennesselmehl anfüttern. Verwandt mit *Aulonocara.*

Tropheus polli (Taf. 121)
AXELROD, 1977
Polls Brabantbuntbarsch

Ostküste des Tanganjikasees im Felslitoral; bis 16 cm.

Der vorstehenden Art ähnlich, jedoch mit tief eingeschnittener Schwanzflosse. Graublau bis graubraun mit hellen, unregelmäßigen, schmalen Querstreifen. Auge grünblau.

Geschlechtsunterschiede, Pflege und Zucht siehe voranstehende Art.

Uaru amphiacanthoides (Taf. 122)
HECKEL, 1840
Keilfleckbuntbarsch

Amazonasgebiet und Guayana; bis 25 cm.

Körper in Seitenansicht eiförmig, seitlich stark zusammengedrückt. Die Färbung ist sehr veränderlich und außerdem bei jungen und alten Tieren verschieden. Jungtiere von 3 bis 5 cm Länge: Kopf, Körper, Brust- und Bauchflossen, vorderer, stachelstrahliger Teil der Rücken- und Afterflosse sowie die Schwanzflosse farblos durchsichtig. Ältere Tiere schmutziggelb bis gelbbraun mit unregelmäßigen hellen bis grünlichen Tupfen, Strichen und Flecken an den Körperseiten. Auge rot. Alte Tiere gelblich bis bräunlich mit drei schwarzen Flecken an den Körperseiten, von denen der erste unmittelbar hinter dem Auge, der zweite, größte und keilförmig gestaltete auf den Körperseiten und der dritte auf dem oberen Teil der Schwanzflossenwurzel gelegen ist. Flossen gelblich mit grünlichem Schimmer. Auge hellrot. ♀ schwer zu erkennen, Analpapille stumpf.

Pflege der empfindlichen Art nicht leicht. Da der Keilfleckbuntbarsch in seiner Heimat vielfach mit *Pterophyllum* oder *Symphysodon* vergesellschaftet vorkommt, stellt er die gleichen Ansprüche wie diese Arten (siehe S. 313). Sehr wärmebedürftig, 27 bis 28 °C, zur Zucht bis 30 °C, Offenbrüter, Elternfamilie, ♂ zur Laichzeit aggressiv. Laicht gern an besonders dunklen Stellen, bis 300 Eier. Aufzucht der Jungfische nicht einfach, Naupliennahrung, häufiger Wasserwechsel.

Familie Gobiidae
Grundeln

In dem hier zugrunde gelegten System sind in die Familie Gobiidae die früher als getrennte Familien behandelten Eleotridae (Schläfergrundeln) und Periophthalmidae (Schlammspringer) einbezogen. Gobiinae, Eleotrinae und Periophthalminae haben den Rang von Unterfamilien. Die Bauchflossen sind bei den Eleotrinae stets vollständig getrennt, bei den Gobiinae und Periophthalminae dagegen vollständig oder wenigstens teilweise zu einer Saugscheibe verwachsen, mit der sich die Tiere auf festem Untergrund anheften können (Abb. 116). Alle Vertreter der Familie sind typische Grundfische, die hauptsächlich in den marinen küstennahen Flachwassergebieten und im Brackwasser vorkommen. Nur wenige Arten sind reine Süßwasserformen. Der walzenförmige Körper ist in der Regel nur im Bereich des Schwanzstieles seitlich deutlich abgeflacht. Von den beiden Rückenflossen wird die erste von Hartstrahlen, die zweite von Weichstrahlen gestützt. Die Schwanzflosse ist fast immer abgerundet.

Die Süßwasserformen lassen sich im bepflanzten Zimmeraquarium gut pflegen. Für die stets etwas scheuen Tiere richte man jedoch zwischen Steinen oder Wurzelwerk Verstecke ein. Mittelhartes bis hartes Wasser mit geringem Seesalzzusatz (1–2 Teelöffel auf 10 l Wasser) und Temperaturen von 20 bis 25 °C sagen den tropischen und subtropischen Vertretern am besten zu. Die sehr gefräßigen Grundeln nehmen Lebendfutter aller Art, gelegentlich auch Trockenfutter. Die meisten Arten sind friedlich. Die Paare laichen mit Vorliebe unter Steinen, in halbierten Blu-

Abb. 116 Bauchflosse bei verschiedenen Unterfamilien der Grundeln (Gobiidae). a) Schäfergrundeln; b) und c) Echte Grundeln und Schlammspringer

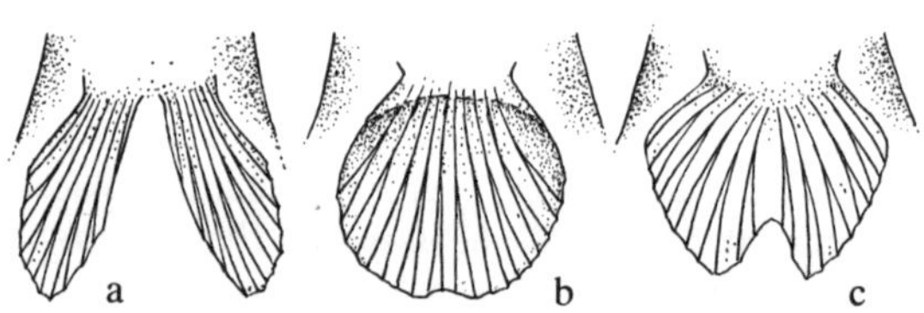

mentöpfen oder in Kokosnußschalen. Die relativ großen, gestielten Eier werden nach Cichlidenart abgesetzt und haften außerordentlich fest an der Unterlage. Einzelne Schläfergrundeln machen eine Ausnahme, das heißt, sie laichen zwischen bodennahen, feinfiedrigen Pflanzen. Die ♂♂ betreiben vielfach Brutpflege. Die Jungfische schlüpfen je nach Art nach 3 bis 8 Tagen und werden die erste Zeit manchmal vom brutpflegenden Elternteil im Schwarm zusammengehalten. Mit feinsten Nauplien und Rädertierchen anfüttern. Aufzucht nicht immer leicht. Wachstum schnell. Leider sind viele Arten nur schwer zu bestimmen. Beifangimporte laufen deshalb oft unter Phantasienamen.

Brachygobius nunus (Taf. 127)
(Hamilton-Buchanan, 1822)
Goldringelgrundel

Hinterindien, Thailand, Halbinsel Malakka, Große Sundainseln, hauptsächlich in Flußmündungen; bis 6 cm.

Die zu den Gobiinen gehörende Goldringelgrundel ist nur schwer von den sehr ähnlich gestalteten und gezeichneten Arten *B. aggregatus* und *B. xanthozona* zu unterscheiden. Körper gedrungen, zylindrisch, hinten leicht zusammengedrückt. Bei Wohlbefinden honiggelb mit breiten dunkelbraunen bis tiefschwarzen, sehr variablen, oft sich in Flecken auflösenden Querbinden, die auch auf die Rückenflosse und die Afterflosse übergreifen. Kopf schwarz. ♀ weniger intensiv gefärbt, zur Laichzeit kräftiger.

Pflege und Zucht, wie in der Familienbeschreibung angegeben. In reinem Süßwasser anfällig. Die Tiere laichen bei abwechslungsreicher Fütterung und nach Frischwasserzusatz mit Vorliebe unter Steinen oder in Blumentöpfen. Eizahl 100 bis 150, Eier groß. Die Jungfische schlüpfen nach etwa 4 bis 5 Tagen, oft auch schon früher. Das ♂ treibt Brutpflege. Die Bindenzeichnung tritt sehr früh auf. Die Jungfische schwimmen in der ersten Zeit ähnlich anderen Fischen frei in den unteren Wasserschichten, erst später werden sie zu typischen Grundfischen.

Hypseleotris compressa (Taf. 127)
(Krefft, 1864)
Australische Schläfergrundel

Südliches Neuguinea, Australien im Brack- und Süßwasser; bis 11 cm.

Körper gestreckt, seitlich relativ stark zusammengedrückt. ♂ olivgrün, Unterseite und Auge rot. Rükken- und Afterflosse sehr farbig, an der Basis rot, Mitte schwarz, Saum hellblau bzw. weiß. ♀ wesentlich schlichter gefärbt.

Pflege und Zucht siehe Familienbeschreibung. Seesalzzusatz erforderlich, Allesfresser. Das meist auf Steinen abgesetzte, sehr große Gelege wird vom ♂ bis zum Schlüpfen der winzigen Jungfische betreut. Mit Infusorien oder Rädertierchen anfüttern, Aufzucht leicht.

Periophthalmus koelreuteri (Taf. 127)
(Pallas, 1770)
Schlammspringer

Vom Roten Meer und von Ostafrika über Madagaskar, Südostasien, die Großen und Kleinen Sundainseln und Australien bis in die Südsee verbreitet, hauptsächlich im Brackwasser der Flußmündungen; bis 15 cm.

Körper gestreckt, Kopf sehr groß, bulldoggenähnlich mit weit vorstehenden Augen, die kräftigen Brustflossen sitzen auf muskulösen Stümpfen. Sie dienen zum Abstützen vom Bodengrund und zur robbenden Fortbewegung auf dem Lande. Bauchflossen höchstens an der Basis durch eine kleine Hautfalte verbunden. In dem großen Verbreitungsgebiet kommen zahlreiche Farbvarianten und auch Unterarten vor. Dunkelblaugrau oder braun, seitlich etwas heller, unterseits hell. An den Körperseiten wolkige schwärzliche Flecken oder unregelmäßige Querbinden. Verstreute Glanztüpfel auf dem Kopf und Körper. Flossen farbig, zum Teil mit hellen Tupfen und Säumen. Geschlechtsunterschiede sind nicht sicher bekannt.

Die interessanten Schlammspringer sind im Aquarium nicht einfach zu pflegen. Die ökologischen Bedingungen ihres Lebensraumes, der tropischen Brackwassergebiete und besonders der Mangrovelandschaften, lassen sich nur sehr unvollkommen nachahmen. Dazu kommt die recht eigenartige Lebensweise der Tiere, die sich mit ihren Brustflossen nicht nur vorübergehend ans Land ziehen, sondern auch Fluchtsprünge von mehreren Metern machen können. Vorbedingung für ihren Aufenthalt auf dem Lande ist eine feuchtigkeitsgesättigte Luft. Im allgemeinen findet man Schlammspringer in flachen Tümpeln, Gräben oder Schlammlöchern, die bei Ebbe isoliert werden und fast trockenfallen. Hier schieben sich die Tiere aus dem Wasser und beobachten mit hochgerecktem Kopf ihre Umgebung. In dem Bestreben, möglichst weit zu sehen, kriechen sie auch auf schrägliegendes Astwerk oder liegende Baumstämme. Abgelaicht wird in tiefen, trichterförmigen Schlammlöchern (Nester), die ♀♀ treiben Brutpflege.

Für die Pflege der Schlammspringer eignen sich am besten großflächige Paludarien mit flacher Uferlandschaft aus feinem Sand. Brackwasser, Wasser- und Lufttemperaturen 26 bis 30 °C, hohe Luftfeuchtigkeit, Becken gut abdecken. Die Tiere sind anfänglich scheu, gewöhnen sich aber bald an ihren Pfleger und können sehr zutraulich werden. Im Futter nicht wählerisch, gefressen wird jegliches Wurmfutter, aber keine Insektenlarven, Schaben, Fliegen u. a. In Gefangenschaft noch nicht nachgezogen.

Stigmatogobius sadanundio (Taf. 127)
(Hamilton-Buchanan, 1822)
Gefleckte Grundel

Südasien, Große Sundainseln, Philippinen, vorwiegend im Süßwasser; bis 8,5 cm.

Körper walzenförmig, nur im Bereich des Schwanzstieles seitlich abgeflacht. Gelb-, blau- oder violettgrau mit scharf abgesetzten schwarzen Tüpfeln. Erste Rückenflosse schwarz gestreift. ♀ meist kleiner mit kürzeren Flossen.

Pflege und Zucht siehe Familienbeschreibung. Hartes Wasser, Seesalzzusatz. Höhlenbrüter, Elternfamilie, Gelege groß. Jungfische sehr klein, mit Infusorien oder Rädertierchen anfüttern.

Tateurndina ocellicauda (Taf. 127)
NICHOLS, 1955
Schwanzfleck-Schläfergrundel

Östliches und südöstliches Papua-Neuguinea, vorwiegend im Süßwasser; bis 6 cm.

Körper gestreckt, vorn walzenförmig, hinten seitlich abgeflacht. Insgesamt gelblich mit blaugrünem Schimmer an den Körperseiten und zahlreichen roten Tüpfeln, die, kettenartig aneinandergereiht, Querbinden bilden. Auf der Schwanzflossenwurzel ein schwarzer Fleck. Flossen sehr farbig, blau und rot, gelb gesäumt. ♀ kleiner, Bauch zur Laichzeit gelb.

Pflege und Zucht siehe Familienbeschreibung. Lebendfutter aller Art, nicht zu hohe Temperaturen (21–24 °C). Offenbrüter, Elternfamilie, das ♂ verbeißt nach dem Ablaichen das ♀. Bis 300 Eier, Zeitigungsdauer 8 bis 9 Tage. Jungfische mit Zyklopsnauplien oder Rädertierchen anfüttern. Aufzucht leicht.

Unterordnung Anabantoidei Kletterfischverwandte

Die in Afrika, Südasien und Ostasien beheimateten Kletterfischverwandten, kurz als Kletterfische bezeichnet, sind vor allem durch ein zusätzliches, auf beiden Seiten ausgebildetes Luftatmungsorgan, das Labyrinthorgan, ausgezeichnet. Dieses besteht aus einer Ausbuchtung der Kiemenhöhle und lamellenförmigen Fortsätzen der Kiemenbögen. Es kann sehr einfach oder nach Art eines Krautkopfes stark gefaltet ausgebildet sein (Abb. 47). Die mit dem Maul von der Wasseroberfläche aufgenommene Luft wird in die Labyrinthhöhle gedrückt, der Gasaustausch findet an den Epithelien der Labyrinthhöhle und der Lamellen statt. Die nach diesem Organ auch als Labyrinthfische bezeichneten Anabantoidei können mit Hilfe dieser Struktur auch in sehr sauerstoffarmen Gewässern leben, einige kriechen sogar kurze Strekken über tau- oder regennasses Land oder überleben Trockenperioden im Schlamm vergraben. Andererseits genügt vielen Kletterfischen die Kiemenatmung allein auch bei guten Wasserverhältnissen nicht mehr. Verhindert man das Luftholen von der Oberfläche, so ersticken die Tiere. Die von den Anabantoidei bewohnten Gewässer sind sehr unterschiedlich, stark verkrautete Uferzonen oder Gräben werden bevorzugt.

Die Pflege ist im allgemeinen nicht schwierig. Am besten eignen sich größere Becken mit gutem Pflanzenwuchs, eventuell einigen Schwimmpflanzen und dunklem Bodengrund, Wasserhärte und pH-Wert in der Regel von geringer Bedeutung, Temperatur 23 bis 26 °C, Allesfresser, auch Trockenfutter, Durchlüftung nicht erforderlich. Die meisten asiatischen Arten sind auch gegen wesentlich kleinere Fische sehr friedlich und deshalb für das Gesellschaftsbekken gut geeignet. Bei einigen Arten rivalisieren die ♂♂ stark. Die afrikanischen Kletterfische (Buschfische) sind dagegen mit Ausnahme der kleinsten Arten zumeist unverträglich und aggressiv.

Zucht oft sehr einfach und durch erhöhte Temperatur selbst im Gesellschaftsbecken auszulösen. Im typischen Fall baut das ♂ aus kleinen, von erhärtetem Maulsekret umgebenen Luftbläschen ein Schaumnest. Gelegentlich werden auch Pflanzenteile und Algen in das Nest verflochten. Das ♀ wird daraufhin unter das Schaumnest gebalzt, seitlich umschlungen und in Rückenlage gedreht (Taf. 136). Die ausgestoßenen Eier sind ölhaltig und steigen in das Schaumnest auf. Eier, die zu Boden fallen, werden vom ♂ gesammelt und in das Schaumnest gespuckt. Die Paarung wird viele Male wiederholt. Gesamtzahl der Eier in der Regel groß. Das ♀ ist nach dem Ablaichen zu entfernen, das ♂ treibt Brutpflege. Die nach 24 bis 30 Stunden schlüpfenden, sehr kleinen Jungfische schwimmen nach weiteren 2 bis 3 Tagen frei und müssen mit feinstem Staubfutter versorgt werden, ♂ jetzt entfernen. Wachstum bei guter Fütterung schnell. Zur Zeit der Labyrinthbildung, 2 bis 3 Wochen nach dem Schlüpfen, sind die Jungfische meist etwas empfindlich gegen zu niedrige Temperaturen. Im Gegensatz zu dieser typischen Fortpflanzungsweise bauen einige Arten kein Schaumnest, sondern stoßen die zur Wasseroberfläche steigenden Eier wahllos aus, zum Beispiel *Anabas testudineus, Helostoma temmincki* und viele afrikanische Kletterfische. Einige Vertreter sind Maulbrüter. Einzelne Kletterfischverwandte haben regional große fischereiwirtschaftliche Bedeutung. *Osphronemus goramy* LACÉPÈDE, 1802, wurde in verschiedenen tropischen und subtropischen Gegenden als Nutzfisch eingebürgert.

Zu der Unterordnung gehören folgende Familien: Anabantidae (Kletterfische) Belontiidae (Bettas), Helostomatidae (Buckelmäuler) und Osphromenidae (Fadenfische).

Belontia signata (Taf. 128)
(GÜNTHER, 1861)
Ceylonmakropode

Sri Lanka im Westen und Nordwesten; bis 14 cm.

Körper in Seitenansicht gestreckt eiförmig, seitlich stark abgeflacht, Rücken- und Afterflosse sehr lang, hinten in eine Spitze auslaufend, Schwanzflossen gerade abgeschnitten oder abgerundet, meist mit einigen verlängerten Strahlen, vorderste Bauchflossenstrahlen mäßig verlängert. Mehrere Farbspielarten. Meist grau- bis olivgrün, ältere Tiere mahagonibraun und mit schwach bis kräftig seegrün irisierender Kehle und Bauchseite, auch tritt an den Körperseiten meist ein unregelmäßiges Muster von hellen und dunkleren Linien hervor. Flossen bräunlich, zum Teil mit andersfarbigen Zeichnungen. Andere Farbspielarten sind orangebraun oder dunkel gefleckt, manchmal ist der Grünanteil verstärkt. ♀ ähnlich gefärbt, Rücken- und Afterflosse nur mäßig ausgezogen.

Pflege und Zucht, wie in der Beschreibung der Unterordnung angegeben. Die wärmebedürftige (24 bis 28 °C), meist scheue, zumindest in der Laichzeit auch aggressive Art ist für das Gesellschaftsaquarium nur bedingt geeignet. Am besten pflege man die Tiere paarweise im Artbecken. Schaumnest meist unter großen Schwimmblättern, sehr locker. Bis 500 Eier. Die nach 28 bis 30 Stunden schlüpfenden Jungfische werden noch längere Zeit von beiden Eltern betreut (Elternfamilie).

Betta imbellis (Taf. 128)
LADIGES, 1975
Kleiner Kampffisch

Halbinsel Malakka; bis 6 cm.

Körper gestreckt, seitlich kaum abgeflacht, Flossen groß. ♂ außerhalb der Laichzeit ockerfarben mit unregelmäßigen Querstreifen. Zur Laichzeit sehr farbig, blauschwarz mit Reihen grüner Glanzpunkte, Flossen türkis, hellblau, rot, violett und schwarz. Bei einigen Farbspielarten tritt das Grün, bei anderen das Blau stärker hervor. ♀ kleiner, hellbraun.

Pflege und Zucht siehe Beschreibung der Unterordnung. Paarweise im Artbecken pflegen. Schaumnestbauer, bis 150 Eier.

Betta splendens (Taf. 129)
REGAN, 1909
Kampffisch

Thailand, heute auch in Burma und auf der Halbinsel Malakka; bis 6 cm.

Körper gestreckt, seitlich kaum abgeflacht, Afterflosse lang und breit, Rückenflosse segelförmig, Schwanzflosse abgerundet, Bauchflossen lang und schmal. Entsprechend seinem großen Verbreitungsgebiet sehr unterschiedlich in der Färbung. ♂ rotbraun mit blaugrünem Glanz und zahlreichen, meist in Längsreihen angeordneten grünen Glanzpunkten. Rückenflosse auf rotbraunem Grund grün gestreift, im hinteren Teil schachbrettartig gefleckt. Schwanzflosse fächerförmig, grün gestreift, meist orangefarben gesäumt. Afterflosse blaugrün mit braunen und rötlichen Strichen, Bauchflossen feuerrot, Spitzen weiß. ♀ und junge ♂♂ wolkig gelbbraun mit schwach angedeuteten Querbinden und oft deutlichen Längsbinden, Bauchflossen kurz.

Die Kampffische verdanken ihren deutschen Namen dem intensiven Imponierverhalten rivalisierender ♂♂. In Südostasien werden regional mit Kampffischen öffentliche Schaukämpfe veranstaltet und dabei Wetten abgeschlossen.

Zucht und Pflege, wie in der Beschreibung der Unterordnung angegeben, sehr einfach. Die Paare werden am besten einzeln gehalten.

Schleierkampffische (Taf. 129) sind Zuchtformen, bei denen die Färbung stark gesteigert und die Beflossung vergrößert ist. Sie werden in fast allen Farben angeboten, zum Beispiel in Türkis, Blau, Rot, Gelb, Dunkelbraun, Schwarz.

Pflege und Zucht wie bei der Stammform. Um besonders schöne ♂♂ zu erzielen, setzt man Jungmännchen in Einzelgläser. Am besten eignen sich dazu kleinere Vollglasbecken oder auch Marmeladengläser, die unmittelbar nebeneinander aufgestellt werden. Bodengrund nicht erforderlich. Die sich sehenden ♂♂ rivalisieren ständig miteinander, die Beflossung und Färbung entwickeln sich dadurch besonders kräftig. Die Pracht, die bereits bei 4 bis 5 Monate alten Tieren ihren Höhepunkt erreicht, hält nicht lange an. Schleierkampffische sind kurzlebig, sie sterben meist nach einem Jahr. Setzt man mehrere Tiere zusammen oder die ♂♂ zur Paarung an, so ist oft in wenigen Sekunden die Beflossung zerschlissen. Schleierkampffische eignen sich nicht für das Gesellschaftsaquarium.

Colisa fasciata (Taf. 131)
(BLOCH und SCHNEIDER, 1801)
Gestreifter Fadenfisch

Nordindien, Assam; bis 12 cm.

Körper hoch, seitlich stark abgeflacht, Rücken- und Afterflosse lang, Bauchflossen fadenartig, Oberlippe besonders bei alten ♂♂ dick. Entsprechend dem großen Verbreitungsgebiet in der Färbung sehr variabel. Rotbraun mit zahlreichen blaugrünen, etwas schrägen Querbinden. Kehle, Vorderbauch und Afterflosse blaugrün, letztere mit rotem Saum und rotem Hinterende. Übrige Flossen gelb und rot, zum Teil dunkel getüpfelt. Bauchflossen rot, Spitzen hell. ♀ ockerfarben mit dunkleren Streifen.

Pflege und Zucht siehe Beschreibung der Unterordnung. Die Art zeigt ihre ganze Farbigkeit erst bei Temperaturen um 25 bis 26 °C, verträgt allerdings auch Temperaturabfall unter 20 °C. Eingespielte Paare sind meist sehr produktiv, bis 1000 Eier. Das Schaumnest wird ohne Pflanzenteile angelegt. Die in Mitteleuropa gepflegten Tiere erkranken fast alle an Augenlinsentrübungen, die oft schon bei Jungfischen sichtbar werden. Ursache unbekannt. Wie ARNOLD (1950) sehr eindrucksvoll nachwies, gehören alle bei uns bis dahin gepflegten sogenannten *Colisa labiosa* sehr wahrscheinlich der Art *Colisa fasciata* an und repräsentieren eine nicht näher untersuchte Unterart.

Colisa lalia (Taf. 132)
(HAMILTON-BUCHANAN, 1822)
Zwergfadenfisch

Indien, vorwiegend Bengalen und Assam; bis 5 cm.

Körper in Seitenansicht länglich eiförmig, seitlich

stark zusammengedrückt. Zinnoberrot bis weinrot mit etwas schrägen Doppelreihen hellblauer bis smaragdgrüner Glanzpunkte. Kopf und meist auch der unmittelbar dahinter gelegene Körperabschnitt blaugrün. Flossen rot, mit Glanzpunkten und -streifen, die dem Körpermuster entsprechen. Die fadenförmigen Bauchflossen orangerot. ♀ insgesamt gelbbraun mit blaugrünen Schrägbinden, Rücken- und Afterflosse hinten abgerundet.

Pflege und Zucht siehe Beschreibung der Unterordnung. Schaumnestbauer, Elternfamilie. Schaumnest relativ groß, hoch und von Pflanzenteilen durchsetzt. Bis 800 Eier, die Jungfische schlüpfen nach etwa 24 Stunden und schwimmen nach weiteren 3 Tagen frei. Mit Nauplien und Rädertierchen anfüttern, Aufzucht nicht schwierig. Die Art ist anfällig gegen Hautparasiten. Vor allem im Gesellschaftsbecken sammelt sie gleichsam die latenten Erreger anderer Fische.

Seit einigen Jahren sind mehrere Farbspielarten im Handel, bei denen das Rot und Seegrün nicht in Streifen, sondern in geschlossenen Flächen angeordnet ist (Roter Colisa, Taf. 133, Regenbogencolisa u. a.).

Colisa sota (Taf. 134)
(Hamilton-Buchanan, 1822)
Honigfadenfisch

Nordostindien, Assam, Bangladesh bei Dacca; bis 4,5 cm.

Ähnlich gestaltet wie der bekannte *Colisa lalia*, jedoch etwas schlanker. Körper insgesamt hell ockerfarben, bauchseitig silbrig. Entlang der Seitenmitte ein kräftiges dunkelbraunes Längsband. Bei rivalisierenden oder balzenden ♂♂ Körperseiten einschließlich der Schwanzflosse und des hinteren Teiles der Rücken- und Afterflosse kräftig honiggelb bis orange. Kopf und Bauchseite einschließlich des vorderen Teiles der Afterflosse dunkel bis schwarz mit grünlichem Schimmer. Rückenflosse hellgelb, die fädigen Bauchflossen orange. ♀ unscheinbar graugelb.

Pflege und Zucht siehe Beschreibung der Unterordnung, nicht schwierig. Das Schaumnest ist sehr locker, flächig und erstaunlich groß. Da die ♂♂ bei der geringsten Störung ihre prächtige Färbung nicht zeigen, sollte der Honigfadenfisch im Artbecken gepflegt werden; mehrere Tiere vergesellschaften. Im Gegensatz zu den Importfischen und ersten Nachzuchtgenerationen zeigen die heute anzutreffenden Tiere kaum noch die ursprüngliche Farbenpracht, auch bleiben sie meist sehr klein (Degenerationserscheinungen). Die Art ist anfällig für *Oodinium pillularis* (siehe S. 376). Früher bekannt als *Colisa chuna.*

Ctenopoma acutirostre (Taf. 131)
Pellegrin, 1899
Leopardbuschfisch

Mittlerer und unterer Kongo (Zaïre); bis 20 cm.

Robust, Körper hoch, Maul groß, vorstülpbar. Die Rücken-, Schwanz- und Afterflosse bilden aufgerichtet einen fast einheitlichen Flossensaum. Hellbraun mit dunkler Leopardmusterung. Schwanzflossenwurzel mit schwarzem Fleck. ♀ schwer zu erkennen.

Pflege und Zucht siehe Beschreibung der Unterordnung. Raubfisch, der zwischen Pflanzen stehend auf Beute lauert. Pflege im Artbecken. Weiches, schwach saures Wasser, Lebendfutter, auch kleine Futterfische. Die Art soll in Bodennähe nach Art anderer Vertreter der Unterordnung laichen, die Sinkeier verkleben angeblich mit dem Sand. Kein Schaumnest. Bleibt durch Dornenfelder auf dem Kiemendeckel leicht im Netz hängen.

Ctenopoma ansorgii (Taf. 130)
(Boulenger, 1912)
Ansorges Buschfisch

Tropisches Westafrika, Luali-, Kienke-Lobo-Flußsysteme; bis 8 cm.

Körper gestreckt, seitlich abgeflacht. Hell rotbraun mit bläulichem oder violettem Schimmer an den Körperseiten. 6 bis 7 dunkle, scharf begrenzte Querbinden, die sich bis in die Rücken- und Afterflosse fortsetzen. Flossen orange und violett, Säume der Rücken- und Afterflosse weiß. ♀ ähnlich gefärbt, zur Laichzeit jedoch blasser und deutlich fülliger.

Pflege, wie in der Beschreibung der Unterordnung angegeben. Friedliche, etwas scheue Art, die sich auch für das Gesellschaftsbecken eignet, vorwiegend nachts aktiv. Das große Schaumnest wird oft unter Schwimmblättern angelegt. Laichvorgang meist in Bodennähe, bis 600 Eier, die langsam in das Schaumnest aufsteigen. Brutpflege nicht sehr intensiv.

Ctenopoma fasciolatum (Taf. 130)
Boulenger, 1899
Gebänderter Buschfisch

Stromgebiet des Kongo (Zaïre); bis 8 cm.

Hinsichtlich der Körperform der voranstehenden Art ähnlich. Braun mit blauem Schimmer und in Querreihen angeordneten hellen Schuppen. Flossen hellblau mit weißlichen Tüpfeln. ♀ meist kleiner, heller und mit kürzeren Flossen. In der Laichzeit fällt ein heller Längsstreifen auf.

Pflege und Zucht siehe voranstehende Art. Schaumnestbauer, über 1000 Eier.

Macropodus chinensis (Taf. 135)
(Bloch, 1790)
Rundschwanzmakropode

Von Südkorea bis Südchina; bis 7 cm.

Robust, gestreckt, Kopf spitz, Maul deutlich oberständig, Schwanzflosse abgerundet. Mehrere Farbspielarten. Schmutzig gelbbraun mit mehr oder weniger dichtstehenden dunklen Querbinden, die in der Körpermitte zusammenfließen können und auf dem Kopf eine Art Gesichtsmaske bilden. Flossen dunkel bis orangefarben mit Glanztüpfeln und

Tafel 113, Foto 342–343 Oben: Männchen des Schneckenbarsches *(Neolamprologus ocellatus)*, drohend vor seinem Schneckengehäuse. Unten: Vielstreifenschneckenbarsch *(Neolamprologus multifasciatus)*

Tafel 114, Foto 344–346 Oben: Werners Grundbuntbarsch *(Lamprologus werneri)*. Mitte: Kobaltorangebarsch *(Melanochromis johannii)*, ♂. Unten: Messingmaulbrüter *(Pseudocrenilabrus philander dispersus)*, ♂, man beachte die als Eiattrappe dienende rote Afterflossenspitze.

Tafel 115, Foto 347–350 Oben: Gestreifter Zwergbuntbarsch *(Nannacara anomala)* · Schmetterlingsbuntbarsch *(Papiliochromis ramirezi)*. Mitte: Fleckenkammbarsch *(Crenicichla dorsocellata)*. Unten: Brasilperlmutterfisch *(Geophagus brasiliensis)*

Tafel 116, Foto 351–356 Oben: Gestreifter Schlankbuntbarsch *(Julidochromis ornatus)* · Schachbrett-Schlankbuntbarsch *(Julidochromis marlieri)*. Mitte: Purpurprachtbarsch *(Pelvicachromis pulcher)*, ♂ · Streifenprachtbarsch *(Pelvicachromis taeniatus)*, ♂. Unten: Blauer Kongocichlide *(Nanochromis nudiceps)*, ♂ · Zweibandbuntbarsch *(Telmatochromis bifrenatus)*

Tafel 117, Foto 357–359 Oben: Schmalbarsch *(Pseudotropheus elongatus)*. Mitte und unten: Dotterbuntbarsch *(Pseudotropheus lombardoi)*, ♂ dottergelb, ♀ und Jungtiere hellblau mit Keilbinden

Tafel 118, Foto 360–362 Oben: Gelber Maulbrüter *(Pseudotropheus tropheops)*. Mitte: Blauer Malawibuntbarsch *(Pseudotropheus zebra)*, ♂, normale Färbung und Zeichnung. Unten: Junges geschecktes ♂ des Blauen Malawibuntbarsches mit Eiflecken

Tafel 119, Foto 363–365 Oben: Feenbarsch *(Trematocranus jacobfreibergi)*, ♂. Mitte: Quappenbuntbarsch *(Teleogramma brichardi)*, ♀ mit weißer Schwanz- und Rückenflossenoberkante und rötlicher Rumpfregion. Unten: Löwenkopfcichlide *(Steatocranus casuarius)*

Tafel 120, Foto 366–367 Oben: Jungfisch des Weißkehlbuntbarsches *(Oreochromis mossambicus)*. Unten: Eiablage des Karomobuntbarsches *(Oreochromis karomo)*, man beachte die als Eiattrappen dienenden orangefarbenen Vorstülpungen der Genitalpapille.

Tafel 121, Foto 368–370 Oben: Brabantbuntbarsch *(Tropheus moorii)*, Spielart »Kaiser« · Polls Brabantbuntbarsch *(Tropheus polli)*, artcharakteristisch ist die tiefeingeschnittene Schwanzflosse. Unten: Brabantbuntbarsch *(Tropheus moorii kasabae)*

Tafel 122, Foto 371–372 Oben: Fünffleckttilapia *(Tilapia mariae)*, brutpflegend. Unten: Keilfleckbuntbarsch *(Uaru amphiacanthoides)*, Jungfisch mit typischer Jugendtracht
Tafel 123, Foto 373–374 Oben: Regenbogenbuntbarsch *(Herotilapia multispinosa)*. Unten: Zuchtform des Segelflossers *(Pterophyllum scalare)*, sogenannter »Marmorskalar«

Tafel 124, Foto 375 Brutpflegende Segelflosser *(Pterophyllum scalare)* mit Jungfischen unmittelbar nach Beginn des Freischwimmens
Tafel 125, Foto 376 Diskus oder Echter Diskus *(Symphysodon discus)*, halbwüchsige Tiere

Tafel 126, Foto 377–379 Oben: Rehbrauner Streifendiskus *(Symphysodon aequifasciata axelrodi)* · Grüner Streifendiskus *(Symphysodon aequifasciata aequifasciata)*, Hochzuchtform. Unten: Rehbrauner Streifendiskus *(Symphysodon aequifasciata axelrodi)* bei der Brutpflege

Tafel 127, Foto 380–384 Oben: Goldringelgrundel *(Brachygobius nunus)*, ♂ brutpflegend · Gefleckte Grundel *(Stigmatogobius sadanundio)*. Mitte: Australische Schläfergrundel *(Hypseleotris compressa)*, Laichfärbung · Schwanzfleck-Schläfergrundel *(Tateurndina ocellicauda)*. Unten: Schlammspringer *(Periophthalmus koelreuteri)*

Tafel 128, Foto 385–386 Oben: Kleiner Kampffisch *(Betta imbellis)*. Unten: Ceylonmakropode *(Belontia signata)*, orangefarbene Spielart, die Kehle wird bei älteren Tieren grün.

-strichen. ♀ meist kleiner, Flossen weniger spitz ausgezogen.

Pflege und Zucht siehe Beschreibung der Unterordnung, S. 318. Schaumnestbauer, nicht sehr produktiv.

Macropodus opercularis (Taf. 135)
(LINNAEUS, 1758)
Makropode

Korea, China, Vietnam, Taiwan; bis 11 cm.

Robust, Körper gestreckt, seitlich abgeflacht, senkrechte Flossen stark verlängert. Mehrere Farbspielarten.

♂ grünlichgrau bis grau, Kiemendeckel mit schwarzem, ziegelrot eingefaßtem Fleck, Körperseiten mit unregelmäßigen blaugrünen und leuchtend karminroten Querbinden. Rücken- und Afterflosse blau, rotbraun und rot, zum Teil dunkel oder hell getüpfelt und mit weißlichem Saum. Schwanzflosse vorwiegend rot, Bauchflossen lebhaft rot mit weißlicher Spitze. ♀ kleiner, heller, nur mit roten Querbinden, Flossen mäßig lang.

Pflege und Zucht siehe Beschreibung der Unterordnung, S. 318. Sehr anspruchslos, 15 bis 20 °C, zur Zucht 20 bis 24 °C. Für das Gesellschaftsbecken jedoch nicht geeignet, da die Tiere anderen Fischen gegenüber und auch untereinander sehr aggressiv sind. Zucht durch Temperaturerhöhung leicht einzuleiten. Schaumnest flach, großperlig. ♂ und ♀ sammeln die Eier und spucken sie ins Schaumnest, die Brut betreut das ♂ allein. *M. opercularis* ist ein vorzüglicher Planarienvertilger, der, ausgehungert, in kurzer Zeit alle Planarien eines verseuchten Beckens vernichtet. Die im Handel angebotenen schwarzen, xanthoristischen und albinotischen Spielarten stellen hinsichtlich der Pflege und Zucht die gleichen Ansprüche. Relativ selten wird der sehr schöne, im Süden des Verbreitungsgebietes vorkommende *M. concolor* gepflegt.

Parosphromenus deissneri (Taf. 134)
(BLEEKER, 1859)
Prachtzwerggurami

Bangka, Sumatra, Halbinsel Malakka; bis 3,5 cm.

Körper zierlich langgestreckt, Kopf spitz, 2. Flossenstrahl der Bauchflossen verlängert. ♂ zur Laichzeit lehmgelb mit drei breiten, dunklen Längsbinden. Unpaare Flossen sehr farbig, schwarz und rot und zum Teil blaugrün. Bauchflossen blau. ♀ wesentlich blasser gefärbt, oft kleiner.

Pflege und Zucht siehe Beschreibung der Unterordnung, S. 318. Zur Zucht weiches, schwach saures Wasser. Höhlenlaicher, kein Schaumnest. Die Eier werden gesammelt und an das Höhlendach geheftet, zunächst Eltern-, später Vaterfamilie. Bis 60 Eier, Aufzucht der Jungfische schwierig. Die besten Erfolge wurden mit Rädertierchen als Erstfutter erzielt. Die Tiere kommen am besten im Artbecken zur Geltung.

Pseudosphromenus dayi (Taf. 139)
(KÖHLER, 1909)
Gestreifter Spitzschwanzmakropode

Südliches Vietnam, Insel Way; bis 7,5 cm.

Körper gestreckt. ♂ Schwanzflosse mit verlängerten Mittelstrahlen. Hell kastanienbraun, Kehle und Brust oft rot. Zwei mehr oder weniger deutliche dunkle Längsbinden. Flossen sehr farbig, braunrot, rot, schwarz, weiß, zum Teil mit breiten hellblauen Säumen. ♀ meist kleiner, Flossen weniger spitz ausgezogen, Schwanzflosse ohne verlängerte Strahlen.

Pflege und Zucht siehe Beschreibung der Unterordnung, S. 318. Für das Gesellschaftsbecken geeignet. Meist Schaumnestbauer, seltener Höhlenlaicher, Elternfamilie, bis 300 Eier. Zur Zucht Wasserstand auf 8 bis 10 cm reduzieren. Früher bekannt als *Macropodus cupanus dayi.*

Sphaerichthys osphromenoides (Taf. 139)
CANESTRINI, 1860
Schokoladengurami

Sumatra, Kalimantan, südliche Halbinsel Malakka; bis 6 cm.

Körper hoch, relativ kurz, in Seitenansicht eiförmig, Kopf spitz. 2. Bauchflossenstrahl stark verlängert. Schokoladenbraun bis rotbraun mit mehreren und in ihrer Ausdehnung stark variierenden hellgelben bis weißen Querbinden, nur bei Jungtieren eine deutliche Längsbinde. Flossen braun, teilweise dunkel getüpfelt, Afterflosse bei schönen Tieren rostrot mit dunklem Rand und schmalem gelbem Saum. ♀ schwer zu erkennen, Flossen oft weniger zugespitzt, zur Laichzeit ziemlich dick.

Pflege und Zucht siehe Beschreibung der Unterordnung, S. 318. Paarweise oder mehrere Tiere in gut bepflanzten Artbecken hältern. Weiches, schwach saures Wasser, 26 bis 30 °C. Lebendfutter, hauptsächlich Mückenlarven. Maulbrüter, Mutterfamilie, Paarung nach kreiselnden Bewegungen in der Nähe des Bodengrundes, etwa 80 Eier. Die Jungfische werden erst nach 8 bis 12 Tagen aus dem Maul (Kehlsack) des ♀ entlassen. Aufzucht schwierig. Die Art ist sehr anfällig gegen Hautparasiten und verschiedene Chemikalien.

Trichogaster leeri (Taf. 137)
(BLEEKER, 1852)
Mosaikfadenfisch

Halbinsel Malakka, Thailand, Sumatra, Kalimantan; bis 11 cm.

Körper gestreckt, hoch, seitlich stark zusammengedrückt, Rückenflosse kurz, Bauchflossen fadenartig ausgezogen. Gelbbraun, bei auffallendem Licht mit violettem Schimmer, Seiten und Flossen mit zahlreichen runden, weiß- bis perlmuttglänzenden Flekken übersät. Kehle, Brust, Bauchflossen und der vordere Teil der Afterflosse orange, rot oder violett. Von der Schnauze zur Schwanzflossenwurzel eine unterbrochene, dunkle Längsbinde. ♀ bräunlich, Kehle und Brust silbern, Rückenflosse abgerundet.

Pflege und Zucht siehe Beschreibung der Unterordnung, S. 318. Sehr friedlich, wärmeliebend, für das Gesellschaftsaquarium gut geeignet. Schaumnest groß, flächig, aus winzigen Luftblasen bestehend und meist mit Pflanzenteilen durchsetzt. Bis 2000 Eier. Die nach etwa 24 bis 30 Stunden schlüpfenden Jungfische schwimmen nach weiteren 2 bis 3 Tagen frei. Aufzucht leicht. Erst im fast ausgewachsenen Zustand geschlechtsreif. Einer der schönsten Vertreter der Familie Belontiidae.

Trichogaster trichopterus (Taf. 136, 137, 138)
(Pallas, 1770)
Punktierter Fadenfisch

Südostasien einschließlich der Großen Sundainseln; bis 15 cm.

Ähnlich gestaltet wie die voranstehende Art, jedoch wesentlich kräftiger und etwas gedrungener. Mehrere Unterarten und Spielarten. Auf silbrigem Grund graugrün, bläulich schimmernd. An den Körperseiten zwei mehr oder weniger deutliche runde Flecken und eine dunkle, nur gelegentlich deutliche Längsbinde. Flossen grünlich bis grau mit zahlreichen weißen bis gelblichen oder orangefarbenen Tupfen. Rückenflosse des ♀ abgerundet.

Pflege und Zucht siehe Beschreibung der Unterordnung, S. 318. Sehr genügsame und anpassungsfähige Art. Für das Gesellschaftsbecken gut geeignet. Bereits mit 7 bis 8 cm Gesamtlänge geschlechtsreif. Allesfresser. Schaumnest flächig, bis 4000 Eier. Aufzucht der Jungfische leicht. Die Art wird häufig als ausgezeichneter Hydravertilger bezeichnet, eine Angabe, die nur bedingt zutrifft.

Häufiger wird eine stärker blau gefärbte Farbform gepflegt, der Ladiges den Status einer Unterart einräumte (*Trichogaster trichopterus sumatranus* Ladiges, 1933). Sie soll nur in Sumatra vorkommen (Taf. 138). Auf gezielt herausgezüchtete Mutationen sind einige andere Spielarten zurückzuführen, so die »forma cosby« (Taf. 138) und die xanthoristische »forma aurata« (Taf. 136). Auch albinotische Stämme tauchen gelegentlich im Fachhandel auf.

Trichopsis pumilus (Taf. 139)
(Arnold, 1936)
Zwerggurami

Kampuchea, Thailand; bis 3,5 cm.

Zierlich, Körper gestreckt, seitlich stark zusammengedrückt, Rückenflosse segelförmig, Schwanzflosse abgerundet oder in eine stumpfe Spitze auslaufend. Bauchflossen stark verlängert. Helloliv, 1 bis 2 dunkle, seegrün flankierte Fleckenlängsreihen. Unpaare Flossen seegrün, dunkelrot getüpfelt, mit roten Marginalbändern und hellblauen Säumen. ♀ Rükken- und Afterflossen hinten weniger ausgezogen.

Pflege und Zucht siehe Beschreibung der Unterordnung, S. 318. Mehrere Tiere im gut bepflanzten Artbecken unterbringen, weiches, schwach saures Wasser, 25 bis 28 °C, kleineres Lebendfutter. Schaumnest sehr klein, oft nur aus wenigen Blasen bestehend, die unter einem Blatt, einem Algenknäuel oder in einer Höhle angereichert werden. Bei jedem Laichakt gibt das ♀ 2 bis 4 zusammenhängende Eier ab, die das ♂ zum Nest bringt. Insgesamt selten mehr als 250 Eier. Rivalisierende ♂♂ erzeugen knurrende Laute.

Trichopsis vittatus (Taf. 139)
(Cuvier und Valenciennes, 1831)
Knurrender Gurami

Südostasien, Große Sundainseln; bis 6,5 cm.

Der voranstehenden Art in der Körperform sehr ähnlich. Mittelstrahlen der Schwanzflosse oft verlängert. Gelbbraun bis rehbraun mit mehreren dunklen Längsbinden und dazwischenliegenden Glanzschuppenreihen an den oft grünlich oder bläulich schimmernden Körperseiten. Flossen farbig, rot bis violett mit grünen Glanztüpfeln. Verlängerte Bauchflossenstrahlen grün.

Pflege und Zucht siehe Beschreibung der Unterordnung, S. 318, und voranstehende Art. Zucht nicht einfach und häufig nur im Frühjahr und bei sonniger Aufstellung des Aquariums möglich. Schaumnest klein, meist unter Pflanzenblättern. ♂ und ♀ erzeugen knurrende Laute.

Familie Mastacembelidae
Stachelaale

Aalförmige bis bandartige Bodenfische, die im Süß- und Brackwasser Süd- und Südostasiens sowie in Afrika beheimatet sind. Weichstrahlige Rücken- und Afterflosse flossensaumartig, meist mit der kleinen Schwanzflosse verbunden. Vor dem Rückenflossensaum zahlreiche einzeln stehende, aufrichtbare Stacheln. Kopf spitz, Schnauze in einen beweglichen Fortsatz verlängert, neben dem seitlich in Form kleiner Röhrchen die vorderen Nasenöffnungen liegen. Maul und Kiemendeckelspalte klein. Die Stachelaale sind Dämmerungstiere, die vorwiegend die verkrauteten Uferzonen bewohnen und sich tagsüber vielfach so weit in den Bodengrund einwühlen, daß nur die Schnauze herausragt. In bepflanzten Aquarien mit weichem Bodengrund und zahlreichen Versteckmöglichkeiten dauern die meisten Arten gut aus. Lebendfutter aller Art, vor allem kleine Würmer und Rote Mückenlarven. Für einige Stachelaale ist ein geringer Seesalzzusatz von 2 bis 3 Teelöffeln auf 10 l Wasser notwendig. Leider sind die Tiere im Aquarium meist nicht zu sehen. Verschiedene Arten wurden bereits gezüchtet.

Die bekanntesten Arten sind: *Macrognathus aculeatus* (Bloch, 1787) aus Südostasien mit schönen Pfauenaugenflecken in der Rückenflosse, die hier nicht mit der Schwanzflosse vereinigt ist, bis 35 cm lang, *Mastacembelus circumcinctus* HORA, 1924 (Gürtelstachelaal, Taf. 140) aus Südostthailand, bis 20 cm, sowie *Mastacembelus erythrotaenia* BLEEKER, 1850 (Rotstreifenstachelaal) aus Südostasien, Sumatra und Kalimantan, bis etwa 30 cm.

Familie Tetraodontidae
Kugelfische

Aus der artenreichen, vor allem in den tropischen und subtropischen Meeren verbreiteten Familie der Kugelfische konnten nur einzelne das Süßwasser erobern. Körper in der Regel keulenförmig, Flossen relativ klein. Die propellerartig bewegten Brustflossen dienen, unterstützt von der Rücken- und Afterflosse, der Fortbewegung, der Schwanzstiel mit der Schwanzflosse hat die Funktion eines Steuerruders. Bauchflossen fehlen. Auf den Kiefern sitzen Zahnschneiden, die in ihrer Gesamtheit an einen Vogelschnabel erinnern (Abb. 117). Haut nackt oder mit kleinen stern- bis stachelförmigen, bei manchen Arten aufrichtbaren Knochenplatten besetzt. Besonders interessant ist die Fähigkeit der Kugelfische, sich bei Gefahr mit Wasser oder, wenn sie aus dem Wasser herausgenommen werden, mit Luft so vollzupumpen, daß sie Kugelform annehmen, wobei gleichzeitig ihre Hautstacheln aufgerichtet werden (Abb. 117). Die Aufblähung wird durch eine sackartige Ausstülpung des Magens ermöglicht, die sich weit unter der Bauchhaut ausdehnt. Das aufgenommene Wasser oder die Luft können ruckartig wieder ausgestoßen werden. Die eigenartige Ausstülpung dient vermutlich dem Schutz, das vergrößerte Tier ist für viele potentielle Feinde nicht mehr schlingfähig. Das Fleisch vieler Kugelfische ist giftig.

Einige Arten lassen sich in reinem Süßwasser gut hältern, für andere ist ein geringer Seesalzzusatz (2–3 Teelöffel auf 10 l Wasser) angezeigt. Manche Kugelfische sind bissig und müssen deshalb im Artbecken gepflegt werden, andere eignen sich für das Gesellschaftsaquarium. Temperatur 22 bis 25 °C, größere Futtertiere wie Rote Mückenlarven, Mehlwürmer, Regenwürmer, vor allem aber kleine Muscheln und Schnecken, Krebs- oder Muschelfleisch. Verschiedene Arten konnten bereits erfolgreich vermehrt werden, so zum Beispiel *Tetraodon schoutedeni, T. cutcutia, T. fluviatilis* u. a. Über Besonderheiten der Zucht siehe bei den Artbeschreibungen.

Tetraodon fluviatilis (Taf. 140)
(HAMILTON-BUCHANAN, 1822)
Grüner Kugelfisch

Vorderindien, Sri Lanka, Burma, Thailand, Halbinsel Malakka, Sundainseln und Philippinen, im Süßwasser und in schwach brackigem Wasser; bis 17 cm.

Kopf und Körper mit mehr oder weniger dicht stehenden Stacheln besetzt, selten ganz nackt. Färbung und Zeichnung entsprechend der örtlichen Herkunft

Abb. 117 Links: Aufgeblähter Kugelfisch. Rechts: Zahnschnabel eines Kugelfisches

verschieden, auch wechselt die Zeichnung mit dem Alter. Oberseite und Körperseiten mit großen, runden, braunen bis schwarzen Flecken, die sich besonders auf dem Rücken zu breiten, balkenartigen Zeichnungen vereinigen können. Zwischenräume smaragdgrün bis gelbgrün. Unterseite weiß, bei älteren Tieren grau, gelegentlich mit dunklen Tupfen. Auge gelb. Sichere Geschlechtsunterschiede sind noch nicht beschrieben worden.

Pflege der prächtigen Art, wie in der Familienbeschreibung angegeben. *T. fluviatilis* kann dauernd im Süßwasser, jedoch nur zeitweise im Seewasser gepflegt werden. Zur Zucht etwas Seesalzzusatz (1 Eßlöffel auf 10 l Wasser). Laichgeschäft wie bei *Tetraodon schoutedeni* angegeben. Der Grüne Kugelfisch ist in der Jugend recht friedlich, später vielfach bissig. Er knabbert gelegentlich an den Pflanzen.

Tetraodon miurus (Taf. 140)
BOULENGER, 1902
Brauner Kugelfisch

Mittlerer und unterer Kongo (Zaïre); bis 15 cm.

Körper breit, Schwanz etwas aufgewölbt, Augen froschartig vorstehend, Farbwechselvermögen zwischen fast schwarz, hellgrau und rotbraun stark ausgeprägt. Außerdem können verschiedene Zeichnungsmuster auftreten. Geschlechtsunterschiede unbekannt.

Pflege nur in Artbecken möglich. Die Tiere lauern, durch ihr Farbwechselvermögen vorzüglich der Umgebung angepaßt, auf vorbeischwimmende Fische, die sie mit einem Biß in die Seitenmitte töten und dann fressen. Man versuche die Tiere an Wurmfutter (Regenwürmer) oder Rote Mückenlarven zu gewöhnen. 23 bis 28 °C, Süßwasser.

Tetraodon schoutedeni
PELLEGRIN, 1926
Kongokugelfisch

Unterer Kongo (Zaïre) bei Pool Malebo, nur im Süßwasser; bis 10 cm.

Ähnlich gestaltet wie *T. fluviatilis*. Von dem pastell- bis ockerfarbenen, oberseits dunkleren Grund heben sich zahlreiche verschieden große sepiafarbene und schwarze Flecken ab. Auge rötlich. ♀ wesentlich größer.

Pflege und Zucht siehe Familienbeschreibung. *T. schoutedeni* ist einer der friedlichsten Kugelfische, der sich durchaus auch mit anderen Friedfischen vergesellschaften läßt. Sein phlegmatisches Wesen wird durch dauernde harmlose Rivalitätskämpfe oder auch Balzspiele belebt. Die Tiere fressen mit Vorliebe Tubifex und knabbern gern an Pflanzen, allerdings ohne diese zu fressen. Die Art laicht in den oberen Wasserschichten. Ein bis zwei ♂♂ beißen sich dazu an der Bauchseite eines ♀ fest und lassen sich so durch das Wasser ziehen. Nach anderen Angaben laichen die Tiere auf Blättern, das ♂ betreibt Brutpflege. Die bei 28°C nach 3 Tagen auskommenden Jungfische nehmen die üblichen Kleinstfutterarten meist nicht an und sind deshalb schwer aufzuziehen.

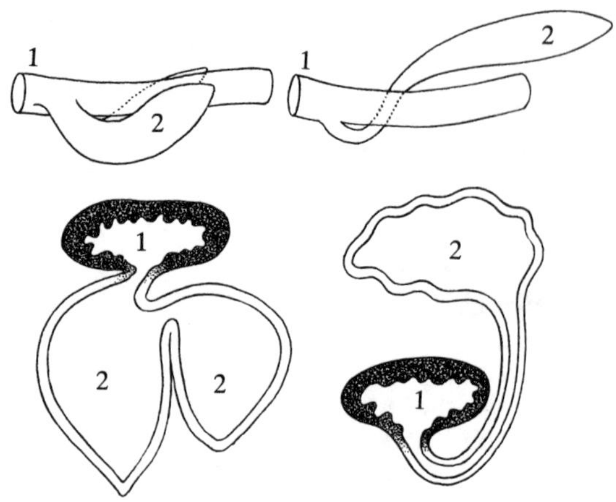

Abb. 118 Lunge von *Protopterus* (links) und *Neoceratodus* (rechts). Oben: Vorderdarm und Lunge. Unten: Querschnitte. 1 Vorderdarm, 2 Lunge

Überordnung Dipnoi
Lungenfische, Lurchfische

Die heute in Südamerika, Afrika und Ostaustralien vorkommenden Lungenfische sind Reliktformen einer Fischgruppe, deren Blütezeit im Erdaltertum vom Devon bis in das Perm reichte (370–280 Millionen Jahre vor der Jetztzeit). Wie die deutsche Bezeichnung »Lurchfische« zum Ausdruck bringt, handelt es sich um Tiere, die in ihrer Erscheinung an die Schwanzlurche erinnern. Unter den zahlreichen, zum Teil ursprünglichen, zum Teil speziellen Merkmalen ist besonders das Vorhandensein von Lungen hervorzuheben. Diese Lungen sind, wenigstens innerlich, paarige Säcke, die mit dem Boden des Vorderdarmes durch einen Luftröhrengang verbunden sind. Sie liegen bei *Lepidosiren* und *Protopterus* bauchwärts, bei *Neoceratodus* rückenwärts vom Darm (Abb. 118). *Lepidosiren* und *Protopterus* vergraben sich, sobald die Gewässer austrocknen, im Schlamm, rollen sich hier zusammen, *Protopterus* scheidet zudem eine Schleimhülle ab, die zu einer Kapsel erstarrt. Die Atmung erfolgt über einen Gang, der den Mund und den Luftraum über dem Schlamm verbindet. Zu Beginn der Regenzeit wird das Schlammnest verlassen und nach einer Freßperiode das Laichgeschäft eingeleitet. Die Jungfische sind Larven mit äußeren Kiemen (Abb. 55). Aus einer Schwestergruppe der Dipnoi haben sich die Quastenflosser (Crossopterygii) und alle landlebenden Wirbeltiere entwickelt.

Alle Lungenfische sind Räuber mit sehr kräftigem Gebiß. Importiert wurden in den letzten Jahren vor allem *Protopterus*-Arten aus Afrika (Taf. 140) und *Lepidosiren paradoxa* (FITZINGER, 1836) aus Südamerika. Alle Arten lassen sich als Larven und Jungtiere gut im Aquarium pflegen. Temperatur 22 bis 25°C, größeres Lebendfutter, vor allem auch kleine Fische. Große Exemplare sind wertvolle Schaustücke öffentlicher Aquarien.

Krankheiten der Aquarienfische

Einführung

Fischkrankheiten sind zeitweilige oder dauernde Beeinträchtigungen der normalen Lebensvorgänge der Fische. Viele führen zum Tode. Jede Fischkrankheit hat eine besondere Ursache und muß entsprechend behandelt werden. Hinsichtlich der Ursachen unterscheidet man mehrere Krankheitsgruppen. Häufig ziehen Krankheiten der einen Gruppe solche der anderen nach sich. So ist zum Beispiel ein durch ungünstige Hälterungsbedingungen geschädigter Fisch besonders anfällig für verschiedene Parasiten. Als Todesursache sind in diesem Fall leicht die Parasiten, nur schwer die ursprünglichen Schädigungen festzustellen.

Während in Nutzfischteichen oder in anderen freien Gewässern Fischkrankheiten meist erst dann entdeckt werden, wenn bereits tote Tiere auf der Wasseroberfläche treiben, lassen sich in der Aquaristik Krankheiten häufig schon sehr frühzeitig feststellen. Der interessiert beobachtende Aquarienfreund kennt jedes seiner Tiere meist so genau, daß ihm Verhalten und Färbung sichere Auskunft über den Gesundheitszustand eines Fisches geben können. Auch unauffällige Parasiten werden meist noch vor ihrer Massenvermehrung entdeckt. Die Möglichkeit, Krankheiten frühzeitig erkennen und eine Diagnose stellen zu können, ist für die Krankheitsbekämpfung besonders günstig. Dies könnte nun zu der Ansicht verleiten, daß Verluste unter den Aquarienfischen im allgemeinen selten sind, jedoch beweist die Praxis gerade das Gegenteil. Ja, es läßt sich sogar sagen, daß nur wenige der gepflegten Tiere eines natürlichen Alterstodes sterben, die meisten aber an einer Krankheit oder an einem Unglücksfall zugrunde gehen. Die Ursachen dafür sind folgende:

- Die räumlich beengten Verhältnisse eines Aquariums und die oft zu dichte Fischbesetzung führen leicht zur Verschlechterung der Lebensbedingungen und fördern direkt oder indirekt die Übertragung der Parasiten von Fisch zu Fisch.
- Die Um- und Neubesetzung von Aquarien, das Einbringen neuerworbener Fischarten und Wasserpflanzen, die Verwendung gleicher Gerätschaften für mehrere Aquarien sowie die Fütterung mit lebenden Futtertieren ist immer mit der Gefahr verbunden, Krankheitserreger einzuschleppen oder zu verbreiten.
- Die Temperatur- und Wasserverhältnisse in einem Aquarium bieten vielen Fischparasiten und ihren nichtparasitierenden Entwicklungsstadien günstige Lebensbedingungen.
- Unsachgemäße Behandlung von Infektionskrankheiten und Parasitosen. Der Versuch, scheinbar gesunde Fische auszulesen, bedingt meist eine Verbreitung der Krankheit, da solche Tiere fast immer Träger von Krankheitserregern sind.
- Ein nicht geringer Prozentsatz aller Verluste ist auf eine mangelhafte technische Ausrüstung und unsachgemäße Hantierungsweise zurückzuführen. Im einzelnen läßt sich hier folgende Staffelung der Gefahrenquellen feststellen:
  Ausfall der Heizung,
  Verluste durch ungeeignete Transportmethoden und Transportschwierigkeiten,
  Ausfall der Durchlüftung in überbesetzten Bekken,
  ungenügende Abdeckung der Aquarien,
  Verluste durch überalterte Filter,
  Verluste beim Herausfangen der Fische.
- Nicht zuletzt ist die relativ hohe, durch Erkrankungen bedingte Verlustquote unter den Aquarienfischen eine Folge ihrer Eigenschaften selbst sowie eine Begleiterscheinung der Gefangenschaft. Schon die durchweg geringe Größe der meisten Arten, ihre Zartheit und Empfindlichkeit führen bei Erkrankungen zu einer erhöhten Sterblichkeit. Ein Karpfen oder eine Schleie wird erst einem ganzen Heer von Karpfenläusen erliegen, einen Neontetra oder Zwergbuntbarsch überwältigen schon wenige. Aber auch die Gefangenschaft ist meist mit einer Verringerung der Widerstandskraft verbunden. Darüber hinaus wird die Anfälligkeit der Zierfische durch dauernde Inzucht erhöht.

Man unterscheidet bei den Fischkrankheiten folgende Hauptgruppen:

- erworbene Fischkrankheiten,
- angeborene Fischkrankheiten.

Am häufigsten treten erworbene Krankheiten auf.

Sie werden durch ungünstige Hälterungsbedingungen, Verletzungen, Gifte und Schadstoffe hervorgerufen (Umweltkrankheiten) oder durch Viren, Bakterien, Pilze, Einzeller, Würmer und andere Organismen verursacht (Infektionskrankheiten und Parasitosen). Angeborene Krankheiten kommen wesentlich seltener vor. Ihre Ursachen liegen im Erbgefüge und werden deshalb von Generation zu Generation vererbt.

SCHÄPERCLAUS untergliedert die Umweltkrankheiten entsprechend ihrer Ursachen in drei Gruppen:
- Krankheiten, die durch ungünstige Wasserverhältnisse (Härte, pH-Wert, Gasgehalt, Temperatur, Giftstoffe) hervorgerufen werden,
- Krankheiten, die auf eine ungeeignete Ernährung zurückzuführen sind (Stoffwechselkrankheiten),
- Krankheiten oder Schädigungen durch mechanische Verletzungen, durch Schockwirkung, durch Elektrizität und Schädigung durch nichtparasitäre Tiere und Pflanzen.

Während die Krankheiten der ersten beiden Gruppen meist ganz allmählich zu Schädigungen und Krankheitserscheinungen führen, die häufig erst dann erkannt werden, wenn zusätzlich parasitäre

Abb. 119 Ungünstige Umweltbedingungen als Wegbereiter für eine Vermehrung von Gelegenheitsparasiten (Punkte). a) Normalzustand; b) und c) ungünstige Faktoren, symbolisiert durch Pfeile, setzen die Widerstandskraft herab, die Gelegenheitsparasiten können sich dadurch stark vermehren.

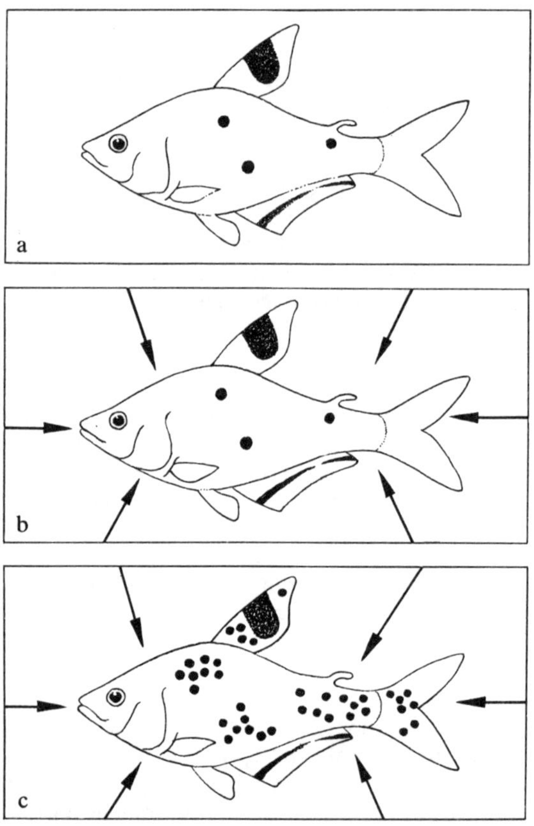

Krankheiten auftreten, zeigen sich die Krankheiten oder Schädigungen der dritten Untergruppe meist sofort. Von dieser Regel gibt es eine anschauliche und lehrreiche Ausnahme. Alle Schädigungen durch ungünstige Wasserverhältnisse können dann plötzlich auftreten, wenn an bestimmte Verhältnisse gewöhnte Tiere umgesetzt werden, so zum Beispiel aus Altwasser in Frischwasser oder aus Warm- in Kaltwasser oder aus schwach alkalischem in schwach saures Wasser. Die Folgen sind krampfhaftes Atmen, blitzschnelles, zielloses Umherschießen oder völliger Reaktionsverlust. Nicht selten verenden die Tiere so schnell, daß sie nur noch tot herausgefangen werden können. Diese unterschiedliche Reaktion der Fische auf ungünstige oder stark veränderte Umweltfaktoren läßt sich wie folgt erklären: In einem Aquarium entstehen ungünstige Lebensbedingungen meist ganz allmählich. Langsam verändert sich der Durchschnitts-pH-Wert, langsam reichern sich Stoffwechselprodukte an, langsam sinkt die Temperatur. Die Fische haben die Möglichkeit, sich diesen Veränderungen langsam anzupassen, sie durch Anpassung zu tolerieren.

Ganz anders ist die Situation beim Umsetzen der Tiere. Dabei sind plötzlich andere Umstände gegeben, es besteht keine Möglichkeit zur allmählichen Anpassung. Die Lebensvorgänge werden tiefgreifend beeinflußt, ja können schlagartig so gehemmt sein, daß das Tier verendet. Es sei betont, daß dabei Faktoren schädigen können, die bei langsamer Gewöhnung den Körper nicht negativ beeinflussen würden, wenn bestimmte Grenzwerte nicht unter- oder überschritten werden. Ergänzend ist festzustellen, daß viele Fische gegen plötzlichen Faktorenwechsel nicht in allen Lebensabschnitten gleich empfindlich sind. So vertragen beispielsweise junge *Telmatherina* oder *Pterophyllum* das Umsetzen in andere Bedingungen besser als alte Tiere.

Im Gegensatz zu den Umweltkrankheiten ist bei den Infektionskrankheiten und Parasitosen die Schädigung immer durch Organismen bedingt. Man unterscheidet nach den verursachenden Organismengruppen:
- Virosen oder Virusinfektionen,
- Bakteriosen oder Bakterieninfektionen,
- Mykosen oder Pilzkrankheiten,
- Parasitosen oder Parasitenkrankheiten (Einzeller, Würmer, Krebse).

In der Teichwirtschaft stehen vor allem die Virosen und Bakteriosen im Vordergrund. Durch Viren- und Bakterieninfektionen entstehen dort jährlich große Verluste, nicht selten müssen ganze Bestände infizierter Nutzfische vernichtet werden. In der Aquaristik haben dagegen die Parasitosen größere Bedeutung. Der Unterschied läßt sich unter anderem aus der Tatsache erklären, daß viele fischpathogene Viren und Bakterien auf bestimmte Fischarten oder -gruppen spezialisiert sind und deshalb die Monokulturen in der Teichwirtschaft Masseninfektionen begünstigen. Die im Aquarium gepflegten, sehr unterschiedlichen Fischarten sind gegenüber fischpathoge-

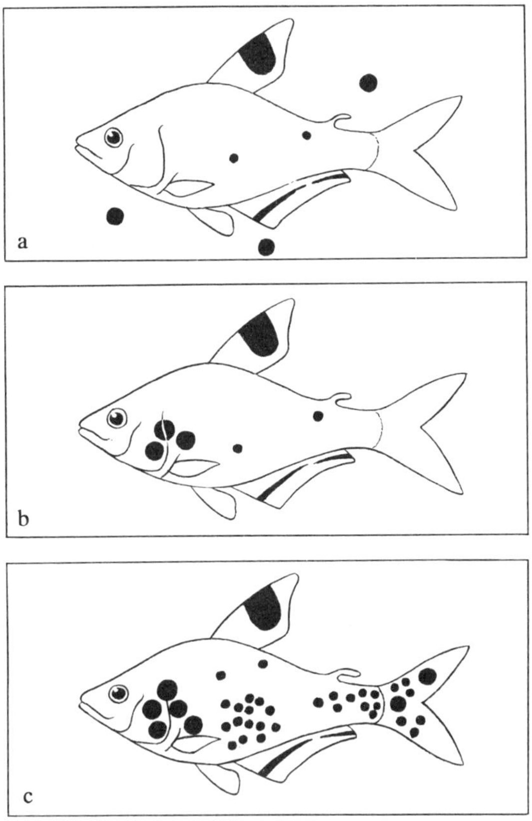

Abb. 120 a) bis c) Vollparasiten (große Kreisflächen) als Wegbereiter für eine Vermehrung der Gelegenheitsparasiten (Punkte)

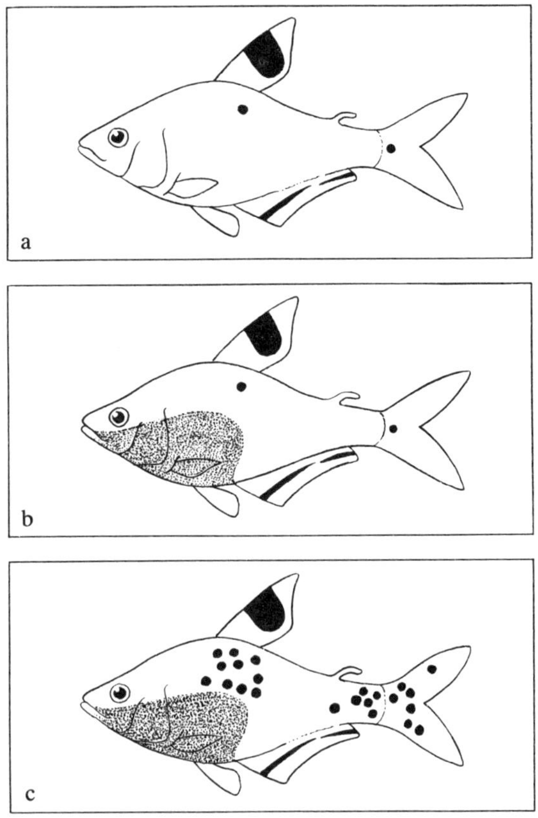

Abb. 121 a) bis c) Virus-, Bakterien- oder Pilzinfektionen als Wegbereiter für eine Vermehrung der Gelegenheitsparasiten (Punkte)

nen Viren und Bakterien, von Ausnahmen abgesehen, sehr unterschiedlich anfällig.

Allerdings sind die Kenntnisse über Virosen und Bakteriosen bei Aquarienfischen bisher nur gering. Die Untersuchungsstellen für kranke Aquarienfische haben meist nicht die Möglichkeit, Virosen und Bakteriosen sachgerecht zu analysieren, zumal der Wert der Objekte diese kosten- und geräteaufwendigen Untersuchungen nur ausnahmsweise rechtfertigt.

Wir konzentrieren uns deshalb vorwiegend auf die Parasitosen der Aquarienfische. Diese lassen sich in solche, die durch Außenschmarotzer (Ektoparasiten), und in solche, die durch Innenschmarotzer (Entoparasiten) verursacht werden, untergliedern. Ektoparasiten beschränken sich immer auf die Haut einschließlich der Kiemenoberfläche, der sie entweder nur aufsitzen oder in deren Zellschichten sie eindringen. Die Entoparasiten leben entweder in den Hohlräumen des Fisches (Leibeshöhle, Blutgefäßsystem, Darmlumen, Gallenblase) oder in den Geweben und Zellen selbst.

Von den Parasiten sollte man wissen, daß sie zum Teil wirtsunspezifisch sind, also bei fast allen Fischarten vorkommen können, teils aber an bestimmte Fischgruppen, selten nur an eine bestimmte Art gebunden sind. Ganz allgemein gilt, daß die hinsichtlich ihrer Ernährung spezialisierten und in ihrer Anatomie höher organisierten Parasiten einen engeren Wirtskreis haben als einfachere Formen. Bei spezialisierten Parasiten unterscheidet man weiterhin Hauptwirte und Neben- oder Zufallswirte. Das Ansiedeln der Parasiten auf dem Wirt, der Parasitenbefall, die Infektion, ist gleichfalls keineswegs einheitlich, sondern von Fall zu Fall an ganz bestimmte Umstände gebunden. So können viele Schmarotzer erst dann auf Fischen parasitieren, wenn diese durch andere Umstände geschwächt sind. Solche Schwäche- oder Gelegenheitsparasiten *(Costia, Chilodonella, Trichodina, Gyrodactylus)* sind vereinzelt fast auf jedem Fisch anzutreffen. Zur Massenvermehrung kommt es jedoch nur dann, wenn zum Beispiel schlechte Umweltbedingungen den Fisch schwächen (Abb. 119) oder sogenannte Vollparasiten die Lebensfunktionen des Fisches beeinträchtigen (Abb. 120) oder eine bakterielle Infektion seine allgemeine Widerstandskraft herabsetzt (Abb. 121).

Die gefährlichsten Parasiten sind die Vollparasiten, Schmarotzer, die sich unabhängig davon, ob der Wirt gesund oder krank ist, ansiedeln und massenhaft vermehren (z. B. *Ichthyophthirius*). Bei Entoparasiten ist auch die Art und Weise, wie die Schmarotzer in den Körper gelangen, unterschiedlich. Eintrittspforten können sein: das Maul, der After und die Haut.

Vielfach kommen besonders bei stark spezialisierten Fischparasiten morphologische Veränderungen vor, die Anpassungen an die parasitische Lebensweise darstellen. So lassen sich bei festsitzenden Formen Anheftungsorgane in großer Mannigfaltigkeit beobachten, die Fortbewegungsorgane sind dagegen oft stark reduziert. Mit dem Parasitismus ändert sich vielfach auch die Fortpflanzung. Die Fruchtbarkeit der Parasiten wird größer, die Generationsfolge schneller als bei nahverwandten nichtparasitischen Formen. Dadurch ist für eine starke Verbreitung und auch eine größere Übertragungssicherheit gesorgt.

Viele Wurmparasiten haben mehrere Larvenstadien in speziellen Zwischenwirten, die sich dort oft zusätzlich vermehren. Zwischenwirte können Krebse, Insektenlarven, Schnecken, ja Fische selbst sein. So lebt zum Beispiel in marinen Fischen ein Larvenstadium des beim Menschen vorkommenden Fischbandwurms. Auch der Wurmstar der Fische wird durch ein Larvenstadium eines in Wasservögeln schmarotzenden Saugwurms verursacht.

Stammesgeschichtlich haben sich viele Parasiten stufenweise aus freilebenden Arten entwickelt. Diese wurden zunächst zu Leichenfressern, später zu Gelegenheits- und schließlich zu Vollparasiten.

Wie untersucht man kranke Fische?

Die Diagnostik, das Erkennen und Benennen einer Krankheit auf der Basis einer sachgerechten Untersuchung, ist nicht nur Vorbedingung für die Behandlung, sondern ermöglicht auch Voraussagen hinsichtlich der Ansteckungsgefahr und gibt Hinweise über notwendige Vorbeugemaßnahmen.

Schädigungen und Krankheiten der Fische sind keineswegs leichter zu diagnostizieren als solche der Haustiere oder gar des Menschen. Die notwendigen Kenntnisse und Methoden erfordern ein mehrjähriges Studium und praktische Erfahrungen. Die Fischkrankheitslehre ist heute ein Fachgebiet, das eine genauso intensive Ausbildung beansprucht wie andere Gebiete der Veterinärmedizin. Dies soll jedoch in keiner Weise aussagen, daß die Aquarienpraxis nicht in der Lage ist, sich mit Fischkrankheiten zu beschäftigen. Ganz im Gegenteil! Erst das Erkennen der Schwierigkeiten ermöglicht jene sinnvolle Beschränkung, die notwendig ist, um fruchtbar und nutzbringend tätig zu sein. Welche Richtlinien sind in dieser Hinsicht zu beachten?

– Die häufigen, durch klare und eindeutige Erscheinungen charakterisierten Krankheiten der Aquarienfische sind für die Aquarienpraxis so einfach und treffend darzustellen, daß jeder Liebhaber in der Lage ist, sie zu erkennen.

– Die Feststellung seltener, schwer erkennbarer Krankheiten bleibt Aufgabe besonderer Untersuchungsstellen. Um diesen eine schnelle Diagnose zu ermöglichen, ist die Einführung einer einfachen, praktischen und einheitlichen Konservierungs-, Beschreibungs- und Versandtechnik notwendig.

– Gegen Krankheiten der Zierfische sind spezielle, in der Aquarienpraxis bewährte Methoden und Mittel anzuwenden.

Den obenstehenden Forderungen wird hier so Rechnung getragen, daß erstens fast nur solche Krankheiten beschrieben werden, die ohne Inanspruchnahme spezieller Untersuchungsstellen vom Aquarianer selbst erkannt werden können, daß zweitens für hier nicht aufgeführte Krankheiten Möglichkeiten der Einsendung empfohlen werden, daß drittens aus der Vielzahl der Behandlungsmethoden nur die ausgewählt werden, die in der Aquaristik erprobt und leicht anwendbar sind.

Die Untersuchung verletzter, erkrankter oder toter Fische beginnt immer mit der Krankheitsvorgeschichte, der Anamnese, das heißt, man versucht zunächst, aus bekannten Vorgängen und zusammengetragenen Beobachtungen möglichst viele Hinweise über die Ursache der Krankheit oder die Krankheitsart zu gewinnen. Dabei ist es besonders wertvoll, folgende Punkte zu berücksichtigen:

– Sind in letzter Zeit neue Fische oder Pflanzen in das Aquarium eingebracht worden?

– Haben alle technischen Einrichtungen in letzter Zeit funktioniert, oder sind eventuell starke Temperaturschwankungen durch Versagen der Heizung aufgetreten?

– Wie ist das Wasser, klar oder trüb, weich oder hart, schwach sauer, neutral oder schwach alkalisch?

– Wie ist in letzter Zeit gefüttert worden, und woher stammte das Futter? Ist das Futter stets gänzlich aufgefressen worden, oder blieben oft Reste auf dem Bodengrund liegen? Wie ist der Ernährungszustand der Fische?

– Vertragen sich die vergesellschafteten Tiere, oder sind ausgesprochen bissige und ruppige Tiere darunter?

– Starben nach und nach einzelne Tiere einer oder weniger Fischarten, oder starben in kurzer Zeit viele Tiere verschiedener Arten?

– Wie haben sich die kranken oder gestorbenen Fische in letzter Zeit verhalten? Waren sie scheu, unruhig oder teilnahmslos, bewegungs- und freßunlustig? Waren Schwimmweise und Körperhaltung normal, oder taumelten die Tiere? Wie wurden die Flossen gehalten, war die Färbung kräftig? Ließ sich ein bevorzugtes Schwimmen an der Oberfläche, Rutschen auf dem Bodengrund oder Scheuern an den Steinen und Pflanzen beobachten? In welcher Körperhaltung starben die Fische?

Der Anamnese folgt die eigentliche Untersuchung. Diese sollte, wenn die Möglichkeit besteht, nur an Tieren durchgeführt werden, die schwer erkrankt, jedoch noch nicht gestorben sind. Die Feststellung einer Krankheit ist bei verendeten Tieren meist unvergleichlich schwieriger als bei solchen, die zunächst lebend untersucht und später zur Betrachtung der inneren Organe getötet werden konnten. Abgesehen davon, daß bei toten Fischen unter den relativ hohen Temperaturen eines Warmwasseraquariums sehr bald Zersetzungserscheinungen eintreten, verändert

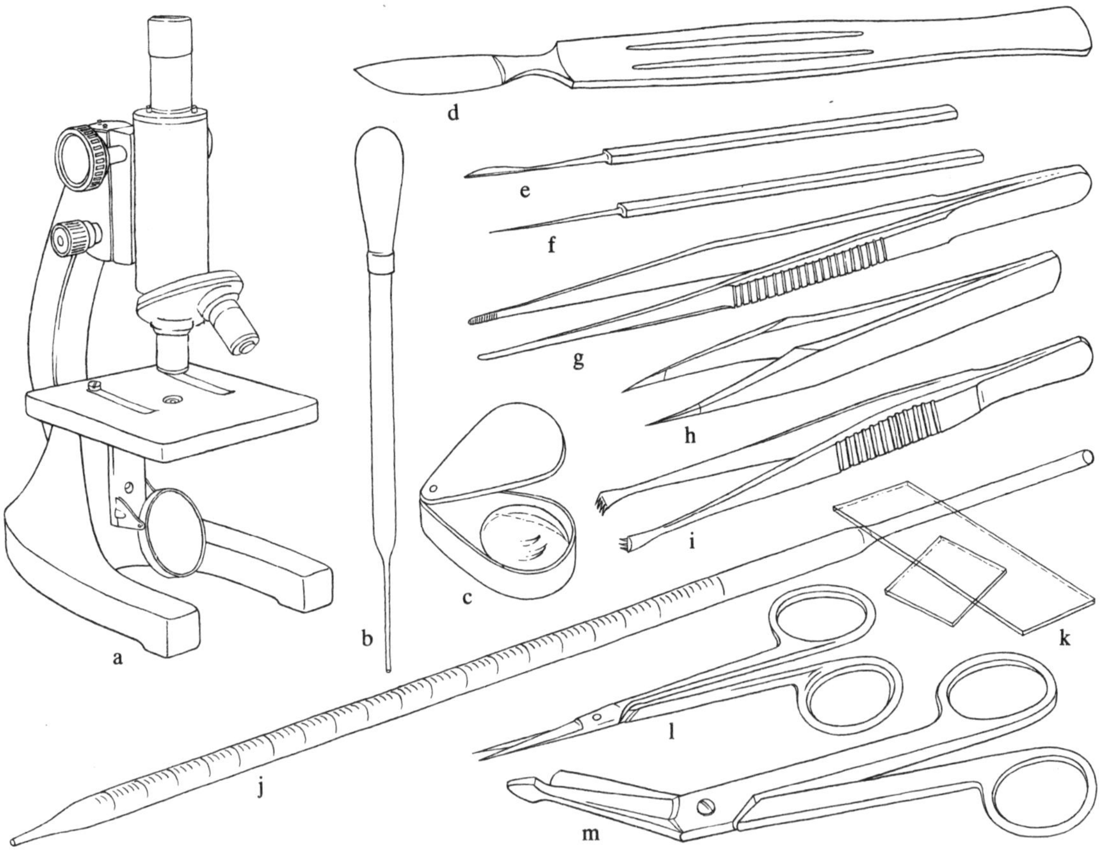

Abb. 122 Geräte und Zubehör zur Untersuchung kranker Fische. a) Mikroskop; b) Pipette; c) Lupe (8 × bis 10 ×); d) Skalpell; e) Irisskalpell; f) Präpariernadel; g) Anatomische Pinzette; h) Feinpinzette; i) Chirurgische Pinzette; j) Meßpipette; k) Objektträger und Deckgläser; l) Feinschere; m) abgewinkelte Grobschere mit stumpfen Spitzen

sich häufig auch das Krankheitsbild, zumindest an der Haut und an den Kiemen. So verlassen manche Krankheitserreger das verendete Tier, Infusorien siedeln sich an, die Haut trübt sich, so daß zarte Beläge nur schwer zu erkennen sind, die Färbung wird fleckig u. a. m. Die Veränderungen nach dem Tode erschweren die Diagnose, machen sie zum Teil unmöglich.

Für die Untersuchung wird ein Tier ausgewählt, das besonders auffällige Krankheitserscheinungen (Symptome) hat, das heißt, sich entweder durch sein Verhalten als krank ausweist oder deutliche Veränderungen der Flossen, Augen oder Haut oder mehrere Symptome gleichzeitig zeigt. Dieses Tier wird zunächst genau beobachtet und dabei folgendes festgestellt (Voruntersuchung):

Ernährungszustand: normal, abgemagert;
Körperform: normal, Bauch aufgetrieben, verkrüppelt;
Flossenzustand: normal, verklemmt, ausgefranst, im Verlauf der Krankheit verkürzt, klar, getrübt, mit bläulichweißen Belägen, mit grießartigen Knötchen, mit blutigen Rändern, mit watteähnlichen Belägen, Flossen fehlen ganz;
Augen: normal, klar, mit körniger Regenbogenhaut, sehr dunkel, getrübt, hervorstehend, ausgelaufen;
Maul: normal, vorgestreckt, verengt, weit aufgerissen, Mundränder verdickt;
Kiemendeckel: angelegt oder abstehend, hinterer Rand wund, durchlöchert;
Körperhaut: normal, insgesamt leicht getrübt, mit zarten bläulichweißen, fleckigen, unscharf begrenzten Trübungen, mit blutigen Stellen, mit grießartigen Knötchen, mit watteähnlichen Belägen, Färbung stellenweise fleckig unterbrochen u. a.;
Schuppen: normal, an einzelnen Stellen abstehend, überall abstehend;
Veränderungen ohne bestimmte Lage: unscharf begrenzte, flache Geschwüre, hervorstehende geschwürartige, runde Knoten, runde, tiefe Geschwüre, Wucherungen, kreisrunde, blutige Stellen u. a.;

Die in der Voruntersuchung festgestellten Veränderungen liefern häufig wertvolle Hinweise für die eigentliche Untersuchung. Diese erfordert in der Regel eine genaue Kenntnis der normalen Organbeschaffenheit, das heißt, der Untersucher wird erst dann Veränderungen an den Kiemen, der Leber und anderen Organen feststellen können, wenn er weiß, wie diese in gesundem Zustand aussehen. Es wird deshalb allen, die sich ernsthaft mit Fischkrankheiten beschäftigen wollen, empfohlen, zunächst mehrere gesunde Tiere irgendeiner weniger wertvollen Art nach den unten angegebenen Methoden zu untersuchen, um beispielsweise festzustellen: Wie sieht der Abstrich von einer unveränderten Haut, wie eine Kieme, wie eine Leber usw. bei Lupenbetrachtung und im Mikroskop aus? Erst die Kenntnis des Normalen ermöglicht die Feststellung des Krankhaften.

Es ist günstig, die Untersuchung auch dann in einer bestimmten Reihenfolge durchzuführen, wenn Anamnese, Voruntersuchung und Erfahrung schon recht eindeutig auf eine bestimmte Krankheit, zum Beispiel Hauterkrankung, hinweisen. Auch in einem solchen Fall soll nicht nur der Haut, sondern auch den anderen Organen Aufmerksamkeit geschenkt werden. Nicht selten wird man dabei weitere Krankheiten entdecken, die sich sogar als Grundursache herausstellen können und die Hautkrankheit als Folge der primären Schädigung entlarven.

Gerätschaften und Chemikalien für einfache Untersuchungen

Größere Parasiten lassen sich zum Teil mit freiem Auge, zum Teil mit einer 6- bis 8fach vergrößernden Lupe gut erkennen. Zum sicheren Nachweis kleinerer Parasiten oder zur Feststellung histologischer Organveränderungen benötigt man ein Mikroskop mittlerer Leistungsfähigkeit, außerdem Objektträger und Deckgläser. An Präparierinstrumenten ist zumindest der in Abb. 122 vorgestellte Grundbestand erforderlich. Von den Pipetten sollten mehrere einfache und mindestens je eine 2-ml- und 10-ml-Meßpipette zur genauen Dosierung von Lösungen zur Verfügung stehen. Außer den Instrumenten werden zum Präparieren Stecknadeln mit Glasköpfen und Filterpapierstreifen benötigt. Als Präparierschale kann eine 5 bis 6 cm hohe größere Blechdose dienen, in die man 1,5 bis 2 cm hoch Kerzenparaffin, eventuell vermischt mit etwas Bienenwachs, einbringt. Besser eignen sich Entwicklerschalen, allerdings muß man durch eingeklebte hakenförmige Plastestreifen einer Ablösung der Paraffinschicht vorbeugen. Bei der Blechdose erreicht man dies durch das Einschlagen einiger Bodenlöcher von unten her. Selbstredend müssen diese beim Eingießen des Paraffins mit einem Klebestreifen verschlossen werden.

Vor allem für Organ- und Blutuntersuchungen wird 0,75–0,8%ige physiologische Kochsalzlösung empfohlen. Man löst dazu 7,5 bzw. 8 g reines Kochsalz in 1 l destilliertem oder vollentsalztem Wasser.

Zur Betäubung von Fischen eignet sich das Anästhetikum MS 222 (m-Aminobenzoesäureäthylester methansulfonat). Das weiße Pulver wird in Wasser gelöst. Die Lösung ist gut verschlossen längere Zeit haltbar und kann mehrfach verwendet werden. Im allgemeinen genügen Konzentrationen von 0,05 g bis 0,1 g/l Wasser. Je nach Art und Größe der Tiere wird völlige Reaktionslosigkeit meist nach 3 bis 6 Minuten erreicht. Die Lösung soll nicht länger als nötig, höchstens 10 bis 15 Minuten, einwirken, die Erholungszeiten in reinem Wasser sind von Art zu Art verschieden. Zum Abtöten läßt man die Tiere länger in der Lösung oder verwendet höher konzentrierte Lösungen.

Gut bewährt hat sich weiterhin, vor allem in Großaquarien, auch Hypnodil (Metomidathydrochlorid) 1 bis 2 mg/l Wasser.

Untersuchung der Haut

Zur Struktur der normalen Fischhaut siehe S. 69. Für die Untersuchung fängt man den erkrankten Fisch vorsichtig heraus und hält ihn mit einem feuchten Tuch so fest, daß der Körperteil mit den stärksten Hautveränderungen nicht berührt wird. Mit der Schneide eines peinlichst gesäuberten Skalpells, notfalls mit einer Taschenmesserklinge, werden daraufhin vorsichtig von vorn nach hinten etwas Hautschleim und Hautepithel in der erkrankten Zone (wenn eine solche nicht zu erkennen ist, in der Nakkengegend oder unter den Brustflossen) abgestreift und in einen Tropfen Wasser gebracht, der vorher auf einen geputzten Objektträger aufgetropft wurde. Nun versucht man, die Hautflocke mit Nadeln zu zerkleinern oder zu verrühren und legt schließlich vorsichtig ein Deckglas auf. Es ist wichtig, darauf zu achten, daß sich das Deckglas nicht zu fest ansaugt (Wassertropfen zu klein! Kennzeichen: zahlreiche unregelmäßige Luftblasen unter dem Deckglas), aber auch nicht schwimmt (Tropfen zu groß!). Notfalls kann zuviel Wasser mit einem Streifen Filterpapier abgesaugt werden.

Das so vorbereitete Präparat wird auf den Objekttisch des Mikroskops gelegt und vorerst bei weit geschlossener Blende und schwacher Vergrößerung durchgemustert. Interessante Stellen analysiert man anschließend bei stärkerer Vergrößerung.

Viele Hautparasiten lassen sich auf diese Weise recht gut diagnostizieren. Etwas schwieriger ist die Aufgabe, wenn nur wenige oder sehr kleine Parasiten vorhanden sind oder Pilze und Bakterien in die Analyse einbezogen werden sollen. Auch der Spezialist kommt dabei ohne zusätzliche Methoden nicht mehr aus, er muß spezielle Arten der Mikroskopie, Färbungen, Kulturmethoden und andere Techniken einsetzen, um zu einer sicheren Aussage zu kommen. All dies ist jedoch in der Aquarienpraxis meist nicht durchführbar. Ihre Möglichkeiten enden in der Regel mit der groben mikroskopischen Analyse.

Allerdings soll hier auf eine Technik hingewiesen werden, die trotz ihrer Einfachheit die Beobachtungsmöglichkeiten vielfach wesentlich verbessert und auch in der Aquarienpraxis anwendbar ist, die Tuschetechnik. Sie gewährleistet eine Kontrastierung des Wassers; die Gewebe der Fischhaut, ein- und mehrzellige Parasiten, Pilzfäden, aber auch große Bakterien heben sich dadurch viel besser von dem umgebenden Medium ab. Man versetzt dazu den Wassertropfen auf dem Objektträger mit etwas chinesischer Tusche und verrührt diese. Die feinkörnig ausgeflockte Tusche gewährleistet nicht nur die oben beschriebene Kontrastwirkung, sondern verdeutlicht auch die Bewegung der Parasiten.

Bei Tieren, die starke Krankheitserscheinungen an den Flossen zeigen, ist es oft angezeigt, die ganze

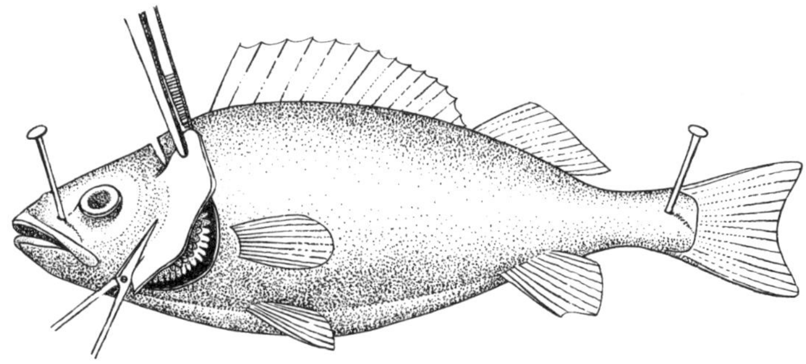

Abb. 123 Präparation zur Kiemenuntersuchung: Kiemendeckel anheben und möglichst weit vorn abtrennen

Flosse mit einer Schere abzutrennen und in einen Wassertropfen auf dem Objektträger zu bringen. Nach Auflegen eines Deckglases lassen sich bei dieser Methode die Parasiten im Mikroskop meistens gut erkennen. Auch bei der Untersuchung ganzer Flossen kann dem Präparat etwas Tusche zugefügt werden.

Untersuchung der Kiemen

Zur Anatomie der normalen Fischkieme siehe S. 78. Für die Untersuchung der Kiemen wird der Fisch durch einen die Wirbelsäule durchtrennenden Nakkenschnitt getötet und mit Nadeln in einer Präparierschale fixiert. Danach hebt man mit einer Pinzette den Kiemendeckel an und trennt diesen möglichst weit vorn mit einer Schere ab (Abb. 123). Die nun frei liegenden Kiemenbögen mit den Kiemenblättchen sind oben und unten festgewachsen und müssen nach Feststellung ihrer Farbe hier abgetrennt werden. Die abgetrennten Kiemenbögen bringt man in einen Wassertropfen auf den Objektträger, isoliert sie vorsichtig mit Nadeln und legt ein Deckglas auf. Die Betrachtung unter dem Mikroskop erfolgt zunächst bei schwacher Vergrößerung und fast geschlossener Blende. Gesunde Kiemenblättchen sind schlank und gleichmäßig ausgebildet, kranke oft verdickt, verwachsen oder verkürzt (Taf. 143).

Bei Zweifeln, ob Veränderungen vorliegen oder nicht, untersuche man ein Vergleichspräparat von einem gesunden Fisch aus einem anderen Aquarium. Relativ leicht lassen sich Pilze, Parasiten oder Niederschläge auf der Kiemenoberfläche erkennen.

Untersuchung der Eingeweide

Zur Anatomie der Eingeweide siehe S. 77. Ihre Untersuchung erfordert eine kunstgerechte, vorsichtige Öffnung der Leibeshöhle. Am besten eignet sich dazu eine spitze Schere, bei größeren Fischen kräftige abgewinkelte Scheren (Abb. 122). Der erste Schnitt verläuft in der Bauchmitte von der Afteröffnung zur Kehle (Abb. 124). Der zweite beginnt ebenfalls am After, führt jedoch im Bogen nach oben und vorn, wobei sich die innere Scherenspitze in der Leibeshöhle gleichsam vorantastet. Nun wird der Fisch mit Nadeln im Präparierbecken fixiert und die seitliche Körperwand vorsichtig mit einer Pinzette angehoben. Gewebestränge zwischen Wandung und Eingeweiden löst man vorsichtig mit einem Skalpell oder der Schere. Mit einem dritten Schnitt unmittelbar hinter dem Kiemendeckel wird schließlich die ganze Körperseitenwand abgetrennt (Abb. 124). Nachdem so die Organe der Leibeshöhle freigelegt sind, betrachtet man diese zunächst mit einer Lupe. Sie können dabei vorsichtig verschoben oder angehoben werden. Leber, Darm und Schwimmblase, bei geschlechtsreifen Tieren auch Eierstöcke oder Hoden, lassen sich meist leicht unterscheiden. Die unter der Wirbelsäule liegende dunkelrote Niere sieht man häufig erst nach Entfernung der Schwimmblase, bei fehlender Schwimmblase (viele Bodenfische) erst

Abb. 124 a) Präparation zur Untersuchung der Leibeshöhle; b) Schema der notwendigen Schnitte zur Eröffnung der Leibeshöhle und zur Freilegung der Kiemen. Beim Abheben der seitlichen Körperwand müssen die lockeren Verbindungen zwischen den Eingeweiden und dem Bauchfell vorsichtig durchtrennt werden.

a

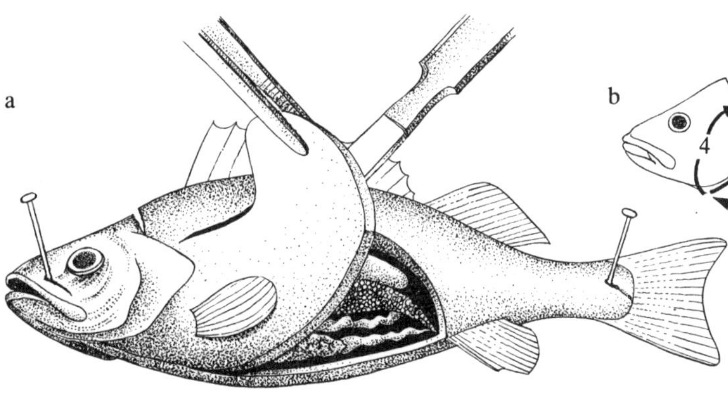

b

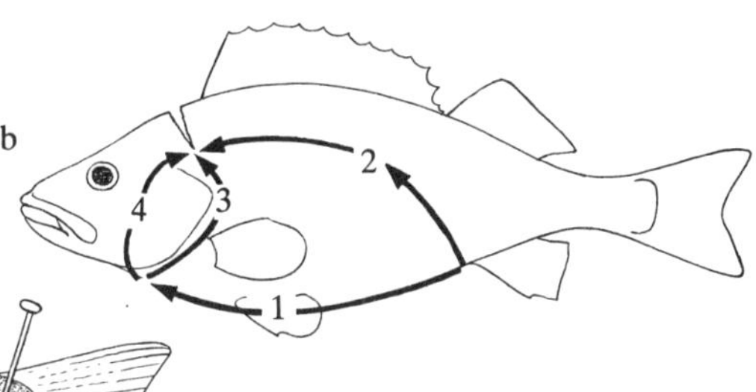

nach Entfernung des Darmes. Im einzelnen achte man zunächst auf folgendes:
- Farbe der Leber. Gesunde Fischleber ist fast immer rot- bis gelbbraun. Grünliche, gelbe oder hell okkerfarbene Leber deutet häufig Schädigungen an.
- Farbe des Darmes. Der normale Darm ist weißlich, höchstens zart rosa, ein entzündeter Darm dagegen rötlich bis rot. Häufig ist nur der Enddarm entzündet.
- Farbe und Luftgehalt der Schwimmblase. Normale Schwimmblasen sind weiß bis silbrig oder glasartig durchsichtig, entzündete Schwimmblasen rötlich.
- Oberfläche der Leber und Niere. Die gesunden Organe haben mehr oder weniger einheitlich glatte Oberflächen. Kranke Organe zeigen bei Lupenbetrachtung an der Oberfläche häufig winzige Knötchen.
- Umfang des Fettgewebes. In allen Spalten zwischen den Eingeweiden, besonders um den Darm, befindet sich mehr oder weniger weißliches Gewebe, das bei schräg auffallendem Licht stark glitzert. Bei Lupenbetrachtung sind zahlreiche schaumartig aneinandergefügte Fettkügelchen zu erkennen.
- Besonders auffällige Veränderungen, zum Beispiel große Blasen oder frei in der Leibeshöhle vorkommende Würmer.

Nach den orientierenden Betrachtungen wird vorsichtig je ein winziges Stück der Leber und Niere entfernt und auf einen Objektträger gebracht, mit einem Tropfen physiologischer Kochsalzlösung versetzt, nach Auflegen eines Deckglases leicht gequetscht und mikroskopisch nach Parasiten durchsucht. Die Parasiten haben häufig die Form gelbbrauner rundlicher Knötchen. Anschließend schneidet man den Darm kurz vor dem After und möglichst weit vorn ab, bringt ihn in ein Schälchen mit physiologischer Kochsalzlösung, öffnet ihn mit einer spitzen Schere von hinten nach vorn und entnimmt mit einer Pipette an verschiedenen Stellen Darminhalt. Größere Darmparasiten entdeckt man meist schon beim Öffnen des Darmes, parasitische Einzeller erst bei der mikroskopischen Untersuchung des Darminhaltes. Die grüne Gallenblase bringt man möglichst unbeschädigt auf den Objektträger, öffnet sie hier und kontrolliert nach Auflegen eines Deckglases den Inhalt. Ähnlich verfährt man mit entzündeten Schwimmblasen.

Spezielle Untersuchungen

Von der Muskulatur kann man Quetschpräparate mikroskopisch untersuchen. Die dafür verwendeten Gewebestücke dürfen höchstens die Größe eines Glasstecknadelkopfes haben und sollten zusätzlich mit Nadeln etwas zerzupft werden.

Normale Blutuntersuchungen sind für die Aquarienpraxis zu aufwendig, zumal die Beurteilung des Blutbildes Spezialkenntnisse und langjährige Erfahrung voraussetzt. Dagegen ist der Nachweis von Blutparasiten, wie sie relativ häufig bei afrikanischen Buntbarschen vorkommen, durchaus mit einfachen Mitteln durchführbar. Blut kann man bei Arten, die kleiner als 6 cm sind, nur aus dem Herzen entnehmen. Am besten präpariert man das in der Kehlregion liegende Herz frei und sticht es an. Mit einer Pipette wird das austretende Blut aufgesaugt und möglichst schnell mit einem Tropfen physiologischer Kochsalzlösung vermischt, den man vorher auf einem Objektträger vorbereitet hat. Nach dem Auflegen eines Deckglases wird sofort bei mittlerer Vergrößerung mikroskopisch untersucht. Eventuell vorhandene Blutparasiten erkennt man an den schlängelnden Bewegungen, mit denen sie zwischen den ovalen roten Blutkörperchen herumzappeln.

Man beachte, daß Blutuntersuchungen nur bei Tieren durchgeführt werden können, die durch Anästhetika getötet wurden. Bei Tötung durch Nackenschnitt geht zuviel Blut verloren, das Herz ist dann blutleer. Bei größeren Fischen kann Blut auch aus den großen Gefäßen der Schwanzregion mit einer Kanüle entnommen werden.

Krankhaft veränderte Augen präpariert man heraus, sticht sie auf einem Objektträger an und analysiert den Inhalt mikroskopisch. Bei Knoten, Geschwüren und Geschwülsten wird man sich darauf beschränken müssen, zu prüfen, wie weit darunterliegende Gewebe betroffen sind. Genauere Untersuchungen erfordern histologische Techniken, die im allgemeinen nicht zur Verfügung stehen.

Für die Aquarienpraxis geeignete Behandlungsmethoden

Während sich die Behandlung von Umweltkrankheiten fast ausnahmslos auf einen Wasserwechsel sowie eine Verbesserung der Hälterungs- und Ernährungsbedingungen beschränkt, bedürfen Infektionskrankheiten und Parasitosen meist einer medikamentösen Behandlung, die allerdings erst dann zu einem dauerhaften Erfolg führt, wenn gleichzeitig die Lebensbedingungen günstig gestaltet werden. Dies gilt vor allem für solche Parasitosen, die sich als Folge umweltbedingter Schädigungen entwickeln.

Empfohlen werden hier nur solche Behandlungsmethoden, die sich in der Aquarienpraxis bewährt haben. Während jeder medikamentösen Behandlung ist die Filterung auszusetzen (siehe S. 50).

Temperaturerhöhung

Einzelne parasitäre Hautkrankheiten lassen sich einfach durch eine Temperaturerhöhung auf 31 bis 33 °C für 5 bis 8 Tage behandeln. Dabei muß gleichzeitig für eine gute Durchlüftung gesorgt werden. *Costia* zum Beispiel ist bei dieser hohen Temperatur nicht mehr lebensfähig, andere Parasiten, wie *Ichthyophthirius, Chilodonella* und *Trichodina*, werden zum Teil durch die in diesem Temperaturbereich erhöhte Absonderung von Hautschleim gehemmt, zum Teil auch abgetötet, auf alle Fälle ist die Ansiedlung neuer Parasiten erschwert. Die Temperaturerniedrigung nach der Behandlung muß langsam erfolgen.

Dauerbäder

Fast ausnahmslos wird die Behandlung so durchgeführt, daß das Medikament im Wasser des verseuchten Aquariums gelöst und seine Wirkung mehrere Tage aufrechterhalten wird. Tiere, Pflanzen, Steine und Bodengrund bleiben im Aquarium. Diese Dauerbehandlung wird bevorzugt, da Kurzbäder nicht nur hinsichtlich der Fische einen wesentlich höheren Arbeitsaufwand mit sich bringen, sondern zudem auch eine gesonderte Behandlung der Wasserpflanzen, des Bodengrundes, des Aquariums selbst und schließlich eine Wassererneuerung erfordern.

Weiterhin ist zu berücksichtigen, daß die hinsichtlich ihrer systematischen Stellung so unterschiedlichen Fischarten in einem Aquarium auf die wesentlich höheren Konzentrationen des Medikamentes in Kurzbädern unterschiedlich reagieren, das heißt, die an Karpfen oder sehr verbreiteten Aquarienfischen erprobten Konzentrationen erweisen sich bei Frischimporten oder empfindlichen Tieren manchmal als schädigend.

Auch die oft empfohlene Umsetzmethode bei Befall mit *Ichthyophthirius* ist für die Aquarienpraxis nicht immer ideal, da dafür mindestens zwei freie Behälter notwendig sind, die oft nicht zur Verfügung stehen.

Dauerbäder kann man mit folgenden Chemikalien- bzw. Medikamentgruppen durchführen:

Kochsalz, Seesalz: Kochsalz, besser Seesalz, bedingt bei Süßwasserfischen in Verbindung mit einer Temperaturerhöhung eine verstärkte Absonderung von Hautschleim. Manche Hautparasiten, vor allem *Costia* und *Chilodonella*, werden dadurch in ihrer Entwicklung gehemmt. Man dosiert im allgemeinen 1 bis 2 g Salz auf 10 l Aquarienwasser. Das Pflanzenwachstum wird bei dieser Konzentration kaum beeinflußt.

Acriflavin, Atebrin, Rivanol: Als gutes Mittel gegen verschiedene Haut- und Kiemenparasiten hat sich in der Aquarienpraxis Acriflavin (Trypaflavin) bewährt. Besonders erfolgreich kann diese Behandlung bei gleichzeitiger Temperaturerhöhung sein. Acriflavin ist ein synthetischer Farbstoff, der in Lösung im Auflicht gelbgrün und im Durchlicht gelb bis orange erscheint. Atebrin und Rivanol sind dem Acriflavin nahe verwandt (Akridinabkömmlinge), jedoch von spezieller Wirkung und zum Teil auch giftiger (s. weiter unten). Acriflavin ist in Apotheken zu erhalten. Im allgemeinen genügt zur Dauerbehandlung eine Konzentration von 0,6 g auf 100 l Wasser, die häufig angegebene Konzentration 1 g/100 l vertragen nicht alle Arten. Die pulvrige Substanz wird in wenig Wasser gelöst. Dieses Konzentrat verteilt man möglichst gleichmäßig im Aquarium.

Die Temperatur wird anschließend langsam auf 30 bis 33 °C erhöht und die Durchlüftung verstärkt. Acriflavin bleibt im Aquarium einige Tage wirksam, die grüngelbliche Färbung läßt dann langsam nach und verschwindet im Verlauf von 14 Tagen vollständig. Durch die Teilerneuerung des Aquarienwassers und vor allem eine Aktivkohle-, aber auch eine Sandfilterung kann nach der Behandlungszeit der Eliminierungsprozeß beschleunigt werden. Aquarienpflanzen werden bei einer Konzentration von 0,6 g/100 l Wasser nicht oder nur geringfügig geschädigt, sehr kostbare Exemplare sollte man jedoch vor der Behandlung ausquartieren. Acriflavin führt in der Regel zum Absterben einzelliger Hautparasiten, kann aber auch die Vermehrung von Wurmparasiten hemmen. Dagegen werden Pilze erst bei Konzentrationen geschädigt, die auch für Fische giftig sind.

Ist mit der angegebenen Dosierung auch bei gleichzeitiger Temperatursteigerung kein Erfolg zu erzielen, so empfiehlt es sich, nach drei Tagen nochmals die gleiche Dosis (0,6 g/100 l) zu geben.

Um das Verpilzen der Eier zu verhüten, eignet sich Atebrin. Da es giftiger ist als Trypaflavin, müssen die Konzentrationen wesentlich niedriger gehalten werden. Im allgemeinen genügen 0,1 bis 0,15 g auf 100 l Wasser. Eine Temperaturerhöhung sollte bei Anwendung von Atebrin unterbleiben.

Rivanol wird gelegentlich zum Betupfen lokaler Entzündungsherde verwendet.

Methylenblau: Auch Methylenblau-B wird in der Aquarienpraxis zur Bekämpfung von Hautparasiten angewendet. Seine Wirksamkeit ist viel geringer als die des Acriflavins. *Costia* und *Chilodonella* gehen meist erst nach Tagen zugrunde.

In weichem Frischwasser scheint Methylenblau besser zu wirken als in alten, stark verschmutzten Becken. Am besten erwirbt man 1%ige Lösungen und dosiert davon 3 ml auf 10 l Wasser. Eine solche Konzentration ist völlig unschädlich. Die starke Blaufärbung des Aquarienwassers verringert leider auch die Möglichkeit, die erkrankten Tiere zu beobachten. Durch die Blaufärbung besteht weiterhin die Gefahr, daß besonders lichthungrige Pflanzen geschädigt werden.

Methylenblau läßt sich durch Aktivkohlefilterung aus dem Wasser entfernen. In einigen Handelspräparaten ist neben anderen Substanzen Methylenblau enthalten.

Kupferverbindungen: Besonders in der Teichwirtschaft und in der Seewasseraquaristik wurden in den letzten Jahren mit Erfolg sehr giftige Kupferverbindungen gegen Hautparasiten eingesetzt. Für Dauerbäder ist vor allem Kupfersulfat (Kupfervitriol, $CuSO_4 \cdot 5\,H_2O$) geeignet. Man verwendet dieses in Konzentrationen von 0,15 bis 0,18 g auf 100 l Wasser. Am besten löst man dazu 1,5 bis 1,8 g Kupfersulfat in 1 l Wasser und dosiert von dieser Stammlösung 100 ml auf 100 l Aquarienwasser. Die Empfindlichkeit der einzelnen Fischarten ist sehr unterschiedlich. Zur Vermeidung von unerwünschten Nebenwirkungen sollte die Behandlung mit Kupfersulfat in gesonderten, gut durchlüfteten Becken ohne Bodengrund und Pflanzenbestand erfolgen.

Kupfersulfat ist in der Hand des Kundigen ein sehr gutes und wirksames Mittel gegen Hautparasiten. In der Süßwasseraquaristik stehen einer breiten Verwendung die unterschiedliche Empfindlichkeit der einzelnen Fischarten und die Abhängigkeit des Konzentrationsniveaus vom Salzgehalt des Wassers entgegen.

Malachitgrün: Der in Lösung grüne Farbstoff wurde in großem Umfang in der Teichwirtschaft zur Bekämpfung von verschiedenen Hautparasiten der Fische mit sehr guten Erfolgen eingesetzt, in den letzten Jahren jedoch auf Grund seiner teratogenen Wirkung aus dem Verkehr gezogen. Für die Belange der Aquaristik ist diese gefährliche Nebenwirkung von relativ geringer Bedeutung, da Aquarienfische ja nicht gegessen werden und in die Kanalisation abgeleitetes, Malachitgrün enthaltendes Aquarienwasser in der Gesamtabwassermenge praktisch unendlich verdünnt wird. Den Triphenylmethanfarbstoff bietet der Handel als Malachitgrünchlorid oder Malachitgrünoxalat an. Zur Bekämpfung von Hautparasiten sind in 10 l Aquarienwasser 0,0006 g M.-chlorid bzw. 0,0003 g M.-oxalat zu lösen. Am besten stellt man sich eine Stammlösung von 0,6 g/l Wasser bzw. 0,3 g/l Wasser her und dosiert davon 1 ml/10 l Aquarienwasser. Beim Umgang mit den Substanzen ist größte Sauberkeit geboten, selbst winzige, durch Luftzug verbreitete Substanzteilchen bedingen intensiv grüne Farbflecken in der Wäsche oder auf der Haut (Gummihandschuhe tragen!). Im Fischhandel werden heute verschiedene Präparate angeboten, die Malachitgrün bereits in Lösung enthalten. Es ist nachdrücklich zu empfehlen, solche Handelspräparate zu verwenden und die angegebenen Dosierungen und Nachdosierungen zu beachten. Mit Malachitgrün lassen sich vor allem Infektionen mit *Ichthyophthirius* kurieren. Bei richtiger Dosierung werden Fische und Pflanzen nicht geschädigt. Die grüne Färbung des Aquarienwassers verschwindet von selbst, das heißt, es findet ein langsamer Abbau des Farbstoffes statt. Durch Aktivkohlefilterung kann Malachitgrün schnell aus dem Wasser entfernt werden.

Antibiotika und Chemotherapeutika: In den letzten Jahren werden auch in der Aquaristik zunehmend verschiedene Antibiotika und Chemotherapeutika zur Behandlung bakterieller Fischkrankheiten mit wechselnden Erfolgen eingesetzt. In einigen Fällen ist dies durchaus berechtigt, jedoch muß vor einer allzu leichtfertigen Verwendung dieser Präparate gewarnt werden.

Antibiotika sind Verbindungen, die vor allem in Schimmelpilzen vorkommen und die Entwicklung von Bakterien hemmen. Sie wurden früher aus Pilzkulturen isoliert, heute kann man einzelne Antibiotika synthetisch herstellen. Alle Antibiotika wirken gruppenspezifisch, das heißt, sie hemmen nur bestimmte, niemals alle Bakterien. Es muß deshalb vor der Behandlung bekannt sein, um welche Gruppe von pathogenen Bakterien es sich handelt. Durch Kombination verschiedener Antibiotika lassen sich verschiedene Bakteriengruppen gleichzeitig bekämpfen. Die in der Teichwirtschaft mit Antibiotika erzielten guten Erfolge können nur bedingt als Vorbilder für die Aquaristik dienen. Art des Einsatzes und Dosierung wurden in Fischereiinstituten für jedes Antibiotikum in langjähriger Forschungsarbeit bei definierten Krankheiten bestimmter Nutzfische erprobt. Dagegen werden Antibiotika in der Aquaristik zumeist ungerichtet gegen ungenügend definierte Krankheiten bei sehr unterschiedlichen Fischarten eingesetzt. Aus diesem Grunde ist der Erfolg von vornherein relativ unsicher. Dies gilt im Prinzip für alle einschlägigen Präparate, auch wenn deren Aufdruck hohe Wirksamkeit bei Aquarienfischen verspricht.

Die bekanntesten in der Aquaristik verwendeten Antibiotika sind folgende:

Chloramphenicol: Verwendung im Dauerbad für 8 bis 10 Tage. Die beste Wirkung wird bei Konzentrationen von 0,5 g/10 l Wasser erzielt. 3 bis 4 Tage nach Behandlungsbeginn sollte mit der gleichen Menge nachdosiert werden. Keine nachteiligen Wirkungen auf Pflanzen.

Tetracycline: Verwendung im Dauerbad für 6 bis 8 Tage. Konzentration je nach Präparat 2 bis 3 g/10 l Wasser. Keine nachteiligen Wirkungen auf Pflanzen.

Verschiedene Handelspräparate enthalten Antibiotika, die mit Futtermitteln kombiniert sind. Sie wirken vorwiegend bei bakteriellen Erkrankungen des Darmes und der Eingeweide.

Bessere Aussichten bietet für die Aquaristik der Einsatz von Chemotherapeutika. Da die meisten schlecht wasserlöslich sind, ist eine Verabreichung in Verbindung mit Futtermitteln angezeigt. Viele Präparate, die der Fachhandel anbietet, sind solche Kombinationen. Am wirksamsten haben sich Verbindungen der Nitrofuran-Gruppe erwiesen. Daneben werden Sulfanilamid- und Sulfothiazol-Präparate angeboten. Im einzelnen halte man sich exakt an die Gebrauchsanweisungen. Auch die Medikamente dieser Gruppe sind keine Universalheilmittel.

Bedingt geeignete und ungeeignete Dauerbäder: In den letzten Jahren ist mehrfach Chloramin als besonders geeignet gegen verschiedene Haut- und Kiemenparasiten empfohlen und mit sehr unterschiedlichem Erfolg angewendet worden. Chloramin (Natriumsalz einer organischen chlorhaltigen Säure; p-Toluolsulfonchloramidnatrium) soll in der Konzentration 1 g/100 l Wasser angewendet werden. Über den Erfolg entscheidet weitgehend die Wasserhärte. In weichem Wasser ist eine solche Konzentration stark giftig und tötet Fische in kurzer Zeit, in hartem Wasser ist sie unschädlich. Da in vielen Becken die Härte im Laufe eines Tages schwankt und zahlreiche Faktoren die Stärke der Schwankung beeinflussen, ist häufig die Gefahr der Chloraminvergiftung gegeben. In neuerer Zeit werden im Fachhandel einige Präparate angeboten, die Chloramin und gleichzeitig Härtebildner enthalten.

Weiterhin eignen sich folgende Substanzen in der Aquaristik nur bedingt oder gar nicht für Dauerbäder: Formalin, Chinin, Lysol, Kollargol, Zinksulfat. Zum Teil bieten sie gegenüber den oben aufgeführten Dauerbädern keine Vorteile, zum Teil sind sie vor allem für kleine und kleinste Fischarten relativ giftig. Die Toxizität einiger Verbindungen wird außerdem von dem Salzgehalt des Wassers beeinflußt.

Auf einige sehr spezifische medikamentöse Behandlungen mit Wurmmitteln und Insektiziden wird bei der Besprechung einschlägiger Fischkrankheiten hingewiesen.

Kurz- und Tauchbäder

In speziellen oder sehr hartnäckigen Fällen kann man in der Aquaristik auch Kurz- oder Tauchbäder anwenden. Diese Behandlungsmethoden sind jedoch wesentlich arbeitsaufwendiger als Dauerbäder und bedingen vielfach eine stärkere Beeinträchtigung der Fische selbst. Sie sollten deshalb für Notfälle reserviert bleiben. Grundsätzlich müssen kurzzeitige Intensivbehandlungen mehrmals in bestimmten Abständen wiederholt und stets außerhalb des Gesellschaftsbeckens in besonderen Aquarien durchgeführt werden. Außerdem ist zu beachten, daß die erkrankten Fische auch zwischen den Behandlungsphasen nicht in das Gesellschaftsbecken zurückgesetzt werden dürfen, sondern unter Quarantäne zu hältern sind.

Schließlich sei noch darauf hingewiesen, daß gelegentlich an besonderen Stellen des Fischkörpers, zum Beispiel auf oder in der Hornhaut der Augen, in der Nase und an den Flossen, Pilze oder andere Parasiten so hartnäckig festsitzen, daß selbst Kurzbäder nicht helfen. In solchen Fällen können mit einem Wattebausch, den man vorher in einer hochkonzentrierten Lösung tränkt, vorsichtig die befallenen Stellen betupft werden. Die Tiere bringt man anschließend sofort in gute Wasserverhältnisse. Aber auch Geschwüre in der Haut können zumindest bei nicht allzu kleinen Fischarten durch lokales Auftupfen oder Auftropfen konzentrierter Lösungen von Medikamenten behandelt werden. Man achte jedoch stets darauf, daß die Kiemen mit den Lösungen nicht in Berührung kommen.

Da für Kurz- und Tauchbäder und örtliche Behandlungen hinsichtlich der Konzentration und Dauer keine allgemeinverbindlichen Hinweise möglich sind, werden die entsprechenden Angaben bei den einzelnen Krankheiten berücksichtigt. Ein solches Vorgehen wird auch durch die Tatsache gerechtfertigt, daß die moderne Fischmedizin heute über eine große Palette von guten Medikamenten mit relativ oder sehr spezifischen Wirkungen verfügt.

Wie kann Krankheiten vorgebeugt werden?

Grundsätzlich ist es in der Aquaristik durchaus möglich, Krankheiten weitgehend zu verhüten. Die wichtigsten Vorbeugungsmaßnahmen sind eine richtige Wartung und Ernährung der Tiere. Gesunde, kräftige Fische sind nicht nur widerstandsfähiger, sondern auch gegen viele allgemein verbreitete Krankheitserreger resistent.

Aber auch obligatorische Parasiten, die den Fisch in jedem Zustand angreifen, können gesunden Tieren viel weniger anhaben als solchen, die durch schlechte Hälterungs- und Fütterungsbedingungen geschwächt sind.

Eine weitere Vorbeugungsmaßnahme ist die Quarantäne. Alle neuerworbenen Tiere kommen dazu in ein gesondertes Becken und werden dort 3 bis 4 Wochen lang gepflegt. Zeigen sich während dieser Zeit keine Krankheiten, so können sie mit anderen gesunden Fischen vergesellschaftet werden. Selbstverständlich müssen Tiere, die in der Quarantäne erkranken, zuerst gründlich ausgeheilt oder, wenn diese Möglichkeit nicht besteht, vernichtet werden. Insbesondere ist eine Quarantänestation überall dort zu fordern, wo Zierfische vertrieben werden (Fachhandlungen, Züchtereien). Unumgänglich ist die Quarantäne bei frisch importierten Wildfängen.

Neue Pflanzen müssen vor dem Einbringen gründlich mit Leitungswasser abgespült werden, besser ist es, sie 3 bis 5 Minuten in einer Kaliumpermanganatlösung zu baden (1 g/20 l Wasser). Auch mit dem Bodengrund werden gelegentlich Parasiten eingeschleppt. Durch Überbrühen des Sandes mit kochendem Wasser kann man dieser Gefahr vorbeugen. Weiterhin sollen lebende Futtertiere nach Möglichkeit nur aus solchen Teichen entnommen werden, die fischwirtschaftlich nicht genutzt sind. Wenn sich der Futterfang in Fischteichen nicht umgehen läßt, muß man mit besonderer Aufmerksamkeit den Gesundheitszustand der Aquarienfische täglich kontrollieren. Schließlich kommen zuweilen auch mit dem Wasser Krankheitserreger in das Aquarium.

Zuletzt sei noch darauf hingewiesen, daß gar nicht so selten einige Fische bei jeder Gelegenheit erkranken, also besonders anfällig sind. Diese Anfälligkeit ist erbbedingt. Solche Krankheitssammler sind für den ganzen Bestand eine ständige Gefahrenquelle und sollten vernichtet werden. Niemals verwende man sie zur Zucht.

Richtlinien für die Einsendung kranker Fische

Kranke Fische kann man sachkundigen Aquarienfreunden oder speziellen Untersuchungsstellen zuleiten. Am günstigsten ist es, noch lebende, jedoch deutlich erkrankte Fische in Thermosgefäßen oder wärmeisolierten Transportbehältern auf schnellstem Wege zu verschicken. Nur der noch lebende Fisch ermöglicht eine in jeder Hinsicht exakte Untersuchung und damit eine genaue Diagnose (siehe S. 344).

Im Aquarium unbeobachtet verendete Tiere eignen sich auch dann nicht für eine Untersuchung, wenn sie in Formalin (3–4%ig) oder 70%igem Alkohol (Äthanol oder Methanol) konserviert werden. Die relativ hohen Temperaturen im Aquarium bedingen, daß die unmittelbar mit dem Tode beginnenden Zersetzungsvorgänge sehr rasch fortschreiten und fast jede Diagnose unmöglich machen.

Tiere, die eben verenden, oder solche, die erfahrungsgemäß den Transport nicht lebend überstehen, werden durch einen Scherenschnitt in die Nackenregion (Durchtrennung der Wirbelsäule) getötet und, in einer Kühlbox verpackt, transportiert. Eine Lagerung im Kühlschrank bei 4 °C ist für wenige Stunden möglich.

Wird eine Schädigung durch Wasserverschlechterung oder Giftstoffe vermutet, die sich durch Wasserwechsel nicht beseitigen läßt, so sind sowohl Fische als auch Wasserproben einzusenden. Als Transportgefäße für Wasserproben eignen sich peinlichst gesäuberte, mit einem sauberen (ausgekochten) Korken oder einem Patentverschluß versehene Flaschen. Diese werden mit dem zu untersuchenden Wasser, das sauber und ohne Schwebestoffe sein soll, ausgespült und dann so weit gefüllt, daß sich zwischen Korken und Wasser nur ein kleiner Luftraum befindet. Flaschen nicht versiegeln, für Bruchsicherheit beim Transport sorgen!

Am wichtigsten ist jedoch die schriftliche Ausarbeitung der Anamnese und Voruntersuchung, wobei die einzelnen weiter oben beschriebenen Richtlinien (siehe S. 344) berücksichtigt werden sollen. Ohne ein solches Protokoll ist die Untersuchung sehr erschwert, eine Diagnose in vielen Fällen nicht möglich.

Nur die peinliche Beachtung der Richtlinien bietet die Chance, die Krankheitsursache zu finden. Abschließend sei erwähnt, daß die eingeschickten Fische selbstverständlich nicht zurückgesendet werden können.

Umweltkrankheiten und -schädigungen

Verletzungen

Bei Fischen in guten Umweltbedingungen heilen auch größere Verletzungen in der Regel gut. Selbst weitgehend zerstörte oder abgebissene Flossen regenerieren zu ihrer normalen Größe. Gleiches gilt für verletzte Mauländer und Barteln. Die Beschuppung größerer, verheilter Hautwunden bleibt öfters etwas unregelmäßig. Durch Parasiten oder bakterielle Erkrankungen zerstörte Augen oder Augenlinsen werden meist abgestoßen, die Wundflächen von Haut überwachsen, die Augen selbst aber nicht regeneriert.

Ungünstige Umweltfaktoren

Sauerstoffmangel

Sauerstoffmangel tritt in gut durchlüfteten Aquarien nur unter besonderen Bedingungen ein, so vor allem als Folge zu reichlicher Fütterung und daraus resultierender starker Sauerstoffzehrung durch Fäulnisprozesse (siehe S. 29, 61). Besonders häufig kommt diese Situation in Aufzuchtbecken mit zu dichtem Fischbesatz vor. Die Empfindlichkeit der einzelnen Fischarten gegen Sauerstoffmangel ist sehr verschieden, Fischlaich stirbt bei Sauerstoffmangel schnell ab.

An der Wasseroberfläche hängende, krampfhaft nach Luft schnappende Fische sind ein charakteristischer Indikator für Sauerstoffmangel. In fortgeschrittenem Zustand tritt Reaktionslosigkeit ein.

Bei drohendem Erstickungstod ist die Hälfte des Wassers sofort durch Frischwasser zu ersetzen. Alle fäulnisfähigen Stoffe, vor allem Futterreste, müssen sofort abgesaugt werden. HÜCKSTEDT empfiehlt als Sofortmaßnahme die Zugabe von 15%igem Wasserstoffperoxid (1 ml auf 20 l Wasser) und, falls die Besserung nicht anhält, eine erneute Zugabe nach 30 bis 60 Minuten. Die Filterung ist nach einer Sauerstoffmangel-Katastrophe zu erneuern, die Durchlüftung möglichst feinperlig einzustellen.

Kohlendioxidüberschuß

Schädigungen durch Kohlendioxidüberschuß kommen nach SCHUBERT in Aquarien praktisch nicht vor. Auch bei Kohlensäuredüngung (siehe S. 414) wird die tödliche Konzentration von 0,08 bis 0,1 g/l Wasser nicht erreicht.

Chlorüberschuß

Chlorschädigungen treten in der Aquaristik außerordentlich selten auf. Leitungswasser enthält meist nur 0,1 bis 0,2 mg Chlor in 1 l. Durch besondere Umstände kann sich der Chlorgehalt auf 0,4 bis 0,5 mg/l erhöhen. Ein so hoher Chlorgehalt – das Wasser riecht dann nach Chlor – wirkt auf Fische schädlich, bei längerer Einwirkung tödlich. Bei Chlorschädigungen sind die Fische bleich, die Kiemen aufgehellt und weißlich verfärbt. Die mikroskopische Untersuchung zeigt eine Zerstörung der Atmungsgewebe der Kiemenblättchen. Chlor schädigt außerdem die Flossen und inneren Organe.

Säure- und Basenkrankheit

Hältert man Fische, die hartes, neutrales Wasser beanspruchen, längere Zeit in weichem, schwach saurem Wasser (pH-Wert unter 6,0), so kommt es bei vielen Arten zu Schädigungen, die man als Säurekrankheit bezeichnet. Die Tiere werden träge, scheu und spreizen ab und zu krampfhaft die Flossen. Manchmal zeigt die Haut eine zarte bläuliche Trübung. Die geschädigten Tiere verenden meist unbe-

Tafel 129, Foto 387–388 Oben und unten: Hochzuchtformen des Kampffisches *(Betta splendens)*, sogenannte »Schleierkampffische«

Tafel 130, Foto 389–390 Oben: Ansorges Buschfisch *(Ctenopoma ansorgii)*, rivalisierende ♂♂. Unten: Gebänderter Buschfisch *(Ctenopoma fasciolatum)*. Beide Vertreter der Gattung pflegt man am besten im Artaquarium.
Tafel 131, Foto 391–392 Oben: Leopardbuschfisch *(Ctenopoma acutirostre)*. Unten: Gestreifter Fadenfisch *(Colisa fasciata)*, eine Art, die häufig mit *Colisa labiosa* verwechselt wird

Tafel 132, Foto 393 Männchen des Zwergfadenfisches *(Colisa lalia)*, brutpflegend unter dem Schaumnest
Tafel 133, Foto 394 Männchen und Weibchen der roten Farbspielart des Zwergfadenfisches *(Colisa lalia)* unter dem Schaumnest

Tafel 134, Foto 395–396 Oben: Honigfadenfisch *(Colisa sota)*, ♂ in Laichtracht. Unten: Prachtzwerggurami *(Parosphromenus deissneri)*, ♂ vor dem ♀ balzend
Tafel 135, Foto 397–398 Oben: Makropode *(Macropodus opercularis)*, ♂ brutpflegend unter dem Schaumnest. Unten: Rundschwanzmakropode *(Macropodus chinensis)*, imponierendes ♂

Tafel 136, Foto 399–404 Laichserie des Punktierten Fadenfisches *(Trichogaster trichopterus)*, xanthoristische Spielart »Gold«. Reihenfolge: links – rechts von oben nach unten. Unten rechts: Eiabgabe
Tafel 137, Foto 405–406 Oben: Mosaikfadenfisch *(Trichogaster leeri)*, ♂. Unten: Punktierter Fadenfisch *(Trichogaster trichopterus)*, Wildform aus Südostasien, auch als Unterart *T. trichopterus trichopterus* bekannt

Tafel 138, Foto 407–408 Oben: Himmelblaue Farbform des Punktierten Fadenfisches, die meist als Unterart betrachtet wird *(Trichogaster trichopterus sumatranus)*. Unten: Zuchtform »Cosby« der Unterart *Trichogaster trichopterus sumatranus*

Tafel 139, Foto 409–412 Oben: Zwerggurami *(Trichopsis pumilus)*, ♂ · Knurrender Gurami *(Trichopsis vittatus)*, ♂. Unten: Gestreifter Spitzschwanzmakropode *(Pseudosphromenus dayi)*, ♂ unter dem Schaumnest · Schokoladengurami *(Sphaerichthys osphromenoides)*

Tafel 140, Foto 413–416 Oben: Grüner Kugelfisch *(Tetraodon fluviatilis)* · Brauner Kugelfisch *(Tetraodon miurus)*. Mitte: Gürtelstachelaal *(Mastacembelus circumcinctus)*. Unten: Gesprenkelter Lungenfisch *(Protopterus dolloi)*, etwa 12 cm lange Larve mit kurzen äußeren Kiemen
Tafel 141, Foto 417–418 Oben: Scheibensalmler (*Metynnis* spec.) mit *Ichthyophthirius*-Infektion; die Parasiten sind als weißliche Punkte vor allem in der Schwanzflosse gut zu erkennen. Unten: Mondscheinfadenfisch *(Trichogaster microlepis)* mit stark vorquellendem Auge, vermutlich Fischtuberkulose

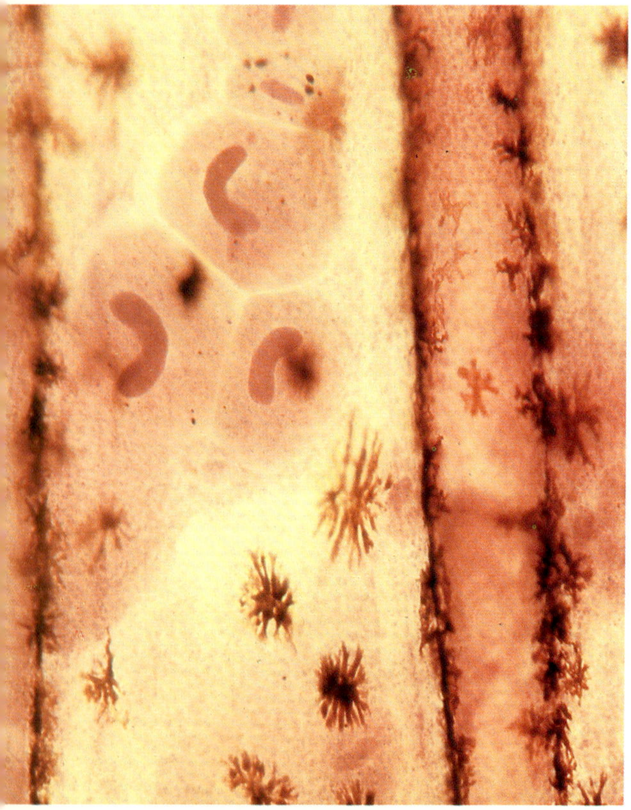
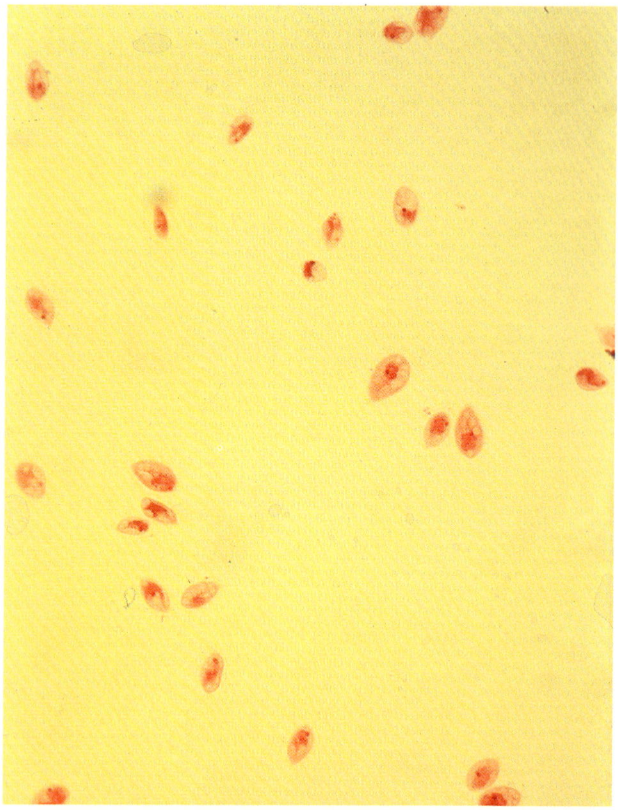
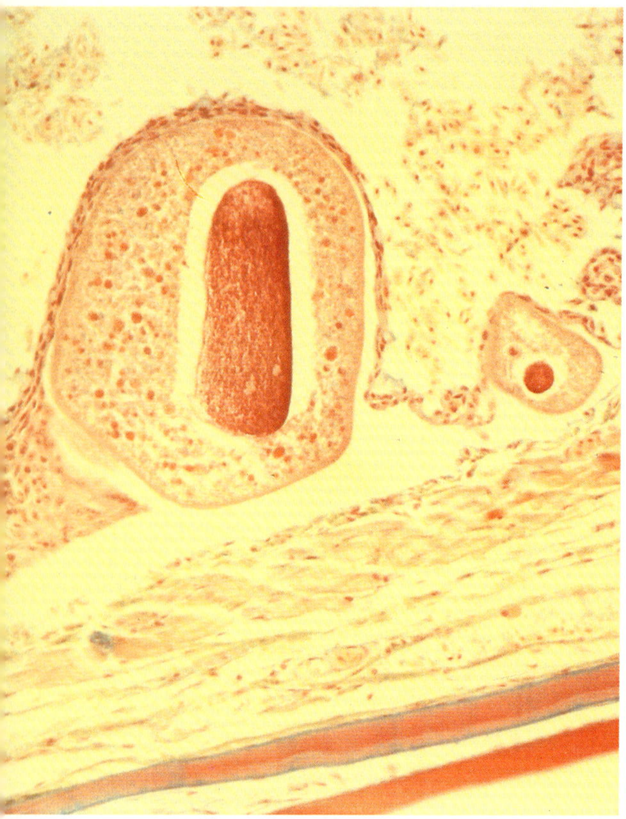
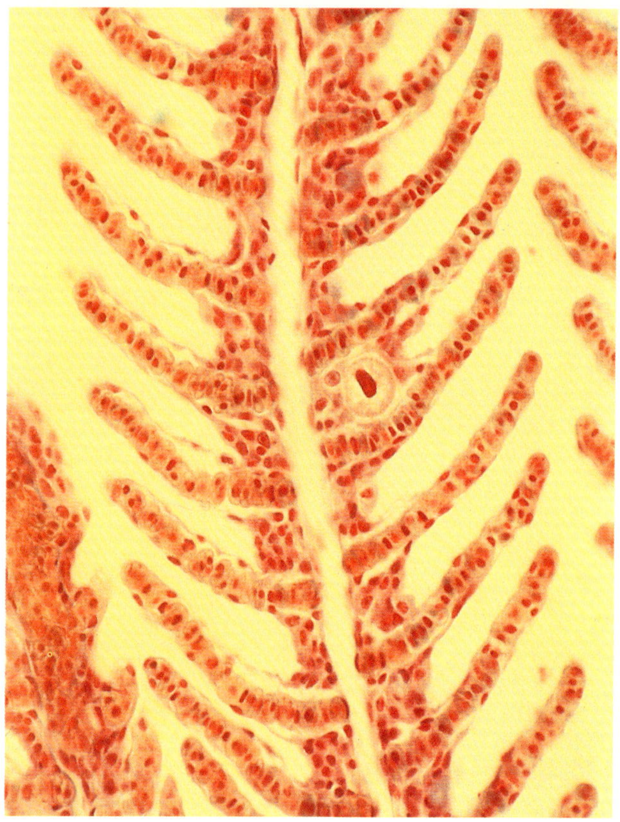

Tafel 142, Foto 419–422 Oben: Flossenausschnitt mit *Ichthyophthirius* (Kugeln mit U-förmigen Kernen) · Ausstrich von *Chilodonella*-Hautparasiten. Unten: *Ichthyophthirius*-Parasiten im Epithel der Kiemenhöhle · *Ichthyophthirius*-Schwärmer unmittelbar nach dem Festsetzen im Kiemenepithel. (Alle Präparate gefärbt)

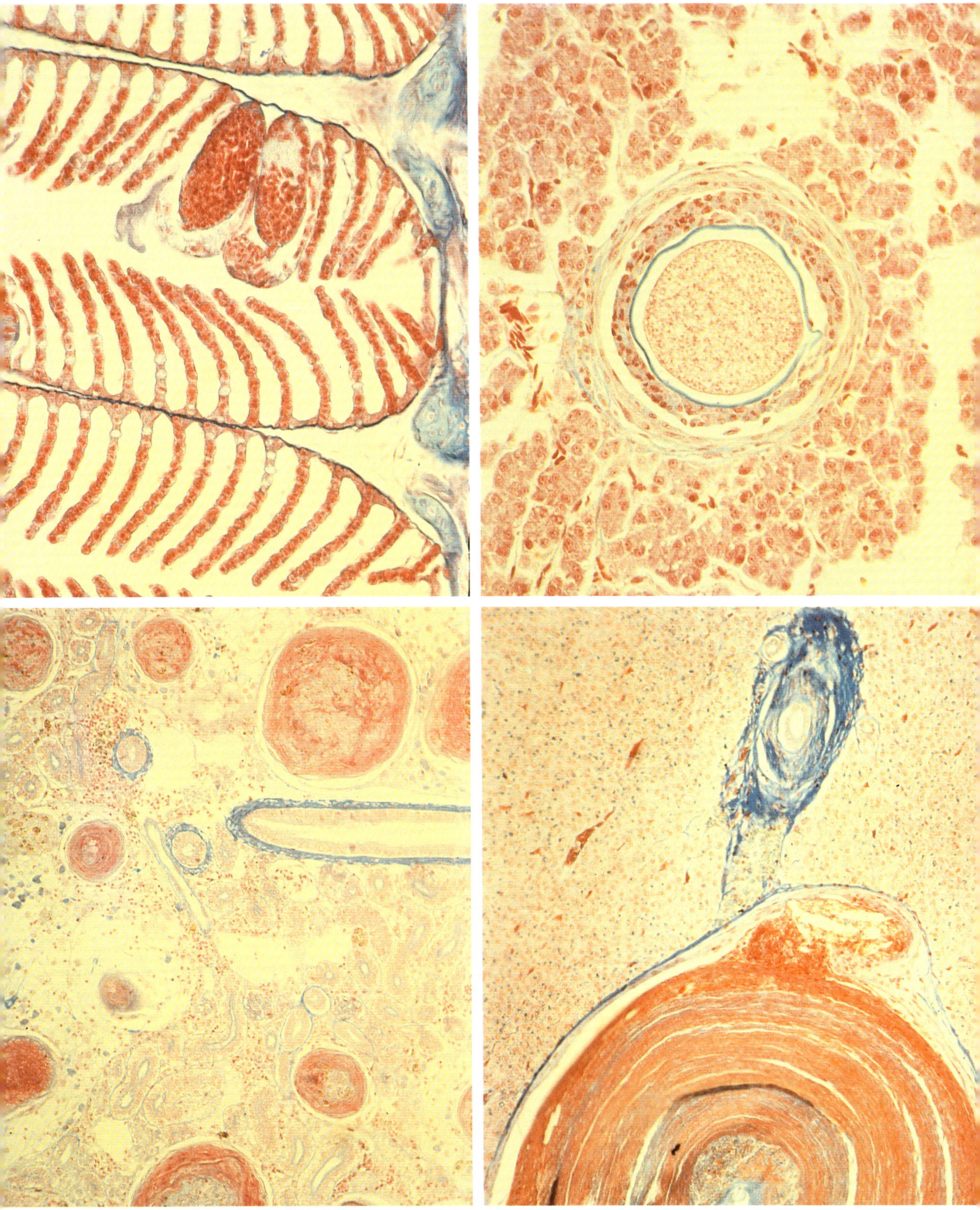

Tafel 143, Foto 423–426 Oben: Durch Parasitenbefall Schädigung einzelner Kiemenblättchen · *Ichthyophonus*-Knötchen in der Leber, Membran des Pilzes blau. Unten: Zahlreiche Tuberkel in einer stark infizierten Fischniere · Großer Tuberkel in der Fischleber (Schnittpräparate, gefärbt)

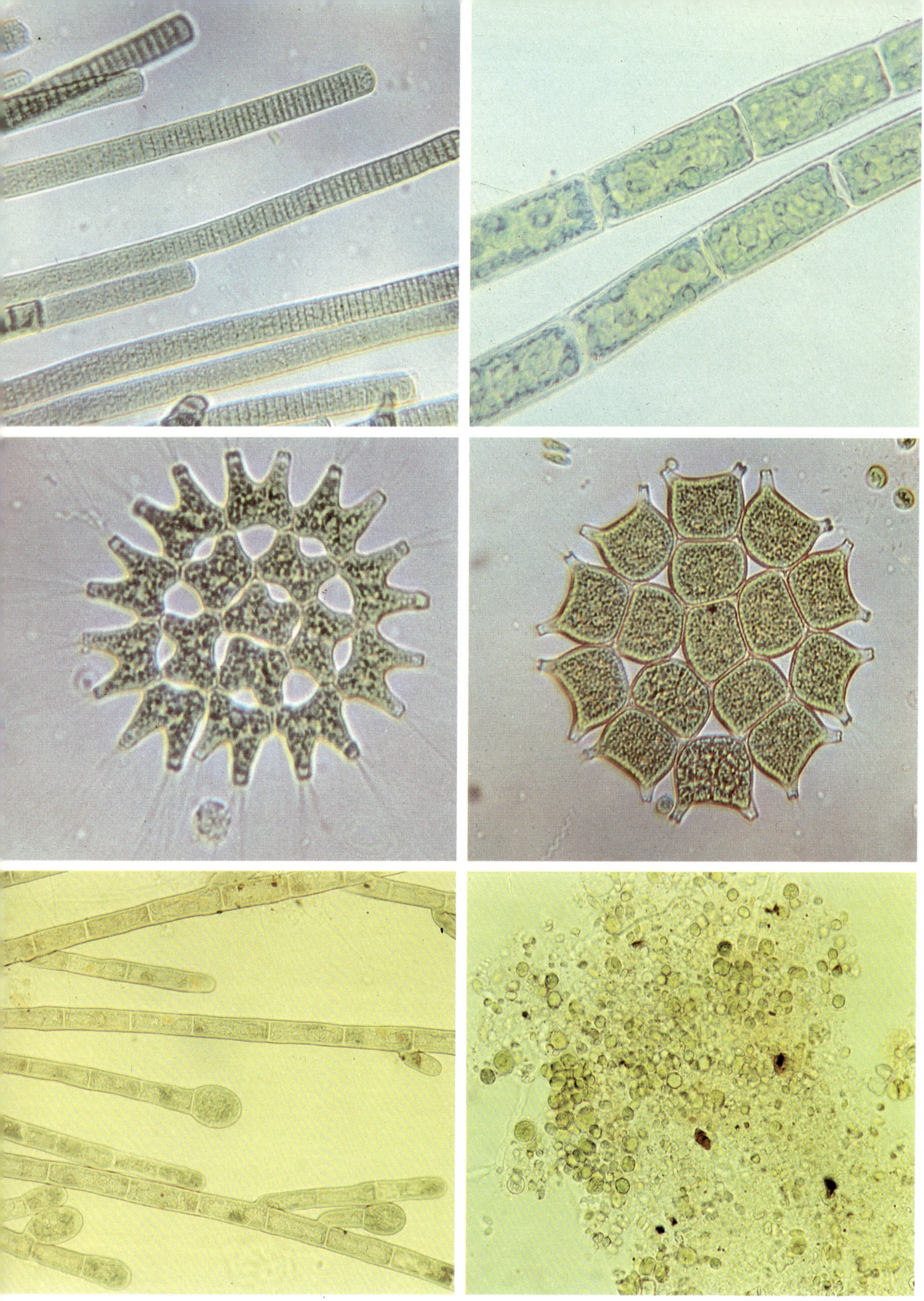

Tafel 144, Foto 427–432 Oben: Blaualge der Gattung *Oscillatoria* · Grünalge der Gattung *Cladophora*. Mitte: Vertreter der zu den Grünalgen gehörenden Sternalgen (Gattung *Pediastrum*). Unten: Fäden mit Gametangien einer im Aquarium häufigen Braunalge · Von einer mäßig veralgten Aquarienscheibe abgekratzte Grün- und Kieselalgen merkt in normaler Körperhaltung, gelegentlich dunkel verfärbt, zwischen den Pflanzen.

Ganz anders ist die Reaktion, wenn solche Arten plötzlich aus ihnen zusagenden Bedingungen in zu weiches und zu saures Wasser umgesetzt werden. Blitzschnelles Herumjagen, Versuche, herauszuspringen, krampfartiges Zittern und plötzliches Verenden sind häufig die Folge.

Seltener wird in der Aquaristik die sogenannte Basen- oder Laugenkrankheit beobachtet. Dabei handelt es sich um die Einwirkung von pH-Werten über 9,0. Als Schädigungen treten zunächst leichte Verätzungen der Kiemenoberfläche und damit Atmungsbehinderungen auf, später kommen oft milchige Trübungen der Flossenränder hinzu. Geschädigte Tiere erholen sich, in Normalwasser umgesetzt, nur langsam. Die Hauptgefahr bei höheren pH-Werten liegt in der Aquaristik jedoch in der Entstehung giftigen Ammoniaks aus Ammonium (siehe S. 29).

Einer Säure- oder Basenkrankheit kann durch Beachtung des folgenden Grundsatzes leicht vorgebeugt werden: In Gesellschaftsbecken, die Arten mit verschiedenen Ansprüchen beherbergen, soll das Wasser nicht zu weich sein und der pH-Wert um den Neutralpunkt liegen (dGH 6–10°, pH um 7,0). Zur Zucht beachte man die in der Literatur angegebenen pH- und Härtewerte, verwende jedoch auch für Arten, die schwach saures, weiches Wasser beanspruchen, nie, auch wenn in der Literatur geringere Werte angegeben sind, ein Wasser, dessen pH-Wert unter 5,5 liegt.

Ernährungsschäden

Ernährungsschäden kommen vorwiegend bei älteren, ausgewachsenen Tieren vor, die schon lange der oft eintönigen Wartung und Fütterung ausgesetzt sind, das heißt, bei geringer Bewegungsmöglichkeit gut gemästet wurden. Manchmal treten solche Störungen jedoch auch bei importierten Frischfängen auf, da diese Tiere plötzlich ihre natürliche Ernährungsbasis verlieren und ebenso plötzlich ein neues, andersartig zusammengesetztes Futter erhalten. Daß trotzdem über Krankheiten des Verdauungssystems im allgemeinen kaum eine richtige Vorstellung verbreitet ist, kommt daher, daß hier die Schädigungen nur selten deutlich hervortreten und die Tiere gleichsam unbemerkt eingehen. Die Ernährungskrankheiten ziehen oft bakterielle Darmkrankheiten nach sich, die dann so in den Vordergrund treten, daß die ursprüngliche Krankheit nicht mehr zu erkennen ist.

Magen- und Darmstörungen

Magen- und Darmstörungen sind häufige Erscheinungen in der Tierhaltung und auch bei Aquarienfischen keineswegs selten. Vor allem entstehen sie hier durch reichliche und lang andauernde einseitige Fütterung mit nährstoffreichem, wenig Ballaststoffe enthaltendem Natur- oder Kunstfutter.

Besonders nachteilig kann sich eine solche Fütterung bei Arten auswirken, die sich in ihren Verbreitungsgebieten vorwiegend oder ausschließlich von Algen oder höheren Pflanzen ernähren.

Chronische Magen- und Darmstörungen sind äußerlich oft nicht zu erkennen. Das Freßverhalten ist meist nicht gestört. Gelegentlich fallen die erkrankten Tiere durch Bewegungsträgheit oder dunkle Verfärbung auf. Bei sekundärer bakterieller Infektion können der Bauch aufgetrieben, der Kot fädig bis schleimig-blutig und der After rötlich verfärbt sein.

Am getöteten, geöffneten Fisch ist eine leichte bis starke Rötung des Magens oder Darmes zu erkennen. Gestorbene Tiere eignen sich zur Untersuchung nicht, da der Tod aus anderen Ursachen häufig eine ähnliche Verfärbung des Magen- und Darmabschnittes mit sich bringt.

Magen- und Darmstörungen lassen sich leicht verhüten, im allgemeinen jedoch nicht so einfach heilen. Werden die oben als Ursache der Erkrankung aufgeführten Mängel vermieden, so kann kaum eine Magen- oder Darmstörung entstehen. Die Behandlung beginnt am besten mit einer siebentägigen Hungerkur, anschließend wird langsam gutes Lebendfutter verschiedener Art gegeben.

Im Zusammenhang mit den Magen- und Darmstörungen sei erwähnt, daß sich bei Aquarienfischen in langen Hungerperioden im allgemeinen keine Gelbsucht (Ikterus) einstellt (für einheimische Fische beschrieben), dagegen beobachtet man oft, daß die Jungtiere einiger Arten lange Fastenzeiten mit einer vollständigen Nahrungsverweigerung beantworten, stark abmagern und schließlich eingehen oder, wenn sie wieder Nahrung aufnehmen, niemals mehr zu kräftigen Tieren heranwachsen.

Eingeweideverfettung

Die Eingeweideverfettung ist eine der häufigsten Todesursachen erwachsener Aquarienfische. Der enge Lebensraum und die damit beschränkten Bewegungsmöglichkeiten, die gleichmäßige Temperatur, die regelmäßige, oft einseitige Fütterung führen bei fast allen Fischen zu starken Fettablagerungen vorwiegend in der Leber, in den Eierstöcken bzw. Hoden, in den Nieren, um den Darm und an anderen Stellen. Leberverfettung führt häufig zu einer starken Rückbildung des eigentlichen Lebergewebes und damit zum weitgehenden Ausfall eines der wichtigsten Stoffwechselorgane. Eierstöcke und Hoden können durch Verfettung funktionsuntüchtig werden.

Bei Untersuchungen fällt eine hellgraue bis gelbe Verfärbung der normalerweise meist rotbraunen bis rötlichen Leber auf. Außerdem ist diese oft stark verkleinert und von Fettgewebe durchsetzt und umhüllt. Aber auch andere Organe, wie die Niere und der Darm, sind von Fettgewebe umgeben. Das Blut ist oft sehr hell.

Eine Behandlung ist im allgemeinen nicht möglich. Gelegentlich läßt sich durch eine lang andauernde, sehr mäßige, abwechslungsreiche Fütterung eine Besserung erzielen.

Vergiftungen

Fischschädigungen durch Gifte können sehr verschiedener Natur sein. Die Giftwirkung ist vor allem von dem Gift selbst, von der Fischart und der Wasserbeschaffenheit abhängig. So kann ein bestimmtes Gift Salmler stark schädigen, während die mit ihnen vergesellschafteten Barben nicht beeinträchtigt werden. Die gleiche Giftmenge kann in weichem, schwach saurem Wasser giftiger wirken als in hartem, schwach alkalischem Wasser. Die Gifte gelangen auf verschiedenen Wegen, vorzugsweise über die Kiemen, in den Fischkörper. Einige werden in bestimmten Organen gespeichert. Hinsichtlich der Wirkorte kann man zum Beispiel Blut-, Nerven- und Lebergifte unterscheiden. Manche Vergiftungen lassen sich durch schnelles Umsetzen der Tiere in temperiertes Frischwasser rückgängig machen, sind reversibel, andere schädigen bleibend, sind irreversibel. Bei jedem Verdacht auf Vergiftungen sind sofort zwei Drittel des Wassers zu erneuern. Erst dann wird man nach den eigentlichen Ursachen suchen. Als Folge leichter Vergiftungen treten häufig Parasitosen auf.

Ammoniak- und Nitritvergiftungen

Ammoniak ist ein starkes Fischgift. Je nach Fischart führen 1 bis 2 mg/l Wasser zum Tode. Schädigungen können schon bei 0,2 bis 0,5 mg/l auftreten. Allerdings kann sich, wie auf S. 29 ausführlich beschrieben, Ammoniak im Wasser nur bei pH-Werten über 8 bilden. Ammoniakvergiftungen sind deshalb selten.

Von den Endstufen des Stickstoffabbaues, den Nitriten und Nitraten, können praktisch nur die Nitrite Vergiftungserscheinungen auslösen. Bei einem Nitritgehalt von 5 mg/l Wasser besteht akute Vergiftungsgefahr. Bei regelmäßiger Teilerneuerung des Wassers wird dieser Wert jedoch nicht erreicht.

Die Symptome einer Ammoniak- oder Nitritvergiftung erinnern oft an die Symptome bei Sauerstoffmangel (siehe S. 352). Die Tiere atmen unnatürlich, hängen an der Oberfläche, jagen ab und zu durch das Aquarium und trudeln schließlich mit abgespreizten Kiemendeckeln zu Boden.

Vergiftungen durch Schwermetallverbindungen

Zahlreiche Verbindungen von Schwermetallen sind für Fische giftig. Allerdings wurden solche Vergiftungen bisher meist bei Nutzfischen beobachtet, das Datenmaterial für Aquarienfische ist spärlich. Die wenigen Erfahrungen zeigen, daß, ähnlich wie bei Nutzfischen, die tödliche Dosis sehr unterschiedlich sein kann. Manche Arten vertragen von den besonders giftigen Kupfer-, Zink- und Quecksilbersalzen nur sehr geringe Dosen, andere solche, die 10- bis 15fach darüber liegen. Die Giftwirkung wird vervielfacht, wenn zwei oder mehrere Metallsalze gleichzeitig einwirken. So sind Kupfer- und Zinkverbindungen nebeneinander wesentlich giftiger als eine entsprechende Dosis der betreffenden Kupfer- oder Zinkverbindung allein.

In stark eisenhaltigem Frischwasser können sich Eisenniederschläge (Eisen [III]-Hydroxid) auf den Kiemen als braune Beläge absetzen und die Atmung stark behindern. Nach AMLACHER reagiert *Symphysodon* auf solche Eisenausfällungen besonders empfindlich.

Die Symptome sind bei Schwermetallvergiftungen außerordentlich verschiedenartig. Häufig verenden die Tiere in normaler Körperhaltung und ohne die geringsten Anzeichen einer äußeren Veränderung. Manchmal gehen dem Tod krampfartige Bewegungen, manchmal taumelnde Schwimmweisen, seltener Lähmungen voraus.

Bei jedem Verdacht auf Schädigungen durch Schwermetalle ist das Wasser sofort zu wechseln.

Vergiftungen durch Insektizide, Herbizide und andere Chemikalien

In den letzten Jahren kommen immer wieder Vergiftungen der Fische durch verschiedene Insektenbekämpfungsmittel und in der Land- und Forstwirtschaft zur Unkrautbekämpfung verwendete Chemikalien, aber auch durch Industrieabprodukte vor. Die Präparate werden meist von landwirtschaftlich genutzten Flächen in das Wasser eingeschwemmt, andere stammen aus Abwässern oder industriellen Abgasen. Im Wasser können sich vor allem Verbindungen, die nur langsam abgebaut werden, in Organismen anreichern und über Nahrungsketten in Fische gelangen. Einige Substanzen sind für Fische so giftig, daß sie sich sofort schädlich auswirken, andere Giftstoffe reichern sich im Fisch nur an, lösen jedoch keine erkennbaren Schäden aus. Solche gespeicherten Gifte können mit dem Fischfleisch auch in den menschlichen Körper gelangen.

In der Aquaristik kommen Vergiftungen dieser Art in der Regel nur durch Verfütterung von lebendem oder gefrostetem Krebs-, Wurm- oder Mückenlarvenfutter vor. Diese Futtertiere speichern gelegentlich giftige Substanzen, die bei der Verdauung der Krebse im Fischdarm frei werden. Die Feststellung von Insektiziden oder anderen Schadstoffen im Fischfutter oder Fischfleisch ist nur in Speziallaboratorien möglich. Sobald der Verdacht einer Vergiftung der Aquarienfische durch das Futter besteht, sollte man das Wasser wechseln und die Tiere einige Tage hungern lassen. Sie erholen sich meist schnell.

Trockenfutter kann sich bei Überlagerung verändern und dann schädliche Verbindungen enthalten. Auf zu feucht gelagerten Futtermitteln entstehen oft Schimmelpilze, die mitunter hochgiftige Verbindungen bilden. Überlagerte oder verpilzte Futtermittel sind deshalb Risikofaktoren, man sollte sie vernichten.

In den Gebrauchsanweisungen von Haushaltspräparaten zur Bekämpfung von Fliegen, Ameisen oder Schädlingen auf Blattpflanzen findet man meistens auch Angaben über ihre Giftigkeit für Aquarienfische und Stubenvögel.

Beim Kauf von Aquarienzubehör aus Gummi oder Kunststoffen versäume man nie, darauf zu achten, daß der Hersteller die Ungiftigkeit für Fische ausdrücklich vermerkt. Dies gilt besonders für Plastschläuche, Filtermaterial und Kunststoffausströmer.

Gelegentlich treten im Aquarium auch Vergiftungen durch Nikotin auf. Dazu ist jedoch Vorbedingung, daß in Räumen, die Aquarien beherbergen, stark geraucht wird und außerdem, daß die rauchige Luft mit einer Durchlüftungspumpe ständig durch das Aquarium gedrückt wird. Schon 1 bis 1,5 mg Nikotin in 1 l Wasser können zu sichtbaren Schädigungen führen. Die Tiere jagen zunächst ruhelos umher, nach wenigen Minuten erstarren die Brustflossen, es folgen taumelnde Fortbewegungsversuche, Lähmung und Absinken auf den Bodengrund. In frischem Wasser können sich die Tiere erholen.

Virosen, Bakteriosen und Mykosen

Virosen (Viruskrankheiten)

Erkrankungen durch Viren sind auch bei Fischen viel häufiger, als man früher annahm. Für verschiedene bei Nutzfischen auftretende Seuchen konnten Viren als Erreger nachgewiesen werden. Dazu gehören die gefürchtete Virale hämorrhagische Septikämie (Nierenschwellung) und die Infektiöse Pankreasnekrose der Salmoniden. Aber auch viele Geschwülste haben ihre Ursache in einer Virusinfektion (siehe S. 401).

Die Viren sind winzige Partikeln, die hinsichtlich ihrer Organisation unter dem Niveau der Lebensgrundeinheit Zelle einzustufen sind und sich nur in Zellen von Bakterien, Tieren und Pflanzen vermehren können.

Eine seit langem bekannte Virose ist die *Lymphocystis*-Krankheit. Sie tritt vor allem bei Seewasserfischen (Flundern, Schollen, Meerbarben u. a.), seltener bei Süßwasserfischen auf. In Meerwasseraquarien ist die Krankheit bislang nur vereinzelt, in Süßwasseraquarien sehr selten beobachtet worden. Das charakteristische Krankheitsmerkmal sind weißliche Knötchen verschiedener Größe, die zu himbeerartigen Gebilden vereinigt sein können. Bevorzugt befallen werden die Rückenflosse und die Rückenpartie. Jedes Einzelknötchen stellt eine enorm vergrößerte Zelle dar, in die die Erreger eingeschlossen sind. Spontanheilung ist bei guter Hälterung angeblich möglich. Notfalls können die Knötchen mit einem Skalpell vorsichtig abgeschabt werden.

Neuerdings konnte auch für die Infektiöse Bauchwassersucht (Septikämisches dermo-viscerales Syndrom) des Karpfens ein Virus als primärer Krankheitserreger nachgewiesen werden. Die in der Teichwirtschaft gefürchtete Seuche wurde mehrfach auch bei Aquarienfischen beschrieben, jedoch fehlt bis heute der Beweis, daß es sich tatsächlich um die gleiche Krankheit handelt.

Nach Amlacher ist Bauchwassersucht bei Aquarienfischen in der Regel ein Symptom, das bei Magen-Darm-Entzündungen, Eingeweideverfettung, Fischtuberkulose und anderen Erkrankungen auftritt, aber nicht durch Viren verursacht wird.

Bakteriosen (Bakterienkrankheiten)

Fischtuberkulose

Die Fischtuberkulose ist eine charakteristische Erkrankung der Warmwasserfische. Etwa 60 bis 80% der Aquarienfische können heute als infiziert angesehen werden. Am stärksten ist die Verseuchung in übervölkerten Gesellschaftsaquarien.

Die Krankheit wird durch aerobe, säurefeste, grampositive, unbewegliche Mycobakterien verursacht. Ihr Wachstumsoptimum liegt um 25 °C, das heißt, sie finden im Warmwasseraquarium ideale Bedingungen. Grundsätzlich können alle Organe des Fisches befallen werden, jedoch nimmt die Befallsdichte der einzelnen Organe meist in der Reihenfolge Niere, Milz, Leber, Herz, Haut, Augen, Gonaden, Gehirn, Darm und Skelett ab.

Die Symptome können außerordentlich verschiedenartig sein und werden zum Teil durch die Lage der Krankheitsherde bestimmt. In den inneren Organen entstehen durch die Auseinandersetzungen zwischen dem Wirt und den Erregern gelblichweiße bis schmutziggraue Knötchen, sogenannte Tuberkel. Der Wirt versucht durch Bildung immer neuer Hüllen die Krankheitsherde abzukapseln. Die Knötchen zerfallen in der Regel von innen nach außen und zeigen häufig Ablagerungen von schwarzen oder gelben Pigmenten (Taf. 143). Aus den Knötchen entstehen häufig bruchsackartig neue Tochterknötchen. Im Verlauf der weiteren Erkrankung kann es zur Funktionseinschränkung oder sogar Funktionsuntüchtigkeit verschiedener Organe und damit zum Tod kommen. Allerdings dauert es oft mehrere Jahre, bis der chronische Verlauf der Krankheit durch akute Erscheinungen sein Ende findet.

Äußere Symptome fehlen oder sind je nach Lage des Befallsherdes recht unterschiedlich ausgeprägt; die folgenden kommen häufig vor:

- Bauchwassersucht bei starkem akutem Befall innerer Organe, insbesondere der Leber. Schuppensträube;
- Abmagerung trotz guter Fütterung (Messerrükken, Hohlbäuchigkeit);
- beulenartige Erhebungen am Körper, die geschwürig zerfallen können, oder flache Geschwüre bei Befall der Unterhaut;
- Verlust von Flossenteilen und ganzen Flossen durch Geschwüre an der Flossenwurzel (häufig an der Schwanzflosse);
- dunkle Verfärbung und grießige Veränderung der Regenbogenhaut. Glotzaugen (Exophthalmus) und geschwürige Zerstörung des Auges (Taf. 141);
- Auftreten schwarzer Flecken oder insgesamt Dunkelfärbung;

– Seitenlage, Kopf und Schwanz etwas hochgebogen, ungerichtetes Schwimmen, Taumelbewegungen (Ursache: Schwimmblasenschädigung). Schaukelbewegungen mit angelegten Flossen oder vorübergehende Seitenlage (Ursache: Hirnschädigung).

Jedes der genannten Symptome kann einzeln oder zusammen mit anderen vorkommen.

Die Übertragung ist auf mannigfache Art möglich. So können die Erreger mit dem Darminhalt, mit Haut- und Flossenfetzen, aus aufgebrochenen Geschwüren abgestoßen und von gesunden Fischen mit der Nahrung aufgenommen werden. Die Bakterien gelangen vom Darm aus in die verschiedenen Organe. Die Anfälligkeit ist bei Salmlern und Labyrinthfischen besonders groß.

Besteht Verdacht auf Fischtuberkulose, so untersucht man am besten Leber und Niere. Mit einer einfachen Lupe, ja oft schon mit freiem Auge, lassen sich hier weißliche bis gelbliche Knötchen erkennen. Zur mikroskopischen Untersuchung eignen sich Quetschpräparate. Tuberkel lassen sich auch in verendeten Tieren noch gut erkennen.

Fischtuberkulose kann zur Zeit noch nicht sicher geheilt werden. Alle bislang angegebenen Methoden sind unzuverlässig. Es besteht deshalb nur die Möglichkeit, einer weiteren Verbreitung der Seuche durch folgende Maßnahmen entgegenzuwirken:
– gute Pflege und abwechslungsreiche Ernährung,
– alle Fische mit äußeren Erscheinungen, die auf Fischtuberkulose hindeuten, sofort vernichten. Solche Tiere niemals zur Zucht verwenden!
– Fische, die mit fischtuberkulosekranken Tieren vergesellschaftet waren, dürfen nicht verschenkt oder verkauft werden. Sie sind gut zu pflegen und von anderen Fischen isoliert zu hältern.

In Züchtereien müssen kranke Bestände restlos vernichtet werden. Die Aquarien sind mit Kaliumpermanganatlösung (1 g/1 l Wasser) gründlich zu desinfizieren.

Columnaris-Krankheit

Die vor allem in Großbritannien verbreitete Bakteriose führt nach Schubert bei Aquarienfischen, vor allem bei Lebendgebärenden Zahnkarpfen, häufig zum Tode. Der Erreger, *Flexibacter (Chondrococcus) columnaris*, ist ein langes, dünnes Stäbchen, das sich vor allem im Hautschleim von Befallsherden, aber auch in inneren Organen nachweisen läßt.

Die typischen Symptome sind zarte, schimmelartige Beläge in der Maulgegend, seltener an anderen Körperstellen. Außerdem können weißgraue Pusteln in verschiedenen Regionen, zum Beispiel auf den Flossen, und Geschwüre auftreten. Manchmal fehlen alle Symptome, manchmal entwickeln sie sich erst nach dem Umsetzen der Fische in Frischwasser. Die Übertragung erfolgt direkt von Fisch zu Fisch. Schubert bezeichnet diese Bakteriose als »gefürchtete Händlerkrankheit«.

Behandlungsversuche wurden bislang mit Kupfersulfatlösung, Chloramphenicol und Oxytetracyclin durchgeführt. Nach Schubert wirken Dauerbäder mit Präparaten auf Nitrofuranbasis (2–3 mg/l Wasser) am besten. Die Behandlung sollte nicht im Gesellschaftsbecken durchgeführt werden.

Bakterielle Flossenentzündung

Die Krankheit kommt vor allem bei Jungfischen, seltener bei ausgewachsenen Tieren vor. Sie beginnt unauffällig nach geringen Verletzungen oder bei zu kühler Hälterung. Zunächst lassen sich zarte, oft nur im Schräglicht sichtbare bläulichweiße Trübungen der Flossenränder, eventuell auch der Hornhaut des Auges beobachten. Im weiteren Verlauf werden die Flossen schnell kleiner, die Enden der Flossenstrahlen fallen ab, der Flossenrand fasert auf. Während bei erwachsenen Tieren der Flossenschwund nur selten zum völligen Flossenverlust führt, kann bei Jungfischen besonders die Schwanzflosse restlos verlorengehen.

Die Erreger sind stäbchenförmige Bakterien der *Pseudomonas punctata-* und *fluorescens*-Gruppe. Bei erwachsenen Tieren heilen die Entzündungen meist schnell ab, wenn die Temperatur bei günstiger Hälterung und Pflege erhöht wird. Für hartnäckige Fälle werden Acriflavin-Dauerbäder bei gleichzeitiger Temperaturerhöhung empfohlen (siehe S. 348).

Bakterielle Schwimmblasenentzündung

Die als Bakterielle Schwimmblasenentzündung bezeichnete Krankheit konnte mehrfach bei Aquarienfischen in Verbindung mit Bauchwassersucht (siehe S. 371) beobachtet werden. Das charakteristische Symptom ist ein allmählicher Verlust des Schwimmvermögens. Die Tiere nehmen im Verlauf von einigen Tagen immer stärkere Schräglage und schließlich Seitenlage auf dem Bodengrund ein, Kopf und Schwanz sind dabei leicht angehoben. Der Leib kann etwas aufgetrieben sein (Bauchwassersucht), auch Schuppensträube kommt vor. Die Schwimmblase ist deformiert und gelb verfärbt. Sie enthält meist einen schleimigen gelben bis gelbroten Brei. Erkrankte Tiere müssen vernichtet werden.

Mykosen (Pilzkrankheiten)

Fischschimmel

Fischschimmel ist bei Warmwasserfischen immer die Folge einer vorangegangenen Schädigung, zum Beispiel einer Unterkühlung, einer Verletzung oder einer Hautschädigung durch Parasiten. Auch die Verpilzung des Fischlaiches ist in der Regel eine Sekundärinfektion bereits geschädigter oder abgestorbener Eier (Taf. 3). Nicht alle Fischarten sind gleichermaßen anfällig gegen Fischschimmel. Zum Beispiel gelten verschiedene Karpfenfische als besonders empfindlich, viele Welse als sehr widerstandsfähig.

Die verursachenden Pilze sind *Saprolegnia-* und *Achlya*-Arten. Sie wachsen auf organischen Substraten verschiedenster Art und bilden strahlige bis wattebauschähnliche Beläge. Die Vermehrung erfolgt durch winzige Sporen, die überall vorkommen.

Als charakteristische Symptome treten bei Fischen zunächst Trübungen der Flossen- und Maulränder sowie der Augen und Nasenöffnungen auf. Sie entwikkeln sich schnell zu auffälligen Wattebauschbelägen. Die Flossen werden dabei zusehends kürzer, fasern aus und verkleben. Bei starkem Befall wird auch die Muskulatur angegriffen. Der mikroskopische Nachweis ist einfach: Von dem Belag wird etwas abgestrichen und mikroskopisch untersucht (stark abblenden). Pilze sind als lange, feine, durchsichtige, meist wirr durcheinanderlaufende Fäden leicht zu erkennen.

Zur Behandlung genügt oft eine Temperaturerhöhung oder ein Umsetzen in sauberes, abgestandenes Wasser. Hartnäckige Fälle sind mit Kaliumpermanganat-Kurzbädern zu behandeln (0,5 g auf 10 l Wasser). Bei größeren Fischen kann man die Beläge zuerst vorsichtig mit nasser Watte abwischen. Verpilzte Geschwüre sind mit Jodtinktur zu betupfen. Verpilzende Eier kann man in stark verdünnte Atebrinlösungen übertragen. Man dosiert dazu 0,1 g auf 100 l Wasser (siehe auch S. 349). Über Erfolge mit Fungiziden liegen widersprechende Angaben vor.

Ichthyosporidium-Krankheit

Diese bei Meeresfischen und durch Verfütterung von Meeresfischfleisch auch bei Forellen vorkommende Mykose wurde bis in die sechziger Jahre als die häufigste Krankheit der Aquarienfische angesehen. Erst Amlacher konnte zeigen, daß es sich bei der sogenannten Aquarien-Ichthyophonus-Seuche um Fischtuberkulose handelt. Die bei *Ichthyosporidium*-Befall in verschiedenen Geweben, vor allem der Herzmuskulatur und der Leber (Taf. 143) auftretenden Knötchen (Granulome, Ichthyophonus-Knötchen) haben bei oberflächlicher Betrachtung große Ähnlichkeit mit den für die Fischtuberkulose typischen Tuberkeln. Offen bleibt die Frage, ob der Pilz *Ichthyosporidium hoferi* oder verwandte Arten bei Warmwasserfischen grundsätzlich nicht vorkommen.

Parasitosen

Einzeller als Fischparasiten

Ansteckende Haut- und Kiementrübung

Verschiedene tierische Einzeller leben vereinzelt auf der Fischhaut und auf den Kiemen, ohne irgendwelche Schäden oder Krankheiten zu verursachen. Einige von ihnen können sich jedoch unter besonderen Bedingungen, zum Beispiel bei umweltbedingter Schwächung der Fische oder bei Ernährungsstörungen, enorm vermehren und dann krankhafte Haut- und Kiementrübungen verursachen. Man bezeichnet diese Einzeller deshalb als Schwäche- oder Gelegenheitsparasiten. Folgende Arten kommen häufig vor:

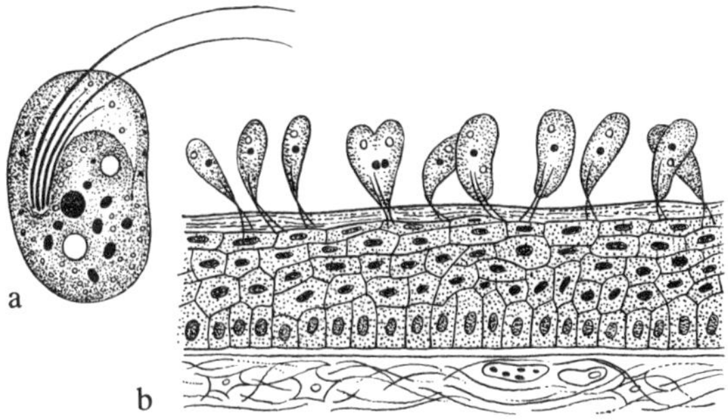

Abb. 125 Kleiner bohnenförmiger Hauttrüber *(Costia necatrix)*. a) Form des freischwimmenden Tieres; b) auf der Haut festsitzende Tiere

Kleiner bohnenförmiger Hauttrüber *(Costia necatrix)*,
Großer herzförmiger Hauttrüber *(Chilodonella cyprini)*,
Kreis- oder glockenförmiger Hauttrüber (*Trichodina*-Arten).

Haut- und Kiementrübung durch *Costia necatrix*:
Costia necatrix ist ein winziges, mit zwei Geißeln ausgerüstetes Geißeltierchen (10–12 μm lang, 6–8 μm breit). Frei schwimmende Tiere sind bohnenförmig gestaltet. Zur Anheftung auf der Fischhaut wird das flache Hinterende rinnenförmig zu einem Haftapparat eingefaltet. Festsitzende Tiere haben deshalb birnenförmige Gestalt (Abb. 125). Die nur in angeheftetem Zustand mögliche Fortpflanzung ist eine einfache ungeschlechtliche Längsteilung des Muttertieres. Die Übertragung erfolgt durch abgelöste Individuen, die frei schwimmend allerdings nur kurze Zeit lebensfähig sind. Je dichter die Fische stehen, um so leichter erfolgt die Übertragung (Abb. 126).

Der Kleine bohnenförmige Hauttrüber hat sein Temperaturoptimum unter 20 °C. Er kommt deshalb in Freilandteichen häufig, in Warmwasseraquarien relativ selten vor. In der Fischereiwirtschaft verursacht er vor allem Verluste bei Brutfischen, in der Aquaristik bei Kaltwasserfischen oder Arten, die um 20 °C gehältert werden.

Die typischen Symptome sind zarte, bläulichweiße, großflächige, jedoch unscharf begrenzte Schleier auf den Flossen und in der Bauchpartie. Außerdem können zart rötliche Flecken oder Fleckbegrenzungen sichtbar sein. Bei starkem Befall sind die Flossen verklemmt, auch können schaukelnde Bewegungen auftreten. *Costia* läßt sich mikroskopisch im Hautabstrich oder an abgeschnittenen Flossen nachweisen. Da die Schmarotzer noch lange Zeit an verendeten Fischen festsitzen, sind auch solche für eine Untersuchung geeignet. Zur Behandlung siehe weiter unten.

Haut- und Kiementrübung durch *Chilodonella*:
Die häufigste Art der Gattung, *Chilodonella cyprini*, ist ein ungefähr 50 μm langes und 40 μm breites Wimpertierchen von ovaler, hinten herzförmig eingebuchteter, allerdings auch stark veränderlicher Form (Taf. 142, Abb. 127). Die Fortbewegung ist gleichmä-

Abb. 126 Übertragungsschema für alle Erreger der Ansteckenden Haut- und Kiementrübung *(Costia, Chilodonella, Trichodina)*. Parasiten, die keinen neuen Wirt finden, gehen in der Regel nach kurzer Zeit zugrunde.

ßig ruhig, die Fortpflanzung eine ungeschlechtliche Querteilung. Im Gegensatz zu *Costia* siedelt sich *Chilodonella* bevorzugt zwischen Kopf und Rückenflosse an. Die Übertragung erfolgt von Fisch zu Fisch (Abb. 126). *Chilodonella* ist in Freilandgewässern und Aquarien häufig und relativ unabhängig von der Temperatur. Durch ausgedehnte Zerstörungen der Haut und Kiemen können erhebliche Verluste eintreten.

Typische Symptome sind bläulichweiße, zarte bis pockenartig dicke, flächige Hauttrübungen vorwiegend in der Nackenregion und an den Kiemen. Gelegentlich löst sich die Haut in Fetzen ab. Häufig sind die Flossen ausgefranst, die Tiere scheuern mitunter an Steinen und Blättern. Mikroskopischer Nachweis im Hautabstrich. Zur Behandlung siehe weiter unten. *Chilodonella* verläßt verendete Fische sehr schnell, deshalb eignen sich diese nicht für die Untersuchung.

Abb. 127 Herzförmiger Hauttrüber *(Chilodonella cyprini)*

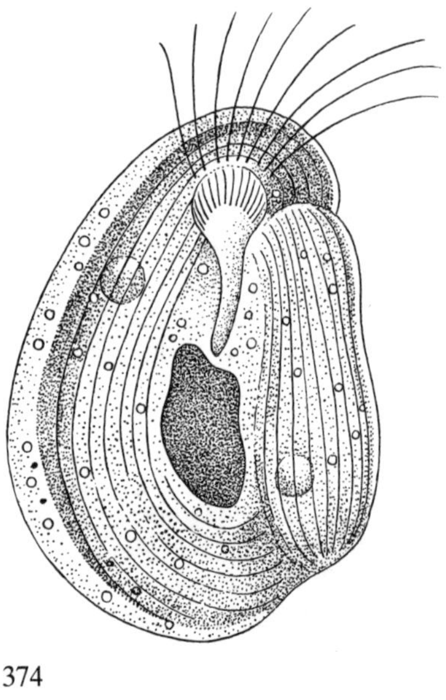

Haut- und Kiementrübung durch *Trichodina*-Arten: Die Hauttrüber dieser Gruppe sind sehr verbreitet und relativ harmlos. Bei genauer Untersuchung entdeckt man einzelne Parasiten auf fast jedem gesunden, zahlreiche auf fast jedem kranken Fisch. Massenvermehrungen sind bei Aquarienfischen relativ selten.

Die kleinen Wimperinfusorien der Gattung *Trichodina* (häufigste Art *T. domerguei*) sind im Mikroskop an ihrer Gestalt und Fortbewegungsart leicht zu erkennen (Abb. 128). Die kreisrunden, rotierenden, da- und dorthin schießenden Scheibchen heften sich auf der Unterlage mit einem Hakenkranz fest. Die Vermehrung erfolgt ungeschlechtlich. *Trichodina* ist ein typischer Schwächeparasit. Besonders umweltbedingte Fischkrankheiten ziehen oft eine Massenvermehrung dieser Parasiten nach sich. Bevorzugt befallen werden Flossen und Kiemen. Selbst starker Befall führt nur selten zu Verlusten.

Die Symptome sind geringfügig. Häufig werden die sehr zarten Hauttrübungen übersehen, am besten kontrolliert man im Schräglicht, kranke Hautbezirke erscheinen stumpf.

Alle Haut- und Kiementrübungen lassen sich relativ leicht behandeln. Bei Befall mit *Costia necatrix* ge-

Abb. 128 Kreis- oder glockenförmiger Hauttrüber (*Trichodina*, mehrere Arten)

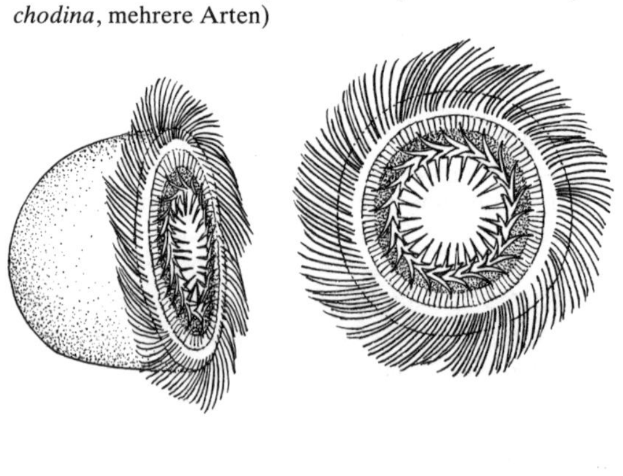

nügt meist eine Temperaturerhöhung auf 28 bis 30°C. Gegen alle drei Hauttrüber wirken Malachitgrün-Dauerbäder (siehe S. 349) über 4 bis 5 Tage oder Acriflavin-Dauerbäder (siehe S. 349) über 6 bis 8 Tage. Auch mit Methylenblau-Dauerbädern konnten bei *Costia*- oder *Trichodina*-Befall gute Erfolge erzielt werden. Da sich parasitenbedingte Haut- und Kiementrübungen fast immer auf der Basis gröberer Hälterungsschäden entwickeln, muß die Behandlung auch die Beseitigung der Primärursachen einschließen.

Weißpünktchen- oder Grießkornkrankheit

Diese sehr häufige Fischkrankheit wird durch den Einzeller *Ichthyophthirius multifiliis* verursacht. Der Haut- und Kiemenparasit ist ein Wimperinfusor und mit dem Großen herzförmigen Hauttrüber *(Chilodonella)* verwandt. Im Gegensatz zu diesem wird *Ichthyophthirius* jedoch trotz seiner Einzelligkeit so groß, daß man ihn mit freiem Auge als weißliches Knötchen gut erkennen kann (0,3–1,0 mm), Taf. 141. Ein Befall mit diesem Parasiten bleibt deshalb in der Regel nicht lange verborgen, und die Behandlung kann meist schon in einem frühen Stadium der Infektion einsetzen.

Der Parasit selbst ist kugelig und von zahlreichen Wimpern bedeckt, mit denen er sich rotierend fortbewegt (Abb. 129). Lebensweise, Vermehrung und Infektionsmöglichkeit sind am besten aus Abb. 130 zu ersehen.

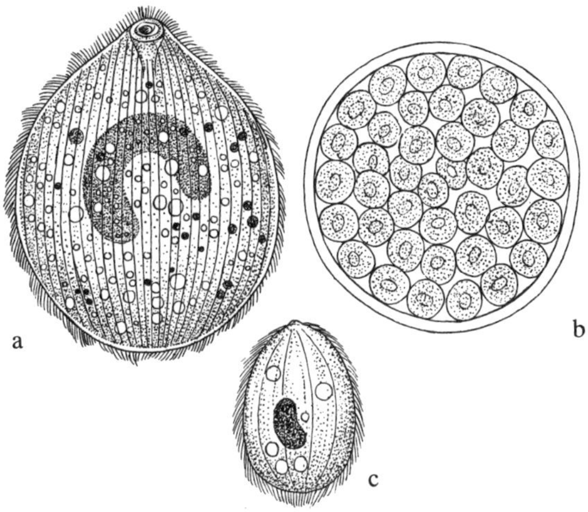

Abb. 129 a) Ausgewachsener Erreger der Weißpünktchenkrankheit *(Ichthyophthirius multifiliis)* mit dem für die Art charakteristischen hufeisenförmigen Großkern; b) Zyste mit zahlreichen Schwärmern; c) einzelner Schwärmer.

Der sehr kleine, glasklare *Ichthyophthirius*-Schwärmer bohrt sich mit dem spitzen Vorderende voran in die Körperhaut oder das Kiemenepithel ein (Taf. 142). Er parasitiert meist in einer kleinen Höhle an der Grenze zwischen Ober- und Unterhaut (Taf. 142). Hier ernährt er sich von Zellbestandteilen und nimmt dabei ständig an Größe zu. Die unverdaulichen Reste der Nahrung lagern sich im Körper als dunkle, pigmentähnliche Einschlüsse ab, er wird dadurch undurchsichtig. Nach etwa 1 bis 2 Wochen ist der Hautichthyophthirius ausgereift. Er verläßt nun die Haut, sinkt zu Boden und umgibt sich mit einer Kapsel (Zyste). Während des Boden- oder Zystenstadiums findet die Vermehrung statt. Durch ungeschlechtliche Zellteilung entstehen in 10 bis 20 Stunden 250 bis 1000 Tochterparasiten, die die Zyste als winzige Schwärmer verlassen. Sie müssen auf Grund ihrer kurzen Lebenszeit möglichst schnell einen Wirt

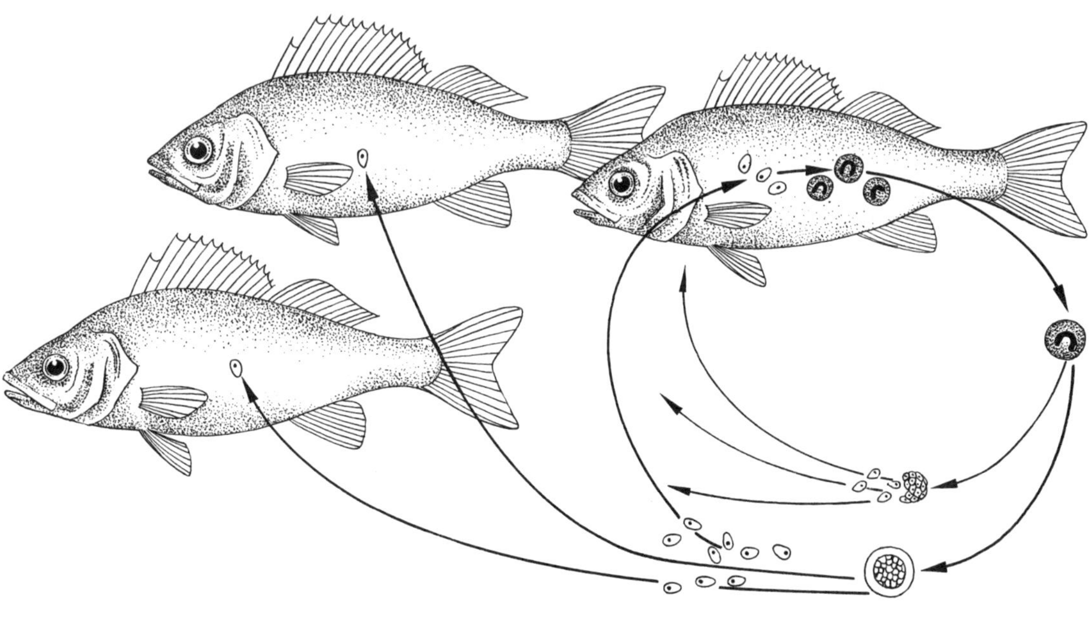

Abb. 130 Übertragungsschema von *Ichthyophthirius multifiliis*. Die ausgewachsenen Parasiten verlassen die Haut, sinken zu Boden, scheiden hier eine Hülle ab und teilen sich ungeschlechtlich in zahlreiche Schwärmer. Diese verlassen die Zyste und heften sich erneut auf Fischen fest. Unter besonderen Umständen soll das Bodenstadium unterdrückt werden.

finden. Schwärmer, denen dies nicht gelingt, sterben ab. Bei starkem Befall können sich mehrere Parasiten beim Einbohren treffen und dann gemeinsam in einer Höhlung liegen (Taf. 142).

Außer diesem typischen Kreislauf sind noch einige andere beschrieben worden, so die Bildung von Dauerzysten, eine Teilung ohne Zystenbildung, wenn ein zu junger Parasit mechanisch abgestreift wird, u. a.

Typische Symptome sind kleine, grießartige Knötchen besonders in den Flossen und an den Kiemen, aber auch an allen anderen Stellen des Körpers, ja sogar auf den Augen (Taf. 141). Die Knötchen sind bis zu einem Millimeter groß, bei kleinen Fischarten meist etwas kleiner als bei großen, weißlich im Auflicht, grau im Durchlicht. Die Verteilung der Knötchen ist völlig unregelmäßig, dichte Gruppen kommen ebenso häufig vor wie vereinzelte Parasiten. Bei starkem Befall kann sich die Haut stellenweise sackartig vorbuchten. Die Flossen sind meist verklemmt. Die Fische selbst verhalten sich oft unruhig und scheuern an Pflanzen und Steinen. Im fortgeschrittenen Stadium kann Körperschaukeln und krampfhaftes Atmen eintreten. Die Parasiten lassen sich mikroskopisch im Hautabstrich leicht nachweisen.

Zur Behandlung eignen sich am besten Malachitgrün-Dauerbäder (siehe S. 350). Auch wenn in einem Aquarium nur einzelne Fische erkrankt sind, müssen stets alle Fische dieses Beckens behandelt werden. Am besten löst man deshalb das Präparat im Aquarienwasser und dosiert in Abständen nach. Gleichzeitig ist die Temperatur um etwa 5 °C zu steigern und die Durchlüftung zu verstärken. Die Behandlungsdauer muß mindestens 10 Tage betragen, das heißt, auch wenn nach 3 bis 5 Tagen die Parasiten verschwunden sind, ist die Behandlung trotzdem fortzusetzen. Man kann auch eine Behandlung mit Acriflavin-Dauerbädern (siehe S. 349) bei gleichzeitiger Temperaturerhöhung auf 30 °C versuchen, jedoch führt diese nicht immer zum Erfolg. Für besonders hartnäckige Fälle wird eine Behandlung in gesonderten Aquarien empfohlen. Dabei verwendet man die für Dauerbäder angegebene Konzentration, wechselt aber alle zwölf Stunden das Behandlungsbecken.

Ichthyophthirius wird sehr leicht in andere Aquarien übertragen. Man sollte peinlichst darauf achten, daß die für das verseuchte Becken verwendeten Gerätschaften nicht mit anderen Aquarien in Berührung kommen.

Die Einschleppung erfolgt meist mit neuen Fischen, nur sehr selten mit Krebsfutter, fast nie mit Wasserpflanzen. Es wird deshalb nochmals empfohlen, neuerworbene Fische zunächst in einem Quarantänebecken unterzubringen und dort 2 bis 3 Wochen zu beobachten.

Bei Seewasserfischen kommt die mit *Ichthyophthirius* verwandte Art *Cryptocarion irritans* als Hautparasit vor.

Abb. 131 Erreger, Dinospore und Übertragungsschema von *Oodinium pillularis*. Der ausgewachsene Erreger löst sich von der Fischhaut, sinkt zu Boden und bildet in einer Cystenhülle Dinosporen, die nach einiger Zeit schlüpfen und sich vor allem auf der Haut der Mundhöhle, der Kiemen und des Körpers in Gruppen ansiedeln.

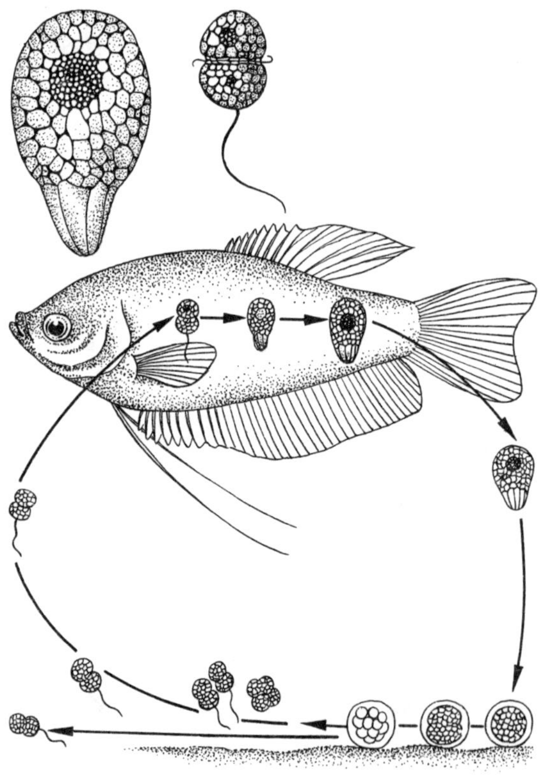

Samt- oder Pillulariskrankheit

Einige Vertreter der Gattung *Oodinium* sind weitverbreitete Haut- und Kiemenparasiten bei Fischen. Am besten bekannt ist *Oodinium pillularis*, der Erreger der sehr häufigen Samt- oder Pillulariskrankheit. Sie wurde erstmalig von SCHÄPERCLAUS bei jungen *Colisa* beobachtet und erhielt in der Aquarienpraxis deshalb die Bezeichnung Colisakrankheit. Inzwischen konnte diese Parasitose jedoch auch bei zahlreichen anderen Fischen beobachtet werden, die Bezeichnung Colisakrankheit muß deshalb als irreführend abgelehnt werden.

Oodinium pillularis ist ein sehr kleines pflanzliches Geißeltier der Klasse Dinophyceae von 0,02 bis 0,15 mm Länge. Wie viele andere Fischparasiten hat *Oodinium* einen ziemlich komplizierten Lebensablauf (Abb. 131). Die einzelligen, birnenförmigen, mit einem flaschenhalsartig verdünnten Teil dem Epithel aufsitzenden Parasiten sind grauweiß bis gelblichbraun und meist zu kleinen Gruppen vereinigt. Nach Abschluß des Wachstums löst sich der Parasit von der Fischhaut, sinkt auf den Bodengrund und bildet eine Zystenhülle (Palmellenstadium). Wie bei *Ichthyophthirius* folgen jetzt mehrere Teilungen schnell aufeinander, dadurch entstehen bewegliche Schwärmsporen (Dinosporen). Mit Hilfe einer Ring- und Schleppgeißel schwärmen diese rotierend und leicht schaukelnd durch das Wasser, um einen neuen Wirt zu suchen. Die Lebensdauer der freien Dinosporen ist kurz, sie müssen sich im Laufe eines Tages auf der Fischhaut festsetzen können, oder sie gehen zugrunde. Auf der Haut wandeln sie sich zum birnenförmigen Parasiten um und wachsen in kurzer Zeit heran. *Oodinium pillularis* kann auch in das Bindegewebe eindringen und hier Entzündungen hervorrufen. In den letzten Jahren hat sich der Parasit vor allem auf die Besiedlung der Kiemen spezialisiert.

Starker Pillularisbefall zeigt sich als samtartiger, gelblicher Hautbelag. Mit einer Lupe erkennt man, daß sich dieser aus winzigen Körnchen zusammensetzt. Der sichere Nachweis ist nur durch mikroskopische Kontrolle möglich. Man kann dafür Hautabstriche oder kleine Flossenstückchen verwenden. Bei Verdacht auf Pillularisbefall sollten stets auch die Kiemen mikroskopisch kontrolliert werden.

Erkrankte Fische scheuern an Steinen und Blättern, haben oft verklemmte, ausgefranste Flossen, die Haut löst sich manchmal in Fäden ab. Bei Kiemenabfall kann krampfhafte Atmung vorkommen. Futter wird meist normal aufgenommen, erkrankte Jungtiere wachsen nicht weiter, erwachsene Tiere magern ab. Fast nie setzt plötzliches Massensterben ein, dagegen ist charakteristisch, daß einzelne Tiere in Abständen verenden.

In Süßwasseraquarien in Nordamerika wurde eine andere *Oodinium*-Art nachgewiesen *(Oodinium limneticum)*. Sie kann etwas größer werden. Das Krankheitsbild entspricht vollkommen der Pillulariskrankheit.

Die Behandlung der Samtkrankheit ist schwierig, sie muß sich immer auf alle Fische des verseuchten Aquariums erstrecken. Erfolge wurden oft mit Acriflavin-Dauerbädern (siehe S. 349) über 14 Tage bei gleichzeitiger Abdunklung des Beckens erzielt. Mit Malachitgrün-Dauerbädern (siehe S. 350) lassen sich die Schwärmsporen, aber nicht die Hautstadien bekämpfen. Auch Versuche mit Antibiotika waren gelegentlich erfolgreich. Insgesamt sind jedoch die Aussichten, stark befallene Fische langfristig zu heilen, gering. Vermutlich können einzelne Zysten selbst bei intensiver Behandlung monatelang überleben. Aber auch von der Haut überwucherte oder vereinzelte im Darm angesiedelte Parasiten werden vielfach durch die Behandlung nicht erreicht. Schließlich sei erwähnt, daß manche Fischarten, vor allem *Colisa sota*, fast immer infiziert sind.

Ein anderer Vertreter der Gattung *Oodinium ocellatum* ist der Erreger der häufig auftretenden Korallenfischkrankheit. Wie bei *Oodinium pillularis* lebt das sehr kleine (0,02–0,07 mm) parasitäre Stadium auf der Haut und auf den Kiemen und bedingt hier Entzündungen und blutigen Zerfall. Die Ansteckung erfolgt wie bei der Pillulariskrankheit durch Schwärmsporen. Befallene Tiere magern ab, sind schwimmunlustig und gehen oft sehr schnell ein. Der meist mit Neuimporten aus verschiedenen Gebieten, vor allem Südostasien, eingeschleppte Erreger vermehrt sich stark bei hohen Temperaturen.

Bei der Behandlung der Korallenfischkrankheit hat sich Kupfersulfat (0,15 g/100 l Seewasser) bewährt. Nachteilig ist dabei jedoch die sehr unterschiedliche und auch von dem Allgemeinzustand der Fische abhängige Empfindlichkeit der einzelnen Arten. Zudem muß in der Regel nach 1 bis 2 Tagen nachdosiert werden.

Knötchenkrankheiten

Verschiedene Sporentierchen (Sporozoa) verursachen knötchenartige Bildungen in der Haut und an den Kiemen verschiedener Fische. Im allgemeinen sind die Knötchenkrankheiten harmlos, gelegentlich kann massenhaftes Auftreten zu mechanischen Störungen der Atemtätigkeit führen. Während bei den verschiedensten einheimischen Fischen Knötchenkrankheiten beschrieben wurden, sind solche in Warmwasseraquarien sehr selten. Es mag deshalb genügen, darauf hinzuweisen, daß im allgemeinen kugelige, halbkugelige, eiförmige, mohnkorn- bis glasstecknadelkopfgroße Knötchen von gelblicher bis porzellanweißer Farbe die typischen Krankheitsmerkmale sind. Vorwiegend werden die Kiemen befallen.

Neon- oder Plistophorakrankheit

Die häufige und gefährliche Parasitose kommt vor allem beim Neontetra vor, wurde aber auch bei anderen Arten beobachtet. Der Erreger ist ein winziges Sporentierchen (Sporozoa, Microsporidia), in dessen kompliziertem Entwicklungsgang ein Stadium auftritt, das als Pansporoblast bezeichnet wird und in der Muskulatur der erkrankten Fische nachgewiesen werden kann (Durchmesser ungefähr 0,03 mm). In jedem der meist zu mehreren zusammenliegenden Pansporoblasten entstehen große Mengen winziger Sporen (Abb. 132). Aus jeder Spore schlüpft ein amöbenähnlicher Keim, der in neue Muskelzonen oder auch andere Gewebe eindringt und nach einer ungeschlechtlichen Vermehrungsphase wieder Pansporoblasten bildet. Die Infektion weitet sich so lawinenartig auf den ganzen Körper aus. Andere Fische können nur durch Sporen oder Keimstadien infiziert werden, die in ihren Darm gelangen. Dies kann der Fall sein, wenn erkrankte Tiere verenden und im Wasser verwesen oder sich zersetzende Krankheitsherde von stark infizierten Fischen abgestoßen werden. Oft lassen sich schon bei winzigen Neonfischen (3,5–4 mm lang) Pansporoblasten feststellen, eine Erscheinung, die im Zusammenhang mit dem Nachweis von Pansporoblasten im Eierstock weiblicher Tiere (SCHÄPERCLAUS, 1954) darauf hinweist, daß vielfach die Eier bereits im Muttertier von dem Erreger befallen werden.

Ihrer Natur nach gehört die *Plistophora*-Krankheit in die Gruppe der Beulenkrankheiten, die bei einheimischen Fischen (Barbe, Weißfische, Coregonen, Stichling u. a.) vorkommen.

Typische Krankheitszeichen sind grauweiße oder

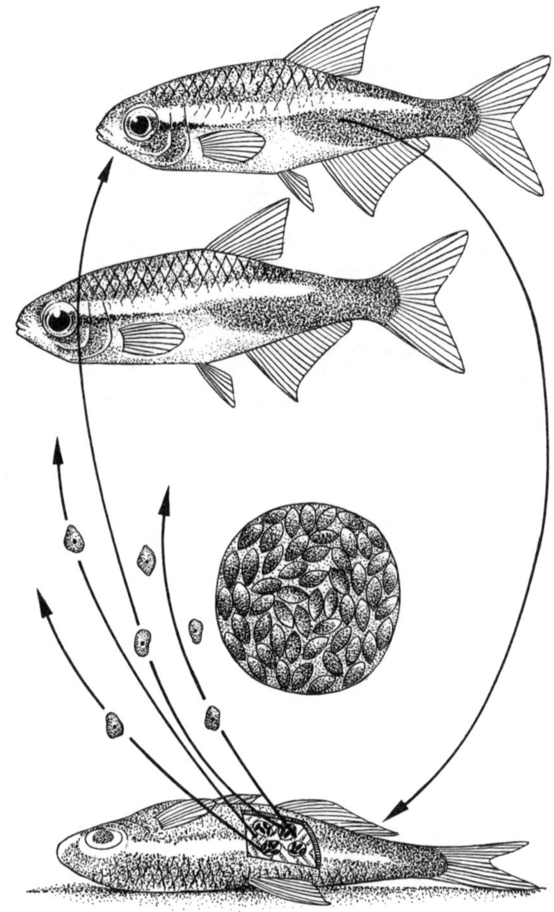

Abb. 132 Übertragungsschema des Erregers der Neon- oder Plistophorakrankheit. Die in den Pansporoblasten gebildeten Sporen werden frei, wenn kranke Fische verenden und im Wasser verwesen oder aus geschwürigen Krankheitsherden Gewebe abgestoßen wird. Aus jeder Spore schlüpft dann ein amöboider Keim, der gesunde Fische über den Darmkanal infizieren kann. In der Mitte ein Pansporoblast mit Sporen.

glasige Stellen in der Muskulatur des Körpers und des Kopfes. Beim Neontetra sowie allen Salmlern mit Längszeichnung ist eine fleckige, grauweiße Aufhellung der Farbbinden charakteristisch. Stark infizierte Tiere sind stets abgemagert. Die Flossen können mehr oder weniger ausgefranst sein. Gelegentlich treten Gleichgewichtsstörungen auf.

Der Nachweis des Erregers ist nur mikroskopisch möglich. Man verwendet dazu Muskulatur aus Regionen, die äußerlich als Befallsherde zu erkennen sind, und fertigt Quetschpräparate an. Die runden Pansporoblasten lassen sich leicht von den gestreckten Muskelfasern unterscheiden.

Es gibt keine Methode, die Neonkrankheit zu heilen. Den in der Literatur gelegentlich publizierten Erfolgsmeldungen lagen vermutlich Fehldiagnosen zugrunde, das heißt, die Symptome entsprachen zwar der Neonkrankheit, waren aber durch andere Erreger bedingt. Die Verbreitung der Krankheit geht vor allem von den Züchtereien aus. Es ist deshalb unbedingt erforderlich, daß dort nur gesunde Tiere vermehrt werden. Kranke Bestände sind restlos zu vernichten.

Diskus- oder Lochkrankheit

Die von Amlacher beim Diskusbuntbarsch beschriebene Krankheit kommt auch bei anderen Cichliden, seltener bei Vertretern anderer Familien vor. Der Erreger, *Hexamita symphysodonis (Spironucleus symphysodonis)*, ist ein winziges Geißeltierchen (etwa 0,01 mm), das einen gestreckten Körper und 8 lange Geißeln besitzt (Abb. 133). Es scheint sich vor allem bei Ernährungsstörungen stark zu vermehren. Im Verlauf solcher Massenentwicklungen gelangen die Erreger auf dem Blutwege fast in alle Organe der Leibeshöhle und auch in die Haut. Hier kommt es vor allem im Bereich des Kopfes, der Augen, des Rückens und der Seitenlinie zu Gefäßverstopfungen, die ihrerseits kleine Zerfallsherde bedingen. Diese werden abgestoßen, wodurch kleine, aber sehr charakteristische Hautkrater (Löcher) entstehen, ein Krankheitsmerkmal, das zu der Bezeichnung Lochkrankheit geführt hat. Häufig kommt es an diesen Stellen zu bakteriellen Sekundärinfektionen.

Stark befallene Fische werden immer dunkler, verweigern die Nahrung und sind schließlich sehr apathisch. Gelegentlich erholen sie sich vorübergehend etwas, zeigen danach aber ein um so auffälligeres Krankheitsbild. Die Erreger lassen sich mikroskopisch im Darminhalt oder auch im frisch abgesetzten Kot nachweisen. Dagegen findet man in Abstrichen von den erkrankten Hautstellen meist nur wenige Hexamiten. Die Infektion von Tier zu Tier erfolgt über den Kot, das heißt, mit dem Kot ausgeschiedene Erreger können leicht in den Magen-Darm-Kanal eines anderen Tieres gelangen.

Hexamita symphysodonis läßt sich nur schwer von einem ähnlichen, etwa gleichgroßen Geißeltierchen unterscheiden, das im Darmkanal sehr vieler Fische vereinzelt oder in größerer Zahl vorkommt, jedoch keine Störungen verursacht. Nur bei erkrankten Tieren kann sich auch diese Art *(Hexamita salmonis)* sehr stark vermehren und im Sinne eines Schwächeparasiten zu zusätzlichen krankhaften Veränderungen führen. Zum Beispiel beobachtet man solche

Abb. 133 Erreger der Diskus- oder Lochkrankheit *(Hexamita symphysodonis)*.

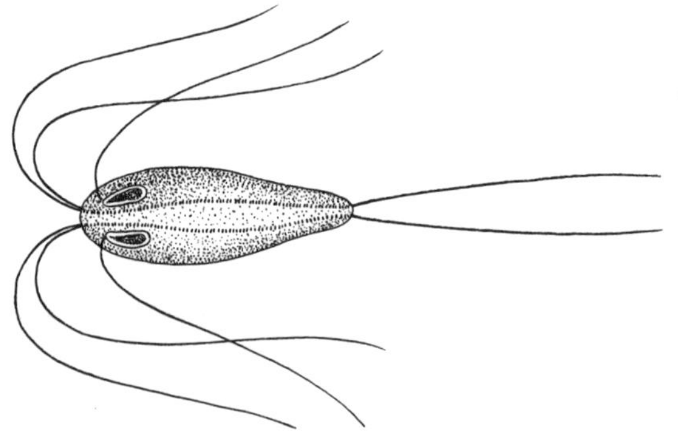

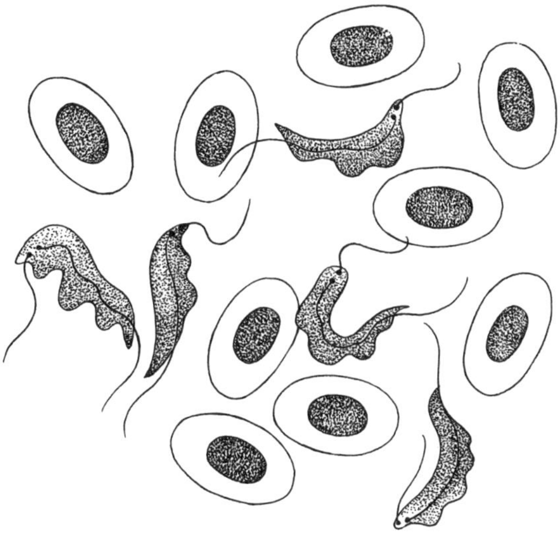

Abb. 134 Erreger der Schlafkrankheit (*Cryptobia* spec.) im Blut. In frischen Blutausstrichen lassen sich die zappelnden Geißeltierchen bei stärkerer mikroskopischer Vergrößerung gut zwischen den roten Blutkörperchen erkennen.

Massenvermehrungen bei unspezifischen Magen-Darm-Entzündungen. Stark befallen sind dann meist die Gallenblase und die Gallengänge. Die Wand der Gallenblase kann verdickt sein. Mikroskopisch lassen sich die Schwächeparasiten vor allem im Gallenblaseninhalt als winzige zappelnde Organismen nachweisen.

Die Erreger der Diskuskrankheit und *Hexamita salmonis* lassen sich mit allen Präparaten bekämpfen, die 1,3-Hydroxyäthyl-2-methyl-5-nitroimidazol enthalten. Dieser Wirkstoff wird in der Human- und Veterinärmedizin gegen Trichomonadeninfektionen angewendet. Die entsprechenden pharmazeutischen Präparate haben die Bezeichnungen Vagimid®, Clont®, Sanotrichom® u. a. Der Zoofachhandel bietet neuerdings ein entsprechendes Präparat als Hexa-Ex an. Zur Behandlung eignen sich Dauerbäder. Man gibt auf 10 l Wasser 40 bis 50 mg des Wirkstoffes und dosiert nach jeweils 2 bis 3 Tagen 20 bis 25 mg nach. Die Temperatur ist auf 28 °C bis 30 °C zu erhöhen, die Belüftung zu verstärken. Die Erfolge stellen sich meist prompt ein, jedoch sollte die Behandlung mindestens 6 bis 9 Tage lang durchgeführt werden. Die oft empfohlenen Dauerbäder mit dem Antibiotikum Tetracyclinhydrochlorid bieten gegenüber dem angeführten Wirkstoff keine Vorteile.

Schlafkrankheit

Durch den verstärkten Import afrikanischer Cichliden hat in der Aquaristik eine Krankheit Bedeutung erlangt, die früher nur von Schleien und anderen einheimischen Karpfenfischen bekannt war. Die Erreger, vermutlich verschiedene Vertreter der Gattung *Cryptobia*, sind mit den Erregern der beim Menschen und bei Haustieren seuchenartig auftretenden Schlafkrankheit verwandt. Sie leben im Blut und lassen sich in frischen Blutausstrichen zwischen den roten Blutkörperchen als wackelnd und zappelnd schwimmende Parasiten nachweisen (Abb. 134). Sie kommen bei Importfischen aus den großen ostafrikanischen Seen relativ häufig vor, sind aber im Aquarium vermutlich nicht übertragbar. Stark befallene Tiere verfärben sich oft dunkel, stehen schräg kopfunten im Wasser, drehen sich taumelnd, werden zunehmend träge und schließlich völlig reaktionslos. Über Behandlungen ist nichts bekannt.

Ergänzend sei bemerkt, daß die Schlafkrankheit der einheimischen Fische durch Fischegel übertragen wird.

Würmer als Fischparasiten

Die unter dem Begriff Würmer zusammengefaßten Ordnungen und Klassen des Tierreiches stellen zahlreiche Fischschmarotzer. Teils sind nur die geschlechtsreifen Würmer, teils nur ihre Larven Fischparasiten. Nur wenige einheimische Wurmparasiten befallen auch Warmwasserfische, dagegen werden häufig verschiedene Arten mit Importfischen eingeschleppt. Die meisten importierten Wurmparasiten

Abb. 135 Bei Aquarienfischen häufige Kiemen- und Hautwürmer. a) *Gyrodactylus*, in Quetschpräparaten von der lebendgebärenden Art findet man bei mikroskopischer Betrachtung im Muttertier nicht selten einen Embryo, der in sich bereits einen Enkelembryo erkennen läßt; b) *Dactylogyrus*, eierlegende Gattung; c) *Tetraonchus*, eierlegende Gattung; d) Eikapsel von *Dactylogyrus*; e) Eikapsel von *Tetraonchus*

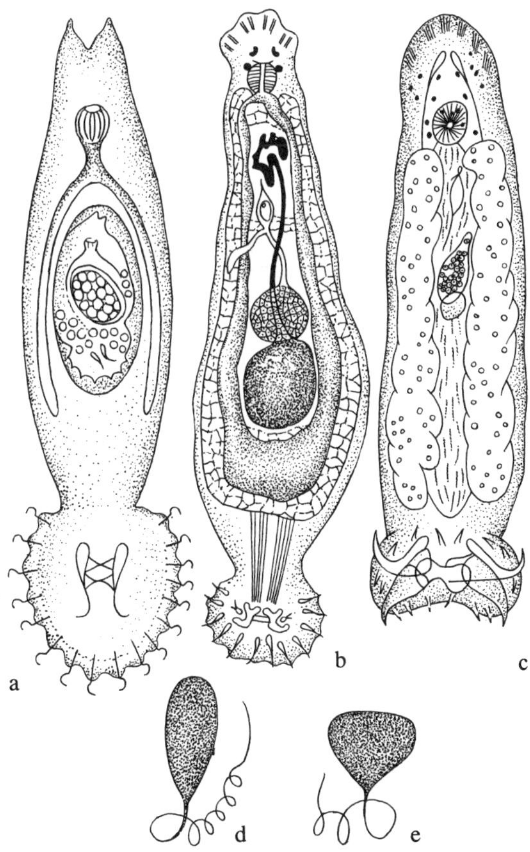

können sich jedoch im Aquarium nicht vermehren, da die dafür notwendigen Zwischen- oder Endwirte fehlen. Aus folgenden Tierklassen sind fischparasitäre Würmer bekannt: Trematoda, Cestoda, Nematoda, Acanthocephala und Hirudinea.

Trematoda: Unterklasse Monogenea (Kiemen- und Hautwürmer)

Die zwittrigen Monogenea sind Kiemen- und Hautparasiten mit einfachem Lebenszyklus. Sie legen Eier, aus denen Larven schlüpfen, oder bringen lebende Junge zur Welt. Die Larven bzw. Jungwürmer setzen sich an den Kiemen oder auf der Haut fest und wachsen dort zu den geschlechtsreifen Tieren heran. Alle Monogenea haben einen kräftigen, oft mit Haken und Haftsaugnäpfen ausgestatteten Klammerapparat am Körperhinterende, mit dem sie sich fest auf dem Wirt verankern. Bei Aquarienfischen kommen vor allem *Gyrodactylus-*, *Dactylogyrus-* und *Tetraonchus*-Arten vor (Abb. 135). *Gyrodactylus* parasitiert auf der Haut und auf den Kiemen, die Vertreter der anderen Gattungen findet man vorwiegend auf den Kiemen. Alle Arten sind 0,5 bis 1,0 mm lange, schlanke, sehr durchsichtige Parasiten, die man mit einer Lupe in Kiemenpräparaten oder Hautabstrichen leicht an der schwingenden Bewegung des Vorderkörpers erkennt. *Gyrodactylus* ist lebendgebärend. Bei mikroskopischer Betrachtung kann man in der Körpermitte des Parasiten häufig den Embryo und in diesem manchmal schon einen Enkelembryo finden. *Dactylogyrus* und *Tetraonchus* legen Eier, die mit Haftfäden befestigt werden. Gelegentlich entdeckt man bei der Untersuchung von Kiemen die länglichen oder dreieckigen Eikapseln (Abb. 135).

Bei starkem Kiemenbefall ist zunächst beschleunigte bis krampfartige Atmung zu beobachten. Sie führt nicht selten zum Erstickungstod. Starker Hautbefall äußert sich als Hauttrübung oder diffuse Hautrötung, selten sind die Flossen verklemmt. Mikroskopisch lassen sich Zerstörungen der Kiemenblättchen, häufig auch Schwellungen und Verklebungen, vor allem aber kompensatorische fadenartige Wucherungen feststellen.

Abb. 136 Doppeltier (Diplozoon). Die beiden kreuzförmig verwachsenen Tiere sind typische Kiemenparasiten.

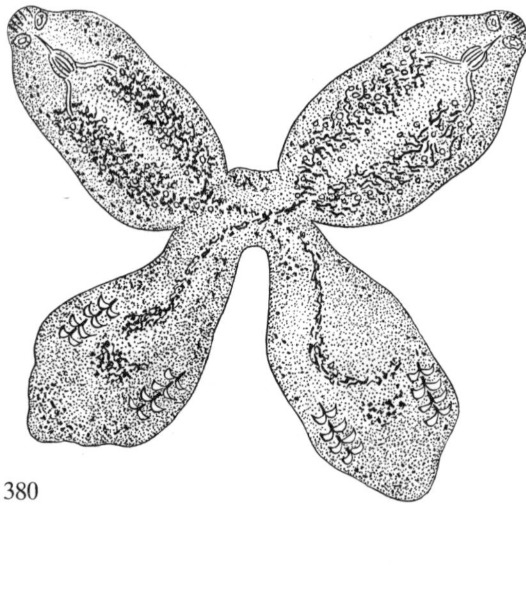

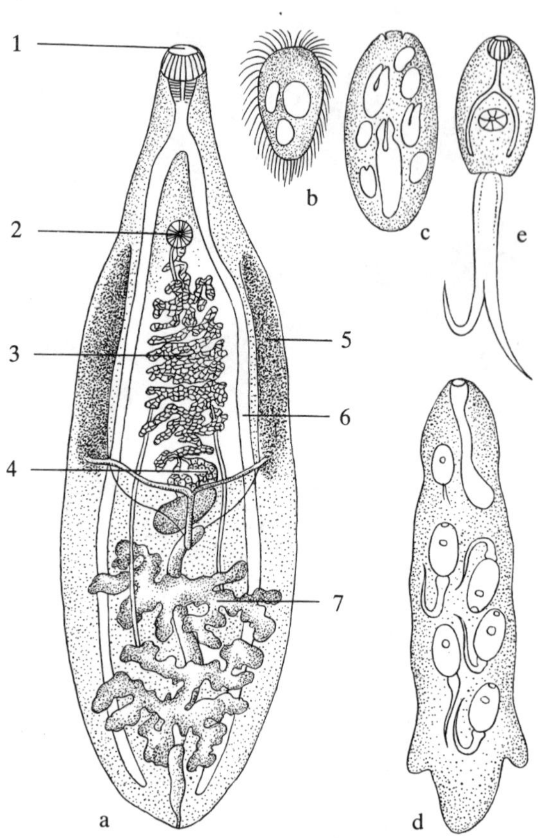

Abb. 137 Stadien eines Vertreters der Digenea (Eigentliche Saugwürmer). a) geschlechtsreifer Wurm, der im Hauptwirt parasitiert; b) Miracidium, aus dem Ei schlüpfende Wimperlarve, die einen Zwischenwirt infiziert; c) und d) Sporocyste und Redie, Larvenstadien, die sich eingeschlechtlich vermehren; e) Zerkarie, letztes im Wasser aktiv schwimmendes Larvenstadium. 1 Mundsaugnapf, 2 Bauchsaugnapf und Geschlechtsöffnung, 3 Uterus, 4 Eierstock, 5 Dotterstock, 6 Darm, 7 Hoden

Zur Bekämpfung empfiehlt Amlacher Kurzbäder mit Ammoniumhydroxid. Die befallenen Tiere werden mit dem Netz für 30 bis 40 Sekunden (!) in eine 0,1%ige Ammoniumhydroxidlösung getaucht. Die Methode eignet sich für einige Arten sehr gut, bei anderen ist sie mit Risiken verbunden. Weniger gefährlich sind Präparate, die als Wirkstoff das Wurmmittel und Insektizid Trichlorfon enthalten. Unter den einschlägigen Handelspräparaten ist vor allem Masoten® bekannt. Es kann für dreitägige Dauerbäder bei 20 bis maximal 28 °C in einer Konzentration von 5 mg/10 l Wasser eingesetzt werden. In jedem Fall ist jedoch eine genaue Beobachtung während der Behandlung erforderlich. Bei manchen Aquarienfischen, zum Beispiel bei Welsen, wirkt Trichlorfon relativ giftig. Zur Behandlung eierlegender Kiemenwürmer sind mehrere Dauerbäder im Abstand von 4 bis 5 Tagen erforderlich.

Außer den genannten Monogenea werden mit Importfischen gelegentlich ganz andere, zum Teil relativ große Vertreter eingeschleppt. Bislang ist kein Fall bekannt, daß sich diese stark vermehrt haben.

Die biologisch interessantesten Vertreter der Monogenea sind die Doppeltiere, häufigste Art *Diplozoon paradoxum*. Die bis 9 mm langen Kiemenparasiten stellen Tierkolonien aus zwei Einzelindividuen dar, die durch ihre kreuzförmige Verwachsung an Zwillinge erinnern (Abb. 136). Trotz dieser Verwachsung hat jedes Tier seine eigenen, vom Partner völlig getrennten Organe, legt infolgedessen auch unabhängig vom anderen Eier. Diesen entschlüpft eine kleine, bewimperte, frei schwimmende Larve, die, wenn sie nicht in wenigen Stunden erneut auf eine Kiemenfläche trifft, abstirbt. Erst hier vereinigen sich zwei Larven zu einer Kolonie. Gelegentlich sind mit Aquarienfischen tropische *Diplozoon*-Arten eingeschleppt worden.

Trematoda: Unterklasse Digenea (Eigentliche Saugwürmer)

Die mit einem oder zwei Saugnäpfen ausgestatteten Digenea sind im Gegensatz zu den Monogenea Innenparasiten. Sie haben einen komplizierten Lebenszyklus mit mehreren Larvenstadien, die meist in verschiedenen Organismen parasitieren und sich dort vermehren (Abb. 137, 138). Man unterscheidet deshalb Haupt- und Zwischenwirte. Der Wirt des geschlechtsreifen zwittrigen Saugwurms ist der Hauptwirt, die Larvenstadien parasitieren in Zwischenwirten. Fische können Haupt- oder Zwischenwirte sein. Unter aquaristischen Bedingungen haben die Digenea auf Grund ihres komplizierten Lebenszyklus keine Chance, sich zu vermehren, die Parasiten sterben im Aquarium aus. Nur Fische, die aus Wildfängen stammen oder in großen Freilandanlagen gezüchtet wurden, können Träger von Larvenstadien oder geschlechtsreifen Saugwürmern sein und dann auch Krankheitssymptome zeigen.

Die wenigen Ausnahmen von dieser Regel sind durch einheimische fischpathogene Saugwürmer bedingt. Ihre Larven können mit einheimischen Schnecken aus Freilandgewässern eingeschleppt werden und dann auch Aquarienfische infizieren. Ein Beispiel dafür liefert *Sanguinicola*, der Erreger der Blutwurmkrankheit. Fische sind in diesem Fall die Hauptwirte. Die etwa 1 mm langen, im Blutgefäßsystem der Fische parasitierenden Würmer verursachen selbst keine Schäden. Dagegen können ihre zahlreich abgegebenen mützenförmigen Eier in den Kiemen die feinen Kapillaren verstopfen und damit die Blutzirkulation so weit blockieren, daß es zum Erstickungstod kommt.

Aus den Eiern schlüpfen kleine Flimmerlarven, die sich nach außen durchbohren und in Wasserschnekken eindringen. Dort entstehen eingeschlechtlich neue Larvenformen und schließlich Zerkarien, die die Schnecke verlassen, über die Haut in Fische eindringen und sich dort in den Blutwurm umwandeln (Abb. 138).

Die Blutwurmkrankheit läßt sich durch die Eier in

Abb. 138 Lebenszyklus des Blutwurmes *Sanguinicola inermis*. Den in den Kiemengefäßen steckenbleibenden mützenförmigen Eiern entschlüpft eine kleine Flimmerlarve, die sich nach außen durchbohrt und über das Atemloch in eine Wasserschnecke eindringt. Hier werden mehrere Larvenformen gebildet, die sich eingeschlechtlich fortpflanzen können. Das letzte Larvenstadium, die Zerkarie, verläßt die Schnecke und bewegt sich mit einem gegabelten Ruderschwanz vorwärts. Sobald diese Larve auf einen Fisch trifft, bohrt sie sich durch die Haut ein und verwandelt sich zu dem eigentlichen Saugwurm, der im Blutgefäßsystem des Fisches parasitiert. Rechts oben das mützenförmige Ei und der Saugwurm

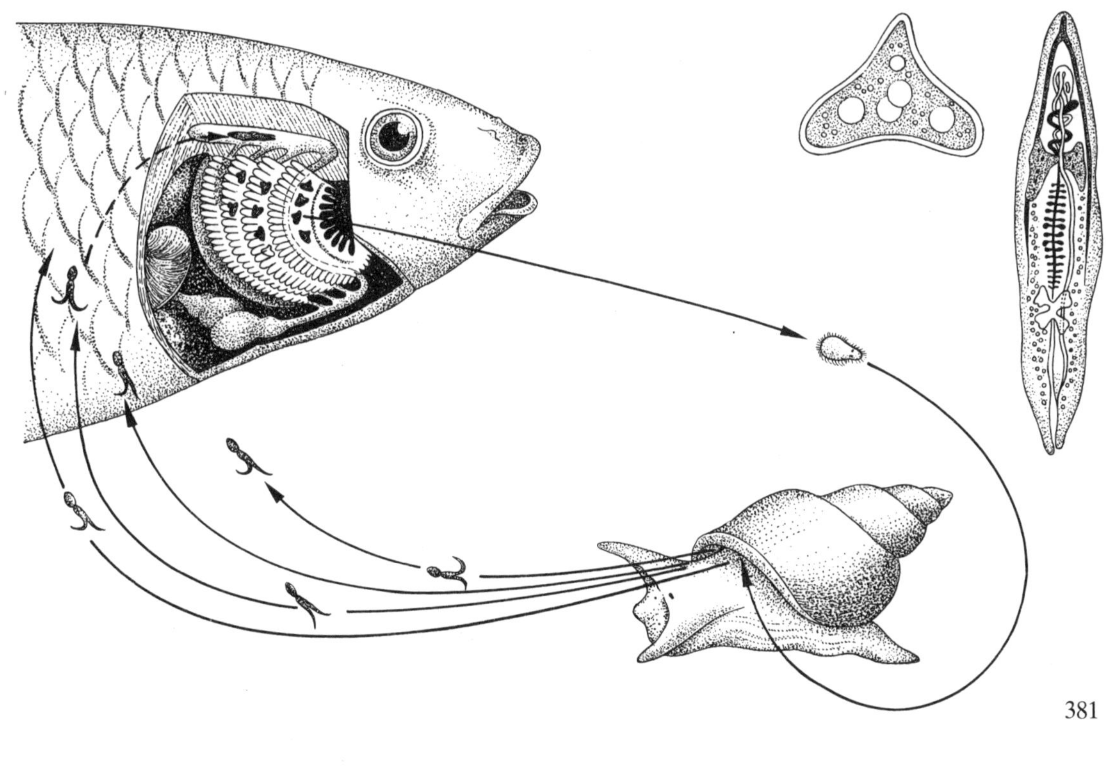

den Kiemen und in den Nieren nachweisen (Präparate stark quetschen, siehe S. 78). Erkrankte Tiere müssen vernichtet werden. Eine Heilung ist nicht möglich.

Cestoda (Bandwürmer)

Bandwürmer sind langgestreckte Innenparasiten. Auf den meist sehr kleinen Kopf folgen gleichartige Einzelglieder (Proglottiden), deren Anzahl gering bis sehr groß sein kann (Abb. 141). Zum Beispiel hat der auf Seite 344 erwähnte, beim Menschen parasitierende Fischbandwurm oft über 500 Proglottiden. Zum Anheften dient der Kopf, der dazu mit Sauggruben, Saugnäpfen und Hakenkränzen ausgerüstet sein kann. Die meisten Bandwürmer haben ähnlich komplizierte Lebenszyklen wie die Digenea (siehe S. 381). Bei vielen Arten sind Hüpferlinge oder Ringelwürmer Zwischenwirte. Fische können Haupt- oder Zwischenwirte sein. In der Aquarienpraxis werden Bandwürmer oder ihre Larvenformen meist nur bei Wildfängen oder bei Fischen beobachtet, die im Freiland gezüchtet wurden. Die Gefahr, mit lebenden Hüpferlingen oder Tubifex Bandwurmlarven einzuschleppen, ist immer gegeben. Jedoch sind diese Larven in den Aquarienfischen meist nicht entwicklungsfähig.

Nematoda (Rund- oder Fadenwürmer)

Die meist drehrunden, sehr langgestreckten Nematoda sind entweder freilebende Würmer oder Wurmparasiten. Die freilebenden Vertreter beteiligen sich an der Umsetzung organischer Substanzen im Erdboden, die parasitischen Vertreter schmarotzen in Pflanzen oder Tieren. Verschiedene Tierparasiten haben komplizierte Lebenszyklen mit Zwischenwirten, andere werden direkt von Wirt zu Wirt übertragen.

Bei den Fischen kommen zahlreiche Nematoden und Nematodenlarven als Organparasiten vor. Bekannt sind zum Beispiel die in Heringen schmarotzenden Nematodenlarven, die beim Verzehr von Bücklingen gelegentlich entdeckt werden, aber unschädlich sind.

In der Aquaristik haben sich in den letzten Jahren zwei Arten stark ausgebreitet, die vermutlich, zumindest unter aquaristischen Bedingungen, direkt von Fisch zu Fisch übertragen werden.

Abb. 139 Die Eier des Haarwurmes (*Capillaria* spec.) findet man bei mikroskopischer Untersuchung von frischem Fischkot. Sie sind leicht an den korkenartigen Enden der Eikapsel zu erkennen.

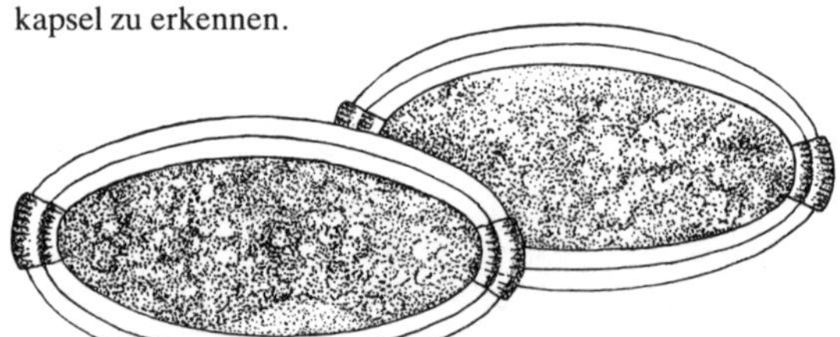

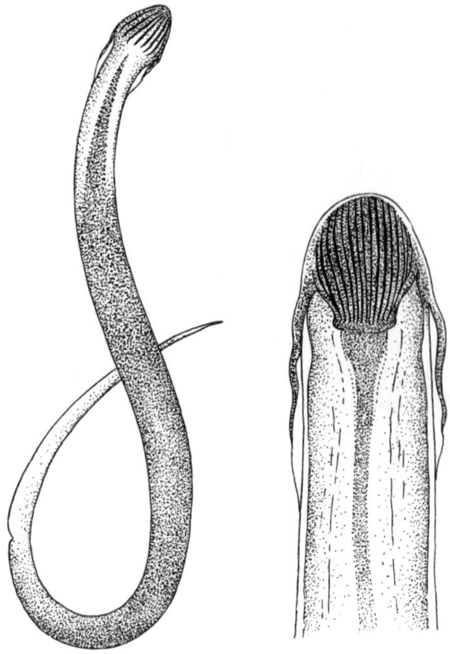

Abb. 140 Tier und Vorderende des Fräßkopfwurmes (*Camellanus* spec). Das Hinterende des oft tiefroten, im Darm parasitierenden Fadenwurmes hängt manchmal wie blutiger Kot aus dem After.

Der Haarwurm (*Capillaria* spec. bzw. mehrere *Capillaria*-Arten) parasitiert nach Schubert vor allem im Darm von Welsen und Buntbarschen, kommt aber auch bei anderen Fischgruppen vor. Die Weibchen werden etwa 1 mm lang, die Männchen bleiben kürzer. Bei starkem Befall kann es zu Darmverletzungen und dadurch zu bakteriellen Darmentzündungen kommen, an denen kleinere Fische meist eingehen. Außerdem dringen die Würmer vom Darm aus, aktiv bohrend und kriechend, in andere Organe ein. *Capillaria*-Befall läßt sich mit Sicherheit nur an den charakteristischen Eiern nachweisen (Abb. 139). Man bringt dazu frischen Kot oder Darminhalt aus dem Enddarm auf einen Objektträger und prüft das Präparat mikroskopisch. Die haarfeinen Würmer selbst kann man mit einer Lupe im Darminhalt gut sehen, jedoch nicht von anderen Nematoden unterscheiden.

Der Fräßkopfwurm *(Camellanus cotti)* ist ebenfalls ein Darmparasit und an der gelben bis tiefroten Farbe zu erkennen. Er verankert sich mit seinem charakteristischen Kopfende vorwiegend in der Wand des Enddarmes und hängt mit seinem Hinterende manchmal aus dem After. Die Art ist lebendgebärend. Die sichere Artbestimmung ist nur mikroskopisch an Hand der Kopfstrukturen möglich (Abb. 141). Nach Schubert werden vorwiegend Lebendgebärende Zahnkarpfen befallen. Bei starker Infektion magern die Fische ab, gelegentlich sollen auch Wirbelsäulenverkrümmungen vorkommen.

Beide Nematoden lassen sich wie fast alle anderen Darmnematoden mit Präparaten bekämpfen, die Trichlorfon als Wirkstoff enthalten. Konzentration für Dauerbäder (6–8 Tage) 4 mg Wirkstoff/10 l Wasser. Bei *Capillaria*-Befall reicht diese Dosierung meist nicht aus. SCHUBERT empfiehlt in solchen Fällen, Rote Mückenlarven mit dem Wurmmittel Concurat® (300 mg/l Wasser) zu behandeln und, sobald die ersten Mückenlarven absterben, die noch lebenden zu verfüttern. Da Rote Mückenlarven den Wirkstoff des Präparates speichern, gelangt auf diese Weise eine relativ hohe Dosis in den Darm der Fische.

Acanthocephala (Kratzer)

Alle Vertreter der im System relativ isoliert stehenden Wurmgruppe sind Parasiten, die meisten davon Darmparasiten mit kompliziertem Lebenszyklus. Ihr charakteristisches Merkmal ist ein mit Haken besetzter Rüssel, mit dem sie sich in der Darmwand verankern (Abb. 142). Die Übertragung erfolgt durch Zwischenwirte. Fische können Haupt- oder Zwischenwirte sein.

Bei der Untersuchung von Aquarienfischen trifft man Kratzer relativ selten an. Vermutlich finden die mit Futtertieren, vor allem Insektenlarven und Bachflohkrebsen, eingeschleppten Larvenstadien der einheimischen Kratzer in den meisten Aquarienfischen keine günstigen Lebensbedingungen.

Starker Befall mit Kratzern kann zu regionalen Zerstörungen der Darmschleimhaut, sekundären bakteriellen Infektionen und starker Abmagerung führen. Behandlungsmethoden sind nicht bekannt.

Hirudinea (Egel)

Die Egel sind Verwandte des Regenwurms. Viele Arten ernähren sich räuberisch von Insektenlarven, Schnecken und Würmern, andere sind Blutsauger und damit temporäre Außenparasiten.

Die Vertreter der Familie Fischegel (Ichthyobdellidae) schmarotzen an Meeresfischen, nur einige Arten kommen im Süßwasser vor. Bekannt ist vor allem die in Europa und Nordamerika verbreitete Art *Piscicola geometra* (Gemeiner Fischegel, Abb. 143). Der 1 bis 4 cm lange, dünne Egel kann sich auf die doppelte Länge strecken und spannerartig fortbewegen. Hinter dem Mundsaugnapf sitzen zwei Paar winzige Augen, der Saugnapf am Hinterende dient als Haftorgan. Die Egel lauern an Steinen oder Pflanzen festsitzend auf vorbeischwimmende Fische. Zum Saugen stechen sie ihren Rüssel durch die Haut bis in das darunterliegende Gewebe. Nach 12 bis 24 Stunden haben sie genügend Blut aufgenommen und verlassen den Fisch. Die Einstichstelle ist als kreisrunde Wunde leicht zu erkennen. Durch den Blutverlust werden vor allem kleine Fische geschwächt und damit anfällig für andere Krankheiten. Bei einheimischen Fischen übertragen Fischegel manchmal die Erreger der Schlafkrankheit der Fische (siehe S. 379).
Piscicola geometra gelangt ab und zu mit lebendem Fischfutter in das Aquarium. Selten werden tropische Fischegel als Kokon mit Wasserpflanzen eingeschleppt. Einzelne Egel lassen sich mit der Pinzette

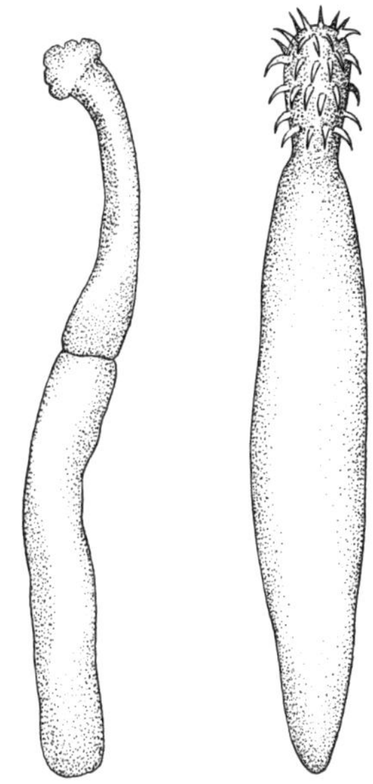

Abb. 141 Darstellung links: Nelkenwurm *(Caryophyllaeus)*, Vertreter einer Bandwurmgattung, die bei Karpfenfischen häufig vorkommt. Der Körper bleibt hier ungegliedert.

Abb. 142 Darstellung rechts: Typ eines Kratzers (Acanthocephala)

ablesen. Bei starkem Befall verwendet man in der Teichwirtschaft Tauchbäder mit Lysol. 2 ml Lysol werden mit 1 l Wasser verdünnt und die Fische 5 bis 15 Sekunden (!) in die Lösung getaucht. Die Behandlungsmethode ist für viele Aquarienfische riskant.

Krebse als Fischparasiten

Zu der großen Klasse der Krebstiere (Crustacea) gehören einige kleine Gruppen, deren Vertreter Haut- und Kiemenparasiten von Fischen sind. Fast immer leben die ersten Larvenstadien dieser Krebsparasiten frei. Erst nach mehreren Häutungen setzen sie sich an den Wirten fest und entwickeln dann zum Teil extreme Anpassungen an den Parasitismus. Die meisten fischparasitischen Krebse parasitieren bei zahl-

Abb. 143 a) Gemeiner Fischegel *(Piscicola geometra)*; b) Fisch mit saugenden Fischegeln, das Hinterende flottiert frei im Wasser

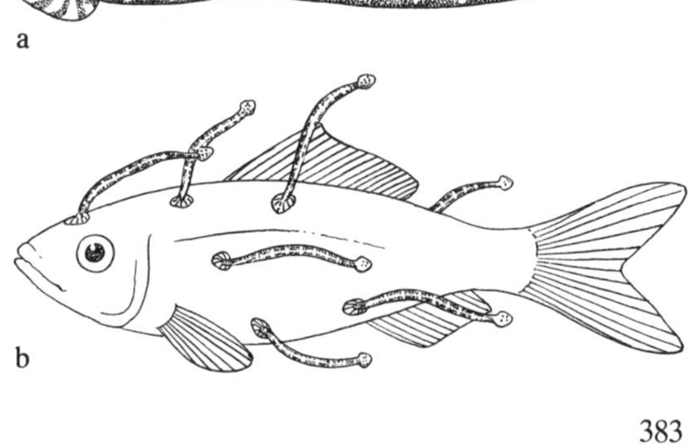

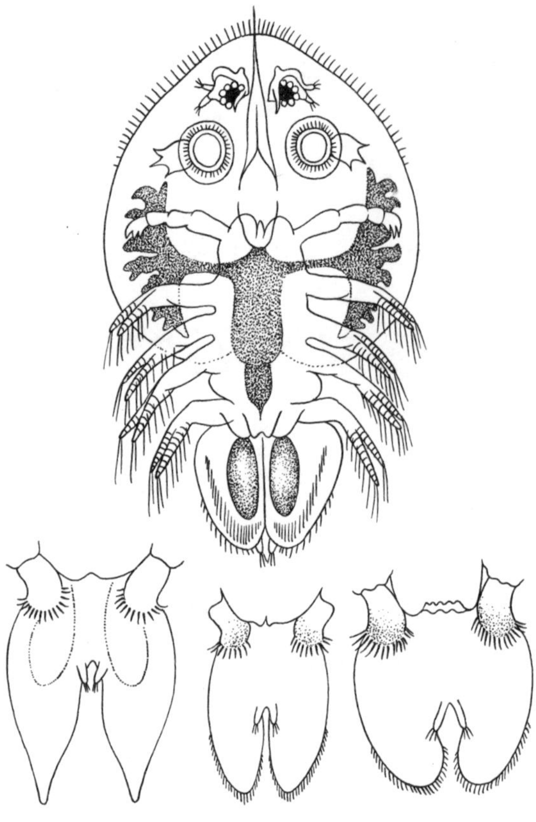

Abb. 144 Karpfenlaus (*Argulus* spec.). Die einzelne Art kann man an der Form des Hinterendes erkennen. In der unteren Reihe sind die häufigsten Arten dargestellt. Von links nach rechts: *A. foliaceus, A. coregoni, A. pellucidus*

reichen Fischarten, nur wenige haben sich auf ganz bestimmte Wirte spezialisiert, sind wirtsspezifisch.

In der Süßwasseraquaristik kommen als Krebsparasiten vor allem Karpfenläuse vor. In der Seewasseraquaristik werden mit den Fischen manchmal parasitische Wasserasseln importiert. Nur äußerst selten wurden bei der Aquarienhälterung von Fischen andere Krebsparasiten beobachtet.

Branchiurida (Karpfen- oder Fischläuse)

Alle Vertreter dieser etwa 50 Arten umfassenden Unterklasse der Crustacea sind Außenparasiten bei Fischen. Die bekannteste Art, *Argulus foliaceus* (Abb. 144) ist ein scheibenförmiger Kleinkrebs, der in Spirallinien oder etwas torkelnd frei im Wasser schwimmen kann und sich bei Berührung mit Fischen auf diesen festsetzt. Als Anheftungsorgane dienen zwei große, von den Mundgliedmaßen gebildete Saugnäpfe. Auf dem Fisch orientiert sich der Parasit mit dem Vorderende in die Strömungsrichtung und sucht besonders günstige Stellen auf, um Blut- oder Gewebesaft zu saugen. Man findet ihn deshalb vor allem hinter dem Kiemendeckel, neben der Rückenflosse oder unter den Brust- bzw. Bauchflossen. Zum Saugen bohrt er mit einem zwischen den Augen stehenden und mit einer Giftdrüse versehenen Stachel einen Kanal durch die Haut. Die den Stachel umgebende Mundröhre wird anschließend in den Stichkanal eingeschoben und dient als Saugschlauch. Das eingespritzte Gift kann kleine Fische töten. Entfernt man die ihrer Unterlage fest angepreßte Karpfenlaus, oder löst sie sich von selbst, so zeigt eine kleine, runde, gerötete, oft von einem kleinen Wall umgebene Stelle ihren ehemaligen Sitz an. Karpfenläuse oder ihre Larvenstadien werden mit lebendem Futter aus fischbesetzten Teichen eingeschleppt. Ihre Vermehrung im Aquarium kann sehr schnell vor sich gehen.

Während in der Teichwirtschaft auch bei sehr starkem Befall kaum Verluste auftreten, sind solche bei kleinen Aquarienfischen nicht selten. Schon beim Anheften und Anstechen treten hier oft Schockzustände ein, die durch den mechanischen Reiz, aber auch durch die Giftwirkung bedingt sein können. Sekundär kommen manchmal, von den Saugstellen ausgehend, Hautentzündungen vor.

Einzelne, im Aquarium frei schwimmende Tiere sind möglichst schnell herauszufangen. An Fischen festhaftende *Argulus* werden am besten mit einer stumpfen Pinzette abgelesen oder mit einem weichen Pinsel abgewischt. Bei starkem Befall empfiehlt Mann, 2 ml Lysol in 1 l Wasser zu lösen (0,2%ig) und die Fische für 5 bis höchstens 15 Sekunden einzutauchen, anschließend abzuspülen und in reines Wasser zu setzen. Schonender ist die Behandlung mit Präparaten, die das Insektizid Trichlorfon als Wirkstoff enthalten, zum Beispiel Masoten®. Bei der Anwendung dieser Präparate ist die beiliegende Gebrauchsanleitung exakt zu berücksichtigen.

Geschwulst- und Erbkrankheiten

Für verschiedene bei Fischen beobachtete Geschwülste (Tumoren) konnten chemische Noxen oder physikalische Faktoren als Ursachen nachgewiesen werden. Einige sind durch Viren, manche durch Disproportionen im Erbgefüge bedingt. Die Ursachen der meisten Fischtumoren konnten jedoch noch nicht aufgeklärt werden.

Wie die Geschwülste der Säugetiere und des Menschen können diejenigen der Fische gutartig oder bösartig sein. Gutartige Geschwülste bestehen meist aus Zellen, die in Form, Größe und anderen Merkmalen weitgehend den Zellen des Ausgangsgewebes entsprechen. Die Zellvermehrung ist häufig langsam, die Abgrenzung der Geschwulst gegen das umgebende gesunde Gewebe deutlich. Sie bilden außerdem kaum neue Geschwulstherde (Metastasen) durch Verschleppung abgelöster Einzelzellen oder Zellgruppen. Für bösartige Geschwülste (Karzinome und Sarkome) sind stark veränderte Zellen charakteristisch, die sich schnell vermehren, in das umgebende gesunde Gewebe eindringen und dieses mehr oder weniger zerstören. Die meisten bösartigen Tumoren neigen außerdem zur Bildung von Tochtertumoren, sogenannten Metastasen.

Tafel 145, Foto 433 Brachsenkraut *(Isoëtes velata)*

Tafel 146, Foto 434–437 Oben: Gewöhnliches Quellmoos *(Fontinalis antipyretica)* · Javamoos *(Vesicularia dubyana)*. Unten: Kleinohriger Schwimmfarn *(Salvinia auriculata)* · Mexikanisches Hornblatt (*Ceratophyllum* spec.)

Tafel 147, Foto 438–440 Oben: Gemeiner Hornfarn *(Ceratopteris cornuta)* · Schwimmender Hornfarn *(Ceratopteris pteridoides)*. Unten: Karolina-Haarnixe *(Cabomba caroliniana)*

Tafel 148, Foto 441–444 Oben: Rundblättrige Rotala *(Rotala rotundifolia)* · Amerikanischer Sumpfquendel *(Didiplis diandra)*. Unten: Dichtblättrige Rotala *(Rotala macrandra)* · Kriechende Ludwigie *(Ludwigia repens)*
Tafel 149, Foto 445 Karolina-Haarnixe (*Cabomba caroliniana* ›Silbergrüne‹)

Tafel 150, Foto 446 Ammanie *(Ammania gracilis)*
Tafel 151, Foto 447 Oben im Hintergrund: Indischer Wasserfreund *(Hygrophila polysperma)*. Mittelfeld: Braune Ammanie (*Ammania* spec.). Unten im Vordergrund: Quirliger Wassernabel *(Hydrocotyle verticillata)*

Tafel 152, Foto 448–450 Oben: Europäischer Froschbiß *(Hydrocharis morsus-ranae)* · Krebsschere *(Stratiotes aloides)*, submerse Wuchsform. Unten: Weißköpfiger Wassernabel *(Hydrocotyle leucocephala)*
Tafel 153, Foto 451–456 Blüten verschiedener Wasserpflanzen. Oben: Gefleckte Seerose *(Nymphaea zenkeri)* · Gelbe Teichrose *(Nuphar lutea)*. Mitte: Langblättrige Barclaya *(Barclaya longifolia)* · Schmalblättrige Ludwigie *(Ludwigia arcuata)*. Unten: Wasser-Sumpffreund *(Limnophila aquatica)* · Zweifelhaftes Trugkölbchen *(Zosterella dubia)*

Tafel 154, Foto 457–458 Oben: Papageienblatt (*Alternanthera reineckii* »rosaefolia«). Unten: Papageienblatt (*Alternanthera reineckii* »sessilis rot«)
Tafel 155, Foto 459–461 Oben: Papageienblatt (*Alternanthera reineckii* »klein«) · Wassernadel *(Hydrotriche hottoniiflora)*. Unten: Großes Fettblatt *(Bacopa caroliniana)*

Tafel 156, Foto 462–464 Oben: Wasser-Sumpffreund *(Limnophila aquatica)*. Unten: Wasserfeder *(Hottonia palustris)* · Salzbunge *(Samolus valerandi)*
Tafel 157, Foto 465–466 Oben: Indischer Wasserfreund *(Hygrophila polysperma)*. Unten: Indische Sternpflanze *(Hygrophila difformis)*

Tafel 158, Foto 467–469 Oben: Riesenwasserfreund *(Nomaphila stricta)* · Großes Fettblatt *(Bacopa caroliniana)*. Unten: Riesenwasserfreund *(Nomaphila stricta)*
Tafel 159, Foto 470 Thailändischer Wasserfreund (*Nomaphila* spec.)

Tafel 160, Foto 471–473 Oben: Mexikanisches Eichenblatt *(Trichocoronis rivularis)* normal und gelbnervig. Unten: Mexikanisches Eichenblatt *(Trichocoronis rivularis)* blühend

Auch bei den Fischen können alle Körpergewebe mit teilungsfähigen Zellen Tumoren bilden. Allerdings ist die Tumorhäufigkeit in der Haut am größten. Gewebe des Körperinneren sind wesentlich seltener im Sinne einer Geschwulst entartet.

Bei Aquarienfischen wurden bislang zahlreiche Tumoren beschrieben, aber nur wenige eingehend untersucht. Zu letzteren gehören die vor allem von Breider untersuchten, bei Lebendgebärenden Zahnkarpfen vorkommenden, bösartigen Geschwülste der schwarzen Pigmentzellen (Melanosarkome) sowie gut- und bösartige Tumoren der Schilddrüse.

Eine Behandlung von Tumoren ist in der Aquarienpraxis aus verschiedenen Gründen nicht möglich. Erkrankte Tiere sollten deshalb getötet werden. Bei allen Fischtumoren, auch solchen, die durch Viren verursacht werden, besteht keine Ansteckungsgefahr für den Menschen.

Allen Erbkrankheiten liegen Veränderungen des Erbgutes zugrunde. Die im Erbgut gespeicherte Information enthält Fehler, die zu krankhaften Defekten führen können oder führen. Ihre Vererbung folgt häufig den Kreuzungsregeln. Manche Defekte werden dominant, andere rezessiv vererbt. Verschiedene Erbkrankheiten sind geschlechtsgebunden.

Unser Wissen über Erbkrankheiten bei Fischen ist relativ gering. Es wird vermutet, daß die Hälterung über viele Generationen und die damit häufig verbundenen Inzuchten zu Erbänderungen im Sinne einer Domestikation führen. Dabei können als Folge spontaner Erbsprünge (Mutationen) nicht nur neue äußere Merkmale auftreten, zum Beispiel Form- und Farbvarianten, sondern auch Veränderungen stattfinden, die morphologisch nicht erkennbar sind, jedoch Funktionen beeinflussen, zum Beispiel die Widerstandsfähigkeit gegen bestimmte Krankheiten herabsetzen.

Erbkrankheiten erkennt man nur bei der Zucht. Wenn in mehreren aufeinanderfolgenden Generationen immer wieder der gleiche Defekt auftritt, kann mit einer erbbedingten Störung gerechnet werden. Ein typisches Beispiel ist die Erbbedingte Dottersackwassersucht. Bei dieser Krankheit sammelt sich nach dem Schlüpfen im Dottersack Flüssigkeit an. Dieser wird dadurch zunehmend größer und durchsichtiger, schließlich gehen die Jungfische ein. Bei einer neuen Zucht mit den gleichen Elterntieren wiederholt sich der Defekt, und auch durchgekommene Nachzuchttiere liefern bei Verpaarungen untereinander oder mit Partnern aus anderen Züchtereien wieder Nachkommen, von denen zahlreiche an Bauchwassersucht erkranken.

Erbkrankheiten lassen sich bei Fischen nicht behandeln. Tiere mit erbbedingten Defekten, aber auch ihre Geschwister, sind von jeder Zucht auszuschließen.

Übersicht der bei Aquarienfischen häufigen Krankheiten

In der Liste sind nur solche Krankheiten berücksichtigt, die sich durch charakteristische Änderungen des Verhaltens oder durch auffällige äußere Merkmale relativ leicht erkennen lassen.

Verhalten	Morphologische Veränderungen	Ursache	Bemerkungen	Behandelt auf Seite
Alle Fische atmen krampfhaft, schnappen nach Luft, hängen an der Oberfläche.	Färbung meist blaß	Sauerstoffmangel	meist nach zu reichlicher Fütterung	352
Einzelne Fische atmen krampfhaft, schnappen nach Luft.	Färbung meist blaß	Kiemenparasiten, Kiemenschädigungen		375 380
Alle Fische sind unruhig, jagen herum, versuchen aus dem Wasser zu springen.	Färbung blaß, Haut gelegentlich zart bläulichweiß	zu hoher pH-Wert	nach dem Umsetzen oder nach langer Sonneneinstrahlung	369
Viele Fische sind auffallend ruhig, bewegen sich kaum. Einzelne gehen unbemerkt ein.	z.T. Prachtfärbung oder Dunkelfärbung	zu niedriger pH-Wert	nur bei sehr weichem Wasser und nach Torffilterung	352
Die Fische scheuern an Steinen und Pflanzen, Schwimmbewegungen oft schaukelnd oder ruckartig.	zarte fleckige Hautbeläge, Flossen oft verklemmt	Hautparasiten *Chilodonella* *Costia* *Trichodina* Wurmparasiten *Gyrodactylus*	meist bei schlechten Wasserverhältnissen	373 374 380

Verhalten	Morphologische Veränderungen	Ursache	Bemerkungen	Behandelt auf Seite
Süßwasserfische scheuern an Steinen und Pflanzen, Schwimmbewegungen oft schaukelnd oder ruckartig.	grießkörnchenartige Punkte in den Flossen und auf dem Körper, deren Zahl zunimmt	*Ichthyophthirius*	meist nach dem Einbringen neuer Fische oder Pflanzen	375
Seewasserfische scheuern an Steinen und Pflanzen, Schwimmbewegungen oft schaukelnd oder ruckartig.	grießkörnchenartige Punkte in den Flossen und auf dem Körper, deren Zahl zunimmt	*Cryptocaryon*	meist nach Einbringen neuer Fische	376
Die Fische scheuern an Steinen und Pflanzen, Schwimmbewegungen oft schaukelnd oder ruckartig.	winzige gelbbraune Pünktchen in dichten Gruppen. Im Schräglicht erscheinen die Stellen stumpf.	*Oodinium*	meist nach Einbringen neuer Fische. Bei Süß- und Seewasserfischen	376
Die Fische scheuern an Steinen und Pflanzen, Schwimmbewegungen oft schaukelnd oder ruckartig.	wattebauschähnliche Beläge an Flossen, oft auch an Nase und Augen	Fischschimmel		372
Die Fische scheuern an Steinen und Pflanzen, Schwimmbewegungen oft schaukelnd oder ruckartig.	trübe Flossenränder, Verkleinerung der Flossen	Bakterielle Flossenentzündung	häufig bei Fischbrut und Lebendgebärenden Zahnkarpfen	372
Die Fische scheuern an Steinen und Pflanzen, Schwimmbewegungen oft ruckartig.	am Fisch haftende, mit freiem Auge gut sichtbare Würmer oder Krebse	Fischegelbefall Karpfenlausbefall	meist nach Fütterung mit Lebendfutter aus Freilandteichen	383 384
Fische stehen häufig ruhig zwischen Pflanzen, oft Nahrungsverweigerung.	Abmagerung, Hohlbauch, oft dunkle Verfärbung, manchmal lochförmige Hautschäden mit weißem Zentrum im Kopfbereich	Fischtuberkulose und andere Bakteriosen *Hexamita*	Meist erkranken nur einzelne Fische.	371 378
Fische sehr träge, fast reaktionslos beim Herausfangen. Schwimmhaltung oft schräg.	oft keine deutlichen Veränderungen	*Cryptobia*	bei Kaltwasserfischen und afrik. Cichliden	379
Fische zeigen meist keine deutliche Veränderung des Verhaltens.	fleckige Aufhellung des roten Farbbandes beim Neontetra oder der Farbbinden bei Salmlern, jedoch auch an anderen Körperstellen	*Plistophora*	meist viele Tiere befallen	377
Fische zeigen keine deutlichen Veränderungen oder sehr auffällige Schwimmweisen.	Hautgeschwüre, Dunkelfärbung, Schuppensträube, Auftreibung des Bauches, Glotzaugen, Zerstörung des Auges, Flossenverlust. Die Symptome können einzeln oder kombiniert auftreten.	Fischtuberkulose	Meist zeigen nur einzelne Fische Veränderungen.	371

Verhalten	Morphologische Veränderungen	Ursache	Bemerkungen	Behandelt auf Seite
Fische zeigen keine deutlichen Veränderungen oder sehr auffällige Schwimmweisen.	Körper verkrüppelt	Verletzungen	Einzeltiere	362
		Zuchtfehler	viele Tiere einer Zucht	117
		genetisch bedingte Mißbildung	viele oder alle Tiere einer Zucht	401

Aquarienpflanzen

Biologie der Wasserpflanzen

Pflanzen können aus anorganischen Verbindungen mit Hilfe von Lichtenergie organische Verbindungen aufbauen. Man bezeichnet sie deshalb als photoautotrophe Organismen. Vor 3 bis 4 Milliarden Jahren entwickelten sich die ersten präkambrischen Pflanzen. Sie entsprachen in ihrer Organisation weitgehend unseren rezenten Blaualgen. Photoautotrophe Organismen mit Zellen, die einen echten Zellkern besitzen, tauchen erst wesentlich später als einzellige Goldalgen, Rotalgen, Braunalgen, Grünalgen, Jochalgen und andere Algenorganismen auf. In allen diesen selbständigen Entwicklungslinien ist im Laufe von Jahrmillionen der Übergang von einzelligen zu vielzelligen Organismen, verbunden mit einer Arbeitsteilung der Einzelzellen, erfolgt. Dabei entstanden zunächst bewegliche lockere Zellkolonien, dann festsitzende einfache und verzweigte Fäden und schließlich Vegetationskörper, die in der Fläche oder in dreidimensionaler Richtung zum Teil reich gegliedert sind.

Die Algen sind in ihrer Gesamtheit primäre Wasserpflanzen, das heißt Organismen der Meere und der Süßgewässer, die, von wenigen Ausnahmen abgesehen, die Biosphäre Wasser niemals verlassen haben. Die Eroberung des Landes ging von den im Süßwasser lebenden Grünalgen aus. Sie entwickelten neue Strukturen und Funktionen, die ein Leben auf dem Land und in weiteren Entwicklungsschritten ein Hochwachsen in den Luftraum und die Besiedlung immer trockenerer Gebiete ermöglichten. Den zunächst entstandenen Moos- und Farnpflanzen folgten die Samenpflanzen mit ihrer großen Formenfülle. Die typische höhere Pflanze ist demnach ein Gewächs des festen Landes.

Von den höheren Pflanzen haben sich jedoch verschiedene Sippen sekundär wieder an den Lebensraum Wasser angepaßt. Morphologisch, anatomisch und physiologisch vervollkommnet, kehrten ganze Familien oder nur einzelne Gattungen bzw. Arten in die Biosphäre zurück, in der die stammesgeschichtliche Entwicklung aller Pflanzen begonnen hat. Bei der Rückkehr höherer Pflanzen in das Wasser wurden fast ausnahmslos die für das Leben auf dem Lande entwickelten Merkmale beibehalten, jedoch in ziemlich einheitlicher Weise den Lebensbedingungen im Wasser angepaßt. Dies trifft auch für die höheren, aus verschiedenen Verwandtschaftskreisen stammenden Aquarienpflanzen zu. Sie stehen auf unterschiedlichen Entwicklungsstufen und besiedeln in ihren Heimatgebieten unterschiedliche Standorte. Die meisten, wie die *Echinodorus-*, *Sagittaria-*, viele *Cryptocoryne-*, *Ludwigia-* oder *Limnophila*-Arten, sind Gewächse der Übergangszone zwischen Land und Wasser und lassen sich daher ebensogut, zum Teil sogar besser, im Paludarium kultivieren. An ihren natürlichen Standorten werden sie regelmäßig oder gelegentlich überflutet, das heißt müssen emerse und submerse Phasen durchlaufen, wobei sich der Wechsel in der Regel rasch vollzieht. Alle Pflanzen solcher Standorte blühen in der emersen Phase, eine Tatsache, die ihre Herkunft von typischen Landpflanzen unterstreicht. Die Blüten erscheinen an Trieben, die sich über den Wasserspiegel erheben. Mancher Aquarianer wird schon das Herauswachsen von Ludwigien erlebt haben. Die Luftsprosse hängen dann über den Beckenrand, verzweigen sich stark, und in den Blattachseln erscheinen die kleinen Blüten. Im allgemeinen vertragen alle diese Pflanzen auch länger anhaltende Überflutung sehr gut. Diese Fähigkeit nutzt man in der Aquaristik und hältert solche Pflanzen ständig untergetaucht. Diese können unter solchen Bedingungen zwar nicht blühen und produzieren keine Samen, ihr Fortbestand ist aber auch dann durch starke vegetative Vermehrung, wie Ausläuferbildung oder intensive Verzweigung mit nachfolgender Isolierung von Seitentrieben, in ausreichendem Maße gesichert. Trotz jahrelanger Kultivierung unter Wasser bleibt jedoch das Entwicklungsoptimum in der emersen Wachstumsphase verankert.

Andere Pflanzen haben ihr Entwicklungsoptimum bereits in die submerse Phase verlagert. Die hierher gehörenden Arten sind aber noch fähig, bei einem vorübergehenden kürzeren oder längeren Wasserrückgang zu überleben. So finden viele Schwimmblattgewächse, wie See- und Teichrosen, aber auch *Aponogeton-* und *Nymphoides*-Arten, die günstigsten Wuchsbedingungen in ganz bestimmten Wasser-

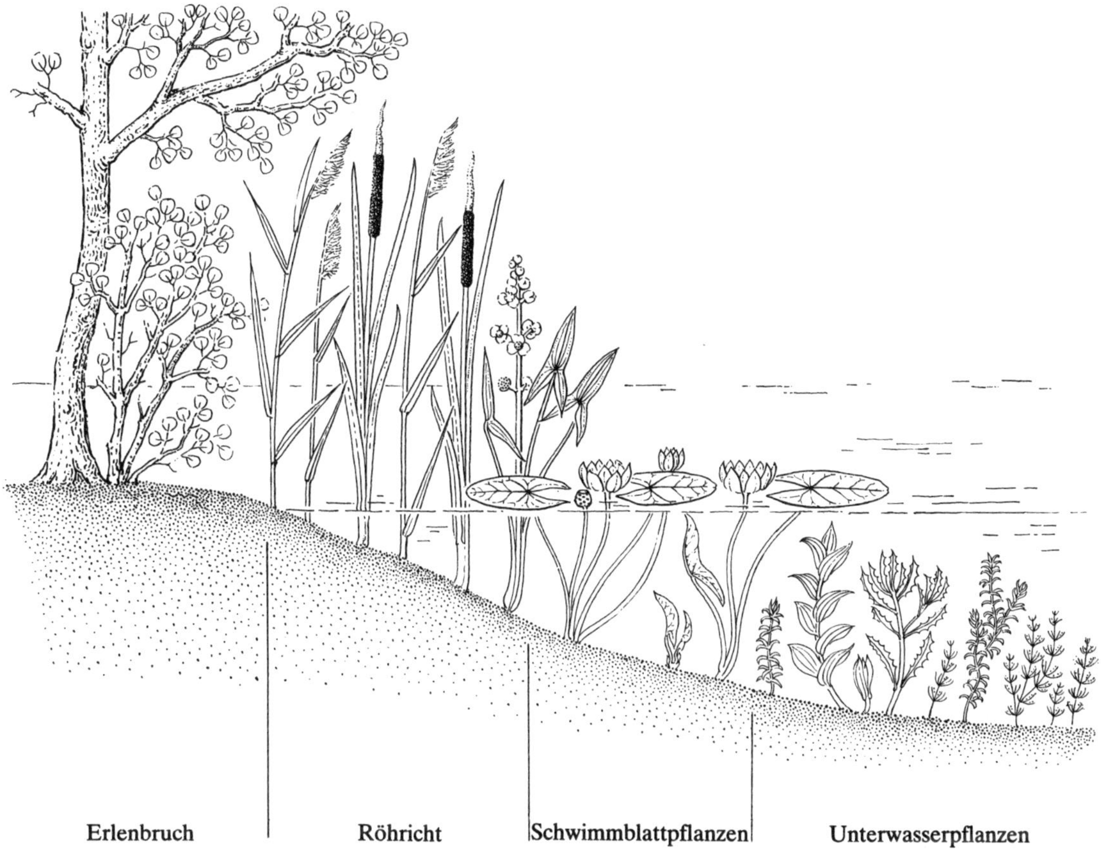

Abb. 145 Zonierung der Pflanzenwelt am Ufer eines europäischen Sees

tiefen. Bei zu hohem Wasserstand können sie keine Schwimmblätter ausbilden und blühen nicht. Manche Arten begegnen einem kurzzeitigen Wasserentzug mit der Umwandlung in Landformen. Sie bilden dann kleine und kurzstielige Blätter mit derberen Spreiten und blühen in der Regel nicht. Etwas anders verhalten sich manche tropische und subtropische Seerosenarten mit Knollen oder Rhizomen als Reservestoffspeicher. Bei Wasserrückgang sterben ihre Blätter ab, die Pflanzen ziehen ein und überdauern die Trockenperiode mit ihren im Boden liegenden Ruheorganen. Nach einer solchen Ruhezeit treiben sie meist besonders stark.

Eine weitere Pflanzengruppe verträgt selbst kurzzeitige Trockenlegungen nicht mehr. Es handelt sich dabei um Gewächse, die auf Grund ihres anatomischen Baues so stark an die Bedingungen des Wasserlebens angepaßt sind, daß sie emers nicht mehr existieren können. Dies trifft für eine Reihe recht verbreiteter Aquarienpflanzen zu, zum Beispiel für *Elodea* und *Vallisneria*. Die meisten Angehörigen dieser Gruppe sind aber hinsichtlich ihrer geschlechtlichen Fortpflanzung noch an den Luftraum gebunden und verraten damit ihre Herkunft von Landpflanzen. Meist wachsen ihre Blütenstände oder Einzelblüten über die Wasseroberfläche hinaus, so daß Insekten- oder Windbestäubung erfolgen kann.

Am extremsten sind solche Pflanzen an das Wasserleben angepaßt, bei denen auch die Bestäubung submers erfolgt, wie in den Gattungen *Ceratophyllum* oder *Najas*.

Eine eigenständige Gruppe bilden die auf der Wasseroberfläche schwimmenden Pflanzen. Ihre Blätter liegen auf dem Wasserspiegel oder ragen frei in den Luftraum, ihre Wurzeln enden frei im Wasser oder dringen bei niedrigem Wasserstand in den Bodengrund ein. Fast alle Schwimmpflanzen sind an den Luftraum gebunden, zum Beispiel *Hydrocharis, Pistia* oder Arten der Gattungen *Eichhornia* und *Lemna*. Sie vertragen einen zeitweiligen Rückgang des Wassers recht gut und wurzeln dann oft im Schlamm. Sowohl schwimmend als auch untergetaucht wächst die einheimische Krebsschere.

Durch den aufgezeigten unterschiedlichen Anpassungsgrad der Pflanzen an das Wasserleben bilden sich in den Uferregionen charakteristische Pflanzenzonen aus. In Abb. 145 ist als Beispiel die Anordnung von Pflanzengruppierungen wiedergegeben, wie sie für einen ständig wasserführenden und nur durch geringe Schwankungen des Wasserspiegels ausgezeichneten See mit guter Nährstoffversorgung und neutralem bis schwach alkalischem pH-Wert als typisch angesehen werden kann. Die innere Pflanzengesellschaft wird von ständig untergetaucht lebenden höheren Pflanzen und bestimmten Algen gebildet. An diese schließt die vorwiegend von Seerosengewächsen aufgebaute Zone der Schwimmblattpflanzen an. Weiter landeinwärts folgt die Röhrichtzone, die sehr artenreich ist und für die typische Sumpfpflanzen charakteristisch sind. Hier wirken sich Wasserstandsschwankungen am stärksten aus. Oft herrscht eine Pflanzenart vor, zum Beispiel Schilf. Anschließend an die Röhrichtzone treten in der Regel die ersten Gehölze auf, in unseren Breiten meist als Erlenbruchwald, in dessen Bodenflora häufig noch zahlreiche Sumpfpflanzen vertreten sind.

Sumpfpflanzen, die sowohl emers als auch submers wachsen können, müssen in der Lage sein, sich den jeweils herrschenden Verhältnissen anzupassen. Nun hat sich bei vielen Arten gezeigt, daß nicht die Absenkung oder Anhebung des Wassers die auslösenden Faktoren sind, sondern die Ausbildung von Land- und Wasserformen von der Beleuchtungsdauer abhängt. Da in vielen Gebieten unserer Erde der Wasserstand der Gewässer Beziehungen zur Tageslänge zeigt, wird diese Parallelität verständlich. So werden in den subtropischen Gegenden die großen Überschwemmungen durch die Zenitalregen bedingt, die jeweils im Sommer fallen. Die Tage sind dann länger als 12 Stunden. Unter solchen Bedingungen bildet zum Beispiel *Limnophila aquatica* die bekannten feingefiederten, hellgrünen Wasserblätter aus. Parallel mit der unter 12 Stunden sinkenden Tageslänge setzt in den Verbreitungsgebieten von *Limnophila* die Trockenzeit ein. Sie beantwortet den verkürzten Lichteinfall mit der Ausbildung der Landform, das heißt, sie treibt nichtgefiederte, derbe dunkelgrüne Blätter. Gleichzeitig kommt es zur Blütenbildung. *L. aquatica* wird deshalb als Kurztagpflanze bezeichnet. Zwingt man sie, auch im Sommer emers zu wachsen, so treten, durch den langen Tag bedingt, trotzdem die für den untergetauchten Wuchs charakteristischen Fiederblätter auf.

In den gemäßigten Breiten erfolgen die Überschwemmungen, soweit der Mensch nicht regulierend eingreift, vor allem im zeitigen Frühjahr, wenn in den Gebirgen die Schneeschmelze einsetzt. Die Tage sind dann noch kurz. An diese Verhältnisse ist zum Beispiel *Sagittaria platyphylla* durch die Ausbildung von schmallinealen Wasserblättern unter Kurztagbedingungen angepaßt. Bei einer Beleuchtungsdauer von mehr als 12 Stunden erscheinen dagegen langgestielte Luftblätter mit eiförmigen Spreiten und die Blütenstände. Die Art ist daher eine Langtagpflanze.

Derartige photoperiodische Reaktionsweisen der Sumpf- und Wasserpflanzen haben auch für die Aquaristik gewisse Bedeutung. So wächst *Echinodorus berteroi* im Langtag stets aus dem Wasser heraus, und *E. parviflorus* bildet nur im Kurztag Blütenstände mit Adventivpflanzen.

Wie sind nun die ökologischen und physiologischen Bedingungen des Wasserlebens beschaffen, wie unterscheiden sie sich von denen des Lebens auf dem festen Lande?

Die Landpflanzen sind vom Wasser und den Nährstoffen des Bodens abhängig. Sie nehmen mit den Wurzeln diese Verbindungen auf und transportieren sie durch ein feinverästeltes System von Leitungsbahnen an die verschiedenen Stellen des Pflanzenkörpers. Sie besitzen Einrichtungen, um sparsam mit dem Wasser umgehen zu können. So hat zum Beispiel die äußerste Zellschicht der Blätter, die Epidermis, eine besondere Auflagerung, die nur wenig wasserdurchlässig ist. Um den für die Kohlendioxidassimilation und Atmung notwendigen Gasaustausch zu gewährleisten, sind in der Regel auf der Blattunterseite Spaltöffnungen entwickelt, die sich öffnen und schließen können. Zur Herabsetzung der Tanspiration sind in manchen Fällen Haarfilze ausgebildet oder die Spaltöffnungen in Gruben eingesenkt. An extrem trockenen Standorten siedeln Pflanzenformen mit wasserspeichernden Geweben.

Ganz anders liegen die Verhältnisse bei Pflanzen, die vom Wasser umspült werden, in dem in gewissen Mengen Nährstoffe und Gase gelöst sind. Viele bei Landpflanzen vorhandene Strukturen sind dann nicht in gleichem Umfang notwendig oder können zum Teil sogar hinderlich sein. Da Wasser und Nährstoffe weitgehend unmittelbar aus der Umgebung aufgenommen werden können, sind die Leitungsbahnen stark reduziert, und zwar in erster Linie ihre wasserleitenden Teile. Einer direkten Aufnahme würde eine wenig wasserdurchlässige Schicht auf der Epidermis hinderlich sein, diese ist daher nur als äußerst zartes Häutchen entwickelt. Spaltöffnungen sowie alle Einrichtungen zur Herabsetzung der Transpiration oder zur Wasserspeicherung sind überflüssig.

Genau umgekehrt liegen die Verhältnisse bei dem für die Kohlendioxidassimilation notwendigen Licht. Während die Landpflanzen dem direkten Licht ausgesetzt sind, erhalten die submersen Gewächse nur diffuses Licht, dessen Intensität mit zunehmender Tiefe rasch abnimmt. Sie benötigen daher Einrichtungen, um das wenige Licht gut ausnutzen zu können. In diesem Zusammenhang sind die oft sehr dünnen Spreiten der Wasserblätter und die Einlagerung von Chlorophyllkörnern in die Epidermis zu verstehen.

Während den Pflanzen im Luftraum genügend Kohlendioxid und Sauerstoff zur Verfügung stehen, ist das Angebot im Wasser geringer und die Aufnahme erschwert. Dem begegnen Sumpf- und Wasserpflanzen durch Ausbildung eines großen, ihre ganze Anatomie beherrschenden Gasspeichers.

Kanäle, in denen sich tagsüber Assimilationssauerstoff sammelt und nachts Kohlendioxid anreichert, durchziehen die ganze Pflanze. Dieses als Aerenchym bezeichnete Durchlüftungssystem dient sozusagen als innere Atmosphäre. Der Gasgehalt erklärt, warum viele Wasserpflanzen beim Lösen vom Boden zur Oberfläche steigen.

Schließlich ist auch die mechanische Beanspruchung bei Land- und Wasserpflanzen unterschiedlich. Landpflanzen müssen vor allem biegungsfest sein, bei dünnen Sproßachsen sind deshalb die Festigungsgewebe peripher angeordnet. Dagegen erfolgt die mechanische Beanspruchung bei untergetauchten Pflanzen mehr auf Zugfestigkeit. Ihre gering ausgebildeten Festigungselemente sind zu einem zentralen Strang zusammengefaßt.

Morphologie und Anatomie der Wasserpflanzen

Wie alle höheren Pflanzen sind auch die Aquarienpflanzen aus den drei Grundorganen Sproßachse, Blatt und Wurzel aufgebaut, durch deren unterschiedliche Gestaltung und Proportionierung sich die vorhandene Artenfülle erklären läßt. Nur die am Anfang des Abschnittes »Wasserpflanzen für das Aquarium« vorgestellten Moose sind abweichend aufgebaut. Ihr Vegetationskörper steht noch auf einer niedrigeren Entwicklungsstufe und muß als Thallus bezeichnet werden. Er hat keine echten Wurzeln, sondern nur Rhizoide, das heißt Haare mit Wurzelfunktion. Außerdem sind bei den stärker gegliederten Formen die »Stämmchen« und »Blättchen« nicht mit den Sproßachsen und Blättern der Farn- und Samenpflanzen vergleichbar.

Sproßachse

Die Sproßachse ist in Knoten, Stellen, an denen die Blätter sitzen, und in die dazwischenliegenden Zwischenknotenstücke oder Internodien gegliedert. Von der Länge der Internodien wird der Habitus einer Pflanze wesentlich geprägt (Abb. 146).

Sind die Internodien mehr oder weniger gestreckt, so ist der gesamte Wuchs der Pflanze gestreckt, ihre Sproßachsen sind sichtbar und die Blätter deutlich voneinander getrennt *(Hygrophila)*. An gestreckten Sproßachsen können unterschiedliche Blattstellungsverhältnisse auftreten. Die Blätter sind wechselständig oder zerstreut angeordnet, wenn an jedem Knoten nur ein Blatt sitzt. Dieser Fall ist bei Aquarienpflanzen selten *(Lobelia cardinalis)*. Meist sitzen an einem Knoten zwei Blätter, die sich genau gegenüberstehen und zu den Blättern der Nachbarknoten jeweils um 90° versetzt sind. Diese Blattstellung wird als kreuzgegenständig bezeichnet *(Hygrophila, Ludwigia)*. Befinden sich an einem Knoten drei oder mehr Blätter, so spricht man von quirliger Blattstellung *(Limnophila, Myriophyllum)*. Pflanzen mit gestreckten Sproßachsen wurzeln entweder im Boden oder fluten frei im Wasser. Im ersten Fall können die Achsen aufgerichtet oder schräg aufsteigend, aber auch horizontal und mehr oder weniger dem Boden angeschmiegt wachsen. Ein Beispiel dafür liefern unsere Ludwigien bei Sumpfkultur, dagegen zeigen sie im Aquarium aufrechten Wuchs. Gestreckte Sproßachsen, die horizontal auf dem Substrat oder im Boden wachsen und mit vereinfachten, sogenannten Niederblättern besetzt *(Cryptocoryne)* oder völlig blattlos *(Vallisneria)* sind, heißen Ausläufer. Sie dienen der Ausbreitung und vegetativen Vermehrung der Pflanzen.

Sind die Internodien gestaucht, so ist die Achse nicht sichtbar, und die Blätter sitzen dicht gedrängt, sie sind rosettig angeordnet. In diesem Fall befindet sich immer nur ein Blatt am Knoten. Gestauchte Sproßachsen treten bei einigen an der Wasseroberfläche schwimmenden Arten auf, vorwiegend aber bei Pflanzen, die im Boden wurzeln. Sind die gestauchten Internodien zusätzlich verdickt, so haben wir Rhizome oder Knollen vor uns, die Reservestoffe speichern.

Potentiell kann sich in jeder Blattachsel eine Knospe bilden, durch deren Austrieb ein Seitensproß entsteht, der zur Verzweigung des Muttertriebes führt. Die Intensität der Verzweigung ist bei den einzelnen Arten sehr unterschiedlich. Aquarienpflanzen mit gestreckten Sproßachsen verzweigen sich ziemlich regelmäßig, wodurch im Laufe der Zeit bei im Boden wurzelnden Arten buschiger Wuchs zustande kommt, während frei flutende Pflanzen sich dicht verfilzen können. Bei einer Reihe von Arten mit gestauchten Sproßachsen treten nur selten Seitentriebe auf. Sie besitzen aber vielfach ruhende Knospen, die

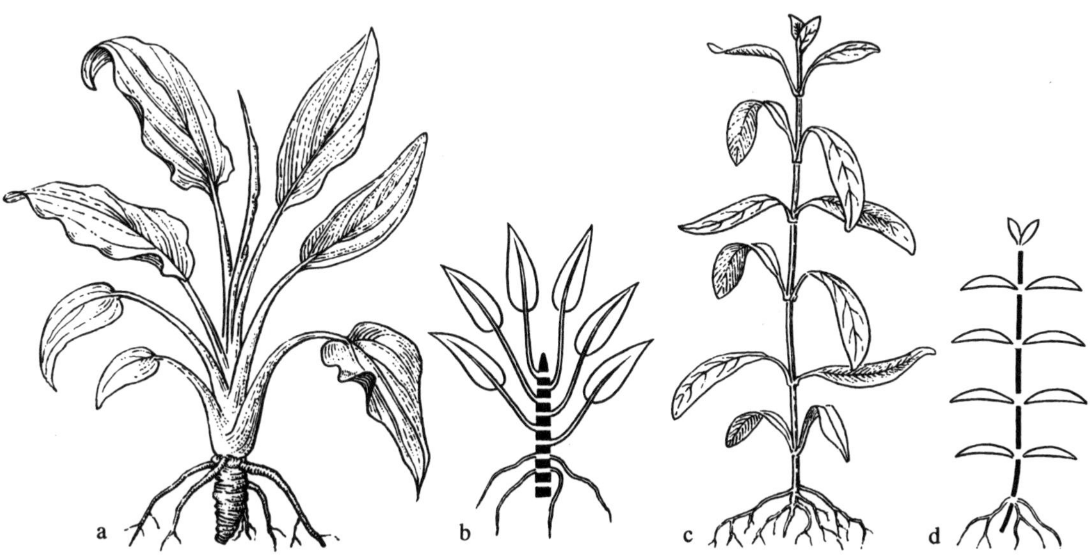

Abb. 146 Rosettenpflanze mit gestauchten Internodien (a, b) und Stengelpflanze mit gestreckten Internodien (c, d) in natürlicher (a, c) und schematischer (b, d) Darstellung

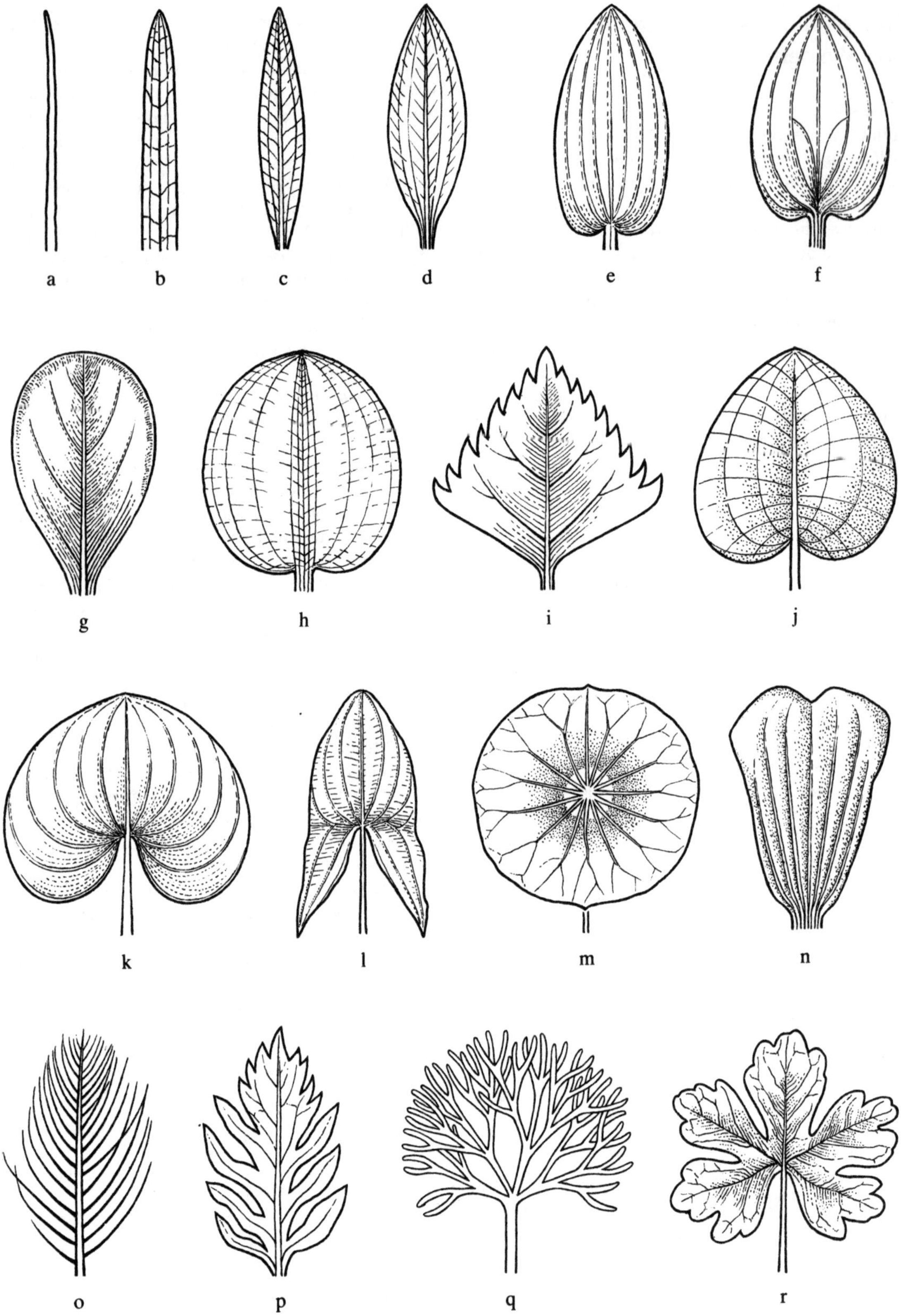

Abb. 147 Blattformen bei Wasserpflanzen. a) nadelförmig *(Eleocharis)*; b) lineal *(Vallisneria)*; c) schmal-lanzettlich *(Echinodorus)*; d) breit-lanzettlich *(Echinodorus)*; e) elliptisch *(Potamogeton)*; f) eiförmig *(Cryptocoryne)*; g) verkehrt-eiförmig *(Elatine)*; h) rund *(Hydrocleis)*; i) rautenförmig *(Trapa)*; j) herzförmig *(Echinodorus)*; k) nierenförmig *(Heteranthera)*; l) pfeilförmig *(Sagittaria)*; m) schildförmig *(Nelumbo)*; n) keilförmig *(Pistia)*; o) gefiedert *(Myriophyllum)*; p) fiederteilig *(Synnema)*; q) handförmig gefiedert *(Cabomba)*; r) handförmig fiederteilig *(Ranunculus)*

für eine künstliche ungeschlechtliche Vermehrung Bedeutung haben.

Die Sproßachse geht wie die Blätter aus dem Sproßvegetationskegel hervor, der aus teilungsfähigen undifferenzierten Zellen besteht. Alle jüngeren Sproßachsen werden nach außen durch die einschichtige Epidermis abgeschlossen. Nach innen folgt die überwiegend aus Grundgewebezellen bestehende Rinde, deren Ausmaß von Art zu Art unterschiedlich ist. Sie kann sich aus mehreren Zellreihen zusammensetzen, aber auch kaum abgrenzbar sein. Ihre äußeren Lagen sind chlorophyllhaltig, dadurch erklärt sich die meist grüne Färbung junger Sproßachsen. Bei Luftsprossen können in die Rinde kleinere oder größere Gruppen, seltener auch ein geschlossener Ring von Festigungsgewebszellen mit deutlich verdickten Zellwänden eingelagert sein. Bei älter werdenden Sproßachsen wird schließlich von der Rinde ein aus Korkzellen bestehendes sekundäres Abschlußgewebe gebildet, das die Epidermis ersetzt. Es bedingt zum Beispiel die bräunliche Färbung der Rhizome größerer *Echinodorus*-Arten. Der innere Raum der Sproßachsen wird bei den Sumpf- und Wasserpflanzen von der Anordnung der Leitbündel, die dem Ferntransport von Wasser sowie von anorganischen und organischen Stoffen dienen, und dem bereits auf S. 406 beschriebenen Durchlüftungssystem geprägt. Bei einkeimblättrigen Pflanzen sind die Leitbündel auf dem Achsenquerschnitt verstreut, bei zweikeimblättrigen meist ringförmig angeordnet. Im Zentrum kann eine unterschiedlich große Markhöhle vorhanden sein, und zwischen den Leitbündeln können bei Sumpf- und Wasserpflanzen Durchlüftungskanäle entlangziehen. Bei einigen Vertretern beider Gruppen sind die Leitbündel zu einem zentralen Strang vereinigt und die Durchlüftungskanäle stark ausgeprägt. An älteren Sproßachsen zweikeimblättriger Pflanzen kann sich der primäre anatomische Bau durch sekundäres Dickenwachstum stark verändern. Dieser Prozeß spielt bei unseren Aquarienpflanzen jedoch kaum eine Rolle.

Blatt

Das Blatt sitzt als Seitenorgan der Sproßachse an. Es ist in der Regel flächig ausgebildet und von begrenztem Wachstum. Blätter sind die Hauptorgane der Photosynthese und bei Landpflanzen zusätzlich der Transpiration, können aber auch andere Funktionen erfüllen, zum Beispiel Stoffspeicherung oder Bildung von Fortpflanzungszellen. Das typische Blatt wird auch als Laubblatt bezeichnet und tritt uns in großer Mannigfaltigkeit entgegen. Es kann aus drei Hauptabschnitten bestehen, der Blattspreite, dem Blattstiel und dem Blattgrund.

Die Blattspreite ist die eigentliche Blattfläche. Sie kann ungegliedert sein und verschiedene Umrißformen besitzen (Abb. 147). Für die Beschreibung eines Blattes sind auch die Gestalt der Spreitenspitze, der Spreitenbasis, des Spreitenrandes sowie die Beschaffenheit der Spreitenfläche von Bedeutung. Die Fläche ist eben gewellt oder bullos, das heißt, mit mehr oder weniger dicht gelagerten Ausstülpungen nach oben oder unten versehen. Wichtig ist weiterhin die Färbung der Spreite. In der Spreitenfläche verlaufen die Nerven, die die Leitbündel enthalten. Bei den Einkeimblättrigen sind neben dem Mittelnerv kräftige längs verlaufende Parallelnerven vorhanden. Bei den Zweikeimblättrigen zweigen vom Mittelnerv Seitennerven ab. Blätter mit gelappten und fiederteiligen, das heißt nicht bis zur Mitte eingeschnittenen Spreiten leiten zum echten Fiederblatt über, dessen Spreite sich aus getrennten Einzelblättchen unterschiedlicher Breite, den Fiedern, zusammensetzt. Bei Fiedern, die entlang einer stilartigen Spindel angeordnet sind oder mehr oder weniger konzentriert an einer Stelle entspringen, spricht man von handförmig gefiederten Blättern. Eine Sonderform des Laubblattes stellt das Schildblatt dar, bei dem der Blattstiel etwa der Mitte der Spreitenunterseite ansitzt, zum Beispiel bei manchen Arten der Gattung *Hydrocotyle*. Der Blattstiel kann unterschiedliche Länge haben, wenn er fehlt, sprechen wir von einem sitzenden Blatt. Der Blattgrund ist oft nur als kleine Verbreiterung der Stielbasis ausgebildet, bei manchen Sumpf- und Wasserpflanzen hat er jedoch die Form einer Blattscheide. Vom typischen Laubblatt weichen die zumeist einfacheren Nieder- und Hochblätter und durch verschiedene Umbildungen die Blätter der Blüte ab.

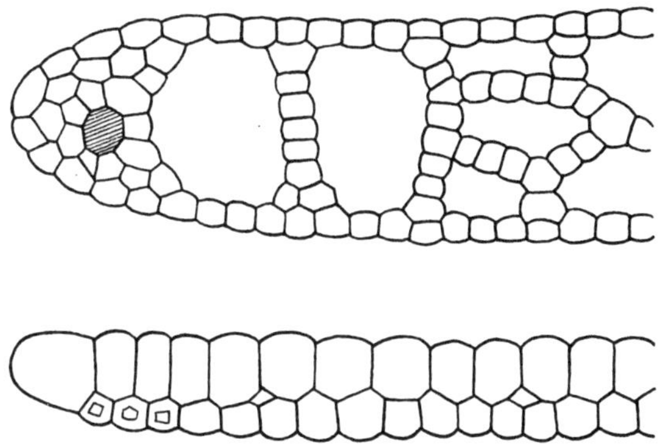

Abb. 148 Schnitte durch Wasserpflanzenblätter. Oben: Flutendes Pfeilkraut *(Sagittaria subulata)* mit ausgeprägtem Durchlüftungssystem. Unten: Kanadische Wasserpest *(Elodea canadensis)*, Blattgewebe bis auf die Epidermisschichten reduziert

Der innere Bau des Blattes zeigt enge Beziehungen zum Standort der Pflanze. So ist bei den Blättern von Sumpf-, besonders aber von Wasserpflanzen (Abb. 148) das Durchlüftungssystem vermehrt. Bei submersen Blättern fehlen in der Regel die Spaltöffnungen, auch besteht die Tendenz zur Ausbildung sehr dünner Spreiten. Im Extremfall bleiben nur die beiden Epidermisschichten übrig, zum Beispiel in der Gattung *Elodea*.

An dieser Stelle sei noch auf die für viele amphibisch lebenden Gewächse charakteristische Verschiedenblättrigkeit oder Heterophyllie hingewiesen, die den meisten Aquarianern unbekannt ist, da

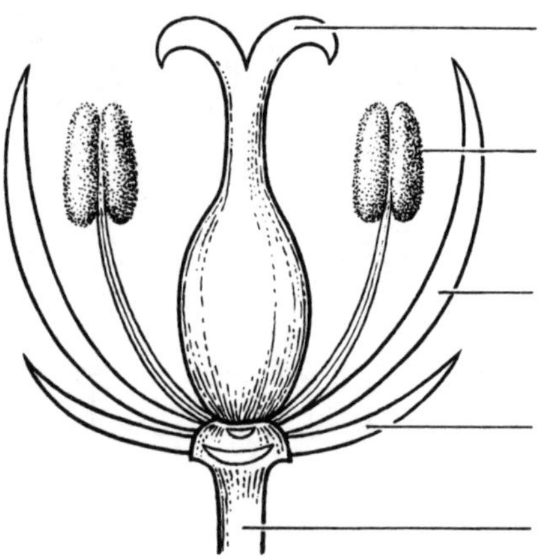

Abb. 149 Bau der Blüte

sie ihre Pflanzen nur untergetaucht kennen. Man versteht darunter die Ausbildung unterschiedlicher Blattformen im Wasser und im Luftraum. So haben die einkeimblättrigen Pflanzen häufig normale, in Stiel und Spreite gegliederte Luftblätter, aber schmale, lineale Wasserblätter. Beispiele dafür liefert die Gattung *Sagittaria*. Bei den zweikeimblättrigen Pflanzen sind dagegen die Unterwasserblätter aufgezipfelt *(Hygrophila)*. Selten treten auch unter Wasser zwei oder mehrere Spreitenformen auf *(Synnema triflorum)*.

Wurzel

Im Gegensatz zur Sproßachse besitzt die Wurzel keine Blätter. In der Regel entwickelt sich die Wurzel im Boden und dient dort der Verankerung des Vegetationskörpers sowie der Wasser- und Mineralstoffaufnahme. In manchen Fällen speichert sie Reservestoffe. Aber auch im Wasser selbst, ja sogar im Luftraum können sich Wurzeln entfalten.

Aus der Wurzelanlage des Samens geht die Keim- oder Primärwurzel hervor, die durch Verzweigung ein Wurzelsystem von unterschiedlicher Lebensdauer aufbaut. Früher oder später werden bei allen Sumpf- und Wasserpflanzen von den Sproßachsen zusätzlich sogenannte sproßbürtige Wurzeln gebildet. Letztere ermöglichen die Stecklingsvermehrung. Auch alle nach dem Einsetzen von Rhizomen oder Knollen neu entstehenden Wurzeln sind sproßbürtig.

Kurz hinter der Wurzelspitze bilden sich bei Erdwurzeln die Wurzelhaare aus. Diese verbinden sich eng mit dem umgebenden Substrat und unterstützen die Stoffaufnahme. Bei vielen Sumpf- und Wasserpflanzen fehlen sie. Die jüngeren Abschnitte einer Wurzel sind nach außen von der Rhizodermis, die der Epidermis der Blätter entspricht, abgeschlossen. Sie hat sehr dünne Zellwände, besitzt keine Kutikula und keine Spaltöffnungen. Die Rhizodermis ist kurzlebig und wird bald durch ein sekundäres Abschlußgewebe ersetzt, das durch Korkeinlagerungen in die Wände der äußeren Rindenschichten entsteht. Die Rinde wird vom Grundgewebe aufgebaut und kann bei Sumpf- und Wasserpflanzen von Durchlüftungskanälen durchzogen werden. Alle Wurzeln besitzen ein einziges zentrales Leitbündel.

Einige Wasserpflanzen, wie *Ceratophyllum, Utricularia* oder *Wolffia*, sind wurzellos.

Blüte

Eine Blüte ist ein Sproß, dessen Blätter im Dienste der geschlechtlichen Fortpflanzung stehen und entsprechend ihren Aufgaben vom typischen Bau eines Blattes abweichen. Die Blüte besteht aus Blütenstiel, Blütenachse, Blütenhülle, Staubblättern und Fruchtblättern (Abb. 149). Die große Mannigfaltigkeit der Blütenformen, auf die zum Teil bei der Beschreibung der Familien und Arten eingegangen wird, ergibt sich aus der unterschiedlichen Anzahl, Form, Größe und Farbe der Blütenglieder, durch die Variation ihrer Anordnung und durch Verwachsungserscheinungen verschiedener Art.

Nur selten werden, wie in der Gattung *Nymphaea*, Einzelblüten ausgebildet. Meist sind die Blüten in Blütenständen unterschiedlicher Gestalt vereinigt. Dabei können die Einzelblüten relativ groß und selbständig (z. B. *Echinodorus*-Arten) oder vereinfacht und unscheinbar sein, der gesamte Blütenstand fungiert dann als blütenbiologische Einheit (z. B. Gattung *Cryptocoryne*). Zwischen beiden Extremen gibt es viele Übergänge.

Bei einem Teil der Aquarienpflanzen, die sich nicht oder nur schlecht vegetativ vermehren lassen, sind wir auf die Blüten oder Blütenstände zur Gewinnung von Samen angewiesen.

Vermehrung der Wasserpflanzen

Man unterscheidet zwischen einer vegetativen und einer generativen Pflanzenvermehrung. Bei der vegetativen Vermehrung entstehen neue Pflanzen auf ungeschlechtlichem Wege. Sie kann von selbst stattfinden oder durch bestimmte Eingriffe ausgelöst bzw. gefördert werden. Alle durch vegetative Vermehrung entstehenden Individuen sind untereinander und mit ihren Mutterpflanzen genetisch völlig identisch. Die vegetative Vermehrung ist für die Aquaristik die wichtigste Vermehrungsform. Bei der generativen Vermehrung werden, von den Moos- und Farnpflanzen abgesehen, Blüten und Samen gebildet. Ihr liegt die Entstehung von Geschlechtszellen und deren Verschmelzung (Befruchtung) zugrunde. Durch diese Vorgänge ist eine ständige Um- und Neukombination des Erbgutes innerhalb einer Sippe möglich. Die meisten Aquarienpflanzen lassen sich relativ einfach und mit hoher Ausbeute vegetativ vermehren. Nur bei ganz wenigen Arten ist die Möglichkeit zur vegetativen Vermehrung stark reduziert oder fehlt ganz. Bei solchen Arten ist man vorwiegend oder ausschließlich auf die generative Vermehrung angewiesen.

Vegetative Vermehrung

Stecklingsvermehrung

Als Steckling bezeichnet man einen zur vegetativen Vermehrung bestimmten Sproßabschnitt, der in den Boden »gesteckt« oder in anderer Form auf dem Boden verankert wird. Die Vermehrung durch Stecklinge spielt in der Aquaristik eine große Rolle und gelingt meist ohne Schwierigkeiten. Sie läßt sich bei allen Stengelpflanzen anwenden.

Man kann die Spitzen der Sprosse abtrennen oder Seitentriebe verwenden, aber auch rückwärtige Sproßabschnitte sind geeignet (Abb. 150). Es genügt, wenn der Steckling drei bis vier voll ausgebildete Internodien besitzt. Der Schnitt sollte kurz unterhalb eines Knotens erfolgen. Die Blätter des untersten Knotens werden entfernt. Von ihm geht die Bildung neuer sproßbürtiger Wurzeln aus. Bei Kopf- und Seitentriebstecklingen wachsen die Spitzen weiter, während bei der Verwendung rückwärtiger Abschnitte ruhende Knospen austreiben.

Bei Stengelpflanzen, die auch flutend wachsen, wie *Egeria, Elodea* oder *Najas*, kann man Sprosse in kleine Stücke zerteilen und zunächst an der Wasseroberfläche schwimmen lassen. Diese treiben relativ schnell aus und bilden neue Wurzeln. Die jungen Triebe können flutend weiterkultiviert oder in den Bodengrund gepflanzt werden.

Ablegervermehrung

Als Ableger werden Pflanzen bezeichnet, die durch vegetative Vermehrung in einiger Entfernung von ihren Mutterpflanzen entstehen. Sie gehen aus Ausläufern hervor. In der Aquaristik hat diese Vermehrungsform vor allem bei verschiedenen im Boden wurzelnden Pflanzen mit grundständigen Blattrosetten Bedeutung. So ist sie charakteristisch für die Gattung *Vallisneria*, für eine bestimmte Gruppe von *Echinodorus*-Arten, für manche Sagittarien und für fast alle Cryptocorynen. Bei diesen Pflanzen entstehen durch Ablegerbildung im Laufe der Zeit dichte Bestände oder Rasen. Jede Einzelpflanze dieser Gruppierungen kann zur Vermehrung verwendet werden. Man durchtrennt dann die verbindenden Ausläuferinternodien und setzt sie neu ein (Abb. 150). Dabei sollten möglichst viele Wurzeln entfernt werden. Zwischen älteren Ablegern sind die Internodien oft schon zerfallen.

Rosettenpflanzen mit Ausläuferbildung, die an der Wasseroberfläche schwimmen, werden entsprechend vermehrt, zum Beispiel *Eichhornia crassipes, Limnobium* oder *Pistia.*

Vermehrung durch Rhizomteilung

Bei Aquarienpflanzen mit kräftigen (viele *Echinodorus*-Arten) oder nur schwach verdickten Rhizomen (Cryptocorynen) lassen sich ohne Schaden für die Mutterpflanzen rückwärtige Sproßabschnitte abtrennen. Diese können in Stücke von etwa 3 cm Länge geschnitten werden. Die Teilstücke läßt man im Wasser schwimmen. Nach einiger Zeit treiben sie Reserveknospen aus. Die so entstehenden kleinen Pflanzen können nach genügender Erstarkung und Wurzelbildung eingepflanzt werden.

Vermehrung durch Adventivpflanzen

Als Adventivpflanzen bezeichnet man junge Pflanzen, die auf ungeschlechtlichem Wege im Bereich der Blütenstände, an den Blättern oder (seltener) an

Abb. 150 Vermehrung von Aquarienpflanzen durch Ableger (links) und durch Stecklinge (rechts)

Wurzeln entstehen. Sie bilden zunächst einige Blättchen und dann auch Wurzeln und sind von vornherein für eine baldige Ablösung von der Mutterpflanze vorgesehen.

Im Bereich der Blütenstände treten Adventivpflanzen bei verschiedenen *Echinodorus*-Arten auf. Solche mit Adventivpflanzen besetzten Blütenstände werden von Aquarianern oft fälschlich als Ausläufer angesprochen. Adventivpflanzen an umgebildeten Blütenständen sind auch für *Aponogeton undulatus* charakteristisch.

Adventivpflanzen an Blatträndern kommen unter günstigen Wuchsbedingungen regelmäßig bei den Arten der Gattungen *Ceratopteris* und *Microsorium* vor. Sie lösen sich oft frühzeitig ab, können aber auch längere Zeit mit der Mutterpflanze verbunden bleiben.

Eine recht interessante Form der Adventivpflanzenbildung kann bei Bärenklaugewächsen (Acanthaceae) beobachtet werden. Läßt man zum Beispiel abgetrennte Blätter von *Hygrophila*- oder *Nomaphila*-Arten an der Wasseroberfläche schwimmen, so treten nach einiger Zeit an den Trennstellen junge Pflänzchen auf.

Alle Adventivpflanzen bodenwurzelnder Arten können nach genügender Erstarkung eingepflanzt werden.

Vermehrung durch Gewebekultur

In der Pflanzenzüchtung und bei der Pflanzenvermehrung für die landwirtschaftliche Praxis, aber auch für wissenschaftliche Experimente wendet man die in-vitro-Kultur an. Sie wurde auch schon für die Vermehrung von Aquarienpflanzen erfolgreich genutzt, allerdings meist in Zusammenarbeit mit wissenschaftlichen Einrichtungen, die mit der Methode vertraut sind.

Man versteht darunter die Kultur isolierter Pflanzengewebe. Wenn in diesen wenig spezialisierte Zellen vorhanden sind, können unter dem steuernden Einfluß von Wachstumsregulatoren (Phytohormonen) wieder vollständige Pflanzen regenerieren.

Generative Vermehrung

Für die generative Vermehrung ist die Blütenbildung Voraussetzung. Manche Aquarienpflanzen blühen unter den üblichen Hälterungsbedingungen, andere nur bei flachem Wasserstand, einige nur als Sumpfpflanzen. Die Umwandlung geeigneter Aquarienpflanzen in die Landform ist nicht schwierig. Sie müssen bereits unter Wasser in Gefäßen mit nährstoffreichem Bodengrund gut eingewurzelt sein. Solche getopften Pflanzen kann man leicht aus dem Wasser nehmen und bei hoher Luftfeuchtigkeit aufstellen. Die Umstellung der Pflanzen erfolgt unter diesen Bedingungen relativ schnell. Bei manchen Arten ist außerdem der Einfluß der Photoperiode auf die Blütenbildung zu beachten, siehe S. 406.

Wenn erst einmal Blüten vorhanden sind, setzen manche Arten ohne jeden Eingriff, meist durch Selbstbestäubung, Samen an. Bei anderen ist zur sicheren Erzielung eines Samenansatzes künstliche Bestäubung anzuraten. Dabei muß der Pollen der Staubblätter mit einem feinen Haarpinsel auf die Narben der Fruchtblätter übertragen werden. Bei genügender Vorsicht kann man die Bestäubung auch mit den Fingern vornehmen. Oft genügt es, den Pollen auf die Narben der gleichen Blüte zu übertragen oder zwischen den Blüten einer Pflanze auszutauschen. Bei strengen Fremdbestäubern, wie *Aponogeton ulvaceus*, benötigt man unbedingt zwei gleichzeitig blühende Exemplare.

Die Bergung des reifen Samens erfordert in einigen Fällen, zum Beispiel bei Froschbißgewächsen (Hydrocharitaceae), besondere Aufmerksamkeit, siehe dazu bei den einzelnen Arten. Die meisten Samen können trocken aufbewahrt werden. Einige behalten die Keimfähigkeit nur, wenn sie im Wasser liegen. *Aponogeton*-Samen lassen sich überhaupt nicht aufbewahren, da sie sofort nach dem Ausfallen keimen. Die Keimtemperatur hängt von den Heimatgebieten der Arten ab. Tropische und subtropische Aquarienpflanzen keimen bei Temperaturen um 30 °C am besten.

Die Samen der meisten Arten sät man in kleine Schalen aus, die mit ungewaschenem Sand gefüllt und mit feinem gewaschenem Sand abgedeckt werden. Grund- und Decksand müssen naß sein, damit beim Einstellen ins Wasser der Samen nicht aufwirbelt. Gegen Veralgung sind die Sämlinge aller Aquarienpflanzen äußerst empfindlich, man sollte die Aufzuchtschalen deshalb vor Algen schützen. Bei Sumpfpflanzen läßt sich die Gefahr der Veralgung durch emerse Aussaat verhindern. Dabei kann als Gefäßfüllung auch Erde verwendet werden. Für die Anfangsentwicklung der Sämlinge ist dies häufig sogar besonders günstig. Die erstarkten Pflanzen können jederzeit in das Aquarium überführt werden. Bei einigen Aquarienpflanzen, wie *Aponogeton* oder *Barclaya*, erzielt man die besten Ergebnisse, wenn die Samen und dann auch die jungen Pflänzchen frei schwimmen.

Pflege, Düngung und Krankheiten der Wasserpflanzen

Grundsätzlich kann man in einem Aquarium entweder den Fischen oder den Pflanzen Prioritäten einräumen. In einem Fischbecken müssen die Pflanzen, in einem Pflanzenbecken die Fische zurückstehen. In einem Becken mit afrikanischen Großcichliden wird man keine ideale Pflanzengruppierung, in einem holländischen Pflanzenaquarium keine afrikanischen Großcichliden erwarten. Aber auch in weniger extremen Fällen, zum Beispiel in einem normalen Gesellschaftsaquarium, sollte man sich für den einen oder den anderen Schwerpunkt entscheiden. Wer einen größeren Fischbestand pflegen will, muß bei der

Wahl der Pflanzen auf die Fische Rücksicht nehmen, wer eine harmonische artenreiche Pflanzengemeinschaft kultivieren will, kann dort nur bestimmte Fischarten einsetzen. Den Begriff »natürliches Biotop«, im Sinne einer Reproduktion natürlicher Standorte, darf man in beiden Fällen nicht ins Spiel bringen. In den Heimatgebieten findet man nur selten die Vielfalt der Fische und fast nie die Vielfalt der Pflanzen, wie wir sie von einem Aquarium gewöhnt sind. Dieses »Entweder-Oder« erklärt auch, warum man bei Fischexperten meist keine besonders auffälligen Wasserpflanzengesellschaften antrifft und bei Experten für Wasserpflanzen kaum interessante Fischgesellschaften sieht.

Diese Hinweise bedeuten keine Absage an das Grundprinzip der Aquaristik, ein Aquarium so zu gestalten, daß auch das individuelle Schönheitsempfinden, die persönliche Erwartung von Harmonie, erfüllt ist. Vielmehr soll damit daran erinnert werden, das biologische Systeme sich nur zum Teil dem menschlichen Gestaltungswillen anpassen lassen. Je besser diese Gestaltung die Eigengesetzlichkeiten der Organismen berücksichtigt, um so bessere Kompromisse lassen sich erzielen.

Verschiedene Pflegeansprüche der Pflanzen wurden schon an anderen Stellen berücksichtigt, zum Beispiel bei der Behandlung des Bodengrundes (S. 17), der Aquarienbepflanzung (S. 19), der Aquarienbeleuchtung (S. 56), der Belüftung (S. 49), der wechselseitigen Abhängigkeiten von Pflanze und Tier im Stoffkreislauf der Natur. An dieser Stelle sollen deshalb nur die Spezialisierung der Wasserpflanzen, die Bedeutung der Nährstoffe für das Pflanzenwachstum, die Düngung und die Pflanzenkrankheiten behandelt werden.

Die Wasserpflanzen sind ebenso wie die Landpflanzen keine taxonomische Einheit, sondern eine sehr heterogene Gruppe. Ein kurzer Blick in die nachfolgenden Kapitel macht deutlich, daß die als Wasserpflanzen zusammengefaßten Gewächse aus sehr vielen Familien stammen, die zum Teil keinerlei verwandtschaftliche Beziehungen zueinander haben. Das Leben im Wasser erzwingt zwar bei allen Wasserpflanzen die Anpassung bestimmter Lebensprozesse an die Bedingungen in diesem Lebensraum (siehe S. 404), daneben werden aber gruppenspezifische Eigenschaften hinsichtlich der Atmung, Ernährung und Fortpflanzung beibehalten oder zusätzlich entwickelt. Für die Aquarienpraxis ergibt sich aus dieser Einsicht die Notwendigkeit, bei der Pflege von Wasserpflanzen die besonderen Ansprüche der einzelnen Arten und Artengruppen zu berücksichtigen. Für eine sinnvolle Aquarienbepflanzung wird man Arten auswählen, die ähnliche Kulturansprüche stellen und sich in ihrer Wuchsform und eventuell auch Farbe ergänzen. Dabei müssen natürlich auch die Ansprüche der zu pflegenden Fische berücksichtigt werden. Für das Gesellschaftsaquarium läßt sich diese Forderung oft nur durch Beschränkung auf solche Pflanzenarten erfüllen, die besonders widerstands- und anpassungsfähig sind, also unter nahezu allen Bedingungen gedeihen. Zusätzlich kann man durchaus die eine oder andere Problempflanze ausprobieren und dabei neue Erfahrungen sammeln.

Zumindest die ständig untergetaucht lebenden Wasserpflanzen entnehmen alle ihre Nährstoffe dem Wasser. Der Gehalt des Wassers an solchen Stoffen ist deshalb für sie von besonderer Bedeutung. Viele tropische und subtropische Wasserpflanzen kommen in sehr elektrolytarmen Gewässern vor, ja sind sogar gegen höhere Nährstoffkonzentrationen empfindlich. Die Nährstoffe selbst lassen sich in folgende Gruppen unterteilen:

- Baustoffe: unentbehrliche Elemente, aus denen mit Hilfe der Photosynthese Kohlenhydrate, Eiweiße, Fette und Vitamine gebildet werden (Kohlenstoff, Wasserstoff, Sauerstoff, Stickstoff, Phosphor, Schwefel),
- Prozeßstoffe: unentbehrliche Elemente, die vorwiegend als Ionen wirken und das komplizierte Wechselspiel der Stoffwandlungsprozesse ermöglichen (Kalium, Calcium, Magnesium),
- Spurenstoffe: als Beschleuniger von Stoffwandlungsprozessen wirkende Elemente, die nur in Spuren im Pflanzenkörper vorkommen (Eisen, Bor, Kupfer, Mangan, Zink, Jod u. a.),
- Helferstoffe: Elemente mit zum Teil unsicheren Funktionen in verschiedenen Lebensprozessen (Natrium, Chlor, Silicium u. a.).

Jeder einzelne Nährstoff hat im Lebensablauf der Pflanze ganz bestimmte Funktionen, kein Nährstoff kann vollständig durch einen anderen ersetzt werden. Das große Zusammenspiel der Nährstoffe und der aus ihnen gebildeten körpereigenen Verbindungen ist Gegenstand pflanzenphysiologischer und pflanzenbiochemischer Forschungen.

Im fischbesetzten Aquarium sind in der Regel alle Nährstoffe enthalten, die die Pflanzen benötigen. Sie werden schon bei der Einrichtung des Beckens mit dem Bodengrund und dem Wasser eingebracht und dann kontinuierlich durch den Wasserwechsel, die Belüftung und bakterielle Umsetzungen sowie die Atmung und die Ausscheidungen der Fische und anderer Organismen ständig erneuert bzw. ergänzt. Im Prinzip ist im Aquarium die Gefahr einer zu starken Anreicherung von Pflanzennährstoffen größer als die Gefahr des Mangels.

Trotzdem müssen außer den physikalischen Faktoren Licht und Temperatur auch einige chemische, für das Aquarium charakteristische Schlüsselbedingungen beachtet werden. Im einzelnen handelt es sich dabei vor allem um das Stickstoff-, das Kohlendioxid- und das Eisenangebot.

Als Stickstoffquelle nutzen die Landpflanzen Salpeterstickstoff (Nitrate) und Ammoniumstickstoff. Wasserpflanzen bevorzugen Ammoniumstickstoff und sind empfindlich gegen zu hohe Konzentrationen von Salpeterstickstoff. Im Aquarium fällt durch die Ausscheidungen der Fische und andere Prozesse ständig Stickstoff an. Wie auf Seite 29 gezeigt wurde, entsteht dabei zunächst Ammonium und erst im Laufe des weiteren Abbaues durch Bakterien Nitrat.

Bei pH-Werten um 7 besteht keine Gefahr, daß sich aus dem für Fische ungiftigen Ammonium das Fischgift Ammoniak bildet (siehe S. 370).

Die Schlüsselrolle des Kohlendioxids ergibt sich bei den Wasserpflanzen aus folgender Situation: Während Landpflanzen dieses Gas in unbegrenzten Mengen aus der Luft aufnehmen können, sind die Wasserpflanzen auf das im Wasser vorhandene Kohlendioxid angewiesen. Das Gas löst sich in Abhängigkeit von dem Kohlendioxidgehalt der Luft im Wasser. Da in der atmosphärischen Luft anteilig nur 0,03% Kohlendioxid enthalten sind, ist auch im Wasser nur wenig Kohlendioxid gelöst. Durch die Kohlendioxidabgabe der tierischen Organismen, nachts auch der Pflanzen, können sich die Wasserwerte etwas erhöhen, jedoch sorgt die Belüftung des Aquarienwassers dafür, daß sich die Luft- und Wasserwerte immer wieder auf die Normwerte einpendeln. Ein kleiner Teil des gelösten Kohlendioxids verbindet sich mit Wasser zu Kohlensäure, die wiederum die schwer löslichen Calcium- und Magnesiumkarbonate in leicht lösliche Hydrogenkarbonate überführt (siehe S. 22). Das Ganze ist ein komplizierter Gleichgewichtsprozeß, der in Abhängigkeit von der Temperatur gelöstes Kohlendioxid und Hydrogenkarbonat in bestimmten Relationen zueinander ausbalanciert. Nun verbrauchen in einem gut bepflanzten Aquarium die Pflanzen bei der Photosynthese mehr Kohlendioxid, als durch Kohlendioxideintrag nachgeliefert werden kann. Der entstehende Kohlendioxidmangel wird dann mit Hilfe des oben erwähnten Gleichgewichtssystems aus den Hydrokarbonaten kompensiert, ein Prozeß, der die Ausfällung von Kalk bedingt und zur Inkrustierung der Pflanzenblätter mit Kalk führen kann.

Wasserpflanzen in sehr weichen oder an Karbonathärte sehr armen Gewässern haben kein Kohlendioxidreservoir zur Kompensation, sie assimilieren gleichsam von der Hand in den Mund, das heißt von dem Kohlendioxideintrag aus der Luft und aus der Atmung tierischer Organismen. Aus diesem Grunde sind in den extrem weichen tropischen und subtropischen Gewässern die bevorzugten Standorte submerser Wasserpflanzen fast immer unterhalb von Regionen gelegen, in denen das Wasser kräftig mit Luft durchmischt wird, also die Kohlendioxidaufnahme intensiviert ist. Den gleichen Effekt haben die täglichen tropischen Regengüsse. Dagegen dominieren in Gegenden mit stagnierendem Wasser und in Regionen ohne tagesrhythmische Regenfälle Wasserpflanzen, die mit Schwimmblättern Kontakt zum Luftraum haben oder sich als Sumpfpflanzen aus dem Wasser erheben können. Das Normalaquarium ist hinsichtlich der Kohlensäureversorgung für submerse Wasserpflanzen gleichsam ein Asyl. Hier wird durch die Belüftung und dichte Fischbesetzung praktisch ständig Kohlendioxid angeliefert. Wenn das Aquarienwasser eine mittlere Karbonathärte von 5 bis 6° dGH, hat, steht zudem eine Kohlendioxidreserve zur Verfügung, die Verluste durch intensive Photosynthese praktisch automatisch kompensiert. Durch eine Kohlensäuredüngung (siehe weiter unten) kann man aus dem Wasserpflanzenasyl Aquarium zwar zeitweise ein Wasserpflanzenparadies machen, jedoch sind auch paradiesische Zustände nicht ohne Gefahren.

Die Frage nach der Düngung von Wasserpflanzen stellt sich immer dann, wenn die Entwicklung des Pflanzenbestandes nicht den Erwartungen entspricht oder ganze Pflanzengruppen eingehen. Meist erwartet man in solchen Fällen von Düngemaßnahmen entscheidende Besserungen der Situation. Aber wie bei den Zimmerpflanzen die Düngung nur dann zu Erfolgen führt, wenn die Grundansprüche der einzelnen Arten an die Erdmischung, den Standort, die Luftfeuchtigkeit, die Temperatur und den Biorhythmus erfüllt sind, kann die Düngung im Aquarium nur Erfolge bringen, wenn die Grundansprüche der einzelnen Wasserpflanzenarten oder -gruppen beachtet wurden.

In der Aquarienpraxis ist freilich die Situation wesentlich komplizierter, da es nur in besonders günstigen Fällen gelingt, die Ursachen des schlechten Wachstums exakt zu erkunden. Kohlensäurebestimmungen oder komplette Wasseranalysen bzw. Messungen der Lichtintensität helfen nur gelegentlich weiter. Es wird deshalb empfohlen, bei schlechtem Pflanzenwachstum folgende Aspekte zu berücksichtigen:

– Chemische Düngung ist in der Regel in normalen Aquarien nicht erforderlich. »Normal« bedeutet in diesem Zusammenhang: Der Bodengrund besteht aus einer ungewaschenen Grundsand- und einer gewaschenen Decksandschicht, das Wasser ist weich bis mittelhart und wird regelmäßig teilerneuert, der pH-Wert liegt um 7, die Belüftung ist ständig in Betrieb, der Fischbestand ist angemessen, die Fütterung und Wartung erfolgen sachgerecht, Futterreste und Mulm werden regelmäßig abgesaugt. Schlechtes Pflanzenwachstum ist in solchen Fällen fast immer durch ungenügende Lichtzufuhr bedingt. Abhilfe: Lichtquelle verstärken, Beleuchtungsdauer auf 12 Stunden täglich ausdehnen, Wasseroberfläche von Pflanzen freihalten.

– Chemische Düngung ist in der Regel günstig, wenn der Bodengrund nur aus gewaschenem Sand besteht, das Wasser sehr weich ist und nur wenige Fische gepflegt werden. Die im Fachhandel speziell für die Düngung von Aquarienpflanzen angebotenen Präparate sind äußerst sparsam anzuwenden. Besser gar nicht, als zuviel düngen. Die in den Gebrauchsanleitungen der Handelspräparate angegebenen Dosierungen sollte man um 50% reduzieren.

Wenn 2 bis 3 Wochen nach der Düngung keine Besserung des Pflanzenwachstums zu beobachten ist, sollte man die Beleuchtung verstärken und die tägliche Beleuchtungsdauer auf etwa 12 Stunden ausdehnen. Falls auch jetzt noch kein Erfolg eintritt, kann Kohlendioxiddüngung versucht werden. Dazu leitet man Kohlendioxidgas aus einer Stahlflasche über ein Reduzierventil statt normaler Luft in das Belüftungssystem. Wesentlich einfacher läßt sich in vielen Haushalten die Kohlendioxiddüngung mit Hilfe eines Siphons realisieren. Man füllt dazu Leitungswasser in den Siphon, drückt die Patrone ein und sprüht den Flascheninhalt schubweise direkt in das Aquarienwasser. Wenn Trockeneis zur Verfügung steht, kann man sich eine sehr effektive Düngeeinrichtung aus einem Thermosgefäß selbst basteln. Man bringt bei Bedarf ein apfelgroßes Stück Trockeneis in das Gefäß und verschließt dieses mit einem Gummistopfen, in den ein durchgehendes Glasrohr eingelassen ist. Über einen Schlauch und einen Ausströmer kann das langsam frei werdende Kohlendioxid in das Aquarium geleitet werden. Beim Hantieren mit Trockeneis dicke Handschuhe anziehen! Die in der Literatur gelegentlich empfohlene Kohlendioxiddüngung mit Hilfe von Gärprozessen, zum Beispiel einem Weinballon, ist für die allgemeine Praxis zu aufwendig. Der Fachhandel bietet zahlreiche speziell für aquaristische Zwecke entwickelte Kohlendioxidgeräte an. Die meisten sind relativ leicht zu bedienen, einige arbeiten vollautomatisch. Vor allem für größere Pflanzenaquarien mit gepflegten Wassergrünflächen können diese Geräte sehr nützlich sein.

Mit Kohlendioxid darf nur während der Beleuchtungsphase gedüngt werden. Belüftung und Filterung sind in dieser Zeit abzuklemmen. Etwa 1 bis 2 Stunden vor dem Abschalten des Lichtes ist die Zufuhr von Kohlendioxid einzustellen. Bei der Trockeneismethode Schlauch aus dem Wasser nehmen, aber nicht abklemmen! Mit Kohlendioxid muß nicht täglich gedüngt werden, ein- bis zweimal in der Woche genügt.

– Zu geringe Konzentrationen an Spurenelementen, vor allem an Eisen, sind nur in Aquarien mit gewaschenem Sand als Bodengrund, sehr weichem Wasser und geringem Fischbesatz zu erwarten. Manchmal deutet sich Eisenmangel durch Vergilben der Triebspitzen oder Herzblätter an. Mit Basaltsplitt, den man dem Bodensand beimischt oder im Filter unterbringt, läßt sich einem solchen Mangel vorbeugen. Aus dem Basalt lösen sich geringe, aber ausreichende Mengen von Spurenelementen, darunter Eisen. Letzteres kann von den Pflanzen allerdings nicht in jeder Form aufgenommen werden. Mit Chelatoren läßt sich das im Wasser gelöste Eisendepot erhöhen. Ihre Verwendung im Aquarium erfordert die Berücksichtigung verschiedener chemischer Aspekte, die zum Teil schwer überschaubar sind. Beim Einsatz einschlägiger Handelspräparate zur Eisendüngung beachte man exakt die Gebrauchsanleitungen.

– Ein beinahe vergessenes, aber oft sehr wirksames Mittel zur Förderung des Pflanzenwachstums sind Erdabkochungen. Man setzt dazu 1 kg ungedüngte Blumentopf- oder Gartenerde für Normalpflanzen mit 2 l Wasser an und läßt den Brei etwa 1 Stunde kochen. Nach dem Abkühlen und Absetzen filtriert man den Überstand durch einen großen Faltenfilter oder durch Watte. Von der gelbbraunen Lösung sollte man jede Woche 10 bis 20 ml in das Aquarium gießen. Wer sich größere Reserven dieses Präparates zulegen will, kann die Stammlösung wie Fruchtsäfte behandeln, also heiß in Flaschen füllen und fest verschließen. Mancher Aquarianer, der lange mit Düngemaßnahmen laboriert hat, wird erstaunt sein, wie günstig sich solche Erdabkochungen auf das Pflanzenwachstum auswirken.

– Kein Dünger wirkt als Universalmittel. Auch in der Aquaristik gibt es keine Wunder. Stets werden manche Pflanzen besser auf Düngemaßnahmen ansprechen als andere, und stets werden auch Düngepannen eintreten, die letztlich nur das Algenwachstum begünstigen.

Die Lehre von den Pflanzenkrankheiten (Phytopathologie), in den Land- und Forstwirtschaftswissenschaften eine der wichtigsten Teildisziplinen, hat speziell für Wasserpflanzen bisher nur wenig fundierte Erkenntnisse geliefert. Dies liegt sicher daran, daß Wasserpflanzen, abgesehen von regionalen Sonderfällen, kaum große wirtschaftliche Bedeutung haben. Die wenigen Angaben der Aquarienliteratur zu dem Thema Pflanzenkrankheiten lassen erkennen, daß bei diesen Gewächsen, ähnlich wie bei den Landpflanzen, mono- und polyfaktorielle Mangel- und Überschußkrankheiten vorkommen. Exakte Nachweise von Bakteriosen und Virosen liegen bislang nicht vor. Unter den Mangelkrankheiten dominiert, wie oben bereits erwähnt, der Eisenmangel (Eisenchlorose). Gelegentlich wird auch Kaliummangel (Kaliumchlorose) beobachtet. Im Gegensatz zum Eisenmangel vergilben dabei nicht die Triebspitzen, sondern Blattareale. Die Blattspreiten sehen fleckig aus und sind an den Rändern oder insgesamt welk. Ähnliche Erscheinungen (Symptome) können allerdings auch bei anderen Mangelzuständen vorkommen. Für die vermutlich bekannteste Wasserpflanzenkrankheit, die Spontanverglasung von Blättern oder ganzen Pflanzen bei Cryptocorynen, auch als Cryptocorynenkrankheit bekannt, werden sowohl Mangelzustände, meist Eisenmangel, als auch zu hohe Nitratkonzentrationen, manchmal auch Bakteriosen oder Virosen verantwortlich gemacht. Entsprechend variieren die Empfehlungen zur Behandlung. Erfolge wurden mit Eisendüngung, mit sofortigem Wasserwechsel, mit Antibiotika und Virostatika, also ganz unterschiedlichen Maßnahmen, erzielt. Das Beispiel demonstriert deutlich die ganze Kalamität, in der sich die aquaristische Phytopathologie befindet.

Erwähnt sei im Zusammenhang mit den Pflanzenkrankheiten auch, daß nach Anwendung von Algiziden Pflanzenschäden vorkommen können. Sie reichen von der Bildung kleiner brauner Tüpfelchen vor allem in den Spreiten der älteren Blätter bis hin zum Verlust aller Blätter und ganzer Pflanzen.

Auch für die Wasserpflanzenpflege sind Kenntnisse, Erfahrungen und Fingerspitzengefühl die wichtigsten Voraussetzungen für Erfolge. Schematismus und Prospektgläubigkeit können sich für Wasserpflanzen ebenso schädlich auswirken wie für die Fische. Aquarien sind individuelle Einheiten, sie reagieren auf jeden Eingriff mit individuellen Antworten. Je vorsichtiger der Eingriff erfolgt, um so geringer ist die Gefahr des Mißerfolges.

Wasserpflanzen für das Aquarium (Familien und Arten)

Stellung der behandelten Pflanzenfamilien im System

Abteilung:	Moospflanzen (Bryophyta)
Klasse:	Lebermoose (Hepaticae)
Familie:	Ricciaceae
Klasse:	Laubmoose (Musci)
Familien:	Fontinalaceae, Hypnaceae
Abteilung:	Farnpflanzen (Pteridophyta)
Klasse:	Bärlappe (Lycopsida)
Familie:	Isoëtaceae
Klasse:	Farne (Pteropsida)
Familien:	Polypodiaceae, Parkeriaceae, Marsileaceae, Azollaceae, Salviniaceae
Abteilung:	Samenpflanzen (Spermatophyta)
Unterabteilung:	Blütenpflanzen (Magnoliophytina)
Klasse:	Zweikeimblättrige (Magnoliatae)
Familien:	Ranunculaceae, Nymphaeaceae, Cabombaceae, Ceratophyllaceae, Lythraceae, Onagraceae, Haloragaceae, Brassicaceae, Apiaceae, Callitrichaceae, Amaranthaceae, Primulaceae, Scrophulariaceae, Lentibulariaceae, Acanthaceae, Lobeliaceae, Asteraceae
Klasse:	Einkeimblättrige (Liliatae)
Familien:	Alismataceae, Hydrocharitaceae, Aponogetonaceae, Potamogetonaceae, Najadaceae, Amaryllidaceae, Pontederiaceae, Mayacaceae, Cyperaceae, Araceae, Lemnaceae

Familie Ricciaceae
Sternlebermoosgewächse

Die Sternlebermoosgewächse sind über die ganze Erde verbreitet und umfassen etwa 180 Arten. Es handelt sich vorwiegend um kleine bodenbewohnende Moose mit gabelig verzweigtem Vegetationskörper. Einige Arten bilden Wasserformen.

Riccia fluitans
LINNAEUS
Flutendes Sternlebermoos

Fast über die ganze Erde verbreitet.

Vegetationskörper der Wasserform aus schmalen, 0,5 bis 1 mm breiten Gliedern mit deutlicher gabeliger Verzweigung bestehend, dunkelgrün. Sie sind locker miteinander verfilzt und bilden an der Wasseroberfläche flutende Polster.

Optimale Temperatur 15 bis 25 °C. Meist ist die Pflanze unproblematisch, gelegentlich gehen Bestände ohne erkennbaren Grund innerhalb kurzer Zeit ein. Die Polster eignen sich als Ablaichsubstrat für Eierlegende Zahnkarpfen.

Familie Fontinalaceae
Quellmoosgewächse

Die Quellmoosgewächse sind Wassermoose, deren Verbreitungsschwerpunkt auf der Nordhalbkugel liegt. Die Familie umfaßt etwa 35 Arten. Der Vegetationskörper ist in Stämmchen und Blättchen gegliedert und von unterschiedlicher Färbung. Die einzelnen Arten sind auch von den Fachleuten schwer zu bestimmen.

Fontinalis antipyretica (Taf. 146)
LINNAEUS
Gewöhnliches Quellmoos

Gemäßigte Gebiete der Nordhalbkugel, auch in Südafrika.

Vegetationskörper sehr variabel und reich verzweigt. Die rundlichen oder dreikantigen Stämmchen sind mit dunkel-, oliv- oder schwarzgrünen Blättchen besetzt.

Ein schönes Moos für das Kaltwasseraquarium. Am besten eignen sich Exemplare aus stehenden Gewässern. Sie sollten mit ihren Unterlagen, wie Steine oder Holz, in das Aquarium überführt werden. Polster ohne Unterlage lassen sich mit Glasnadeln am Boden verankern.

Familie Hypnaceae
Schlafmoosgewächse

Die Schlafmoosgewächse sind mit ihren etwa 450 Arten fast über die ganze Erde verbreitet. Sie besiedeln vorwiegend feuchte Böden und Felsen.

Nur in der Gattung *Vesicularia* kommen Wassermoose vor.

Vesicularia dubyana (Taf. 146)
(C. Müller) Brotherus
Javamoos

Südostasien.

Vegetationskörper in zierliche Stämmchen und Blättchen gegliedert, hellgrün, sehr intensiv verzweigt.

Die Pflanze ist entsprechend ihrer tropischen Herkunft für höhere Temperaturen geeignet. Die Schönheit des Mooses kommt am besten zur Geltung, wenn es sich auf Steinen oder Holz festsetzen und ungestört entwickeln kann. Anspruchslos.

Familie Isoëtaceae
Brachsenkrautgewächse

Die Brachsenkrautgewächse umfassen etwa 250 Arten aus allen Gebieten der Erde. Die Pflanzen bestehen aus sproßbürtig bewurzelten knollenförmigen Achsen mit unterschiedlich langen, schmalen, runden oder kantigen Blättern in grundständigen Rosetten. Sie leben ständig untergetaucht, periodisch überflutet, aber auch terrestrisch. Die Brachsenkrautgewächse zeichnen sich durch Sporenfortpflanzung und Generationswechsel aus. Im Gegensatz zu den nachfolgenden Tüpfelfarngewächsen ist eine Sporendifferenzierung in größere weibliche Megasporen und kleinere männliche Mikrosporen vorhanden. Die bei der Sporenkeimung entstehenden weiblichen und männlichen Vorkeime (Prothallien) sind stark reduziert.

Isoëtes velata (Taf. 145)
A. Braun
Brachsenkraut

Mittelmeergebiet.

Rosettenpflanze mit knollenförmiger Sproßachse. Blätter pfriemenförmig, bis 30 cm lang und 1 bis 2 mm dick, gerade oder leicht gebogen, hellgrün.

Die dekorative Pflanze ist anspruchslos, sollte aber hell stehen und benötigt eine Mindesttemperatur von 20 °C. Man verwendet sie als Solitärpflanze in kleineren Aquarien, sonst auch als Gruppenpflanze in den mittleren Beckenpartien. Eine Vermehrung ist nur durch Sporenkultur möglich. Interessierten Aquarianern wird dazu empfohlen, Spezialliteratur einzusehen.

Familie Polypodiaceae
Tüpfelfarngewächse

Das Verbreitungsgebiet der Tüpfelfarngewächse reicht von den Tropen bis in die gemäßigten Breiten. Die meisten der etwa 7000 Arten sind Landpflanzen. Nur wenige führen eine amphibische Lebensweise und sind für die Aquaristik von Bedeutung. Sie vermehren sich durch Sporen und haben einen Generationswechsel. Im Gegensatz zu den Brachsenkrautgewächsen sind die weiblichen und männlichen Sporen gleichgestaltet, auch entstehen bei ihrer Keimung gut entwickelte Vorkeime (Prothallien).

Bolbitis heudelottii
(Fee) Alston
Heudelotts Flußfarn

Tropisches Westafrika.

Farn mit schlanker gestreckter Sproßachse, die sich fest an die Unterlage heftet. Seine wechselständigen gestielten Blätter sind bis 30 cm lang, unterschiedlich stark gefiedert und dunkelgrün bis schwärzlichgrün gefärbt.

Durch ihre dunklen Fiederblätter wirkt die Pflanze sehr ansprechend. Sie wächst auch bei Beschattung zufriedenstellend. Temperatur mindestens 20 °C, schwache Wasserbewegung soll sich günstig auswirken. Sproßachse auf Holz oder Steinen befestigen, nicht in den Bodengrund einpflanzen. Vermehrung durch Teilung größerer Exemplare. Die Art wächst auch emers.

Microsorium pteropus (Abb. 152a)
(Blume) Ching
Stufen- oder Schwarzwurzelfarn

Südostasien.

Farn mit dünner, gestreckter und sich der Unterlage anschmiegender Sproßachse. Blätter wechselständig, kurz gestielt, Spreiten lanzettlich, bis 20 cm lang und 3 cm breit, dunkelgrün. An den Blatträndern und Wurzeln Adventivpflanzen.

Die vielseitig verwendbare Pflanze entwickelt sich am besten auf Holz oder Steinen aufgebunden. Sie verträgt Beschattung. Die Temperatur sollte mindestens 20 °C betragen. Vermehrung durch Teilen größerer Exemplare oder durch Abtrennen der reichlich entstehenden Adventivpflanzen. Die Art wächst auch emers.

Familie Parkeriaceae
Hornfarngewächse

Die Hornfarngewächse sind mit den Tüpfelfarngewächsen nahe verwandt. Zu ihnen gehört nur die tropisch-subtropisch verbreitete Gattung *Ceratopteris*, wenige Arten, die alle an das Wasser gebunden sind.

Ceratopteris cornuta (Taf. 147, Abb. 151)
(BEAUVOIS) LE PRIEUR
Gemeiner Hornfarn

Zentralafrika, Südostasien, Nordaustralien.

Farn mit gestauchter Sproßachse und in grundständiger Rosette angeordneten Blättern. Diese sind gestielt und in ungleichmäßige Segmente gefiedert. An den Blatträndern Adventivpflanzen.

Der als Solitärpflanze verwendbare Farn benötigt viel Licht und eine Mindesttemperatur von 20 °C. Unter optimalen Bedingungen werden die Blätter bis 100 cm lang, im Aquarium bleiben sie jedoch kleiner. Durch die reichliche Adventivpflanzenbildung ist die Vermehrung einfach.

Ceratopteris pteridoides (Taf. 147)
(HOOKER), HIERON
Schwimmender Hornfarn

Südamerika, bis südliches Nordamerika, Westindische Inseln.

An der Wasseroberfläche schwimmender Farn mit dichter Blattrosette. Blätter kurz gestielt mit vollflächigen, gebuchteten oder gelappten Spreiten. An den Blatträndern Adventivpflanzen. Sporenbildende Blätter deutlich gefiedert.

Der Schwimmende Hornfarn ist eine Oberflächenpflanze, deren Wurzeln frei in den Wasserraum hängen. Das Wurzelwerk wird von manchen Fischen gern als Laichsubstrat oder von der Fischbrut als Zufluchtsort genutzt. Die Temperatur sollte mindestens 20 °C betragen. Bei starker Entwicklung muß ständig ausgelichtet werden, da untergetaucht lebende Pflanzen zu wenig Licht erhalten. Große Rosetten können bis 40 cm Durchmesser erreichen.

Abb. 151 Gliederung der Blattspreiten beim Hornfarn *(Ceratopteris cornuta)* (links) und Filigranfarn (Form von *C. thalictroides*) (rechts)

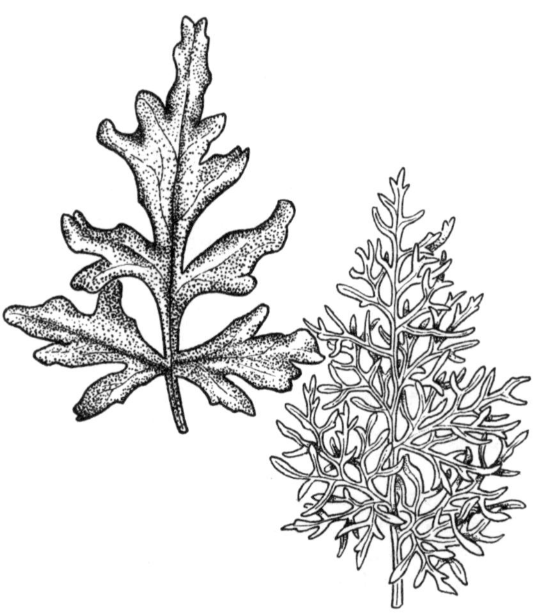

Ceratopteris thalictroides (Abb. 151)
(LINNAEUS) BRONGNIART
Sumatrafarn, Filigranfarn

Gesamte Tropen und Subtropen.

Farn mit gestauchter Sproßachse und in grundständiger Rosette angeordneten Blättern. Diese sind gestielt und ungleichmäßig gefiedert, Fiedersegmente mittelfein (Sumatrafarn) oder sehr fein (Filigranfarn). An den Blatträndern Adventivpflanzen.

Hälterung und Vermehrung, wie bei *C. cornuta* angegeben.

Familie Marsileaceae
Kleefarngewächse

Die Kleefarngewächse sind über die ganze Erde verbreitet und zählen etwa 70 Arten. Von den kleinen sumpfbewohnenden Farnen bilden einige auch aquaristisch interessante Wasserformen. Sie haben wie die Brachsenkrautgewächse einen komplizierten Generationswechsel. Allerdings ist dieser für die Aquaristik bedeutungslos, da sich alle Vertreter der Familie vegetativ gut vermehren lassen.

Marsilea crenata
PRESL
Zwergkleefarn

Südostasien.

Niedriger Farn mit dünnen, horizontal wachsenden Sproßachsen und locker wechselständigen stehenden Blättern. Diese sind aufrecht, gestielt, bis 5 cm lang und haben derbe, ein- bis vierteilige, dunkelgrüne Spreiten.

Anspruchslose, sehr dekorative Vordergrundpflanze, die im Laufe der Zeit dichte Rasen bildet, einen hellen Stand und eine Mindesttemperatur von 20 °C benötigt. Da die Arten der Gattung *Marsilea* schwer bestimmbar sind, ist nicht sicher, ob der verwendete Name zutrifft.

Pilularia globulifera
LINNAEUS
Pillenfarn

Nordwesteuropa.

Kleiner Farn mit dünnen, horizontal wachsenden Sproßachsen. Habitus ähnlich wie bei *Marsilea* angegeben, Blätter jedoch pfriemlich und ohne Spreiten, bis 10 cm lang.

Schlichte, rasenbildende Vordergrundpflanze für das Kaltwasseraquarium, die im Winter in Vegetation bleibt. Allerdings benötigt sie dann täglich etwa 10 Stunden Licht und ab und zu etwas Kohlendioxiddüngung (siehe S. 414). Dichte Bestände von *Pilularia globulifera* gehören in der Aquaristik zu den seltenen Besonderheiten.

Familie Azollaceae
Moosfarngewächse

Zu den Moosfarngewächsen gehört nur die Gattung *Azolla*, deren 6 Arten durch Verschleppung und Einbürgerung heute meist größere Areale, vor allem in den wärmeren Gebieten der Erde, besiedeln. Sie besitzen Sporendifferenzierung und einen damit im Zusammenhang stehenden komplizierten Generationswechsel. Die Moosfarne leben in Symbiose mit einer Blaualge, die in besonderen Höhlungen der Blätter wächst und in der Lage ist, atmosphärischen Stickstoff zu binden. Die *Azolla*-Arten werden daher in manchen Reisanbaugebieten zur Gründüngung verwendet. Bei Massenentwicklung können sie zu Unkraut werden.

In Aquarien wird gelegentlich der blaugrüne Karolina-Moosfarn *(Azolla caroliniana)* als Schwimmpflanze gepflegt. Die Sprosse mit ihren in zwei Reihen dicht dachziegelartig angeordneten schuppenförmigen Blättern liegen auf der Wasseroberfläche, und die zarten kurzen Wurzeln hängen in den Wasserraum. Die hohe Vermehrungsrate kann rasch zu einer geschlossenen Pflanzendecke führen.

Familie Salviniaceae
Schwimmfarngewächse

Zu den Schwimmfarngewächsen gehört nur die Gattung *Salvinia*, die mit etwa 12 Arten besonders in den Tropen und Subtropen, lokal aber auch in den gemäßigten Breiten vorkommt. Sie ist durch differenzierte Sporen und einen komplizierten Generationswechsel charakterisiert. In manchen Gebieten haben sich die Pflanzen zu Wasserunkräutern entwickelt.

In Aquarien werden vereinzelt Vertreter der Gattung *Salvinia* gepflegt, vor allem der Kleinohrige Schwimmfarn (*S. auriculata*, Taf. 146). Die wurzellose Schwimmpflanze bildet an jedem Knoten der sehr dünnen Sproßachse zwei auf der Wasseroberfläche liegende behaarte Blätter und ein wurzelähnliches, stark aufgezipfeltes und in den Wasserraum hängendes Blatt. Die intensive Vermehrung führt rasch zu einer geschlossenen Pflanzendecke.

Familie Ranunculaceae
Hahnenfußgewächse

Zu der großen, etwa 2000 Arten umfassenden und über die ganze Erde verbreiteten Familie der Hahnenfußgewächse gehören nur krautige Pflanzen. Nur wenige Arten wachsen an sumpfigen Standorten oder im Wasser, wie zum Beispiel verschiedene Vertreter der Gattung *Ranunculus*. So läßt sich der weiß blühende Sparrige Hahnenfuß *(R. circinatus)* im Kaltwasseraquarium pflegen.

Die im Boden wurzelnde Stengelpflanze erinnert mit ihren wechselständigen Blättern an *Cabomba*-Arten.

Familie Nymphaeaceae
Seerosengewächse

Die über die ganze Erde verbreiteten Seerosengewächse sind eine allgemein bekannte und beliebte Wasserpflanzenfamilie, zu der etwa 70 Arten gehören. Die Pflanzen haben im Boden wurzelnde, walzenförmige Rhizome oder Knollen. Die Blätter stehen in grundständigen Rosetten. Sie werden als Wasserblätter von unterschiedlicher Lebensdauer oder als Schwimmblätter ausgebildet. Die einzeln stehenden und vielfach recht großen Blüten sind oft prächtig gefärbt.

Bekannt sind außer den winterharten Seerosen des Freilandes und den weiß, gelb, rot oder blau blühenden tropischen Seerosen in den Gewächshäusern der botanischen Gärten vor allem die nachts blühende *Victoria amazonica* und *V. cruziana* aus Südamerika. Ihre bis 2 m Durchmesser erreichenden Blätter haben einen aufgebogenen Rand. Weiter seien genannt die rot und weiß blühende Indische Lotosblume *(Nelumbo nucifera)* und ihre gelbblühende nordamerikanische Verwandte *(N. lutea)*. Beide haben blaugrüne, wasserabstoßende Schildblätter. Für die Pflege in Aquarien wurden früher die blaßblau blühende *Nymphaea* x *daubenyana* mit Adventivpflanzenbildung auf den Blättern und *N.* x *pygmaea*, von dieser besonders die Sorte »Helvola«, empfohlen. Wegen der schattierenden Wirkung ihrer Schwimmblätter werden sie heute kaum noch verwendet.

Barclaya longifolia WALLICH (Taf. 153, Abb. 152b)
Langblättrige Barclaya

Tropisches Südostasien.

Rosettenpflanze ohne Schwimmblätter. Die Spreiten der lang gestielten, olivgrünen, unterseits weinroten Wasserblätter sind lanzettlich und haben eine herzförmige Basis. Je nach Wuchsbedingungen werden sie 15 bis 50 cm lang und 1 bis 6 cm breit.

Die dekorative Pflanze sollte freistehend in der mittleren Beckenpartie gepflanzt werden. Sie benötigt viel Licht, und ihr Temperaturoptimum liegt zwischen 25 und 30 °C. Sie ist empfindlich gegen zu kalten Bodengrund. Eine Vermehrung ist durch Abtrennen der mehr oder weniger zahlreich entstehenden Seitentriebe möglich. Bei kräftigen Pflanzen entstehen auch Blüten, die teils über den Wasserspiegel hinauswachsen, teils untergetaucht bleiben. Bei letzteren ist Selbstbestäubung und damit Samenansatz möglich. Die an kleine Senfkörner erinnernden Samen werden durch Zerfall der Früchte frei. Diese sind deshalb rechtzeitig abzuschneiden oder einzubinden. Nach 10 bis 14 Tagen beginnt die Keimung.

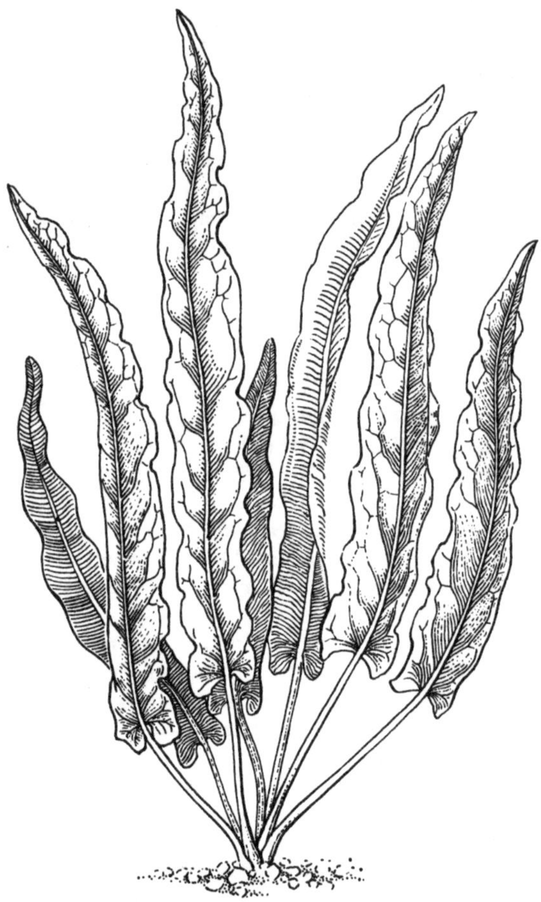

Abb. 152 Oben: Schwarzwurzelfarn *(Microsorium pteropus)*; unten: Langblättrige Barclaya *(Barclaya longifolia)*

Die Sämlinge entwickeln sich am besten, wenn sie anfangs frei schwimmen und nach Ausbildung von 2 bis 3 Blättern eingepflanzt werden.

Nuphar lutea (Taf. 153, Abb. 153)
(LINNAEUS) SMITH
Gelbe Teichrose

Europa, Westasien.

Pflanze mit kräftigem Rhizom, Wasser- und Schwimmblätter bildend, die in einer grundständigen Rosette angeordnet sind. Wasserblätter hellgrün, unterschiedlich lang gestielt, Spreiten in Form und Größe sehr variabel, dünnhäutig, mit stark gewelltem Rand. Schwimmblätter elliptisch, Blüten gelb.

Die Art läßt sich bei nicht zu hohen Temperaturen auch im Zimmeraquarium verwenden. Am besten pflanzt man schwache Rhizomstücke. Bei leichter Beschattung und geringem Nährstoffangebot werden nur die dekorativen Wasserblätter gebildet.

Auch andere Arten mit langlebigen Wasserblättern wurden bereits in Aquarien gepflegt, so die in Europa und Nordamerika verbreitete *N. pumila*, die ostasiatische *N. japonica* und die nordamerikanische *N. sagittifolia*. Alle blühen gelb.

Nymphaea zenkeri (Taf. 153, 174)
GILG
Gefleckte Seerose

Westafrika.

Pflanze mit kurzen Ausläufern, Wasser- und Schwimmblätter bildend, die in einer grundständigen Rosette angeordnet sind. Die Spreiten der langgestielten, gewellten, rundlichen und basal eingeschnittenen Wasserblätter können Durchmesser bis 20 cm erreichen, sind unterschiedlich gefärbt und haben unregelmäßige dunkle Flecken. Spreiten der Schwimmblätter mit grob gezähntem Rand. Blüten weiß.

Sehr dekorative und für die Pflege in Aquarien ideale Seerose, deren Wasserblätter langlebig sind. Die selten auftretenden Schwimmblätter sollten entfernt werden. Sie beansprucht Platz und muß hell stehen. Ihr Temperaturoptimum liegt zwischen 20 und 30 °C. Vermehrung ist durch Abtrennen von Ablegern oder durch Aussaat nach Blütenbildung und erfolgreicher Bestäubung möglich.

Neben einer Form mit grünen Blättern ist auch eine solche mit sehr schönen braunroten Blättern im Handel (Taf. 174). *N. zenkeri* wird in der Aquaristik meist fälschlich als *Nymphaea lotus* bezeichnet.

Familie Cabombaceae Haarnixengewächse

Die in Amerika verbreitete und mit etwa 10 Arten kleine Familie der Haarnixengewächse steht den Seerosengewächsen nahe. Alle ihre Vertreter leben im Wasser. Außer der Gattung *Cabomba* gehört der

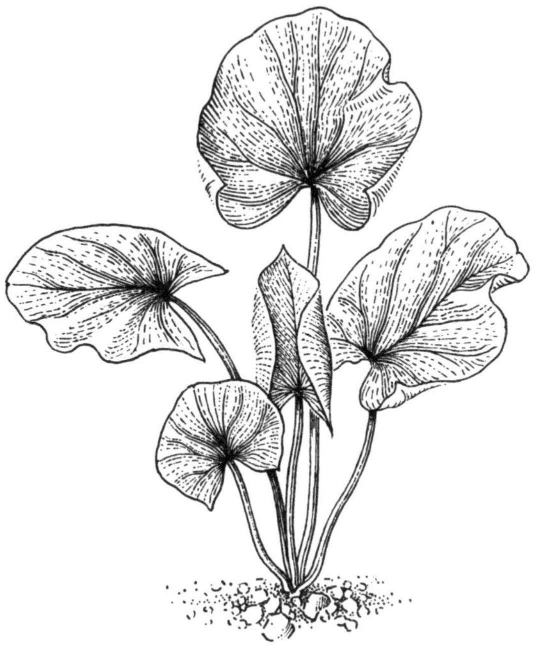

Abb. 153 Gelbe Teichrose *(Nuphar lutea)*

Wasserschild *(Brasenia schreberi)* hierher. Er hat an seinen gestreckten Sproßachsen nur rundliche Schwimmblätter und ist früher schon in Aquarien gepflegt worden.

Cabomba australis
SPEGAZZINI
Südliche Haarnixe

Südöstliches Südamerika.

Im Boden wurzelnde Stengelpflanze mit schwacher Verzweigung. Wasserblätter kreuzgegenständig, gestielt, mehrfach handförmig gefiedert, Gesamtumriß der Spreiten halbkreis- bis nierenförmig, ihr Durchmesser bis 4 cm. Schwimmblätter wechselständig, ihre Spreiten lanzettlich, bis 2 cm lang. Blüten gelb.

C. australis ist die anspruchsloseste und wüchsigste Art der Gattung. Sie läßt sich als Gruppenpflanze in den mittleren und hinteren Beckenpartien verwenden, benötigt viel Licht und Mindesttemperaturen von 20 °C. Die Sprosse wachsen rasch zur Wasseroberfläche und müssen öfter eingekürzt werden, wodurch auch Verzweigung angeregt wird. Bei ungestörter Entwicklung kommt es an der Wasseroberfläche zur Ausbildung der Schwimmblätter und Blüten. Vermehrung durch Stecklinge. In der Kultur konnte noch kein Samenansatz beobachtet werden.

Cabomba aquatica
AUBLET
Wasser-Haarnixe

Südamerika, im Mündungsgebiet des Amazonas.

Im Boden wurzelnde Stengelpflanze mit schwacher Verzweigung. Wasserblätter kreuzgegenständig, gestielt, mehrfach handförmig gefiedert, Gesamtumriß der Spreiten rundlich, ihr Durchmesser bis 5 cm. Schwimmblätter wechselständig, ihre Spreiten rund, 1 bis 2 cm im Durchmesser, Blüten gelb.

Die Art wird schon seit vielen Jahrzehnten in der Aquaristik gepflegt. Sie wächst nicht immer zufriedenstellend. Kultur und Vermehrung, wie bei *C. australis* angegeben.

Cabomba caroliniana (Taf. 147, 149)
GRAY
Karolina-Haarnixe

Südöstliches Nordamerika, auf Kuba eingebürgert.

Im Boden wurzelnde Stengelpflanze mit schwacher Verzweigung. Wasserblätter kreuzgegenständig, gestielt, mehrfach handförmig gefiedert, Gesamtumriß der Spreiten rundlich bis nierenförmig, ihr Durchmesser bis 4 cm. Schwimmblätter wechselständig, ihre Spreiten lanzettlich oder pfeilförmig, bis 2 cm lang. Blüten weiß.

In der Regel wächst *C. caroliniana* in Aquarien zufriedenstellend. Verwendung und Vermehrung wie bei *C. australis* angegeben.

Von *C. caroliniana* sind mehrere Formen in Kultur. Die der Wildsippe entsprechende Form ist durch einen rundlichen Gesamtumriß der Blattspreiten charakterisiert. Diese besitzen relativ viele Endzipfel (120 sind nicht selten), die Zipfelspitzen sind höchstens 1 mm breit. Die in Aquarien häufigste Form hat einen nierenförmigen Gesamtumriß der Spreite, sie weist nur 20 bis 60 Zipfel auf, und die Zipfelspitzen sind deutlich verbreitert (bis 1,8 mm). Obwohl diese Form aus der Natur nicht bekannt ist, wurde sie als *C. caroliniana* var. *paucipartita* beschrieben. Eine Züchtung mit schraubig gedrehten Spreitensegmenten wird als *C. caroliniana* »Silbergrüne« bezeichnet.

Cabomba pulcherrima
(HARPER) FASSETT
Rötliche Haarnixe

Südöstliches Nordamerika.

Im Boden wurzelnde Stengelpflanze mit schwacher Verzweigung. Wasserblätter kreuzgegenständig, gestielt, mehrfach handförmig gefiedert, Gesamtumriß der Spreiten halbkreis- bis nierenförmig, ihr Durchmesser bis 4 cm, olivgrün bis rötlich. Schwimmblätter wechselständig, ihre Spreiten lanzettlich, bis 4 cm. Blüten violett.

Diese Art wächst in Aquarien oft nicht zufriedenstellend. Verwendung und Vermehrung, wie bei *C. australis* angegeben. Benötigt sehr viel Licht.

Familie Ceratophyllaceae Hornblattgewächse

Die fast über die ganze Erde verbreiteten Hornblattgewächse sind eine kleine Wasserpflanzenfamilie mit nur wenigen Arten. Sie stehen verwandtschaftlich den Cabombaceae nahe, sind aber noch stärker an das Leben im Wasser angepaßt. So erfolgt selbst die Bestäubung der unscheinbaren eingeschlechtlichen und einhäusig verteilten Blüten unter Wasser. Alle Arten sind wurzellos.

Ceratophyllum demersum
LINNAEUS
Gemeines Hornblatt

Europa, Mittel- und Südostasien.

Mit umgebildeten Blättern im Boden verankerte oder frei flutende Stengelpflanze mit mäßiger Verzweigung. Die Seitentriebe entstehen in größeren Abständen einzeln in den Blattquirlen. Blätter mit 2 bis 4 Endzipfeln, deutlich stachelig gezähnt, derb, dunkelgrün.

Für das Kaltwasseraquarium geeignet. Man läßt sie frei fluten oder steckt die Sprosse gruppenweise in den Bodengrund. Unter Kurztagbedingungen werden gedrungene Wintersprosse mit dickfleischigen Blättern gebildet.

Ceratophyllum submersum
LINNAEUS
Glattes Hornblatt

Europa, Mittel- und Südostasien.

Mit umgebildeten Blättern im Boden verankerte oder frei flutende Stengelpflanze mit mäßiger Verzweigung. Die Seitentriebe entstehen in größeren Abständen einzeln in den Blattquirlen. Blätter mit 5 bis 8 Endzipfeln, undeutlich und spärlich stachelig gezähnt, weich, hellgrün bis rötlich.

Die Art kann im Gegensatz zu *C. demersum* bei höheren Temperaturen kultiviert werden. Bei frei flutendem Wuchs sind von Zeit zu Zeit die rückwärtigen, unansehnlich gewordenen Abschnitte zu entfernen. Sie eignet sich ausgezeichnet für Absetzbecken lebendgebärender Zahnkarpfen. Wintersprosse von abweichender Gestalt treten nicht auf.

Ceratophyllum spec. (Taf. 146)
Mexikanisches Hornblatt

Mittelamerika.

Mit umgebildeten Blättern im Boden verankerte oder frei flutende Stengelpflanzen mit starker Verzweigung. Im Bereich jedes Blattquirles entstehen zwei Seitentriebe von begrenzter Länge. Sproßachsen deutlich rot, Blätter siehe *C. demersum*.

Die wissenschaftlich noch nicht beschriebene Art kann wie *C. submersum* verwendet werden.

Familie Lythraceae
Weiderichgewächse

Die Weiderichgewächse sind vorwiegend tropisch bis subtropisch verbreitet. Einige ihrer rund 500 Arten kommen in den gemäßigten Breiten vor. Zu der Familie gehören auch einige Holzgewächse, die meisten sind aber krautige Pflanzen, von denen einige sumpfige Standorte besiedeln und Überflutung vertragen.

Ammania gracilis (Taf. 150)
GUILLEMIN et PERROTTET
Große Ammanie

Tropisches Westafrika.

Im Boden wurzelnde Stengelpflanze mit geringer Verzweigung und kreuzgegenständiger Blattstellung. Blätter sitzend, lanzettlich, flach, bis 10 cm lang, olivgrün bis braun.

Auf Grund ihrer bei intensiver Beleuchtung sich entwickelnden braunen Blätter ist diese Pflanze ein interessantes Gestaltungselement zwischen den vorwiegend grünen Aquarienpflanzen. Sie sollte in Gruppen im mittleren und hinteren Beckenbereich verwendet werden. Mindesttemperatur 20 °C, Vermehrung durch Stecklinge. Die Art wächst auch emers.

Ammania spec. (Taf. 151)
Braune Ammanie

Tropisches Westafrika.

Im Boden wurzelnde Stengelpflanze mit geringer Verzweigung und kreuzgegenständiger Blattstellung. Im Wuchs kleiner und gedrungener als die vorhergehende Art. Blätter sitzend, lanzettlich, ihre Ränder deutlich nach unten gebogen, bis 6 cm lang, olivgrün bis braun.

Verwendung und Vermehrung, wie bei *A. gracilis* angegeben. Die Art wird in der aquaristischen Literatur oft fälschlich als *A. senegalensis* bezeichnet. *A. senegalensis* ist jedoch kleiner, rein grün und wächst untergetaucht nicht gut.

Didiplis diandra (Taf. 148, 174)
(DE CANDOLLE) WOOD
Amerikanischer Sumpfquendel

Südliches Nordamerika.

Im Boden wurzelnde, zierliche Stengelpflanze mit dicht stehenden, kreuzgegenständig angeordneten Blättern und schwacher Verzweigung. Blätter sitzend, lineal, spitz, bis 1,5 cm lang, grün bis olivgrün, im Bereich der Sproßspitzen manchmal rötlich. Auch bei untergetauchten Pflanzen erscheinen in den Blattachseln kleine, unscheinbare Blüten.

Die Art bildet durch die kleinen und dicht stehenden Blätter einen interessanten Kontrast zu vielen anderen Aquarienpflanzen. Sie läßt sich als Gruppenpflanze in den mittleren, aber auch vorderen Beckenpartien verwenden. Durch öfteres Einkürzen bilden sich dichte Bestände. Heller bis leicht schattiger Stand, Mindesttemperatur 18 °C, Vermehrung durch Stecklinge einfach. Die Art läßt sich emers gut kultivieren und bildet dann dichte Rasen. *Didiplis diandra* ist auch unter dem Namen *Peplis diandra* bekannt.

Rotala macrandra (Taf. 148)
KOEHNE
Dichtblättrige Rotala

Südostasiatisches Festland.

Im Boden wurzelnde Stengelpflanze mit kreuzgegenständiger Blattstellung und schwacher Verzweigung. Blätter sitzend, eiförmig oder elliptisch, bis 3 cm lang, gelblichgrün bis blaßrötlich, zart und gegen Berührung empfindlich.

Die Art läßt sich als Gruppenpflanze in den mittleren Beckenpartien verwenden, wächst aber nicht immer zufriedenstellend. Sie benötigt viel Licht und Temperaturen um 25 °C. Emerse Kultur möglich.

Rotala rotundifolia (Taf. 148)
(ROXBURGH) KOEHNE
Rundblättrige Rotala

Südostasiatisches Festland.

Im Boden wurzelnde Stengelpflanze mit kreuzgegenständiger Blattstellung und mäßiger Verzweigung. Blätter sitzend, in der Form sehr variabel, lanzettlich, eiförmig bis rundlich.

Die Art läßt sich als Gruppenpflanze vielseitig verwenden, so zum Beispiel auch in den vorderen Aquarienecken. Sie ist gutwüchsig, benötigt ausreichend Licht und Mindesttemperaturen von 20 °C. Vermehrung durch Stecklinge, wächst auch emers.

Rotala wallichii
(HOOKER filius) KOEHNE
Mayacaähnliche Rotala

Südostasiatisches Festland.

Im Boden wurzelnde Stengelpflanze mit dicht quirliger Blattstellung und mäßiger Verzweigung. Bis neun Blätter je Quirl, Blattspreite schmal lineal, bis 1,5 cm lang, olivgrün bis rötlich.

Diese zierliche, dichtblättrige Pflanze läßt sich wie *R. rotundifolia* verwenden und pflegen.

Familie Onagraceae Nachtkerzengewächse

Zu den von den Tropen bis in die gemäßigten Gebiete verbreiteten Nachtkerzengewächsen gehören etwa 650 Arten. Es sind Sträucher und krautige Pflanzen der verschiedensten Standorte. Sumpf- und Wasserpflanzen kommen jedoch nur in der Gattung *Ludwigia* vor.

Ludwigia arcuata (Taf. 153, Abb. 154)
WALTER
Schmalblättrige Ludwigie

Südöstliches Nordamerika.

Im Boden wurzelnde Stengelpflanze mit kreuzgegenständig angeordneten Blättern und schwacher

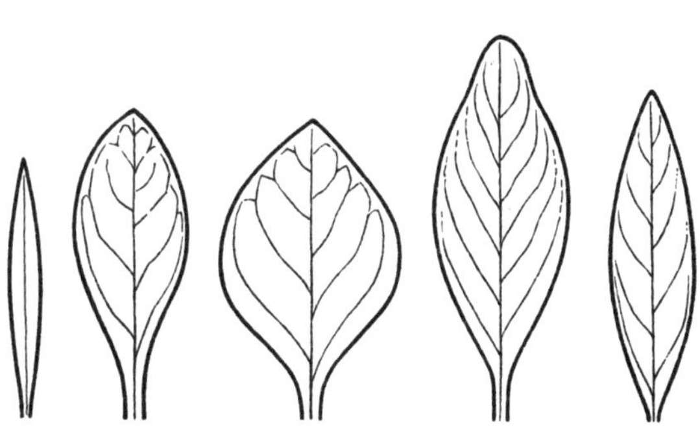

Abb. 154 Blattformen verschiedener Ludwigien. a) Schmalblättrige Ludwigie *(Ludwigia arcuata)*; b) Sumpf-Ludwigie *(L. palustris)*; c) Kriechende Ludwigie *(L. repens)*; d) Breitblättrige Bastard-Ludwigie (*L. palustris* × *repens*); e) Schmalblättrige Bastard-Ludwigie (*L. arcuata* × *repens*)

Verzweigung. Blätter schmal lanzettlich, bis 3 cm lang, olivgrün bis rötlich.

Die Art ist ein dekoratives Gestaltungselement, das am wirkungsvollsten als Gruppenpflanze in den mittleren und hinteren Beckenpartien, aber auch zur Bepflanzung der vorderen Aquarienecken eingesetzt werden kann. Sie benötigt einen hellen Platz und bevorzugt Temperaturen über 20 °C. Gegen vorübergehende Abkühlung unempfindlich. Vermehrung durch Stecklinge, wächst auch emers.

L. arcuata unterscheidet sich durch ihre schmalen Blätter deutlich von den meisten Ludwigien. Lediglich die selten gepflegte, geringfügig kleinere und sehr ähnliche *L. brevipes* hat ebenfalls schmale lanzettliche Blätter.

Ludwigia palustris (Abb. 154)
(LINNAEUS) ELLIOT
Sumpf-Ludwigie

Europa, Westasien, Nordafrika, Nordamerika.

Im Boden wurzelnde Stengelpflanze mit kreuzgegenständig angeordneten Blättern und schwacher Verzweigung. Blätter bis 1 cm lang gestielt, ihre Spreiten elliptisch, stumpf, bis 2,5 cm lang, grün oder rötlich. Beim Herausnehmen der Sprosse aus dem Wasser hängen die Blätter schlaff nach unten durch.

Die Art eignet sich vor allem für das Kaltwasseraquarium, wo sie als Gruppenpflanze vielseitig verwendet werden kann. Sie bleibt im Winter in Vegetation. Vermehrung durch Stecklinge, wächst auch emers.

Ludwigia repens (Taf. 148, 166, Abb. 154)
FORSTER
Kriechende Ludwigie

Südöstliches Nordamerika, Mittelamerika, Westindische Inseln.

Im Boden wurzelnde Stengelpflanze mit kreuzgegenständig angeordneten Blättern und schwacher Verzweigung. Blätter sehr kurz gestielt bis stielartig verschmälert, ihre Spreiten rundlich, von unterschiedlicher Größe, maximal bis 2,5 cm im Durchmesser, ebenso von unterschiedlicher Färbung. Beim Herausnehmen der Sprosse aus dem Wasser hängen die Blätter nicht nach unten durch, sondern behalten ihre horizontale Stellung bei.

Die Art eignet sich als Gruppenpflanze für die mittleren und hinteren Beckenpartien. Sie benötigt ausreichend Licht und Temperaturen über 18 °C. Vermehrung durch Stecklinge, wächst auch emers.

L. repens ist eine formenreiche Art. So lassen sich zur Zeit mindestens die drei folgenden Sippen deutlich voneinander unterscheiden: großblättrige Form mit oberseits olivgrünen bis rötlichen und unterseits weinroten Blättern, kleinblättrige Form mit entsprechender Blattfärbung sowie eine weitere kleinblättrige Form mit reingrüner Blattoberseite und blaßgrüner Blattunterseite. Außerdem existieren Bastarde zwischen *L. repens* und anderen Arten der Gattung. Am bekanntesten ist *L. palustris* x *repens*, eine Pflanze mit kurz gestielten oder stielartig verschmälerten Blättern und elliptischen stumpfen Spreiten, die bis 3 cm lang werden können und oberseits olivgrün bis rötlich und unterseits blaßrot gefärbt sind (Abb. 154). Beim Herausnehmen der Sprosse aus dem Wasser hängen die Blätter wie bei *L. palustris* nach unten durch. Die weit verbreitete, alte Aquarienpflanze wurde früher oft als *L. natans*, *L. mulertii*, aber auch fälschlich als *L. palustris* bezeichnet. Ein weiterer in Aquarien gepflegter Bastard ist *L. arcuata* x *repens* mit breit lanzettlichen Blättern, die bis 2 cm lang werden und ebenfalls olivgrün bis rot gefärbt sind (Abb. 154).

Familie Haloragaceae Seebeerengewächse

Die etwa 100 Arten umfassende Familie der Seebeerengewächse besiedelt fast die ganze Erde und umfaßt krautige Pflanzen von unterschiedlichem Habitus. Ein in den botanischen Gärten viel bestaunter Vertreter ist die Große Gunnera mit ihren rhabarberähnlichen Blättern. Von den Sumpf- und Wasserpflanzen der Familie werden in Aquarien vor allem Arten der Gattung *Myriophyllum* gepflegt. In der vegetativen Phase sind diese schwer zu bestimmen. In der Kultur wachsen sie nur gelegentlich über den Wasserspiegel hinaus und bilden dann in den Blattachseln ihre kleinen, unscheinbaren, eingeschlechtlichen und einhäusig verteilten Blüten aus.

Myriophyllum aquaticum
Verdcourt
Brasilianisches Tausendblatt

Südamerika, stellenweise eingebürgert in Nordamerika, Südostasien und Nordaustralien.

Im Boden wurzelnde Stengelpflanze mit mäßiger Verzweigung. Die einfach gefiederten Blätter in vier- bis sechszähligen Quirlen, bis 3 cm lang, hellgrün mit schwach rötlichen Spitzen. Fiedern fast gerade verlaufend, die unteren kürzer als die mittleren.

Die Art ist eine robuste und anspruchslose Pflanze, die im Warmwasser- und Kaltwasseraquarium gleich gut verwendet werden kann. Sie muß hell stehen und wirkt am besten in kleinen Gruppen zu 5 bis 7 Sprossen. Beim Erreichen der Wasseroberfläche wächst sie im Gegensatz zu den anderen Arten über diese hinaus. Vermehrung durch Stecklinge. Ältere Namen sind *M. brasiliense* und *M. proserpinacoides*.

Myriophyllum hippuroides
Nuttall
Tannenwedelähnliches Tausendblatt

Nordamerika, Mittelamerika.

Im Boden wurzelnde Stengelpflanze mit mäßiger Verzweigung. Sproßachsen rot. Die einfach gefiederten Blätter in vier- bis sechszähligen Quirlen, bis 3 cm lang, olivgrün bis rötlich. Fiedern leicht einwärts gebogen, nicht in einer Ebene liegend, die unteren etwa so lang wie die mittleren.

Diese Art sollte nicht unter 20 °C gepflegt werden. Verwendung und Vermehrung, wie bei *M. aquaticum* angegeben.

Myriophyllum spicatum
Linnaeus
Ähriges Tausendblatt

Nordamerika, Europa, Asien.

Im Boden wurzelnde Stengelpflanze mit mäßiger Verzweigung. Die einfach gefiederten Blätter in der Regel in vierzähligen Quirlen, bis 2,5 cm lang, dunkelgrün. Fiedern leicht einwärts gebogen, die unteren kürzer als die mittleren.

Die Art eignet sich vor allem für das Kaltwasseraquarium. Kultur und Vermehrung, wie bei *M. aquaticum* angegeben.

Myriophyllum ussuriense (Taf. 166)
(Regel) Maximowicz
Japanisches Tausendblatt

Ostasien.

Im Boden wurzelnde Stengelpflanze mit mäßiger Verzweigung. Die einfach gefiederten Blätter in drei- bis vierzähligen Quirlen, bis 3 cm lang, dunkelgrün. Fiedern gerade verlaufend oder leicht nach innen gebogen, die unteren und mittleren fast gleichlang.

Die Art eignet sich für das Warmwasseraquarium. Hälterung und Vermehrung, wie bei *M. aquaticum* angegeben.

Proserpinaca palustris
Linnaeus
Amerikanisches Kammblatt

Östliches Nordamerika, Mittelamerika.

Im Boden wurzelnde Stengelpflanze mit mäßiger Verzweigung. Die bis 3 cm langen, einfach gefiederten oder ungeteilten Blätter haben gesägte Ränder und sitzen wechselständig an der Sproßachse.

Die schöne und anspruchslose, selten gepflegte Aquarienpflanze benötigt Temperaturen über 15 °C. Man verwendet sie als Gruppenpflanze. Vermehrung durch Stecklinge, wächst auch emers.

Familie Brassicaceae Kreuzblütengewächse

Zu den Kreuzblütengewächsen gehören etwa 2000 Arten, die vorwiegend in den nördlichen gemäßigten Breiten vorkommen. Die Blüten der stets krautigen Pflanzen besitzen eine charakteristische vierzählige Krone. Zu ihnen gehören bekannte Kulturpflanzen, wie das Radieschen, der Raps oder die Kohlsorten. Sie besiedeln die verschiedensten Standorte. Zu einigen Gattungen gehören amphibisch lebende Arten, die sich zum Teil für die Pflege im Aquarium eignen.

Cardamine lyrata
BUNGE
Japanisches Schaumkraut

Ostasien.

Im Boden wurzelnde, zierliche, sich reich verzweigende Stengelpflanze mit wechselständig angeordneten Blättern. Diese sind lang gestielt, ihre Spreiten rundlich bis leicht nierenförmig, Durchmesser etwa 1 cm, hellgrün. Nahe der Wasseroberfläche treten manchmal fiederspaltige Blätter auf.

Die lichtliebende, sonst aber anspruchslose Art kann bei Temperaturen um 20 °C kultiviert werden. Sie wirkt am besten bei dichter, buschiger Entwicklung. Man erreicht diese Wuchsform durch Gruppenpflanzung und mehrmaliges Zurückschneiden zu Beginn der Kultur. Vermehrung durch Stecklinge, wächst auch emers.

Rorippa aquatica
(EATON) PALMER et STEYERMARK
Seesumpfkresse

Östliches Nordamerika.

Kleine Rosettenpflanze mit sehr variablen, derben, dunkelgrünen Blättern. Spreiten bis 10 cm lang, ungeteilt mit unregelmäßig gesägtem Rand, fiederspaltig oder einfach gefiedert. Bei Fiederblättern ist manchmal nur die Endfieder entwickelt. Sehr selten entwickelt sich aus der Rosette ein gestreckter, mit Fiederblättern besetzter Sproß.

Wegen ihres dekorativen Rosettenwuchses sollte die Pflanze in den vorderen Partien des Aquariums stehen. Sie wächst bei Temperaturen von 18 bis 25 °C am besten. Ihr Lichtanspruch ist gering. Zur Vermehrung läßt man abgetrennte Blätter an der Wasseroberfläche schwimmen. Nach kurzer Zeit entsteht an jedem Blattstiel eine Adventivpflanze. Die Art wächst auch emers.

Familie Apiaceae Doldengewächse

Zu den Doldengewächsen gehören rund 3000 Arten, die vorwiegend in den nördlichen gemäßigten Gebieten vorkommen. Die krautigen, unterschiedlich großen Pflanzen haben meist mehrfach gefiederte Blätter und charakteristische doldige Blütenstände. Amphibisch lebende Gewächse kommen in 15 Gattungen vor, einige sind vermutlich als Aquarienpflanzen geeignet. Gelegentlich wird im Handel der Floridanische Merck *(Sium floridanum)*, eine Rosettenpflanze mit dekorativen Fiederblättern, angeboten. Regelmäßiger trifft man Arten der Gattung *Hydrocotyle* an.

Hydrocotyle leucocephala (Taf. 152)
CHAMISSO et SCHLECHTENDAL
Weißköpfiger Wassernabel

Tropisches Südamerika.

Im Boden wurzelnde oder an der Wasseroberfläche schwimmende Stengelpflanze mit wechselständiger Blattstellung. An allen Knoten intensiv wurzelnd. Blätter gestielt, rundlich bis nierenförmig, 2 bis 4 cm im Durchmesser. Spreitenrand unregelmäßig gekerbt.

Durch ihre interessante Blattform ist die Art ein beliebtes Element zur Gestaltung abwechslungsreich bepflanzter Aquarien. Sie muß hell stehen und benötigt Temperaturen zwischen 20 und 25 °C. Da sie schnell bis zur Oberfläche wächst und dort relativ große Schwimmblätter ausbildet, ist es ratsam, sie öfter einzukürzen. Vermehrung durch Stecklinge, wächst auch emers.

Hydrocotyle verticillata (Taf. 151)
(A. RICHARD) FERNALD
Quirliger Wassernabel

Südöstliches Nordamerika, Mittelamerika.

Am Boden kriechend wachsende Pflanze mit wechselständig angeordneten, aufrecht stehenden Schildblättern. Blattstiele bis 10 cm lang, der Durchmesser der rundlichen Spreiten bis 3 cm. Spreitenrand unregelmäßig gekerbt.

Die Art ist eine sehr dekorative Vordergrundpflanze, die um so niedriger bleibt, je mehr Licht sie erhält. Bei ungestörter Entwicklung bilden sich bald dichte Gruppen. Mindesttemperatur um 20 °C. Vermehrung durch Abtrennen kleiner Sproßstücke mit mindestens drei Blättern. Wächst auch emers.

Familie Callitrichaceae Wassersterngewächse

Die Wassersterngewächse sind fast über die ganze Erde verbreitet. Ihre etwa 40 Arten sind kleine zarte Stengelpflanzen stehender und fließender Gewässer, die meist truppweise wachsen. Vermutlich eignen sich manche Arten für die Kultur in Aquarien, jedoch liegen keine verläßlichen Erfahrungen dazu vor. Ihre Bestimmung ist schwierig.

Familie Amaranthaceae Fuchsschwanzgewächse

Zur Familie der Fuchsschwanzgewächse gehören rund 500 Arten, die vorwiegend in den Tropen und Subtropen Amerikas und Afrikas verbreitet sind. Von einigen strauchigen Arten abgesehen, handelt es sich um Kräuter. Einige Vertreter siedeln in Überschwemmungsgebieten und sind daher an eine untergetauchte Lebensweise angepaßt. Die sehr kleinen, unscheinbaren Blüten sind stets in Blütenständen unterschiedlicher Gestalt und Größe vereinigt.

Alternanthera reineckii (Taf. 154, 155)
J. H. Briquet
Papageienblatt

Tropisches Südamerika.

Im Boden wurzelnde Stengelpflanze mit schwacher Verzweigung und kreuzgegenständig angeordneten, sehr variablen Blättern.

Die einzelnen Formen sind besonders wegen ihrer Blattfärbung interessante Gestaltungselemente für das Aquarium, die als Gruppen in den mittleren und hinteren Beckenpartien gepflanzt werden sollten. Sie benötigen sehr viel Licht und Mindesttemperaturen von 20 °C. Vermehrung durch Stecklinge. Die Art wächst auch emers.

Nach neueren Erkenntnissen sollen alle in der Aquaristik kultivierten *Alternanthera*-Sippen dieser einen Art angehören. Obwohl sie sich durch die Gestalt und Färbung ihrer Blätter deutlich unterscheiden, sind sie bisher nicht als Unterarten oder Varietäten beschrieben worden. In der Aquaristik werden deshalb folgende Arbeitsnamen verwendet:

– *Alternanthera reineckii* »klein« (Taf. 155)
Kleinste Form. Blätter sitzend bis sehr kurz gestielt. Spreiten elliptisch, bis 2 cm lang, grün bis rötlichgrün, unterseits weißgrün bis rosa. Spreitenrand glatt. Wuchs mäßig.

– *Alternanthera reineckii* »lilacina«
Blätter sehr kurz gestielt. Spreiten länglich eiförmig, bis 9 cm lang, olivgrün bis dunkelrot, unterseits rötlich. Spreitenrand glatt. Wuchs mäßig.

– *Alternanthera reineckii* »sessilis grün«
Blätter stielartig verschmälert. Spreiten lanzettlich, bis 10 cm lang, olivgrün, unterseits weißgrün. Spreitenrand gewellt. Wuchs gut.

– *Alternanthera reineckii* »sessilis rot« (Taf. 154)
Blätter stielartig verschmälert. Spreiten lanzettlich, bis 10 cm lang, rötlichgrün, unterseits weißgrün bis rosa. Spreitenrand gewellt. Wuchs gut.

– *Alternanthera reineckii* »rosaefolia« (Taf. 154)
Größte Form. Blattstiele bis 1,5 cm lang. Spreiten eiförmig bis breit lanzettlich, bis 12 cm lang, braun bis rot, unterseits weinrot. Spreitenrand gewellt. Wuchs sehr gut.

Familie Primulaceae Primelgewächse

Die Primelgewächse umfassen etwa 800 Arten und sind vorwiegend krautige Pflanzen der gemäßigten Breiten. Durch die bunten Gartenprimeln und das Alpenveilchen ist die Familie allgemein bekannt. Nur wenige Arten besiedeln nasse Standorte oder sind Wasserpflanzen.

Hottonia palustris (Taf. 156, 174)
Linnaeus
Wasserfeder

Europa, Nordasien.

Im Boden wurzelnde Stengelpflanze mit mäßiger Verzweigung, wechselständig angeordneten, einfach gefiederten, bis 4 cm langen, hellgrünen Blättern.

Die Art ist für das Kaltwasser- und Warmwasseraquarium gleich gut geeignet und wirkt am besten als Gruppenpflanzung in den mittleren Beckenpartien. Sie benötigt einen hellen Stand, jedoch reichen für ein gutes Wachstum täglich 10 Stunden Licht. Vermehrung durch Stecklinge. Bei den in der Aquaristik als *H. inflata* bezeichneten Pflanzen handelt es sich ebenfalls um *H. palustris*.

Lysimachia nummularia (Abb. 158a)
Linnaeus
Pfennigkraut

Atlantisches Nordamerika, Europa, Asien.

Im Boden wurzelnde Stengelpflanze mit mäßiger Verzweigung und kreuzgegenständiger Blattstellung. Blätter sehr kurz gestielt, ihre Spreiten rundlich, elliptisch oder eiförmig, bis 2 cm lang. Die Spreitenflächen zart und gewellt.

Die an Grabenrändern und auf nassen Wiesen wachsende Landform läßt sich ohne Schwierigkeiten an eine untergetauchte Lebensweise gewöhnen. Sie eignet sich als Gruppenpflanze für das Kaltwasseraquarium, muß hell stehen, ist sonst aber anspruchslos. Vermehrung durch Stecklinge.

Bei einer auffallend hellgrünen, aus Südostasien stammenden Sippe, die sich gut für das Warmwasseraquarium eignet, handelt es sich nach bisherigen Erkenntnissen ebenfalls um *L. nummularia*.

Samolus valerandi (Taf. 156)
Linnaeus
Salzbunge

Europa, Nordafrika.

Gedrungene Rosettenpflanze. Blätter spatelförmig, bis 8 cm lang. Die im Handel angebotenen Pflanzen kann man im Kaltwasser- und Warmwasseraquarium als Vordergrundpflanzen verwenden. Es handelt sich dabei um junge Sumpfpflanzen, die in den Wasserpflanzengärtnereien bei Erreichen einer gewissen Größe untergetaucht kultiviert werden. Sie bleiben eine Zeitlang im Rosettenstadium, strecken sich aber früher oder später und werden dann unansehnlich. Eine Vermehrung ist nur durch Aussaat möglich.

Familie Scrophulariaceae
Rachenblütengewächse

Die in allen Gebieten der Erde anzutreffenden Rachenblütengewächse sind durch das Gartenlöwenmaul gut bekannt und mit 3000 Arten eine mittelgroße Familie. Es handelt sich meist um krautige Pflanzen, von denen einige Sumpfbewohner auch untergetaucht wachsen können und deshalb für die Kultur in Aquarien in Frage kommen.

Bacopa caroliniana (Taf. 155, 158)
(WALTER) ROBINSON
Großes Fettblatt

Atlantische Gebiete des mittleren und südlichen Nordamerikas.

Im Boden wurzelnde Stengelpflanze mit schwacher Verzweigung und wechselständig angeordneten Blättern. Diese sitzend, fast stengelumfassend, elliptisch, eiförmig oder herzförmig, bis 2 cm lang, mittelgrün, bei intensiver Beleuchtung mit rötlicher Zeichnung.

Durch ihre steifen Sproßachsen wirken Einzelpflanzen etwas starr, Gruppenpflanzung wird deshalb angeraten. Die Art kann bei Temperaturen über 18 °C kultiviert werden. Ihre Lichtansprüche sind mäßig. Vermehrung durch Stecklinge. Sie wächst auch emers und wurde in der Aquaristik bisher meist als *B. amplexicaulis* bezeichnet.

Hydrotriche hottoniiflora (Taf. 155)
ZUCCARINI
Wassernadel

Madagaskar.

Im Boden wurzelnde Stengelpflanze mit schwacher Verzweigung und in vielzähligen Quirlen angeordneten, nadelförmigen, bis 3 cm langen Blättern.

Die durch ihre Blätter sehr dekorative Pflanze muß hell stehen und benötigt Temperaturen von mindestens 20 °C. Sie ist bisher mit unterschiedlichem Erfolg gepflegt worden. Vermehrung durch Stecklinge.

Limnophila aquatica (Taf. 153, 156)
(ROXBURGH) ALSTON
Wasser-Sumpffreund

Tropisches Südostasien.

Im Boden wurzelnde Stengelpflanze mit Kriechtrieben und quirliger Blattstellung. Blätter zu 10 bis 20 je Quirl, ein- bis zweifach gefiedert, bis 5 cm lang, Fiedersegmente sehr schmal.

Die robuste Art wirkt am besten als Gruppenpflanze in großen Aquarien, läßt sich aber auch als Einzeltrieb verwenden. Nach Ansicht des Verfassers die schönste aller feinfiedrigen Aquarienpflanzen. Sie benötigt viel Licht, ihr Temperaturoptimum liegt zwischen 20 und 30 °C. Vermehrung durch Abtrennen von Ablegern, die an den Enden der kurzen Kriechtriebe entstehen, oder durch Stecklinge. Sie wächst auch emers.

Limnophila indica
(LINNAEUS) DRUCE
Indischer Sumpffreund

Tropische Gebiete Afrikas, Südostasiens und Nordaustraliens. Im südlichen Nordamerika stellenweise eingebürgert.

Im Boden wurzelnde Stengelpflanze mit Kriechtrieben und quirliger Blattstellung. Blätter zu 10 bis 20 je Quirl, ein- bis zweifach gefiedert, bis 3 cm lang. Fiedersegmente sehr schmal.

Die Art ist kleiner als *L. aquatica*. Kultur und Vermehrung, wie bei dieser angegeben.

Limnophila sessiliflora
BLUME
Blütenstielloser Sumpffreund

Tropisches Südostasien.

Im Boden wurzelnde Stengelpflanze mit quirliger Blattstellung. Blätter zu 10 bis 20 je Quirl, ein- bis zweifach gefiedert, bis 3 cm lang. Fiedersegmente an den Spitzen leicht verbreitert.

Die Art kann wie die beiden voranstehenden verwendet werden, wächst aber nicht immer so gut wie diese. Da sie keine Kriechtriebe bildet, ist eine Vermehrung nur durch Stecklinge möglich, Bewurzelung sehr schnell.

Micranthemum micranthemoides (Abb. 158b)
(NUTTALL) WETTSTEIN
Amerikanisches Perlkraut

Südöstliches Nordamerika, Westindische Inseln.

Im Boden wurzelnde, zierliche Stengelpflanze mit mäßiger Verzweigung. Blätter sitzend, kreuzgegenständig oder in drei- bis vierzähligen Quirlen angeordnet. Blattspreite lanzettlich bis gestreckt elliptisch, bis 1 cm lang.

Die Art eignet sich auch für sehr kleine Aquarien und kommt am besten in dichten Büscheln zur Geltung. Sie muß hell stehen und benötigt auch im Winter mindestens 12 Stunden Licht. Da sie bei Temperaturen zwischen 15 und 30 °C gedeiht, kann sie sowohl im Kaltwasser- als auch Warmwasseraquarium verwendet werden. Vermehrung durch Stecklinge einfach. *Micranthemum micranthemoides* läßt sich auch emers kultivieren.

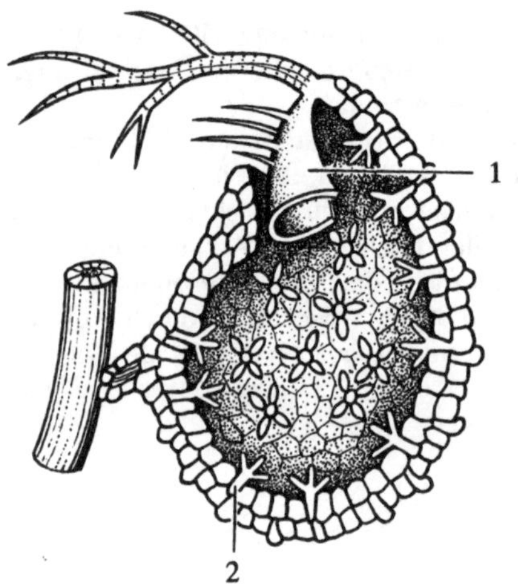

Abb. 155 Längsschnitt durch eine Fangblase beim Wasserschlauch *(Utricularia)*. 1 Klappe, 2 Drüsenzellen

Familie Lentibulariaceae
Wasserschlauchgewächse

Die Familie der Wasserschlauchgewächse umfaßt etwa 300 Arten und ist über die ganze Erde verbreitet. Ihre Vertreter sind Ernährungsspezialisten, die auf Tierfang eingestellt sind und so eine zusätzliche Stickstoffquelle nutzen. Es handelt sich um Kräuter von sehr unterschiedichem Habitus, neben landbewohnenden Arten mit ungegliederten Blättern gehören zu der Familie wurzellose, im Wasser flutende Pflanzen mit fein gefiederten Blättern. Bei den meist gelb blühenden *Utricularia*-Arten sind die dem Tierfang dienenden Vorrichtungen als kleine Fangblasen ausgebildet, die an den Blattzipfeln sitzen (Abb. 155).

Wenn die Borsten an den Blasenöffnungen von irgendeinem Kleintier berührt werden, schnappen diese auf. Der dadurch entstehende, in das Blaseninnere gerichtete Sog reißt das Kleintier in die Blase. Die Verdauung erfolgt durch eiweißspaltende Enzyme.

Utricularia gibba
LINNAEUS
Zwergwasserschlauch

Amerika, Afrika, Südostasien.

An der Wasseroberfläche flutende oder an Pflanzen haftende, zierliche, wurzellose Stengelpflanze mit wechselständig angeordneten Blättern. Diese einfach oder nur schwach handförmig gefiedert, bis 1 cm lang. Fangblasen sehr klein, durchscheinend. Blüten bis 5 mm lang, gelb.

Die Art wird gelegentlich mit Aquarienpflanzen aus Wasserpflanzengärtnereien oder botanischen Gärten eingeschleppt. Bei Temperaturen um 20 °C entwickelt sie sich gut. Oft wird man erst auf sie aufmerksam, wenn sie dicht verfilzte Polster gebildet hat. Vermehrung durch Abtrennen kleiner Teilstücke.

Familie Acanthaceae
Bärenklaugewächse

Die Bärenklaugewächse sind mit etwa 2600 Arten tropisch bis subtropisch verbreitet. Neben einigen Sträuchern gehören zu der Familie vorwiegend krautige Pflanzen, von denen manche an sumpfigen Standorten wachsen und Überflutung vertragen. Die Blüten ähneln denen der Lippenblütengewächse und sitzen in endständigen oder blattachselständigen Blütenständen.

Hygrophila difformis (Taf. 157, Abb. 156)
LINNAEUS (filius) BLUME
Indische Sternpflanze, Wasserwistarie

Südostasiatisches Festland.

Im Boden wurzelnde Stengelpflanze mit geringer Verzweigung und kreuzgegenständig angeordneten Blättern. Diese sind sitzend bis geteilt, Blattspreiten bis 10 cm lang, sehr variabel, vollflächig mit grober Zähnung oder mit einzelnen Einbuchtungen bzw. ein- bis zweifach fiederteilig oder gefiedert.

Abb. 156 Variationsbreite der Blätter der Indischen Sternpflanze *(Hygrophila difformis)*

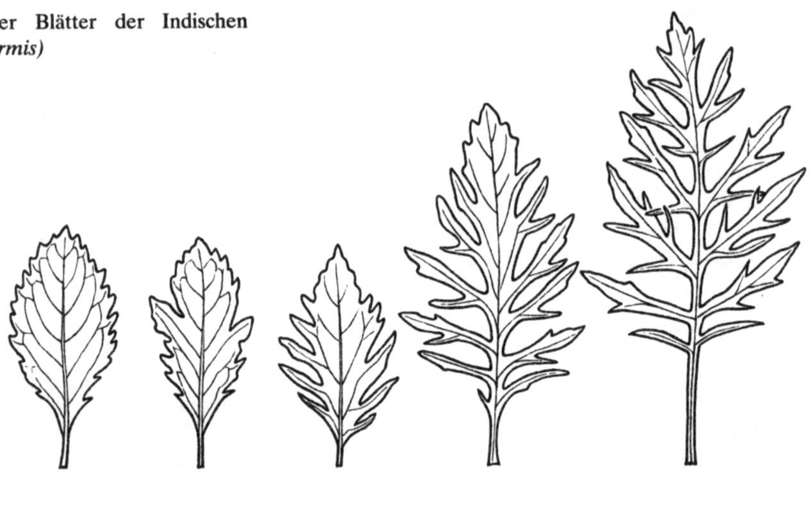

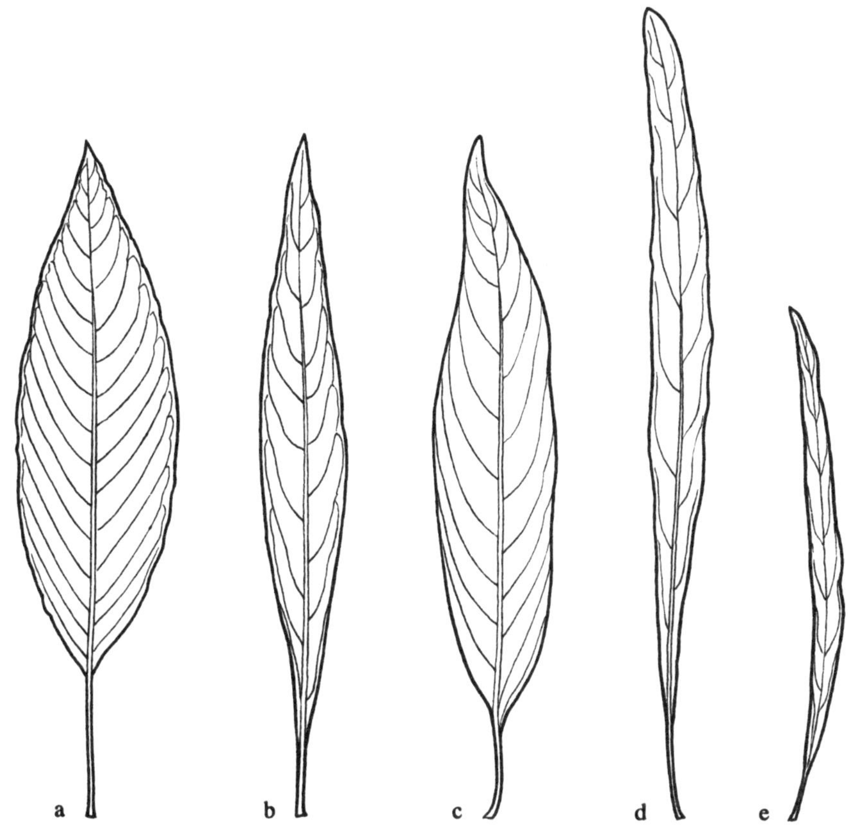

Abb. 157 Blätter verschiedener Wasserfreund-Sippen aus der Gattung *Nomaphila*. a) Riesenwasserfreund *(N. stricta)*; b) Form 1, Thailändischer Wasserfreund; c) Form 2; d) Form 3; e) Form 4

Die Art ist eine der schönsten Gruppenpflanzen für die mittleren und hinteren Beckenpartien. Zur guten Ausbildung der dekorativen fiederteiligen und gefiederten Blätter ist viel Licht erforderlich. Die Temperatur sollte mindestens 20 °C betragen. Vermehrung durch Stecklinge, emerse Kultur möglich.

Gelegentlich wird eine Form mit sehr schmalen Fiedersegmenten angeboten, die im Botanischen Garten Prag aufgetreten sein soll. Außerdem existiert eine Form mit gelblichen oder weißen Blattnerven, aber auch andere Blattpartien können diese Färbung aufweisen. Rückschläge zu normalen grünen Blättern wurden beobachtet. Die Art ist auch unter dem Namen *Synnema triflorum* bekannt.

Hygrophila polysperma (Taf. 151, 157)
T. Anderson
Indischer Wasserfreund

Südostasiatisches Festland.

Im Boden wurzelnde Stengelpflanze mit geringer Verzweigung und kreuzgegenständig angeordneten Blättern. Blattspreiten lanzettlich bis breitlanzettlich, stumpf, bis 5 cm lang, hellgrün.

Die sehr beliebte und verbreitete Aquarienpflanze wirkt vor allem vor dunklem Hintergrund. Sie benötigt einen hellen Standort und Temperaturen zwischen 20 und 30 °C. Vermehrung in der Regel durch Stecklinge. Man kann auch abgetrennte Blätter an der Wasseroberfläche schwimmen lassen. Nach einiger Zeit bilden sich an den Trennstellen Adventivpflanzen, die nach Wurzelbildung und genügender Erstarkung eingepflanzt werden können. Mit dieser Methode lassen sich alle kultivierten Bärenklaugewächse vermehren. Die Art wächst auch emers.

Neben der weitverbreiteten und schon lange gepflegten rein hellgrünen Form gibt es zwei weitere, die sich bei intensiver Beleuchtung rötlich verfärben. Eine besitzt breitere Blätter mit schwach welligen Spreiten und die andere auffallend schmale Blätter. Die systematische Stellung dieser Formen ist noch nicht geklärt. Selten wird *Hygrophila salicifolia* kultiviert, deren Blätter bis 12 cm lang werden können.

Nomaphila stricta (Taf. 158)
(Vahl) Nees
Riesenwasserfreund

Südostasiatisches Festland.

Im Boden wurzelnde, große Stengelpflanze mit geringer Verzweigung und kreuzgegenständig angeordneten, gestielten Blättern. Spreiten breit lanzettlich, spitz, bis 12 cm lang und 40 mm breit (Abb. 157 a).

Diese groß werdende Pflanze kommt nur in geräumigen Aquarien gut zur Geltung. Sie muß hell stehen und kann bei Temperaturen zwischen 20 und 30 °C kultiviert werden. Die unteren Teile der Sprosse neigen zur Verkahlung. Man sollte deshalb öfter die Spitzen abtrennen und neu stecken. Vermehrung siehe bei *Hygrophila polysperma*, wächst auch emers.

Die Einbeziehung von *Nomaphila* in die Gattung *Hygrophila*, wie dies heute vielfach in der Aquaristik geschieht, ist nicht gerechtfertigt. Neben der schon lange kultivierten *N. stricta* sind weitere *Nomaphila*-Sippen importiert worden und inzwischen verbreitet. Ihre systematische Stellung ist noch nicht befriedigend geklärt. Sie werden meist unter Phantasienamen angeboten.

Folgende kommen häufig vor:

1. Blätter stielartig verschmälert, breit lanzettlich, spitz, bis 12 cm lang und 18 mm breit, locker an der rötlichen Sproßachse angeordnet. Als Thailändischer Wasserfreund bezeichnet (Taf. 159, Abb. 157b).
2. Blätter stielartig verschmälert, breit lanzettlich, spitz, bis 15 cm lang und 25 mm breit, dicht an der dunkelgrünen Sproßachse angeordnet, lange erhalten bleibend (Abb. 157c).
3. Blätter stielartig verschmälert, schmal lanzettlich, stumpf, bis 20 cm lang und 12 mm breit (Abb. 157d).
4. Blätter stielartig verschmälert, schmal lanzettlich, spitz oder stumpf, bis 12 cm lang und 6 mm breit, meist in dreizähligen Quirlen (Abb. 157e).

Familie Lobeliaceae
Lobeliengewächse

Zu den von den Subtropen bis in die gemäßigten Gebiete verbreiteten Lobeliengewächsen gehören etwa 900 krautige Pflanzen, die die verschiedensten Standorte besiedeln. Obwohl in mehreren Gattungen Sumpf- und Wasserpflanzen vorkommen, ist zur Zeit nur die nachfolgende Art von aquaristischer Bedeutung.

Lobelia cardinalis (Abb. 158c)
LINNAEUS
Scharlachrote Lobelie

Nordamerika.

Im Boden wurzelnde Stengelpflanze mit geringer Verzweigung und wechselständiger Blattstellung. Blätter kurz gestielt oder stielartig verschmälert, elliptisch bis verkehrt eiförmig, bis 8 cm lang.

Die Pflanze gedeiht bei Temperaturen um 20 °C am besten. Sie benötigt einen hellen Platz. Vermehrung durch Stecklinge. Kultur ist auch emers möglich.

Familie Asteraceae
Korbblütengewächse

Zu der großen, über die ganze Erde verbreiteten Familie der Korbblütengewächse gehören etwa 20000 Arten von recht verschiedenem Habitus, so kleine Bäume und Sträucher, Sukkulenten und Lianen, Stauden mit Rhizomen, Knollen und Rüben sowie andere ausdauernde oder einjährige krautige Pflanzen. Die sehr kleinen Blüten sind in kompakten Blütenständen vereinigt, die optisch wie Einzelblüten wirken. Aus der Familie kommen viele Zier- und Nutzpflanzen, zum Beispiel die Dahlie und der Kopfsalat. Nur wenige Vertreter einiger Gattungen sind Sumpf- oder Wasserpflanzen. In Aquarien wird nur die nachfolgende Art gepflegt.

Abb. 158 a) Pfennigkraut *(Lysimachia nummularia)*; b) Amerikanisches Perlkraut *(Micranthemum micranthemoides)*; c) Scharlachrote Lobelie *(Lobelia cardinalis)*

Trichocoronis rivularis (Taf. 160)
GRAY
Mexikanisches Eichenblatt

Südöstliches Nordamerika, Mittelamerika.

Im Boden wurzelnde Stengelpflanze mit starker Verzweigung und kreuzgegenständig angeordneten Blättern. Sprosse im unteren Teil locker, in Nähe der Wasseroberfläche dicht und gedrungen beblättert. Blätter sitzend, von variabler Gestalt, ganzrandig lanzettlich oder elliptisch mit grob gekerbtem Rand.

Die Art eignet sich als Gruppenpflanze für den Aquarienhintergrund. Am schönsten wirkt sie allerdings erst bei Erreichen der Wasseroberfläche. Sie benötigt viel Licht und Temperaturen über 20 °C. Vermehrung durch Stecklinge, wächst auch emers. Einige Formen haben eine gelbe und weißliche Nervatur (Taf. 160). Die hellen Färbungen können sich auch auf andere Blattpartien ausdehnen.

Familie Alismataceae
Froschlöffelgewächse

Die Froschlöffelgewächse sind fast über die ganze Erde verbreitet, haben aber ihren Entfaltungsschwerpunkt im tropischen und gemäßigten Amerika. Die etwa 100 Arten sind Sumpf- und Wasserpflanzen, viele davon an ihren Standorten zu einem regelmäßigen Wechsel zwischen emerser und submerser Lebensweise gezwungen. Die meisten können ständig untergetaucht wachsen und eignen sich gut für die Pflege im Aquarium. Einige kräftige Sumpfgewächse erreichen mit ihren Blütenständen 2 m Höhe.

Die Froschlöffelgewächse sind Stauden mit Rhizomen oder Knollen oder kleinere Ausläuferpflanzen. Durch ihre grundständige Blattrosetten besitzen sie einen im Prinzip recht einheitlichen Habitus. Die Mannigfaltigkeit ihrer Erscheinungsformen ist durch unterschiedliche Gestalt, Färbung und Konsistenz der Blätter bedingt. Bei manchen Arten entstehen in den Quirlen der Blütenstände Adventivpflanzen, die eine vegetative Vermehrung ermöglichen. Die Blüten sind zwittrig oder eingeschlechtlich und haben drei freie, meist weiße Kronblätter. Aus den zahlreichen Fruchtblättern gehen einsamige Schließfrüchte hervor.

Baldellia ranunculoides
(LINNAEUS) PARLATORE
Igelschlauch

Europa und Nordwestafrika, in küstennahen Gebieten.

Kleine Rosettenpflanze mit amphibischer Lebensweise. Wasserblätter lineal, zugespitzt, hellgrün. Luftblätter gestielt, mit lanzettlichen Spreiten, dunkelgrün. Man unterscheidet zwei Unterarten:

ssp. *ranunculoides*. Ohne Ausläufer. Wasserblätter bis 25 cm lang und bis 5 mm breit. Die Blütenstände bilden nur gelegentlich Adventivpflanzen.

ssp. *repens*. Mit Ausläufern. Wasserblätter bis 12 cm lang und bis 3 mm breit. Die Blütenstände bilden regelmäßig Adventivpflanzen.

Der Igelschlauch eignet sich ausgezeichnet für das Kaltwasseraquarium, er bleibt dort den Winter über in Vegetation. Aber auch bei höheren Temperaturen wächst die Art gut. Die ssp. *repens* bildet durch ihre Ausläufer dichte Rasen, die ssp. *ranunculoides* wirkt am besten in kleinen Gruppen. Bei ersterer lassen sich junge Ausläuferpflanzen zur Vermehrung verwenden. Bei beiden Unterarten erzielt man bei emerser Kultur reichlich keimfähige Schließfrüchte.

Echinodorus amazonicus (Abb. 160c, 161d)
RATAJ
Schwert-Amazonaspflanze

Amazonasgebiet.

Rhizompflanze mit grundständiger Blattrosette. Blätter bis 40 cm lang, kurz gestielt, ihre Spreiten schmal lanzettlich, spitz, bis 3 cm breit, hellgrün. Blütenstand mit Adventivpflanzen. Die Art ähnelt *E. bleheri*, hat aber schmalere Blätter, die oft leicht nach einer Seite gekrümmt sind.

E. amazonicus ist eine lichtliebende Solitärpflanze, die man bei Temperaturen über 20 °C kultivieren sollte. Sie wächst unter Aquarienbedingungen nicht über den Wasserspiegel hinaus. Kräftige Exemplare bilden zarte Blütenstände, die zur Wasseroberfläche und dann unter dieser entlang wachsen und oft beträchtliche Länge erreichen. Sie werden oft fälschlich als Ausläufer bezeichnet. An diesen Blütenständen entstehen zahlreiche Adventivpflanzen, die rasch erstarken und Wurzeln bilden. Sie können in diesem Stadium abgetrennt und eingepflanzt werden. Bei genügend Raum läßt sich der Blütenstand auch auf dem Bodengrund des Aquariums mit Steinen oder Glasnadeln verankern. Die jungen Adventivpflanzen wachsen dann an Ort und Stelle weiter. Die Art läßt sich auch emers kultivieren. *E. amazonicus* wurde lange Zeit als *E. brevipedicellatus* bezeichnet.

Echinodorus angustifolius
RATAJ
Schmalblättrige Amazonaspflanze

Südamerika, im brasilianischen Staat Mato Grosso.

Ausläuferbildende Rosettenpflanze. Blätter bis 40 cm lang, sehr schmal lanzettlich, spitz auslaufend, basal stielartig verschmälert, bis 5 mm breit, hellgrün. Größte der *Echinodorus*-Arten mit Ausläufern. Sie hat bei oberflächlicher Betrachtung Ähnlichkeit mit einer Vallisnerie.

Die Art eignet sich für die Bepflanzung der Aquarienecken, muß hell stehen und benötigt Temperaturen über 20 °C. Durch die Ausläufer entstehen im Laufe der Zeit dichte Bestände. Bei Aquarienkultur werden keine Blütenstände gebildet. Sie wächst auch emers.

Abb. 159 Variationsbreite der Wasserblätter der Transparenten Amazonaspflanze *(Echinodorus berteroi)*

Echinodorus aschersonianus (Abb. 160 m)
GRAEBNER
Aschersons Amazonaspflanze

Mittleres Südamerika.

Rhizompflanze mit grundständiger Blattrosette. Blätter bis 20 cm lang, kurz gestielt, ihre Spreiten länglich elliptisch stumpf, basal abgerundet oder schwach herzförmig, bis 6 cm breit, hellgrün. Blütenstand mit Adventivpflanzen.

E. aschersonianus ist eine mittelgroße Solitärpflanze, der man genügend Licht und Temperaturen über 20 °C bieten muß. Sie wächst unter Aquarienbedingungen nicht über den Wasserspiegel hinaus. Die horizontalen Blütenstände kriechen auf dem Boden entlang und bilden im Vergleich zu anderen Arten nur wenige Adventivpflanzen im Spitzenbereich. Wächst auch emers.

Für eine sich ebenso verhaltende Pflanze mit mehr rundlichen Blattspreiten (Abb. 160 n) ist der systematische Status noch nicht geklärt. Vergleiche auch *E. schlueteri.*

Echinodorus barthii (Taf. 161, Abb. 160 f)
MÜHLBERG
Barths Amazonaspflanze

Südliches Südamerika.

Rhizompflanze mit grundständiger Blattrosette. Blätter bis 20 cm lang, etwa die Hälfte auf den Stiel entfallend. Blattspreiten elliptisch bis längsoval, stumpf, basal abgerundet oder schwach herzförmig, bis 6 cm breit, intensiv rot, bei ungenügendem Licht in Olivgrün übergehend, Hauptnerven hellgrün abgesetzt. Blütenstand mit Adventivpflanzen.

Die Art ist auf Grund ihrer Blattfärbung eine sehr dekorative Solitärpflanze, die zur Entfaltung ihrer Schönheit den hellsten Platz im Aquarium beansprucht. Sie verträgt tiefe Temperaturen und kann daher auch im Kaltwasseraquarium verwendet werden (Mindesttemperatur 10 °C.) Bei Aquarienkultur wächst sie nicht über den Wasserspiegel hinaus. Die Blütenstände erheben sich über die Wasseroberfläche, treten aber bei submerser Kultur selten auf. Die Art wächst auch emers.

Echinodorus berteroi (Abb. 159, 162)
(SPRENGEL) FASSETT
Transparente Amazonaspflanze

Südliches Nordamerika, Mittelamerika, Westindische Inseln.

Rhizompflanze mit grundständiger Blattrosette. Blätter bis 40 cm lang, sehr variabel, schmal lanzettlich bis gestielt mit länglich eiförmigen bis länglich herzförmigen dunkelgrünen Spreiten (Abb. 159), die außerdem abgerundet, dünn und schwach durchscheinend sowie gewellt sein können. Blütenstände ohne Adventivpflanzen.

E. berteroi ist durch seine variablen Blätter und deren Transparenz eine ansprechende Solitärpflanze. Die Art benötigt ausreichend Licht und gedeiht bei Temperaturen zwischen 18 und 25 °C am besten. Leider erweist sie sich durch ihre photoperiodischen Reaktionen im Zimmeraquarium als Problempflanze. So gehen erstarkte Exemplare bei einer täglichen Beleuchtungsdauer von mehr als 12 Stunden zur Bildung von Schwimm- und Luftblättern über. Gleichzeitig sterben die dekorativen Wasserblätter ab. Andererseits ist die Bildung von Luftblättern Voraussetzung für die Vermehrung von *E. berteroi*, da mit ihnen auch die aufrechten verzweigten Blütenstände erscheinen. Die kleinen weißen Blüten setzen auch ohne Bestäubung Samen an. Die anfangs grünen, später braunen, einsamigen Schließfrüchte fallen nicht von selbst aus. Zur Vermehrung müssen sie ausgesät und die Sämlingspflanzen pikiert werden. Die günstigsten Keimungsraten werden bei allen *Echinodorus*-Arten zwischen 25 und 30 °C erzielt. Die Art wurde früher als *E. rostratus* bezeichnet.

Echinodorus bleheri (Abb. 160 b)
RATAJ
Große Amazonaspflanze

Wahrscheinlich Amazonasgebiet.

Rhizompflanze mit grundständiger Blattrosette. Blätter bis 40 cm lang, kurz gestielt, ihre Spreiten breit lanzettlich (bis 6 cm), spitz, hellgrün. Blütenstand mit Adventivpflanzen. Die Art ähnelt *E. amazonicus*, hat aber breitere Blätter, die nie einseitig gekrümmt sind.

E. bleheri wird im Aquarium wie *E. amazonicus* als

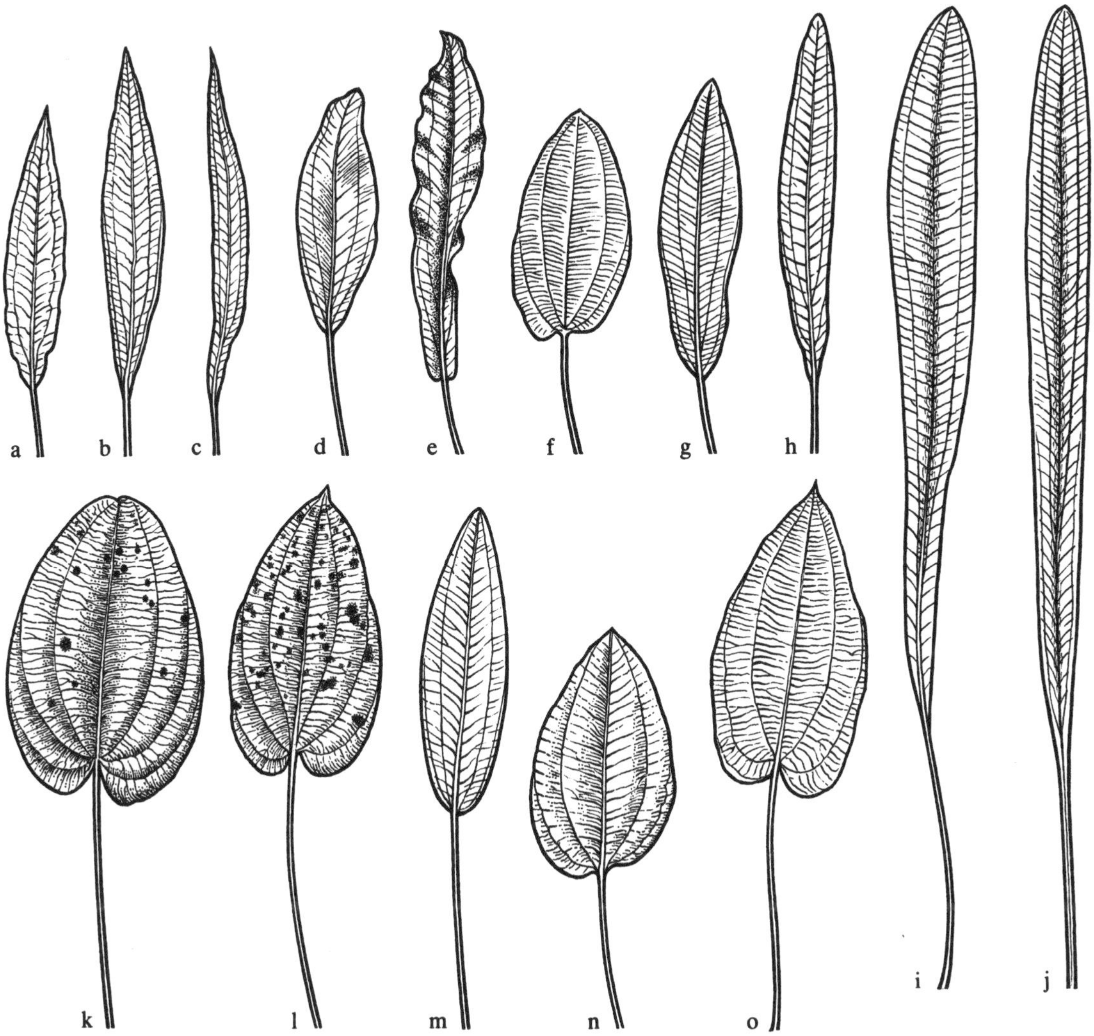

Abb. 160 Blattspreiten rhizombildender Amazonaspflanzen. a) Kleinblütige Amazonaspflanze *(Echinodorus parviflorus)*; b) Große Amazonaspflanze *(E. bleheri)*; c) Schwert-Amazonaspflanze *(E. amazonicus)*; d) Derbe Amazonaspflanze *(E. portoalegrensis)*; e) Gewelltblättrige Amazonaspflanze *(E. maior)*; f) Barths Amazonaspflanze *(E. barthii)*; g) Rötliche Amazonaspflanze *(E.* x *osiris)*; h) Horemans Amazonaspflanze *(E. horemanii)*; i) Uruguay-Amazonaspflanze *(E. uruguayensis)*, breitblättrige Form; j) Uruguay-Amazonaspflanze *(E. uruguayensis)*, schmalblättrige Form; k) Herzblättrige Amazonaspflanze *(E. cordifolius)*; l) Schlüters Amazonaspflanze *(E. schlueteri)*; m) Aschersons Amazonaspflanze *(E. aschersonianus)*; n) Aschersons Amazonaspflanze, ähnliche Sippe (*E.* spec.); o) Horizontale Amazonaspflanze *(E. horizontalis)*

Solitärpflanze verwendet und auch wie diese vermehrt. In der alten Aquarienliteratur wird die Art als *E. paniculatus* bezeichnet.

Echinodorus bolivianus (Taf. 165)
(Rusby) Holm-Nielsen
Veränderliche Amazonaspflanze

Mittleres und südliches Südamerika.

Ausläuferbildende Rosettenpflanze. Blätter bis 10 cm lang, sehr variabel, ungestielt oder stielartig verschmälert, sehr schmal oder etwas breiter lineal, schmal lanzettlich oder lanzettlich, aber auch sehr kurios gestaltet, spitz oder stumpf, bis 15 mm breit, hellgrün. Die Art gehört zu den mittelgroßen, ausläuferbildenden *Echinodorus*-Arten und ähnelt *E. latifolius* und *E. quadricostatus*, von denen sie sich vor allem durch ihre variablen Blätter unterscheidet.

E. bolivianus ist eine Vordergrundpflanze für große Aquarien, läßt sich aber auch in den mittleren Beckenpartien verwenden. Durch die Ausläufer entstehen im Laufe der Zeit dichte Bestände. Die Art ist lichthungrig und sollte bei Temperaturen ab 20 °C gehältert werden. Bei Aquarienkultur entstehen keine Blütenstände. Sie wächst auch emers. *E. bolivianus* wurde zuerst als *E. austroamericanus* beschrieben.

Echinodorus cordifolius (Abb. 160 l, 162)
(Linnaeus) Grisebach
Herzblättrige Amazonaspflanze

Südöstliches Nordamerika.

Rhizompflanze mit grundständiger Blattrosette. Blätter bis 30 cm lang, wobei die Hälfte auf die Stiele entfallen. Blattspreiten junger Pflanzen eiförmig, später herzförmig, bis 10 cm breit, hellgrün, oft mit rotbrauner Fleckung, die im Laufe der Zeit verblaßt. Blütenstände mit Adventivpflanzen.

E. cordifolius ist eine lichtliebende Solitärpflanze, deren Temperaturoptimum zwischen 15 und 30 °C liegt. Kann deshalb auch im Kaltwasseraquarium verwendet werden. Durch die photoperiodischen Reaktionen der Art ergeben sich die gleichen Schwierigkeiten, wie bei *E. berteroi* beschrieben. Durch nährstoffarmen Bodengrund kann die Bildung von Schwimm- und Luftblättern verzögert werden. Die kräftigen Blütenstände bilden sich unter Langtagbedingungen. Im Aquarium wachsen sie anfangs aufrecht über den Wasserspiegel hinaus, neigen sich dann zur Wasseroberfläche und tauchen schließlich ein. Die Blütenstiele verlängern sich stets so weit, daß eine Öffnung der Blüten im Luftraum möglich ist. Einen sicheren Samenansatz erzielt man durch künstliche Bestäubung. Die Schließfrüchte sind beim Braunwerden zu ernten, sie fallen leicht aus. Nach dem Blühen entwickeln sich in den Quirlen, besonders an den Spitzen der Blütenstände, Adventivpflanzen.

Die Art gehört zu den ältesten kultivierten Vertretern der Gattung. Sie wird in der älteren Literatur als *E. radicans* bezeichnet.

Echinodorus horemanii (Abb. 160h, 161a)
RATAJ
Horemans Amazonaspflanze

Südliches Südamerika.

Rhizompflanze mit grundständiger Blattrosette. Blätter bis 40 cm lang, kurz gestielt, ihre Spreiten schmal bis breit lanzettlich, stumpf, bis 4 cm breit, dunkelgrün. Im Gegensatz zu *E. uruguayensis* sind die Blattspreiten in der Mitte meist am breitesten. Blütenstand mit Adventivpflanzen.

Die Art ist eine sehr dekorative Solitärpflanze für helle, aber auch leicht schattige Standorte. Sie verträgt niedrige Temperaturen bis 10 °C und kann daher auch im Kaltwasseraquarium verwendet werden. Unter Aquarienbedingungen wächst sie nicht über den Wasserspiegel hinaus. Die derben Blütenstände durchbrechen meist den Wasserspiegel. Manchmal bleiben sie jedoch submers, wachsen dann bogig zum Bodengrund und auf diesem entlang.

Die Pflanze wurde unter dem ungültigen Namen *E. undulatus* in die Aquaristik eingeführt. Eine Form mit braunen, später vergrünenden Blättern, deren Spreiten meist breiter werden, wurde zunächst fälschlich als *E. uruguayensis* angesehen. Ihr systematischer Status ist noch nicht geklärt.

Echinodorus horizontalis (Taf. 161, Abb. 160o)
RATAJ
Horizontale Amazonaspflanze

Amazonasgebiet.

Rhizompflanze mit grundständiger Blattrosette. Blätter bis 25 cm lang, etwa die Hälfte auf die Stiele entfallend. Die Blattspreiten sind vom Stiel abgewinkelt und horizontal gestellt. Sie haben längliche Herzform, sind spitz und hellgrün, junge Blätter bei intensiver Beleuchtung rotbraun. Blütenstand mit Adventivpflanzen.

Die Art ist eine mittelgroße Solitärpflanze, die einen hellen Platz haben muß. Als tropische Pflanze sollte sie nicht unter 20 °C gehalten werden. Kultur auch emers möglich.

Echinodorus latifolius (Taf. 163)
(SEUBERT) RATAJ
Breitblättrige Amazonaspflanze

Mittelamerika, nördliches Südamerika, Große Antillen.

Ausläuferbildende Rosettenpflanze. Blätter bis 15 cm lang, am Ansatz stielartig verschmälert oder ungestielt, schmal lanzettlich, spitz, bis 10 mm breit, hellgrün, zum Teil etwas einseitig gekrümmt. Die Art gehört zu den mittelgroßen, ausläuferbildenden *Echinodorus*-Arten. Von der ähnlichen *E. quadricostatus* unterscheidet sie sich unter vergleichbaren Kulturbedingungen durch schmalere Blätter. Vergleiche auch *E. bolivianus*.

Verwendung und Pflege, wie bei *E. bolivianus* angegeben. Die Art wurde unter der Bezeichnung *E. magdalenensis* in die Aquaristik eingeführt.

Echinodorus maior (Abb. 160e, 161c)
(MICHELI) RATAJ
Gewelltblättrige Amazonaspflanze

Südamerika, in den brasilianischen Staaten Goiás und Minas Gerais.

Rhizompflanze mit grundständiger Blattrosette. Blätter bis 50 cm lang, kurz gestielt, ihre Spreiten sehr langgezogen, spatelförmig, im oberen Drittel am breitesten, abgerundet, bis 4 cm breit, hellgrün, Spreitenrand gewellt. Blütenstand mit Adventivpflanzen.

Die Art benötigt als große Solitärpflanze zur vollen Entfaltung geräumige Aquarien, hellen bis leicht schattigen Stand und Temperaturen über 20 °C. Sie wächst nicht aus dem Wasser heraus. Nur die kräftigen Blütenstände erheben sich über den Wasserspiegel. Bei künstlicher Bestäubung erzielt man einen guten Ansatz keimfähiger Schließfrüchte. Die im Bereich der Blütenstände entstehenden Adventivpflanzen wachsen im Luftraum schlecht. Wenn man die Blütenstände vorsichtig unter die Wasseroberfläche drückt, ist der Erfolg besser. Die Art wächst auch emers. *E. major* wurde früher meist als *E. martii*, seltener als *E. leopoldina* bezeichnet.

Echinodorus x osiris (Abb. 160g, 161b)
RATAJ
Rötliche Amazonaspflanze

Südamerika, im brasilianischen Staat Paraná.

Rhizompflanze mit grundständiger Blattrosette.

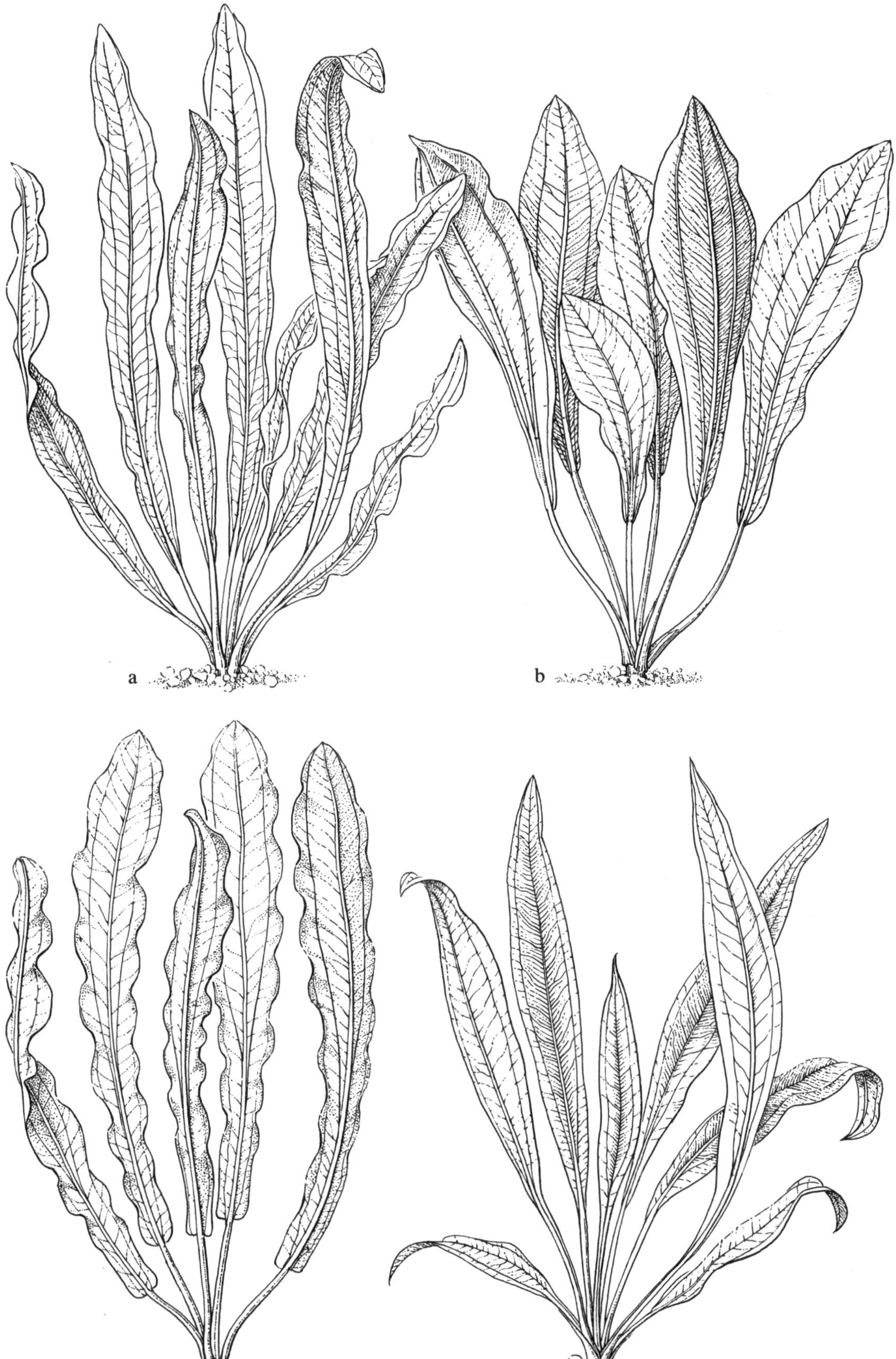

Abb. 161 a) Horemans Amazonaspflanze *(Echinodorus horemanii)*; b) Rötliche Amazonaspflanze *(E.* x *osiris)*; c) Gewelltblättrige Amazonaspflanze *(E. maior)*; d) Schwert-Amazonaspflanze *(E. amazonicus)*

Blätter bis 40 cm lang, die Hälfte auf die Stiele entfallend. Blattspreiten elliptisch bis verkehrt eiförmig, abgerundet, bis 8 cm breit, anfangs rot, später in Oliv- bis Dunkelgrün übergehend. Blütenstand mit Adventivpflanzen.

Die Pflanze gehört zu den schönsten der Gattung und kommt als Solitärpflanze gut zur Geltung. Sie eignet sich für das Warm- und Kaltwasseraquarium. Tiefere Temperaturen bis 10 °C werden gut vertragen. Zur Ausbildung der roten Blattfärbung ist ein heller Stand erforderlich. Die kräftigen Blütenstände wachsen gerade oder schräg zur Wasseroberfläche. Aus dem Wasser ragende Blütenstände sollte man vorsichtig niederdrücken. Die reichlich entstehenden Adventivpflanzen wachsen im Wasser besser. Emerse Kultur möglich. *Echinodorus* x *osiris* ist ein steriler triploider Bastard, an dessen Entstehung als ein Elternteil *E. barthii* beteiligt war.

Echinodorus parviflorus (Taf. 162, Abb. 160a)
RATAJ
Kleinblütige Amazonaspflanze

Westliches tropisches Südamerika.

Rhizompflanze mit grundständiger Blattrosette. Blätter bis 30 cm lang, kurz gestielt, ihre Spreiten breit lanzettlich, spitz, bis 4 cm breit, hell- bis dunkelgrün. Unter Kurztagsbedingungen werden die Blattstiele deutlich länger und die Spreiten eiförmig. Blütenstand mit Adventivpflanzen.

Die Art ist eine beliebte Solitärpflanze für die mittleren Beckenpartien. Da ihre Blätter sehr dauerhaft sind, können ältere Pflanzen bis 100 gut erhaltene Blätter haben. Die Art soll hell stehen, gedeiht aber auch bei weniger Licht noch zufriedenstellend. Die optimale Temperatur liegt zwischen 20 und 25 °C. Sie wächst bei Aquarienkultur nicht aus dem Wasser heraus. Problematisch ist die Vermehrung, da Blütenstände, von Ausnahmen abgesehen, nur bei einer täglichen Beleuchtungsdauer von weniger als 12 Stunden gebildet werden. Wächst auch emers.

E. parviflorus ist in die Aquaristik unter den Bezeichnungen *E. peruensis, E. tocanthins* bzw. Schwarzer Echinodorus eingeführt worden. Eine Pflanze mit dunkelgrünen, verkehrt eiförmigen, abgerundeten Blättern mit einer charakteristischen kurzen, aufgesetzten Spitze wurde zunächst unter der Handelsbezeichnung *E. samuloides* verbreitet, dann als zu *E. parviflorus* gehörig aufgefaßt und als Sorte *E. parviflorus* »Tropica« bezeichnet. Es dürfte sich aber um eine selbständige Art handeln.

Echinodorus parvulus (Taf. 164, Abb. 162)
ENGELMANN
Zwerg-Amazonaspflanze

Südöstliches Nordamerika, Mittelamerika, Große Antillen.

Ausläuferbildende Rosettenpflanze. Blätter bis 6 cm lang, schmal lineal, spitz, bis 3 mm breit, hell- bis dunkelgrün. Die Pflanze gehört zu den kleinen, ausläuferbildenden *Echinodorus*-Arten und läßt sich in der Wasserform nicht immer eindeutig von *E. tenellus* unterscheiden. Unter vergleichbaren Wuchsbedingungen sind die Blätter von *E. parvulus* meist kürzer und derber. Als Sumpfpflanze blüht sie ständig, Blütendurchmesser 6 mm.

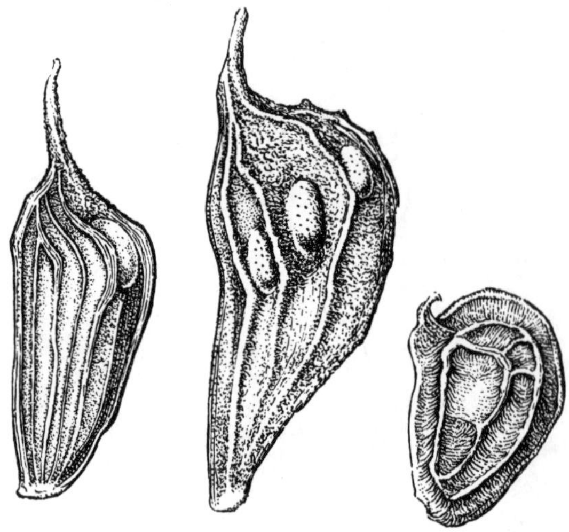

Abb. 162 Früchtchen verschiedener Amazonaspflanzen. Von links nach rechts: Transparente Amazonaspflanze *(Echinodorus berteroi)*, Herzblättrige Amazonaspflanze *(E. cordifolius)*, Zwerg-Amazonaspflanze *(E. parvulus)*

E. parvulus ist die kleinste Art der Gattung und gilt als ausgezeichnete Vordergrundpflanze. Durch die Ausläufer entstehen im Laufe der Zeit dichte Rasen. Sie kann bei Temperaturen zwischen 20 und 30 °C kultiviert werden, ist aber unempfindlich gegen vorübergehende Abkühlung. Für gutes Wachstum dieser niedrigen Pflanze ist viel Licht erforderlich. In sehr hohen Becken reicht die Lichtintensität am Bodengrund oft nicht aus. Die Annahme, daß *E. parvulus* unbedingt weichen Bodengrund benötigt, trifft nicht zu. Blütenstände werden bei Aquarienkultur nicht gebildet. Wächst auch emers. In der wissenschaftlichen Literatur wird diese Art vielfach als Varietät von *E. tenellus* aufgefaßt. In der Aquaristik wurde sie bisher stets als *E. tenellus* bezeichnet.

Echinodorus portoalegrensis (Taf. 165, Abb. 160d)
RATAJ
Derbe Amazonaspflanze

Südamerika, im brasilianischen Staat Rio Grande do Sul.

Rhizompflanze mit grundständiger Blattrosette. Blätter bis 25 cm lang, die Hälfte auf den Stiel entfallend. Blattspreiten breit lanzettlich, spitz, bis 4 cm breit, grob gewellt, sehr derb und steif, dunkelgrün. Blütenstand mit Adventivpflanzen.

Die Art ist durch ihre derben, dunkelgrünen Blätter eine sehr ansprechende Solitärpflanze, die sich auch für kleinere Aquarien eignet. Sie benötigt hellen bis leicht schattigen Stand und Temperaturen zwischen 18 und 25 °C. Im Vergleich zu anderen *Echinodorus*-Arten wächst sie langsam und sollte möglichst wenig gestört werden. Kultur auch emers möglich.

Echinodorus quadricostatus (Taf. 164)
FASSETT
Kleine Amazonaspflanze

Von Mittelamerika bis zum mittleren Südamerika.

Ausläuferbildende Rosettenpflanze. Blätter bis 15 cm lang, am Ansatz stielartig verschmälert, schmal bis breit lanzettlich, spitz, bis 20 mm breit, hellgrün. Die Pflanze gehört zu den mittelgroßen ausläuferbildenden *Echinodorus*-Arten. Von dem ähnlichen *E. latifolius* unterscheidet sie sich unter vergleichbaren Kulturbedingungen durch breitere Blätter. Vergleiche auch *E. bolivianus*.

Verwendung und Pflege, wie bei *E. bolivianus* angegeben. Die Art wurde in der Aquaristik lange Zeit als *E. intermedius* bezeichnet.

Echinodorus schlueteri (Taf. 163, Abb. 160 m)
RATAJ
Schlüters Amazonaspflanze

Heimat unbekannt.

Rhizompflanze mit grundständiger Blattrosette. Blätter bis 25 cm lang, bis zu einem Drittel auf die Stiele entfallend. Blattspreiten länglich herzförmig, stumpf, bis 8 cm breit, hellgrün mit roten, später verblassenden Flecken. Blütenstand mit Adventivpflanzen.

Verwendung und Pflege, wie bei *E. aschersonianus* angegeben.

Echinodorus tenellus
(MARTIUS) BUCHENAU
Zarte Amazonaspflanze

Tropisches Südamerika.

Ausläuferbildende Rosettenpflanze. Blätter bis 8 cm lang, schmal lineal, spitz, bis 3 mm breit, hell- bis dunkelgrün. Die Art gehört zu den kleinen ausläuferbildenden *Echinodorus*-Arten und läßt sich in der Wasserform nicht immer eindeutig von *E. parvulus* unterscheiden. Unter vergleichbaren Wuchsbedingungen werden die Blätter meist länger, sind weicher und neigen bei intensiver Beleuchtung zu schwacher Rotfärbung. Sie blüht als Sumpfpflanze nur im Kurztag, Blütendurchmesser 1 cm.

Verwendung und Pflege, wie bei *E. parvulus* angegeben.

Echinodorus uruguayensis (Taf. 163, Abb. 160 i, k)
ARECHAVALETA
Uruguay-Amazonaspflanze

Südliches Südamerika.

Rhizompflanze mit grundständiger Blattrosette. Blätter bis 60 cm lang, kurz gestielt oder stielartig verschmälert, ihre Spreiten schmal länglich spatelförmig, abgerundet, bis 4 cm breit, dunkelgrün. Im Gegensatz zu *E. horemanii* sind die Blattspreiten in der Regel im oberen Drittel am breitesten. Blütenstand mit Adventivpflanzen.

Die Art ist eine Solitärpflanze für große Aquarien. Kultur, wie bei *E. horemanii* angegeben. Wächst auch emers.

Von *E. uruguayensis* existieren eine breitblättrige und eine schmalblättrige Form, deren systematischer Status nicht eindeutig ist. Gleiches gilt für eine Form mit ausdauernd intensiv roten Blättern, meist als »Rote Horemanii« bezeichnet.

Sagittaria subulata
(LINNAEUS) BUCHENAU
Flutendes oder Schwimmendes Pfeilkraut

Atlantikküste des mittleren und südlichen Nordamerikas, nördliches Südamerika.

Rosettenpflanze mit Ausläufern. An den Ausläuferenden treten gelegentlich kleine gelbliche Knollen auf. Blätter lineal, abgerundet, von unterschiedlicher Länge und Breite, relativ starr und oft leicht gebogen wachsend, dunkelgrün. Alle Längsnerven vereinigen sich vor Erreichen der Blattspitze. Große Exemplare sind leicht mit *Vallisneria spiralis* zu verwechseln. Bei niedrigem Wasserstand treten gelegentlich auch Schwimmblätter auf, die eine Gliederung in einen sehr dünnen, langen Stiel und eine meist elliptische, bis 2 cm lange Spreite zeigen.

Die anspruchslose, schnellwüchsige Pflanze bildet durch ihre Ausläufer dichte Bestände und läßt sich deshalb vielseitig verwenden. Sie gedeiht auch an halbschattigen Stellen befriedigend. Die Temperatur kann sich zwischen 15 und 30 °C bewegen. Auch im Aquarium entstehen gelegentlich Blütenstände, die zur Wasseroberfläche und dann unter dieser entlang wachsen. Nur die Blüten ragen für kurze Zeit in den Luftraum. Sie sind eingeschlechtlich. Zuerst öffnen sich die weiblichen Blüten und danach die männlichen. Die Art wächst auch emers.

Man unterscheidet drei Varietäten:

- var. *subulata:* Blätter bis 30 cm lang und 3 bis 7 mm breit. Die Blattlänge variiert in Abhängigkeit von der Lichtintensität sehr stark. Kleine Pflanzen wurden früher oft als forma *pusilla* bezeichnet. Diese Sippe ist in der Aquaristik am stärksten verbreitet.
- var. *kurziana:* Blätter bis 30 cm lang und 7 bis 14 mm breit. Seltener in Aquarienkultur.
- var. *gracillima:* Blätter bis 90 cm lang und 1 bis 3 mm breit. Es ist fraglich, ob diese Sippe schon in Aquarien gepflegt wurde.

Familie Hydrocharitaceae Froschbißgewächse

Die Froschbißgewächse sind eine ausgesprochene Wasserpflanzenfamilie. Zu ihr gehört eine Vielzahl beliebter und verbreiteter Aquarienpflanzen, die alle recht anspruchslos in der Pflege und leicht zu vermehren sind. Die meisten der etwa 100 Arten kommen im Süßwasser vor. Ihr Verbreitungsschwerpunkt liegt in den Tropen und Subtropen, aber auch in den gemäßigten Breiten sind einige beheimatet. Etwa 10 Arten besiedeln küstennahe Bereiche wärmerer Meere.

Froschbißgewächse sind ausdauernde, seltener einjährige, krautige Pflanzen von recht unterschiedlichem Habitus. Einige sind Schwimmpflanzen, deren Blätter auf der Wasseroberfläche liegen (*Hydrocharis*, Taf. 152) oder in den Luftraum ragen *(Stratiotes)*. Diese Schwimmpflanzen können auch auf sumpfigen Böden gedeihen. Die meisten Arten leben jedoch ständig untergetaucht und sind so stark spezialisiert, daß sie nur im Wasser existieren können. Sie bilden entweder im Boden wurzelnde Blattrosetten *(Vallisneria)* oder gestreckte, sich intensiv verzweigende Sprosse mit meist quirlig angeordneten Blättern *(Elodea)*. Letztere können sich ebenfalls mit Wurzeln im Boden verankern oder frei im Wasser fluten.

Zur geschlechtlichen Fortpflanzung sind die Froschbißgewächse, mit Ausnahme einiger Meeresbewohner, auf den Luftraum angewiesen. Ihre Blütenbiologie ist sehr vielseitig und bietet dem botanisch interessierten Aquarianer vielfältige Beobachtungsmöglichkeiten. Die Blüten sind meist eingeschlechtlich und zweihäusig verteilt, so daß man weibliche und männliche Pflanzen unterscheiden kann. Da die Vermehrung für die Aquaristik ausschließlich vegetativ erfolgt, treffen wir bei den einzelnen Arten zum Teil nur eines der beiden Geschlechter an.

Egeria densa (Taf. 166)
PLANCHON
Argentinische Wasserpest

Östliches Südamerika. In verschiedenen Gebieten der Erde eingebürgert.

Im Boden wurzelnde oder frei flutende, sich intensiv verzweigende Stengelpflanze. Blätter in drei- bis fünfzähligen Quirlen, lineal, abgerundet bis zugespitzt, bis 4 cm lang und 5 mm breit, unregelmäßig wellig, meist leicht zurückgekrümmt.

Die anspruchslose Art kann bei Temperaturen von 15 bis 25 °C kultiviert werden und ist daher vielseitig verwendbar. Sie eignet sich als Gruppenpflanze vor allem für den Hintergrund und die seitlichen Beckenpartien. Da die Sprosse rasch zur Wasseroberfläche wachsen, müssen sie öfter eingekürzt werden. Statt dessen kann man auch ältere Sproßabschnitte entfernen und die Spitzen neu stecken. Wächst auch flutend gut. Die intensive Verzweigung flutender Sprosse führt zu einem dichten Filz, der sich für Zuchtbecken und Absetzbecken eignet. Bei hellem Stand produziert die Art viel Sauerstoff, der in Form kleiner Bläschen austreten kann. Sie wird in wissenschaftlichen Laboratorien, aber auch im Schulunterricht, für physiologische Versuche verwendet. Vermehrung durch Stecklinge oder Teilung flutender Sprosse. In Kultur sind männliche und weibliche Pflanzen. Die dreizähligen, weißen Blüten erscheinen über dem Wasserspiegel. Sie sind in freier Natur auf Insektenbestäubung angewiesen.

Egeria najas (Taf. 165)
PLANCHON
Nixkraut-Wasserpest

Östliches Südamerika.

Im Boden wurzelnde oder frei flutende, sich intensiv verzweigende Stengelpflanze. Blätter in vier- bis achtzähligen Quirlen, lineal, spitz, bis 2,5 cm lang und 2 mm breit. Sie wirkt im Vergleich zu *E. densa* zierlicher und dichtblättriger.

Verwendung und Pflege, wie bei *E. densa* angegeben. In Kultur sind nur weibliche Pflanzen.

Elodea canadensis (Taf. 166, Abb. 163)
RICHARD
Kanadische Wasserpest

Nordamerika. In vielen Gebieten der Erde, auch in Europa eingebürgert.

Im Boden wurzelnde oder frei flutende, sich intensiv verzweigende Stengelpflanze. Blätter in der Regel in dreizähligen, seltener in vier- oder fünfzähligen Quirlen, lineal, abgerundet, bis 1 cm lang und bis 3 mm breit, gleichmäßig bogig zurückgeschlagen.

Die anspruchslose Art kann man gelegentlich selbst sammeln. Sie eignet sich nur für das Kaltwasseraquarium. Im Winter bildet sie gedrungene Winterknospen. In Kultur sind nur weibliche Pflanzen. Bei ihnen streckt sich ein stielartiger röhrenförmiger Abschnitt so weit, daß die unscheinbare Blütenhülle den Wasserspiegel erreicht und sich auf diesem entfaltet. Bei

Abb. 163 Links: Nuttalls Wasserpest *(Elodea nuttallii)*. Rechts: Kanadische Wasserpest *(E. canadensis)*

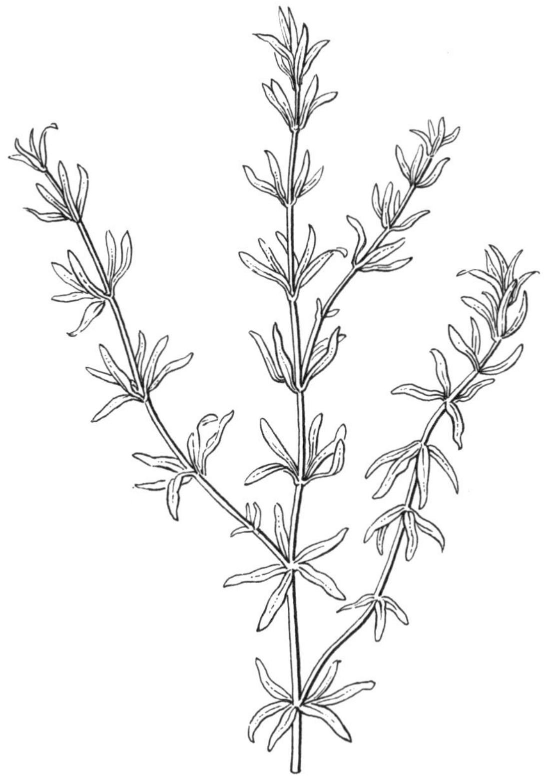

Abb. 164 Grundnessel *(Hydrilla verticillata)*

der natürlichen Bestäubung schwimmt der Pollen auf der Wasseroberfläche und erreicht so die weibliche Blüte.

Gelegentlich wird auch *Elodea nuttallii* gepflegt, deren Blätter spitz und in sich gedreht sind, so daß die Pflanze im Vergleich zu *E. canadensis* krauser wirkt (Abb. 163).

Hydrilla verticillata (Abb. 164)
Caspary
Grundnessel

Europa und Asien, stellenweise auch in anderen tropischen und subtropischen Gebieten.

Im Boden wurzelnde oder frei flutende, sich intensiv verzweigende Stengelpflanze mit Ausläufern. Blätter in der Regel in vierzähligen, seltener in fünfzähligen Quirlen, lineal, zugespitzt, bis 2 cm lang und 3 mm breit, dunkelgrün, gerade abstehend oder leicht zurückgeschlagen, Blattrand fein gezähnt, Mittelnerv oft rötlich.

Die Grundnessel ist entsprechend ihrer weiten Verbreitung von den gemäßigten Breiten der Nordhalbkugel bis in die Tropen sehr temperaturtolerant. Sie kann wie *Egeria densa* verwendet werden. Im Kaltwasseraquarium bleibt sie auch im Winter in Vegetation, muß allerdings mindestens 10 Stunden Licht erhalten. Das Geschlecht der kultivierten Pflanzen ist nicht bekannt. Besonders die Jungfische Lebendgebärender Zahnkarpfen verstecken sich gern in flutenden *Hydrilla*-Polstern.

Lagarosiphon madagascariensis
Caspary
Madagassische Wasserpest

Madagaskar.

Im Boden wurzelnde oder frei flutende, sich intensiv verzweigende Stengelpflanze. Blätter wechselständig bis quirlig, lineal, spitz, bis 1,5 cm lang und bis 1 mm breit, hellgrün, gerade oder nur leicht zurückgeschlagen.

Die Art kommt als Gruppenpflanze in den mittleren Beckenpartien gut zur Wirkung. Öfteres Einkürzen führt zu dichten Beständen. Sie kann aber auch flutend, wie bei *Egeria densa* angegeben, verwendet werden. Heller Stand und Temperaturen über 20 °C sind zu empfehlen. Eingeführt wurden sowohl ♀♀ als auch ♂♂. Die weiblichen Blüten wachsen, wie bei *Elodea canadensis* geschildert, zum Wasserspiegel. Die Knospen der männlichen Blüten lösen sich von der Pflanze, steigen zur Wasseroberfläche und öffnen sich hier. Sie schwimmen mit ihren umgeschlagenen Kelchblättern, drei aufrecht stehende, sterile Staubblätter wirken wie Segel. Die drei fertilen Staubblätter sind dagegen horizontal orientiert. Der Pollen kann so beim Andriften an weibliche Blüten direkt an den Narben abgestreift werden.

Lagarosiphon major (Taf. 165)
(Ridley) Moss
Krause Wasserpest

Südafrika.

Im Boden wurzelnde oder frei flutende, sich intensiv verzweigende Stengelpflanze. Blätter wechselständig bis quirlig, lineal, spitz, bis 2 cm lang und 3 mm breit, dunkelgrün, stets nach rückwärts eingerollt.

Die Art eignet sich nur für das Kaltwasseraquarium. Sie bildet dort bei guten Lichtverhältnissen gedrungene und dichtblättrige Sprosse. Bei höheren Temperaturen wird die Pflanze unansehnlich. In Kultur sind nur weibliche Pflanzen.

Die Einführung in die Aquaristik erfolgte unter der Bezeichnung *Elodea crispa*. Später findet sich in der Literatur oft der Name *Lagarosiphon muscoides* var. *major*.

Ottelia alismoides (Taf. 170, Abb. 165)
(Linnaeus Persoon)
Froschlöffelähnliche Ottelie

Nordafrika, Südostasien, Nordaustralien. In den oberitalienischen Reisanbaugebieten eingebürgert.

Im Boden wurzelnde Rosettenpflanze. Blätter bis 50 cm lang, anfangs kurz gestielt mit lanzettlichen Spreiten, später mit langen zerbrechlichen Stielen und mit rundlichen, eiförmigen oder herzförmigen zarten Spreiten. Die Spreitenränder älterer Blätter oft aufwärts gebogen. Die Spreitenflächen meist schwach bullos.

Eine schöne Pflanze für geräumige Aquarien, die

Abb. 165 Froschlöffelähnliche Ottelie *(Ottelia alismoides)*

ziemlich viel Platz beansprucht. Sie benötigt viel Licht und Temperaturen zwischen 20 und 30 °C. Vermehrung ist nur durch Aussaat möglich. Die zwittrigen Blüten wachsen mit langen Stielen zur Wasseroberfläche. Nach dem Blühen wird die reifende Frucht durch Krümmungen des Stieles unter Wasser gezogen. Alle Blüten setzen auch ohne künstliche Bestäubung Samen an. Den Reifegrad der Frucht kann man nicht erkennen, sie sollte deshalb eingebunden oder nach 14 Tagen abgeschnitten und in ein kleines Gefäß übertragen werden. Zur Keimung sind Temperaturen um 25 °C notwendig. Der Keimerfolg ist sehr unterschiedlich.

Abb. 166 Links weibliche und rechts männliche Blüte der Vallisnerie *(Vallisneria spiralis)*

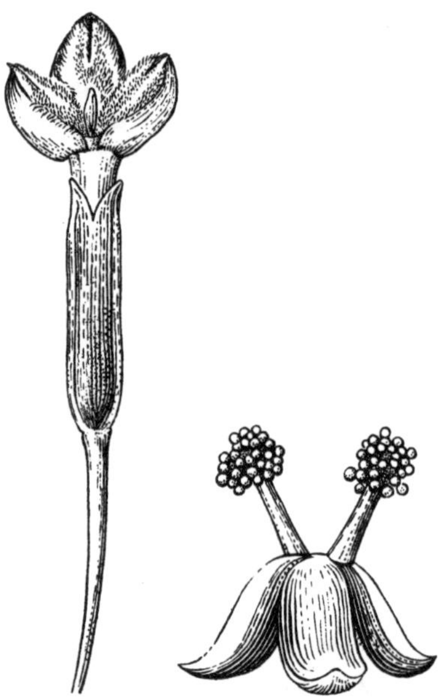

Stratiotes aloides (Taf. 152)
LINNAEUS
Krebsschere, Wasseraloe

Europa, Nordasien.

An der Wasseroberfläche schwimmende oder untergetaucht wachsende Rosettenpflanze mit Ausläufern. Blätter lineal, lang zugespitzt, bis 40 cm lang und bis 3 cm breit, hellgrün bis olivgrün. Blattrand stachelig gezähnt.

Die Pflanze eignet sich für das Kaltwasseraquarium, verträgt aber auch höhere Temperaturen. Sie bleibt im Winter in Vegetation. An schwimmenden Pflanzen erscheinen im Sommer die eingeschlechtlichen und zweihäusig verteilten weißen Blüten.

Vallisneria gigantea
GRAEBNER
Riesenvallisnerie

Tropisches Südostasien.

Im Boden wurzelnde Rosettenpflanze mit Ausläufern. Blätter lineal, Vorderende abgerundet, meist bis 100 cm, selten bis 150 cm lang und 2 cm breit, hell- bis mittelgrün. Blattrand flach oder wulstig verdickt.

Lichtliebende Art, die sich nur für hohe Aquarien eignet. In niedrigen Aquarien entsteht schnell ein dichter Oberflächenfilz. Optimale Temperatur 20 bis 30 °C. In Kultur sind weibliche und männliche Pflanzen.

Vallisneria spiralis (Abb. 166)
LINNAEUS
Vallisnerie, Sumpfschraube

Südeuropa, Nordafrika.

Im Boden wurzelnde Rosettenpflanze mit Ausläufern. Blätter lineal, Vorderende abgerundet, bis 80 cm lang und 4 bis 8 mm breit. Alle Längsnerven in der Blattspitze endend. Verwechslungsmöglichkeit besteht mit großen Exemplaren von *Sagittaria subulata*.

Die schon über 100 Jahre kultivierte Art ist eine der anspruchslosesten und am stärksten verbreiteten Aquarienpflanzen. Sie benötigt einen hellen Stand und Temperaturen von 18 bis 30 °C und eignet sich besonders für Gruppenpflanzungen in höheren Bekken. In niedrigen Aquarien legen sich die oberen Abschnitte der langen Blätter unter die Wasseroberfläche. Allgemein wird die Pflanze nur vegetativ, durch Ableger, vermehrt. Sie entstehen in großer Zahl an den Ausläufern. Da beide Geschlechter in Kultur sind, ist auch eine geschlechtliche Vermehrung möglich. Die oft erscheinenden weiblichen Blüten (Abb. 166) wachsen an langen Stielen zur Wasseroberfläche, wo sie in waagerechter Lage fluten. Sie sind zunächst von einem Hüllblatt (Spatha) umge-

Abb. 167 Links: Ulvablättrige Wasserähre *(Aponogeton ulvaceus)*. Rechts: Krause Wasserähre *(A. crispus)*

ben. Von der Blütenhülle treten nur die drei grünlichen Kelchblätter in Erscheinung, auf denen die Narbenäste liegen. Die winzigen männlichen Blüten (Abb. 166) entwickeln sich in großer Zahl an der Basis der männlichen Pflanzen und sind ebenfalls von einem häutigen Hüllblatt eingeschlossen. Bei ihrer Reife lösen sie sich ab und steigen zur Wasseroberfläche. Dort schlagen sie ihre kleinen Kelchblätter nach rückwärts und können so, auf der Wasseroberfläche schwimmend, an die weiblichen Blüten gelangen und damit den Pollen übertragen. Sie besitzen zwei Staubblätter. Wegen ihrer Kleinheit werden sie meist übersehen. Nach der Befruchtung wird die reifende Frucht durch den sich spiralig verkürzenden Stiel meist ins Wasser gezogen. Die ausgewachsene Frucht schneidet man ab und überführt sie in ein gesondertes Gefäß. Die etwa 1,2 mm langen Samen werden durch Zerfall der Frucht frei und beginnen bei Temperaturen über 20 °C bald zu keimen.

Von *V. spiralis* existieren verschiedene Formen unsicherer Entstehung und Herkunft, die unter Händlernamen, wie *»V. portugalensis«*, angeboten werden. Es sind Pflanzen mit besonders stark schraubig gedrehten und zum Teil rötlich angelaufenen Blättern. Auch eine niedrige Form mit nur 2 mm breiten Blättern ist bekannt. Sehr interessant ist auch eine aus Vietnam stammende, relativ breitblättrige Pflanze (*Vallisneria* spec., Taf. 168).

Familie Aponogetonaceae Wasserährengewächse

Zur Familie der Wasserährengewächse gehört nur die Gattung *Aponogeton* mit etwa 50 Arten in Afrika, Südostasien und Australien. Die meisten Vertreter leben ständig untergetaucht, einige sind Sumpfpflanzen. Viele durchlaufen Ruheperioden, wenn die Gewässer trockenfallen oder die Temperatur absinkt. Die Pflanzen besitzen walzenförmige Rhizome oder Knollen mit zarten Wurzeln und grundständigen Blattrosetten. Die untergetaucht lebenden Arten haben nur Wasserblätter oder Wasser- und Schwimmblätter oder nur Schwimmblätter. Die Blütenstände erscheinen über der Wasseroberfläche. Sie sind anfangs von einem Hüllblatt (Spatha) schützend umgeben und bestehen je nach Art aus einer Ähre oder bis zu vier Ähren. Die stark reduzierte Blütenhülle ist in der Regel nur aus zwei Blütenblättern aufgebaut. Die farbigen Blütenstände ergrünen bei der Fruchtreife (Taf. 171).

Aponogeton crispus (Taf. 167, Abb. 167)
THUNBERG
Krause Wasserähre

Sri Lanka.

Knollenpflanze mit grundständiger Blattrosette. Die gestielten Blätter können bis 50 cm lang werden, bleiben aber meist kleiner. Blattspreiten sehr variabel, schmal bis breit lanzettlich, zugespitzt oder abgerundet, hell- bis dunkelgrün, seltener rötlich,

Spreitenrand gewellt bis gekräuselt. Blütenstand einährig, weiß oder blaßviolett.

Anspruchslose, lichthungrige Pflanze, deren Temperaturoptimum zwischen 20 und 25 °C liegt. Manche Exemplare durchlaufen auch im Aquarium Ruheperioden, in denen sämtliche Blätter abgeworfen werden. Vermehrung nur durch Aussaat möglich. Samenansatz vielfach auch nach künstlicher Bestäubung nicht sicher. Die reifenden Fruchtstände müssen eingebunden oder nach einiger Zeit abgeschnitten und in gesonderten Gefäßen aufbewahrt werden. Ohne diese Maßnahmen gehen die Samen leicht verloren. Die Keimung beginnt unmittelbar nach dem Ausfallen. Die Keimpflänzchen entwickeln sich am besten, wenn man sie ungestört schwimmen läßt. Nach genügender Erstarkung sinken sie zu Boden und verankern sich dort selbst.

Abb. 168 Blätter verschiedener Formen der Gitterpflanze *(Aponogeton madagascariensis)*

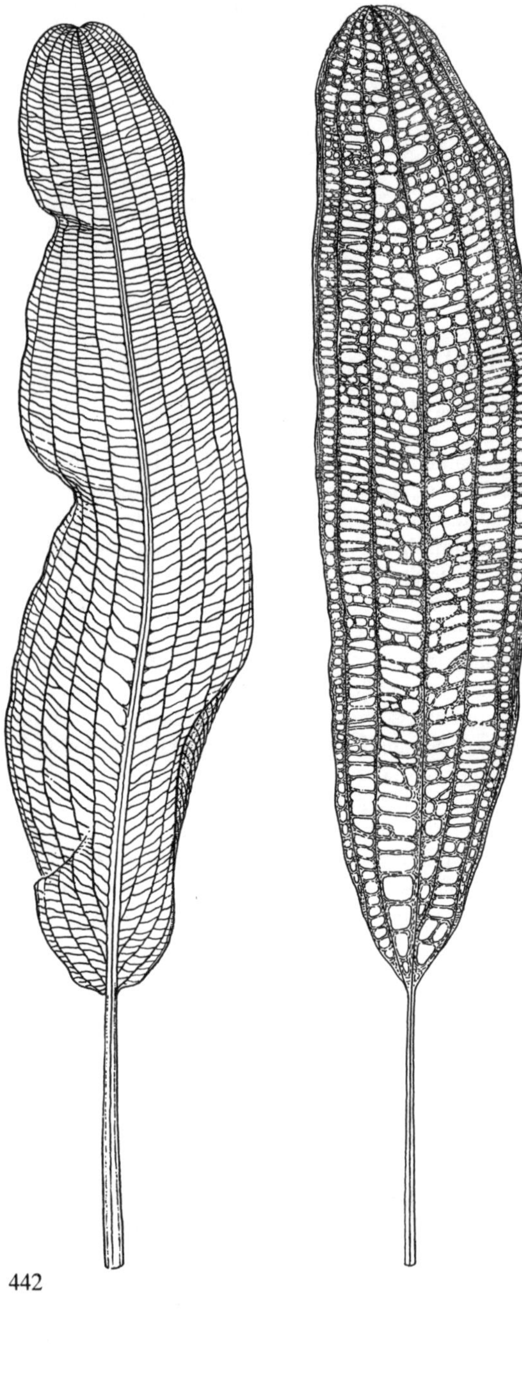

Die meisten in Aquarien gepflegten Wasserähren gehören zu *A. crispus*. Auch *A. undulatus* der alten Aquarienliteratur ist hier einzuordnen. Die Ursachen der großen Variabilität der Aquariensippe müssen noch geklärt werden. Auch Kreuzungen haben dabei eine Rolle gespielt.

Aponogeton madagascariensis (Abb. 168)
(MIRBEL) VAN BRUGGEN
Gitterpflanze

Madagaskar.

Knollenpflanze mit grundständiger Blattrosette. Die gestielten Blätter bis 40 cm lang, ihre Blattspreiten lanzettlich bis länglich elliptisch, das Blattgewebe zwischen den Nerven stellenweise oder vollständig fehlend. Blütenstand zwei- bis mehrährig, weiß oder blaßviolett.

In botanischen Gärten ist die Gitterpflanze schon erfolgreich kultiviert und vermehrt worden. Dagegen gibt es bei Versuchen, sie im Aquarium zu kultivieren, immer wieder Schwierigkeiten. Auf Grund der zahlreichen Importe für die Aquaristik ist die Art in ihrem Bestand bereits gefährdet. Bei der Pflege scheinen Frischwassergaben und geringe Wasserhärte ausschlaggebend zu sein. Temperatur 15 bis 25 °C.

Unter *A. madagascariensis* werden zur Zeit alle madagassischen Sippen mit vollständig oder teilweise gegitterten Blättern zusammengefaßt, da zwischen ihnen Übergänge bestehen sollen. Es handelt sich dabei um *A. fenestralis, A. fenestralis* var. *guilottii, A. henkelianus* und *A. bernerianus* der älteren Aquarienliteratur.

Aponogeton ulvaceus (Taf. 171, Abb. 167)
BAKER
Ulvablättrige Wasserähre

Madagaskar.

Knollenpflanze mit grundständiger Blattrosette. Blätter gestielt, bis 40 cm lang, Blattspreiten breit lanzettlich bis elliptisch, zart, hellgrün, mit schwach gewelltem Rand. Blütenstand zweiährig, gelblich.

Die Art ist eine dekorative Solitärpflanze, die hell bis leicht schattig stehen kann. Optimale Temperatur 15 bis 25 °C. Vermehrung nur über Samen möglich, siehe dazu bei *A. crispus*. Für eine erfolgreiche Bestäubung sind zwei gleichzeitig blühende Pflanzen erforderlich, da bei Selbstbestäubung kein Samenansatz erfolgt.

Aponogeton undulatus
ROXBURGH
Gewellte Wasserähre

Vorderindien.

Knollenpflanze mit grundständiger Blattrosette. Blätter gestielt, bis 40 cm lang, Blattspreiten lanzettlich oder elliptisch, über die gesamte Spreitenfläche unregelmäßig angeordnete transparente Felder, Spreitenrand leicht gewellt. Gelegentlich treten Schwimmblätter auf. Blütenstand einährig, weiß.

Die Art wird wie *A. crispus* verwendet und gepflegt. Die Blütenstände sind nur sehr selten normal entwickelt. In der Regel endet ihr langer Schaft mit einer Adventivpflanze, die frühzeitig eine kleine Knolle bildet. Bei ungestörter Entwicklung entstehen durch Verzweigung weitere Adventivpflanzen. Nach Wurzelbildung und genügender Erstarkung können diese eingepflanzt werden. Von *A. undulatus* gibt es mehrere Formen, die sich vor allem durch die Breite ihrer Blattspreiten unterscheiden.

Familie Potamogetonaceae
Laichkrautgewächse

Die Familie der Laichkrautgewächse ist über die ganze Erde verbreitet. Von den etwa 120 Arten leben die meisten im Süßwasser, einige kommen im Brack- und Meerwasser vor. Viele Arten sind ausdauernd und bilden im Boden kriechende Ausläufer, von denen aufrechte Sprosse mit wechselständiger Beblätterung ausgehen. Die Blätter sind sehr unterschiedlich gestaltet und oft von dekorativem Aussehen. Bei einigen Arten treten Schwimmblätter auf. Die Blütenstände sind ähnlich denen der Aponogetonaceen gestaltet, die Blüten selbst kompliziert gebaut.

In unserer einheimischen Flora kommen mehrere *Potamogeton*-Arten vor, zum Beispiel *P. crispus, P. lucens, P. pectinatus* oder *P. perfoliatus*. Sie lassen sich im Kaltwasseraquarium bedingt kultivieren und bleiben den Winter über in Vegetation oder überdauern in Form verdickter Ausläuferenden. Es sind aber auch Arten tropischer und subtropischer Herkunft in Kultur, wie der schmalblättrige *P. gayi* aus Südamerika, oder noch unbestimmte Sippen aus Südostasien und Afrika mit breiteren lanzettlichen Blattspreiten.

Familie Najadaceae
Nixkrautgewächse

Zur Familie oder Nixkrautgewächse gehören etwa 40 Arten, die fast über die ganze Erde verbreitet sind und im Süß-, Brack- und zum Teil auch Meerwasser vorkommen. Die im Bodengrund wurzelnden oder frei flutenden, sich intensiv verzweigenden Stengelpflanzen haben sehr schmale Blätter. Ihre kleinen, unscheinbaren, eingeschlechtlichen, blattachselständigen Blüten bleiben untergetaucht, und die Bestäubung vollzieht sich im Wasser. Im Aquarium können sie als Gruppenpflanzen verwendet werden, wirken aber auch an der Wasseroberfläche flutend. Durch ihre Verfilzung eignen sie sich für Zucht- und Absetzbecken. Die kultivierten Sippen werden unter verschiedenen Namen, wie *N. indica* oder *N. guadelupensis* (Taf. 169), angeboten, jedoch sind alle Bezeichnungen unsicher.

Familie Amaryllidaceae
Narzissengewächse

Die Narzissengewächse sind durch viele Zierpflanzen allgemein bekannt. Zu dieser Familie gehören etwa 1000 Arten, die durch den Besitz von Rhizomen, Knollen und Zwiebeln fähig sind, ungünstige Vegetationsabschnitte in einem Ruhestadium zu überdauern. Zu der tropisch verbreiteten Gattung *Crinum* (Hakenlilie) gehören einige Arten, die in ihrer Heimat zeitweise überflutet werden und dann wieder völlig trocken stehen. Von diesen werden in Aquarien gelegentlich *C. thaianum* mit langen, schmalen Blättern und verschiedene Formen von *C. natans* (Taf. 170) mit gewellten oder gekräuselten Blatträndern gepflegt. Die Raritäten lassen sich weder vegetativ noch generativ ergiebig vermehren. In der älteren Aquarienliteratur wird noch *C. purpurascens* genannt, die jedoch submers nicht gut wächst.

Familie Pontederiaceae
Wasserhyazinthengewächse

Zu den Wasserhyazinthengewächsen gehören etwa 30 vorwiegend tropische und subtropische Arten. Alle Vertreter sind Sumpf- oder Wasserpflanzen, einige eignen sich für die Kultur im Aquarium.

Eichhornia azurea (Taf. 170, 171)
(SWARTZ) KUNTH
Azurblaue Wasserhyazinthe

Tropisches Südamerika.

In der Regel an der Wasseroberfläche und auf sumpfigem Boden kriechend wachsende Stengelpflanze mit schwacher Verzweigung und wechselständig angeordneten Blättern. Sie bildet bei Überstauung eine Unterwasserform aus, deren Blätter lineal, abgerundet, bis 10 cm lang und 8 mm breit und streng zweizeilig gestellt sind. Die dekorativen blauen Blüten stehen in ährigen Blütenständen.

Der Wasserform muß man viel Aufmerksamkeit schenken, da die submersen Triebe stets zur Wasseroberfläche streben und dort in Stiel und rundliche Spreite gegliederte Luftblätter bilden. Nach dem Erreichen der Wasseroberfläche gehen die submersen Blätter zugrunde. Die Sprossen sollten deshalb oft eingekürzt und die Spitzen neu gesteckt werden. Die Pflanze benötigt einen hellen Platz und Temperaturen über 20 °C.

Die Art ist eine ausgesprochene Liebhaberpflanze und deshalb nur relativ selten in Aquarien anzutreffen.

Eichhornia crassipes (Taf. 171)
(MARTIUS) SOLMS
Wasserhyazinthe

Tropisches und subtropisches Südamerika. Heute in vielen wärmeren Gebieten der Erde eingebürgert und zum Teil lästiges Unkraut.

An der Wasseroberfläche schwimmende Rosettenpflanze mit intensiver Ausläuferbildung. Blattstiele mit unterschiedlich starken Anschwellungen, die ein schwammiges Luftgewebe enthalten. Die blaßvioletten Blüten in ährigen Blütenständen.

Die Schwimmpflanze ist nur bedingt für Aquarien geeignet.

Heteranthera zosteraefolia (Taf. 170)
MARTIUS
Seegrasblättriges Trugkölbchen

Südamerika.

Stengelpflanze mit guter Verzweigung und wechselständiger Blattstellung. Wasserblätter lineal, spitz, bis 5 cm lang und 7 mm breit, hellgrün. Bei Erreichen der Wasseroberfläche werden kleine, deutlich gestielte Schwimmblätter mit lanzettlichen bis elliptischen Spreiten gebildet. Die unscheinbaren ährigen Blütenstände mit nur wenigen bläulichen Blüten.

Die Pflanze weicht durch ihre schmalen, wechselständig angeordneten Blätter deutlich von der Mehrzahl der Stengelpflanzen ab. Sie sollte immer in Gruppen gepflanzt werden, benötigt einen hellen Stand und Temperaturen zwischen 20 und 30 °C. Vermehrung durch Stecklinge, sie wächst auch emers.

Zosterella dubia (Taf. 153)
(JAQUIN) SMALL
Zweifelhaftes Trugkölbchen

Mittleres und südliches Nordamerika, Westindische Inseln.

Stengelpflanze mit intensiver Verzweigung und wechselständig angeordneten Blättern. Blattspreiten lineal, stumpf, bis 10 cm lang und 5 mm breit, olivgrün. Die leuchtend gelben Blüten stehen einzeln.

Anspruchslose Pflanze für helle bis leicht schattige Standorte. Optimale Temperatur zwischen 15 und 25 °C. Durch die schmalen, langen Blätter als Gruppenpflanze dekorativ. Wachstum meist so stark, daß öfter eingekürzt werden muß. Vermehrung durch Stecklinge. Früher wurde die Art der Gattung *Heteranthera* zugeordnet.

Familie Mayacaceae
Mooskrautgewächse

Die Mooskrautgewächse sind eine kleine, in Amerika verbreitete Familie mit etwa 10 Arten. Alle Vertreter kommen an sumpfigen Standorten oder im Wasser vor.

Mayaca fluviatilis
AUBLET
Flutendes Mooskraut

Südliches Nordamerika, Westindische Inseln.

Kleine Stengelpflanze mit mäßiger Verzweigung und dicht wechselständig angeordneten Blättern. Blattspreiten lineal, spitz, bis 1 cm lang und etwa 1 mm breit.

Die schöne, selten gepflegte Gruppenpflanze kann hell bis leicht schattig stehen, Temperaturen um 25 °C. Vermehrung durch Stecklinge, sie wächst auch emers. Früher als *M. vandellii* bekannt.

Familie Cyperaceae
Riedgrasgewächse

Zu der über die ganze Erde verbreiteten Familie der Riedgrasgewächse gehören etwa 3000 Arten von gras- oder binsenartigem Habitus und mit Blütenständen aus unscheinbaren, reduzierten Blüten, die vom Wind bestäubt werden. Sie besiedeln die verschiedensten Standorte, so zum Beispiel Wälder und Trockenrasen, aber auch nasse und saure Böden. Viele leben in Sümpfen und Gewässern, einige davon eignen sich für die Kultur im Aquarium.

In der Anfangszeit der Aquaristik wurden vielfach Arten der Gattung *Cyperus* gepflegt, zum Beispiel *C. alternifolius* aus Madagaskar. Da die Art stets über den Wasserspiegel hinauswächst und ziemlich groß wird, hat sie heute für die Aquarienkultur keine Bedeutung mehr.

Abb. 169 Nadelsimse *(Eleocharis acicularis)*

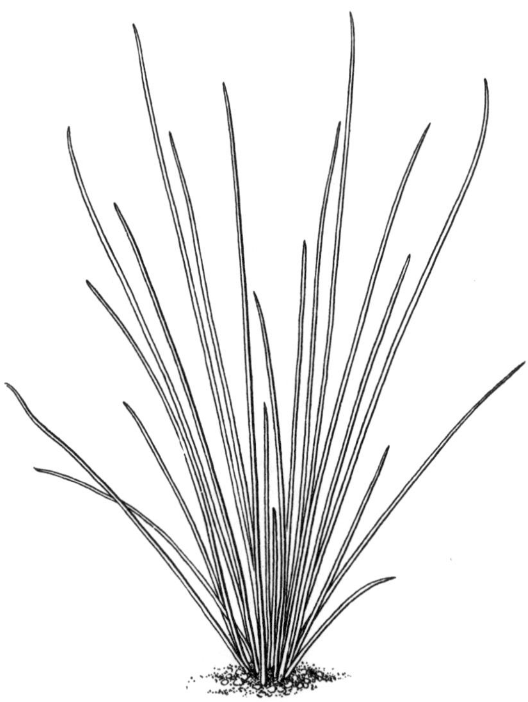

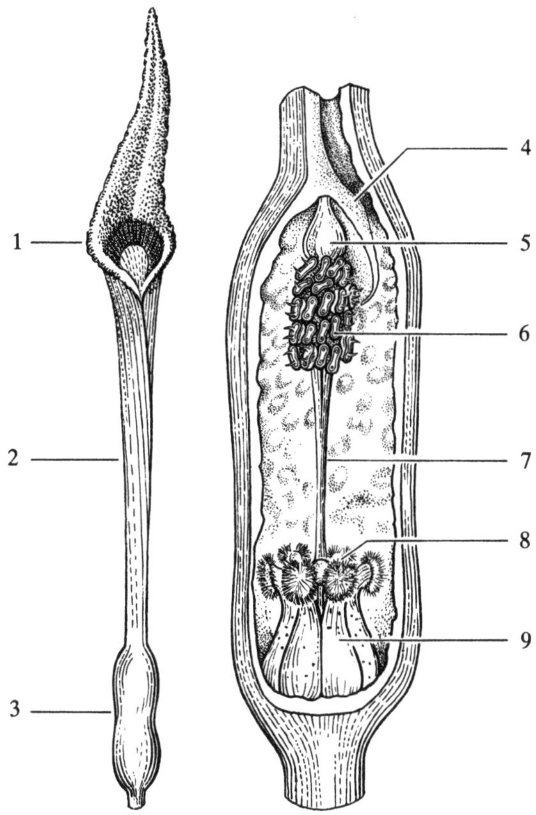

Abb. 170 Bau des von einem Hochblatt (Spatha) eingehüllten Blütenstandes beim Wasserkelch *(Cryptocoryne)*. 1 Spathaspreite, 2 Röhre, 3 Kessel, 4 Verschlußklappe, 5 Ende der Blütenstandsachse, 6 Staubblätter, 7 Zwischenstück der Blütenstandsachse, 8 Narben, 9 Fruchtknoten

Eleocharis acicularis (Abb. 169)
(LINNAEUS) R. BROWN
Nadelsimse

Amerika, Europa, Asien, Australien.

Rosettenpflanze mit intensiver Ausläuferbildung. Blätter binsenförmig, bis 10 cm lang und 0,5 mm breit, hellgrün.

Die Art ist eine ideale, auch im Winter in Vegetation bleibende Vordergrundpflanze für Kaltwasseraquarien. Durch ihre Ausläufer bilden sich im Laufe der Zeit dichte Rasen. Zur Anregung des Wuchses sollten ältere Bestände gelegentlich etwas gelichtet werden. *E. acicularis* kann auch im Warmwasseraquarium verwendet werden, benötigt hier aber einen sehr hellen Platz. Emerse Kultur möglich.

Eleocharis vivipara
LINK
Regenschirmpflanze

Südöstliches Nordamerika.

Rosettenpflanze. Blätter binsenförmig, bis 40 cm lang und 0,5 mm breit, hellgrün. Die ebenso gestalteten Blütenstandsachsen bilden kurz unterhalb ihrer Spitze anstelle von Blüten Adventivpflanzen aus. Bei diesen kann sich der Vorgang wiederholen, so daß mehrere Generationen etagenartig übereinander sitzen können.

Zur vollen Entfaltung ihrer Schönheit benötigt die Pflanze hohe Becken und viel Licht. Vermehrung durch Abtrennen von Adventivpflanzen.

Familie Araceae
Aronstabgewächse

Zu den Aronstabgewächsen gehören etwa 2000 Arten, meist Stauden mit Rhizomen, Knollen und Ausläufern, aber auch Lianen und Epiphyten. Ihr Verbreitungsschwerpunkt liegt in den Tropen und Subtropen. Eine große Zahl von Arten siedelt in Sumpfgebieten, manche leben untergetaucht.

Die Blütenstände bestehen in der Regel aus einem unteren weiblichen und einem oberen männlichen Abschnitt. Die Blüten selbst sind stark vereinfacht und unscheinbar. Zur optischen Anlockung der bestäubenden Insekten ist der Blütenstand meist von einem unterschiedlich gestalteten und gefärbten Hochblatt umgeben, das als Spatha bezeichnet wird. Bei den meisten Arten der aquaristisch bedeutenden Gattung *Cryptocoryne* ist diese Spatha zu einer geschlossenen Röhre verwachsen (Abb. 170).

Anubias barteri var. nana (Taf. 171, 172)
SCHOTT
Barters Speerblatt

Tropisches Westafrika.

Rhizompflanze mit wechselständig angeordneten, im Spitzenbereich rosettig gedrängt stehenden, gestielten Blättern. Blattspreiten eiförmig, bis 6 cm lang und 4 cm breit, derb, dunkelgrün. Der Blütenstand mit seiner weißen Spatha wird nur bei Sumpfkultur gebildet.

Sehr langsam wachsende Pflanze, die im Vordergrund und in den mittleren Beckenpartien verwendet werden kann. Das Rhizom sollte beim Einpflanzen nicht mit Bodengrund überdeckt werden. Durch mäßige Rhizomverzweigung entstehen allmählich dichte Gruppen. Heller bis leicht schattiger Stand, Temperaturen über 20 °C. Vermehrung durch Abtrennen von Seitentrieben. Auch andere Varietäten von *A. barteri* sowie weitere Arten der Gattung, zum Beispiel *A. afzelii* (Taf. 171, 172) und *A. heterophylla*, sind als langsam wachsende und pflegeleichte Aquarienpflanzen geeignet.

Cryptocoryne affinis
HOOKER filius
Härtels Wasserkelch

Halbinsel Malakka.

Mittelgroße Art mit dünnen Rhizomen und Ausläufern, Blätter in grundständiger, manchmal aufgelockerter Rosette. Blattspreiten länglich eiförmig, glatt bis leicht gewellt und schwach bullos, glänzend

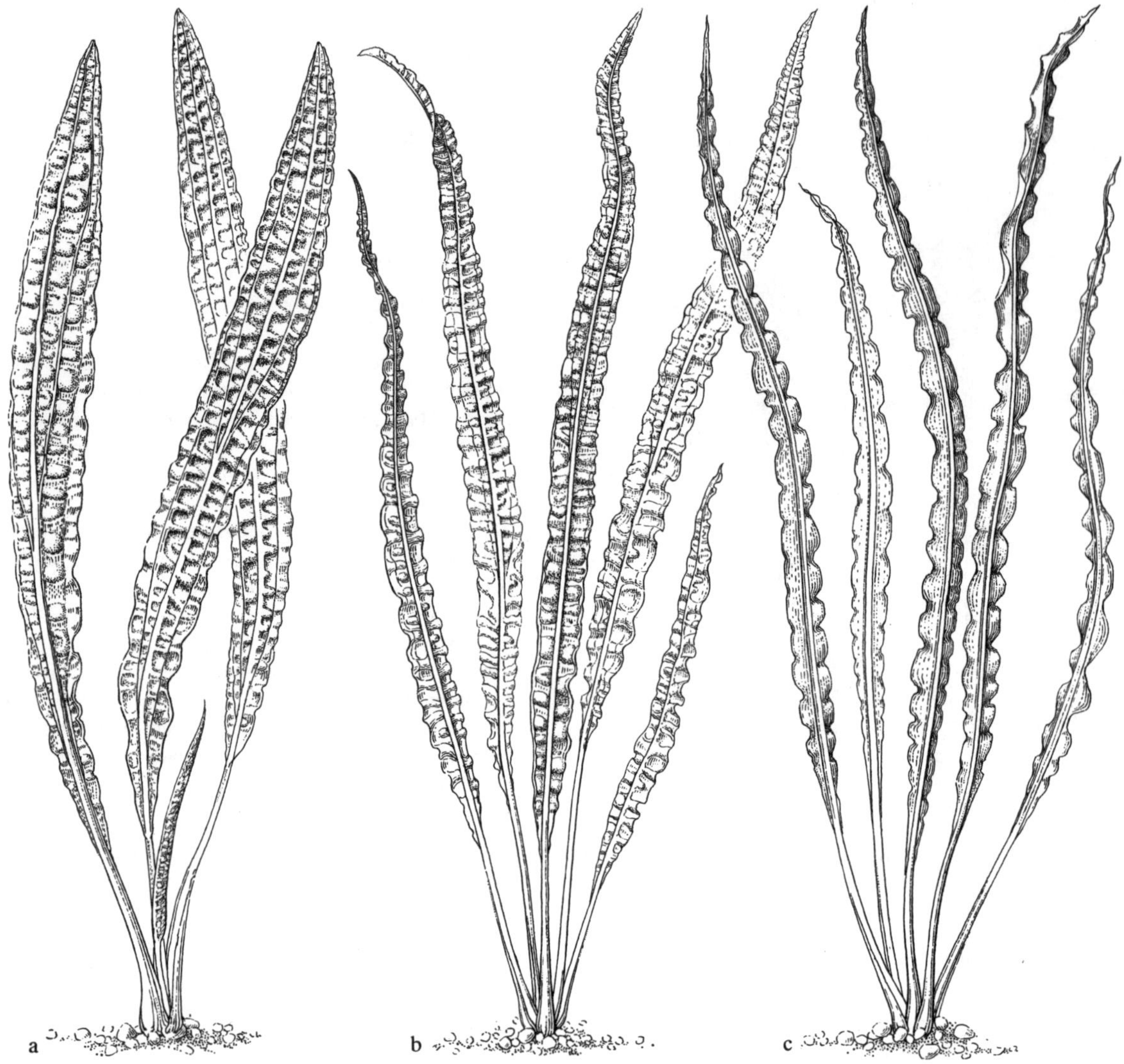

Abb. 171 a) Wasserährenblättriger Wasserkelch *(Cryptocoryne aponogetifolia)*; b) Balansas Wasserkelch *(C. balansae)*; c) Tonkin-Wasserkelch *(C. tonkinensis)*

dunkelgrün, unterseits weißgrün, blaßrötlich oder violett. Spathaspreite sehr langgezogen und mehrmals eng gedreht, dunkelviolett.

Die Art gehört zu den weitverbreiteten und anspruchslosen Vertretern der Gattung. Sie wächst auch bei gedämpftem Licht zufriedenstellend. Optimale Temperatur zwischen 20 und 25 °C. Durch intensive Ausläuferbildung entstehen im Laufe der Zeit dichte Bestände. Wie alle Cryptocorynen entwickelt sie sich am besten bei ungestörtem Wachstum. Kräftige Exemplare blühen gelegentlich. Die Spatha streckt sich dann so weit, daß ihre Öffnung über dem Wasserspiegel liegt. Vermehrung am einfachsten durch Ableger. Man kann auch, wie bei fast allen Cryptocorynen, Ausläufer- und hintere Rhizomabschnitte älterer Pflanzen abtrennen und im Wasser schwimmen lassen. Sie treiben aus ruhenden Knospen und wachsen zu neuen Pflanzen heran.

In der älteren Aquarienliteratur wird die Pflanze als *C. haerteliana* bezeichnet.

Cryptocoryne albida (Taf. 172)
Parker
Weißlicher Wasserkelch

Westliches Hinterindien.

Mittelgroße Art mit dünnen Rhizomen und Ausläufern, Blätter in grundständiger Rosette. Blattspreiten schmal lanzettlich, flach bis leicht gewellt, grün, unterseits weißgrün. Spathaspreite mit kurzer gedrehter Spitze, weißlich mit violetten Punkten und Strichen.

C. albida benötigt hellen bis leicht schattigen Stand und Temperaturen über 20 °C. Die Ausläuferbildung ist gering, sie wächst auch emers. Zu *C. albida* wird heute oft auch *C. costata* (Abb. 173 c) gestellt.

Cryptocoryne aponogetifolia (Abb. 171 a)
Merrill
Wasserährenblättriger Wasserkelch

Philippinen.

Größte Art der Gattung, Rhizome und Ausläufer dünn, Blätter in grundständiger Rosette. Blattspreiten sehr langgezogen lanzettlich, bullos, mittel- bis dunkelgrün. Spathaspreite länglich, mehr oder weniger gedreht, grauviolett.

Die verbreitete und beliebte Art wirkt nur in hohen Aquarien. Ältere Exemplare bilden lange Blattstiele aus, so daß die Blattspreiten zum großen Teil unter der Wasseroberfläche fluten. Sie verträgt leichte Beschattung, mindestens 20 °C. Blütenstände erscheinen bei Aquarienkultur sehr selten. Die Art wird oft fälschlich als *C. usteriana* bezeichnet.

Cryptocoryne balansae (Abb. 171 b)
GAGNEPAIN
Balansas Wasserkelch

Hinterindien.

Große Art mit dünnen Rhizomen und Ausläufern, Blätter in grundständiger Rosette. Blattspreiten langgezogen schmal lanzettlich, unregelmäßig scharf gewellt, hellgrün. Spathaspreite mittellang eng gedreht, weißlich mit violetten Punkten und Strichen.

Die schmal- und langblättrige Pflanze kommt nur in hohen Aquarien bei Gruppenpflanzung gut zur Geltung. Sie sollte hell und bei mindestens 20 °C kultiviert werden. Ausläuferbildung gering, Blütenstände treten bei untergetauchtem Wuchs sehr selten auf. Die Art wächst auch emers. Sie wird heute von manchen Fachleuten als eine Form der sehr variablen Art *C. crispatula* aufgefaßt.

Cryptocoryne beckettii
TRIMEN
Becketts Wasserkelch

Sri Lanka.

Mittelgroße Art mit dünnen Rhizomen und Ausläufern, ihre Blätter in grundständiger Rosette. Blattspreiten länglich eiförmig, am Rande schwach gewellt, olivgrün, manchmal mit dunkleren schrägen Strichen, unterseits blaßgrün und mehr oder weniger rötlich angelaufen. Spathaspreite gelblichgrün mit dunkelbraunem Schlundring.

Die anspruchslose Art ist in der Aquaristik weit verbreitet und gehört zu den ältesten kultivierten Cryptocorynen. Sie bildet im Laufe der Zeit dichte Bestände, verträgt leichte Beschattung und sollte bei mindestens 20 °C kultiviert werden. Blütenstände entwickeln sich nur bei Sumpfkultur.

Cryptocoryne bullosa (Abb. 175 a)
ENGLER
Bulloser Wasserkelch

Kalimantan.

Mittelgroße Art mit dünnen Rhizomen und Ausläufern, Blätter in grundständiger Rosette. Blattspreiten länglich eiförmig, stark bullos, dunkelgrün, unterseits heller gefärbt. Spathaspreite warzig, dunkelrot.

Die schöne Art hat sich bisher nur selten längere Zeit im Aquarium gehalten. Sie wächst auch emers relativ gut.

Cryptocoryne ciliata (Taf. 172)
(ROXBURGH) SCHOTT
Gewimperter Wasserkelch

Südostasien, weit verbreitet.

Große Rhizompflanze mit oder ohne Ausläufer, Blätter in grundständiger Rosette. Blattspreiten lanzettlich bis breit lanzettlich, glatt und derb, mittel- bis dunkelgrün. Spathaspreite rotbraun mit charakteristischen Fransen am Rand (Taf. 172).

Von *C. ciliata* lassen sich in Aquarien nur kleine Pflanzen eine gewisse Zeit lang pflegen. Die Anzahl der Blätter bleibt dabei immer gering. In freier Natur ist die Art eine robuste Sumpfpflanze, die bis 1 m Höhe erreichen kann.

Man unterscheidet zwei Varietäten:
- var. *ciliata:* diploide Pflanzen mit langen kräftigen Ausläufern, Blattspreiten meist schmal (Abb. 172).
- var. *latifolia:* triploide Pflanzen ohne Ausläufer, in den Blattachseln kleine gestauchte Sprosse, die leicht abbrechen und der vegetativen Vermehrung dienen, Blattspreiten meist relativ breit (Abb. 172).

Abb. 172 Gewimperter Wasserkelch. Links: *Cryptocoryne ciliata* var. *latifolia.* Rechts: *Cryptocoryne ciliata* var. *ciliata*

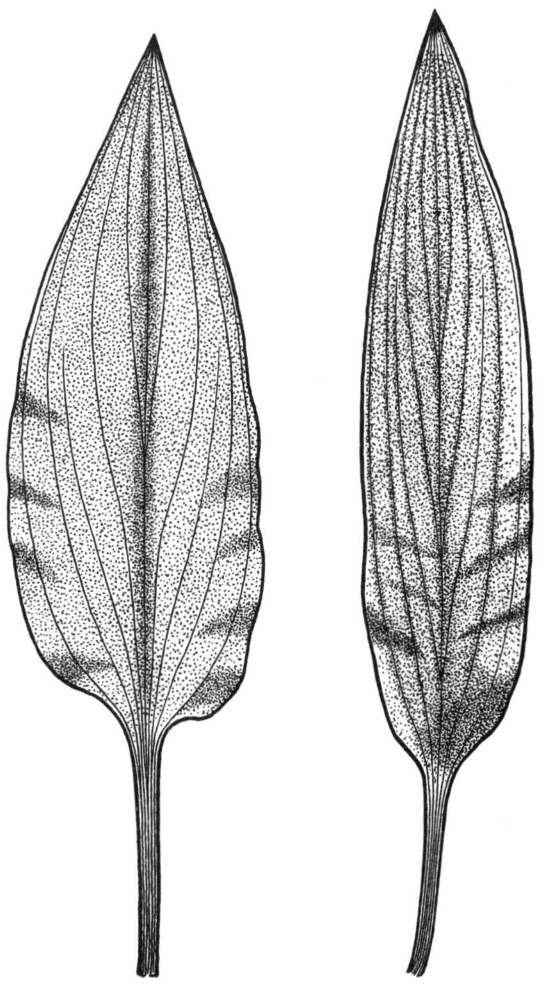

Cryptocoryne cordata (Taf. 172, Abb. 175 d)
GRIFFITH
Herzförmiger Wasserkelch

Halbinsel Malakka.

Große Art mit dünnen Rhizomen und Ausläufern, Blätter in grundständiger Rosette. Blattspreiten breit lanzettlich, elliptisch oder herzförmig, flach bis schwach bullos, grün, olivgrün oder bräunlichgrün, unterseits rot bis violett. Spathaspreite gelb.

Die anspruchslose, großblättrige Pflanze kann je nach Beckengröße als Solitär- oder Gruppenpflanze verwendet werden. Leichte Beschattung wird gut vertragen. Die Temperatur sollte 20 °C nicht unterschreiten. Auch im Aquarium treten gelegentlich Blütenstände auf. Die Spatharöhre verlängert sich dann so weit, daß die Spreite über den Wasserspiegel hinausragt.

C. cordata ist nach heutiger Ansicht eine formenreiche Sippe. Zu ihr gehören die beiden bisher als selbständige Arten aufgefaßten Formen *C. blassii* mit breiten Blattspreiten und *C. siamensis* mit schmaleren Blattspreiten. Zu *C. cordata* wird auch eine Pflanze mit schmalen weißen Streifen auf der Spreitenfläche, die rötlich gesäumt sein können, gerechnet. Sie wurde mit dem Händlernamen »C. rosanervig« eingeführt und später vorläufig als Sorte *C. cordata* »Rosanervig« bezeichnet (Taf. 173).

Abb. 173 a) Willis Wasserkelch *(Cryptocoryne x willisii)*; b) Glänzender Wasserkelch *(C. x lucens)*; c) Kleiner Wasserkelch *(C. parva)*

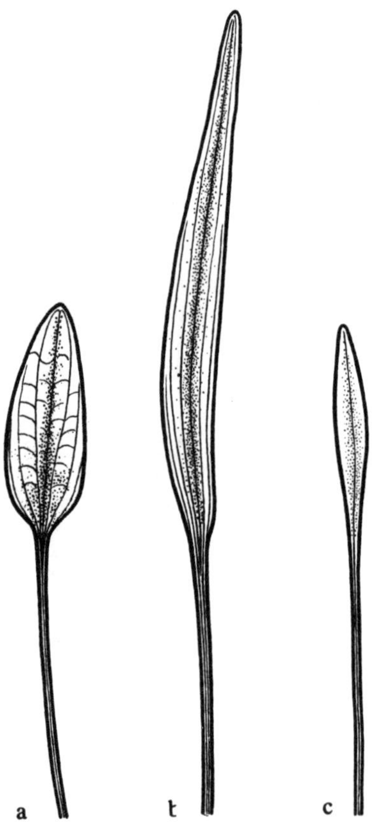

Cryptocoryne x lucens (Taf. 176, Abb. 173 b)
DE WIT
Glänzender Wasserkelch

Sri Lanka.

Kleine Pflanze mit dünnen Rhizomen und Ausläufern, ihre Blätter in grundständiger Rosette. Blattspreiten schmal lanzettlich, glatt, grün. Spathaspreite kurz, braun mit dunkelbraunem bis violettem Schlundring.

Anspruchslos, bildet ständig neue Pflanzen, wegen ihres niedrigen Wuchses vor allem für den Vordergrund des Aquariums geeignet. Die Pflanze muß hell stehen, Mindesttemperaturen um 20 °C. Blütenstände werden nur bei Sumpfkultur gebildet. Es soll sich bei dieser Pflanze um einen Naturbastard zwischen *C. beckettii* und *C. parva* handeln. Siehe auch bei *C. x willisii.*

Cryptocoryne parva (Abb. 173 c)
DE WIT
Kleiner Wasserkelch

Sri Lanka.

Kleinste Art der Gattung, Rhizome und Ausläufer dünn, Blätter in grundständiger Rosette. Blattspreiten lanzettlich, glatt, grün. Spathaspreite sehr kurz, violett mit schwarzviolettem Schlundring.

Diese im Aquarium meist nicht über 5 cm hoch werdende und durch ihre Ausläuferbildung dichte Rasen bildende Pflanze eignet sich vorzüglich für den Vordergrund. Pflege wie bei *C. x lucens* angegeben.

Cryptocoryne petchii (Taf. 174)
TRIMEN
Petchs Wasserkelch

Sri Lanka.

Mittelgroße Art mit dünnen Rhizomen und Ausläufern, Blätter in grundständiger Blattrosette. Blattspreiten länglich eiförmig, am Rande schwach gewellt, graugrün bis dunkelolivgrün mit dunkleren Schrägstrichen, unterseits rötlichviolett. Spathaspreite graugrün mit dunkelbraunem Schlundring.

Durch ihre Blattfärbung sehr ansprechend, Verwendung, wie bei *C. beckettii* angegeben. *Cryptocoryne petchii* soll lediglich eine triploide Form von *C. beckettii* sein.

Cryptocoryne pontederiifolia
SCHOTT
Pontederiablättriger Wasserkelch

Sumatra.

Große Art mit dünnen Rhizomen und Ausläufern, Blätter in grundständiger Rosette. Blattspreiten ei- bis herzförmig, mittel- bis dunkelgrün, unterseits weißgrün bis zartrötlich. Spathaspreite gelb.

Anspruchsloseste und wüchsigste der großblättrigen Arten. Sie kann in großen Aquarien im mittleren Bereich, sonst besser im Hintergrund verwendet wer-

Tafel 161, Foto 474–475 Oben: Horizontale Amazonaspflanze *(Echinodorus horizontalis)*. Unten: Barths Amazonaspflanze *(Echinodorus barthii)*

Tafel 162, Foto 476 Kleinblütige Amazonaspflanze *(Echinodorus parviflorus)*
Tafel 163, Foto 477–479 Oben: Schlüters Amazonaspflanze *(Echinodorus schlueteri)* · Breitblättrige Amazonaspflanze *(Echinodorus latifolius)*. Unten: Uruguay-Amazonaspflanze *(Echinodorus uruguayensis)*

Tafel 164, Foto 480–481 Oben: Zwerg-Amazonaspflanze *(Echinodorus parvulus)*. Unten: Kleine Amazonaspflanze *(Echinodorus quadricostatus)*

Tafel 165, Foto 482–485 Oben: Derbe Amazonaspflanze *(Echinodorus portoalegrensis)* · Veränderliche Amazonaspflanze *(Echinodorus bolivianus)*. Unten: Nixkraut-Wasserpest *(Egeria najas)* · Krause Wasserpest *(Lagarosiphon major)*

Tafel 166, Foto 486–489 Oben: Kanadische Wasserpest *(Elodea canadensis)* · Argentinische Wasserpest *(Egeria densa)*. Unten: Kriechende Ludwigie *(Ludwigia repens)*, grünblättrig · Japanisches Tausendblatt *(Myriophyllum ussuriense)*
Tafel 167, Foto 490 Krause Wasserähre *(Aponogeton crispus)*. Im Hintergrund der Abbildung die rotbraunblättrige *Nymphaea zenkeri*

Tafel 168, Foto 491 Vietnamesische Vallisnerie (*Vallisneria* spec.)
Tafel 169, Foto 492 Kleinzähniges Nixkraut *(Najas guadelupensis)*

Tafel 170, Foto 493–496 Oben: Seegrasblättriges Trugkölbchen *(Heteranthera zosteraefolia)* · Flutende Hakenlilie *(Crinum natans)*. Unten: Froschlöffelähnliche Ottelie *(Ottelia alismoides)* · Azurblaue Wasserhyazinthe *(Eichhornia azurea)*, submerse Wuchsform

Tafel 171, Foto 497–502 Blüten verschiedener Wasserpflanzen. Oben: Azurblaue Wasserhyazinthe *(Eichhornia azurea)* · Wasserhyazinthe *(Eichhornia crassipes)*. Mitte: Ulvablättrige und Abessinische Wasserähre (*Aponogeton ulvaceus* und *A. abyssinicus*). Unten: Barters Speerblatt (*Anubias barteri* var. *nana*) · Afzelis Speerblatt *(Anubias afzelii)*

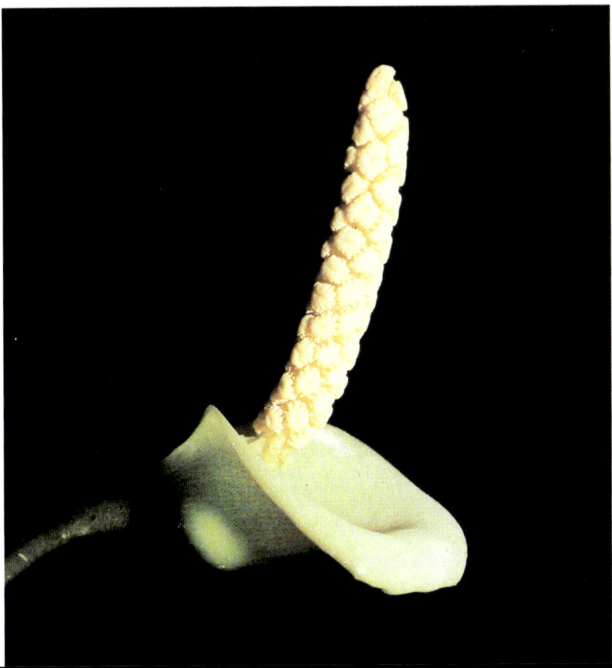

Tafel 172, Foto 503–508 Oben: Herzförmiger Wasserkelch *(Cryptocoryne cordata)* · Walkers Wasserkelch *(C. walkeri)* · Gewimperter Wasserkelch *(C. ciliata)* · Weißlicher Wasserkelch *(C. albida)*. Unten: Afzelis Speerblatt *(Anubias afzelii)* · Zwergspeerblatt (*Anubias barteri* var. *nana*)
Tafel 173, Foto 509 Herzförmiger Wasserkelch (*Cryptocoryne cordata* ›Rosanervig‹)

Tafel 174, Foto 510 Gefleckte Seerose *(Nymphaea zenkeri)*, Form mit rotbraunen Blättern. Oben rechts daneben: *Didiplis diandra.* Unten: *Hottonia palustris* und *Cryptocoryne petchii*
Tafel 175, Foto 511–512 Oben: Willis Wasserkelch *(Cryptocoryne x willisii)*. Unten: Wendts Wasserkelch *(Cryptocoryne wendtii)*, Landform

Tafel 176, Foto 513–515 Oben: Glänzender Wasserkelch *(Cryptocoryne x lucens)*. Unten: Kleine Wasserlinse *(Lemna minor)* · Muschelblume *(Pistia stratiotes)*

den. Beschattung durch andere Pflanzen wird gut vertragen. Mindesttemperatur 18 °C. Ausläuferbildung sehr intensiv, blüht nur bei Sumpfkultur.

Cryptocoryne purpurea (Abb. 175 b)
Ridley
Purpur-Wasserkelch

Halbinsel Malakka.

Große Art mit dünnen Rhizomen und Ausläufern, Blätter in grundständiger Rosette. Blattspreiten elliptisch bis eiförmig, grün mit dunklerer Maserung, unterseits blaßgrün bis rötlichviolett. Spathaspreite rot, manchmal mit gelbem Schlundring.

Die Art wird schon seit vielen Jahrzehnten in der Aquaristik kultiviert. Verwendung und Pflege, wie bei *C. cordata* angegeben.

Cryptocoryne spiralis (Abb. 174)
(Retzius) Schott
Spiraliger Wasserkelch

Vorderindien.

Mittelgroße Art mit dünnen Rhizomen und Ausläufern, Blätter in grundständiger Rosette. Blattspreiten schmal lanzettlich, grün. Spatha ohne Röhre, Spathaspreite sehr langgezogen, schwach gedreht, rotviolett, querrunzelig.

Auf Grund ihrer schmalen Blätter gut zur Auflokkerung uniformer Cryptocorynenbestände geeignet. Die Art benötigt einen hellen Standort und Temperaturen über 20 °C.

Cryptocoryne tonkinensis (Abb. 171 c)
Gagnepain
Tonkin-Wasserkelch

Östliches Hinterindien.

Große Art mit dünnen Rhizomen und Ausläufern, Blätter in grundständiger, manchmal aufgelockerter Rosette. Blattspreiten sehr schmal lineal, gewellt, olivgrün. Spathaspreite lang und mehrfach gedreht, weißlich mit violetten Punkten und Strichen.

Wegen der schmalen und langen Blätter vielseitig verwendbar, sie eignet sich gut für die vorderen Aquarienecken. Leichte Beschattung wird vertragen, Temperatur mindestens 20 °C. Ausläuferbildung nicht sehr intensiv, Blütenstände entwickeln sich bei Aquarienkultur nur selten. Die Art wird heute auch als Form der sehr variablen *C. crispatula* angesehen.

Cryptocoryne undulata
Wendt
Gewellter Wasserkelch

Sri Lanka.

Mittelgroße Art mit dünnen Rhizomen und Ausläufern, Blätter in grundständiger, manchmal aufgelockerter Rosette. Blattspreiten länglich eiförmig, am Rande schwach gewellt, oberseits grün und oft

Abb. 174 Spiraliger Wasserkelch *(Cryptocoryne spiralis)*

mit dunkleren Schrägstrichen, unterseits heller gefärbt. Spathaspreite ockerfarben oder grünlich.

Verwendung und Pflege, wie bei *C. beckettii* angegeben. Die Art wurde lange Zeit als *C. willisii*, gelegentlich aber auch als *C. axelrodi* bezeichnet.

Cryptocoryne walkeri (Taf. 172)
Schott
Walkers Wasserkelch

Sri Lanka.

Mittelgroße Art mit dünnen Rhizomen und Ausläufern, Blätter in grundständiger Rosette. Blattspreiten länglich eiförmig, am Rande schwach gewellt, grün bis olivgrün, unterseits weißgrün bis rötlich. Spathaspreite grün bis gelblich.

Verwendung und Pflege, wie bei *C. beckettii* angegeben. Von den meisten Spezialisten der Gattung *Cryptocoryne* werden die beiden bisher selbständigen Arten *C. lutea* und *C. legroi* als Varietäten oder auch ohne systematischen Status in die Art *C. walkeri* einbezogen.

Cryptocoryne wendtii (Taf. 175)
de Wit
Wendts Wasserkelch

Sri Lanka.

Mittelgroße Art mit dünnen Rhizomen und Ausläufern, Blätter in grundständiger Rosette. Blattspreiten sehr variabel, länglich eiförmig, am Rande schwach gewellt bis leicht bullos, grün, olivgrün, grün mit bräunlichen Zonen oder bräunlich, zum Teil mit dunkleren Schrägstrichen, unterseits blaßgrün bis

Abb. 175 a) Bulloser Wasserkelch *(Cryptocoryne bullosa)*; b) Purpur-Wasserkelch *(C. purpurea)*; c) Gerippter Wasserkelch *(C. costata)*; d) Herzförmiger Wasserkelch *(C. cordata)*

rotviolett. Spathaspreite braun mit dunkelbraunem Schlundring.

Verwendung und Pflege, wie bei *C. beckettii* angegeben. *C. wendtii* ist eine sehr variable Art. Zur Zeit lassen sich vor allem nach Blattmerkmalen etwa zehn Formen unterscheiden, von denen einige als Varietäten beschrieben worden sind, zum Beispiel *C. wendtii* var. *jahnelii* und *C. wendtii* var. *rubella*.

Cryptocoryne x willisii (Taf. 175, Abb. 173 a)
Reitz
Willis Wasserkelch

Sri Lanka.

Kleine Art mit dünnen Rhizomen und Ausläufern, Blätter in grundständiger Rosette. Blattspreiten eiförmig, glatt, gras- bis dunkelgrün. Spathaspreite rotbraun.

Verwendung und Pflege, wie bei *C.* x *lucens* angegeben. Diese unter der falschen Bezeichnung *C. nevillii* in der Aquaristik schon seit vielen Jahrzehnten bekannte Pflanze bildet relativ niedrige, mit der Zeit sehr dicht werdende Bestände. Nach neueren Untersuchungen soll *C. willisii* einem Komplex von Naturhybriden angehören, an dessen Entstehung *C. beckettii, C. parva* und *C. walkeri* beteiligt waren. In diesen Komplex müßte auch *Cryptocoryne* x *lucens* einbezogen werden.

Pistia stratiotes (Taf. 176)
Linnaeus
Muschelblume

In allen tropischen und subtropischen Gebieten verbreitet.

An der Wasseroberfläche schwimmende Rosettenpflanze mit intensiver Ausläuferbildung. Blätter rundlich bis keilförmig, flach auf der Wasseroberfläche liegend oder schräg in den Luftraum ragend, maximal bis 15 cm lang, schwach längsfurchig, bläulichgrün. Die Wasserwurzeln sind zunächst weißlich, später schwärzlich. Die kleinen, unauffälligen Blütenstände sitzen in den Blattachseln und haben eine häutige Spatha.

Als Schwimmpflanze für Aquarien nur bedingt geeignet. Wegen der zu starken Schattengebung kann sie nur als kleine Gruppe verwendet oder für spezielle Bedingungen eingesetzt werden. Da bereits sehr kleine Pflanzen Ausläufer bilden, ist die Vermehrungsrate sehr hoch. Durch das schnelle Wachstum werden dem Wasser große Nährstoffmengen entzogen. Temperatur ab 20 °C.

Familie Lemnaceae Wasserlinsengewächse

Die Familie der Wasserlinsengewächse umfaßt etwa 25 Arten und ist nahezu über die ganze Erde verbreitet. Die Vertreter sind schwimmende oder untergetaucht lebende Pflanzen mit stark vereinfachten, blattartigen Vegetationskörpern (Taf. 176). Sie ver-

c

d

mehren sich vegetativ durch seitliche Sprossung und blühen selten. Wasserlinsengewächse wuchern oft so stark, daß selbst größere Wasserflächen in kurzer Zeit mit einem grünen Teppich überzogen sind. Im Herbst werden in den gemäßigten Breiten Wintersprosse gebildet, die auf den Boden sinken. Wasserlinsen kann man mit Pflanzen oder lebendem Futter einschleppen, sie werden meist zu lästigem Unkraut, das sich nur durch gründliches Absammeln beseitigen läßt. Getrocknete oder tiefgefrorene Wasserlinsen sollen ein brauchbares Futter für manche Fischarten sein. Zu der Familie gehört mit *Wolffia arrhiza*, deren wurzelloser Vegetationskörper etwa 1 mm lang wird, die kleinste Blütenpflanze.

Algen und Algenbekämpfung im Aquarium

In jedem Aquarium kommen Algen vor. Auch wenn mit freiem Auge keine auffälligen Algenrasen, -beläge oder -büschel zu erkennen sind, findet man bei mikroskopischer Kontrolle von älteren Pflanzenblättern, Holzstückchen oder Bodenproben immer Algen verschiedener Art. Sie leben im Gleichgewicht mit den übrigen Organismen und treten nicht besonders in Erscheinung. Unter ganz bestimmten Bedingungen kann es jedoch zur Massenvermehrung einzelner Arten oder Artengruppen kommen, die in kurzer Zeit so stark überhandnehmen, daß die Lebensbedingungen aller anderen Organismen beeinträchtigt werden.

Man kann in der Aquarienpraxis relativ leicht Vorbeugemaßnahmen gegen zu starke Algenentwicklung treffen, jedoch nur schwer stark veralgte Becken wieder in Ordnung bringen. Zu den wichtigsten Vorbeugemaßnahmen gehören folgende:

- Stets für ein gutes Wachstum der höheren Pflanzen sorgen. Neben langsam wachsenden Arten auch wuchernde Wasserpflanzen kultivieren. Aquarien, in denen die Pflanzen gesund sind und sich vermehren, veralgen wesentlich seltener. Ob dabei die Konkurrenz um Nährstoffe, vor allem Spurenelemente, der maßgebende Faktor ist oder auch Hemmstoffe eine Rolle spielen, läßt sich bislang nicht sicher entscheiden.
- Stets so füttern, daß keine Futterreste am Boden liegenbleiben.
- Regelmäßig einen Teil des Aquarienwassers durch Frischwasser ersetzen.
- Das Aquarium ausreichend beleuchten, S. 57.
- Die Filtereinrichtung mit einem Vorfilter ausrüsten und diesen regelmäßig reinigen, siehe dazu S. 50.
- Im Gesellschaftsbecken stets auch einige algenfressende Fische (Algenraspler) pflegen. Als solche kommen in Frage: Harnischwelse der Gattungen *Ancistrus, Hypostomus* und *Otocinclus*, Karpfenfische der Gattung *Epalzeorhynchus*, Saugschmerlen der Gattung *Gyrinocheilus*. Im Artbecken setzt man besser Schnecken ein (siehe S. 166).

Die einzelnen Algenarten lassen sich zum Teil nur schwer bestimmen. Die mit freiem Auge oder einer Lupe erkennbaren Merkmale reichen nur in Einzelfällen zur Erkennung der Artengruppe oder gar der Art aus. Zudem sind die Angaben in der Aquarienliteratur gerade zu diesem Thema nicht sehr zuverlässig. Mit den folgenden Hinweisen soll deshalb nur ein grober Überblick zu den wichtigsten systematischen Gruppen der Algenflora gegeben werden. Die Taf. 144 und Abb. 176, 177 können deshalb auch keine Bestimmungshilfen sein, sondern lediglich einen Eindruck von der Formenfülle vermitteln. Die angeführten Bekämpfungsmethoden stellen Erfahrungen dar, die manchmal zum Erfolg geführt haben.

Blaualgen (Cyanophyta)

Die Blaualgen, auch als Spaltalgen bekannt, sind ein uralter Stamm photoautotropher Organismen, die hinsichtlich verschiedener Merkmale den Bakterien näher stehen als allen übrigen Algen. Zum Beispiel ist die Blaualgenzelle nicht in einen Zellkern und ein Zellplasma differenziert, die typischen Photosynthese-Organellen der Algen und höheren Pflanzen, die Plastiden, fehlen, Geißeln und Cilien sind nicht vorhanden. Auch bilden die Blaualgen keine echten Zellverbände, allerdings können die Einzelzellen in einer gemeinsamen Gallerthülle hinter-, neben- oder übereinander liegen, so daß fädige, flächige und kugelige Pseudokolonien vorliegen. Sie pflanzen sich vorwiegend ungeschlechtlich durch Abspaltung von Einzelzellen oder Zellgruppen fort. Die abgespaltenen Teile schwimmen oder kriechen gleitend, kommen schließlich irgendwo zur Ruhe und bilden neue Pseudokolonien. Einige Arten sind freischwebend und gehören zu den häufigsten Planktonorganismen unseres Teich- und Seenplanktons. Der blaugrüne bis olivgrüne Farbstoff ist hauptsächlich Phycocyan, daneben kommen verschiedene andere Pigmente vor. Einzelne Arten sind deshalb gelb, rot, violett, braun oder schwarz gefärbt. Im Aquarium treten meist Arten auf, die flächige Beläge auf den Pflanzenblättern, auf Steinen, auf dem Bodengrund oder auch an den Scheiben bilden. Sie sind blaugrün, seltener hell- bis dunkelbraun oder schwarz gefärbt. In dicken Belägen entstehen große Blasen. Meist beginnt die Veralgung an einzelnen Stellen und breitet sich dann schnell, immer neue Herde bildend, im ganzen Aqua-

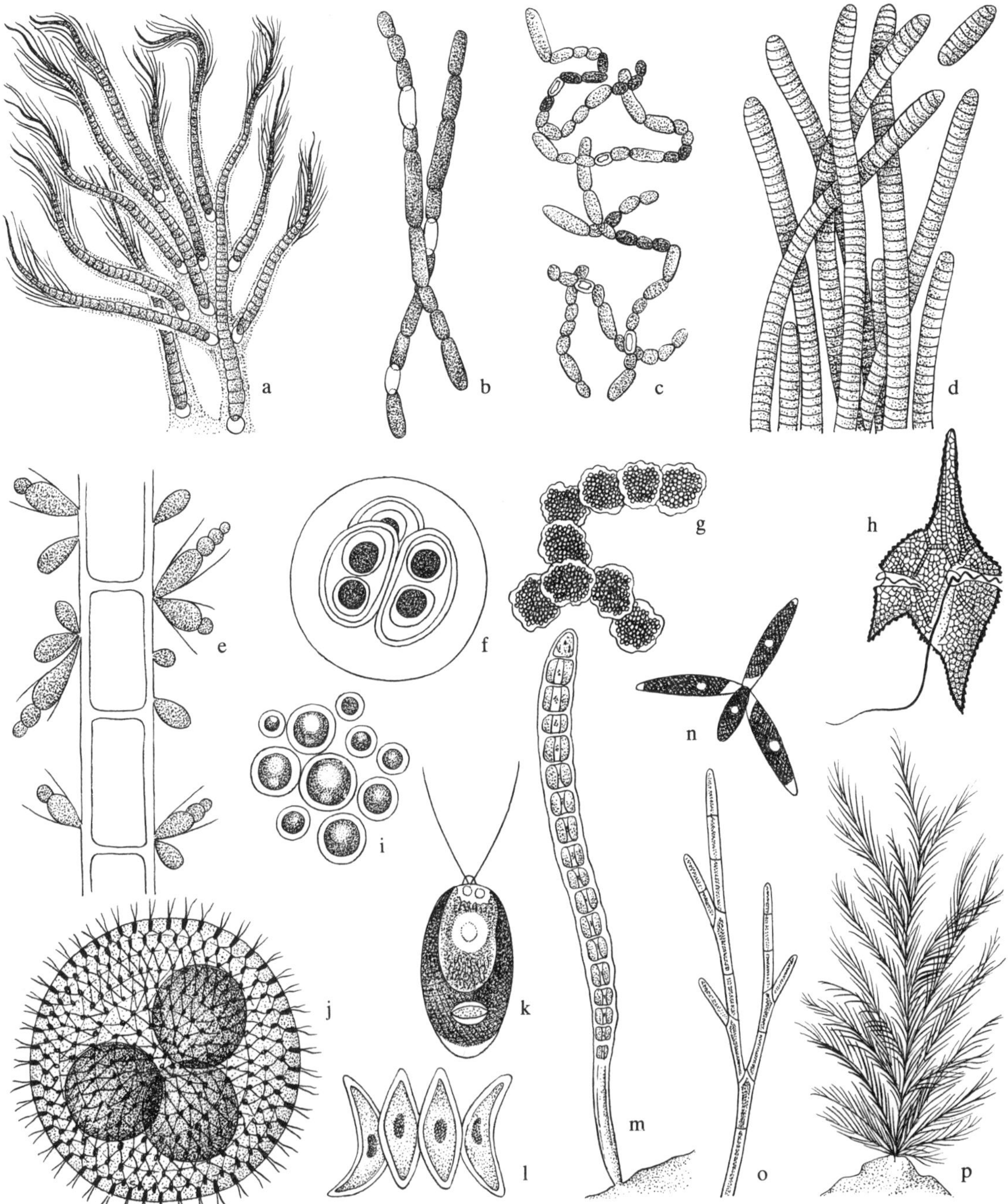

Abb. 176 Häufige Blaualgen, Grünalgen und Dinoflagellaten des Süßwassers.
a–g) Blaualgen (Cyanophyta): a) *Rivularia atra*, oft in einer Gallerthülle auf Wasserpflanzen; b) *Aphanizomenon flos-aquae*, im Plankton; c) *Anabaena flos-aquae*, im Plankton; d) *Oscillatoria* spec., blaugrüne Beläge auf Steinen und Pflanzen; e) *Chamaesiphon incrustus*, auf Pflanzen und Fadenalgen; f) *Gloeocapsa* spec., auf dem Bodenschlamm; g) *Microcystis viridis*, häufig im Plankton;
h) Dinoflagellaten (Dinophyceae): *Ceratium cornutum*, in Teichen und Sümpfen;
i–p) Grünalgen (Chlorophyta): i) *Chlorococcum* spec., Aufwuchsalge, häufig an Aquarienscheiben; j) *Volvox globator*, im Inneren der Hohlkugel Tochterkolonien, im Plankton; k) *Chlamydomonas* spec., im Plankton; l) *Scenedesmus acutus*, im Plankton; m) *Ulothrix zonata*, junger Einzelfaden, Aufwuchsalge; n) *Actinastrum hantzschi*, im Plankton; o) *Cladophora* spec., Ausschnitt von (p); p) *Cladophora* spec., Aufwuchsalge

rium aus. In relativ dunkel abgestellten, nicht besetzten Aquarien kann man diesen Prozeß gut beobachten. Die Überzüge sind samtartig und fühlen sich schleimig an, eine Eigenschaft, die zu der Bezeichnung »Schmieralgen« geführt hat.

Zur Massenvermehrung der Blaualgen können viele Faktoren beitragen. Häufig wird zu hoher Nitratgehalt (mehr als 30 mg/l) als Ursache genannt.

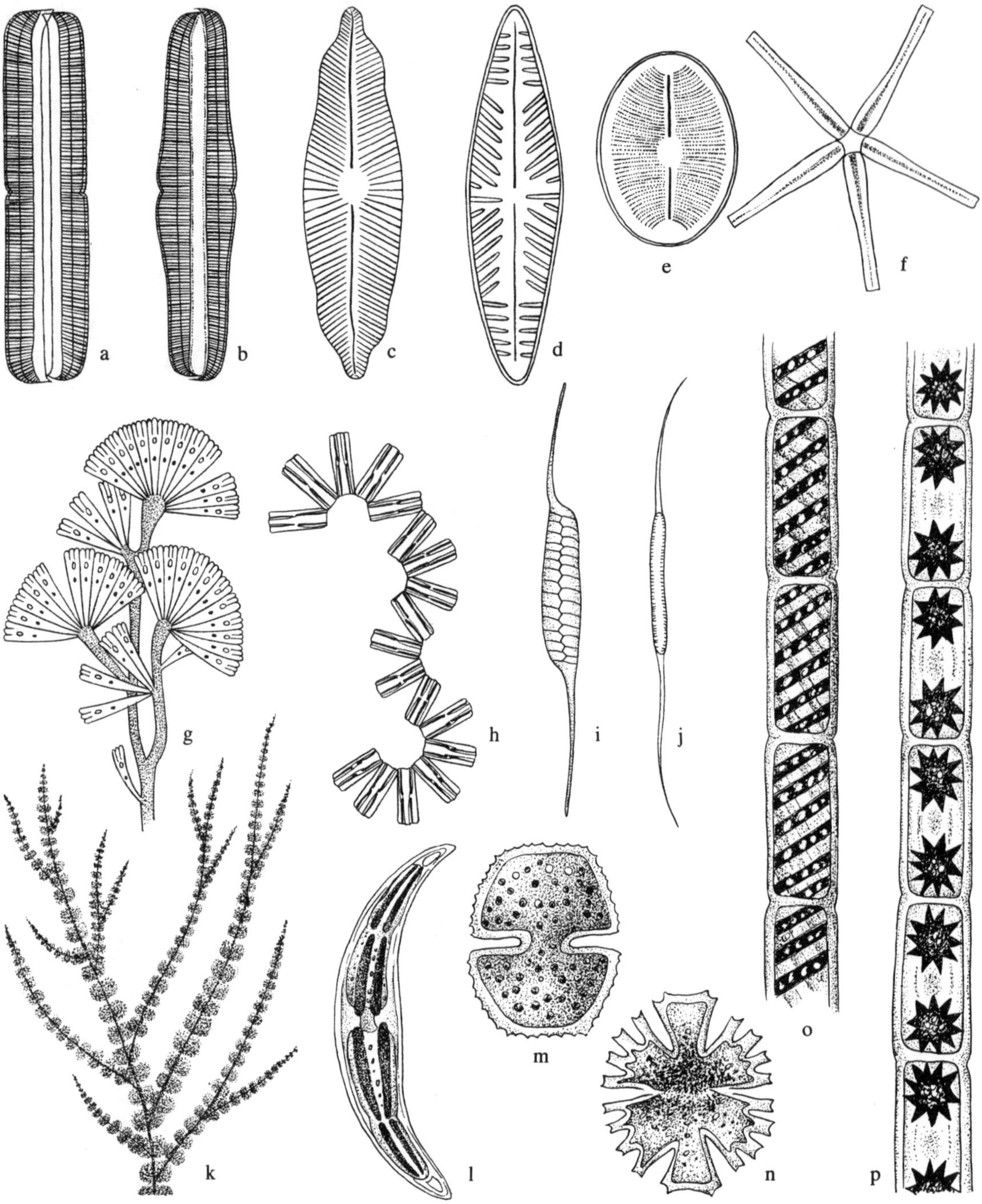

Abb. 177 Häufige Kiesel-, Rot- und Jochalgen des Süßwassers.
a–j) Kieselalgen (Bacillariophyta): a, b) *Rhopalodia parallela* und *Rh. gibba* in Gürtelansicht, die beiden schachtelartig ineinander passenden Teile der verkieselten Zellwand sind gut zu erkennen; c, d) Vertreter der Gattung *Navicula*; e) *Cocconeis pediculus*, Aufwuchsalge; f) *Asterionella formosa*, Planktonalge; g) Kolonie von *Licmophora flabellata*, Aufwuchsalge; h) Kolonie von *Tabellaria fenestrata*, Planktonalge; i, j) *Rhizolenia cristata* und *Rh. longiseta*, häufig im Plankton;
k) Rotalgen (Rhodophyta): *Batrachospermum moniliforme*, eine der wenigen im Süßwasser vorkommenden Rotalgen;
l–p) Jochalgen (Zygophyta): l) *Closterium* spec.; m) *Cosmarium* spec.; n) *Micrasterias* spec.; o, p) Fadenabschnitte der Schraubenalge (*Spirogyra* spec.) und Sternalge (*Zygnema* spec.), beide bilden lindgrüne, wattebauschähnliche, zunächst festsitzende, später an der Oberfläche schwimmende Polster.

Aber auch Phosphatüberschuß, zu hohe Sulfathärte oder Sauerstoffmangel sollen Massenvermehrungen begünstigen. In all diesen Angaben ist vermutlich ein Körnchen Wahrheit, aber eben nur ein Körnchen, die genaue Ursachenerkundung müßte immer die exakte Bestimmung des Verursachers, das heißt der Blaualgenart oder zumindest -gruppe, einschließen.

Beim Licht wird dies deutlicher. Einige Blaualgen benötigen für ihr Wachstum viel Licht, andere gedeihen besser bei Dämmerlicht. Erstere bilden sich meist in der Nähe der Lichtquellen, letztere in den hinteren Beckenwinkeln.

Die Situation macht letztlich auch die Blaualgenbekämpfung so schwierig. Fische und Schnecken fressen in der Regel keine Blaualgen, zumindest sparen sie größere geschlossene Blaualgenherde aus. Auch das regelmäßige Absaugen entstehender Blaualgenbeläge führt nur gelegentlich zum Ziel. Algizide wirken auf Blaualgen häufig erst in Konzentrationen, die für die meisten Pflanzen tödlich sind. Manchmal erzielt man mit einem vollständigen Wasserwechsel, manchmal mit starker Durchlüftung Erfolge.

Nach Hückstedt sind Blaualgen empfindlich gegen Senkung des Redoxpotentials (siehe S. 29). Er empfiehlt als Reduktionsmittel Acriflavin (0,1 g auf 100 l Wasser).

Nach Worbes lassen sich Blaualgen durch Penicillin vernichten. Mit einer Dosis von 10 000 IE Penicillin G (Benzylpenicillinum-Natrium) pro Liter Aquarienwasser und einer Nachdosierung mit 2500 IE/l nach 48 Stunden erreichte er ein vollständiges Absterben der Blaualgen. Geissler hatte erst mit einer wesentlich höheren Nachdosierung Erfolg. Fische und höhere Pflanzen sollen dabei nicht geschädigt werden. In einigen Fällen wurden Erfolge nach Zugabe von 3%igem Borwasser (30 ml/100 l) erzielt. Am besten hat sich diese Methode in kalkarmem Wasser bewährt.

In vielen Fällen wird nur die vollständige Neueinrichtung des Aquariums helfen. Dabei müssen allerdings auch alle Pflanzen ersetzt und alle Gerätschaften gründlich gereinigt werden.

Echte Algen (Phycophyta)

Im Gegensatz zu den Blaualgen stehen die Echten Algen den höheren Pflanzen wesentlich näher als den Bakterien. Gleichgültig, ob es sich um ein- oder mehrzellige Arten handelt, stets sind die Zellen in Zellkern und Zellplasma differenziert, und stets sind die für die Photosynthese zuständigen Zellorganellen als typische Plastiden ausgebildet. Die Farbe der Echten Algen ist abhängig von den Assimilationspigmenten und für die Taxonomie ein wichtiges Kriterium. Die bekanntesten Hauptgruppen (Abteilungen) sind die Rotalgen (Rhodophyta), Braunalgen (Phaeophyta), Kieselalgen (Bacillariophyta), Grünalgen (Chlorophyta) und Jochalgen (Zygophyta).

Die Rotalgen sind hell- bis dunkelrot, seltener braungrün oder violett, die Braunalgen gelb, olivgrün oder dunkelbraun, die Kieselalgen farblos, gelblich oder gelbbraun, die Grünalgen grasgrün und die Jochalgen hellgrün, grasgrün oder graugrün. Rot- und Braunlagen kommen vorwiegend in den Gezeitenzonen der Meere vor, man findet sie angeschwemmt bei jeder Strandwanderung. Kieselalgen sind sowohl im Meer- als auch im Süßwasser verbreitet. Etwa 90% der Grünalgen leben im Süßwasser, und die Jochalgen sind sämtlich Süßwasserbewohner. Fast in jeder Abteilung kommen einzellige und mehrzellige Arten vor. Erstere bilden oft lockere Kolonien, letztere können als Fäden, blattähnliche Flächen, gabelig oder fiedrig verzweigte Minibäumchen, Pinsel oder Kugeln ausgebildet sein. Sehr eigenartig sind die Kieselalgen gebaut. Sie scheiden einen feinstrukturierten Kieselpanzer ab, der wie eine Pillendose aus einem Unterteil und einem übergreifenden Oberteil besteht (Abb. 177 a,b). Die wirtschaftliche Bedeutung der Algen ist sehr groß. Viele Arten werden gegessen, andere liefern Pektine und andere Grundstoffe für die Nahrungsgüter-, die Kunststoff-, die Farbenindustrie und andere Industriezweige. Die größte Bedeutung haben jedoch die Kieselalgen, sie stellen im Meer- und Süßwasser den größten Teil der Urnahrung für die tierischen Organismen. Bislang wurden etwa 100 000 Kieselalgen-Arten beschrieben.

In der Aquaristik ist die Bestimmung einzelner Algen mit ganz wenigen Ausnahmen praktisch nicht möglich und auch nicht erforderlich. Es genügt, von Punktalgen, Flächenalgen, Fadenpolsteralgen, Knäuelpolsteralgen, Bartalgen, Büschelalgen, Pelzalgen und Pinselalgen zu sprechen, jedoch sollte nicht versucht werden, damit ganz bestimmte Arten oder Gattungen sowie spezielle Bekämpfungsmaßnahmen zu verbinden. Vielmehr ist es noch immer am besten, die Bekämpfung der Algen auf der Basis von Versuch und Irrtum zu probieren. Eine Ausnahme davon machen nur die Fadenpolster- und Knäuelpolsteralgen. Diese kann man leicht um einen aufgerauhten Holzstab wickeln und damit entfernen.

Eine Algenbekämpfung mit Algiziden ist durchaus möglich, sollte jedoch im Aquarium stets sehr vorsichtig, mit relativ geringen Dosen bei ständiger Kontrolle der Fische und Pflanzen erfolgen. Es ist besser, kleine Algiziddosen über längere Zeit zu verteilen, als Gewaltkuren zu versuchen. Die Gebrauchsanleitungen der Handelspräparate sind exakt zu beachten, allerdings genügt in vielen Fällen die Hälfte der angegebenen Dosis. Die meisten Präparate haben Einfluß auf das Redoxpotential des Wassers.

Hückstedt empfiehlt für die Bekämpfung der Echten Algen eine stufenweise Erhöhung des Redoxpotentials. Wasserstoffperoxid (1 ml 15%ig/20 l Wasser) soll Kieselalgen und Braunalgen vernichten bzw. stark hemmen, Ozonisierung (siehe S. 54) Kiesel-, Braun- und Rotalgen zum Absterben bringen. Übrig bleiben nur die Grünalgen und Jochalgen, deren Wachstum im Aquarium ein Zeichen für die hohe Selbstreinigungsrate bzw. das hohe Redoxpotential ist. Leider halten sich manche Algen überhaupt nicht an diese Vorgaben.

Eine weitere Möglichkeit, das Algenwachstum zu hemmen, bietet die Torffilterung (siehe S. 31). Ob im einzelnen die Torfextraktstoffe direkt wirken oder durch die veränderte Lichtabsorption die Wachstumsbedingungen für die Algen verändert werden, läßt sich nicht entscheiden. Vermutlich spielen beide Faktoren eine Rolle.

Literaturverzeichnis

1. Zeitschriften für Aquarienkunde (Auswahl)

Aquaria. Schweizerische Ztschr. f. Vivaristik. Verlag Jos. Zehder und Co., St. Gallen, ab 1954

Aquarien-Magazin. Kosmos-Verlag, Frankh'sche Verlagshandlung, Stuttgart, 1967 bis 1988

Aquarien Terrarien. Urania-Verlag, Leipzig, Jena, Berlin, ab 1953

Arbeitsmaterial der Zentralen Arbeitsgemeinschaft Eierlegende Zahnkarpfen. Herausgeber Kulturbund der DDR, ab 1964

Blätter für Aquarien- und Terrarienkunde. Creutzsche Verlagsbuchhandlung, Magdeburg, 1890–1943, ab 1939 mit der Wochenschrift f. Aquarien- und Terrarienkunde vereinigt

Das Aquarium. Verlag Hermann Schütz, Berlin, 1927 bis 1941

Das Aquarium (Ztschr. f. Aquarien- und Terrarienkunde). Albrecht Philler Verlag GmbH, Minden, ab 1967

DCG-Informationen. Herausgeber Deutsche Cichliden-Gesellschaft, ab 1970

Die Aquarien- und Terrarien-Zeitschrift (DATZ). Alfred-Kernen-Verlag, Stuttgart, ab 1948

DKG-Journal. Herausgeber Deutsche Killifisch Gemeinschaft, ab 1969

Het Aquarium. Nederlands Bond »Aqua-Terra«, Alkmar, Holland

Revue française d'aquariologie herpetologie, Musée de Zoologie, Nancy

The Aquarist and Pondkeeper, Buckley Press Ltd., The Butts, Half Acre, Brentford Middlesex, England

Tropical fish hobbyist. T. F. H. Publications, Inc., Neptune City, N. J., USA

2. Bücher über Aquarienfische und Aquarientechnik

In dieser Rubrik sind nur einige besonders wichtige Titel von überregionaler Verbreitung aufgeführt. In nahezu allen angegebenen Aquarienbüchern findet man neben den Beschreibungen der einzelnen Fischarten auch allgemeine Kapitel über Aquarientechnik, Pflege von Fischen, Zucht u. a.

Adler, H. E. (1975): Fish behaviour: why fishes do what they do. T. F. H. Publications, Inc., Neptune City, N. J.

Allen, G. R., and Cross, N. J. (1982): Rainbowfishes of Australia and Papua New Guinea. T. F. H. Publications, Inc., Neptune City, N. J.

Amlacher, E. (1976): Taschenbuch der Fischkrankheiten. 3. Aufl. VEB Gustav Fischer Verlag, Jena

Arnold, P. (1936): Alphabetisches Verzeichnis der bisher eingeführten Süßwasserfische. Verlag Wenzel und Sohn, Braunschweig

Arnold, P., und Ahl, E. (1936): Fremdländische Süßwasserfische. Verlag Wenzel und Sohn, Braunschweig

Autorenkollektiv (1978): Kosmos-Handbuch Aquarienkunde – Das Süßwasseraquarium. Franckh'sche Verlagshandlung, Stuttgart

Axelrod, H. R. (1961): Exotic tropical fishes. T. F. H. Publications, Inc., Jersey City 2, N. J.

Axelrod, H. R., and Schultz, L. P. (1955): Handbook of tropical aquarium fishes. McGraw-Hill Book Company Inc., New York, Toronto, London

Axelrod, H. R., and Vorderwinkler, W. (1962): Encyclopedia of tropical fishes. T. F. H. Publications, Inc., Jersey City 2, N. J.

Bade, E. (1934): Das Süßwasser-Aquarium. 5. Auflage. F. Pfennigstorff, Berlin

Bade, E. (o. J.): Die ausländischen Aquarienfische, ihre Haltung, Pflege und Zucht. 2. Aufl. Creutzsche Verlagsbuchhandlung, Magdeburg

Baensch, H. A., und Riehl, R. (1985): Aquarien Atlas, Band 2. Mergus Verlag, Melle

Bauch, G. (1955): Die einheimischen Süßwasserfische. 3. Aufl. Neumann-Verlag, Radebeul, Berlin

Bech, R. (1984): Eierlegende Zahnkarpfen. Neumann-Verlag, Leipzig, Radebeul

Berg, L. S. (1958): System der rezenten und fossilen Fischartigen und Fische (Übersetzung aus dem Russischen). VEB Deutscher Verlag der Wissenschaften, Berlin

Boulenger, E. G. (1946): Keep an Aquarium. Ward Lock, London

Brichard, P. (1978): Fishes of lake Tanganyika. T. F. H. Publications, Inc., Neptune City, N. J.

Brünner, G. (1984): Handbuch der Aquarienpflanzen. Franckh'sche Verlagshandlung, Stuttgart

Brymer, J. H. P. (1954): Guide to tropical fishkeeping. Dorset House, London, S. E. 1

Clausen, H. S. (1967): Tropical old world cyprinodonts. Akad. Forlag, Kopenhagen

Deckert, K. (1967): Acrania, Chondrichthyes, Osteichthyes. In: Urania-Tierreich. »Fische, Lurche, Kriechtiere«, Urania-Verlag, Leipzig, Jena, Berlin

De Wit, H. C. D. (1971): Aquarienpflanzen. Verlag Eugen Ulmer, Stuttgart

De Wit, H. C. D. (1982): Aquariumplanten. Uitgeverij Hollandia, Baarn

Dürigen, B. (1897): Fremdländische Zierfische. Creutzsche Verlagsbuchh., Magdeburg

Frank, S. (1969): Das große Bilderlexikon der Fische. Artia Verlag, Prag
Frank, S. (1978): Der große Bildatlas der Fische. Artia Verlag, Prag
Franke, H.J. (1985): Handbuch der Welskunde. Urania-Verlag, Leipzig, Jena, Berlin
Frankenberg, G. von (1952): Das Heimataquarium. Päd. Vlg. B. Schulz, Berlin, Hannover, Frankfurt (M.)
Frey, H. (1974): Das Süßwasser-Aquarium. 18. Aufl. Neumann-Verlag, Radebeul, Berlin
Frey, H. (1966): Bunte Welt im Glase. 3. Aufl. Neumann-Verlag, Radebeul, Berlin
Frey, H. (1969): Das Aquarium von A bis Z. 9. Aufl. Neumann-Verlag, Radebeul, Berlin
Frey, H. (1976): Aquarienpraxis kurz gefaßt. 9. Aufl. Neumann-Verlag, Radebeul, Berlin
Frey, H. (1971): Zierfisch-Monographien, Bd. 1: Salmler. Neumann-Verlag, Radebeul
Frey, H. (1974): Zierfisch-Monographien, Bd. 2: Karpfenfische. Neumann-Verlag, Radebeul
Frey. H. (1974): Zierfisch-Monographien. Bd. 3: Welse und andere Sonderlinge. Neumann-Verlag, Radebeul
Frey, H. (1978): Zierfisch-Monographien, Bd. 4: Buntbarsche. Neumann-Verlag, Radebeul
Frey, H. (1976): Das große Lexikon der Aquaristik. Neumann-Verlag, Radebeul
Gärtner, G. (1981): Zahnkarpfen – Die Lebendgebärenden im Aquarium. Verlag Eugen Ulmer, Stuttgart
Géry, J. (1968): Evolution regressive of evolution créatrice. Zool. Anz., 181, 161–168
Géry, J. (1977): Characoids of the world. T. F. H. Publications, Inc., Neptune City, N. J.
Goldstein, R.J. (1971): Anabantoids, Gouramis and related fishes. T. F. H. Publications, Inc., Neptune City, N. J.
Goldstein, R. J. (1973): Cichlids of the world. T. F. H. Publications, Inc., Neptune City, N. J.
Greenwood, P. H., Rosen, D. E., Weitzman, St. H., and Myers, G. S. (1966): Phyletic studies of teleostan fishes with a provisional classification of living forms. Bull. Amer. Mus. Nat. Hist., 131, 340–455
Heller, C. (1924): Das Süßwasser-Aquarium, ein Stück Natur im Hause. Verlag Quelle und Meyer, Leipzig
Herald, Earl S. (1961): Fische. In: Knaurs Tierreich in Farben (Übers. aus dem Engl., deutsche Bearbeitung von D. Vogt). Droemersche Verlagsanstalt Th. Knaur Nachf., München und Zürich
Hoar, W. S., and Randall, D. J. (1969–1971): Physiology of Fishes. 6. Vols. Academic Press, London, New York
Hoedeman, J. J. (1949): Encyclopedia of waterlife. Uitgeverej De Regenboog, Amsterdam
Hoffmann, P. L. (1973): Kleine Aquarienkunde. 4. Aufl. Urania-Verlag, Leipzig, Jena, Berlin
Holly, M., Meinken, H., und Rachow, A. (ab 1932 bis 1969): Die Aquarienfische in Wort und Bild. Alfred-Kemen-Verlag, Stuttgart
Horst, K. (1986): Pflanzen im Aquarium. Verlag Eugen Ulmer, Stuttgart
Hückstedt, G. (1965): Aquarientechnik. In: Das Vivarium. Kosmos Ges. d. Naturfreunde. Franckh'sche Verlagshandlung, Stuttgart
Innes, W. T. (1954): Exotic aquarium fishes. 17. Aufl. Innes Publishing Company, Philadelphia
In't Veen, J. (1984): Cichliden. Pflege, Herkunft und Nachzucht der wichtigsten Buntbarsche. Falken-Verlag, Niedernshausen Ts.
Jacobs, K. (1969): Die lebendgebärenden Fische der Süßgewässer. Edition Leipzig
Jacobs, K. (1976): Vom Guppy zum Millionenfisch. Band 1 und 2. Landbuch-Verlag GmbH, Hannover
Keenleyside, M. H. A. (1979): Diversity and Adaptation in fish behaviour. Springer-Verlag, Berlin, Heidelberg, New York
Kramer, K., und Weise, H. (1943): Aquarienkunde. 1. Aufl. Wenzel und Sohn, Braunschweig
Ladiges, W. (1953): Der Fisch in der Landschaft. 2. Aufl. Verlag Wenzel und Sohn, Braunschweig
Ladiges, W. (1954): Tropical fishes. Tropische Fische. 2. Aufl. Wenzel und Sohn, Braunschweig
Ladiges, W., und Vogt, D. (1965): Die Süßwasserfische Europas. Verlag Paul Parey, Hamburg und Berlin
Lagler, K. F., Bardach, J. E., and Miller, R. R. (1977): Ichthyology (second Edition). John Wiley and Sons. Inc., New York
Linke, H., und Staeck, W. (1981): Afrikanische Cichliden. I. West Afrika, Tetra Verlag, Melle
Linnaeus, C. (1758): Systema Naturae. 10. Aufl. Vol. 1. Regnum Animale. Salvius, Stockholm. Facsimile reprint (1956). British Museum (Natural History), London
Lüling, K. H. (1980): Südamerikanische Fische und ihr Lebensraum. Engelbert Pfriem-Verlag, Wuppertal
Mayland, H. J. (1978): Große Aquarienpraxis, Bd. 1–3. Landbuch-Verlag GmbH, Hannover
Mayland, H. J. (1978): Cichliden und Fischzucht. Landbuch-Verlag GmbH, Hannover
Mayland H. J. (1982): Der Malawi-See und seine Fische. Landbuch-Verlag GmbH, Hannover
Merrick, J. R., and Schmida, G. E. (1984): Australian freshwater fishes. Griffin Press, Netley, Australia
Mills, D. (1981): Illustrated guide to aquarium fishes. Kingfisher Books Ltd., London
Mills, D., and Vevers, G. (1982): The practical encyclopedia of freshwater tropical aquarium fishes. Salamander Books Ltd., London
Mühlberg, H. (1980): Das große Buch der Wasserpflanzen. Edition Leipzig
Mühlberg, H. (1986): Vermehrung der Aquarienpflanzen. Urania-Verlag, Leipzig, Jena, Berlin
Müller, H. (1983): Fische Europas. Neumann-Verlag, Leipzig, Radebeul
Nieuwenhuizen, A. van den (1962): Exoten im Aquarium (Übers. aus dem Holländischen). Landbuch-Verlag GmbH, Hannover
Nikolski, G. W. (1957): Spezielle Fischkunde (Übers. aus dem Russ.). VEB Deutscher Verlag der Wissenschaften, Berlin
Norman, J. R. (1966): Die Fische. Eine Naturgeschichte für Sport- und Berufsfischer, Aquarianer, Biologen und Naturfreunde. (Übers. aus dem Engl., deutsche Bearbeitung von K.-H. Lüling). Verlag Paul Parey, Hamburg und Berlin
Paepke, H.-J. (1979): Segelflosser – die Gattung Pterophyllum. Die Neue Brehm-Bücherei. A. Ziemsen Verlag, Wittenberg Lutherstadt
Paepke, H.-J. (1983): Die Stichlinge. Die Neue Brehm-Bücherei. A. Ziemsen Verlag, Wittenberg Lutherstadt
Paffrath, K. (1978): Bestimmung und Pflege von Aquarienpflanzen. Landbuch-Verlag, Hannover
Paysan, K. (1970): Welcher Zierfisch ist das? Franckh'sche Verlagshandlung, Stuttgart
Petrovicky, I. (1982): Aquarienfische. Artia Verlag, Prag
Petzold, H.-G. (1968): Der Guppy (Poecilia [Lebistes] reticulata). Die Neue Brehm-Bücherei. A. Ziemsen Verlag, Wittenberg Lutherstadt
Piechocki, R. (1973): Der Goldfisch. Die Neue Brehm-Bücherei. A. Ziemsen Verlag, Wittenberg Lutherstadt

Pinter, H. (1966): Handbuch der Aquarienfisch-Zucht. Alfred-Kernen-Verlag, Stuttgart
Pinter, H. (1981): Cichliden-Buntbarsche im Aquarium. Verlag Eugen Ulmer, Stuttgart
Pinter, H. (1984): Labyrinthfische, Hechtköpfe, Schlangenkopffische. Verlag Eugen Ulmer, Stuttgart
Rachow, A. (1928): Handbuch der Zierfischkunde. Wagner, Stuttgart
Radda, C. C., und Wildekamp, R. H. (1978): Katalog der Cyprinodontidae von Kamerun. Verlag Jos. Zehder, St. Gallen
Reichenbach-Klinke, H.-H. (1957): Krankheiten der Aquarienfische. Alfred-Kernen-Verlag, Stuttgart
Reichenbach-Klinke, H.-H. (1966): Krankheiten und Schädigungen der Fische. Gustav-Fischer-Verlag, Stuttgart
Richter, H. J. (1979): Das Buch der Labyrinthfische. Urania-Verlag, Leipzig, Jena, Berlin
Richter, H. J. (1980): Fische züchten ein Problem? Landbuch-Verlag GmbH, Hannover
Richter, H. J. (1984): Aquarienfische im Blickpunkt. Urania-Verlag, Leipzig, Jena, Berlin
Riehl, R., und Baensch, H. A. (1983): Aquarien Atlas. Mergus.Verlag, Melle
Roth, W. (1922): Die Krankheiten der Aquarienfische und ihre Bekämpfung. Handbücher für die praktische naturwiss. Arbeit XI. 2. Aufl. Franckh'sche Verlagshandlung, Stuttgart
Sands, D. (1983, 1984): Catfishes of the world, Vol. 1–4. Dunure Publications, Scotland
Schäperclaus, W. (1954): Fischkrankheiten. Akademie-Verlag, Berlin
Scheel, J. (1968): Rivulins of the old world. T. F. H. Publications, Inc., Neptune City, N. J.
Schindler, O. (1953): Unsere Süßwasserfische. Kosmos, Franckh'sche Verlagshandlung, Stuttgart
Schreitmüller, W. (1931): Zierfische, ihre Pflege und Zucht. Müller, Frankfurt/M.
Schubert, G. (1974): Krankheiten der Fische. 5. Aufl. In: Vivarium. Kosmos Ges. d. Naturfreunde. Franckh'sche Verlagshandlung, Stuttgart
Seegers, L. (1980): Killifische. Verlag Eugen Ulmer, Stuttgart
Staeck, W. (1971): Cichliden. Verbreitung-Verhalten-Arten. Band 1. Engelbert Pfriem Verlag, Wuppertal-Elberfeld
Staeck, W. (1977): Cichliden. Verbreitung-Verhalten-Arten. Band 2. Engelbert Pfriem Verlag, Wuppertal-Elberfeld
Staeck, W. (1982): Handbuch der Cichlidenkunde. Franckh'sche Verlagshandlung, Stuttgart
Staeck, W. (1983): Cichliden. Entdeckungen und Neuimporte. Engelbert Pfriem Verlag, Wuppertal-Elberfeld
Staeck, W., und Linke, H. (1982): Afrikanische Cichliden II. Ost Afrika, Tetra Verlag, Melle
Stallknecht, H. (1982): Freude am Aquarium. Urania-Verlag, Leipzig, Jena, Berlin
Stawikowski, R., und Werner, U. (1986–1988): Die Buntbarsche der Neuen Welt. Bd. I–III. Edition Kernen, Essen
Sterba, G. (1958): Die Schmerlenartigen (Cobitidae). In: Handbuch der Binnenfischerei Mitteleuropas. Band III. E. Schweizerbartsche Verlagsbuchhandlung, Stuttgart
Sterba, G. (1962): Freshwaterfishes of the World. Vista Books, Longacre Press. Ltd., London
Sterba, G. (1963): Freshwaterfishes of the World. The Viking Press New York
Sterba, G. (1967): Aquarium care. Studio Vista Ltd., Blue Star House, Highgate Hill, London N 19
Sterba, G. (1977): Süßwasserfische aus aller Welt. 3. Aufl. Urania-Verlag, Leipzig, Jena, Berlin
Sterba, G. (1978): Lexikon der Aquaristik und Ichthyologie. Edition Leipzig
Sterba, G. (1979): Aquarium vissen. Elsevier-Amsterdam, Brüssel
Sterba, G. (1981): Encyclopedie van de aquaristiek en ichtyologie. H. J. W. Becht, Amsterdam
Sterba, G. (1983): The aquarist's encyclopedia. Blandford Press, Poole Dorset; The MIT Press, Cambridge, Massachusetts
Sterba, G. (1987): Die Süßwasserfische der Welt. Urania-Verlag, Leipzig, Jena, Berlin
Suworow, J. K. (1959): Allgemeine Fischkunde (Übers. aus dem Russ.). VEB Deutscher Verlag der Wissenschaften, Berlin
Tembrock, G. (1980): Grundriß der Verhaltenswissenschaften. VEB Gustav-Fischer-Verlag, Jena
Vierke, J. (1977): Zwergbuntbarsche im Aquarium. Franckh'sche Verlagshandlung, Stuttgart
Vierke, J. (1978): Labyrinthfische und verwandte Formen. Engelbert Pfriem Verlag, Wuppertal-Elberfeld
Vogt, D., und Wermuth, H. (1961): Knaurs Aquarien- und Terrarienbuch. Droemersche Verlagsanstalt Th. Knaur Nachf., München und Zürich
Vogt, G. (1955): Taschenbuch der tropischen Zierfische, I und II, Urania-Verlag, Leipzig, Jena, Berlin
Wagner, O. (1956): Aquarienkunde. Urania-Verlag, Leipzig, Jena, Berlin
Wendt, A. (1952ff.): Die Aquarienpflanzen in Wort und Bild. In Lieferungen. Alfred-Kernen-Verlag, Stuttgart
Wheeler, A. (1977): Das große Buch der Fische (Übers. aus dem Engl., deutsche Bearbeitung von D. Vogt), Verlag Eugen Ulmer, Stuttgart
Whitney, I. F., and Hähnel, P. (1955): All about Guppies. Practical Science Publishing C. Inc., Connecticut
Wickler, W. (1962): Das Züchten von Aquarienfischen. In: Das Vivarium. Kosmos Ges. d. Naturfreunde. Franckh'sche Verlagshandlung, Stuttgart
Zukal, R., und Frank, St. (1979): Geschlechtsunterschiede der Aquarienfische. Landbuch-Verlag GmbH, Hannover

Register

Alle Zahlen des Registers sind Seitenzahlen. Texthinweise sind in Normalschrift abgesetzt. Bei mehreren Textverweisen ist die wichtigste Seite häufig fettgedruckt. Kursive Zahlen geben die Seite der entsprechenden Farbabbildung an. Ungültige Namen von Fischen und Pflanzen sind im Register nicht hervorgehoben, jedoch findet man im Text der angegebenen Seite die einschlägigen Hinweise.

Bildnachweis

Barth, H. 463, 464, 475, 495, 496, 499, 503
Bassleer, G. 418
Birnbaum, O. 441, 444, 447, 450, 451, 455, 461, 467, 498, 512
Bittner, F. 213
Florian, D. 17, 18, 149, 150, 151, 257, 275, 291, 292, 358
Foersch, W. 155, 201, 206, 208, 209, 211, 212, 217, 218, 268, 269, 384
Hertel, I. 433, 445, 453, 460, 463, 474, 476, 479, 490, 492, 501, 502, 507, 508, 511
Hohl, D. 515
Kaden, U. 207, 210, 375
Kahl, B. 52
Krüger, J. 328, 337, 360
Mühlberg, H. 482, 483, 504, 506
Nieuwenhuizen, A. v. d. 12, 13, 14, 16, 37, 60, 61, 62, 72, 107, 294, 314, 316, 321, 361, 362, 371, 377, 378, 379, 510
Richter, H. J. 8, 9, 11, 19–36, 38–50, 53, 54, 56, 57, 58, 63–71, 73, 74, 76–79, 81–86, 88–106, 108–112, 114–124, 128–148, 152, 153, 154, 157–162, 165–175, 177–184, 186, 187, 188, 190, 195, 196, 197, 200, 202–205, 214, 215, 216, 221, 222, 225–228, 230–256, 258–267, 270–274, 276–279, 281–290, 293, 295–313, 315, 317–320, 322–327, 329–336, 338–341, 344–351, 353–357, 359, 363–370, 372, 373, 374, 376, 380, 381, 382, 385, 386, 387, 389, 390, 391, 392, 395–417
Scheel, J. 219
Schöpfel, H. 434–439, 442, 443, 446, 448, 449, 454, 456–459, 462, 466, 470, 471, 472, 477, 478, 480, 481, 484–489, 491, 493, 494, 497, 509, 514
Schütze-Rodemann, S. 505
Sommer, W. 59, 75, 87, 163, 164, 189, 191–194, 198, 199, 220, 223, 224, 229, 280, 342, 343, 352, 383, 388, 393, 394
Sterba, G. 1–7, 10, 15, 80, 125, 126, 127, 419–432, 440, 452, 465, 468, 469, 500, 513
Zarske, A. 51, 55, 113, 156, 176, 185